Klaus-J. Vetter

Das große Handbuch der Elektrolokomotiven

ECHT KÖLN
DB
110 263-1

Klaus-J. Vetter

Das große Handbuch der Elektrolokomotiven

Elektrische Lokomotiven und Triebwagen 1879 bis heute – Deutschland, Österreich, Schweiz

SCONTO
BEI BRUCKMANN

Ein kostenloses Gesamtverzeichnis
erhalten Sie beim
Bruckmann Verlag
D-81664 München

www.bruckmann.de

Umschlaggestaltung: Heinz Kraxenberger
Herstellung: Thomas Fischer

Alle Angaben dieses Werkes wurden vom Autor sorgfältig recherchiert und auf den aktuellen Stand gebracht sowie vom Verlag geprüft. Für die Richtigkeit der Angaben kann jedoch keine Haftung übernommen werden. Für Hinweise und Anregungen sind wir jederzeit dankbar.
Bitte richten Sie diese an:
Bruckmann Verlag
Produktmanagement
Innsbrucker Ring 15
D-81673 München
e-mail: lektorat@bruckmann.de

Titelbild: Andreas Burow
Rücktitelbilder: Bodo Schulz, Bernd-Oliver Sydow
Bild Seite 2: Michael Hubrich

Die Deutsche Bibliothek – CIP Einheitsaufnahme
Ein Titeldatensatz für diese Publikation ist bei
Der Deutschen Bibliothek erhältlich.

Printed in Slowenia by Mladinska
ISBN 3-7654-4066-3

INHALT

Deutschland

Schweiz

Schweizerische Bundesbahnen (SBB)

Elektrische Triebfahrzeuge der SBB

Rhätische Bahn (RhB)

Elektrische Triebfahrzeuge der RhB

Österreich

Österreichische Bundesbahnen (ÖBB)

Elektrische Triebfahrzeuge der ÖBB

Wichtige Impulse für die Entwicklung der elektrischen Traktion gingen von der Industrie aus: Drehstrom-Versuchslok von Siemens & Halske, 1911

Von den Anfängen der elektrischen Zugförderung in Deutschland:

Der elektrische Funke

Bereits in den achtziger Jahren des vergangenen Jahrhunderts entstand bei den Eisenbahnverwaltungen der Wunsch, die noch junge Elektrotechnik auch für den Bahnbetrieb nutzen zu können. Gegenüber der Dampftraktion – der Einsatz von Verbrennungsmotoren spielte damals bei Schienenfahrzeugen noch keine Rolle – rechnete man sich wesentliche Vorteile durch leistungsfähige elektrische Triebfahrzeuge aus. Im Stadtbahnverkehr entfiel außerdem die Belästigung der Anwohner durch den Qualm der Lokomotiven. Ein weiterer wesentlicher Nachteil der Dampflokomotive ist deren schlechter Wirkungsgrad und der Bedarf an hochwertiger Steinkohle. Deshalb versprach der elektrische Betrieb auf Grund einer kostengünstigeren Energiegewinnung durch die Wasserkraft einerseits oder mit minderwertiger Braunkohle beheizter Kraftwerke andererseits weitere wesentliche Einsparungen und Unabhängigkeit. Als Nachteile galten zunächst hohe Kosten für die notwendige Infrastruktur, wie Kraftwerke, Umformerwerke, Unterwerke und die Fahrleitungen. Weiterhin wurden von den Militärs strategische Gründe genannt, da die Zerstörung der ortsfesten Ausrüstungen gravierendere Folgen hat als beim Dampfbetrieb.

Drei staatliche Bahnverwaltungen und eine Privatbahn waren die deutschen Vorreiter auf dem Gebiet der Elektrifizierung von normalspurigen Eisenbahnstrecken.

Die Bayerische Staatsbahn konnte die Energie der den Alpen entspringenden Flüsse nutzen. Zur Versorgung der Strecke Freilassing – Berchtesgaden dient noch heute das bahneigene Saalachkraftwerk bei Bad Reichenhall. Den knapp 200 Meter betragenden Höhenunterschied von Walchen- und Kochelsee nutzend, entstand unter Beteiligung der Staatsbahn das Walchenseekraftwerk. Es ist auch 1994 das größte Wasserkraftwerk im Bereich der DB. Weitere Wasserkraftwerke für die Bahnstromversorgung in Südbayern entstanden am Mittleren Isarkanal nördlich Münchens bei Aufkirchen und Eitting und an der Isar in Pfrombach bei Moosburg.

In Bayern war daneben die private **Lokalbahn AG München (LAG)** Vorreiter der Elektrifizierung. Sie errichtete zur Versorgung ihrer 1905 elektrifizierten Strecke von Murnau nach Oberammergau das Wasserkraftwerk Kammerl an der Ammer bei Altenau. Die anderen elektrifizierten LAG-Bahnen in Südbayern (Bad Aibling – Bad Feilnbach) und in Württemberg (Meckenbeuren – Tettnang und Ravensburg – Weingarten) nutzten entweder bahneigene Kraftwerke, bereits bestehende oder von der LAG mitfinanzierte Wasserkraftwerke.

Die **Badische Staatsbahn** elektrifizierte im Jahre 1912 die Wiesen- und Wehratalbahn mit den Teilstrecken Basel Badischer Bf – Schopfheim, Schopfheim – Zell und Schopfheim – Säckingen. Hierfür wurde

Montage des Wechselstrommotors der preußischen WGL 10 207 (spätere E 70 05) im Jahre 1912

am Rhein bei Basel das Wasserkraftwerk Wyhlen gebaut.
Die **Königlich Preußische Eisenbahn Verwaltung (KPEV)** elektrifizierte ab 1914 im schlesischen Raum die Hauptstrecke Breslau – Hirschberg – Görlitz sowie einige ins Gebirge abzweigende Stichbahnen. In diesem Zusammenhang entstand das Dampfkraftwerk Mittelsteine, das ebenso wie das Dampfkraftwerk Muldenstein bei Bitterfeld zur Versorgung der von 1911 bis 1914 elektrifizierten mitteldeutschen Strecken Leipzig – Halle (Saale)/Magdeburg die in der Umgebungabgebaute und nur geringe Transportkosten verursachende Kohle verarbeitete.
Auf der Suche nach einem geeigneten Stromsystem fanden zunächst zahlreiche Versuche statt. Die ersten Straßenbahnen und Bahnen untergeordneter Bedeutung wurden mit Gleichstrom niedriger Spannung betrieben. Diese Stromart hat jedoch zahlreiche Nachteile. Dazu zählen die niedrige Spannung, die höhere Kosten verursacht, weil hohe Spannungsverluste zahlreiche Unterwerke und teure Fahrleitungen erforden. Der Drehstrom spielte nur in Italien eine gewisse Rolle. Für ihn ist eine doppelpolige Fahrleitung notwendig. Alle diese Nachteile hat der Wechselstrombetrieb nicht, weshalb er sich früh in vielen europäischen Ländern zur Bahnstromversorgung durchsetzte. Dieses System erfordert durch seine hohe Spannung wenige Unterwerke, ist unempfindlich gegen Spannungsschwankungen, kommt mit einfacher Transformierung und Motoren aus. Das öffentliche Netz liefert Wechselstrom mit einer Frequenz von 50 Hz, die für Eisenbahnen, die eine Spannung von 25 kV benötigen, im Betrieb teurer ist.
So einigten sich die Badische und Bayerische Staatsbahn sowie die KPEV in Deutschland, die Kaiserlich-Königlichen Staatseisenbahnen Österreich-Ungarns und die Schweizerischen Bundesbahnen im Jahre 1911 auf die Verwendung von einphasigem Wechselstrom mit einer Frequenz von 16 2/3 Hz und einer Spannung von 15 kV. Deren größter Nachteil, die erforderlichen bahneigenen Umformerwerke, wurde durch die ansonsten weit günstigeren Betriebskosten wett gemacht.
Im Jahre 1903 errichtete die KPEV unter Mitwirkung ihres Oberbaurates Gustav Wittfeld eine 4,1 km lange Versuchsstrecke zwischen Niederschöneweide und Spindlersfeld bei Berlin mit einer Fahrleitung, über die Wechselstrom 25 Hz/6 kV eingespeist wurde. Es war dies die erste Einphasen-Wechselstrom-Bahnstrecke der Welt. Die hier durchgeführten Fahrten mit Triebwagen waren so erfolgreich, daß ab 1907 die Hamburger Vorortbahn Ohlsdorf – Altona – Blankenese als erste mit Wechselstrom elektrifizierte Normalspurbahn und ab 1911 die Altonaer Hafenbahn mit diesem Stromsystem betrieben wurden. Bereits im Jahre 1904 hatte der Schweizer Ingenieur Dr. Behn-Eschenburg den ersten Einphasen-Wechselstrom-Reihenschlußkommutatormotor entwickelt. Eine erste Anwendung auf einer deutschen Eisenbahnstrecke erlebte dieser Motor in den 1904 von den Siemens-Schuckert-Werken (SSW), Berlin, gebauten dreiachsigen Triebwagen für die LAG-Strecke von Murnau nach Oberammergau für 16 Hz, 5 kV.

Baden

Die Badischen Staatsbahn beschaffte für ihre 1912 elektrifizierten Bahnstrecken im Wiesen- und Wehratal bei Basel bereits 1910 eine 1'C1'-Mehrzwecklokomotive mit der Gattungsbezeichnung A 1, die von Maffei in München und den Siemens-Schuckert-Werken gebaut worden war. Diese Maschine hatte einen kurzen Lokkasten mit zwei langen, abgerundeten Vorbauten, in denen sich jeweils ein großer Fahrmotor befand. Beide Motoren trieben über eine Blindwelle und Treibstange die drei Achsen an. Durch diesen Aufbau mit großen überhängenden Massen hatte die Lokomotive ein schlechtes Laufverhalten, was durch die Triebwerksanordnung mit dem Antrieb zweier Fahrmotoren auf ein und dieselbe Kuppelstange noch verstärkt wurde. Trotzdem erreichte die Maschine auf Anhieb 90 km/h. Nach Probefahrten auf den Strecken Murnau – Oberammergau und Bitterfeld – Dessau, wo die Lokomotive A 1 auch den Eröffnungszug des elektrischen Betriebes zog, kam sie ab 1912 für kurze Zeit in Baden zum Einsatz. Danach gelangte die Maschine zur Hamburger Hafenbahn. 1923 wurde das Fahrzeug ausgemustert.
In den Jahren 1911 und 1912 erhielt die Badische Staatsbahn neun Lokomotiven

Baden stellte für den Betrieb auf der Wiesentalbahn 1912 die A²1 (spätere E 62) in Dienst

FOTOS: SLG. RAMPP (3)

der Gattung A 2 mit der Achsfolge 1'C1' aber ohne Vorbauten, von denselben Herstellern. Die beiden Fahrmotoren wurden außermittig im Lokkasten untergebracht. Dadurch konnten die Laufeigenschaften dieser Fahrzeuge etwas verbessert werden. Da aber die Treibstangen beider Motoren nach wie vor auf eine Kuppelstange wirkten, blieben Schüttelbewegungen nicht aus. Bei acht Lokomotiven stand für die Treibstangen nur eine Blindwelle zur Verfügung, bei der A 2 Nr. 4 waren es versuchsweise zwei separate Blindwellen. Die neun Lokomotiven wurden als E 61 01 – E 61 09 von der DRG übernommen und verkehrten bis 1935 im Wiesen- und Wehratal.

Als letzte Ellok-Gattung für die Badische Staatsbahn lieferten die Maschinenbau-Gesellschaft Karlsruhe und Brown, Boveri & Cie (BBC) in Mannheim zwei 1'C1'-Lokomotiven der Gattung A 3 für den Eil- und Personenzugdienst. Äußerlich entsprachen sie weitgehend der Gattung A 2, jedoch waren hier beide Motoren symmetrisch in Fahrzeugmitte aufgebaut und trieben über Treibstangen ohne Blindwelle die Kuppelstangen an. Die beiden von der DRG noch als E 61 21 und E 61 22 gekennzeichneten Lokomotiven wurden bis 1930 ausgemustert.

Aus einem vierachsigen Personenwagen entstand im Jahre 1903 ein Akkumulator-Triebwagen, dessen Endachsen der beiden Drehgestelle über ein Zahnradgetriebe durch je einen Motor angetrieben wurden. Bereits 1905 endeten die Versuche, das Fahrzeug baute man wieder in einen Personenwagen um.

Mit der A 1 begann in Baden 1912 das Zeitalter der elektrischen Zugförderung

Bayern

Die Bayerische Staatsbahn beschaffte ihre ersten elektrischen Lokomotiven für die 1912 gemeinsam mit den Kaiserlich-Königlichen Staatseisenbahnen Österreich-Ungarns elektrifizierte Mittenwaldbahn von Garmisch über Mittenwald/Scharnitz nach Innsbruck. Maffei und SSW lieferten im Jahre 1913 fünf in Anlehnung an die badische A 2 gebaute 1'C1'-Personenzuglokomotiven der Gattung EP 3/5. Allerdings hatten die Lokomotiven in ihrem vorbaulosen Lokkasten nur einen großen Fahrmotor erhalten, der über Treibstangen und eine Blindwelle auf die Kuppelstangen der Treibachsen wirkte. Die Lokomotiven befriedigten und wurden von der DRG als E 62 01 – E 62 05 übernommen und ab 1939, die E 62 01 sogar erst 1955, ausgemustert.

Im April 1914 konnte der elektrische Betrieb auf der Strecke Freilassing – Berchtesgaden eröffnet werden. Hierfür erhielten die Bayerischen Staatsbahnen 1913 von Krauss und SSW vier 1'C2'-Personenzuglokomotiven der Gattung EP 3/6. Die Steuerung der Fahrmotoren über eine handbetätigte Schaltwalze und die Ausführung des leicht außermittig liegenden großen Fahrmotors als 40poliger Reihenschlußmotor entsprach der Bauart der preußischen Maschinen ES 9 – ES 19. Ein Krauss-Lotter-Gestell verband das zweiachsige Laufgestell mit der benachbarten Treibachse. Die Laufachse lagerte in einem Bisselgestell. Die ab 1920 als EP 4 geführten Lokomotiven wurden als E 36 21 – 36 24 von der DRG übernommen und 1935 – 1937 ausgemustert.

Vier weitere EP 3/6 für die Berchtesgadener Strecke lieferten Krauss und SSW 1914. Der Fahrmotor lag genau in der Mitte der Lokomotive. Durch ein Krauss-Helmholtz-Gestell konnte bei diesen Maschinen ein besonders ruhiger Lauf erreicht werden. Es verband die Laufachse mit der ersten Treibachse. Daneben verband ein Krauss-Lotter-Gestell das zweiachsige Drehgestell mitder letzten Treibachse in einem gemeinsamen Gestell. Dadurch lagerte nur die mittlere Treibachse fest im Hauptrahmen. Auffällig waren die, wegen des über dem Helmholtz-Gestell eingebauten Heizkessels, die beiden Stromabnehmer in Lokmitte und über dem Lotter-Gestell. Die ab 1920 als EP 3 bezeichneten Lokomotiven erhielten bei der DRG die Betriebsnummern E 36 01 – E 36 04 und wurden zwischen 1941 und 1943 ausgemustert.

Für den Güterzugdienst auf der Strecke Freilassing – Berchtesgaden stellte die Bayerische Staatsbahn 1914 zwei von Krauss und den Bergmann-Elektrizitäts-Werken in Berlin gefertigte und sehr modern wirkende, laufachslose Bo'Bo'-Lokomotiven der Gattung EG 4x1/1 in Dienst. Für jede der vier Treibachsen war ein eigener Fahrmotor vorhanden, der seine Antriebskraft auf ein Tatzlager übertrug. Die DRG übernahm die beiden vorbaulosen Lokomotiven, ab 1920 EG 1, als E 73 01 und E 73 02 und musterte sie 1937 und 1941 aus.

Zwei weitere B'B'-Güterzuglokomotiven für dieselbe Strecke waren zwar bereits 1913 bestellt worden, konnten aber wegen des Ersten Weltkrieges erst 1920 als EG 2x2/2 von Krauss und BBC geliefert werden. Die mit abgerundeten Vorbauten für die Fahrmotoren ausgestatteten Lokomotiven verfügten wieder über Stangenantrieb, allerdings trieb hier je ein kleiner Fahrmotor über ein Stirnradvorgelege und eine Blindwelle die beiden Achsen eines Drehgestelles an. Die ab 1920 als EG 2 bezeichneten Lokomotiven gelangten als E 70 21 und E 70 22 zur DRG und wurden 1951 bzw. 1947 ausgemustert.

Die Deutsche Reichsbahn übernahm 1920 die Bayerischen Staatsbahnen als Gruppenverwaltung Bayern mit einer gewissen Selbständigkeit. Fünf Jahre danach wurden die Strecken von München nach Garmisch, Herrsching und Landshut sowie die zwei von der Garmischer Strecke abzweigenden Stichbahnen nach Kochel und Peißenberg elektrifiziert. 1927 konnten auch die Verbindungen nach Ismaning, Maisach, Rosenheim und Kufstein sowie von Landshut nach Regensburg auf elektrischen Betrieb umgestellt werden. Im Jahre 1928 war auch das österreichische Salzburg von Rosenheim aus unter dem Fahrdraht erreichbar, 1931 folgte Augsburg. Nach Abschluß der Elektrifizierungsarbeiten in den dreißiger Jahren in Richtung Nürnberg, Saalfeld und Stuttgart war im süddeutschen Raum das größte zusammenhängend elektrisch betriebene Eisenbahnnetz Mitteleuropas entstanden.

In diese Jahre fällt die Abkehr vom Stangenantrieb bei Elektrolokomotiven und die Hinwendung zum Einzelachsantrieb, dessen verschiedene Bauarten nun mehr oder weniger erfolgreich erprobt wurden. Von 1924 bis 1926 erhielt die Gruppenverwaltung Bayern noch die 29 mit Stangenantrieb ausgerüsteten 1'C1'-Personenzuglokomotiven der Gattung EP 2, die – wenig später als E 32 eingereiht – bis 1972 im Dienst standen. Hinzu kamen 1924/1925 insgesamt 35 2'BB2'-Personenzuglokomotiven der Gattung EP 5. Diese mit 140 t Dienstmasse schwersten deutschen Elektrolokomotiven überhaupt waren als E 52 bzw. 152 bis 1973 im Bestand der DB. Drei weitere über Stangen angetriebene Lokomotiven dienten dem Güterverkehr. Von 1924 bis 1926 wurden 31 Maschinen der Achsfolge (1B)(B1) in Betrieb genommen. Der Gattung EG 3 zugeordnet, waren diese Maschinen identisch mit den 25 für das mitteldeutsche Netz gebauten EG 701 – EG 725. Die Lokomotiven fielen durch einen dreiteiligen Aufbau ins Auge, dessen äußere Teile auf je einer Fahrwerksgruppe mit je einem Motor befestigt waren. Das Mittelteil, das mit den Außenteilen durch Faltenbälge verbunden war, war als Brücke dazwischen gelagert. Die Lokomotiven kamen als E 77 01 – E 77 31 in den Bestand der DRG. Während sie bei der DB nicht mehr eingesetzt wurden, blieben sie bei der DR bis 1970 im Bestand. Im Gesamtaufbau sehr ähnlich waren die 20 Lokomotiven der Gattung EG 5 mit der Achsfolge C'C'. Ihr mitteldeutsches Pendant entstand als EG 581 – EG 594, eine letzte Lieferung für die DRG folgte noch im Jahre 1929. Die bayerischen Lokomotiven zählten als E 91 01 – 91 20 bzw. Baureihe 191 bis 1975 zum Bestand der DB. Zwei 2'D1'-Einrahmen-Lokomotiven wurden 1927 für die Strecke nach Berchtesgaden als EG 4 bei Maffei und Pöge in Chemnitz hergestellt. Die Maschinen hatten je zwei Fahrmotoren erhalten, die über getrennte Treibstangen und Blindwellen auf eine gemeinsame Kuppelstange wirkten. Die von der DRG als E 79 01 und E 79 02 eingereihten Lokomotiven wurden bis 1945 ausgemustert. Für den Schnellzugdienst erhielt die Gruppenverwaltung Bayern in zwei Lieferungen zwischen 1926 und 1929 insgesamt 17 1'Do1'-Lokomotiven der Gattung ES 1. Diese wurden mit einem einseitigen Einzelachsantrieb nach dem bereits in der Schweiz bewährten System Buchli ausgerüstet. Die DRG erhielt im Jahre 1931 nochmals vier derartige, inzwischen als E 16 bezeichnete und stärkere Lokomotiven. Durch die große Laufruhe waren diese Maschinen sehr beliebt, so daß die letzte E 16 als Baureihe 116 erst 1980 ausgemustert wurde.

Für den Vorortverkehr von München nach Starnberg ließ die Gruppenverwaltung Bayern 1924 vier vierachsige Dampftriebwagen der Gattung MCCI aus den Jahren 1906 – 1908 versuchsweise in Elektrotriebwagen umbauen. Sie erhielten ein Triebgestell mit zwei über Tatzlager durch je einen Motor angetriebene Achsen. Die Triebwagen bewährten sich, so daß ab 1927 insgesamt 32 Neubautriebwagen als „elT 1105 – elT 1136" in Dienst gestellt wurden. Später durch die DRG als ET 85 bezeichnet, blieben diese Fahrzeuge bis 1977 im Dienst der DB.

Für die mit 1 000 V Gleichspannung betriebenen Lokalbahnen von Berchtesgaden nach Salzburg und nach Königsee beschaffte die Bayerische Staatsbahn 1908 neun zweiachsige Personentriebwagen (DRG ET 184 01 – ET 184 09) und einen Gepäcktriebwagen, DRG-Nummer ET 194 01, von MAN und AEG. Nach der Umstellung der Strecken auf Wechselstrom wurden die Triebwagen 1942/43 verkauft.

Aus umgebauten Personenwagen entstanden für das pfälzische Netz der Bayerischen Staatsbahnen in den Jahren 1887 ein zweiachsiger und 1898 zwei dreiachsige Akkumulator-Triebwagen mit jeweils zwei über Tatzlagermotoren angetriebenen Achsen. Während der zweiachsige Wagen bereits 1901 verschwand, bewährten sich die Dreiachser nach Beseitigung anfänglicher Mängel gut, so daß im Jahre 1903 nochmals zwei Personenwagen umgebaut wurden. Im Jahre 1929 konnte der letzte Dreiachser als AT 206 von der DRG ausgemustert werden. In den Jahren 1900 und 1901 wurden aus vierachsigen Abteil-Personenwagen vier weitere Akkumulator-Triebwagen hergerichtet. Sie hatten ein auf beiden Achsen über Tatzlagermotoren angetriebenes Triebdrehgestell erhalten. Als AT 207 – AT 210 wurden sie von der DRG bis 1932 ausgemustert. Ein auf allen vier Achsen über je einen Motor angetriebener Akkumulator-Triebwagen für die meterspurige Strecke Ludwigshafen – Mündenheim entstand schließlich durch den Umbau eines Personenwagens aus dem Jahre 1894, er war bis 1923 im Dienst.

Für die Strecke Salzburg – Berchtesgaden entstanden 1914 die vier EP 3/6, spätere E 36

Preußen

Die Königlich Preußische Eisenbahn Verwaltung (KPEV) nahm 1911 auf der Strecke Dessau – Bitterfeld den Versuchsbetrieb mit Wechselstrom 16 2/3 Hz, 15 kV auf. Hierfür standen drei 2'B1'-Schnellzuglokomotiven zur Verfügung, deren mechanischer Teil von der Hanomag in Hannover stammte. Den elektrischen Teil lieferte SSW für die Lokomotive ES 1, AEG für die ES 2 und Bergmann für die ES 3. Der Lokkasten der ES 3 bestand aus Holz. Alle Lokomotiven hatten einen großen Fahrmotor erhalten, der die beiden Treibachsen über vertikale Treibstangen und eine Blindwelle antrieb. Während die Lokomotiven ES 1 und ES 3 im Jahre 1923 ausgemustert wurden, kam die ES 2 als E 00 02 bis 1927 noch im badischen Wiesental zum Einsatz. Von einer 1912 bei Krauss und AEG in Auftrag gegebenen 1'D1'-Schnellzuglokomotive der Gattung ES 4 wurde nur der mechanische Teil fertiggestellt. Vorgesehen waren bei dieser Maschine zwei großen Fahrmotoren, deren Energie über Treibstangen auf eine gemeinsame Blindwelle übertragen werden sollte. Über diese Technik verfügte die ebenfalls 1912 als EG 501 gebaute, dann wegen der Einsätze im Personenzugdienst in EP 201 umgezeichnete 1'D1'-Lokomotive von Maffei und SSW. Sie bewährte sich nicht, weshalb es zur Stornierung des Auftrags kam. Die EP 201 wurde bis 1915 in Dessau eingesetzt, dann nach Schlesien umbeheimatet und 1923 ausgemustert.

Für die zwischen 1911 und 1913 fertiggestellten laufachslosen D-Güterzuglokomotiven EG 502 – EG 506 lieferten 1911 und 1913 Hannomag (EG 502 – EG 505) und die Berliner Maschinenbau AG (EG 506) den mechanischen Teil sowie AEG, Felten & Guilleaume, BBC, SSW und die Maffei-Schwartzkopff-Werke den elektri-

FOTOS: SLG. RAMPP (2)

Die ursprünglich für die Berliner S-Bahn vorgesehenen Triebdrehgestelle EB1 bis EB 3 fanden in den E 42 Verwendung, hier eine Meßfahrt in Schlesien

schen Teil. Alle Maschinen besaßen einen großen, im vorbaulosen Lokkasten befindlichen Fahrmotor, der über Treibstangen und eine Blindwelle die Kuppelstange der vier Treibachsen antrieb. Die Lokomotiven erhielten verschiedene Steuerungen zur Erprobung, wurden später als E 70 02 – E 70 06 bezeichnet und bis 1930 ausgemustert.

Auch der Bau von Fahrzeugen für ausländische Bahnen vermittelte der Entwicklung der Ellok wichtige Impulse, wenn auch nicht allen Fahrzeugen dauerhafter Erfolg beschieden war. Für die Bern-Lötschberg-Simplon-Bahn (BLS) in der Schweiz bauten Krauss und AEG 1911 eine zweiteilige 1´B+B1´-Güterzuglokomotive. Jeder der beiden symmetrischen Fahrzeugteile enthielt einen großen Fahrmotor.Die Laufachse und die benachbarte Treibachse waren in einem Krauss-Helmholtz-Gestell zusammengefaßt, so daß die Lok keinen festen Achsstand aufwies. Sie bewährte sich nicht und wurde von der BLS nicht übernommen.

In den Jahren 1913 und 1914 erhielt die KPEV die 1'C1'-Schnellzuglokomotiven ES 5 und ES 6 von Maffei bzw. Borsig und SSW. Die Maschinen hatten nur einen Endführerstand und einen schmalen Aufbau zur Aufnahme der elektrischen Ausrüstung erhalten. Der Antrieb erfolgte in gewohnter Art über eine Blindwelle. Die ES 5 wies einen Treibraddurchmesser von 1 600 mm auf, der der ES 6 betrug hingegen nur 1 250 mm. Beide Lokomotiven wurden 1923 ausgemustert. Ebenfalls nur einen Endführerstand wiesen die 1912 bei BMAG und MSW hergestellten D-Güterzuglokomotiven EG 507 und EG 508 auf. Von der DRG als E 70 07 und E 70 08 bezeichnet, wurden beide Lokomotiven 1928 und 1938 beim Bw Nieder Salzbrunn ausgemustert.

Die 1'C1'-Schnellzuglokomotiven ES 9 – ES 19 entstanden bei BMAG und MSW. Der hohe Vorbau für den Transformator auf einer Lokseite galt als Besonderheit. Auch diese Maschinen hatten nur je einen großen Fahrmotor erhalten. Von einem kurzen Einsatz in Schlesien abgesehen, waren die Lokomotiven stets Bw Leipzig Hbf West beheimatet. Sie erhielten die DRG-Nummern E 01 09 - E 01 19.

Von 1914 bis 1922 lieferte die AEG die B'B'-Güterzuglokomotiven EG 511 – 537 aus. Die hier vorhandenen Vorbauten dienten zur Aufnahme der Fahrmotoren, die über Vorgelege und Blindwelle je zwei Achsen eines Drehgestelles antrieben. Zwischen den beiden breiten Führerhäusern befand sich ein schmaler Maschinenraum. Drei zweiachsige Triebgestelle EB 1 – EB 3 lieferte die AEG im Jahre 1914 für die Berliner Stadtbahn. Sie entsprachen weitgehend einem Drehgestell der Güterzuglokomotiven ab EG 511 und sollten in mit Führerständen und Dachstromabnehmern ausgerüsteten Stadtbahnwagen eingebaut werden. Nach Versuchsfahrten in Berlin und Schlesien wurden die Triebgestelle 1923 ausgemustert.

Für den Personenzugdienst in Schlesien fertigten BMAG und SSW zwischen 1915 und 1921 die 1'C1'-Lokomotiven EP 202 – 208. Sie ähnelten den Schnellzuglokomotiven ES 9 – ES 19 aus dem Jahre 1914 und hatten auch deren Fahrmotoren erhalten. Als E 30 02 – E 30 08 wurden diese Maschinen bis 1930 ausgemustert. Von 1915 bis 1922 kamen außerdem die dreiteiligen B+B+B-Güterzuglokomotiven EG 538abc – EG 549abc hinzu. Sie wurden in den Linke-Hofmann-Werken (LHW) in Breslau und bei SSW hergestellt. Jeweils ein kleiner Fahrmotor trieb über „Hall'sche Kurbeln" die beiden Achsen eines Triebwerkes an. Auf den beiden äußeren Triebwerken war je ein schmaler Maschinenraum aufgebaut, während sich auf dem mit diesen kurzgekuppelten mittleren Triebwerk der hölzerne Lokkasten mit zwei Führerständen und einem Gepäckabteil befand. Die DRG musterte die ausschließlich in Schlesien eingesetzten Lokomotiven bis 1942 aus.

Bereits 1912 bestellte die KPEV die C+C-Güterzug-Doppellokomotiven EG 551/552 – EG 569/570. Sie konnten erst von 1919 bis 1923 von Humboldt in Köln, LHW und BBC ausgeliefert werden. Beide Lokomotivhälften waren identisch und konnten auch einzeln fahren. Je ein Doppelmotor trieb über eine Blindwelle und „Hall'sche Kurbeln" die drei Achsen einer Lokhälfte an. Die vornehmlich in Schlesien eingesetzten Fahrzeuge erhielten von der DRG die Betriebsnummern E 90 51 – E 90 60. Drei Exemplare verblieben nach 1945 bei der DR, wo sie 1956 ausgemustert wurden, ohne im Einsatz gewesen zu sein.

1922/23 lieferten LHW und BEW zwei 2'B+B1'-Personenzug-Doppellokomotiven als EP 209/210 und EP 211/212 an die Reichsbahn. Der Auftrag über ursprünglich 13 solcher Lokomotiven war noch von der KPEV zugunsten der Maschinen ab EP 235 storniert worden. Jede der mit einem hohen Vorbau versehenen Lokhälften verfügte über einen Fahrmotor, der zwei Treibachsen über Stangen antrieb. Die in Schlesien eingesetzten Lokomotiven bewährten sich nicht und wurden 1925 und 1928 ausgemustert. Die vorgesehene Umzeichnung der EP 211/212 in E 49 00 fand wohl nur noch auf dem Papier statt.

Nach der 1917 fertiggestellten Probelokomotive EP 235 erhielt die DRG zwischen

Die E 21 01 und 02 bewährten sich ausgezeichnet, wurden aber nicht nachgebaut

1923 und 1925 elf ähnliche 2'D1'-Personenzuglokomotiven mit den Bezeichnungen EP 236 – EP 246 von LHW und BEW. Ein großer Fahrmotor trieb über zwei Treibstangen und Blindwellen die Kuppelstange der vier Treibachsen an. Die Lokomotiven hatten einen Vorbau erhalten. Vom Aufbau her ähnlich gestaltet, allerdings mit zwei hohen Vorbauten versehen, waren die 1923 und 1924 von der BMAG und MSW an die Deutsche Reichsbahn übergebenen EP 247 – EP 252. Sie gelangten bei der DRG mit den Betriebsnummern E 50 47 – E 50 52 zum Einsatz. Vier Maschinen mustertee die DR 1957 aus.
LHW und SSW lieferten 1923 – 1925 die ersten neun durch Tatzlagermotoren mit einzeln angetriebenen Achsen versehenen 15-kV-Lokomotiven für das ehemals preußische Netz der DRG. Diese Co+Co-Doppellokomotiven erhielten die Nummern EG 571ab – EG 579ab. Jede Lokhälfte besaß einen langen Vorbau und einen etwa mittig liegenden Führerstand, hinter dem ein Gepäckraum vorhanden war. Von den in E 92 71 – E 92 79 umgezeichneten Lokomotiven kamen noch sechs nach 1945 zur DR.
In den Jahren 1924 – 1926 stellten BMAG und BEW die 2'C2'-Schnellzuglokomotiven ES 51 – ES 55 sowie ES 56 und ES 57 mit großem Fahrmotor, einem Vorbau und Doppelstangenantrieb fertig. Die ES 56 erhielt einen weiteren kurzen Vorbau, der nach einem Umbau entfiel. Die im Betrieb sehr aufwendigen Lokomotiven waren in Mitteldeutschland beheimatet und wurden von der DRG als E 06 01 – E 06 07 in das Nummersystem übernommen. Vier E 06 verblieben nach 1945 bei der DR, die sie allerdings nicht mehr einsetzte.
Im Jahre 1924 erhielt die DRG von der BMAG und AEG die B'B'-Personenzuglokomotiven EP 213 und EP 214. 1924 und 1925 folgten die Lokomotiven EP 215 – 219, die ausschließlich bei der AEG gefertigt worden waren. Als Triebdrehgestelle verwendete man im Bau befindliche und ursprünglich für die Berliner Stadtbahn vorgesehene Triebgestelle analog den EB 1 – EB 3. Ein Lokkasten mit zwei kurzen Vorbauten für die Fahrmotoren beherbergte den Maschinenraum und die beiden Führerstände. Von den in E 42 13 – E 42 19 umgezeichneten Lokomotiven kamen vier nach 1945 zur DR und wurden als Schrott 1960 ausgemustert.
Entsprechend den Baureihen EG 3 und EG 5 der Gruppenverwaltung Bayern erhielt auch das preußische Netz der DRG in den Jahren 1924 – 1926 bzw. 1925 und 1926 die dreiteiligen (1B)(B1)-Güterzuglokomotiven EG 701 – EG 725, spätere E 77 51 – EG 77 75 sowie die ebenfalls dreiteiligen C'C'-Güterzuglokomotiven EG 581 – EG 594, spätere E 91 81 – EG 91 94.
Für den Versuchsbetrieb auf der Teststrecke bei Oranienburg bauten Vulcan in Stettin und die AEG im Jahre 1907 die erste deutsche Lokomotive für Einphasen-Wechselstrom. Das Fahrzeug bestand aus zwei mit je zwei durch Tatzlagermotoren einzeln angetriebenen Treibachsen. Nach Beendigung der Versuchsfahrten wurde die als EV 1/2 bezeichnete Lokomotive für das mit Wechselstrom 25 Hz, 3 kV elektrifizierte Netz der Altonaer Hafenbahn umgebaut, als E 73 03 von der DRG übernommen und bis 1932 eingesetzt. Die Lokomotive gehört heute zum Bestand des Verkehrsmuseums Nürnberg. Eine weitere Doppellokomotive wurde 1913 bei Henschel und BEW entwickelt. Auch sie hatte einen Einzelachsantrieb über Tatzlager erhalten. Nach zahlreichen Störungen wurde die EV 3/4 bereits 1916 ausgemustert. 1923 erhielt die Hamburger Hafenbahn von BMAG und MSW eine Drehgestellokomotive mit der Achsfolge Bo'Bo' und kurzen Vorbauten als EV 5. Sie wies Einzelachsantrieb über Tatzlagermotoren auf und wurde 1926 in E 73 05 umgezeichnet. Ebenso wie die 1926 von denselben Herstellern gelieferte vorbaulose EV 6, ab 1926 als E 73 06 bezeichnet, war sie bis zur Einstellung des Betriebes im Jahre 1953 im Einsatz.
Neben den im Katalogteil beschriebenen Triebwagen für 16 2/3 Hz, 15 kV-Wechselstrom richtete die KPEV für die Elektrifizierung der Stadt- und Vorortbahnen in Berlin und Hamburg Versuchsstrecken ein. In Hamburg wurde ein Wechselstrombetrieb mit 25 Hz, 6 kV und Oberleitung eingerichtet, in Berlin zunächst ein Betrieb mit 550 V Gleichstrom und Stromschiene. In Hamburg setzte sich schließlich ebenfalls der Stromschienenbetrieb mit 1.200 V Spannung durch, in Berlin wurde die Spannung auf 750 V angehoben. Für beide Probebetriebe wurden sowohl vom Antrieb als auch von der Fahrzeugaufteilung her unterschiedliche Versuchszüge beschafft.
Außerdem führten die KPEV und die Württembergische Staatsbahn Versuche mit Akkumulatortriebwagen durch. Während bei beiden Bahnen den für einen Akku-Betrieb umgebauten Personenwagen keine lange Existenz beschieden war, konnten die für die KPEV ab 1907 hergestellten Triebwagen bis in die sechziger Jahre bei beiden deutschen Bahnen im Dienst beobachtet werden.

Die Stromschienen-Lok E 178 01 sollte während der Fahrt die zuvor länger abgestellten Züge heizen

REDAKTION: AXEL ENDERLEIN; FOTOS: SLG. GEWANDT, SLG. KNIPPING, DEUTSCHES MUSEUM, , SLG. PILLMANN

Mit der Baureihe V 200 (220) und ihrer Nachfolgerin V 200.1 (221) schrieb die DB Technikgeschichte. Letztere war die stärkste zweimotorige Diesellok

Wie der Bundesbahn-Lokomotivpark entstand:

Unter dem Diktat der Kosten

Bald nach der Gründung der Deutschen Bundesbahn wurden zur dringend erforderlichen Modernisierung des Lokomotivparks erste Typenprogramme für alle Traktionsarten aufgestellt. Bei den Dampflokomotiven sollten vor allem die zahlreichen, noch aus Länderbahnzeiten stammenden, Fahrzeuge ersetzt werden. Bereits 1949 wurde mit der Entwicklung der E h2-Tenderlokomotive der Baureihe 82 für den Rangier- und Steilstreckendienst begonnen. Als erste Neubaudampflok der DB wurde 1950 die von Henschel gebaute 82 023 von der DB abgenommen und dem Versuchsamt in Minden übergeben. Ebenfalls 1950 konnte die 1´C1´h2-Personenzuglokomotive 23 001 des selben Herstellers in Dienst gestellt werden. Die ersten drei 1´D2´h2-Tenderlokomotiven 65 001 – 003 für den schweren Reisezugdienst auf Haupt- und Nebenbahnen, von Krauss-Maffei gebaut, wurden 1951 abgenommen. Diese drei Dampflokomotivreihen erreichten als einzige größere Stückzahlen: von der Baureihe 23 wurden 105 Stück gebaut, die Baureihe 65 erreichte eine Gesamtzahl von 18 Lokomotiven und die Reihe 82 eine von 41 Stück. Von zwei weiteren Neuentwicklungen wurden nur jeweils zwei Exemplare in Dienst gestellt, es waren dies die schweren 2´C1´h3-Schnellzuglokomotiven 10 001 und 002 von 1956/57 und die leichten 1´C2´h2-Tenderlokomotiven 66 001 und 002 von 1955.

Zahlreiche Einheitslokomotiven der Vorkriegsbauarten wurden, vorwiegend durch den Einbau neuer Kessel, die nach den Baugrundsätzen der Neubaulokomotiven entstanden, modernisiert und teilweise mit einer Ölhauptfeuerung versehen. Solche Lokomotiven der Baureihen 042 (ex 41 Öl) und 043 (ex 44 Öl) waren es dann auch, mit denen die DB 1977 den Einsatz von Dampflokomotiven beschloß.

Die Eisenbahnen der Westzonen hatten nach Kriegsende ein zwar lädiertes, aber doch einigermaßen funktionsfähiges elektrifiziertes Netz übernommen – insbesondere in Süddeutschland um die Städte München, Nürnberg und Stuttgart. Ab 1946 konnte hier wieder mit **Elektrolokomotiven** gefahren werden. Auf dem Gebiet der späteren Deutschen Bundesbahn waren 456 Elektrolokomotiven für 15 kV/16 2/3 Hz verblieben, von denen folgende Baureihen mit nennenswerten Stückzahlen bis 1950 wieder im Betrieb waren: E 04 (6), E 16 (19), E 17 (26), E 18 (34), E 19 (4), E 32 (24), E 44 (111), E 44.5 (9), E 52 (30), E 60 (14), E 63 (8), E 71 (9), E 75 (25), E 91 (27), E 93 (18) und E 94 (70). Von vornherein stand für die DB fest, die wichtigen Hauptstrecken zu elektrifizieren. Ein Streitpunkt war allerdings zunächst die Frage des Stromsystems, wobei sich die Befürworter des Systems Wechselstrom 15 kV/16 2/3 Hz gegenüber denen des 50 Hz-Wechselstroms mit höherer Spannung durchsetzten.

Um den aufgrund kriegsbedingter Ausmusterungen entstandenen Mangel einigermaßen schnell beheben zu können, wurden von einigen Vorkriegsbaureihen nach 1945 weitere Lokomotiven, teils auch aus noch vorhandenen Teilen, beschafft. So entstanden 1954/55 die E 18 054 und 055. Zwischen 1945 und 1954 wurden die E 44 176, 177, 179 – 187, teilweise mit elektrischer Widerstandsbremse (E 44 W) oder Einrichtung für Wendezugbetrieb (E 44 G), gebaut. Von 1950 bis 1956 kamen die E 94 140 – 142, 160, 161, 178 – 196 und 262 – 285 neu in den Bestand der DB. Versuchsweise erhielten die E 94 141 und 142 (ab 1968: 194 541/542)

Mit der E 10 002 stellten Krupp und BBC eine der Mütter deutscher Nachkriegs-Elloks auf die Schienen

eine Hochspannungssteuerung der Firma BBC, eine solche von Siemens wurde in die E 94 270 und 271 (ab 1968: 194 570/571) eingebaut.
In den Jahren 1952 bis 54 verkaufte die DR einige aus der Sowjetunion zurückgekehrte Lokomotiven der Reihen E 18 (5), E 44 (1) und E 94 (4) an die DB, die hier wieder aufgearbeitet wurden.
Im März 1950 wurde im Fachausschuß für elektrische Lokomotiven beschlossen, daß sich die künftige Entwicklung von Neubau-Elloks auf zwei Typen beschränken konnte, eine sechsachsige Güterzuglok mit einer Höchstgeschwindigkeit von 100 km/h auf Basis der E 94 und eine vierachsige Mehrzwecklok mit einer Höchstgeschwindigkeit von 120 km/h, die zwar auf der Basis der E 44 entwickelt werden konnte, aber aufgrund deren zu geringer Leistung und Geschwindigkeit den Bau von Versuchslokomotiven voraussetzte. Es kamen nur laufachslose Lokomotiven mit Einzelachsantrieb in Frage. Eine weitere Neuerung war, dem Lokführer den Dienst sitzend zu ermöglichen, nachdem er auf den Elloks der Vorkriegsbauarten die Arbeit stehend verrichten mußte.
Unter der Arbeitsbezeichnung E 46 begann das Eisenbahn-Zentralamt in München 1949 mit der Aufstellung des Leistungsprogramms und der Konstruktionsgrundsätze. Besonderes Augenmerk richtete man auf den Antrieb, so daß im Herbst 1950 fünf Probelokomotiven, inzwischen wegen der auf 130 km/h heraufgesetzten Höchstgeschwindigkeit als E 10, in Auftrag gegeben wurden. Die Entwicklungsarbeit hierzu leisteten unter der Leitung des Bundesbahn-Zentralamtes (BZA) München die Lokomotivfabriken. Gefordert wurden eine Achslast von etwa 20 Tonnen bei einem Gesamtgewicht von maximal 82 Tonnen, eine Stundenleistung von 3300 – 3500 kW und die Höchstgeschwindigkeit von 130 km/h. Gemeinsam war allen fünf 1952/53 gelieferten Lokomotiven der Einzelachsantrieb mit vier Reihenschlußkommutatormotoren.
Krauss-Maffei und AEG lieferten die E 10 001 mit einem Dienstgewicht von 83 Tonnen, einer Stundenleistung von 3800 kW bei 94 km/h und Hohlwellengelenkstangenantrieb der Bauart Alsthom. Die Steuerung der vier Fahrmotoren geschah mittels einer Feinreglersteuerung mit motorischer Nachlaufsteuerung. Äußerlich kam diese Lokomotive mit zwei großen Stirnfenstern den zukünftigen Neubaulokomotiven am nächsten. Die Anlieferung der E 10 002 erfolgte durch die Firmen Krupp und BBC. Ihr Dienstgewicht betrug 82 Tonnen und die Stundenleistung 3280 kW bei 79,3 km/h. Sie erhielt einen BBC-Scheibenantrieb, die Steuerung der Fahrmotoren erfolgte durch eine als Potentiometersteuerung ausgeführte Nachlaufsteuerung. Wie die anderen Vorserienfahrzeuge hatte sie eine mehr der E 18 ähnelnde Stirnansicht mit drei Fenstern. Von Henschel und Siemens wurde die E 10 003 gebaut. Sie hatte ein Dienstgewicht von 80 Tonnen und eine Stundenleistung von 3800 kW bei 91 km/h und einen SSW-Gummiringfederantrieb, wie er schon ab 1950 in der E 44 038 erprobt wurde. Versuchsfahrten fanden auch am Arlberg in Österreich statt, wobei der Gummiringfederantrieb so überzeugen konnte, daß er für die kommenden Serienlokomotiven vorgesehen wurde. Die Anlieferung der baugleichen Lokomotiven E 10 004 und 005 erfolgte durch Henschel und AEG. Sie erreichten ein Dienstgewicht von 80 Tonnen und eine Stundenleistung von 3440 kW bei 98 km/h. Ihr Antrieb geschah durch einen Kardan-Lamellenantrieb der Bauart Sècheron, die Steuerung ihrer Fahrmotoren durch eine Nachlaufsteuerung in Form einer Potentiometersteuerung. Die E 10 005 quittierte als letzte Vorserien-E 10 im Jahre 1978 den Dienst, sie ist als nicht betriebsfähige Museumslok im Aw München-Neuaubing wie die E 10 002 im Aw Opladen erhalten.
Die Betriebserprobungen ergaben ein Typenprogramm mit drei Grundtypen: Eine Bo´Bo´-Lok E 10/E 40 mit dem Dienstgewicht von 83 Tonnen mit zwei Getriebevarianten als Schnellzuglok für 150 km/h und als Güterzuglok mit 100 km/h, ferner eine Bo´Bo´-Lok E 41 mit dem Dienstgewicht von 66 Tonnen und der Höchstgeschwindigkeit von 120 km/h für den leichten Haupt- und Nebenbahndienst sowie eine Co´Co´-Lok E 50 mit dem Dienstgewicht von 126 Tonnen und der Höchstgeschwindigkeit von 100 km/h für den schweren Güterzugdienst auf Steigungsstrecken. Zusätzlich war noch an eine Co´Co´-Schnellzuglokomotive E 01 mit der Höchstgeschwindigkeit von 180 km/h gedacht, die nicht verwirklicht wurde.
Der Siemens-Gummiringfederantrieb hatte sich am besten bewährt, er zeichnete sich durch Zuverlässigkeit und Wartungsarmut aus, so daß er in den ab 1956 gebauten, sogenannten „Elektrischen Einheitslokomotiven" der Baureihen E 10.1, E 40, E 41 und E 50 generell zum Einbau kam, lediglich die E 50 001 – 025 erhielten noch einen Tatzlagermotor. (Sie werden seit Mai 1993 abgestellt.) Als Steuerung für die Fahrmotoren wurde für die Baureihe E 41 die in der E 10 003 erprobte Niederspannungs-Nachlaufsteuerung verwandt, die übrigen Baureihen erhielten die in E 10 002, 004 und 005 und E 94 141, 142, 270 und 271 erprobte Hochspannungs-Nachlaufsteuerung, bei den Serien-E 10, E 40 11 und E 50 ergänzt um die Einrichtungen der elektrischen Bremse.
Insgesamt wurden in den Jahren 1956 (E 41 001) bis 1973 (140 879) 1934 Einheits-Ellok gebaut. Allein 1063 Ellok erhielten den identischen Aufbau mit den sieben Seitenöffnungen der „Kasten"-E 10 und E 40.
Ab 1962 war die Beförderung der Fernschnellzüge „Rheingold" und „Rheinpfeil" auf geeigneten Streckenabschnitten im Rheintal mit einer Geschwindigkeit von 160 km/h vorgesehen, nachdem bis dahin die Höchstgeschwindigkeit von Schnellzügen 140 km/h betragen hatte. Hierfür erhielten zunächst sechs „Kasten"-E 10 eine andere Getriebeübersetzung und eine dem Wagenpark angepaßte Farbgebung in blau und elfenbein, bis im Herbst 1962 mit der Anlieferung der E 10 1265 – 1270, die einen neuen, windschnittigeren Lokkasten, den dann ab E 10 288 alle Lokomotiven dieser Baureihe erhielten („Bügelfalten"-E 10), die ersten eigens für Schnellfahrten gebauten Ellok der DB zur Verfügung standen.
Im Jahre 1963 erhielten die E 10 299 und 300 neuentwickelte Drehgestelle mit Versuchsantrieb, um für die inzwischen für eine Geschwindigkeit von 200 km/h geplante Co´Co´-Lok E 03 geeignete Fahrwerke zu finden. Bei Versuchsfahrten erreichten beide Lokomotiven 200 km/h, wobei der in der E 10 300 eingebaute Siemens-Gummiring-Kardanantrieb durch sein besseres Laufverhalten mehr überzeugen konnte. Im

FOTOS: LINDENBLATT, GUSSMANN, SCHULZ, WALPER

Jahr 1965 konnten dann die E 03 001 und 004 mit dem drehelastischen Henschel-Verzweigerantrieb sowie E 03 002 und 004 mit dem Siemens-Gummiring-Kardanantrieb geliefert werden. Anläßlich der Internationalen Verkehrsausstellung in München wurden mit ihnen erstmals planmäßige Züge mit 200 km/h zwischen München und Augsburg befördert. Ab 1966 gelangten die E 03 in den Plandienst zur Beförderung von TEE-Zügen. Mit den in der Betriebserprobung gemachten Erfahrungen erhielten die ab 1970 ausgelieferten Serienlokomotiven 103.1 den Siemens-Gummiring-Kardanantrieb. Bis zur Indienststellung der 120 leisteten die 103 den gesamten hochwertigen Zugverkehr im TEE- und Intercity-Dienst der DB.
Mit dem Einzug der Drehstromtechnik in den Lokomotivbau verbunden war die Hoffnung auf eine echte Mehrzwecklokomotive, für Schnellzüge mit sehr hohen Geschwindigkeiten genauso geeignet wie für schwerste Güterzüge.
1974 wurde die dieselelektrische Versuchslokomotive 202 002 von Henschel und BBC, die wie ihre Schwestern 202 003 und 004 Drehstrommotore besaß, ihres Dieselmotors „beraubt" und mit einem zur Stromversorgung aus der Fahrleitung umgerüsteten Steuerwagen fest gekuppelt. Das umfangreiche Versuchsprogramm zeigte, daß die Erwartungen an die Drehstrom-Antriebstechnik hinsichtlich Leistungsausnutzung und Wartungsarmut erfüllt werden konnten, so daß die fünf Bo´Bo´-Vorserienlokomotiven 120 001 – 005 in den Jahren 1979/80 ausgeliefert werden konnten. Mit diesen und der ehemaligen Mehrsystemlok 182 001, die von AEG auf eigene Rechnung 1981 als Erprobungsträger für Drehstromtechnik umgebaut und an die DB vermietet wurde, fanden ausgiebige Erprobungen auch im Plandienst statt. Ab 1987 konnten daraufhin die 60 Serienlokomotiven 120 101 – 160 geliefert werden.

Die 182 001 war einer der Erprobungsträger, die den Weg zur Drehstrom-Antriebstechnik bereiteten

Um Engpässe im Lokomotivbestand zu beseitigen, wurden ab 1973 als Weiterentwicklung der 150 die Co´Co´-Güterzuglokomotiven 151 001 – 170 gebaut. Die ab 1974 in Dienst gestellten Bo´Bo´-Schnellzuglokomotiven 111 001 – 227 stellen eine Fortentwicklung der 110 dar, als Neuheit kam bei ihnen der „integrierte Führerraum" erstmals serienmäßig zum Einsatz, den heute auch die 120 und die ICE-Züge 401 besitzen. Zu den „Lückenfüllern", da noch mit konventioneller Motor- und Antriebstechnik versehen, darf man die derzeit von der DB und der DR gemeinsam, beschafften Bo´Bo´-Schnellzuglokomotiven der Reihe 112.1 zählen, die auf der von LEW Henningsdorf entwickelten DR-Baureihe 112.0/143 basieren.
Mit der Elektrifizierung des Saarlandes ergab sich das Zusammentreffen mit dem Stromsystem 25 kV, 50 Hz der französischen Staatsbahnen SNCF, also war die Entwicklung von Zweifrequenzlokomotiven für beide Systeme gefragt. Die Industrie lieferte 1959/60 drei Bo´Bo´-Probelokomotiven E 320 01, 11 und 21, die äußerlich den Einheits-Ellok E 10/E 40 entsprachen, jedoch unterschiedliche Transformatoren, Steuerungen und Ausführungen der Gleichrichter für die Gleichstrommotoren, die alle erstmals mit Siliziumdioden versehen waren, besaßen.
Eine vierte Zweisystemlok entstand 1962 durch den Umbau der ehemaligen „Höllental-Lok" E 244 21 in die E 344 01, die wie eine auf ein E 44-Fahrwerk gesetzte E 41 aussah. Sie erhielt die Wechselstrom-Tandemmotoren der E 244 22 und wurde als 183 001 im Jahr 1969 ausgemustert. Die drei anderen Lokomotiven erhielten 1968 die Nummern 182 001, 011 und 021, sie wurden zwischen 1977 und 1982 abgestellt, die 182 001 in eine Versuchslok für die Drehstromantriebstechnik umgebaut.
Als „Europa-Lok" erschienen 1965 die Bo´Bo´-Viersystemlokomotiven E 410 001 – 003 (AEG) und 011/012 (BBC), die zusätzlich auf mit Gleichstrom 1,5 kV und 3 kV elektrifizierten Strecken Belgiens und der Niederlande eingesetzt werden sollten. Sie hatten für jedes Stromsystem einen eigenen Einholmstromabnehmer. Unterschiede gab es in der Speisung der vier Fahrmotoren bei Gleichstrombetrieb. Da sich der Gleichstromteil nicht bewährte, wurde er wieder ausgebaut. Die 1968 in 184 111 und 184 112 umgezeichneten Lokomotiven wurden 1981/83 ausgemustert, 184 001 – 003 sind als Zweifrequenzlokomotiven noch im Einsatz.
Mit dem gleichen Kastenaufbau wurden im Jahre 1968 vier Bo´Bo´-Zweifrequenzlokomotiven geliefert – mämlich 181 001 und 002 mit elektrischer Widerstandsbremse sowie 181 103 und 104 mit elektrischer Nutzbremse. Aus denen leitete man dann die ab 1974 gebauten 25 Serienlokomotiven der Baureihe 181.2 mit Widerstandsbremse ab.

Eine technische Revolution: Die DB-120.0 war die erste Drehstrom-Vollbahnlokomotive der Welt

Wieder ein Erprobungsträger: die "UM-AN-Lokomotive" 202 003 von Henschel und BBC

Die meisten **elektrischen Triebwagen** verblieben nach Kriegsende auf dem Gebiet der DB. Sie wurden nach Beseitigung der Kriegsschäden als ET 11, ET 25, ET 31/32, ET 55 ET 65 und ET 85, um nur die wichtigsten zu nennen, wieder in Dienst genommen wurden. In den sechziger Jahren wurden die ET 25, 55 und 65 grundlegend modernisiert, was sich äußerlich an den Stirnfronten zeigte. Bereits 1952 konnte der erste dreiteilige Neubautriebwagen für den Städte-Nahverkehr als ET 56 in Betrieb gehen. Er gehörte aufgrund der charakteristischen Front zur Familie der „Eierkopf-Triebwagen". Seine elektrische Ausrüstung stammte teils aus kriegszerstörten Vorkriegstriebwagen ET 25 und ET 31, teils aus Reservebeständen, der Rest wurde neu gebaut. Die sieben Triebzüge blieben als 456 bis 1986 im Dienst der DB. Weitere 24 dreiteilige Triebzüge ET 30 entstanden ab 1956 für den Bezirksverkehr des Ruhrgebiets. Sie ähnelten bis auf die Ausführung der Türen den ET 56, ihr Einsatz bei der DB endete als 430 im Jahr 1984.

Im Gegensatz zu den beiden vorhergegangenen Triebzügen, bei denen pro Triebkopf beide Achsen eines Drehgestelles angetrieben war, wurden bei den im Jahre 1964 gelieferten fünf dreiteiligen Triebzügen ET 27 alle vier Achsen der beiden Triebköpfe angetrieben, nur die Mittelwagen hatten keine Motoren. Die Vorläufer der S-Bahn-Triebwagen waren bis 1986 im Stuttgarter Nahverkehr als 427/827 eingesetzt. Wie diese mit Tatzlagermotoren bestückt, waren die 1969 erstmals vorgestellten S-Bahn-Triebzüge der Reihe 420/421, die bis heute in acht Bauserien, die sich entsprechend dem Stand der Technik voneinander leicht unterscheiden, für die Verkehrsverbünde von Frankfurt (Main), München und Stuttgart sowie anfangs im Ruhrgebiet gebaut wurden.

Für den Einsatz im Intercity-Verkehr mit einer Höchstgeschwindigkeit von 200 km/h wurden 1973 drei vierteilige Triebzüge der Reihe 403/404 in Dienst gestellt. Um für den Bau der Hochgeschwindigkeitstriebzüge „ICE" Erfahrungen sammeln und Bauteile erproben zu können sowie für Probefahrten auf den Neubaustrecken stellte die Industrie 1985 den Prototyp „Intercity-Experimental" fertig. Neben einem im Windkanal erprobten Äußeren weist der Zug auch im mechanischen und elektrischen Teil zahlreiche grundlegende Neuerungen auf, so die Mikroprozessortechnik und Lichtwellenleiter. 1989 begann die Auslieferung der Serien-ICE-Züge mit den Triebwagen 401 und, ab 1990, den Mittelwagen 801 – 804. Die Triebköpfe ab 401 001/501 sind mit Thyristor-Stromrichtern bestückt, ab 401 051/551 mit GTO-Stromrichtern.

Auf dem Gebiet der DB waren 74 **elektrische Speichertriebwagen** der Bauarten ETA 177 – 180 verblieben. Aufgrund der guten Erfahrungen bestellte die DB moderne Bo´2´-Akku-Triebwagen für den Eilzugdienst, die als ETA 176 001 – 008 von 1952 – 1954 und acht Steuerwagen ESA 176 001 – 008 von 1954 – 1958 ausgeliefert wurden. Die in der Anschaffung durch ihre aufwendige Bauweise teuren Fahrzeuge blieben als 517 bis 1984 im Dienst der DB, aufgrund ihrer Heimat und ihres stromlinienförmigen Äußeren hatten sie den Spitznamen „Limburger Zigarren". Vornehmlich für den Nahverkehr gedacht waren die ab 1954 gelieferten ETA/ESA 150. Als Reihe 515/815 sind noch wenige Fahrzeuge im Dienst. Die zu Beginn der achziger Jahre auf der Basis des Dieseltriebwagens 628.1 begonnene Planung eines Speichertriebwagens ETLO 528, der seinen Fahrstrom zusätzlich aus der Fahrleitung beziehen sollte, wurde bald wieder aufgegeben, man setzte voll auf die Dieselzüge.

Nach Kriegsende kamen die in den westlichen Besatzungszonen verbliebenen Wehrmacht-**Diesellokomotiven** der zweiachsigen Bauart als V 20 (270) und der dreiachsigen Bauart als V 36 (236), die bis 1950 nachbeschafft wurden, und zwei dieselelektrische Doppellokomotiven als V 188 (288) zur DB, außerdem von der Reichsbahn die erste dieselhydraulische Großlokomotive der Welt, V 140 001 und zahlreiche Kleinlokomotiven der Leistungsgruppen I und II.

In Fortsetzung der Vorkriegsentwicklungen setzte die DB im Diesellokomotivbau auf Hochleistungsmotoren und hydraulische Strömungsgetriebe zur Kraftübertragung – anders als die meisten anderen Eisenbahnverwaltungen, die die elektrische Kraftübertragung favorisierten. 1951 lieferten Krauss-Maffei und MaK als erste Neu-

Nicht praktischen Erwägungen, sondern dem Zeitgeist geschuldet: die Form des ETA 176

FOTOS: SCHULZ, NIEDT, POTELICKI

Wie kein anderes Eisenbahnfahrzeug symbolisierte der 1957 in Dienst gestellte TEE-Triebzug VT 11.5 den Fortschritt bei der Deutschen Bundesbahn

entwicklung die Baureihe V 80 mit zehn Fahrzeugen aus. In diese B´B´-Lokomotiven für den leichten Haupt- und Nebenbahndienst konnten wahlweise drei verschiedene Dieselmotore eingebaut werden. Ihr Plandienst endete im Jahre 1978 beim Bw Bamberg. Als zweimotorige Variante für den Reisezugdienst auf den Hauptbahnen entstanden 1953 unter Verwendung der gleichen Maschinenanlage die fünf Prototypen der B´B´-Reihe V 200, die wie die V 80 einen im Stil der Zeit gestalteten Lokkasten aufwiesen. Das nun aufgestelltes Typenprogramm für die Diesellokbeschaffung sah folgende Typen vor:

- für den Rangierdienst auf Bahnhöfen die Kleinlokomotive Köf II mit 107/150 PS,
- als Rangierlokomotive die V 60 mit 650 PS, Achsfolge C,
- für den gemischten Dienst auf Nebenbahnen und als Rangierlok die V 65 mit 650 PS, Achsfolge D,
- für den schweren Neben- und leichten Hauptbahndienst die V 65.2 mit 800/1000 PS, Achsfolge B´B´,
- für den mittelschweren gemischten Hauptbahndienst die V 160 mit 1600 PS, Achsfolge B´B´,
- für den leichten Reisezugdienst auf Hauptbahnen die V 200 mit 2200 PS, Achsfolge B´B´,
- für den schweren Zugdienst auf Hauptbahnen eine V 320 mit 3200 PS, Achsfolge C´C´.

Von diesen Loktypen wurden von den Baureihen Köf II (schon ab 1948), V 60 und V 200 ab 1955 größere Stückzahlen an die DB geliefert, die geplante V 65.2 kam als V 100.10. Die V 160 ging nach zehn Prototypen 1960/61 und 1963 schließlich 1964 in die Serienfertigung. Von der mit Stangenantrieb versehenen V 65 beschaffte die DB lediglich 15 Stück, da deren Dienste auch von den V 60 und V 100 übernommen werden konnten. Mit der Übernahme der Eisenbahnen des Saarlandes erhielt die DB 1957 auch acht von diesen in Frankreich beschaffte B-Rangierlokomotiven V 45 003 – 010 , die als 245 bis 1980 im Betrieb standen. Versehen mit fortentwickelten Motoren und Getrieben wurden ab 1962 die V 100.10 als V 100.20 und die V 200 als V 200.1 mit einem bzw. zwei 1350 PS-Motoren weitergebaut.

Die einmotorige V 160 wurde zum Grundtyp einer ganzen Familie von Streckenlokomotiven, die durch die Weiterentwicklung der Dieselmotoren und Hydraulikgetriebe sowie dem Übergang von der Dampf- zur elektrischen Heizung in den Reisezügen im Laufe der 22-jährigen Beschaffungszeit entstand. 1965 erschien die V 162 (217), die einen Hilfsdieselmotor für den Generator der elektrischen Zugheizung erhielt.

Die ab 1968 gelieferten 215 hatten wieder Dampfheizung, erhielten aber teilweise schon den für die 218 entwickelten neuen Motoren mit 1840 kW (2500 PS) und den mit den V 162 eingeführten längeren Lokkasten. Ebenfalls 1968 wurden die Vorserienloks der Reihe 218 mit elektrischer Zugheizung ausgeliefert, bei dieser Baureihe wurde später die Motorleistung von 1840 kW (2500 PS) auf 2060 kW (2800 PS) gesteigert. Im Zusammenhang mit dem zusätzlichen Leistungsbedarf der elektrischen Zugheizung steht der Einbau einer aus dem Hubschrauberbau stammenden Gasturbine in die 1965 gelieferte V 169 001 (219 001), die der Lok eine zusätzliche Leistung von 650 kW (900 PS) bescherte und bei schweren An- und Bergfahrten zugeschaltet werden konnten. Während diese direkt aus der V 160 entwickelte Lok ein Einzelstück blieb, wurden von der aus der 218 im Jahre 1970 entwickelten Reihe 210 acht Fahrzeuge gebaut. Mit ihrer Gasturbine, die eine Leistungsreserve von 845 kW (1150 PS) brachte, hatten sie eine maximale Motorleistung von 2685 kW (3650 PS) und waren damit die stärksten Diesellokomotiven der Deutschen Bundesbahn. Nach verschiedenen Schäden und Bränden mußten die Turbinen 1978 stillgelegt werden, seitdem sind die Loks als Reihe 218.9 eingesetzt.

Zahlreiche Dieselloktypen, fast ausschließlich mit elektrischer Kraftübertragung, wurden von der Industrie auf eigene Rechnung gebaut und der DB zur Erprobung überlassen, die dann aber keine dieser Lokomotiven bestellte. Einige davon seien hier genannt:

- 1953: Co´Co´-Rangierlok 1818 der US-Army mit 1180 kW (1600 PS) von Electro-Motive-Division, erprobt in Plänen der Schnellzugdampflok 01 und der Güterzugdampflok 50,
- 1959: C´C´-Streckenlok mit hydraulischer Kraftübertragung und 2200 kW (3000 PS), Typ ML 2200 von Krauss-Maffei, als V 300 001/230 001 bis 1975, von DB angekauft,
- 1962: Bo´Bo´-Streckenlok mit 1470 kW (2000 PS), Typ DE 2000 von Henschel und Siemens, als 202 001 bis 1969 bei der DB,
- 1962: C´C´-Streckenlok mit hydraulischer Kraftübertragung von Henschel und 2940 kW (4000 PS), als V320 001/232 001 bis 1974 bei der DB,
- 1964: Bo´Bo´-Streckenlok mit 1100 kW (1500 PS), Typ ME 1500 von Krupp und AEG, als 201 001 bis 1969 bei der DB,

Die Zeit der Gasturbinen – unter anderem in den abgebildeten 210 004 und 008 – währte nicht lang

- 1971: Bo´Bo´/Co´Co´-Streckenlok mit 1840 kW (2500 PS), Typ DE 2500 von Henschel und BBC, als 202 002 – 004 bis 1985 bei der DB,
- 1982/83: C-Rangierloks von MaK/BBC (259 001), Krauss-Maffei/BBC (259 002), Gmeinder/Siemens (259 003), Henschel (259 004) mit 500 kW (680 PS),
- 1985: C-Rangierlok mit hydraulischer Kraftübertragung mit 500 kW (680 PS) von Krauss-Maffei/Voith (259 005),
- 1989: Co´Co´-Streckenlok mit 2650 kW (3600 PS), Typ DE 1024 von Krupp MaK, als 240 001 – 003 noch im DB-Einsatz.

Unter den nach dem Krieg im Bereich der DB vorgefundenen **Dieseltriebwagen** waren viele Einzelgänger oder Kleinserien. Ausnahmen bildeten die vierachsigen VT 60 mit 31 Fahrzeugen und die zweiachsigen VT 70 und 75 mit 30 bzw. 16 Fahrzeugen. Viele Fahrzeuge, besonders die Schnelltriebwagen, waren an die Streitkräfte der Alliierten vermietet. Zunächst ging man die Entwicklung von leichten Fahrzeugen für Nebenbahnen an. Wie schon in der Vorkriegszeit setzten die Ingenieure auf Adaptionen aus dem Straßen-Omnibusbau, um durch große Serien vieler Baugruppen kostengünstige Fahrzeuge zu erhalten. Im Jahre 1950 lieferte die Waggonfabrik Uerdingen die ersten Prototypen VT 95 901 - 911 mit einem 90 PS-Lastwagenmotor von Büssing und dem nach der Eisenbahn-Bau- und Betriebsordnung zulässigen Achsstand von 4500 mm. Ein weiterer VT 95 912 erhielt mit einer Ausnahmegenehmigung den bei den Serienlieferungen der Schienenbusse beibehalten Achsstand von 6000 mm, was eine um 2500 mm größere Wagenkastenlänge zuließ. Nach ausführlichen Erprobungen im Allgäu und in Schleswig-Holstein begann 1952 mit dem VT 95 9113 die Serienlieferung einmotoriger Schienenbusse. Entsprechend der Fortentwicklung des Motorbaues konnte die Leistung von 90 PS auf 110 PS und schließlich auf 150 PS erhöht werden. Da es sich bald zeigte, daß die Fahrzeuge bereits mit einem Beiwagen VB 142 Schwierigkeiten auf Steigungsstrecken hatten, wurden 1953 drei Schienenbusse VT 98 901 – 903 mit zwei Motoren geliefert.

Während die bisherigen Schienenbusse eine vereinfachte Scharfenbergkupplung mit Stoßbügeln besaßen, waren die aufgrund der guten Erfahrungen mit den Prototypen ab 1955 gelieferten zweimotorigen Serien-VT 98 zur Mitnahme normaler Waggons mit der Regel-Zug- und Stoßeinrichtung versehen. Auch erhielten sie Vielfachsteuerungen, um den Einsatz von Steuerwagen und eines zweiten Triebwagens zu gestatten. Zur Ablösung des Dampfbetriebes auf den Zahnradstrecken Honau – Lichtenstein und Erlau – Wegscheid wurden ab 1961 acht mit Zahnradausrüstung und verstärkter Bremse ausgestattete Schienenbusse VT 97 geliefert, die dann allerdings doch nur in Honau zum Einsatz kamen. Sie wiesen aufgrund der Länge der Zahnstangen einen etwas verkürzten Achsstand von 5950 mm auf. Nach der Stillegung der Zahnradstrecke 1969 wurde die Zahnradausrüstung wieder ausgebaut.

Die zweite Neuentwicklung von Dieseltriebwagen galt dem Fernschnellverkehr. Ab 1952 beschaffte die DB in zwei Serien die Triebwagen VT 08 für den Fernschnellzugverkehr. 1963 begann ihr Umbau zu Nahverkehrstriebwagen VT 12.6/613, als die sie 1985 ihren Dienst quittierten. Ebenfalls zu den „Eierkopf-Triebwagen", nur im Grundriß und der Ausstattung abweichend, gehörten die für den Städteschnellverkehr ab 1953 gebauten VT 12.5.

Für die ab 1957 verkehrenden „Trans-Europ-Express"-Züge waren neue Schnelltriebwagen mit der Höchstgeschwindigkeit von 140 bis 160 km/h erforderlich. Deren Auslieferung begann 1957, die Grundgarnitur bestand aus zwei Triebköpfen VT 11.5 mit einer Motorleistung von 1100 PS und fünf Mittelwagen VM 11.5, alle nur die erste Wagenklasse führend. Jeder Zug besaß einen Bar- und Speisewagen, auffallend war die vorgeschriebene Zweifarbenlackierung in rot und elfenbein. Anfang der siebziger Jahre wurden vier Triebköpfe 601 (ex VT 11.5) anstelle des Dieselmotors mit einer Gasturbine von 2200 PS ausgerüstet. Aufgrund der hohen Betriebskosten und technischer Probleme stellte die DB diese Gasturbinenzüge bereits 1978 ab.

Für den Städteschnellverkehr entstanden ab 1961 die dreiteiligen Züge VT/VM 23.5 als Prototypen und die Serienzüge VT/VM 24. Zur Steigerung des Fahrkomforts und Verbesserung der Laufeigenschaften wurden nach Probefahrten mit einem 1969 mit Luftfederung und elektronisch gesteuerter, gleisbogenabhängiger Wagenkastensteuerung umgebauten Zuges insgesamt 21 VT und 13 VM umgebaut und als Baureihe 634/934 bezeichnet, die Höchstgeschwindigkeit konnte von 120 auf 140 km/h heraufgesetzt werden. Inzwischen ist die Wagenkastensteuerung nicht mehr in Betrieb.

Eine Fortentwicklung der 634 stellen die ab 1972 gelieferten 614/914 dar, die sich von den Vorgängern hauptsächlich durch die modernere Kopfform unterscheiden. Die ersten Vorserienfahrzeuge einer Nachfolge-Baureihe für die Schienenbusse 795/798 wurde 1974 in Form der einteiligen 627.0 und der zweiteiligen 628.0 vorgestellt. Auch sie erhielten wieder Dieselmotore aus dem Lkw-Bau mit 350 PS. Insbesondere die aus zwei Triebwagen bestehenden 628.0 wurden als zu aufwendig angesehen, so daß bis jetzt vier Triebwagen zu Steuerwagen 928.0 wurden, die zusammen mit stärker motorisierten 628.0 im Einsatz sind.

Als Weiterentwicklung erschienen 1981/82 fünf einteilige 627.1 und drei 628.1, die diesmal mit im Leichtbau hergestellten Steuerwagen 928.1 gekuppelt und mit einer Motorleistung von 490 PS versehen waren. Die zweiteiligen Züge gingen als 628.2/928.2 ab 1987 mit 150 Stück in Serie. Ihre Motorleistung wurde auf 560 PS gesteigert. Ende 1992 begann die Auslieferung der vierten Serie als 628.4/928.4, die sich von den 628.2 u.a. durch die weiter auf 660 PS erhöhte Motorleistung unterscheiden.

Nach den guten Ergebnissen der Probefahrten mit dem italienischen „Pendolino" entschloß sich auch die DB, aufbauend auf dessen von FIAT Ferroviaria hergestellten Drehgestellen und elektronischen, gleisbogenabhängigen Wagenkastensteuerungen für den RegionalSchnell-Bahn-Verkehr auf bogenreichen, nicht elektrifizierten Strecken zweiteilige „Nei-Tech"-Züge der Baureihe 610.0/610.5 zu beschaffen. Die ersten Züge gingen im Frühjahr 1992 in Betrieb.

REDAKTION: AXEL ENDERLEIN; FOTO: NIEDT

Mit der E 11 001 begann im Jahre 1960 in Hennigsdorf die Produktion neuer elektrischer Lokomotiven für die Deurtsche Reichsbahn.

Wie der Reichsbahn-Lokomotivpark entstand:

Jähe Wendungen nicht ausgeschlossen

Wer sich den Lokomotivpark der Reichsbahn genau anschaut, der muß sich wundern über die sonderbar anmutende Alters- und Leistungsstruktur. Sie kann wohl kaum das Ergebnis einer durchdachten Beschaffungspolitik sein. Mehrfach änderte die Partei- und Staatsführung der DDR ihre Meinung, ob nun die Elektrifizierung oder die „Verdieselung" der Eisenbahn richtig sei. Und sie traf ihre Entscheidungen über die Köpfe der Fachleute hinweg.

Die elektrische Traktion begann bei der Deutschen Reichsbahn nach dem Kriege bei Null. Denn nahezu alles, was zum elektrischen Betrieb nötig war, wie die Einrichtungen des Bahnstrom-Kraftwerks in Muldenstein, die Lokomotiven, die Fahrleitung, war als Reparationsleistung in die Sowjetunion gebracht worden. 1952 setzte sich das Politbüro der Sozialistischen Einheitspartei Deutschlands dafür ein, diese Anlagen und Fahrzeuge zurückzubekommen, damit wenigstens die am meisten belasteten Strecken im mitteldeutschen Raum wieder elektrisch befahren werden konnten. 1953 begann die Elektrifizierung des 49,6 km langen Abschnitts Halle (Saale) Hbf – Köthen, Verkehrsminister Erwin Kramer eröffnete ihn am 1. September 1955. Zur Verfügung standen 14 generalüberholte Lokomotiven der Baureihe E 44.
Am 29. Dezember 1955 folgten die elektrifizierten Abschnitte Köthen-Schönebeck (Elbe), am 20. Dezember 1956 Schöne-

Auf die Altbau-Elloks konnte die DR lange nicht verzichten: 204 003 im Bw Leipzig Hbf West, 1975.

MIt der vierachsigen Version der Reihe V 180 stand Mitte der sechziger Jahre die erste dieselhydraulische Streckenlokomotive zur Verfügung.

beck (Elbe) – Magdeburg und am 7. November 1958 Halle (Saale) – Leipzig.
Die DR hatte im Winter 1952/53 aus der UdSSR 185 Lokomotiven zurückerhalten, darunter Maschinen bereits angejahrter Baureihen, wie E 42, E 50, E 71, E 75, E 90, E 92, die nicht wieder instandgesetzt wurden. Neben ein bis drei Exemplaren der Baureihen E 05, E 17, E 18, E 21, E 95 waren aber auch mehrere der Baureihen E 04, E 44, E 77, E 94 dabei, mit denen die DR zunächst auskam. Von diesen Altbau-Lokomotiven hielten sich die E 94 (seit 1970 Baureihe 254) und die E 44 (244) am längsten. Am 30. November 1986 ging vom Hof des Raw „Otto Grotewohl" Dessau die 254 106 nach Engelsdorf, die als letzte Altbau-Ellok eine Instandhaltungsstufe E 6 erhalten hatte.
Abgesehen vom überalterten Lokomotivpark blieb der Anteil der elektrifizierten Strecken unzureichend, und so kam es, daß – wie in der DDR üblich – die SED auf ihrem V. Parteitag 1958 verfügte, die Elektrifizierung verstärkt fortzusetzen. Bis zum 7. November mußte die Elektrifizierung des Nördlichen Leipziger Güterrings und der Strecke Halle (Saale) – Leipzig fertiggestellt sein. Seit dem 25. Mai 1963 fuhr die DR auf der Strecke Altenburg – Zwickau elektrisch, und die Elektrifizierungsarbeiten am sogenannten sächsischen Dreieck (Dresden – Leipzig – Zwickau – Dresden) begannen.
Schon wegen der fortschreitenden Elektrifizierung hatte die DR ein Typenprogramm aufgestellt, zu dem die Neubaulokomotiven der Baureihe E 11 gehörten, deren erste der VEB Lokomotivbau-Elektrotechnische Werke „Hans Beimler" Hennigsdorf bei Berlin (LEW) Anfang 1961 zur Erprobung übergeben hatte. 1964 folgte die Güterzugversion, die E 42. Bis 1983 sind 96 Stück der E 11 (211) und 292 der E 42 (242) gebaut worden.
Für den elektrischen Inselbetrieb Blankenburg (Harz) – Königshütte mit 25 kV/50 Hz Wechselspannung aus dem Landesnetz vom 10. September 1965 an kaufte die DR 15 Co'Co'-Lokomotiven der Baureihe E 251 (251).
Neben der Nachkriegselektrifizierung begann schüchtern 1952 der Aufbau eines Diesellok- und Dieseltriebwagenparks. Zum ursprünglichen Typenprogramm gehörten:

-V 18, V 22 (Lokomotiven mit 180...220 PS),
-V 60 (Lokomotiven mit 650...1200 PS),
-V 100 (Lokomotiven mit 650...1200 PS),
-V 180 in der Achsfolge C'C' (Lokomotiven mit 2 x 650...1200 PS),
-V 200 (Lokomotiven mit 2 x 650...1200 PS),
-zweiachsige LVT (Triebwagen mit 180...220 PS),
-vierachsige LVT (Triebwagen mit 2 x 180...220 PS),
-SVT (Schnelltriebwagen mit 650...1200 PS je Triebkopf).

Gemäß dieser Konzeption sollten die Hauptbauteile von gleichen Herstellern geliefert werden, den gleichen Grundaufbau haben und sich nur leistungsbedingt unterscheiden. Von vornherein wollte die DR einer Typenvielfalt begegnen.
Die Lokomotiven geringer Leistung und die Leichttriebwagen erhielten anfangs den sechszylindrigen 6 KVD 18-Viertakt-Diesel-

1970 fuhr dieser Einheitstriebwagen als Eilzug von Dresden nach Angermünde.

motor vom VEB Elbewerk Roßlau, die leistungsstärkeren Lokomotiven und der Schnelltriebwagenzug die Baukastenreihe des zwölfzylindrigen 12 KVD 21-Viertakt-Dieselmotors vom VEB Berlin-Johannisthal. Die Diesellokomotiven kamen vom VEB Lokomotivbau „Karl Marx" Babelsberg und vom LEW, die Leichttriebwagen vom VEB Waggonbau Bautzen, die Schnelltriebwagen vom VEB Waggonbau Görlitz.
Konzeptionell waren bereits Diesellokbaureihen mit 2400...2700 PS Leistung und mit elektrischer Zugheizung vorgesehen. Die Entwicklung verlief indes anders.
Im Rangierdienst setzte 1960 die Verdieselung ein, wenn auch nur in kleinen Schritten. Die altertümlichen Tenderlokomotiven, meist aus Zeiten der Länderbahnen, wurden Ende der fünfziger Jahre ausgemustert, als die Rangierlokomotiv-Baureihen V 15, V 22, V 60 kamen. Diese Lokomotiven wurden auf einigen Nebenbahnen sogar vor Reisezügen eingesetzt, mit Beiwagen von Triebwagen oder kohlenbeheizten Personen-, in den frühen sechziger Jahren sogar mit Behelfspersonenwagen, die aus dem Zweiten Weltkrieg stammten. Derartige Zugkompositionen sah man in der Altmark, zwischen Zinnowitz und Peenemünde sowie Königswartha und Hoyerswerda sowie im Berliner Umland.
Von den geplanten vierachsigen Triebwagen wurden nur zwei Varianten gebaut. Sie waren beim Bw Cottbus beheimatet.
Anstelle der C'C'-Version der Baureihe V 180 wurden 1965 zuerst Lokomotiven mit der Achsfolge B'B' ausgeliefert. Wegen des 57prozentigen Anteils von Strecken, die nur 16...18 t Achslast aufnahmen, wurde dann aber doch die C'C'-Ausführung gebaut.
Von der geplanten Baureihe V 240 stellte das Babelsberger Lokomotivwerk bis Anfang 1965 nur eine Lokomotive gebaut. Die DR übernahm sie aber erst 1971, baute sie um und bezeichnete sie als 118 202. Daß statt der V 240 Lokomotiven nun aus der Sowjetunion kamen, wurde in einem Fachbuch so begründet: „Es werden Lokomotiven mit Leistungen von 3000 bis 4000 PS erforderlich sein. (...) Lokomotiven dieser Leistungsgröße werden in der DDR nicht gefertigt, sondern nach den RGW-Vereinbarungen aus der UdSSR beschafft." Als weitere Begründung für den Abbruch der Entwicklung hieß es, die DDR-Industrie habe sich auf hydraulische Kraftübertragung konzentriert. Für Leistungen von mehr als 2500 PS gelte diese aber technisch und wirtschaftlich als unzweckmäßig. Die Alternative wäre gewesen, eigene dieselelektrische Lokomotiven zu entwickeln, für die aber neben Erfahrungen und Kapazitäten auch das Kupfer fehle. Das sollte ja mit dem Abbremsen der Streckenelektrifizierung gespart werden! An die Abstimmung im Rat für gegenseitige Wirtschaftshilfe, wer was baut und liefert, hielt sich aber nur die DDR, obwohl die anderen RGW-Mitgliedsstaaten zur Diesellokbeschaffung einen Beschluß verhindert hatten. Stattdessen blieb es bei einer Empfehlung, Diesellokomotiven über 2000 PS nur in der UdSSR herzustellen. Ungarn, Polen und die CSSR bezogen zwar sowjetische Diesellokomotiven, bauten aber daneben auch weiter selbst solche aller Leistungsklassen.
Mitte der sechziger Jahre glaubten die hohen Partei- und Wirtschaftsfunktionäre, voran Günter Mittag, Sekretär im Zentralkomitee der SED, die Elektrifizierung in Frage stellen zu müssen. Begründet wurde die neue Haltung mit dem unvergleichlich höheren Bauaufwand, vor allem den Kosten für die ortsfesten Anlagen, gegenüber der Verdieselung, wobei man kaum bedachte, daß auch bei Dieselbetrieb die technischen Anlagen, die Ausbesserungswerke und die Bahnbetriebswerke umgestellt werden mußten. Wichtige Gründe, die jedoch nicht offen diskutiert wurden, waren die niedrigen Kosten des von der UdSSR gelieferten Erdöls einerseits und der explodierende Elektroenergiebedarf in der DDR andererseits, bei dem die Kapazitäten für den Kraftwerksbau hinterherhinkten. Am 17. März 1966 beschloß der DDR-Ministerrat, den Traktionswechsel der DR verstärkt auf die Dieselzugförderung umzustellen. Sie sei von 3 Prozent im Jahre 1965 auf 72 Prozent im Jahre 1978 zu beschleunigen.
Dem erwähnten Ministerratsbeschluß kamen der große Exportüberhang, den die DDR gegenüber der Sowjetunion hatte, die sofortige Lieferbereitschaft der sowjetischen Lokomotivfabriken und die Mängel in der einheimischen Zulieferindustrie für die DDR-Lokomotivfabriken entgegen. Nun wurden in großen Stückzahlen dieselelektrische Lokomotiven mit Leistungen von 1470...3000 kW eingeführt.
Die DR mußte sich der Entscheidung der Partei- und Staatsführung beugen. Weder

Die Baureihe V 100 (110/201), brachte den Durchbruch beim Traktionswechsel auf den Nebenbahnen. 110 029 und 204 001 in Neukieritzsch, 1973.

die Hauptverwaltung Maschinenwirtschaft der DR noch die ihr unterstellte Versuchs- und Entwicklungsstelle der Maschinenwirtschaft in Halle hatten an einem Pflichtenheft mitgewirkt. Sie konnten erst nach Erprobung der Baumuster auf Veränderungen hinwirken, diese Lokomotiven den deutschen Bedingungen anzupassen.
Trotz verschiedener Mißstände, die auch zum Spitznamen „Taigatrommel" für die V 200 führten, gelang gerade durch diese Baureihe im Güterzugdienst seit 1967 der Durchbruch bei der Traktionsumstellung von der Dampflokomotive und erst recht mit der Baureihe 132 im Personenzugdienst seit 1973.
Die Reihe 132 war auch die erste, die die Reisezugwagen elektrisch heizen konnte, während V 100 und V 180 noch Dampfheizkessel mitführten.
Der nächste Import kam von 1977 an als Baureihe 119 aus Rumänien. Die Lokomotive entsprach von der Grundkonzeption her einer Fortentwicklung der 118.2-4, denn die DR benötigte 270 Lokomotiven mit einer Leistung von über 2000 PS und elektrischer Zugheizung, aber die Achslast durfte 16 Tonnen nicht übersteigen. LEW Hennigsdorf, einzig verbliebener Lokhersteller in der DDR, war mit Exportaufträgen belegt, UdSSR-Betriebe lehnten es ab, Lokomotiven mit 16 Tonnen Achsfahrmasse zu liefern und sich der Konzeption der Baureihe 118 anzupassen. Nur die Lokomotivfabrik Bukarest blieb übrig und war bereit, das Baukastenprinzip und die DDR-Motoren zu übernehmen. Ohne die Reichsbahn einzubeziehen, kaufte die Staatliche Plankommission der DDR in Rumänien Güterwagen und strich dafür ohne ökonomische oder logische Konsequenz die Lieferung der Dieselmotoren. Deshalb setzte Bukarest Maybach-Lizenzmotoren ein, so daß die Lokomotiven auf eine Motorleistung von 2600 PS kamen und eigentlich hätten die Baureihe 126 eingereiht werden müssen. Statt vorgesehener 270 Stück wurden nur 200 eingeführt.
Am 24. Januar 1977 wurde im Bahnbetriebswerk Neustrelitz mit der 132 457 die 1000. Diesellokomotive übernommen, die in der UdSSR für die DR gebaut worden war.
Bis 1980 dominierte die Dieseltraktion bei der DR. Ihr Anteil an den Zugförderungsleistungen wuchs von 2,52 Prozent im Jahre 1965 auf 71,8 Prozent 1980, in jenem Jahr bedeutete der Verbrauch von 800 000 Tonnen Dieselkraftstoff bei der DR ein Viertel des gesamten Dieselverbrauchs der DDR! 1980 reduzierte aber die Sowjetunion ihr Erdöllieferungen. Zudem spaltete das Petrolchemische Kombinat Schwedt das importierte Erdöl weiter auf, um West-Berlin und der übrigen Bundesrepublik Deutschland Benzin zu liefern und so für die DDR-Volkswirtschaft Devisen zu erwirtschaften. Dafür mußten die DDR-Betriebe Benzin und Dieselkraftstoff sparen, und die Reichsbahn mußte sich wieder für ihre Dampflokomotiven interessieren. Doch die Freude namentlich der Eisenbahnfreunde und -fotografen währte nicht lange: der planmäßige Dampflokeinsatz auf Normalspur endete im September 1988 mit der Lokomotive 50 3662 vom Bahnbetriebswerk Halberstadt.
Die Ölverknappung und -verteuerung führte dazu, die Streckenelektrifizierung zu beleben. Wozu hatte man die reichsten Braunkohlevorkommen in Europa? Von 1981/1982 an wurden jährlich etwa 300 km Strecke überspannt, in den fünf Jahren zuvor waren es allenfalls 35 km pro Jahr gewesen. Der Fünfjahrplan für die Jahre 1986 bis 1990 sah einen Zuwachs des elektrischen DR-Netzes von 1500 km vor. Kontinuierlich steigerte die DR die Jahresleistung, fast nur mit eigenen Kräften, und zwar 1983: 151 km, 1984: 253 km, 1985: 295 km, 1986: 298 km, 1987: 329 km. Zu Beginn des Jahres 1988 waren 2866 km (= 20,3 Prozent des Netzes) elektrifiziert. Mehr als 40 Prozent der Güter wurden zu dieser Zeit elektrisch gefördert.
Die Lücken zwischen den Fahrleitungen der DR und den Tschechoslowakischen Staatsbahnen (CSD) sowie den Polnischen Staatsbahnen (PKP) wurden am 6. Dezember 1986 bzw. am 28. Mai 1988 geschlossen, indem die CSD bis zur Grenze bei Schöna anschlossen und die PKP mit ihrer Fahrleitung den Bahnhof Oderbrücke erreichten. Allerdings werden die Fahrleitungsnetze der PKP und auf den nördlichen Strecken der CSD mit 3 kV Gleichspannung betrieben, das der DR mit 15 kV Wechselspannung. CSD und DR

Einst im Güterzugdienst unverzichtbar, jetzt auf dem Abstellgleis – die sowjetischen Diesellokomotiven V 200 (Bahnbetriebswerk Gera, 1992).

Mit den Zweisystem-Elektrolokomotiven aus tschechischer Produktion wurde die Betriebsführung im Elbtal zwischen Dresden und Decin einfacher.

beschafften von Skoda in Plzen – technisch nicht die modernsten – Zweisystemlokomotiven, die bei er DR als Baureihe 230, bei den CSD als Reihe 372 bezeichnet wurden. Die erste Lokomotive traf am 25. Februar 1988 in Dresden ein, und seit 31. Mai 1992 fahren die Zweisystemloks (jetzt als Baureihe 180) auch von Berlin bis Rzepin (Reppen).
Weil es an Co'Co'-Lokomotiven für den schweren Güterzugdienst mangelte, beschaffte die DR von 1974 bis 1984 insgesamt 233 Lokomotiven der Baureihe 250, die erste Reichsbahn-Maschinen mit vollelektronischer Steuerung und großer Leistung – und erstmals unter Mitwirkung von Industriedesignern entworfen.
Mit gleichen oder untereinander tauschbaren Baugruppen begann 1981 in Hennigsdorf die Erprobung einer vierachsigen Schnellzuglokomotive für 140 km/h Höchstgeschwindigkeit, die in auffallendem Anstrich als 212 001 geliefert worden war. Da zu jenem Zeitpunkt nirgendwo bei der DR 140 km/h gefahren werden durften, entschied die DR, lediglich die 120 km/h-Variante dieser Lokomotive zu beschaffen. Die Lokomotive 212 001 wurde Mitte 1983 im Raw Dessau zerlegt, ihre Getriebe geändert, und sie stand nun als 243 001 auf den Gleisen. Die Baureihe 243 wurde eine sehr erfolgreiche Lokomotive. Am 30. März 1988 feierte das Hennigsdorfer Werk die Auslieferung der 1000. Elektro-Lokomotive für die DR, es war die 243 325.
Infolge des Verkehrsrückgangs bei der Reichsbahn seit 1990 wurden Lokomotiven frei, und die DR vermietete 243 (bzw. 143, wie sie jetzt bezeichnet werden) zur Schweizer Südostbahn und zur DB, wo sie nach anfänglicher Skepsis – vor allem in den Leitungsetagen – als zuverlässige Lokomotiven geschätzt sind.
1980 sah man den Prototyp eines in Hennigsdorf gebauten Zuges für die Berliner S-Bahn auf der Leipziger Messe ausgestellt. Als Baureihe 270, jetzt 485, wurde er von 1989 an in einer großen Serie ausgeliefert. Seit 1981 wurden aus den Lokomotiven der Baureihe 110 solche der Baureihe 112, wenn sie im Raw Stendal einen leistungsstärkeren 883-kW-Motor erhalten hatten. Die 112 in Doppeltraktion ersetzte sogar die Baureihe 132. Mehrere 110 erhielten einen Motor von 1100 kW (1500 PS) Leistung und kamen damit zur Baureihe 114. Andere wieder wurden für den meterspurigen Betrieb der Harzbahn angepaßt und als Baureihe 199 bezeichnet. Bei der ursprünglichen Baureihe 118.0 sowie 118.2-4 wurde die Leistung durch Umbau gesteigert und dementsprechend die Lokomotiven in die Reihe 118.5 bzw. 118.6-8 gegeben.

Lokomotiv-Recycling: Aus alten 201ern und 293ern entsteht im Raw Stendal die Baureihe 298.

Um den Qualitätsmängeln – insbesondere bei den Lizenzmotoren – der Lokomotivbaureihe 119 abzuhelfen (Anfang 1990 waren beispielsweise 112 von 200 Lokomotiven schadhaft!), setzten drei Umbauprogramme ein, bei denen die Lokomotiven von 1982 an Dieselmotoren und Strömungsgetriebe aus DDR-Produktion (als erste 119 088) erhielten.
1991 hatte die Mehrheit der Diesellokomotiven die ihr zugedachte Nutzungsdauer überschritten. Unabhängig vom Elektrifizierungsfortschritt mußte wegen der erwähnten Überalterung der Dieselfahrzeuge, und weil es in den Leistungsparametern doch Lücken gab, an die kommenden Jahrzehnte gedacht werden. 1986 hatte die Hauptverwaltung Maschinenwirtschaft der DR ihre Gedanken preisgegeben, doch waren diese zu dem Zeitpunkt überholt, als sich die Fusion von DB und DR abzeichnete. Bis dahin wurden aus 45 Diesellokomotiven der Baureihe 106 solche der Baureihe 104, die einen schwächeren, aber wirtschaftlicheren Motor Roßlau erhielt. Der Neubau einer schweren Rangierlokomotive (als Baureihe 109 geplant) wurde entbehrlich, indem die DR die durch die Elektrifizierung nicht mehr benötigten rund 60 Lokomotiven der Baureihen 201 und 293 zur Baureihe 298 umbaute.
Weitere Veränderungen erfuhr auch die Baureihe 119. Zwanzig Lokomotiven, von der 119 100 an aufwärts, die sich noch im Ursprungszustand befanden, wurden von Krupp in Essen umgebaut; sie werden als Baureihe 229 bezeichnet. Mit 1310 kW Traktionsleistung und einer um 20 Prozent höheren Leistung der Zentralen Energieversorgungsanlage sowie der auf 140 km/h heraufgesetzten Höchstgeschwindigkeit bieten sie die Voraussetzungen zur Traktion von InterRegios und InterCities.
Für die Baureihe 132 war von der DR ohnehin die Generalreparatur vorgesehen, um sie über das Jahr 2000 hinaus einsetzen zu können. Im Zusammenhang mit dem künftigen Fahrzeugprogramm überlegen die Deutschen Bahnen, welche Kosten bei Investitionen für Neubaulokomotiven und welche bei einem Modernisierungsprogramm entstehen. Vor allem, um die Instandhaltungskosten zu senken, schrieben die Bahnen die Remotorisierung aus. Am billigsten war das Gebot aus Kolomna, doch mißtraute man den Russen, ob sie tatsächlich zur Spreizung der Instandhaltungsfristen beitragen könnten. Krupp wollte einen neuen Motor nur mit Generator liefern, wofür kein Bedarf bestand. Deshalb erhielt die amerikanische Firma Caterpillar den Zuschlag. Kolomna bot danach kostenlos zwei Motore an, Krupp nun auch Motore ohne den Generator. Deshalb gehen 1993 drei Wettbewerber ins Rennen, die leistungsfähigere Motoren in die Baureihe 232 einbauen wollen. Nach der Erprobung werden sich die Deutschen Bahnen Ende 1993 entscheiden, welcher oder welche Hersteller in Frage kommen und in welchem Umfang remotorisiert wird. Unabhängig davon erhielt bereits 1991/92 eine Anzahl von 132ern das ihr ursprünglich zugedachte Übersetzungsverhältnis zurück und darf als Baureihe 234 nun bis zu 140 km/h fahren.
Die jüngste und letzte Lokomotivbeschaffung der DR ist die der Baureihe 112, ex 212. 1990 bestellte die DR bei der AEG Schienenfahrzeuge Hennigsdorf GmbH, dem ehemaligen LEW, 39 Stück, die bis zum zweiten Halbjahr 1991 ausgeliefert waren und viel mit der 1981 vorgestellten 212 001 gemein haben, obgleich zahlreiche Baugruppen dem Stand der Technik entsprechend weiterentwickelt wurden. Die Lieferung an die DB und die DR wurde mit einer verbesserten Version – als 112.1 – ab 2. Dezember 1992 fortgesetzt. Das ist die erste gemeinsame Lokomotivbeschaffung der beiden Bahnverwaltungen! Vorausgegangen war u.a. der Probeeinsatz von Lokomotiven der Reihe 112.0 vor IC- und IR-Zügen zwischen Hannover und Oldenburg bzw. Bremerhaven, wo sie erstmals ihre Betriebstauglichkeit für Geschwindigkeiten bis zu 160 km/h bewiesen. Seit dem Fahrplanwechsel im Mai 1992 fahren diese Lokomotiven auch auf Reichsbahnstrecken, nämlich zwischen Berlin und Dresden sowie Schwerin (Meckl) planmäßig mit 160km/h.

In den Hennigsdorfer AEG-Werkhallen entsteht gegenwärtig mit der 112.1 die erste gemeinsam von Reichs- und Bundesbahn beschaffte Lokreihe.

REDAKTION: ERICH PREUSS; AUFNAHMEN: MEHNERT, MIETHE, V. MITZLAFF, PREUSS (3), REINSHAGEN, SCHULZ (2)

Die 103 des Touristik-Zuges setzte man bis 2002 ein. Die Tage der Baureihe sind nun gezählt

Der neue alte Fuhrpark der DB

AUTOR: ENDERLEIN; AUFNAHMEN: SCHULZ (3)

Seit der Zusammenlegung der beiden deutschen Staatsbahnen am 1.Januar 1994 hat sich der Triebfahrzeugbestand auf Deutschlands Schienen deutlich sichtbar gewandelt. Etliche Fahrzeugtypen, die von der Deutschen Bundesbahn oder der Deutschen Reichsbahn zunächst noch in den Bestand der Deutschen Bahn AG übernommen wurden, sind mittlerweile Geschichte – oder sie tauchen in bunten Farben und neu lackiert für ein privates Eisenbahn-Verkehrsunternehmen wieder auf, wie zum Beispiel die Dieselloks der DR-V 180.
Gleichzeitig erscheinen – besonders auf dem Sektor der brennstoffgetriebenen Triebwagen für den Regionalverkehr – zahlreiche neue Fahrzeugtypen, deren Auseinanderhalten und Erkennen der speziellen Notwendigkeit gerade bei diesem oder jenem Fahrzeug auch dem Fachmann oft nicht leicht fällt.

Hin zu Triebwagen

Für jedermann deutlich erkennbar sind die Grundtendenzen der aktuellen Entwicklung. Im Personenverkehr – sowohl im Fernreiseverkehr unter der Flagge der DB Reise & Touristik als auch im Regionalverkehr der DB Regio – geht die Entwicklung weg vom bei den beiden ehemaligen deutschen Bahnverwaltungen favorisierten lokbespannten Reisezug. Im Fernverkehr dominiert immer mehr der ICE in seinen mittlerweile vier unterschiedlichen Varianten, wodurch sich natürlich einerseits durchaus eine deutliche Komfortsteigerung und Angebotsverbesserung auf vielen Relationen ergibt, andererseits aber auch eine Erhöhung der Fahrpreise. Auf einigen Strecken gibt es für den Reisenden zum ICE schon gar keine Alternativen mehr. Auch der internationale Verkehr geht verstärkt auf die Triebwagenförderung über – der französische Thalys, der italienische Cisalpino und der deutsche und der niederländische ICE 3 in der Mehrsystemvariante sind hierfür deutliche Zeichen. Im Nahverkehr übernehmen die so genannten Leichtverbrennungstriebwagen in den unterschiedlichsten, auf das jeweilige Einsatzgebiet und den besonderen Verwendungszweck speziell zugeschnittenen Varianten immer mehr Leistungen von den im Betrieb – weil entweder zu groß oder technisch überaltert – oft recht unwirtschaftlichen Diesellokomotiven und ihrem – großteils – Altbau-Wagenpark. Dabei ist die Beschaffung der Triebwagen noch nicht abgeschlossen: Erst vor kurzem stellte sich auf der Berliner „InnoTrans“ der „Lirex“ vor, ein futuristischer Triebwagen, der nach momentanem Stand der Dinge in Mecklenburg fahren soll.

Hin zum Mehrsystem

Im Güterverkehr setzte die DB verstärkt auf große Distanzen überbrückende Ganzzüge und Züge des Kombinierten Ladungsverkehrs, der kosten- und personalintensive eigene Stückgutverkehr wurde ganz aufgegeben. Eine Episode blieb die Zusammenlegung von DB Cargo und der niederländischen Bahntochter NS Cargo zu einem länderübergreifenden Bahnunternehmen Railion. Trotzdem wird der länderübergreifende Güterverkehr durch einen Bahnunternehmer, sei es nun auf privater Basis oder durch die DB, verstärkt werden, in Erwartung hierauf entstehen schließlich die Mehrstromloks 185 und 189 der DB Cargo.

Das Aus für Ältere

Seit der Gründung der DB AG und der damit verbundenen Zusammenlegung des Triebfahrzeugparkes verschwanden einige Gattungen von den deutschen Schienen. Als erste verschwand 1994 die vierachsige Version der V 180, die mittlerweile als 228.1 und 228.5 ihre letzten Dienste verrichtete. Im gleichen Jahr verschwanden die ohne Zugheizung nur im Güterverkehr verwendbaren V 300 als Reihe 230 aus den Jahren 1970 bis 1972. Die eleganten Fernschnelltriebwagen VT 18.16, nunmehr 675, wurden bis auf die verbliebene Museumsgarnitur ebenfalls ausgemustert. Das Jahr 1995 brachte den Abschied von der legendären "Taigatrommel" V 200 – DB AG-220 – der DR, ebenso von den "Ludmilla"-Typen 231 und 242. Geschichtlich bedeutsam war der Abschied der letzten Akkumulator-Triebwagen ETA 150, hiermit wurde eine rund siebzig Jahre andauernde erfolgreiche Entwicklung beendet. Ebenfalls Geschichte wurden die zuletzt in Lufthansa-Diensten verkehrenden "Donald Duck"-Schnelltriebwagen 403, welche schon zu Beginn der siebziger Jahre den heute wieder favorisierten Triebwagenein-

In vielen Teilen der Bundesrepublik trifft man sowohl Loks der ehemaligen DDR-Reichsbahn als auch solche der ehemaligen Bundesbahn an

satz im elektrischen Fernverkehr hoffnungsvoll – aber nur kurz – einläuteten. Die Gegenseite des elektrischen Zugbetriebs mit Triebwagen stellten die kleinen ET 479 der Strecke Müncheberg – Buckow dar, auch sie schieden 1995 aus dem Bestand. Die DB verabschiedete auch den letzten verbliebenen ehemaligen Zahnradschienenbus der Baureihe 797. 1996 endete das Mietverhältnis der DB für die dieselelektrischen MaK-Loks DE 1024, welche als Baureihe 240 vor allem durch häufige Ausfälle von sich reden machten. Das Jahr 1998 beendete die Karrieren von gleich zwei der bedeutsamsten Reichsbahn-Lokbaureihen: Die letzten nach der großen Ausmusterungswelle Anfang der neunziger Jahre verbliebenen E 11 und V 180, nun als 109 bzw. 228 bezeichnet, wurden endgültig aus dem Bestand der DB gestrichen. Gleichzeitig traf die Ausmusterung die letzten 736-kW-Loks der Reihe V 100 der DR, welche als DB-Baureihe 201 ausschieden. Im Jahr 1999 quittierten die letzten, in Magdeburg noch als Reserveloks vorhandenen E 42 als DB-Reihe 142 ihren Dienst, außerdem strich man die letzten Kleinloks der Gattungen Köf II als Reihe 310 der ehemaligen DR und 323 der ehemaligen DB und die V 15 als Reihe 311 aus den Bestandslisten, als Werkloks sind weiter einige wenige dieser Fahrzeuge anzutreffen. Das Jahr 2000 beendete die Karriere der DB-Schienenbusse VT 98, die zuletzt noch in der modernisierten Version als 796 eingesetzt worden waren.
Bis Ende des Jahres 2001 wird die vollständige Abstellung der einstigen Starloks der Reihe 103, der schweren Güterzugloks 150, der 211 sowie der letzten Bundesbahn-"Ketten-Köf" der Reihe 332 zu erwarten sein.

Unverzichtbare Oldtimer

Weiterhin unverzichtbar sind die Einheitsloks 110, 139/140 und 141 der DB, welche dann als absolute Oldtimer den Fahrzeugpark optisch bereichern werden. Sie werden sich in Zukunft mit weiteren neuen Fahrzeugen der DB AG die Aufgaben teilen, aber auch mit etlichen Rückkehrern im Auftrag privater Firmen, etwa den einstigen DB-Baureihen 109/142, 220, 231, 232 und 240. Hinzu kommen andere Fahrzeuge privater Unternehmen und, nicht zuletzt, der Nostalgieverkehr. Nimmt man dann noch die ungeklärte Frage des Farbschemas bei den Loks von DB Cargo und den Wagen von DB Reise & Touristik hinzu, wird eines deutlich: Es bleibt spannend auf Deutschlands Gleisen.

Das ist die Zukunft: Der „Lirex" fährt seit Ende 2002 in Sachsen-Anhalt. Reisende zwischen Magdeburg und Wittenberge sollen den Komfort des neuen Fahrzeugs testen

Moderne Züge in historischem Umfeld: Auf dem Weg zum ICE-Bahnbetriebswerk in Berlin-Rummelsburg passieren die ICE-Züge das alte Bw mit seiner Rotunde

AUFNAHME: B. SCHULZ

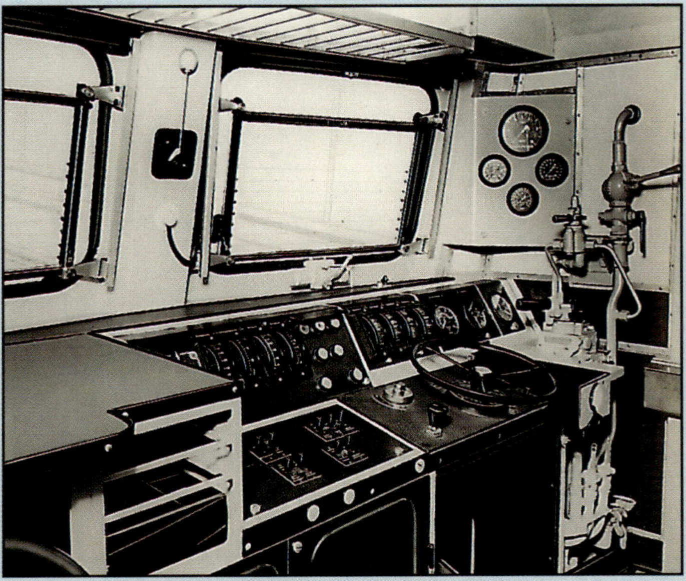

Führerstand der Baureihe E 50 in Ursprungsausführung ▲

Fahrschalter mit Fahrtrichtungsschalter und Sifa-Taster ►

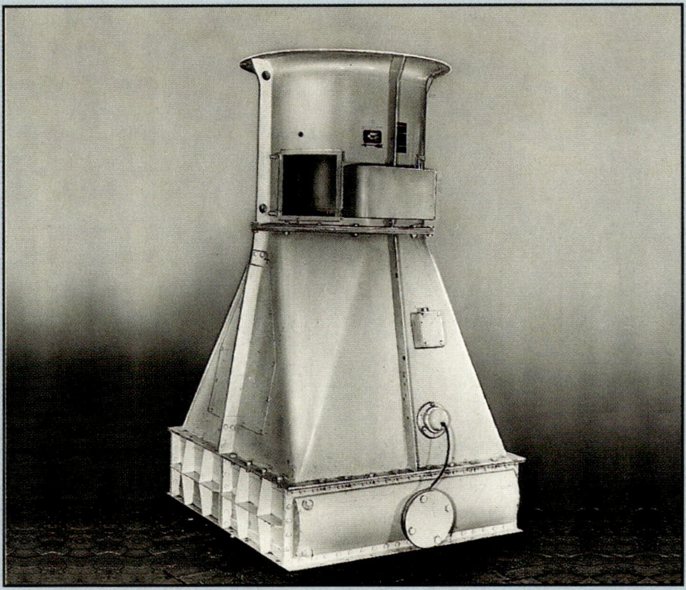

Ölkühler (8) mit Ölkühlerlüfter (10) und Diffusor ▲

Hilfsmotor für Ölkühler- und Bremswiderstandslüfter ▼

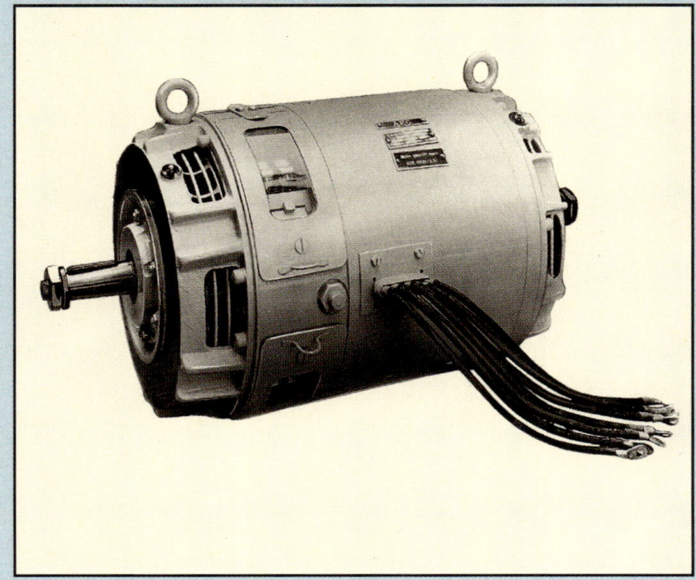

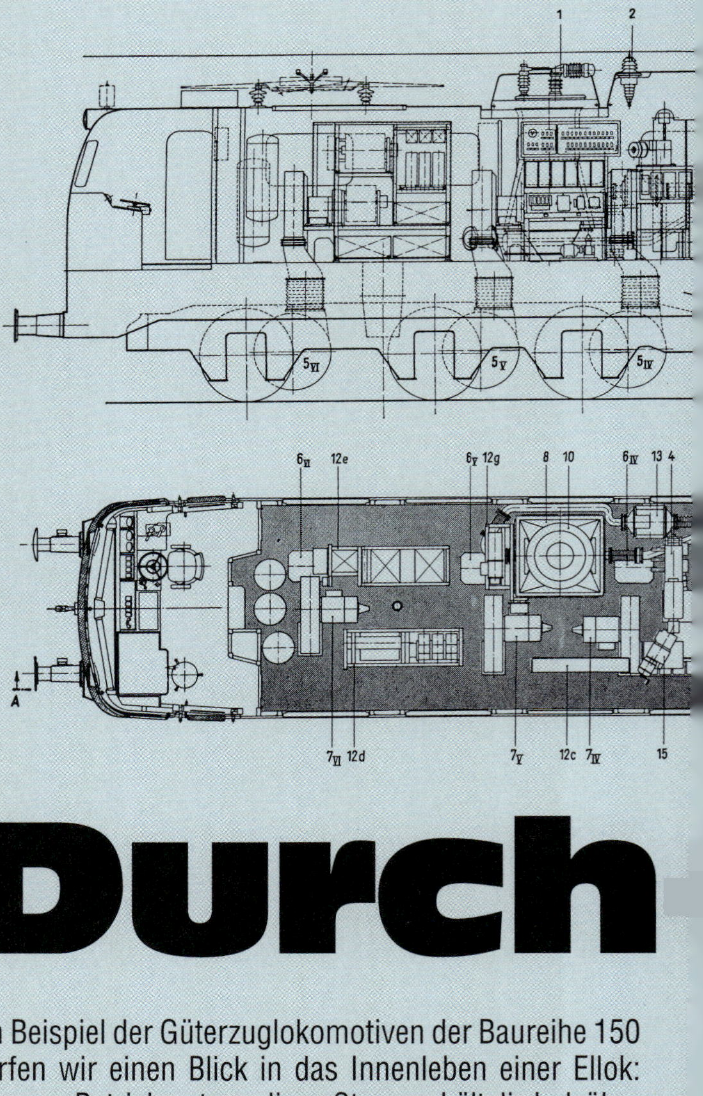

Durch

Am Beispiel der Güterzuglokomotiven der Baureihe 150 werfen wir einen Blick in das Innenleben einer Ellok: Den zum Betrieb notwendigen Strom erhält die Lok über die Stromabnehmer, den Hauptschalter (1) und den Durchführungsstromwandler (2). Von dort gelangt er zum Haupttransformator (3) mit dem Hochspannungsschaltwerk (4), das die Spannung für die Fahrmotoren (5) regelt. Zur Kühlung der einzelnen Aggregate existie-

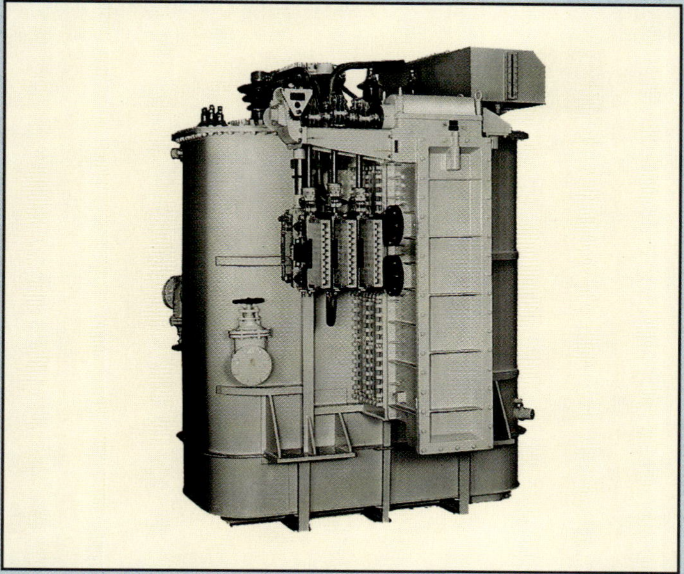

▲ Kern und Spulen des Haupttransformators (3)

◄ Haupttransformator BLTH 116 mit Schaltwerk N 28i (3 und 4)

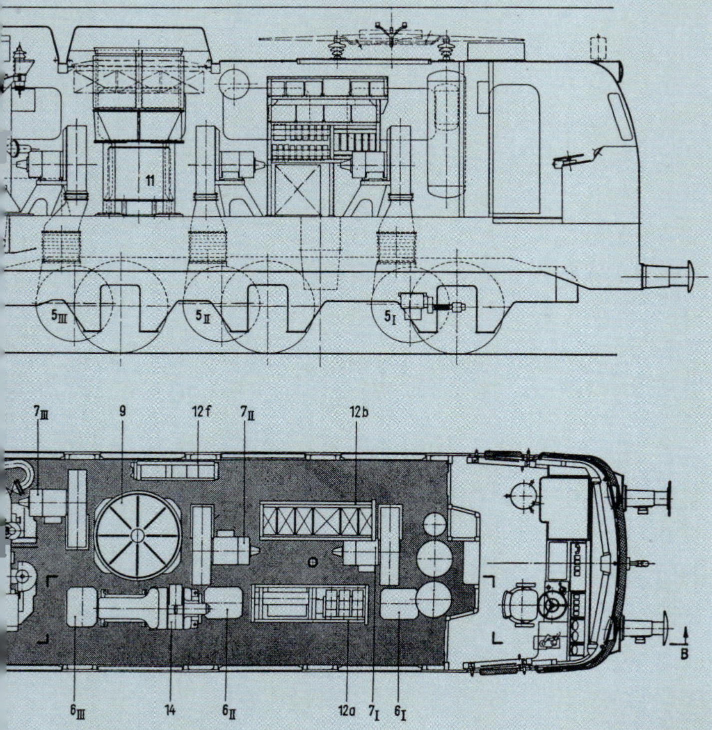

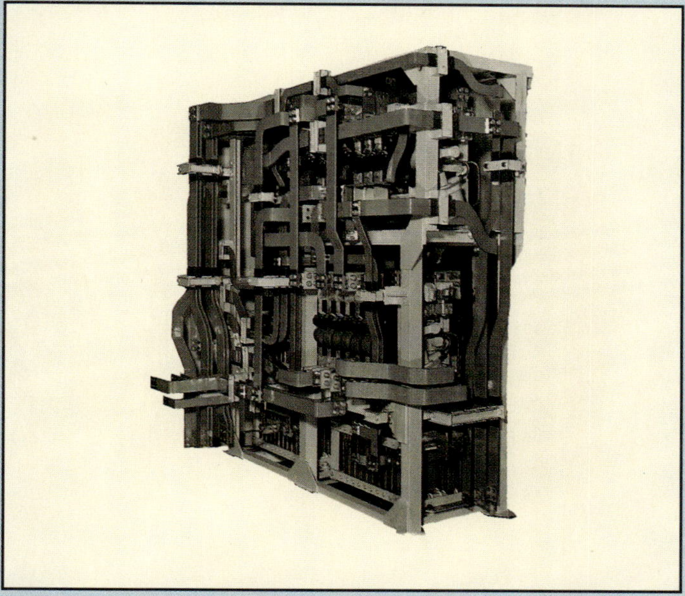

▲ Gerüst für Starkstromgeräte (12a)

▼ Widerstand für die elektrische Bremse im geöffneten Zustand (9)

Schau

ren mehrere Einrichtungen: Fahrmotorlüfter (7), Trafoölkühler (8) und zugehöriger Lüfter (10), Lüfter für Bremswiderstand (11). Durch Bodenklappen (6) sind die Fahrmotoren vom Maschinenraum aus zugänglich. Weitere Einrichtungen sind der Widerstand der elektrischen Bremse (9), die Gerätegerüste (12), die Trafoölpumpe (13), der Luftpresser mit Elektromotor (14) sowie der Schaltwerksantrieb (15)

Gehäuse und Ständer des Fahrmotors (5) ▲

Läufer des Fahrmotors ▶

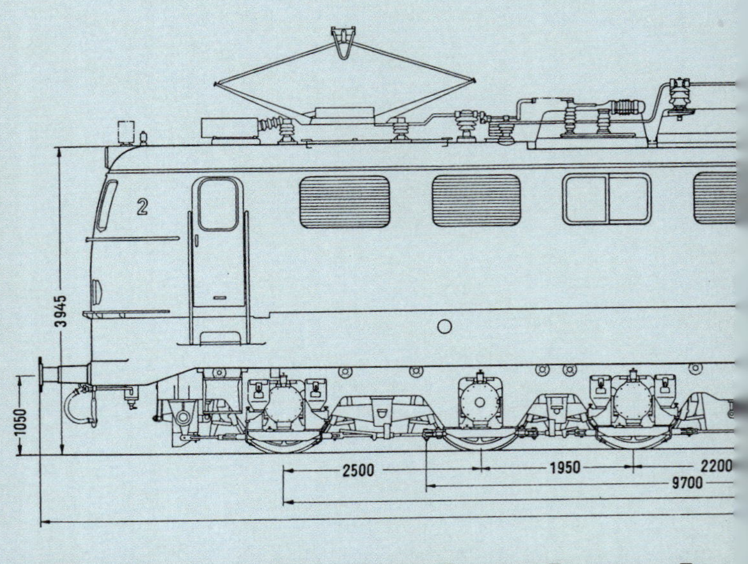

Durchschaut: Einblicke in

Radsatz mit angebautem Fahrmotor, von der Tatzlagerseite gesehen ▲

Hilfsmotor mit Lüfter für Fahrmotor ▶

Fahrmotor EKB 760/T ▼

▲ Bürstenjoch des Fahrmotors

◀ Kommutator des Fahrmotors

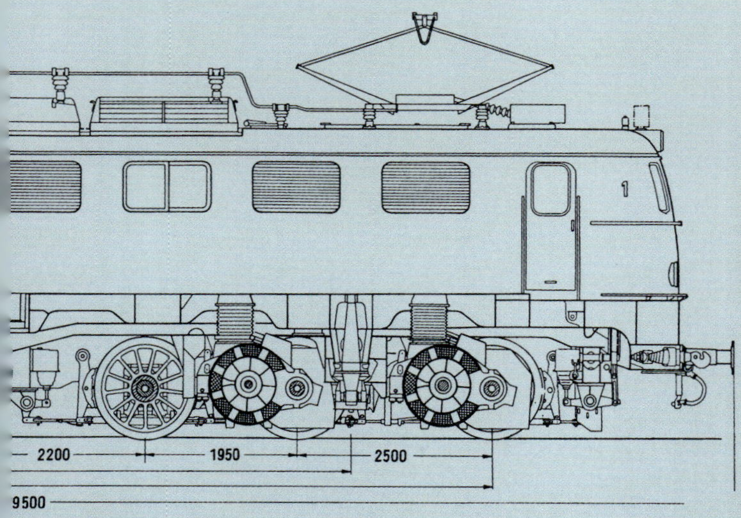

das Innenleben einer Ellok

▲ Radsatz mit angebautem Fahrmotor in Tatzlagerausführung
◀ Zahnradschutzkasten für Fahrmotor
▼ Großrad und Ritzel für Fahrmotor EKB 760/T

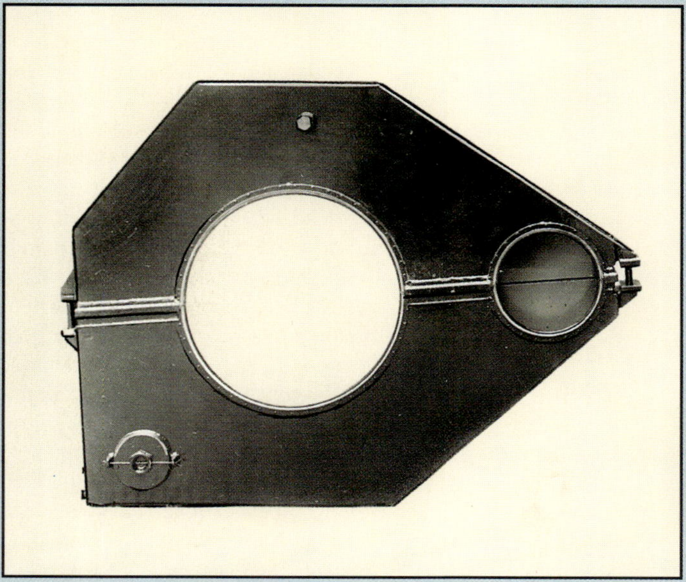

AUFNAHMEN: AEG/SLG. ENDERLEIN

Drehstrom in der Lok

Zwei Generationen von Drehstrom-Lokomotiven: Während die Siemens-Versuchslok von 1904 ihren Fahrstrom noch direkt aus einer aufwendigen Fahrleitung erhielt, erfolgt die Umwandlung von Wechsel- in Drehstrom bei der BR 120 im Fahrzeug selbst

Ein Verdienst der preußischen Staatseisenbahn und ihres Geheimen Oberbaurates Dr. Gustav Wittfeld war es, durch vergleichsweise Elektrifizierungen mit Gleich-, Dreh- und Wechselstrom ein für Vollbahnen sinnvolles Stromsystem zu ermitteln. Die um die Jahrhundertwende gegründete „Deutsche Studiengesellschaft für elektrische Schnellbahnen" finanzierte die Elektrifizierung der Militäreisenbahn Marienfelde – Zossen mit 10 000 V-Drehstrom, nachdem Siemens & Halske bereits seit 1891 auf einer Werksversuchsbahn mit den unterschiedlichen Spannungen 550 V, 10 000 V und 20 000 V experimentiert hatte. Im Gegensatz zu den Gleich- und Wechselstrombahnen mit ihren zwei für Zu- und Ableitung benötigten Stromleitern, deren einer durch eine Oberleitung oder separate Stromschiene, der zweite durch die Fahrschienen hergestellt wurde, erhielt die Drehstromstrecke eine seitlich neben den Gleisen verlegte Oberleitung mit drei separaten Fahrdrähten – einer für jede Phase. Drei auf dem Dach der Versuchsfahrzeuge montierte Stromabnehmer bestrichen diese von der Seite. Die beiden Versuchstriebwagen waren mit vier Drehstrommotoren ausgerüstet, die bei einer Frequenz von 55 Hz eine Leistung von jeweils 500 kW erbrachten. Im Oktober 1903 erreichten die beiden Triebwagen mehrmals eine Höchstgeschwindigkeit von bis zu 210 km/h, wodurch die Tauglichkeit des Drehstromantriebes eindrucksvoll bewiesen wurde. Als Nachteil galt jedoch die aufwendige Stromzuführung, da ja mindestens zwei Phasen in der Oberleitung vorhanden sein mußten. Diese mußten auch einen entsprechenden Abstand zueinander haben, um Überschläge zu vermeiden.

Umwandlung im Fahrzeug selbst

So blieb dem Drehstromantrieb eine größere Verbreitung vorerst versagt.

Die Spannung von Dreh- und Wechselstrom läßt sich verlustarm beliebig herauf- oder heruntertransformieren, was entweder in ortsfesten Transformatoren, oder auch – das ist für den Eisenbahnbetrieb von wesentlicher Bedeutung – im Fahrzeug selbst erfolgen kann. Dies ist sowohl für die Energiezufuhr aus den Kraftwerken mit sehr hoher Spannung als auch für die Streckenelektrifizierung mit wenigen, weit entfernt liegenden Einspeisepunkten aufgrund der geringen Verluste von großem Nutzen. Nachteile der Asynchron-Drehstrommotoren waren zunächst die Eigenschaft, unter allen Belastungen gleich schnell zu laufen, was zu einer sehr unregelmäßigen Strombelastung im Netz führt, eine nur mittels komplizierter Steuerungen mögliche Geschwindigkeits-Regelbarkeit, da die Drehzahl entsprechend der Frequenz gleich ist, die Empfindlichkeit gegen Spannungsschwankungen sowie die aufwendige

AUFNAHMEN: CWS, SIEMENS-FORUM MÜNCHEN

Ein weiteres Drehstrom-Versuchsfahrzeug von Siemens war dieser von W. Reichel konstruierte Schnelltriebwagen aus dem Jahre 1903, der auf dem mit Fahrleitung versehenen Abschnitt Marienfelde – Zossen eine Geschwindkeit von 210 km/h erreichte

Erzeugung des Drehstroms im Fahrzeug selbst. Doch auch einige wesentliche Vorteile konnte der Asynchron-Drehstrommotor aufweisen. An erster Stelle stehen das gleichbleibende Drehmoment, das geringe Gewicht und der Fortfall des Kommutators, was ihn zu einem kompakten, leistungsfähigen und betriebssicheren Motor macht. Auch besteht die Möglichkeit des Betriebs mit sehr hohen Spannungen und der Stromrückgewinnung beim Abbremsen.

Erfolgreiche Probefahrten im Höllental

Als geradezu ideal wurde aber der Reihenschluß-Wechselstrommotor angesehen. Er ist leicht regelbar, überlastbar und unempfindlich gegen Spannungsschwankungen. Im Jahre 1913 beschlossen Preußen, Bayern und Baden die Elektrifizierung ihrer Bahnen mit 15 000 V/16 2/3 Hz Wechselstrom. Später schlossen sich auch Österreich, die Schweiz, Norwegen und Schweden dieser Vereinbarung an. Somit waren die Weichen gestellt für das künftige Stromsystem.

Um die Vorteile des Drehstrommotors nutzen zu können, entstanden vor allem in den USA, Frankreich und Ungarn Umformerlokomotiven, welche den aus der Fahrleitung zugeführten Einphasen-Wechselstrom auf der Lokomotive in Drehstrom umwandelten. Dies geschah mittels eines durch einen aus der Fahrleitung gespeisten Elektromotor mit einem nachgeschalteten Drehstromgenerator. Einer größeren Verbreitung stand allerdings das daraus resultierende hohe Fahrzeuggewicht im Wege.

Für die versuchsweise mit 20 000 V/50 Hz elektrifizierte Höllentalbahn im Schwarzwald entstand 1936 als vierte Probelok die E 244 31. Der von Garbe-Lahmeyer auf Anregung von Ludwig Schön und Professor Punga gefertigte elektrische Teil wies für jede der vier angetriebenen Achsen je einen Asynchron-Einphasen- und

Technische Ausstattung der BR 120

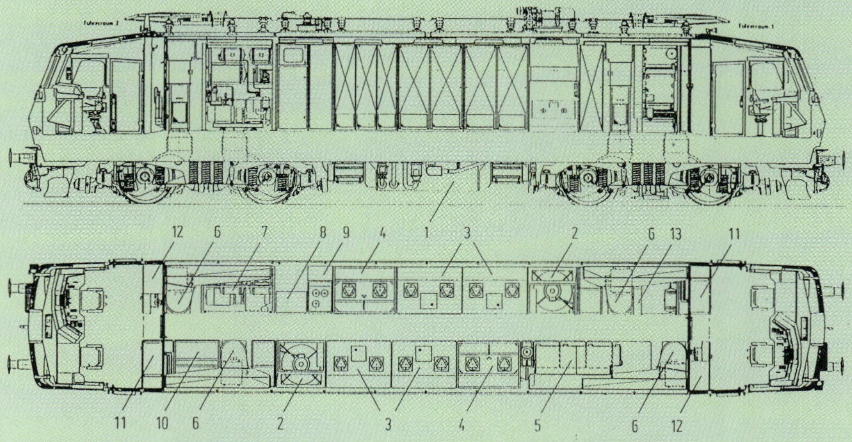

1 Haupttransformator
2 Ölkühler
3 Stromrichter
4 Hauptstrom-Schaltgeräte u.a.
5 Hilfsbetriebe-Umrichter
6 Fahrmotoren-Lüfter
7 Luftpresser u.a.
8 Linienzugbeeinflussung
9 Störstromfilter
10 Steuerstrom-Geräte
11 Elektronik Fahren – Bremsen
12 Elektronik Relais, ZWS u.a.

In der BR 120 kam zum ersten Mal der einfache, verschleißfreie Drehstrom-Asynchronmotor als Fahrmotor zum Einsatz. Die Geräte und Schränke im Maschinenraum sind auf beiden Seiten des Mittelganges angeordnet, der die beiden Führerräume miteinander verbindet. Zu den Hilfsbetrieben zählen die Druckluft-erzeugungsanlage, die Gleichstromanlage für Beleuchtungs- und Steuerstromkreise, die Hilfsbetriebeumrichter für das Drehstrombordnetz, die Kühler für Trafoöl und Stromrichteröl, die Lüfter für Fahrmotoren und Ölkühler, die Führerraum-Klimatisierung sowie der Wechselrichter für die 220-V-Wechselstromversorgung von Meßumformern, Thermofächern und sonstigen Verbrauchern. Das Fahrwerk besteht aus zwei Drehgestellen mit jeweils zwei Radsätzen. Der Lokomotivkasten stützt sich je Drehgestell über zweimal drei Schraubenfedern mit Flexicoilwirkung ab. Als Antrieb wird ein Hohlwellenkardangelenkantrieb mit einseitigem Getriebe verwendet. Die Fahrmotoren sind voll abgefedert im Drehgestellrahmen gelagert. Vier vierpolige Drehstrom-Asynchronmotoren treiben die Lok an.

AUFNAHME: SIEMENS-FORUM MÜNCHEN

Für Testfahrten im Hochgeschwindigkeitsbereich wurde die DE 2500-Versuchslok 202 003 einseitig mit einer aerodynamischen Frontverkleidung versehen. Im Oktober 1982 fährt die Lok mit 103 118 am Zugschluß bei Isselhorst Avenwedde.
E 244 21 war eine von insgesamt vier Probelokomotiven für die versuchsweise mit 20 000 V/50 Hz elektrifizierte Höllentalbahn (unten)

einen Asynchron-Drehstrommotor auf. Hierbei waren drei Hauptfahrstufen durch verschiedene Schaltungen möglich. Die Kaskadenschaltung erlaubte den Betrieb beider Motoren gemeinsam bei niederer Geschwindigkeit und hoher Belastung. Im mittleren Geschwindkeitsbereich lief der Einphasenmotor allein. Bei höheren Geschwindigkeiten diente der Einphasenmotor als Umformer für den antreibenden Drehstrommotor. Acht Wasserwiderstände ermöglichten zusätzlich eine feinere Regulierbarkeit der Lokomotive. Insbesondere der konstant gute Leistungsfaktor konnte überzeugen, doch war die Lokomotive ansonsten recht störungsanfällig.

Ab dem Beginn der sechziger Jahre erlaubte die kompakte Halbleitertechnik die Herstellung von Drehstrom mittels Thyristoren. Im Jahre 1965 erschien durch Umbau die erste thyristorgesteuerte Drehstrom-Diesellokomotive 10800 „Hawk" der British Railways.

Wegweisend: Die DE 2500 von Henschel/BBC

Erst 1971 gelang den Firmen Henschel und BBC mit der DE 2500 die Schaffung einer betriebstüchtigen dieselelektrischen Streckenlok mit Drehstromantrieb. Insgesamt drei Lokomotiven, die sechsachsigen 202 002 und 004 sowie die vierachsige 003, wurden der DB als Versuchsfahrzeuge für den Planbetrieb zur Verfügung gestellt. Vom nahe des Herstellers BBC gelegenen Bw Mannheim aus konnten sie im schweren Reise- und Güterzugdienst ihre Leistungsfähigkeit und Betriebstauglichkeit unter Beweis stellen. Ein MAN-Dieselmotor mit einer Leistung von 1840 kW trieb den angeflanschten Drehstrom-Synchrongenerator an, welcher kontaktlos über einen Gleichstrom-Zwischenkreis und einen Wechselrichter die als Tatzlagermotoren ausgeführten vierpoligen Drehstrom-Asynchronmotoren jeder Achse mit Energie versorgte. Über die zwölf einphasigen Wechselrichterbausteine konnte die Betriebsfrequenz im Bereich von 0,5 – 125 Hz stufenlos geregelt werden. Die bei Einsatz der elektrischen Widerstandsbremse freiwerdende Energie wurde zur Versorgung der Reisezugwagenheizung mit herangezogen.

Diesellok mit Drehstrom

Um das Verhalten der Drehstromlokomotive mit Fahrleitungsstrom als reine Ellok zu erproben, wurde 1974 der Dieselmotor der 202 002 ausgebaut und die Lok mit einem der Stromversorgung aus der Fahrleitung dienenden, umgebauten Steuerwagen der Gattung BDnf gekuppelt. Der mit Stromabnehmer und Transformator ausgestattete Steuerwagen enthielt zur Regelung zwei von BBC entwickelte Vierquadrantensteller, die eine Reduzierung der Oberschwingung im Netzstrom bewirkten. Hierdurch konnten negative Einflüsse auf das Fahrleitungsnetz und das Signalsystem durch ungünstige Frequenzen im Drehstromteil vermieden werden. Nach einem gut halbjährigen Versuchseinsatz wurde die Lokomotive im Jahre 1977 abermals umgebaut. Für den Einsatz auf dem mit 1500 V Gleichstrom elektrifizierten Streckennetz der niederländischen Staatsbahn NS wurde nunmehr die gesamte elektrische Ausrüstung in die Lok eingebaut. Der zum Einquadrantensteller umgerüstete Vierquadrantensteller diente als Eingangsstellglied zur Erzeugung der 2800 V Zwischenkreis-Gleichspannung. Die als 1600 P bezeichnete Lok besaß die Achsfolge 3'(1Ao1)', der

AUFNAHMEN: LINDENBLATT, SLG. HEYM

Die drei DE 2500-Versuchslokomotiven konnten vom Bw Mannheim aus ihre Leistungsfähigkeit im schweren Reise- und Güterzugdienst unter Beweis stellen

AUFNAHME: NIED I

Antrieb des einzigen angetriebenen Radsatzes erfolgte durch einen bei BBC neu entwickelten Käfigläufer-Drehstrommotor QD 646 mit einer Leistung von 1400 kW, wie er später in der BR 120 der DB zum Einsatz kommen sollte. Auch diese Erprobungen verliefen erfolgreich.

In der Folge entstanden für die „Gemeinschaftsbetriebe Eisenbahn und Häfen" in Duisburg Zweikraft-Drehstromlokomotiven mit Energieversorgung durch 600 V Gleichstrom aus der Fahrleitung oder einen Dieselmotor als EDE 1000/500. Hier setzte ein Zweiquadrantensteller die Spannung für den Zwischenstromkreis auf 1500 V herauf.

Die Industrie hatte zwischenzeitlich weitere Diesellokomotiven mit Drehstromantrieb entwickelt: Im Rangierdienst des Rbf München-Laim wurden zwischen 1982 und 1985 neben einer dieselhydraulischen Lok vier Drehstromlokomotiven eingesetzt. Den Anfang machte 1982 eine ME 05 von Krauss-Maffei und BBC als 259 001, ihr folgte 1982/83 eine DE 501 von Krupp-MaK und BBC als 259 002. Siemens lieferte die elektrische Ausrüstung der mit einem ölgekühlten Pulswechselrichter und einem integrierten Querantrieb der Treibradsätze ausgestatteten und gemeinsam mit CKG-Gmeinder gebauten DE 500, die als 259 003 im Jahre 1983 getestet wurde. Im selben Jahr lief als 259 004 schließlich noch eine DE 500 von Thyssen-Henschel, wiederum mit BBC-Ausrüstung.

Als Großdiesellokomotiven entwickelte Krupp-MaK zusammen mit BBC die DE 1024. Als 240 001 – 003 sind sie seit 1989 bei der DB im Versuchs- und Planeinsatz. Der MaK-Dieselmotor mit einer Leistung von 2650 kW treibt den Hauptgenerator an, der seine Maximalspannung von 2800 V in einen Gleichstrom-Zwischenkreis einspeist. Mittels GTO-Thyristoren wird der Strom in Drehstrom zum Betrieb der auch bei den BR 120 und 401 verwandten Fahrmotoren umgeformt.

Hauptstromschema der Baureihe 120

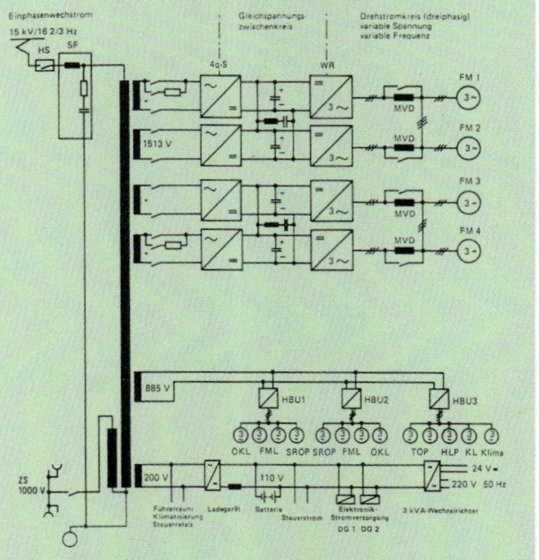

Hauptstromkreise:		Hilfsbetriebe:	
HS	Hauptschalter	HBU	Hilfsbetriebeumrichter
4q-s	Eingangssteller	KL	diverse Kleinlüfter
WR	Wechselrichter	ÖKL	Ölkühlerlüfter
MVD	Motorvordrossel	FML	Fahrmotorlüfter
FM	Fahrmotor	SRÖP	Stromrichterölpumpe
SF	Störstromfilter	TÖP	Transformatorölpumpe
ZS	Zugsammelschiene	HLP	Hauptluftpresser

Die Stromzuführung erfolgt über Durchführungsstromwandler, Netzfilter und Haupttransformator. Die beiden Stromrichter eines Drehgestells werden parallel betrieben. Sie bestehen aus jeweils einem Vierquadrantensteller (4q-S), einem Gleichspannungszwischenkreis und einem Wechselrichter (WR) zur Umwandlung der Zwischenkreisspannung auf ein in Frequenz und Spannung variierbares Drehstromsystem. Die Gleichspannungs-Zwischenkreise eines Drehgestelles sind dauernd parallel geschaltet. Der 4q-S hält im Fahrbetrieb die Zwischenkreisspannung konstant. Jeweils zwei parallel betriebene Wechselrichter speisen die beiden Fahrmotoren eines Drehgestells.

DB: Dieselelektrisch nur im Triebwagen

Einzige dieselelektrische Drehstrom-Triebfahrzeuge im Eigentum der DB sind momentan die 20 zweiteiligen „NeiTech"-Züge der Reihe 610, die von Nürnberg aus im nordbayerischen Raum eingesetzt werden. Je ein 485 kW leistender MTU-Motor pro Fahrzeugteil treibt über Siemens-Drehstrom-Synchrongeneratoren mit Gleichstrom-Zwischenkreis und GTO-Traktionswechselrichtern die AEG-Drehstrom-Fahrmotoren an.

Als Vorserie einer künftigen Generation von Mehrzweck-Elektrolokomotiven bestellte die DB im April 1977 fünf Lokomotiven 120 001 – 005 mit einer Leistung von 5600 kW, einer Anfahrzugkraft von 340 kN und einer Höchstgeschwindigkeit von 160 km/h, wobei die 120 005 für 200 km/h ausgelegt wurde. Im Jahre 1979 konnten die Lokomotiven mit der elektrischen Ausrüstung von BBC an die DB übergeben werden, um alsbald im Versuchsbetrieb getestet zu werden. Der im Labor bei BBC zwischenzeitlich weiter erprobte Vierquadrantensteller dient als Eingangsglied sowie als Stellglied für die Nutz- und Widerstandsbremse. Jede der vier Sekundärwicklungen des Transformators speist einen aus Vierquadrantensteller und Wechselrichter bestehenden Stromrichter. Die vierfach versetzte Taktung der Vierquadrantensteller ermöglicht eine minimale Oberschwingung auf der Primärseite des Transformators. Die Wechselrichter erzeugen aus der Zwischenkreis-Gleichspannung von 1200 V die variable Spannung und Frequenz für die Fahrmotoren. Je zwei Stromrichter sind gekoppelt und einem der beiden zweiachsigen Triebdrehgestelle zugeordnet, wodurch bei Ausfall einer Drehgestell-Leistungselektronik das andere Drehgestell weiterhin betriebsbereit bleibt. Als Weiterentwicklung des im Labor bei BBC und in der niederländischen Probelokomotive getesteten Fahrmotors kamen vier Drehstrom-Käfigläufermotoren BQg 4843 mit einer Dauerleistung von je 1400 kW zum Einbau, welche über einen Hohlwellen-Kardanantrieb je eine Achse antreiben. Die Masse eines Motors beträgt 2380 kg, während zum Beispiel der 1140 kW leistende herkömmliche Wechselstrom-Reihenschlußmotor WB 68/17 der Reihe 103 eine Masse von 3600 kg aufweist. Auch die Antriebe der Hilfsbetriebe wie Luftpresser, Lüfter oder Ölpumpen erfolgen über das Drehstrom-Bordnetz durch Drehstrom-Käfigläufermotoren. Mit der BR 120 war endlich ein Traum der Eisenbahningenieure erfüllt: die Schaffung einer echten Mehrzwecklok für schwerste Güterzüge und gleichzeitig für den Hochgeschwindkeitsverkehr.

Eine weitere Drehstrom-Versuchslokomotive war 1981 für einige Jahre im süddeutschen Raum eingesetzt. Es handelte sich hierbei um die ehemalige Zweifrequenzlokomotive 182 001 aus dem Jahre 1960, welche nach ihrer Ausmusterung 1977 von AEG-Telefunken zurückgekauft wurde. Ein Drehgestell erhielt zwei Drehstrom-Asynchronmotoren, die bisherigen Fahrmotoren des zweiten Drehgestelles wurden aus Ballastgründen beibehalten. Das hier verwandte stromgeführte Drehstrom-Antriebssystem unter Verzicht auf den Spannungs-Zwischenkreis der BBC-Entwicklung war zwar weniger leistungsfähig, sollte aber aufgrund der kostengünstigeren Ausführung insbesondere das Interesse ausländischer Bahnen wecken.

Die dieselelektrische Henschel/BBC-Versuchslok 202 002 wurde 1974 zu einer reinen Ellok umgebaut; zur Stromversorgung diente ein Steuerwagen mit Stromabnehmer. Wesentliche Komponenten wie beispielsweise die Drehstrommotoren fanden später in den Serien-120 der DB Verwendung (unten)

Seit 1987 Drehstrom endlich in Serie

Leistungselektronik und Antriebskonzept der Vorserienlokomotiven BR 120.0 wurden schließlich für den 1985 in Dienst gestellten „Intercity Experimental" 410 001/002, die zwischen 1987 und 1989 gebauten 60 Serienlokomotiven 120 101 – 160, in die ab 1990 gelieferten „Intercity Express"-Züge 401 und nun auch in deren seit 1995 entstehende Weiterentwicklung BR 402 (ICE 2) eingebaut. Während bei den Triebzügen ab 401 001 noch Thyristor-Stromrichter mit Ölkühlung verwandt wurden, kamen bei den Triebköpfen ab 401 051 GTO-Stromrichter (GTO = Gate-Turn-Off) mit Siedebadkühlung zum Einbau.

Inzwischen entstanden durch die Initiative der Industrie weitere Erprobungsträger, die sich vor allem durch eine modulare Bauweise auszeichnen. Siemens und Krauss-Maffei stellten 1993 den „EuroSprinter" 127 001 vor, der fahrzeugmäßig auf der S 252 der spanischen RENFE basiert und ursprünglich als Muster für den 120-Nachfolger (Baureihe 121) gedacht war. Die nun als ABB firmierende BBC baute die Vorserienlokomotiven 120 004 und 005 nach dem aktuellsten Stand der Technik um, wobei insbesondere die Leistungselektronik verstärkt wurde, was die 120 004 dann mit 6400 kW Leistung zur stärksten vierachsigen Lokomotive der Welt machte. Zuletzt erschien 1994 die „12X" (DB-Nummer 128 001) von AEG.

Heute hat die Drehstrom-Antriebstechnik einen hohen Stand an Leistungsfähigkeit und Zuverlässigkeit erreicht, so daß alle Neuentwicklungen für elektrische Lokomotiven und Triebwagen ausschließlich in dieser Technik ausgeführt werden. Allerdings macht die beabsichtigte Aufteilung des Lokparks an die Geschäftsbereiche Fern-, Regional- und Ladungsverkehr eine Mehrzwecklokomotive, wie sie derzeit die BR 120 darstellt, wieder überflüssig.

Eine weiterentwickelte und in den Fahrzeugen 120 004 und 005 erprobte ABB-Technik erhält die 220 km/h schnelle und 6400 kW starke BR 101 für den Schnellverkehr. Auf der Basis des „EuroSprinters" 127 001 entstehen mit Siemens-Technik die Güterzuglokomotiven BR 152 mit ebenfalls 6400 kW Leistung und einer Geschwindigkeit von 140 km/h. Schließlich wird die in der „12X" 128 001 von AEG erprobte Technik für den Bau der im Regionalverkehr einzusetzenden BR 145 mit einer Geschwindigkeit von 140 km/h und 3800 kW Leistung verwandt. AXEL ENDERLEIN

AUFNAHMEN: SEITZ, CWS

Mit der E 94 erhielt die Deutsche Reichsbahn ab 1940 ein Kraftpaket für den Güterzugverkehr. Die schweren Sechsachser leisteten mehr als vier Jahrzehnte gute Dienste – in der DDR, wo diese Aufnahme entstand, waren die Maschinen noch 1990 im Planeinsatz zu sehen

Der neue „Rheingold" war 1962 der Paradezug der Bundesbahn. Zu seinem exklusiven Flair gehörte auch eine spezielle Lok: die neue Variante der E 10. Weil die Maschinen mit der „Bügelfalte" (E 10^3) zum Start aber noch fehlten, halfen kastenförmige E 10^1 aus. Sie liefen als E 10^{12} (Aufnahme in Würzburg Hbf)

AUFNAHMEN: B. SCHULZ; A. SCHOPPNER

Sie war lange Jahre das Flaggschiff der Deutschen Bundesbahn: die Baureihe 103, das Zugpferd für Trans-Europ-Express und InterCity. Mit dem Aufkommen von ICE und der 101 erhielt die Lok Ende der 90er-Jahre zunehmend andere Aufgaben – meist von geringerem Prestige. Hier fährt 103 167 mit einem InterRegio aus Erfurt aus

AUFNAHME: J. SIEGER

Star der Deutschen Bahn: 101 113 in Dresden Hauptbahnhof. Inzwischen haben die 101 die Hauptlast des Fernverkehrs übernommen

Baureihe 101

Der feierlich inszenierte Roll-out der 101 001 im Adtranz-Werk Kassel stellte am 1. Juli 1996 den Startschuss für die grundlegende Erneuerung des Lokomotivparks der DB dar. Zwar gingen zwischen 1987 und 1989 die 60 drehstromgetriebenen Universalloks 120 in Betrieb, doch reichte diese Stückzahl natürlich nicht aus, die gut 140 mittlerweile veralteten und abgefahrenen einstigen Paradeloks der Reihe 103 aus den Jahren 1970 – 1973 abzulösen. Im Anschluss an die Ablieferung der 120 begann die Entwicklung einer modifizierten Ausführung als Reihe 121, wobei die Erfahrungen sowohl der 120 als auch der spanischen AVE-Loks S 252 zahlreiche Verbesserungen versprachen. Die Reihe 121 sollte als Universallok für alle Zuggattungen vom schnellen Intercity bis zum schweren Güterzug, in einer Stückzahl von immerhin 500 Exemplaren, neben der 103 auch die aus den fünfziger Jahren stammenden Einheits-Elloks der Reihen 110, 140 und 150 ablösen. Als Erprobungsträger wurden die Vorserienloks der Reihe 120.0 von der Lokindustrie entsprechend dem Entwicklungsstand mit den aktuellsten technischen Errungenschaften ausgestattet und getestet. Die Gründung der Deutschen Bahn AG und die damit zu erwartende Aufteilung des Triebfahrzeugparks auf die verschiedenen Geschäftsbereiche machten allerdings eine Universallok wieder überflüssig, gefragt waren nun wieder auf den jeweiligen Verwendungszweck zugeschnittene Fahrzeuge. Im Oktober 1992 wurde daraufhin die Ausschreibung zur 121 wieder zurückgenommen.

Eine weitere Neuerung der Deutschen Bahn AG war auch, die Entwicklung neuer Triebfahrzeuge nicht mehr selbst durchzuführen, sondern dies der Lokomotivindustrie zu überlassen, um serienreife und durch das Eisenbahnbundesamt zugelassene Fahrzeuge zu erhalten. Die weiteren Forschungen mit den 120.0 und den Erprobungsträgern »EuroSprinter« und »12X«, welche die Industrie auf eigene Rechnung betrieb, zeichnen sich vor allem durch eine neuartige modulare Bauweise aus, die es gestattet, gleiche Elemente verschieden zu kombinieren und so nicht nur Triebfahrzeuge in verschiedenen Größen- und Leistungsklassen, als technisch identische Lokomotive oder Triebkopf oder mit dem vom Kunden gewünschten Äußeren, sondern auch für unterschiedliche Stromsysteme zu erhalten. Es besteht sogar die Wahlmöglichkeit zwischen dem Betrieb als Ellok oder als dieselelektrische Lokomotive. Außerdem ist mit dem weiteren Fortschritt der Technik der einzelne Ersatz von Baugruppen ohne weiteres möglich.

ABB Henschel stellte im September 1994 sein mit den Lokomotiven 120 004 und 005 entwickeltes und seit 1992 erprobtes Konzept »Eco 2000« vor. Die wesentlichen Neuerungen bestanden im Wegfall der Relaistechnik, besonders gleisschonenden Flexifloat-Drehgestellen mit integriertem Antrieb und Einzelachssteuerung, einem

Technische Daten

Baureihenbezeichnung		101
Eigentümer		DB Reise & Touristik
Indienststellung		1996
Hersteller		Adtranz
Achsformel		Bo'Bo'
Länge über Puffer	mm	18.950
Dienstmasse	t	86,9
Stromsystem		15 kV, 16 2/3 Hz
Art des Antriebs		gefederte Antriebseinheit
Dauerleistung	kW	6.400
Höchstgeschwindigkeit	km/h	220
Anfahrzugkraft	kN	300
Zugkraft bei Dauerleist.		250 kN bis 92 km/h 104 kN bei 220 km/h
max. Leistung d. el. Bremse	kW	6.600
max. Dauerbremskraft (el.)	kN	150

Rot und bunt: Die 101 ist ein beliebtes Werbeobjekt, 101 134 und 101 088 in München

Kabel sparenden »integrierten Fahrzeugbus« (IFZ-Bus) im Informationsweg der Leittechnik des ABB-Systems MICAS S zur Fahrzeugsteuerung und -diagnose, weitgehende Umweltverträglichkeit sowie die erwähnte Flexibilität der Fahrzeugkonzeption. Im Einsatz sind bereits Elloks der »Eco 2000«-Familie in Dänemark, Norwegen, Italien, der Schweiz und im Kanaltunnelverkehr; für Griechenland sind dieselelektrische Lokomotiven im Bau, die sich bei Bedarf in reine Elloks umbauen lassen.

Im November 1994 orderte die DB für den Geschäftsbereich Fernverkehr bei ABB-Henschel 145 Lokomotiven der Reihe 101. Die Anzahl entspricht, wohl eher zufällig, genau der Menge der rund 25 Jahre zuvor in Dienst gestellten Serienloks 103, deren Nachfolge die 101 seit 1997 antrat. Zwischen März 1997 und Juni 1999 erfolgte die Inbetriebnahme der Lokomotiven 101 004 – 145. Der Hersteller Adtranz, Werk Kassel, als Nachfolger von ABB-Henschel gab erstmals vertraglich eine Garantie für niedrigen Wartungsaufwand und hohe Verfügbarkeit bei bis zu jährlich 400000 km Laufleistung sowie eine Rücknahmegarantie nach Ablauf der vorgesehenen Nutzungszeit von 30 Jahren.

Konstruktion

Der Lokkasten entstand in traditioneller Stahlbauweise mit dem aus U-Profilen geschweißten Rahmen und den aus senkrechten Säulenprofilen mit einem oberen Hohlprofil und aufgeschweißten Bekleidungsblechen gestalteten Seitenwänden. Das Dach ist über die ganze Breite einschließlich der in der Schräge liegenden Lüftergitter in drei Teilen abnehmbar. Die beiden zweiachsigen Drehgestelle mit einem Achsstand von 2650 mm sind eine Fortentwicklung der im ICE verwandten Flexicoat-Drehgestelle mit geringen ungefederten Massen zur größtmöglichen Schonung des Gleiskörpers. Der Drehstrom-Asynchron-Fahrmotor jeder Achse ist mit dem Getriebe als kompakte Baueinheit verbunden und bildet so den »Integrierten Gesamtantrieb«, dieser ist in Drehgestellmitte über einem Hilfsrahmen, am Drehgestellende über Pendel aufgehängt. Anstelle von Drehzapfen werden die im mechanischen Teil einen rechteckigen Kastenprofilrahmen darstellenden Drehgestelle durch eine tief liegende Zug-Druck-Stange am Lokrahmen geführt. Die Radsätze werden in Kompaktlagern mit Zylinderrollen geführt. Eine Geschwindigkeitsmessung durch Radargeräte sorgt zusammen mit der elektronischen Schlupf- und Gleitregelung für einen optimalen Kraftschluss zwischen Rad und Schiene. Als erste Lokomotivreihe der DB erhielten die 101 ein Scheibenbremssystem mit je zwei geteilten, innenbelüfteten Bremsscheiben je Radsatz. Für Drehstromlokomotiven obligatorisch ist die Netzbremse zur Einspeisung der Bremsenergie in die Fahrleitung.

Unter dem am Führerstand 1 liegenden Stromabnehmer vom Typ Dornier DSA 350 SEK befindet sich in einer Hochspannungszelle der Vakuum-Hauptschalter, so dass die weitere Dachausrüstung nur mehr aus den zugehörigen Druckluftanschlüssen und den Durchführungs-Endverschlüssen der Hochspannungskabel besteht. Der mit einem biologisch abbaubaren Polyol-Ester gekühlte, in Fahrzeugmitte am Rahmen befestigte Transformator mit dem niederspannungsseitigen Spannungsfilter verfügt für jeden der vier Fahrmotoren über eine eigene Sekundärwicklung mit Vierquadranten-Steller, Gleichspannungszwischenkreis und Drehstrom-Pulswechselrichter, so dass bei Ausfall eines Stromrichters die Lokomotive immer noch über 75 % ihrer Leistung verfügt. Im Maschinenraum sind die beiden über dem Transformator aufgebauten Stromrichter, das Hoch- und Niederspannungsgerüst, das Hilfsbetriebegerüst und die drei Hilfsbetriebeumrichter, das Luftgerüst, die beiden Kühltürme und die vier Motorlüfterräume beiderseits des Mittelganges leicht ein- und ausbaubar angeordnet. Ebenso wie der Transformator werden auch die mit zwei GTO-Thyristoren bestückten Stromrichtermodule durch umweltverträgliche Ester gekühlt. Zwei Stromrichtermodule bilden einen Vierquadranten-Stromrichter, drei Module einen Pulswechselrichter.

Die stromrichternahe Fahr- und Bremssteuerung geschieht weitgehend entsprechend dem ICE durch das von ABB entwickelte, zur Sicherheit doppelt vorhandene Leitsystem MICAS S durch einen 16-Bit-Rechner. Hieran angeschlossen ist das weiterentwickelte Diagnosesystem DAVID mit Speichererfassung für die Werkstatt und den Farbdisplays auf den druckdichten Führerständen mit Klartext-Hinweisen für den Triebfahrzeugführer. Die Lokomotiven 101 verfügen über die Mehrfach- und Wendezugsteuerungssysteme ZDS, ZMS und ZWS, über die Linienzugbeeinflussung LZB 80 sowie die üblichen Sicherheitseinrichtungen nach DB-Standard.

Während der Lokkasten bei 101 001 – 003 noch in himbeerrot lackiert war, kamen die weiteren Loks in der neuen verkehrsroten Farbe zur Auslieferung. Die beiden in der Beförderung der »Metropolitain-Züge« zwischen Köln und Hamburg eingesetzten Loks 101 130 und 131 tragen die silberne Farbgebung des Wagenparks. Erste Werbelok war die 101 001, zunächst für ein Musical, anschließend für die Fußball-Weltmeisterschaft 2006. Weitere 18 Loks tragen seit Mitte 2000 Werbung für den Chemiekonzern Bayer.

Betriebseinsatz

Die Lokomotiven 101 wurden dem Betriebshof Hamburg-Eidelstedt des GB Fernverkehr zugewiesen. Für den Sommerfahrplan 1997 wurde ein erster Umlaufplan erstellt, in dem die 101 bereits erste Leistungen der 103 übernahmen. Mittlerweile haben die 101 weitgehend den hochwertigen lokbespannten Reisezugverkehr im gesamten Bundesgebiet übernommen, vereinzelt werden nachts auch Züge des kombinierten Ladungsverkehrs geführt.

Beheimatung

Hamburg

AUTOR: A. ENDERLEIN; AUFNAHMEN: S. KLEIN, C. VOLK

Gnadenbrot InterRegio: Die Baureihe 103 wurde nach und nach aus dem hochwertigen Fernverkehr verdrängt. 103 225 in Erfurt

Baureihen 103.1, 750

Als Prototypen einer Ellokreihe mit 200 km/h Höchstgeschwindigkeit lieferten Henschel und BBC 1965 die E 03 001 – 004 (ab 1968: 103 001 – 004) aus. Dabei waren zu Vergleichszwecken die E 03 001 und 004 mit dem Henschel-Verzweigerantrieb, die E 03 002 und 003 mit dem SSW-Gummiring-Kardanantrieb ausgerüstet. Bei Versuchsfahrten und im Planbetrieb wurden die Fahrzeuge ausgiebig erprobt, so dass die Deutsche Bundesbahn 1969 den Serientyp 103.1 bei Siemens, AEG und BBC (elektrischer Teil) sowie Henschel, Krupp und Krauss-Maffei (Fahrzeugteil) in Auftrag geben konnte. Anlass war die für 1971 vorgesehene Einführung des »InterCity«-(IC-)Netzes, bei dem reine 1.-Klasse-Züge regelmäßig im Zweistundentakt mit bis zu 200 km/h verkehren sollten. Ferner wurden die Lokomotiven für die Ausdehnung des TEE-Netzes benötigt.

Die Lieferungen der Industrie begannen im Sommer 1970. Bis zum Start des IC-Verkehrs im Herbst 1971 waren über 60 Stück geliefert. Ende 1973 standen alle 145 Loks der Baureihe 103.1-2 mit den Betriebsnummern 103 101 – 245 zur Verfügung.

Die Vorserienlokomotiven 103 001 – 004 wurden in den Eilzugdienst rund um Hamburg abgedrängt. Häufig waren ihre Einsätze für die Bundesbahn-Zentralämter in Minden und München, weshalb die nach den Ausmusterungen von 103 002 (1986) und 004 (1988) verbliebenen 103 001 und 003 in Bahndienstfahrzeuge mit den Nummern 750 001 und 002 umgezeichnet wurden. Ihre Abstellungen erfolgten 1997 bzw. 1989. Die Serienlokomotive 103 222 erhielt 1989 Schnellfahrdrehgestelle für eine Höchstgeschwindigkeit von 250 km/h, die zuvor in der 103 003 beziehungsweise der 103 118 eingebaut waren. Sie dient vorwiegend dem FTZ Minden für Messfahrten und erhielt daher 1989 als Bahndienstfahrzeug die Bezeichnung 750 003. Seit November 1998 erstrahlt die im Ablieferungszustand aufgearbeitete 103 001 in neuem Glanz als betriebsfähige Museumslok E 03 001 des Bh Frankfurt (Main) 1. Von den Serienloks ist die 103 235 des Bh Hamburg-Eidelstedt als Museumslok vorgesehen.

Konstruktion

Der Hauptrahmen besteht aus einem alleintragenden geschweißten Brückenträger und außen liegenden Längsträgern.

Technische Daten

Baureihenbezeichnung		103.1 und 750 003	103.0 und 750 001
Eigentümer		DB Reise & Touristik, FTZ	
Indienststellung (1. Jahr)		1970	1965
Hersteller		KM, Henschel, Krupp, BBC SSW, AEG,	Henschel SSW
Achsformel		Co'Co'	Co'Co'
Länge über Puffer	mm	19.500 1)	19.500
Dienstmasse	t	114	112
Stromsystem		15 kV, 16 2/3 Hz	
Art des Antriebs		Gummiringfeder-Kardan	
Stundenleistung	kW	7.500	6.200
Höchstgeschwindigkeit	km/h	200	200
Anfahrzugkraft	kN	312	314
Dauerleistung der el. Bremse	kW	4.800	4.800
max. Dauerbremskraft (el.)	kN	176,6	176

1) 103 173 und 103 216 – 245: 20.200 mm

AUTOR: ENDERLEIN; AUFNAHMEN: KLEIN, VOLK

Zeitlos elegant: 103 158 in Berlin-Grunewald

Der Lokkasten ist als fünfteilige Schweißkonstruktion mit je zwei fünfteiligen Lüftergitterbändern pro Seite ausgeführt und mit dem Hauptrahmen verschraubt. Die mittleren drei Hauben sind abnehmbar. Der Lokkasten ist über je vier Flexicoil-Schraubenfedern pro Drehgestell auf denselben abgestützt. Der Führerraum besitzt eine kombinierte Warmluft- und Frischluft-Belüftungseinrichtung. Ab 103 216 ist der Lokkasten wegen vergrößerter Führerstände um 70 cm länger und eine Klimaanlage eingebaut. Diesen Lokkasten erhielt auch die 103 173 nach einer Unfallausbesserung. Ab 1981 wurden Pufferverkleidungen und Schürzen entfernt und ab 1983 alle Radsätze gegen radreifenlose Monoblockräder getauscht.
Die dreiachsigen Drehgestelle bestehen aus geschweißten Hohlprofil-Kastenrahmen mit zwei Querträgern. Der Mittelradsatz ist um 8 mm seitenverschiebbar. Die Führung der Radsatzlager erfolgt durch biegesteife, gummigelagerte Hebel. Ab 103 216 erhielten die Loks querelastisch gefederte Radsatzlager, die in Folge bei den übrigen Maschinen nachgerüstet wurden. Alle Lokomotiven verfügen über einen SSW-Gummiring-Kardanantrieb mit einseitigem, gering schrägverzahntem Getriebe und einer Übersetzung von 65 : 113. Die 103 118 erhielt ab Werk Drehgestelle und Getriebe für eine Geschwindigkeit von 250 km/h, das lauftechnisch für 265 km/h und mehr bemessen ist. 1983 wurde sie in die Normalausführung zurückgebaut.
Die äußerlich auffallendste Änderung an den Serien- gegenüber den Vorausloks 103.0 war die Verdoppelung der Lüftungsgitter durch eine zusätzliche untere Reihe auf beiden Seitenwänden. Die Bremseinrichtung besteht aus einer mehrlösigen, selbsttätigen und indirekt wirkenden Zweistufen-Hochleistungs-Druckluftbremse Bauart Knorr sowie einer direkt wirkenden Zusatzbremse.
Zur Dachausrüstung gehörten zwei Scherenstromabnehmer der Bauart DBS 54a bzw., ab 103 216, Einholmstromabnehmer SBS 65. Der Transformator ist eine Neukonstruktion, dessen Dauerleistung von 4.750 auf 6.250 kVA erhöht wurde. Die Steuerung erfolgt über ein motorisch betriebenes 39-stufiges Hochspannungsschaltwerk mit Thyristor-Lastschalter. Je Drehgestell sind drei fremdbelüftete, kompensierte zwölfpolige Wechselstrom-Reihenschlussmotoren mit Wendepolen installiert. Außerdem besitzt die BR 103.1 eine fahrdrahtunabhängige Gleichstrom-Widerstandsbremse. Ferner ist sie mit einer elektronischen zeitabhängigen Sicherheitsfahrschaltung, mit Indusi und Linienzugbeeinflussung (LZB) ausgestattet. Ab 1987 bekamen 100 Maschinen die LZB 80 und die Notbremsüberbrückung.
Ab Werk wurden alle 103.1 mit rot-beiger TEE-Lackierung versehen. Einige Maschinen erhielten ab 1985 einen roten Rahmen (103 113, 128, 150 und 208). Ab 1987 wurden die Loks in Orientrot mit weißer Kontrastfläche lackiert. Die 103 101 war von 1991 bis 1993 für die Beförderung des »Lufthansa-Airport-Express« Frankfurt am Main – Stuttgart in einer gelb-weißen Farbgebung eingesetzt. Seit 1995 ist die 103 220 in den Farben des Touristikzuges im Einsatz. Seit kurzem gibt es auch eine Maschine in Verkehrsrot, die 103 233.

Betriebseinsatz

Die Lokomotiven der Baureihe 103 waren bis zum Erscheinen der 120.1 und des ICE die DB-Triebfahrzeuge mit den höchsten Laufleistungen. Durchschnittliche monatliche Laufleistungen um 30.000 km (Rekord im Juli 1972: 50.251 km) waren keine Seltenheit. Obwohl die BR 103.1 anfangs im auf 160 km/h beschränkten InterCity- und TEE-Verkehr tägliche Laufleistungen von 1.200 bis 1.800 km erreichte, war der Betrieb mit den Maschinen nicht ganz zufriedenstellend. Vor allem erwies sich, dass die Loks für den Einsatz vor langsameren, jedoch schweren Schnellzügen, wenig geeignet waren. Die Leichtbau-Fahrmotoren, in ihrer Auslegung auf überwiegenden Betrieb um 140 km/h und mehr »gezüchtet«, reagierten auf Überlastungen mit sehr hohem Bürsten- und Kommutatorverschleiß. Diese negativen Erscheinungen verstärkten sich um so mehr, als die DB entgegen den Planungen den beabsichtigten Schnellverkehr mit 200 km/h im Jahr 1972 nicht aufnehmen konnte. Ein artgerechter Einsatz der BR 103.1 wurde erst 1979 mit der Einführung der 200 km/h schnellen zweiklassigen IC möglich.
Die Loks waren zuerst bei den Betriebswerken München Hbf, Frankfurt (Main) 1 und Hamburg-Eidelstedt beheimatet, seit 1974 sind sie nur noch in den letztgenannten Betriebshöfen zu finden. Mit der Ablieferung der neuen 120.1 sowie der ICE-Züge wurden die 103 aus dem InterCity-Verkehr teilweise abgezogen. 1987 endete der TEE-Verkehr bei der DB und damit der 103-Einsatz vor diesen Zügen. Ein neues Arbeitsgebiet entstand dagegen 1987 mit den 200 km/h schnellen InterRegio-Zügen, welche die alten D-Züge ablösten.
Zunächst schieden einige wenige Serienfahrzeuge nach schweren Unfällen aus. Aufgrund des außergewöhnlich intensiven Einsatzes in den vergangenen knapp 30 Jahren mit Laufleistungen zwischen 300.000 und 350.000 Kilometern jährlich stellten sich bei den übrigen Maschinen zunehmend Verschleißerscheinungen wie z.B. Risse an den Drehgestellrahmen ein. Ab Anfang 1997 erfolgten erste Abstellungen zur Ersatzteilgewinnung, 1998 begann parallel zur Auslieferung der Nachfolge-Baureihe 101 die planmäßige Außerdienststellung der 103. Eine Gnadenfrist gewährte ihnen der verstärkte Zugverkehr der Expo 2000 in Hannover, nach deren Ende die verbliebenen 103er zügig ausgemustert werden. Anfang Juli 2000 waren noch 87 Lokomotiven der Betriebshöfe Frankfurt (Main) 1 und Hamburg-Eidelstedt im gesamten Bundesgebiet vor hochwertigen Reisezügen im Einsatz.

Beheimatung

Hamburg, Frankfurt (M)

Die Lokomotiven der Baureihe E 04 waren mit Federtopfantrieben ausgestattet. Am 28. Juni 1933 erreichte die E 04 09 bei einer Versuchsfahrt 151,5 km/h

Baureihe E 04 (DB 104/DR 204)

Die DRG plante im Jahre 1931 die durch die Weltwirtschaftskrise verzögerte Streckenelektrifizierung in Süddeutschland weiter voranzutreiben. Aus der gebotenen Sparsamkeit heraus dachte man an die Beschaffung einer Nachfolgebauart der E 17 mit nur drei angetriebenen Achsen. Weil jedoch im süddeutschen Hügelland Maschinen mit vier angetriebenen Achsen erforderlich waren, sollten die auf den mitteldeutschen Strecken nicht ausgelasteten E 17 in den Süden umbeheimatet werden. Für den Einsatz auf den Flachlandstrecken des mitteldeutschen Braunkohlegebietes sah man dann die 1'Co1'-gekuppelten Neubauloks vor. Im April 1931 bestellte die DRG bei AEG zwölf Lokomotiven mit dem bewährten Kleinow-Federtopfantrieb. Vorgesehen war für diese Maschinen die Baureihenbezeichnung E 04. Nach der Entscheidung zur Beschaffung von drei E 05 reduzierte die DRG den Auftrag auf zehn E 04. Ihre Höchstgeschwindigkeit war jedoch wegen der bereits wirksamen Streckenhöchstgeschwindigkeit zwischen Leipzig und Bitterfeld konstruktiv für 130 km/h ausgelegt worden.

Von Dezember 1932 bis Juni 1933 lieferte AEG die Lokomotiven E 04 01 – E 04 10 an die DRG aus. Inzwischen war mit der vollendeten Elektrifizierung von München nach Stuttgart und in Richtung Nürnberg der Bedarf an schnellaufenden Elektrolokomotiven auch in Süddeutschland gestiegen, so daß die DRG 1933 ein zweites Los über zehn Maschinen und Vmax 130 km/h bestellte. Die als E 04 11 – E 04 20 bezeichneten Lokomotiven wurden von Februar bis Dezember 1934 abgenommen. Im Herbst 1934 gab die DRG drei weitere Lokomotiven der Baureihe E 04 in Auftrag. Die als E 04 21 – E 04 23 bezeichneten Maschinen gingen zwischen Juni und Dezember 1935 in Betrieb.

Schließlich erwog die DRG seit 1935, einen exklusiven Schnellverkehr zwischen München und Berlin in E-Traktion mit geschobenen Zügen zu fahren. Um nähere Aufschlüsse über die technischen Voraussetzungen zu erhalten, erhielt die Lokomotive E 04 23 Anfang 1939 eine Ausrüstung für den Wendezugbetrieb. Mit den Beginn des Zweiten Weltkrieges mußten die Versuche jedoch abgebrochen werden.

Die Baureihe E 04 bewährte sich besonders im Flachlandeinsatz außerordentlich gut. Als Nachfolgerin beschaffte die DRG ab 1935 die Baureihe E 18, in deren Konstruktion viele beim Bau der E 04 gewonnene Erkenntnisse einflossen.

Konstruktion

Das 1'Co1' -Laufwerk bestand aus einem Krauss-Helmholtz-Gestell, Abart AEG. Bis auf den mittleren Treibradsatz, dessen Spurkränze um 10 mm geschwächt waren, hatten alle übrigen Achsen Seitenspiel. Ab 1938 erhielten nachträglich einige Maschinen seitenbewegliche mittlere Treibradsätze. Zum Einbau gelangten Gleitlager mit Peyinghaus-Schleuderschmierung. Vorhanden war ein Federtopfantrieb der Bau-

TECHNISCHE DATEN

Baureihe		E 04
bis 1968/70		E 04
ab 1968/70 (DB/DR)		104/204
Indienststellung		1932
Hersteller		AEG
Achsfolge		1'Co1'
Länge über Puffer	mm	15 120
Dienstmasse	t	92
Stromsystem		16 2/3 Hz, 15 kV
Antrieb		Federtopf
Dauerleistung	kW	2 010
Geschw. bei Dauerleistung	km/h	87
Stundenleistung	kW	2.190
Geschw. bei Stundenleistung	km/h	84
Höchstgeschwindigkeit	km/h	110/130
Anfahrzugkraft	kN	177

Die ersten E 04 ersetzten die Lokomotiven der BR E 17 im Schnellzugdienst Leipzig – Magdeburg

art Kleinow mit Gestellmotoren und einem zweiseitigen, schrägverzahnten Getriebe, bei den E 04 01 bis E 04 08 mit der Übersetzung 33:97, ab E 04 09 mit 29:99. Bei dem Hauptrahmen handelte es sich um einen genieteten Außenrahmen mit 30 mm starken Stahlblechlängsträgern. Auf Grund der hohen Stabilität war kein Pufferträger nötig; die Puffer waren auf eine durch Rahmenendquerträger verstärkte Kopfplatte aufgesetzt worden.
Die DB-Loks erhielten ab 1954 vorgesetzte Pufferträger, wodurch sich die Loklänge um 500 mm erhöhte. Das Profilstahlgerüst des Lokkastens war mit Stahlblech verkleidet und der mittlere Dachteil abnehmbar. Die abgeschrägten Vorbauten beherbergten vorn die Fahrzeugbatterie und den Luftverdichter, hinten die Hauptluftbehälter. Die DR-E 04 wurden ab 1963 auf der Lokführerseite mit seitlichen Windschutzscheiben ausgestattet. Die Bremseinrichtung bestand aus einer Druckluft- und einer Spindelhandbremse. Auf dem Dach waren bei Anlieferung Scherenstromabnehmer Bauart SBS 10, ab der E 04 16 solche der Bauart HISE 7 installiert. Die DB-Loks stattete man zeitweise mit Abnahmern der Bauarten HISE 2 oder SBS 39, ab 1967 der Bauart SBS 39 mit Dotzler-Doppelwippe aus. Bei den DR-Lokomotiven bewährten sich Stromabnehmer der Bauart SBS 10 und ab 1969/70 der Bauat RBS 58 mit Doppelwippe. Als Hauptschalter gelangten Einheitsschalter des Typ BO zum Einbau. Der Haupttransformator war fremdbelüftetet und in Mantelbauweise ausgeführt. Die handbetätigte Nockenschalter-Steuerung berücksichtigte 15 Dauerfahrstufen, Feinregler und Zusatztrafo. Die für den Wendezugbetrieb umgebaute E 04 23 erhielt 1939 die motorbetätigte Steuerung der E 18. Die E 04 verfügten über jeweils drei fremdbelüftete kompensierte zwölfpolige Wechselstrom-Reihenschlußmotoren des Typs EKB 860 mit Wendepolen und über je eine wegeabhängige Sicherheitsfahrschaltung. Die DB rüstete ihre E 04 ab 1954 mit Indusi, ab 1962 mit elektrischen Geschwindigkeitsmessern (die DR teilweise ab 1966) und ab 1975 mit Zugbahnfunk nach.
Bei ihrer Ablieferung erhielten die Lokkästen einen blaugrauen Anstrich. Die Kästen der DB-Lokomotiven lackierte das AW Freimann ab 1950 in chromoxydgrün, während die DR ihre ab 1956 wieder aufgebauten E 04 mit grünem Lack und ab 1961 mit rotem Laufwerk versah.

Betriebseinsatz

Die E 04 01 – E 04 08 wurden zunächst im Bw Leipzig Hbf West stationiert und als Ersatz für die Baureihe E 17 im Schnellzugdienst von Leipzig über Dessau bzw. Halle (Saale) nach Magdeburg eingesetzt. Nach Inbetriebnahme der Baureihe E 18 kam es bis zum Ende des Zweiten Weltkrieges zu zahlreichen Umbeheimatungen. So verfügten die Bahnbetriebswerke Augsburg (1935 – 1943), Bamberg (ab 1940), Halle (Saale) P (ab 1944), Magdeburg Hbf

Bei der DR wurde die 204 001 zur Museumslok

(ab 1937), Nürnberg Hbf (ab 1935) und Treuchtlingen (1941 – 1943) über Lokomotiven der Baureihe E 04. In den Jahren 1943/44 hatte die DRG zudem einen Tausch süddeutscher E 04 gegen mitteldeutsche E 18 angeordnet. München Hbf gab daher 1943 die letzte Maschine ab, so daß die E 04 auf bayerischem Gebiet am Ende des zweiten Weltkrieges nur noch in den Bahnbetriebswerken Bamberg (2) und Nürnberg Hbf (4) vorhanden waren. Der zuletzt zwischen Bamberg und Treuchtlingen eingesetzte Wendezug mit der E 04 23 stand nach dem Waffenstillstand wenige hundert Meter von der oberfränkischen Grenze entfernt auf dem Gebiet der sowjetischen Besatzungszone (SBZ) und kam anschließend zum Bw Weißenfels. Der E 04-Bestand in der SBZ zählte somit 17 Maschinen (E 04 01 - E 04 16 und E 04 23). Hiervon mußten 1946 die E 04 04 und E 04 13 ausgemustert werden. 13 Maschinen fielen im März 1946 unter die Reparationsleistungen an die Sowjetunion und kamen 1952 zurück.
Im Rahmen des Wiederaufbaus der elektrischen Zugförderung ab 1955 nahm die DR zwischen 1956 und 1961 vierzehn E 04 wieder in Betrieb (die 1966 ausgemusterte E 04 12 diente als Ersatzteilspender). Sie bildeten bis zur Inbetriebnahme der E 11/E 42 das Rückgrat des Schnellzugdienstes mit Elektrolokomotiven. Einen Wendezugeinsatz mit der E 04 23 bestand 1966 zwischen Leipzig und Halle (Saale). Die seit 1970 als Baureihe 204 bezeichneten Lokomotiven fuhren auf fast allen bis 1975 elektrifizierten Strecken der DR. Beheimatet waren sie in Halle (Saale) P (1956 – 1968), Köthen (1956 – 1957), Leipzig Hbf West (1958 – 1976) und Magdeburg Hbf (1957 – 1968); die Außenstelle Magdeburg-Buckau war bis 1976 nur Einsatz-Bw. Ende November 1976 verschwanden die letzten Maschinen aus dem Betriebseinsatz, und nur die E 04 01 blieb als Museumslok betriebsfähig. Ausgemustert wurden die DR-E 04 1972 (1), 1973 (1), 1974 (1), 1975 (2), 1976 (6) und 1977 (3). Als stationäre Anlagen konnten noch einige Jahre lang zehn 204er weiter genutzt werden.
Die sechs E 04 der DB waren seit 1947 in Nürnberg Hbf konzentriert und kamen 1950 im Tausch gegen E 52 zum Bw München Hbf. Von dort aus fuhren sie bis Garmisch, Nürnberg, Regensburg und Salzburg. Neue E 10 verdrängten die Vorkriegsmaschinen aus den hochwertigen Diensten. Um die seit 1968 als Baureihe 104 bezeichneten Loks besser auszulasten, wurden sie 1968 nach Osnabrück umbeheimatet und liefen auf den nordwestdeutschen Flachlandstrecken von Bremen bis ins Ruhrgebiet. 1976 aus dem Unterhaltungsbestand ausgeschieden, musterte die DB ihre E 04 in den Jahren 1977 (1), 1979 (1), 1980 (2), 1981 (1) und 1982 (1) aus. Die E 04 20 bleibt als betriebsfähige Museumslok erhalten.

REDAKTION: DR. BRIAN RAMPP; FOTOS: PILLMANN, AEG/SLG. KNIPPING, SCHULZ

Im Herbst 1933 wurden drei Lokomotiven der Baureihe E 05 in Dienst gestellt. Eine Maschine war für 130 km/h, die anderen für 110 km/h ausgelegt

Baureihen E 05 und E 05[1]

Die Siemens-Schuckert-Werke (SSW) hatten sich bereits Mitte der zwanziger Jahre für den Tatzlagerantrieb stark gemacht. Die mit dieser Technik ausgerüsteten Prototypen E 15 01 und E 16 101 wurden jedoch zugunsten der mit elastischem Antrieb versehenen AEG-E 21 nicht weiter entwickelt. Die Ende der zwanziger Jahre herrschende Weltwirtschaftskrise hatte die Streckenelektrifizierung verzögert, so daß die DRG erst im Jahre 1931 wieder an die Beschaffung neuer Lokomotiven denken konnte.
Für den Schnellzugdienst war eine 1'Co1'-Maschine vorgesehen. Dieser Auftrag bot die letzte Chance, den Eignungsnachweis des Tatzantriebes für Geschwindigkeiten bis 110 km/h doch noch zu erbringen. Folglich bot SSW im März 1931 eine Elektrolokomotive der Achsfolge 1'Co1' mit Tatzlagerantrieb an. Obgleich der Buchli- und Federtopfantrieb eindeutig ihre Überlegenheit im Geschwindigkeitsbereich über 100 km/h bewiesen hatten, wollte sich die DRG endgültige Gewißheit über die Eignung des Tatzlagerantriebs verschaffen. Sie folgte daher dem Plädoyer der SSW für eine Versuchsausführung mit Tatzlagerantrieb, reduzierte den E 04-Auftrag um zwei Maschinen und bestellte Ende 1931 drei Lokomotiven mit der Baureihenbezeichnung E 05, die die Ordnungsnummern 01 – 03 erhielten. Als Höchstgeschwindigkeit war – wie bei der E 04 – 110 km/h vorgesehen. Den mechanischen Teil sollte Henschel, den elektrischen Teil SSW fertigen. Nach der Erhöhung der zulässigen Streckenhöchstgeschwindigkeit auf der Strecke Leipzig – Dessau – Magdeburg auf 130 km/h modifizierte die DRG den Auftrag Ende 1932 in zwei E 05 für 110 km/h und eine E 05 für 130 km/h. Die vorgesehene Betriebsnummer der schnellen Maschine wurde daraufhin in E 05 103, Baureihe E 05[1], geändert. Die vom RZA München vorgeschlagene Beschaffung

TECHNISCHE DATEN

Baureihen		E 05	E 05[1]
Indienststellung		1933	1933
Hersteller		Henschel, SSW	Henschel, SSW
Achsfolge		1'Co1'	1'Co1'
Länge über Puffer	mm	15 400	15 400
Dienstmasse	t	89,0	90,0
Stromsystem		16 2/3 Hz, 15 kV	
Art des Antriebs		Tatzlager	Tatzlager
Dauerleistung	kW	1 785	1 785
Geschw. bei Dauerleistung	km/h	110	126
Stundenleistung	kW	2 160	2 160
Geschw. bei Stundenleistung	km/h	97	111
Höchstgeschwindigkeit	km/h	110	130
Anfahrzugkraft	kN	160	136

Lokomotiven der BR E 05 waren bis zur Ausmusterung (1964) in Mitteldeutschland stationiert

eines Reservegetriebesatzes für 110 km/h lehnte die Hauptverwaltung der DRG ab. Im Oktober und November 1933 wurden die drei Lokomotiven der Baureihe E 05 in Dienst gestellt.
Die Erfahrungen aus dem Betriebseinsatz der drei E 05-Lokomotiven konnten im höheren Geschwindigkeitsbereich nicht die Gleichwertigkeit des Tatzlagerantriebes gegenüber dem elastischen Antrieb bestätigen. Die Lokomotive E 05 103 lief in Gleisbögen wegen der geänderten Ausführung zwar ruhiger als ihre beiden Schwestern, insgesamt war jedoch die Laufgüte der E 05 schlechter als die der E 04. Der Tatzlagerantrieb kam in keiner weiteren Schnellzuglok zur Ausführung, und die E 05 wurde nicht weitergebaut. Dagegen war er für Geschwindigkeiten bis 100 km/h sehr wohl geeignet, was die später gebauten Lokomotiven der Baureihen E 44, E 93 und E 94 nachhaltig bewiesen. Sogar die DB beschaffte 1957 noch 25 Neubauloks der Baureihe E 50 mit Tatzantrieb!

Konstruktion

Das Laufwerk der 1'Co1'-Lokomotive hatte Lenkgestelle Bauart Henschel mit Radialachse, schrägliegender Lenkerwelle sowie kurzem und langem Kurbelarm erhalten. Die E 05 103 verfügte über Lenkgestelle, deren Lenkhebel außerhalb des Rahmens mit dem Treibradsatz und dem jeweils benachbarten Laufradsatz verbunden waren. Die Blattfedern wurden mit Rückstellvorrichtungen ausgestattet. Im Gegensatz zu den E 04 waren die Treibradsätze symmetrisch angeordnet. Ein Seitenspiel existierte nur bei der Lokomotive E 05 103. Die Spurkränze des mittleren Treibradsatzes waren bei allen E 05 um 15 mm geschwächt. Die ausschließlich verwendeten Gleitlager wurden mit Peyinghaus-Schleuderschmierung ausgerüstet. Der Tatzlagerantrieb der Bauart SSW wurde mit einem beiderseitig geradverzahntem Getriebe, gefederten Großrädern und einer Übersetzung von 24:89 (E 05) bzw. 29:94 (E 05 103) ausgeführt. Die Fahrmotoren waren federnd im Drehgestell aufgehängt. Der Hauptrahmen wurde antriebsbedingt als Außenrahmen konzipiert, der sich in vier Punkten auf die Lenkgestellrahmen abstützte. Die Stahlblechseitenteile versteifte man durch eine Kopfplatte, Rahmenendquerträger sowie Querträger für den Haupttransformator und die Fahrmotoren. Der Lokkasten bestand aus einem Profilstahlgerippe mit Stahlblechverkleidung und halbhohen Vorbauten. Diese beherbergten vorn zwei Hauptluftbehälter sowie hinten den Luftverdichter und die Fahrzeugbatterie.
Der Dachaufbau war über dem Haupttransformator abnehmbar. Eine Einkammer-Druckluftbremse und eine Spindelhandbremse sorgten für die Betriebssicherheit der Maschinen. Alle Räder wurden zweiseitig abgebremst. Auf dem Dach befanden u.a. zwei Scherenstromabnehmer der Bauart SBS 10 und ein Expansionsschalter des Typs R 618, der sich bereits bei der E 44 bewährt hatte. Vorhanden waren außerdem ein fremdbelüfteter Haupttransformator in Mantelbauweise und ein Hochspannungsstromwandler mit einem Zusatztransformator für die handbetätigte Nockenschaltersteuerung mit vertikal drehbarem Handrad sowie einem Feinregler und 15 Fahrstufen. Bei den Fahrmotoren handelte es sich um fremdbelüftete, kompensierte zehnpolige Wechselstrom-Reihenschlußmotoren des Typs WBM 610 mit Wendepolen, die von Siemens-Schuckert auch bei den Lokomotiven E 15 01 und E 16 101 verwendet wurden. Die Tatzlager waren federnd in gesondertem Gehäuse angeordnet. Alle E 05-Lokomotiven hatten die Einheits-Sicherheitsfahrschaltung (Sifa) der Bauart BBC erhalten. Bei Anlieferung besaßen die E 05 einen blaugrauen Anstrich. Die DR-E 05 103 wurde nach ihrem Wiederaufbau grün lackiert.

Betriebseinsatz

Nach ihrer Indienststellung kamen die als E 05 001, E 05 002 und E 05 103 bezeichneten Maschinen zum Bw Leipzig Hbf West. Mit den Lokomotiven der Baureihe E 04 liefen sie wie vorgesehen u.a. im Schnell- und Eilzugverkehr auf den Strecken Leipzig – Halle (Saale)/Dessau – Magdeburg. Nach der Stationierung von E 18 in Leipzig im Jahre 1936 wanderten die wegen ihrer mäßigen Laufeigenschaften nicht sonderlich beliebten E 05 in den Personenzugdienst ab oder dienten als Reserveloks, falls einmal ein elektrischer Triebwagen oder eine Elektrolokomotive ausgefallen waren. In diesen Diensten behaupteten sie sich bis zum Ende des zweiten Weltkrieges und blieben unbeschädigt. Als dann der elektrische Zugbetrieb in Mitteldeutschland sukzessive wieder aufgenommen werden konnte, waren die drei E 05 hochwillkommen und weiter im Einsatz. Ende März 1946 mußten die Lokomotiven der Baureihe E 05 abgestellt werden und bis Herbst 1946 als Reparationsleistung in die UdSSR abtransportiert werden. Bis 1952 waren die nicht umgespurten Maschinen im westlichen Teil der Sowjetunion unter freiem Himmel abgestellt und verrotteten. Im Herbst 1952 kehrten die E 05 002 und E 05 103 zur DR zurück. Die E 05 001 verblieb in der Sowjetunion; über ihr weiteres Schicksal ist nichts bekannt.
Für den Zugbetrieb auf den ab 1955 wieder in Betrieb genommenen elektrifizierten Strecken standen der DR nicht ausreichend Lokomotiven für schnelle Züge zur Verfügung. Die Neubaulokomotiven der Baureihe E 11 waren erst ab 1962 zu erwarten. Daher entschied sich die DR im Jahre 1958 für die Wiederinbetriebnahme einer E 05, wobei die Wahl auf die besser erhaltene E 05 103 fiel. Das Raw Dessau richtete die Maschine unter Verwendung von Teilen der dann 1962 ausgemusterten E 05 002 wieder her. Ende September 1959 stand die E 05 103 dem Bw Leipzig Hbf West zur Verfügung und kam auf den Strecken von Leipzig nach Dessau bzw. über Halle (Saale) nach Magdeburg im Schnell- und Personenzugdienst zum Einsatz. Allerdings hatte man bei der Aufarbeitung auf die Lenkhebel für die Laufradsätze verzichtet, was sich negativ auf die Laufeigenschaften der Maschine auswirkte. Insgesamt erwies sich die Lokomotive als recht störanfällig.
Ab 1960 war E 05 103 in den Bw Magdeburg Hbf (1960 – 1961, 1962 – 1963), Magdeburg-Buckau (1961 – 1962) und Dessau (1962) beheimatet. Als Lokomotiven der Baureihe E 11 in ausreichender Zahl zur Verfügung standen, stellte man die Maschine am 2. August 1963 ab und musterte sie am 13. Februar 1964 aus. Von 1964 bis 1967 diente die Lokomotive noch als Transformatorstation im Vorfeld des Hauptbahnhofes Halle (Saale).

REDAKTION: DR. BRIAN RAMPP; FOTOS: HENSCHEL/SLG. CLÖSSNER, SIEMENS/SLG. RAMPP

Ihre Lüftergitter weisen die 142 157 als Maschine der zweiten Lieferversion aus. Der Anstrich entspricht dem alten DR-Schema. Raw Dessau, 1992.

Baureihen 109/142 (ex 211/242)

Mit dem elektrischen Zugbetrieb begann die DR in der ehemaligen DDR am 1. September 1955 zwischen Halle (Saale) und Köthen. Zum Einsatz gelangten wieder instandgesetzte Bo'Bo'-Vorkriegs-Elektrolokomotiven E 44, die 1946 zusammen mit weiteren Ellok aus Schlesien und Mitteldeutschland in die UdSSR abtransportiert worden waren. 1952 waren sie im „Tausch" gegen 355 Neubau-Reisezugwagen von dort zurück gekommen. Bis Ende 1957 hatte die DR 85 Kilometer unter Draht, und für weitere 220 km liefen die Umstellungsarbeiten. Von den Vorkriegs-Baureihen E 04, E 44 und E 94 standen 50 Maschinen wieder im Einsatz. Bei weiteren 20 war die Instandsetzung im Gange. Zu diesem Zeitpunkt war absehbar, daß für die weiteren für elektrischen Betrieb geplanten 600 km Strecke die aufarbeitungswürdigen Vorkriegsmaschinen mit einzeln angetriebenen Radsätzen nicht ausreichten. Daraufhin bekamen die Lokomotivbau-Elektrotechnischen Werke (LEW) Hennigsdorf den Auftrag zur Entwicklung einer neuen Bo'Bo'-Lokomotive.
Mit der E 10/E 40 befand sich seit 1956/57 bei der DB eine neue Ellok-Generation auf den Schienen. Die DR und die LEW bemühten sich um eine Lizenznahme dieser Maschine, um schneller zu einer modernen Neubaulok zu kommen. Aufgrund der deutschen Teilung kam die Lizenznahme,weshalb auch immer, nicht zustande. Die Entwicklung und Fertigung der erforderlichen 16 2/3-Hz-Ausrüstungen war Neuland für die Elektroindustrie der DDR, während für den Fahrzeugteil die LEW auf Erfahrungen mit an die PKP gelieferten Gleichstromlokomotiven aufbauen konnten. Den Wechselstrom-Fahrmotor für die neue Lokomotive berechnete und konstruierte der spätere Professor Dr.-Ing. H.P. Budig.
In den ersten Tagen des Jahres 1961 trafen die Prototypen E 11 001 und 002 im Raw Dessau ein. Für die anschließende umfangreiche Erprobung durch die Versuchs- und Entwicklungsstelle der Maschinenwirtschaft (VES-M) kamen beide Maschinen zum Bw Halle P. Die Abnahmefahrten fanden mit der E 11 001 am 3. Februar und mit der E 11 002 am 13. April 1961 statt. Die Versuchsfahrten ergaben, daß die Lokomotiven das geforderte Betriebsprogramm, welches u.a. die Beförderung von 600-t-Schnellzügen mit 140 km/h in der Ebene, mit 120 km/h bei 5 ‰ Steigung mit 90 km/h bei 10‰ Steigung, von 400-t-Personenzügen mit 70 km/h bei 25 ‰ Steigung sowie von 1.800-t-Güterzügen mit 100 km/h in der Ebene mit 60 km/h bei 5‰ Steigung vorsah, erfüllten. Auch 2000-t-Güterzüge wurden dabei befördert. Den 140 km/h lag ein elastischer Radsatzantrieb zugrunde, der aber nur versuchsweise in der E 11 002 eingebaut war, so daß die Schnellzüge auch in der Ebene nur mit maximal 120 km/h gefahren wurden.
Mit der E 11 005 begann im November 1962 die bis zum September 1993 andauernde Lieferung von 40 Serienmaschinen. Anfang 1963 nahm die DR auch die Prototypen E 42 001 und 002 der Variante für 100 km/h in Betrieb und erprobte sie. Von den E 42 folgten bereits bis zum Sommer 1963 weitere 20 Maschinen. Bis zum Sommer 1969 beschaffte die DR nur E 42, bis zur E 42 173. Von 1970 an waren es dann wieder Maschinen beider Ausführungen, bis zum Jahresende 1976 die 211 043 bis 096 und die 242 174 bis 292. Die 1973 instandgesetzte Unfall-Lokomotive E 11 004 wurde als 211 056 bezeichnet. Die

TECHNISCHE DATEN

Baureihen-bezeichnung	ab 1992	109	142
	1970-1991	211	242
	bis 1970	E 11	E 42
Indienststellung (1. Jahr)		1961	1963
Umbau (1. Jahr)			1982 (142.3)
Hersteller		LEW	LEW
Umbauer			Raw Dessau
Achsformel		Bo'Bo'	Bo'Bo'
Länge über Puffer	mm	16.260	16.260
Dienstgewicht	t	82,5 t	82,5
Stromsystem		15 kV/16 2/3 Hz	
Art des Antriebs		Tatzantrieb	
Stundenleistung	kW	2.920	2.920
Geschwindigkeit bei Stundenleistung	km/h	98,0	72,0
Höchstge-schwindigkeit	km/h	120	100
Anfahrzugkraft	kN	216	245
Zugkraft bei Stundenleistung	kN	102	141

Das nunmehr verbindliche Farbkleid: orientrot, mit anthrazit abgesetzten Lüftergittern und weißem Erkennungsstreifen. 142 105 steht so am 9. Juni 1992 auf dem Leipziger Hauptbahnhof.

gegen Ende der sechziger Jahre geplanten Varianten einer leichten 2200-kW-Mehrzwecklok E 11^{10} für 120 km/h und einer 3.300-kW-Schnellfahrlok E 11^{20} für 160 km/h wurden durch die drastische Reduzierung der Elektrifizierung verhindert.

Konstruktion

Die geschweißten, längsgekuppelten Drehgestelle haben einen Rahmen aus kastenförmigen Stahlblech-Hohlträgern. Am Querträger für den ± 30 mm seitenbeweglichen Drehzapfen sind auch die Fahrmotoren aufgehängt. Der ebenfalls geschweißte Brückenrahmen hat auch kastenförmige Hohlprofil-Längsträger sowie gleichartige Quer- und Hilfsträger. Er stützt sich über einen Wiegebalken und Blattfedern auf den Drehgestellen ab. Die Primärfederung der Radsätze besteht aus Schraubenfedern. Der Lokomotivkasten ist mit dem Brückenrahmen verschweißt und hat über dem Maschinenraum abnehmbare Dachteile. Änderungen in der 15jährigen Lieferzeit betrafen teilweise auch das Äußere der Maschinen. Bis zu E 11 042 und E 42 022 haben die Seitenwände vier Doppel-Lüftungsöffnungen mit vertikalen Mehrfachdüsengittern, auf jedem Führerstandsdach ein Typhon und unter den Stirnfenstern geteilte Griffstangen. Die kleinen Stirnschürzen wurden ab 1965 abgebaut. E 11 001 und 002 haben Lüftungsöffnungen mit horizontalen Mehrfachdüsengittern und Luftpfeifen statt der Typhone. Von der E 42 023 und der E 11 043 an verfügt jede Seitenwand über sechs einzelne Lüftungsöffnungen, die Typhone befinden sich zwischen den Stirnfenstern, und auf die Längssicken im Bereich des Brückenträgers wurde verzichtet. Ab 1985 erhielten einige Maschinen keilförmige Schneeräumer.

Jeder Radsatz wird durch einen 12poligen Wechselstrom-Reihenschlußmotor in Tatzlagerausführung über ein beiderseitiges, schrägverzahntes Stirnradgetriebe mit einer Übersetzung von 27:72 (109) oder 21:77 (142) angetrieben. Der Haupttransformator ist ein fremdbelüfteter Manteltransformator mit zwangsweisem Ölumlauf. Das elektromotorisch betätigte Nockenschaltwerk zur Regelung der Fahrmotorspannung ist mechanisch gekuppelt mit einem Feinschaltwerk, das mittels Zusatztransformator eine feinstufige Spannungsänderung zwischen den 14 Fahrstufen ermöglicht. Die Übertragungssteuerung ist als Nachlaufsteuerung ausgebildet.

BEHEIMATUNGEN

Bahnbetriebswerke Berlin-Pankow, Berlin-Schöneweide, Chemnitz, Dresden, Erfurt, Halle P, Jüterbog, Leipzig Hbf West, Magdeburg, Reichenbach (Vogtl), Riesa, Seddin, Weißenfels, Wittenberg u.a.

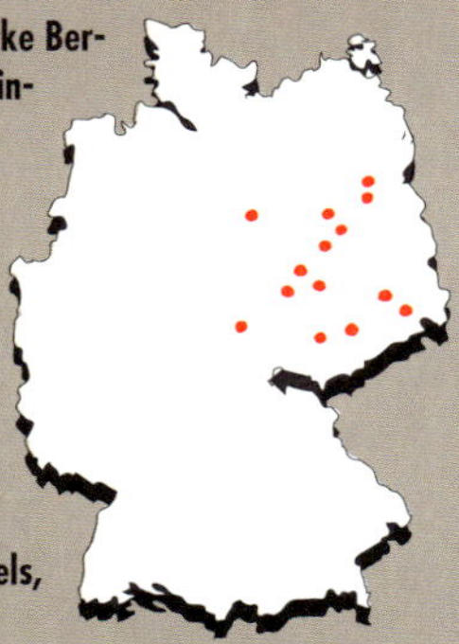

Bis zum Jahre 1970 hatten die E 11/E 42 ein hellgraues Dach, einen grünen Lokomotivkasten mit dünnen weißen seitlichen Zierstreifen, einen schwarzen Brückenrahmen und rote, ab 1970 dann graue Drehgestelle. Nach einigen hellroten Testanstrichen erhielten die Maschinen ab 1974 einen bordeauxroten Lokomotivkasten mit breitem, umlaufenden Hellelfenbein-Streifen. Seit 1982 wird der Seitenstreifen schmaler ausgeführt, und seit Anfang 1992 verlassen die 109 und 142 das Raw Dessau mit einer neuen, dem DB-Farbkonzept angepaßten Lackierung. Der Lokomotivkasten ist bis zur Rahmenunterkante orientrot, die Drehgestelle und ein durchgehendes Band im Bereich der Lüftungsöffnungen sind graubraun. Ein weißer Querbalken zwischen den Stirnlampen und darüber das DR-Logo vervollständigen den neuen Anstrich.

Betriebseinsatz

Nach einigen anfänglichen „Kinderkrankheiten" bewährten sich die Maschinen und prägten, bis in den siebziger Jahren die 250er erschienen, den Reise- und Güterzugdienst auf den elektrifizierten Strecken der DR. Sie erreichten monatliche Laufleistungen zwischen 18.000 und 24.000 km. Mit den Erweiterungen des elektrischen Netzes und der Indienststellung der 243, neu 143, kamen sie auch in nördlichere Bahnbetriebswerke. Der elektrische S-Bahn- und Vorortverkehr war bis dahin ihre Domäne. Durch die 243 verzichtbar gewordene 211 baute die DR durch Radsatztausch in 242 um, von 1985 bis 1991 insgesamt 22 Maschinen. Sie werden als Unterbaureihe 142.3, ex 242.3, bezeichnet.

Der nach der deutschen Vereinigung eingetretene Verkehrsrückgang beförderte viele 109 und 142 auf das Abstellgleis. Trotzdem sind die 142 noch öfter, die 109 dagegen seltener, auf den elektrisch betriebenen Strecken anzutreffen. Das wird sich bald ändern, denn für die Beschaffung der 90 neuen 112.1 ab 1993 wird die gleiche Anzahl 109/142 in den Schrott gehen müssen.

Die 109 023 gehört – wie die zweimal zweigeteilten Lüftergitter verraten – zur ersten Lieferserie.

REDAKTION: DIETER BÄZOLD; AUFNAHMEN: BÄZOLD, MEHNERT (2)

Zur Ablösung des veralteten Ellokbestandes ließ die Bundesbahn in den fünfziger Jahren fünf Probelokomotiven bauen, die als E 10^0 eingereiht wurden

Baureihe E 10^0 (DB 110^0)

Als Ersatz für die teilweise veralteten nach dem Zweiten Weltkrieg bei der DB verbliebenen Elektrolokomotiven sowie für die zu elektrifizierenden Hauptstrecken Westdeutschlands beschloß der Fachausschuß für elektrische Lokomotiven im Jahre 1950, auf der Basis der E 44 von der Industrie Probelokomotiven für eine künftig in großer Stückzahl zu beschaffende Mehrzwecklokomotive entwickeln zu lassen. Bereits 1949 hatte das Eisenbahn-Zentralamt in München mit der Aufstellung eines Forderungsprogrammes begonnen. Die neue Elektrolokomotive erhielt die Arbeitsbezeichnung E 46 und war als laufachslose Drehgestell-Maschine für eine Höchstgeschwindigkeit von 120 km/h vorgesehen. Ihre Masse wurde mit rund 82 t vorgegeben. Im Herbst 1950 erteilte die DB den Auftrag zum Bau von fünf Lokomotiven, für die man inzwischen wegen der auf 130 km/h festgelegten Höchstgeschwindigkeit die Bezeichnung E 10 vorgesehen hatte.
Die als E 10 005 bestellte Lokomotive war baugleich mit der damals favorisierten Lokomotive E 10 004, sie sollte parallel zum Versuchsbetrieb gleich im Plandienst erprobt werden. Vorgegeben waren weiterhin eine Mehrfachsteuerung für Wendezug- und Mehrfachtraktion und einheitliche, im Sitzen zu bedienende Führerstände, was eine Abkehr von der bisher vertretenen Meinung bedeutete, daß der Lokführer zur Erhaltung seiner Konzentrationskraft während des Fahrdienstes stehen müsse. Als erste Lokomotive lieferten Krauss-Maffei, München, und die AEG, Berlin, im August 1952 die Lokomotive E 10 001 an DB. Die den künftigen Einheitslokomotiven der DB äußerlich durch ihre zwei breiten Führerstandsfenster ähnlichste Lokomotive hatte einen Hohlwellengelenkstangenantrieb der Bauart Alsthom erhalten. Zur niederspannungsseitigen Steuerung der vier Fahrmotoren diente eine Feinreglersteuerung mit motorischer Nachlaufsteue-

TECHNISCHE DATEN

Baureihenbezeichnung	bis 1967	E 10 001	E 10 002	E 10 003	E 10 004/005
	ab 1968	110 001	110 002	110 003	110 004/005
Indienststellung		1952	1952	1952	1952/53
Hersteller		AEG/KM	BBC/Krupp	SSW/Hen	AEG/Hen
Ausmusterung		1975	1977	1976	1977/79
Achsfolge		Bo'Bo'	Bo'Bo'	Bo'Bo'	Bo'Bo'
Länge über Puffer	mm	16 100	16 650	15 900	15 900
Dienstmasse	t	83,3	82,1	80,3	80,0
Stromsystem		15 kV/16 2/3 Hz			
Antrieb		Alsthom	Scheiben	Gummiring	Sécheron-Lamellen
Stundenleistung	kW	3 800	3 290	3 800	3 440
Geschw. bei Stundenleistung	km/h	94	79	91	98
Höchstgeschwindigkeit	km/h	130	130	130	130
Anfahrzugkraft	kN	255	255	275	255
Zugkraft bei Stundenleistung	kN	142	149	151	126

Der SSW-Gummiringantrieb der E 10 003 bewährte sich und wurde serienmäßig in die E 10¹ eingebaut

rung nach dem Prinzip des Spannungsvergleichs. Als Haupttransformator kam ein Manteltransformator in Sparschaltung zum Einbau. Nach einigen Nachbesserungen durch die Hersteller wurde die E 10 001 im Januar 1953 bahnamtlich abgenommen. Nach zahlreichen Probefahrten im Raum München wurde die Lokomotive im Juli und August 1953 auf der Deutschen Verkehrsausstellung in München der Öffentlichkeit präsentiert.

Als zweite Lokomotive konnte im November 1952 die E 10 003 von Henschel, Kassel, und den Siemens-Schuckert-Werken (SSW), Berlin, fertiggestellt werden. Wie die übrigen Probelokomotiven erinnnerte sie im Frontbereich durch die drei schmalen Windschutzscheiben stark an die E 18. Die Maschine erhielt den bereits seit 1950 in der E 44 038 erprobten SSW-Gummiringfederantrieb. Die Fahrmotoren wurden niederspannungsseitig mit einer motorgetriebenen Nachlaufsteuerung, unter Berücksichtigung eines Spannungsvergleichs mit polarisierten Relais, verbunden. Eine ähnliche Steuerung war bereits in den zwanziger Jahren in den Lokomotiven E 52 und E 91 zur Anwendung gekommen. Ferner stattete man die E 10 003 mit einem Manteltransformator in Sparschaltung aus.

Die nächste, im Dezember 1952 ausgelieferte Lokomotive, E 10 004, stammte von Henschel, Kassel, und der AEG, Berlin. Sie war baugleich mit der im März 1953 zuletzt gelieferten E 10 005. Diese Lokomotiven wurden mit einem Kardan-Lamellenantrieb der Bauart Sécheron ausgerüstet. Die Fahrmotoren waren mit einer Hochspannungs-Nachlaufsteuerung in Form einer Potentiometersteuerung gekuppelt. Ein Mehrschenkeltransformator diente zur Stromversorgung der Fahrmotoren. Im August 1953 wurde die E 10 004 auf der Verkehrsausstellung in München gezeigt. Während die Lokomotive E 10 005 im Juni 1953 abgenommen wurde, folgte die der E 10 004 erst im September 1953.

Ebenfalls im Dezember 1952 konnte der Deutschen Bundesbahn von Brown, Boveri & Cie (BBC), Mannheim, und Krupp, Essen, die Lokomotive E 10 002 übergeben werden. Sie erhielt einen BBC-Scheibenantrieb. Die Steuerung der Fahrmotoren entsprach der der Lokomotiven E 10 004 und E 10 005. Einige Nachbesserungen durch die Hersteller schlossen sich bis Mai 1953 an, so daß diese Lokomotive im Juli 1953 bahnamtlich abgenommen werden konnte. Während der Münchener Verkehrsausstellung im August und September 1953 wurde die Maschine außerdem der Fachwelt vorgestellt.

Beim Serienbau der Einheitslokomotiven übernahm man für die Baureihen E 10¹, E 40, E 41 und E 50 (außer E 50 001 – E 50 025 mit Tatzlagerantrieb) den SSW-Gummiringantrieb aus der Lokomotive E 10 003. Die Niederspannungs-Nachlaufsteuerung der E 10 003 kam in der E 41 und in modifizierter Form in den übrigen Einheitslokomotiven zum Einbau.

Im Jahre 1968 erhielten die Vorserienlokomotiven E 10⁰ die neue Bauartbezeichnung 110⁰.

Konstruktion

Alle Maschinen der Baureihe E 10⁰ waren laufachslose Lokomotiven mit zwei zweiachsigen, auf allen Achsen einzeln angetriebenen Drehgestellen. Der Fahrzeugrahmen, die Drehgestelle und der als Stahlgerippe mit Bekleidungsblechen ausgebildete Lokkasten wurde geschweißt.

Fahrzeugrahmen und Lokkasten bildeten eine tragende Einheit. Zum Aus- und Einbau von Bauteilen im Maschinenraum konnte das geteilte Dach abgenommen werden. Die Drehzapfen für die Drehgestelle waren bei den Lokomotiven E 10 002 – E 10 005 am Fahrzeugrahmen befestigt, bei der E 10 003 seitenverschiebbar. Die E 10 001 hatte anstelle der Drehzapfen eine in Gummikonen gelagerte Pendelstütze erhalten.

Die Lokomotiven verfügten pro Achse über einen Reihenschluß-Kommutatormotor, bei den E 10 001 und E 10 002 waren sie 14polig, bei den restlichen Maschinen 12polig. Wie bereits erwähnt, führte man Achsantriebe und Steuerungssysteme der Fahrmotoren wegen des Versuchscharakters der fünf Lokomotiven unterschiedlich aus.

Vorhanden waren zwei Scherenstromabnehmer der aus der Bauart SBS 39 weiterentwickelten Bauart SBS 56 mit ursprünglich einem Schleifstück. Später wurde eine Doppelwippe der Bauart DBS 54 auf die angepaßte Oberschere aufgebaut. Die E 10 002 verkehrte mit zwei Stromabnehmern der Bauart SBS 39 und Oberwippen der Bauart DBS 54.

Die beiden Endführerstände ermöglichten ein Bedienen der Lokomotiven im Sitzen, sie waren nach neuesten Erkenntnissen gestaltet worden. Eine Sicherheitsfahrschaltung (Sifa) mit Zeitrelais und die induktive Zugbeeinflussung (Indusi) sorgten für eine hohe Betriebssicherheit.

Betriebseinsatz

Die Lokomotiven E 10 001, E 10 002 und E 10 004 waren nach ihrer Anlieferung bis 1954/55 beim Bw München Hbf beheimatet. Sie hatten neben zahlreichen Versuchsfahrten auch Planleistungen vor Reisezügen, vor allem in Richtung Nürnberg und Stuttgart, zu übernehmen. Nur wenige Monate war München ebenso die Heimat der E 10 003 und E 10 005, sie wurden dann für den Plandienst beim Bw Nürnberg Hbf beheimatet, später von den Münchner Lokomotiven gefolgt. Von hier aus fuhren die E-10-Lokomotiven planmäßig nach Bamberg – Coburg/Probstzella, nach München, Regensburg und Würzburg. Bereits vor ihrer Abnahme am 30. Dezember 1952 kam die E 10 003 vor planmäßigen Zügen zum Einsatz. Im November 1953 fanden nach Versuchs- und Vergleichsfahrten, unter anderem zwischen Freilassing und Berchtesgaden, auch Fahrten auf der österreichischen Arlbergstrecke statt.

Als erste wurde im Juni 1975 die 110 001 ausgemustert. Ihr folgte im Oktober 1976 die 110 003, im Januar 1977 die 110 004 und im Oktober 1977 die 110 002. Als letzte war noch bis September 1978 die Lokomotive 110 005 im Einsatz; sie wurde im August 1979 ausgemustert.

Als nicht betriebsfähige Museumslokomotiven sind die 110 002 im AW Opladen und die 110 005 im AW München-Neuaubing vorhanden.

REDAKTION: AXEL ENDERLEIN; FOTOS: SCHÖPPNER, SIEMENS-MUSEUM/SLG. RAMPP

»Bügelfalte« im neuen Farbkleid: 110 326 in Bassum. Die 110 der letzten Bauserie gelten als die formschöneren

Baureihen 110, 113

Das Elektrifizierungsprogramm der DB der fünfziger Jahre umfasste auch die Entwicklung einer neuen Generation von Elloks. Auf Basis der E 44 in ihrer weitgehend geschweißten und laufachslosen Bauart erstellte das Eisenbahn-Zentralamt München 1949 das Leistungsprogramm und die Konstruktionsgrundsätze der künftigen E 46. Im Herbst 1950 wurden die Probeloks, inzwischen als E 10 bezeichnet, in Auftrag gegeben. Gemeinsam war den fünf 1952/53 gelieferten Lokomotiven E 10 001 – 005 der Einzelachsantrieb mit vier Reihenschlusskommutatormotoren, die Unterschiede bestanden auftragsgemäß in der Art des Antriebes und der Steuerung der Fahrmotoren. Das im Verlauf der Erprobungen aufgestellte Typenprogramm, mit dem man von der geplanten Mehrzwecklok wieder Abstand nahm, sah auch zwei weitgehend identische, sich im Wesentlichen in der Getriebeübersetzung unterscheidende vierachsige Lokomotiven, für den Schnellzugdienst mit einer Höchstgeschwindigkeit von 150 km/h als E 10 sowie für den Güterzugdienst mit einer Höchstgeschwindigkeit von 100 km/h als E 40, vor.

Die Entwicklungsarbeiten für die E 10 übernahmen Krauss-Maffei und Siemens, an ihrem Bau waren darüber hinaus noch Krupp und Henschel bzw. AEG und BBC beteiligt. Im Oktober 1954 bestellte die DB die ersten 31 Lokomotiven E 10 101 – 131. Der Auslieferung der ersten Serienlokomotive E 10 101 am 4. Dezember 1956 folgten im weitgehenden Gleichschritt zur Elektrifizierung der Strecken, die weiteren Maschinen, um vor allem den hochwertigen Reisezugdienst zu übernehmen. Im Jahre 1962 wurde die Geschwindigkeit der Fernschnellzüge »Rheingold« und »Rheinpfeil« auf geeigneten Streckenabschnitten im Rheintal von bisher 140 km/h auf nunmehr 160 km/h erhöht, wozu die E 10 239 – 244 vorübergehend mit einer geänderten Getriebeübersetzung der Drehgestelle und einer dem Wagenpark angepassten Lackierung in Blau-Elfenbein als E 10 1239 – 1244 in Dienst gestellt wurden. Mit der Fertigstellung der Lokomotiven E 10 1265 – 1270, welche die geänderten Drehgestelle nun erhielten, wurden die sechs ersten Lokomotiven im Herbst 1962 in die normale Serie eingegliedert. Die neuen »Rheingold-Lokomotiven« wiesen erstmals einen neuen, windschnittigeren

Technische Daten

Baureihenbezeichnung		110	113
Eigentümer		DB Regio	DB Reise & Touristik
Indienststellung		1956	1962
Hersteller		KM, Krupp, Henschel, SSW, AEG, BBC	KM, SSW
Achsformel		Bo'Bo'	Bo'Bo'
Länge über Puffer	mm	16.490*	16.440
Dienstmasse	t	84,6	86
Stromsystem		15 kV, 16 2/3 Hz	
Art des Antriebs		Gummiringfeder	
Stundenleistung	kW	3.700	3.700
Geschw. bei Stundenl.	km/h	105	132
Höchstgeschwindigkeit	km/h	140	160
Anfahrzugkraft	kN	275	275
Zugkraft bei Stundenleistung	kN	164	101
Dauerleistung der el. Bremse	kW	2.000	3.600

* = 110 288-509: 16440

AUTOR: ENDERLEIN; AUFNAHMEN: KLEIN, MIETHE

Die urspünglichen 110er sahen der 140 sehr ähnlich. Typisches Einheits-Ellok-Gesicht

Lokomotivkasten mit den durchgehenden Lüfterbändern auf. Diese als „Bügelfalte“ bekannte Form bekamen ab der 1964 gebauten E 10 288 alle weiteren E 10. Die E 10 1308 – 1312 von 1963/64 und, nunmehr bereits EDV-gerecht, die 112 485 – 504 von 1968, erhielten nochmals Drehgestelle für 160 km/h und die TEE-Farbgebung Rot-Elfenbein. Die 1963 in Dienst gestellten E 10 299 und 300 wurden als Erprobungsträger für die E 03 mit Drehgestellen für 200 km/h ausgerüstet. Bis 1969 stellte die DB 379 Loks der Baureihe E 10/110 sowie 31 Lokomotiven E 10.12/112 in Dienst. Die Lokomotiven 110 107 und 271 wurden nach schweren Unfällen nachträglich zu »Bügelfalten«-E 10. Wegen verschleißbedingt schlechter Laufeigenschaften verfügte das BZA München zum 5. Juni 1986 bei allen 110 eine Herabsetzung der Höchstgeschwindigkeit von 150 auf 140 km/h.

Wegen des Verschleißes der E 10-Seriendrehgestelle erfolgte 1985 die Herabsetzung der Höchstgeschwindigkeit der Lokomotiven 112 485 – 504 auf 140 km/h, was 1988 zur Umzeichnung in die Reihe 114 führte. Nachdem 1992 die Geschwindigkeit auf nunmehr 120 km/h begrenzt worden war, mussten die 114 im März 1993 abgestellt werden. Im Dezember 1990 mussten auch die restlichen 112 auf 120 km/h begrenzt werden, ihre Umzeichnung in die Reihe 113 zum 1.1.1991 sollte allerdings lediglich die Baureihe 112 für die DR-Loks der Reihe 212 freimachen. Alle 113 wurden nach einer Überholung mittlerweile wieder für 160 km/h zugelassen.

Eine nachträgliche Verknüpfung der Schwester-Baureihen E 10 und E 40 ergab sich mit dem Umbau der 139 134. Die Güterzuglok erhielt 1985 die Drehgestelle der Unfall-Lok 110 477 und wurde so zur Schnellzuglok 110 511. Zwischen 1993 und 1995 wurden 18 Loks der Reihe 110 der Baujahre 1957 – 1963 unter Verwendung von Drehgestellen ausgemusterter 140 in 139 umgebaut. Die Drehgestelle der 110 dienten wiederum der Wiederinbetriebnahme der bisherigen 114 485 – 504 als 110 485 – 504.

Die Lok 110 385 stand zwischen 1989 und 1997 dem Versuchsamt Minden zur Verfügung, wozu sie als Bahndienstfahrzeug in 751 001 umgezeichnet wurde.

Konstruktion

In ihrer geschweißten Ausführung entsprechen die wagenbaulichen Hauptkomponenten der Lok, der Fahrzeugrahmen, der Lokkasten und die beiden zweiachsigen Triebgestelle, den Vorgaben für die Neubaufahrzeuge der DB. Das Äußere war im Lauf der Jahrzehnte vielfachen Wandlungen unterworfen. Ab der E 10 216 verwendete man Doppellampen und Lüftergitter mit senkrechten Gitterstäben anstelle der bisherigen waagerechten Lamellen. Seit Anfang der achtziger Jahre wurden die Lüftergitter mit waagerechten Lamellen durch wartungsfreundliche »Klatte«-Gitter ersetzt, wobei die »Bügelfalten«-110 ihr Lüftergitterband verloren und ein Seitenfenster im Maschinenraum erhielten. Zur selben Zeit wurden die Frontschürzen und Pufferverkleidungen abgebaut, die umlaufenden Griffstangen durch einfache Haltegriffe ersetzt, ferner entfielen weitgehend das silberne Dach und die Regenrinnen.

Die Lokomotiven verfügen über zwei Stromabnehmer DBS 54 mit Doppelschleifstücken. Als Antrieb dient der Siemens-Gummiringfederantrieb auf alle vier Achsen. Die Steuerung der Fahrmotoren erfolgt durch eine 28-stufige Hochspannungs-Nachlaufsteuerung, ergänzt mit den Einrichtungen für die fremderregte elektrische Gleichstrom-Widerstandsbremse. Ab 110 399 ist ein SSW-Hochspannungsschaltwerk mit Rundwähler und Thyristor-Lastschalter eingebaut. Im Dezember 1996 wurde in 110 446 die konventionelle Wendezugsteuerung einer ausgemusterten 141 eingebaut, mit der 1997/98 insgesamt 61 Loks ab 110 400 nachgerüstet wurden.110 475 und 110 476 erhielten versuchsweise Drehgestelle mit Flexicoil-Kastenabstützung, wie sie später bei der BR 111 Verwendung fanden. 110 107, 271, 343 und 360 besitzen Verschleiß-Pufferbohlen.

Die 110 verließ mit dunkelblauem Anstrich die Herstellerwerke. Die blaue Farbgebung wich seit 1975 dem neuen ozeanblau-beigen Farbkonzept. Noch bevor alle Maschinen umlackiert waren, führte die DB ab 1987 den orientroten Anstrich mit weißer Kontrastfläche ein. Heute erhalten die 110er den verkehrsroten Anstrich. Als Museumsloks tragen die Kölner 110 121 und die Frankfurter 110 348 das ursprüngliche Blau, ebenso wie die Stuttgarter 110 228 und die Saarbrücker 110 271.

Die 113 bekam ab 1992 die orientrote Lackierung, heute fahren auch hier die ersten Vertreter in Verkehrsrot. Im Februar 1997 wurde die Museumslok 113 311 im historischen Rot-Beige mit silbernem Dach neu lackiert, allerdings fehlen nach wie vor die durchgehenden Lüftergitter und die Frontschürzen.

Betriebseinsatz

Die 369 im Juli 2000 vorhandenen 110 sind bei den Betriebshöfen Braunschweig, Dortmund, Frankfurt, Köln, Saarbrücken und Stuttgart beheimatet. Sie fahren heute fast im gesamten elektrifizierten DB-Netz, im Turnus- bzw. Sonderzugverkehr sogar bis Österreich und Slowenien. Der Einsatzschwerpunkt der 110 verschob sich mittlerweile zunehmend in den Regionalverkehr. Bisher werden die Loks nur bei schweren Unfallschäden ausgemustert.

Die Ablieferung der 103.1 verdrängte die 112 aus dem IC- und TEE-Verkehr in den Schnellzug- und Eilzugdienst. Im Januar 1992 wurden die 113 zum Bw München 1 umbeheimatet. Die Loks sind vorwiegend im Sonderverkehr, aber auch im IC- und IR-Dienst eingesetzt. Bislang wurde die 113 310 ausgemustert.

Beheimatung

Braunschweig, Dortmund, Frankfurt (Main), Köln, Saarbrücken, Stuttgart

Nicht gerade die schmucke Variante: 111 176 in S-Bahn-Lackierung im Bahnhof Lichtenfels

Baureihe 111

Auch nachdem 410 Lokomotiven der Baureihe 110.1 beschafft worden waren, bestand bei der Bundesbahn Anfang der siebziger Jahre Bedarf an weiteren vierachsigen Lokomotiven für das gleiche Leistungsprogramm. Reichten die 110 gerade aus, um mit der Streckenelektrifizierung mitzuhalten, stand jetzt die Ausmusterung von Elloks der teilweise über 40 Jahre alten Vorkriegs-Baureihen 116, 117, 118, 119, 144 und 145 bevor. Zunächst plante die DB einen Nachbau der 110 mit geringen konstruktiven Änderungen. Der technische Fortschritt hatte jedoch nicht Halt gemacht und bedingte die Überarbeitung der Konstruktion zu großen Teilen. Vorbereitend fanden 1972 Erprobungsfahrten mit der 110 466 statt, um verschiedene Drehgestellvarianten sowie eine verbesserte Lokomotivkastenabstützung zu testen. Vor allem die Laufgüte der 110er-Drehgestelle hatte zu keinem Zeitpunkt voll befriedigt. Gemeinsam mit Krauss-Maffei entwickelte die DB einen »integrierten Führerraum«, der nach neuesten ergonomischen Grundsätzen gestaltetet war und bei allen folgenden Neubaulokomotiven installiert werden sollte.

Im Oktober 1973 erhielten Krauss-Maffei und Siemens den Auftrag zur Entwicklung der neuen vierachsigen Drehgestellokomotive. Sie sollte aufbauend auf die 110.1 und unter Verwendung von deren bewährten Hauptbauteilen wie Fahrmotoren, Antriebe und Haupttransformator entstehen, jedoch wesentliche Verbesserungen in den Bereichen Laufwerk, Kühlluftführung und Führerraum aufweisen. Ihr war die Baureihenbezeichnung 111 zugedacht. Im April 1974 bestellte die DB fünf Vorauslokomotiven. Die 1974/75 mit der 110 466 durchgeführte Erprobung von Drehgestellen mit den Gestellmotoren der 110 300 und dem bei der Baureihe 103.1 verwendeten SSW-Gummiring-Kardanantrieb ergab, dass diese Antriebsform im Geschwindigkeitsbereich bis 160 km/h nur geringe lauftechnische Vorteile bot. Daher wurde für die 111 der Gummiring-Federantrieb beibehalten.

Die erste Lokomotive, 111 001, wurde im Dezember 1974 geliefert. Bis zum November 1984 stellte die DB nicht weniger als 227 Lokomotiven dieser Baureihe in Dienst. Am Bau beteiligten sich neben Krauss-Maffei und Siemens auch Henschel, Krupp, AEG und BBC. Mit der letzten Maschine, der 111 227, schloss die DB die Beschaffung von Elloks herkömmlicher Bauart, also mit Wechselstrom-Kommutatormotoren, ab. Alle folgenden Typen sollten nur noch in Drehstromantriebstechnik gebaut werden, was allerdings durch die Wende und die danach erfolgte Beschaffung der 112.1 noch einmal rückgängig gemacht wurde.

Speziell für den 1979 nach jahrelangen Vorversuchen gestarteten S-Bahn-Einsatz im Verkehrsverbund Rhein-Ruhr erhielten die ab 1978 gelieferten 111 111 – 188 eine Ausrüstung mit zeitmultiplexer Wendezug-

Technische Daten

Baureihenbezeichnung		111
Eigentümer		DB Regio
Indienststellung		1974
Hersteller		KM, Henschel, Krupp, Siemens, AEG, BBC
Achsformel		Bo'Bo'
Länge über Puffer	mm	16.750
Dienstmasse	t	83
Stromsystem		15 kV, 16 2/3 Hz
Art des Antriebs		Gummiringfeder
Stundenleistung	kW	3.620
Geschw. bei Stundenl.	km/h	123
Höchstgeschwindigkeit	km/h	160
Anfahrzugkraft	kN	274
Zugkraft bei Stundenleistung	kN	111
Dauerl. der el. Bremse	kW	3.600
max. Dauerbremskraft (el.)	kN	88

AUTOR: ENDERLEIN; AUFNAHMEN: B. SCHULZ, MIETHE

111 205 schiebt die Regionalbahn nach Ingolstadt bei Unterweilbach

steuerung und den S-Bahn-Anstrich. Damit kehrte die DB im S-Bahn-Verkehr nach den Triebwagenlösungen in München, Frankfurt und Stuttgart zum lokomotivbespannten Wendezug zurück.
Während der Vorbereitungen auf das Konzept »IC '79« mit erhöhter Zugfrequenz deutete sich ein spürbarer Mangel an schnelllaufenden Elloks an. Wo Strecken nicht für Höchstgeschwindigkeiten über 160 km/h ausgelegt waren, »verbot« sich der Einsatz der BR 103. Hierfür boten sich die auf 150 km/h festgelegten 111 an. Nach einigen Versuchsreihen erhöhte die DB im Mai 1980 für alle 111 die zulässige Höchstgeschwindigkeit auf 160 km/h. Die schweren IC-Züge wurden teilweise mit 111-Doppeltraktion gefahren.
Die 111 109 wurde 1981 in Wels (Österreich) bei einem schweren Zusammenstoß völlig zerstört und 1982 als bisher einzige 111 ausgemustert.

Konstruktion

Der Hauptrahmen besteht aus abgekanteten Längs- und Querblechen mit kastenförmigen Kopf- und Querträgern. Der Lokomotivkasten bildet mit dem Hauptrahmen eine selbsttragende Konstruktion. Drei Dachsegmente sind abnehmbar. Die integrierten Führerhäuser sind schall- und wärmeisoliert, geräumig und mit ergonomischen Führerpulten versehen. Sie besitzen ferner Fußbodenheizung und eine Belüftung mit Frisch- und Warmluft. Die Fahrmotorlüfter saugen die Kühlluft über spezielle Kanäle durch rechteckige Doppeldüsengitter Bauart »Klatte« direkt von außen an. 111 112 besitzt versuchsweise eine Getriebeübersetzung der Baureihe 151. Die Abstützung des Lokomotivkastens auf den Drehgestellen erfolgt durch Flexicoil-Schraubenfedern. In 111 044, 046 und ab 111 147 sind Puffer mit hydraulischen Dämpfern eingebaut.
Die Drehgestellrahmen bestehen aus zwei kastenförmigen Längs- und drei Querträgern, dessen mittlerer ein Gummiring-Drehzapfenlager aufnimmt. Die Drehgestelle werden über gummigelagerte, in Querrichtung frei auslenkbare Lemniskatenlenker zur Längskraftübertragung angelenkt. Als Antriebe werden SSW-Gummiring-Federantriebe (baugleich der BR 110.1) verwendet.
Als Druckluftbremse wird eine mehrlösige Knorr-Einkammerbremse mit geschwindigkeitsabhängiger Bremsdruckregelung verwendet. Die elektrische Bremse mit Erregung durch Thyristor-Gleichrichter und Regelung über »Hall-Wandler« entspricht weitgehend der letzten 110-Serie.
Die elektrische Ausrüstung entspricht weitgehend der Baureihe 110.1. Der Haupttransformator ist fremdbelüftet und besitzt einen zwangsweisen Ölumlauf. Die Steuerung erfolgt über ein 28-stufiges Hochspannungsschaltwerk mit Thyristor-Lastschaltern.
Für die Lokomotiven waren neue Einholmstromabnehmer SBS 65 vorgesehen. Zum Zeitpunkt der Lieferung der 111 benötigte die DB diese Stromabnehmer dringend für die im 200-km/h-Einsatz stehenden 103.1. Aus diesem Grunde erhielten die neuen 111 Scherenstromabnehmer DBS 54a. Für den Einsatz in Doppeltraktion bis 160 km/h erhielten 111 071 – 110 und 111 189 – 217 Einholmstromabnehmer SBS 65. Die 111 102 bis 111 105 hatten versuchsweise neue Stromabnehmer vom Typ WBL 79. Nach Abschluss einer mehrjährigen Erprobung bekamen auch sie die Stromabnehmer SBS 65.
Die Lokomotiven sind mit Vielfachsteuerung versehen, also für Wendezugbetrieb und Doppeltraktion geeignet. Bekanntlich besitzen die 110 zunächst keine Wendezugsteuerung, was ihre Einsatzmöglichkeiten wesentlich einschränkt. Die S-Bahn-Lokomotiven verfügen zusätzlich über eine zeitmultiplexe Wendezugsteuerung (ZWS), über Lautsprecheranlage, zentrale Türschließeinrichtung mit Rückmeldung und beleuchtete Zugzielanzeiger. Im Herbst 1993 wurden die 111 177 – 188 für den Einsatz im Doppelstockverkehr der BD München mit zeitmultiplexer Doppeltraktionssteuerung (ZDS) versehen.
In der 111 084 wurde ab 1980 ein SSW-Hochspannungsschaltwerk mit kontinuierlicher Lastumschaltung (Spannungsausgleich durch Phasenanschnitt), in den 111 001 – 005 längere Zeit die Automatische Fahr- und Bremssteuerung (AFB) erprobt.
111 001 – 110 und 111 189 – 227 erhielten ab Werk den ozeanblau-beigen Anstrich. Die S-Bahn-Lokomotiven 111 111 – 188 sind orange-hellgrau gestrichen. Vorbereitend für das neue Farbkonzept führte die DB 1986 Farbversuche mit 111 068 und 111 069 durch, erstere war dann der Prototyp für den roten »Lätzchen-Look«, den der DB-Vorstand Ende 1986 abgesegnete. 111 049 verkehrte 1990/91 in der Lackierung des »Lufthansa Airport Expreß«. Seit 1998 erhalten alle 111 den Anstrich »verkehrsrot«, einige wenige der S-Bahn-111 erhielten eine Bauchbinde in dieser Lackierung.

Betriebseinsatz

Die für den allgemeinen Reisezugverkehr vorgesehenen 111 001 -110 und 189 – 227 wurden neu vollständig beim Bw München Hbf stationiert und kamen von hier aus bundesweit zum Einsatz, die restlichen Loks für S-Bahn-Verkehr im Rhein-Ruhr-Gebiet hingegen beim Bw Düsseldorf Hbf. Für den Einsatz im InterRegio-Dienst erhielt das Bw Frankfurt/M. 1 im Jahr 1988 erstmals 111 zugewiesen. Durch die Einführung von Doppelstockwagen im Münchner Regionalverkehr im September 1993 entstand dort Bedarf an 111 mit ZWS. Aus diesem Grund gab Düsseldorf 111 177 – 188 nach München ab. Mittlerweile werden die Loks vorwiegend im Regionalverkehr durch die Bh Dortmund, Frankfurt (Main) 1, München West und Nürnberg Hbf eingesetzt.

Beheimatung

München, Nürnberg, Frankfurt (Main), Düsseldorf

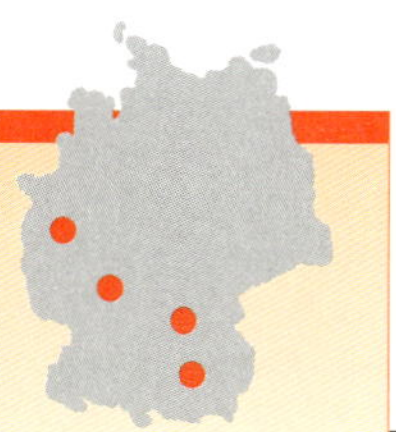

143 653 in Nordhausen vor einer Regionalbahn – die 143 sind schon seit der Wende bundesweit im Nahverkehr präsent

Baureihen 112.0, 112.1, 143, 755

Die Betriebsführung auf den in den achtziger Jahren neu elektrifizierten Strecken der DR erforderte eine beachtliche Anzahl neuer Elektroloks. Die LEW Hennigsdorf bekamen 1980 den Auftrag für eine neue Bo'Bo'-Lok, bei der die bereits in den sechziger Jahren erfolgreich praktizierte Konzeption der gleichen Grundausführung einer D-Zug- (140 km/h) und eine Mehrzweckvariante (120 km/h) gefordert wurde. Ein Drehstromantrieb (5000 kW, 140 km/h) wurde erwogen, letztlich aber wählte man die ausgereifte konventionelle Wechselstromausrüstung mit Kommutatormotoren, jedoch mit weitgehender Steuerelektronik. Auf der Leipziger Frühjahrsmesse 1982 stellten die LEW den Prototyp 212 001 vor. Ihr weißer Lokomotivkasten mit dem breiten, an den Seitenwänden schräg versetzten, roten Streifen verhalfen ihr zu ihrem Beinamen »White Lady«. Bei der im Oktober 1983 im Raw Dessau durchgeführten obligatorischen Probezerlegung bekam sie neue Drehgestelle mit Radsätzen der Getriebeausführung für 120 km/h. Mit der nun als 243 001 bezeichneten Maschine setzte die DR die Erprobung fort. Diese ergab keine nennenswerten Beanstandungen, so dass der Serienfertigung der Mehrzweckvariante 243 nichts mehr im Wege stand. Im lückenlosen Übergang nach der 250 begann die Serienlieferung mit der Indienststellung der 243 002 am 25. Oktober 1984 für das Bw Erfurt. Ab 243 371 bekamen 168 Maschinen eine für Mehrfachtraktion (Vielfachsteuerung) modifizierte Fahrsteuerung und wurden als 243 801 – 968 bezeichnet. Abschließend beschaffte die DR bis zum Dezember 1990 nochmals 109 Maschinen (243 551 bis 659) ohne Vielfachsteuerung. Damit nahm die DR innerhalb von sechs Jahren 636 neue Bo'-Bo'-Loks in Betrieb, die größte Anzahl einer von ihr beschafften Ellok-Baureihe.

Nach der deutschen Vereinigung veränderten sich die Verkehrsleistungen und die Konzeptionen bei der DR. Ab 1991 begann der abschnittsweise Ausbau von Strecken für 160 km/h Höchstgeschwindigkeit. Aufbauend auf den positiven Ergebnissen mit der 212 001 ließ sie vier Lokomotiven aus der laufenden 243-Serie abzweigen, die im Herbst 1990 als Prototypen für 160 km/h geliefert wurden. Aufgrund der positiven Versuchsergebnisse gab die DR eine Serie

Technische Daten

Baureihenbezeichnung			
ab 1992		112.0/114/112.1	143/143.8
1970-1991		212	243/243.8
Eigentümer		DB R. & Touristik	DB Regio
Indienststellung (1. J.)		1990/1992	1984/1988
Hersteller		LEW/AEG	LEW
Achsformel		Bo'Bo'	Bo'Bo'
Länge über Puffer	mm	16.640	16.640
Dienstmasse	t	82,5	82,5
Stromsystem		15 kV, 16 2/3 Hz	
Art des Antriebs		Kegelringfeder	
Stundenleistung	kW	4.220	3.720
Geschw. bei Stundenl.	km/h	130	102
Höchstgeschw.	km/h	160	120
Anfahrzugkraft	kN	248	240
Zugkraft bei Stundenleistung	kN	113	128
Dauerleistung der el. Bremse	kW	2.200	2.200
max. Dauerbremskraft (el. B.)	kN	114	114

AUTOR: ENDERLEIN; AUFNAHMEN: MIETHE (2)

114 011 vor einem Regionalexpress nach Frankfurt (Oder) im April 2000

von 35 Maschinen in Auftrag, die zwischen August und Dezember 1991 als 212 006 bis 040 geliefert wurden. Die 112 025 des FTZ Halle wurde Anfang 1995 zum Bahndienstfahrzeug 755 025 umgezeichnet. Zum 1. April 2000 erfolgte die Umzeichnung der 38 überwiegend durch DB Regio eingesetzten Loks in die Baureihe 114.
Das seit Oktober 1990 vereinte Deutschland führte unerwartet mit der 212, neu 112, zu einer gesamtdeutschen Ellok-Baureihe. Am 22. November 1991 erwarb die AEG ihr 1946 enteignetes Werk in Hennigsdorf, die späteren LEW, zurück und garantierte dabei eine weitgehende Kapazitätsauslastung sowie die Beschäftigung des Stammpersonals. Dabei erwies es sich als Vorteil, dass die 112 wesentlich billiger als die 120.1 war und bei der DB eine Mangelsituation für IC- und IR-Bespannungen bestand. Die beiden deutschen Bahnen bestellten gemeinsam bei AEG eine Serie von 90 Loks 112.1, die je zur Hälfte als 112.101 – 145 an die DR und als 112 146 – 190 an die DB gingen. Die zwischen 1992 und 1994 gelieferten Loks hatten das Heimat-Bw Berlin Hbf.
Für die unfallbeschädigten 243 016, 051, 223, 099 und 142 baute das Raw Dessau mit Zulieferungen von den LEW Ersatzloks auf, die wegen der Vielfachsteuerung als 243 969 bis 973 eingenummert wurden. Aus den als »Normalausführung« aufgebauten Unfallmaschinen 243 322, 096, und 060 wurden die 243 660 bis 662.
Die »Weiße Lady« 143 001 gehört dem AEG-Nachfolger Adtranz Hennigsdorf.

Konstruktion

Die geschweißten Drehgestellrahmen bestehen aus kastenförmigen Längs- und Querträgern, alle durch Querrippen versteift. Der mittlere Querträger dient zur Drehzapfenaufnahme und Fahrmotoraufhängung. Die Stirnquerträger sind wegen der Ausgleichseinrichtung für die Radsatzentlastung nach unten abgekröpft und tragen die Schienenräumer. Beide Drehgestelle verbindet eine Querkupplung. Die Radsatzfederung besteht aus Schrauben- und Gummizusatzfedern mit parallelen Hydraulik-Stoßdämpfern. Die Radsatzlager werden durch Lemniskatenlenker geführt. Der geschweißte Brückenrahmen besteht aus zwei durchgehenden, kastenförmigen Längsträgern, den Drehzapfen-Querträgern und mehreren Hilfsquerträgern und -längsträgern für die Aufnahme der Maschinenraumausrüstung. Mit ihm sind die Führerhauser und die längsgesickten Maschinenraum-Seitenwände zu einer selbsttragenden Einheit verschweißt. Vier Dachhauben über dem Maschinenraum sind abnehmbar und tragen die Dachausrüstung. In den seitlichen Dachschrägen befinden sich Lüftungsbänder für das Ansaugen der Kühlluft, bei den 143 mit Mehrfachdüsengittern, bei den 112 mit Fliehkraft-Sedimentations-Abscheidegittern bestückt. Brückenträger und Kastenaufbau stützen sich über sechs Flexicoil-Schraubenfedern auf jedes Drehgestell ab. Die Schwingungsdämpfung besorgen vier Hydraulik-Stoßdämpfer. Jeder Radsatz wird von einem zwölfpoligen Wechselstrom-Reihenschlussmotor in Tatzlagerausführung über einen Hohlwellenantrieb mit Gummiringkegelfeder und zweiseitigem, schrägverzahntem Stirnradgetriebe angetrieben. Durch die Verwendung eines verbesserten Isolationsmaterials haben die Fahrmotoren der 112 eine größere Leistung. Bei den 212 002 und 003 sind die Feldwicklungen der Fahrmotoren parallelgeschaltet, wodurch sich Intensität und Dauer von Schleudervorgängen beim Anfahren verringern.
Als erste DR-Elloks erhielten die 112/143 serienmäßig Einholm-Stromabnehmer. Der Haupttransformator ist ein fremdbelüfteter Dreischenkel-Kerntransformator mit zwangsweisem Ölumlauf und primärseitigen Anzapfungen für das motorbetriebene Hochspannungs-Stufenschaltwerk. Ein Thyristorsteller bewirkt das praktisch stufenlose Überschalten zwischen den 29 (112) bzw. 30 (143) Fahrstufen. Die Übertragungssteuerung ist in LSL-Technik komplex für Fahren, Bremsen, die Stromabnehmerbetätigung und die Hilfsbetriebe ausgeführt. Sie ermöglicht
- die Geschwindigkeitsregelung mit unterlegter Zugkraftreglung,
- den ungeregelten Betrieb als Auf-Ab-Steuerung im Hilfsbetrieb sowie
- den Betrieb mit Wendezug-Hauptsteuerung und ist bei der Unterbaureihe 143.8 für Vielfachsteuerung eingerichtet.

Die Lokomotiven haben eine fahrleitungsabhängige elektrische Widerstandsbremse mit einer Dauerleistung von 2.200 kW.
Für den S-Bahn-Verkehr sowie den Einsatz vor Doppelstock-Wendezügen wurden einige Maschinen mit der zeitmultiplexen Wendezugsteuerung (ZWS) sowie der zeitmultiplexen Doppeltraktionssteuerung (ZDS) nachgerüstet.
Die 143 bekam das letzte gültige Farbkonzept der DR-Ellok. Der bordeauxrote Lokkasten hat stirnseitig einen breiten, bis an die Seitenwandtüren herumgezogenen, weißen Erkennungsstreifen. Die 112.0 und 112.1 erhielten dagegen ab Werk eine Farbgebung analog dem DB-Konzept mit weißem Brustlatz und DR-Logo bzw. ab 112 146 mit DB-«Keks«. Inzwischen werden auch die 143 entsprechend der DB-Norm lackiert. Einige 143er erhielten die S-Bahn-Farbgebung in Weiß mit breitem, orange-gelben Streifen. Inzwischen gibt es auch 112er und 143er in Verkehrsrot.

Betriebseinsatz

Während die 114 des Bh Cottbus vorwiegend im Regionalverkehr auf dem Netz der bisherigen DR unterwegs sind, kommen die 112.1 des Bh Berlin-Ostbahnhof und die bei den Betriebshöfen Braunschweig, Cottbus, Dresden, Düsseldorf, Frankfurt (Main) 1, Halle P, Leipzig West, Magdeburg, Mannheim, Nürnberg West, Rostock und Stuttgart beheimateten 629 Loks der Reihe 143 fast überall in der Bundesrepublik zum Einsatz. In Düsseldorf und Nürnberg setzten 143er zahlreiche 111er für geeignetere Dienste frei.

Beheimatung

Berlin, Cottbus, Dresden, Leipzig, Halle, Magdeburg, Frankfurt (Main), Mannheim, Nürnberg, Stuttgart

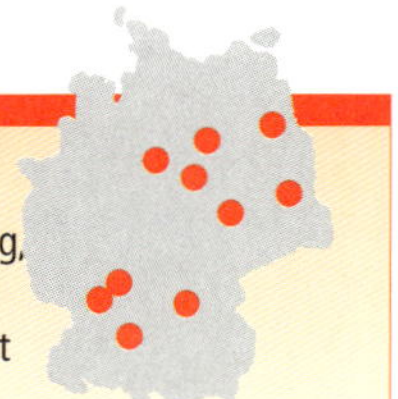

Bereits während ihrer Auslieferung zwischen Mai 1926 und August 1927 wurde die bayerische ES 1 ab August 1926 in die BR E 16 umgezeichnet

Baureihen E 16 und E 16[1]

Der Bau von Elektrolokomotiven war in der Länderbahnzeit durch eine Vielfalt verschiedener Typen in kleinen Stückzahlen gekennzeichnet. Schließlich mußten zunächst Betriebserfahrungen mit verschiedensten Antriebstechniken und Aggregaten gesammelt werden. Für das große Elektrifizierungsprogramm der von München ausgehenden Fernstrecken legte die Reichsbahn-Gruppenverwaltung Bayern Anfang der zwanziger Jahre ein umfangreiches Lokomotivbeschaffungsprogramm vor. Es war Bestandteil des in Fachkreisen weithin bekannt gewordenen Wechmann-Plans, der für alle elektrifizierten Teilnetze der ehemaligen Länderbahnen die Beschaffung neuer Lokomotiven in größeren Stückzahlen mit möglichst gleichartigen Baugruppen vorsah.

Aus den vorgelegten Entwürfen für eine Schnellzuglokomotive der Reihe ES 1 wählte die Gruppenverwaltung Bayern einen Entwurf von Brown-Boveri & Cie. (BBC) mit Einzelachsantrieb aus und verließ damit für Lokomotiven im höheren Geschwindigkeitsbereich den herkömmlichen Stangenantrieb. Zur Ausführung gelangte der einseitige Antrieb nach Buchli, mit dem bereits die Reihe Ae 3/6 I der Schweizerischen Bundesbahnen (SBB) zur vollsten Zufriedenheit lief. Auftragnehmer waren BBC für den elektrischen und Krauss für den mechanischen Teil. Um die gleichen Motoren wie bei der EP 2, der späteren E 32, verwenden zu können, wurde die ES 1 viermotorig mit der Achsfolge 1'Do1' konstruiert. Die erste Bestellung über zehn Lokomotiven, ES 1 Nr. 21001 – ES 1 Nr. 21010, erfolgte 1923 und 1924. Die Maschinen konnten zwischen Mai 1926 und August 1927 geliefert werden, wobei durch das Inkrafttreten des neuen Umzeichnungsplanes nur die ersten sechs Maschinen mit bayerischer Beschriftung versehen worden waren und bereits

TECHNISCHE DATEN

Baureihenbezeichnung	bis 1926	ES 1		
	bis 1967	E 16 01 – E 16 10	E 16 11 – E 16 17	E 16 18 – E 16 21
	ab 1968	116	116	116
Indienststellung		1926	1928	1932
Hersteller		BBC, Krauss	BBC, Krauss	BBC, Krauss
Achsfolge		1'Do1'	1'Do1'	1'Do1'
Länge über Puffer	mm	16 300	16 300	16 300
Dienstmasse	t	110,8	110,8	110,8
Stromsystem		16 2/3 Hz, 15 kV		
Antrieb		BBC-Buchli	BBC-Buchli	BBC-Buchli
Dauerleistung	kW	2 020	2 400	2 655
Geschw. bei Dauerleistung	km/h	94	88	88
Stundenleistung	kW	2 340	2 580	2 944
Geschw. bei Stundenleistung	km/h	88	84,5	83,4
Höchstgeschwindigkeit	km/h	120	120	120
Anfahrzugkraft	kN	142	196	196

Bereits in den sechziger Jahren wurden die E 16 vor Abstellzügen nach München-Pasing eingesetzt

ab August 1926 in die Baureihe E 16 umgezeichnet wurden.
Die sehr guten ersten Ergebnisse mit der neuen Baureihe veranlaßten die DRG, 1927 eine zweite Serie über sieben Lokomotiven zu bestellen, die zwischen Oktober 1928 und Juli 1929 als E 16 11 – E 16 17 geliefert wurden. Sie wiesen eine auf 2 580 kW (3 500 PS) gesteigerte Leistung auf. Die geplante Elektrifizierung der Strecke Augsburg – Stuttgart führte im Herbst 1930 zur Nachbestellung von weiteren vier E 16 mit nochmals erhöhter Leistungsfähigkeit. Sie betrug bei den als E 16 18 – E 16 21 vorgesehenen Maschinen 2 944 kW (4 004 PS) und erforderte einen Transformator mit einer erhöhten Dauerleistung. Auf Grund dieser Bauartänderungen wurden die Maschinen als Baureihe E 16^{1} bezeichnet. Äußerlich unterschieden sie sich unter anderem durch den durchgehenden Stahlgußrahmen sowie den Wegfall der stirnseitigen Türen und Übergänge. (Letztere waren durch die Einführung der Sicherheitsfahrschaltung (Sifa) entbehrlich geworden.) Die Lokomotiven E 16 18 – E 16 21 wurden 1932/33 geliefert. Nachdem 1934 die Höchstgeschwindigkeit für Reisezüge auf 120 km/h erhöht worden war, konnten die E 16 ohne konstruktive Änderungen ebenfalls für 120 km/h zugelassen werden.
Die vernachlässigte Instandhaltung während des Zweiten Weltkrieges zwang zwischen 1948 und 1951 zu einer Vollaufarbeitung und Modernisierung der E 16 im AW Freimann, wobei unter anderem Teile des Antriebs erneuert wurden und die Stirnübergänge entfielen. Bei den E 16^{1} wurden der Antrieb den übrigen Maschinen angeglichen und der charakteristische durchgehende Rahmen entfernt.
In über 50 Betriebsjahren bewährte sich die E 16 ausgezeichnet. Besonders hervorzuheben ist ihr ruhiger Lauf in Krümmungen und das wartungsarme Buchli-Getriebe. Allerdings gestattete der Buchli-Antrieb lediglich einen kleinen Spielraum bei der Getriebeübersetzung. Er kam daher nur unter Verwendung relativ langsam laufender Motoren in Frage. Andere Antriebe, wie der Hohlwellenantrieb von Westinghouse, boten nicht nur breite Spielräume bei der Übersetzung, sondern auch die Möglichleit, schnellaufende Motoren einheitlich für Güter- und Schnellzuglokomotiven zu verwenden. Die Lokomotiven der Baureihe E 16 waren die einzigen deutschen Elektromaschinen mit einem einseitigen Antrieb Bauart Buchli.

Konstruktion

Das Laufwerk mit der Achsfolge 1'Do1' bestand aus vier paarweise angeordneten Treibachsen und zwei Laufradsätzen. Bei den Lokomotiven E 16 01 – E 16 05 waren letztere mit dem folgenden Treibradsatz als sogenannte Java- oder Buchli-Gestelle ausgebildet. Die übrigen E-16-Lokomotiven hatten dagegen Krauss-Helmholtz-Gestelle erhalten, mit denen später auch die E 16 01 – E 16 05 ausgerüstet wurden. Jeder Treibradsatz war seitenbeweglich. Die vier Motoren trieben über ein einseitig, geradverzahntes Vorgelege mit gefedertem Ritzel und der Übersetzung 51:134 je einen Radsatz an. Sämtliche Großradlager waren bei den E 16 01 – E 16 17 in vier einzelnen Stahlgußgehäusen gelagert, bei den E 16 18 – E 16 21 in Stahlgußrahmen mit Großradlager und Siluminschutzkästen. Der Hauptrahmen war antriebsbedingt ein Innenrahmen aus Stahlblechseitenteilen, der zudem Quer- und Pufferträger aufnahm. Der Lokkasten bestand aus Profilstahlgeripppe mit Stahlblechverkleidung und hatte keine Vorbauten erhalten. Bis zur Lokomotive E 16 17 waren in den Endführerständen die für bayerische Elektrolokomotiven typischen, mittig angeordneten Übergangstüren eingebaut. Die DB entfernte sie ab 1950. Das Lokomotivdach war bis zur halben Kastenhöhe heruntergezogen und in drei Segmenten abnehmbar. Die Bremseinrichtung umfaßte eine Druckluftbremse zur einseitigen Abbremsung der Treibradsätze (für die Drehgestell-Radsätze später nachgerüstet) sowie eine Spindelhandbremse in jedem Führerstand. Erst ab 1950 erhielten die Maschinen die wegezeitabhängige Einheits-Sicherheitsfahrschaltung. Auf dem Dach befanden sich zwei Scherenstromabnehmer der Bauart SBS 9. Ab 1950 waren solche der Bauart SBS 10 installiert, die ab 1965 auf Dotzler-Doppelwippe umgebaut wurden.
Als Haupttransformator gelangte ein Öltransformator in Kernbauweise zum Einbau. Die Steuerung übernahm ein mechanisch betätigtes Schlittenschaltwerk mit 18 Dauerfahrstufen. Der Fahrschalter war ein waagerecht drehbares Handrad. Als Fahrmotoren dienten fremdbelüftete, kompensierte zwölfpolige Wechselstrom-Reihenschlußmotoren mit Wendepolen. In Dienst gestellt wurde die erste Lieferserie mit rotbraunem Kastenanstrich, die folgenden Serien wurden blaugrau lackiert. Die DB versah die Maschinen ab 1950 mit einem chromoxydgrünen Anstrich. Die E 16 12 war die erste DB-Lok in dieser Farbgebung.

Betriebseinsatz

Alle Lokomotiven der Baureihe E 16 waren zunächst im Bw München Hbf beheimatet und wurden zum Teil vom Einsatz-Bw Rosenheim aus eingesetzt. Sie übernahmen sofort den Schnellzugdienst auf den Strecken München – Garmisch, München – Regensburg und München – Rosenheim – Salzburg. Die Lokomotiven E 16 18 – E 16 21 verkehrten nach ihrer Indienststellung zwischen München und Stuttgart. Außer im Bw München Hbf (1926 – 1958) waren die E 16 auch in Garmisch (1929 – 1943 und 1951 - 1958), Freilassing (1933 – 1980), Rosenheim (1933 – 1958) und Treuchtlingen (1941) beheimatet. Ab 1938 weitete sich ihr Einsatzgebiet bis Attnang-Puchheim und Innsbruck aus.
Durch Kriegseinwirkungen wurden die E 16 13 und E 16 11 schwer beschädigt; sie mußten 1944 und 1945 ausgemustert werden. Nach Kriegsende befanden sich somit 19 Maschinen in den Westzonen. Bis 1962 waren die Lokomotiven der Baureihe E 16 für die DB im Schnellzugverkehr unentbehrlich. Ihr Einsatzgebiet reichte u.a. bis Nürnberg, Salzburg und Stuttgart. Ab 1958 wurden alle E-16-Lokomotiven im Bw Freilassing zusammengefaßt.
Die Ausmusterungen erfolgten 1967 (1), 1973 (2), 1974 (2), 1975 (1), 1976 (5), 1977 (4), 1978 (3) und 1980 (1). Als Museumslokomotiven bleiben die 116 003, E 16 07 (Deutsches Museum), 116 008 (DME) und 116 009 (Privat; Leihgabe an DBAG) erhalten.

REDAKTION: AXEL ENDERLEIN; FOTOS: HÖRSTEL, HAHMANN

Für den Schnellzugdienst in Bayern, Schlesien und Mitteldeutschland beschaffte die DRG 38 Elektrolokomotiven der Baureihe E 17 mit der Achsfolge 1'Do1'

Baureihe E 17 (DB 117)

Für die elektrifizierten Strecken im Bayern, Mitteldeutschland und Schlesien bestand Mitte der zwanziger Jahre Bedarf an Elektrolokomotiven für den Schnellzugdienst. Einzig von der Baureihe E 16 mit Buchli-Antrieb standen der Gruppenverwaltung Bayern der DRG bis 1927 siebzehn moderne Schnellzuglokomotiven zur Verfügung. 1926 lieferte AEG in Berlin die Lokomotiven E 21 01 und E 21 02 mit der Achsfolge 2'Do1'. Je ein Doppelmotor trieb über einen mit Federtöpfen versehenen und in die Treibradspeichen greifenden Schenkelstern eine Achse an. Dieser Federtopf-Antrieb hatte sich in der Schweiz als „Westinghouse-Antrieb" bereits bewährt und war von Bauart Kleinow weiter verbessert worden. In Deutschland wurde er in Fachkreisen als „Kleinow-Federtopfantrieb" bekannt. Um die Dienstmasse möglichst gering zu halten, stattete man die Lokomotiven der Baureihe E 21° unter der geraden Stirnwand mit einem zweiachsigen Laufdrehgestell aus. Unter der mit einem kurzen halbhohen Vorbau versehenen Front befand sich eine einzelne Bissel-Laufachse.
Eine zweite Probelokomotive mit gleicher Achsfolge entstand 1927 in den Linke-Hofmann-Werken in Breslau und bei Bergmann in Berlin. Diese als E 21 51 von der DRG eingereihte Lokomotive, die durch ihre abgerundeten Ecken an den vorbaulosen Stirnfronten sehr modern wirkte, wurde je Achse mit zwei Fahrmotoren und Vorgelegeantrieb ausgerüstet
Während sich der Vorgelegeantrieb der E 21 51 erst nach einigen Nachbesserungen einigermaßen bewährte, war man bei der DRG mit dem „Kleinow-Federtopfantrieb" vollauf zufrieden, so daß hiermit 1927 bereits 33 und kurz darauf weitere fünf Schnellzuglokomotiven bestellt wurden. Der mechanische Teil entstand bei der AEG, den elektrischen Teil lieferte die Liefergemeinschaft WASSEG, die die Firmen AEG und Siemens-Schuckert-Werke eigens hierfür gegründet hatten. Als erste Lokomotive konnte im Oktober 1928 die E 17 113 in Dienst gestellt werden, im Juni 1930 waren mit Inbetriebnahme der E 17 10 alle 38 E 17-Lokomotiven in Dienst gestellt worden. Etwas ungewöhnlich war die Aufteilung der Betriebsnummern der technisch gleichen Lokomotiven nach ihren Einsatzgebieten. Die E 17 01 – E 17 18 waren für das süddeutsche Netz bestimmt, während die E 17 101 – E 17 120 in Mitteldeutschland und Schlesien zum Einsatz kamen. Dennoch gehörten die Lokomotiven E 17 107 – E 17 111 nach ihrer Abnahme zunächst für einige Monate zum Bestand des Bw München Hbf, wurden aber nach Leipzig abgegeben. Die Umstationierung der E 17 18 im Jahre 1932 sowie der E 17 15 – E 17 17 im Jahre 1935 von Bayern nach Schlesien hatte auch eine Änderung der Betriebsnummern in E 17 122, E 17 121, E 17 123 und E 17 124 zur Folge. Als Besonderheit

TECHNISCHE DATEN

Baureihe		E 17
ab 1968 (DB)		117
ab 1970 (DR)		-
Indienststellung		1928
Hersteller		AEG/SSW
Ausmusterung DB		bis 1980
Ausmusterung DR		bis 1968
Achsfolge		1'Do1'
Länge über Puffer	mm	15 950
Dienstmasse	t	111,7
Stromsystem		15 kV/16 2/3 Hz
Antrieb		Federtopf
Stundenleistung	kW	2 800
Geschw. bei Stundenleistung	km/h	89
Höchstgeschwindigkeit	km/h	120
Anfahrzugkraft	kN	235
Zugkraft bei Stundenleistung	kN	113

Die AEG rüstete die E 17 113 im Jahre 1938 versuchsweise mit einer Laufachsbremse aus

erhielten die E 17 abblendbare Scheinwerfer von Zeiss, die ab den dreißiger Jahren wieder gegen normale Lampen ausgetauscht wurden. Nur die Lokomotive E 17 115 behielt ihre Zeiss-Scheinwerfer bis 1973. AEG rüstete die Lokomotive E 17 113 im Jahre 1938 versuchsweise mit einer Laufachsbremse aus.
Acht Lokomotiven wurden im Zweiten Weltkrieg zerstört oder gingen verloren, die E 17 10, E 17 123 und E 17 124 mußten als Reperationsleistung für einen Versuchsbetrieb mit Wechselstrom 16 2/3 Hz, 15 kV in die UdSSR abgegeben werden. Die beiden letztgenannten wurden aber 1952/53 an die DR zurückgegeben und bis 1959 wieder aufgebaut. Die 1958 zuerst fertiggestellte E 17 124 erhielt nun die Betriebsnummer E 17 123, während die eigentliche E 17 123 zur E 17 124 wurde. Im März 1960 wurde die Lokomotive E 17 123 bei einem Unfall im Leipziger Hauptbahnhof schwer beschädigt, jedoch mit Teilen der im Raw Dessau noch vorhandenen E 17 101, die daraufhin 1961 ausgemustert wurde, wieder aufgebaut.
Die restlichen 26 Lokomotiven, darunter viele noch vor Kriegsende aus Schlesien abgefahrene, kamen zur DB. Anläßlich von Instandsetzungsarbeiten oder AW-Aufenthalten erhielten sie bereits ab dem Ende der vierziger Jahre zur Verbesserung der Maschinenraumbelüftung eine zweite Lüfterreihe in den Seitenwänden. Zu Beginn der sechziger Jahre reifte der Beschluß, die weiterhin unentbehrlichen Lokomotiven grundlegend zu modernisieren. Dies geschah dann allerdings nur mit der Lokomotive E 17 110. Neben einer gründlichen Erneuerung der elektrischen Ausrüstung mit Teilen von Neubaulokomotiven war die auffälligste Änderung die Führerhausstirnfront, die nunmehr anstelle der bisherigen drei schmalen Fenster zwei breite (und in Gummi gefaßte) erhielt. Verbessert wurden auch die Abstützung des Lokkastens, die Drehgestell-Rückstellvorrichtung und die Transformator-Kühlung. Nur noch auf Teile der elektrischen Ausrüstung beschränkte sich die Erneuerung der vier Lokomotiven E 17 111, E 17 114, E 17 116 und E 17 121, die ebenso wie die E 17 110 an den neuen Stromabnehmern der Bauart DBS 54 erkennbar waren. Die 117 107 erhielt 1972 die Grundausrüstung für den Zugbahnfunk.
1968 bekamen die Lokomotiven die neue, EDV-gerechte Baureihenbezeichnung 117.

Konstruktion

Der Hauptrahmen und der als Formeisengerippe ausgeführte Lokomotivkasten mit Bekleidungsblechen waren genietet. Das aus drei Teilen bestehende Dach über dem Maschinenraum konnte abgenommen werden. Die kurzen, halbhohen Vorbauten vor den Führerständen nahmen den Luftpresser und Hauptluftbehälter sowie die Fahrzeugbatterie und den Werkzeugkasten auf. Die Laufachsen hatte man mit der jeweils benachbarten Treibachse in einem modifizierten Krauss-Helmholtz-Gestell vereinigt, so daß nur die beiden mittleren Treibachsen fest im Rahmen saßen. Jeweils zwei Wechselstrom-Reihenschlußmotoren waren für eine Treibachse als Doppelmotor unterhalb des Hauptrahmens befestigt und trieben die darunterliegende Achse über einen Kleinow-Federtopfantrieb an. Eine elektromagnetische Schützsteuerung war direkt mit den Fahrmotoren verbunden. Auf dem Dach befanden sich zwei Stromabnehmer der Bauart SBS 10, die bei der DB teilweise mit einer Doppelwippe der Bauart DBS 54 nachgerüstet wurden. Die fünf im elektrischen Teil modernisierten E 17 der DB erhielten je zwei Stromabnehmer der Bauart DBS 54.

Betriebseinsatz

Die DRG beheimatete die Lokomotiven E 17 01 – E 17 18 mit Ausnahme der gleich in Regensburg stationierten E 17 04 beim Bw München Hbf, wo sie im hochwertigen Reisezugdienst zunächst in Richtung Garmisch, Regensburg und Kufstein/Salzburg eingesetzt wurden. Ab 1931 verkehrten sie auch auf der neu elektrifizierten Strecke nach Augsburg, ab 1933 dann weiter bis Stuttgart, wo nun ebenfalls E 17 beheimatet wurden. Dazu zählten elf Lokomotiven aus Leipzig, die – ebenso wie die erste E 17 des sich ab 1939 weiter vergrößernden Bestandes des Bw Ulm – ihre Bauartbezeichnung E 17[1] behielten. Der Bestand des Bw Regensburg war bereits ab 1930 vergrößert worden.
Ab 1929 wurden die Lokomotiven E 17 101 – E 17 112 beim Bw Leipzig Hbf West beheimatet, jedoch ab 1933 durch die ausgelieferten E 04 ersetzt und nach Süddeutschland abgegeben.
Die RBD Breslau erhielt schließlich die Lokomotiven E 17 113 – E 17 120 und setzte sie von den Bahnbetriebswerken Breslau, Hirschberg und Schlauroth aus im Schnell- und Eilzugdienst auf der Hauptstrecke ein, die diese drei Städte verband. 1932 und 1935 kamen noch die in E 17 121 – E 17 124 umgezeichneten Lokomotiven aus München hinzu. Noch vor dem Ende des Zweiten Weltkrieges wurden bis auf die verschollenen E 17 117 und E 17 119 alle Maschinen dieser Baureihe nach Bayern oder Mitteldeutschland abgefahren.
Die DB setzte ihre 26 E 17 von den Bw Augsburg und Stuttgart aus im Reisezugdienst auf zahlreichen Strecken in Bayern und Baden-Württemberg ein. Im Jahre 1967 wurden die Lokomotiven der Baureihe E 17 schließlich in Augsburg konzentriert. Im Dezember 1971 mußte die unfallbeschädigte Lokomotive 117 003 ausgemustert werden. Zwischen 1974 und 1980 schied die Baureihe aus dem Bestand. Letzte DB-Lok war die 117 106.
Die beiden aufgearbeiteten E 17 123 und E 17 124 der DR wurden im Bw Leipzig Hbf West beheimatet. Zusammen mit einer E 04 und der E 18 19 übernahmen sie den Schnellzugdienst nach Magdeburg. Wegen ihrer hohen Schadanfälligkeit wurden die Maschinen gleich nach Inbetriebnahme der ersten Neubaulokomotiven E 11 und E 42 im Jahre 1963 abgestellt und 1968 ausgemustert.
Als nicht betriebsfähige Museumsfahrzeuge existieren in München-Neuaubing die E 17 103 und in Neustadt (Weinstraße) die E 17 113.

1980 schied die letzte E 17 aus dem DB-Bestand

REDAKTION: AXEL ENDERLEIN; FOTOS: ERNST, AEG/SLG. RAMPP, WERTH

Auf der Pariser Weltausstellung im Jahre 1937 erhielt die gelungene AEG-Konstruktion der Schnellzuglokomotive E 18 die höchstmögliche Auszeichnung

Baureihen E 18 und E 19

Die beabsichtigte Beschleunigung des Schnellzugdienstes und die geplante Elektrifizierung der Strecke München – Berlin erforderten eine leistungsfähige Elektrolokomotive. Aufbauend auf den Konstruktionsprinzipien der E 04 gab die DRG im Jahre 1933 bei der AEG die Baureihe E 18 in Auftrag. Nach einem Jahrzehnt des Experimentierens sollte sie den vorläufigen Abschluß der Entwicklung von Schnellzuglokomotiven bilden und als Standardtyp in großen Stückzahlen beschafft werden. Bestandteil dieses „zweiten Typenprogramms" waren außerdem die Lokomotiven der Baureihen E 44 und E 94.

1935 wurden die Lokomotiven E 18 01 – E 18 04 an die DRG geliefert. Weitere folgten 1936 (E 18 05 – E 18 28), 1937 (E 18 29 – E 18 33), 1938 (E 18 34 – E 18 44), 1939 (E 18 045 – E 18 052) und 1940 (E 18 053). Da eine Beschaffung von über 100 Maschinen dieser Baureihe geplant war, stellte man ab E 18 045 der Ordnungsnummer eine Null voran. Bestellt waren die Lokomotiven zunächst bis zur E 18 092, dann setzte jedoch der Beginn des Zweite Weltkrieg der Beschaffung ein abruptes Ende. Für die 1938 übernommenen österreichischen Strecken kamen noch acht modifizierte Maschinen als Baureihe E 182 mit den Ordnungsnummern 201 – 208 hinzu. Aus vorhandenen Ersatzteilen ließ die DB 1954 und 1955 noch die Lokomotiven E 18 054 und E 18 055 herstellen, wobei Krupp die mechanischen Teile baute.

Für den geplanten Einsatz auf der Strecke München – Berlin bestellte die DRG 1937 bei AEG und Henschel/Siemens-Schuckert je zwei aus der E 18 weiterentwickelte Hochleistungslokomotiven für eine Höchstgeschwindigkeit von 180 km/h. Beide Ausführungen unterschieden sich nur in technischer Hinsicht; der mechanische Teil entsprach weitgehend dem der E 18. Die E 19 01 und E 19 02 wurden 1939, die E 19 11 und E 19 12 im Jahre 1940 als Baureihe E 19^1 geliefert.

Ihre Leistungsfähigkeit konnte die E 18 in den Jahren 1935/36 bei verschiedenen Meßfahrten unter Beweis stellen, wobei 165 km/h erreicht wurden. Auf der Weltausstellung in Paris 1937 erhielt die E 18

TECHNISCHE DATEN

Baureihenbezeichnung	bis 1968/1970	E 18	E 19	E 19^1
	ab 1968 (DB)	118	119	119
	ab 1970 (DR)	218	-	-
Indienststellung		1935	1939	1940
Hersteller		AEG, Krupp	AEG	Henschel, SSW
Achsfolge		1'Do1'	1'Do1'	1'Do1'
Länge über Puffer	mm	16 920	16 920	16 920
Dienstmasse	t	108,5	113,0	110,7
Stromsystem		16 2/3 Hz,15 kV	16 2/3 Hz,15 kV	16 2/3 Hz,15 kV
Antrieb		Federtopf	Federtopf	Federtopf
Dauerleistung	kW	2 840	3 720	3 460
Geschw. bei Dauerleistung	km/h	122	130	180
Stundenleistung	kW	3 040	4 000	4 080
Geschw. bei Stundenleistung	km/h	117	130	180
Höchstgeschwindigkeit	km/h	150	130	180
Anfahrzugkraft	kN	206	220	208

Die Maschinen der Baureihe E 18 waren mit Federtopfantrieben der Bauart Kleinow ausgerüstet

höchste Auszeichnungen. Die E 19, ihre intensive Erprobung verhinderte der der Zweite Weltkrieg, war die seinerzeit stärkste Einrahmenlokomotive der Welt. Die gediegene Eleganz, gepaart mit einer bis dahin nicht gekannten Leistungsfähigkeit, machten die E 18 und E 19 zu den gelungensten Schöpfungen des deutschen Lokomotivbaus. Der Federtopfantrieb und die Laufeigenschaften erfüllten alle Erwartungen. Die E 18/E 19 waren die letzten Schnellzug-Elektrolokomotiven mit fest im Rahmen gelagerten Achsen und Laufachsen, da sich die Drehgestellbauweise in den fünfziger und sechziger Jahren aufgrund des technischen Fortschritts im Fahrmotorenbau auch bei Schnellzuglokomotiven durchsetzte.

Konstruktion

Das Laufwerk der E 18 und E 19 mit der Achsfolge 1'Do1' bestand aus jeweils einer Laufachse an den Stirnseiten sowie vier einzeln angetriebenen Treibradsätzen. Jeder Laufradsatz war mit seinem nachfolgenden Treibradsatz in einem Krauss-Helmholtz-Gestell der Abart AEG gelagert. Alle Treibradsätze hatten Seitenspiel, die beiden mittleren darüber hinaus geschwächte Radspurkränze. Alle Radsatzlager verfügten über eine Peyinghaus-Schleuderschmierung. Die E 18 045 und E 18 046 erhielten 1940/41 als erste Loks versuchsweise eine Spurkranzschmierung der Bauart Heyder. Die DB rüstete ihre E 18 und E 19 in den fünfziger Jahren mit Hartmangan-Gleitplatten für die Radsatzlager und De-Limon-Spurkranzschmierung aus. In den Herstellerwerken erhielten sämtliche Maschinen den bewährten Federtopfantrieb der Bauart Kleinow. Ein Gestellmotor mit zweiseitigem, schrägverzahnten Getriebe (Übersetzung E 18: 34:95, E 19.0: 49:93, E 19.1: 25:86) trieb über eine Hohlwelle mit beiderseitig sechsteiligem Schenkelstern und an den Radspeichen angreifenden Federtöpfen die Räder der Treibradsätze an. Die DB baute ab den sechziger Jahren Gummiparabelfedern in die Federtopfgehäuse der E 18 ein. Der Hauptrahmen war aus Gründen der Masseeinsparung ein geschweißter Stahlblechaußenrahmen in Leichtbauausführung. Er kam bei der E 18 erstmals in schnellaufenden Lokomotiven zum Einbau. In den siebziger Jahren versah die DB einige E 18 mit vorgesetzten Pufferträgern, die für den Einbau der automatischen Mittelpufferkupplung geeignet waren. Die Lokkästen der E 18 und E 19 wichen deutlich von den bislang gewohnten Ausführungen ab. Verzichtet wurde auf die seit Mitte der zwanziger Jahre typischen halbhohen Vorbauten. Stattdessen war der Aufbau strömungsgünstig ausgebildet. Die Stirnfronten und das Dach waren abgerundet und damit ohne Ecken. Das Profilstahlgerippe wurde mit Stahlblechen verkleidet. Die E 19 verfügten in den Seitenwänden über zusätzliche Luftansaugöffnungen. Die Stirnlampen waren versenkt eingebaut und schlossen mit der Außenhaut bündig ab. Die DB stattete mit Ausnahme der 118 016, 118 017 und 118 047 alle Maschinen ab den sechziger Jahren mit DB-Einheitslampen aus, die auf einem tütenförmigen Aufsatz ruhten. 1974 wurde auch die Lokomotive 119 001 mit diesen Leuchten ausgestattet.

Die E 18 03 – E 18 053 und alle E 19 erhielten weit unter die Pufferträger reichende Stirnschürzen, die ab 1942 jedoch entfernt wurden. Die drei DR-E 18 bekamen ab 1963 auf der Lokführerseite seitliche Windschutzscheiben.

Die Bremseinrichtung bestand aus einer Druckluftbremse, mit der alle Räder zweiseitig abgebremst werden konnten, sowie einer Spindelhandbremse. Bei den Lokomotiven der Baureihe E 19 kam noch eine elektrische Gleichstrom-Widerstandsbremse hinzu, die später von der DB stillgelegt wurde. Eingebaut war ferner eine wegeabhängige Sicherheitsfahrschaltung der Bauart BBC. Auf dem Dach befanden sich unter anderem zwei Scherenstromabnehmer der Bauart HISE 2 (bei E 19 01 in Sonderbauart) sowie der Hauptschalter. Bei den Lokomotiven E 18 01 und E 18 02 handelte es sich um einen Ölschalter des Typs BO, bei den E 18 03 – E 18 053 sowie den E 19 01 und E 19 02 kam der Druckgasschalter der Typen APB 102 bis APT 104 und bei den E 18 054 und E 18 055 der Druckluftschalter des Typs AP 1/1 zur Ausführung. Die E 19.1 hatten einen Expansionsschalter Typ R 628 erhalten. Die DB verwendete auf ihren E 18 auch Stromabnehmer HISE 7 und SBS 39 mit Drehisolator. Letztere bestückte man ab 1960 mit einer Dotzler-Doppelwippe, die das Fahren mit nur einem angelegten Bügel ermöglichte. Die DR verwendete ab 1963/64 den Typ RBS 58 mit Doppelwippe. Die 18 31 der DR erhielt 1967 versuchsweise einen Einholmstromabnehmer. Die E 19 02 besaß ab Anlieferung einen

Aus Gründen der Masseeinsparung erhielten die E 18 einen geschweißten Stahlblechaußenrahmen

HISE 7, die E 19[1] hatten einen SBS 37/39 erhalten. Die DB versah ihre E 19 ab 1950 mit SBS 10 und in den siebziger Jahren mit dem Stromabnehmer des Typs DBS 54. Bei den E 19[1] war der Dachaufbau wegen der Bremswiderstände höher ausgebildet. Der Haupttransformator war ein fremdbelüfteter Öltrafo in Mantelbauweise analog der E 04.
Die Schnellzuglokomotiven wurden über ein motorbetriebenes Nockenschaltwerk mit Feinregler und Zusatztrafo für feinstufige Spannungsvariation zwischen den 15 Dauerfahrstufen (E 19[1]: elektrisch angetriebenes Nockenschaltwerk mit mechanisch gekuppeltem Feinstufenschaltwerk) gesteuert.
Die Fahrmotoren der Baureihe E 18 des Typ EKB 860 entsprachen bis auf die Getriebeübersetzung jenen der Baureihe E 04. Es waren fremdbelüftete, zwölfpolige Wechselstrom-Reihenschlußmotoren mit Erreger-, Kompensations- und Wendepolwicklung. Bei den Lokomotiven der Baureihe E 19[0] waren die Motoren (EKB 1 000) 14polig gestaltet. Die E 19[1] verfügten über Doppelmotoren mit je zweimal acht Polen. Ab 1937 erhielten die E 18/E 19 die induktive Zugsicherung (Indusi), ab 1974 Zugbahnfunk.
Der Anstrich der E 18 war bei Anlieferung blaugrau. Die DB lackierte ihre E 18 bis 1955 grundsätzlich grün, dann kobaltblau. 1974/75 erhielten 118 013, 118 028 und 118 049 noch die oceanblau-beige Farbgebung. Die DR-Loks wurden grün gestrichen, die 218 019 erhielt 1983 eine Neulackierung im etwas helleren Chromoxidgrün.
Die E 19 waren bei Anlieferung weinrot. E 19 01 erhielt 1944 einen grünen Anstrich, E 19 02 folgte 1947 und E 19 11 im Jahre 1953. Die Lokomotive E 19 12 präsentierte sich ab 1952 in kobaltblauer Farbgebung, die E 19 01 ab 1958 und die 119 002 ab 1975.

1974 wurden die 118 013, 118 028 und 118 049 von der DB in den Farben Oceanblau und Beige lackiert

Betriebseinsatz

Für den Einsatz auf der Strecke München – Stuttgart wurden die ersten Lokomotiven der Baureihe E 18 ab 1935 in den Bahnbetriebswerken München Hbf und Stuttgart-Rosenstein beheimatet. Dann erhielten Lokomotiven der Baureihe E 18 auch die Bahnbetriebswerke Augsburg (1937 – 1942), Halle (Saale) (1938 – 1944), Hirschberg (1936 – 1945), Leipzig Hbf West (ab 1936), Nürnberg Hbf (ab 1938), Regensburg (ab 1939), Saalfeld (1939 – 1942) und Salzburg (ab 1943). Die acht E 18[2] gehörten zum Bw Salzburg. Die neuen Lokomotiven übernahmen überall hochwertige Schnellzugleistungen und verdrängten die bisher in diesen Diensten verwendeten Lokomotiven, wie die E 04 oder E 17. Die süddeutschen E 18 verkehrten auf den von München ausgehenden Strecken nach Stuttgart, Nürnberg (ab 1936) – Saalfeld (1939) – Weißenfels (1941) – Leipzig (1942), Rosenheim – Attnang-Puchheim/Innsbruck (ab 1938), Regensburg und Garmisch. Die mitteldeutschen E 18 befuhren die Strecken Leipzig – Halle (Saale)/Dessau – Magdeburg und ab 1942 auch die Relation Leipzig – Nürnberg, während die schlesischen Maschinen auf der Strecke Görlitz – Breslau Freiburger Bahnhof liefen.
Die Lokomotiven der Baureihe E 19 kamen zum Bw Nürnberg Hbf (wo sie bis 1968 blieben) und verkehrten mit Schnell- und Eilzügen bis 1945 in Richtung Saalfeld – Weißenfels – Leipzig.
Nach schweren Unfällen und Kriegsschäden mußten acht E 18 in den Jahren 1943 (4), 1944 (2), 1945 (1) und 1946 (1) ausgemustert werden. Mitte 1945 befanden sich in der amerikanischen Zone 34, in der sowjetischen Zone neun und in Österreich zwei E 18. Die sieben E 18 der RBD Breslau wurden noch im März 1945 nach Bayern gebracht.
Nun bildete die E 18 in Süddeutschland bis zum Erscheinen der Serien-E 10 das Rückgrat des unter dem Fahrdraht betriebenen Schnellzugdienstes. Bis 1951 standen der DB wieder 34 Maschinen zur Verfügung, ab 1954 ergänzt durch die von der DR übernommenen E 18 24, E 18 28, E 18 34, E 18 44 und E 18 048 sowie die Neubaulokomotiven E 18 054 und E 18 055. Damit war der maximale Bestand von 41 Lokomotiven bei der DB erreicht. Beheimatet waren die E 18 in den Bahnbetriebswerken Augsburg (1947 – 1950), Freilassing (1962 – 1974), München Hbf (bis 1966), Nürnberg Hbf (bis 1974), Regensburg (bis 1974) und Stuttgart (bis 1959). Im Mai 1974 wurde der gesamte Bestand beim Bw Würzburg, das bereits in den Jahren 1954 und 1955 Lokomotiven der Baureihe E 18 beheimatete, konzentriert.
Die Lokomotiven der Baureihe E 18 gehörten auf dem „Rundkurs" München – Regensburg – Nürnberg (ab 1950) –

Die Lokomotiven der BR E 19 wurden weinrot lackiert ausgeliefert und waren für 180 km/h ausgelegt

Die DR ließ drei E 18 betriebsfähig aufbauen, davon wurden zwei Maschinen auf 180 km/h umgebaut

München ebenso zum täglichen Bild wie zwischen München und Stuttgart oder vor den Interzonenzügen von Nürnberg nach Probstzella. Das Einsatzgebiet wuchs mit der Ausweitung des elektrifizierten Streckennetzes. Die Maschinen erreichten im Laufe ihrer Dienstzeit auch Heidelberg, Frankfurt (Main), Innsbruck, Kassel, Passau und Wien.

Die E 19 waren während ihrer Nürnberger Zeit vorwiegend auf der Strecke München – Nürnberg – Probstzella anzutreffen. Von 1965 an mußten die E 18 und E 19 immer häufiger Eil- und Personenzugdienste übernehmen; die Schnellzüge waren mehr und mehr der moderneren E 10 vorbehalten.

Im Jahre 1968 beschloß die DB aus beschäftigungspolitischen Gründen Altbauelloks in nördliche Bahnbetriebswerke umzubeheimaten. Die vier Nürnberger E 19 gelangten daraufhin zum Bw Hagen-Eckesey. Von dort aus liefen sie bis Aachen, Münster und Frankfurt (Main). Im Jahr 1970 kehrten diese Maschinen allerdings nach Nürnberg zurück.

Die ab 1974 angelaufene Beschaffung der Baureihe 111 ließ die seit 1968 als Baureihe 118/119 bezeichneten E 18/E 19 entbehrlich werden. Zuerst trennte sich die DB nach dem Auftreten größerer Schäden von den vier 119 und musterte sie 1975 (1), 1977 (1) und 1978 (2) aus. Die E 18 schieden 1977 aus dem Unterhaltungsbestand aus. Die Ausmusterung schloß sich 1976 (1), 1977 (2), 1978 (1), 1981 (2), 1982 (2), 1983 (11) und 1984 (22) an. Die letzte 118er-Leistung wurde am 23. Juli 1984 im Rahmen eines großen Abschiedsfestes des Betriebswerkes Würzburg gefahren.

Für die Nachwelt bleiben die E 18 03 (DB/BSW Passau), E 18 08 (DB/BSW München West), E 18 24 (Stadt Gemünden) und die E 18 047 (DB/BSW Würzburg) erhalten. Die Lokomotive E 18 054 dient als Ersatzteilspender für die noch verbliebenen Museumsfahrzeuge.

Von den neun in der sowjetisch besetzten Zone befindlichen E 18 mußten fünf Maschinen nach Einstellung des elektrischen Betriebes 1946 als Reparationsleistung an die Sowjetunion abgegeben werden. Dort kamen sie nicht zum Einsatz und standen bis zu ihrer Rückkehr 1952 an einem unbekannten Ort. 1953 verkaufte die DR diese fünf Lokomotiven an die DB.

Nach der Wiederaufnahme des elektrischen Betriebes 1955 entschloß sich die DR, aus den verbliebenen Schadlokomotiven drei E 18 aufzuarbeiten. So wurden die Lokomotiven E 18 31 (1958), E 18 19 (1959) und E 18 43 (1960) beim Bw Leipzig Hbf West wieder in Dienst gestellt, letztere jedoch als E 18 40 bezeichnet. Die Lokomotiven E 18 19 und E 18 40 wurden 1966/67 zum Bw Halle (Saale) P umbeheimatet.

Das geschah im Vorgriff auf den 1969 erfolgten Umbau der Lokomotiven für 180 km/h, denn die VES-M Halle benötigte geeignete Lokomotiven zur Erprobung schnellaufender Reisezugwagen. Die E 18 40 wurde auf ihrer Abnahmefahrt bei einem Unfall stark beschädigt und mußte 1972 ausgemustert werden. Als Ersatz wurde daraufhin die Lokomotive E 18 31 für 180 km/h umgebaut. Beide E 18, ab 1970 als Baureihe 218 bezeichnet, standen in erster Linie für die Versuchsfahrten bereit. Ein Einsatz vor Planzügen erfolgte nur bei Bedarf.

Die Lokomotive 218 031 wechselte 1988 in den DR-Museumsbestand, die 218 019 erwarb nach der Ausmusterung Ende 1991 die AEG in Hennigsdorf.

In Österreich verblieben nach dem Zweiten Weltkrieg zwei Original-E 18 und acht E 18^2, von denen eine wegen Kriegsschäden 1945 ausgemustert werden mußte. 1954 wurde die E 18^2 in die Reihe 1018 umgezeichnet. Dagegen erhielt E 18 42 die Betriebsnummer 1118.01, und die E 18 046 wurde zur 1018.101. Die im Jahre 1965 sämtlich umgebauten Lokomotiven schieden in den Jahren 1980 (1), 1985 (2), 1986 (1), 1988 (1) und 1992 (4) aus.

Nach 1945 blieben in Österreich zwei E 18 und acht E 18^2. Sie wurden in 1118 und 1018 umgezeichnet

REDAKTION: DR. BRIAN RAMPP; FOTOS: SCHÖPPNER (2), VÖLK, PILLMANN, BOS, CLÖSSNER

Die Baureihe 120 zieht gemeinsam mit der 101 die meisten Züge des Fernverkehrs, 120 156 mit dem IC »Schauinsland« bei Braschwitz

Baureihen 120.0, 120.1, 752

Von 1971 an hatte der Lokomotivhersteller BBC mit dieselelektrischen Lokomotiven des Typs DE 2500, DB-Baureihe 202, die neuartige Antriebstechnik mit Drehstrom-Asynchronmotoren erfolgreich erprobt. Dabei wurde der Nachweis erbracht, dass grundsätzlich die Möglichkeit besteht, eine Lokomotive für alle Zuggattungen zu bauen. Daraufhin schrieb die Deutsche Bundesbahn im Herbst 1976 eine vierachsige elektrische Universallokomotive aus, die 700-t-Reisezüge mit 160 km/h, 1.500-t-Schnellgüterzüge mit 100 km/h, 2.200-t-Güterzüge mit 80 km/h und 5.400-t-Güterganzzüge in Doppeltraktion ebenfalls mit 80 km/h befördern sollte.

Die Firmen BBC (elektrischer Teil) sowie Krauss-Maffei, Krupp und Henschel (Fahrzeugteil) erarbeiteten die Konzeption der im März 1977 bestellten fünf Probelokomotiven 120 001 – 005. Die Herausforderung für die Konstrukteure bestand vor allem darin, bei dem geforderten Gewichtslimit von 84 Tonnen eine Leistung von 5600 kW zu installieren.

In der Baureihe 120 kam weltweit zum ersten Mal in Vollbahnlokomotiven der einfache, verschleißarme Drehstrom-Asynchronmotor, ein Motor mit stufenlos regelbarer Drehzahl, zur Anwendung. Um für die Serienbeschaffung genügend Erfahrungen zu sammeln, wurden die Loks einer intensiven Erprobung im Betrieb, auf Prüfständen und im Rahmen spezieller Versuchsfahrten unterzogen. Im regulären Betrieb fuhren sie in Dienstplänen der sechsachsigen Schnellzuglokomotiven 103 und der ebenfalls sechsachsigen Güterzuglokomotiven 151, wobei die Drehstromantriebstechnik nur wenige Probleme aufwarf. Hingegen mussten an konventionellen Bauteilen Änderungen vorgenommen werden.

Ende 1984 bestellte die DB eine Serie von 60 Lokomotiven 120.1. Am Bau der zwischen Anfang 1987 und Ende 1989 ausgelieferten Loks waren die im Konsortium vereinigten Firmen AEG, BBC, Siemens, Krauss-Maffei, Krupp und Henschel zu gleichen Teilen beteiligt. Gegenüber den Baumustern waren Änderungen und Optimierungsmaßnahmen bei den Haupt- und Hilfsbetriebestromkreisen sowie der elektrischen Steuerung vorgenommen worden. Für den Betrieb bis 200 km/h wurde die Laufgüte optimiert und die Drehgestelle entsprechend verändert.

Die Prototypen wurden seit Indienststellung der Serienmaschinen aus dem regulären Zugdienst zurückgezogen und den BZA München und Minden für Versuchsfahrten als Ablösung der Vorserien-103 zur Verfügung gestellt. Im März 1989 erhielten sie die Bahndienstnummern 752 001 – 005. Im Rahmen der Weiterentwicklung der BR 120.1 zu einer geplanten Nachfolgebaureihe 121 dienen die 752 seit 1991 zur Erprobung neuer Komponenten. Weil sie

Technische Daten

Baureihenbez.	120.0/752	120.1
Eigentümer	FTZ	DB R. & T.
Indienststellung	1979	1987
Hersteller	Henschel, KM, Krupp, AEG, BBC, SSW	
Achsformel	Bo'Bo'	Bo'Bo'
Länge über Puffermm	19.200	19.200
Dienstmasse t	83,2	83,2
Stromsystem	15 kV, 16 2/3 Hz	
Art des Antriebs	Gelenk-Kardan	
Nennleistung kW	5.600 *1	5.600
Höchstgeschw. km/h	200 *2	200
Anfahrzugkraft kN	340	340/290 *3
Dauerl. der el. Br.kW	3.300	4.000
max. Dauerbr. (el.)kN	150	150

*1=120 004: 6.400 kW,*2=120 004: 230 km/h
*3=ab 120 137

AUTOR: ENDERLEIN; AUFNAHMEN: MIETHE (2)

120 112 mit einem InterCity in Dresden Neustadt

dabei im normalen Zugdienst eingesetzt werden, erhielten sie mit Ausnahme der weiter für die Versuchsämter eingesetzten 752 001 ihre ursprüngliche Baureihenbezeichnung zurück. In 120 005 wurde 1991 eine Einzelradsatzsteuerung eingebaut. Entsprechend der momentanen Gewichtsbelastung erhält jede Achse für sich stets genau jene Antriebskraft, die bei gegebenen Reibungsverhältnissen zwischen Rad und Schiene gerade noch übertragen werden kann. Dazu erhielt die Lok von ABB ölgekühlte Stromrichter mit höherer Leistung. Außerdem wurde eine neue Leistungselektronik mit »Gate-Turn-Off« (GTO)-Thyristorstromrichtern eingebaut. In der 120 003 werden seit 1992 Drehgestelle von Krauss-Maffei getestet, deren radial einstellbare Radsätze sich dem Gleisbogen anpassen können. Eine vom ICE abgeleitete Drehgestellbauart von ABB-Henschel war seit 1992 in 120 004 eingebaut, die zusätzlich als »1. Hochleistungslok der Welt«, wie die Beschriftung des Lokkastens erklärte, mit Scheibenbremsen ausgerüstet wurde. Die Motormassen sind vom Laufwerk weitgehend entkoppelt und im Fahrzeugrahmen gelagert. Mit 6400 kW Dauerleistung war die nun 230 km/h schnelle 120 004 die stärkste vierachsige Lokomotive der Welt. Die 1993 als letzte umgebaute 120 002 erhielt von AEG Hennigsdorf erstmals GTO-Thyristor-Stromrichter mit Wasserkühlung, um auf Öl oder sonstige synthetische Kühlmittel verzichten zu können. Die 120 002 und die »12X«-Lok 128 001 dienten Adtranz Berlin als Muster für die neue mittelschwere Reihe 145, während die 120 003 und der »EuroSprinter« 127 001 Versuchsmuster für die neue Güterzuglokreihe 152 darstellen. Als Baumuster des Loksystems »Eco 2000« von Adtranz Kassel, dem die neue Schnellzuglok 101 angehört, dienten die 120 004 und 005.

Konstruktion

Hauptrahmen und der Leichtbau-Lokomotivkasten bilden eine selbsttragende, miteinander verschweißte Konstruktion. Die Maschinenraumseitenwände wurden nicht wie bisher aus Gerippe und Beplankung gefertigt, sondern bestehen im Wesentlichen nur aus zwei Blechen. Die Lokomotivkastenabstützung erfolgt über zweimal drei nebeneinander angeordnete Flexicoil-Schraubenfedern je Drehgestell. Das Laufwerk setzt sich zusammen aus zwei geschweißten, extrem leichten zweiachsigen Drehgestellen mit kastenförmigen End- und Mittelträgern, tief liegenden Drehzapfenlagern mit Gummiringfedern, radreifenlosen Monobloc-Vollrädern, Radsatzlagergehäusen aus Leichtmetall und querelastischen Radsatzführungen durch Lemniskatenlenker. Als Antrieb wird ein BBC-Hohlwellen-Kardangelenkantrieb mit einseitigem Getriebe verwendet. Die Fahrmotoren sind voll abgefedert und tief liegend in das Drehgestell eingebaut. Der Transformator ist unter dem Lokkasten angeordnet.
Die elektrische Bremse war bei den 120.0 ursprünglich eine kombinierte Netz- und Widerstandsbremse. Weil sich die Netzbremse als äußerst zuverlässig erwies, konnte die Widerstandsbremse bei den Prototypen 1982 ausgebaut werden, sie war für die 120.1 nicht mehr vorgesehen.
Die Lokomotiven der Baureihe 120 sind mit neu entwickelten Einholmstromabnehmern SBS 80 aus Aluminium ausgerüstet. Der Haupttransformator ist als bolzenloser Doppelsäulenkern-Transformator ausgeführt. Je zwei gemeinsam gesteuerte Traktionsstromrichter speisen über eine Sammelschiene die Fahrmotoren eines Drehgestells. Die vierpoligen Drehstrom-Asychronmotoren werden axial belüftet und besitzen eine digitale Drehzahlmessung. Bei der Steuerung handelt es sich um eine stufenlose Zug- und Bremskraftsteuerung. Die BR 120.0 ist mit elektronischer Sifa, Indusi, LZB und Einrichtungen für Doppeltraktion und Wendezugbetrieb ausgerüstet.
Im Hinblick auf den planmäßigen Einsatz bis 200 km/h und den Einsatz auf Neubaustrecken erhielten die 120.1 zusätzlich druckertüchtigte Führerstände, eine automatische Fahr- und Bremssteuerung (AFB) und die neue LZB 80. Außerdem besitzen sie eine zeitmultiplexe Doppeltraktionssteuerung (ZDS) für Wendezugbetrieb und Doppeltraktion, nachträglich wurde eine Notbremsüberbrückung installiert. Später wurden auch bei den 120.0 die ep-Bremse für die Notbremsüberbrückung, die neue LZB 80 und druckdichte Führerstände eingebaut.
120 001 – 005 besaßen bei Anlieferung die creme-rote Farbgebung, die 120.1 den verkehrsroten Anstrich mit weißer Kontrastfläche. Nach ihrem Umbau wurden 120 002, 004 und 005 ebenfalls in diesen Farben gespritzt. Seit 1999 erhalten die 120.1 den verkehrsroten Anstrich, einige 120.1 sind oder waren zeitweise mit Ganzreklame versehen.

Betriebseinsatz

Die fünf Vorauslokomotiven wurden beim Bw Nürnberg Rbf in Dienst gestellt. Die 120 001 wurde nach dem Umbau für Geschwindigkeiten über 250 km/h zur ICE-Komponentenerprobung für Schnellfahrversuche eingesetzt. 1984 erreichte sie mit einem Zug aus vier IC-Wagen auf der Strecke Augsburg – Donauwörth die Rekordgeschwindigkeit von 265 km/h, einige Jahre später wurden 280 km/h gefahren. Die Lok 752 002 ist beim FTZ Minden, die übrigen vier Loks sind beim FTZ München stationiert.
Die 120.1 kamen im August 1987 beim Bw Nürnberg 1 in den planmäßigen Zugdienst. Darin erreichen die 120.1 einen Auslastungsgrad, der bislang bei Lokomotiven beispiellos ist. Seit dem Sommerfahrplan 1999 sind alle 120.1 beim Bh München West beheimatet. Ihr Haupteinsatzgebiet ist vor allem der Einsatz vor den InterCity- und InterRegio-Zügen, nachts stehen noch vereinzelt schnelle Güterzüge quer durch das Bundesgebiet auf dem Programm.

Beheimatung

München

Nur zwei E 21^0 wurden als Versuchsfahrzeuge gebaut. Ihr Kleinow-Federtopfantrieb bewährte sich und kam u.a. bei der E 04 und E 18 zur Anwendung

Baureihe E 21

Bei den im Rahmen des Wechmann-Planes von 1922 beschafften 138 E-Lokomotiven war nur die süddeutschen Schnellzuglokomotive der Baureihe E 16 von Krauss/Brown Boveri mit Einzelachsantrieb ausgestattet; bei den übrigen Maschinen handelte es sich um Stangenlokomotiven. Die Erfolge der E 16 bewogen die DRG, auch die anderen Herstellerfirmen in diese Entwicklung einzubeziehen und insbesondere norddeutsche Betriebe anzuspornen, eigene Angebote für Schnellzuglokomotiven mit vier einzeln angetriebenen Achsen für eine Höchstgeschwindigkeit von 110 km/h zu unterbreiten.

Der gefederte Hohlwellenantrieb, wie er von dem US-Unternehmen Westinghouse entwickelt worden war, ließ einen sehr weiten Spielraum der Übersetzung zu. Somit konnten schnellaufende, leichte Motoren eingebaut werden, die sowohl für Schnellzug- als auch für Güterzuglokomotiven verwendet werden konnten. Der Hohlwellenantrieb überzeugte zudem durch seinen einfachen Aufbau und eine unkomplizierte Wartung.

1924/25 gab die DRG nach der Auswertung der eingegangenen Angebote fünf Prototypen mit unterschiedlichen Antriebssystemen in Auftrag. Mit der E 18 01 (später umgezeichnet in E 15 01), geliefert 1927, und der 1928 fertiggestellten E 16 101 wollte Siemens-Schuckert nachweisen, daß der Tatzlagerantrieb auch bei Schnellzuglokomotiven mit Leistungen über 500 kW geeignet ist. Die hier nicht vorgestellte E 21 51 (Baureihe E 21^5), 1927 von Linke Hofmann/Bergmann gebaut, hatte einen Einzelachsantrieb besonderer Art erhalten: Jede Treibachse wurde durch Blindzahnrad und Gelenkkupplung von zwei Motoren angetrieben. Maffei-Schwartzkopff bzw. der Berliner Maschinenbau AG oblag der Bau eines Versuchsträgers mit dem Westinghouse-Antrieb. Bei dieser 1926 entstandenen und als E 73 06 bezeichnten Lokomotive handelte es sich allerdings um keine Schnellzuglok. In der AEG-Lokfabrik hatte deren Direktor, Baurat Kleinow, den Westinghouse-Antrieb weiterentwickelt. Dieser sogenannte Kleinow-Federtopfantrieb wurde nun in der Schnellzuglokomotive E 21 01 berücksichtigt. Vier Tauschradsätze mit Westinghouse-Antrieb wurden zwar mitgeliefert, jedoch nie eingebaut. Im Oktober 1926 konnte die E 21 01 der DRG übergeben werden. Die guten Erfahrungen mit dem Antrieb bewogen die DRG, 1927 eine technisch verbesserte Lokomotive zu bestellen. Die 1928 gelieferte E 21 02 wurde insbesondere mit einem veränderten Laufwerk ausgestattet. Charakteristisch für die E 21^0 waren der unsymmetrische Lokkasten und die Achsfolge 2'Do1'. Letztere ergab sich aus der Plazierung des Transformators am vorderen Ende der

TECHNISCHE DATEN

Baureihenbezeichnung		E 21
Indienststellung		1926
Hersteller		AEG
Achsfolge		2'Do1'
Länge über Puffer	mm	16 500
Dienstmasse	t	121,8
Stromsystem		15 kV 16 2/3 Hz
Art des Antriebs		Federtopf
Dauerleistung	kW	2 040
Geschw. bei Dauerleistung	km/h	107
Stundenleistung	kW	2 840
Geschw. bei Stundenleistung	km/h	88
Höchstgeschwindigkeit	km/h	110
Anfahrzugkraft	kN	235

Die E 21 ist asymmetrisch gebaut: Achsfolge 2'Do1', einseitiger Lokkasten zur Trafoaufnahme

Maschine, noch vor den Fahrmotoren. Auf eine vierte Laufachse wurde im Interesse einer möglichst geringen Fahrzeugmasse verzichtet.
Als Gewinner des Vergleichs ging der in den Lokomotiven E 21 01 und E 21 02 eingebaute Federtopfantrieb von AEG/ Kleinow hervor. Er kam daraufhin bei der Serienfertigung aller folgenden Schnellzug-Elektrolok-Generationen der DRG (Baureihen E 17, E 04, E 18 und E 19; insgesamt 118 Stück) zur Ausführung. Die Versuchslokomotiven wurden jedoch nicht nachgebaut.

Konstruktion

Das Laufwerk mit der Achsfolge 2'Do1' hatte vier Treibachsen und vorn ein Drehgestell erhalten. Bei der Lokomotive E 21 01 war hinten ein in einem Bisselgestell gelagerter Laufradsatz eingebaut, bei der E 21 02 stattdessen ein Laufradsatz, der sich in einem Krauss-Helmholtz-Gestell der Abart AEG mit Außenrahmen und einer der Hohlwelle des Treibradsatzes angepaßten Deichsel befand. Der letzte Treibradsatz der E 21 war nicht seitenbeweglich, und die Spurkränze der mittleren Treibräder waren geschwächt. Alle Lager der Treibradsätze verfügten über eine Olor-Rollenschmierung, die sich jedoch nicht bewährte. Daraufhin erhielt die E 21 01 im Jahre 1927 am dritten Treibradsatz eine Peyinghaus-Schleuderschmierung. Der Antrieb erfolgte über vier hochgelagerte Doppelmotoren. Je ein Doppelmotor trieb einen Treibradsatz über ein einseitig, geradverzahntes Getriebe mit der Übersetzung 23:98 und einer Hohlwelle mit beiderseitigem sechsteiligen Schenkelstern an. Die Federtöpfe am Schenkelstern griffen an den Treibradspeichen an. Der Hauptrahmen war ein durchgehender Fachwerk-Barrenrahmen, antriebsbedingt ausgeführt als Außenrahmen mit Querstreben und 50 mm starken Seitenteilen. Der Lokkasten der E 21 zeichnete sich durch seine Asymmetrie aus. Am Lokende befand sich ein halbhoher Vorbau, in dem sich der Luftverdichter verbarg; am vorderen Lokende fiel die Stirnfront gerade ab. Die E 21 01 besaß an den Stirnseiten zwei, die E 21 02 drei Fenster. Das Lokomotivdach war in fünf Segmenten abnehmbar. Eine Knorr-Druckluftbremse mit Zusatzbremse zur einseitigen Abbremsung der Räder der Treibradsätze und der Drehgestell-Radsätze sowie eine Spindelhandbremse sorgten für die Betriebssicherheit der Maschinen. 1932 erhielten die Lokomotiven Einheits-Sicherheitsfahrschaltungen der Bauart BBC. Auf dem Dach befanden sich unter anderem zwei Scherenstromabnehmer der Bauart SBS 9 mit querliegenden Doppelglockisolatoren und ein Ölhauptschalter. Als Haupttransformator gelangte ein fremdbelüfteter Trockentransformator in Mantelbauweise zum Einbau. Im dazugehörigen Blechgehäuse waren für die Steuerung zwei Stromteilerdrosseln sowie ein Zusatz- und ein Ausgleichstrafo angeordnet. Die Fahrmotorspannung konnte durch elektromagnetische Schütze mit zwei Vor- und 22 Dauerfahrstufen verändert werden. Als Fahrmotoren dienten fremdbelüftete, achtpolige Wechselstrom-Reihenschlußmotoren mit Kompensations- und Wendepolwicklung. Je zwei in Reihe geschaltete Motore bildeten einen Doppelmotor in gemeinsamem Gehäuse. In Dienst gestellt wurde die E 21 in olivgrünem Anstrich. Die DR lackierte ihre beiden Maschinen 1959/60 ebenfalls grün.

Betriebseinsatz

Die Lokomotive E 21 01 wurde im Oktober 1926 beim Bw Leipzig Hbf West beheimatet, um zuerst im Flachland-Schnellzugdienst das Verhalten bei hohen Geschwindigkeiten erproben zu können. Darüber hinaus führte das Reichsbahn-Zentralamt zahlreiche Versuchsfahrten durch. Der Einsatz auf den Strecken von Leipzig nach Magdeburg brachte dabei den Nachweis, daß der Antrieb einwandfrei arbeitete. Im April 1927 kam die Maschine zum Bw Hirschberg. Dort stand dann der Einsatz auf den kurven- und steigungsreichen Strecken in Schlesien auf dem Programm. Auch hier absolvierte die Maschine die Einsatze ohne große Beanstandungen. Daraufhin übernahm die DRG die E 21 01 im Oktober 1927 und setzte sie weiter im planmäßigen Reisezugdienst ein. Im Mai 1928 kam die nachbestellte E 21 02 hinzu. Nach der Beseitigung einiger Kinderkrankheiten erreichte auch sie hohe Laufleistungen.
Bis Februar 1945 waren die E 21 im Reisezugdienst, hauptsächlich auf der schlesischen Gebirgsbahn zwischen Görlitz und Breslau, im Dienst. Im Zuge der Westverlagerung von Elektrolokomotiven vor der näherrückenden Ostfront gelangten beide Maschinen Ende Februar 1945 zum Bw Leipzig Hbf West. Die Lokomotive E 21 02 kam vom Juli 1945 bis zum März 1946 wieder zum Einsatz. Im September 1946 mußten beide E 21 als Reparationsleistungen an die Sowjetunion abgegeben werden. Dort waren sie im Westteil der UdSSR bis 1952 im Freien abgestellt. Im Rahmen eines Kompensationsgeschäftes kehrten die beiden Einzelgänger im Oktober/ November 1952 zur DR zurück.
Nach der Wiederaufnahme der elektrischen Zugförderung entschloß man sich zur Wiederherrichtung der E 21 01 und E 21 02 im Raw Dessau. Die E 21 01 war im Dezember 1959 fertiggestellt, die E 21 02 folgte im März 1960.
Die Lokomotiven standen häufig in der Werkstatt. Immer wieder liefen die Mittelachsen auf und es brachen Spurkränze aus. Ein Einsatz im Plandienst war daher kaum möglich. Der Betriebseinsatz der E 21 01 endete wegen Radsatzschäden schon im Oktober 1960. 1962 Jahr stellte man sie endgültig ab. Die Lokomotive E 21 02 machte Anfang September 1961 ihre letzte Fahrt und mußte dann schadhaft ins Raw gebracht werden. Die im Februar 1964 gestellten Ausmusterungsanträge genehmigte die Hauptverwaltung Maschinenwirtschaft der DR schließlich am 2. August 1966.

REDAKTION: DR. BRIAN RAMPP; FOTOS: GEWANDT, AEG/SLG. KNIPPING

Die neue 127 001 beginnt eine „Europatournee". Sie soll nach dem deutschen 15 kV/162/3 Hz-System noch unter drei weiteren Stromsystemen laufen

Baureihe 127 „EuroSprinter"

Die Deutsche Bundesbahn plante Anfang der neunziger Jahre die Beschaffung von 500 aus der Baureihe 120 weiterentwickelten Hochleistungslokomotiven (vorgesehen war die Baureihenbezeichnung 121), um die technisch und wirtschaftlich veralteten Maschinen aus den fünfziger und sechziger Jahren sukzessive ausmustern zu können. Außerdem war abzusehen, daß mittelfristig für die seit zehn Jahren konstant an ihrer Leistungsgrenze arbeitenden Loks der Reihe 103 Ersatz gefunden werden mußte. Diese zwanzig Jahre alten Lokomotiven fallen durch extreme Verschleißerscheinungen auf, und teure Ertüchtigungsmaßnahmen sind nicht vertretbar.
Im Vorfeld der (im Oktober 1992 aus verschiedenen Gründen zurückgezogenen) Ausschreibung deutete sich an, daß sich die DB den weltweit schärferen Wettbewerb auf dem Schienenfahrzeugsektor zu Nutze machen will und von der bisherigen Praxis, Triebfahrzeuge von einem alle wichtigen Hersteller umfassenden Konsortium zu beziehen, abgehen wird. Außerdem müssen seit der Vollendung des Europäischen Binnenmarktes am 1. Januar 1993 Aufträge der europäischen Bahnen zur europaweiten Ausschreibung gelangen. Parallel hierzu formierte sich die Schienenfahrzeugindustrie in den letzten Jahren weltweit neu. Ein beispielloser Konzentrationsprozeß setze ein mit dem Ziel, daß Unternehmen unter Systemführerschaft eines Konzerns als Komplettanbieter auftreten und sämtliche Fahrzeuge inklusive der ortsfesten Infrastruktur „aus einer Hand" gekauft werden können.
Mit Blick auf die Entwicklung der Baureihe 121 beschritten die in Deutschland ansässigen Systemführer ABB, AEG und Siemens jeweils eigene Wege. Während sich die beiden erstgenannten Systemanbieter zur Erprobung neuer Bauteile auf entsprechend umgebaute Lokomotiven der Baureihe 120.0 stützten, entwickelten und bauten Siemens und Krauss-Maffei auf eigene Rechnung eine Prototyplokomotive. Sie wird den europäischen Bahnen, und dabei zuerst der DB, zur Erprobung zur Verfügung gestellt.
Die als „EuroSprinter ES 01" bezeichnete Lokomotive ist für die unterschiedlichen europäischen Stromsysteme konzipiert und für den grenzüberschreitenden Einsatz vorbereitet. Als Universallokomotive ist sie sowohl vor schnellen Reisezügen bis 230 km/h als auch vor schweren Güterzügen einsetzbar. Der modulare Aufbau der Lokomotive erlaubt eine einfache Variation des Basismodells entsprechend den Wünschen europäischer Bahngesellschaften.
Die Maschine entstand 1991/92 in enger Anlehnung an die für die RENFE gebaute S 252 und wurde am 21. September 1992 mit der Betriebsnummer 127 001-6 in den Fahrzeugbestand der DB aufgenommen. Die Baureihenbezeichnung

TECHNISCHE DATEN

Baureihenbezeichnung		127
Indienststellung (1. Jahr)		1993[1]
Hersteller		Krauss-Maffei, Siemens
Achsformel		Bo'Bo'
Länge über Puffer	mm	19.580
Dienstmasse	t	86
Stromsystem		15 kV, 16 2/3 Hz
Art des Antriebs		Drehstrom
Dauerleistung	kW	6.400
Höchstgeschwindigkeit	km/h	230
Anfahrzugkraft	kN	300
Dauer-Zugkraft	kN	270
Geschw.. b. Dauerleistung	km/h	85,3
Dauerleistung der el. Bremse	kW	6.400
max. Dauerbremskraft (el.)	kN	170

[1] Lok ist angemietet

wurde gewählt, weil die DB die BR 121 nicht mit Prototypen besetzen will. Nach Beendigung der Erprobungsphase bei der DB wird das Fahrzeug für den Mehrsystembetrieb (Wechselstrom 15 und 25 kV) umgerüstet und auch anderen europäischen Bahnverwaltungen zur Verfügung gestellt werden.
Die Farbgebung der Lokomotive wurde von den Herstellern bewußt in Abweichung vom DB-Farbschema gewählt: Frontflächen zyklamrot, Längsseiten silbergrau und Rahmen schwarz. Dem Erfordernis einer hellen Kontrastfläche an den Stirnseiten konnte man sich nicht entziehen, ihm wurde aber ohne „Lätzchen" entsprochen.

Konstruktion

Der Lokkasten ist eine selbsttragende geschweißte Einheit und gefedert auf die beiden Drehgestelle abgestützt; die Zugkraftübertragung erfolgt mittels Drehzapfen. Das Führerhaus ist klimatisiert, druckgeschützt und schallgedämmt. Zur Komponentenmontage sind vier Dachsegmente einzeln abnehmbar.
Durch Doppellenker werden die Radsätze an den Achslagergehäusen geführt, wobei Das Laufwerk ist von der 120.1 abgeleitet, wurde jedoch weiterentwickelt und besitzt eine Einzelachssteuerung. Dadurch kann die optimale Haftwertausnutzung beim Anfahren erreicht werden.

BEHEIMATUNGEN

Betriebswerk München 1

Der elektrische Teil ist derzeit für Betrieb unter 16 2/3 Hz, 15 kV eingerichtet. Er ist allerdings nachrüstbar für Gleichstrombetrieb mit 3000 V. Auch ist ein Umbau für Wechselstrombahnen mit 15 kV oder mit 25 kV möglich.
Die Leistungselektronik für den Drehstromantrieb ist in Gate-Turn-Off-Technik (GTO) ausgeführt, die GTO-Thyristor-Stromrichter sind in Modulbauweise konzipiert. Steuerung und Regelung der Lokomotive laufen über das Mikrocomputersystem SIBAS 16. Jeder Antriebsmotor ist einzeln geregelt und wird durch eigenen Wechselrichter gespeist, dadurch ist ein selektiver Gleit- und Schleuderschutz für jede Achse möglich.

Neben der üblichen Druckluft-Bremseinrichtung ist eine generatorische Bremse mit Netzrückspeisung eingebaut.

Betriebseinsatz

Nominell ist die 127 001 seit dem 21. September 1992 beim Bw München 1 beheimatet. Am 15. November 1992 kam die Lokomotive zur lauf- und bremstechnischen Abnahme zum Bundesbahn-Zentralamt Minden. Von dort aus führte die DB umfangreiche Zulassungsfahrten durch. Dabei wurde am 5. August 1993 auf der Neubaustrecke Fulda – Würzburg die Geschwindigkeit von 310 km/h erreicht, was einen neuen Rekord für deutsche Lokomotiven bedeutete. Die 127 001 näherte sich damit dem französischen Lokomotiv-Geschwindigkeitsrekord von 331 km/h aus dem Jahr 1955.
Seit dem 30. August 1993 wird die 127 001 im planmäßigen Reisezugdienst zwischen München und Stuttgart eingesetzt. Sie ist zu diesem Zweck von der DB angemietet worden. Die Strecke bietet von ihrer Topographie her ein ideales Einsatzfeld und fordert sowohl Schnellfahrten im Flachland als auch angestrengte Bergfahrten. Der Einsatz ist zunächst bis zum Sommerfahrplan 1994 befristet.
Von der AEG ist unter der Projektbezeichnung „12X" im Jahre 1994 ein ebenfalls auf eigene Rechnung gebautes Vorführmuster zu erwarten.

REDAKTION UND FOTO: DR. BRIAN RAMPP

Foto: M. Niedt

Die Lokomotiven der Baureihe E 32 waren für den leichten Reisezugdienst vorgesehen und für 70 km/h, nach dem Umbau für 90 km/h, zugelassen

Baureihe E 32 (DB 132)

Neben den EP 5-Lokomotiven für den schweren Reisezugdienst (spätere Baureihe E 52) bestellte die Deutsche Reichsbahn entsprechend dem Wechmann-Plan im September 1922 neunzehn Elektrolokomotiven der Typenbezeichnung EP 2. Sie waren für den leichten Reisezugdienst bzw. Vorortverkehr auf den bis 1925 zu elektrifizierenden Strecken von München nach Garmisch, Herrsching und Landshut sowie Tutzing – Kochel und Weilheim – Peißenberg bestimmt.
1924 wurde der Auftrag auf 29 Maschinen erhöht, um auch den Bedarf auf den ab 1927 elektrisch betriebenen Strecken München – Rosenheim und München – Maisach decken zu können. Hersteller waren Maffei für den Fahrzeugteil und Brown-Boveri (BBC) für den elektrischen Teil. Sie lieferten die Lokomotiven von Dezember 1924 bis Juli 1926 als EP 2 Nr. 20006 – EP 2 Nr. 20034 an die Gruppenverwaltung Bayern der DRG. Zu der Nummernfolge ab 20006 kam es, weil die Nummern 20001 – 20005 bereits von der Gattung EP 1 (spätere E 62 01 – E 62 05) belegt worden waren. Gemäß dem Umzeichnungsplan vom August 1926 wurden die Lokomotiven mit den Betriebsnummern E 32 006 – E 32 034 bezeichnet.
Durch die günstige Schwerpunktlage der Maschinen und die konstruktive Ausbildung des Fahrgestells mit einem Krauss-Helmholtz-Gestell vorne sowie einer Bisselachse hinten liefen die Lokomotiven der Baureihe E 32 besonders in Gleisbögen sehr ruhig. 1935 und 1936 wurden die E 32 26, E 32 29, E 32 18, E 32 30, E 32 32, E 32 17, E 32 13 und E 32 07 im RAW Freimann mit einer anderen Getriebeübersetzung ausgerüstet, die Höchstgeschwindigkeit von 75 km/h auf 90 km/h erhöht und die Loks in dieser Reihenfolge in E 32 101 – E 32 108 umgenummert. Die vorgesehene Einführung der Baureihenbezeichnung E 32[1] unterblieb allerdings. Durch den Umbau waren diese Lokomotiven nun auch vor leichten Eilzügen sowie im Eilgüterzugverkehr einsetzbar. Das Getriebe der Lokomotive E 32 105 wurde 1965 in die E 32 06

TECHNISCHE DATEN

Baureihenbezeichnung	bis 1926	EP 2
	bis 1968	E 32
	ab 1968	132
Indienststellung		1924
Hersteller		BBC, Krauss
Achsfolge		1'C1'
Länge über Puffer	mm	13 010
Dienstmasse	t	84,8
Stromsystem		16 2/3 Hz, 15 kV
Antrieb		Stangen
Dauerleistung	kW	1 010
Geschw. bei Dauerleistung	km/h	64/78,3
Stundenleistung	kW	1 170
Geschw. bei Stundenleistung	km/h	60/73
Höchstgeschwindigkeit	km/h	75/90
Anfahrzugkraft	kN	105/87

Die E 32 war hauptsächlich in Bayern anzutreffen. Tagebücher belegen aber auch Einsätze in Oslo

eingebaut und diese Lok daraufhin für 90 km/h zugelassen, ohne daß sie eine Umnumerierung erfuhr. Im Gegensatz zu den E 52, E 60, E 63 und E 91 erhielten die E 32 in den Jahren 1956/57 keine Grundüberholung mehr.

Konstruktion

Das Laufwerk der 1'C1'-Lokomotiven bestand vorne aus einem Krauss-Helmholtz-Gestell, während der hintere Laufradsatz in einem Bissel-Gestell gelagert war. Der zweite Kuppelradsatz hatte spurkranzgeschwächte Räder erhalten und wie der dritte Kuppelradsatz kein Seitenspiel. Die Lokomotiven der Baureihe E 32 verfügten über einen Parallelkurbelantrieb mit einebnigem Triebwerk, schräger Treibstange und einer Blindwelle. Treib- und Kuppelstangen waren in einer Bewegungsebene angeordnet. Die Kraft wurde über ein zweiseitiges, geradverzahntes Vorgelege übertragen. Das Getriebe hatte eine Übersetzung von 45:147 (E 321: 52:140). Die beiden hochgelagerten Fahrmotoren befanden sich in einem Stahlgußtrog mit gemeinsamen Lagerschilden. 1941/42 wurde die Motorarretierung verstärkt.

Der Hauptrahmen war als Innenrahmen ausgeführt und durch Stahlgußquerträger versteift. Der Lokkasten bestand aus Profilstahlgerippe mit Stahlblechverkleidung. Das Dach war wie die oberen Seitenteilhälften aus Stahlblech gefertigt und in zwei Teilen abnehmbar. In den Stirnwänden befanden sich zwei mittig angeordnete Übergangstüren mit Übergängen, die ab Ende der dreißiger Jahre entfernt bzw. verschlossen wurden. Gleiches traf die Lüftungsöffnungen über den Stirnfenstern zu. Die kriegsbeschädigten E 32 06, E 32 08, E 32 16 und E 32 20 erhielten bei ihrer Instandsetzung neue Stirnfronten ohne Türen. Vorhanden waren eine Druckluftbremse mit Zusatzbremse zur einseitigen Abbremsung der Räder und je eine Spindelhandbremse pro Führerstand. Ab 1931 kamen Ackermann-Notbremsventile hinzu. Eine wegeabhängige Sicherheitsfahrschaltung der Bauart BBC rüstete die DRG ab 1929/30 nach. Auf dem Dach waren zwei Scherenstromabnehmer Bauart SBS 9 angeordnet. Nach dem Tausch der Aluminiumschleifstücke gegen solche aus Kohle erhielten die Stromabnehmer die Bezeichnung SBS 10.

Der Hauptschalter war als Ölschalter ausgeführt. Bei dem Haupttransformator handelte es sich um einen fremdbelüfteten Öltransformator, bei der Steuerung um eine manuell zu betätigende Schlittenschaltersteuerung mit 13 Fahrstufen. Die Nockenwelle wurde elektropneumatisch betätigt. Der Fahrmotor war ein fremdbelüfteter, kompensierter Wechselstrom-Reihenschlußmotor mit Wendepolen analog der E 16. Ab 1957/58 erhielten einige E 32 die kleinen DB-Einheitsscheinwerfer und alle Lokomotiven Stirnwandsteckdosen für die Wagenbeleuchtung. Bei ihrer Indienststellung hatten die Lokkästen der E 32 den rotbraunen Länderbahnanstrich der Bayerischen Staatsbahn erhalten. Ab 1933 war dann bei Neulackierungen blaugrau vorgeschrieben. Die DB lackierte ihre E 32 in den fünfziger Jahren chromoxydgrün.

Betriebseinsatz

Alle Lokomotiven wurden nach ihrer Indienststellung zunächst im Bw München Hbf beheimatet. Die von Anfang an vorranging im Personenzugdienst auf den genannten Strecken eingesetzten Lokomotiven kamen mit fortschreitender Elektrifizierung auch in die Bahnbetriebswerke Freilassing (ab 1927), Rosenheim (ab 1931), Augsburg (ab 1932), Treuchtlingen (ab 1935) und München Ost (ab 1936). Im Jahre 1941 erhielt auch das Bahnbetriebswerk Garmisch sowie ab 1943das Bw Neu-Ulm Lokomotiven der Baureihe E 32. Zwischen März 1941 und Oktober 1943 kamen die E 32 11, E 32 19, E 32 27 und E 32 33 im besetzten Norwegen zum Einsatz. Ein Lokführertagebuch belegt Einsätze der Loks in Oslo.

Nach Luftangriffen der Alliierten mußten 1943 drei E 32 vom Bestand abgesetzt werden. Zwei weitere Kriegsschadloks folgten 1945. Der nach dem Zweiten Weltkrieg vorhandene Bestand verblieb vollständig in Bayern. Die DR-West bzw. die ab 1949 bestehende DB setzte die Maschinen der Baureihe E 32 in Bayern bei den Bw Augsburg (bis 1966), Freilassing (1957 – 1958), Garmisch (1946 – 1962), Landshut (1952 – 1954), München Hbf (bis 1971), München Ost (1951 – 1962), Neu-Ulm (bis 1949) und Regensburg (1952 – 1958) ein. Zur Ablösung der E 71 im Wiesen- und Wehratal kamen sie 1955 auch zum Bw Basel in Baden. Die in der BD Karlsruhe eingesetzten Maschinen wechselten 1957 zum Bw Haltingen und 1963 nach Freiburg, ohne daß sich an ihren Einsätzen auf den Strecken Basel – Schopfheim – Zell/Säckingen bzw. im Rheintal etwas änderte. Da die Anhebung der Höchstgeschwindigkeit im Reisezugverkehr der DB die Einsatzmöglichkeiten immer mehr einschränkte und die Leistungen der E 32 daher von Lokomotiven der Baureihe E 41 und E 44 übernommen wurden, setzten ab 1955 nur noch die Bahnbetriebswerke Augsburg und Basel E 32 im vollwertigen Zugdienst ein. Bei den übrigen Dienststellen verwendete man die E 32 nur in untergeordneten Diensten, zu denen beim Bw München Hbf das Fahren der Leerreisezüge zwischen dem Hauptbahnhof und dem Betriebsbahnhof Pasing West gehörten. Im Jahre 1966 erhielt das Bw Frankfurt-Griesheim fünf Lokomotiven der Baureihe E 32 zugeteilt, die zur Beförderung von Abstellzügen nach und von Frankfurt Hbf eingesetzt waren. Im Gegenzug wurde die E 32-Beheimatung in Augsburg beendet. Die Griesheimer E 32 kamen zum Bw Frankfurt (Main) 1. Der Einsatz währte hier bis 1968.

Ab 1. Januar 1968 bezeichnete die DB die E 32 als Baureihe 132. Die letzten noch betriebsfähigen Lokomotiven wurden 1969, als der Einsatz beim Bw Freiburg beendet war, im Bw München Hbf konzentriert. Hier übernahmen sie ausschließlich die erwähnten Reisezugüberführungsfahrten. Als letzte stellte man im September 1971 die 132 027 ab. Die Lokomotiven der Baureihen E 32/132 wurden in den Jahren 1966 (2), 1968 (3), 1969 (3), 1971 (8) und 1972 (8) ausgemustert. Als stationäre Anlagen zum Vorheizen von Reisezügen dienten von 1967 bis 1975 noch sieben 132er auf verschiedenen süddeutschen Bahnhöfen.

Als Museumslokomotive ist die E 32 27 bei der Deutschen Gesellschaft für Eisenbahngeschichte erhalten geblieben. Der Führerstand der 132 012 steht seit 1974 im Nürnberger Verkehrsmuseum.

REDAKTION: DR. BRIAN RAMPP; FOTOS: PILLMANN/SLG. PILLMANN

Viermal die Baureihe 140, vier verschiedene Farbvarianten: Das Foto verdeutlicht den Wandel bei der Fahrzeugfarbgebung

Baureihen 139, 140

Für die in den fünfziger Jahren elektrifizierten Strecken bestand bei der Deutschen Bundesbahn großer Bedarf an einer vielseitig verwendbaren Güterzuglokomotive. Als Variante der Schnellzuglokomotiven E 10.1 beschaffte sie daraufhin ab 1957 die 848 Lokomotiven der Baureihe E 40 in gleicher Grundausstattung und mit gleichem Lokkasten, allerdings mit anderer Getriebeübersetzung für 100 km/h Höchstgeschwindigkeit und ohne elektrische Bremse. Das Leistungsprogramm sah u. a. die Beförderung von 800-t-Güterzügen mit 100 km/h auf 4-‰-Steigungen, 1.600-t-Güterzügen mit 65 km/h auf 4 ‰, sowie 600-t-Reisezügen mit 100 km/h auf 10 ‰ und 600-t-Reisezügen mit 75 km/h auf 10 ‰ Steigung vor. Im Januar 1957 wurde die E 40 004 als erste der Baureihe geliefert.

Für den Einsatz auf der Höllentalbahn und der Rampe Erkrath – Hochdahl ließ die DB dann doch insgesamt 31 Lokomotiven mit einer fremderregten, thyristorgesteuerten elektrischen Widerstandsbremse ausrüsten, von denen die Erste im Juli 1959 abgenommen wurde. Zur Unterscheidung der beiden E 40-Ausführungen wurde bei den Lokomotiven mit elektrischer Bremse die Ordnungsnummer um eine »1« als Tausenderstelle erweitert. So wurden E 40 131 bis 137 zu E 40 1131 bis 1137. Weitere E 40.11 waren E 40 1163 – 1166, E 40 1309 – 1316 und als vorläufig letzte die Ende 1964/Anfang 1965 gelieferten E 40 1552 – 1563.

An der Lieferung waren die sechs maßgeblichen deutschen Lokomotivbaufirmen annähernd gleichmäßig beteiligt, die Federführung lag bei Krauss-Maffei und SSW. Mit insgesamt 879 zwischen 1957 und 1973 beschafften Lokomotiven gilt die Baureihe 139/140 als meistgebaute deutsche Loktype. Von den insgesamt 1934 gebauten Einheitselloks der DB erhielten allein 1060 Lokomotiven der Reihen E 10/40 und die drei Zweisystemloks E 320 den identischen »Kasten«-Aufbau mit sieben Seitenöffnungen.

Seit dem 1. Januar 1968 führen die Lokomotiven ohne elektrische Bremse die Baureihenbezeichnung 140, jene mit elektrischer Bremse die Baureihenbezeichnung 139, wobei die Tausenderstelle der Ordnungsnummern wieder entfiel.

Damit die 139/140 etwas freizügiger eingesetzt werden können, erhöhte die DB im Juni 1969 ohne konstruktive Veränderungen ihre Höchstgeschwindigkeit von 100 auf 110 km/h, was von der Motor-Höchstdrehzahl her unbedenklich war. Dadurch können die Lokomotiven flexibler vor Nahverkehrs- und Eilzügen eingesetzt werden. Für diesen Zweck wurden 139 131, 135 - 137 und 309 – 316 nachträglich mit Wendezugsteuerungen versehen. Mit Vielfachsteuerung, d.h. für Wendezugbetrieb und Doppeltraktion, sind ab Werk die 140 706 und 757 – 879 ausgerüstet worden. Nachgerüstet wurden 140 195, 196 und 362.

Die ersten drei unfallbedingten Ausmusterungen erfolgten zwischen 1988 und 1992 (140 007, 158, 633). Die 139 134 wurde

Technische Daten

Baureihenbezeichnung			
ab 1968		139	140
bis 1968		E 40.11	E 40
Eigentümer		DB Cargo	DB Cargo
Indienststellung		1959	1957
Hersteller		KM, SSW	KM, Krupp, Henschel, SSW, AEG, BBC
Achsformel		Bo'Bo'	Bo'Bo'
Länge ü. Puffer	mm	16.490	16.490
Dienstmasse	t	84,6	83
Stromsystem		15 kV, 16 2/3 Hz	
Art des Antriebs		Gummiringfeder	
Stundenleistung	kW	3.700	3.700
Geschw. b. Stundenl.	km/h	87,6	87,6
Höchstgeschw.	km/h	110	110
Anfahrzugkraft	kN	275	275
Zugkraft b. Stundenl.	kN	164	164
Dauerl. d. el. Bremse	kW	3.600	-
max. Dauerbremskr. (el.)	kN	138	-

AUTOR: ENDERLEIN; AUFNAHMEN: PISCHEK

Die 139 haben ihr Einsatzgebiet in Südbayern: 139 310 mit einer Regionalbahn bei Bischofswiesen

1985 zur 110 511 umgebaut. Der rezessionsbedingte Einbruch im Güterverkehr ließ ab 1993 die planmäßige Ausmusterung von Loks der BR 140 zu. Deren Drehgestelle dienten zum Umbau von Loks der Baureihe 110 zu solchen der Baureihe 139. So konnten zwischen 1993 und 1995 insgesamt 18 »neue« Loks der Reihe 139 entstehen: 139 122, 139, 145, 157, 172, 177, 213, 214, 222, 246, 250, 255, 260, 262, 264, 283, 285 und 287. Die Drehgestelle der 110 dienten dem Wiederaufbau der bisherigen 114 als 110 485 – 504.

Konstruktion

Dem jeweiligen Beförderungsprogramm entsprechend unterscheiden sich die Baureihen E 10 und E 40 primär im Getriebe-Übersetzungsverhältnis (2,89:1 statt 2,11:1) sowie in der Bremsausrüstung. Weitere Bauartunterschiede gegenüber der E 10 seien im Folgenden beschrieben.

Alle E 40 haben den Lokomotivkasten ohne »Bügelfalte« wie E 10 101 – 287. Die mechanische Bremsanlage besitzt gegenüber der BR 110 kleinere Bremsklötze. Die elektrische Bremse der BR 139 entspricht jener der Reihe 110 und ist als Gefällebremse konzipiert, fahrdrahtunabhängig und mit der Druckluftbremse verbunden. Die 139 verfügen über zusätzliche Bremswiderstandslüfter im Dachbereich sowie Schneeräumer. Letztere sind auch bei zahlreichen 140 zu finden.

Noch während des Baus wurden, parallel zu den weiteren Einheitselloks, einige Modifikationen vorgenommen, die das äußere Erscheinungsbild änderten: Ab E 40 (1)163 ersetzte man die Einfachlampen durch Doppellampen, ab 1960 die Lüftergitter mit waagerechten Lamellen durch so genannte Doppeldüsen-Lüftungsgitter mit senkrecht gestellte Lamellen. 140 797 – 879 erhielten Verschleißpufferträger, vereinfachte Stirnwandaufstiege und eckige Einzellüftungsgitter mit schmaler Umrandung. Seit Anfang der achtziger Jahre werden bei Hauptuntersuchungen eckige Lüftungsgitter mit breitem Rand oben und unten (Bauart Klatte) eingebaut. Die umlaufende Regenrinne am Dach entfiel seit 1967 ab Werk bei 140 631 – 634 und ab 140 673. Bei den übrigen Maschinen wird sie im Rahmen von E 3-Hauptuntersuchungen sukzessive entfernt und auch die umlaufenden Griffstangen und Trittroste durch einfachere Teile ersetzt. 140 663 und 664 besitzen Flexicoil-Kastenabstützung. Die neue automatische Mittelpufferkupplung (AK) wurde von 1966 bis 1970 in 140 362 erprobt, heute sind 140 776, 777 und 793 für den Erzverkehr zwischen Bremen und Bremerhaven mit AK versehen.

Im Rahmen einer Sonderarbeit werden ab 1993 insgesamt 283 Lokomotiven der BR 140 mit Türblockierung versehen, um sie weiter im Reisezugdienst verwenden zu können.

Die Lokomotiven der ersten Serie waren mit einem elektrischen Zugkraftausgleich ausgerüstet, der später wieder entfernt wurde. Ein 28-stufiges Hochspannungsschaltwerk von SSW mit Sprunglastschaltern erhielten die E 40 195 – 198. Das SSW-Schaltwerk mit Thyristor-Lastschaltern wurde in E 40 214 erprobt und ab Werk in E 40/140 622 – 634, 667 – 669 und 671 – 681 eingebaut. 140 240 und 241 besitzen versuchsweise eine zeitmultiplexe Doppeltraktionssteuerung (ZDS). Zur Anlieferung erhielten alle Maschinen E 40 einen grünen Anstrich. 140 162 war im Jahr 1975 die erste umlackierte DB-Lok im neuen ozeanblau-beigen Farbkleid. 1988 begann mit 140 198 die Umlackierung auf Himbeerrot mit weißer Kontrastfläche. Die ersten verkehrsroten Loks waren ab August 1997 die 139 552 und ab Oktober 1997 die 140 241. Anfang 1997 erhielt die Museumslok 140 128 eine historische grüne Farbgebung.

Betriebseinsatz

Die Lokomotiven sind nahezu im gesamten elektrifizierten DB-Netz im Einsatz. Der Schwerpunkt ihres Einsatzes liegt im Güterzugdienst auf ebenen Strecken. Die verhältnismäßig geringen Unterhaltungskosten der anspruchslosen und robusten Lokomotiven trugen wesentlich zum wirtschaftlichen Erfolg der großen Nachkriegselektrifizierung der DB bei. Der im Juli 2000 noch 763 Loks umfassende Bestand an 140 wurde in den letzten Jahren auf die sechs Betriebshöfe Hagen, Köln-Deutzerfeld, Mannheim, Nürnberg Rbf, Saarbrücken und Seelze konzentriert.

Alle 47 Loks der Reihe 139 sind beim Bh München West zu Hause und befördern vorwiegend Züge des kombinierten Ladungsverkehrs, insbesondere der »Rollenden Landstraße«, zwischen Ingolstadt beziehungsweise München und dem Brenner. Auf einigen Strecken im bayerischen Alpenraum, wie zwischen Freilassing und Berchtesgaden, sind sie auch im Reiseverkehr eingesetzt.

Beheimatung

Hagen, Köln, Mannheim, Nürnberg, Saarbrücken, Seelze

Wieder im Ablieferungszustand: E 41 00, im ursprünglichen blauen Lack mit einer Regionalbahn in Warburg

Baureihe 141

Für das ab 1950 in Angriff genommene große Elektrifizierungsprogramm benötigte die Deutsche Bundesbahn eine große Stückzahl elektrischer Lokomotiven. Das Typenprogramm von 1954 sah für den leichten Reise- und Güterzugdienst auf Neben- und Hauptbahnen eine Elektrolokomotive mit 15 t Achslast mit der Baureihenbezeichnung E 41 vor. Den Fahrzeugteil entwickelte Henschel, die elektrische Ausrüstung konstruierte BBC. Die für eine Höchstgeschwindigkeit von 120 km/h ausgelegten Lokomotiven sollten 500 t-Reisezüge auf 3 ‰ Steigung mit 120 km/h und 1000 t-Güterzüge auf 5 ‰ Steigung mit 65 km/h befördern. Für den Einsatz im Nahverkehr großer Ballungszentren erhielten alle Lokomotiven Wendezugsteuerungen. Damit war erstmals bei den deutschen Bahnen die umfassende Einführung des Wendezugbetriebes auf elektrifizierten Strecken möglich.

Die Lokomotiven sind 87 cm kürzer als die zeitgleich entwickelten Baureihen E 10/E 40 und lassen sich anhand der fehlenden Seitenfenster sofort von diesen unterscheiden. Wenn auch beim Bau der E 41 die weitgehende Verwendung einheitlicher Bauteile und -gruppen angestrebt wurde, gab es konstruktionsbedingt doch einige markante Abweichungen von den E 10/E 40. So erhielten alle E 41 ein Niederspannungs-Schaltwerk, dessen Geräuschentwicklung beim Anfahren ebenfalls ein typisches Erkennungsmerkmal dieser Lokomotiven ist.

Die E 41 001 wurde als erste »Einheitslokomotive« des Neubauprogramms der Deutschen Bundesbahn am 27. Juni 1956 geliefert und beim Bw München Hbf in Dienst gestellt. Der Ausweitung des elektrifizierten Streckennetzes folgend beschaffte die DB in mehreren Serien bis Ende 1969 insgesamt 451 Lokomotiven dieser Baureihe. Am Bau beteiligt waren neben Henschel und BBC auch Krupp mit 29 Lokomotiven beim Fahrzeugteil, sowie AEG mit 59 und SSW mit 14 Ausrüstungen für den elektrischen Teil. Seit 1968 tragen die Lokomotiven die Betriebsnummern 141 001 bis 451.

Konstruktion

Der geschweißte Hohlträger-Brückenrahmen ist als gemeinsam tragende Einheit mit dem Lokomotivkasten verschweißt und stützt sich über Schraubenfedern auf die Drehgestelle ab. Das Dach besitzt drei abnehmbare Teile. E 41 001 – 025 verfügten ab Werk über ein Maschinenraumfenster, das später durch ein Lüftungsgitter ersetzt wurde. Ab E 41 026 erhielten alle Loks

Technische Daten

Baureihenbezeichnung		141
bis 1968		E 41
Eigentümer		DB Regio
Indienststellung		1956
Hersteller		Henschel, Krupp, BBC, AEG, SSW
Achsformel		Bo'Bo'
Länge über Puffer	mm	15.620
Dienstmasse	t	66,4/69 *
Stromsystem		15 kV / 16 2/3 Hz
Art des Antriebs		Gummiringfeder
Stundenleistung	kW	2.200
Geschw. bei Stundenl.	km/h	84
Höchstgeschwindigkeit	km/h	120
Anfahrzugkraft	kN	206
Zugkraft b. Stundenleistung	kN	88,3
Dauerleistung d. el. Bremse	kW	1.400 *
max. Dauerbremskraft (el.)	kN	59 *

* 141 447 - 451

AUTOR: ENDERLEIN; AUFNAHMEN: HEIDERICH, HEILMANN

Immer noch unverzichtbar im Nahverkehr: 141 073 in Roth bei Nürnberg

ausschließlich fünf Lüftungsgitter in den Seitenwänden. 141 337 und 141 420 – 424 besitzen eine Flexicoil-Kastenabstützung. Ab 1960 wurden serienmäßig neue Lüftergitter mit senkrechten statt waagerechten Lamellen eingebaut. In den siebziger und achtziger Jahren kamen bei Hauptuntersuchungen eckige Lüftergitter mit breitem Rand oben und unten (»Klatte-Gitter«) zum Einbau, teilweise »gemischt« mit den vorhergehenden Formen. Die Einfachlampen wurden ab E 41 121 durch Doppellampen abgelöst. Diese wurden teilweise bei 141 001 – 120 anlässlich größerer Ausbesserungen – oft nur auf einer Seite – angebracht. Die korrosionsempfindlichen Regenrinnen wurden bei nahezu allen 141 entfernt.

Die zweiachsigen Drehgestelle haben einen Radstand von 3.200 mm, tief liegende und seitenbewegliche Drehzapfen und sind durch eine gefederte Diagonalkupplung miteinander verbunden. Ein aus dem Motor des Triebzuges ET 30 weiterentwickelter zehnpoliger Wechselstrom-Reihenschlussmotor Typ ABM 6651 von 600 kW Stundenleistung treibt jede Achse über den aus Gewichtsgründen einseitig angeordneten Gummiringfederantrieb an.

Die Lokomotiven sind mit zwei Scherenstromabnehmern DBS 54, einem Druckluftschnellschalter und fremdbelüftetem Öltransformator mit zwangsweisem Ölumlauf ausgerüstet. In den achtziger Jahren erhielten alle 141 eine verbesserte Trafolüftung, die an dem charakteristischen Dachaufsatz erkennbar ist. Die Steuerung der Fahrmotorspannung erfolgt durch ein mittels Druckluftmotor betriebenes Niederspannungs-Schaltwerk mit Doppelstufen-Kreisbahnwähler und drei Spannungsteilerdrosseln für 28 Dauerfahrstufen. Im Normalbetrieb arbeitet die Steuerung, auf Stellungsvergleich beruhend, als Nachlaufsteuerung, beim Wendezugeinsatz als Auf-Ab-Steuerung. Mit der E 41 091 wurde eine Tonfrequenz-Fernsteuerung erprobt, bei der die Steuerimpulse zwischen dem Wendezug-Steuerwagen und der Lokomotive über die elektrische Heizleistung des Zuges übertragen werden. Die beiden 141 373 und 374 besitzen die Ausrüstung für Doppeltraktion.

Die Lokomotiven 141 436 – 442 erhielten anlässlich des Umbaus für den S-Bahn-Verkehr in Nürnberg zeitmultiplexe Wendezugsteuerungen, Zugzielanzeiger, Mikrofonanlagen für Zugdurchsagen und zentrale Türschließeinrichtungen. Mit den beiden letztgenannten Ausrüstungen wurden bzw. werden 1990/1993 außerdem insgesamt 104 Maschinen nachgerüstet, um sie für das »Fahren ohne Zugbegleiter« verwenden zu können. Die 141 447 – 451 waren bereits seit Anlieferung mit Mikrofon und Türschließeinrichtung versehen, um sie im S-Bahn-ähnlichen Verkehr im Ruhrgebiet einsetzen zu können. Sie verfügen außerdem versuchsweise über eine elektrische Nutzbremse.

Die E 41 der ersten Lieferserie wurden mit dem dunkelblauen Anstrich der Schnellzuglokomotiven in Dienst gestellt. Nachdem blau jedoch schließlich den Fahrzeugen mit einer Geschwindigkeit von über 120 km/h vorbehalten wurde, wurden ab der 1959 in Dienst gestellten E 41 072 alle weiteren E 41 in Dunkelgrün abgeliefert. Von 1976 bis 1987 erhielten die meisten 141 nach und nach die ozeanblau-beige Lackierung. Für den Einsatz im CityBahn-Verkehr sowie vor den IC Wiesbaden – Frankfurt (Main) erhielten neun 141 in den Jahren 1987/88 den Anstrich in Rot mit weißer Kontrastfläche. Die verkehrsrote Farbgebung wurde im November 1997 mit der 141 257 eingeführt. Die für den S-Bahn-Dienst in Nürnberg umgebauten 141 436 – 442 erhielten 1987 die kieselgrau-orange S-Bahn-Farbgebung. Ein Sonderling ist seit 1977 die 141 248 mit dem S-Bahn-Versuchsanstrich »Rhein-Ruhr« in Ozeanblau-Beige. Wieder in ihren historischen Farben sind seit April 1997 die blaue 141 001 und die grüne 141 133 im Einsatz.

Betriebseinsatz

Die Lokomotiven der Reihe 141 haben sich in den ihnen zugedachten Einsätzen gut bewährt. Aus dem zu Anfang sehr häufigen Einsatz im Schnellzugverkehr wurden sie Mitte der sechziger Jahre zurückgezogen, als die Höchstgeschwindigkeit der Schnellzüge auf 140 km/h gesteigert werden konnte. Die starke Zersplitterung des Bestandes wurde in den letzten Jahren durch die Konzentration auf wenige Heimat-Bw beseitigt. Die im Juli 2000 noch vorhandenen 325 Loks verteilten sich auf die Betriebshöfe Braunschweig, Dortmund, Frankfurt (Main) 1, Mannheim, Nürnberg West und Saarbrücken, die ursprünglich sechs im S-Bahn-Lack laufenden 141 sind mittlerweile geschlossen in Frankfurt (Main) 1 beheimatet. Nach wie vor laufen die 141 im Nahverkehr der Ballungsgebiete um Augsburg, Bremen, Frankfurt, Hannover, Hamburg, Mannheim, Nürnberg oder im Ruhrgebiet außerhalb des S-Bahn-Netzes. Darüber hinaus waren bzw. sind sie fast im gesamten elektrifizierten West-DB-Netz anzutreffen.

Zum Abbau überzähliger Bestände musterte die DB seit 1987 bereits zahlreiche Lokomotiven der Baureihe 141 aus. Zumeist wurden hierfür größere Schäden zum Anlass genommen.

Beheimatung

Braunschweig, Dortmund, Frankfurt (Main), Mannheim, Nürnberg, Saarbrücken

Auf die Vorkriegslokomotiven der Reihe E 44 konnte die Bundesbahn wie auch die Reichsbahn bis in die achtziger Jahre hinein nicht verzichten

Baureihe E 44 (DB 144 und 145/DR 244)

Aufgrund der finanziellen Probleme der DRG in der Wirtschaftskrise zu Beginn der dreißiger Jahre sah sich die Lokomotivindustrie genötigt, auf eigene Rechnung eine Mehrzweck-Elektrolokomotive zu entwerfen und Prototypen zu bauen. So entstand bei den Siemens-Schuckert-Werken (SSW) in Berlin 1930 auf der Basis der Schnellzug-Versuchslokomotive E 15 01 mit der Achsfolge (1'Bo)(Bo'1) aus dem Jahre 1927 und der E 16 101, Achsfolge 1'Do1', aus dem Jahre 1928 mit Einzelachs-Tatzlagerantrieb die Lokomotive mit der späteren Reichsbahnnummer E 44 001. Als Novum besaß die Maschine einen vollständig geschweißten Brückenrahmen und einen weitgehend geschweißten Lokomotivkasten mit zwei kurzen halbhohen Vorbauten. Die Lokomotive absolvierte zahlreiche Versuchsfahrten in Bayern, Mitteldeutschland und Schlesien, bevor sie im Mai 1933 von der DRG gekauft und abgenommen wurde.
Eine zweite Probelokomotive bauten die Bergmann-Elektrizitäts-Werke und die Berliner Maschinenbau AG (BMAG), beide in Berlin, die sich hauptsächlich auf die Erfahrungen mit der Güterzuglokomotive E 75 aus dem Jahre 1927 stützten. Auch die nun gefertigte Maschine erhielt Einzelachsantrieb über Tatzlager, kurze halbhohe Vorbauten und wurde unter Anwendung der noch jungen Schweißtechnik hergestellt. Die Lokomotive konnte nach ausgiebigen Probefahrten von der DRG übernommen und als E 44 201, ab 1938 als E 44 2001, in den Bestand eingereiht werden. Die Lokomotive wurde im Zweiten Weltkrieg so stark beschädigt, daß sie 1949 von der DB ausgemustert werden mußte. Die dritte Probelokomotive aus dem Jahre 1931 stammte von den Maffei-Schwartzkopff-Werken (MSW) in Wildau und der BMAG. Ihre elektrische Ausrüstung entsprach weitgehend der E 75, allerdings besaß auch dieser Neuling einen Tatzlager-Einzelachsantrieb. Die Drehgestelle, der Brückenrahmen und der vorbaulose Fahrzeugkasten waren bereits geschweißt. Eine anfänglich eingebaute elektrische Widerstandsbremse wurde, da sie sich

TECHNISCHE DATEN

Baureihenbezeichnung	bis 1967 bzw. 1970	E 44 001	E 44[0-1]	E 44 152 – E 44 183 W
	ab 1968 (DB)	144 001	144.0-1	145
	ab 1970 (DR)	–	244.0-1	–
Indienststellung		1931	1932	1943
Hersteller		SSW	SSW/Hen,KM,Flo	SSW/Hen
Ausmusterung DB		1978	– 1984	– 1984
Ausmusterung DR		–	1993	–
Achsfolge		Bo'Bo'	Bo'Bo'	Bo'Bo'
Länge über Puffer	mm	14 530	15 290	15 290
Dienstmasse	t	79,2	78	78
Stromsystem		15 kV/16 2/3 Hz		
Antrieb		Tatzlager	Tatzlager	Tatzlager
Stundenleistung	kW	2 120	2 200	2 200
Geschw. bei Stundenleistung	km/h	83,5	76	76
Höchstgeschwindigkeit	km/h	90	90	90
Anfahrzugkraft	kN	196	196	196
Zugkraft bei Stundenleistung	kN	92	104	104

Kennzeichnend für die E 44$^{0-1}$ war der geschweißte Fahrzeugkasten mit zwei Vorbauten

nicht bewährte, später wieder ausgebaut. Die Lokomotive absolvierte ihre Probefahrten in Schlesien und auf ihrer späteren bayerischen Stammstrecke von Freilassing nach Berchtesgaden. Von der DRG übernommen, erhielt die Maschine zunächst die Betriebsnummer E 44 101. Wegen der zu erwartenden Besetzung dieser Betriebsnummer durch die E 44-Serienlokomotiven bekam sie 1938 die neue Nummer E 44 501.

Allen Lokomotiven gemeinsam war neben der Schweißtechnik die Achsfolge Bo'Bo', so daß die gesamte Lokomotivmasse als Reibungsmasse zur Verfügung stand. Die Zug- und Stoßkräfte wurden bei den Lokomotiven E 44 001 und E 44 501 ausschließlich über die beiden, durch eine Mittelkupplung miteinander verbundenen, Drehgestelle übertragen. Im Gegensatz dazu konnten die Kräfte bei der E 44 2001, bei der die Pufferbohle ebenfalls an den Drehgestellen befestigt worden war, über die Drehzapfen und den Brückenrahmen übertragen werden.

1931 bestellte die DRG 20 Serienlokomotiven auf der Basis der überarbeiteten Konstruktion der E 44 001 für die 1933 durchgehend elektrifizierte Strecke München – Stuttgart. Henschel in Kassel und SSW lieferten diese Lokomotiven komplett im Jahre 1933 aus. Sie wurden als E 44 002 – E 44 021 auf die Bahnbetriebswerke München Hbf, Ulm und Stuttgart verteilt.

Bis 1945 wurden schließlich insgesamt 174 Lokomotiven in Dienst gestellt. Hersteller des elektrischen Teils blieb für alle E 44 SSW, den mechanischen Teil lieferten neben Henschel auch Krauss-Maffei in München und 1941 für die Lokomotiven E 44 119 – E 44 125 die Lokomotivfabrik Floridsdorf in Wien. Versuchsweise entstand die E 44 082 im Jahre 1939 als sogenannte devisensparende „Heimstoff-Lokomotive" unter weitgehender Vermeidung importierter Baustoffe. Diese Bauweise bewährte sich gut, so daß die E 44 als Kriegs-Elektrolokomotive „KEL 2" beginnend mit der E 44 126 während des zweiten Weltkrieges weiterbeschafft werden durfte und bis zur Betriebsnummer E 44 211 bestellt wurde. Für den Einsatz auf den österreichischen Gebirgsstrecken erhielten die Lokomotiven ab der Betriebsnummer E 44 152 eine elektrische Widerstandsbremse, die bis einschließlich der E 44 191 vorgesehen war. Zur Kennzeichnung erhielten die hiermit ausgerüsteten Lokomotiven den Index „W" nach der Betriebsnummer.

Elf E 44, darunter die bei Henschel noch im Bau befindliche E 44 129, mußten nach dem Ende des Zweiten Weltkrieges als Verlust abgeschrieben werden. Die nahezu fertiggestellten Lokomotiven E 44 176 – E 44 180 wurden zwischen 1945 und 1947 an die Reichsbahn-West abgeliefert. Auf dem Gebiet der späteren DR verblieben 52 Lokomotiven der Baureihe E 44, von denen 49 ab 1946 als Reperationsleistung in die UdSSR abgefahren werden mußten. In den Jahren 1952/53 kehrten 46 Lokomotiven in die DDR zurück, von denen 14 bis zur Wiedereröffnung des elektrischen Betriebes bei der DR auf der Strecke Halle (Saale) – Köthen im Jahre 1955 und weitere 16 bis 1956 betriebsfähig aufgearbeitet worden waren. Hierzui mußten größere Schäden an den durch die Umspurung auf die sowjetische Breitspur und den Anbau der Mittelpufferkupplung verzogenen Rahmen behoben werden. Bis zum Jahre 1961 waren schließlich alle 46 Lokomotiven wieder im Dienst, wobei die im selben Jahr durch einen Unfall schwer beschädigte E 44 053 ausgemustert werden mußte.

Einschließlich der nach Kriegsende noch fertiggestellten E 44 besaß die DB 1949 insgesamt 115 Lokomotiven dieser Baureihe. Von 1950 bis 1954 lieferten Henschel und SSW noch die sieben E 44 181 – E 44 187 nach. Sie waren teilweise aus noch vorhanden Bauteilen entstanden. Im Tausch gegen Dampflokomotiv-Ersatzteile kam 1952 neben anderen Elloks die E 44 050 von der DR zur DB.

Durch den Umbau zweier Lokomotiven der bis 1960 mit 50 Hz/20 kV betriebene Höllentalbahn im Schwarzwald entstanden 1963 aus der E 244 11 die E 44 188 und 1965 aus der E 244 22, die wiederum aus Teilen der kriegsbeschädigt ausgemusterten E 44 005 bestand, die E 44 189. Diese beiden Lokomotiven unterschieden sich von den restlichen E 44 durch ihren modernisierten Aufbau mit nur zwei Stirnfenstern. Mit einer Höchstgeschwindigkeit von 120 km/h schnellste E 44 war ab 1950 die E 44 038, die probeweise den neuentwickelten Siemens-Gummiringfeder-Antrieb erhielt, der dann bei den Einheits-Elloks der Baureihen E 10, E 40, E 41 und E 50 zur Serienausstattung gehörte. Als erste E 44 wurden im Rahmen eines Versuches im Raum München die E 44 039, E 44 087, E 44 089 und E 44 147 mit einer direkten Wendezugsteuerung aus-

Die mit Widerstandsbremse ausgerüsteten E 44 der DB erhielten 1968 die Reihenbezeichnung 145

gerüstet. Nach deren Bewährung und Weiterentwicklung in eine Einheits-Wendezugsteuerung erhielten 1954 und 1955 weitere acht E 44 diese Zusatzeinrichtung. Diese Maschinen waren zusätzlich mit dem Index „G" für „Geschobener Zug" nach der Betriebsnummer gekennzeichnet. Auch die DR rüstete E 44 versuchsweise mit Einrichtungen für die direkte oder indirekte Wendezugsteuerung aus.

Die in die Lokomotiven E 44 152 – E 44 183 „W" eingebauten elektrischen Widerstandsbremsen wurden nach der 1960 erfolgten Umstellung der Höllental- und Dreiseenbahn im Schwarzwald auf das DB-übliche Bahnstromnetz an 16 Lokomotiven des Bw Freiburg reaktiviert, um sie im Steilstreckenbetrieb einsetzen zu können. 1962 wurden die Lokomotiven durch das Voranstellen einer „1" vor die Betriebsnummer zur neuen Unterbaureihe E 44^{11}. Nach einem Unfall erhielt die 145 158 im Jahre 1972 eine der E 94 entsprechende Seitenwand.

Für die Gebirgsstrecke Freilassing – Berchtesgaden stellte die DRG 1933 die Lokomotiven E 44 102 – E 44 105 in Dienst, die nach dem Vorbild der hier bewährten, vorbaulosen Probelokomotive E 44 101 mit einigen Änderungen von MSW und BMAG gebaut worden waren. Zwei Nachbestellungen für jeweils zwei weitere Lokomotiven (E 44 106/E 44 107 und E 44 108/E 44 109) mit einer höheren Leistung und größeren Länge lieferte die AEG, Berlin, in den Jahren 1934/35 an die DRG aus. Bei diesen Maschinen fielen besonders die zur Masseeinsparung mit Durchbohrungen versehenen Brückenrahmen auf. Um die Betriebsnummern für die Serienlokomotiven E 44^0 freizumachen, wurden die neun E 44^1 im Jahre 1938 in E 44 501 – E 44 509 umgezeichnet. Alle neun Lokomotiven kamen nach 1945 zur DB. Mit der Umstellung der Betriebsnummern auf ein EDV-gerechtes System erhielten die Serienlokomotiven E 44^0 der DB 1968 die Bezeichnung 144, die mit Widerstandsbremse ausgestatteten E 44^{11} die Bezeichnung 145 und die E 44^5 die Bezeichnung 144^5.

Die DR zeichnete ihre Loks der BR E 44 im Jahre 1970 sämtlich in 244 um. Der Form halber erfolgte im Jahre 1992 eine erneute Umzeichnung der noch als Heiz- oder Trafolokomotiven vorhandenen 244 in 144.

Die erste E 44 wurde im Jahre 1930 in Berlin bei den Siemens-Schuckert-Werken gebaut

Einige Zeit fuhren bei der DB blau-beige E 44

Die DR-Lokomotiven E 44 waren im Bereich des Fahrwerkes rot , die Wagenkasten grün lackiert

Konstruktion

Der Brückenrahmen, die beiden zweiachsigen Drehgestelle mit den hieran direkt befestigten Pufferbohlen und der Fahrzeugkasten als Profilstahlgerippe mit Bekleidungsblechen waren vollständig geschweißt. Während die Lokomotiven der Baureihen 144/145/244 zwei kurze halbhohe Vorbauten zur Aufnahme von Hilfsbetrieben erhalten hatten, wiesen die Maschinen der Baureihe 144^5 gerade Stirnfronten auf. Das Dach der Baureihen 144/145/244 war über dem Haupttransformator, bei den 144^5 in drei Teilen, abnehmbar. Jede Achse wurde als Treibachse durch einen Wechselstrom-Reihenschlußmotor angetrieben, die durch ein handbetätigtes Nockenschaltwerk mit Kommutator-Feinsteller und einem Zusatztransformator für 15 Dauerfahrstufen gesteuert wurden. Die Lokomotiven der Baureihe 145 bekamen zusätzlich zur üblichen Druckluft-Klotzbremse eine fahrleitungsabhängige fremderregte Wechselstrom-Widerstandsbremse. Die 144 der DB waren mit zwei Scherenstromabnehmern der Bauart SBS 10 oder SBS 39 und einem Schleifstück, die 144 188 und 144 189 mit zwei DBS 54 und zwei Doppelwippen sowie die 145 mit zwei Abnehmern der Bauart SBS 39 ausgestattet. Die ursprünglichen SBS 10 der 144^5 erhielten um 1975 Doppelwippen der Bauart DBS 54. Die 244 der DR verkehrten mit je zwei Stromabnehmern der Bauart RB 58 nebst Doppelwippe.

Betriebseinsatz

Die Lokomotiven der Baureihe E 44^0 wurden von der DRG bei fast allen süddeutschen Bahnbetriebswerken mit Ellok-Unterhaltung beheimatet, so in Augsburg, Bamberg, München Hbf und München Ost, Nürnberg Hbf und Nürnberg Rbf, Stuttgart

Die Lokomotiven E 44 106 bis 109 waren konstruktiv überarbeitete Nachbestellungen mit höherer Leistung und größerer Länge ohne Vorbauten

und weiteren, ferner für das mitteldeutsche Netz in Dessau, Halle (Saale), Leipzig Hbf West und Saalfeld sowie für das schlesische Netz in Hirschberg.
Die 109 bei der DB verbliebenen E 44^{0} kamen ausschließlich in süddeutschen Bahnbetriebswerken zum Einsatz. Nun waren diese vielseitig verwendbaren Maschinen auch in Freiburg, Garmisch, Landshut, Pressig-Rothenkirchen und Tübingen stationiert. Ab 1960 wurde das Bw Freiburg Heimat für die mit instandgesetzter Widerstandsbremse ausgerüsteten E 44^{11}. Ihre Einsätze auf der hier beginnenden Höllental- und Dreiseenbahn währten bis 1979. Anfang der siebziger Jahre begann die Konzentration auf wenige Bahnbetriebswerke, nun waren Augsburg (bis 1979), Garmisch (bis 1979), Rosenheim, Stuttgart und Würzburg Heimat der 144^{0}. Die zu Beginn der achziger Jahre noch eingesetzten Lokomotiven der Baureihen 144 und 145 der Bahnbetriebswerke Stuttgart und Würzburg erbrachten noch zahlreiche Leistungen im Reisezugdienst, während die Lokomotiven des Bw Rosenheim außer im Reisezugdienst zwischen Traunstein und Ruhpolding im wesentlichen vor Nahgüterzügen und im Abstelldienst des Münchner Hauptbahnhofes zu sehen waren. Mit der schnellen 144 038 begann 1976 die Ausmusterung, die im Juli 1984 mit den letzten zwölf Maschinen des Bw Würzburg abgeschlossen werden konnte. Der Prototyp 144 001 wurde 1978 beim Bw Garmisch ausgemustert. Die letzten fünf 145 waren bereits im Februar 1984 ausgeschieden. Als betriebsfähige Museumsfahrzeuge sind die E 44 002 (Stuttgart), E 44 119 (Lichtenfels) und E 44 1170 (Freiburg) vorhanden.
Die E 44^{5} war beim Bw Freilassing für den Einsatz nach Berchtesgaden beheimatet. 1943/44 gehörten die E 44 501 und die E 44 502 zum Bw München Ost, 1966 – 1968 alle übrigen zum Bw Rosenheim. Die E 44 501 wurde 1960 ausgemustert und anschließend als sogenannte „Umwerflok" für Katastrophen-Übungszwecke benutzt. Die übrigen Maschinen konnten zwischen 1977 und 1983 ausgemustert werden. Als Museumsfahrzeuge blieben die E 44 502 und E 44 508 erhalten.
Die E 44 der DR kamen von den Bw Engelsdorf, Halle (Saale) P, Leipzig-Wahren und Leipzig Hbf West aus zum Einsatz. Die letzten Maschinen verrichteten bis Juni 1991 Rangierdienst in Braunsbedra, Gaschwitz und Weißenfels. Traditionslokomotive in Leipzig Hbf West ist die E 44 046, außerdem existieren in Wismar und Schwerin die Lokomotiven E 44 103 und E 44 143.

Äußerlich unterschied sich die E 44^{5} von der E 44^{0} durch die nicht vorhandenen Vorbaukästen

REDAKTION: AXEL ENDERLEIN; FOTOS: PILLMANN, NIEDT,SIEMENS-MUSEUM/SLG. RAMPP, SCHÖPPER, SIEGER, AEG/SLG. KNIPPING

Neues Zugpferd für DB Cargo: 145 006 hat in Hennigsdorf ihr langes Lokomotivleben noch vor sich

Baureihen 145, 185

Als Ersatz für die Einheitslokomotiven der Baureihen 110 und 139/140 der ehemaligen Bundesbahn sowie der 143 der ehemaligen Reichsbahn bestellte die DB im Dezember 1994 80 Lokomotiven der aus der AEG-Versuchslok "12X" abgeleiteten Baureihe 145 mit einer Option auf weitere 400 Lokomotiven.

Im Jahre 1992 hatte AEG Hennigsdorf bereits die Vorserienlokomotive 120 002 als Versuchslok mit wassergekühlten Stromrichtern sowie einer von Gruppen- auf Einzelachsantrieb umgestellten Antriebssteuerung ausgestattet. Als offizieller Prototyp der hierauf basierenden, in Modulbauweise erstellten Lokfamilie "Eco 2000" entstand 1994 die Lokomotive "12X", welche als 128 001 für Versuchsfahrten durch die DB eingesetzt wurde. Sie zeichnete sich insbesondere durch vier Hochleistungskomponenten aus, den Antriebsstromrichter mit Brauchwasserkühlung, das von AEG entwickelte neue 32-bit-Rechnersystem GEATRAC II für die Leittechnik und Antriebssteuerung, die hochdynamische Kraftschlussregelung für höchste Zug- und Bremskräfte, welche einen 32-bit-Mikrorechner mit paralleler Prozessverarbeitung (Transputer) verwendete und das Schleudern und Gleiten der Räder zuverlässig im Ansatz verhinderte sowie den Hochleistungsantrieb "GEALAIF", einen Antrieb mit integriertem Fahrmotor, bei dem der Drehstrom-Asynchronmotor und das Getriebe zu einer Einheit mit neuem Lagerungskonzept verbunden sind.

Aufgrund der geforderten geringen Höchstgeschwindigkeit von 140 km/h konnten bei der 145 einige preiswerte Lösungen, wie ein Tatzlagerantrieb, realisiert werden, um dem Kostendruck seitens der DB standzuhalten. Die Verwendung zahlreicher Bauteile aus der Schnellzuglok 101 innerhalb der "Eco 2000"-Familie ermöglichte neben einer weiteren Kostensenkung eine schnellere Verwirklichung der 145. Im Juli 1997 präsentierte der mittlerweile als Adtranz firmierende Hersteller die erste fertiggestellte Lok 145 001 der Öffentlichkeit. Die ersten zehn Loks der Baureihe wurden noch in Hennigsdorf gefertigt, die restlichen hingegen im ehemaligen Henschel-Werk in Kassel.

Mit finanzieller Unterstützung des Landes Rheinland-Pfalz wurden die im Frühjahr 1999 in Dienst gestellten Loks 145 018 und 019 ohne die damalige "DB Cargo"-Beschriftung, dafür aber mit Lautsprechern, Türschließeinrichtung und Linienfilmkästen in den rechten Führerstandsfenstern, geliefert und ab dem Sommerfahrplan 1999 vor Doppelstockzügen vorwiegend auf der Relation Bingen – Mannheim eingesetzt. Eine entsprechende Ausstattung erhielten auch die 20 zwischen Mai und Oktober 2000 anlässlich der "Expo 2000" im Regio-

Technische Daten

Baureihenbez.	145	185
Eigentümer	Cargo	Cargo
Indienststellung	1997	2000
Hersteller	Adtranz Kassel	
Achsformel	Bo´Bo´	Bo´Bo´
L. ü. P. mm	18.900	18.900
Dienstmasse t	80	84
Stroms.	15kV/16,7 Hz	15kV/16,7 Hz 25 kV, 50 Hz
Antrieb	Tatzlager	Tatzlager
Dauerleistung kW	4.200	4.200
Höchstg. km/h	140	140
Anfahrzugkraft kN	300	300
Dauerzugkraft kN	265	257
L. der el. Br. kW	4.200	4.200

AUTOR: ENDERLEIN; AUFNAHMEN: KLEIN (2)

185 001 ist der Prototyp der zukünftigen Güterlok-Generation: Sie fährt auf mehreren Stromsystemen

nalverkehr Hannovers eingesetzten Loks 145 031 – 050.
Aufbauend auf den guten Erfahrungen mit den 145 im Reisezugdienst wird ab 2001 eine auf der Grundlage der 145 basierende Baureihe 146 entstehen. Sie unterscheidet sich im Wesentlichen durch den für eine Höchstgeschwindigkeit von 160 km/h abgeänderten, im Drehgestell aufgehängten Kardanantrieb. Als Erprobungsträger wurde die 145 070 im Herbst 2000 bei Adtranz in Hennigsdorf entsprechend umgerüstet. Der vorläufige Bedarf für die Baureihe 146 wird 100 Loks betragen.
Im Frühjahr 2000 stellte Adtranz die aus der 145 abgeleitete Zweistromvariante 185 vor, welche auch für die 25 kV/50 Hz-Netze in Dänemark, Frankreich, Luxemburg und Ungarn tauglich ist. Weitere Ausführungen für die europäischen Gleichstromnetze wurden zunächst zugunsten der aus der 152 abgeleiteten Viersystemlok 189 zurückgestellt. Die seit 1994 bestehende Option auf 400 Loks der Reihe 145 wurde mittlerweile in eine Bestellung der gleichen Anzahl 185 umgewandelt. Die Auslieferung der ersten Serienloks 185 wird nach der vollständigen Ablieferung der 145 ab Februar 2001 beginnen, jährlich werden dann bis 2008 je 50 Loks in Dienst gestellt.
Auch außerhalb der DB fand die 145 bereits Abnehmer. Die Loks des Adtranz-Lokpools sind für die BASF und für die Häfen und Güterverkehr Köln AG (HGK) im Einsatz, weitere unter als BR 486 für die Schweizer Lokomotivvermietung Lokoop.
Bereits kurz nach der Abnahme im Februar 1999 verunglückte die 145 013 so sehr, dass sie nicht mehr aufgearbeitet werden konnte. Sie wurde mittlerweile durch eine 145 013 in zweiter Besetzung ersetzt.

Konstruktion

Der Lokkasten ist eine robuste Schweißkonstruktion mit den Baugruppen Untergestell, druckdichte Führerhäuser und Seitenwände. Drei abnehmbare Dachhauben mit integrierter Luftführung ermöglichen den ungehinderten Austausch der Schränke und Gerüste in den Maschinenräumen. Bei der 185 sind die Dachhauben, welche die Stromabnehmer tragen, wegen des kleineren Lichtraumprofiles nach der UIC-Norm 505-1 gegenüber der Dachfläche um 105 mm abgesenkt.
Die 145 besitzt zwei Einholmstromabnehmer der Bauart DSA 200, die Vorserien-185 zusätzlich zwei weitere Einholmstromabnehmer mit schmaleren Schleifstücken. Der Haupttransformator ist unter dem mittleren Querträger befestigt. Erstmals bei einer DB-Lok wurde am Vakuumhauptschalter ein Stromzähler installiert. Im Inneren der Lok sind die elektrischen Komponenten zu Modulen zusammengefasst und beiderseits des Mittelganges angeordnet. Um lange elektrische Leitungswege zu vermeiden, sind die Stromrichter in der Lokmitte angeordnet. Da die für die 145 gewählte Anordnung der Gerüste im Maschinenraum erweiterbar ist, ergaben sich hier im Grundaufbau für die zusätzlichen Bedürfnisse der Zweistromlok 185 keine wesentlichen Änderungen.
Die Flexifloat-Drehgestelle haben mit 2.600 mm einen vergleichsweise geringen Radsatzabstand, was die Kräfte und Beanspruchungen sowie den Verschleiß bei Bogenfahrt günstig beeinflusst. Die Traktionskräfte werden über die Zug-Druck-Stangen auf den mittleren Querträger des Rahmens geleitet. Als Antrieb kommt ein aus dem GEALAIF-Antrieb der 12X entwickelter Tatzrollenlagerantrieb in Verbindung mit integrierten Drehstrom-Asynchronmotoren zum Einbau.
Der wassergekühlte Antriebsstromrichter eignet sich für alle Ausführungen der 145-Familie. Jedem Drehgestell werden netzseitig zwei Vierquadrantensteller und motorseitig aufgrund der relativ geringen Leistung lediglich ein Pulswechselrichter zugeordnet, so dass die beiden Motoren eines Drehgestelles gemeinsam gesteuert werden. Die Stromrichter der 185 entsprechen im Aufbau denen der 145, sind aber für die zweite Betriebsspannung der Lok erweitert.
Die Kernfunktionen der Leittechnik sind redundant ausgeführt und in den beiden integrierten Steuergeräten, welche in die Stromrichtermodule integriert sind, zusammengefasst. Jedes Steuergerät enthält die Funktionen Zug- und Fahrzeugsteuerung, Antriebssteuerung und Lokschutz sowie die Verwaltung des Multifunctional Vehicle Bus (MVB). Über den MVB ist das Steuergerät mit allen rechnergesteuerten Subsystemen sowie die Ein- und Ausgabemodule der MITRAC-Familie verbunden. Zusätzlich zu den herkömmlichen Zugsicherungssystemen LZB und PZB der 145 erhalten die 185 erstmals die Einrichtungen des künftigen europäischen Zugsicherungssystems ETCS sowie bedarfsweise länderspezifische Ausrüstungen der bisherigen Zugsicherung.
Der Anstrich entspricht dem verkehrsroten Farbschema der DB Cargo, bei den jüngeren Loks 145 und den 185 entfiel der "DB Cargo"-Schriftzug, zudem wanderte der Kontrastbalken auf die Höhe der unteren Signallampen.

Betriebseinsatz

Im Juli 2000 waren 65 Loks der BR 145 beim Bh Seddin stationiert. Die 145 018 und 019 wurden leihweise vom Bh Mannheim im Regionalverkehr in Rheinland-Pfalz eingesetzt, 20 weitere Loks fuhren zur "Expo 2000" im Regionalverkehr um Hannover. Die restlichen Loks kamen in einem Umlauf für 25 Loks fast ausschließlich in der Nordhälfte der Bundesrepublik zum Einsatz, und zwar vor Güter- sowie vor einigen wenigen Reisezügen.
Die drei Vorausloks der Reihe 185 wurden zunächst beim Bh Mannheim stationiert und von hier aus im Betrieb, unter anderem auf den Strecken nach Saarbrücken und in Luxemburg, verwandt.

Beheimatung

Seddin, Mannheim

Zuerst in Rheinland-Pfalz erprobt, mittlerweile in drei Bundesländern zuhause: Die Baureihe 146 ist die jüngste Lokomotive für den Nahverkehr

Baureihen 146.0, 146.1

Das Bundesland Rheinland-Pfalz initiierte die versuchsweise Aufrüstung der beiden Cargo-Lokomotiven 145 018 und 019 mit einem so genannten Nahverkehrspaket, um den Lokomotivpark für die trotz zunehmender Triebwageneinsätze bestehen bleibenden Wagenzüge zu modernisieren. Dieses umfasste insbesondere eine zentrale Türschließeinrichtung sowie Informationseinrichtungen wie Zugzielanzeiger und Beschallungsmöglichkeit des Wagenzuges durch den Lokführer. Geeignete neue Loks auf der bewährten Basis der 145 sollten den Ersatz der Baureihen 110, 111, 141 und 143 im Regionalverkehr ermöglichen.

Test und Serie

Ab Juli 2000 wurden die beiden „Vorauslok" 145 018 und 019 des Bh Seddin leihweise durch den Bh Mannheim im Regionalverkehr in Rheinland-Pfalz eingesetzt, 20 weitere Loks der Reihe 145 kamen anlässlich der „Expo 2000" im Regionalverkehr um Hannover zum Einsatz.

Das Bombardier-Werk Kassel erhielt nach deren Bewährung den Auftrag zum Bau von zunächst zwei, kurz darauf sieben Loks einer neuen, auf der 145 basierenden Reihe 146 für den Regionalverkehr in Rheinland-Pfalz. Dabei waren zur Erreichung der geforderten Höchstgeschwindigkeit von 160 km/h Modifikationen im Antriebsbereich nötig, da der Tatzlagerantrieb der 145 sinnvoll lediglich bis 140 km/h geeignet ist. Weitere 24 Lokomotiven wurden anschließend für den Einsatz in Nordrhein-Westfalen bestellt.

Die weitere Entwicklung der neuen Regio-Lokfamilie mündete schließlich in die Bestellung von acht Lokomotiven 146.1 für Niedersachsen, welche allerdings die Drehgestelltechnik und die Nahverkehrsausrüstung der 146 mit der Loktechnik der ebenfalls parallel bei Bombardier in Kassel gebauten Zweisystemlok 185 kombinieren. Die ebenfalls 160 km/h schnelle Lok hat eine Leistung von 5.600 kW sowie die Vorbereitung für die

Technische Daten

Eigentümer	DB Regio	DB Regio
Baureihenbezeichnung	146.0	146.1
Indienststellung (1. Jahr)	2001	2003
Hersteller	Bombardier Kassel	
Achsformel	Bo'Bo'	Bo'Bo'
Länge über Puffer	18.900 mm	18.900 mm
Dienstmasse	82t	84 t
Stromsystem	15 kV, 16,7 Hz	
Art des Antriebs	Hohlwelle	Hohlwelle
Dauerleistung	4.200 kW	5.600 kW
Höchstgeschwindigkeit	160 km/h	160 km/h
max. Anfahrzugkraft	300 kN	300 kN
Dauerzugkraft	265 kN	258 kN
bei Geschwindigkeit	57 km/h	78 km/h
Bremskraft der el. Bremse	150 kN	150 kN

AUTOR: A. ENDERLEIN; AUFNAHME: B. SCHULZ (2)

Besitzerstolz: Als Sponsor der Baureihe 146 ließ das Land Rheinland-Pfalz seine Verdienste auch auf die Lokomotive schreiben

Zweisystemtechnik mit 25 kV/50 Hz-Wechselstrom erhalten.
Als bisher einziges privates Verkehrsunternehmen erhält die MetroRail GmbH zehn Lokomotiven der DB-Reihe 146.1 als MR 146-01 - 10, welche von Uelzen aus im Verband mit ebenfalls 66 neuen Doppelstockwagen ab Dezember 2003 die „Metronom"-Züge im RE-Verkehr Uelzen – Hamburg – Bremen bespannen werden.

Konstruktion

Eine robuste Schweißkonstruktion mit Untergestell, druckdichten Führerhäusern und Seitenwänden bildet den Lokkasten, wobei drei abnehmbare Dachhauben mit integrierter Luftführung den ungehinderten Austausch der Schränke und Gerüste in den Maschinenräumen ermöglichen. Von den beiden Einholmstromabnehmern der Bauart DSA 200 gelangt die Fahrleitungsenergie über den Vakuumhauptschalter mit Stromzähler zum am mittleren Querträger unterflur angeordneten Haupttransformator. Die elektrischen Komponenten im Maschinenraum sind zu beiderseits des Mittelganges angeordneten Modulen zusammengefasst.
Mit ihren 2.600 Millimetern haben die Flexifloat-Drehgestelle einen relativ geringen Radsatzabstand, um die Kräfte und Beanspruchungen sowie den Verschleiß bei Bogenfahrt günstig zu beeinflussen. Die Traktionskräfte werden über die Zug-Druck-Stangen auf den mittleren Querträger des Rahmens geleitet. Da bei der um 20 km/h höheren Geschwindigkeit der 146 gegenüber der Ausgangsbauart 145 ein Tatzlagerantrieb nicht mehr vertretbar ist, kommt bei den 146-Bauarten ein voll abgefederter Hohlwellenantrieb der AEG-Bauart Gealeif zur Verwendung. Gegenüber der Drehgestellausführung der 145 waren nur geringe Änderungen erforderlich. Über zwei Pendel am Mittelträger und Gummielemente am Kopfträger sind die Fahrmotoren nunmehr voll abgefedert, zudem mussten die Bremsscheiben wegen der Krafteinleitung des Antriebes zu den Rädern leicht vergrößert werden. Ansonsten entsprechen die Drehgestelle denen der Baureihen 145 und 185 und sind auch mit diesen tauschbar.
Die Lokomotiven der Reihen 146 und 146.1 verfügen über das Nahverkehrspaket und sind so mit den Einrichtungen der zeitmultiplexen Wendezugsteuerung (ZWS), zeitmultiplexen Mehrfachsteuerung (ZMS), Zugsammelschiene sowie seiten selektiver zentraler Türschließeinrichtung versehen. Des weiteren ist ein Fahrgastinformationssystem (FIS) vorhanden, eine Ansagemöglichkeit über Mikrophon. Auch Notrufe aus dem Zug kann der Lokführer entgegennehmen. Wesentlicher optischer Unterschied der 146.0 gegenüber der 145 sind die über der gesamten Breite der Frontscheiben angebrachten Zugzielanzeiger mittels gelber Leuchtdioden, die 146.1 fällt zusätzlich durch den etwas flacheren Dachbereich auf.

Betriebseinsatz

Für die unter finanzieller Beteiligung des Bundeslandes Rheinland-Pfalz erbauten sieben Loks 146 001 – 007 wurde das Werk Ludwigshafen als Heimatwerk festgelegt. Als erste Lok erreichte die noch nicht durch das EBA zugelassene 146 006 im April 2001 ihre neue Heimat und diente, vorläufig mit Drehgestellen der Reihe 145 ausgestattet, der Personalschulung. Ab dem Sommerfahrplan 2001 kamen die ersten ebenfalls noch provisorisch mit 145-Drehgestellen versehenen Loks 146 003 – 007 zusammen mit den durch sie zu ersetzenden 143 in den Planumlauf, in dem sie bis Heidelberg, Kaiserslautern und Koblenz kamen. Ab September 2001 konnten endlich die eigentlichen Drehgestelle montiert werden.
Die durch das Land Nordrhein-Westfalen bestellten 24 Loks 146 008 – 031 konnten zwischen August 2001 und August 2002 beim Werk Dortmund in Betrieb genommen werden. Vor Doppelstock-Wendezügen kommen sie auf den Linien RE 1 Aachen – Köln – Bielefeld, RE 4 Münster – Hamm – Düsseldorf – Aachen sowie RE 5 Emmerich – Köln – Koblenz zum Einsatz. Hierdurch konnten einerseits die von DB Cargo geliehenen und provisorisch für den Reisezugdienst eingerichteten 145 nach Seddin zurückgegeben und andererseits auch Loks der Reihen 111 und 143 ersetzt werden. Im Dezember 2002 wurden die für die Bedienung der Linie RE 5 benötigten acht Loks 146 008 – 015 in Köln-Deutzerfeld stationiert.
Am 30. April 2003 konnten in Braunschweig die ersten beiden von acht für Niedersachsen bestellten Loks der Reihe 146.1 in Betrieb genommen werden. Diese ersetzen auf der RE-Linie Hannover – Bremen – Norddeich die bisher von DB Reise & Touristik gemieteten Loks 112.1, welche vorübergehend die neuen 160 km/h-Doppelstockgarnituren bespannten.

Beheimatung

Ludwigshafen, Dortmund, Braunschweig

Lange Zeit waren die Lokomotiven der Baureihe 150 im schweren Güterverkehr unverzichtbar

Baureihe 150

Im Rahmen der großen Lokbeschaffung für das zu elektrifizierende Streckennetz war als Nachfolgerin der E 94 für den schweren Güterzugdienst eine sechsachsige Lokomotive mit der Achsfolge Co'Co' und 100 km/h Höchstgeschwindigkeit vorgesehen. Die als Baureihe E 50 vorgesehene Lokomotive wurde in enger Zusammenarbeit mit dem Bundesbahn-Zentralamt München von AEG im elektrischen Teil und Krupp für den mechanischen Teil entwickelt. Das vorgegebene Leistungsprogramm sah die Beförderung von 600-t-Güterzügen mit 100 km/h auf 5 ‰ Steigung, von 2300-t-Güterzügen auf 5 ‰ mit 65 km/h, aber auch von 600-t-Schnellzügen auf 25 ‰ mit 75 km/h vor.

Im Juni 1954 lag die Bestellung der ersten fünf Lokomotiven vor, und im Januar 1957 kamen als Erste die E 50 001 und 002 in Dienst. Bis 1973 beschaffte die Bundesbahn insgesamt 194 Lokomotiven dieser Baureihe. Letzte 150 war die im März 1973 in Dienst gestellte 150 194. Als Hersteller der mit einem Dienstgewicht von 126 t schwersten Neubaulokomotiven der DB traten neben den genannten Entwicklungsfirmen noch Krauss-Maffei für den mechanischer Teil von 24 Loks und SSW für den elektrischen Teil von ebenfalls 24 Loks auf. Seit 1968 tragen die Maschinen die EDV-gerechte Baureihenbezeichnung 150. Erste E 50 mit EDV-Nummer bei Anlieferung war 150 140.

Die Erhöhung der Geschwindigkeiten im Güterverkehr bedingte eine Überarbeitung der Konstruktion und führte ab 1973 zur Beschaffung der Nachfolgebaureihe 151. In den Jahren 1993/94 wurden die mit Tatzlagermotoren ausgestatteten Lokomotiven 150 002 – 005, 007 – 013, 015 – 018, 020 und 022 ausgemustert. Die restlichen acht Lokomotiven dieser ersten Serie wurden aufgrund ihres guten Allgemeinzustandes mit den Drehgestellen von abgefahrenen 150 der neueren Serien mit Gummiringfederantrieb ausgerüstet und blieben im Betrieb.

Konstruktion

Der Hauptrahmen ist ein besonders kräftiger, aus Längs- und mehreren Querträgern zusammengeschweißter Brückenrahmen. Der Kastenaufbau besteht aus abgekanteten Profilen und Seitenwänden in Stahlleichtbauweise, die mit dem Brückenrahmen verschweißt sind und die zusammen eine selbsttragende, zusammenhängende Konstruktion mit möglichst geringem Gewicht bei bestmöglicher Steifigkeit bilden. Die zusammen acht Lüftungsgitter und Maschinenraumfenster

Technische Daten

Baureihenbezeichnung		150
bis 1968		E 50
Eigentümer		DB Cargo
Indienststellung		1957
Hersteller		Krupp, KM, AEG, SSW
Achsformel		Co'Co'
Länge über Puffer	mm	19.490
Dienstmasse	t	126 */128
Stromsystem		15 kV , 16 2/3 Hz
Art des Antriebs		Tatzlager */Gummiringfeder
Stundenleistung	kW	4.500
Geschw. bei Stundenl.	km/h	79
Höchstgeschwindigkeit	km/h	100
Anfahrzugkraft	kN	441 */443
Zugkraft b. Stundenleistung	kN	206
Dauerleistung d. el. Bremse	kW	1.600
max. Dauerbremskraft (el.)	kN	79

* 150 001 - 025

AUTOR: ENDERLEIN; AUFNAHMEN: MIETHE, WERNING

150 124 im Bahnhof Osnabrück: Mit der Ablieferung der 145 und 152 verschwinden die Loks der Baureihe 150

sind an beiden Seiten unterschiedlich angeordnet. Die Dachhaube besteht aus drei einzeln abnehmbaren Teilen, wodurch die Aggregate des Maschinenraumes für einen Kran zugänglich sind. Die beiden dreiachsigen Drehgestelle stellen kastenförmig zusammengeschweißte Hohlträger dar und sind durch eine Querkupplung miteinander verbunden, um neben einem guten Kurvenlauf auch einen zum Anfahren günstigen Lastausgleich der Drehgestelle untereinander zu erreichen. Der Lokkasten stützt sich an acht Punkten über Federtöpfe auf den Drehgestellen ab, bei den Lokomotiven 150 038, 042, 165 und 150 194 erfolgt die Abstützung versuchsweise über Flexicoilfedern. Zur Erzielung einer größeren Laufruhe befinden sich die Drehzapfen der Drehgestelle außermittig zwischen den beiden äußeren Achsen. Die ältere Ausführung bis zur Lokomotive 150 060 weist noch schraubengefederte Drehzapfenlager auf, wohingegen diese ab der 150 061 in ringförmig angeordneten Gummisilentblöcken elastisch gelagert sind.
Bei der Baureihe 150 wurden während des Baus die auch bei den anderen Einheits-Elloks üblichen äußeren Veränderungen vorgenommen. 150 001 – 041 wurden mit Einfachlampen und abgerundeten Lüftergittern mit waagerechten Lamellen geliefert. Ab 150 042 wurden Doppellampen und Lüftergitter mit senkrechten Stäben sowie ab 150 156 Verschleißpufferträger und eckige Einzellüftergitter mit breitem Rand oben und unten der Bauart Klatte eingebaut. Die umlaufende Regenrinne entfiel ab 150 128, dadurch ergab sich ein glatter Übergang vom Dach zu den Seitenwänden.
Die Lokomotiven besitzen zwei dreiachsige Triebdrehgestelle mit je drei Fahrmotoren des Typs EKB 760. Die mittlere nRadsätze sind spurkranzgeschwächt und wurden seit 1981 auf elastische Seitenbeweglichkeit umgebaut.
150 001 bis 150 025 wurden noch mit dem aus der Vorkriegszeit bekannten beidseitigen Tatzantrieb geliefert, alle späteren Baulose dagegen mit dem Gummiringfederantrieb. Die 150 025 erhielt im Jahre 1987 nach einem Radsatztausch den Antrieb der nach einem Brand ausgemusterten 150 069.
Der Haupttransformator ist ein ölgekühlter Dreischenkeltransformator. Bei der Steuerung handelt es sich um eine motorisch betriebene 28-stufige Hochspannungssteuerung. 150 003, 008, 015, 026 und 037 erhielten nach einigen Jahren probeweise neue Schaltwerke mit Rundwähler und Sprunglastschalter.
Letztere wurden weiterentwickelt zu Thyristor-Lastschaltern, die serienmäßig ab 150 128, allerdings mit Flachbahnwähler, eingebaut sind. Die Fahrmotoren sind zwölfpolige Wechselstrom-Reihenschlussmotoren mit Erreger-, Kompensations- und Wendepolwicklungen. Die zusätzlich zur normalen Druckluftbremse mit Zusatzbremse installierte elektrische Bremse ist als fremderregte Gleichstrom-Widerstandsbremse ausgeführt. Auf dem Fahrzeugdach befinden sich zwei Scherenstromabnehmer der Bauart DBS 54.

Die Stuttgarter 150 werden seit jeher häufig im Reisezugdienst eingesetzt. Da die DB alle Reisezüge sukzessive auf zentrale Türschließeinrichtung umstellte, wurde ab 1989 bei 60 Maschinen der Einbau einer Hauptluftbehälterleitung erforderlich. Im Jahr 1993 werden außerdem 30 Stuttgarter 150 mit Türblockierung ausgerüstet.
Bei Anlieferung waren alle Lokomotiven grün. Ab 1976 wurde der ozeanblau-beige Anstrich angebracht. Seit Ende 1989 wurden auch die 150 bei fälligen E 3-Hauptuntersuchungen himbeerrot lackiert, nachdem die150 128 1987 als erste umlackierte wegen der damals unklaren Zukunft dieser Baureihe drei Jahre lang ein Einzelgänger blieb. Mittlerweile tragen auch etliche Lokomotiven das verkehrsrote Farbkleid, teilweise mit dem seitlichen Schriftzug »DB Cargo«.

Betriebseinsatz

Die ersten Lokomotiven kamen 1957 zum Bw Würzburg. In der weiteren Folge erhielten auch die Bw Aschaffenburg, Nürnberg Rbf, Kornwestheim, Bebra und Hagen-Eckesey Lokomotiven der Baureihe 150 zugewiesen. Die mit der Ausweitung des elektrifizierten Streckennetzes möglichen Langläufe führten zu außerordentlich hohen Laufleistungen. Die 150 fahren auch heute noch vor schweren Güterzügen, vorzugsweise im Hügelland und fast im gesamten elektrifizierten Hauptbahnnetz der DB. Als Schiebelokomotiven sind sie außerdem auf der Geislinger Steige und auf der Rampe Laufach – Heigenbrücken im ständigen Einsatz.
Seit 1991 wird die BR 150 als erste DB-Ellokbaureihe komplett vom ehemaligen Reichsbahn-Ausbesserungswerk Dessau unterhalten. Mit der Auslieferung der neuen Güterzugloks der Reihe 152 erfolgt seit 1999 aber auch die planmäßige Ausmusterung der 150, von denen sich im Juli 2000 noch 104 Lokomotiven auf die beiden Betriebshöfe Hagen und Kornwestheim verteilten.
Die Lokomotive 150 091 ist als offizielle Museumslokomotive der DB im November 1993 wieder in ihren Ursprungszustand versetzt worden.

Beheimatung

Hagen, Kornwestheim

151 028 ist bereits mit einem Einholm-Stromabnehmer ausgerüstet

Baureihe 151

Die gestiegenen Leistungsanforderungen im schweren und insbesondere schnellen Güterverkehr führten ab 1968 bei der DB und den Anbietern AEG und Krupp zu Überlegungen, für die Reihe 150 unter Verwendung der in großer Zahl bewährten Fahrmotoren WB 372 der Reihen 110 und 140 einen wesentlich leistungsstärkeren Nachfolgetyp zu entwickeln. Neben der Erfüllung des 150er-Programmes forderte die DB die Beförderung von Durchgangsgüterzügen von 2000 t auf 5 ‰ mit 80 km/h, Eilgüterzügen von 1200 t auf 5 ‰ mit 100 km/h sowie Schnellgüterzügen mit 1000 t auf 5 ‰ mit 120 km/h.

Die Fahrmotoren WB 372 besaßen bei Anwendung neuzeitlicher Isolierstoffe noch nutzbare Leistungsreserven und konnten auf rund 1000 kW Stundenleistung gesteigert werden. Dies sollte vor allem eine Erhöhung Geschwindigkeit ermöglichen, die ursprünglich bis 140 km/h gedacht war, aber schließlich mit Rücksicht auf optimale Zugkraftausnutzung auf 120 km/h begrenzt wurde.

AEG und Krupp lieferten die erste Lok, 151 001, Ende Oktober 1972 ab. Die Verwiegung ergab ein Gesamtgewicht von nur 118 t (bei einer gesetzten Grenze von 124 t) – ein Erfolg des von den Herstellern zielbewusst betriebenen Leichtbaus, der sogar ohne Anwendung von Aluminium-Legierungen solche Erfolge zeitigte. In mehreren Serien beschaffte die DB bis 1977 insgesamt 170 Maschinen, die auch von Siemens und BBC bzw. Henschel und Krauss-Maffei gefertigt worden sind.

Bislang mussten nach Unfällen in den Jahren 1997 und 1999 die Lokomotiven 151 072 und 054 ausgemustert werden.

Konstruktion

Der Fahrzeugaufbau setzt sich ähnlich der Reihe 103 aus einem durchgehenden tragenden Brückenrahmen und aufgesetzten nichttragenden Hauben zusammen. Der Vorteil dieser Bauweise liegt in der Gewichtsersparnis sowie der einfacheren Montage und Unterhaltung der elektrischen Ausrüstung. Es sind drei einzeln abnehmbare Maschinenraumhauben sowie zwei ebenfalls abschraub- und als Ganzes tauschbare Führerhäuser vorhanden. Durch weitgehende Anwendung von Steckkupplungen ist auch auf der elektrischen Seite für leichte Lösbarkeit der Verbindungen gesorgt. Bei der Konstruktion des allein tragenden Hauptrahmens wurden gewalzte Vierkantrohre verwendet. In den Lokkasten wurden nachträglich Luken zum Ein-/Ausbau von Bauteilen eingebaut. Der Führerstand ist besser schallisoliert als bei der BR 150 und besitzt ein Luftheizgerät mit Kälteteil.

Technische Daten

Baureihenbezeichnung		151
Eigentümer		DB Cargo
Indienststellung		1972
Hersteller		Henschel, KM, Krupp, AEG, BBC, SSW
Achsformel		Co'Co'
Länge über Puffer	mm	19.490
Dienstmasse	t	118
Stromsystem		15 kV, 16 2/3 Hz
Art des Antriebs		Gummiringfeder
Stundenleistung	kW	6.300
Geschw. bei Stundenl.	km/h	92
Höchstgeschwindigkeit	km/h	120
Anfahrzugkraft	kN	441
Zugkraft bei Stundenleistung	kN	245
Dauerleistung d. el. Bremse	kW	6.000
max. Dauerbremskraft (el.)	kN	187

AUTOR: ENDERLEIN; AUFNAHMEN: VOLK, B. SCHULZ

Güterzuglokparade in Lehrte: 151 009 mit 140 329 und 151 015 warten auf neue Aufgaben

Die gegenüber der Reihe 150 größeren und mit 3,95 Tonnen wesentlich schwereren Fahrmotoren erforderten die grundlegende Umkonstruktion der Drehgestelle und – als Folge davon – des gesamten Lokkastens. Man nutzte auf der mechanischen Seite konsequent die Möglichkeit zu fortschrittlichen Konstruktionen hinsichtlich Lauftechnik und Gewichtsersparnis. So erhielten die Drehgestelle so genannte »Lemniskaten-Lenker« für die Achslagerführung mit vergrößertem Radsatzlager-Querspiel und der Brückenträger eine Abstützung über zweimal vier Flexicoil-Federn ohne Drehzapfen. Die Zugkraftübertragung erfolgt an Stelle der Drehzapfen über mit Hartmangan-Druckplatten armierte Mitnehmer und Druck-Schub-Federn. Die Mittelradsätze besitzen um 10 mm geschwächte Spurkränze und wurden ab 1980 auf elastische Seitenbeweglichkeit umgebaut. Beim Antrieb handelt es sich um den bewährten SSW-Gummiringfederantrieb.

Die Anordnung der Lüftergitter erfuhr noch während des Baus auf Grund von Betriebserfahrungen bei den Lokomotiven der Reihe 103.1 einschneidende Änderungen. Als endgültig ergab sich die Anordnung von nur zweimal drei Gittern pro Seite in der oberen Reihe mit vier Fenstern in der Mitte, um den Staubanfall im Maschinenraum zu vermindern. Die Filter hatten sich in der Unterhaltung als zu aufwendig erwiesen. Eingebaut wurden eckige Einzel-Lüftergitter mit breitem Rand oben und unten.

Die 20 Lokomotiven 151 089 – 099 und 151 114 – 122 besitzen eine automatische Mittelpufferkupplung (AK).

Die elektrische Ausrüstung wurde weitgehend aus vorhandenen Bauteilen der vorausgegangenen Einheitsbaureihen 110/140 und 150 übernommen bzw. abgeleitet. Die 151 besitzen zwei Scherenstromabnehmer DBS 54 mit Doppelschleifstück. Einige Lokomotiven erhielten mittlerweile auch infolge der Abstellung der 103 frei gewordene Einholm-Stromabnehmer der Bauart SBS 65 aufgebaut. Der dreischenklige Haupttransformator mit rund 6300 kVA Dauerleistung ist von dem der Reihe 103.1 weiterentwickelt worden; abweichend von letzterer erhielt er ein 29-stufiges Hochspannungs-Schaltwerk Bauart SSW mit Thyristor-Lastschalter. Das Prinzip der servomotorisch betriebenen Nachlaufsteuerung mit Handradbedienung wurde von der Reihe 150 übernommen, jedoch entsprechend dem technischen Stand in der weiterentwickelten Form mit elektronischem Stufenvergleich, wie er bei der Reihe 150 ab 150 140 eingebaut ist. Die Lokomotiven besitzen sechs Wechselstrom-Reihenschlussmotoren der gängigen Einheitslok-Baureihen, jedoch mit verbesserter Isolation.

Die Druckluftbremse ist zweistufig und mehrlösig und wird ergänzt durch eine direkt wirkende Zusatzbremse. Grundsätzlich neu war die Konstruktion der elektrischen Widerstandsbremse, um der Forderung nach Verdreifachung der Bremsleistung nachzukommen. Es handelt sich um eine in zwei Kreisen entsprechend den Drehgestellen aufgeteilte fremderregte Widerstandsbremse, die aus dem Transformator über zwei Thyristor-Gleichrichter erregt und geregelt wird. Die beim Bremsen entstehende Wärme wird über zwei fremdbelüftete Widerstände ähnlich wie bei der Bauart 103.1 nach oben abgeführt.

Als weitere Neuheit hatten die Lokomotiven serienmäßig eine Klimaanlagen für die geräumigen Führerhäuser erhalten. Alle 151 sind für Mehrfachtraktion und Wendezugbetrieb ausgelegt. Für den Einsatz auf den Neubaustrecken wurden 151 001 – 085 in den Jahren 1990 und 1991 mit den Einrichtungen der linienförmigen Zugbeeinflussung LZB 80 nachgerüstet.

In grüner Farbgebung wurden die 151 001 – 072, 074 und 075 abgeliefert, die übrigen Lokomotiven in Ozeanblau-Beige. Ab 1990 wurde der verkehrsrote Anstrich mit weißer Kontrastfläche aufgetragen. Im Jahre 1997 begann die Lackierung der Maschinen in Verkehrsrot, zunächst verbunden mit dem Schriftzug »DB Cargo«.

Betriebseinsatz

Die Lieferungen gingen ab 1972 alternierend an das Bw Hagen-Eckesey und das Bw Nürnberg Rbf. Die mit LZB 80 nachgerüsteten 151 wurden alle in Nürnberg zusammengefasst. Eingesetzt waren und sind die Lokomotiven typischerweise im schnellen Güterverkehr bis 120 km/h. Mit der Eröffnung der Neubaustrecken kann dieser Vorzug noch besser zur Geltung gebracht werden. Aufgrund ihrer Wendezugfähigkeit liefen sie auch im Eil- und Nahverkehrszugdienst.

Durch den weiträumigen Güterzugeinsatz im Langlauf quer durch das Bundesgebiet sind die 151 auf allen wichtigen elektrifizierten Magistralen im DB-Netz anzutreffen und erreichen monatliche Laufleistungen über 20.000 km pro Lok. Die mit automatischer Kupplung (»Unicupler«) versehenen 151 des Bh Hagen sind im vor allem schweren Erzverkehr in Doppeltraktion von Peine – Salzgitter zu den Nordseehäfen in Nordenham und Hamburg-Hansaport eingesetzt.

Beheimatung

Hagen, Nürnberg

Die E 52 diente dem Reisezugdienst in Bayern. Sie hatte die Achsfolge 2'BB2', Drehgestelle amerikanischer Bauart und zwei Doppelmotoren

Baureihe E 52 (DB 152)

Nach dem Ersten Weltkrieg wurde damit begonnen, die umfangreichen Elektrifizierungspläne für das südbayerische Bahnnetz in die Tat umzusetzen. Um den Betrieb auf Hauptstrecken mit starkem Verkehr vollständig zu übernehmen, war in diesem Zusammenhang die Beschaffung elektrischer Lokomotiven in größerer Stückzahl vorgesehen. Der 138 Lokomotiven umfassende Wechmann-Plan von 1922 berücksichtigte für das zu elektrifizierende Hauptbahnnetz in Bayern eine leistungsfähige Lokomotive, die vor Schnell- und Personenzügen auf steigungsreichen Strecken eingesetzt werden sollte.

Bis 1920 hatte Bayern für den Personenzugdienst lediglich 13 elektrische Lokomotiven in Dienst gestellt (acht spätere E 36, fünf spätere E 62), aber mit ihrem Versuchsbetrieb wertvolle Erfahrungen gesammelt. Im Gegensatz zu diesen dreifach gekuppelten Maschinen sollte die als EP 5 geplante Lokomotive wegen der höheren Leistungsanforderungen vier Kuppelachsen aufweisen. Von den eingereichten Entwürfen entsprach eine 1'BB1'-Version am ehesten den Vorgaben des Bestellers, so daß der Auftrag über 35 Lokomotiven an Maffei (mechanischer Teil) und Wasseg (einer Liefergemeinschaft von AEG und SSW, elektrischer Teil) vergeben wurde. Für die ebenfalls im Bau befindlichen C´C´-Güterzuglokomotiven der späteren Baureihe E 91 waren gleiche Fahrmotoren verlangt worden. Daraufhin entstand als erster Entwurf eine 1'BB1'-Lokomotive, danach mit verringter Dienstmasse eine 2'BB1' und zuletzt aus Symmetriegründen die endgültige Bauart mit der Achsfolge 2'BB2'.

Der Beschluß, ohne Probelokomotive sogleich den Serienbau zu beginnen, stellte ein großes Risiko dar. So fielen die gelieferten Stahlgußstücke nicht maßgerecht aus und wiesen wegen der damals noch nicht so präzisen Möglichkeiten in den Stahlgießereien übermäßige Wanddicken auf. Eine gewaltige Überschreitung der Masse war die Folge. Glücklicherweise hatte man kurz zuvor die Achsfahrmasse für wichtige Hauptstrecken von 16 auf 20 Tonnen erhöht. Die Lokomotiven wurden als EP 5 21501 – EP 5 21535 zwischen 1924 und 1926 geliefert. Entsprechend dem neuen Umzeichnungsplan von 1926 erhielten sie die Betriebsnummern E 52 01 – E 52 35. Sämtliche bei der DB vorhandenen Maschinen wurden zwischen 1955 und 1958 im AW Freimann modernisiert. Unter anderem überholte man die Triebwerke, die Lokkästen und die elektrischen Ausrüstungen.

TECHNISCHE DATEN

Baureihenbezeichnung	bis 1926		EP 5
	bis 1967		E 52
	ab 1968		152
Indienststellung			1924
Hersteller			AEG, SSW, Krauss
Achsfolge			2'BB2'
Länge über Puffer		mm	17 210
Dienstmasse		t	140
Stromsystem			16 2/3 Hz, 15 kV
Antrieb			Stangen
Dauerleistung		kW	1 660
Geschw. bei Dauerleistung		km/h	76,3
Stundenleistung		kW	2 200
Geschw. bei Stundenleistung		km/h	62,5
Höchstgeschwindigkeit		km/h	90
Anfahrzugkraft		kN	196

Ab 1955 erhielten die E 52 u.a. Motoren-Rollenlager, einheitliche Führerstände und genormte Ritzel

Konstruktion

Das Laufwerk der 2'BB2'-Lokomotive wurde mit Drehgestellen amerikanischer Bauart ausgestattet. Mit Ausnahme des vierten Kuppelradsatzes waren alle anderen mit Seitenspiel gelagert, die Spurkränze der Räder des zweiten und dritten Kuppelradsatzes geschwächt. Für den Antrieb der beiden gekuppelten Treibradsätze (Übersetzung 30:86) standen zwei Doppelmotoren, eine Vorgelegewelle sowie ein einfacher Parallelkurbelantrieb mit schräger Treibstange und Blindwelle zur Verfügung. Der als Blechrahmen ausgeführte Hauptrahmen entstand in Plattenausführung mit Querversteifungen aus Stahlguß. Der Lokkasten bestand aus einem Profilstahlgerippe mit Stahlblechverkleidung. Die oberen Seitenteilhälften und das Dach waren aus Stahlblech gefertigt und in zwei Teilen abnehmbar. Die Endführerstände verfügten bei Indienststellung der E 52 über die damals in Bayern üblichen Stirnwandtüren und Übergangsbrücken. Sie wurden ab den dreißiger Jahren geschlossen bzw. entfernt.
Die kriegsbeschädigten E 52 04, E 52 14 und E 52 18 erhielten bei ihrer Instandsetzung 1947/48 neue Stirnfronten ohne Türen. Vorhanden waren eine Druckluftbremse mit Zusatzbremse zur einseitigen Abbremsung der Räder und je eine Spindelhandbremse pro Führerstand. Eine wegeabhängige Sicherheitsfahrschaltung der Bauart BBC rüstete die DRG ab 1929 nach. Auf dem Dach befanden sich zwei Scherenstromabnehmer der Bauart BBC. In den dreißiger Jahren erhielten alle Lokomotiven der Baureihe E 52 Stromabnehmer der Einheitsbauart SBS 9. Nach dem Tausch der Aluminiumschleifstücke gegen solche aus Kohle bekamen sie die Bezeichnung SBS 10. Der Hauptschalter war als Ölschalter in Einheitsbauart BBC ausgeführt. Bei dem Haupttransformator handelte es sich um einen Manteltransformator mit zwangsweisem Ölumlauf und äußerer Fremdkühlung des Typs Wasseg ELT 2, bei der Steuerung um eine elektromagnetische Schützensteuerung mit 19 Fahrstufen. Die Doppelmotoren setzten sich aus zwei ständig in Reihe geschalteten zehnpoligen Wechselstrom-Reihenschlußmotoren der Typen ELM 3/4 und ELM 4/4 mit Erreger-, Kompensations- und Wendepolwicklungen zusammen. Ab 1955 erhielten die E 52 im Zuge der Grundüberholung u. a. Motor-Rollenlager, vereinheitlichte Führerstandseinrichtungen, genormte Ritzel, eine Neuverkabelung, gummigefaßte Fenster und die kleinen DB-Einheitsscheinwerfer. Bei ihrer Indienststellung besaßen die Lokkästen der E 52 einen rotbraunen Anstrich. Ab 1927 war dann bei Neulackierungen blaugrau vorgeschrieben. Die DB stattete ihre Lokomotiven der Baureihe E 52 seit den fünfziger Jahren mit chromoxydgrüner Farbgebung aus.

Betriebseinsatz

Die neu angelieferten Lokomotiven wurden in den Bahnbetriebswerken München I (Hbf) und Garmisch beheimatet.
Zuerst liefen sie ab 1925 auf der Strecke von München nach Mittenwald. Nach der Aufnahme des elektrischen Zugbetriebes nach Landshut konnten sie kurze Zeit vor den über diese Strecke verkehrenden schweren Berliner Schnellzügen ihre Leistungsfähigkeit unter Beweis stellen. Mit der Ausweitung des elektrischen Zugbetriebes erreichten die Lokomotiven außerdem Augsburg, Salzburg und Kufstein (ab 1938 auch Innsbruck). Sie wurden jedoch schon 1926/27 durch die E 16 aus dem Schnellzugdienst verdrängt. Nachdem das Bw München Hbf fabrikneue Elektrolokomotiven der Baureihen E 04 und E 44 erhalten hatte, konnte die E 52 nach Augsburg (1933 – 1950), Landshut (1935 – 1944), München Ost (1933 – 1959), Rosenheim (1933 – 1945) und Regensburg (1930 – 1944) abgegeben werden. Zu kurzzeitigen Beheimatungen kam es in Freilassing (1933), Treuchtlingen (1941) und Wörgl (1944 bis 1945).
Bis zur Inbetriebnahme der E 18 Mitte der dreißiger Jahre waren die E 52 hauptsächlich im Fernpersonenzugdienst, danach zunehmend im Münchener Vorortverkehr anzutreffen. Infolge von Kriegsschäden schied bereits 1944 die erste E 52 aus. Fünf weitere kriegsbeschädigte Lokomotiven folgten in den Jahren 1945 (2) und 1950 (3). Die übrigen E 52 kamen später zur DB, wo sich das Umstationierungskarussell weiterdrehte. Neue E 52-Bahnbetriebswerke waren schließlich Neu-Ulm (1946 – 1950), Nürnberg Hbf (1950 –1966), Pressig-Rothenkirchen (1953 – 1966), Regensburg (1959 – 1968), Stuttgart (1951 bis 1968) und Treuchtlingen (1948 –1958). Hier liefen die Maschinen hauptsächlich im Vorortverkehr. Aus Garmisch und München Hbf hatten sie sich bis 1952 verabschiedet, aus München Ost 1959.

Ab 1966 kamen die Maschinen der Baureihe E 52 zu den Bahnbetriebswerken Frankfurt (Main)-Griesheim und Kaiserslautern. Während erstere seit 1967 zum Bw Frankfurt (Main) 1 gehörten und hauptsächlich vor Abstellzügen von und nach Frankfurt (Main) Hbf zu sehen waren, setzte das als Auslauf-Bw festgelegte Bw Kaiserslautern seine Maschinen im Güterverkehr bis Mannheim und Saarbrücken ein. Nach Kaiserslautern kamen bis 1969 alle noch einsatzfähigen E 52. Dort wurden die seit 1. Januar 1968 als Baureihe 152 bezeichneten Lokomotiven bis zum Ablauf der Fristen genutzt. Ihre Ausmusterung erfolgte in den Jahren 1967 (1), 1968 (4), 1969 (2), 1971 (11), 1972 (10) und 1973 (1). Die Lokomotive 152 014 war als letzte bis August 1972 im Dienst.
Nach dem Ausscheiden aus dem Betriebsbestand setzte die Deutsche Bundesbahn von 1969 bis 1984 insgesamt siebzehn Maschinen der Baureihe 152 als Heizlokomotiven im Bereich der Bundesbahndirektionen Essen, Frankfurt (Main), Hannover, Karlsruhe und Nürnberg ein. In diesem Zusammenhang kam es bei drei z-gestellten und deshalb nicht mehr betriebsfähigen 152 zu Umbeheimatungen nach Osnabrück Hbf und nach Seelze. Die DB hatte sich erst 1971 dafür entschieden, elektrische Heizlokomotiven per Ausmusterung aus dem Bestand zu nehmen und als Geräte weiterzuführen. Die Lokomotive 152 034 steht heute im wiederhergestellten Anlieferungszustand als EP 5 Nr. 21534 im Verkehrsmuseum Nürnberg.

REDAKTION: DR. BRIAN RAMPP; FOTOS: BENDRIEN, ROTTHOWE

152 048 in Kassel: Die modernen Güterzugloks übernehmen immer mehr Leistungen im Güterverkehr

Baureihe 152

Beim schweren Güterverkehr stand zur Jahrtausendwende insbesondere die Ablösung der mittlerweile bis zu 44 Jahre alten sechsachsigen Lokreihe 150 an. Von den drei Baumustertypen der Industrie, den modifizierten 120.0, dem EuroSprinter und der 12X, wurde der von Siemens und Krauss-Maffei entwickelte "EuroSprinter" als Basis für die zukünftige Güterzuglok 152 gewählt.
Die als "EuroSprinter ES 01" bezeichnete Lokomotive ist für die unterschiedlichen europäischen Stromsysteme konzipiert und für den grenzüberschreitenden Einsatz vorbereitet. Als Universallokomotive ist sie sowohl vor schnellen Reisezügen bis 230 km/h als auch vor schweren Güterzügen einsetzbar. Der modulare Aufbau der Lok erlaubt eine einfache Variation des Basismodells entsprechend den Wünschen europäischer Bahngesellschaften. Die Maschine entstand 1991/92 in enger Anlehnung an die für die RENFE gebaute S 252 und wurde am 21. September 1992 mit der Betriebsnummer 127 001-6 in den Fahrzeugbestand der DB aufgenommen und ab September 1992 beim Bh München West beheimatet. Das Bundesbahn-Zentralamt Minden führte umfangreiche Zulassungsfahrten durch. Dabei wurde am 5. August 1993 auf der Neubaustrecke Fulda – Würzburg die Geschwindigkeit von 310 km/h erreicht, ein neuer Rekord für deutsche Lokomotiven. Ab August 1993 bespannte die von der DB angemietete 127 001 planmäßige Reisezüge zwischen München, Nürnberg und Stuttgart eingesetzt. Mittlerweile gehört die Lok zum Lokpool "Dispolok" der beiden Herstellerfirmen und befördert seit 1999 Containerzüge zwischen München und Hamburg.
Die Aufteilung des Triebfahrzeugparks auf drei Geschäftsbereiche der DB machte eine Universallok, wie sie die bisherigen Baumuster darstellten, überflüssig. Nun konnte wieder für jeden Aufgabenbereich ein eigens hierauf zugeschnittenes Fahrzeug entwickelt werden, was speziell bei DB Cargo auch zu einer erheblichen Kostensenkung führte. So konnte auf die aufwendige Ausführung des Gummigelenk-Kardanantriebes des EuroSprinters verzichtet werden zugunsten des weitaus günstigeren Tatzlagerantriebes, welcher aufgrund des geringen Gewichtes der Drehstrom-Asynchronmotoren sowie der relativ niedrigen geforderten Höchstgeschwindigkeit von 140 km/h ausreicht.
Nach der im Jahr 1993 erfolgten Ausschreibung der DB begann im September 1995 der Auftrag zum Bau von 195 Serienloks der Reihe 152. Am 10. Dezember 1996 erfolgte der feierlich inszenierte Roll-Out der 152 001 bei Krauss-Maffei in München-Allach. Nach den Zulassungsfahrten durch das Eisenbahn-Bundesamt erfolgte am 31. Juli 1997 deren Bauartzulassung, so dass ab diesem Tag erstmals ein Regelgüterzug der DB durch eine 152 befördert werden konnte.
Als Prototyp für die neue Generation von "Insulated Gate Bipolar Transistors" (IGBT)

Technische Daten

Eigentümer	DB Cargo
Baureihenbezeichnung	152
Indienststellung	1997
Hersteller	Krauss-Maffei, Siemens
Achsformel	Bo'Bo'
Länge über Puffer mm	19.580
Dienstmasse t	86,7
Stromsystem	15 kV, 16,7 Hz
Art des Antriebs	Tatzlager
Stundenleistung kW	6.400
Geschw. bei Stundenleistung km/h	85,3
Höchstgeschwindigkeit km/h	140
Anfahrzugkraft kN	300
Zugkraft bei Stundenleistung kN	270
Dauerleistung der el. Bremse kW	5.830

AUTOR: ENDERLEIN; AUFNAHMEN: HEIDERICH (2)

Beliebtes Werbeobjekt: 152 001 als Märklin-Lok

als Leistungselektronik-Schaltelement, welche erstmals als Stromrichter für eine Lokomotive verwandt werden und zukünftig die GTO-Technik ersetzen sollen, zog Siemens auf eigene Rechnung die Inbetriebnahme der Lokomotive 152 190 auf November 1998 vor, um die neue Technik im Dauerbetrieb zu erproben. Zwei der laufenden Serie entnommene Loks gehören als 152 901 und 902 dem Siemens-Lokpool "dispolok" an.
Die mit der Bestellung der 152 vereinbarte Option über weitere 100 Loks wurde im August 1999 mit der Bestellung als Viersystemlok der Reihe 189 eingelöst. Neben den beiden Wechselstromsystemen 15 kV/16,7 Hz und 25 kV/50 Hz soll sie auch mit den in den Niederlanden, Belgien, Italien und Frankreich verwandten Gleichstromsystemen mit 1.500 V und 3.000 V verkehren können. Diese für die Europäisierung des Güterverkehrs analog den 185 tauglichen Lokomotiven sollen, nach drei Vorauslokomotiven, zwischen 2003 und 2005 fertiggestellt werden.

Konstruktion

Der Lokkasten besteht aus dem Untergestell, den Seitenwänden, drei schraubbaren Dachspriegeln, den beiden Führerhäusern sowie vier abnehmbaren Maschinenraumdächern. Aus den beiden Kopfstücken unter den Führerhäusern, zwei seitlichen Längsträgern, einem Mittellängsträger sowie den Querträgern für den Transformator und die Drehzapfen setzt sich das Untergestell des Lokkastens zusammen. Anstelle der Verschleißpufferbohle kommen Verschleiß-Pufferhörner in Verbindung mit Kombi-Puffern zum Einbau, um die Lokomotive bei Aufprallen noch besser als bisher zu schützen. Die Drehzapfen mit ihrem quadratischen Querschnitt nehmen über gummigefederte Hartmanganplatten die Zug- und Bremskräfte der beiden zweiachsigen Drehgestelle auf. Diese wurden für die Zwecke einer 140 km/h schnellen Güterzuglok neu entwickelt, wobei bewährte Einzelkomponenten anderer Fahrzeuge übernommen werden konnten. Der Drehgestellrahmen ist ein einfach geschlossener H-Rahmen und setzt sich aus den beiden gekröpften Längsträgern, dem Mittelquerträger mit der Drehzapfenaufnahme sowie den beiden Kopfträgern zusammen. Die Führung der Radsätze erfolgt durch eine von der ICE-Reihe 401 übernommene einseitige Radsatzanlenkung. Die Radsätze bestehen aus den gewalzten Monobloc-Radscheiben mit je zwei Radbremsscheiben und der geschmiedeten Radsatzwelle. Der Antrieb ist als integrierter Tatzlagerantrieb ausgeführt. Je Radsatz stützt sich ein vierpoliger fremdbelüfteter Drehstrom-Asynchronmotor über zwei Tatzlager an der Radsatzwelle sowie eine Pendelstütze auf dem Drehgestellrahmen ab. Über die als Ritzelwelle ausgeführte Läuferwelle wird das Drehmoment einseitig auf das auf die Radsatzwelle aufgeschrumpfte Großrad übertragen.
Im Maschinenraum sind um den Mittelgang die Aggregatgerüste – von den Führerständen aus gesehen weitgehend symmetrisch – aufgebaut. In Lokmitte befinden sich die beiden Traktionsumrichter für jeweils ein Drehgestell sowie die Öl- und Wasserkühler für die Traktionsumrichter und den mittig unterflur angebrachten Haupttransformator. Anschließend folgen je Lokseite ein Hilfsbetriebeumformer in IGBT-Ausführung sowie je ein Fahrmotorlüfter. Hinter den Führerständen links ist je ein weiterer Fahrmotorlüfter sowie hinter Führerraum 1 der Bremscontainer und hinter Führerraum 2 das Hilfsbetriebegerüst aufgebaut. Rechts findet sich hinter Führerraum 1 der Hauptluftbehälter sowie die LZB-Einrichtung, hinter Führerraum 2 die Hochspannungszelle.
Auf dem Dach der Lokomotive sind einzig die beiden Einholmstromabnehmer der Bauart SSS 87 montiert, von denen aus der Strom über die innerhalb des Maschinenraumes verlegte Hochspannungsleitung zum Vakuumhauptschalter in der Hochspannungszelle geführt wird. Der unterflur angeordnete Haupttransformator liefert die Eingangsspannung für die als Vierquadrantensteller ausgeführten Eingangsstromrichter. Über je zwei Pulswechselrichter wird ein Fahrmotor mit dem Strom in variabler Spannung und Frequenz gespeist.
Die Steuerung, Regelung, Überwachung und Diagnose der Lokomotive laufen über das Mikrocomputersystem SIBAS 32. Neben der üblichen Druckluft-Bremseinrichtung ist eine generatorische Bremse mit Netzrückspeisung eingebaut.
Die Lokomotiven tragen ab Werk den verkehrsroten Anstrich der DB AG. Unterschiede bestehen in der Seitenwandbeschriftung, die Loks 152 001 – 070 tragen den Schriftzug "DB Cargo", verbunden mit der Ausführung des Kontrastbalkens an den Stirnseiten oberhalb der beiden unteren Signallaternen. Mit der Gründung der kurzlebigen "Railion" erhielten einige Loks deren Schriftzug an den Stirn- und Seitenflächen, wofür der Kontrastbalken tiefer zwischen die beiden Signallaternen wandern musste. Die ab Ende 1999 gelieferten Lokomotiven tragen zunächst überhaupt keine Eigentümerbezeichnung, die tiefe Lage des Kontrastbalkens wurde jedoch beibehalten. Eine Sonderrolle erhielt die 152 001: Sie fungiert seit Mai 1999 als Ganzreklame-Werbeträger für den Modellbahnhersteller Märklin und das Verkehrsmuseum Nürnberg.

Betriebseinsatz

Bis zum Juli des Jahres 2000 hat die Deutsche Bahn AG 117 Lokomotiven der Baureihe 152 erhalten. Sämtliche Fahrzeuge sind beim Bh Nürnberg Rbf beheimatet und fahren von dort aus im Güterverkehr im gesamten Bundesgebiet. Die Fertigstellung aller Maschinen der Baureihe 152 wird für den Dezember 2001 erwartet.

Beheimatung

Nürnberg

Die Baureihe 155 war nach der Wende schnell auch in Westdeutschland heimisch. 155 128 im Mai 2000 in Kassel

Baureihe 155

Als Ergänzung und zur späteren Ablösung der Co'Co'-Vorkriegs-Elektrolokomotiven E 94 plante die DR parallel zu den neuen Bo'Bo'-Lokomotiven E 11/E 42 auch die Beschaffung einer Neubaulok mit sechs angetriebenen Radsätzen. Diese Pläne kamen bald in die Schublade. Nicht zuletzt aus Kapazitätsengpässen des Herstellers wurden vorerst nur E 11/E 42 in Dienst gestellt. Im Jahre 1968 kam es dann zur Aktivierung der Pläne für eine neue Co'Co'-Maschine. Sie sollte, als E 51 bezeichnet, eine Leistung von 4800 kW und 100 km/h Höchstgeschwindigkeit erhalten. Mit ihr wollte die DR Schwachstellen der Betriebsabwicklung beseitigen. Dazu gehörten unter anderem das zügigere Anfahren schwerer Güterzüge und ihre schnellere Ausfahrt aus den großen Rangierbahnhöfen sowie das Schaffen einer Leistungsreserve für das Fahren schwerer Schnellzüge mit 120 km/h, die den E 11 fehlte. Ziel war eine für den »Hauptstab für die operative Betriebsführung« der DR maßgeschneiderte Elektrolok, die praktisch jeden Zug befördern konnte. Auch die Doppelbespannungen mit zwei E 42 zwischen Chemnitz und Dresden sollten abgelöst werden. Das Betriebsprogramm sah die Beförderung von 3000-t-Güterzügen in der Ebene mit 95 km/h und 1800-t-Güterzügen mit 110 km/h sowie letztere auf 5 ‰ Steigung mit 95 km/h vor. Die Höchstgeschwindigkeit wurde auf 120 km/h festgesetzt, konstruktiv waren 125 km/h zu berücksichtigen. Die LEW Hennigsdorf lieferten 1974 die Prototypen 250 001 bis 250 003, die anschließend von der DR in umfangreichen Versuchseinsätzen und im Betriebsdienst erfolgreich getestet wurden. Eine Probezerlegung im Raw Dessau ergab ebenfalls keine nennenswerten Verbesserungshinweise für die Serienausführung. Daraufhin beschaffte die DR in sechs Lieferserien mit unterschiedlichen Stückzahlen zwischen Januar 1977 und Oktober 1984 insgesamt 270 Serienlokomotiven. Im Hinblick auf das 1981 begonnene zweite Elektrifizierungsprogramm der DR waren die letzten Lieferserien größer als die ersten. Nach anschließender erneuter Beschaffung von Bo'Bo'-Lokomotiven plante die DR gegen Ende der achtziger Jahre eine weiterentwickelte, leistungsfähigere Co'Co'-Maschine. Vorgesehen waren 350 Lokomotiven in drei Varianten für 80, 125 und 160 km/h Höchstgeschwindigkeit. Von ihnen wurden dann lediglich die Prototypen 156 001 bis 004 (ex 252 001 bis 004) in Dienst gestellt. Die im März 1999 ausgemusterte 155 225 wurde im September 1999 wieder aufgearbeitet, wobei sie aus versicherungsrechtlichen Gründen die Nummer der verschrotteten 155 212 erhielt.

Konstruktion

Die geschweißten Drehgestellrahmen haben zwei kastenförmige Längsträger und Querträger für die Fahrmotoraufhängung

Technische Daten

Baureihenbezeichnung ab 1992		155
1970-1991		250
Eigentümer		DB Cargo
Indienststellung (1. Jahr)		1974
Hersteller		LEW Hennigsdorf
Achsformel		Co'Co'
Länge über Puffer	mm	19.600
Dienstmasse	t	123,0
Stromsystem		15 kV, 16 2/3 Hz
Art des Antriebs		Kegelringfeder
Stundenleistung	kW	5.400
Geschw. bei Stundenl.	km/h	102
Höchstgeschwindigkeit	km/h	125
Anfahrzugkraft	kN	380
Zugkraft b. Stundenleistung	kN	186
Dauerleistung d. el. Bremse	kW	2.500
max. Dauerbremskraft (el.)	kN	159

AUTOR: ENDERLEIN; AUFNAHMEN: HEIDERICH, MIETHE

Der »Container« im Doppelpack: 155 248 und 266 in Engelsdorf

sowie die Drehzapfenlagerung. Die vorderen Endquerträger sind, vorbereitend für eine Mittelpufferkupplung, abgekröpft. Die fest angebauten Schneeräumer sind höhenverstellbar. Die Primärfederung besteht je Radsatz aus zwei höhenversetzten Schraubenfedern mit parallelen Hydraulik-Stoßdämpfern. Der mittlere Radsatz hat + 10 mm Seitenspiel. Jeder Radsatz wird durch einen 12-poligen Wechselstrom-Reihenschlussmotor über einen Tatzlager-Hohlwellen-Antrieb mit Gummikegelfeder und zweiseitigem, schrägverzahntem Stirnradgetriebe (Ü = 1:2,72) angetrieben. Ab 250 126 sind Kegelringfedern veränderter Ausführung eingebaut. Die Zugkraftübertragung vom Drehgestell auf den Hauptrahmen mit zwei durchgängigen, unter den Führerhäusern verstärkten Längsträgern, trägt die längsgesickten Maschinenraumseitenwände und die Endführerhäuser. Kastenförmige Dachlängs- und -querträger versteifen den Kastenaufbau. Über dem Maschinenraum ist das Dach in drei haubenförmigen Teilen abnehmbar. Im oberen Teil der Seitenwände befindet sich das Mehrfachdüsengitterband durch das die Kühlluft angesaugt wird. Die Führerstände sind über den Maschinenraum zugänglich, in den die Seitenwand-Außentüren führen.

Die Maschinen haben noch Scherenstromabnehmer mit Doppelpalette, obwohl die LEW bereits einen geeigneten Einholmstromabnehmer entwickelt hatten. Als Haupttransformator ist ein fremdbelüfteter Dreischenkel-Kerntransformator mit zwangsweisem Ölumlauf eingebaut. Seine Ober- und Unterspannungswicklung ist in zwei galvanisch getrennte Kreise für die jeweils drei Fahrmotoren eines Drehgestells unterteilt. Für das Hochspannungsschaltwerk mit Stufenwähler und Thyristorsteller zur Regelung der Fahrmotorspannung hat er 31 Anzapfungen, abgestuft zu je 500 V. Die Übertragungssteuerung ist eine Nachlaufsteuerung mit unterlagerter Zugkraftregelung über den Motorstrom und weitgehend mit elektronischen Bauteilen ausgestattet. Mit der eingebauten thyristorgeregelten elektrischen Widerstandsbremse kann ein 1800-t-Zug bei 10 ‰ Neigung auf 40 km/h Beharrungsgeschwindigkeit abgebremst werden. Die Prototyplok 250 002 war von 1979 bis 1987 mit einem modifizierten Kegelringfeder-Antrieb der LEW ausgerüstet, der für 160 km/h erfolgreich getestet und zugelassen wurde.

Wegen ihres kantigen Äußeren hatten die Maschinen nach kurzer Zeit den Beinamen »Kommissbrot« weg, bis man sich an ihren Anblick gewöhnte. Das »Outfit« ist nach dem im Lieferzeitraum gültigen Farbkonzept der DR ausgeführt. Laufwerk und abnehmbare Dachhauben sind grau, der Lokomotivkasten und die festen Dachteile bordeauxrot. Die Stirnfronten ziert ein breiter weißer Erkennungsstreifen zwischen den Lampen, an den Seitenwänden befindet sich ein schmaler weißer Zierstreifen. Ende 1983 bis April 1984 lieferten die LEW 13 Maschinen mit einem helleren Lokomotivkasten, so genanntes Oleanderrot. Es sind die 155 226, 234-239, 241 243, 245, 246 und 247. Nach mehreren »Versuchsanstrichen« und längeren Disputen einigten sich die DR-Hauptverwaltung und das Bundesbahn-Zentralamt (BZA) München im Oktober 1992 über das künftige Farbkonzept für die 155, in Anlehnung an das DB-Schema mit weißem Brustlatz. Erste Maschine dieser Ausführung war die 155 031. Im August 1997 folgte mit dem verkehrsroten Anstrich der 155 267 das nächste Farbschema.

Betriebseinsatz

Dem geplanten Einsatzkonzept entsprechend, kamen die ersten Serienlokomotiven nach Dresden, Halle (Saale) sowie Erfurt und wurden vorrangig im schweren Güterzugdienst verwendet. Die Indienststellungen aller 250 erfolgten über das Bw Weißenfels. Sehr bald waren die Maschinen auch vor Schnellzügen und den Städte-Express-Zügen im Südraum zu sehen. Eine Domäne waren, gemeinsam mit den 254, ex E 94, Kohlenzüge im Dreieck Dresden – Magdeburg – Erfurt. Zu Beginn der achtziger Jahre wurden zunehmend 250 auch in Reichenbach (Vogtl) – Einsatzstelle Zwickau –, Leipzig-Wahren, Engelsdorf, Chemnitz und Magdeburg-Rothensee stationiert. Mit der Ausdehnung des elektrisch betriebenen Netzes kamen die 250 nach Seddin und Jüterbog, und bis zur Ablösung durch 243 befanden sie sich auch in Stendal und Neustrelitz. Gegen Ende der achtziger Jahre kamen Falkenberg (Elster), Elsterwerda, Senftenberg, Cottbus und Riesa als Standorte hinzu.

Nachdem die beim spektakulären Unfall am 29. Februar 1984 in Hohenthurm beschädigten 250 017 und 207 wieder instandgesetzt worden waren, kam es erst 1986 zur ebenfalls unfallbedingten Ausmusterung der 250 106. Ihr folgte 1990 die 250 145. Durch den Transportrückgang bei der DR nach der deutschen Vereinigung standen die 155 teilweise beschäftigungslos auf dem Rand.

Die Schweizer Südost-Bahn (SOB) mietete 1990 die 250 252 an. Nach einem positiven Testeinsatz einer Maschine beim Bw Nürnberg 2 und auf der Frankenwaldbahn befanden sich seit dem Sommerfahrplan 1992 mehrere 155 dort im Einsatz. Die Reihe 155 gehörte somit zu den ersten im gesamten vereinigten Bundesgebiet eingesetzten Lokomotiven der ehemaligen DR.

Zu einer erhöhten Abstellungsrate kam es im Jahr 1999 mit 30 Lokomotiven, nachdem die Ausmusterung anlässlich fälliger Hauptuntersuchungen angeordnet worden war. Für das Jahr 2000 wurde diese Anordnung wieder aufgehoben, zudem ist die Ausrüstung der Loks mit einer neuen Steuerelektronik vorgesehen.

Im Juli 2000 verteilten sich die 234 noch vorhandenen Lokomotiven auf die drei Betriebshöfe Dresden, Mannheim und Seddin, von wo aus sie im Güterverkehr, vereinzelt aber auch noch im Reisezugdienst im gesamten Bundesgebiet eingesetzt werden.

Beheimatung

Dresden, Mannheim, Seddin

Splittergattung mit unerwartet langer Lebensdauer: 156 001 im Werk Cottbus im neuen Farbanstrich

Baureihe 156

Mit dem Ausbau des elektrischen Streckennetzes ab Mitte der achtziger Jahre benötigte die Deutsche Reichsbahn für schwere Güterzüge eine neue leistungsstarke Elektrolok. Da das Knowhow für einen Drehstromantrieb bei Elloks fehlte, beauftragte die DR den VEB Lokomotivbau-Elektrotechnische Werke "Hans Beimler" Hennigsdorf (LEW) mit der Entwicklung einer konventionellen Ellok, bei der im mechanischen Teil Komponenten der BR 250 sowie in der E- und Steuertechnik Teile der BR 243 (heute 143) Verwendung finden sollten.
Doch die politischen Ereignisse überholten die als Baureihe 252 bezeichneten Maschinen. Mit der Wende 1989 boten sich über Nacht neue technische Möglichkeiten, zugleich schrumpfte der Güterverkehr durch den Zusammenbruch der Wirtschaft auf ein Minimum. So stornierte die DR ihre Bestellung von 75 Maschinen und nahm ab 1991 nur noch die vier Prototypen ab.

Beheimatung

Dresden

Konstruktion

Der Hauptrahmen und der Lokkasten sind als Leichtbau ausgeführt, bei dem die Seitenwände z.T. tragende Funktionen übernehmen. Mit Hilfe von Flexicoilfedern stützt sich der Lokkasten auf den beiden dreiachsigen Drehgestellen ab.
Die Baureihe 156 hat einen Kegelringfederantrieb analog der Baureihe 155. Die Thyristorsteller und Stufenwähler für die Regelung der Fahrmotoren übernahm der LEW von der Baureihe 143. So regelt die Hauptsteuerung die Geschwindigkeit der Maschine automatisch auf die vom Lokführer eingegebenen Werte ein. Über die so genannte Hilfssteuerung kann der Lokführer aber auch direkt die Zug- bzw. Bremskraft der Maschine regeln. Allerdings unterscheiden sich die vier Baumuster in mehreren Details.

Betriebseinsatz

Die vier Baumuster kamen zum Bw Dresden und beförderten vornehmlich schwere Güterzüge. Heute gehören die vier 156er zur Cargo-Niederlassung Dresden. In einem eigenen Umlauf fahren sie meist Güterzüge nach Zwickau und Reichenbach.

Technische Daten

Baureihenbezeichnung		156
Eigentümer		DB Cargo
Indienststellung		1991
Hersteller		LEW Hennigsdorf GmbH
Achsformel		Co' Co'
Länge über Puffer	mm	19.500
Dienstgewicht	t	120
Art des Antriebs		Kegelringfeder
Stromsystem		15 kV / 16 2/3 Hz
Stundenleistung	kW	5.880
Geschw. bei Stundenl.	km/h	98
Zugkraft bei Stundenl.	kN	210
Höchstgeschwindigkeit	km/h	125
Anfahrzugkraft	kN	400
Dauerleistung d. el. Bremse	kW	3.000

AUTOR: ENDISCH; AUFNAHME: HEILMANN

50-Hertz-Exoten im Ellok-Park der Deutschen Bahn AG: die Baureihe 171, hier 171 014 im Bahnhof Rübeland

Als Antrieb dient ein fremdbelüfteter Tatzlagerantrieb mit schrägverzahnten Zahnrädern. Die elektrische Ausrüstung besteht aus zwei herkömmlichen Scherenstromabnehmern, dem Dachtrenn- und dem Druckluftschnellschalter, einem Haupttransformator und einem Hochspannungsschaltwerk, welches 34 Dauerfahrstufen ermöglicht. Über zwei Silizium-Gleichrichter werden die Fahrmotoren mit Strom versorgt.

Für den Steilstreckeneinsatz besitzen die Maschinen eine elektrische Widerstandsbremse. Um die von der Reichsbahn geforderte Dienstmasse von 126 t zu erreichen, mussten die Loks mit zusätzlichen Ballastgewichten ausgerüstet werden.

Baureihe 171

Für den Einsatz auf der mit 25 kV bei 50 Hz elektrifizierten Rübelandbahn von Blankenburg nach Königshütte gab die Deutsche Reichsbahn Anfang der sechziger Jahre beim VEB Lokomotivbau-Elektrotechnische Werke "Hans Beimler" Hennigsdorf (LEW) eine schwere Elektrolok in Auftrag. Die Maschine sollte in einer Steigung von 1 : 16,6 anstandslos einen 300 Tonnen schweren Güterzug mit einer Geschwindigkeit von 40 km/h befördern und abbremsen können. Die Aufgabe bedeutete aufgrund des ungewöhnlichen Stromnetzes Neuland - bisher hatte man nur Erfahrungen mit 16 2/3 Hz-Maschinen für die Reichsbahn. Nach ausgiebigen Tests mit zwei Erprobungsmaschinen lieferte der LEW Hennigsdorf Ende 1965 die gewünschten 15 sechsachsigen Maschinen. Die DR stellte die Elektrolokomotiven im November/Dezember 1965 in Dienst und stationierte sie im Bw Blankenburg. Seither bestimmen die zunächst als Baureihe E 251, von 1970 bis 1992 als 251 und seither als Baureihe 171 bezeichneten Lokomotiven das Bild auf der elektrifizierten Steilstrecke im Harz.

Technische Daten

Baureihenbezeichnung		171
Eigentümer		DB Cargo
Indienststellung		1965
Hersteller		LEW Hennigsdorf
Achsformel		Co'Co'
Länge über Puffer	mm	18.640
Dienstmasse	t	124
Stromsystem		25 kV, 50 Hz
Art des Antriebs		Tatzlager
Stundenleistung	kW	3 660
Geschw. b. Stundenl.	km/h	41
Höchstgeschwindigkeit	km/h	80
Anfahrzugkraft	kN	373
Zugkraft b. Stundenleistung	kN	316
Dauerleistung d. el. Bremse	kW	800

Konstruktion

Der Oberrahmen und der Fahrzeugkasten samt Führerständen sind als eine Schweißkonstruktion ausgeführt. Der Rahmen ist aus zwei durchgehenden U-förmigen Längsträgern gefertigt, die den Transformator- und die Drehzapfenträger aufnehmen. Die Lokomotive stützt sich mit jeweils vier Federn auf den beiden sechsachsigen Drehgestellen ab. Die Radsätze werden mit Blattfedern und Gummielementen abgefedert.

Betriebseinsatz

Von der zur Cargo-Niederlassung Magdeburg gehörenden Einsatzstelle Blankenburg werden täglich sieben Maschinen im Personen- und Güterverkehr auf der landschaftlich reizvollen Steilstrecke Blankenburg – Elbingerode eingesetzt. Sämtliche Güterzüge werden, bedingt durch die Vorgaben der DV Steilstrecke, mit einer Zug- und Schiebelokomotive bespannt. Die noch vorhandenen elf Maschinen präsentieren insgesamt vier verschiedene Lackierungsvarianten. Während die seit 1994 unter Denkmalschutz stehenden 171 001 und 002 im klassischen Reichsbahn-Grün unterwegs sind, zeigt sich die 171 012 in Bordeauxrot. Orientrot mit "Lätzchen" wurden hingegen die Maschinen 171 005, 009 und 011 lackiert. In der aktuellen DB-Lackierung schließlich zeigen sich die 171 003, 004, 008, 013 und 014.

Beheimatung

AUTOR: ENDISCH; AUFNAHME: KLEIN

Als Rangierlokomotive für die Münchener Bahnhöfe beschafft, eigneten sich die Maschinen der BR E 60 auch für die Beförderung leichter Güterzüge

Baureihe E 60 (DB 160)

Für den Rangierdienst auf den Mitte der zwanziger Jahre elektrifizierten Münchner Bahnhöfen plante die DRG, geeignete elektrische Lokomotiven zu beschaffen. Mit ihnen sollten die Vorzüge dieser sauberen Betriebsart auch im Rangierdienst genutzt werden. Im Jahre 1925 bestellte die DRG bei AEG zwei 1'C-gekuppelte Rangierlokomotiven mit der Bezeichnung E 60. Die Rangierlokomotive sollte die zugleich für die Beförderung leichter Güterzüge geeignet sein.

Konstruktion:

Bei der Konstruktion dieser Lokomotiven waren im Interesse einer minimalen Ersatzteilbevorratung möglichst viele Baugruppen der zur selben Zeit beschafften Baureihen E 52 und E 91 zu verwendet . Folglich war beispielsweise der Winterthur-Schrägstangenantrieb mit den drei Kuppelachsen mit der E 91 identisch. Folgeaufträge ergingen 1927 über zwei, 1931 über fünf und 1932 über nochmals zwei Maschinen. Den elektrischen Teil der letzten beiden E 60 baute Siemens-Schuckert (SSW). 1958 und 1959 wurden die Lokomotiven der Baureihe E 60 im AW Freimann modernisiert und dabei das Triebwerk, der Lokkasten sowie die elektrische Ausrüstung vollständig überholt. Die Lokomotiven waren den Anforderungen des Rangierdienstes stets gewachsen und haben die an sie gestellten Erwartungen erfüllt. Allerdings durften diese Maschinen wegen ihrer relativ hohen Achsfahrmasse von 19,3 t nicht alle Anschluß- und Bahnhofsgleise befahren, was ihre Einsatzmöglichkeiten einschränkte. In der Praxis konnte dieses Manko Rechnung durch eine entsprechende Dienstplangestaltung ausgeglichen werden. Als weiterentwickelte Nachfolgebaureihe stellte die DRG ab 1935 die E 63 in Dienst.

Das Laufwerk mit der Achsfolge 1'C verfügte über eine in einem Bisselgestell gelagerte Laufachse. Der zweite Kuppelradsatz hatte Seitenspiel. Die Spurkränze der Räder des zweiten Kuppelradsatzes waren geschwächt. Den Antrieb (Übersetzung 25:101) übernahm ein Doppelmotor, der seine Kraft mit einem beiderseitigen Winterthur-Schrägstangenantriebes auf die Treibachsen übertrug. Bei dem Hauptrahmen handelte es sich um einen Blechrahmen, der durch Querverbindungen, die Pufferbohlen und durch das Unterteil des Motorgehäuses versteift war. Der Lokkasten hatte vorn einen kurzen Vorbau für den Hauptluftverdichtererhalten, dahinter war das Führerhaus angeordnet. Dann folgte die langgezogene Maschinenraumhaube, unter der sich die elektrische Ausrüstung verbarg. Die Bezeichnung der Seite mit dem kurzen Vorbau als „V“ (vorn) wirkte recht ungewöhnlich. Denn die Mehrzahl der E 60-Fotos zeigt die Loko-

TECHNISCHE DATEN

Baureihenbezeichnung		E 60
	ab 1968	160
Indienststellung		1927
Hersteller		AEG, SSW
Achsfolge		1'C
Länge über Puffer	mm	11 100
Dienstmasse	t	72,5
Stromsystem		16 2/3 Hz, 15 kV
Art des Antriebs		Stangen
Dauerleistung	kW	820
Geschw. bei Dauerleistung	km/h	46
Stundenleistung	kW	1 074
Geschw. bei Stundenleistung	km/h	38
Höchstgeschwindigkeit	km/h	55

Das Laufwerk mit der Achsfolge 1'C verfügte über eine im Bisselgestell gelagerte Laufachse

motiven von der langen Maschinenraumhaube her.
Die Bremseinrichtung bestand aus einer Druckluftbremse zur einseitigen Abbremsung der Treibräder und einer Spindelhandbremse. Eine wegeabhängige Sicherheitsfahrschaltung (Bauart AEG) rüstete die DRG ab 1930 nach. Auf dem Dach war ein Scherenstromabnehmer in Sonderbauart mit zwei Schleifstücken angeordnet, der für das Überfahren von Trennstellen der Fahrleitung mit isoliertem Zwischenstück notwendig war. Als die Streckentrenner später technisch verbessert waren, genügte für die E 60 nur noch ein Schleifstück. Die DB-E 60 fuhren zuletzt mit auf Dotzler-Doppelwippe umgebauten Stromabnehmer. Der Hauptschalter war als Ölschalter ausgeführt. Außerdem erhielten sämtliche Maschinen ölgekühlte Manteltransformatoren (d.h. mit zwangsweisem Ölumlauf) und äußerer Fremdkühlung und eine elektromagnetische Schützensteuerung mit 14 Fahrstufen.
Der Doppelmotor setzte sich aus zwei ständig in Reihe geschalteten zehnpoligen Wechselstrom-Reihenschlußmotoren mit Erreger-, Kompensations- und Wendepolwicklungen zusammen. 1957 und 1958 erhielten die E 60 im Zuge der Modernisierung u.a. Rangierbühnen über den Pufferbohlen, zusätzliche Fenster, Fenstereinfassungen aus Gummi, eine Sifa Bauart BBC, neue Kabel und die kleinen DB-Einheitsscheinwerfer. Der Ölschalter wich einer Hochspannungs-Dachsicherung.
Bei ihrer Indienststellung ab 1927 waren die Lokkästen der E 60 grün gestrichen. Die DB lackierte sie anläßlich der Grundüberholung dunkelrot.

Betriebseinsatz

Die Lokomotiven wurden zwischen Oktober 1927 und Juni 1934 als E 60 01 – E 60 14 geliefert und in den Bahnbetriebswerken München Hbf, Rosenheim und Garmisch beheimatet. Die Münchener Lokomotiven übernahmen den Rangierdienst auf dem Hauptbahnhof sowie im Güterbahnhof Laim. Neben Überstellfahrten im Münchner Stadtgebiet gehörten an Wochenenden auch Personenzugleistungen im Rahmen des Ausflugsverkehrs zum Aufgabengebiet. Letzterer war zu jener Zeit noch eine Domäne der Bahn! Die Rosenheimer E 60 rangierten in Rosenheim, die Garmischer E 60 in Garmisch und in Weilheim.
Nach der Übernahme der österreichischen Strecken durch die DRG und dem Anstieg des Güterverkehrs nach Italien wurden einige Lokomotiven der Baureihe E 60 ab 1938 auch im „Anschlußgebiet" stationiert. So erklärt es sich, daß nach dem Ende des Zweiten Weltkrieges über die Hälfte des E 60-Bestandes dort verblieb, nämlich sechs Maschinen beim Bw Innsbruck, eine beim Bw Wörgl und eine beim Bw Kufstein. Im Rahmen eines bilateralen Lokomotivaustausches mit den ÖBB kehrten diese Lok jedoch 1945/46 nach Bayern zurück, alle E 60 verblieben der späteren DB.

Sie waren im Laufe ihrer Einsatzzeit fast ausschließlich im Direktionsbereich München eingesetzt und in den Bw Freilassing (1941 – 1980), Garmisch (1928 – 1941 und 1946 – 1979), Ingolstadt (1970 – 1979), München Hbf (1927 – 1964), Murnau (1946 – 1954), Rosenheim (1928 – 1974) und Treuchtlingen (1941 – 1968) beheimatet. E 60 des Bw Garmisch rangierten in den Bahnhöfen Garmisch, Murnau und Weilheim. Darüber hinaus fuhr die Murnauer Lok mit ihren Güterzügen zur Anschlußbedienung bis Oberau, Eschenlohe und Hechendorf. Die in Weilheim eingesetzte E 60 zog Nahgüterzüge über Tutzing und Penzberg nach Kochel sowie bis Peißenberg. Nur vor Ort rangierten die in Rosenheim und Treuchtlingen stationierten Maschinen. Als 1964 die im Rangierdienst auf dem Heidelberger Hauptbahnhof genutzten E 69 02 und E 69 03 die Grenzen ihrer Leistungsfähigkeit erreicht hatten, wurden sie durch zwei E 60 des Bw München Hbf ersetzt. Damit kamen Lokomotiven der Baureihe E 60 erstmals nach dem Zweiten Weltkrieg außerhalb Bayerns zum Einsatz. Drei weitere E 60 folgten im Jahre 1967.
Anfang 1976 schied die seit 1968 als Baureihe 160 bezeichnete Bauart aus dem Unterhaltungsbestand der DB aus. Für untersuchungspflichtige Loks bedeutete dies die Ausmusterung, die sich 1977 (3), 1978 (5), 1979 (3) und 1983 (3) anschloß. Der Rangierdienst in Heidelberg war damit das letzte Einsatzgebiet der einst bayerischen Lokomotiven der elektrischen Traktion. Als letzte Lokomotive der Baureihe 160 wurde dort im Juni 1983 die 160 012 schadhaft abgestellt und am 31. August 1983 ausgemustert. Damit endete bei der DB nicht nur der Einsatz von stangengetriebenen Elektrolokomotiven, sondern auch der Rangierdienst mit eigens für diese Zwecke beschafften Lokomotiven. Als Museumsloks bleiben die 160 009 (DME), 160 010 (DB-BSW Mannheim; betriebsfähig) und 160 012 (Sinsheim) erhalten.

Anfang 1976 schieden die Lokomotiven aus dem Unterhaltungsbestand der Bundesbahn aus

REDAKTION: DR. BRIAN RAMPP; FOTOS: SCHEDLER, AEG/SLG. RAMPP, FAUST

Die Königlich Bayerische Staatsbahn beschafte ab 1911 für den Abschnitt Mittenwald - Garmisch (Karwendelbahn) die Elloks der Baureihe E 62

Baureihe E 62

Die Wahl der Königlich Bayerischen Staatsbahn (K. Bay. Sts. B.) für die ersten mit 16 2/3 Hz, 15 kV zu elektrifizierenden Strecken fiel auf den Abschnitt Mittenwald – Garmisch der Karwendelbahn sowie die daran anschließende Verbindung Garmisch – Reutte in Tirol (Außerfernbahn). Bedenken der Heeresführung ließen seinerzeit nur die Elektrifizierung strategisch unbedenklicher Strecken zu. Für den bayerischen Streckenteil der Außerfernbahn bestellte die K. Bay. Sts. B. im Jahre 1911 fünf 1'C1'-gekuppelte Elektrolokomotiven, bezeichnet als Reihe EP 3/5 und mit den Betriebsnummern 20 001 – 20 005.
Den mechanischen Teil fertigte Maffei in München, die elektrische Ausrüstung bauten die Maffei-Schwartzkopff-Werke in Wildau bei Berlin. Die Maschinen sollten gemeinsam mit den österreichischen Elektrolokomotiven der Reihe 1060 den gesammten Verkehr auf den alpinen Streckenabschnitten bewältigen und standen ab Anfang 1913 zur Verfügung. Die Lokomotiven der späteren Baureihe E 62 waren immerhin 43 Jahre im Einsatz und bewährten sich, obwohl aus der Pionierzeit des elektrischen Zugbetriebes in Deutschland stammend, gut.
Auf ihren Einsatzstrecken wurden die Maschinen lange Zeit den Anforderungen gerecht. Als Nachfolgebauart beschaffte die DRG ab 1925 die 1'C1'- Lokomotiven der Reihe EP 2, die später als E 32 bezeichnet wurde.

Konstruktion

Die beiden Laufradsätze der 1'C1'-Lokomotive waren in Adamsgestellen gelagert. Der mittlere Kuppelradsatz erhielt Seitenspiel und geschwächte Spurkränze. Die vom Fahrmotor erzeugte Bewegungsenergie wurde über eine Motorkurbelwelle, geneigte Treibstangen, eine Blindwelle und Kuppelstangen auf die drei Radsätze übertragen. Der als Innenrahmen gestaltete Hauptrahmen bestand aus Stahlblech. Er setzte sich aus zwei Rahmenwangen

TECHNISCHE DATEN

Baureihenbezeichnung	ab 1913	EP 3/5 20001 – EP 3/5 20005
	bis 1918	EP 3/5
	1918 – 1926	EP 1
	ab 1926	E 62 01 – E 62 05
Indienststellung		1913
Hersteller		Maffei/MSW
Achsfolge		1'C1'
Länge über Puffer	mm	12 250
Dienstmasse	t	72,5
Stromsystem		16 2/3 Hz, 15 kV
Antrieb		Stangen
Dauerleistung	kW	440
Geschw. bei Dauerleistung	km/h	45
Stundenleistung	kW	710
Geschw. bei Stundenleistung	km/h	45
Höchstgeschwindigkeit	km/h	60
Anfahrzugkraft	kN	131

Die Lokomotiven der Baureihe E 62 waren bis 1955 stets auf ihren Stammstrecken im Einsatz

zusammen, die durch Querverbindungen, Motorblock und Pufferbohlen versteift waren. Der aus einem Profilstahlgerippe bestehende Lokkasten wurde mit Stahlblech verkleidet. Der Maschinenraum lag zwischen den beiden abgeschrägten Endführerständen. Die Lufteintrittsöffnungen für die Kühlluft waren, typisch für die Elektrolokomotiven aus der Anfangszeit des elektrischen Zugbetriebes, unmittelbar über dem Maschinenraumboden plaziert. An den Stirnwänden befanden sich die bis in die dreißiger Jahre hinein üblichen Türen und Übergangseinrichtungen.
Der Dachaufbau war in zwei Teilen abnehmbar. Die Druckluftbremse diente zur einseitigen Abbremsung der Kuppelräder. Hinzu kam je eine Spindelhandbremse auf den Führerständen. Das Ackermann-Notbremsventil rüstete die DRG ab 1931 nach. Auf dem Dach waren u.a. ein Bügeltrenner und zwei Scherenstromabnehmer Bauart SSW, ab 1931/32 der Bauart SBS 9, angeordnet. Der Haupttransformator arbeitete auf Ölbasis.
Die Steuerung übernahm ein manuell zu bedienendes Schlittenschaltwerk. Die Fahrmotoren zählten zu den größten jemals gebauten. Es handelte sich um 28polige Wechselstrom-Reihenschlußmotoren mit zwei Kommutatoren. Ursprünglich hatten die Lokomotiven der späteren Baureihe die E 62 einen olivgrünen Anstrich, wobei die Fensterpartie der Maschinenraumseitenwand beige gehalten war. Ab 1927 erhielten die Lokomotiven einen blaugrauen Anstrich. Fotos aus den dreißiger Jahren lassen jedoch eher auf einen grünen Anstrich schließen. So war die E 62 01 1950 im AW Freimann in einem ausgeblichenen Grün anzutreffen. Die DB versah die E 62 01 anläßlich ihrer letzten Hauptuntersuchung im Jahre 1953 noch mit einem Neuanstrich in der chromoxydgrünen Farbe.

Betriebseinsatz

Nach der Indienststellung übernahmen die Lokomtiven der Gattung EP 3/5 den Reise- und Güterverkehr auf der am 29. Mai 1913 eröffneten Außerfernbahn Garmisch – Griesen (Grenze) – Reutte, während die österreichischen 1060 die Strecke Garmisch – Innsbruck bedienten. Von April bis Anfang August 1914 war die EP 3/5 20 004 leihweise im Bw Freilassing stationiert und beförderte von dort aus unter anderem den Eröffnungszug auf der ebenfalls neu elektrifizierten Strecke von Freilassing nach Bad Reichenhall. Ab 1918 wurden die fünf Maschinen als EP 1, ab 1926 als E 62 bezeichnet.

Die Lokomotiven waren während ihrer gesamten Einsatzzeit im Betriebswerk Garmisch beheimatet und stets vor den Reise- und Güterzügen auf der Außerfernbahn anzutreffen. Als die Zuglasten in den dreißiger Jahren merklich anstiegen, waren zwischen Garmisch und Reutte oft zwei E 62 bzw. je eine E 62 und eine E 36 im Einsatz. Das traf insbesondere für die Züge mit Wochenendausflüglern aus München zu.
Abgelöst wurden die E 62 durch die Lokomotiven der Baureihe E 32, die nur bis Griesen verkehrten, und durch die ab 1944 in Garmisch beheimateten E 44, die nach der Verstärkung der Lermooser Brücke bis Reutte durchlaufen konnten.
Bereits im Jahre 1939 wurde die E 62 03 ausgemustert; ihr folgte dann 1941 die E 62 05 – letztere, nachdem die Reichsbahndirektion München erstmals Lokomotiven der Baureihe E 32 in Garmisch stationiert hatte.
Im Jahre 1946 existierte nur noch ein Umlaufplan für eine E 62 mit Personenzugleistungen nach Griesen. Ein Jahr später verschwand die E 62 04 und 1949 die E 62 02 aus dem Bestand. Auch sie wurden ersetzt durch Lokomotiven der Baureihe E 32.
Die E 62 01 erhielt 1953 letztmals eine Hauptuntersuchung im Ausbesserungswerk Freimann, und sie verkehrte anschließend erneut zwischen Garmisch und Griesen (Grenze). Infolge eines Schadens mußte die Lokomotive jedoch bald darauf, im Herbst 1954, abgestellt und 1955 ausgemustert werden. Nach zehnjähriger Abstellzeit im AW Freimann wurde die Maschine zerlegt. Nur ein Teil des Rahmens mit drei Kuppelradsätzen sowie der Fahrmotor kamen ins Verkehrsmuseum Nürnberg.

Die Wechselstrom-Reihenschlußmotoren der E 62 zählen zu den größten jemals gebauten Motoren

REDAKTION: DR. BRIAN RAMPP; FOTOS: SLG. KNIPPING, SLG. PILLMANN, BÄZOLD

Um den neu entstandenen Bedarf an elektrischen Rangierlokomotiven zu decken, beschaffte die DRG ab 1935 die Maschinen der Baureihe E 63

Baureihe E 63 (DB 163)

Mitte der dreißiger Jahre bestand weiterer Bedarf an elektrischen Rangierlokomotiven. Die DRG beschaffte daher ab 1935 die E 63 als Nachfolgebaureihe der E 60. Die neue Rangierlokomotive sollte über eine geringere Achsfahrmasse und gleichzeitig eine größere Leistung als ihre Vorgängerin verfügen. Der technische Fortschritt hatte zwischenzeitlich zur weiteren Masseeinsparung beigetragen, so daß die Lokomotiven ohne Laufachse als C-Kuppler ausgeführt werden konnten. Ansonsten wurden Radsätze und Stangenantrieb unverändert von der E 60 übernommen.
1934 bestelle die DRG sieben derartige Maschinen bei der AEG (E 63 01 – E 63 04) sowie bei bei Krauss-Maffei (Fahrzeugteil) und BBC (elektrischer Teil) (E 63 05 – E 63 07). Beide Baulose unterschieden sich sowohl in der Formgebung als auch in der elektrischen Ausrüstung erheblich. Im Zusammenhang mit der Elektrifizierung der Strecke Nürnberg – Leipzig – Berlin waren weitere Bestellungen geplant. Infolge der Stornierung des Auftrages von 1937 über acht Maschinen der Bauart AEG kam 1940 nur noch die Lokomotive E 63 08 zur Auslieferung. Der geplante E-63-Einsatz in Nürnberg Hbf und Halle (Saale) Hbf kam somit nicht zustande. Bei der DB erhielten die Lokomotiven der Baureihe E 63 zwischen 1960 und 1961 eine Grundüberholung im AW Freimann. Dabei wurden das Triebwerk, der Lokkasten und die elektrische Ausrüstung vollständig überholt.
Die Baureihe E 63 bewährte sich in dem ihr zugedachten Einsatzgebiet. Die AEG-Variante hatte mit 17,7 t eine um 0,3 t höhere Achsfahrmasse als ihre BBC-Schwester und damit eine etwas höhere Anfahrzugkraft.
Mit der Baureihe E 63 endete die Beschaffung elektrischer Rangierlokomotiven in Deutschland bis zum heutigen Tag. Während ausländische Bahnverwaltungen auch in Zukunft für den Rangierdienst eigens hierfür geeignete elektrische Lokomotiven beschaffen werden (z.B. die Reihe 1163 der ÖBB), ist bei der DBAG Gleiches in absehbarer Zeit nicht zu erwarten.

Konstruktion

Das Laufwerk mit der Achsfolge C verfügte über drei gekuppelte Radsätze, die unverändert von der E 60 übernommen worden waren. Der mittlere Kuppelradsatz hatte Seitenspiel, und der Spurkranz war geschwächt. Den Antrieb übernahm ein Motor, der seine Kraft über beiderseitige Vorgelegeblindwellen und Winterthur-Schrägstangenantrieb auf die durch Kuppelstangen verbundenen Radsätze über-

TECHNISCHE DATEN

Baureihenbezeichnung	bis 1967	E 63 01 – E 63 04, E 63 08	E 63 05 – E 63 07
	ab 1968	163	163
Indienststellung		1935	1935
Hersteller		AEG	KM/BBC
Achsfolge		C	C
Länge über Puffer	mm	10 200	10 200
Dienstmasse	t	53,1	51,4
Stromsystem		16 2/3 Hz, 15 kV	16 2/3 Hz, 15 kV
Antrieb		Stangen	Stangen
Dauerleistung	kW	667	650
Geschw. bei Dauerleistung	km/h	36,5	35,6
Stundenleistung	kW	725	710
Geschw. bei Stundenleistung	km/h	35	34,7
Höchstgeschwindigkeit	km/h	45	50
Anfahrzugkraft	kN	167	118

Die Baureihe E 63 war die letzte in Deutschland beschaffte elektrische Rangierlokomotive

trug. Bedingt durch die Verwendung unterschiedlicher Fahrmotoren war die Übersetzung des Getriebes bei den AEG-Loks 17:109, bei den BBC-Maschinen dagegen 26:131.
Der Hauptrahmen besaß 25 mm dicke Seitenwangen aus Blech, die durch Kopfstücke, Querverbindungen, das Vorgelege-Lagergußstück und die Pufferbohlen versteift waren. Bei den AEG-E 63 konnte durch den werkseitigen Einbau von 1,2 t Ballast die größte Anfahrzugkraft am Treibradumfang von 118 kN (BBC-Version) auf 167 kN erhöht werden. Der Lokkasten war mit einem außermittig angeordneten Führerhaus ausgestattet. Durch die unterschiedlichen Größenverhältnisse der elektrischen Ausrüstung wich die Form der aus blechverkleidetem Profilstahlgerippe gefertigten Lokkästen der beiden Bauvarianten voneinander stark ab. Während die AEG-E 63 eher kastenförmige Vorbauten erhalten hatte , lagen die Hauben der BBC-E 63 höher und waren an den Ecken stark abgerundet worden. Unter der vorderen Haube befanden sich im wesentlichen Fahrmotor, Lüftersatz, Stromteiler, Motorluftpumpe, Fahrtwenderschütze und Transformatorkühler. Die hintere Haube beherbegte das Nockenschaltwerk mit Antrieb, den Trafo und die Ölpumpe.
Die Bremseinrichtung bestand aus einer Druckluftbremse zur einseitigen Abbremsung der Treibräder und einer Spindelhandbremse auf dem Führerstand. Die Lokomotiven der Baureihe E 63 verfügten ab Werk über eine wegeabhängige Sicherheitsfahrschaltung der Bauart BBC. Auf dem Dach war ein Scherenstromabnehmer in Sonderbauart AEG mit zwei Schleifstücken angeordnet, ab 1945 nur noch mit einem Schleifstück. Statt eines Hauptschalters installierte man auf dem Dach eine Hochspannungs-Schmelzsicherung. Der Haupttransformator war ölgekühlt. Die Steuerung übernahm ein Nockenschaltwerk mit 14 Fahrstufen, bei den BBC-Loks mit 13 Fahrstufen. Der Fahrmotor des Typs EKB 860 bei den AEG-E 63 entsprach dem der Lokomotiven der Bareihe E 04 und E 18. Bei den BBC-Loks wurde der Motor der E 16[1] installiert. In beiden Fällen waren es zwölfpolige Wechselstrom-Reihenschlußmotoren mit Erreger-, Kompensations- und Wendepolwicklungen.

Betriebseinsatz

Die E 63 waren während ihrer gesamten Betriebszeit ausschließlich im Rangierdienst eingesetzt. Streckendienste wie bei der Baureihe E 60 sind nicht bekannt. Die ersten E 63-Lokomotiven wurden zwischen Juni 1935 und Juni 1940 in den Bahnbetriebswerken Stuttgart-Rosenstein (2) und München Hbf (6) für den Rangierdienst auf den dortigen großen Hauptbahnhöfen stationiert. 1942 erhielt das Bw Garmisch zwei Maschinen. Die Lokomotive E 63 04 brannte bei einem schweren Luftangriff auf München aus und wurde am 10. November 1944 ausgemustert. Drei weitere Maschinen waren durch Kriegseinwirkungen ebenfalls beschädigt worden. Die Lokomotiven E 63 04 und E 63 08 befanden sich 1945 in Bludenz (Österreich).
Zum 1. Januar 1968 änderte sich die Baureihenbezeichnung in 163. Sämtliche Maschinen schieden 1976 aus dem Unterhaltungsbestand aus und erhielten fortan keine Hauptuntersuchungen mehr. In der Folge musterte die DB die Maschinen in den Jahren 1976 (2), 1977 (4), 1978 (1) und als letzte im Jahr 1979 die 163 002 aus.
Anfang Juni 1977 endete der Planeinsatz in Stuttgart, die noch vorhandene 163 002 wechselte darauf in den Bestand des Bw Augsburg, das für diese Lokomotive jedoch keine Verwendung hatte. Der 163-Einsatz in Augsburg endete im März 1978 mit der Abstellung der Lokomotive 163 005. Die 163 002 wechselte im Mai 1978 wegen 160-Mangel überraschend zum Bw Garmisch. Ihr Einsatz währte allerdings nur bis August 1978. Die beim Rangierpersonal nicht geschätzte Ellektrolokomotive mußte betriebsfähig abgestellt werden. In den meisten Bahnbetriebswerken wurden die Maschinen der Baureihe 163 durch Dieselrangierlokomotiven der heutigen BR 360 – 365 ersetzt.
1977/78 übernahm die DB die Lokomotiven 163 005 und 163 008 in den Museumsbestand. Die 163 005 wurde 1991/92 von Krauss-Maffei in den Ursprungszustand zurückversetzt. Beide Maschinen stehen seit 1985 unter der Obhut des Bahnsozialwerkes, Gruppe Bw München Ost, und waren 1994 nicht betriebsfähig im ehemaligen Bw Garmisch hinterstellt. Die Lokomotive 163 001 wurde 1983 im Bw Stuttgart auf einen Denkmalsockel gestellt, und die Lokomotive 163 002 verkaufte die DB 1982 an die Firma Friedrich in Kriegenbrunn bei Erlangen.

Die Motorkraft gelangte über beiderseitige Vorgelegeblindwellen auf die gekuppelten Radsätze

REDAKTION: DR. BRIAN RAMPP; FOTOS: BENDRIEN, DB/SLG. RAMPP, AEG/ SLG. KNIPPING

Insgesamt fünf zweiachsige Elektrolokomotiven zählte die Baureihe E 69, die alle für die Lokalbahnstrecke Murnau – Oberammergau beschafft wurden

Baureihe E 69 (DB 169)

Zu Beginn des Jahres 1905 nahm die Lokalbahn AG München (LAG) den elektrischen Betrieb mit 5.500 V/ 16 Hz (Wechselstrom) auf ihrer 24 km langen, im Jahre 1900 eröffneten Strecke Murnau – Oberammergau auf. Der Reiseverkehr wurde zunächst von Triebwagen übernommen. Für den Güterverkehr konnte 1905 eine zweiachsige Elektrolokomotive von den Siemens-Schuckert-Werken (SSW) in Berlin und der Katharinenhütte in Rohrbach (Pfalz) geliefert und als „LAG 1" mit dem inoffiziellen Namen KATHARINA in Dienst gestellt werden.

Nach deren guter Bewährung kam 1909 eine zweite, ähnliche Lok als „LAG 2" mit dem Spitznamen PAULINE hinzu, die ebenso wie die fast baugleiche „LAG 3" aus dem Jahre 1912 von Krauss in München und SSW geliefert wurde. Die HERMINE getaufte „LAG 3" unterschied sich im Äußeren vor allem durch die im Gegensatz zur „LAG 2" über die Pufferbohle reichenden Vorbauten. Anläßlich eines Umbaues beider Lokomotiven wurde, um genügend Platz für die modernisierte elektrische Ausrüstung zu schaffen, der Lokrahmen unter dem Lokkasten um 240 mm erhöht. Für den Güterverkehr lieferte Siemens 1922 eine weitere Maschine mit Endführerstand und einem langen Vorbau, der weit über das Führerhausdach herausragte. Bei dieser „LAG 4" alias JOHANNA handelte es sich um die „Hälfte" einer ehemaligen vierachsigen Drehstrom-Versuchslokomotive, die 1903 von SSW und van der Zypen & Charlier in Deutz für die Versuchsstrecke Marienfelde – Zossen gebaut worden war. Die neue elektrische Ausrüstung bestand überwiegend aus Teilen, die sich bei SSW noch befanden. Es wird vermutet, daß dies der Grund für die große Störanfälligkeit der Machine war. Nach einem Brandschaden im Jahre 1934 wurde die Lokomotive bei Krauss-Maffei umgebaut und erhielt unter anderem einen Mittelführerstand mit zwei, gegenüber den drei älteren Lokomotiven etwas wuchtigeren, Vorbauten. Außerdem bekam die Maschine einen neuen Rahmen, so daß dieser Umbau einem Neubau gleichkam. Lediglich die elektrische Ausrüstung blieb erhalten. Sie wurde erst bei einem weiteren Umbau im Jahre 1955 erneuert.

Die zweite Hälfte der ehemaligen Versuchslokomotive blieb übrigens bei Siemens in Berlin bis heute erhalten und hat das ursprüngliche Aussehen der „LAG 4". Noch deutlich voluminöser waren die zwei Vorbauten der letzten, 1930 von Maffei und SSW gelieferten sowie wesentlich schwereren und stärkeren ADOLFINE. Als „LAG 5" bezeichnet, war diese Maschine vornehmlich im Güterverkehr eingesetzt Nach der Übernahme der LAG durch die Deutsche Reichsbahn im Jahre 1938 erhielten die kleinen Lokalbahn-Elloks die Nummern E 69 01 – E 69 05.

Im Jahre 1954 wurde die Strecke Murnau – Oberammergau durch die DB auf das

TECHNISCHE DATEN

Fahrzeugbezeichnung		bis 1938	LAG 5
		ab 1938	E 69 05
		ab 1968 (DB	169 005
Indienststellung			1930
Ausmusterung			1981
Hersteller			SSW/Maffei
Achsfolge			Bo
Länge über Puffer		mm	8 700
Dienstmasse		t	32
Stromsystem bis 1955			5,5 kV/16 2/3 Hz
Stromsystem ab 1955			5 kV/16 2/3 Hz
Antrieb			Tatzlager
Stundenleistung		kW	605
Geschw. Stundenleistung		kW	36
Höchstgeschwindigkeit		km/h	50
Anfahrzugkraft		kN	93
Zugkraft bei Stundenleistung		kN	60

übliche Wechselstromsystem 15 kV, 16 2/3 Hz umgestellt. Während die E 69 01 ausgemustert wurde, rüstete man die übrigen vier Lokomotiven für das neue Stromsystem um. 1968 erhielten die Maschinen die EDV-gerechten Betriebsnummern in 169 002 – 169 005.

Konstruktion

Alle fünf Lokomotiven hatten die gleiche Achsfolge Bo, also zwei mit je einem Wechselstrom-Reihenschlußmotor versehene und als Lenkachsen ausgeführte Treibachsen mit Tatzlagerantrieb.
Auf dem Rahmen befand sich in der Lokmitte der Führerstand. Die Stromabnehmer der Typen SBS 39 (E 69 02 und E 69 03) sowie SBS 10 (E 69 04 und E 69 05) bewährten sich gut. Die Lokomotiven E 69 01 – E 69 03 besaßen ursprünglich einen Stromabnehmer mit zwei hohen Schleifstücken, ähnlich einem Lyra-Bügel. Die E 69 04 und E 69 05 erhielten dagegen Stromabnehmer der Sonderbauart mit zwei Schleifstücken auf einer Wippe. Baugleiche Stromabnehmer bekamen in den dreißiger Jahren ebenfalls die älteren E 69.
Die symmetrischen Vorbauten beherbergen die elekrische Ausrüstung sowie die Hilfsaggregate. Die Fahrmotoren waren mit der elektromagnetischen Schützensteuerung verbunden.
Die Lokomotiven E 69 02, E 69 03 und E 69 05 stattete man anläßlich eines Umbaues in den dreißiger Jahren mit zuverlässigeren BBC-Nockenschaltwerken aus, die E 69 01 und E 69 04 behielten die Schützensteuerung bis zu ihrer Ausmusterung.

Die E 69 05 war die zuletzt gelieferte Maschine und zugleich die schwerste und leistungsstärkste

Betriebseinsatz

Nach Anlieferung kamen die fünf Lokomotiven der späteren Baureihe E 69 vom Lokalbahnhof Murnau der LAG aus auf der Strecke nach Oberammergau zum Einsatz, wo sie den Güterverkehr bewältigten sowie die dreiachsigen Triebwagen im Personenverkehr ablösten. Hieran änderte sich auch nach der Übernahme der LAG durch die Deutsche Reichsbahn nichts. Alle fünf E 69 hatten den Zweiten Weltkrieg ohne Schäden überstanden und wurden weiterhin auf ihrer Stammstrecke eingesetzt. Wegen des wesentlich erhöhten Lokomotivbedarfs anläßlich der Oberammergauer Passionsspiele wurden 1950 kurzfristig auch Dampflokomotiven der Baureihe 64 im Bw Murnau stationiert, die die kleinen Elloks bei den Fahrten von und nach Oberammergau unterstützen.
Erst im September 1954 kam mit Umstellung der Stammstrecke vom LAG-Stromsystem auf das bei der DB allgemein übliche Bewegung in die Stationierungsgeschichte der E 69, deren bisherige Heimat inzwischen eine Außenstelle des Bw Garmisch geworden war. Die E 69 01 wurde abgestellt, da sich eine Umrüstung aufgrund ihres Alters nicht mehr lohnte. Sie steht heute als Denkmal im AW München-Freimann. Die E 69 03 und E 69 04 waren 1955 zwei Monate für Rangierdienste an die Bahnbetriebswerke Freilassing und Rosenheim ausgeliehen worden. Der Personenverkehr zwischen Murnau und Oberammergau wurde zwischenzeitlich mit den Elektrotriebwagen der Baureihe ET 85 und, wie heute auch, mit Wendezügen und Lokomotiven der Baureihe E 41 bewältigt. Den Güterverkehr bestritt die in Murnau verbliebene E 69 05, unterstützt durch die im Juli 1955 aus Rosenheim zurückgekehrte E 69 04. Die E 69 02 wie auch die E 69 03 konnten erst 1964 wieder auf ihrer Stammstrecke verkehren.
Ab 1968 wurden die Loks als 169 002 – 169 005 bezeichnet. Im April 1977 mußte die Lokomotive 169 004 ihren Dienst quittieren. Sie steht heute auf einem Denkmalsockel vor dem Gebäude des ehemaligen Bundesbahn-Zentralamtes München. Im Jahre 1981 wurde die Lokomotive 169 005 ausgemustert, so daß der Betrieb auf der Oberammergauer Bahn von Lokomotiven der Baureihe 141 mit Wendezügen übernommen werden mußte. Die beiden verbliebenen 169er machten sich noch sporadisch im Übergabedienst zwischen Garmisch-Partenkirchen und Grießen nützlich, bevor auch sie im Juli 1982 endgültig abgestellt wurden. Heute sind beide Maschinen betriebsfähige Museumsfahrzeuge des Verkehrsmuseums Nürnberg und im Bw Garmisch stationiert.

Die ursprünglichen Stromabnehmer der Lokomotiven E 69 01 – E 69 03 besaßen hohe Schleifer

REDAKTION: AXEL ENDERLEIN; FOTOS: NIEDT, SIEMENS-MUSEUM/SLG. RAMPP

In der E 70² fand erstmals der Gruppenantrieb Verwendung. Die Drehgestellbauweise bewährte sich und wies die künftige Richtung der Antriebstechnik

Baureihe E 70²

Zur Erprobung des elektrischen Zugbetriebes ließ die Königlich Bayerische Staatsbahn (K. Bay. Sts. B.) zwischen 1912 und 1914 Strecke Salzburg – Freilassing – Berchtesgaden elektrifizieren. Die K. Bay. Sts. B. bestellte 1912 insgesamt zwölf voneinander abweichende Probelokomotiven. Es handelte sich um acht 1'C2'-Personenzuglokomotiven (spätere E 36), zwei Bo'Bo'-Güterzuglokomotiven (spätere E 73⁰) und zwei B'B'-gekuppelte Güterzuglokomotiven mit der Bezeichnung EG 4 x 1/1 Nr. 20201 und EG 4 x 1/1 Nr. 20202 (spätere E 70²). Durch den Ersten Weltkrieg konnten letztere erst Ende 1919 fertiggestellt werden. Hersteller waren Krauss (Fahrzeugteil) und BBC (elektrischer Teil). Beide Maschinen wurden unter der geänderten Bezeichnung EG 2 x 2/2, Nr, 20221, und EG 2 x 2/2, Nr. 20222, in Dienst gestellt und ab 1927 als Baureihe E 70² mit den Betriebsnummern E 70 21 und E 70 22 in den Fahrzeugbestand der DRG eingereiht.
Die Lokomotiven mit den erstmals verwendeten Gruppenantrieben bewährten sich in den ihnen zugedachten Einsatzbereichen. Die Drehgestellbauweise war richtungsweisend und sollte sich bei späteren Eletrolokgenerationen durchsetzen.

Konstruktion

Das Laufwerk der B'B'-Lokomotiven bestand aus zwei Drehgestellen mit zwei gekuppelten Radsätzen ohne Seitenspiel. Als Antriebsform kam ein Kurbelschleifenantrieb zur Ausführung. Das Drehmoment des Motors wurde über ein Ritzel, eine Vorgelegewelle mit Großzahnrad und die Kurbelschleifenstange auf die Treibradsätze übertragen. Die Kurbelschleifen- bzw. Kuppelstangen dienten zum Ausgleich der unterschiedlichen Vertikalbewegungen der Radsätze. Bei dem Hauptrahmen handelte es sich um einen Profilstahl-Brückenrahmen, der sich auf die Drehgestellrahmen über Federstempel abstützte.
Der Lokkasten berücksichtigte einen Maschinenraum, zwei Führerstände und zwei Vorbauhauben, die mit den Stirnwänden der Fühererstände fest verbunden waren. Das Ackermann-Notbremsventil rüstete die DRG ab 1931 nach. Auf dem Dach waren u.a. zwei Scherenstromabnehmer Bauart SSW angeordnet, die in den dreißiger Jahren durch solche der Bauart SBS 9 ersetzt wurden. Der Haupttransformator war ein fremdbelüfteter Trockentransformator. Der Öl-Hauptschalter wich später einer Hochspannnungssicherung. Als Steuerung war ein manuell zu bedienendes Schlittenschaltwerk installiert. Bei den Fahrmotoren handelte es sich um zwei 16polige Wechselstrom-Reihenschlußmotoren mit Widerstandsverbindungen zwischen Ankerwicklung und Kommutator. Ursprünglich waren die E 70 wahrscheinlich rotbraunen lackiert; ab 1927 kam der blaugraue Anstrich zur Ausführung.

Betriebseinsatz

Die beiden Maschinen verkehrten in den zwanziger Jahren vorrangig im Güterzugdienst und als Schiebeloks auf der Rampe zwischen Kirchberg und Haltthurm. Die DB setzte die beiden Einzelgänger nur für Rangierleistungen ein. Ausgemustert wurde die E 70 22 im Jahre 1947, die E 70 21 folgte 1951.

TECHNISCHE DATEN

Baureihenbezeichnung	bis 1926	EG 2 x 2/2
	ab 1927	E 70²
Indienststellung		1920
Hersteller		Krauss/BBC
Achsfolge		B'B'
Länge über Puffer	mm	12 540
Dienstmasse	t	64,8
Stromsystem		15 kV, 16 2/3 Hz
Antrieb		Stangen
Dauerleistung	kW	610
Geschw. bei Dauerleistung	km/h	30
Stundenleistung	kW	720
Geschw. bei Stundenleistung	km/h	27
Höchstgeschwindigkeit	km/h	50
Anfahrzugkraft	kN	82

REDAKTION: DR. BRIAN RAMPP; FOTO: SLG. RAMPP

Foto: B. Schulz

Foto: A.Schöppner, Slg. P. Kusterer

Für den Güterzugverkehr in Mitteldeutschland wurden B'B'-Lokomotiven der Baureihe E 71 mit zwei kurzgekuppelten Drehgestellen beschafft

Baureihe E 71

Für den Güterverkehr auf der zu elektrifizierenden Strecke Halle (Saale) – Leipzig – Dessau – Magdeburg sollten erstmals Elektrolokomotiven in größerer Stückzahl beschafft werden. Im Jahre 1912 erhielt die AEG daher den Auftrag zum Bau von 18 zweimotorigen Güterzuglokomotiven in Drehgestellbauart. Erstmals wurde der Bau des mechanischen und elektrischen Teils derartiger Fahrzeuge an nur eine Firma vergeben. 1913 wurden weitere neun Lokomotiven in Auftrag gegeben. Von den als EG 511 – EG 537 bezeichneten Elektrolokomotiven konnten 1914 nur drei geliefert werden. Dann unterbrach der Erste Weltkrieg den Bau. Ein Anschlußauftrag über 19 weitere Lokomotiven kam nicht mehr zustande.

1919 konnte die Fertigung ab der Lokomotive EG 514 mit einigen technischen Verbesserungen fortgesetzt werden. So hatte man den Mittelkasten um 40 cm verlängert. Zwischen 1920 bis 1922 waren dann die restlichen 24 Maschinen fertigestellt worden. Bei der Lokomotive EG 528 verwendete die AEG übrigens zwei Triebgestelle, die sie 1913 für den Stadt- und Ringbahnbetrieb in Berlin gebaut hatte und die sich jetzt als überflüssig erwiesen. Gemäß dem Umzeichnungsplan von 1926 erhielten die Lokomotiven EG 511 – EG 537 die Baureihenbezeichnung E 71 mit den Betriebsnummern E 71 11 und E 71 13 – E 71 37. Nicht umgezeichnet wurde die bereits ausgemusterte EG 512. Im Lauf ihrer Betriebszeit baute man die Maschinen mehrmals um.

Äußerlich deutlich sichtbar sind die hochgesetzten und nässeempfindlichen Wendefeldwiderstände in Blechkästen zwischen den Stirnfenstern. Für den Einsatz im Personenzugdienst in Baden erhielten 1931 und 1932 insgesamt 13 Maschinen unter anderem eine elektrische Zugheizung. Die Höchstgeschwindigkeit dieser Maschinen wurde von 50 km/h auf 65 km/h erhöht. Die Lokomotiven bewährten sich in dem ihnen zugedachten Aufgabengebieten. Die Grundkonzeption als Drehgestellokomotive und das Antriebssystem der E 71^{1} waren richtungsweisend. Sie wurden später noch mehrfach im deutschen E-Lokomotivbau angewendet.

Konstruktion

Das Laufwerk der B'B'-Lokomotiven hatte zwei kurzgekuppelte Drehgestelle erhalten, deren Rahmen mit den Motorgehäuseunterteilen als gemeinsame Stahlgußkörper gefertigt waren. Schlitzkuppelstangen verbanden die beiden Radsätze. Außerdem berücksichtigte man einen Kuppelantrieb mit Vorgelege.

Das Drehmoment des Motors wurde über ein Ritzel, eine Vorgelegewelle mit Großzahnrad, den Vorgelegekurbelzapfen und die Kuppelstange auf die Treibradsätze übertragen. Die Getriebeübersetzung betrug 1:4,45. Schlitzkuppelstangen sorgten für den Ausgleich unterschiedlicher Vertikalbewegungen der Radsätze. Der als Brückenrahmen gestaltete Hauptrahmen

TECHNISCHE DATEN

Baureihenbezeichnung	bis 1926	EG 511 – EG 537
	ab 1926	E 71^{1}
Indienststellung		1914
Hersteller		AEG
Achsfolge		B' B'
Länge über Puffer	mm	11 200/11 600
Dienstmasse	t	64,9
Stromsystem		16 2/3 Hz, 15 kV
Art des Antriebs		Stangen
Dauerleistung	kW	590/592
Geschw. bei Dauerleistung	km/h	54/44
Stundenleistung	kW	780/785
Geschw. bei Stundenleistung	km/h	43/36
Höchstgeschwindigkeit	km/h	50/65
Anfahrzugkraft	kN	106/137

Bei Ablieferung besaßen die Loks zwei Scherenstromabnehmer der Bauart AEG mit Bügeltrenner

wurde über Gleitpfannen auf den Drehgestellen abgestützt. Der Lokkasten, eine stahlblechverkleidete Profilstahlkonstruktion, enthielt einen Geräteraum, zwei Führerstände und zwei Vorbauhauben, die mit den Drehgestellen fest verbunden waren und den Bewegungen des Drehgestells folgten. Im Geräteraum waren der Haupttransformator, eine Hochspannungskammer und zwei Schützenkammern untergebracht.
Unter den nach den Lokenden hin abgerundeten und gegenüber dem Mittelteil schmaleren Vorbauten befand sich unter anderem jeweils ein Fahrmotor. Bei den ersten drei gebauten E 71¹ war das Mittelteil um 400 mm kürzer. Je eine Druckluftbremse zur zweiseitigen Abbremsung der Radsätze und je eine Spindelhandbremse auf den Führerständen sorgten für die Betriebssicherheit der Maschinen. Auf dem Dach waren unter anderem zwei Scherenstromabnehmer der Bauart AEG mit Bügeltrenner angeordnet.
In den dreißiger Jahren stattete die DRG einige Maschinen mit Abnehmern der Bauart SBS 9 aus. Ferner waren eine Drosselspule zum Schutz vor Überspannungen und ein Ölhauptschalter vorhanden. Der Haupttransformator war ein Öltransformator mit zwangsweisem Ölumlauf. Zur Kühlung dienten am Lokkasten seitlich angebrachte Rippenrohr-Ölkühler, die durch den Fahrtwind in Gang kamen und äußerlich ins Auge fielen.
Die elektromagnetische Schützensteuerung sah elf Dauerfahrstufen vor. Bei den beiden Fahrmotoren handelte es sich um kompensierte und fremdbelüftete 16polige Wechselstrom-Reihenschlußmotorne mit Wendepolen.
Bei Anlieferung hatten die markant geformten Lokomotiven der Baureihe E 71¹ einen olivgrünen Anstrich erhalten. Die Deutsche Bundesbahn lackierte ihre E 71¹ chromoxydgrün.

Betriebseinsatz

Zwischen März und Juli 1914 nahmen die ersten drei Maschinen bei der Betriebswerkstätte Bitterfeld den Versuchsbetrieb auf. Nach der kriegsbedingten Einstellung des elektrischen Zugbetriebes in Mitteldeutschland am 1. August 1914 und der Demontage der Anlagen wurden die Maschinen EG 511 – EG 513 mit anderen Elektrolokomotiven aus dem mitteldeutschen Netz ein Jahr später nach Nieder Salzbrunn (Schlesien) umgesetzt. Dort hatte die Heeresführung die Beibehaltung des elektrischen Betriebes gestattet. Die Maschinen fuhren fortan im Güterverkehr nach Gottesberg und Halbstadt sowie ab 1917 nach Königszelt. Mangels Einsatzmöglichkeit wurden die 1920 gelieferten Lokomotiven EG 514 – EG 516 ebenfalls in Nieder Salzbrunn stationiert.
Der Einsatz der Flachlandlokomotiven im Gebirge verlief problematisch, und häufig traten Motorschäden auf. Im Jahre 1921 begannen die Wiederaufbauarbeiten für den elektrischen Zugbetrieb in Mitteldeutschland. Daraufhin stellte die Reichsbahn die Lokomotiven EG 517 – EG 537 in den Jahren 1921/22 im Direktionsbereich Halle (Saale) in Dienst und veranlaßte 1923 die Rückführung der in Schlesien verwendeten Maschinen. Beheimatet bei den Bahnbetriebswerken Bitterfeld, Magdeburg-Rothensee, Roßlau und Leipzig-Wahren, liefen die Lokomotiven der Baureihe EG 511 in den zwanziger Jahren vor Personen- und Güterzügen auf den Strecken Magdeburg – Dessau – Leipzig – Halle (Saale). Unfallbedingt mußte die EG 512 im Jahre 1926 ausgemustert werden.
1924/25 erhielt die RBD Halle (Saale) die neuen E 77 zugewiesen. Die Lasten im Güterverkehr waren weiter gestiegen und die Geschwindigkeiten erhöht worden. Die nunmehr als E 71¹ bezeichneten EG 511 ff. waren diesen Anforderungen nicht mehr gewachsen und wurden bald durch die Baureihe E 77 abgelöst. Für die E 71¹ blieb nur noch der Nahgüterzugdienst übrig. Auf Grund der Überbeanspruchung der E 71¹ häuften sich auch verschleißbedingte Schäden. Als die RBD ab 1928 fabrikneue Lokomotiven der Baureihe E 75 zugeteilt bekam, erwies sich hier die E 71¹ als gänzlich überflüssig.
Als neue Heimat kamen nun die Wiesentalbahn Basel – Zell und die Wehratalbahn Schopfheim – Säckingen in Baden ins Gespräch. Die in Mitteldeutschland verbliebenen Loks wurden im Sommer 1931 auf „z" abgestellt, als Heizloks verwendet bzw. ausgemustert (1932: 4, 1934: 1). Nach Aufnahme des elektrischen Betriebes auf der Strecke Halle (Saale) – Magdeburg im Jahre 1934 reaktivierte die RBD Halle sieben E 71¹ bis zur Ablösung durch Lokomotiven der BR E 44.
Weitere Ausmusterungen blieben schließlich 1936 (2), 1937 (1) und 1938 (1) unumgänglich. Zuletzt waren die mitteldeutschen E 71¹ nur noch mit leichten Leerzügen bzw. kurzen Übergaben unterwegs oder als Reservemaschinen abgestellt. Mit der Abgabe der E 71 18, E 71 19, E 71 28 und E 71 30 vom Bw Leipzig-Wahren nach Schwarzach-St. Veit im vormaligen Österreich endete 1938 der E-71¹-Einsatz in Mitteldeutschland.
Über den Einsatz im Tauernbahn-Bw Schwarzach ist wenig bekannt. Die dort verwendete E 71 30 stand zum Kriegsende im RAW Dessau und verblieb als einzige E 71¹ nach dem Ende Zweiten Weltkireges in der Sowjetischen Besatzungszone. Sie fiel hier 1946 unter die Reparationsleistungen an die Sowjetunion. Nach ihrer Rückkehr zur Deutschen Reichsbahn wurde sie abgestellt, 1959 ausgemustert und 1962 im Verkehrsmuseum Dresden aufgestellt.
In Baden waren nach den Ausmusterungen der Jahre 1930 (1), 1936 (2), 1940 (1), 1943 (1) und 1945 (1) sowie drei Zugängen 1948 noch die Lokomotiven E 71 13, E 71 14, E 71 18, E 71 19, E 71 22, E 71 26, E 71 28, E 71 29 und E 71 32 vorhanden. Sie liefen auf ihren Stammstrecken bis 1957 und wurden dann durch die E 32 abgelöst.
Die DB musterte die seit 1957 beim Bw Haltingen beheimateten E 71¹ erst 1958 (8) und 1959 als letzte die E 71 28 aus. Erhalten geblieben sind E 71 19 und E 71 28.

Die E 71 19 im Jahre 1985 im AW Kaiserslautern

REDAKTION: DR. BRIAN RAMPP; FOTOS: BELLINGRODT/SLG. PILLMANN, WERKFOTO AEG/SLG. RAMPP, SCHEDLER

Die E 73 05 (Baureihe E 73²) wurde für die Altonaer Hafenbahn 1923 beschafft. Man beachte die Nummernschilder an den Drehgestellrahmen

Baureihen E 73² und E 73³

Auf der 1,7 km langen Hafenbahn Altona, hatte die KPEV am 1. Mai 1911 den elektrischen Zugbetrieb mit 25 Hz, 3 kV aufgenommen (ab 1932: 6 kV). Im Verlauf der Strecke befand sich ein 800 m langer Tunnel, der teilweise in einer Steigung von 27,8 ‰ sowie einem engen Bogen lag. Als Ersatz für die technisch nicht befriedigende E-Lok EV 3/4 bestellte die KPEV 1919 bei den Maffei-Schwartzkopf-Werken (MSW; elektrischer Teil) und der Berliner Maschinenbau AG (BMAG; Fahrzeugteil) eine Bo' Bo'-Lokomotive mit der Bezeichnung EV 5 (Zweitbesetzung). Die ab August 1926 als E 73 05, Baureihe E 73², bezeichnete Lok wurde am 12. Juni 1923 in Dienst gestellt.

Mitte der zwanziger Jahre beschloß die DRG dem Beispiel der Schweiz zu folgen und bei elektrischen Schnellzuglokomotiven den Stangenantrieb zu verlassen. Verschiedene Prototypen mit jeweils vier einzeln angetriebenen Achsen sollten Aufschlüsse über den geeignetsten Antrieb geben. Die Ende 1924 für die Hafenbahn Altona bestellte Bo' Bo'-Lokomotive EV 6, spätere E 73 06 und Baureihe E 73³, besaß den „Westinghouse-Quill-Drive" und ging am 26. August 1926 als Ablösung der E 73 03 in Betrieb. Sie besaß versuchsweise auch ein MSW-Nockenschaltwerk mit Feinregler und Zusatztransformator. Während E 73 05 durchweg befriedigte, war dies bei E 73 06 nur bedingt der Fall. Ihr Antrieb erwies sich als äußerst störanfällig. Die E 73er waren während der gesamten Betriebszeit im Bw Ohlsdorf beheimatet. Sie wurden nach abgelaufenen Untersuchungsfristen im Januar und Mai 1954 außer Dienst gestellt. Genaue Ausmusterungsdaten sind nicht bekannt, sie sollen aber um das Jahr 1955 liegen.

Konstruktion

Das Laufwerk der beiden Bo' Bo' - Lokomotiven besaß zwei Drehgestelle mit jeweils zwei einzeln angetriebenen Radsätzen. Der Antrieb erfolgte bei E 73 05 über Tatzlager (Übersetzung 1:4,81), bei E 73 06 mit einem elastischen Wickelfederantrieb Bauart Westinghouse (jeder Radsatz über ein einseitiges, geradverzahntes Getriebe - Übersetzung 1:7,75 - angetrieben, Hohlwelle mit beiderseitigem Trägerstern, sechs Wickelfedern pro Rad). Die Fahrmotoren waren bei E 73 06 Doppelmotoren. Der Hauptrahmen war ein Profilstahl-Brückenrahmen mit Querverstrebungen. E 73 06 besaß keine Vorbauten. Die Bremseinrichtung bestand aus einer Druckluftbremse zur einseitigen Abbremsung der Radsätze und je einer Spindelhandbremse auf den Führerständen. Auf dem Dach waren u.a. zwei Scherenstromabnehmer, bei E 73 05 in Sonderbauart mit zwei Schleifleisten, angeordnet. Der Haupttransformator war jeweils ein fremdbelüfteter Öltransformator, der Hauptschalter ein Ölschalter. Als Steuerung war bei E 73 05 eine elektromagnetische Schützensteuerung mit neun Dauerfahrstufen installiert. Zwei Motore je Radsatz waren in gemeinsamen Stahlgußgehäusen angeordnet. Die E 73 besaßen vermutlich einen olivgrünen Anstrich.

TECHNISCHE DATEN

Baureihenbezeichnung	bis 1926	EV 5	EV 6
	ab 1926	E 73²	E 73³
Indienststellung		1923	1926
Hersteller		BMAG/MSW	
Achsfolge		Bo' Bo'	Bo' Bo'
Länge über Puffer	mm	12550	13850
Dienstmasse	t	70,4	80,9
Stromsystem		25 Hz, 300/600 V	
Art des Antriebs		Tatzlager	Hohlwelle
Dauerleistung	kW	515	910
Geschw. bei Dauerleistung	km/h	45	45
Stundenleistung	kW	740	1180
Geschw. bei Stundenleistung	km/h	30	40
Höchstgeschwindigkeit	km/h	50	50
Anfahrzugkraft	kg	14200	20400

REDAKTION: DR. BRIAN RAMPP; FOTO: SLG. RAMPP

Weil sie mitunter auch außerhalb der Berlin-Schöneweider S-Bahn-Werkstatt eingesetzt war, trug die E 176 11 eine Reichsbahn-Nummer

Baureihe E 176

Für den Rangier- und Hilfsbetrieb auf den Gleisanlagen des mit 750-V Gleichspannung betriebenen Berliner S-Bahn-Netzes beschaffte die DRG 1933 von der AEG die zweiachsige Elektrolokomotive E 176 11. Um das Rangieren auch auf Streckenabschnitten ohne Stromschiene zu ermöglichen, war die Maschine mit Akkumulatoren ausgestattet worden. Eine selbsttätige Ladeeinrichtung gewährleistete das Nachladen während der Fahrt an der Stromschiene. Die Maschine existiert noch heute als Werklokomotive in der Hauptwerkstatt S-Bahn Berlin-Schöneweide.

Zwei nahezu bauartgleiche Lokomotiven lieferte die AEG im Jahre 1942 ebenfalls für die Berliner S-Bahn aus. Die als E 176 01 und E 176 02 eingeordneten Maschinen fehlen jedoch in den Triebfahrzeugbestandsnachweisen der Nachkriegszeit. Entweder wurden beide durch Kriegseinwirkungen zerstört oder als Reparationsleistungen an die UdSSR abgegeben.

Konstruktion

Beide Radsätze wurden über Tatzlagerantriebe mit ungefederten Zahnrädern in Bewegung gesetzt. Vorhanden waren vier per Hand auf- oder abzuklappende und seitlich angebrachte Stromabnehmer. Die beiden Gleichstrom-Reihenschlußmotoren der S-Bahn-Bauart verfügten über eine Eigenbelüftung. Ein handbetätigter Fahrschalter mit 13 Nockenschaltern, 11 Anfahrstufen und einer Dauerfahrstufe gehörten zur Steuerung der Maschine. Die Getriebeübersetzung betrug 16:68. Die installierte Bleibatterie sorgte für eine Spannung von 220 V mit 295 Ah. Das Nachladen war sowohl bei Stromschienenfahrten als auch über die eine stationäre Spannungsquelle möglich.

Der kräftige Außenrahmen wurde durch die Querträger und die Pufferbohlen verstärkt. Vor dem mittig angeordneten Führerhaus existierten je zwei Vorbauten, in denen die elektrische Ausrüstung und die Akkumulatoren untergebracht waren. Neben einer Druckluftbremse sorgte eine Wurfelhebelbremse für die Sicherheit dieses Fahrzeuges. Um die Lokomotiven flexibel einsetzen zu können, hatten sie neben der bei den S-Bahn-Fahrzeugen üblichen Scharfenberg-Kupplung auch Regelkupplung und Regelpuffer erhalten.

Betriebseinsatz

Sämtliche drei Lokomotiven gehörten als Hilfsfahrzeuge stets zum Fahrzeugbestand der Berliner S-Bahn und waren im ehemaligen Raw Berlin-Schöneweide beheimatet. Daß sie zunächst dennoch DRG- bzw. DR - Betriebsnummern erhielten, war auf den bedarfsweisen Einsatz auch außerhalb des Gleichstromnetzes zurückzuführen.

Die nach dem Zweiten Weltkrieg erhalten gebliebene E 176 11 wurde im Jahre 1966 einer Generalinstandsetzung unterzogen. In diesem Zusammenhang glich man den elektrischen Teil dieser Maschine gänzlich dem der S-Bahn-Züge an.

Zum Einbau gelangte ein Motor des Typs GBM 700. Um EDV-Umzeichnungsplan der DR von 1970 blieb die E 196 11 unberücksichtigt, weil sie inzwischen als „reine" Werklokomotive erfaßt worden war. Erst im Dezember 1985 erhielt sie die Anschrift „WL 1 Raw Schöneweide". Das Fahrzeug ist noch heute für die vielfältigen Rangieraufgaben innnerhalb der S-Bahn-Hauptwerkstatt Berlin-Schöneweide unentbehrlich.

TECHNISCHE DATEN

Baureihe		E 176	
ab 1927		E 176 01, E 176 02	E 176 11
Indienststellung		1942	1933
Hersteller		AEG	AEG
Achsfolge		Bo	Bo
Länge über Puffer	mm	7 000	7 600
Dienstmasse	t	30,7	29,1
Stromsystem		= 750 V	= 750 V
Antrieb		Tatzlager	Tatzlager
Dauerleistung	kW	156	154
Geschw. bei Dauerleistung	km/h	33	44
Geschw. bei Stundenleistung	km/h	29	39
Höchstgeschwindigkeit	km/h	60	60
Anfahrzugkraft	kN	59	44

REDAKTION: WOLF-DIETGER MACHEL/ FOTO: SLG. BÄZOLD

Die 175 059 wurde 1983/84 als betriebsfähige Museumslokomotive aufgearbeitet und als E 75 09 bezeichnet. Sie wird heute im Bw Ulm betreut

Baureihe E 75 (DB 175)

Die mangelhafte Laufgüte der E 77 veranlaßte die DRG, für den Folgeauftrag eine konstruktive Überarbeitung zu fordern. Erste Betriebserfahrungen mit der parallel zur E 77 entwickelten E 52 hatten gezeigt, daß die Laufeigenschaften großer Einrahmenlokomotiven wider Erwarten gut waren. Die Neukonstruktion der E 77 sah daher im wesentlichen einen durchgehenden Rahmen und einen einteiligen Lokkasten, andere Lenkgestelle und Feinreglersteuerung vor. Ansonsten übernahm man die elektrische Ausrüstung und den Antrieb für die als Baureihe E 75 bezeichneten Neubaulokomotiven unverändert von der Vorgängerbauart.

1927/28 ergingen zwei Aufträge über insgesamt 23 + 8 Lokomotiven an nahezu die gleichen Firmen, die bereits die E 77 gebaut hatten. Lediglich die Firma Krauss war nicht mehr mit von der Partie, dafür kam Maffei zum Zuge. Ob dies mit den genannten Mängeln der E 77 zusammenhing, kann nicht mehr rekonstruiert werden. Zwölf Maschinen waren für das bayerische Netz (E 75 01 – 12) und 19 Lokomotiven für den Einsatz im mitteldeutschen Netz vorgesehen (E 75 51 – 69). Auftragnehmer waren für den Fahrzeugteil die Berliner Maschinenbau AG (BMAG; 8 Loks), Linke-Hofmann-Werke (LHW; 11) und Maffei (12), für den elektrischen Teil die Bergmann-Electricitäts-Werke (BEW; 13) und die Maffei-Schwartzkopff-Werke (MSW; 18).

Die zwölf bayerischen Lokomotiven wurden von Oktober 1928 bis März 1929 ausgeliefert, die mitteldeutschen E 75 folgten zwischen Dezember 1928 und Oktober 1931. Ihre Laufeigenschaften entsprachen den Erwartungen, und die Lokomotiven bewährten sich in dem ihnen zugedachten Einsatzgebiet, das insbesondere leichte Güterzuge, aber auch Personenzüge vorsah. Als Nachfolgebauart erschien ab 1933 die nach völlig neuen Konstruktionsprinzipien gebaute E 44-Serie. In den Jahren 1960/61 unterzog die DB E 75 09, 55 und 69 im AW Freimann einer Grundüberholung. Dadurch änderte sich ihr äußeres Erscheinungsbild. Ein Umbau weiterer E 75 unterblieb. Die DB ersetzte die E 75 in den sechziger Jahren vor allem durch die bewährte E 44, die ihrerseits durch neue Einheitslokomotiven der Baureihe E 40 und E 41 aus ihren angestammten Diensten verdrängt worden waren.

Konstruktion

Das Laufwerk mit der Achsfolge 1'BB1' verfügte zwei Triebgestelle, bestehend aus einem Laufradsatz und zwei Kuppelradsätzen. Die Laufachsen waren in einem Bisselgestell gelagert. Die Kuppelradsätze

TECHNISCHE DATEN

Baureihenbezeichnung		E 75
DB ab 1968		175
Indienststellung		1928
Hersteller		BEW, BMAG, LHW, Maffei, MSW
Achsfolge		1' B B 1'
Länge über Puffer	mm	15380
Dienstmasse		106,2
Stromsystem		16 2/3 Hz, 15 kV
Art des Antriebs		Stangen
Dauerleistung	kW	1600
Geschw. bei Dauerleistung	km/h	46
Stundenleistung	kW	1880
Geschw. bei Stundenleistung	km/h	44
Höchstgeschwindigkeit	km/h	70
Anfahrzugkraft	kg	24000

Die BR 75 war in Bayern und Mitteldeutschland beheimatet und wurde im Güterzugdienst eingesetzt

hatten kein Seitenspiel. Die Spurkränze der Räder der mittleren Kuppelradsätze waren geschwächt. Der Antrieb (Getriebeübersetzung 42:110) erfolgte durch einen beiderseitigen Winterthur-Schrägstangenantrieb mit Vorgelegerad und schwach geneigter Treibstange. Der Hauptrahmen bestand aus Rahmenwangen, die durch Querverbindungen, die Unterteile der Motorgehäuse und Kopfteile mit den Pufferbohlen versteift waren. Der aus stahlblechverkleidetem Formstahlgerippe gefertigte Lokkasten besaß zwei Endführerstände mit stirnseitig abgeschrägten Ecken. Dazwischen war der Maschinenraum angeordnet. Die oberen Seitenteilhälften und das Dach waren in drei Segmenten abnehmbar. Die Bremseinrichtung bestand aus der Druckluftbremse zur einseitigen Abbremsung der Kuppelradsätze und je einer Spindelhandbremse auf den Führerständen. Eine wegeabhängige Einheits-Sicherheitsfahrschaltung (Bauart BBC) war ab Werk eingebaut.
Auf dem Dach waren u.a.zwei Scherenstromabnehmer angeordnet. Bei den E 75 wurden erstmals Stromabnehmer mit Rollenisolatoren installiert (der Bauart SBS 11 bei E 75 01 – 12; bei E 75 51 – 69 mit breiterer Wippe = Bauart SBS 10). Der Hauptschalter war als Ölschalter ausgeführt. Ebenso waren zwei Dachtrennschalter vorhanden. Bei dem Haupttransformator handelte es sich um einen Öltransformator in Kernbauart, bei der Steuerung um ein handbetätigtes Nockenschaltwerk mit Zusatztrafo und Feinregler sowie 13 Dauerfahrstufen. Die beiden Fahrmotoren waren fremdbelüftete, 20-polige Wechselstrom-Reihenschlußmotoren mit Erreger- und Kompensationswicklung. 1960/61 erhielten E 75 09, 55 und 69 im Zuge einer Grundüberholung u.a. drei neue Stirnfenster mit Fenstereinfassungen aus Gummi, Radsatzlager aus Hartmanganplatten (auch bei allen anderen E 75 der DB nachgerüstet), neue elektrische Leitungen, eine Neuverkabelung und fest eingebaute kleine DB-Einheitsscheinwerfer. Bei ihrer Indienststellung besaßen die Lokkästen der E 75 einen blaugrauen Anstrich. Die DB lackierte sie ab 1950 chromoxydgrün.

Betriebseinsatz

Die bayerischen E 75 waren ab 1928 in München Hbf sowie München Ost beheimatet und vorrangig im Güterverkehr auf allen von München ausgehenden elektrifizierten Strecken eingesetzt (ab 1938 auch bis Innsbruck). Einzelne Loks waren kurzzeitig in Garmisch (1937) und Rosenheim (1941-42) stationiert.
Die mitteldeutschen Lokomotiven waren den Bw Bitterfeld (1928-43), Leipzig West (1928-37), Leipzig-Wahren (1928-43), Magdeburg-Rothensee (1928-43) und Roßlau (1930-43) zugeteilt. Hier lösten sie zunächst die E 77 im Reisezugdienst ab, bis sie ab 1933 ihrerseits durch neue E 04 und E 44 aus diesen Diensten verdrängt wurden. In den dreißiger Jahren überwog somit der Güterverkehr. Zu finden waren die E 75 vor allem auf den Strecken Magdeburg – Dessau – Leipzig – Halle – Köthen – Magdeburg und ab 1942 auch Leipzig – Jena. Zwischen April 1943 und Februar 1944 gaben alle mitteldeutschen Bw ihre E 75 im Tausch gegen süddeutsche E 77 an die Bw München Hbf und München Ost ab, womit der E 75-Einsatz in Sachsen-Anhalt zu Ende war.
Nach Fliegerangriffen auf München mußten 1944 zwei E 75 den Dienst quittieren, weitere folgten kriegsbedingt 1945 (1) und 1950 (4). Die ebenfalls kriegsbeschädigten E 75 07 und 58 sollten dem Raw Dessau zugeführt werden und standen zum Kriegsende auf dem Gebiet der späteren DDR. E 75 58 kam zum Bw Weißenfels und später nach Magdeburg Hbf, mußte jedoch im September 1946 als Reparationsleistung an die Sowjetunion abgeliefert werden. Nach ihrer Rückkehr 1952 blieb sie abgestellt und wurde 1964 ausgemustert. E 75 07 schied bereits 1946 aus.
Die DB verfügte über einen Bestand von 22 Lokomotiven. Sie waren seit 1946 wieder beim Bw Rosenheim für den Verkehr nach Salzburg, Kufstein und München, sowie ab 1948 beim Bw Freilassing u.a. für den Einsatz nach Berchtesgaden und Salzburg. Die Dienststelle mit dem größten Bestand war das Bw München Ost. Gemeinsam mit den Lokomotiven des Bw München Hbf oblag ihnen vorrangig die Beförderung von Nahgüterzügen nach Garmisch, Herrsching, Ingolstadt, Kochel, Peißenberg und Landshut. Die E 75 der Bw Freilassing und München Hbf gingen 1958/59 an das Bw Rosenheim, das 1963 wiederum alle Maschinen nach Ingolstadt abgab. Hier liefen sie im Güterverkehr u.a. bis München Ost und Pleinfeld sowie im Abstelldienst München Hbf – Pasing West.
Im März 1965 konzentrierte die DB den gesamten E 75-Bestand aus beschäftigungspolitischen Gründen in Treuchtlingen. Am Einsatz auf den bisherigen Strecken änderte sich dadurch jedoch nichts. Drei Jahre später löste die DB das Bw Treuchtlingen auf. Die 18 noch im Bestand befindlichen, ab 1. Januar1968 als Baureihe 175 bezeichneten Lokomotiven kehrten im Mai 1968 zum Bw Ingolstadt zurück. Ihr letztes Refugium war der Münchner Abstelldienst, ferner zählten Übergaben auf dem Südring sowie Rangierdienste in München-Laim Rbf zum Gnadenbrot. Als letzte 175 war die 175 004 bis Februar 1972 bei der DB im Einsatz.
Der Bestand hatte sich seit 1966, als die E 75 ausschied, durch Fristabläufe schnell verringert. Ausgemustert wurde die Baureihe in den Jahren 1964 (1), 1965 (1), 1966 (2), 1968 (5), 1969 (2), 1971 (7) und 1972 (5). Die DB verwendete zwischen 1966 und 1974 noch sechs Lokomotiven als Heizlokomotiven weiter. Formal wurden noch einige betriebsunfähige Loks nach Darmstadt, Nürnberg Hbf und Seelze umbeheimatet. 175 059 wurde 1983/84 als betriebsfähige Museumslok und als „E 75 09" bezeichnet. Heute wird die vom Bw Ulm betreute Lok, die nur noch einen funktionstüchtigen Motor besitzt, als selbstfahrendes Exponat gelegentlich bei Ausstellungen gezeigt

Die letzte E 75 fuhr bei der DB bis Februar 1972

REDAKTION: DR. BRIAN RAMPP; FOTOS: REICHERT, SLG. KNIPPING (2)

Zwischen November 1924 und Oktober 1926 stellte die DRG 56 Lokomotiven der Baureihe E 77 in Mitteldeutschland und Bayern in Dienst

Baureihe E 77

Für den Zugbetrieb auf den in den zwanziger Jahren zu elektrifizierenden Strecken war eine größere Zahl neuer elektrischer Lokomotiven erforderlich. Die verschiedenen Loktypen sollten aus Wirtschaftlichkeitsgründen unter Verwendung von weitgehend einheitlichen Bauteilen hergestellt werden. Unter maßgeblichem Einfluß von W. Wechmann entstand 1922 ein Ellok-Typenprogramm, das für den Güter- und Personenzugdienst auf den bayerischen und mitteldeutschen Flachlandstrecken eine 1'BB1' – gekuppelte Lokomotive mit der Bezeichnung EG 3 vorsah.

In den Jahren 1922/24 ergingen zwei Aufträge über 37 bzw. 19 Maschinen, von denen 31 für das bayerische Netz (bay. EG 3 22001 – 22031) und 25 Lokomotiven für den Einsatz im mitteldeutschen Braunkohlegebiet vorgesehen waren (pr. EG 701 bis 725). Auftragnehmer waren für den Fahrzeugteil die Berliner Maschinenbau AG (BMAG; 15 Loks), Linke-Hofmann-Lauchhammer AG (LHW; 9) und Krauss (31), für den elektrischen Teil die Bergmann-Electricitäts-Werke (BEW; 25) und die Maffei-Schwartzkopff-Werke (MSW; 31). Die zwischen November 1924 und Oktober 1926 in Dienst gestellten Lokomotiven erhielten ab August 1926 die neue Baureihenbezeichnung E 77, mit den Ordnungsnummern 01 bis 31 für die süddeutschen und 51 bis 75 für die mitteldeutschen Strecken. Die Gestaltung der Stirnseiten richtete sich nach den regionalen Erfordernissen und wich daher bei den bayerischen und preußischen E 77 zum Teil stark voneinander ab.

Man verzichtete auf den Bau von Erprobungsmustern. Dies sollte sich – im Gegensatz zur E 52 – als ein Fehler herausstellen. Die Laufgüte der E 77 war im Geschwindigkeitsbereich über 55 km/h unbefriedigend und konnte trotz zahlreicher Nachbesserungen nicht nachhaltig verbessert werden. Die dreiteilige Bauart mit dem sich auf die Triebgestelle abstützenden Mittelteil verursachte ein starkes Nicken der Triebgestelle, Stoßen der Laufachsen und Schaukeln der Transformatorblöcke. Diese Mängel führten zu einer Neukonstruktion mit einteiligem Rahmen. Diese Folgebestellung über 23 weitere Lokomotiven wurde im Juni 1927 der Industrie erteilt, die als Baureihe E 75 bezeichnet wurde.

Konstruktion

Das Laufwerk mit der Achsfolge 1'BB1' verfügte über zwei Triebgestelle, bestehend aus einem Laufradsatz und zwei Kuppelradsätzen. Anfangs hatten der Laufradsatz

TECHNISCHE DATEN

Baureihenbezeichnung	bis 1926	EG 3
	ab 1926	E 77
Indienststellung		1924
Hersteller		BEW, BMAG, LHW, Krauss, MSW
Achsfolge		1'BB1'
Länge über Puffer	mm	16250
Dienstmasse	t	113,0
Stromsystem		16 2/3 Hz, 15 kV
Art des Antriebs		Stangen
Dauerleistung	kW	1600
Geschw. bei Dauerleistung	km/h	46
Stundenleistung	kW	1880
Geschw. bei Stundenleistung	km/h	44
Höchstgeschwindigkeit	km/h	65
Anfahrzugkraft	kg	24000

E 77 28 war eine der Maschinen in der bayrischen Ausführung für das süddeutsche Netz

und der zweite Kuppelradsatz kein, der erste Kuppelradsatz 20 mm Seitenspiel. Die Spurkränze der Räder des ersten Kuppelradsätze waren geschwächt. Nach dem Umbau hatten die Laufradsätze Seitenspiel, die Kuppelradsätze nicht. Die Längskräfte wurden durch die Mittelbrücke über Drehzapfen übertragen. Später erhielten alle E 77 eine horizontal bewegliche und vertikal starre Kupplung zwischen den Gestellen. Der Antrieb (Getriebeübersetzung 42:110) erfolgte durch einen beiderseitigen Winterthur-Schrägstangenantrieb mit Vorgelegerad und schwach geneigter Treibstange.

Der Hauptrahmen war über den Triebgestellen jeweils ein Plattenrahmen aus Stahlblech, versteift durch das Stahlgußunterteil des Motorgehäuses, das Endstück und den Pufferträger. Die mittlere Brücke bestand aus zwei Breitflanschträgern, die über Kugelzapfen und seitliche, federnde Gleitstücke auf den Triebgestellen abgestützt war. Der aus stahlblechverkleidetem Formstahlgerippe gefertigte Lokkasten war dreiteilig und besaß zwei Endführerstände, bei den bayerischen E 77 01 – 31 mit stirnseitig abgeschrägten Ecken, drei Stirnfenstern, Mitteltür und Übergangseinrichtungen (ab den dreißiger Jahren entfernt). Die preußischen E 77 51 – 62 besaßen dagegen eckige Führerstände ohne Tür und Übergänge sowie nur zwei Stirnfenster. Die ebenfalls preußischen E 77 63 – 75 hatten eckige Führerstände und versuchsweise Mitteltüren, Übergänge sowie drei Stirnfenster.

Bei der Wiederaufarbeitung durch die DR baute man bei E 77 52 und 53 das mittlere Fenster im Führerstand nachträglich ein. Die Kastenteile waren durch Lederfaltenbälge und Übertrittbleche verbunden. Die äußeren Kastenteile beherbergten u.a. die Fahrmotoren und waren auf das Triebgestell montiert. Im Mittelteil war der Transformator angeordnet. Das Dach war in drei Segmenten abnehmbar. Die Bremseinrichtung bestand aus einer Druckluftbremse zur einseitigen Abbremsung der Radsätze und je einer Spindelhandbremse auf den Führerständen. Eine wegeabhängige Einheits-Sicherheitsfahrschaltung (Bauart BBC) war ab 1929 eingebaut. Auf dem Dach waren u.a. zwei Scherenstromabnehmer Bauart SBS 9 angeordnet. Der Hauptschalter war als Ölschalter ausgeführt. Ebenso waren zwei Dachtrennschalter vorhanden. Bei dem Haupttransformator handelte es sich um einen Öltransformator in Kernbauart, bei der Steuerung um eine elektropneumatische Schützensteuerung mit 15 Dauerfahrstufen. Die beiden Fahrmotoren waren fremdbelüftete, 20-polige Wechselstrom-Reihenschlußmotoren mit Wendepolen. Bei ihrer Indienststellung besaßen die Lokkästen der bayerischen E 77 einen rotbraunen, der preußischen E 77 einen olivgrünen Anstrich. Ab 1927 erhielten alle einen blaugrauen Anstrich. Die DR lackierte ihre E 77 grün.

Betriebseinsatz

Die bayerischen E 77 liefen im Güterverkehr auf den von München ausgehenden elektrifizierten Strecken nach Garmisch, Regensburg und Ulm sowie den Verbindungen Tutzing – Kochel, Weilheim – Peißenberg und Rosenheim – Kufstein (ab 1938 weiter bis Innsbruck). Ein Einsatz im Reisezugverkehr war wegen der Verfügbarkeit geeigneter Maschinen der Baureihen E 32 und E 52 eher selten. Beheimatet waren die bayerischen E 77 in Augsburg (1933-43), Freilassing (1924 – 26, 1931 – 33), Garmisch (bis 1932), München I (Hbf; 1924 – 43), München Ost (1930 – 43), Regensburg (1933 – 43) und Rosenheim (bis 1933). Zwischen Mai 1943 und Mai 1944 gingen alle im Tausch gegen E 75 nach Mitteldeutschland, so daß die E 77 nicht im Bestand der DB vertreten war. Ab 1940 waren die ersten Abgänge zu verzeichnen: Nach Brandschäden schieden E 77 in den Jahren 1940 (1), 1941 (1), 1942 (1) und 1943 (2) aus. Aus der E 77 12 entstanden im Jahr 1942 zwei Klima-Schneepflüge, die nach 1945 bei den ÖBB verblieben. 1946 musterte die DR-Ost wegen Kriegsschäden zehn weitere E 77 aus. Die übrigen Maschinen verblieben in Mitteldeutschland. Ihr Einsatz endete mit der Einstellung des elektrischen Zugbetriebes Ende März 1946. Anschließend lieferte die DR 41 Maschinen als Reparationsleistung an die Sowjetunion ab. Hiervon kehrten 1952 insgesamt 38 E 77 zurück.

Das Raw Dessau baute zwischen 1959 und 1960 zehn E 77 wieder auf. Die DR stellte sie 1960 in Dienst. Die übrigen Maschinen dienten als Ersatzteilspender und wurden 1962 (17) und 1963 (11) ausgemustert. Beheimatet waren die zehn E 77 bei den Bw Bitterfeld (1961 – 65), Leipzig-Wahren (1960 – 67), Leipzig-West (1963/64) und Magdeburg-Buckau (1960 – 64). Sie waren die einzigen Stangen-Elloks der DR. Als Mitte der sechziger Jahre genügend E 42 zur Verfügung standen, konnte auf die E 77 verzichtet werden, so daß sie bis auf E 77 10 nach nur etwa fünfjähriger Einsatzdauer in den Jahren 1965/66 auf das Abstellgleis wanderten und 1967 (6) und 1968 (4) ausgemustert wurden. Die E 77 10 diente bis September 1969 stationär als Transformatorstation für die Weichenheizung im Vorfeld des Hallenser Hauptbahnhofes. E 77 10 ist heute als betriebsfähige Museumslokomotive im Bw Dresden-Altstadt beheimatet.

Bayerische E 77 waren rotbraun, preußische olivgrün, ab 1927 waren alle Lok blaugrau lackiert

REDAKTION: DR. BRIAN RAMPP; FOTOS: MEHNERT, BELLINGRODT/SLG. RAMPP, BELLINGRODT/SLG. PILLMANN

Die Rangierlokomotiven der Baureihe E 80 luden während des Fahrleitungsbetriebes ihre Akkumulatoren auf, deren Kapazität für fünf Stunden reichte

Baureihe E 80

Mitte der zwanziger Jahre beschaffte die DRG elektrisch angetriebene Fahrleitungs-Untersuchungswagen mit einer Akkumulatorenbatterie als Spannungsquelle. Die Batterie wurde aus der Fahrleitung mittels eines Quecksilberdampf-Gleichrichters aufgeladen. Als die Betriebstüchtigkeit des auf einem Eisenbahnfahrzeug aufgestellten Gleichrichters feststand, lag es nahe, ihn auch für Rangierlokomotiven zu verwenden. Eine solche Lokomotive sollte demnach aus der Wechselstrom-Fahrleitung Strom entnehmen, der im Gleichrichter in Gleichstrom umgeformt wurde oder auf solchen Gleisen, die nicht mit Fahrleitung ausgerüstet sind, den Gleichstrom unmittelbar aus der Batterie erhalten. Während des Fahrleitungsbetriebes konnte die Batterie selbsttätig aufladen.

Ein geeignetes Einsatzgebiet für derartige Lokomotiven boten die umfangreichen Münchner Bahnanlagen. Nachdem 1927 die ersten elektrischen Rangierlokomotiven auf den Münchener Bahnhöfen eingesetzt wurden, bestand ein Fahrzeugbedarf für das Rangieren auf den nicht mit Fahrleitung ausgerüsteten Gleisen, zu denen auch verschiedene Industrieanschlüsse zählten. Bisher mußte man auf den nicht mit Fahrdraht überspannten Gleisen weiterhin Dampflokomotiven einsetzen. Die Möglichkeit, eine kombinierte Akku-Ellok für beide Einsatzgebiete verfügbar zu haben, war daher nicht ohne Reiz und die DRG beschloß, den Versuch zu wagen.

Der Entwurf für eine solche Lokomotive entstand in den Siemens-Schuckert-Werken (SSW), in deren Fabrikhallen auch der Fahrleitungs-Untersuchungswagen hergestellt worden war. Damit ausreichende Erfahrungen mit der neuen Betriebsweise gesammelt werden konnten, bestellte die DRG im Oktober 1927 fünf Exemplare dieser schweren Rangierlokomotive. SSW steuerte die elektrische Ausrüstung bei, während die Lokomotivfabrik J.A. Maffei den Fahrzeugteil herstellte. Die Akkumulatorenfabrik Hagen lieferte die Batterien. Die bis zum heutigen Tag in dieser Form einzigartigen Elektrolokomotiven wurden zwischen Mai und Oktober 1930 als E 80 01 – E 80 05 in Dienst gestellt.

Um die Einsatzbedingungen zu erfüllen, wurden die Lokomotiven – wie der Turmtriebwagen – für den Fahrleitungsbetrieb mit einem Quecksilberdampf-Gleichrichter und für fahrleitungslosen Betrieb mit einem Akkumulator ausgerüstet. Die dadurch

TECHNISCHE DATEN

Baureihe		E 80
Indienststellung		1930
Hersteller		Maffei, SSW
Achsfolge		(A1A) (A1A)
Länge über Puffer	mm	15 400
Dienstmasse	t	90,6
Stromsystem		16 2/3 Hz, 15 kV
Antrieb		Tatzlager
Dauerleistung	kW	210
Geschw. bei Dauerleistung	km/h	34
Stundenleistung	kW	248
Geschw. bei Stundenleistung	km/h	14
Höchstgeschwindigkeit	km/h	70
Anfahrzugkraft	kN	127

Als Gleichrichter dienten anfangs Quecksilberdampf-, später Selen-, dann Silizium-Gleichrichter

bereits recht schwere elektrische Ausrüstung und die auf 17 t begrenzte Achsfahrmasse erforderten zwei dreiachsige Drehgestelle mit jeweils zwei angetriebenen Achsen der Anordnung (A1A) (A1A). Wegen der Erschütterungsempfindlichkeit der Batterie und des Gleichrichters waren die Achsen mit Blatt- und mit Ringfedern abweichend von bisherigen Gepflogenheiten doppelt abgefedert.
Im Jahre 1938 baute man in die E 80 01 versuchsweise einen robusteren Selen-Gleichrichter ein. 1956/57 war die Maschine erneut Versuchsobjekt: Sie erhielt einen 800-kW-Siliziumgleichrichter der Bauart SSW, einen auf 1 000 kV verstärkten Transformator sowie eine zusätzliche Fahrmotorlüftung. Die Arbeiten führte das AW Freimann aus. Erstmals wurde damit ein Silizium-Gleichrichter in einem Wechselstrom-Fahrzeug eingebaut. Die Erprobung brachte wichtige Erkenntnisse für den Bau der ersten Mehrsystemlokomotiven der DB, die im Jahre 1960 als E 320 in Dienst gestellt werden konnten.
Für die Anforderungen an die E 80 erwies sich der fünfstündige Aktionsradius im Batteriebetrieb als ausreichend. Die Aufhängung der Fahrmotoren sowie die bruchempfindlichen Bauelemente, insbesondere die Quecksilberdampf-Gleichrichter, waren dagegen eine häufige Quelle für Störungen. Dies sollte bei Rangierlokomotiven, bei denen Aufstöße und Erschütterungen an der Tagesordnung sind, nicht weiter überraschen. Die Batterie erforderte eine aufwendige und dadurch kostspielige Wartung, die ungefähr 100 Tage pro Jahr in Anspruch nahm. Folglich legten die E 80 z.B. in den dreißiger Jahren durchschnittlich nur 125 000 km im Jahr zurück. So war es kein Wunder, daß diese Lokomotiven Einzelgänger blieben. Für den Rangierdienst hatten sich in den vierziger Jahren ohnehin die Wehrmachtsdieselloks der späteren Baureihen V 20 und V 36 als sehr brauchbar erwiesen. Deren Weiterentwicklung, die V 60, stellte eine deutlich kostengünstigere Lösung für den Rangierdienst dar und setzte sich gegenüber den elektrischen Rangierlokomotiven rasch durch.

Konstruktion

Das Laufwerk der (A1A) (A1A)-Lokomotiven hatte zwei nicht gekuppelte dreiachsige Drehgestelle mit jeweils zwei angetriebenen Radsätzen und dazwischenliegendem Laufradsatz erhalten. Die Federung der Radsätze bestand wegen der äußerst stoßempfindlichen elektrischen Ausrüstung aus einer Kombination von Blatt- und Wickelfedern. Den Antrieb übernahm ein Tatzlager mit einseitig geradverzahntem Getriebe. Der Hauptrahmen war ein auf den Drehgestellen in drei Punkten ruhender Brückenrahmen, versteift durch Endstücke und Querverbindungen. Zu dem aus einem Profilstahlgerüst bestehenden Lokkasten mit Stahlblechverkleidung zählten ein Mittelteil und zwei langgestreckte Vorbauten. Zwei Führerstände und ein Maschinenraum waren Bestandteil des Mittelteils. In den Vorbauten befanden sich die Batterien. Hinzu kamen eine Druckluftbremse, die auf alle angetriebenen Räder wirkte, eine Wurfhebelhandbremse und ein Ackermann-Notbremsventil. Auf dem Dach war ein Scherenstromabnehmer mit ursprünglich zwei Schleifstücken angeordnet. Die DB installierte eine Einfachwippe der Normalausführung. Der Haupttransformator – ein Öltrafo – hing unter dem Maschinenraum im Rahmen. Ein motorisch angetriebenes Nockenschaltwerk mit 15 Dauerfahrstufen und eine Nachlaufsteuerung gehörten zur elektrischen Ausrüstung. Bei den Fahrmotoren handelte es sich um vier Gleichstrom-Reihenschlußmotoren in Tatzlagerausführung. Außerdem verfügten die Lokomotiven über zwei Quecksilberdampf-Gleichrichter und zwei Akkumulatorenbatterien mit je 168 Zellen. Letztere hatten eine Kapazität von 1 354 Ah, die für einen fünf Stunden währenden fahrdrahtlosen Einsatz ausreichte. Der Transformator speiste die beiden Gleichrichter, mit deren Gleichspannung wiederum die Fahrmotoren angetrieben wurden. Die Lokomotive E 80 01 erhielt, wie bereits erwähnt, nach ihrem Umbau im Jahre 1957 anstelle des 1938 installierten Selen-Gleichrichters einen 800-kW-Silizium-Gleichrichter und einen Schnellschalter. Die E 80 waren stets mit einem grünen Anstrich im Einsatz.

Betriebseinsatz

Die Lokomotiven wurden zunächst im Bw München Hbf stationiert. Eingesetzt waren die Maschinen zur Bedienung von Anschlußgleisen, der kleinen Güterbahnhöfe im Münchner Stadtgebiet sowie auf dem Süd- und Nordring, im Rangierdienst mit Reisezugwagen in der Vorstellgruppe des Münchner Hauptbahnhofes, aber ebenso auf dem Betriebsbahnhof Pasing West. Ferner konnte man die E 80 mit Übergaben und im Rangierdienst auf den Bahnhöfen München-Laim und München Süd sehen.
Wegen Kriegsschäden mußte die E 80 04 im Jahre 1944 ausgemustert werden. Unter DB-Regie waren die vier verbliebenen Lokomotiven bis 1955 und von 1958 bis 1961 weiter im Bw München Hbf stationiert. Von 1951 bis 1958 beheimateten außerdem das Bww München (Pasing West) und von 1953 bis 1958 das Bw München Ost Maschinen der Baureihe E 80.
Neue Rangierlokomotiven der Baureihe V 60 ermöglichten ab 1957 die Ablösung der komplizierten Sonderlinge. Zuerst zog man sie von den Streckeneinsätzen zuück, dann von den Bahnhöfen. Die Lokomotiven wurden 1959 (E 80 02), 1960 (E 80 03 und E 80 05) und 1961 (E 80 01) ausgemustert. Die E 80 01 übernahm zuletzt Rangierarbeiten im Bw München Hbf, wo sie Lokomotiven, die auf die Reparatur warteten und sich nicht mit eigener Kraft bewegen konnten, auf den nicht mit Fahrdraht überspannten Gleisen der Ellokhalle schleppte.

1961 wurde die letzte E 80 (E 80 01) ausgemustert

REDAKTION: DR. BRIAN RAMPP; FOTOS: DB/SLG. KNIPPING, BELLINGRODT/SLG. PILLMANN, SIEMENS-MUSEUM/SLG. RAMPP

DB-Cargo-Lok vor hochwertigen Fernreisezügen: die 180 013 vor dem IC 43 nach Krakau

Baureihe 180

Nach der Elektrifizierung der Strecke Dresden – Schöna bestand auf dem Weg zur CSSR in den achtziger Jahren nur noch ein kurzer, nicht elektrifizierter Abschnitt. Doch diese Lücke war nicht ohne weiteres zu schließen, da die Tschechoslowakischen Staatsbahnen (CSD) ihre Strecken mit 3 kV Gleichstrom betrieben. Daraufhin beschlossen beide Bahnen, eine Zweisystemlok für den Einsatz auf beiden Netzen zu beschaffen.
Den Auftrag zur Entwicklung erteilten CSD und DR den Skoda-Werken in Pilsen, die bereits Erfahrungen im Bau von Zweisystem-Fahrzeugen besaßen. Allerdings sollten bei der neuen Baureihe auch Bauteile aus der DDR-Produktion Verwendung finden. Bereits 1988 lieferte Skoda die ersten beiden Prototypen ab. Die DR bezeichnete die Zweisystemlok als BR 230. Nach gründlichen Versuchsfahrten stellte die DR 1991 weitere 19 Maschinen in Dienst.

Beheimatung

Dresden

Konstruktion

Die Skoda-Werke griffen beim mechanischen Teil auf die bewährten Konstruktionen der Baureihen 69E, 70E und 71E zurück. Eine Pendelkonstruktion überträgt das Gewicht des Lokkastens auf die Drehgestellrahmen. Schraubenfedern und hydraulische Schwingungsdämpfer bilden die zweistufige Federung der Maschine.
Als Antrieb dienen ein Gestellmotor und eine Gelenkwelle. Einseitige, geradverzahnte Zahnräder übertragen das Drehmoment. Radsatz und Getriebekasten ergeben bei der BR 180 eine Einheit.
Die beiden Stromabnehmer der Bauart Skoda besitzen je vier Schleifstücke auf den zwei Doppelpaletten. Im Wechselstrombetrieb gelangt der Strom über den Haupttrafo, den Gleichrichter und die Glättungsdrosseln zu den Fahrmotoren. Im Gleichstrombetrieb fließt der Strom direkt zu den in Reihe liegenden Fahrmotoren.

Betriebseinsatz

Seit 1994 werden die 20, auch „Knödelpressen" genannten Loks als BR 180 bezeichnet. Nach wie vor sind sie in Dresden stationiert. Von dort aus bespannen sie Züge ins tschechische Decin, kommen aber auch planmäßig nach Leipzig, Berlin, Frankfurt (Oder) oder Rzepin (Polen).

Technische Daten

Baureihenbezeichnung		180
Eigentümer		DB Cargo
Indienststellung		1988
Hersteller		Skoda Plzen/CSFR (CSSR)
Achsformel		Bo'Bo'
Länge über Puffer	mm	16.800
Dienstmasse	t	84
Stromsystem		3 kV =, 15 kV, 16 2/3 Hz
Art des Antriebs		Skoda-Kardan
Geschw. b. Stundenl.	km/h	74
Höchstgeschwindigkeit	km/h	120
Anfahrzugkraft	kN	245
Zugkraft bei Stundenl.	kN	158
Dauerleistung d. el. Bremse	kW	2.200

AUTOR: ENDISCH; AUFNAHME: KLEIN

Mit EuroCity-Zügen kommt die Baureihe 181 regelmäßig nach Frankfurt am Main

Baureihe 181.2

Im Jahr 1972 beschloss die DB die Elektrifizierung der Moselbahn Koblenz – Trier sowie der grenzüberschreitenden Anschlussstrecken Trier – Wasserbillig CFL (-Luxemburg) und Trier – Apach SNCF. Hierfür waren weitere Zweistromlokomotiven erforderlich, die als Serienausführung aufbauend auf die Konstruktion der Lokomotiven 181 001 und 181 002, also mit elektrischer Widerstandsbremse, entstehen sollten. Technische Fortschritte, beispielsweise in der Maschinenraumbelüftung durch eine Reduzierung der Verschmutzung sowie beim Laufwerk, rechtfertigten eine Überarbeitung der Konstruktion. Im Juli 1972 bestellte die DB bei Krupp und AEG 25 Zweisystemlokomotiven für 16 2/3 Hz, 15 kV und 50 Hz, 25 kV. Sie wurden als 181 201 – 225 bezeichnet und zwischen Juli 1974 und April 1975 abgeliefert. Das geforderte Betriebsprogramm sah sowohl Schnellzüge mit 160 km/h als auch schwere Güterzüge vor.

Aufgrund ihres europäischen Einsatzgebietes im deutsch-französisch-luxemburgischen Montandreieck erhielten im Oktober 1976 drei Lokomotiven Namen: 181 211 »Lorraine«, 181 212 »Luxembourg« und 181 213 »Saar«. Mittlerweile folgte ihnen die 181 214 mit dem Namen »Mosel«. Als Museumslok ist die noch blaue 181 206 vorgesehen.

Technische Daten

Baureihenbezeichnung		181.2
Eigentümer		DB Reise & Touristik
Indienststellung		1974
Hersteller		Krupp, AEG
Achsformel		Bo'Bo'
Länge über Puffer	mm	17940
Dienstmasse	t	82,5
Stromsystem		15 kV, 16 2/3 Hz und 25 kV, 50 Hz
Art des Antriebs		Gummiring-Kardan
Stundenleistung	kW	3300
Geschw. b. Stundenl.	km/h	90
Höchstgeschwindigkeit	km/h	160
Anfahrzugkraft	kN	277
Zugkraft b. Stundenleistung	kN	133
Dauerleistung d. el. Bremse	kW	5400
max. Dauerbremskraft (el.)	kN	128

Konstruktion

Der Lokkasten mit je zwei Längssicken und drei abnehmbaren Maschinenraumhauben ist in einer Aluminium-Schweißkonstruktion hergestellt. Luftansaugöffnungen und Lüftergitter, ebenso drei Fenster auf der rechten Seite, gehen teilweise in die Dachrundung über. Weitere Konstruktionsmerkmale sind geräumige, ergonomisch gestaltete Führerstände mit großen Stirnfenstern und der Brückenrahmen als selbsttragende Konstruktion mit Flexicoil-Abstützung auf den Drehgestellen. Die Kühlluftführung erfolgt in geschlossenen Kanälen mit direkter Luftansaugung von außen. Die Radsätze mit gefederten Lagern und Lemniskaten-Anlenkung werden in den Drehgestellen querelastisch geführt, die Drehgestell-Längsträger sind in der Mitte herabgezogen wie bei der Reihe 181.0/184. Als Antrieb dient ein Siemens-

Gummiring-Kardanantrieb, ähnlich dem der BR 103.1.
Von den vier Stromabnehmerplätzen sind die beiden mittleren mit Einholm-Stromabnehmern der Bauart SBS 67 mit unterschiedlichen Schleifstücken für DB und CFL/SNCF – Fahrleitung bestückt. Die Steuerung der Fahrmotoren geschieht durch eine halbgesteuerte Brückenschaltung der Gleichrichter als Anschnittssteuerung. Der jeweils voranlaufende Radsatz ist mit einer Schleuderschutzeinrichtung versehen. Die Systemumschaltung wird durch druckluftbetätigte Schubumschalter bewirkt. Die vier Mischstrom-Radsatzfahrmotoren gleichen elektrisch denen der Baureihe 181.0. Zum Bremsen dient neben der Druckluftbremse eine mit ihr kombinierte elektrische Widerstandsbremse.

Beheimatung

Saarbrücken

Lackiert wurden die 181 201 – 210 in Blau, die 181 211 – 225 erhielten bereits bei Anlieferung den ozeanblau-beigen Anstrich. Die 181 208 wurde im Jahre 1993 als erste Lok im damals aktuellen DB-Anstrich »Himbeerrot« mit Kontrastfläche lackiert. Mittlerweile hat auch das verkehrsrote Farbkonzept bei den 181.2 Einzug gehalten, erste Lok war im Januar 1999 die 181 212.

Betriebseinsatz

Wie bereits die Vorserienmaschinen, wurde auch die Serie beim Betriebswerk Saarbrücken beheimatet, wo die Lokomotiven noch heute ihren Dienst verrichten. Neben der seit 7. Dezember 1973 elektrifizierten Moselbahn kamen die Maschinen sogleich in den grenzüberschreitenden Einsatz nach Forbach, Überherrn, Luxembourg und vom 30. Oktober 1974 an auch nach Apach. Darüber hinaus werden natürlich weitere von Saarbrücken ausgehende Strecken im DB-Binnenverkehr befahren.
Der Einsatzschwerpunkt lag zunächst im Erz-, Koks- und Kohleverkehr im Länderdreieck von Saarland, Lothringen und Luxemburg. Dabei wurden und werden die Ganzzüge in der Regel nur bis Saarbrücken oder Ehrang bespannt, wo sie zu schweren Verbänden zusammengestellt und mit 140- bzw. 151-Doppeltraktion z.B. ins Ruhrgebiet weitergefahren werden. Die Strukturkrise im Montanbereich ließ die Güterzugleistungen im Laufe der Jahre zugunsten der Reisezüge zurückgehen. Verstärkt waren die 181.2 dann auch im Nah- und Eilzugverkehr der BD Saarbrücken zu sehen.
Im Schnellzugverkehr übernahmen sie von Anfang an die hochwertigen Züge zwischen Koblenz und Trier/Luxemburg sowie zwischen Frankfurt und Saarbrücken/Metz. An diesen Einsätzen (heute zumeist EuroCity-Züge) hat sich nichts geändert. Hinzugekommen sind ferner Leistungen nach Frankreich über Kehl – Strasbourg. Hier werden sämtliche grenzüberschreitenden Eil- und EC-Züge, teilweise auch im Durchlauf von und nach Stuttgart, gefahren.
Damit sind auch innerfranzösische Bespannungen zwischen Metz und Straßburg möglich. Apach wird von der Einsatzstelle Ehrang aus mit Güter- und Nahverkehrszügen erreicht, ebenso Bettembourg CFL im Güterverkehr. Der Einsatz nach Überherrn endete 1992 mit der Einstellung des Montanverkehrs.
Die Lokomotiven der Baureihe 181.2 haben sich als äußerst zuverlässig erwiesen und sind in der Lage, das Betriebsprogramm der Baureihen 110 und 111 sowie weitgehend das der Baureihe 140 zu bewältigen.

181 210 wartet in Trier Hbf auf den nächsten Zug

AUTOR: ENDERLEIN; AUFNAHMEN:: KLEE, MIETHE

184 003 in Trier-Ehrang: SIe ist eine der Loks mit (inzwischen stillgelegter) Gleichstromausrüstung

Baureihen 181.0, 184

Um die zeitraubenden Lokwechsel an den Systemwechsel-Bahnhöfen mit Belgien, Frankreich, Luxemburg sowie den Niederlanden sowie die hohen Investitionen in ortsfeste Anlagen zu minimieren, sah sich die DB wie ihre Nachbarverwaltungen vor die Notwendigkeit des Einsatzes von Mehrsystemlokomotiven gestellt. Diese versprachen den Vorteil, weit in die Netze der Nachbarländer durchlaufen zu können und den Betrieb dadurch wesentlich zu vereinfachen.

Technische Daten

Baureihenbezeichnung		181.0	184.0
bis 1968		E 310	E 410
Eigentümer		DB Reise & Touristik	
Indienststellung		1967	1967
Hersteller		Krupp, AEG	Krupp, AEG, BBC
Achsformel		Bo'Bo'	Bo'Bo'
Länge ü. Puffer	mm	16950	16950
Dienstmasse	t	84	84
Stromsystem		15 kV, 16 2/3 Hz; 25 kV, 50 Hz*	
Art des Antriebs		Gummiring-Kardan	
Stundenleistung	kW	3240	3240
Geschw. b. Stl.	km/h	88,5	88,5
Höchstgeschw.	km/h	150	150
Anfahrzugkraft	kN	275	275
Zugkraft b. Stl.	kN	132	132
Dauerl. el. Br.	kW	5200	5200
max. Dauerbremskraft (el.)	kN	128	128

* 184: urspr. auch 1500/3000 V Gleichstrom

Aufbauend auf Ergebnisse mit den drei Versuchslokomotiven der Baureihe E 320 (182) und auf die Fortschritte in der Leistungselektronik und im Fahrzeugbau entwickelte das BZA München gemeinsam mit AEG, BBC und Krupp eine Zweisystemlok E 310 und eine Viersystemlok E 410. Erstere war für die Wechselstrom 16 2/3 Hz, 15 kV (DB) und 50 Hz, 25 kV (CFL, SNCF), Letztere darüber hinaus für Gleichstrom 1,5 kV (NS) und 3 kV (CFL, SNCB) eingerichtet. Der elektrische Teil der E 410 wurde zur Erprobung neuer Bauelemente unterschiedlich ausgeführt. Die AEG lieferte die elektrische Ausrüstung für die Zweisystemloks E 310 001 – 004 und die Viersystemloks E 410 001 – 003. BBC baute die E 410 011 und 012. Erstmals wurden steuerbare Thyristoren verwendet, die eine stufenlose Regelung der Fahrmotorspannung und Steuerung des Fahrmotorstromes ermöglichen. Ebenfalls neu waren die Einholm-Stromabnehmer SBS 65. Der mechanische Teil wurde von Krupp in Essen gefertigt. In den Jahren 1966/67 erfolgte die Auslieferung aller Loks. Die Viersystemvariante wurde mangels technischer Zuverlässigkeit und fehlender Einsatzmöglichkeit nicht weitergebaut. Der mit großem Aufwand entwickelte Gleichstromteil der E 410 konnte sein Geld auf dem 53 km kurzen Streckenstück zwischen Aachen und Lüttich bzw. Montzen nie hereinfahren. Der planmäßige Einsatz in den Niederlanden kam überhaupt nicht zustande.
1968 erhielten die E 310 die Bezeichnung 181, die »Europa-Lokomotiven« E 410 verwandelten sich in 184. Die 181 003 und 181 004 mit elektrischer Nutzbremse zur Rückspeisung der Bremsenergie in das Fahrleitungsnetz erhielten 1969 die neuen Ordnungsnummern 103 und 104. Die 184 011 und 184 012 wurden im gleichen Jahr in 184 111 und 184 112 umgezeichnet.

Konstruktion

Der Fahrzeugteil beider Baureihen ist weitgehend identisch. Äußerlich ließen sich die Bauarten lediglich an der Anzahl der Stromabnehmer, bei der 184 vier, bei der 181 zwei, unterscheiden. Die 184 003 besitzt heute ebenfalls nur noch zwei Stromabnehmer. Der Kastenaufbau ist fünfteilig ausgeführt, die Maschinenraumumkleidung besteht aus drei abnehmbaren Hauben mit Längsversteifungssicken. Die Kastenabstützung erfolgt über je zwei Flexicoil-Schraubenfedern auf die Drehgestelllängsträger. Bei allen Maschinen sind SSW-Gummiringfederantriebe verwendet worden.
Der elektrische Teil der 184 001-003 basiert auf dem der 181, zusätzlich besitzen sie eine, längst stillgelegte, Gleichstromausrüstung. Alle Loks sind mit sechspoligen, fremdbelüfteten Mischstrom-Reihenschlussmotoren ausgerüstet. Die Spannungssteuerung erfolgt stufenlos über gesteuerte Thyristoren. Alle Loks haben eine fahrdrahtunabhängige Gleichstrom-Widerstandsbremse. Der Haupttransformator ist bei allen Stromsystemen in Betrieb; bei der 184 003 im Gleichstrombetrieb mit vorgeschaltetem statischen Wechselrichter.
Ursprünglich waren alle Lokomotiven im klassischen Blau lackiert, wie es die als Museumslok vorgesehene 181 001 noch heute ist. Die 184 003 trägt den ozeanblau-beigen Anstrich der siebziger Jahre.

Beheimatung

Saarbrücken

Betriebseinsatz

Heute stehen bei der Deutschen Bahn AG noch zwei Lokomotiven im Einsatz: die 181 001 sowie die 184 003. Die beiden Maschinen gehören zum Bestand des Betriebshofs Saarbrücken, der für sie einen gemeinsamen Umlaufplan aufgestellt hat. Dabei sind für die Lokomotiven vorwiegend Leistungen im Güterverkehr vorgesehen. Entsprechend kann man die Elektroloks mit ihren Frachtzügen zwischen Ehrang und Apach antreffen.

AUTOR: ENDERLEIN; AUFNAHME: WERNING

Mit „leichter Mithilfe" der Österreichischen Bundesbahnen kam auch die Deutsche Bahn AG zu einer „Taurus"-Version. Die deutsche Lok fährt als 182

Baureihe 182

Ursprünglich wollte die DB AG mit ihren Elektroloks der Baureihe 152 Güterzüge nach Österreich fahren. Doch die Österreichischen Bundesbahnen ÖBB verweigerten dieser Maschine die Zulassung, da die Drehgestellbauart in Verbindung mit dem Tatzlagerantrieb nicht den Richtlinien der UIC entsprach. Deshalb wandelte die DB die Bestellung der letzten 25 Loks der Reihe 152 in eine Bestellung über ebenso viele Loks der österreichischen „Taurus"-Bauart, der ÖBB-Reihe 1116, um.

Spross der „Taurus"-Familie

Die ÖBB hatten 1997 bei Siemens SGP Verkehrstechnik in Linz zunächst 75 Universallokomotiven aus der Siemens-Euro-Sprinter-Familie bestellt, von denen 50 in Einfrequenzausführung als Reihe 1016 und die restlichen 25 in Zweifrequenzausführung, zusätzlich für 25 Hz/50 kV-Betrieb ausgelegt, als Reihe 1116 entstanden. Diese Optionen wurden später in die Bestellung weiterer 325 1116-Loks umgewandelt. Die technisch weitgehend der DB-152 folgende Lok erhielt neue, von SGP entwickelte Drehgestelle, die in Verbindung mit dem voll abgefederten Hohlwellenantrieb eine Höchstgeschwindigkeit von 230 km/h erlauben. Neu gestalteten die ÖBB die Stirnfronten in einer aerodynamisch günstigen, stark gerundeten Form, welche den Loks ihr unverwechselbares Aussehen gibt.

Die ersten 1016/1116 wurden nach ausgiebigen Probefahrten im Siemens-Prüfcenter Wegberg-Wildenrath ab Mai 2000 in den Plandienst der ÖBB integriert, die endgültige Ablieferung aller 400 bestellten Loks soll bis zum Jahr 2006 erfolgen. Zehn Zweisystemloks der „Taurus"-Bauart erhielt die ungarische Staatsbahn MAV als 1047 001 – 010, die fünf Loks der Györ-Sopron-Ebenfurt-Vasút (GySEV) sind als 1047 501 – 506 eingereiht.

Für den eigenen Dispolok-Park der Firma Siemens sind 40 Loks der Taurus-Bauart vorgesehen, hier erhalten sie die Bauartbezeichnung ES 64 U2 (EuroSprinter, 6.400 kW, Universallok, 2-System) und sind für verschiedene Güterverkehrsunternehmen bundesweit sowie in die Schweiz und nach Österreich im Einsatz. Weitere drei Loks ES 64 U2-100 – 102 sind im Eigentum der Hupac Deutschland GmbH und fahren im Kombi- und BMW-Werksverkehr in Deutschland und der Schweiz.

Unterschiede zur ÖBB-Lok

Die 25 Lokomotiven 182 001 – 025 für DB Cargo konnten zwischen Juli und Dezember 2001 beim Bh Nürnberg Rbf in Betrieb genommen werden. Bis auf wenige Details wie die Verwendung explosionsgeschützter Oberspannungswandler, das Fehlen des ungarischen Zugsicherungssystems und den Einsatz der DB-typischen Wendezug- und Mehrfachtraktionssysteme entsprechen die 182er vollkommen der Reihe 1116 der ÖBB. Dies führt zu dem Kuriosum, dass die schnellsten

Technische Daten

Eigentümer	DB Cargo
Baureihenbezeichnung	182
Indienststellung (1. Jahr)	2001
Hersteller	Siemens, Krauss-Maffei
Achsformel	Bo'Bo'
Länge über Puffer	19.280 mm
Dienstmasse	86 t
Stromsysteme	15 kV/16,7 Hz 25 kV/50 Hz
Art des Antriebs	HAB-Antrieb
Dauerleistung	6.400 kW
Höchstgeschwindigkeit	230 km/h
max. Anfahrzugkraft	300 kN
Dauerzugkraft	270 kN
bei Geschwindigkeit	85,3 km/h
Dauerleistung der el. Bremse	150 kN

AUTOR: A. ENDERLEIN; AUFNAHMEN: B. SCHULZ (2)

Aufgrund ihrer Form lassen sich die neuen Maschinen schon von weitem erkennen; hier beim Auslandseinsatz am Brenner (Bild bei St. Jodok)

und möglicherweise auch elegantesten Loks der DB im Eigentum von DB Cargo sind und ausschließlich im Güterverkehr eingesetzt werden.
Eine Baureihe 182 war bei der DB bis 1982 bereits einmal im Einsatz. Drei äußerlich der Baureihe 140 entsprechende Zweisystem-Vorausloks, E 320 01, 11 und 21, waren für den Einsatz zwischen dem Saarland und Frankreich eingerichtet; sie konnten auch mit 15 kV/16,7 Hz und 25 kV/ 50 Hz fahren. Im Jahre 1968 erfolgte ihre Umzeichnung in 182 001, 011 und 021, sie wurden dann aber bald durch die neue Reihe 181.2 aus dem Betriebsdienst verdrängt. Zu wertvollen Erfahrungen für die Entwicklung der Drehstromtechnik verhalf die bis 1989 als Probelok und auch im DB-Plandienst gelaufene 182 001.

Konstruktion

Um das Gewicht des Lokkastens der „Taurus"-182 zu reduzieren, war konsequenter Leichtbau gefragt. Zahlreiche nichttragende Teile bestehen aus Aluminium, die Fensterbereiche und Eckbereiche der Führerstände sowie die Dachhauben bestehen aus auf die Stahlkonstruktion aufgeklebten glasfaserverstärkten Kunststoffelementen. Eine für die modernen und rekonstruierten Loks der ÖBB typische Neuerung ist die Verwendung nur noch einer Tür je Lokseite, welche bei den „Tauri" in Fahrtrichtung links hinter dem Drehgestell angeordnet ist. Auf der rechten Lokseite findet sich am Führerstand lediglich eine druckdichte Notausstiegsklappe. Die Stelle herkömmlicher Pufferträger nehmen nunmehr Hochleistungs-Crashelemente ein, welche, an den Rahmenkopfstücken angeschraubt, Aufstöße bis zu 40 km/h ohne eine Beschädigung des Hauptrahmens abfangen können.
Eine Neuentwicklung stellen die Drehgestelle dar, welche eine einseitige Anlenkung der Radsätze und ein neuartiges Bremssystem aufweisen. Gegenüber den bisherigen Loks der EuroSprinter-Familie wurde die Höhe der Kraftübertragung zwischen Drehzapfen und Drehgestell mit 420 Millimetern über Schienenoberkante deutlich tiefer gelegt; hierdurch erzielte man eine weitere Radsatzentlastung durch die Zug-/Bremskräfte. Eine gewisse Radialstellung der Räder wird durch die einseitigen Lenker der Radsatzführung erreicht. Eine Neuerung für Serienloks ist der „Hochleistungsantrieb mit getrennter Bremswelle" (HAB). Der im Drehgestellrahmen gelagerte Drehstrom-Asynchron-Fahrmotor treibt über ein einstufiges Getriebe ein Großrad an, welches über eine mittels Gummigelenken kardanisch wirkende Hohlwelle den Radsatz antreibt. Eine mit dem Großrad über eine weitere Zahnradstufe gekoppelte, gesondert gelagerte und voll abgefederte Bremswelle mit je Radsatz zwei Bremsscheiben reduziert die ungefederten Massen der Radsätze erheblich. Da die Lagerböcke der Lagerung der Bremswelle fest mit dem Fahrmotor verschraubt sind, bildet das Antriebs- und Bremssystem eine in sich geschlossene, voll abgefederte Einheit.
Die elektrische Ausrüstung der 182 entspricht jener der 152, der Haupttransformator ist zusätzlich für die Zweifrequenzausführung mit 25 kV ausgelegt. Eine sekundärseitige Systemumschaltung schaltet je nach Fahrleitungsspannung die entsprechenden Teilwicklungen des Transformators an die Eingänge des Stromrichters.

Betriebseinsatz

Die beim Bh Nürnberg Rbf beheimateten Loks 182 001 – 025 sind deutschlandweit im Cargo-Verkehr eingesetzt und kommen auch zum Brenner, nach Wien und Ebenfurth an der ungarischen Grenze. Herausragende innerdeutsche Leistung ist die Beförderung des PIC-Paares 50220/50221 auf der Relation Hamburg-Billwerder – München-Riem seit Mai 2003, welcher auf der Neubaustrecke mit 160 km/h verkehrt.

Beheimatung

Nürnberg Rbf

Parade der neuen Güterzug-Pferde „im DB-Cargo-Stall": In der Mitte die Europalok 189, die für vier Stromsysteme geeignet ist

Baureihe 189

Als bislang jüngsten und universellsten Vertreter der aus dem Siemens-EuroSprinter hervorgegangen Lokfamilie stellte Siemens im Oktober 2002 auf der Innotrans Berlin die als „Europa-Lokomotive" beworbene Viersystemversion der Baureihe 189 vor. Die Bestellung der DB Cargo vom August 1999 stellte die abgeänderte Einlösung der Option zum Bau weiterer 100 Loks der Reihe 152 dar. Die 189 entstand auf der Basis der im Güterverkehr mittlerweile bewährten Reihe 152 und hatte 1965 fünf ebenfalls als „Europa-Lokomotive" bezeichnete Vorfahren, die E 410 001 – 003 (184 001 – 003) und die E 410 011 und 012 (184 011/012). Das Quintett war, wie heute auch die 189, für die vier bei den Normalspurbahnen Europas vorkommenden Stromsysteme vorbereitet: Gleichstrom 1,5 kV (Südwest-Frankreich und Niederlande), Gleichstrom 3 kV (Belgien, Luxemburg, Italien, Polen, Teile der Slowakei und Tschechiens), Wechselstrom 16,7 Hz/15 kV (Deutschland, Österreich, Schweiz, Norwegen und Schweden), Wechselstrom 50 Hz/25 kV (Dänemark, Ungarn, Teilnetze in Frankreich, der Slowakei und Tschechien).

Zusatzeinrichtungen

Wenn auch die 189er die antriebstechnischen Voraussetzungen für einen fast europaweiten Einsatz mitbringen, so ist dennoch weiterhin eine spezielle Ausrüstung für den Einsatz in bestimmten Ländern vonnöten. Dies begründet sich in den unterschiedlichen Sicherungs- und Zugfunksystemen der Eisenbahngesellschaften, die es allein vom Gewicht her verbieten, alle in einer Lok unterzubringen. Die modulare Bauweise der Lokomotiven ermöglicht durch den einfachen Austausch der jeweiligen Module eine rasche Anpassung für einen geforderten Einsatzwechsel.
Eine Herausforderung an die Entwickler war eine Gewichtsreduzierung des Lokkastens auf zwölf Tonnen, um die größere Last der elektrischen Ausrüstung gegenüber der Ausgangsreihe 152 zu kompensieren und das vorgegebene Gesamt-Limit von 86 Tonnen einhalten zu können. Weitere Anforderungen waren die geringere Fahrzeughöhe zur Einhaltung aller Umgrenzungsprofile, eine Verbesserung der passiven Sicherheit für den Lokführer und schließlich noch eine Nutzungszeit von mindestens 30 Jahren.
Im Jahr 2002 erstellte Siemens in München-Allach drei Lokomotiven, welche anlässlich einiger Fachmessen dem Publi-

Technische Daten

Eigentümer	DB Cargo
Baureihenbezeichnung	189
Indienststellung (1. Jahr)	2003
Hersteller	Siemens AG
Achsformel	Bo'Bo'
Länge über Puffer	19.580 mm
Dienstmasse	87 t
Stromsysteme	AC 15 kV/16,7 Hz; 25 kV/50 Hz, DC 3 kV; 1,5 kV
Art des Antriebs	Tatzlager
Dauerleistung	AC: 6.400 kW, DC 3 kV: 6.000 kW, DC 1,5 kV: 4.200 kW
Höchstgeschwindigkeit	140 km/h
max. Anfahrzugkraft	300 kN
Dauerzugkraft	258 kN
bei Geschwindigkeit	78 km/h
Dauerleistung der el. Bremse	150 kN

AUTOR: A. ENDERLEIN; AUFNAHMEN: B. SCHULZ (2)

Loks für grenzüberschreitende Einsätze haben Konjunktur – bei der DB wie beim Hersteller Krauss-Maffei, der die189 fertigte

kum als DB-Lokomotiven 189 001 – 003 vorgestellt wurden. Parallel fanden die erforderlichen Abnahme- und Probefahrten statt, welche unter anderem die 189 002 Anfang 2003 zusammen mit der 185 088 nach Schweden führten. Diese drei Lokomotiven wurden allerdings nicht an die DB übergeben, sondern sind die ersten drei von 15 bis Ende 2003 erwarteten Loks „ES 64 F4" für den Siemens-Dispolok-Park.

Drei neue, wiederum als 189 001 – 003 bezeichnete Fahrzeuge konnten im Mai 2003 offiziell in den Bestand der DB übernommen werden und eröffneten die Serienfertigung der 100 bis zum Jahr 2005 zu liefernden Lokomotiven. Nach derzeitigem Stand werden alle Loks mit der vollständigen Viersystem-Ausstattung geliefert, allerdings aufgeteilt, je nach montierten Stromabnehmern und Sicherungssystemen,-in Varianten für Nord-, Mittel- und Südeuropa.

Konstruktion

Die Fahrzeuge entsprechen im mechanischen und elektrischen Aufbau weitgehend den Lokomotiven der Reihen 152 und 182 der DB. Der etwas niedrigere Lokkasten mit den auffälligen gesickten Seitenwänden wurde durch eine Optimierung der Leichtbauweise der Struktur selbst wie auch der Anbauteile den Anforderungen angepasst. Die den UIC-Anforderungen entsprechenden, gegenüber der 152 deutlich weicher abgefederten Drehgestelle sind eine Weiterentwicklung der in den Taurus-Lokomotiven verwendeten Bauart. Der Antrieb ist als integrierter Tatzlagerantrieb ausgeführt, bei dem jedem Radsatz ein fremdbelüfteter, vierpoliger Drehstrom-Asynchronmotor, welcher aus dem 152-Motor weiterentwickelt und für den Einsatz mit Gleichstrom modifiziert wurde, zugeordnet ist. Optional kann die 189 mit den Drehgestellen des Taurus ausgestattet werden und dann eine Höchstgeschwindigkeit von 230 km/h fahren.

Neu geordnet werden musste die Dachausrüstung mit der Möglichkeit zum Aufbau von vier leicht austauschbaren Stromabnehmern des Typs Siemens SBS 2T, wobei die europaweiten Einsätze sechs verschiedene Wippenbreiten zwischen 1.450 und 2.060 Millimetern sowie Schleifleisten aus Kohle oder Kupfer erfordern. Zur Einhaltung des vorgeschriebenen spannungsfreien Raumes beim Einsatz mit schmalen Wippen werden die Stromabnehmer mit den breiten Wippen elektrisch abgetrennt. Im Gegensatz zur 152 wurde die weitere Hochspannungsausrüstung wieder auf das Lokomotivdach verlegt, da auch für das 50 Hz/25 kV-System höhere Isolationsstrecken gefordert sind. Jedem Drehgestell ist ein in Zentralgerüsten eingebauter Traktionsstromrichter zugeordnet, welcher im Wechselstrombetrieb die vom Transformator gelieferte Einphasen-Wechselspannung über Vierquadrantensteller gleichgerichtet dem Zwischenkreis zuführt. Im Gleichstrombetrieb sind die Zwischenkreise über das Netzfilter und die als Netzfilter-Eingangsdrosseln vorgeschalteten Traktionswicklungen des Transformators direkt mit dem Fahrleitungsnetz verbunden. Die Ausführung der Leistungselektronik der Traktionsumrichter in Hochvolt-IGBT-Technik ermöglicht, unter Verzicht auf verlustbehaftete Gleichstromsteller, den Einsatz des Pulswechselrichters direkt am Fahrdraht.

Neben dem standardmäßig angebauten Zugsicherungssystem LZB 80 MVB mit PZB 90 und CIR-ELKE-Funktion Stufe 1 ermöglichen Reserveplätze den bedarfsweisen Einbau weiterer Zugsicherungssysteme für die vorgesehenen Auslandseinsätze. Ebenso sind neben den werksseitig angebauten PZB-Magneten an den Drehgestellen und LZB-Antennen am Lokkasten hier auch Anbaumöglichkeiten für weitere Systeme vorhanden. Hierbei sind bis zu drei unterschiedliche relationsbezogene Ausrüstungsvarianten vorgesehen.

Betriebseinsatz

Im Mai 2003 erfolgte die Übergabe der ersten drei Loks 189 001 – 003 an das Werk Nürnberg. Nach den Personalschulungen werden die ersten Einsätze auf der Elbtallinie zwischen Dresden und der Tschechischen Republik erfolgen.

Beheimatung

Nürnberg Rbf

Die E 91 wurden zwischen Januar 1926 und April 1928 in Dienst gestellt. Bayerische und schlesische Maschinen unterschieden sich in den Stirnseiten

Baureihe E 91 (DB 191)

Für den Zugbetrieb auf den in den zwanziger Jahren zu elektrifizierenden Strecken plante die DRG die Beschaffung eine größeren Zahl neuer elektrischer Lokomotiven. Das unter maßgeblicher Mitwirkung von W. Wechmann 1922 aufgestellte Elektroloktypenprogramm sah für den schweren Güterzugdienst auf Gebirgsstrecken eine C'C'-gekuppelte Lokomotive mit der Bezeichnung EG 5 vor. Als Antriebsform war der Winterthurer Schrägstangenantrieb vorgesehen, der sich bereits in der Schweiz bewährte hatte.
1922 gab die Deutsche Reichsbahn insgesamt 30 Maschinen in Auftrag, von denen 16 für das bayerische Netz (bay. EG 5 22501 – EG 5 22516) und 14 für den Einsatz in Schlesien vorgesehen waren (pr. EG 581 – EG 594). Den Fahrzeugteil bauten AEG (14 Lokomotiven) und Krauss (20 Lokomotiven), den elektrischen Teil die AEG (14 Lokomotiven) bzw. die AEG-Siemens Liefergemeinschaft Wasseg (20 Lokomotiven). Die zwischen Januar 1926 und April 1928 in Dienst gestellten Maschinen erhielten ab August 1926 die neue Baureihenbezeichnung E 91 mit den Ordnungsnummern 01 – 20 für die süddeutschen und 81 – 94 für die schlesischen Strecken. Bei den E 91 07 – E 91 20 waren die neuen Betriebsnummern bereits ab Werk angebracht. Die bayerischen und schlesischen E 91 unterschieden sich äußerlich in der Gestaltung der Stirnfronten.
Zur Linderung des akuten Lokomotivmangels in Schlesien bestellte die DRG 1927 bei AEG und Wasseg zwölf weitere E 91. Gefordert war die Ausrüstung mit elektrischer Bremse, weil bei den langen Talfahrten immer wieder Bremsstaub in die elektrische Ausrüstung eindrang und Störungen verursachte. Die als E 91 95 – E 91 106, Baureihe E 91^{9}, bezeichneten Lokomotiven wurden 1929 geliefert.
Die Lokomotiven erfüllten das Leistungsprogramm gut. Mit der Beschleunigung des Güterverkehrs erwies sich die Höchstgeschwindigkeit von 55 km/h bald als hinderlich. Dagegen bewältigten die Lokomotiven der Baureihe E 91 den Dienst am Ablaufberg wegen ihrer Vorzüge im niedrigen Geschwindigkeitsbereich zur vollsten Zufriedenheit. Die bei der DB verbliebenen E 91 wurden 1957 und 1958 im AW Freimann grundlegend modernisiert und dabei das Fahrwerk, der Lokkasten und die elektrische Ausrüstung überholt.

Konstruktion

Das Laufwerk hatte zwei Triebgestelle mit jeweils drei gekuppelten Radsätzen erhalten. Gestelle wurden durch federnde Zug-

TECHNISCHE DATEN

Baureihenbezeichnung	bis 1926	EG 5	-
	bis 1967	E 91	E 91^{9}
	ab 1968 (DB)	191	191^{9}
Indienststellung		1926	1929
Hersteller		AEG, SSW	
Achsfolge		C'C'	
Länge über Puffer	mm	16 700	17 300
Dienstmasse	t	123,7	116,4
Stromsystem		16 2/3 Hz, 15 kV	
Art des Antriebs		Stangen	
Dauerleistung	kW	1 660	
Geschw. bei Dauerleistung	km/h	48	
Stundenleistung	kW	2 200	
Geschw. bei Stundenleistung	km/h	39,2	
Höchstgeschwindigkeit	km/h	55	
Anfahrzugkraft	kN	294	

Der dreiteilige Lokkasten bestand aus einem Profilstahlgerippe mit aufgenieteten Stahlblechen

apparate und eine Notkupplung verbunden. Der mittlere Kuppelradsatz erhielt Seitenspiel. Den Antrieb mit der Getriebeübersetzung 25:101 übernahm je ein Doppelmotor, der die Kraft über einen beiderseitigen Winterthur-Schrägstangenantrieb auf die Treibachsen übertrug. Der Hauptrahmen befand sich über den Triebgestellen und war jeweils als Plattenrahmen gefertigt. Die Rahmenwangen versteifte man durch das Stahlgußunterteil des Motorgehäuses, ebenso das Endstück und den Pufferträger.
Der aus Profilstahl-Längsträgern bestehende Rahmen der mittleren Brücke wurde über zwei federnde Gleitpfannen auf den Triebgestellen abgestützt. Eine zusätzliche Abstützung durch zwei querliegende Blattfedern rüstete die DRG nach. Der dreiteilige Lokkasten bestand aus Profilstahlgerippe, verkleidet mit aufgenieteten Stahlblechen. Die Kastensegmente verband man fest mit dem Gestellrahmen. Das mittlere Teil war dagegen drehbar ausgeführt und auf beiden Triebgestellen gelagert. Die Kastenteile wurden durch Lederfaltenbälge und Übertrittbleche verbunden. Beide Endführerstände gestaltete man schmaler als den Lokkasten und mit stirnseitig abgeschrägten Ecken. Bei den bayerischen E 91 01 – 91 20 existierten drei Stirnfenster, Mitteltüren und Übergangseinrichtungen (ab den dreißiger Jahren entfernt). Die preußischen E 91 81 – E 91 94 hatten dagegen weder Stirnwandtüren und noch Übergänge erhalten und waren nur mit zwei Stirnfenstern ausgerüstet. Dagegen erhielten die Lokomotiven E 91 95 – E 91 106 von Anfang an drei große Stirnfenster. Die äußeren Kastenteile beherbergten unter anderem die Fahrmotoren. Im Mittelteil war der Transformator angeordnet, das Dach in drei Teilen abnehmbar.

Eine Druckluftbremse ermöglichte die einseitige Abbremsung der Radsätze. Hinzu kamen eine Zusatzbremse und je eine Spindelhandbremse auf den Führerständen.
Die Lokomotiven E 91 95 – E 91 105 verfügten zusätzlich über je eine fremderregte elektrische Widerstandsbremse, die die DB später stillgelegte. Die von den Herstellern installierte wegeabhängige Einheits-Sicherheitsfahrschaltung der Bauart AEG tauschte die DRG von 1930 bis 1933 gegen die Einheits-Sifa Bauart BBC aus. Auf dem Dach waren zwei Scherenstromabnehmer der Bauart SBS 9 untergebracht. Als Hauptschalter diente ein Ölschalter. Der Haupttransformator in Form eines Öltransformators in Mantelbauweise und die elektromagnetische Schützensteuerung mit 19 Dauerfahrstufen bewährten sich gut. Gleiches traf für die vier Fahrmotoren als fremdbelüftete, zehnpolige Wechselstrom-Reihenschlußmotoren mit Wendepolen zu, von denen je zwei ständig in Reihe geschaltet waren. Bei ihrer Indienststellung waren die Lokkästen der bayerischen E 91 rotbraun, der preußischen E 91 olivgrün lackiert. Ab 1927 erhielten alle E 91 einen blaugrauen Anstrich. Die DB versah sämtliche Maschinen ab 1950 mit chromoxydgrüner Farbe.

Betriebseinsatz

Die bayerischen E 91 wurden zuerst im Bw München Hbf beheimatet. Von hier aus übernahmen die Maschinen Güterzugleistungen von München nach Landshut. Mit der Ausdehnung des elektrifizierten Streckennetzes fuhren sie auch bis Kufstein, Regensburg, Rosenheim (ab 1927), Salzburg (1928) und Stuttgart (1933). Der Schiebedienst auf der Geislinger Steige ging 1933 von Dampflokomotiven auf E 91 über. Beheimatet waren die bayerischen E 91 bis zum Ende des Zweiten Weltkrieges in Freilassing (1928 – 1943), Geislingen (1936 – 1943), Kornwestheim (ab 1933), Landshut (ab 1930), München Hbf (1926 – 1935), Regensburg (ab 1927), Rosenheim (1927 – 1943) und Ulm (ab 1933).
In Schlesien waren die E 91 81 – E 91 94 im Bw Hirschberg, die E 91 95 – E 91 106 im Bw Waldenburg-Dittersbach stationiert. Sie dienten auf der schlesischen Gebirgsbahn Breslau – Görlitz zur Beförderung schwerer Güterzüge, insbesondere der Kohlezüge aus dem Waldenburger Gebiet. Auf dem Abschnitt Waldenburg-Dittersbach – Hirschberg – Lauban waren die Paßhöhe bei Fellhammer sowie mehrere lange Steigungen zwischen Lauban und Hirschberg zu überwinden. Die acht in Schlesien zurückgebliebenen E 91 kamen nach Einstellung des elektrischen Zugbetriebes nach Mitteldeutschland und von dort 1946 in die Sowjetunion. 1952 der DR wieder zur Verfügung gestellt, verzichtete man jedoch auf eine Reaktivierung und musterte die Lokomotiven 1962 aus. Unfallbedingt schieden E 91 05 (1935) und E 91 96 (1943) aus, kriegsbedingt folgten bis 1949 sieben und 1950 vier weitere Maschinen.
Die spätere DB verfügte nach den kriegsbedingten Ausmusterungen über 17 E 91 und sechs E 91[9]. Die meisten Lokomotiven befanden sich in den Bahnbetriebswerken Landshut und Regensburg. Sie verkehrten zwischen München und Regensburg. Zwei Ulmer E 91 schoben auf der Geislinger Steige Züge nach, und eine E 91 rangierte in Augsburg. Ab 1954 wanderte die E 91 zunehmend in den Nahgüterverkehr ab oder übernahmen Dienst auf den großen Rangierbahnhöfen, beispielsweise in Basel, München-Laim, München Ost.
Die DB stationierte ihre E 91 in den Bahnbetriebswerken Augsburg (1945 – 1956), Bamberg (1967 – 1968), Freiburg (1964 – 1968), Haltingen (1956 – 1964), Kornwestheim (bis 1968), Landshut (bis 1952), München Hbf (1947 1965), München Ost (1948 – 1975), Neu Ulm (1956) und Pressig-Rothenkirchen (1950 – 1967). Im Frankenwald waren die Loks der Baureihe E 91 zwischen Pressig-Rothenkirchen und Probstzella unentbehrlich und bespannten gelegentlich Schnellzüge.
Die DB stationierte 1968 zwölf inzwischen als Baureihe 191 bezeichnete Lokomotiven im Bw Oberhausen-Osterfeld Süd. Dort versahen sie bis 1973 Nahgüterzug- und Abdrückdienste auf Rangierbahnhöfen des Ruhrgebietes. Auslauf-Bw war München Ost, das die 191er bis Mai 1975 in München-Laim und München Ost einsetzte. Ausgemustert wurden die Maschinen 1969 (1), 1971 (1), 1972 (8), 1973 (5), 1974 (3) und 1975 (5). Erhalten blieb die Lokomotive E 91 99 im Bw Garmisch, die neben der Lokomotive 191 100 die letzte im Einsatz befindliche E 91 war.

REDAKTION: AXEL ENDERLEIN; FOTOS: BÜGEL, DB/SLG. RAMPP

Die DRG beauftragte die AEG, die E 93 zur E 94 mit wesentlich höherer Leistung und einer Höchstgeschwindigkeit von 90 km/h weiterzuentwickeln

Baureihen E 93 und E 94

Neben Reise- und leichten Güterzuglokomotiven der Baureihen E 04 und E 44 bestand 1931 auch Bedarf an einer Lokomotive für den schweren Güterzugdienst, insbesondere zum Bezwingen die Geislinger Steige. Daraufhin entwickelte die AEG die laufachslose, sechsachsige Drehgestellok E 93. Gegenüber der E 95 konnte eine Masseersparnis von 21,5 t erreicht werden. Die DRG bestellte im März 1932 zwei Baumuster, die im Sommer 1933 als E 93 01 und E 93 02 in Dienst gestellt wurden und bei Versuchsfahrten sofort überzeugten. Nachbestellungen ergingen 1935 über zwei plus neun und 1936/37 über weitere fünf E 93, letztere für das mitteldeutsche Netz. Ab der Lokomotive E 93 05 war eine Höchstgeschwindigkeit von 70 km/h vorgesehen. Die Baulose lieferte AEG 1935, 1937 und 1939 aus.

Als Weiterentwicklung ließ die DRG von der AEG die E 94 mit einer wesentlich höheren installierten Leistung und einer Höchstgeschwindigkeit von 90 km/h konzipieren. Im November 1937 ließ die DRG einen Auftrag über elf E 93 in E 94 umwandeln. Diese Maschinen sollten den Güterverkehr auch auf anderen Mittelgebirgsstrecken, wie der Frankenwaldrampe und der schlesischen Gebirgsbahn, beschleunigen. Nach dem Anschluß Österreichs 1938 sollten E 94 darüber hinaus auf der Arlberg-, Brenner- und Tauernbahn verkehren.

Die Mehrzahl der E 94-Lokomotiven baute AEG, ferner waren Siemens-Schuckert und ELIN (elektrischer Teil) sowie Krauss-Maffei und die Wiener Lokomotivfabrik Floridsdorf (WLF; mechanischer Teil) an der Fertigung beteiligt. Aus strategischen Gründen durfte die E 94 während des Zweiten Weltkrieges als „Kriegslokomotive" weiter gebaut werden. Bis 1945 hatte die DR 285 Lokomotiven in Auftrag gegeben. Es wurden jedoch nur 145 Maschinen ausgeliefert (E 94 001 – E 94 136 und E 94 151 – E 94 159). Darüber hinaus waren bei Kriegsende bei den Herstellerwerken die E 94 137 bis 142, E 94 145 bis 148 sowie E94 160 und E 94 161 im Bau. Die DB bestellte 1953 und 1954 noch einmal 43 E 94, wobei neben AEG und SSW/Krauss-Maffei erstmalig auch BBC, Henschel und Krupp beteiligt wurden. 24 Lokomotiven erhielten einen auf 830 kW verstärkten SSW-Motor des Typs WBM 487 sowie einem Transformator mit erhöhter Leistungsfähigkeit. Auf Grund dieser Modifikationen wurden diese Maschinen als Baureihe E 94^{2} mit den Betriebsnummern E 94 262 – E 94 285 bezeichnet. Die übrigen Lokomotiven kamen als E 94 178 – E 94 196 in Betrieb. 1970 erhöhte die DB die Höchstgeschwin-

TECHNISCHE DATEN

Baureihen	bis 1968	E 93	E 94	E 94^{2}
	ab 1968/1970	193	194 (DB)/254 (DR)	194^{5}
Indienststellung		1933	1940	1954
Hersteller		AEG	AEG, SSW, KM u.a.	AEG, SSW, KM u.a.
Achsfolge		Co'Co'	Co'Co'	Co'Co'
Länge über Puffer	mm	17 700	18 600	18 600
Dienstmasse	t	117,6	118,5	123
Stromsystem			16 2/3 Hz, 15 kV	
Antrieb			Tatzlager	
Dauerleistung	kW	2 214	3 000	4 440
Geschw. bei Dauerleistung	km/h	62	71	70
Stundenleistung	kW	2 502	3 300	
Geschw. bei Stundenleistung	km/h	57	68	
Höchstgeschwindigkeit	km/h	65/70	90	100
Anfahrzugkraft	kN	353	363	402

Ursprünglich waren die Lokkästen der E 93 und E 94 blaugrau, später bei der DB und der DR grün

digkeit der 194^{2} sowie der 194 141 und 194 142 auf 100 km/h und zeichnete sie in 194 541, 194 542, 194 562 – 194 585 (Baureihe 194^{5}) um.

1951 bestellten die ÖBB bei WLF (mechanischer Teil) und AEG-Union (elektrischer Teil) drei Nachbaulokomotiven auf der Grundlage des 1945 nicht mehr fertiggestellten Bauloses E 94 146 – E 94 148, die als 1020.45 – 1020.47 im Jahre 1954 in Dienst gingen. Somit wurden genau 200 E 94 gebaut.

Die E 94 erfüllten das geforderte Betriebsprogramm ohne Schwierigkeiten, während die E 93 in Anbetracht der stark gestiegenen Zuglasten oft an die Grenzen des Leistungsvermögens stieß. Die Laufeigenschaften der E 93 und E 94 galten für damalige Verhältnisse als beachtlich. Probleme bereitete bei den E 94 anfangs die überdurchschnittlich hohe Spurkranzabnutzung beim Einsatz auf den alpinen Bergstrecken. Gegenüber der E 93 hatte die E 94 nämlich einen längeren Achsabstand. Für Abhilfe sorgte später eine Spurkranzschmierung. Beide Bauarten zeichneten sich durch hohe Zuverlässigkeit und Anspruchslosigkeit in der Bedienung aus. Die E 94 war neben der E 18/E 19 und der E 44 die technisch ausgereifteste Elektrolokomotive der Vorkriegszeit.

Konstruktion

Das Co'Co'-Laufwerk mit zwei kurzgekuppelten (E 93) bzw. mit Kuppeleisen (E 94) verbundenen Triebgestellen bestand aus jeweils drei Treibradsätzen ohne Seitenspiel. Beide Rahmenwangen der Drehgestelle waren durch vier Querverbindungen versteift. Der mittlere Treibradsatz hatte um 10 mm geschwächte Spurkränze. Alle Achslager erhielten Peyinghaus-Schleuderschmierung. Der Tatzlagerantrieb verfügte über beidseitig schrägverzahnte Getriebe (Übersetzung E 93: 16:86; E 94: 20:79). Der als geschweißter Brückenrahmen gestaltete Hauptrahmen stützte sich auf die Triebgestelle ab. Der Lokkasten berücksichtigte zwei Führerstände und einen dazwischenliegenden, mit dem Brückenrahmen fest verschweißten Maschinenraum. Den abnehmbaren Maschinenraum montierte man auf die Drehgestellrahmen. Die Aufbauten bestanden aus einem Profilstahlgerüst und wurden mit Stahlblech verkleidet.

Die Dachteile über dem Maschinenraum konnten abgenommen werden. Der hohe Dachaufbau der E 94 beherbergte die Bremswiderstände (Ausnahme: E 94 mit Hochspannungssteuerung). Vorhanden waren eine Druckluftbremse zur einseitigen Abbremsung aller Räder sowie je eine Spindelhandbremse auf den Führerständen. Die E 94 erhielten außerdem eine fremderregte elektrische Widerstandsbremse (bei der DR ab 1981 ausgebaut). Wegeabhängige Sifa der Bauart BBC wurden bereits ab Werk installiert, die ab 1962 auch zeitabhängig arbeitete. Für den Einbau der Indusi entfernte die DB ab 1963 die mittleren Sandkästen an den Drehgestellen. Bei den E 94 wurden Spurkranzschmierungen ab 1942 nachgerüstet und ab 1943 serienmäßig eingebaut. Die Lokomotiven der Baureihe E 93 stattete man ab 1950 mit dieser Einrichtung aus.

Die E 93 erhielt bei Anlieferung Scherenstromabnehmer Bauart SBS 9 (später SBS 10), die E 94 solche der Bauart HISE 7 (AEG) oder SBS 38 (SSW). DB und DR installierten später auch andere Typen. Bei den Hauptschaltern der E 93 handelte es sich um Einheits-Ölschalter des Typs BO, bei der E 94 um AEG-Druckgasschalter oder SSW-Expansionsschalter. Einige DB- und sämtliche DR-E 94 bekamen Druckluft-Schnellschalter. Als Haupttransformatoren dienten ölgekühlte Manteltransformatoren in Sparschaltung.

Die Steuerung bildete ein manuell zu betätigendes Nockenschaltwerk mit Kollektor-Feinregler sowie Zusatztransformator und Stromteiler mit 15 (E 93) bzw. 18 Dauerfahrstufen (E 94). Die Lokomotiven E 94 141 und E 94 142 hatten Hochspannungssteuerungen der Bauart BBC mit 28 Dauerfahrstufen, die E 94 270 und E 94 271 Hochspannungssteuerungsanlagen der Bauart SSW mit Sprunglastschalter und motorischer Nachlaufsteuerung für 28 Dauerfahrstufen erhalten. Bei diesen vier Maschinen gelangten verstärkte Transformatoren zum Einbau. Die elektrische Bremse entfiel. Die Lokomotiven E 94 043 und E 94 145 verfügten zeitweise über ein Wandernockenschaltwerk für 18 Dauerfahrstufen. Sechs fremdbelüftete achtpolige (E 93) bzw. zehnpolige (E 94) Wechselstrom-Reihenschlußmotoren mit Erreger-, Kompensations- und Wendepolwicklung in Tatzla-

Neben dem normalen Güterzugdienst wurde die E 93 auch als Schiebelokomotive eingesetzt

Es wurden genau 200 Lokomotiven der Baureihe E 94 für Deutschland und Österreich gebaut

gerausführung sorgten für eine ausreichende Zugkraft. Die Lokomotiven E 93 01 und alle DB-E 94 erhielten später einen vorgezogenen Dachüberstand.
Bei allen DB-E 93/E 94 wurde das dritte Spitzenlicht an die Vorbaukante verlegt. In den siebziger Jahren bekamen zehn Lokomotiven der Baureihe 194 Pufferträger für die automatische Mittelpufferkupplung sowie fest an den Vorbauten montierte Einheitslampen. Für den Schiebebetrieb in den siebziger Jahren wurde in sechs Maschinen der Baureihe 194 ein separates Rotschlußsignal eingebaut. Die Lokomotiven 194 042 und 194 125 verkehrten zuletzt mit abgerundeten, gummigefaßten Stirnfenstern.
Ursprünglich hatten die Lokomotiven der Baureihen E 93 und E 94 einen blaugrauen Lokkasten erhalten. DB und DR lackierten die Lokkästen ihrer Maschinen grün (DR ab 1961 rotes statt schwarzes Laufwerk). Die Lokomotive 194 178 erhielt 1974 versuchsweise als einzige 194 einen oceanblau-beigen Anstrich.

Betriebseinsatz

Für den Einsatz zwischen München und Stuttgart sowie im Erzverkehr in Geislingen erhielt das Bw Kornwestheim fabrikneu vier und das Bw Ulm eine E 93. 1939 kam die letzte E 93-Lieferung nach Halle (Saale) P (3) und Leipzig-Wahren (2). Die mitteldeutschen Lokomotiven wurden bis 1940 an das Bw Rosenheim (4) für Zugleistungen nach Attnang-Puchheim sowie an das Bw Kornwestheim angegeben. Von 1942 an waren alle Lokomotiven der Baureihe E 93 in der RBD Stuttgart konzentriert.
Die ersten E 94 lieferte AEG 1940 an das Bw Innsbruck für den Betrieb auf der Brennerbahn. In weiterer Folge kam die neue Güterzuglokomotive in Süddeutschland zu den Bahnbetriebwerken Augsburg, Freilassing, Kornwestheim, München Ost, Pressig-Rothenkirchen, Rosenheim, in Mitteldeutschland zu den Bahnbetriebswerken Probstzella, Saalfeld und Leipzig-Wahren und in Schlesien zu den Bahnbetriebswerken Hirschberg, Waldenburg-Dittersbach und Schlauroth. Im besetzten Österreich erhielten die Bahnbetriebswerke Bludenz, Salzburg, Schwarzach-St. Veit und Spittal-Millstättersee Lokomotiven der Baureihe E 94.
Nach Kriegsschäden schieden 1943, 1945 und 1946 je eine E 94 aus. Zwei E 94 wurden während des Baus zerstört. Zum Zeitpunkt der Grenzziehung verteilten sich die E 94 auf Süddeutschland (66), Mitteldeutschland (17), Berlin-West (1), Schlesien (11), Österreich (47) und die Tschechoslowakei (2). Die 18 Lokomotiven der Baureihe E 93 waren alle in Süddeutschland verblieben.
Der Bestand der E 94 im Westen nahm weiter zu: Im Rahmen eines Loktausches mit den ÖBB kehrten im Herbst 1945 zwei E 94 zurück, und aus bereits vorgefertigten Baugruppen ließ man von 1946 bis 1953 die E 94 137 – E 94 142 , E 94 145, E 94 160 und E 94 161 komplettieren. 1954 erwarb die DB vier Lokomotiven der Baureihe E 94 aus der DDR. In den Jahren 1954 – 1956 kamen 43 Nachbaulokomotiven hinzu.
Die Maschinen der Baureihen E 93 und E 94 übernahmen nach Kriegsende wieder die Hauptlast des Güterverkehrs auf dem elektrifizierten Streckennetz Süddeutschlands. Allerdings mußten die E 93 die lukrativen Leistungen stets der E 94 und später auch der E 50 überlassen. 1951 waren die Lokomotiven der Baureihe E 93 aus Ulm verdrängt worden. Nachdem die DB 1958 das Bw Geislingen aufgelöst hatte, waren alle E 93 bis zum Ende ihrer Dienstzeit in Kornwestheim beheimatet. Die langsamen E 93 01 – E 93 04 übernahmen von 1936 bis 1982 Schiebedienste auf der Geislinger Steige. Im Güterverkehr verkehrten die E 93 meist im Direktionsbereich Stuttgart. Dagegen waren die E 94 im Verlauf ihrer Einsatzzeit auf nahezu allen elektrifizierten Hauptstrecken in Bayern, Baden-Württemberg (mit Ausnahme der Gebirgsbahnen im Schwarzwald) sowie im Großraum Frankfurt (Main) und in Österreich im Plandienst zu finden.
Die DB stationierte die E 94 in den Bahnbetriebswerken Aschaffenburg (1958 – 1975), Augsburg (bis 1986), Bamberg, Freilassing (bis 1950 und 1974 – 1983), Heidelberg (1955 – 1969), Ingolstadt (1965 – 1988), Kornwestheim (bis 1969), Mannheim (1956 – 1986), München Ost (bis 1974), Neu-Ulm, Nürnberg Rbf (1946 – 1948, 1950 – 1961, 1972 – 1988), Pressig-Rothenkirchen (bis 1950, 1955 – 1960), Regensburg (1947 – 1973), Rosenheim (bis 1965), Treuchtlingen (1946 –1947, 1949 – 1950, 1958 – 1959), Ulm (1951 – 1961) und Würzburg (1954 – 1958). Mitte 1986 war der verbliebene Bestand je zur Hälfte in Ingolstadt (51) und in Nürnberg Rbf (50) konzentriert.

Ursprünglich waren die Lokkästen der E 93 und E 94 blaugrau, später bei der DB und der DR grün

14 E 94 mußte die DR 1946 als Reparation an die UdSSR abgeben. Sie wurden 1952 zurückgekauft

Von 1976 an begann sich die DB von den seit 1968 als 193 bzw. 194 bezeichneten Baureihen zu trennen. Bei den 193 führte man seit 1976, bei den 194 seit 1985 keine Hauptuntersuchungen mehr durch. Die Lokomotiven fuhren auf „Verschleiß" und wurden bei größeren Schäden bzw. Fristablauf ausgemustert. Für die Lokomotiven der Baureihe 193 traf dies 1977 (7), 1980 (1), 1982 (2), 1983 (2), 1984 (4) und 1985 (2) zu. Letztmalig im Einsatz waren diese Maschinen im Mai 1984. Erhalten blieben die Lokomotiven 193 007 (DB), 193 008 (KKW Neckarwestheim) und 193 012 (Deutsche Gesellschaft für Eisenbahngeschichte).

Anfang Januar 1988 endete der Einsatz der Baureihe 194 beim Bw Nürnberg Rbf und Ende Mai 1988 jener in Ingolstadt. Mit der Ausmusterung der letzten 194er am 28. Juni 1988 war die Zeit der Vorkriegselloks bei der DB zu Ende. Bemerkenswert war noch die Vermietung von acht 194^5 an die SBB (Depot Basel und Zürich) zwischen Mai und Oktober 1987. Die Ausmusterung der 194 begann bei der DB 1976 (1 Lok) und setzte sich über die Jahre 1978 (1), 1980 (2), 1981 (1), 1982 (3), 1984 (8), 1985 (7), 1986 (16), 1987 (67) bis 1988 (18) fort. Für museale Zwecke bleiben sieben 194er erhalten.

Nach der Einstellung des elektrischen Zugbetriebes in Schlesien im Spätsommer 1945 kamen elf dort verbliebene E 94 im Herbst 1945 in die Sowjetunion. Von den beiden auf tschechischem Staatsgebiet befindlichen E 94 blieb die E 94 074 verschollen, die andere gelangte im Oktober 1945 in die sowjetische Besatzungszone. Somit befanden sich hier im Herbst 1945 insgesamt 18 Lokomotiven der Baureihe E 94. Sie blieben bis zum März 1946 in den Bahnbetriebswerken Probstzella, Saalfeld und Weißenfels beheimatet. Bis auf vier beschädigte E 94 mußten alle Maschinen an die Sowjetunion als Reparationsleistung abgegeben werden. Dort umgespurt, waren die E 94 zur Erprobung des 16 2/3 Hz, 15 kV-Betriebes auf einem Teilstück der Strecke Kotlas – Workuta im Ein-

Ab 1961 hatten die DR-E 94 ein rotes Fahrwerk

satz. Die DR erwarb 1952 von der UdSSR 18 ehemals mitteldeutsche und 11 schlesische E 94. Das Raw Dessau baute von 1956 bis 1961 insgesamt 23 Lokomotiven wieder auf. Zwei Ersatzteilspender-E 94 wurden 1967 ausgemustert, vier Maschinen gingen 1954 im Tausch gegen Fahrleitungsdraht und Ersatzteile an die DB. Die E 94 der DR waren anfangs im schweren Güterzugdienst (Kohletransporte) im Raum Halle (Saale) – Leipzig eingesetzt. Mit der fortschreitenden Elektrifizierung liefen sie später auch in den Relationen Leipzig – Zwickau – Dresden – Leipzig sowie bis Eilenburg, Elsterwerda, Neudietendorf, Seddin und Stendal. Heimat-Bw waren Bitterfeld (1958 – 1960), Engelsdorf (1977 – 1990), Halle (Saale) P (1956 – 1977), Leipzig-Wahren (1959 – 1969), Magdeburg-Buckau (1956 – 1963), Reichenbach (1970 – 1984) und Zwickau (1963 – 1970). Seit 1970 bezeichnete die DR die E 94 als Baureihe 254. An das Braunkohlenkombinat Bitterfeld veräußerte man 1979 und 1982 vier 254er.

Seit Ende 1986 wurden keine Hauptuntersuchungen mehr durchgeführt, so daß die Maschinen nach Fristablauf abgestellt werden mußten. Der drastische Verkehrsrückgang bei der DR nach den politischen und wirtschaftlichen Umwälzungen in der DDR nach dem Herbst 1989 führte im August des darauffolgenden Jahres zur Außerbetriebsetzung der letzten Lokomotiven der Baureihe 254. Sie wurden jedoch als Betriebsreserve weiter vorgehalten. Die DR musterte ihre 254er in den Jahren 1974, 1978, 1982, 1984, 1985, 1988, 1989, 1990 (je 1), sowie 1981 (2), 1987 (2) und 1992 (7) aus. Die bis 1991 beim Braunkohlenkombinat Bitterfeld eingesetzte Lokomotive 1-1122 (ex 254 058) war, mit Ausnahme der Museumsloks, die letzte im Einsatz befindliche E 94 in Deutschland. Von den 254ern blieben bislang vier als Museumsloks erhalten.

In Österreich waren im Juli 1994 noch 21 ehemalige E 94 vorhanden, die seit 1954 als Reihe 1020 bezeichnet werden. Planmäßige Einsätze gab es nur noch von Villach aus. Nostalgiezwecken dienen die Lokomotiven 1020 027 (ex E 94 061) und 1020 042 (ex E 94 104).

Die letzten E 94 (254) liefen bei der DR bis zum Umbruch 1989/90 und wurden 1992 ausgemustert

REDAKTION: DR. BRIAN RAMPP; FOTOS: BÜGEL (2), EISENSCHINK, BELLINGRODT/SLG. PILLMANN, RAMPP, LINDENBLATT, SIEGES, AEG&SLG. RAMPP

Die E 95 waren die längsten und teuersten jemals von der DRG beschafften Elektrolokomotiven, die jedoch ihr Betriebsprogramm zuverlässig erfüllten

Baureihe E 95

Im Jahre 1924 erarbeitete die DRG Entwürfe zur Elektrifizierung der Strecke Brockau – Breslau – Liegnitz – Kohlfurt – Görlitz, der Hauptabfuhrstrecke für oberschlesische Kohle über Sagan nach Berlin und über Kohlfurt nach Dresden. Hier verkehrten täglich 100 Güterzüge je Richtung. Für diese krümmungsreiche Hügellandstrecke sollte eine besonders starke Elektrolokomotive beschafft werden, die 2 200 t schwere Züge im Dauerbetrieb zu ziehen vermochte. 1924 schrieb die DRG eine Elektrolokomotive mit sechs angetriebenen Achsen und einem zweiteiligen Lokomotivkasten aus. Dies geschah mit Rücksicht auf die älteren Werkstätten mit kurzen Revisionsständen. Das verteuerte die Ausführung wegen der doppelt vorhandenen Transformatoren und Steuerungen.

Zwei Jahre lang, von 1924 bis 1926, diskutierten Reichsbahningenieure kontrovers die Entwürfe AEG, die anfangs einen Stangenantrieb vorsahen und dann auf Initiative des Herstellers in einen Einzelachsantrieb mündeten. Dabei wurden Erfahrungen verwertet, die man mit dem Tatzlagerantrieb der 1923 in Dienst gestellten Co+Co-Güterzuglokomotiven der Baureihe E 92^{7} von Linke Hofmann/Siemens-Schuckert gesammelt hatte.

Die DRG bewilligte schließlich die Ausführung als 1'Co+Co1'-Maschine mit Tatzlagerantrieb und gab hiervon sechs Lokomotiven in Auftrag. Mit der Verwendung dieses Antriebes für eine Höchstgeschwindigkeit von 65 km/h betrat man damals Neuland. Den mechanischen Teil des als E 95 bezeichneten Fahrzeuges lieferte die AEG. Den elektrischen Teil für E 95 01 – E 95 03 baute AEG, für die E 95 04 – E 94 06 Siemens-Schuckert (SSW). Ausgeliefert wurden die Maschinen von Dezember 1927 bis April 1928. Die E 95 02 erhielt als erste deutsche Elektrolokomotive versuchsweise eine elektrische Bremse, um Radreifen und Bremsklötze zu schonen sowie ein Eindringen des Bremsstaubes in die Motoren zu vermeiden. Außerdem sollten Erkenntnisse für die Baureihe E 91^{9} gewonnen werden.

Die E 95 waren die längsten und teuersten jemals von der DRG beschafften Elektrolokomotiven. Sie erfüllten aber das Betriebsprogramm und zählten zu den zuverlässigsten Maschinen in Schlesien. Die Betriebsergebnisse waren sehr zufriedenstellend. Die E 95 brachte den Nachweis, daß der Tatzlagerantrieb bei schweren Lasten und geringen Geschwindigkeiten zuverlässig arbeitet. Die hohen Beschaffungskosten zwangen jedoch zur Suche nach einer weniger kostspieligen Bauform, wie sie dann 1933 in Gestalt der E 93 verwirklicht werden konnte. Eine vorgesehene Bestellung von 20 weiteren E 95 für die zur Elektrifizierung vorgesehenen süddeutschen Strecke München – Stuttgart – Karlsruhe unterblieb daher.

Konstruktion

Die 1'Co+Co1'-Lokomotive hatte in jeder Lokomotivhälfte einen Laufradsatz erhalten, der in einem Bisselgestell gelagert war, sowie drei Treibradsätze ohne Seitenspiel. Die Spurkränze des mittleren Treibradsatzes wurden um 10 mm geschwächt. Alle Achslager verfügten über Peyinghaus-Schleuderschmierung. Den Tatzlagerantrieb ergänzte man mit beidseitig eingebauten Vorgelegen und einem geradverzahnten Getriebe (Übersetzung 17:90). Der als Außenrahmen gestaltete Hauptrahmen entstand aus 30 mm dickem Stahlblech mit kräftigen Endstücken, an denen die Pufferträger befestigt waren. Beide Lokhälften verband man durch eine Kurzkupp-

TECHNISCHE DATEN

Baureihenbezeichnung		E 95
Indienststellung		1927
Hersteller		AEG, SSW
Achsfolge		1'Co+Co1'
Länge über Puffer	mm	20 900
Dienstmasse	t	138,5
Stromsystem		16 2/3 Hz, 15 kV
Antrieb		Tatzlager
Dauerleistung	kW	2 418
Geschw. bei Dauerleistung	km/h	50
Stundenleistung	kW	2 778
Geschw. bei Stundenleistung	km/h	47
Höchstgeschwindigkeit	km/h	65/70
Anfahrzugkraft	kN	353

Der Lokkasten bestand aus zwei fast gleichen Hälften mit Maschinenraum, Führerhaus und Vorbau

lung mit Stoßpuffern und eine Kupplung mit Vertikalgelenk. Der Lokkasten bestand aus zwei äußerlich fast gleichen Hälften mit Maschinenraum, Führerhaus und Vorbau. Sein Profilstahlgerüst wurde mit Stahlblech verkleidet. Der Führerstand befand sich etwa in der Mitte des Rahmens. Um dem Lokpersonal eine gute Streckensicht zu ermöglichen, hielt man den dachhohen Vorbau schmal. Abnehmbare Dachteile existierten über dem Maschinenraum und den Vorbauten.
Die Bremseinrichtung bestand aus einer auf alle Räder wirkenden Druckluftbremse, einer Zusatzbremse und je einer Spindelhandbremse auf den Führerständen. Das Ackermann-Notbremsventil rüstete die DRG 1930/31 nach. Die Lokomotive E 95 02 verfügte außerdem versuchsweise bis 1959 über eine fremderregte elektrische Widerstandsbremse. Die wegeabhängige Sifa der Bauart BBC war bereits ab Werk installiert. Auf dem Dach befanden sich bei Anlieferung Scherenstromabnehmer der Bauart SBS 10.
Als Hauptschalter kam ein Ölschalter zur Ausführung. Die Haupttransformatoren waren zwei ölgekühlte Manteltransformatoren mit liegendem Eisenkern und stehenden Scheibenspulen. Die wie der Trafo zweifach vorhandene elektromagnetische Schützen-Steuerung ermöglichte die Bedienung von 25 Dauerfahrstufen. Der Fahrschalter war ein waagerecht angeordnetes, drehbares Handrad. Die Maschinen hatten sechs fremdbelüftete achtpolige Wechselstrom-Reihenschlußmotoren mit Erreger-, Kompensations- und Wendepolwicklung erhalten.
Für die störungsfreie Beförderung der langen Züge hatten die Lokomotiven Fahrtluftpumpen erhalten. Sie ermöglichten den Ausgleich des Luftverlustes der Züge während der Fahrt und vermieden damit ein häufiges Einschalten der großen Kompressoren auf der Lok. Bei ihrer Ablieferung waren die Lokomotiven der Baureihe E 95 blaugrau gestrichen. Die DR versah ihre 1959 wieder aufgebauten Maschinen mit einem grünen Lokkastenanstrich.

Betriebseinsatz

Die in der Folge der Weltwirtschaftskrise eingetretene Geldknappheit zwang die DRG zum Verzicht auf weitere Streckenelektrifizierungen in Schlesien. Dies betraf auch die Strecke Breslau – Liegnitz – Görlitz, so daß die Lokomotiven E 95 01 – E 95 06 beim Bw Hirschberg in Dienst gingen und Güterzugleistungen auf der schlesischen Gebirgsbahn übernahmen. Hier beförderten sie vor allem schwere Kohlenzüge aus dem Waldenburger Revier zwischen Dittersbach und Schlauroth. Nach der Einstellung des elektrischen Zugbetriebes in Schlesien gelangten die Lokomotiven E 95 01 – E 95 04 und E 95 06 im Herbst 1945 als Reparationsleistung in die Sowjetunion. Die E 95 05 wurde im Herbst 1945 nach Mitteldeutschland gebracht und von dort ein Jahr später in die UdSSR.
Dort standen die Maschinen sechs Jahre im Freien, bis sie von der Deutschen Reichsbahn 1952 im Rahmen eines Kompensationsgeschäftes erworben wurden. Die DR reaktivierte die E 95 01 – E 95 03, das RAW Dessau richtete die Lokomotiven 1959 wieder her. Bei der E 95 02 baute man die elektrische Bremse aus. Im Oktober und November 1959 wurden die Maschinen beim Bw Leipzig-Wahren in Dienst gestellt. Die als Ersatzteilspender verwendeten E 95 04 – E 95 06 musterte die DR 1964 (2) und 1966 aus. Ein Aufbau kam wegen fehlender Ersatzteile nicht mehr in Betracht. Im März 1961 wechselten die Lokomotiven E 95 01 – E 95 03 zum Bw Halle (Saale) P und blieben dort bis zur Ausmusterung. Auch hier verkehrten sie hauptsächlich mit Kohlezügen, u.a. bis Dessau, Engelsdorf, Köthen, Magdeburg-Buckau, Neudietendorf und Weißenfels.
Im Sommer 1969 konnten die in der Instandhaltung teuren Einzelgänger durch Neubaulokomotiven der Baureihe E 42 ersetzt und noch im gleichen Jahr (E 95 02, E 95 03) sowie 1970 (E 95 01) ausgemustert werden. Die geplante Umzeichnung in die Baureihe 255 wurde nicht mehr vorgenommen
Die Lokomotive E 95 02 löste im September 1969 die E 77 10 als Weichenheizlok in Halle (Saale) Hbf ab und blieb dort bis 1978. Anschließend ging sie in den Museumsbestand der DR über. Sie ist heute im Betriebshof Halle (Saale) P untergebracht.

Die E 95 01 wurde bei der Deutschen Reichsbahn (Ost) als letzte ihrer Art erst 1970 ausgemustert

REDAKTION: DR. BRIAN RAMPP; FOTOS: MEHNERT, AEG/SLG. KNIPPING, BELLINGRODT/SLG. PILLMANN

Die E 170 01 war als Gleichstromlokomotive (1 000 Volt), die später zur Akkumulatorlokomotive umgebaut wurde, eine Einzelgängerin

Baureihe E 170

Die Königlich Bayerische Staatsbahn nahm im Jahre 1908 die für 1 000 Volt-Gleichspannnung elektrifizierte Lokalbahnstrecke von Salzburg über Schellenberg nach Berchtesgaden in Betrieb. Ein Jahr später folgte die Verlängerung von Berchtesgaden nach Königsee. Für die Bewältigung des Güterverkehrs auf diesen Strecken erwarb der neue Eigentümer, die DRG, 1925 von der Spandauer Hafenbahn eine Bo'Bo'-Lokomotive und reihte sie als E 170 01 in ihr Nummernschema ein.

Die Lokomotive war bereits 1913 von Borsig (mechanischer Teil) und Siemens-Schuckert (elekrischer Teil) gebaut worden. Als 1942 die Strecke nach Königsee auf das einheitliche Stromsystem 16 2/3 Hz, 15 kV umgestellt wurde, bestand für diese Lokomotive keine Einsatzmöglichkeit mehr. Daraufhin wurde sie in eine Akkulokomotive umgebaut.
In dieser Form konnte die Maschine als Rangierlokomotive in Berchtesgaden weiter genutzt werden. Das Erscheinungsbild der Lok änderte sich dadurch erheblich, nicht jedoch die Baureihenbezeichnung.

Konstruktion

Das Laufwerk der Bo'Bo'-Lokomotive bestand aus zwei Außenrahmen-Drehgestellen mit jeweils zwei einzeln angetriebenen Radsätzen. Der Antrieb erfolgte über Tatzlager mit einseitig angeordnetem Vorgelege. Der Hauptrahmen entstand in Plattenbauweise aus Profilstahl mit Pufferbohlen. Der blechverkleidete Profilstahlgerüst-Lokkasten mit einem Mittelführerstand hatte zwei abnehmbare Vorbau- hauben erhalten, unter denen sich die elektrische Ausrüstung verbarg. Beide Vorbauten waren schmaler und kürzer als der Rahmen. Nach dem Umbau in eine Akkulok verstärkte man den Rahmen. Eine Druckluftbremse und eine Spindelhandbremse waren vorhanden. Der Scherenstromabnehmer, Sonderbauart SSW, hatte ursprünglich drei, später zwei Schleifstücke. Bei den Fahrmotoren handelte es sich um vier eigenbelüftete Gleichstrom-Reihenschlußmotoren. Für den Akkubetrieb waren 270 Zellen vorhanden. Bei Übernahme durch die DRG erhielt die Maschine wahrscheinlich einen grünen Anstrich, den sie bis zuletzt als Akkulok trug.

Betriebseinsatz

Die E 170 01 bewältigte auf den Strecken Berchtesgaden – Salzburg und Berchtesgaden – Königsee den Güterzugdienst und war zu diesem Zweck stets im Lokalbahn-Bw Berchtesgaden beheimatet. Bei der DB blieb die einzigartige Akkumulatorenlokomotive bis 1959 in Betrieb. Sie versah zuletzt meist Verschubdienste in Berchtesgaden Hbf. Ein genaues Ausmusterungsdatum ist nicht bekannt.

TECHNISCHE DATEN

Baureihenbezeichnung		E 170
Indienststellung		1913/1925
Hersteller		Borsig/SSW
Achsfolge		Bo'Bo'
Länge über Puffer	mm	10 000
Dienstmasse	t	42,0
Stromsystem		1 000 V
Antrieb		Tatzantrieb
Dauerleistung	kW	265
Geschw. bei Dauerleistung	km/h	25
Stundenleistung	kW	320
Geschw. bei Stundenleistung	km/h	25
Höchstgeschwindigkeit	km/h	25
Anfahrzugkraft	kN	88

REDAKTION: AXEL ENDERLEIN; FOTO: BELLINGRODT/SLG. PILLMANN

Stets blieben die Loks auf der Meterspurbahn Klingenthal – Sachsenberg-Georgenthal. Im Bild: IME 1, die spätere E 191 01, Mitte der 30er Jahre

Baureihe E 191

Die Königlich Sächsische Staatseisenbahn eröffnete 1917 auf der Meterspurbahn Klingenthal – Sachsenberg-Georgenthal den elektrischen Zugbetrieb mit 650 Volt Gleichspannung. Neben zwei Bo'-Triebwagen mit der Bezeichnung I MET 1 und I MET 2 (spätere ET 197 21 und ET 197 22) konnten im gleichen Jahr zwei B'B'-gekuppelte elektrische Lokomotiven für den Güterverkehr in Dienst gestellt werden. Die als IME 1 und IME 2 bezeichneten Elektroloks wurden 1914 von der Sächsischen Maschinenfabrik vorm. Richard Hartmann, Chemnitz, (Fahrzeugteil) und von Siemens-Schuckert (elektrischer Teil) gebaut. Die E 191 waren die einzigen deutschen Schmalspur-Elloks, welche Staatsbahnnummern trugen. Bei der DRG blieben die alten Länderbahnnummern erhalten; erst die DR hatte sich im Jahre 1948 für eine Umzeichnung nach altem Reichsbahnmuster entschieden.

Konstruktion

Das Laufwerk der B'B'-Lokomotiven bildeten zwei Außenrahmen-Triebgestelle mit jeweils zwei angetriebenen Radsätzen und Mittelpufferkupplung. Der innenliegende Radsatz jedes Drehgestells wurde durch je einen Tatzlagermotor angetrieben. Für den Antrieb des äußeren Radsatzes waren wegen der Außenrahmen-Drehgestelle „Hall'sche Kurbeln" und Kuppelstangen notwendig. Der Hauptrahmen setzte sich aus versteiften Profilstahlteilen zusammen. Der aus einem blechverkleideten Profilstahlgerüst gefertigte Lokkasten bestand aus einem Mittelführerstand und zwei zu den Lokenden hin abfallenden Vorbauhauben, unter denen sich die elektrische Ausrüstung verbarg.

Die Bremseinrichtung bestand den Erfordernissen entsprechend lediglich aus einer auf zwei Radsätze wirkenden Spindelhandbremse. Auf dem Dach war ein Scherenstromabnehmer mit ursprünglich drei, später zwei Schleifstücken angeordnet. Er wurde durch Federkraft aufgerichtet und von Hand eingezogen. Zur Steuerung dienten zwei parallel geschaltete, handbetätigte Einschaltwalzen; jeweils eine pro Fahrschalter. Mit jeder Schaltwalze konnten zehn Anfahr- und zwei Dauerfahrstufen über Vorwiderstände bzw. Reihen-/Parallelumschaltung eingestellt werden. Bei den Fahrmotoren handelte es sich um zwei eigenbelüftete Gleichstrom-Reihenschlußmotoren ohne Wendepole.

Die beiden Lokomotiven erhielten während der DRG-Zeit einen grünen Anstrich.

Betriebseinsatz

Beide Maschinen blieben während ihrer gesamten Einsatzzeit auf der Strecke Klingenthal – Sachsenberg-Georgenthal und waren beim Bw Falkenstein (Vogtl), Außenstelle Klingenthal beheimatet.

Die höchsten Laufleistungen waren in den zwanziger Jahren zu verzeichnen; sie betrugen bei der IME 1 mitunter um die 12 000 km pro Jahr. Als die Meterspurstrecke am 4. April 1964 stillgelegt wurde, stellte die DR beide Lokomotiven außer Dienst. Die Maschinen hatten Gesamtlaufleistungen von 180 000 km (E 191 01) bzw. 259 000 km (E 191 02) erreicht. Versuche, sie zu verkaufen, blieben erfolglos; zum Jahresende 1967 wurden die Einzelgänger im Raw Dessau zerlegt.

TECHNISCHE DATEN

Baureihenbezeichnung		E 191
bis 1950		IME 1 und IME 2
ab 1950		E 191 01 und E 191 02
Indienststellung		1917
Hersteller		Hartmann/SSW
Achsfolge		B'B'
Länge über Puffer	mm	9 275
Dienstmasse	t	30
Stromsystem		Wechselspannung 650 V
Antrieb		Tatzlagerantrieb
Dauerleistung	kW	130
Geschw. bei Dauerleistung	km/h	20
Stundenleistung	kW	150
Geschw. bei Stundenleistung	km/h	20
Höchstgeschwindigkeit	km/h	20
Anfahrzugkraft	kN	62

REDAKTION: AXEL ENDERLEIN; FOTO: DEUTSCHES MUSEUM

Die vier Lokomotiven der Baureihe E 244 dienten der Erprobung des elektrischen Betriebes mit 50 Hz/20 kV Wechselstrom auf der Höllentalbahn

Baureihe E 244

Von Freiburg aus führt die Höllentalbahn mit Steigungen von bis zu 55,5 ‰ ins 34,9 km entfernte Neustadt. In Titisee zweigt die 19,2 km lange Dreiseenbahn nach Seebrugg ab. Diese bis 1932 als gemischte Zahnrad- und Reibungsbahn betriebenen Strecken wurden 1933 aufgrund der schwierigen Trassierungsverhältnisse Versuchsstrecke für einen elektrischen Betrieb mit 50 Hz/ 20kV-Wechselstrom elektrifiziert. Die Frequenz von 50 Hz entspricht der Landesversorgung, so daß auf eigene Bahnstromversorgungsanlagen verzichtet werden konnte. Im Herbst 1935 waren die Elektrifizierungsarbeiten abgeschlossen.

1936 erhielt die DRG vier Versuchslokomotiven, deren Fahrzeugteil im wesentlichen dem der seit 1932 gelieferten und bewährten Lokomotiven der Baureihe E 44 entsprach. Im Januar 1936 konnte die von Krupp, Essen, und Garbe-Lahmeyer, Aachen, hergestellte E 244 31 als erste dieser Lokomotiven beim Bw Freiburg in Dienst gestellt werden. Neu war ein kommutatorloser Einphasen-Induktionsmotor, der mit einem vierpoligen Drehstrom-Asynchronmotor über einen Tatzlagerantrieb eine Achse antrieb. Die dadurch gewährleistete hohe Überlastbarkeit setzte zusätzliche Zugkräfte frei. Als zweite Lokomotive lieferten Krauss-Maffei, München, und BBC, Mannheim, im Juni 1936 die Lokomotive E 244 11 aus. Sie erhielt als Neuerung eine Hochspannungssteuerung. Ihre vier Fahrmotoren wurden mit welligem Gleichstrom betrieben, der mit einem Quecksilberdampf-Gleichrichter erzeugt wurde. Hinzu kam die von Krauss-Maffei, München, und den Siemens-Schuckert-Werken, Berlin, hergestellte Lokomotive E 244 21. Sie war wegen der umfangreicheren elektrischen Ausrüstung gegenüber der E 244 11 etwa einen Meter länger. Je zwei 50 Hz-Einphasen-Kommutatormoto-

TECHNISCHE DATEN

Baureihenbezeichnung		E 244 01	E 244 11	E 244 21	E 244 22
	ab 1968 (DB)	-	(144 188)	-	(144 189)
Indienststellung		1936	1936	1936	1950
Hersteller		AEG	BBC/Kra	SSW/Kra	AEG/Hen
Ausmusterung		1960	U 1960	1960	U 1960
Achsfolge		Bo'Bo'	Bo'Bo'	Bo'Bo'	Bo'Bo'
Länge über Puffer	mm	14 300	15 290	16 440	15 290
Dienstmasse	t	85	84,6	84,8	84
Stromsystem			50 Hz, 20 kV		
Antrieb			Tatzlager		
Stundenleistung	kW	2 000	2 400	2 060	2 600
Geschw. bei Stundenl.	km/h	57	71	70	75
Höchstgeschwindigkeit	km/h	85	85	85	80
Anfahrzugkraft	kN		235		

Die E 244 entstanden auf der Grundlage der Baureihe E 44 mit verschiedenen Lokkastenformen

ren trieben bei der E 244 21 je Treibachse einen Tatzlagermotor an. Die vierte und als letzte angelieferte Lokomotive war die E 244 01 von AEG, Berlin. Sie hatte – wie die Lokomotiven E 44 506 bis E 44 509 – einen Kastenaufbau ohne Vorbauten erhalten. Ihre Gleichstrommotoren wurden über gittergesteuerte Quecksilberdampf-Gleichrichter mit Fahrstrom versorgt.

Alle Lokomotiven konnten nach ausgiebigen Probefahrten Ende 1936 bahnamtlich abgenommen und dem Plandienst übergeben werden. Die vier Maschinen gehörten nach dem Zweiten Weltkrieg zur Betriebsvereinigung der Südwestdeutschen Eisenbahnen (SWDE).

Im Jahre 1950 erhielt das Bw Freiburg als fünfte Lokomotive die E 244 22. Sie wurde aus Resten der kriegszerstörten E 44 005 unter Verwendung einer bei der AEG noch vorhandenen elektrischen Ausrüstung aufgebaut. Diese Maschine stellte mit ihren Wechselstrom-Reihenschlußmotoren eine Fortsetzung der mit der E 244 21 begonnenen Entwicklungsrichtung dar. Die Motoren waren mit zwei Ankern je Ankerwelle ausgestattet und wurden als Tandemmotoren bezeichnet.

Konstruktion

Die laufachslosen Lokomotiven der Baureihe E 244 besaßen zwei auf beiden Achsen einzeln angetriebene Drehgestelle. Die Brückenrahmen waren bei allen Fahrzeugen geschweißt, wobei die E 244 01 einen zur Masseeinsparung mit zahlreichen Aussparungen versehenen Rahmen erhielt. Die Drehgestelle und die Rahmenkonstruktionen des Lokkastens wurden ebenfalls geschweißt. Die Verkleidungsbleche der E 244 01 und E 244 22 waren jedoch aufgenietet, die der anderen Lokomotiven wiederum aufgeschweißt worden. Entsprechend den unterschiedlichen elektrischen Ausrüstungen wiesen die Maschinen verschiedene Längen, Achsstände, Lüfteröffnungen und Dachaufbauten auf. Nur die E 244 01 hatte keine halbhohen Vorbauten vor den Führerständen.

Bei der E 244 01 wurden die vier Treibachsen durch Gleichstrom-Reihenschlußmotoren über Tatzlager angetrieben. Von den beiden Dachstromabnehmern der Bauart SBS 39 mit schmalen Schleifstücken gelangte der Fahrleitungsstrom über den Öltransformator zum Quecksilberdampf-Gleichrichter. Eine Gittersteuerung mit Drehregler und sieben Dauerfahrstufen steuerten die Gleichrichter. Zusätzlich war für zwei Fahrmotoren ein handbetätigtes Nockenschaltwerk vorhanden. Neben der Druckluftbremse sorgte eine fremderregte Gleichstrom-Widerstandsbremse für Sicherheit im Fahrbetrieb.

Die E 244 11 verfügte über einen Gleichstrom-Reihenschlußmotor je Treibachse, wobei je zwei Fahrmotoren ständig in Reihe geschaltet waren und zu den anderen entweder parallel oder in Reihe geschaltet werden konnten. Die Steuerung wurde durch ein am Transformator angebrachtes Hochspannungs-Stufenschaltwerk mit 28 Dauerfahrstufen ermöglicht. Der Quecksilberdampf-Gleichrichter blieb im Unterschied zur E 244 01 ungesteuert, er versorgte die Fahrmotoren mit welligem Gleichstrom. Die E 244 11 erhielt eine durch eine BBC-Bremsmaschine geregelte eigenerregte elektrische Gleichstrom-Widerstandsbremse.

Je eine Treibachse der Lokomotive E 244 21 wurde von zwei als Doppeltatzlagermotoren ausgeführten neuentwickelten 50 Hz-Einphasen-Reihenschlußmotoren gemeinsam angetrieben. Die Steuerung der acht Fahrmotoren war durch ein per Hand zu bedienbares Nockenschaltwerk mit 14 Dauerfahrstufen möglich. Die Widerstände der Gleichstrom-Widerstandsbremse befanden sich auf dem Fahrzeugdach.

Die Nachkriegslokomotive E 244 22 erhielt ebenfalls 50 Hz-Einphasen-Reihenschlußmotoren, bei denen allerdings auf jeder Achswelle zwei Anker in einem gemeinsamen Gehäuse untergebracht waren. Je einer dieser als Tandemmotoren bezeichneten Fahrmotoren trieb über den Tatzlagerantrieb eine Achse an. Das handbetätigte Wandernockenschaltwerk mit Feinsteller besaß 15 Dauerfahrstufen. Im außermittig liegenden Dachaufbau befanden sich auch hier die Widerstände der Gleichstrom-Widerstandsbremse.

Die Achsen der E 244 31 wurden über je einen Drehstrommotor mit Schleifringläufer und einen kommutatorlosen, kompensierten Einphasen-Asynchronmotor mit gleichstromerregtem Zwischenläufer über Tatzlager angetrieben. Die Lokomotive erhielt ein Nockenschaltwerk mit Hilfsantrieb für drei Dauerfahrstufen: Stufe 1 bedeutete das Fahren allein mit den Einphasenmotoren. Bei Stufe 2 wirkten die Einphasenmotoren als Phasenspalter, um die Drehstrommotoren mit Drehstrom zu versorgen. Als Fahrstufe 3 diente eine Kaskadenschaltung beider Motoren. Zum Anfahren dienten zwei Gruppen mit je vier Wasserwiderständen. Die fahrdrahtabhängige elektrische Widerstandsbremse war hier als elektrische Nutzbremse mit Stromrückspeisung in die Fahrleitung ausgebildet.

Betriebseinsatz

Alle Lokomotiven der Baureihe E 244 waren ohne Unterbrechung beim Bahnbetriebswerk Freiburg (Breisgau) beheimatet. Ihr Einsatzgebiet waren die Höllentabahn nach Neustadt (Schwarzwald) und die I- und Dreiseenbahn nach Seebrugg. Nach dem Zweiten Weltkrieg zeigte die Nationale Gesellschaft der französischen Eisenbahnen SNCF besonderes Interesse, da sie ihr Streckennetz mit 50 Hz elektrifizieren wollte und eine derartige Teststrecken in den Alpen um Annecy betrieb. Ab 1950 erhielten die 244er Unterstützung im Personenverkehr durch den ET 255 01.

Im Mai 1960 wurde der Versuchsbetrieb beendet und die Strecke auf die bei der DB üblichen 16 2/3 Hz, 15 kV Wechselstrom umgestellt. Die Lokomotive E 244 01 wurde daraufhin verschrottet. Die E 244 11 und E 244 22 baute man in Wechselstromlokomotiven um, sie erhielten die Nummern E 44 188 und E 44 189 und standen bis 1982 bzw. 1983 im Einsatz. Den Fahrzeugrahmen und die Drehgestelle der E 244 21 und die Fahrmotoren der E 244 22 verwendete man beim Bau der Zweifrequenz-Lokomotive E 344 01, die mit ihrem der E 41-ähnelnden Lokkasten bis 1969 im Bestand der DB blieb. Die E 244 31 schließlich wurde Museumslokomotive, zunächst im Deutschen Museum in München. Ab 1973 stand sie vor der Technischen Hochschule in Karlsruhe, derzeit ist sie als Leihgabe im Landesmuseum für Technik und Arbeit in Mannheim ausgestellt.

REDAKTION: AXEL ENDERLEIN; FOTOS: BENDRIEN, DB/SLG. RAMPP

Die Mehrsystemlokomotiven der Baureihe E 320 wurde für den Verkehr nach Frankreich entwickelt, um unter beiden Stromsystemen fahren zu können

Baureihe E 320 (DB 182)

Mit der Elektrifizierung der Hauptstrecken im Saarland, denen durch die Montanunion eine wichtige Funktion im Güterverkehr mit Frankreich zukam, trafen in zwei Bahnhöfen erstmals die verschiedenen Wechselstromsysteme der Nationalen Gesellschaft der französischen Eisenbahnen SNCF mit 50 Hz, 25 kV und der DB mit 16 2/3 Hz, 15 kV zusammen. Dies war ab März 1960 im Bahnhof Forbach an der vor allem dem Reiseverkehr dienenden Strecke nach Metz der Fall. Vom Mai 1960 an bestand eine gleiche Situation im Bahnhof Überherrn an der vor allem im Güterverkehr, aber auch im Umleitungsverkehr stark frequentierten Strecke nach Thionville.
Es lag nun nahe, Zweifrequenzlokomotiven zu entwickeln, mit denen unter beiden Stromsystemen gleichermaßen gefahren werden konnte. Damit ließ sich der Lokwechsel an den Grenzen vermeiden und somit eine beschleunigte Betriebsabwicklung erreichen. Im Vorfeld dessen erteilte die DB im Jahre 1957 der Industrie den Auftrag, drei in der elektrischen Ausrüstung unterschiedliche Probelokomotiven zu bauen. Als Basis für den mechanischen Teil sollten hierbei die Einheitslokomotiven E 10/E 40 dienen. Außerdem waren gleiche Fahrmotoren, Hauptschalter und Stromabnehmer gefordert worden. Die Lokomotiven waren auch für den Einsatz auf der 1960 auf DB-Norm umgestellten, probeweise mit 50 Hz/ 20 kV elektrifizierten Höllental- und Dreiseenbahn im Schwarzwald vorgesehen. Die gewonnenen Erfahrungen mit den hier verkehrenden Lokomotiven der Baureihe E 244, die seinerzeit unterschiedliche elektrische Ausrüstungen erhalten hatten, wurden in die Entwicklung der Zweifrequenzlokomotiven einbezogen. Die für den Einbau

TECHNISCHE DATEN

Baureihenbezeichnung	bis 1967	E 320 01	E 320 11	E 320 21
	ab 1968 (DB)	182 001	182 011	182 021
Indienststellung		1960	1960	1960
Hersteller		AEG/Kru	BBC/Hen	SSW/KM
Ausmusterung		1977	1978	1982
Achsfolge		Bo'Bo'	Bo'Bo'	Bo'Bo'
Länge über Puffer	mm	16 440	16 440	16 440
Dienstmasse	t	82	81,5	83,7
Stromsystem		15 kV, 16 2/3 Hz und 20/25 kV, 50 Hz		
Antrieb		Tatzlager	Tatzlager	Tatzlager
Stundenleistung	kW	2 760	2 488	2 550
Geschw. bei Stundenleistung	km/h	70,4	56,5	68
Höchstgeschwindigkeit	km/h	120	120	120
Anfahrzugkraft	kN	300	275	275
Zugkraft bei Stundenleistung	kN	141	158	135

Nach dem Rückkauf durch die AEG erhielt die 182 001 Drehstrommotoren und einen neuen Anstrich

vorgesehenen Silizium-Gleichrichter konnten in der elektrischen Zweikraft-Rangierlokomotive E 80 01 des Bw München Hbf getestet werden.

Als erste Lokomotive lieferten Krauss-Maffei, München, und die Siemens-Schuckert-Werke, Berlin, im Dezember 1959 die E 320 21 an die DB ab. Als zweite Lokomotive kam im Juni 1960 die von Henschel, Kassel, und Brown, Boveri & Cie, Mannheim, gebaute E 320 11 hinzu. Im Oktober 1960 schließlich lieferten Krupp, Essen, und AEG, Berlin, die E 320 01. Im Jahre 1968 erhielten die drei Zweisystem-Elektrolokomotiven die neuen Betriebsnummern 182 001, 182 011 und 182 021.

Die 182 001 wurde nach ihrer Ausmusterung 1977 von der AEG zurückgekauft und im AW München-Freimann in einen Erprobungsträger für Drehstromantrieb umgebaut. Durch ihre, im Vergleich zur Baureihe 120, bei der die BBC-Drehstromtechnik mit Spannungs-Zwischenkreis angewandt worden war, kostengünstigere Bauart eines stromgeführten Drehstrom-Antriebssystems, sollte sie im Ausland trotz ihrer geringerer Leistungsfähigkeit Interesse wecken. Schließlich wurde die Lokomotive 182 001 von der DB angemietet und Mitte der achtziger Jahre kurze Zeit im Raum München im Plandienst eingesetzt.

Konstruktion

Der als Brückenrahmen ausgebildete Fahrgestellrahmen, die Drehgestelle und der Kastenaufbau als Profilrahmen mit aufgeschweißten Bekleidungsblechen und die beiden Endführerstände entsprachen weitgehend denen der Einheitslokomotiven der Baureihen E 10 und E 40. Unterschiede bestanden hauptsächlich bei den Dachaufbauten. Einheitlich besaßen die drei Lokomotiven zwei zweiachsige, auf beiden Achsen über je einen Tatzlagermotor angetriebene Drehgestelle. Hierbei wurde bei jeder der drei Lokomotiven eine andere Drehzapfenführung sowie Abstützung des Brückenrahmens auf die Drehgestelle gewählt. Als Fahrmotoren dienten anfänglich den Gleichstrommotoren ähnliche Wellenstrommotoren mit massiven Polen, die später durch Gleichstrommotoren mit geblechten Polen ersetzt wurden. Die Lokomotiven besaßen je einen Stromabnehmer Bauart DBS 58 D mit breiter Wippe für das Netz der DB und einen der Bauart DBS 58 S mit schmaler Wippe für das Netz der SNCF. Die Hilfsbetriebe wurden durch Gleichstrommotoren angetrieben. Ein Handschalter im Führerstand ermöglichte das Umstellen auf das jeweilige Stromsystem. Neben den Sicherheitseinrichtungen der DB mußten auch die der SNCF berücksichtigt werden.

Alle drei Lokomotiven der Baureihe E 320 unterschieden sich jedoch in der Bauart des Transformators und der Gleichrichter, bei der Steuerung der Fahrmotoren und der elektrischen Widerstandsbremse:

Die E 320 01 erhielt einen ölgekühlten Kerntransformator mit getrennten Primär- und Sekundärwicklungen. Je Fahrmotor standen 144 Silizium-Gleichrichterzellen in Brückenschaltung zur Verfügung. Die Lokomotiven besaßen eine Niederspannungssteuerung. Neben den elektrohydraulisch angetriebenen Stufenwählern und Lastschaltern gelangte ein elektronisch gesteuerter Haupttransduktor zum Einbau, der ein Auf- und Abschalten ohne Zugkraftunterbrechung ermöglichte. Wegen der hohen Störanfälligkeit wurde später ein motorisch angetriebenes Schaltwerk eingebaut. Die Lokomotive verfügte über eine fahrdrahtunabhängige, durch den ersten Fahrmotor fremderregte, stufenlose elektrische Widerstandsbremse.

Die E 320 11 war mit einem ölgekühlten Transformator in Dreischenkelbauart ausgerüstet, an den die Hochspannungssteuerung der Lokomotive anschloß. Der Druckluftmotor des Schaltwerks wurde elektrisch gesteuert. Je Fahrmotor existierten 48 Siliziumdioden in Brückenschaltung. Auch die E 320 11 stattete man mit einer durch den ersten Fahrmotor fremderregten, fahrdrahtunabhängigen elektrischen Widerstandsbremse aus.

Der in Dreischenkelbauweise ausgeführte Transformator der E 320 21 war ölgekühlt. Die hochspannungsseitig angebrachte Steuerung trieb einen Stellmotor an. 48 Siliziumdioden in Brückenschaltung je Fahrmotor bildeten den Gleichrichter. Die E 320 21 verfügte über eine fahrdrahtabhängige, durch einen Silizium-Gleichrichter erregte elektrische Widerstands-Verbundbremse.

Die von der AEG zurückgekaufte Lokomotive 182 001, ehemals E 320 01, erhielt in einem Drehgestell zwei Drehstrom-Asynchron-Fahrmotoren, während im zweiten Drehgestell die alten Motoren, allerdings abgeschaltet, für den Massenausgleich verblieben. Die Drehgestellführung entsprach der Baureihe 111. Da ein Führerstand in einen Meßraum umfunktioniert wurde, mußte die Lokomotive im Betrieb ständig mit einem Steuerwagen der Gattung BDylf 457 gekuppelt sein.

Betriebseinsatz

Die Lokomotiven E 320 01, E 320 11 und E 320 21 waren stets im Bw Saarbrücken Hbf beheimatet. Am 2. Dezember 1960 fuhr ein von den E 320 01 und E 320 21 bespannter Sonderzug nach Metz. Die E 320 21 absolvierte außerdem Probefahrten auf der mit 50 Hz, 20 kV elektrifizierten Höllentalbahn im Schwarzwald. Noch im gleichen Jahr übernahmen die drei Maschinen Plandienste auf den Strecken nach Forbach und Überherrn. Einsätze in Frankreich fanden nur im Rahmen von Probefahrten und Sondereinsätzen statt. Ab 1962 kamen die E 344 01 (183), ab 1966 die fünf „Viersystem-Europa-Lokomotiven" E 410 (184) und schließlich ab 1967 vier Maschinen der Baureihe E 310 (181.0 und 181.1) hinzu. Nach Auslieferung der Serienlokomotiven 181^2 ab 1975 wurden die drei störanfälligen Prototypen, mittlerweile als 182 bezeichnet, weitgehend überflüssig und, beginnend mit der 182 001 im Juni 1977, bis 1982 (182 021) ausgemustert.

Die von der AEG angekaufte und zur Drehstromversuchslok umgebaute 182 001 kam zwar ab November 1981 wieder buchmäßig zum Bw Saarbrücken, wurde aber in der Nähe des Bundesbahn-Zentralamtes München zunächst im Nahverkehr von München Hbf nach Deisenhofen eingesetzt. Zum 1. Juni 1985 erfolgte ihre offizielle Umbeheimatung nach München. Sie war noch im Nahverkehr und zu Probefahrten eingesetzt, bevor sie im Aw München-Freimann im November 1989 zum zweiten Male ausgemustert wurde. Die Lokomotive 182 001 wartet heute in Siershahn auf die äußere Aufarbeitung durch eine Gruppe des Bahn-Sozialwerkes.

REDAKTION: AXEL ENDERLEIN; FOTOS: WERTH (2)

Häufig mußte die E 344 01 als Ersatz für ausgefallene E 320 einspringen. Im Juni 1969 wurde der Einzelgänger nach einem Motorschaden ausgemustert

Baureihe E 344 (DB 183)

Nach den drei im Jahre 1960 gelieferten Zweisystemlokomotiven für die Wechselstromsysteme 16 2/3 Hz, 15 kV, der DB und 50 Hz, 25 kV der SNCF, erhielt die DB im Jahre 1962 die Lokomotive E 344 01. Sie entstand unter Verwendung der Drehgestelle und des Brückenrahmens der 1960 ausgemusterten Versuchslokomotive E 244 21.

Der Lokomotivkasten entstand neu bei Krauss-Maffei in München, er mußte gegenüber seinem Vorbild, der E 41, etwas länger ausgeführt werden und war, wegen der an den Drehgestellen befestigten Pufferbohle, im unteren Frontbereich ausgeschnitten. Für die bei der AEG entwickelte elektrische Ausrüstung verwendete man ebenfalls Bauteile der E 41. Somit entstand auch eine Versuchslokomotive, die gegenüber den mit Gleichrichtern und Gleichstrommotoren versehenen drei E 320 über Wechselstrommotoren verfügte, die mit den beiden Frequenzen 16 2/3 und 50 Hz direkt gespeist werden konnten. Insbesondere im 50 Hz-Betrieb hatte die E 344 ein sehr schlechtes Anfahrverhalten, so daß sie nach einem Motorschaden bereits 1969 – inzwischen als 183 001 bezeichnet – ausgemustert wurde.

Konstruktion

Die geschweißten zweiachsigen Drehgestelle und der ebenfalls geschweißte Brückenrahmen entsprachen weitgehend denen der Baureihe E 44. Die Zug- und Stoßeinrichtungen waren an der Pufferbohle und diese an den Drehgestellen befestigt. Der nach dem Vorbild der E 41 gebaute, aus verschweißten Stahlprofilen als Kastengerippe mit aufgeschweißten Bekleidungsblechen bestehende Lokkasten mußte deshalb an den Stirnfronten ausgeschnitten werden. Er wurde auch etwas länger, was am größeren Abstand zwischen den seitlichen fünf Lüfteröffnungen und der Führerstandstür deutlich zu erkennen war. Auf einer Lokseite wurde anstelle des mittleren Lüftergitters ein Fenster eingebaut. Gemäß der Rahmenform mußte der Lokkasten im Bereich des Maschinenraumes abgestuft gestaltet werden. Die DB-Wippe DBS 58 D hatte eine Breite von 1 950 mm, die für die SNCF (DBS 58 S) war 1 600 mm breit.

Betriebseinsatz

Vom Bw Saarbrücken Hbf aus war die E 344 01 während ihrer nur sieben Jahre währenden Dienstzeit von 1962 bis 1969 im Personenzugdienst nach Forbach an der Strecke nach Metz sowie im Güterzugdienst sowie im Umleitungsverkehr nach Überherrn an der Strecke nach Thionville eingesetzt.

TECHNISCHE DATEN

Baureihenbezeichnung	bis 1967	E 344 01
	ab 1968 (DB)	183 001
Indienststellung		1962
Hersteller		AEG/KM/DB
Ausmusterung		1969
Achsfolge		Bo'Bo'
Länge über Puffer	mm	16 440
Dienstmasse	t	80,5
Stromsystem		15 kV/16 2/3 Hz, 20/25 kV/50 Hz
Antrieb		Tatzlager
Stundenleistung	kV	2 400
Geschw. bei Stundenleistung	km/h	70
Höchstgeschwindigkeit	100	km/h
Anfahrzugkraft	kN	275
Zugkraft bei Stundenleistung	kN	194

Foto: B. Schulz

Nach dem Krieg dienten die ET 11 zunächst der amerikanischen Besatzungsmacht. Dazu erhielten die flotten Triebwagen auch einen neuen Anstrich

Baureihe ET 11

Für die zu elektrifizierende Magistrale München – Berlin bestellte die DRG drei elektrische Probe-Schnelltriebzüge. 1935 lieferten die Maschinenfabrik Esslingen und BBC den „elT 1900", 1936 MAN und SSW den „elT 1901" sowie 1937 MAN und AEG den „elT 1902" aus. Die Triebzüge stimmten im wagenbaulichen Teil weitgehend überein. Um für einen Serienbau Erfahrungen zu sammeln, wurden die Antriebe, das Bremssysteme, Transformatoren, Steuerungen und weitere Bauteile unterschiedlich ausgeführt.

1952 erhielten die inzwischen als ET 11 01 – ET 11 03 bezeichneten Züge bei Rathgeber in München unter anderem eine Vielfachsteuerung, neue Drehgestelle und Bremsanlagen. Etwas aufwendiger war der Umbau des ET 11 01, dessen Buchli-Antrieb nicht befriedigte. Ihn stattete man 1954/55 analog dem ET 11 02 mit einem Tatzlagerantrieb aus.

In einem schmucklosen Anstrich leisteten die ET 11 nur Sonderdienste von München aus

Konstruktion

Ein Triebzug der Reihe ET 11 bestand aus zwei miteinander kurzgekuppelten Triebwagen ET 11a und ET 11b, deren jeweils vorderes Drehgestell auf beiden Achsen angetrieben wurde. Drehgestelle, Fahrzeugrahmen und -aufbau waren geschweißt worden.

TECHNISCHE DATEN

Baureihe	ET 11		
bis 1940	elT 1900a/b	elT 1901a/b	elT 1902a/b
ab 1940	ET 11 01a/b	ET 11 02a/b	ET 11 03a/b
ab 1968 (DB)	(723 001)	-	-
Indienststellung	1935	1936	1937
Hersteller	BBC/ME	SSW/MAN	AEG/MAN
Ausmusterung	U 1963 (1971)	1961	1961
Achsfolge	Bo'2'+2'Bo'	Bo'2'+2'Bo'	Bo'2'+2'Bo'
Länge über Puffer mm	43 585	43 585	43 585
Dienstmasse t	104	107,7	113,5
Stromsystem	1,5 kV/16 2/3 Hz		
Antrieb	Tatzlager bis1950:Buchli	Tatzlager	Federtopf
StundenleistungkW	1 413	1 020	1 020
Geschwindigkeit b. Stundenl. km/h	144	136	139
Höchstgeschwindigk.km/h	160	160	160
Anzahl der Sitzplätze	77	77	77

REDAKTION: AXEL ENDERLEIN; FOTO: AEG/SLG. KNIPPING

1953 verkehrten die ET 11 zwischen Nürnberg und Mittenwald, hier der ET 11 01 bei Katzwang

Der Zug ET 11 01 besaß einen Öltransformator in Mantelbauweise. Die zehnpoligen Fahrmotoren waren durch ein Niederspannungs-Nockenschaltwerk mit Fortschaltrelais und Drehmagnetantrieb zu steuern. Je eine Trommelbremse und eine Magnetschienenbremse sorgten für eine ausreichende Betriebssicherheit. Sein Buchli-Antrieb wurde später durch einen Tatzlagerantrieb ersetzt.

Der ET 11 02 verfügte von Anfang an über einen Tatzlagerantrieb. Zum Einbau gelangte ein Öltransformator des Typs ELT 12a. Ein Niederspannungs-Nockenschaltwerk mit Schaltmotor steuerte die achtpoligen Fahrmotoren. Das Bremssystem entsprach dem des ET 11 01.

Der ET 11 03 erhielt den bewährten AEG-Federtopfantrieb. Der Transformator, die Fahrmotoren und deren Steuerung stimmten mit denen des ET 11 02 überein. Hinzu kamen eine Klotzbremse und eine Magnetschienenbremse.

Die Inneneinrichtung der drei Züge wies keine Unterschiede auf. Im a-Teil befand sich neben einem Großraum mit fünf Abteilen ein Gepäckraum, eine Küche und eine Anrichte, im b-Teil je ein Großraum mit drei und fünf Abteilen. Die Züge führten nur 1. Wagenklasse; 1957 erhielten sie einen Speiseraum.

Betriebseinsatz

Nach ihrer Anlieferung gehörten die drei Schnelltriebzüge zum Bw München Hbf, von wo aus sie ab August 1936 im Fernschnellverkehr zwischen Berchtesgaden, München und Stuttgart eingesetzt wurden. Ab 1937 verkehrten die Triebwagen als Schnellzüge nur noch zwischen München und Stuttgart. Mit dem Beginn des Zweiten Weltkrieges endete 1939 der Planverkehr. Einige Sondereinsätze folgten, und dann wurden die Züge abgestellt. Nach Kriegsende fuhren sie zunächst im Dienst der amerikanischen Besatzungsmacht sowie teilweise im Planverkehr zwischen Berchtesgaden und München. Ab 1951 pendelten die Züge zur Hauptverkehrszeit im Sommer zwischen München und Villach und im Winter zwischen München und Salzburg. 1953 folgten kurzfristige Planeinsätze nach Nürnberg und Mittenwald. Zwischen 1954 und 1957 liefen die ET 11 im Sonderzugdienst. Im September 1957 erfolgte die Umbeheimatung zum Bw Frankfurt-Griesheim, von wo aus sie ab November 1957 mit dem F 29/30 „Münchner Kindl" ihre alte bayerische Heimat anfuhren. Daran änderte sich auch nach der erneuten Umbeheimatung zum Bw München im Juni 1958 nichts. Erst im Mai 1959 endete dieser Einsatz wegen der geringen Kapazität der Triebzüge. 1961 wurden die ET 11 02 und ET 11 03 ausgemustert. Der ET 11 01 leistete nach seiner Ausmusterung und einem Umbau im Jahre 1963 noch als Meßwagen für die Versuchsanstalt des BZA München bahninterne Dienste. Er wurde zunächst als „München 5015", ab 1968 als 723 001 bezeichnet, 1970 schließlich abgestellt und im Februar 1971 ausgemustert. Heute gehört dieser Triebzug zum Fahrzeugbestand der Deutschen Gesellschaft für Eisenbahngeschichte.

Mit Wachsen des elektrischen Netzes fuhren die ET 11 als „Münchner Kindl" bis nach Frankfurt/Main

ET 11 01 erlebte als Meßtriebwagen des BZA München sogar noch die Umzeichnung in 723 001

REDAKTION: AXEL ENDERLEIN; FOTOS: BELLINGRODT/SLG. PILLMANN, AEG/SLG. RAMPP, RAMSENTHALER, DB, KUHNKE

Äußerlich unterschieden sich die ET 25 für den Schnell-/Eilzugverkehr und die ET 55 für den Nahverkehr nur durch die Türanordnung (ET 55 in Stuttgart)

Baureihen ET 25/45/55/255

(DB 425/445/455/DR 285)

Für den Schnell- und Eilzugdienst beschaffte die DRG von 1935 bis 1937 insgesamt 39 zweiteilige Triebzüge mit den Bezeichnungen „elT 1801 – elT 1838" und, mit abweichender Türanordnung, „elT 1849". Die Züge mit der 2. und 3. Wagenklasse erhielten 1940 die Nummern ET 25 001a/b – ET 25 028a/b, die nur die 3. Klasse führenden Züge die Nummern ET 25 101a/b – ET 25 111a/b. 1939 lieferten MAN und BBC die „elT 1731 – elT 1734" mit geänderter Übersetzung für den Nahverkehr, die ab 1940 als ET 55 01a/b – ET 55 04a/b in Betrieb waren. Zur Verstärkung für beide Baureihen bauten mehrere Hersteller die Steuerwagen „elS 2401 – elS 2456". Auch für diese Fahrzeuge wurden 1940 die Betriebsnummern nach den Wagenklassen in ES 25 001 – ES 25 013, ES 25 101 – ES 25 135 und ES 55 01 – ES 25 08 geändert. Grundsätzlich waren Zugbildungen ETa+ETb sowie ETa+ETb+ES möglich.

Zwischen 1942 und 1955 wurden die ET 25 024, ET 25 028, ET 25 004 und ET 25 027a/b umgebaut und als ET 55 05 – ET 55 08a/b bezeichnet. Wegen der Kriegszerstörung des ET 25 004a war ein Neubau für den ET 55 07a erforderlich. Nur knapp die Hälfte der ET 25 waren nach dem Zweiten Weltkrieg noch vorhanden. 17 Züge verblieben bei der DB, einer bei der DR. Der ET 25 026a/b schließlich kam zur Nationalgesellschaft der französischen Eisenbahnen SNCF, die ihn für 20 kV/50 Hz umbauen ließ. Aus vier teilweise zerstörten Triebwagen des Bw München Hbf entstanden die Triebzüge ET/ES 26 101 und ET/ES 26 102 mit nur einem Motorwagen. Sie wurden 1950 und 1952 wieder als ET 25 102"a/b und ET 25 105"a/b aufgebaut. Weitere Züge konnten aus nicht zerstörten Einzelfahrzeugen zusammengestellt werden, die paarweise Nummern, teils als Zweitbesetzung, erhielten.

Zwischen 1963 und 1965 modernisierte die DB ihre ET 25. Dabei wurden die noch vorhandenen Steuerwagen durch den Ausbau der Führerstände in Mittelwagen umgebaut, so daß nun 17 dreiteilige Züge der Reihung ET+EM+ET zur Verfügung standen. Gleichzeitig begradigte man die vormals runden Stirnfronten der Züge. Zahlreiche weitere Verbesserungen und Modernisierungen sicherten einen weiteren Einsatz der Triebzüge. Der ET 25 020 erhielt probeweise eine zusätzliche Thyristor-Anschnittsteuerung. 1968 bekamen sämtliche Triebzüge die Baureihenbezeichnungen 425.1/825.0/425.4.

TECHNISCHE DATEN

Baureihe	ET 25 (DB)	ET 55	ET 25 (DR)	-	ET 255
bis 1940	elT 18	elT 17	elT 1833a/b	-	elT 1837a/b
ab 1940	ETa+ETb 25	ETa+ETb 55	ET 25 012a/b	ET/EM (NS)	ET 25 026a/b
Umbau	1963–1966	1964/65	1959	1965	1950 u. 1962
Baureihe nach Umbau	ETa+EM+ETb 25	ETa+EM+ETb 55	ETa+EM+ETb 25 012	ET 25 201a-d	ET 255 01a/b/ET 45 01a/b
ab 1968 (DB)	425.1+825+425.4	455.1+855+455.4	-		445 001/401
ab 1970 (DR)			285 001 – 003	285 201 – 285 203	
Indienststellung	1935	1939	(1937)		(1937)
Hersteller el. Teil	AEG/BBC/SSW	BBC	SSW	DR/LEW	BBC
Hersteller mech. Teil	Fu/LHW/MAN/ME	Fu/MAN/ME	MAN/LEW	DR/LEW	MAN/Rastatt
Ausmusterung	1983 – 1986	1983/84	1972	1972	1972
Achsfolge	Bo'2'+2'2'+2'Bo'	Bo'2'+2'2'+2'Bo'	Bo'2'+2'2'+2'Bo'	Bo'2'+2´2´+2´2´+2'Bo'	Bo'2'+2'Bo'
Länge über Puffer mm	66 270	66 270	65 000	94 830	43 625
Dienstmasse t	125	125	126,3	189,1	110,2/120
Stromsystem	15 kV/16 2/3 Hz	1			20kV/50 Hz(255)
Antrieb	Tatzlager	Tatzlager	Tatzlager	Tatzlager	Tatzlager
Stundenleistung kw	920	1 100	1 020	920	1 540/1 450
Geschw. b.Stundenl.km/h	88	77	103	88	67,5/63
Höchstgeschwindigkeitkm/h	120	90	120	120	90
Anzahl der Sitzplätze	206	206	206	247	158/120

Um die Sitzplatzkapazität der Triebzüge zu vergrößern ließ die DRG zusätzliche Steuerwagen bauen

Der bei der DR verbliebene ET 25 012a/b und der Steuerwagen ES 25 008 wurden 1959 ähnlich wie bei der DB in einen dreiteiligen Triebzug ET 25 012a/b/EM 25 012 umgebaut, allerdings blieben hier die runden Stirnfronten erhalten. Seit 1970 mit den Betriebsnummern 285 001 – 285 003 bezeichnet, verkehrte der Zug vom Bw Leipzig Hbf West bis 1972 in einem Plan mit dem ET 25 201 in Richtung Erfurt, Magdeburg und Zwickau.

Für die seit 1936 als Versuchsstrecke mit 20 kV/50 Hz-Wechselspannung betriebene Höllentalbahn im Schwarzwald wurde 1950 aus dem zerstörten ET 25 025a/b der ET 255 01a/b aufgebaut, der bis zur Einstellung des Versuchsbetriebes 1960 zusammen mit den E 244 beim Bw Freiburg Dienst tat. 1962 wurde der Triebzug auf das DB-übliche System umgebaut und war nun als ET 45 01a/b (nach 1968: 445 001/445 401) bis 1971 im Einsatz der Bahnbetriebswerke Freiburg, Heidelberg und Offenburg. Zur Fortsetzung der mit dem ET 25 020 begonnenen Versuche für künftige S-Bahnzüge erhielt der ET 45 im Jahre 1966 eine Thyristorsteuerung mit – erstmals bei Wechselstromfahrzeugen – einer thyristorgesteuerten Nutzbremse.

Auch die acht bei der DB verbliebenen Triebzüge ET 55 wurden 1964/65 durch den Umbau der sieben verbliebenen Steuerwagen ES 55 und dem ES 25 129 in Mittelwagen EM 55 für dreiteilige Züge analog den ET 25 umgebaut. Bereits 1961 wurde der ET 55 07a bei einem Unfall schwer beschädigt, jedoch mit Teilen des ES 25 001 wieder aufgebaut. Ab 1968 waren die Züge mit den EDV-gerechten Betriebsnummern 455.1/855.0/455.4 in Betrieb.

Aus den nach dem Zweiten Weltkrieg im Bereich der DR stehengebliebenen, zerstörten niederländischen Triebwagen ET 628, ET 615, EM 628 und EM 602 baute die DR 1965 unter Verwendung der elektrischen Ausrüstung ausgemusterter ET 25 einen zunächst drei-, dann vierteiligen Triebzug ET 25 201a-d, bestehend aus zwei Trieb- und zwei Mittelwagen, auf, dessen runde Kopfform an die „DB-Eierkopf-Triebwagen" der fünfziger Jahre erinnerte. Zusammen mit dem ET 25 012 war er beim Bw Leipzig Hbf West beheimatet und bei der Umzeichnung 1970 in 285 001 – 285 003 wieder dreiteilig. 1971 wurde der Triebzug ausgemustert.

Der spätere 285 001 bis 003 der DR entstand aus den ET 25 012 a/b und dem Steuerwagen ES 25 008

Konstruktion

Die Drehgestellrahmen, Fahrzeugrahmen und -aufbauten aller beschriebenen Fahrzeuge waren vollständige Schweißkonstuktionen. Das jeweils vordere Drehgestell der Triebwagen wurde mit zwei Tatzlagermotoren angetrieben. Für den Nah- und Steigungsverkehr erhielt der ET 55 gegenüber dem ET 25 ein geändertes Übersetzungsverhältnis für eine höhere Zugkraft bei niedrigerer Höchstgeschwindigkeit. Ein Niederspannungs-Nockenschaltwerk mit zwölf Stufenschaltern ermöglichte das Steuern der Fahrmotoren. Nach der Modernisierung durch die DB und DR verfügten die Fahrzeuge 285 001, 425.1, 445.1 und 455.1 über je ein Gepäck-, Traglasten- und Großraumabteil 2. Klasse, die Wagen 285 002, 285 825 und 285 855 über je drei Großräume 2. Klasse und die 285 003, 425.4 und 455.4 über je einen Großraum 2. Klasse und drei Abteile 1. Klasse. Im Triebzug 445.4 befanden sich ein Großraum 1. Klasse und zwei der 2. Klasse. Der für den Schnellzugverkehr aufgebaute Triebzug 285.2 hatte eine etwas abweichende Inneneinrichtung mit einem Bewirtschaftungsteil im Wagen 285 201 erhalten.

Betriebseinsatz

Triebzüge der Baureihe ET 25 waren während der fünfziger und sechziger Jahre in den Bahnbetriebswerken Basel Bad. Bf, Esslingen, Freilassing, Haltingen, Heidelberg, München Hbf, Nürnberg Hbf, Offenburg und Tübingen beheimatet. 1970 wurden alle Züge beim Bw Tübingen stationiert, von wo aus sie im Bezirksverkehr Aalen, Mosbach (Baden), Stuttgart, Ulm und Würzburg anfuhren. 1985 endete der Plandienst, im selben Jahr wurden die Züge ausgemustert.

Die ET 55 waren zunächst auf die Bahnbetriebswerke Esslingen und Tübingen verteilt, ab 1956 aber komplett dem Bw Esslingen zugeteilt. Schließlich gelangten sämtliche Fahrzeuge ab Mai 1977 zum Bw Tübingen. Hier versahen sie den Vorortverkehr von Stuttgart nach Weil der Stadt, kamen aber auch nach Aalen, Geislingen und Nördlingen. Im Mai 1981 wechselten die Triebzüge zum Bw Heidelberg, von wo aus sie Heilbronn, Ludwigshafen, Mannheim, Osterburken, Wiesloch und Würzburg erreichten. Im Juli 1984 wurde die Baureihe 455 ausgemustert.

Als betriebsfähiges Museumsfahrzeug der DB kommt der Triebwagen 425 115 vom Bw Haltingen aus zum Einsatz. Der Triebwagen 425 120 wurde Anfang 1986 an die Schweizer Oensingen-Balsthal-Bahn (OeBB) verkauft, wo er als BDe 4/12 204 im Berufsverkehr Dienst tat. 1994 kaufte ein Tübinger Eisenbahnfreund das Fahrzeug.

REDAKTION: AXEL ENDERLEIN; FOTOS: ERNST, BELLINGRODT/SLG. KNIPPING, MEHNERT

Zwei Pärchen 426.0/826.6 (vormals ET/ES 26), Steuerwagen an Steuerwagen gekuppelt, im Jahre 1977 auf dem Koblenzer Hauptbahnhof

Baureihe ET 26 (ex ET 182)

Die vier ET 26 entstanden im Jahre 1957 bei Wegmann in Kassel aus den Gleichspannungstriebwagen ET 182, die nach Umstellung der Strecke München Isartalbahnhof – Höllriegelskreuth von 750 Volt Gleichspannung auf das allgemeine DB-Wechselstromsystem entbehrlich wurden. Anlässe für den Umbau waren der akute Bedarf an Triebwagen im wachsenden elektrifizierten Netz sowie die kostengünstige Verwendbarkeit von Fahrmotoren und Transformatoren aus Reservebeständen.

Die ET/ES 26 001 und ET/ES 26 004 entstanden aus den Triebwagen für Oberleitungs-Gleichstrombetrieb ET/ES 182 12 und ET/ES 182 11, die 1949/50 wiederum aus nach Kriegsende bei Wegmann verbliebenen Rohbauten für Berliner S-Bahn-Beiwagen der Baureihe EB 167 aufgebaut worden waren, um typengleiche Trieb- und Steuerwagen einsetzen zu können.

Der ET/ES 26 002 entstammte dem ET/ES 182 01, der 1946 aufgebaut wurde. Auch er glich der Baureihe ET 167 der Berliner S-Bahn, war jedoch 1941/42 für den Oberleitungsbetrieb auf der Werkbahn des Heeresversuchsamtes Peenemünde auf der Ostseeinsel Usedom hergestellt worden und 1945 im Raum Nürnberg verblieben.

Der ET/ES 26 003 schließlich wurde aus dem ET/ES 182 21 umgebaut, der seinerseits 1949 aus dem ab 1930 auf der Berliner S-Bahn laufenden ET/EB 165 636 entstand war, den man bei Kriegsende ausgebrannt im Bereich Köln fand.

Konstruktion

Die ET 182 hatten zwei Triebdrehgestelle mit je einem Fahrmotor erhalten. Beim Umbau in den ET 26 wurde das vordere Drehgestell mit zwei Motoren zum alleinigen Triebgestell. Dadurch mußte auch der Wagenkasten um 1 100 mm verlängert werden, so daß hinter dem Führerraum Platz für ein kleines Gepäckabteil entstand, auf dessen Dach ein Stromabnehmer DBS 54 installiert werden konnte. Hinzu kam der neuentwickelte BBC-Gummiringantrieb. Der Transformator entsprach dem des ET 31, das Niederspannungsschaltwerk dem der E 41. Der Luftpresser und sein Antrieb befanden sich im Steuerwagen, so daß Trieb- und Steuerwagen im Betrieb nicht getrennt werden konnten. Zur Erprobung für die neuen Mehrsystemlokomotiven besaß der ET 26 004 von 1964 bis 1971 eine BBC-Thyristor-Anschnittsteuerung.

Der Umbau bescherte den ET auch eine neue Stirnfront, während die ES in diesem Bereich unverändert blieben. Besonders der ES 26 003 erinnerte mit seinen dreiteiligen Frontscheiben stets an seine Ursprungsausführung. Die ET verfügten nur über Sitzplätze der 2. Wagenklasse, im Steuerwagen befand sich ein 1.-Klasse-Abteil.

Betriebseinsatz

Stationiert war der ET/ES 182 im Bw München-Thalkirchen, nach dessen Auflösung 1952 im Bw München Ost. Bis zur Einstellung des Gleichstrombetriebs 1955 verkehrten die Triebzüge auf der Strecke München Isartalbahnhof – Höllriegelskreuth. Nach dem Umbau 1957 in die ET/ES 26 stationierte man diese zu Erprobungszwecken beim Bww München Hbf. Im Mai 1958 gelangten die Fahrzeuge für den Plandienst zum Bw Rosenheim, von wo aus sie nach Freilassing und Kufstein eingesetzt wurden. Ab Dezember 1961 war das Bw München Ost ihre Heimat, die ET 26 erreichten als Zielorte Ismaning, Grafing sowie als Werkzubringer das Aw München-Freimann. Zum Sommer 1965 wurden ET/ES nach Regensburg umbeheimatet, hier befuhren sie die Strecken Richtung Nürnberg und Landshut. Ab 1968 als Baureihen 426 (ET) und 826 (ES) bezeichnet, gehörten sie vom August 1972 an zum Bw Koblenz (Mosel), um von hier aus die Strecken nach Neuwied, Nieder- und Oberlahnstein sowie nach Kobern-Gondorf zu bedienen. Im April 1977 wurde der Triebwagen 426 003 abgestellt, wenig später folgten die anderen. Im August 1978 gelangte der Triebwagen 426 002 zum Bw Garmisch, einer Außenstelle des Verkehrsmuseums Nürnberg, um hier als nichtbetriebsfähiges Museumsfahrzeug für die Nachwelt erhalten zu werden.

Einer der Spenderzüge: der Münchner Gleichspannungs-Triebzug ET/ES 182 01 (um 1950)

TECHNISCHE DATEN

Baureihenbezeichnung		ET 182	ET 26
nach Umbau		ET + ES 182	ET + ES 26
ab 1968 (DB)		–	426.0 + 826.6
Indienststellung		(1930 – 1949)	(1930 – 1949)
Umbau		1949	1957
Hersteller		BBC u.a.	BBC/Wegmann
Ausmusterung		Umbau 1957	1977/78
Achsfolge		B'B'+2'2'	Bo'2'+2'2'
Länge über Puffer	mm	35 900/36100	37 320/37 495
Dienstmasse	t	64,2/67,4	74,5/78,2
Stromsystem		= 750 V	15 kV/16 2/3 Hz
Antrieb		Tatzlager	BBC-Gummiantrieb
Stundenleistung	kW	220	700
Geschw. b. Stundenl.	km/h	46	84
Höchstgeschw.	km/h	80	120
Anzahl der Sitzplätze		114/121	98

ET 27 im Ursprungszustand auf der Internationalen Verkehrsausstellung München 1965 und in der späteren Lackierung bei der Stuttgarter S-Bahn (unten)

Baureihe ET 27 (DB 427)

Zur Erprobung einer neuen Generation von S-Bahnzügen, die aber auch im Bezirksverkehr einsetzbar und mit einer hohen Beschleunigungsleistung ausgestattet sein sollten, bestellte die DB 1961 fünf dreiteilige Triebzüge bei MAN, Wegmann, AEG und BBC. Als Vorbild für die Innenraumgestaltung dienten die bewährten Hamburger S-Bahnzüge der Reihen ET 170 und ET 171 (heute 470 und 471). Bis zum Ende des Jahres 1964 waren die als ETa/EM/ETb 27 bezeichneten Züge ausgeliefert. Um die geforderte hohe Beschleunigungsleistung zu erreichen, waren erstmals alle Achsen der Triebwagen angetrieben, lediglich die Mittelwagen hatten Laufgestelle erhalten. Obwohl sich die Züge gut bewährten, unterblieb zugunsten des reinen S-Bahntriebzuges 420, bei dem dann schließlich alle Achsen des Zuges angetrieben waren, der Serienbau. Ab 1968 wurden die ET 27 als 427.1/827.0/427.4 bezeichnet.

Konstruktion

Die Drehgestelle der Bauart München-Kassel, die Fahrzeugrahmen und die Aufbauten wurden geschweißt. Wegen der zahlreichen Türöffnungen mußte die Dachkonstruktion besonders stabil ausgeführt werden. Die Züge verfügten über eine selbsttätige Mittelpufferkupplung der Bauart Scharfenberg. Die beiden Drehgestelle der Triebwagen wurden mit je zwei Tatzlagermotoren bestückt, deren Steuerung als Niederspannungs-Schaltwerk mit 28 Fahrstufen ausgebildet war. Die Mittelwagen blieben antriebslos. Wegen der niederen Fußbodenhöhe bereitete die Anordnung der elektrischen Ausrüstung größere Pro-

bleme, auch die Fahrmotoren erhielten einen besonders kleinen Durchmesser. Der Haupttransformator sowie die Hilfsaggregate wurden größtenteils unter dem Wagenboden angebracht. Da die Mittelwagen keine elektrische Ausrüstung bekommen hatten, war eine Zugbildung auch ohne sie als ET+ET möglich.
Erstmals verfügten die ET 27 über eine kombinierte eigen- und fremderregte elektrische Widerstandsbremse mit Thyristoren. Die Widerstände befanden sich im Dach. Ebenfalls eine Neuerung stellte die mehrlösige, lastabhängige Druckluft-Scheibenbremse dar.
Um einen schnellen Fahrgastwechsel zu erreichen, war jeder Einzelwagen auf beiden Seiten mit je drei breiten Doppelflügel-Schwenkschiebetüren ausgestattet worden, die vom Führerstand aus betätigt werden konnten. Zwischen den Einzelwagen eines Zuges bestanden Übergangsmöglichkeiten.
Die Wagen der späteren Baureihe 427.1 verfügten neben vier Großräumen der 2. Wagenklasse über ein kleines Gepäckabteil, die der Baureihe 827 über vier Abteile der 2. Klasse und zwei Großräume der 1. Klasse sowie über zwei Toiletten. In den Fahrzeugen der Baureihe 427.4 befanden sich ein Abteil und drei Großräume der 2. Klasse und ein Traglastenabteil mit Längssitzbänken. Sowohl das Gepäck- als auch das Traglastenabteil erreichte man über je eine einflüglige Schiebetür pro Längsseite.

Betriebseinsatz

Nach ausführlichen Erprobungen durch die DB-Versuchsanstalt wurden die fünf Triebzüge der Baureihe ET 27 beim Bw Tübingen beheimatet, von wo aus sie den Vorortverkehr nach Plochingen und Stuttgart bewältigten. An diesen Einsätzen änderten auch die Umbeheimatungen 1970 zum Bw Stuttgart, Einsatzstelle Esslingen, und 1978 zum Bw Plochingen, dem Stuttgarter S-Bahnbetriebswerk, wenig. Die Züge erreichten jetzt auch Kornwestheim, Tübingen und Geislingen. Im November 1984 wurde der Triebwagen 427 103 ausgemustert, die übrigen Züge, die inzwischen eine hohe Schadanfälligkeit aufwiesen, folgten im Dezember 1986. Nachdem sich die Hoffnungen auf einen Verkauf der noch relativ jungen Züge zerschlagen hatten, wurden sie schließlich alle verschrottet.

TECHNISCHE DATEN

Baureihe		ET 27
ab 1940		ETa+EM+ETb 27
ab 1968 (DB)		427.1+827+427.4
Indienststellung		1964
Hersteller elektrischer Teil		AEG/BBC
Hersteller mechanischer Teil		MAN/WWK
Ausmusterung		1984 – 1986
Achsfolge		Bo'Bo'+2'2'+Bo'Bo'
Länge über Puffer	mm	73 850
Dienstmasse	t	134
Stromsystem		15 kV/16 2/3 Hz
Antrieb		Tatzlager
Stundenleistung	kW	1 384
Geschw. bei Stundenl.	km/h	91,2
Höchstgeschwindigkeit	km/h	120
Anzahl der Sitzplätze		185

REDAKTION: AXEL ENDERLEIN; FOTOS: ERNST (2), SLG. PILLMANN, NIEDT

Die Triebzüge der Reihe ET 30, später 430, wurden nicht einmal dreißig Jahre alt: Korrosionsschäden bescherten ihnen ein sehr frühes Ende

Baureihen ET 30/ET 56 (430/456)

Für den Nahverkehr der Großräume Nürnberg und Stuttgart entwickelten das Bundesbahn-Zentralamt München, die Waggonfabriken Fuchs und Rathgeber, die Maschinenfabrik Esslingen sowie BBC nach dem Krieg eine neue Generation von dreiteiligen Elektrotriebwagen. Für die neuen Fahrzeuge wurde vor allem ein hohes Beschleunigungsvermögen gefordert. Gleichzeitig legte die DB aus finanziellen Gründen insbesondere bei der elektrischen Ausrüstung Wert auf die Verwendung vorhandener Bauteile aus Reservebeständen und kriegsbeschädigten Fahrzeugen. Im Mai 1952 konnte der erste Triebzug ET 56 001a/EM 56 001/ET 56 001b beim Bw Nürnberg in Dienst gestellt werden. Bis zum Dezember 1952 waren alle sieben Triebzüge ausgeliefert.

Aufgrund der runden stromlinienartigen Kopfform, die beim 1951 umgebauten Vorkriegs-Verbrennungstriebwagen VT 92 501 (ab 1968: 692 501) erstmals versuchsweise angewendet worden war, zählten die ET 56 zusammen mit den ET 30, den Dieseltriebzügen der Baureihen VT 08 (ab 1968: 608 und 613) und VT 12 (ab 1968: 612) sowie den Akkumulatortriebwagen ETA 176 (ab 1968: 517) zu den sogenannten „Eierkopf-Triebzügen" der DB. Im Jahre 1968 erhielten die Triebwagen die neuen Baureihenbezeichnungen 456.1, 856.0 und 456.4. Insbesondere wegen starker Rostschäden, verursacht durch einen schlechten Korrosionsschutz der Spantenkonstruktion, begann im Februar 1984 mit dem Triebwagen 456 104 die Ausmusterung der Züge, die im August 1986 mit der Abstellung der letzten drei Züge abgeschlossen war.

Für den Nahverkehr insbesondere im Ruhrgebiet, dessen wichtigsten Strecken nun elektrifiziert wurden, bestand Bedarf an einem Elektrotriebwagen, bei dem man neben einem hohen Beschleunigungsvermögen besonderen Wert auf einen raschen Fahrgastwechsel sowie eine moderne Innengestaltung der Fahrzeuge legte. Im wesentlichen konnte hierbei auf die Bauform des ET 56 zurückgegriffen werden.

Da aber aus dem neuen Triebwagen auch eine Variante für den Fernverkehr mit einer Höchstgeschwindigkeit von 160 km/h entstehen sollte, blieb eine Neukonstruktion des Fahrwerks unumgänglich. Im März 1956 konnte die DB die erste dreiteilige Garnitur als ET 30 023a/b mit dem Mittelwagen EM 30 019 von der DB abnehmen. Bis Dezember 1956 waren alle 24 Garnituren im Dienst. DÜWAG und Westwaggon lieferten die kompletten dreiteiligen Garnituren ETa/EM/ETb 30 002 – ETa/EM/ETb 30 017. Fuchs und MAN bauten nur die Triebköpfe der restlichen Züge, deren Mittelwagen von der Waggon- und Maschinenbau AG Donauwörth (7) und von Westwaggon (1) gefertigt wurden, wobei die EM 30 018 – EM 30 024 nicht den nummernmäßig passenden ET 30 beigestellt wurden. Hersteller des elektrischen Teiles waren die Firmen AEG, BBC und SSW.

1968 erhielten die Züge die Baureihenbezeichnungen 430.1, 830.0 und 430.4.

Wegen starker Korrosionsschäden an den Wagenkästen der Baureihe 430 und des

TECHNISCHE DATEN

Baureihe		ET 30	ET 56
Konfiguration		ETa+EM+ETb	ETa+EM+ETb
ab 1968 (DB)		430.1+830+430.4	456.1+856+456.4
Indienststellung		1956	1952
Hersteller elektr.		AEG,BBC,SSW	BBC
Hersteller mechan.		Düwag, Fuchs, MAN	Fuchs, ME, Rathgeber
Ausmusterung		1980 – 1984	1984 – 1986
Achsfolge		Bo'2'+2'2'+2'Bo'	Bo'2'+2'2'+2'Bo'
Länge über Puffer	mm	80 360	79 970
Dienstmasse	t	148	121
Stromsystem		15 kV/16 2/3 Hz	
Antrieb		Tatzlager	Tatzlager
Stundenleistung	kW	1 760	1 020
Geschw. b. Stundenl	.km/h	84	77
Höchstgeschw.	km/h	120	90
Anz. der Sitzplätze		222	262

Ab 1975 rollten die Triebzüge der Baureihe 456 über die Neckartalbahn (456 106 im August 1984)

zunehmenden Einsatzes der neuen S-Bahn-Triebwagen der Baureihe 420 sowie lokbespannter S-Bahnzüge mit den Maschinen der Baureihe 111 des Bw Düsseldorf war bereits 1980 der Triebwagen 430 107 entbehrlich, und im Juli 1984 wurden die letzten neun Triebzüge ausgemustert.

Konstruktion

Um eine möglichst geringe Fahrzeugmasse zu erreichen, entstanden die Wagenkästen wie im Flugzeugbau als selbsttragende, verwindungssteife Röhrenkonstruktion in kombinierter Spanten- und Schalenbauweise. Wellblechfußböden erhöhten hierbei die Längssteifigkeit. Zur Aufnahme elektrischer Bauteile und der Bremseinrichtung hatten die Züge eine geschlossene Bodenwanne erhalten. Zwischen den Einzelwagen eines Triebzuges bestanden Übergangsmöglichkeiten mit einen doppelten Gummiwulst. Die Schrauben-Kurzkupplungen der ET 30 wurden mit seitlichen Dämpfungspuffern, die ET 56 mit drucksteifen, federnden Hülsenkupplungen ausgerüstet. An den Zugenden befanden sich selbsttätige Scharfenberg-Mittelpufferkupplungen.
Im Bereich der Triebköpfe waren Triebgestelle der Bauart Fuchs mit tiefangelenkten Drehzapfen und Achslenkern vorhanden. Bei den ET 30 bestanden sie aus geschweißten Hohlträgern, bei den ET 56 aus geschweißten Blechträgern. Die Laufgestelle der ET/EM 30 waren geschweißte Neukonstruktionen der Bauart München-Kassel, die der ET/EM 56 entsprachen der Bauart Fuchs.
Als Fahrmotoren verwendete man bei den ET 30 neuentwickelte, besonders leistungsstarke zehnpolige Reihenschlußmotore, bei den ET 56 achtpolige Reihenschlußmotoren, die – wie die Transformatoren – aus kriegszerstörten ET 25 und ET 31 und aus Reservebeständen stammten. Beide Baureihen hatten Tatzlagerantriebe erhalten. Der ET 30 011a wurde versuchsweise mit einem BBC-Federantrieb, der ET 30 011b mit einem SSW-Kardan-Hohlwellenantrieb ausgerüstet, und beide Fahrzeuge erhielten Gestellmotoren. Als Stromabnehmer dienten bei den ET 56 solche der Bauart SBS 38 mit einem Schleifstück, später mit einer Doppelwippe der Bauart DBS 54. Die ET 30 erhielten ab Werk ebenfalls Stromabnehmer der Bauart DBS 54. Vorhanden war eine einlösige (durch die elektrische Steuerung mehrlösig wirkende) Klotzbremse. Den ET 30 011 rüstete man versuchsweise Scheibenbremsen aus. Die ET 30 waren für den Einbau von Magnetschienenbremsen vorbereitet worden.
Sämtliche ET 30 hatten vierflüglige Falttüren erhalten. Sie wurden an den Kurzkupplungsenden der Wagen einfach und in Wagenmitte doppelt angeordnet. Beim ET existierten je Längsseite zwei, beim EM auf einer Wagenseite doppelt ausgeführte Türen. Die ET 56 verfügten über Schwenkschiebetüren, die ebenfalls an den Kurzkupplungsenden einflüglig und in Wagenmitte (hier jeweils nur eine) doppelflüglig ausgeführt waren. Die Türen konnten vom Führerstand elektropneumatisch geschlossen werden.
Die mit einem Gepäckabteil ausgestatteten ET 30a und ET 56a bekamen je Wagenseite eine doppelflüglige Dreh- bzw. Klapptür. Die 1. Klasse befand sich im Mittelwagen.

Betriebseinsatz

Die ET 56 001 und ET 56 002 kamen zunächst vom Bw Nürnberg Hbf aus Richtung Forchheim und Schwabach zum Einsatz, bis sie Ende 1952 von den ET 56 006 und ET 56 007 abgelöst wurden und mit den restlichen ET 56 im Bw Tübingen für den Nahverkehr nach Stuttgart beheimatet wurden. Nach der Anlieferung der ersten sechs ET 30 in Nürnberg 1956 übernahmen diese Reiseverkehrsleistungen nach Bamberg, Regensburg und Treuchtlingen von den ET 56, so daß letztere nunmehr komplett beim Bw Tübingen stationiert werden konnten. Nach Inbetriebnahme der ET 27 kamen die ET 56 zwischen Tübingen, Esslingen und Waiblingen sowie zwischen Heilbronn und Bietigheim zum Einsatz. 1970 gelangten die Fahrzeuge zum Bw Heidelberg, von wo aus sie Baden-Baden, Karlsruhe, Ludwigshafen und Mannheim erreichten. Ab 1975 rollten die Triebzüge der Baureihe 456 über die Neckartalbahn Osterburken, ab 1981 auch bis Würzburg. Mit dem Beginn des Sommerfahrplanes 1986 endete der Plandienst dieser Züge.
Von den ET 30 erhielt das Bw München Hbf ab Werk 1956 fünfzehn Züge, das Bw Nürnberg Hbf die restlichen neun. In Nürnberg verblieben bis zu ihrer Abgabe 1971 an das Bw Hamm sechs Züge, die bis Bamberg, Treuchtlingen und Würzburg kamen. Die Beheimatung in München, wo die Einheiten im Nahverkehr eingesetzt waren, sowie von drei Zügen für maximal vier Monate beim Bw Freilassing, endete nach Fertigstellung der Elektrifizierungsarbeiten im Ruhrgebiet. Ab Mai 1957 fuhren die ET 30 vom Bw Dortmund Bbf aus im Nahverkehr nach Bochum, Duisburg, Düsseldorf, Essen, Hamm und Wattenscheid. Mit der zunehmenden Elektrifizierung der Strecken des Ruhrgebietes vergrößerte sich auch das Einsatzgebiet der ET 30. 1967 wurden die 18 Dortmunder ET 30 im Bw Hamm stationiert. An den Einsätzen der Triebwagen änderte sich jedoch wenig. Ab 1969 übernahmen die jetzt als BR 430 laufenden Züge Schnellzugdienste zwischen Bielefeld und Frankfurt (Main). Mit dem Beginn des 420-Einsatzes im Ruhrgebiet wurde das Ende der Baureihe 430 eingeläutet. Zum Beginn des Sommerfahrplanes 1984 endete er gänzlich.
Als betriebsfähiges Museumsfahrzeug des VM Nürnberg ist heute der ET 30 014a/b mit den Mittelwagen EM 30 012 und EM 30 014 im Bw Hamm stationiert.

Von der Kopfform her glichen sich ET 30 und ET 56 stark; Unterschiede fielen bei den Wagenkästen auf

REDAKTION: AXEL ENDERLEIN; FOTOS: EISENSCHINK, NIEDT, PILLMANN

In den letzten Betriebsjahren verkehrten die ET 32 im Regionalverkehr rund um Nürnberg, bis die DB 1983 die letzten drei Triebzüge ausgemusterte

Baureihe ET 31/32 (DB 432)

Für den Städteschnellverkehr in Bayern und Schlesien erhielt die DRG in den Jahren 1936/37 von Linke-Hofmann-Busch und BBC dreizehn Elektro-Schnelltriebzüge der Einheitsbauart mit den Betriebsnummern „elT 1301" – „elT 1313a-c" aus drei angetriebenen Einzelwagen. Vier der seit 1940 als ET 31 bezeichneten Züge kamen nach dem Zweiten Weltkrieg zur DB. Zwei in Leipzig verbliebene Züge gelangten 1946 als Reparationsgut in die UdSSR, alle anderen wurden während des Zweiten Weltkrieges zerstört.
Um dem Mangel an Elektrotriebwagen zu begegnen, ließ die DB 1950 die Züge, deren starke Motorisierung sowieso nicht nutzbar war, umbauen. Hierbei wurde bei den vier Zügen ein Triebkopf durch einen der ausreichend vorhandenen Steuerwagen ES 25 ersetzt, es entstand die neue Baureihe ET 32.0 in der Reihung ET+ET+ES. Vorhanden waren nunmehr:
ET 32 001a/c+ES 32 001b, aus
ET 31 005a/c und ES 25 132,
ET 32 002a/c+ES 32 002b, aus
ET 31 002a/c und ES 25 135,
ET 32 021b/c+ES 32 021a, aus
ET 31 010b/c und ES 25 108/109,
ET 32 022b/c+ES 32 022a, aus
ET 31 012b/c und ES 25 108/109 (?).
Diese Züge erhielten 1968 die Baureihenbezeichnungen 432.1, 432.4 und 832.6.
Aus den übrigen Endtriebwagen stellte man 1950 noch zwei zweiteilige Züge zusammen:
ET 32 201a/b, aus
ET 31 010a + ET 31 005b,
ET 32 202a/b, aus
ET 31 012a + ET 31 002b.
Aus den ES 25 003 und ES 25 010 entstanden hierzu 1951 die Steuerwagen ES 32 201 und ES 202; die Züge verfügten jetzt über drei Führerstände.
1963/64 wurde die Baureihe ET 32 weitgehend modernisiert. Dabei wurden die runden Stirnfronten gegen gerade getauscht und die elektrische Ausrüstung und die Inneneinrichtung erneuert. Aus den Steuerwagen ES 32.2 entstanden die Mittelwagen EM 32.2. Die Fahrzeuge verkehrten nunmehr in der Reihung ET+EM+ET und erhielten ab 1968 die Baureihenbezeichnungen 432.2, 832.2 und 432.5.

Nach der Modernisierung sahen die ET 32 den ET 25 und ET 55 zum Verwechseln ähnlich

TECHNISCHE DATEN

Baureihe		ET 31	ET 32.0
ab 1925		elT 13	(elT 13)
ab 1940		ET 31	(ET 31)
Umbau		-	1950/1963
Baureihe nach U		-	ETa+ETb+ES 32.0
ab 1968 (DB)		-	432.1+432.4+832.6
Indienststellung		1936	U 1950
Hersteller		BBC, LHW	BBC, LHW, DB
Ausmusterung		U 1950	1983/84
Achsfolge		Bo'2'+Bo'2'+2'Bo'	Bo'2'+Bo'2'+2'2'
Länge über Puffer	mm	64 730	67 440
Dienstmasse	t	145,1	125 – 128
Stromsystem		15 kV/16 2/3 Hz	
Antrieb		Tatzlager	Tatzlager
Stundenleistung	kW	1 650	900
Geschwindigkeit b. Stundenl.	km/h	104	84
Höchstgeschwindigkeit	km/h	120	120
Anzahl der Sitzplätze		188	185

Mit drei angetriebenen Einzelwagen waren die ET 31 bestens motorisiert. Nach dem Krieg wurde je zwei Motorwagen daher ein Mittelwagen zugeordnet

Konstruktion

Fahrzeugrahmen, Drehgestelle und Aufbau wurden geschweißt, die Dächer teilweise genietet. Die Triebgestelle der ET 31/32 waren mit je zwei Tatzlagermotoren ausgestattet worden. Der Transformator befand sich zwischen den Treibachsen im Fahrzeugrahmen, ragte jedoch in das Drehgestell hinein. Die Laufgestelle der ET 31/32 und der EM/ES 32 entsprachen der Bauart Görlitz III leicht. Jeder Triebwagen hatte eine komplette elektrische Ausrüstung erhalten. Zur Steuerung der Fahrmotoren diente ein Niederspannungs-Nockenschaltwerk. Die beiden Endwagen ET 31a/b waren mit je einem Stromabnehmer SBS 10 bestückt, der Mittelwagen erhielt den Fahrstrom über eine Hochspamnnungsleitung. Beim Umbau 1950 erhielten die ES 32.0 einen Stromabnehmer.

Durch die unterschiedliche Zusammenstellung der drei entstandenen Zugtypen wich die Inneneinrichtung voneinander ab. In jedem Triebzug waren ein Gepäckabteil (432 101/102, 432.2 und 432.4) und drei Abteile der 1. Wagenklasse (432.2 und 832.6) vorhanden. Drei ehemalige 1.-Klasse-Abteile der Triebwagen 432 401 und 432 402 wurden in die 2. Klasse umgebaut.

Betriebseinsatz

Die sechs ET 31 des Bw Breslau waren im Eilzugdienst nach Hirschberg eingesetzt. Er endete erst nach Bombardierungen im Jahre 1945. Die unbeschädigten Fahrzeuge wurden noch vor Kriegsende in Richtung Westen abgefahren. Zum Bestand des Bw München Hbf zählten zwischen 1937 und 1944 vier ET 31 für Planleistungen nach Mittenwald, Regensburg und Traunstein. Das Bw Nürnberg Hbf hielt ab 1936 drei ET 31 für den Eilzugdienst über München vor. 1944 kamen zwei ET 31 aus München, 1945 einer aus Breslau hinzu. Zwei ET 31 mußten zerstört ausgemustert werden, die restlichen fuhren nach Ludwigsstadt und München. Die zu den ET 32 umgebauten Züge verkehrten nach Augsburg, Coburg, Falkenstein, München und Regensburg. Von 1958 bis 1961 wurden die Triebzüge vom Bw München Hbf aus in Richtung Augsburg eingesetzt. Wieder in Nürnberg, übernahmen die ET 32 den Bezirksverkehr bis Bamberg, Plattling und Regensburg und, nach der Elektrifizierung, bis Ansbach und Würzburg. Im November 1983 wurden die ersten drei Triebzüge der Baureihe 432/832 ausgemustert. Ein Jahr später waren die restlichen Fahrzeuge entbehrlich. Der Triebwagen 432 201 ist im Museum Neuenmarkt-Wirsberg.

ET 32 201a/b war mit ES 32 201 gekuppelt und verfügte über drei Führerstände

TECHNISCHE DATEN

Baureihe		ET 32.2	
ab 1925		elT 1301ff	elT 13
ab 1940		ET 31	ET 31
Umbau		1950	1963
Baureihe nach Umbau		ET 32.2a/b	ETa+EM+ETb 32.2
ab 1968 (DB)		-	432.2+832.2+432.5
Indienststellung		U 1950	U 1963
Hersteller		BBC,LHW,DB	BBC, LHW, DB
Ausmusterung		U 1963	1983/84
Achsfolge		Bo'2'+2'Bo'	Bo'2'+2'2'+2'Bo'
Länge über Puffer	mm	46 025	68 670
Dienstmasse	t	96,8	126
Stromsystem		15 kV/16 2/3 Hz	
Antrieb		Tatzlager	Tatzlager
Stundenleistung	kW	900	900
Geschwindigkeit b. Stundenl.	km/h	84	84
Höchstgeschwindigkeit	km/h	120	120
Anzahl der Sitzplätze		114	178

REDAKTION: AXEL ENDERLEIN; FOTOS: NIEDT, HÖRSTEL, BELLINGRODT/SLG. PILLMANN

Kurz nach der Indienststellung der ersten Triebwagen-Serie im Jahre 1933 entstand diese Aufnahme des „elT 1204" (später ET 65 004) in Ludwigsburg

Baureihen ET 51/ET 65 (DB 465)

Für den 1933 eröffneten elektrischen Vorortverkehr um Stuttgart erhielt die DRG bis 1937 in zwei Lieferungen die Triebwagen „el T 1201" – „el T 1221" (ab 1940: ET 65 001 – ET 65 021) sowie als geschweißte Nachbauten 1939 die „el T 1222" – „el T 1225" (ab 1940: ET 65 022 – ET 65 025). Hierzu gehörten die Steuerwagen ES 65 001 - ES 65 016 und die ebenfalls geschweißten ES 65 017 - ES 65 024. Außerdem wurden als Beiwagen 68 ehemals württembergische Personenwagen der Gattungen Bi und Ci wü 29 aus den Jahren 1929/30 in die paarweise kurzgekuppelten EB 65 001 – EB 65 031a/b und EB 65 101 – EB 65 103a/b umgebaut und zwischen den ET und ES, die diesen Personenwagen mit ihren eingezogenen Eingängen formal nachempfunden waren, eingestellt.
Von den ET 65 mußten je einer wegen Kriegszerstörungen und Unfallschäden, von den ES 65 drei wegen Kriegszerstörungen und einer wegen eines weiteren Unfalls bis 1945 ausgemustert werden. Alle anderen Fahrzeuge kamen zur DB. 1951 und 1955 wurden die EB 51 04 und EB 51 01 umgebaut und fortan als ES 65 031 und ES 65 032 bezeichnet. Anläßlich der Modernisierung von 1961 bis 1963 erhielten die ES 51 11, ES 25 002 und ES 25 011 gerade Stirnfronten und die Betriebsnummern ES 65 033 – ES 65 035. 1962 entstand aus dem ET 51 01 der ET 65 031, so daß nun 24 Züge im Dienst standen. Gleichzeitig wurden aus 24 vierachsigen B4yg-Umbauwagen die Mittelwagen EM 65 hergestellt und die alten Beiwagen ausgemustert. 1968 bekamen die ET die Baureihenbezeichnung 465, die EM die 865.0 und der ES die 865.6. 1973 ersetzte ein weiterer Umbauwagen als 865 099 den durch einen Unfall stark beschädigten Mittelwagen 865 018.
Die DRG beschaffte für den Eilzugdienst in Schlesien 1934 und 1939 in zwei Serien die Elektrotriebwagen „el T 1701" – „el T 1704" (ab 1940: ET 51 01 – ET 51 04) und „el T 1705" – „el T 1708" (ab 1940: ET 51 11 – ET 51 14). Zur Lieferung von 1934 gehörten auch je vier Bei- und Steuerwagen (EB 51 01 – EB 51 04, ES 51 11 – ES 51 14), zu jener von 1939 vier Steuerwagen (ES 51 01 – ES 51 04). Die ET 51 entsprachen weitgehend den ET 65, hatten jedoch zwei Führerstände erhalten. Die ET/ES der zweiten Lieferung waren gegenüber den älteren Fahrzeugen um 2 000 mm länger, die vordem eingezogenen Eingangstüren schlossen nun bündig mit dem Wagenkasten ab. Die ET 51 01, EB 51 01, der EB 51 04 sowie die ES 51 11 und ES 51 04 kamen zur DB, alle anderen wurden entweder im Zweiten Weltkrieg zerstört oder fielen als Reparationsleistung an die UdSSR.
Die ET 51 01 und ES 51 11 waren bis 1961 im Einsatz. Anläßlich der Modernisierung wurden diese Fahrzeuge in die ET/ES 65 umgebaut.

TECHNISCHE DATEN

Baureihenbezeichnung		ET 51	ET 65
ab 1925		elT 1701	elT 12
ab 1940		ET 51 01	ET 65
Baureihe nach Umbau		ET 65 031	ET 65
ab 1968 (DB)		465 031	465 001 –
Indienststellung		1934	1933
Umbau		1961	1960
Hersteller		SSW/LHW	BBC/ME
Ausmusterung		U 1961	1976 – 1980
Achsfolge		Bo'Bo'	Bo'Bo'
Länge über Puffer	mm	20 300	20 500
Dienstmasse	t	59,6	52 – 65
Stromsystem		15 kV/16 2/3 Hz	
Antrieb		Tatzlager	Tatzlager
Stundenleistung	kW	812	924
Geschw. b. Stundenl.	km/h	66	51
Höchstgeschw.	km/h	90	75/85
Anzahl der Sitzplätze		63	62

Der „elT 1212“ mit Steuerwagen (später ET 65 012/ES 65 012) kurz nach der Anlieferung der Garnitur auf dem Ulmer Hauptbahnhof

Konstruktion

Die ET 51 und ET 65 der Baujahre 1933 bis 1937 hatten genietete Drehgestelle, Fahrzeugrahmen und Aufbauten. Bei den späteren Lieferungen waren diese Bauteile geschweißt. Beide Drehgestelle der Triebwagen wurden über je zwei Tatzlagermotoren angetrieben und mit einem BBC-Niederspannungs-Nockenschaltwerk gesteuert. Als Stromabnehmer fanden je Triebwagen zwei der Bauart SBS 10 Verwendung, die teils mit Doppelwippe ausgestattet waren. Einige ET erhielten neue Stromabnehmer DBS 54.
Die Triebwagen 465 001 – 465 025 verfügten je Längsseite über zwei eingezogene Doppeltüren und eine Einfachtür, der 465 031, die Mittel- und Steuerwagen über eine eingezogene Doppeltür und je zwei Einfachtüren. In den Triebwagen befand sich ein kleines Gepäckabteil, die Abteile der 1. Klasse waren in den Steuerwagen untergebracht.

Die DB-Museumsgarnitur der Reihe 465/865

Betriebseinsatz

Die ET 51 kamen von den Bw Breslau Freiburger Bf, Halbstadt und Hirschberg aus hauptsächlich auf den schlesischen Gebirgsbahnen im Eilzugdienst zum Einsatz. Der ET 51 01 war ab 1945 und die ET 65 seit ihrer Anlieferung bei der Außenstelle Esslingen des Bw Stuttgart beheimatet, von wo aus sie bis zu ihrer Abstellung 1979 im Vorortverkehr Stuttgarts meist nach Ludwigsburg und Plochingen, vereinzelt auch darüber hinaus, verkehrten.
Als betriebsfähiges Museumsfahrzeug bleibt die Garnitur 465 006, 865 006 und 865 606 erhalten. Sie ist im Bw Frankfurt (Main) 1 stationiert.

Drei ET 65-Garnituren, bestehend jeweils aus Triebwagen, zwei zweiachsigen Mittelwagen und vierachsigem Steuerwagen, in Plochingen – um 1960

REDAKTION: AXEL ENDERLEIN; FOTOS: SLG. PILLMANN (2), SLG. BRAITMAIER , SCHÖPPNER

Bis ins Jahr 1977 hinein standen die letzten ET 85 (ab 1968 unter der Baureihenbezeichnung 485 geführt) bei der Deutschen Bundesbahn im Dienst

Baureihen ET 85/90 (DB 485/490)

Die Bayerische Staatsbahn hatte 1906 sieben vierachsige Dampftriebwagen der Gattung MCCi für den Münchner Vorortverkehr beschafft, von denen die DRG bei Fuchs und BBC 1924 vier in Elektrotriebwagen ET 701 – ET 704 (ab 1930: „el T 1101 – el T 1104", ab 1940: ET 85 01 – ET 85 04) umbauen ließ. Da sich die Fahrzeuge gut bewährten, gab die DRG bei Fuchs, MAN und BBC in vier Lieferserien von 1927 bis 1933 insgesamt die 32 Elektrotriebwagen „el T 1105 – el T 1136" (ab 1940: ET 85 05 – ET 85 36) sowie die 34 Steuerwagen „el S 2101 – el S 2134" (ES 85 01 – ES 85 34) in Auftrag. Aus dreiachsigen Personenwagen der bayerischen Länderbauart C3i entstanden die Beiwagen „el B 2801 – el B 2870" (EB 85 01 – EB 85 70).

Im Zweiten Weltkrieg wurden 12 Trieb-, 40 Bei- und neun Steuerwagen zerstört. Die restlichen Fahrzeuge, darunter die ehemaligen Dampftriebwagen ET 85 01 und ET 85 02, die 1957/58 ausgemustert wurden, kamen zur DB. In den Jahren 1949/50 wurden die ET 85 13, 85 14 und 85 16 für den Steilstreckenbetrieb zwischen Berchtesgaden und Königssee in die ET 90 01 – ET 90 03 umgebaut, ihre Höchstgeschwindigkeit betrug wegen der geänderten Getriebeübersetzung nur noch 50 km/h. Ein neuer Steuerwagen ES 85 40 entstand hierzu 1949 durch den Umbau eines Reisezugwagens der Bauart Altenberg. Im Jahre 1955 wurden die Triebwagen modernisiert. Dabei verschloß man unter anderem die Übergangstüren in den Stirnwänden der Führerstände und erneuerte die Inneneinrichtungen. Die ET 85 11, 85 19 und 85 05 erhielten je ein Abteil der 1. Klasse und wurden in ET 85 101 – ET 85 103 umgezeichnet. 1960 baute man die Fahrzeuge zurück. Gleichzeitig bekamen sie ihre alten Betriebsnummern wieder. In den Steuerwagen entfiel 1960 der zweite Führerstand. Neun Steuerwagen wurden nach dem Einbau zweier 1.-Klasse-Abteile in ES 85 101 – ES 85 109 umgezeichnet. Als Ersatz für die auszumusternden Beiwagen bayerischer Bauart entstanden 1961/62 aus acht dreiachsigen Umbauwagen B3yg die EB 85 01 – EB 85 08. Für die ET 90 richtete man 1958 aus zweiachsigen Personenwagen die Beiwagen EB 85 90 und 91 her; sie waren bis 1965 im Einsatz.

Ab 1968 wurden die ET 85 als 485, die ET 90 als 490, die EB 85 als 885.0, die ES 85.0 als 885.6 und die ES 85.1 als 885.7 bezeichnet.

Konstruktion

Drehgestelle, Fahrzeugrahmen und -aufbauten waren genietet. Über dem Maschinenraum für den Transformator und weitere Aggregate konnte das Dach abgenommen werden. Im Triebgestell sorgten zwei Tatzlagermotoren mit Niederspannungs-Schützensteuerung für den Antrieb. Auf dem Dach des ET befanden sich zwei Stromabnehmer des Typs SBS 10.

Die Inneneinrichtung bestand aus zwei Großräumen 2. Klasse mit Holzbänken und zwei Abteilen 1. Klasse in den ES 85 101 – ES 85 109. Ein kleines Gepäckabteil war in den Steuerwagen untergebracht. Die Beiwagen beider Bauarten verfügten ebenfalls über Holzbänke für die 2. Klasse, die Neubauwagen von 1961/62 wurden allerdings mit Polstersitzen ausgestattet.

TECHNISCHE DATEN

Baureihenbezeichnung		ET 85
bis 1925		ET 701 – ET 704
ab 1925		elT 1101 – elT 1104
ab 1940		ET 85 01 – ET 85 04
Indienststellung		1924
Hersteller		BBC/Fuchs
Ausmusterung		1958
Achsfolge		Bo'2'
Länge über Puffer	mm	9 920
Dienstmasse	t	56,3
Stromsystem		15 kV/16 2/3 Hz
Antrieb		Tatzlager
Stundenleistung	kW	550
Geschwindigkeit b. Stundenl.	km/h	49
Höchstgeschwindigkeit	km/h	75
Anzahl der Sitzplätze		74

Aus einem bayerischen Dampftriebwagen entstand 1924 der ET 701 (oben). Bild unten: Umbau-Triebwagen 490 003 (ex ET 90 03) in Feilnbach, 1969

Betriebseinsatz

Zunächst kamen die im Bw München Hbf beheimateten ET 85 auf den Vorortstrecken zum Einsatz, ab 1933 auch von den Bahnbetriebswerken Augsburg und Nürnberg Hbf aus. Nach 1945 waren die Fahrzeuge in den Bahnbetriebswerken München Hbf, München Ost und Nürnberg Hbf (ET 85) sowie Berchtesgaden (ET 90) stationiert. Im Laufe der fünfziger Jahre gelangten die Nürnberger ET 85 nach Freiburg, Garmisch, Mainz-Bischofsheim und Regensburg. Nach Einstellung der Königsseer Bahn im Jahre 1965 waren die ET 90 bis zu ihrer Ausmusterung zwischen 1969 und 1972 vom Bw Rosenheim aus zwischen Bad Aibling und Bad Feilnbach eingesetzt. Außerdem hatten nun die Bahnbetriebswerke Koblenz-Mosel für den Nahverkehr und kurzzeitig Seelze ET 85 im Bestand. 1967 begann die Ausmusterung. Von 1973 bis 1977 verkehrten diese Fahrzeuge noch auf den Streckenabschnitten Schopfheim – Zell und Lörrach – Weil am Rhein (Bw Freiburg) sowie bis 1975 von München Ost aus im Vorortverkehr nach Ismaning und für den Personalverkehr ins AW München-Freimann. Als letzter Triebwagen wurde 1977 der Freiburger 485 005 ausgemustert. Die Fahrzeuge 485 007/885 615 blieben bei der Deutschen Gesellschaft für Eisenbahngeschichte für die Nachwelt erhalten.

Neun Steuerwagen erhielten 1.-Klasse-Abteile und wurden als ES 85.1 bezeichnet

TECHNISCHE DATEN

Baureihenbezeichnung		ET 85	ET 90
ab 1925		elT 1105 ff.	
ab1 1940		ET/ES 85 05 ff.	
ab 1968 (DB)		485/885.6	490
Indienststellung		1927	(1927)
Umbau		–	1949/50
Hersteller		BBC/Fuchs	BBC/Fuchs
Ausmusterung		1978	1969 – 1972
Achsfolge		Bo'2'	Bo'2'
Länge über Puffer	mm	20 340	20 340
Dienstmasse	t	61,4	56,3
Stromsystem		15 kV/16 2/3 Hz	
Antrieb		Tatzlager	Tatzlager
Stundenleistung	kW	550	550
Geschwindigkeit b. Stundenl.	km/h	49	41
Höchstgeschwindigkeit	km/h	75	50
Anzahl der Sitzplätze ET/EB/ES		75/62/79	75

REDAKTION: AXEL ENDERLEIN; FOTOS: PILLMANN (2), SLG. KNIPPING, K. MÜLLER

Einen ungewöhnlichen Anblick boten die Triebzüge der Baureihe ET 87 durch den zwischen zwei dreiachsigen Steuerwagen befindlichen Triebwagen

Baureihe ET 87

Für die schlesische Gebirgsstrecke Nieder Salzbrunn – Halbstadt erhielt die preußische Staatsbahn 1914 von LHB und AEG die sechs dreiteiligen Triebzüge ET 501 – ET 506 (ab 1930: „elT 1001 – el T 1006"). Ein Zug wurde zunächst auf der Eisenbahnschau in Malmö ausgestellt. Diese unter Leitung des durch die Akkumulatortriebwagen bekannten Geheimen Oberbaurates Wittfeld entstandenen Züge hatten ein dreiachsiges Triebteil, das sich zwischen zwei kurzgekuppelten und ebenfalls dreiachsigen Steuerwagen befand. Der Antrieb auf das zweiachsige Drehgestell entstand in Anlehnung an die gleichzeitig im Bau befindlichen Elektroloks EG 511 – EG 537 (DRG-Reihe E 71). Bis auf die doppelt gespeisten Motoren, die 1925 in Reihenschlußmotoren umgebaut wurden, entsprachen die Triebwagen von der Technik und der gewählten aufwendigen Raumaufteilung mit Abteilen der 2., 3. und 4. Klasse sowohl für Raucher als auch für Nichtraucher, separatem Frauen- und einem Gepäckabteil den Erwartungen. Allerdings stellte sich heraus, daß die Fahrzeuge für den Steigungsbetrieb nicht geeignet waren, so daß sie 1922 durch Fahrzeuge der Baureihe ET 88 ersetzt wurden.
1940 erhielten die Züge die Betriebsnummern ESa/ET/ESb 87 01 – ESa/ET/ESb 87 05. Hierbei wurde der im selben Jahr durch einen Unfall ausgeschiedene „elT 1002" nicht mehr berücksichtigt. Die Züge ET/ES 87 01 und ET/ES 87 02 mußten nach 1945 als Reparationsleistung an die UdSSR abgegeben werden, die drei anderen gelangten zur DB. Zur Schonung des Stangenantriebes wurde hier die Höchstgeschwindigkeit von 70 km/h auf 65 km/h herabgesetzt und das Gepäckabteil in ein Sitzabteil der 3., ab 1956 als 2. Klasse bezeichnet, umgebaut.

Konstruktion

Der führerstandslose Triebwagen ET 87 wurde mit einem zweiachsigen Triebgestell ausgestattet. Hinzu kam ein Reihenschluß-Doppelmotor und der für deutsche Elektrotriebwagen einmalige Stangenantrieb mit Vorgelegewelle und Schlitzkuppelstangen. Unter dem Fußboden des Fahrzeuges befand sich der Transformator. Die Fahrmotoren wurden durch eine zehnstufige elektromagnetische Niederspannungs-Schützensteuerung bedient. Auf dem Dach befanden sich zwei Stromabnehmer der Bauart AEG. Die Laufachse war – wie die der ebenfalls dreiachsigen Steuerwagen – als Lenkachse ausgeführt. Die Steuerwagen verfügten über Drehgestelle der Bauart Schwanenhals. Sämtliche mit den Triebwagen kurzgekuppelten Steuerwagen entsprachen mit ihren Oberlichtaufbauten der Konstruktion der damaligen preußischen D-Zugwagen. Über den Führerständen waren die für den Nebenbahnbetrieb erforderlichen Druckluftläutewerke vorhanden.
In den a-Steuerwagen existierten neben einem Abteil und einem Großraum der 2. Wagenklasse drei Abteile der 1. Klasse, in den b-Steuerwagen zwei Traglastenabteile, ehemals 4. Klasse, und ein Abteil sowie ein Großraum der 2. Klasse. Die Triebwagen hatten je einen bei Bedarf auch für Fahrgäste nutzbaren Gepäck- und Postraum erhalten.

Betriebseinsatz

Auf der vom 1. Juni 1914 an elektrisch befahrenen Strecke Nieder Salzbrunn – Halbstadt gelangten die beim Bw Nieder Salzbrunn beheimateten ET 501 – ET 506 zum Einsatz. Ab 1922 verkehrten die Triebwagen zwischen Ruhbank, Hirschberg und Liebau. Dort bewährten sie sich wesentlich besser, da hier geringere Steigungen vorhanden waren. 1945 wurden die Fahrzeuge wegen der zunehmenden Kriegshandlungen in Richtung Westen abgefahren, drei Züge kamen so in den Bereich der DB. Von 1947 bis 1950 waren die ET/ES 87 vom Bw München Hbf aus im Vorortverkehr eingesetzt, bis sie im März 1950 zum Bw Nürnberg Hbf gelangten. Hier konnten sie auf Grund ihrer geringen Höchstgeschwindigkeit nur zwischen den Nürnberger Bahnhöfen und vor allem auf der Strecke von Feucht nach Altdorf genutzt werden. 1956 wurde der ET 87 04, 1957 der ET 87 05 und 1959 der ET 87 03 ausgemustert.

TECHNISCHE DATEN

Baureihe		ET 87
bis 1925		ET 501 –
ab 1925		elT 1001
ab 1940		ESa+ET+ESb 87
Indienststellung		1914
Hersteller		AEG/LHB
Ausmusterung		1956 – 1959
Achsfolge		2'1+B'1+1 2'
Länge über Puffer	mm	42 520
Dienstmasse	t	99,1
Stromsystem		15 kV/16 2/3 Hz
Antrieb		Stangen
Stundenleistung	kW	500
Geschwindigkeit b. Stundenl.	km/h	40
Höchstgeschw.	km/h	70
Anzahl der Sitzplätze		124

Die sechs Abteile des ET 88 waren sowohl vom Seitengang her als auch durch eine eigene Außentür erreichbar

Baureihe ET 88

Als Probetriebwagen für die ursprünglich mit 16 2/3 Hz/15 kV zu elektrifizierende Berliner Stadt- und Ringbahn, erhielt die preußische Staatsbahn die bereits 1913 bestellten, jedoch infolge des Krieges erst 1920 von LHW und SSW gelieferten ET 507 – ET 510 (ab 1930: „elT 1007 – el T 1010"). Als aber feststand, daß die Berliner Stadt- und Ringbahn mit Gleichstrom elektrifiziert werden würde, beheimatete man die vier Triebwagen im Bw Nieder Salzbrunn als Ersatz für die ET 87. Um die Triebwagen – deren Einsatz zunächst nur im Zugverband geplant war, weshalb sie nur einen Führerstand erhalten hatten – auch allein einsetzen zu können, erhielten sie im Jahre 1925 einen zweiten Führerstand.

Als Bei- und Steuerwagen verwendete man vorhandene drei- und vierachsige preußische Abteilwagen, die mit den ebenfalls als Abteilwagen gebauten Triebwagen ein geschlossenes Zugbild ergaben. 1940 bekamen die Fahrzeuge neue Betriebsnummern. Die Triebwagen wurden nunmehr als ET 88 01 – ET 88 04 bezeichnet. Bei den Steuerwagen ES 88 01 – ES 88 03 handete sich um vierachsige, 1912 von LHB hergestellte und für den Triebzugeinsatz umgebaute Abteilwagen. Der ES 88 11 war dreiachsig, er wurde 1914 bei Waggonfabrik Von der Zypen & Charlier hergestellt. Die elektrische Ausrüstung baute BBC. Als Beiwagen standen die dreiachsigen EB 88 01, EB 88 11 und EB 88 12 sowie die vierachsigen EB 88 21 – EB 88 23 zur Verfügung. Sie wurden von verschiedenen Herstellern zwischen 1900 und 1912 erbaut.

Mit dem Einsetzen der Kriegshandlungen in Schlesien wurden die Fahrzeuge nach Westen umgesetzt, der ET 88 03 mußte wegen Kriegszerstörung ausgemustert werden.

Konstruktion

Vom Äußeren her entsprachen die Triebwagen den Abteilwagen mit Oberlichtaufbau preußischer Bauart. Je eine Achse der beiden zweiachsigen Drehgestelle wurde von einem Tatzlagermotor angetrieben. Vorhanden waren eine elektromagnetische Niederspannungs-Schützensteuerung und zwei Transformatoren unterhalb des Wagenbodens. Auf dem Wagendach befanden sich zwei Stromabnehmer der Bauart SBS 9.

Die Gestaltung des Aufbaues entsprach den damaligen Erfordernissen des Nahverkehrs. Im Triebwagen waren sechs Großräume der 3. Klasse mit Holzbänken vorhanden, die von einem Seitengang und je Abteil und Längsseite durch eine Tür erreichbar waren. Hinter dem ursprünglich einzigen Führerstand, der durch Abschließen des Führertisches während der Fahrt am Zugschluß auch als Fahrgastraum diente, existierte ein Gepäck- oder Traglastenabteil mit Doppeltüren. Wie erwähnt, erhielten die Triebwagen 1925 einen zweiten Führerstand.

Die vierachsigen Steuerwagen ES 88 01 – ES 88 03 entsprachen bis auf ihre etwas größere Länge den Triebwagen; sie verfügten über die 2. und 3. Wagenklasse und über einen Führerstand. Den dreiachsigen Steuerwagen ES 88 11 stattete man mit einem zweiachsigen Drehgestell am Führerstandsende sowie einer Lenkachse am anderen Wagenende aus. Das Fahrzeug war der 3. Klasse vorbehalten. Von den dreiachsigen Beiwagen mit Lenkachsen verfügte der EB 88 01 ausschließlich über Plätze der 2. Klasse. Die Beiwagen EB 88 11 und EB 88 12 sowie die vierachsigen Drehgestellwagen EB 88 21 – EB 88 23 hatten Sitzgelegenheiten für die 3. Klasse.

Betriebseinsatz

Nach Probefahrten im Berliner und schlesischen Raum wurden die ET 88 ab 1922 im Bw Nieder Salzbrunn, ab 1927 Einsatzstelle des Bw Waldenburg-Dittersbach, beheimatet und verkehrten auf der Gebirgsstrecke nach Halbstadt, wo sie die ET 87 ablösten. Nach 1945 gehörten die Triebwagen ET 88 01, ET 88 02 und ET 88 04 zum Bestand des Bw Regensburg, von wo aus sie hauptsächlich Nahverkehrsleistungen nach Neufahrn (Niederbayern) übernahmen. Da die Fahrzeuge nicht mehr den Komfortansprüchen genügten, wurden sie Ende der fünfziger Jahre abgestellt. Der ET 88 04 war mit dem ES 88 01 noch kurzzeitig im Personalverkehr zwischen dem Mannheimer Hbf und dem Rangierbahnhof im Einsatz. Im Jahre 1959 wurden die letzten Fahrzeuge ausgemustert.

TECHNISCHE DATEN

Baureihe		ET 88
bis 1925		ET 507 –
ab 1925		elT 1007 –
ab 1940		ETa+ETb 88
Indienststellung		1920
Hersteller		SSW/LHW
Ausmusterung		1959
Achsfolge		(A1)'(1A)'
Länge über Puffer	mm	17 060
Dienstmasse	t	61,5
Stromsystem		5 kV/16 2/3 Hz
Antrieb		Tatzlager
Stundenleistung	kW	468
Geschwindigkeit b. Stundenl.	km/h	38
Höchstgeschwindigkeit	km/h 65	
Anzahl der Sitzplätze		68

REDAKTION: AXEL ENDERLEIN; FOTOS: PILLMANN, BELLINGRODT/SLG. DEUTSCHES MUSEUM

Die Plattformen an den Wagenenden verliehen dem ET 89 ein merkwürdiges Aussehen

Baureihe ET 89

Für die steigungsreiche Gebirgsstrecke von Hirschberg nach Polaun im Riesengebirge erhielt die DRG 1926 elf infolge offener Plattformen vor den Führerständen ungewöhnlich aussehende Triebwagen „elT 1011 – elT 1021". Der wagenbauliche Teil der ersten fünf Triebwagen stammte von LHB, der der restlichen Fahrzeuge von der WUMAG, die elektrische Ausrüstung aller Wagen von SSW. 1940 wurden die Triebwagen in ET 89 01 – ET 89 11 umgezeichnet. Acht Triebwagen gingen während des Zweiten Weltkrieges verloren, die ET 89 01, ET 89 04 und ET 89 07 kamen zur DB.
Gleichzeitig mit den Triebwagen erhielt die DRG drei Beiwagen 2. Klasse, zwei Beiwagen 2. und 3. Klasse und fünf Beiwagen 3. Klasse. Dabei handelte es sich um normale zweiachsige Personenwagen, die zusammen mit fünf Wagen 3. Klasse von 1923 mit den ET 89 verkehrten. In der genannten Reihenfolge erhielten sie 1940 die Betriebsnummern EB 89 01 – EB 89 03, EB 89 11, EB 89 12, EB 89 21 – EB 89 25 und EB 89 31 – EB 89 35. Im Jahre 1929 kamen fünf, ab 1940 als EB 99 01 – EB 99 05 bezeichnete zweiachsige Gepäckwagen hinzu. Acht vierachsige Steuerwagen mit den Betriebsnummern ES 89 01 – ES 89 08 vervollständigten ab 1934 die Züge, die aus bis zu zwölf Bei- und Steuerwagen, befördert von drei Triebwagen, bestanden. Die nach dem Zweiten Weltkrieg noch vorhandenen Beiwagen wurden in Personenwagen umgebaut.

Konstruktion

Fahrgestellrahmen und Aufbau waren genietete Stahlkonstruktionen. Die jeweils innenliegende Achse der beiden zweiachsigen Drehgestelle wurde mit einem Tatzlager-Wechselstrommotor angetrieben. Dieser war mit einer Niederspannungs-Schützensteuerung nebst Vielfachsteuerung verbunden. Der Transformator und der Hauptschalter befanden sich in einem abgetrennten Raum in der Mitte des Wagenkastens, die übrigen elektrischen Ausrüstungen außerhalb dieses Bereiches. Auf dem Tonnendach des Triebwagens wurden zwei Scherenstromabnehmer der Bauart SBS 9 montiert.
Die Führerstände waren über die offenen Aussichtsplattformen erreichbar. Die dadurch gegenüber den Fahrgestellrahmen verkürzten Wagenkästen hatten zwei Großräume der 3. Klasse und ein Abteil der 2. Klasse erhalten. Das ursprünglich vorhandene Traglastenabteil wurde 1933 umgebaut.
Die Beiwagen EB 89 waren auf Fahrgestellen bayerischer Lokalbahnbauart aufgebaute Personenwagen, die weitgehend der Einheitsbauart für Nebenbahnen entsprachen. Die Fahrgestelle der Gepäckwagen EB 99 stammten von Gefangenentransportwagen. Über dem Zugführerabteil befand sich eine Dachkanzel. Alle Fahrzeuge wurden mit einer Steuerleitung ausgestattet. Die Stromversorgung für die elektrische Beleuchtung und Heizung übernahmen die Triebwagen.
Die im Jahre 1934 gelieferten Steuerwagen ES 89 erhielten im Gegensatz zu den Triebwagen geschlossene Plattformen und abgerundete Übergänge. Sie entsprachen somit weitgehend den ES 51 11 – ES 51 14 desselben Baujahres, also denr Eiltriebwagen. Das traf auch für die eingezogenen Einstiegstüren und den Führerstand zu, hinter dem sich im Gegensatz zum ES 51 jedoch das Gepäckabteil befand. Die Wagen waren mit zwei Abteilen der 2. Klasse und einem Großraum der 3. Klasse ausgestattet.

Als Dienstfahrzeug war der ET 89 04 noch bis 1959 unterwegs

Betriebseinsatz

Von ihrem Heimat-Bw Hirschberg Schlesischer Bf aus bedienten die von 1926 bis 1945 hier stationierten und als „Rübezahl" weithin bekanntgewordenen ET 89 die vorwiegend von Wanderern benutzte Riesengebirgsstrecke nach Polaun mit Steigungen von bis zu 2,5 %. Ab 1931 kamen die Züge auch auf der neu elektrifizierten Strecke nach Landeshut zum Einsatz.
Die ET 89 01, ET 89 04 und ET 89 07, die als einzige nach dem Zweiten Weltkrieg noch vorhanden waren, kamen vom Bw München Hbf aus im Vorortverkehr und vor allem im Dienstpersonenverkehr zwischen München-Allach und dem Ausbesserungswerk Freimann zum Einsatz. Während die ET 89 01 und ET 89 07 schon bald abgestellt wurden, nutze man den ET 89 04 noch bis 1959 als Dienstfahrzeug.

TECHNISCHE DATEN

Baureihe		ET 89
ab 1925		elT 1011ff
ab 1940		ET 89
Indienststellung		1926
Hersteller		SSW/LHW/Wumag
Ausmusterung		1959
Achsfolge		(1A)'(A1)'
Länge über Puffer	mm	21 900
Dienstmasse	t	70
Stromsystem		15 kV/16 2/3 Hz
Antrieb		Tatzlager
Stundenleistung	kW	468
Geschwindigkeit b. Stundenl.	km/h	38
Höchstgeschwindigkeit	km/h	65
Anzahl der Sitzplätze		52

Obwohl nur für eine kurze Lebensdauer gebaut, standen die Triebwagen der Baureihe ET 99 nach ihrer Modernisierung fast fünfzig Jahre in Betrieb

Baureihe ET 99/174

Im Jahre 1907 wurde die als S-Bahn-Vorläufer einzustufende „Hamburg-Altonaer Stadt- und Vorortbahn" für den Oberleitungsbetrieb mit 25 Hz/6 300 V elektrifiziert. Diese Bahnanlage diente auch zur Erprobung verschiedener Stromsysteme, die die preußische Staatsbahn vor allem für die Stadtbahnen in Berlin und Hamburg in Erwägung zog. Aus mehreren Lieferungen wurden zwischen 1907 bis 1912 insgesamt 140 zweiteilige Triebzüge mit Holzaufbauten, Achsfolge Bo'1+1 2', in Dienst gestellt. 44 dieser nur für eine kurze Lebensdauer vorgesehenen Züge wurden jedoch 1925 modernisiert und als ET 1501 bis ET 1588 bezeichnet, die restlichen Fahrzeuge in Personenwagen umgebaut. Nun bestand aber weiterer Bedarf an Triebwagen, insbesondere nach Eröffnung der „Alstertalbahn" von Ohlsdorf nach Poppenbüttel im Jahre 1924. Noch im gleichen Jahr lieferten daher die Waggonfabrik Wismar, Wumag sowie BBC und WASSEG die 35 Triebzüge „elT 1589 – elT1623a/b", nunmehr komplett in Stahlbauweise. Eine folgende, im wesentlichen unveränderte Serie von 17 Zügen konnte 1927 als „elT 1624 – elT 1640a/b" geliefert werden. Im Jahre 1932 folgten noch die „elT 1641 – elT 1645a/b". Die zweiteiligen Züge bestanden aus einem Trieb- und einem Steuerwagen, die sich auf ein gemeinsames Jakobs-Drehgestell stützten. Die Achsfolge eines solchen Gelenkzuges lautete nunmehr Bo'2'2' der als Viertelzug bezeichnet wurde.
Die Triebwagen der Baujahre 1924 – 1932 wurden 1940 als Baureihe ET 99 bezeichnet. Hiervon gelangten nach 1945 noch 52 Züge als ET 99 01 – ET 99 52a/b zur DB. Mit der Einführung der Gleichstrom-S-Bahn ab 1940 kam den Wechselstromtriebwagen mehr und mehr die Rolle von Verstärkungszügen zu, bis im Jahre 1955 der Wechselstrombetrieb gänzlich eingestellt wurde. Zwei Züge baute man in die Gepäcktriebwagen ET 174 001 und ET 174 002a/b für den Gleichstrombetrieb um, sie wurden im März 1967 ausgemustert. Aus einem weiteren Triebzug entstand ein Wendezugsteuerwagen, der bis 1962 in Betrieb blieb.

Konstruktion

Trieb- und Steuerwagen bildeten durch das gemeinsame Jakobs-Drehgestell eine im Betrieb untrennbare Einheit. Sowohl der Fahrgestellrahmen als auch die nach dem Vorbild der Abteilwagen entstandenen Aufbauten waren genietete Stahlkonstruktionen. Beide Achsen des vorderen Triebwagen-Drehgestells wurden durch je einen Tatzlager-Wechselstrommotor angetrieben. Mit den Fahrmotoren verbunden war eine elektromagnetische Niederspannungs-Schützensteuerung mit Vielfachsteuerung. Alle elektrischen Aggregate und Hilfsbetriebe befanden sich außerhalb des Wagenkastens größtenteils unter dem Fußboden. Auf dem Tonnendach installierte man zwei Scherenstromabnehmer, an den Stirnseiten selbsttätige Scharfenberg-Mittelpufferkupplungen.
Die Triebwagen verfügten neben dem Großraum 3. Klasse über ein Gepäckabteil, im Steuerwagen war das 2. Klasse-Abteil untergebracht. Die Einrichtung wurde so gestaltet, daß möglichst viele Stehplätze zur Verfügung standen.
Die 1954 im Bw Hamburg-Ohlsdorf mit Teilen ausgemusterter ET 171 in Gleichstromtriebwagen für Stromschienenbetrieb mit 1200 V umgebauten Gepäcktriebwagen ET 174 erhielten in den Seitenwänden große Doppelschiebetüren, die restlichen Türen wurden verschlossen und die Inneneinrichtung ausgebaut.

Betriebseinsatz

Die Triebzüge der Baureihe ET 99 waren stets im Bw Hamburg-Ohlsdorf beheimatet. Von hier aus verkehrten sie auf den mit Wechselstrom betriebenen Strecken zwischen Hamburg Hbf und Altona und auf der „Alstertal-Bahn" nach Ohlsdorf und Poppenbüttel. Mit der endgültigen Umstellung der Hamburger S-Bahn auf Gleichstrombetrieb im Jahre 1955 wurden die letzten Fahrzeuge ausgemustert. Die zwei Gepäckzüge der Baureihe ET 174 kamen vom Bw Hamburg-Ohlsdorf aus auf dem ständig erweiterten Gleichstromnetz zum Einsatz.

TECHNISCHE DATEN

Baureihe		ET 99	ET 174
ab 1925		elT 1589 – elT 1645a/b	elT 1643, elT 1642
ab 1940		ET 99a/b	ET 99a/b
Umbau		-	1954
Baureihe nach Umbau		-	ET 174 001 ET 174 002a/b
Indienststellung		1924 - 1932	(1931)
Hersteller		AEG, SSW, LHW	BBC,Wismar, DB
Ausmusterung		1955	1967
Achsfolge		Bo'2'2'	Bo'2'2'
Länge über Puffer	mm	29 940	30 000
Dienstmasse	t	66,3	
Stromsystem		6 kV/25 Hz	= 1 200 V
Antrieb		Tatzlager	Tatzlager
Stundenleistung	kW	300	290
Geschwindigkeit b. Stundenl.	km/h	42	27
Höchstgeschwindigkeit	km/h	60	60
Anzahl der Sitzplätze		105	-

REDAKTION: AXEL ENDERLEIN; FOTOS: BELLINGRODT/SLG. PILLMANN, ARCHIV, DEUTSCHES MUSEUM MÜNCHEN

Der erhalten gebliebene 278 105 (ex ET 168 029) als Rangierfahrzeug mit zusätzlichen Puffern

Baureihe ET 168

Die Erfahrungen mit den ersten Triebzügen der späteren Baureihe ET 169 für die Berliner S-Bahn bildeten die Grundlage für die Beschaffung weiterer Triebzüge, die durch den Ausbau des S-Bahn-Netzes nach Oranienburg dringend erforderlich geworden waren. Da die Laufeigenschaften insbesondere der zweiachsigen Wagen nicht befriedigten und zudem in verkehrsschwachen Zeiten kürzere Triebzüge zur Verfügung stehen sollten, wurde ein sogenannter Viertelzug konzipiert. Er bestand aus einem Trieb- und einem Steuerwagen (letzterer mit Rangierführerstand). Die Wagen entwickelte die Waggonbaufabrik in Görlitz. Am Bau der 50 Trieb- und Steuerwagen wurden neben Görlitz alle der Deutschen Wagenbau-Vereinigung angehörenden Firmen beteiligt. Die elektrischen Ausrüstungen lieferten AEG, SSW und BBC. Den Einbau der E-Technik übernahm das RAW Berlin-Tempelhof. Die als Bauart „1925" oder auch „Oranienburg" bezeichneten 50 Viertelzüge – die kleinste Betriebseinheit bildeten zwei Viertelzüge als sogenannter Halbzug – konnten im Verlaufe des Jahres 1926 in Betrieb genommen werden. Die Grundgedanken dieser Konstruktion erwiesen sich für den Bau weiterer S-Bahn-Züge bis zum heutigen Tage als richtungsweisend. Sämtliche Fahrzeuge bewährten sich gut. 1936 entfiel bei 30 Steuerwagen die 2. Wagenklasse zugunsten der 3. Wagenklasse. Gleichzeitig wurden die ursprünglichen Rangierführerstände ausgebaut. Nach dem Ende des Zweiten Weltkrieges waren noch 19 Viertelzüge im Einsatz. Im Januar 1963 wurden die letzten Züge aus dem regulären Verkehr entfernt.

Konstruktion

Bei den Drehgestellen handelte es um eine genietete Kastenkonstruktion, an deren äußeren Seiten die Stromabnehmer befestigt waren. Die gesamte elektrische Ausrüstung befand sich außerhalb des Wagenkastens. Gesteuert wurden die Triebzüge durch ein Nockenschaltwerk mit 15 Anfahr- und Dauerfahrstufen. Hinzu kamen vierpolige Gleichstromreihenschlußmotoren des Typs GBM 750 mit Wendepolwicklung und Eigenbelüftung. Sämtliche Fahrzeuge stattete man mit einlösigen Klotzbremsen und Spindelhandbremsen aus. Die Fahrsperren wurden nachträglich eingebaut.

Auf dem aus Profilträgern genieteten Untergestell befand sich der ebenfalls in Stahlbauweise entstandene Wagenkasten. Trieb- und Steuerwagen erhielten Scharfenberg-Kupplungen. Die Triebwagen verfügten hinter dem Führerstand über einen Traglastenraum, dem sich ein Großraum 2. Klasse anschloß. 20 Steuerwagen waren ausschließlich der 2. Klasse vorbehalten, die restlichen 30 der 2. und 3. Wagenklasse. Vier Doppelschiebetüren pro Längsseite ermöglichten einen schnellen Fahrgastfluß.

Betriebseinsatz

Zunächst waren die Triebzüge der Baureihe 168 im S-Bahnbetriebswerk Berlin Stettiner Bahnhof beheimatet und befuhren die Nordstrecken. Nach Fertigstellung des Nord-Süd-S-Bahn-Tunnels gelangte die Baureihe ET 168 nach Westend. Zahlreiche Züge wurden während des Zweiten Weltkrieges zerstört. Anfang 1945 standen noch 36 Viertelzüge für den Personenverkehr zur Verfügung. Sie stationierte man fortan im S-Bw Papestraße. Bereits zu Beginn der fünfziger Jahre wurden ausgewählte Fahrzeuge zu Gepäck- und Materialzügen umgebaut. Schritt für Schritt paßte man die für den Personenverkehr weiter genutzten Wagen der Baureihe ET 165 (heute 475) an. Nach dem Mauerbau bestand kein weiterer Bedarf an diesen Zügen. Im Januar 1963 waren die letzten Fahrzeuge im Planverkehr entbehrlich.
Während 19 Viertelzüge von Ende 1962 bis 1964 zu U-Bahn-Zügen des Typs E III für die Ost-Berliner Strecke Alexanderplatz – Friedrichsfelde umgebaut wurden und dort bis 1993 verkehrten, blieben der ET 168 043, später 278 017, und der von der DR als Museumswagen eingestufte ET 168 029 (278 105) erhalten. Der ET 168 043 wurde als Rangierfahrzeug im Raw Berlin-Schöneweide genutzt. Ebenfalls noch vorhanden ist der ET 168 030, der zuletzt als Lagerraum diente. Der Verein „Historische S-Bahn" ist um den Erhalt dieser Fahrzeuge bemüht.

TECHNISCHE DATEN

Baureihe		ET/ES(B) 168
ab 1925		3057 –3106 (ET), 5001 – 5020 (ES/B)
ab 1940		ET/EB 168
ab 1970 (DR)		278
Indienststellung		1926
Hersteller		Deutsche Wagenbau-Vereinigung, AEG, BBC, SSW
Ausmusterung		1963
Achsfolge		Bo´Bo´+2´2´
Länge über Puffer	mm	35 960
Dienstmasse	t	78,2
Stromsystem		= 750 V
Antrieb		Tatzlager
Stundenleistung	kW	460
Geschwindigkeit b. Stundenl.	km/h	38
Höchstgeschwindigkeit	km/h	80
Anzahl der Sitzplätze		112

Der Triebwagen 3039 (später ET 169 009) in seiner Ursprungsausführung mit verjüngtem Kopf

Baureihe ET 169

Zu Beginn der zwanziger Jahre stand endgültig fest, daß die Berliner Stadt-, Ring- und Vorortbahnen mit Gleichstrom elektrifiziert werden. Für die erforderlichen Versuchsfahrten gab die Reichsbahn den Bau von Trieb- und Beiwagen bei den Waggonfabriken Görlitz, Uerdingen, v. d. Zypern, Köln-Deutz und Linke-Hofmann in Auftrag. Die 22 Trieb- und 66 Beiwagen umfassende Lieferung begann 1922. Ein Zug bestand aus zwei Trieb- und drei Beiwagen. Nachdem 1923 und 1924 von SSW und BMS die elektrischen Ausrüstungen geliefert worden waren, wurden insgesamt fünf Versuchszüge mit den internen Bezeichnungen A – E zusammengestellt. Die ersten Versuchsfahrten fanden auf der elektrifizierten Vorortstrecke nach Bernau statt. Noch 1924 folgten 17 aus 34 Trieb- und 51 Beiwagen bestehende Serienzüge mit der Achsfolge Bo´2´+2´+2´+2´+2´Bo´ von den genannten Herstellern. Die Fahrzeuge erhielten zunächst die Betriebsnummern 3023 – 3056 (ET), ab 1940 ET 169 001a – ET 169 017a, EB 169 001a – EB 169 017a, EB 169 001b – EB 169 017b, EB 169 001c – EB 169 017c und ET 169 001b – EB 169 017b.

Die Versuchszüge wurden bis 1934 restlos ausgemustert. Ab 1943 begann durch kriegsbedingte Zerstörungen die Ausmusterung einiger Serienfahrzeuge, die infolge ihres schwerfälligen Laufes und der umständlichen Bedienung mit Kurbelfahrschalter nicht sonderlich beliebt waren. Erst von 1951 an kamen einige Zugeinheiten wieder zum Einsatz. 15 Triebzüge wurden ab 1956 modernisiert. Dazu gehörten der Umbau der Triebwagen auf die Achsformel Bo´Bo´, das Angleichen der Kopfform an die Baureihe 165 (heute 475), der Einbau der Knorr-Bremse und einer verbesserten Inneneinrichtung. Die letzten Züge waren für den regulären Fahrgastverkehr Anfang 1962 entbehrlich.

Der 1956 modernisierte ET/EB 169 017 wurde 1965 zum Gerätezug umgebaut und stand bis 1994 im Dienst

Konstruktion

Bei den Drehgestellen handelte es sich um eine genietete Kastenkonstruktion. Die elektrische Ausrüstung befand sich außerhalb des Wagenkastens. Sie bestand aus vierpoligen eigenbelüfteten Gleichstromreihenschlußmotoren der Bauart GBM 1260 mit Tatzlagerantrieb, einem Nockenschaltwerk mit 15 Anfahr- und zwei Dauerfahrstufen, Vielfachsteuerung sowie elektro-pneumatische Schützen. Die Untergestelle wurden aus Profilstahl genietet. Die Triebwagenkästen waren an den Führerstandenden fischbauartig abgeschrägt. Das ursprünglich aus Holz bestehende Wagendach wurde bei der Modernisierung durch Stahl ersetzt. Im Rahmen dieser Arbeiten wurden die Drehgestelle und die elektrische Ausrüstung den Triebzügen der Baureihe ET 165 angepaßt. Die Abteile 1. und 2. Klasse in Form von Großräumen hatten die Sitzplatzanordnung 2+2 erhalten. Zwischen Trieb- und Beiwagen gelangten Mittelpufferkupplungen der Bauart Willison, später Scharfenberg, zum Einbau. Die Beiwagen waren uneinander durch ungefederte Bolzenkupplungen verbunden.

Betriebseinsatz

Bis zum Bau des Nord-Süd-S-Bahntunnels durch die Berliner Innenstadt konzentrierte sich der Einsatz dieser Triebzüge vom S-Bw Berlin Stettiner Bahnhof aus auf die Strecken nach Bernau, Oranienburg und Velten (Mark). Auf Grund des zu großen Lichtraumprofils durften die Fahrzeuge den Tunnel nicht befahren und wurden Ende der dreißiger Jahre in den S-Bahnbetriebswerken der Ringbahn beheimatet. Ab 1951 waren die Triebzüge vorzugsweise auf den Strecken Jungfernheide – Gartenfeld, Zehlendorf – Düppel (1948 eröffnet) und Warschauer Straße – Blankenburg (ab 1951 befahrbar) in Betrieb. Die modernisierte Baureihe ET 169 wurde auf fast allen Strecken mit Ausnahme der Nord-Süd-S-Bahnverbindung eingesetzt. Nach dem Bau der „Mauer" am 13. August 1961 war der Fahrzeugbedarf für den Berliner S-Bahn-Verkehr merklich gesunken. Bis Anfang 1962 wurden diese Triebzüge in Velten (Mark) abgestellt.

1965 entstand im Raw Berlin-Schöneweide im wesentlichen aus den ET/EB 169 017 ein Gerätezug für das S-Bw Friedrichsfelde. Der zuletzt als 478/878 006 – 007 bezeichnete Zug konnte 1994 ausgemustert werden. Die restlichen Triebwagen wurden ab 1966 zu U-Bahnfahrzeugen für die Großprofillinie Alexanderplatz – Friedrichsfelde umgebaut und waren zum Teil noch bis 1993 im Einsatz.

Die DR hatte den EB 169 015a zeitweilig als Museumsfahrzeug vorgesehen. Inzwischen bemüht sich der Verein „Historische S-Bahn" um den Aufbau eines kompletten Zuges, wofür Restfahrzeuge gesammelt werden und möglicherweise der genannte Gerätezug zur Verfügung steht.

TECHNISCHE DATEN

Baureihe		2051 ff.	ET 169	ET 169
ab 1925		2051 ff.	3023 – 3056	–
ab 1940		–	ET 169	–
ab 1970 (DR)		–	–	278
Indienststellung		1923	1924	1956 (Mod.)
Hersteller		Uerd./ v.d. Zypern/LHW/Görlitz/SSW/BMS		
Ausmusterung		1934	ab 1943	1961/62
Achsfolge		Bo´2´	Bo´2´	Bo´Bo´
Länge über Puffer	mm	71 600	71 600	71 600
Dienstmasse	t	141	140,9	130,4
Stromsystem		= 750 V	= 750 V	= 750 V
Antrieb		Tatzlager	Tatzlager	Tatzlager
Stundenleistung	kW	680	832	880
Geschwindigkeit b. Stundenl.	km/h	38	38	46
Höchstgeschwindigkeit	km/h	70	70	80
Anzahl der Sitzplätze		240	240	240

REDAKTION: WOLF-DIETGER MACHEL; FOTOS: SLG. PILLMANN, SCHULZ (2)

Der Berliner S-Bahn-Zug ET 170 mit Jakobsdrehgestellen blieb ein Einzelgänger. Der erste Halbzug wurde 1969, der zweite 1972 ausgemustert

Baureihe ET 170 (DR 278.2)

Bei der Berliner S-Bahn trat Mitte der fünfziger Jahre ein empfindlicher Fahrzeugmangel ein, da zahlreiche Vorortstrecken elektrifiziert worden waren. 1955 erhielt der VEB LEW Hennigsdorf (heute AEG) den Auftrag, einen neuen S-Bahn-Zug zu konstruieren. Dabei sollten die bewährte Zugaufteilung beibehalten und bei der elektrischen Ausrüstung auf vorhandene Reserveteile der Baureihe ET 165 (heute Baureihe 475) zurückgegriffen werden. Neu gegenüber dem ET 165 waren u.a. die Jakobsdrehgestelle und die Fahrmotoren mit höherer Anfahrbeschleunigung. Ein Halbzug bestand aus zwei Doppeltriebwagen mit je einem gemeinsamen Jakobsdrehgestell (ETa und ETb), die man durch eine Kurzkupplung verband.
Im Jahre 1958 wurden im VEB Waggonbau Ammendorf zwei aus je vier Wagen bestehende Halbzüge hergestellt, wobei der elektrische Teil in Hennigsdorf gefertigt wurde und nur die Endwagen Führerstände erhalten hatten. Die als Baureihe 170 (Betriebsnummern ET 170 001a – ET 170 004b) bezeichneten Fahrzeuge wurden erstmals auf der Leipziger Frühjahrsmesse 1959 und im Oktober 1959 in Berlin Unter den Linden der Öffentlichkeit präsentiert. Für die umfangreichen Probe- und Testfahrten beheimatete man die Züge in der Triebwagenhalle Erkner. Gravierende technische Mängel, zu denen Spannungschwankungen, Belüftungsprobleme, die unausgereiften hydraulischen Stoßdämpfer, aber auch die vom Institut für angewandte Kunst der DDR entworfene und schwer zu reinigende Innenaustattung gehörten, ließen die beiden Musterzüge zu Einzelgängern werden.

Konstruktion

Die Triebgestell-Kastenkonstuktion war vollständig geschweißt worden. Für die Laufwerke wurden Schraubenfedern und hydraulische Stoßdämpfer verwendet.
Die elektrische Ausrüstung befand sich außerhalb des Wagenkastens. Die vierpoligen Gleichstromreihenmotoren des Typs GBM 150/800 mit Wendepol- und Kompensationswicklung und Tatzlagerantrieb wurden über ein Nockenschaltwerk mit 13 Anfahr- und zwei Dauerfahrstufen gesteuert. Die einlösige Klotzbremsen konnten durch entsprechende Elektrotechnik mehrlösig gesteuert werden. Der Wagenkasten entstand in geschweißter Leichtbauweise. Untergestell und Wagenkasten bildeten eine gemeinsame Konstruktion. Die Seitenwände waren aus abgekanteten Blechprofilen und Wagenblechen hergestellt worden. An den führerstandslosen Stirnenden existierten durch Faltenbalg und Gummibänder geschützte Übergänge. Während die Führerstandsenden selbsttätige Scharfenberg-Kupplungen erhielten, waren ansonsten Hülsenkurzkupplungen vorhanden.
Je Wagenkastenseite dienten vier bzw. drei Doppelschiebtüren mit pneumatischen Türschließeinrichung dem Fahrgastwechsel. In den ETa berücksichtigte man hinter den Führerständen Traglastenräume, ansonsten Großraumabteile der 2. Klasse mit der Sitzplatzaufteilung 2+2. Anfänglich waren die Triebzüge elfenbein-blau lackiert. 1967 erhielt der Halbzug ET 170 003/ET 170 004 die bei der Berliner S-Bahn übliche ockerrotfarbene Farbgebung.

Betriebseinsatz

Zunächst wurden beide Triebzüge gründlich erprobt. Dabei erwies auch die von der Baureihe ET 165 (heute Baureihe 475) übernommene Fahrsteuerung im Verhältnis zur Motorleistung als zu grobstufig. In den folgenden Jahren kamen die Züge gelegentlich auf der Strecke Erkner – Berlin Friedrichstraße zum Einsatz.
Am 3. November 1969 wurden die ET 170 001a – ET 170 002b ausgemustert. Die ET 170 003a – ET 170 004b erhielten 1970 noch die Betriebsnummern 278 201, 278 203, 278 205 und 278 207, verkehrten aber nur noch sehr selten. Am 1. Juni 1972 musterte sie die DR offiziell aus. Alle acht Wagen wurden verschrottet.

TECHNISCHE DATEN

Baureihe		ET 170
ab 1970 (DR)		278.2
Indienststellung		1959
Hersteller		Waggonbau Ammendorf, LEW Hennigsdorf
Ausmusterung		1969/1972
Achsfolge (Halbzug)		Bo´2´Bo´+Bo´2´Bo´
Länge über Kupplung	mm	74 680
Dienstmasse	t	140,8
Stromsystem		= 750 V
Antrieb		Tatzlager
Stundenleistung	kW	1 200
Geschw. b. Stundenl.	km/h	27,2
Höchstgeschwindigkeit	km/h	90
Anzahl der Sitzplätze		224

280 003 abgestellt auf dem Bahnhof Leipzig-Gaschwitz, 1989. Die Dacharmaturen waren einem Rahmen für Fahrleitungsmontagezwecke gewichen

Baureihe 280

Mit dem Entstehen von Satellitensiedlungen an den Rändern einiger DDR-Großstädte waren dort die Verkehrsbedürfnisse stark angestiegen. 1969 wurde die Leipziger S-Bahn eröffnet, und wenig später folgten Schnellbahnsysteme in Halle (Saale), Dresden, Magdeburg und Rostock. Um die dort eingesetzten Wendezüge durch Fahrzeuge mit besseren Beschleunigungswerten und nahverkehrsgerechter Raumaufteilung ersetzen zu können, beauftragte die Reichsbahn das Kombinat VEB LEW Hennigsdorf, entsprechende Triebzüge zu entwickeln.
Am 5. Oktober 1973 konnte der erste aus vier Fahrzeugen bestehende Zug an die DR übergeben werden. Er bestand aus dem vorderen Triebwagen (280 001), zwei getriebenen Mittelwagen (280 002 und 004) und dem hinteren Triebwagen (280 003). Der zweite Halbzug mit den Betriebsnummern 280 005 – 280 008 wurde 1974 gebaut und zunächst auf der Leipziger Frühjahrsmesse präsentiert. Er gelangte danach zum Bw Leipzig Hbf Süd. Im April 1975 begannen die Testfahrten auf der Leipziger S-Bahn-Linie B zwischen Leipzig Hbf und Wurzen. Im November 1976 folgte der Triebzug 280 001 – 280 004. Nun fanden Einsätze im Fahrgastverkehr statt. Im Herbst 1978 endeten sämtliche Probefahrten. Fahrzeugtechniker bescheinigten den Triebzügen nach der Beseitigung von Kinderkrankheiten die Serienreife. Bis 1985 wollte die DR insgesamt 113 deratige Triebzüge in Dienst stellen. Kapazitätsengpässe im Herstellerwerk ließen dieses Vorhaben scheitern.

Konstruktion

Bei den Drehgestellen handelte es sich um geschweißte und H-förmig ausgebildete Leichtbaukonstruktionen. Hinzu kamen Achslenker, Wälzachslager sowie Schraubenfedern und als Erprobungsträger auch Luftfedern. Zum Einbau gelangten vierpolige und fremdbelüftete Wellenstromreihenschlußmotoren des Typs WMFB 0407-148. Das vierstufige Niederspannungsschaltwerk und Gleichrichterschaltungen mit Siliziumdioden und -thyristoren waren Bestandteil der Steuerung. Zum Tatzlagerantrieb gehörte ein einseitig geradverzahntes Getriebe. Mehrlösige und elektrisch steuerbare Scheibenbremsen sowie Spindelhandbremsen garantierten ebenso wie die Sicherheitsfahrschaltung einen sicheren Betrieb.
Die Führerstände der Triebwagen hatten bedienungsfreundliche Armaturen erhalten. Die geschweißten Wagenkästen bestanden aus Abkantprofilen, wobei die innenliegenden Trittstufen der Einstiege besondere Rahmenkonstruktionen erforderten. Im ersten Triebwagen (a) schlossen sich hinter dem Führerstand ein Traglastenraum, ein Einstiegsraum, ein Großraum für 2. Klasse, ein Einstiegraum und ein weiterer Großraum an. Der zweite Triebwagen (b) wurde mit drei Großräumen und zwei Einstiegsräumen, allerdings ohne Führerstand, ausgerüstet. Zwischen den Wagen bestanden durch Gummiwülste gesicherte Übergänge. Die doppelflügligen Außentüren konnten pneumatisch geschlossen werden. Je zwei dieser Fahrzeuge bildeten die Zugeinheit (a+b+b+a). Sie war innerhalb des Zuges mit Hülsenkreuz-, ansonsten mit Scharfenberg-Kupplungen ausgestattet.

Betriebseinsatz

Nach den Probefahrten vermißten die Fahrgäste die mit beachtlichem Propagandaaufwand zuvor vorgestellten Fahrzeuge. Öffentliche Anfragen zum Verbleib und zur Zukunft dieser Triebzüge blieben nicht aus und führten 1979/1980 noch einmal zum Einsatz eines aus beiden Prototypen gebildeten Halbzuges zwischen Leipzig und Wurzen, der jedoch nach einem Motorschaden endgültig auf ein Abstellgleis gelangte. Um die Öffentlichkeit nicht an diese Fahrzeuge zu erinnern, wurden sie schließlich an unzugänglichen Stellen abgestellt. Zunächst sollten die 1980 und 1981 offiziell ausgemusterten Triebwagen zu Fahrleitungsmontagewagen umgebaut werden. Davon nahm die DR jedoch Abstand und nutzte einige Fahrzeuge fortan als Lagerraum unter anderem in Großkorbetha und Falkenberg (Elster).

TECHNISCHE DATEN

Baureihe		(ET) 280
ab 1970 (DR)		280 001 – 280 008
Indienststellung		1973/1974
Hersteller		LEW Hennigsdorf
Ausmusterung		1980/1981
Achsfolge		Bo'Bo'+Bo'Bo'+Bo'Bo'+Bo'Bo'
Länge über Kupplung	mm	97 000
Dienstmasse	t	192
Stromsystem		15 kV/16 2/3 Hz
Antrieb		Tatzlager
Stundenleistung	kW	3 040
Geschwindigkeit b. Stundenl.	km/h	77,5
Höchstgeschwindigkeit	km/h	120
Anzahl der Sitzplätze		332

REDAKTION: WOLF-DIETGER MACHEL; FOTO: SCHULZ

Die Aufnahme des ET 183 01 entstand kurz nach der Verstaatlichung der Lokalbahn AG München und der Übernahme durch die Deutsche Reichsbahn

Baureihen ET 183/ET 185

Für den ab 1900 mit 600 Volt Gleichstrom betriebenen, 9,3 km langen zweigleisigen Abschnitt München Isartalbahnhof – Höllriegelskreuth-Grünwald der normalspurigen Isartalbahn nach Bichl beschaffte die Lokalbahn AG München 1899 vier vierachsige Triebwagen. Sie wurden von MAN und BBC gebaut und erhielten die Nummern ET 501 – ET 504. Im selben Jahr kam mit geänderter Türanordnung und Antriebsübersetzung der ET 505 von MAN, BBC und SSW hinzu. Als Beiwagen zwischen zwei Triebwagen gelangten mit einer Steuerleitung ausgerüstete Personenwagen zum Einsatz. 1926 wurden die Triebwagen hauptsächlich im Bereich der Führerstände umgebaut. Nach Verstaatlichung der LAG im Jahre 1938 als ET 183 01 – ET 183 05 bezeichnet, kamen alle fünf Triebwagen nach 1945 zur DB. Der ET 183 01 wurde 1955 in den Beiwagen EB 183 01 umgebaut. Bis 1959 wurden ET 183 02 – ET 183 04 und der EB 183 01 ausgemustert, der ET 183 05 folgte 1962.
Im Jahre 1906 stellte die LAG für die Tettnanger Strecke einen weiteren normalspurigen vierachsigen, gegenüber den ET 183 kürzeren und langsameren, Elektrotriebwagen von MAN und SSW als ET 772 in Dienst. Er erhielt 1938 die Betriebsnummer ET 185 01 und war bis zur Einstellung des elektrischen Betriebs 1962 im Einsatz.

Der ET 183 05 blieb als Museumsstück erhalten

Konstruktion

Die ET 183 und ET 185 verfügten über je zwei zweiachsige Drehgestelle, deren jeweils innenliegende Achse durch einen Tatzlager-Gleichstrommotor angetrieben wurde. Die Fahrmotoren konnten über einen Fahrschalter mit neun (ET 185) bzw. zehn (ET 183) Fahrstufen gesteuert werden. Zur Stromzuführung aus der Fahrleitung dienten bei den ET 183 zwei, beim ET 185 ursprünglich ein, später auch zwei Scherenstromabnehmer.
In den ET 183 01 – ET 183 04 waren an den breiten Wagenenden je ein Großraum der 3. Klasse vorhanden. Im dazwischenliegenden schmaleren und an Abteilwagen erinnernden Wagenteil befanden sich neben dem Seitengang zwei Abteile 3. Klasse und ein Dienstabteil mit je einer Außentür. Der ET 183 05 hatte einen durchgehenden Wagenkasten mit einem Gepäckabteil mit je einer Doppelschiebetür pro Wagenseite erhalten. Wie auch beim ET 185 waren die Plattformen mit den Einstiegstüren und Führerständen bei allen ET 183 eingezogen. Im ET 185 existierten beiderseits des Gepäckabteils mit je einer Schiebetür ein bzw. zwei Großräume der 3. Klasse.

Betriebseinsatz

Von der Betriebswerkstätte Thalkirchen der LAG, ab 1938 als Bw München-Thalkirchen bezeichnet, aus verkehrten die ET 501 – ET 505 und ET 183 01 – ET 183 05 zunächst auf der Vorortstrecke zwischen München Isartalbahnhof nach Höllriegelskreuth-Grünwald. Der ET 505 wurde bereits in den zwanziger Jahren zur Betriebswerkstätte Tettnang der württembergischen Strecke Meckenbeuren – Tettnang umgesetzt. Ab 1949 wurden die verbliebenen ET 183 01 – ET 183 04 auf der Isartalbahn durch ET 182 (spätere ET 26) ersetzt und zum Bw Rosenheim für die Strecke Bad Aibling – Bad Feilnbach (ET 183 01 – ET 183 04) umbeheimatet. Die Rosenheimer Triebwagen konnten nach der Umstellung der Strecke auf Wechselstrom bis 1959 ausgemustert werden. Der inzwischen zum Bw Friedrichshafen gehörende ET 183 05 war schließlich 1962 nach der Einstellung des elektrischen Betriebes auf der Tettnanger Strecke entbehrlich. Er ist heute ein nichtbetriebsfähiges Museumsfahrzeug.
Der ET 772/ET 185 01 fuhr stets von der ab 1938 dem Bw Friedrichshafen unterstellten Betriebswerkstätte Tettnang aus auf der Strecke Meckenbeuren – Tettnang. Er wurde ebenfalls 1962 ausgemustert.

TECHNISCHE DATEN

Baureihe		ET 183	ET 185
bis 1925		LAG 501 – LAG 505	LAG 772
ab 1940		ET 183 01 – ET 183 05	ET 185 01
Indienststellung		1899	1906
Hersteller		BBC, SSW, MAN	SSW,MAN
Ausmusterung		1959 – 1962	1962
Achsfolge		(1A)'(A1)'	(1A)'(A1)'
Länge über Puffer	mm	17 630	14 750
Dienstmasse	t	28,8/29,7	24,7
Stromsystem		=, 750 V	=, 650 V
Antrieb		Tatzlager	Tatzlager
Stundenleistung	kW	96	90
Geschw. b. Stundenl.	km/h	34	31
Höchstgeschwindigkeit	km/h	50	40
Anzahl der Sitzplätze		82	44

Der Schleizer Gütertriebwagen ET 188 521 (ex GT 1) gehört heute dem Verkehrsmuseum Dresden

Baureihe ET 188

Im Zusammenhang mit dem Bau der Bleilochsperre im Saaletal und zur Erschließung des Kreises Schleiz entstand Ende der zwanziger Jahre nach langen Verhandlungen die 15 km lange und am 28. Juni 1930 eröffnete normalspurige Kleinbahn von Schleiz nach Saalburg an der Saale. Auf Grund der günstigen Stromversorgung aus nahegelegenen Kraftwerken wurde die Bahnanlage für eine Gleichspannung von 1 200 V. elektrifiziert. Die am 25. Oktober 1927 gegründete Schleizer Kleinbahn-AG beschaffte 1930 von LHB die zweiachsigen Elektrotriebwagen ET 1 und ET 2 sowie die ebenfalls zweiachsigen Gepäcktriebwagen GT 1 und GT 2. Hinzu kamen die Beiwagen 1 – 4. Nach Übernahme der Kleinbahn durch die DR im Jahre 1949 erhielten die Personentriebwagen die Betriebsnummern ET 188 511 und ET 188 512. Die Gütertriebwagen bezeichnete man als ET 188 521 und ET 188 522 sowie die Beiwagen als EB 188 511 – EB 188 514. Im Jahre 1969 wurden die Triebwagen ausgemustert.

Auf der 2,6 km langen Reibungsstrecke Lichtenhain – Cursdorf, die ursprünglich mit einer Gleichspannung von 500 V betrieben wurde, stellte die Oberweißbacher Bergbahn AG 1922 einen von der Gothaer Waggonfabrik und Bergmann gefertigten zweiachsigen Personentriebwagen in Dienst. Er bestritt mit einer zweiachsigen Dampflokomotive, der späteren 98 6009, den Gesamtverkehr auf dieser Strecke. Der Triebwagen erhielt 1949 mit der Übernahme durch die DR die Betriebsnummer ET 188 531. Nachdem eine Modernisierung im Jahre 1968 nicht mehr in Frage kam, wurde der Triebwagen ausgemustert. Wenige Teile konnten noch beim Aufbau des Triebwagens 279 201 verwendet werden.

Beschreibungen der heute noch vorhandenen ehemaligen ET 188, jetzt Reihe 479, der Oberweißbacher Bergbahn und der zur Zeit mit Dieseltriebwagen bedienten ehemaligen Buckower Kleinbahn sind im Fahrzeug-Katalog 1, Deutsche Reichsbahn, enthalten.

Konstruktion

Die Personentriebwagen ET 188 511 und ET 188 512 hatten Stahlaufbauten und je Achse einen Tatzlager-Wechselstrommotor erhalten. Letztere wurden über einen Fahrschalter gesteuert. Die elektrische Ausrüstung befand sich außerhalb des Wagenkastens. Anstelle der Regel-Zug- und Stoßeinrichtung existierte eine steife Stangenkupplung. Die Trieb- und Beiwagen verfügten über je einen Großraum der 2. Klasse. Die Gütertriebwagen ET 188 521 und ET 188 522 wurden mit auf kräftigen Profilrahmen befestigten Holzaufbauten ausgerüstet, die zur Erhöhung des Reibungsmasse mit Ballast versehen worden waren. Die elektrische Anlage stimmte mit der in den Personentriebwagen überein.

Zur Beförderung von Güterwagen dienten an beiden Triebwagen neben den Stangenkupplungen normale Regel-Zug- und Stoßeinrichtungen mit Seitenpuffern. Den etwas längeren ET 188 521 stattete man mit einem Gepäckraum und Sitzgelegenheiten für 16 Fahrgäste aus.

Der Triebwagen ET 188 531 der Oberweißbacher Bergbahn hatte einen stählernen Aufbau erhalten. Seine beiden Radsätze wurden durch je einen über einen Fahrschalter geregelten Tatzlager-Gleichstrommotor angetrieben. Das Fahrzeug war mit normalen Puffern und Kupplungen ausgerüstet. Der Scherenstromabnehmer wurde wegen der Bauart der Oberleitung außerhalb der Längsachse des Triebwagens montiert. Zum Einstieg in den Großraum 2. Klasse gehörten je Längsseite zwei Schiebetüren.

Betriebseinsatz

Die Triebwagen der Schleizer Kleinbahn AG waren in der bahneigenen Werkstätte Saalburg (Saale) beheimatet und verkehrten von 1932 bis 1939 auch auf der zur Stammstrecke gehörenden Stichbahn Gräfenwarth – Sperrmauer im Reiseverkehr. Nach der Übernahme durch die DR im Jahre 1949 wurde Saalburg (Saale) ein eigenständiges Bahnbetriebswerk. Am 31. Mai 1969 stellte die DR hier den elektrischen Betrieb ein. Seitdem verkehren diesellokgeführte Züge. Die Triebwagen wurden ausgemustert. Einige Fahrzeuge und Wagenkästen nutzte die DR für innerbetriebliche Zwecke weiter. Der EB 188 513 gelangte zur Oberweißbacher Bergbahn.

Der ET 188 521 gehört als Museumsfahrzeug zum Bestand des Verkehrsmuseums Dresden. 1994 konnte der bis dahin als Heizzungsprüfstand in Adorf (Vogtl) genutzte EB 188 514 ebenfalls für die Nachwelt sichergestellt werden. Das Fahrzeug ist in Dresden beheimatet und wird von Eisenbahnfreunden restauriert.

Der Triebwagen ET 188 531 war stets in Lichtenhain beheimatet und auf der Reibungsstrecke nach Cursdorf im Einsatz. Die Werkstatt in Lichtenhain wurde nach Übernahme durch die DR im Jahre 1949 eine Einsatzstelle des Bw Saalfeld.

TECHNISCHE DATEN

Fahrzeugbezeichnung					
ab 1925		ET 1, ET 2	GT 1	GT 2	
ab 1949		–	–	–	ET 188 531
ab 1950		ET 188 511/512	ET 188 521	ET 188 522	–
Indienststellung		1930	1930	1930	1923
Hersteller		LHB	LHB	LHB	Bergm., Gotha
Ausmusterung		1969	1969	1969	1968
Achsfolge		Bo	Bo	Bo	Bo
Länge über Puffer	mm	11 100	9 300	9 550	10 300
Dienstmasse	t	18	25	25	14,4
Stromsystem		=, 1 200 V	=, 1 200 V	=, 1 200 V	=, 500 V
Antrieb		Tatzlager	Tatzlager	Tatzlager	Tatzlager
Stundenleistung	kW	88	88	88	53
Geschwindigkeit b. Stundenl.	km/h	31	31	31	45
Höchstgeschwindigkeit	km/h	45	45	45	45
Anzahl der Sitzplätze		32	16	-	45

REDAKTION: AXEL ENDERLEIN; FOTOS: SLG. PILLMANN, SCHULZ, MEHNERT

Der 1904 von MAN, BBC und Kummer aus einem Personenwagen gebaute 186 12 kam ausschließlich zwischen Bad Aibling und Feilnbach zum Einsatz

Baureihen ET 184/186/194

Von der Hauptstrecke Friedrichshafen – Ulm zweigte im Bahnhof Meckenbeuren ab 1895 die von der Lokalbahn AG München betriebene 4,2 km lange Nebenbahn nach Tettnang ab. Hierbei handelte es sich um die erste elektrisch betriebene Normalspurbahn mit Personen- und Güterverkehr in Deutschland. Zum Einsatz gelangten zweiachsige Triebwagen. Das eine Fahrzeug lieferten 1895 MAN und SSW als ET 360, das andere MAN und Örlikon als ET 361. Nach der Übernahme durch die DRG bekamen beide Zweiachser die Nummern ET 184 41 und ET 184 42.

Ebenfalls zweiachsig waren zwei normalspurige Gepäcktriebwagen der LAG. Wahrscheinlich sind die beiden Triebwagen erst 1922 (ET 891) bzw. 1930 (ET 895) durch Umbauten bei MAB und SSW aus Güterwagen entstanden. Als ursprüngliche Baujahre werden 1892 und 1896 angegeben. 1938 erhielten beide Fahrzeuge die DRG-Nummern ET 194 11 und ET 194 21.

Im Jahre 1896 konnte die „Lokalbahn AG Wörishofen“ die 5,2 km lange Strecke nach Türkheim eröffnen, für die sie im selben Jahr zwei vierachsige Personentriebwagen erworben hatte. Nach der Übernahme durch die LAG wurden beide Fahrzeuge 1906 in dreiachsige Triebwagen umgebaut sowie als ET 761 und ET 762 bezeichnet. Beide Fahrzeuge bekamen 1938 die DRG-Nummern ET 186 01 und ET 186 02.

Für die Strecke Bad Aibling – Bad Feilnbach entstanden bei MAN, BBC und Kummer 1904 aus zwei Personenwagen von 1891 die dreiachsigen Triebwagen 181 und 182. Ab 1938 wurde sie mit den Betriebsnummern ET 186 11 und ET 186 12 gekennzeichnet. Alle Triebwagen kamen nach dem Zweiten Weltkrieg zur DB.

Zweiter Triebwagen zwischen Bad Aibling und Feilnbach war der 186 11

TECHNISCHE DATEN

Baureihe		ET 184	ET 186.0	ET 186.1
bis 1925		LAG 360,361	LAG 761,762	LAG 181,182
ab 1940		ET 184 41	ET 186 01	ET 186 11
		ET 184 42	ET 186 02	ET 186 12
Indienststellung/Umbau (U)		1895	U 1906	U 1904
Hersteller		Örl., SSW, MAN	BBC, SSW, MAN	BBC, Kum, MAN
Ausmusterung		1959	1959/1962	– 1955
Achsfolge		Bo	A1A	A1A
Länge über Puffer	mm	10 020	11 220	9 974
Dienstmasse	t	16,2/14,1	16,2	16,2
Stromsystem		= 650 V	= 550 V	= 600 V
Antrieb		Tatzlager	Tatzlager	Tatzlager
Stundenleistung	kW	90	82/52	44
Geschwindigkeit b. Stundenl.	km/h	31	40	40
Höchstgeschwindigkeit	km/h	40	40	40
Anzahl der Sitzplätze		30	38	40

Aus Güterwagen entstanden die beiden Gepäcktriebwagen 194 11 und 194 21 (oben), welche die LAG zwischen Meckenbeuren und Tettnang einsetzte

Konstruktion

Die Triebwagen der Baureihen ET 184, ET 186 und ET 194 verfügten über je zwei von je einem Tatzlager-Gleichstrommotor angetriebene Treibachsen; die ET 186 hatten zusätzlich eine Laufachse in der Wagenmitte erhalten. Gesteuert wurden die Fahrzeuge über je einen Fahrschalter. Auf der Mitte des Fahrzeugdaches befand sich ein Scherenstromabnehmer.
Die zweiachsigen Triebwagen besaßen einen Holzaufbau, der bei den Personentriebwagen ET 184 mit Blech verkleidet war. Die zwischen den beiden Fahrgasträumen gelegenen Gepäckabteile konnten bei den ET 184 und bei den Gütertriebwagen ET 194 über eine große Schiebetür je Wagenseite erreicht werden. Bei den ET 186 existierte je eine Flügeltür. Die Plattformen der Personentriebwagen ET 184 und ET 186 mit den Führerständen und Einstiegen waren eingezogen.

Aus dem Jahr 1895 stammt der ET 184 41, gebaut von MAN und Örlikon, der bis 1959 im Einsatz stand

Betriebseinsatz

Die normalspurigen Gleichstromtriebwagen verkehrten überwiegend auf den Stammstrecken, kamen jedoch zu LAG-, DRG- und DB-Zeiten kurzzeitig auch auf anderen LAG-Bahnen zum Einsatz.
Haupteinsatzgebiet der ET 184 41 und ET 184 42 war die württembergische Strecke Meckenbeuren – Tettnang, ab 1938 vom Heimatbetriebswerk Friedrichshafen aus. Der ET 184 42 wurde zu Beginn der fünfziger Jahre ausgemustert, 1959 folgte der zu einem Turmtriebwagen umgebaute ET 184 41.

TECHNISCHE DATEN

Baureihe		ET 194.1	ET 194.2
bis 1925		LAG 895	LAG 891
ab 1940		ET 194 11	ET 194 21
Indienststellung		1892/1930	1896/1922
Hersteller		SSW, MAN	SSW, MAN
Ausmusterung		– 1955	– 1955
Achsfolge		Bo	Bo
Länge über Puffer	mm	7 930	9 000
Dienstmasse	t	14,2	16,2
Stromsystem		= 500 V	= 550 V
Antrieb		Tatzlager	Tatzlager
Stundenleistung	kW	88	86
Geschwindigkeit b. Stundenl.	km/h	40	40
Höchstgeschwindigkeit	km/h	40	40
Anzahl der Sitzplätze		-	-

Die dreiachsigen ET 186 01 und ET 186 02 und der Gütertriebwagen ET 194 11 waren auf der Strecke Bad Wörishofen – Türkheim eingesetzt. Nachdem 1939 auf dieser Strecke die Fahrleitung verschwunden war, erhielten die Triebwagen im Bw Rosenheim eine neue Heimat. Fortan waren sie auf der Strecke Bad Aibling – Bad Feilnbach anzutreffen. Hier fuhren seit Anbeginn auch die ET 186 11 und ET 186 12 sowie der Gütertriebwagen ET 194 21. In der ersten Hälfte der fünfziger Jahre wurden diese Fahrzeuge ausgemustert, 1959 folgte der ET 186 02, als letzter schließlich 1962 der ET 186 01.

REDAKTION: AXEL ENDERLEIN; FOTOS: BELLINGRODT/SLG. PILLMANN (4)

Die beiden ET 195 01 und 02 waren Straßenbahntriebwagen, die DÜWAG nach den Wünschen der DB für den Überlandverkehr der Nebenbahn modifizierte

Baureihe ET 195

Als Ersatz für die noch aus Zeiten der Lokalbahn AG München stammenden Triebwagen ET 196 und ET 197 auf der mit 750 V Gleichspanung betriebenen Meterspurbahn von Ravensburg nach Baienfurt beschaffte die DB im Jahre 1954 zwei Straßenbahntriebwagen der Firma DÜWAG. Die grün lackierten Fahrzeuge kamen als ET 195 01 und ET 195 02 zum Bw Friedrichshafen. Grundsätzlich entsprachen die als Zweirichtungsfahrzeuge, also mit einem Führerstand je Wagenende, konzipierten Triebwagen normalen Straßenbahn-Großraumwagen, jedoch mußten für den Überlandbetrieb einige Modifikationen vorgenommen werden. Gefordert war seitens der DB eine Höchstgeschwindigkeit von 60 km/h, wobei die Betriebsgeschwindigkeit bei 40 km/h liegen sollte. Auf Grund des schwierigen Streckenverlaufes der ehemaligen Lokalbahn, die immerhin zu 97 % in Steigungen verlief und deren größte Neigung 35 Promille aufwies, waren neben einer genügenden Motorleistung auch ausreichende Bremssysteme erforderlich. Um die Triebwagen in Doppeltraktion mit einem Fassungsvermögen von 200 Fahrgästen verkehren zu lassen, wurde schließlich auch eine Vielfachsteuerung verlangt.

Konstruktion

Der Wagenkasten wurde geschweißt und erhielt runde Stirnfronten. Somit entsprach er konstruktiv den ab 1951 von DÜWAG erstmals gebauten Leichtbau-Straßenbahnfahrzeugen. Im Triebgestell befand sich der längsgelagerte Gleichstrom-Fahrmotor, der über das Kegelrad-Achsgetriebe der Bauart DÜWAG beide Achsen antrieb. Das zweite zweiachsige Drehgestell diente als Laufgestell. Die Fahrmotoren wurden über eine elektropneumatisch durch den Fahrschalter betätigte Schützensteuerung mit Vielfachsteuerung betrieben. In Wagenmitte war auf dem Dach ein leichter Scherenstromabnehmer vorhanden. Neben der Druckluft-Scheibenbremse hatten die ET 195 eine eigen- und fremderregte elektrische Widerstandsbremse sowie eine Magnetschienenbremse erhalten. Eine selbsttätige Mittelpufferkupplung der Bauart Bergische Stahlindustrie diente als Zug- und Stoßvorrichtung.
Je Wagenende war neben den Führerständen nur an jeder Längsseite eine Doppelflügel-Drehtür für den Ein- und Ausstieg vorhanden. Im Fahrgastgroßraum waren 34 Sitzgelegenheiten der 2. Wagenklasse vorhanden

Betriebseinsatz

Die beiden beim Bw Friedrichshafen beheimateten ET 195 waren ausschließlich auf der elektrifizierten Nebenbahn Ravensburg – Baienfurt im Einsatz. Im Februar 1959 wurde zunächst der Aschnitt Ravensburg – Weingarten stillgelegt, der Abschnitt bis Baienfurt folgte im Juni 1959. Nach dem Verkauf an die Rotterdamsche Tramweg Maatschappij wurden die Fahrzeuge zu einem dreiteiligen, dieselelektrischen Triebzug umgebaut und auf 1067 mm umgespurten Fahrzeuge als 17.02+17.00+17.01 zwischen Rotterdam Süd und Oostvoorne. Seit 1970 sind sie im Besitz der Zillertalbahn AG.

TECHNISCHE DATEN

Baureihe		ET 195
Spurweite	mm	1000
Indienststellung		1954
Hersteller		Düwag
Ausmusterung		1961
Achsfolge		B'2'
Länge über Puffer	mm	15 040
Dienstmasse	t	16,2
Stromsystem		= 750 V
Antrieb		Düwag
Stundenleistung	kW	100
Geschwindigkeit b. Stundenl.	km/h	42
Höchstgeschwindigkeit	km/h	60
Anzahl der Sitzplätze		34

Als ET 804 lieferten die Maschinenfabrik Esslingen und SSW im Jahr 1910 den späteren ET 196 05 für die Strecke Ravensburg – Weingarten an die LAG

Baureihen ET 196/197

Im Jahre 1911 wurde die 1888 eröffnete und 6,6 km lange Meterspurbahn Ravensburg – Baienfurt der LAG München für 750 V Gleichspannung elektrifiziert. Die Maschinenfabrik Esslingen und SSW lieferten 1908 – 1910 die ET 800 – ET 804. Die 2. Klasse dieser ET wurde später in 3.-Klasse-Räume umgebaut. Gleichzeitig erhielten sie neue Motoren und anstelle der bisherigen beiden Lyra- je einen Scherenstromabnehmer. Die DRG gab ihnen die Betriebsnummern ET 196 01 – ET 196 05.

Als Beiwagen kamen sieben zweiachsigen Personenwagensechs sowie zwei mit Postabteil versehene Wagen zum Einsatz, die 1938 die Nummern EB 197 01 – EB 197 07, EB 197 11 und EB 197 12 erhielten. 1937 bauten Esslingen und BBC die vierachsigen Beiwagen 921 und 922, die von der DRG als EB 196 01 und EB 196 02 eingereiht wurden. Im Jahre 1914 lieferten Esslingen und SSW den zweiachsigen Triebwagen ET 875, der ab 1938 als ET 197 01 zum Bestand der Schmalspurbahn zählte. Anläßlich eines Umbaues 1937 wurden die ursprünglichen SSW-Motoren durch solche der Firma Oerlikon und die beiden Lyra-Stromabnehmer durch Scherenstromabnehmer ersetzt. Später war dann nur noch ein Scherenstromabnehmer in Dachmitte erforderlich.

Sämtliche Fahrzeuge kamen nach 1945 zur DB, wo sie durch die Warnstreifen im Einstiegsbereich wegen des straßenbahnähnlichen Einsatzes aus dem gewohnten Farbschema fielen. Im Juni 1961 erfolgte die Ausmusterung aller Fahrzeuge.

Konstruktion

Die ET 196 hatten zwei zweiachsige Drehgestelle erhalten, deren jeweils äußere Achse durch einen Tatzlager-Gleichstrommotor angetrieben wurde. Über den Fahrschalter konnten neun Anfahr- und zwei Dauerfahrstufen gesteuert werden. In der Mitte des Fahrzeugdaches befand sich ein Scherenstromabnehmer wurden die Fahrzeuge. Wegen des neigungsreichen Streckenverlaufes verfügten die Triebwagen über drei unabhängige Bremssysteme: eine Druckluft-Klotzbremse, eine eigenerregte elektrische Widerstandsbremse und eine Magnetschienenbremse.

Einstiege existierten an den Fahrzeugenden und in der Mitte. Der mittlere Einstieg führte in ein Traglastenabteil mit Längssitzbänken, je ein beidseitig abgetrennter Großraum und ein Einstiegsraum mit dem Führerstand schlossen sich nach jeder Seite hin an.

Die beiden Achsen des Triebwagens ET 197 01 wurden mit je einem Tatzlager-Gleichstrom-Motor angetrieben. Die Steuerung und die Bremsen entsprachen denen der ET 196. Die Wagenenden waren als eingezogene Einstiegsräume mit den Führerpulten gestaltet. Dahinter schlossen sich ein kleines Traglastenabteil mit Längssitzbänken, ein Abteil und ein Großraum der 2. Klasse an.

Betriebseinsatz

Die ET 196 und ET 197 sowie die Beiwagen EB 196 und EB 197 verkehrten ausschließlich auf der meterspurigen Strecke Ravensburg – Baienfurt. Zu LAG-Zeiten waren sie in der Betriebswerkstätte Weingarten stationiert, die ab 1938 zur Außenstelle des Bw Friedrichshafen gehörte. Mit dem Einsatz der ET 195 übernahmen diese zwar den Hauptanteil der Zugförderung, dennoch konnte bis zur Stillegung der Strecke im Jahre 1959 nicht gänzlich auf die alten Trieb- und Beiwagen verzichtet werden.

TECHNISCHE DATEN

Baureihe		ET 196	ET 197
bis 1925		LAG 800 – LAG 804	LAG 875
ab 1925		LAG 800 – LAG 804	LAG 875
ab 1940		ET 196 01 – 05	ET 197 01
Spurweite	mm	1000	1000
Indienststellung		1908	1914
Hersteller		SSW, ME	Oerlikon, ME
Ausmusterung		1961	1961
Achsfolge		(A1)'(1A)'	Bo
Länge über Puffer	mm	13 160	9 360
Dienstmasse	t	17,5	13,2
Stromsystem		= 750 V	= 750 V
Antrieb		Tatzlager	Tatzlager
Stundenleistung	kW	66	55
Geschwindigkeit b. Stundenl.	km/h	30	30
Höchstgeschwindigkeit	km/h	30	30
Anzahl der Sitzplätze		48	30

REDAKTION: AXEL ENDERLEIN; FOTOS: DB/SLG. KNIPPING, BELLINGRODT/SLG. PILLMANN

Mit dem Triebwagen I M ET 1, dem späteren ET 197 21, wurde 1917 der Betrieb auf der Strecke Klingenthal – Sachsenberg-Georgenthal aufgenommen

Baureihe ET 197/198

Am 14. Mai 1917 nahm die sächsische Staatsbahn den Betrieb auf der mit Gleichspannung 650 V elektrifizierten, 5 km langen Meterspurbahn von Klingenthal zum Ortsteil Sachsenberg-Georgenthal im Vogtland mit zwei 1915 von der Sächsischen Maschinenfabrik vorm. Richard Hartman, Chemnitz, und SSW gebauten Triebwagen I M ET 1 und I M ET 2 und zwei gleichartigen Beiwagen auf. Die Triebwagen erhielten 1939 die Betriebsnummern ET 197 21 und ET 197 22, die Beiwagen, zu denen sich ab 1926 noch ein dritter gesellte, die Nummern EB 197 21 – EB 197 23. 1959 erfolgte die Ausmusterung der ET 197.

Von der Straßenbahn Mödling bei Wien erhielt die DRG 1939 vier von der Waggonfabrik Graz gebauten Triebwagen 20 – 23 (Baujahr 1903), von denen die Wagen 22 und 23 während des zweiten Weltkrieges in Beiwagen umgebaut und fortan als EB 198 01 und EB 198 02 geführt wurden. Die beiden verbliebenen Triebwagen kamen als ET 198 01 und ET 198 02 in Betrieb. 1946 erhielt der ET 198 02 infolge Kriegseinwirkungen einen neuen Wagenkasten.

1954 bis 1958 lieferte der VEB Waggonbau Gotha vier Straßenbahntriebwagen mit Beiwagen, die von der DR als ET 198 03 – ET 198 06 sowie als EB 198 03 – EB 198 06 in Dienst gestellt wurden. Die Fahrzeuge entsprachen weitgehend den Straßenbahnzügen der DDR-Einheitsbauart.

Konstruktion

Bei allen Fahrzeugen handelte es sich um nur leicht für den Nebenbahnbetrieb modifizierte Zweirichtungs-Straßenbahnfahrzeuge. Beide Achsen der Triebwagen wurden durch einen Tatzlager-Gleichstrommotor angetrieben. Die ET 197, ET 198 01 und ET 198 02 hatten eine steife Stangenkupplung, die ET 198 03 – ET 198 06 hingegen eine leichte Mittelpufferkupplung Bauart Scharfenberg erhalten. Je ein Scherenstromabnehmer diente der Stromversorgung aus der Fahrleitung. Auffällig an den Altbaufahrzeugen war das Dreilicht-Spitzensignal, während die Neubauwagen lediglich mit einem Scheinwerfer ausgestattet waren.

Zur Inneneinrichtung zählten je ein Großraum 2. Klasse und zwei Führerstände.

Betriebseinsatz

Von der Einsatzstelle Klingenthal aus waren die ET 197/ET 198 stets nach Sachsenberg-Georgenthal eingesetzt., die 1964 stillgelegt wurde. Der ET 198 01 schied bereits 1956 aus dem Bestand, während der ET 198 02 1964 zur Straßenbahn Plauen kam. Die Neubaufahrzeuge erhielten 1964 ebenfalls in Plauen eine neue Heimat sowie die Nummern 70 – 73 (Triebwagen) und 10 – 13 (Beiwagen).

TECHNISCHE DATEN

Baureihe		ET 197	ET 198	ET 198
bis 1939		I M ET 1, I M ET 2		-
ab 1939		ET 197 21/22	ET 198 01/02	ET 198 03 - 06
Spurweite	mm	1000	1000	1000
Indienststellung		1917	1903	1954
Hersteller		SSW, LHW	Graz	LEW, Gotha
Ausmusterung		1957	1964	1964
Achsfolge		Bo	Bo	Bo
Länge über Puffer	mm	8 280	8 570	12 000
Dienstmasse	t	11,3	9,2	13
Stromsystem		= 600 V	= 600 V	= 600 V
Antrieb		Tatzlager	Tatzlager	Tatzlager
Stundenleistung	kW	66		120
Geschwindigkeit b. Stundenl.	km/h	19		
Höchstgeschwindigkeit	km/h	30		
Anzahl der Sitzplätze		18	21	22

Nirgendwo sonst fährt die Deutsche Bahn so schnell wie auf der Neubaustrecke Frankfurt – Köln. Dort kommen die Züge planmäßig auf 300 km/h und sind damit im Vergleich zum Weg über die linke Rheinstrecke eine Stunde schneller. Möglich wurde das durch eine neue ICE-Generation, den ICE 3. Zur Eröffnung der Strecke am 25. Juli 2002 präsentieren sich zwei der Sprinter im ICE-Bahnhof Montabaur.

AUFNAHME: W. CLOSSNER

401 063 bei der Ausfahrt aus München Hauptbahnhof: Der ICE 1 setzte zu Beginn der neunziger Jahre Maßstäbe in Sachen Reisegeschwindigkeit und Komfort

Baureihen 401, 402

Im Februar 1989 bestellte die DB für den Schnellverkehr auf den Neubaustrecken 41 komplette Züge »InterCity-Express« auf der technologischen Vorgabe des InterCity Experimental von 1985. Im Sommer 1990 folgte die Nachbestellung weiterer 19 Züge. Henschel, Krauss-Maffei und Krupp teilten sich den Bau der 120 Triebköpfe. DUEWAG, LHB, MAN, MBB und Waggon-Union stellten die 694 Mittelwagen her, die elektrische Ausrüstung fertigten ABB, AEG und Siemens. Die Triebköpfe 401 lieferte die Industrie zwischen 1989 und 1993 aus, die Mittelwagen 801 – 804 zwischen 1990 und 1993. Nachträglich wurden 1993/94 zwei Triebköpfe 401 201/202 sowie 31 Mittelwagen 801 und 802 bestellt. Nach dem Unglück von Eschede am 3. Juni 1998 mussten neun Mittelwagen ausgemustert werden, so dass nur mehr 59 dreizehn- bzw. vierzehnteilige Garnituren zur Verfügung stehen.

In Tagesrandlagen, besonders auf so genannten Anschlussstrecken, zeigten sich die Nachteile der nur mit hohem betrieblichen Aufwand dem wechselnden Bedarf anpassbaren Zugkonfiguration. Im weiter ausgebauten ICE-Netz bietet die DB mehr als bisher neben den Stammlinien davon abweichende Direktverbindungen. Das Konzept für den künftigen Hochgeschwindigkeitsverkehr Berlin – Hannover sieht trennbare Zugeinheiten vor, die sich zwischen Berlin und Bremen als Kurzzug ebenso bedarfsgerecht einsetzen lassen wie als Langzug zwischen Berlin und Köln. Im August 1993 erhielt eine Arbeitsgemeinschaft mit Siemens und AEG als Generalunternehmern den Auftrag für Entwicklung und Bau der zweiten ICE-Generation »ICE 2« als Kurzzug aus dem Triebkopf 402, sechs Mittelwagen 805 – 807 und dem nicht angetriebenen Steuerkopf 808. 44 Züge wurden bestellt, außerdem zwei Triebköpfe und ein Steuerwagen als Reserve.

Endmontiert wurden alle Triebköpfe im Essener Werk der Siemens Schienenfahrzeugtechnik (vormals Krupp), die Endfertigung der Steuerwagen ebenso wie die Inbetriebnahme der Konfiguration Triebköpfe-Steuerwagen erfolgte im Werk Hennigsdorf der Adtranz. Den Bau der 264 Mittelwagen teilten sich das AEG-Werk Nürnberg und die Hersteller DUEWAG, LHB und DWA (Werk Ammendorf).

Zwischen Juni 1995 und September 1997 erfolgte die Auslieferung der Triebköpfe 402. Die Auslieferung und Erprobung der Mittelwagen begann Anfang 1996, die der Steuerwagen im folgenden Spätherbst.

Technische Daten

Baureihenbezeichung		401	402
Eigentümer		DB Reise & Touristik	DB Reise & Touristik
Indienststellung (1. Jahr)		1989	1996
Achsformel		Bo'Bo'+2'2'+...+Bo'Bo'	Bo'Bo'+2'2'+...+2'2'
Länge Triebkopf	mm	20.560	20.560
Mittel- u. Steuerwagen	mm	26.400	26.400
Halbzug	mm	-	205.400
Langzug max.	mm	410.720	410.800
Dienstmasse Triebkopf (401/402)	t	77,5/80,4 *	78,0
Mittelwagen 1.Kl.(801/805)	t	52,8	46,5
Mittelwagen 2.Kl.(802/806)	t	52,8	47,4
Servicewagen (803/807)	t	53,6	52,0
Speisewagen (804)	t	58,2	-
Steuerwagen (808)	t	-	52,8
Stromsystem		15 kV, 16 2/3 Hz	15 kV, 16 2/3 Hz
Art des Antriebs		Kardanhohlwelle	Kardangelenkantrieb
Dauerleistung (Traktion)	kW	2x4800	4800
Höchstgeschwindigkeit	km/h	280	280
max. Anfahrzugkraft d. Triebk.	kN	200	200

*=ab 401 021/521 mit GTO-Thyristoren

402 003 in München: Der ICE 2 lässt sich zu einem Langzug koppeln

Konzeptionell ähnelt der ICE 2 weitgehend dem ICE 1. Die Fahrzeugkontur des Zuges entspricht mit Ausnahme des Speisewagens dem ICE 1. Zwei Kurzzüge bilden einen Langzug, grundsätzlich sind die Triebköpfe jedoch mit bis zu 14 Mittelwagen auch in herkömmlicher ICE-Konfiguration einsetzbar. Die Kompatibilität der Triebköpfe mit ICE 1-Mittelwagen ist gegeben, umgekehrt jedoch nicht.

Konstruktion

Die aerodynamisch optimierten Triebköpfe sind in Stahlleichtbauweise ausgeführt. Für die Seitenwandstruktur wurde die Bauweise mit Glattblech und Profilversteifung gewählt. Der Aufbau der Mittelwagen besteht aus mit Aluminium-Großstrangpressprofilen geschweißten Sektionen und durchgehendem Fensterband mit eingeklebten Außenscheiben. Fast zehn Prozent der Fahrzeugmasse entfallen auf die Schall- und Wärmeisolierung. Fahrgast- und Führerräume sind druckgeschützt, ebenso die Doppelwellenbalg-Übergänge zwischen den teilautomatisch gekuppelten Wagen. Die Triebköpfe des 402 haben eine für den Regelbetrieb ausgelegte automatische Scharfenberg-Kupplung unter der pneumatisch betätigten Bugklappe aus glasfaserverstärktem Kunststoff. Besonders für den Kurzzug-Einsatz wichtig ist der verbesserte Stromabnehmer DSA 350 SEK. Er funktioniert auch bei 280 km/h so zuverlässig, dass der Steuerwagen keinen Stromabnehmer benötigt.
Die mit Schraubenfedern und Hydraulik-Querdämpfern ausgerüsteten Triebdrehgestelle sind mittels Zug- bzw. Druckstangen am Fahrzeugkasten angelenkt. Der Antriebsblock ist mit einem Drittel seines Gewichts am Drehgestellkopfträger in Vertikalpendeln und zu zwei Dritteln am Fahrzeugkasten über Gummielemente aufgehängt. Dadurch wird eine weitgehende Entkoppelung der Radsätze von Motor- und Getriebemasse erzielt. Die Motorkraft aus den vier Drehstrom-Asynchronmotoren pro Triebkopf wird mittels Getriebe, Antriebshohlwelle und kardanischen Lenkern auf die Räder übertragen. In den 401 001 – 020/501 – 520 sind Thyristoren mit herkömmlicher Ölkühlung, in den weiteren Abschaltthyristoren (GTO) mit FCKW-freier Siedebadkühlung eingebaut.
Das dreifache Bremssystem des Zuges besteht aus der generatorischen Bremse der Triebköpfe mit Netzrückspeisung, den elektropneumatisch gesteuerten Scheibenbremsen sowie der Magnetschienenbremse in jedem Mittelwagen. Fahren und Bremsen wird durch Mikroprozessoren gesteuert, auf den Neubaustrecken generell nach den von der LZB vorgegebenen Werten. Per LCD-Display kann der Triebfahrzeugführer Streckenteile bis zu 12 km »elektronisch beobachten«. Neben der Linienleittechnik besitzt der ICE das Eigendiagnosesystem »David«, das Betriebsdaten und Störmeldungen auf den Führerstand-Displays anzeigt, Handlungsempfehlungen übermittelt und Diagnose-Signale über Funk an die Werkstatt vormeldet. Der Datenübertragung im Zugverband dient eine mittels der Kupplungen verbundene Lichtwellenleiterstrecke.
Diagnosesystem und Leittechnik der ICE 2 sind der Doppelzugbildung angepasst, hier gewährleisten zusätzliche Interfaces in den Lichtwellenleiter-Stationen der Endfahrzeuge die Datenübertragung. Das Antriebssteuergerät »SIBAS 32« ermöglicht eine bessere Zugkraftausnutzung.
Pro Mittelwagen des ICE 2 sorgen weniger unterflurige Anschweißteile, der spantenfreie Rohbau, vereinfachter Druckschutz, effektivere Energieversorgung und Klimaanlage bei insgesamt weniger Bauteilen, neuartige Leichtbausitze, leichtere Werkstoffe der Innenverkleidung und der Verzicht auf geschlossene Abteile zu einer Massenersparnis von 5 t. Die Wagenkästen sind nunmehr einheitlich und weisen identische Fensterteilung auf. Gegenüber den stahlgefederten Drehgestellen MD 530 des ICE 1 besitzt der ICE 2 luftgefederte Drehgestelle SGP 400.
Charakteristisch für die Ausstattung des ICE 1 sind die klassischen Abteile sowie Großräume mit und ohne Tische. In allen ICE 1 ist ein 2.-Klasse-Wagen 803 mit Konferenzraum, Dienstabteilen, Telefonzelle, Stellplätzen für Rollstühle und behindertengerechtem WC eingereiht. Daran schließt sich der auffällig höhere Servicewagen 804 mit Bistro und Restaurant an.
In den ICE 2 gibt es in beiden Klassen nur Großräume, lediglich ein Wagen hat ein spezielles Familienabteil mit Spielfläche sowie Stellflächen für Gepäck und Kinderwagen. Das »modulare Innenausbaukonzept« erlaubt flexibles Reagieren auf Kundenwünsche. So lassen sich Raumteiler, Garderoben und Bestuhlung rasch variieren. Die Servicebereiche sind nun in einem Wagen 807 mit dem Restaurant, der Küche, einem Bistro ausschließlich mit Stehplätzen, dem Zugbegleiterabteil sowie einem behindertengerechten WC mit Wickeltisch zusammengefasst.
Die Abmessungen des Steuerwagens entsprechen den Mittelwagen, die Form und die Front den Triebköpfen. An den Führerraum grenzt ein Geräteraum, dahinter folgt ein 2.-Klasse-Fahrgastraum.

Betriebseinsatz

Die ICE 1-Garnituren sind beim ICE-Werk Hamburg Eidelstedt stationiert und bedienen die Strecken Hamburg – Basel (– Zürich), Hamburg/Bremen – München und Berlin/Hamburg/Bremen – Frankfurt – Stuttgart. Die ICE 2-Garnituren gehören seit dem Sommerfahrplan 2000 zum neuen ICE-Werk Berlin-Rummelsburg. Sie bestreiten vor allem den ICE-Verkehr zwischen Berlin und Köln/Bonn bzw. Bremen sowie München und Hamburg/Bremen.

Beheimatung

Hamburg, Berlin

AUTOR: ENDERLEIN; AUFNAHMEN: MIETHE, VOLK

Parade aller drei 403/404-Garnituren im Betriebswerk Düsseldorf. Hier waren die Züge bis zum Ende des Airport Express im Mai 1993 beheimatet

Baureihen 403 und 404

Mit den Abschnitten zwischen Hamm und Hannover sowie Osnabrück und Hamburg waren ab Herbst 1968 alle ins erstklassige IC-System zu integrierenden Strecken elektrifiziert. Ein Intercity-Vorlaufbetrieb wurde am 29. September 1968 eingerichtet, teils mit Dieselzügen der BR 601. Im Hinblick auf die avisierte Höchstgeschwindigkeit von 200 km/h bestellte die Deutsche Bundesbahn 1969 zunächst die Serienloks der BR 103. Generell war auf den IC-Linien Zweistundentakt vorgesehen, in bestimmten Zeitlagen wurde aber nur eine schwache Nachfrage prognostiziert. Hier erhoffte man sich vom Einsatz kurzer Triebzüge wirtschaftliche Vorteile. Hinzu kam der Wunsch, durch Verteilung der Antriebsleistung auf sämtliche Wagenachsen (niedrigere Radlasten und Spurführungskräfte) den Oberbau zu schonen. Letztlich sollte mit der 1970 in Auftrag gegebenen BR 403/404 wieder einmal die alte Streitfrage „Triebzug oder Loks und Wagen" anhand praktischer Erfahrungen entschieden werden.

An Entwicklung und Bau beteiligten sich Linke-Hofmann-Busch (Endwagen 403) und Messerschmidt-Bölkow-Blohm (Mittelwagen 404), MAN (Drehgestelle) sowie AEG, BBC und Siemens (elektrischer Teil). Zu den Vorgaben gehörten der an TEE-Normen orientierte 1.-Klasse-Komfort und variable Zugbildung mit maximal drei gekuppelten Grund-Einheiten. Um alte Strecken mit hohem Tempo befahren zu können, wurde der Einbau einer gleisbogenabhängigen Wagenkastensteuerung vorbereitet.

Als die neuen Renner mit ihrer eigenwilligen Kopfpartie im Sommer 1973 erstmals auf Ausstellungen präsentiert wurden, bedachte das Publikum sie mit dem Spitznamen „Donald Duck".

Die Bundesbahnzentralämter unterzogen die Fahrzeuge 1973/74 umfangreichen Tests, das AW Stuttgart-Bad Cannstatt nahm Probezerlegungen vor. Obwohl die Züge nach Behebung lauftechnischer Mängel im IC-Plandienst durchaus befriedigten, entschied sich die DB bald generell für das Lokomotiv-Konzept im Fernverkehr. Allerdings vermochte der angeblich erbrachte Nachweis der Unwirtschaftlichkeit von Triebzügen bei nur kurzem Einsatz dreier Prototypen kaum zu überzeugen. Mit dem dann 1979 eingeführten zweiklassigen IC-System paßten die Triebzüge 403/404 endgültig nicht mehr ins Programm. Nach einer von Sondereinsätzen geprägter Interimsphase sorgte die Lufthansa ab Frühjahr 1982 mit dem „Airport Express" für hohe Kilometerleistungen.

Konstruktion

Die größtenteils aus Aluminium-Großstrangpreßprofilen bzw. Blechen geschweißten Wagenkästen und Untergestelle bilden mit den Außenwänden ein

TECHNISCHE DATEN

Baureihenbezeichnung		403/404
Indienststellung (1. Jahr)		1973
Umbau (1. Jahr)		1982
Hersteller		LHB, MBB, AEG, BBC, Siemens
Umbauer		LHB
Achsformel		Bo'Bo'+Bo'Bo'+Bo'Bo'+Bo'Bo'
Länge über Puffer	mm	109.220
Dienstmasse	t	235,7
Stromsystem		15 kV, 16 2/3 Hz
Art des Antriebs		Gummiring-Kardan
Dauerleistung	kW	3.840
Geschw. bei Dauerleistung	km/h	139
Höchstgeschwindigkeit	km/h	200
max. Anfahrbeschleunigung	m/s^2	0,65
Anzahl der Sitzplätze ET/EB		2 Avm 403: je 41, Apm 404: 39, ARm 404: 32 = 153

Gewöhnlich fuhren die Züge des Lufthansa Airport Express als vierteilige Einheiten

selbsttragendes und verwindungssteifes Röhrengerippe. In den mittragenden Bodenwannen befinden sich Transformator, Ölkühler, weitere elektrische Anlagen und Druckluftbremseinrichtungen. Schraubenfedern, Federblattlenker und Teleskopstoßdämpfer übernehmen die Radsatzfederung. Luftfederbälge über den H-förmigen Drehgestellrahmen sorgen für hohen Fahrkomfort. Der Stabilisierung des Laufverhaltens bei hoher Geschwindigkeit dienen zwischen Wagenkasten und Drehgestell montierte Hydraulikzylinder. Wegen der vorgesehenen, dann aber doch nicht realisierten gleisbogenabhängigen Wagenkastensteuerung haben die Züge eine schräge Seitenwandkontur. Sie sollte auch noch bei Kurvenneigung um 4° Profilfreiheit gewährleisten.

Automatische Scharfenberg-Kupplungen verbinden die Wagen. Vom Stromabnehmer der Endtriebwagen gelangt der Fahrstrom über eine durchgehende Dachleitung zu den einzelnen Transformatoren. Die elastisch in jedem Drehgestell aufgehängten Mischstromfahrmotoren entsprechen denen der S-Bahn-Züge BR 420, werden jedoch mit 750 V statt 650 V Spannung betrieben und leisten 240 kW. Wie schon in der BR 420 sind auch Thyristorsteller zur stufenlosen und verlustfreien Geschwindigkeitsregelung (Anschnittssteuerung) installiert. Das Drehmoment wird vom Motor zum Radsatz vollabgefedert über einen einseitig wirkenden Gummiring-Kardanantrieb übertragen. Erreichbar ist eine Anfahrbeschleunigung von 0,65 m/s^2. Alle Wagen haben Druckluft-Scheiben- und fahrdrahtabhängige elektrische Widerstandsbremsen mit Druckluftergänzungsbremsen sowie Magnetschienenbremsen mit zwei pneumatisch unterstützten Bremsmagneten pro Drehgestell. Ausgehend von 200 km/h läßt sich eine maximale Bremswirkung von 0,9 m/s^2 erzielen, die betriebsmäßige Zielbremsverzögerung beträgt 0,7 m/s^2.

BEHEIMATUNGEN

Vom ergonometrisch gestalteten Führerraum sind bis zu drei Grundeinheiten steuerbar. Auf dem Fahrpult zentral angeordnet sind Richtungsschalter, Hauptfahrschalter, Führerbremsventil, LZB-Anzeige (Linienzugbeeinflussung, zuletzt außer Betrieb) und V-Sollgeber der Automatischen Fahrbremssteuerung (AFB). Letztere regelt in Abhängigkeit von der auch manuell einzugebenden Sollgeschwindigkeit Zug- und Bremskräfte. In den Bodenwannen angeordnete Wärmefühler sowie Temperaturmeßeinrichtungen zur Überwachung der Radsatzrollenlager melden im Führerstand etwaige Brandgefahren bzw. Heißläufer.

Die Fahrgasträume sind vollklimatisiert. Ursprünglich bot eine vierteilige Einheit 183 Sitzplätze: Die Endwagen hatten je 36 in geschlossenen Sechserabteilen, dazu 9 in Fünfer- bzw. Viererabteilen. Der Großraumwagen wies in Dreierreihen 51 drehbare Ruhesessel auf, der Küchenwagen ein Großabteil mit 18 Vis-a-vis-Plätzen und einen Speiseraum mit 24 Plätzen. Für den „Airport Express" wurde die Innenausstattung geändert. In den Endwagen entfiel das Viererabteil, die Zahl der Sitze im Großraumwagen verringerte sich auf 39. Der Küchenwagen erhielt zwei Großräume mit je 16 Plätzen an Stecktischen, außerdem Lufthansa-Sekretariat und Gepäckabteil. Zu jedem Wagen gehörte nun eine sogenannte „Galley" (Kombüse) für die Versorgung mit Mahlzeiten. Pro Zug wurden 140 Plätze für Passagiere reserviert, die übrigen dienten dem Begleitpersonal.

Betriebseinsatz

Wenige Wochen nach Übergabe an die DB wurden die Endtriebwagen 403 001 und 002 sowie der Mittelwagen 404 001 im April 1973 dem Bw München Hbf zugeteilt. Die weiteren folgten im Laufe des Jahres, bei Meßfahrten des BZA München erreichten sie 220 km/h. Erste Planeinsätze gab es ab 16. April 1974 auf der IC-Linie 4 München – Bremen (u.a. IC 186 „Riemenschneider" und IC 185 „Nordwind"). Zwei Umlauftage enthielten ab Winter 1974/75 die IC-Paare „Albrecht Dürer" und „Hermes". Diese zuletzt regulär 200 Stundenkilometer schnellen Züge waren auch 1978/79 zu fahren, ersatzweise sprangen häufig lokbespannte Garnituren ein. Zum Sommer 1979 sollte die BR 403/403 den TEE „Diamant" München – Hamburg übernehmen, doch gab es dann nur Beschäftigung im Sonderverkehr, so zur Hannover-Messe. Per 15. Januar 1981 wurden die Fahrzeuge nach Hamm umstationiert und kamen sporadisch zu TEE-Ehren, ansonsten blieben ihnen auch hier zunächst bloß Sonderdienste. Wenige Monate später entschloß sich die Lufthansa zu einem vorerst auf ein Jahr befristeten Experiment: dem „Airport Express". Dafür charterte sie die repräsentativen Elektrozüge und ließ sie entsprechend umgestalten. Bis Februar 1982 erhielten die 403/404 bei LHB in Salzgitter auch ihren weiß-gelben Anstrich.

Ab 27. März 1982 verband der Airport-Express auf der Rheinschiene den Düsseldorfer Hauptbahnhof mit dem Frankfurter Flughafen, mit „Zwischenlandungen" in Köln und Bonn. Nach erfolgreicher Testphase wurde ab 27. März 1983 der Flughafen Düsseldorf einbezogen. Die Züge – pardon: Flüge – waren nicht im Kursbuch, sondern in den Plänen der Lufthansa veröffentlicht. Vier tägliche Paare erforderten zwei Garnituren. Intern klassifizierte die DB die Leistungen als TEE. Vom 1. März 1984 an zählte die BR 403/404 zum Bestand des Bw Düsseldorf, die Einsätze blieben praktisch konstant. Mitunter liefen auch fünf und sechsteilige Garnituren oder sieben- bzw. achtteilige Doppeleinheiten.

Über 1,5 Millionen Passagiere nutzten elf Jahre lang die „Flughöhe Null". Die zuletzt aber gesunkene Nachfrage und anstehende Hauptuntersuchungen der Fahrzeuge brachten am 22. Mai 1993 das Aus. – Die 403/404 wurden am 23. Juli 1993 im Ausbesserungswerk Nürnberg von der Ausbesserung zurückgestellt. An einer Garnitur bekundete das Verkehrsmuseum Nürnberg Interesse. Über einen Einsatz als betriebsfähiger Museumszug oder anderweitige Vermarktung war bei Redaktionsschluß nicht entschieden.

REDAKTION: KONRAD KOSCHINSKI; FOTOS: WERNING, PEMPELFORTH

Ein neues Gesicht für den Hochgeschwindigkeitsverkehr der DB AG: Der ICE 3 erreicht bis zu 330 km/h

Baureihen 403, 406

Die ab dem Jahr 2000 zu erwartenden Einsatzgebiete für Hochgeschwindigkeitszüge in Deutschland machten eine Abänderung des bisherigen ICE-Konzepts mit Triebköpfen und antriebslosen Mittelwagen erforderlich. Insbesondere die Neubaustrecke Frankfurt (Main) – Köln, deren Eröffnung nun wohl erst 2002 erfolgen wird, bedingt durch ihre Trassierung mit Steigungen von bis zu 40 ‰ und eine projektierte Streckengeschwindigkeit von 300 km/h den Einsatz neu konzipierter Züge. Zudem müssen die Fahrzeuge für den Einsatz im benachbarten Ausland, insbesondere die Verlängerung über Köln hinaus nach Amsterdam, den Richtlinien und Fahrzeugbegrenzungen der jeweiligen Bahnverwaltung entsprechen.

Gefordert wurde eine Erhöhung der spezifischen Antriebsleistung von 10 kW/t beim ICE 1 auf nunmehr 20 kW/t, um auch auf den Altbaustrecken durch eine gute Beschleunigung Fahrzeitgewinne erzielen zu können. Der Forderungskatalog für den ICE 3 verlangte weiterhin eine in beiden Fahrtrichtungen gleichwertig verwendbare Zugkonfiguration mit maximal 400 m Zuglänge, eine Höchstgeschwindigkeit von mehr als 300 km/h, die Einhaltung des europäischen Fahrzeugprofiles nach UIC-Norm 505, eine maximale Achslast von 17 t, die druckgeschützte Ausführung der Fahrgast- und Führerräume, den Einsatz an Bahnsteigen von 760 und 550 mm Höhe, den Betrieb unter den Stromsystemen 15 kV/16,7 Hz, 25 kV/50 Hz sowie Gleichstrom 1,5 kV und 3 kV und die Ausrüstung mit den Zugsicherungs- und Kommunikationssystemen der jeweiligen zu befahrenden Länder.

All das erforderte die Abkehr vom Triebkopf-Konzept und die Hinwendung zu einer Konfiguration mit angetriebenen Mittelwagen. 1994 bestellte die DB bei der Arbeitsgemeinschaft Siemens-AEG unter der Führung von Siemens 50 ICE 3-Züge 403 001 – 037, hiervon 13 als Mehrsystemzüge 406 001 – 013. Die Niederländische Staatsbahn NS bestellte 1995 vier Mehrsystemzüge 406 051– 054 für die Relation Amsterdam – Köln – Frankfurt. Neben den ICE 3 orderte die DB 43 ICT-Züge mit Neigetechnik, so dass wesentliche Komponenten für beide Züge gemeinsam entwickelt und gebaut werden konnten.

Als Versuchsträger bauten Adtranz und

Technische Daten

Baureihenbez.		403.0+403.1+...+403.8	406.0.+406.1+...406.8
Eigentümer		DB Reise & Touristik	DB Reise & Touristik
Indienststellung (1. Jahr)		2000	1999
Hersteller		Adtranz, Siemens	Adtranz, Siemens
Achsformel		Bo'Bo'+2'2'+Bo'Bo'+2'2'+2'2'+Bo'Bo'+2'2'+Bo'Bo'	
Länge über Kupplung mm		200.320	200.320
Dienstmasse t		409	435
Stromsystem		15 kV/16,7 Hz	15 kV/16,7 Hz; 25 kV/50 Hz; 1,5 kV=; 3kV=
Art des Antriebs		Bogenzahnkupplung + Getriebe	Bogenzahnkupplung + Getr.
Dauerleistung (Traktion)	kW	8.000	8000/4300 *1/ 3600 *2
Höchstgeschwindigkeit	km/h	330	330/220 *3
max. Anfahrzugkraft	kN	300	300
Sitzplätze pro Zug	1. Klasse	141	136
	2. Klasse	250	244
	Restaurant	24	24

*1 bei Gleichstrom 3 kV *2 bei Gleichstrom 1,5 kV *3 im Gleichstrombetrieb

Auf dem Weg zum Planeinsatz: 403 508 in München

Siemens die Mittelwagen des 1996 gebauten und der Serie des ICE 2 entnommenen Probezuges 410 101/102 des FTZ München im Jahre 1997 um. Die beiden Triebköpfe erhielten im Wesentlichen ein neues, auf eine Geschwindigkeit von 400 km/h ausgelegtes Getriebe. Daneben wurden ein antriebsloser Mittelwagen in den Transformatorwagen 410 801 und die beiden anderen Mittelwagen in die nun angetriebenen Mittelwagen 410 201 und 202 umgebaut. Dieser als ICE S bezeichnete Triebzug brachte es auf eine Antriebsleistung von 13.600 kW, er diente neben der Erprobung des neuen Antriebssystems auch der weiteren Komponentenerprobung für den ICE 3, wie für die Klimaanlage, den Stromabnehmer und die neue Magnetschienenbremse. Ein weiterer angetriebener Mittelwagen 410 203 wurde im April 1997 in eine ICE 1-Garnitur zusammen mit den beiden ICE 2-Triebköpfen 402 013 und 014 eingereiht und als ICE D im normalen Fahrgastbetrieb erprobt.

Neue Wege ging die DB auch bei der Gestaltung des Erscheinungsbildes der neuen ICE-Generation. Den ausgeschriebenen Design-Wettbewerb für die Innen- und Außengestaltung gewann das Design-Büro Neumeister, welches daraufhin gemeinsam mit dem Siemens Design Center und der US-Firma Designworks den Auftrag zur Gestaltung der ICE 3 erhielt.

Ab dem Frühjahr 1999 erfolgte auf dem Siemens-Testgelände in Wegbert-Wildenrath die Komplettierung und Inbetriebnahme der angelieferten Fahrzeuge. Am 9. Juli 1999 präsentierten die Hersteller und die DB hier erstmals den ICE 3 der Öffentlichkeit. Die Abnahme der für den Expo-Verkehr benötigten ersten ICE 3-Züge erfolgte für acht Züge der Reihe 403 und für drei Züge 406 am 25. Mai 2000, so dass sie pünktlich zum Beginn der Expo am 1. Juni zur Verfügung standen.

Konstruktion

Die achtteiligen ICE 3-Garnituren bestehen aus zwei antriebstechnisch eine Einheit bildenden vierteiligen Zughälften, welche sich wiederum aus je einem angetriebenen und die Stromrichter tragenden Endwagen, einem nicht angetriebenen Transformator-Mittelwagen mit dem DB-Stromabnehmer, einem den zweiten Stromrichter tragenden und angetriebenen Mittelwagen und schließlich einem nicht angetriebenen Mittelwagen mit Batterie und Ladegerät zusammensetzen. Die Wagenlängen betragen mit Rücksicht auf die internationale Verwendbarkeit 25.835 mm für die Endwagen und 24.775 mm für die Mittelwagen, wobei ein durchweg gleicher Drehzapfenabstand von 17.375 mm eine gleiche Wagenbreite von 2.950 mm für alle Fahrzeuge ermöglicht. Die Wagenkästen sind wie schon beim ICE 2 eine spanten- und spriegellose Integralkonstruktion aus Aluminium, neu konstruiert werden mussten die Untergestelle wegen der nun unterflurigen Aufnahme der einzelnen Aggregate. Neu gestaltet präsentieren sich die lufttechnisch optimierten Frontpartien der Züge mit der integrierten automatischen Bugkupplung. Die von der Siemens-Tochter SGP entwickelten und von Adtranz gebauten Drehgestelle SGP 500 mit einem Achsstand von 2.500 mm sind eine Weiterentwicklung des im ICE 2 verwendeten Drehgestelles SGP 400 mit einer Primärfederung zwischen Radsatz und Drehgestellrahmen durch Schraubenfedern mit Gummielementen und Primärdämpfern und einer Sekundärfederung vom Drehgestellrahmen zum Wagenkasten mittels Luftfedern. Die nun deutlich leichteren Lauf- und Triebgestelle sind im Wesentlichen identisch und lediglich für die Aufnahme der jeweiligen Anbauteile entsprechend vorbereitet.

Die elektrische Ausrüstung der ICE 3 konnte gemeinsam mit den Neigetechnikzügen ICE-T entwickelt werden, was eine weitgehende Übereinstimmung bedeutet. Der unter dem Transformatorwagen (403/406.1 und 403/406.6) aufgehängte ölgekühlte Transformator mit Scheibenwicklungen hat eine Bauhöhe von lediglich 735 mm, seine Nennleistung beträgt 4.600 kW. Vom Transformator werden die unter den angetriebenen Stromrichterwagen (403/406.0, 403/406.2, 403/406.7 und 403/406.5) montierten wassergekühlten, aus GTO-Phasenmodulen aufgebauten Stromrichter mit einer Ausgangsleistung von je 2.200 kW, die jeweils vier parallelgeschalteten Fahrmotoren des Wagens über einen Pulswechselrichter mit Energie versorgt. Jede Antriebsachse wird von einem vierpoligen, fremdbelüfteten Drehstrom-Asynchronmotor mit einer Leistung von 500 kW über eine radial und axial bewegliche Bogenzahnkupplung und ein einstufiges Radsatzgetriebe angetrieben.

Die Mehrsystemzüge tragen auf den beiden inneren Mittelwagen je einen weiteren Stromabnehmer. Für die Wechselspannungsnetze der Schweiz, Frankreichs und Belgiens hat der auf den antriebslosen Mittelwagen 406.3 und 406.8 montierte Stromabnehmer eine Wippenbreite von 1.450 mm gegenüber den 1.950 mm der DB-Wippe. Für den Gleichstrombetrieb sind die Stromabnehmer auf den Stromrichterwagen 406.2 und 406.7 montiert, wegen der fehlenden Hochspannungsleitung sind im Gleichstrombetrieb stets beide Stromabnehmer angelegt.

Eine Neuheit ist die schon einmal im ICE-V erprobte Wirbelstrombremse, welche im ICE 3 zur praktischen Anwendung weiterentwickelt wurde. Zudem verfügen die ICE 3 über die herkömmliche generatorische Bremse mit Netzrückspeisung und die Druckluft-Scheibenbremse.

Die Steuerung und Diagnose der ICE 3 erfolgen nach dem aktuellen Standard mittels SIBAS(r)32-Steuergeräten.

Betriebseinsatz

Im Juli 2000 waren 17 Züge der Reihe 403 sowie drei Mehrstromzüge der BR 406 ausgeliefert und beim Werk München-Süd beheimatet. Ihre Einsätze erfolgten bis Ende Oktober vor allem im Expo-Verkehr. Mit der Fertigstellung der Neubaustrecke Frankfurt (Main) – Köln wird diese ab 2002 vorrangig das Einsatzgebiet der 403, in der Verlängerung bis Amsterdam das der 406.

Beheimatung

München

AUTOR: ENDERLEIN; AUFNAHMEN: WERNING, VOLK

Der IC-Experimental diente der Bundesbahn ab 1985 als Versuchsträger für die Serien-ICE. Er absolvierte unzählige Meßprogramme auf der NBS

Baureihen 410/810 (IC-Experimental)

Der hochwertige Fernverkehr der DB wurde bis zur Eröffnung der Neubaustrecken zwischen Würzburg und Hannover sowie zwischen Stuttgart und Mannheim auf einem im vorigen Jahrhundert angelegten Streckennetz und fast ausschließlich mit lokbespannten Zügen durchgeführt. Ausnahmen stellten die im Rahmen des europäischen Trans-Europ-Express-Abkommens ab 1957 eingesetzten Diesel-Schnelltriebwagen der Baureihe VT 11.5 und die drei elektrischen Schnelltriebwagen der Reihe 403 von 1973 für den rein erstklassigen IC-Verkehr. Die Einführung der zweiten Wagenklasse in den Intercity-Zügen ab 1978/79 beendete jedoch deren Plandienst und ließ sie in den Reisebüro- bzw. Lufthansa-Dienst abwandern. Im Jahre 1973 konnte der erste Rammschlag für die Neubaustrecke Hannover – Würzburg erfolgen, deren 28,7 km langer Abschnitt Burgsinn – Hohe Wart schon ab 1986 für Probefahrten mit dem Intercity-Experimental benutzt werden konnte. Die Neubaustrecken der DB sind für eine Reisegeschwindigkeit von 250 km/h ausgelegt, wofür nun auch wieder die Beschaffung eines Triebwagenzuges geplant wurde. Nach umfangreichen Forschungen, die mit Mitteln des Bundesministeriums für Forschung und Technologie unterstützt wurden, auf geeigneten Strecken im Netz der DB und auf dem Rollenprüfstand des Bundesbahn Zentralamtes in München-Freimann, konnten die Planungen für einen Versuchs- und Demonstrations-Triebzug „Intercity-Experimental" (ICE) im Herbst 1982 beginnen. Dabei war nicht, wie bisher allgemein üblich, ein Hersteller für ein komplettes Fahrzeug zuständig, sondern mehrere Firmen beteiligten sich am Bau eines jeden Triebkopfes. Hersteller beider Führerstände war Krauss-Maffei, die Seitenwände stammen von Thyssen-Henschel, die Fahrzeugrahmen von Krupp, wo auch die Rohwagenkästen der Triebköpfe zusammengeschweißt wurden. Die Endmontage des Triebkopfes 410 001 erfolgte bei Krupp, die des Triebkopfes 410 002 bei Thyssen-Henschel.

In den drei Mittelwagen des fünfteiligen 410/810 sind vor allem Meß- und Testanlagen installiert

TECHNISCHE DATEN

Baureihenbezeichnung		410/810
Indienststellung (1. Jahr)		1985
Hersteller		Krupp, Henschel, Krauss-Maffei, MBB, Düwag, Linke-Hoffmann-Busch
Achsformel		Bo'Bo'+2'2'+2'2'+2'2'+Bo'Bo'
Länge über Puffer	mm	113.000
Dienstmasse	t	299,1
Stromsystem		15 kV, 16 2/3 Hz
Art des Antriebs		Kardangelenkantrieb
Dauer-/Maximalleistung	kW	3640/4200 (ein Triebkopf)
Höchstgeschwindigkeit	km/h	350
Anzahl der Sitzplätze EB		87

Auch zu Demonstrationsfahrten wurde der „ICE-V" in den ersten sechs Jahren oft herangezogen – mit Sowjet-Flagge

Die beiden Mittelwagen 810 001 und 003 entstanden bei MBB in Donauwörth, wo auch der dritte Mittelwagen 810 002, dessen Wagenkasten bei der Duewag in Krefeld gebaut und bei Linke-Hofmann-Busch in Salzgitter ausgerüstet wurde, seine Endmontage erfuhr. Alle Fahrzeuge tragen das Baujahr 1985, die erste vorläufige Abnahme durch die DB erfolgte am 21.06.1985. In vielen Probefahrten wurde die Geschwindigkeit schrittweise immer weiter erhöht. Am 14.11.1985 wurde erstmals die 300 km/h-Grenze überschritten, und am 26.11.1985 fuhr der Zug 316 km/h. Am 01.05.1988 schließlich erreichte der IC Experimental als erstes Schienenfahrzeug der Welt eine Geschwindigkeit von 406,9 km/h, was den Weltrekord bedeutete. Am 05.12.1989 jedoch holte sich die französische Staatsbahn mit dem TGV den Weltrekord mit einer Geschwindigkeit von 482,4 km/h zurück, und am 18.05.1990 erreichte ein TGV die Höchstgeschwindigkeit von 515,3 km/h, was bis heute den Weltrekord für Schienenfahrzeuge darstellt. Planungen, den IC-Experimental als Erprobungsträger für künftige ICE-Mehrsystemzüge zu verwenden, wurden bisher nicht verwirklicht. Der Zug sollte, da er nicht im Regeldienst tätig ist, den Bahndienstfahrzeugen als 745/746 zugeordnet werden, dies wurde voläufig rückgängig gemacht.

Konstruktion

Der Fahrzeugteil der Triebköpfe 410 001 und 002 besteht aus dem selbstragenden Fahrzeugkasten und den beiden Triebdrehgestellen. Der Fahrzeugkasten setzt sich zusammen aus dem Hauptrahmen, den zwei Längsträger, zwei Mittellängsträger, zahlreiche Querversteifungen und das vordere und hintere Kopfstück bilden, den zellenförmig verschweißten Seitenwänden und den beiden Dachträgern, die durch mehrere Dachspriegel miteinander verbunden sind. Das Dach besteht aus einzelnen aufgeschraubten, zum Austausch von Aggregaten abnehmbaren, Einzelsegmenten. Das Führerhaus istaus eine aufwendige Stahlgerippekonstruktion mit aufgeschweißten Bekleidungsblechen, die Nase des Fahrzeuges bildet ein glasfaserverstärktes Bauelement. Die Form wurde in Windkanalversuchen ermittelt. Die Drehgestellrahmen sind geschweißte Kastenträgerrahmen, die drehzapfenlos im Fahrzeugrahmen geführt werden. Um die ungefederten Massen möglichst gering zu halten, sind die beiden Fahrmotoren eines jeden Drehgestelles zu zwei Dritteln am Rahmen aufgehängt., zu einem Drittel über zwei Vertikalpendel am Drehgestellkopfträger. Verbunden mit den Anlenkpunkten des Fahrzeugkastens sind die Drehgestelle durch tiefliegende Zug-/Druckstangen. Die Radsätze mit Monobloc-Rädern sind über einseitige Stangenlenker längs geführt, sie lagern beim Triebkopf 410 001 in Zylinderrollenlagern, beim Triebkopf 410 002 in Kegelrollenlagern und sind zur Schallverminderung mit Schallabsorbern ausgerüstet.
Vom Dachstromabnehmer des neu entwickelten Typs DSA 350 gelangt der Fahleitungsstrom über einen Netzfilter zur Oberspannungswicklung des ölgekühlten Haupttransformators, der auf besonders starken Querträgern etwa in Mitte des Hauptrahmens steht. Über eine durchgehende, innerhalb des Zuges verlegte Hochspannungsleitung wird der jeweils abgebügelt laufende Triebkopf mit elektrischer Energie versorgt. Der Transformator liefert in zwei Schritten mit Hilfe der Leistungselektronik und teilweise mikroprozessorgesteuert den Drehstrom mit stufenlos veränderbarer Spannung und Frequenz für den Betrieb der zwei fremdbelüfteten Asynchronmotoren pro Triebkopf. Die Motoren treiben je eine Achse mittels eines einseitigen Kardangelenk-Antriebes an. Die Fahrzeugsteuerung verknüpft drei Funktionsbereiche des Zuges: die zentrale Sollwertebene, die Antriebssteuerung und die Bremssteuerung, sie wurde bereits in den Vorserienlokomotiven der Baureihe 120 erfolgreich erprobt. Die Bremssteuerung verwendet als Datenübertragungsstrecke Lichtwellenleiter. Die Führerstände der 410 entsprechen dem integrierten Führerraum, wie er erstmals in der Baureihe 111 verwandt wurde.
Die hohe Geschwindigkeit des Vorserien-ICE benötigt natürlich ein besonders leistungsfähiges Bremssystem. Es kommt eine Kombination aus generatorischer Netzbremse in den Triebköpfen mit einer Wirbelstrom- und Scheibenbremse im gesamten Zug zur Anwendung, wobei zur Abbremsung zunächst die verschleißfreien Netz- und Wirbelstrombremse wirken. Dem Sichern des stehenden Zuges dient eine Federspeicherbremse. Als Sicherheitseinrichtungen sind neben der üblichen Sicherheitsfahrschaltung, induktiver Zugbeeinflussung und Zugbahnfunk eine elektrische Notbremsschleife zur Sicherung des Energiebedarfs der Scheiben- und Wirbelstrombremse bei Stromausfall und die Linienzugbeeinflussung der Bauart LZB 80 vorhanden.
Die drei Mittelwagen 810 001 – 003 entsprechen einander im wagenbaulichen Teil. Die besonders leichte Fahrzeugzelle besteht aus Aluminium-Strangpreßprofilen mit aufgeschweißten Bekleidungsblechen. Völlig neuartig sind die außenbündig aufgeklebten durchgehenden Außenscheiben, zwei weitere innenliegende Scheiben bieten einen guten Schallschutz, auf den sehr großer Wert gelegt wurde, da insbesondere die Tunneldurchfahrten eine hohe Geräuschbelästigung darstellen würden. Völlig neuartig sind die ebenfalls außenbündigen Fahrzeugübergänge zwischen den einzelnen Wagen, die umlaufend geschlossen sind.
Die Mittelwagen 810 001 und 002 sind als Demonstrationswagen mit einer den folgenden Serien-ICE gleichenden Inneneinrichtung versehen. Der Demonstrationswagen 1 (810 001) besitzt ein Großraumabteil der ersten Wagenklasse mit 28 Sitzplätzen in Dreierreihen und einen Gesellschaftsraum mit Tischen und Bänken. An jedem Wagenende befindet sich eine druckdichte Toilette. Der Demonstrationswagen 2 (810 002) beinhaltet ein Großraum der ersten Wagenklasse mit 15 Sitzplätzen und ein Großraum der zweiten Klasse mit 27 Sitzplätzen in Viererreihen. Zwischen den beiden Abteilen befindet sich eine kleine Anrichte und eine Toilette. Im Meßwagen 810 003 ist eine kleine Küche, der Meßraum und der Auswerteraum untergebracht.

BEHEIMATUNGEN

Betriebseinsatz

Der ICE-Prototyp 410/810 ist beim Bw Frankfurt 1 beheimatet. Im Auftrag der Bundesbahn-Zentralämter Minden und München werden damit Abnahmefahrten sowohl der Neubaustrecken als auch von neuen Bauteilen, wie zum Beispiel jüngst Drehgestellen für den ICE 2, durchgeführt.

REDAKTION: AXEL ENDERLEIN; AUFNAHMEN: CWS, LINDENBLATT, NIEDT

411 526: Im Mai 2000 hatte die Baureihe die erste Bewährungsprobe zu bestehen. Nach ersten Verspätungen lief der Einsatz dann recht problemlos

Baureihen 411, 415

Für den Einsatz im InterCity-Verkehr auf den elektrifizierten, teilweise recht kurvenreichen Altbaustrecken favorisierte die DB ebenfalls das starre Triebwagenkonzept. Zur Beschleunigung der Reisezeiten ohne einen aufwendigen Ausbau der Strecken musste auch hier zur Neigetechnik, die sich im Regionalverkehr Oberfrankens sowie im Fernverkehr Italiens und Schwedens bewährt hatte, zurückgegriffen werden. Im Jahre 1994 bestellte die DB beim Konsortium "IC NeiTech", bestehend aus den Firmen DWA Berlin als Konsortialführer, DUEWAG, Fiat und Siemens 32 siebenteilige Züge als zukünftige Reihe 411 und elf fünfteilige Züge als Reihe 415. Eine Option besteht für 40 weitere Züge. Die beiden, offiziell zunächst als ICT, heute als ICE-T bezeichneten Baureihen sind sowohl untereinander als auch mit dem ICE 3 und dem dieselelektrischen Neigetechnikzug der Baureihe 605 kuppel- und steuerbar. Die elektrische Ausrüstung der ICE-T entspricht weitestgehend den gleichzeitig entwickelten Zügen der ICE-3-Generation mit den Baureihen 403 und 406. Die fünf Züge 415 080 – 084 sind für die Einsätze in die Schweiz mit dem "Schweizpaket" ausgestattet.

Die Konzeption der Züge basiert auf dem Modulsystem, um weitere Zugkonfigurationen ohne größeren Aufwand erstellen zu können. Die nicht angetriebenen End- bzw. Steuerwagen 411.0 und 411.5 sowie 415.0 und 415.5, als Trafowagen ausgebildet, tragen die Stromabnehmer, unterflur sind die Transformatoren untergebracht. Die daran anschließenden angetriebenen Mittelwagen 411.1 und 411.6 sowie 415.1 und 415.6 sind die Stromrichterwagen. Die Mittelwagen 411.2 und 411.7 der siebenteiligen Garnitur sowie der letzte verbleibende Mittelwagen 415.7 der fünfteiligen Garnitur sind ebenfalls angetrieben, haben aber keine weitere traktionstechnische Funktion zu erfüllen. Im siebenteiligen 411 gibt es schließlich noch einen nicht angetriebenen Mittelwagen als Baureihe 411.8.

Innerhalb des Konsortiums sind Bombardier DWA in Görlitz für den Bau der Steuerwagen und der antriebslosen Mittelwagen und die Siemens-Tochter DUEWAG in Uerdingen für den Bau der angetriebenen Mittelwagen zuständig. Die elektrische Ausrüstung der Züge liefert Siemens Verkehrstechnik in Erlangen, die bereits in den italienischen Pendolini ETR 460 und ETR 470 (Cisalpino) bewährte Neigetechnik Fiat Ferroviaria in Savigliano. Zur Komponentenerprobung mietete das Konsortium den NeiTech-Zug 610 004/504 an, er wurde mit den neuen Fiat-Pendolino-Drehge-

Technische Daten

Baureihenbezeichnung		411.0+411.1+...411.8	415.0+415.1+...415.7
Eigentümer		DB Reise & Touristik	DB Reise & Touristik
Indienststellung (1. Jahr)		1999	1999
Hersteller		DWA, DUEWAG, Fiat, Siemens	
Achsformel		2'2'+(1A)'(A1)'+(1A)'(A1)'+2'2'+(1A)'(A1)'+(1A)'(A1)'+2'2' (411)	
Länge über Kupplung	mm	184.400	132.600
Dienstmasse	t	368	273
Stromsystem		15 kV, 16,7 Hz	15 kV, 16,7 Hz
Art des Antriebs		Gelenkwelle mit Stirnradgetriebe	Gelenkwelle m. Stirnradgetr.
Dauerleistung (Traktion)	kW	4.000	3.000
Höchstgeschwindigkeit	km/h	230	230
max. Anfahrzugkraft	kN	200	150 (Triebkopf)
Sitzplätze pro Zug	1. Klasse	53	41
	2. Klasse	304	209
	Restaurant	24	0

Seit Mai 2000 kommt der 411 (meist in Doppeltraktion) regelmäßig nach Leipzig

stellen ausgestattet und erreichte so hinter der Schnellfahrlok 750 003 auf der Neubaustrecke Hannover – Würzburg eine Geschwindigkeit von 275 km/h. Zudem wurde die Steuerung der Stromabnehmer bei Neigefahrt mit diesem Triebwagen auf dem Siemens-Testgelände in Wegberg-Wildenrath erprobt. Ende 1997 konnte in Wildenrath die Inbetriebsetzung des ersten fünfteiligen Zuges 415 001 beginnen, am 3. April 1998 schließlich wurde erstmals ein ICE-T-Steuerwagen im DWA-Werk Görlitz der Öffentlichkeit vorgestellt. im Frühjahr 1998 begannen dann auch die ersten Einstell- und Versuchsfahrten mit dem 415 auf dem Testgelände in Wildenrath. Die offizielle Abnahme der ersten ICE-T erfolgte für die Schweiz-tauglichen Garnituren 415 080 – 084 am 28. Mai 1999, um bereits zwei Tage später mit dem Beginn des Sommerfahrplanes 1999 in einem dreitägigen Umlaufplan den planmäßigen Betrieb zwischen Stuttgart, Singen und Zürich aufzunehmen. Am 23. August 1999 erfolgte die Abnahme der ersten normalen 415 002 – 004, zwischen dem 18. und dem 23. Dezember 1999 schließlich auch der ersten 411 007 – 016, so dass hier die Streckenzulassungsfahrten und die Personalschulungen für die künftigen Einsatzgebiete beginnen konnten.

Konstruktion

Die Wagenkästen der ICE-T sind in Aluminium-Integralbauweise ausgeführt. Die in der Primär- und in der Sekundärfederung mit Schraubenfedern abgestützten Drehgestelle mit einem Achsstand von 2.700 mm sind gleich aufgebaut. Vollständig in die Drehgestelle integriert werden konnte die Einrichtung für die automatisch gesteuerte, hydraulisch arbeitende Neigetechnik, welche eine Neigung des Zuges um 8 Grad nach jeder Seite ermöglicht. Eine aktive Querfederung vermeidet ein Anschlagen der Wagenkästen an die Querspielbegrenzung. Eine mechanische Stromabnehmer-Nachführeinrichtung hält den Stromabnehmer stets in Mittellage, um ein Abrutschen von der Fahrleitung zu vermeiden. Die Triebdrehgestelle sind auf je einer Achse angetrieben, wobei der 500 kW leistende Drehstrom-Asynchronmotor aus Platzgründen nicht vollständig im Drehgestell, sondern mit einem Ende am Wagenkasten aufgehängt ist. Über eine Gelenkwelle und ein Kegelradgetriebe wird der Radsatz angetrieben.

Die antriebslosen Endwagen der BR 411.0 und 415.0 bzw. 411.5 und 415.5 sind jeweils identisch. Unter diesen 27.900 mm langen Fahrzeugen befindet sich jeweils ein Transformator mit einer Bauhöhe von nur 735 mm. Die Mittelwagen haben eine Länge von 25.900 mm. Sie teilen sich technisch in Stromrichterwagen, Fahrmotor-Mittelwagen und antriebslose Mittelwagen auf. Die Fahrmotor-Mittelwagen verfügen über eine Trenneinrichtung für die Einspeisung des Motorstromes, die es ermöglicht, den Strom alternativ von einem oder von zwei verschiedenen Stromrichterwagen zu beziehen. In der siebenteiligen Konfiguration des 411 erhalten beide Fahrmotoren ihren Strom vom benachbarten Stromrichterwagen, während der zwischen den beiden Stromrichterwagen eingesetzte Fahrmotor-Mittelwagen des fünfteiligen 415 den Strom für jedes Drehgestell einzeln vom jeweils dazu benachbarten Stromrichterwagen bezieht.

Das zentrale Bremsmanagement steuert die drei verschiedenen Bremssysteme der Triebzüge je nach den Leistungsanforderungen. Die ICE-T-Garnituren verfügen als primäre Bremse über eine rückspeisende generatorische Bremse durch die Fahrmotoren, eine selbsttätige mehrlösige, elektropneumatisch gesteuerte Druckluft-Scheibenbremse sowie eine Magnetschienenbremse. Die Leittechnik und Diagnosesysteme der ICE-T erfolgen mittels SIBAS(r)32-Steuergeräten, alle Rechnerkomponenten sind unmittelbar an den Fahrzeugbus angeschlossen.

Die Endwagen 411.0 und 415.0 sind als 2.-Klasse-Wagen mit 55 Sitzplätzen, hiervon acht in der an den Führerstand angrenzenden Lounge und je vier in zwei Abteilen, eingerichtet. Die Endwagen 411.5 und 415.5 verfügen in einem Großraum 1. Klasse über 35 Sitzplätze, zudem sechs weitere in der Lounge. Die Stromrichterwagen 411.1 und 415.1 verfügen über einen Großraum 2. Klasse mit 63 Sitzplätzen, die Servicezone für Großgepäck und je eine behindertengerechte und eine normale Toilette. Der Stromrichterwagen 411.6 enthält einen 1.-Klasse-Großraum mit zwölf Plätzen, einen Großraum 2. Klasse mit 47 Sitzen, ein weiteres Gepäckabteil und zwei Toiletten. Der zweite Stromrichterwagen 415.6 enthält ein Stehbistro, das Eltern-Kind-Abteil und einen Großraum mit 16 Sitzplätzen 2. Klasse. Die Fahrmotor-Mittelwagen 411.2 und 415.7 beinhalten einen Großraum mit 62 Sitzplätzen und das Zugbegleiterabteil. Der Fahrmotor-Mittelwagen 411.7 enthält das Zugrestaurant mit 24 Plätzen sowie das Eltern-Kind-Abteil, der antriebslose Mittelwagen 411.8 schließlich bietet einen Großraum 2. Klasse mit 64 Sitzen und einen Mehrzweckraum mit drei Klappsitzen.

Betriebseinsatz

Alle ICE-T sind beim ICE-Werk München-Süd der DB Reise & Touristik beheimatet. Von den 411 waren im Juli 2000 bereits 29 Züge abgenommen, von den 415 zehn. Zum Sommerfahrplan 1999 begann der planmäßige Einsatz der Schweiz-tauglichen Garnituren der BR 415 zwischen Stuttgart und Zürich, ab dem 1. Dezember 1999 befuhr ein weiterer 415 als InterRegio die Strecke Dresden – Zwickau. Ab dem 19. Dezember 1999 wurden die 411 auf der Relation Berlin-Wannsee – Düsseldorf eingesetzt. Seit dem Sommerfahrplan 2000 verkehrt der 411 als 14-teilige Doppeleinheit zwischen München, Leipzig und Berlin sowie als zwölfteilige Einheit in Verbindung mit einem 415 zwischen Dresden und Frankfurt (Main). Diese Relation soll bis Saarbrücken verlängert werden.

Beheimatung

München

AUTOR: ENDERLEIN; AUFNAHMEN: VOLK, MIETHE

Noch viele 420 sind in ihrer ursprünglichen oder in recht alter Lackierung unterwegs,420 079 auf dem Weg nach Markt Schwaben

Baureihen 420 + 421

In München wurde 1972 ein neues S-Bahn-Netz eröffnet, dessen Bau auch durch die im selben Jahr stattfindenden olympischen Sommerspiele gefördert wurde. 412 km Strecken und der neu gebaute Innenstadttunnel vom Haupt- zum Ostbahnhof erforderten neue Triebzüge, bei deren Entwicklung zum Teil auch die Betriebserfahrungen mit den älteren ET 430 und ET 427 einfließen konnten. Die neuen dreiteiligen Triebzüge der Baureihe 420/421 erwiesen sich als sehr gelungene Konstruktion, die nicht nur in München, sondern auch im Ruhrgebiet, im Rhein-Main-Gebiet und in Stuttgart Verbreitung fanden. Die in Köln und Düsseldorf für den Einsatz im Ruhrgebiet beheimateten Züge wurden später durch lokbespannte Wendezüge ersetzt, die Triebzüge an die anderen S-Bahn-Netze abgegeben, wo sie dringend benötigt wurden. Seit Herbst 1990 helfen allerdings auch wieder 420 im Ruhrgebiet aus.
Nach der Erprobung von drei Prototyp-Triebzügen, die 1969 geliefert wurden, konnten noch bis zum Beginn der Olympiade 120 Garnituren in München in Dienst gestellt werden, denen über zwanzig Jahre hinweg weitere folgten. Insgesamt sind bis 1996 in acht Bauserien 480 dreiteilige Triebzüge geliefert worden, die Betriebsnummern 420/421 391 – 399 / 420 891 – 899 blieben unbesetzt. Zusätzlich beschaffte die DB als Ersatz für ausgebrannte oder durch Unfälle zerstörte Einzelwagen Ersatzfahrzeuge. Bauliche Veränderungen konnten bei den einzelnen Bauserien einfließen, äußerlich auffällig ist das vor allem bei den neuesten Bauserien 7 und 8, die nur einen Dachstromabnehmer und Schwenk- statt Schiebetüren aufweisen.

Konstruktion

Die dreiteiligen Triebzüge der Baureihe 420/421 sind allachsgetrieben ausgeführt, um die im S-Bahn-Verkehr geforderte schnelle Beschleunigung und gute Traktion zu ermöglichen. In 44 Sekunden erreichen die Züge ihre Höchstgeschwindigkeit von 120 km/h, die Anfahrbeschleunigung beträgt 1,0 m/s² bis zu einer Geschwindigkeit von 60 km/h, darüber bis zur Höchstgeschwindigkeit beträgt sie 0,9 m/s².
Die Wagenkästen der Triebzüge sind in Aluminiumleichtbauweise erstellt, nur in der ersten, 117 Züge umfassenden Serie, sowie bei den Prototypen sind die Endtriebwagen noch in Stahlleichtbauweise gebaut. Die Wagenkästen bilden zusammen mit dem Untergestell eine geschweißte, verwindungssteife und selbsttragende Röhrenkonstruktion in kombinierter Spanten- und Schalenbauweise. Bei den Mittelwagen wurden bevorzugt Strangpressprofile verwendet, bei den Endwagen dagegen abgekantete Profile. Die unter dem

Technische Daten

Baureihenbezeichnung		420.0+421+420.5
Eigentümer		DB Regio
Indienststellung		1969 (Vorserie)/1971
Hersteller		MAN, WMD, LHB, MBB, O&K, Uerdingen, Waggonunion, AEG, BBC, SSW
Achsformel		Bo'Bo'+Bo'Bo'+Bo'Bo'
Länge über Puffer	mm	67400
Dienstmasse	t	139,0 *
Stromsystem		15 kV, 16 2/3 Hz
Art des Antriebs		Tatzlager
Stundenleistung	kW	2400
Geschwindigkeit b. Stundenl.	km/h	72
Höchstgeschwindigkeit	km/h	120
Anfahrzugkraft (0-60 km/h)	kN	180
max. Anfahrbeschl. (0-60 km/h)	m/s²	1,0
max. Dauerbremskr. (el., 120-70 km/h)	kN	160
Schnellbremsverzögerung (Druckluft)	m/s²	0,95
Anzahl der Sitzplätze		194

*420/421 131-412: 129,0 t, ab 420 413: 135,0 t

Im neuen Corporate Design der DB ist 420 651 auf dem Weg nach Geltendorf

ganzen Zug angeordnete Bodenwanne nimmt die elektrischen Bauteile auf, sie ist in die tragende Konstruktion einbezogen und weitgehend geschlossen. Übergangsmöglichkeiten zwischen den einzelnen Wagen wurden nicht vorgesehen, die Stirnpartien sind leicht abgerundet und abgeschrägt. Die Fahrgasträume sind als zweite Klasse Großräume in 2+2 Bestuhlung mit 177 Sitzplätzen ausgebildet. Bei Ausbesserungen werden zunehmend die Trennwände ausgebaut, was im Zusammenhang mit den neuen Sitzbezügen den Zügen eine großzügigere und freundlichere Atmosphäre verleiht. Die Sitzbreite beträgt 500 mm bei einer Abteiltiefe von 1.650 mm und einer Gangbreite von 540 mm. Im Mittelwagen 421 sind zusätzlich zwei erster Klasse Abteile mit 17 Sitzplätzen vorhanden, die in München nicht benötigt und daher zur zweiten Klasse umgestaltet wurden. In der ersten Klasse sind die Sitze 485 mm breit, der Gang 500 mm, und die Abteiltiefe beläuft sich auf 1.850 mm. Ursprünglich war der 1.-Klasse-Bereich mit 33 Plätzen noch größer, er wurde jedoch alsbald verkleinert. Alle Sitze sind gepolstert und mit einem Kunststoffbezug, in der 1. Klasse mit einem Stoffbezug, versehen. Seit 1995 werden im Rahmen einer Sonderarbeit in der 2. Klasse vandalismusresistente, stoffbezogene Sitze eingebaut. Der Zugang erfolgt über 12, regelmäßig angeordnete Doppelschiebetüren mit einer lichten Weite von 1.000 mm, die neuesten Fahrzeug besitzen doppelflügelige Schwenktüren mit 1.300 mm lichter Weite. Der Einstieg auf reinen S-Bahn-Strecken ist stufenlos, bei Bahnsteigen mit Mischnutzung und 760 mm Höhe ist eine Stufe zu überwinden. Die Türen sind mit einer Schließeinrichtung ausgerüstet. Die Luftheizung wird über Thermostate geregelt und über die Bremswiderstände gespeist; sie ist auch als Belüftungsanlage nutzbar. Der Beleuchtung dient ein durchgehendes Leuchtstofflampen-Band, zusätzliche Leuchten sind an den Türen vorhanden. Darüber hinaus gehören eine Innen- und Außenlautsprecheranlage ebenso zur technischen Ausstattung der Fahrzeugen, wie Sicherheitsfahrschaltung, induktive Zugsicherung und Zugbahnfunk. Einige Fahrzeuge der 8. Bauserie sind versuchsweise mit der neuen »Punktförmigen Zugbeeinflussung« PZB 90 ausgestattet. Die für den Münchner S-Bahn-Stammstreckentunnel anfangs vorgesehene Linienzugbeeinflussung »LZB« wurde bald wieder ausgebaut.

Die Wagenkästen ruhen auf Drehgestellen, deren Rahmen als geschweißte Hohlkastenträger mit Kopfträgern ausgebildet sind. Die in Wälzlagern laufenden Radsätze stützen sich mit Schraubenfedern am Rahmen ab, während der Wagenkasten luftgefedert ist und eine Niveauregelung aufweist. Stoßdämpfer und eine Notfederung sind vorhanden. Die Zug- und Stoßkräfte zwischen Drehgestell und Wagenkasten werden über zweiarmige Mitnehmerhebel mit Stoßdämpfern übertragen.

Die Kupplung der Einzelwagen erfolgt mit Scharfenberg-Kurzkupplungen, zusätzlich sind einseitige Dämpfungspuffer vorhanden. Die Verbindung mehrerer Züge – bis zu drei Garnituren können per Vielfachsteuerung betrieben werden – wird mittels der selbsttätigen Mittelpufferkupplung der Bauart Scharfenberg ermöglicht. Elektrische und pneumatische Kontakte werden dabei über seitlich am Kupplungskopf angebrachte Kontakte mitgekuppelt.

Als Stromabnehmer sind zwei, ab der siebten Bauserie nur noch ein Einholmstromabnehmer vom Typ SBS 65 montiert. Bei Ausbesserungen wird zunehmend auch der zweite Stromabnehmer der älteren Serien abgebaut.

Ursprünglich sollten die S-Bahn-Züge in den einzelnen Netzen individuelle Fensterband-Farbgebungen erhalten, für München war blau vorgesehen, für Frankfurt rot und für Düsseldorf orange. Dementsprechend wurden auch die ersten drei Züge lackiert, während danach nur das blaue Fensterband für München Bestand hatte, alle anderen S-Bahn-Netze erhielten Züge in orange-kieselgrauer Lackierung. Seit 1985 ist man dazu übergegangen, grundsätzlich alle Züge mit orangefarbenen Fensterband zu versehen, und seit der Einführung des neuesten Farbschemas bei der DB ist das Orange blasser und wird von einem schmalen gelben Streifen begleitet. Einige Triebzüge erhielten mittlerweile auch Vollwerbung, die sowohl den gesamten Zug als auch nur den Mittelwagen betreffen kann.

Für die Münchener Flughafen-S-Bahn wurden 15 Züge 420/421 174 – 188 mit einem hellblauen Anstrich, einem weißen »M« und entsprechenden Schriftzügen ausgestattet. Außerdem wurde ihre Inneneinrichtung erneuert. Sie wurden 1993 durch sechs Neubauzüge 420/421 425 – 430 aus der achten Bauserie ergänzt, die von Beginn an für die Flughafen-Strecke S 8 hergerichtet waren. Mit dem Zug 420 324 begann im Mai 1997 die verkehrsrote Lackierung der Baureihe.

Betriebseinsatz

Die 477 im Juli 2000 vorhandenen Triebzüge der Baureihe 420/421 werden in den S-Bahn-Netzen München durch den Bh München-Steinhausen, Frankfurt/Rhein-Main durch den Bh Frankfurt (Main)-Griesheim, und Stuttgart durch den Bh Plochingen eingesetzt. Sie kommen als Kurzzüge mit drei Wagen, als Vollzüge mit sechs Wagen und als Langzüge mit neun Wagen, also drei dreiteiligen Zügen, zum Einsatz. Die Fahrzeuge 420 001 – 200 sind ausschließlich in München stationiert, die neuesten Bauserien fahren, von einigen in München eingesetzten Zügen abgesehen, in Stuttgart. Im Jahr 2000 begann in München und Stuttgart der Ersatz durch die Nachfolge-Baureihe 423, so dass ab dem Jahr 2001 die Abstellung zahlreicher der inzwischen sehr schadanfälligen älteren Züge ermöglicht wird.

Beheimatung

München, Plochingen, Frankfurt (Main)

AUTOR: ENDERLEIN; AUFNAHMEN: VOLK (2)

Ein neues Fahrzeug für den Nahverkehr: 425 522 in Hennigsdorf

Baureihen 423, 424, 425, 426

Seit 1990 arbeitete das damalige Bundesbahn-Zentralamt München an einem zeitgemäßen Nachfolger für den S-Bahn-Triebzug 420. Zugleich sollte zur Modernisierung des elektrischen Regionalverkehrs eine Variante eines modernen Triebwagens für Einsätze außerhalb der S-Bahn-Netze mit den spezifischen Einrichtungen entstehen. Zudem gebot die Vergabe der "Expo 2000" an Hannover die vorzeitige Errichtung eines leistungsfähigen S-Bahn-Netzes für den Großraum Hannover, welches betrieblich bedingt eine vom allgemeinen S-Bahn-Standart abweichende Bahnsteighöhe von 760 mm erhalten musste. Somit vergab die DB im November 1994 Entwicklungs- und Lieferaufträge für insgesamt 339 Triebzüge vier verschiedener Triebzugtypen, welche allerdings in den wesentlichen Baugrundsätzen vereinheitlicht werden sollten, an die Industrie. Das Konsortium ABB Henschel und LHB erhielt den Auftrag für 100 S-Bahn-Züge der BR 423 für die S-Bahn-Netze Frankfurt (Main), München und Stuttgart, das Konsortium AEG, DWA und Siemens eine Bestellung über 60 S-Bahn-Triebzüge der BR 424 für Hannover sowie 136 vierteilige Triebzüge Baureihe 425 und 43 hieraus abgeleitete zweiteilige Triebzüge 426 für den allgemeinen Regionalverkehr. 1996 bestellte die DB weitere 90 Triebzüge 423, gleichzeitig wurde der Auftrag für 20 Züge der BR 424 in eine Bestellung von 20 Zügen 425 umgewandelt. Im Jahr 1999 erfolgte die nochmalige Bestellung weiterer 110 Züge der BR 423 für das Münchner S-Bahn-Netz, so dass das Auftragsvolumen nunmehr 539 elektrische Triebzüge umfasste.

Für die Fahrzeuge wurde seitens der DB ein weitgehend identisches Anforderungsprofil aufgestellt. Gegenüber den bisherigen Triebzügen wurden durchgehend begehbare Fahrzeugeinheiten mit gleichbleibender, auf die jeweilige Bahnsteighöhe abgestimmter, Fußbodenhöhe mit einer größtmöglichen Transparenz für den Komfort und die Sicherheit der Fahrgäste gefordert. Hierzu gehören auch die Notsprechstellen, ein modernes Fahrgastinformationssystem, behindertengerechte Toiletten in den 425 und 426 – nachträglich auch in den 424 – sowie Einstieghilfen und Mehrzweckräume. Der Betrieb forderte vor allem die Möglichkeit der Mehrfachtraktion je

Technische Daten

Baureihenbezeichnung	423+433	424+434	425+435	426.0+426.5
Eigentümer	DB Regio	DB Regio	DB Regio	DB Regio
Indienststellung	1998	1997	1999	1999
Achsformel	Bo'Bo'2Bo'Bo'			Bo'2'Bo'
Länge über Puffer mm	67.400	67.500	67.500	36.490
Dienstmasse t	123,4	108	108	60,9
Stromsystem		15 kV, 16,7 Hz		
Antrieb (Stirnradgetr. m.)	Keilpaketkupplung		Bogenzahnkupplung	
Stundenleistung kW	2.350	2.350	2.350	1.175
Höchstgeschwindigkeit km/h	140	140	160	160
Anfahrbeschl. (0 - 60 km/h) m/s²	1,0	1,0	1,0	0,88
Schnellbremsverzögerung m/s²	0,9	0,9	0,9	0,9
Anzahl der Sitzplätze	192	206	206	100

423 501 steht inzwischen im regulären Einsatz. Die 423 sollen dereinst die 420 ablösen

nach Fahrgastaufkommen sowie einen automatischen Vorbereitungsdienst. Die Wirtschaftlichkeit der neuen Züge war durch den Drehstromantrieb mit elektrodynamischer Nutzbremse mit Fahrstrom-Rückspeisung, Leichtbau sowie moderne Diagnose- und Überwachungssysteme und eine weitgehend einheitliche Ausführung der Bauteile zu erreichen.
Im Februar 1998 wurde bei Adtranz in Hennigsdorf als erstes Fahrzeug der neuen Triebzuggeneration die Reihe 424 vorgestellt, ein gutes halbes Jahr später präsentierte sich der erste 423 006 auf der "Innotrans 98" in Berlin der Öffentlichkeit. Im Lauf des Jahres 1999 folgten die ersten Züge der Baureihen 425 und 426.

Konstruktion

Bei den vierteiligen Triebzügen 423, 424 und 425 bilden jeder Endtriebwagen und der jeweils benachbarte, mit einer um zehn erhöhten Baureihennummer versehene Mittelwagen eine unabhängige elektrische Einheit, identisch aufgebaut sind der zweite Mittelwagen und der zugehörige Endtriebwagen. Auch die beiden Fahrzeuge des 426 sind technisch identisch.
Der Wagenbau entspricht durch die Verwendung von Aluminium-Pressstrangprofilen sowie der als komplexes Kunststoff-Sandwichbauteil ausgeführten Kopfverkleidung des Führerstandes die Forderungen nach dem konsequenten Leichtbau. Stirnseitig sind die Triebzüge mit der Scharfenberg-Mittelpufferkupplung ausgestattet, während die einzelnen Wagenkästen untereinander mittels Metallgummi-Sphärolagern miteinander verbunden sind. Je zwei Wagenkästen stützen sich auf ein tiefangelenktes, wiegenloses gemeinsames Jacobsdrehgestell ab, von denen die jeweils in Zugmitte angeordneten reine Laufgestelle sind. Unterflur unter den Wagenkästen der Endtriebwagen sind die extrem flach gebauten Transformatoren und Stromrichter, unter den Mittelwagen die Einrichtung für die Bordnetzversorgung platziert. Auf dem Fahrzeugdach der Triebzüge befindet sich ein Stromabnehmer des Typs DSA 350 SEK nebst der zugehörigen Hochspannungsausrüstung für den gesamten Triebzug, die Klimageräte für die Führerräume sowie die Einrichtungen für die Beheizung und Belüftung.
Die Enddrehgestelle und außer beim 426 benachbarten Jacobsdrehgestelle sind als von Adtranz entwickelte Triebdrehgestelle ausgebildet und auf jeder Achse durch einen vierpoligen vollständig gekapselten Drehstrom-Asynchronmotor von Adtranz (beim 423) und Siemens (424 - 426) über ein zweistufiges achsreitendes Stirnradgetriebe angetrieben. Im 423 sorgt eine Keilpaketkupplung für die Drehmomentübertragung und den Bewegungsausgleich zwischen Radsatz und Getriebe, in den 424 – 426 eine Bogenzahnkupplung.
Die elektrodynamische Bremse mit Netzrückspeisung dient als Betriebsbremse, zudem kommt bei den Triebzügen eine auf die Bremsscheiben aller angetriebenen Achsen wirkende elektropneumatische Druckluftbremse zum Einsatz. Im 426 ist zusätzlich eine Achse des Laufdrehgestelles mit der Scheibenbremse ausgestattet.
Die Steuerung der Fahrzeugfunktionen erfolgt bei allen Zügen mittels des Traktions-Leitsystems MICAS(r)-S, wobei der "Standard Multifunction Vehicel Bus" (MVB) dem Informationsaustausch zwischen den einzelnen Steuergeräten und den Subsystemen dient. Bei den 423 ist die Steuerung von drei Zügen, den 424 und 425 von vier Zügen und den 426 von sechs Zügen von einem Führerstand aus möglich.
Die Innenräume sind über fast dem Wagenquerschnitt entsprechende Übergänge durchgehend begehbar und bieten durch die großzügige Verwendung von Glas eine gute Übersichtlichkeit. Jeder Wagen der Züge 424 – 426 verfügt pro Seite über zwei, der Züge 423/433 hingegen über drei doppelflügelige Schwenk-Schiebetüren mit einer lichten Weite von 1.300 mm. Bei den 425 und 426 ist wegen der unterschiedlichen Bahnsteighöhen noch eine Trittstufe vorhanden. An die Führerräume der 423, 424, 425 und 426.0 schließen sich, außer bei den für die S-Bahn München vorgesehenen Züge, jeweils ein 1.-Klasse-Abteil mit je acht (423) bzw. zwölf Sitzplätzen (424 - 426) an. In den 425 und 426 kommen durch eine zusätzliche Schaumstoffauflage komfortablere Sitze zum Einbau. Im Bereich der ersten Einstiegsräume befinden sich jeweils die Mehrzweckräume mit seitlich angeordneten Klappsitzen. In den Triebwagen 424.0, 425.0 und 426.0 ist hierin auch eine behindertengerechte Toilette integriert.

Betriebseinsatz

Nachdem die bei den 423 aufgetretenen Software-Mängel bis Ende 1999 behoben waren, verkehrten die Züge ab diesem Zeitpunkt erstmals vom Bh Plochingen aus im Stuttgarter S-Bahn-Netz. Bis Juli 2000 waren 98 Züge durch die DB abgenommen, von denen 45 Züge der Bh München-Steinhausen und Plochingen bis Ende Oktober leihweise in Hannover fuhren. Weitere 423 waren beim Bh Düsseldorf für die S-Bahn Rhein-Ruhr beheimatet. Die für Mai 2000 geplante Inbetriebnahme der 424 in Hannover anlässlich der Eröffnung des S-Bahn-Netzes zum Beginn der Expo 2000 scheiterte an größeren Mängeln, welche auch die 425 betrafen. Neben einer erforderlichen Verstärkung des Untergestelles beeinflussten Streuströme des Transformators an der Strecke befindliche Signalanlagen, so dass die 40 gelieferten Züge bis Redaktionsschluss noch nicht abgenommen waren und durch 423 ersetzt wurden. Im März 2000 begann die Abnahme der Regionaltriebwagen 425 beim Bh Essen, bis Ende Juli waren bereits zehn Züge im Bestand. Von den Triebwagen der Reihe 426 waren bis Juli 2000 nur wenige Exemplare im Probeeinsatz und noch nicht offiziell abgenommen.

Beheimatung

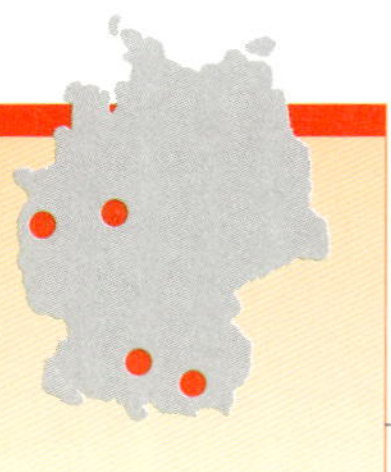

München, Plochingen, Düsseldorf, Essen

AUTOR: ENDERLEIN; AUFNAHMEN: KLEIN, VOLK

Der neue Triebwagen namens Meridian gelangte bisher noch nicht in den planmäßigen Einsatz

Baureihe 445

Anlässlich der Eisenbahn-Fachmesse "InnoTrans" präsentierte das Fahrzeugkonsortium "Doppelstock-E-Triebzug", bestehend aus den Firmen DWA/Bombardier, Adtranz und Siemens, 1998 den Prototypen eines dreiteiligen Triebwagens "Meridian" für den S-Bahn-Verkehr. Erstmals veröffentlichte der Waggonbau Görlitz, eine Tochter der heute zum Bombardier-Konzern gehörenden DWA in Berlin, im Jahre 1994 ein Konzept eines flexibel zusammenstellbaren elektrischen Doppelstock-Triebzuges für den Nahverkehr. Hiermit wurde auf die lange Tradition der Deutschen Reichsbahn zurückgegriffen, welche im Nahverkehr der Ballungsräume mit lokomotivbespannten Doppelstock-Wagenzügen gute Erfahrungen gesammelt hatte.

Bei dem 1998 mit Unterstützung des Freistaates Sachsen auf eigene Rechnung des Konsortiums fertiggestellten Triebzug wurde die Konfiguration Triebwagen + Mittelwagen + Triebwagen gewählt, welche in dieser Zusammenstellung die DB-Baureihennummern 445 001 + 845 001 + 445 501 erhielt. Hierbei gelten die jeweils 27.640 mm langen Triebwagen, mögliche gleichlange Steuerwagen sowie 26.990 mm lange Mittelwagen als Systemelemente, aus denen sich zwei-, drei- und vierteilige Zugkonfigurationen mit 189 bis 413 Sitzplätzen bilden lassen.

Konstruktion

Der Triebzug 445 setzt sich aus zwei technisch identischen Triebwagen 445.0 und 445.5 sowie einem weitgehend den Doppelstock-Personenwagen der Serienlieferung entsprechenden Mittelwagen zusammen. Der Wagenbau erfolgte in eine Aluminium-Leichtbauweise. Der Antrieb erfolgt auf alle Achsen der beiden Drehgestelle der Bauart Görlitz 8 mittels Drehstrom-Asynchronmotoren und Stirnradgetriebe mit Bogenzahnkupplung. Wegen der Niederflurbauweise musste die elektrische Ausrüstung innerhalb des Wagenkastens aufgebaut werden. Hinter den Führerständen befinden sich die Maschinenräume, hier sind unter anderem die beiden Stromrichter platziert. An den hinteren Wagenenden befinden sich die Transformatoren, so dass die Drehgestelle gleichmäßig belastet sind.

Die Obergeschosse sind in den Triebwagen als Großräume der 2. Klasse mit je 49 Sitzplätzen eingerichtet. Im Untergeschoss des Triebwagens 445 001 befindet sich ein Großraum 2. Klasse mit 26 festen Sitzplätzen sowie 13 Klappsitzen, hiervon elf im Mehrzweckraum. Das Untergeschoss des Triebwagens 445 501 erhielt einen Mehrzweckraum mit 16 Klappsitzen, einen kleinen Großraum mit sieben festen Sitzen und weiteren fünf Klappsitzen sowie eine behindertengerechte Toilette. In den beiden Einstiegsräumen des Mittelwagens 845 befinden sich in Einstiegshöhe je ein kleines Abteil 2. Klasse mit je vier Sitzplätzen sowie zwei Mehrzweckräume mit je sieben Klappsitzen. An einem Wagenende liegt die Toilette, am anderen ein kleiner Geräteraum. Das Untergeschoss besitzt einen Großraum 2. Klasse mit 48 Sitzplätzen. Im Obergeschoss sind ein weiterer Großraum 2. Klasse mit 38 Sitzplätzen sowie zwei Abteile 1. Klasse mit 16 Sitzplätzen untergebracht. Die Fahrgasträume sind klimatisiert. Der Triebzug ist im verkehrsroten Anstrich der DB Regio lackiert.

Betriebseinsatz

Bisher fanden nur Einstellungs- und Versuchsfahrten mit dem Prototyp statt. Der Freistaat Sachsen hat aber die finanzielle Förderung von 25 vierteiligen „Meridian"-Zügen für das Dresdner S-Bahn-Netz bekundet. Hier sollen sie die derzeitigen, mit Elektrolokomotiven der Baureihe 143 bespannten Doppelstockzüge auf der Linie 1 Meißen – Schöna ersetzen.

Technische Daten

Baureihe	445.0+845+445.0
Eigentümer	DWA
Indienststellung	1998
Hersteller	DWA
Achsformel	Bo'Bo'+2'2'+Bo'Bo'
Länge ü. K. mm	82.270
Dienstmasse t	179,0
Stromsystem	15 kV, 16,7 Hz
Art des Antriebs	Stirnradgetr. m. Bog.z.k.
Stundenleistung kW	3.600
Höchstgeschw. km/h	140
Anfahrbeschl. (0 - 60 km/h) m/s¨	1,0
Anzahl der Sitzplätze	289

AUTOR: ENDERLEIN; AUFNAHME: KLEIN

Eine halbe Million Reisende fahren tagtäglich mit der S-Bahn im Rhein-Main-Gebiet. Eine halbe Million Reisende, die bis vor kurzem noch ausschließlich mit Triebwagen der Reihe 420 unterwegs waren (Foto bei Frankfurt West). Seit Ende 2002 gibt es dort die ersten Neulinge – Züge der Baureihe 423

AUFNAHME: M. WERNING

Im Prinzip eine Straßenbahn mit Unterwerk: die Baureihe 450 der DB AG

Baureihe 450

Wegen der ungünstigen Randlage des Karlsruher Hauptbahnhofs müssen die Pendler und Reisenden aus der Region dort zeitraubend und umständlich in die Straßenbahn umsteigen. Dies wirkte sich besonders hemmend auf die Entwicklung des ÖPNV aus. So wurde in den sechziger Jahren eine regionale Eisenbahn im Albtal an das normalspurige Karlsruher Straßenbahnnetz angeschlossen. Auf dieser Linie verkehren heute Zweisystem-Fahrzeuge, von denen sich einige im Besitz der DB befinden. Sie beschaffte 1994 vier Wagen vom Karlsruher Stadtbahntyp GT 8-100 C/2S und gab ihnen die Betriebsnummern 450 001 bis 004. Die Fahrzeuge wurden einer zweiten Lieferserie an die Albtal-Verkehrs-Gesellschaft (AVG) entnommen und von der DB in einen gemeinsamen Pool eingebracht.

Konstruktion

Der Wagenkasten wurde in Stahlleichtbauweise ausgeführt. Die Rahmensteifigkeit mit 600 kN entspricht zwar nicht den internationalen Vorgaben für den Bahnverkehr, doch ist dies vertretbar, da das Fahrzeug weder in Eisenbahnzüge eingestellt wird noch Waggons mitführt. Die geringere passive Sicherheit wird aufgewogen durch extrem kurze Bremswege, bessere Beschleunigung und nur 95 km/h Höchstgeschwindigkeit. Um sicher auf Straßenbahn- und Bahngleisen fahren zu können, wurde das Radreifenprofil als Mischprofil ausgebildet. Bei dem Triebwagen handelt es sich um ein Zweirichtungsfahrzeug.

Gegenüber dem Prototyp sind beim Serienfahrzeug die Komponenten für den Wechselspannungsteil so verkleinert, dass sie außerhalb des Innenraums Platz finden. Diese Komponenten sind im Wesentlichen ein Transformator und ein Gleichrichter, die im 15-kV-Netz der "normalen" Gleichspannungsausrüstung des Fahrzeuges vorgeschaltet sind. Vereinfacht ausgedrückt, handelt es sich bei der BR 450 um eine Straßenbahn mit eigenem Unterwerk an Bord. Die Systemumschaltung erfolgt beim Netzübergang vollautomatisch.

Zur Ausrüstung der Fahrzeuge, die sich zu dreiteiligen Einheiten kuppeln lassen, gehört ein Mikrocomputer-Steuerungssystem (MICAS). Die Fahrzeuge entsprechen der EBO und der BOStrab.

Betriebseinsatz

Die dem Betriebshof Karlsruhe Hauptbahnhof zugewiesenen Fahrzeuge der Baureihe 450 kommen gemeinsam mit den gleichartigen Wagen der Albtalbahn-Gesellschaft im kombinierten Stadt- und S-Bahn-Betrieb des Karlsruher Verkehrsverbundes zum Einsatz. Dabei bedienen die Wagen bevorzugt die Strecken von Karlsruhe nach Wörth beziehungsweise von Rastatt nach Baden-Baden über Dumersheim.

Technische Daten

Baureihenbez.	450
Indienststellung (1. Jahr)	1994
Hersteller	DUEWAG, ABB Henschel
Achsformel	B'2'2'B'
Länge über Puffer mm	37.610
Dienstmasse t	58,6
Stromsystem	15 kV, 16,7 Hz, 750 kV=
Stundenleistung kW	560
Höchstgeschw. km/h	95
max. Anfahrbeschl. m/s^2	0,85
Anzahl der Sitzplätze	102

AUTOR: RAMPP; AUFNAHME: NIEDT

470 408 in Hamburg: Die Baureihe soll bis Ende 2001 komplett von den Gleisen verschwinden

Baureihe 470

Durch zusätzlichen Fahrzeugbedarf nach Inbetriebnahme neuer Strecken erhielt MAN 1958 von der DB einen Entwicklungsauftrag für einen dreiteiligen Nachfolgetriebzug, der die von der Bahn gewünschten Neuerungen (z.B. Höchstgeschwindigkeit 100 km/h) aufweisen, sich bei der Konzeption aber gleichzeitig auf den bewährten ET 171 stützen sollte. Im Mai 1959 lieferte MAN den ersten von zunächst acht bestellten Triebzügen der neuen Baureihe ET 170 aus. Unmittelbar anschließend folgte der Bau weiterer acht Züge, die 1960 geliefert wurden. In zwei weiteren Intervallen wurden 1967 und 1969/1970 nochmals 29 Garnituren von der DB in Dienst gestellt.

Die als ET 170 101 – 145 A, EM 170 101 – 145 und ET 170 101 – 145 B gelieferten Züge wurden mit Einführung der EDV-Nummern am 1. Januar 1968 in 470 101 – 145, 870 101 – 145 und 470 401 – 445 umgezeichnet. Die Baureihe 870 bezeichnete dabei die antriebslosen Mittelwagen der dreiteiligen Züge. Im Betrieb werden im Regelfall Fahrzeuge mit gleichen Ordnungsnummern eingesetzt, also 470 101/870 101/470 401 usw. Die Lackierung der Züge war ursprünglich dunkelblau, wobei das Fensterband des Mittelwagens cremefarben abgesetzt wurde. Mit der Einführung des ozeanblau-beigefarbenen Anstrichschemas wurden ab den achtziger Jahren auch zahlreiche ET 470 diesem Schema angepasst.

Technische Daten

Baureihenbez.	470.1+870.1+470.4
Indienststellung (1. Jahr)	1959
Hersteller	MAN, O&K, Rathgeber, Wegmann, BBC, SSW
Achsformel	Bo'Bo'+2'2'+Bo'Bo'
Länge über Puffer mm	66.000
Dienstmasse t	107
Stromsystem	1.200 V =
Art des Antriebs	Tatzlager
Stundenleistung kW	1.280
Geschw. bei Stundenl. km/h	34
Höchstgeschw. km/h	100
max. Anfahrbeschl. m/s²	1,0
Sitzplätze	200

Konstruktion

Der ET 470 besteht wie alle Hamburger S-Bahn-Triebzüge aus drei fest miteinander gekuppelten Fahrzeugen ohne Übergänge. Nur die beiden Endwagen sind motorisiert. Bis zu drei Triebzüge können mit der an den Fahrzeugenden montierten Scharfenberg-Kupplung automatisch verbunden werden, dabei werden die elektrischen und pneumatischen Leitungen mitgekuppelt. Im Betrieb wurden die ET 470 auch häufig mit den Baureihen 472/473 bzw. 471 gekuppelt. Die Wagenkästen der Triebzüge und die Untergestelle sind aus abgekanteten Profilen und Blechen geschweißt, die Stirnfronten wurden abgerundet ausgeführt. Pro Wagen sind auf jeder Seite vier, in Taschen laufende, Doppelschiebetüren vorhanden, die elektropneumatisch geschlossen werden können.

Den Fahrstrom nehmen die Triebzüge über je vier Stromschleifer pro Wagenseite von der Stromschiene auf, die seitlich bestrichen wird. Motorisiert sind die beiden Endwagen 470.1 und 470.4 mit je vier Tatzlagermotoren des Typs GB 207/22. Teilweise sind auch die Motorbauarten GB 207/22a und GB 207/22b eingebaut. Als Steuerung ist ein Nockenschaltwerk vorhanden.

Betriebseinsatz

Am 31. Juli 2000 waren noch insgesamt 15 Triebzüge der Reihe ET 470 vorhanden. Bis zur Auslieferung der Reihe 472/473 waren die 100 km/h schnellen ET 470 vor allem auf der Linie Aumühle – Pinneberg zu finden. Später kamen sie auch auf der S3/S31 nach Neugraben zum Einsatz, aber auch auf der alten S1. Bis 2001 soll die Baureihe allerdings komplett ausgemustert werden.

AUTOR: MUTH; AUFNAHMEN: VOLK

Die ältesten Fahrzeuge der Hamburger S-Bahn sind jene der Baureihe 471

Baureihe 471

Die Hamburger S-Bahn entstand aus der Vorortstrecke Blankenese – Ohlsdorf, die seit dem 1. Oktober 1907 mit Wechselstrom 25 Hz, 6 kV durch die Oberleitung betrieben wurde. Wegen großer Ausbaupläne mit Tunnelstrecken wurde 1938 von den damaligen Machthabern die Umstellung der S-Bahn auf 1.200 V Gleichstrom beschlossen. Die Eröffnung des Gleichstrombetriebs erfolgte unfeierlich im Schatten des Krieges am 22. April 1940. Die 1939 bis 1943 ausgelieferten neuen Gleichstrom-Triebzüge erhielten die Baureihenbezeichnung ET 171. LHW, Wegmann, MAN und BBC lieferten zunächst 47 dreiteilige Züge (bestellt waren 55) aus: ET 171 001 – 047. 1943 wurden acht Triebzüge durch Kriegseinwirkung beschädigt. Aus den verbliebenen Zügen konnte die DB dann insgesamt noch 44 komplette Triebzüge bilden. 1954 bis 1958 beschaffte die DB weitere 25 Züge dieses Typs. Die ETa 171 wurden mit der Einführung der EDV-Fahrzeugnummern im Jahre 1968 zu 471 101 – 144, 151, 152, 161 – 186 umgezeichnet, die ETb 171 erhielten die Nummern 471 401 – 444, 451, 452, 461 – 486 und die nicht angetriebenen EM 171 wurden zu 871 001 – 044, 051, 052 und 061 – 086. Fest gekuppelt waren dabei gewöhnlich die Fahrzeuge mit den gleichen Ordnungsnummern. Im April 1985 begann nach ersten Ausmusterungen die Modernisierung von 42 Zügen der ET 471 im AW Stuttgart-Bad Cannstadt. Der Umbau war zu teuer und 1987 nach 22 erneuerten Zügen abgebrochen. Die umgebauten ET 471 sind vor allem durch die neuen, gummigefassten Fenster mit Lüftungsklappen und durch die neue Bestuhlung zu erkennen. Die getrennt angeordneten Stirnlampen wurden teilweise schon früher auch bei nicht modernisierten Fahrzeugen eingebaut. Die Lackierung der Züge war ursprünglich dunkelblau, wobei das Fensterband des Mittelwagens cremefarben abgesetzt wurde. Mit der Einführung des ozeanblau-beigefarbenen Anstrichschemas ab 1975 (durch ET 472/473) wurden viele ET 471 diesem Schema angepasst.

Bei den ET 471 wird ein antriebsloser Mittelwagen fest zwischen die beiden motorisierten Endwagen gekuppelt. Bis zu drei Triebzugeinheiten können mit der Scharfenberg-Kupplung automatisch verbunden werden. Beide Endwagen verfügen über ein hinter dem Führerstand angeordnetes Traglastenabteil sowie über einen Großraum zweiter Klasse. Bei einigen älteren Fahrzeugen hielt sich hier noch bis ins Jahr 2000 eine Holzlattenbestuhlung! Der Mittelwagen ist gänzlich der ersten Klasse (64 Polstersitze) vorbehalten und ebenfalls als Großraum ausgeführt. Sämtliche Sitze sind in der Anordnung 2+2 konzipiert. Toiletten waren in den Fahrzeugen nicht vorgesehen. Die Fahrgasträume werden mit Glühlampen (Spannung 110 V Gleichstrom) beleuchtet. Motorisiert sind die beiden Endwagen mit insgesamt acht Tatzlagermotoren (Typ GDTM 2463). Als Steuerung ist ein Nockenschaltwerk vorhanden. Den Fahrstrom nehmen die Züge mit je vier Stromschleifern pro Wagenseite von der seitlich bestrichenen Stromschiene ab. Am 31. Juli 2000 waren nur noch die Einheiten 062 und 086 im aktiven Fahrzeugbestand der S-Bahn Hamburg GmbH, nachdem das EBA alle modernisierten Züge wegen Bremsschäden stillgelegt hatte. Die beiden Züge werden bis Anfang 2001 laufen. Die Endwagen des Zuges 082 und der Mittelwagen des Zuges 074 (ex 076) werden wegen ihres guten Zustands zu einem Museumszug im Stile der vierziger Jahre zurück gebaut. Zug 039 gehört dem Verkehrsmuseum Nürnberg und steht am Schönberger Strand. Die Züge wurden nach Ablieferung der ET 470 bis Mitte der siebziger Jahre fast ausschließlich auf der alten Stammstrecke (Linie S1) eingesetzt. 1999/2000 kamen sie nochmal auf die Linie S2 und S21 und sogar auf die S31.

Technische Daten

Baureihenbez.	471.1+871.1+471.4
Indienststellung (1. Jahr)	1940
Hersteller	LHW, MAN, Wegmann, BBC
Achsformel	Bo'Bo'+2'2'+Bo'Bo'
Länge über Puffer mm	66.000
Dienstmasse t	131,2
Stromsystem	1.200 V =
Art des Antriebs	Tatzlager
Stundenleistung kW	1.160
Geschw. bei Stundenl. km/h	27
Höchstgeschw. km/h	80
max. Anfahrbeschl. m/s^2	0,95
Sitzplätze	202

AUTOR: MUTH; AUFNAHMEN: VOLK

472 015 im Einsatz: Die 472 bilden das Rückgrat des Hamburger Nahverkehrs

Baureihe 472 + 473

Der Bau der Hamburger City-S-Bahn, von Harburg über Hauptbahnhof und unter Alstersee und Innenstadt hindurch nach Altona, machte die Beschaffung weiterer Fahrzeuge für die S-Bahn erforderlich. Sie sollten vor allem die geplanten Steigungen zügig durchfahren. Zur Jahreswende 1974/75 wurden die ersten Triebzüge der neu konzipierten Baureihe 472/473 in Betrieb gestellt. Sie wurden vom BZA München und der BD Hamburg in Zusammenarbeit mit LHB, BBC, MBB, SSW und Knorr entwickelt. Beim ET 472/473 erhielten erstmals auch die Mittelwagen Motoren, weshalb sie als Triebfahrzeugbaureihe 473 bezeichnet werden. Für Bundesbahnverhältnisse sehr ungewohnt war die Kopfform der Triebzüge mit dem relativ kleinen, einteiligen Stirnfenster, die das Design-Center der DB entwickelt hatte. Zusammen mit der in Hamburg erstmals verwendeten ozeanblau-beigen Farbgebung wollte man ein besonders verkehrswerbendes Aussehen erreichen. Dreißig dreiteilige Züge wurden in der ersten Serie 1974/75 von der Industrie ausgeliefert. 1982 bis 1984 wurden weitere 32, teils erheblich verbesserte Garnituren beschafft, so dass insgesamt 62 Triebzüge der Reihe 472/473 zur Verfügung stehen.

Die Wagen tragen die Nummern 472 001-062, 501 – 562, 473 001 – 062. Jeder Zug besteht aus einem Triebwagen 472.0 und einem identischen Triebwagen 472.5 sowie einem dazwischengekuppelten Mitteltriebwagen 473.0, der ebenfalls motorisiert ist. Gekuppelt werden dabei in der Regel Wagen mit gleich lautenden Ordnungsnummern. Alle Triebzüge waren bei Ablieferung in Ozeanblau und Beige lackiert: Fensterband und Dach sind ozeanblau, die Seitenflächen und Dachkanten beige gehalten. Die Front wird durch eine große ozeanblaue Fläche betont. Im Laufe der Jahre erhielten mehrere Züge Totalwerbung. Seit 1997 wird die erste Bauserie der ET 472 entsprechend ihrem Alter mit einem "Re-Design-Programm" modernisiert, um den Innenraum und bestimmte technische Details zeitgemäß der neuen Baureihe 474 anzupassen. Dabei erhalten die ET 472/473 nun auch die rote Nahverkehrslackierung aller deutschen S-Bahnen, von der sich die Türen weiß abheben.

Technische Daten

Baureihenbezeichnung		472.0+473.0+472.5
Indienststellung		1974
Hersteller		LHB, MBB, WMD, BBC, SSW
Achsformel		Bo'Bo'+Bo'Bo'+Bo'Bo'
Länge über Kupplung	mm	66.000 mm
Dienstmasse	t	114,4
Stromsystem		1 200 V Gleichstrom
Art des Antriebs		Tatzlager
Dauerleistung	kW	1 500
Geschw. bei Dauerleistung	km/h	39
Höchstgeschwindigkeit	km/h	100
Anfahrzugkraft	kN	162
Anfahrbeschleuenigung (max.)	m/s^2	1,15
Anzahl der Sitzplätze		196

Konstruktion

Die Triebzüge der Reihe 472/473 bestehen aus drei angetriebenen Wagen, die untereinander fest verbunden sind. Zur Verbindung mehrerer Züge besitzen sie automatische Scharfenberg-Kupplungen. Die Wagenkästen sind komplett in Leichtmetallbauweise geschweißt; dabei wurden vorzugsweise Großstrangpressprofile genutzt. Die Stirnfronten sind dagegen glasfaserverstärkte Polyesterbauteile. Eine Übergangsmöglichkeit zwischen den einzelnen Wagen gibt es nicht.

Alle zwölf Radsätze eines Triebzuges sind mit je einem vierpoligen Gleichstrom-Reihenschlussmotor vom Typ 1 KB 2122 in Tatzlager-Bauform angetrieben, die mit einem Nockenschaltwerk gesteuert werden. Vier Stromabnehmer je Triebzugseite bestreichen die seitliche Stromschiene. In den Fahrgasträumen der Endwagen stehen je 65 Sitzplätze zweiter Klasse bereit, die durch vier Schwenkschiebetüren betreten werden. Im Mittelwagen ist der Großraum erster Klasse mit 66 Sitzen untergebracht, der durch drei Türen je Seite zugänglich ist. Die Sitzplätze sind im gesamten Zug in der Anordnung 2+2 eingebaut.

Betriebseinsatz

Ende Juli waren alle 29 Fahrzeuge der ersten Serie modernisiert und alle 62 Fahrzeuge vorhanden. Die ET 472/473 kamen ab 1975 auf der neuen Tunnelstrecke und der S2 zum Einsatz. Später fuhren sie bunt gemischt, oft mit ET 470 oder ET 471 gekuppelt. Mit den neuen ET 474 sind sie nur mechanisch für Notfälle kuppelbar.

AUTOR: MUTH; AUFNAHMEN: VOLK

Die neue Hamburger S-Bahn-Generation: 474 006 im Einsatz

Baureihe 474

Viele Jahre wurde bei der Hamburger S-Bahn von einer neuen Baureihe geredet, die zum Ersatz aller älteren Fahrzeuge führen sollte. So sah man auch von einer Weiterentwicklung der Baureihe 472/473 ab. Doch wegen fehlender Finanzmittel konnte erst 1993 ein Konsortium aus den Firmen Linke-Hofmann-Busch und ABB Henschel mit der Entwicklung eines neuen Fahrzeugs beauftragt werden. Der 1994 ausgesprochene Auftrag wurde 1996 schließlich auf 103 Fahrzeuge aufgestockt. Vom selben Entwicklungsteam konstruiert, wurde die Baureihe 474 äußerlich an den Hamburger U-Bahn-Zug DT4 angelehnt. Die ursprünglich geplante gleiche Farbgebung wie bei der U-Bahn, welche die historische Verwandtschaft beider Verkehrsmittel (und die technischen Ähnlichkeiten mit dem DT4) unterstrichen hätte, wurde kurz nach Auslieferung der ersten weiß-grau-roten Fahrzeuge aufgegeben. Damit hat die Hamburger S-Bahn kein gegenüber anderen S-Bahnbetrieben abweichendes Farbschema mehr. Beim ET 474 handelt es sich wieder um drei fest gekuppelte Wagen, zwischen denen keine Übergänge vorhanden sind. Der erste Zug wurde am 21. November 1996 ausgeliefert. Massive technische Probleme brachten einen Lieferstopp, Negativschlagzeilen und eine Verzögerung der Auslieferung mit sich. Obwohl bei Bestellung bereits entsprechende Gutachten für eine Zwei-System-S-Bahn vorlagen, bestellte die DB seinerzeit ein Einsystemfahrzeug. Anfang 2000 wurden diese Ausbaupläne konkretisiert. Bei Zustimmung der politischen Gremien sollen einige ET 474 auf dem Mittelwagen einen Stromabnehmer erhalten und mit einer den Karlsruher Stadtbahnwagen (BR 450 der DB AG) ähnlichen elektrischen Ausrüstung an den Endpunkten des Gleichstromnetzes auf mit Wechselstrom elektrifizierte DB-AG-Strecken übergehen.

Die Endwagen 474.0 tragen die Nummern 474 001 – 103, die Endwagen 474.5 sind als 474 501 – 603 bezeichnet, die nun wieder antriebslosen Mittelwagen führen die Nummern 874 001 – 103. Die zweite Bauserie mit einigen Verbesserungen beginnt mit der Einheit 046. Jeder Triebzug besteht aus je einem Endwagen der Reihen 474.0 und 474.5 sowie einem Mittelwagen 874.0. Alle Triebzüge sind mittlerweile rot lackiert mit weiß abgesetzten Türen und Zierbändern.

Konstruktion

Die Triebzüge der Reihe 474/874 bestehen aus zwei angetriebenen Endwagen und einem antriebslosen Mittelwagen, die ohne Übergänge untereinander fest verbunden sind. Zur Verbindung mehrerer Züge untereinander sind sie mit automatischen Scharfenberg-Kupplungen ausgerüstet. Die Baugruppen der Wagenkästen für die End- und Mittelwagen sind aus Ersparnisgründen weitgehend identisch. Die Wagenkästen sind komplett aus nicht rostendem Stahl hergestellt, wobei einzelne Bleche mit Lasern geschnitten wurden. Die Stirnfronten bestehen aus GFK-Teilen. Mit diesen Fahrzeugen hält bei der S-Bahn die Drehstrom-Antriebstechnik Einzug, die ohne wartungsintensive Schaltwerke allein mit rechnergesteuerter Leistungselektronik auskommt. Deshalb sind die Züge mit den älteren Baureihen nur noch rein mechanisch kuppelbar. Die hohen Leistungen der modernen Drehstrommotoren reichen aus, so dass nur die Endwagen motorisiert sind. Im Hinblick auf eine geplante Aufgabe der ersten Klasse sind die Fahrgasträume sehr ähnlich ausgestattet. Die Sitzplätze sind in 2+2-Anordnung aufgebaut. Insgesamt stehen je Zug 208 Sitzplätze je Einheit zur Verfügung (das sind zehn mehr als bei der Vorgängerbaureihe 472/473).

Betriebseinsatz

Die Züge werden bis 2001 ausgeliefert. Ende Juli waren 86 Einheiten in Hamburg. Die Baureihe 474 kam zuerst auf der mit den ältesten Wagen betriebenen Linie S1 zum Einsatz. die im Juli 2000 bereits ausschließlich mit neuen Fahrzeugen betrieben wurde. Der Einsatz auf anderen Linien gehörte im Juli 2000 ebenfalls bereits zum Alltag.

Technische Daten

Baureihenbezeichnung	474/874
Indienststellung	1996
Hersteller	ALSTOM LHB GmbH, Adtranz
Achsformel	Bo'Bo'+2'2'+Bo'Bo'
Länge über Kupplung	66.000 mm
Eigengewicht	102 Tonnen
Besetztgewicht	155,5 Tonnen
Stromsystem	1.200 V Gleichstrom
Art des Antriebs	Drehstrom-Asynchron
Gesamtleistung	920 kW
Höchstgeschwindigkeit	100 km/h
Max. Anfahrbeschleunigung	m/s^2 1,0
Anzahl der Sitzplätze	208

AUTOR: MUTH; AUFNAHMEN: PISCHEK

477 179 in Berlin Ostbahnhof

Baureihe 477

Aufbauend auf den Erfahrungen mit den Zügen der Reihe 166, den „Olympia-Zügen", bestellte die Deutsche Reichsbahn Ende der dreißiger Jahre 291 Triebzüge (Viertelzüge) der späteren Bauart ET/EB 167. Somit wurde die Bestellung von 80 Einheiten aufgestockt, die dringend für das wachsende Verkehrsaufkommen in der Hauptstadt benötigt wurden. Vorrangig sollten diese neuen Züge auf der noch im Bau befindlichen Nord-Süd-S-Bahn eingesetzt werden.
Insgesamt gab es zwischen 1938 und 1944 drei Baulose: 1938 – ET 167 001 bis 080, 1939 – ET 167 081 bis 211, 1941 – ET 167 212 bis 383. Aufgrund des Krieges wurden von den 80 bestellten Viertelzügen lediglich 72 Triebwagen und 50 Beiwagen geliefert. Die restlichen 22 Triebwagen wurden im Februar 1944 zu elf Triebzügen zusammengestellt.
Nach dem Krieg zählte das zuständige Unterhaltungs-Raw viele zerstörte Fahrzeuge. 50 Viertelzüge wurden 1946 als Reparationsleistung an die UdSSR abgegeben; davon kehrten 1952/53 acht Einheiten zurück. Weitere 21 Triebzüge gingen an die PKP, die sie später mit Dachstromabnehmern im Raum Gdansk (Danzig) einsetzte. Im Raw Berlin-Schöneweide befanden sich auch Fahrzeuge der einstigen Wehrmachts-Werkbahn von Peenemünde: 16 Triebzüge (ET+ES) wurden 1941/42 für den 1,1-kV-Oberleitungsbetrieb Zinnowitz – Peenemünde geliefert. Wagenbaulich entsprachen sie der Baureihe ET 167. Im Raw wurden sie zu Beiwagen (EB 167) umgebaut und mit Triebwagen der Reihe ET 167, deren Beiwagen im Krieg zerstört worden waren, gekuppelt. Ebenfalls umgebaut wurden „Peenemünder", welche die UdSSR 1952 zurückgab. Die Steuerwagen wurden zu Beiwagen. Bemerkenswert ist, dass man die für 1,1 kV ausgelegten Motoren beibehielt. Diese Wagen also kamen in die Reihe 167, obwohl wegen der verschiedenen Steuerstromkupplungen keine Vielfachsteuerung mit der Stammbaureihe möglich war. Das änderte sich erst beim Rückumbau der Bei- in Steuerwagen 1965. Das Raw Berlin-Schöneweide baute 1958 neun Beiwagen, damit die Triebwagen nach Einbau aller Anlagen wieder entsprechend nutzbar waren.
1965 erfolgte ein erster umfassender Umbau. Dazu gehörten u.a. die gepolsterten Sitzbänke, die Sifa und die – jetzt vom Führerstand steuerbare – elektrische Widerstandsheizung. Im Zuge der 1973 begonnenen Modernisierung sind gleichzeitig einige Viertelzüge der „Olympia"-Reihe ET/EB bzw. ET/ES 166 (276.0) umgebaut und in die Reihe 277 eingenummert worden (277 361 – 364 – Zweitbesetzung, 277 365 – 454). 1976 wurde das Modernisierungsprogramm im Raw forciert. Es musste aber immer wieder unterbrochen werden.15 Viertelzüge schließlich erhielten nur noch einige Neuerungen.

Technische Daten

Baureihenbez.	477/877
1970 – 1991	277.0-3
bis 1970	ET 167
Indienststellung (1. Jahr)	1937
Hersteller	diverse
Umbauer	Raw Berlin-Schöneweide
Achsformel	Bo'Bo' + 2'2'
Länge über K. mm	35.460
Dienstmasse t	68,2
Stromsystem	750 V =
Art des Antriebs	Tatzlager
Stundenleistung kW	360
Höchstgeschw. km/h	80
max. Anfahrbeschl. m/s²	0,5
Anzahl der Sitzplätze (ET/EB)	58/61

Konstruktion

Das Fahrzeugteil ist weitgehend von der Baureihe 166 übernommen. Unter dem vollständig geschweißten Rahmen laufen seit der Modernisierung Drehgestelle des LEW Hennigsdorf bzw. des Raw Meiningen. Die Drehgestelle sind als H-förmige Rahmen in geschweißter Kastenträgerbauweise ausgeführt. Die Radsätze werden mit Schrauben-, die Drehgestelle mit Schrauben- und Gummifedern gefedert. Vierpolige Gleichstrom-Reihenschlussmotoren mit Wendepolwicklung wirken über einen Tatzlagerantrieb mit einseitig geradverzahntem Getriebe auf die Radsätze. Gesteuert wird über ein Nockenschaltwerk mit 13 Anfahr- und zwei Dauerstufen.Der Zug wird durch eine Klotzbremse der Bauart Kp, aufgrund der elektrischen Steuerung mehrlösig, gebremst. Die gesamte elektrische Ausrüstung befindet sich außerhalb des Wagenkastens. Auffallende äußere Veränderungen an den modernisierten Zügen sind die Stirnform des umgestalteten Führerstandes mit zwei großen Frontfenstern, die feststehenden Abteilfenster mit großer Lüftungsklappe und die Türschließwarnlampen. Modernisiert ist auch der Fahrgastraum.

Betriebseinsatz

Die BR 477 ist die letzte Vorkriegsbaureihe im regulären Fahrgastbetrieb bei der Berliner S-Bahn. Die Fahrzeuge tragen die Nummern 477/877 001 bis 196 (mit Lücken) und 601 bis 608 (Steuerwagen). Beheimatet sind sie bei den Betriebswerken Friedrichsfelde und Grünau, das die Fahrzeuge auch von Bernau und Erkner aus einsetzt. Sie verkehren u.a. auf den Linien S 3 Erkner – Westkreuz, S 5 Strausberg Nord – Spandau, S 8 Grünau - Birkenwerder, S 9 Flughafen Schönefeld – Westkreuz und S 75 Wartenberg – Spandau. Die Ausmusterung der Anfang 2000 noch vorhandenen 198 Viertelzüge erfolgt parallel zur Anlieferung neuer Einheiten der BR 481/482 und wird spätestens 2003/2004 abgeschlossen sein.

AUTOR: GN/RAMPP; AUFNAHME: KLEIN

Im traditionellen Lack: ein Zug der Berliner Verkehrsbetriebe (BVG) in seinem Heimat-Betriebswerk Berlin-Wannsee.

Baureihe 475/875 (ex 275, 275.9)

Mit der Elektrifizierung der Berliner S-Bahn in den zwanziger Jahren taten sich große Lücken im Fahrzeugpark auf. Vereinzelt waren noch die Dampflokomotiven mit Abteilwagen (vorwiegend BR 74) im Einsatz; die ab 1925 gelieferten Züge der Reihe ET 168 entsprachen noch nicht allen Anforderungen eines Schnellnahverkehrszuges. Im September 1926 beauftragte die DRG die Waggonfabriken Wumag und Orenstein & Koppel, je einen Halbzug zu bauen. Beide Aufträge hatten unterschiedliche wagenbauliche Teile zum Inhalt. AEG und SSW wurden für die elektrische Ausrüstung ausgewählt.

Zu Beginn des folgenden Jahres begann die Erprobungsphase beider Züge. Die Variante Orenstein & Koppel erhielt den Zuschlag. Die Serienfertigung begann 1928; verschiedenen Firmen waren daran beteiligt. Herausragend war die Masseneinsparung gegenüber dem Vorläufertyp, dem ET 168. Ab 1941 wurden die Züge, die bis dahin vierstelligen Nummern aufwiesen, als Baureihe ET 165 bezeichnet.

Mit 638 gelieferten Viertelzügen war sie die bislang größte einheitliche Type bei der DRG. Die ersten Viertelzüge bestanden noch aus ET (Triebwagen) und ES (Steuerwagen); bei Nachlieferungen in den Jahren 1929 und 1930 wurden die Einheiten bereits aus ET und EB (Beiwagen) gebildet. Noch im Krieg begann der Umbau von Steuerwagen in Beiwagen.

Nach dem Krieg verblieben bis auf einen Zug alle Einheiten bei der DR; jedoch mußten als Reparationen zahlreiche Viertelzüge an die UdSSR und 56 nach Polen abgegeben werden.

Nach einigen Modernisierungsarbeiten wurden 1970 die noch vorhandenen 852 Einzelwagen in vier Gruppen eingeteilt: Einmann-Viertelzüge mit Glühlampen- bzw. mit Leuchtröhrenbeleuchtung, Paß-Viertelzüge und abgestellte Züge (vorrangig für den Umbau in U-Bahn-Züge). Einige Paß-Viertelzüge wurden wieder in ET/ES-Züge zurückgebaut.

Für die weitere Elektrifizierung von S-Bahn-Strecken, so u.a. für die „Wannsee-Bahn" Berlin Wannseebahnhof (am Potsdamer Bf gelegen) – Zehlendorf – Wannsee, mußte der Fahrzeugpark noch einmal erweitert werden. 1933 wurden darum 51 Triebzüge der Reihe ET/EB 165^{8} (später BR 275.9) von verschiedenen Herstellern beschafft. Die sogenannten Wannsee-Züge beheimatete die RBD Berlin auch alle im dortigen S-Bw. Wichtigste Neuerung war der geschweißte Wagenkasten mit versenkten Nieten. Innerhalb der Lieferung gab es mehrere Versuchsausführungen, die die Drehgestelle, Dachlüfter, breitere Abteilfenster und Führerstandsfenster betrafen. Lediglich der Viertelzug ET 275 959 (475 126) weist mit seinem über dem Führerstand heruntergezogenen Dach heute noch darauf hin.

Auch hier unterschied man die Gruppen nach Einmann-Viertelzügen und Paß-Viertelzügen. Nach Verlusten im Krieg und Abgaben an die UdSSR bleib der Rest bei der DR. Er wurde gemeinsam mit der Stammbaureihe rekonstruiert und in die BR 276.1 (bzw. 276.5) umgezeichnet.

Konstruktion

Die Drehgestelle sind aus Preßblech genietete Kastenkonstruktionen; die in Wälzlagern laufenden Radsätze sind blattgefedert und nehmen ungefedert die Fahrmotorentatzlager auf. Der selbsttragende, genietete Wagenkasten hat ein Tonnendach und ruht auf Profillängsträgern. Zwei ET/ES erhielten zu Vergleichszwecken Wagenkästen aus einer Metallleichtlegierung. Obwohl sich die Dienstmasse verringerte, bewährten sie sich wegen starker Korrosion nicht. Die Triebzüge besitzen eine selbsttätige Mittelpufferkupplung – Bauart Scharfenberg –, damit sind auch die pneumatischen Leitungen verbunden.

TECHNISCHE DATEN

Baureihenbezeichnung	ab 1992	475/875
	1970-1991	275.0-8; 275.9
	bis 1970	ET 165, ET 165.8
Indienststellung (1. Jahr)		1928
Umbau (1. Jahr)		1946/1979
Hersteller		DWV
Umbauer		Raw Berlin-Schöneweide
Achsformel		Bo'Bo' + 2'2'
Länge über Kupplung	mm	35460
Dienstmasse	t	65,5 (38,4 + 27,1)
Stromsystem		750 V (=Nennspannung)
Art des Antriebs		Tatzlager
Stundenleistung	kW	360
Höchstgeschwindigkeit	km/h	80
max. Anfahrbeschleunig.	m/s^2	0,5
Anzahl der Sitzplätze (ET/EB)		54/54 oder 54/58

Der Traditionszug ET 165 231/471 erinnert an das einstige Aussehen der heutigen Reihe 475/875.

Angetrieben werden die Einheiten durch vierpolige, eigenbelüftete Reihenschlußmotoren mit Wendepolen (SBM 700). Die beiden Motoren eines Drehgestells sind in Reihe geschaltet, jeder Motor arbeitet mit halber Stromschienenspannung. Gesteuert werden sie durch ein Nockenschaltwerk, das von einem elektropneumatischen Klinkwerk weitergeschaltet wird. Es gibt 12 Anfahrstufen und eine Dauerfahrstufe. Die Reihe 165 besitzt eine einlösige Klotzbremse der Bauart KP.

Neu gegenüber den Vorgängertypen waren bei Erscheinen dieser Baureihe die Fahrsperreneinrichtung, die elektropneumatische Türschließeinrichtung und eine Notbeleuchtung für den Fahrgastraum. Ferner sind die Wagen auf Forderung der DRG so konstruiert, daß auch eine Zugbildung nur aus Triebwagen möglich ist.

Die Fahrzeuge der Wannsee-Reihe fallen durch den geschweißten Wagenkasten mit versenkten Nieten, den motorischen Antrieb der Schaltwalze und die tiefer herablaßbaren Fenster in den Fahrgasträumen auf. Versuche mit Drehgestellen der Bauart Görlitz blieben erfolglos.

In den Jahren 1933 und 1938 wurden die Fahrgasträume umgestaltet, die 3. Klasse wurde zum Großraum 2. Klasse umgebaut. 1965 wurde nochmals der Fahrgastraum erneuert (gepolsterte Sitze, Holzbänke blieben teilweise erhalten, Leuchtstoffröhrenbeleuchtung). Seitdem können die Züge aufgrund der Sifa auch einmännig gesteuert werden. Bei den ET wurden gleichzeitig die Führerstände durch Wegfall zweier Sitzbänke im Traglastenabteil verbreitert. Somit erhielten die Triebfahrzeugführer eine richtige Sitzgelegenheit. Alle Wagen sind seitdem für Nichtraucher gekennzeichnet.

Aus beiden Serien wurde eine Vielzahl von Fahrzeugen grundlegend modernisiert, sie erhielten die Bezeichnung 276.1 (jetzt 476, Beschreibung dort).

Betriebseinsatz

Die Baureihe 475 bildete zusammen mit der BR 477 über viele Jahre das Rückgrat im Berliner S-Bahn-Verkehr. Die Züge waren in allen S-Bw stationiert. Mit der Modernisierung, den Umbauten zu Sonderfahrzeugen bzw zu U-Bahn-Wagen verringerte sich der Bestand merklich. 1984 wurden mit der geänderten Betriebsführung der S-Bahn in Berlin (West) 115 Viertelzüge, einschließlich vierer ET/ES-Triebzüge, der BVG übergeben. Danach modernisierten die BVG-Werkstätten bzw. die Waggon-Union den Innenraum (obwohl teilweise die Holzbänke blieben) und erneuerten den Außenanstrich. Der Großteil der Fahrzeuge, stationiert im S-Bw Wannsee, ist noch heute auf den Linien S1 und S2 im Einsatz. Trotz des Neubaus der BR 480 sind sie wegen des erhöhten Fahrgastaufkommens seit der deutschen Wiedervereinigung noch nicht entbehrlich.

Anders das Bild bei der DR: Das S-Bw Grünau konnte nach weiteren Lieferungen der BR 485/885 die Altbaufahrzeuge bereits im Juni 1991 abstellen oder an das S-Bw Friedrichsfelde abgeben. Die 33 noch zu unterhaltenden Viertelzüge aus Friedrichsfelde werden planmäßig auf der Zuggruppe S5 (Charlottenburg – Strausberg) sowie als „Reserve" eingesetzt. 30 Viertelzüge sind nach erreichter Laufleistung bzw. wegen ihres schlechten Zustandes von der Unterhaltung zurückgestellt und an verschiedenen Orten abgestellt worden. Die DR hält vier Viertelzüge, die BVG einen für Sonderzwecke im historischen Gewand vor. Ein weiterer steht im Verkehrsmuseum Nürnberg.

BEHEIMATUNGEN

Berliner S-Bahn:
S-Bw Berlin-Wannsee (BVG),
Berlin-Friedrichsfelde (DR)

Im Zuge der Rekonstruktion ließen die BVG einige 475/875 rubinrot/sandgelb umspritzen.

REDAKTION: MICHAEL REIMER; AUFNAHMEN: SCHULZ (3)

276 165 (jetzt bezeichnet als 476 312) im April 1990 in seinem Heimat-Raw Berlin-Schöneweide. Rechts daneben: ein Zug der Reihe 275 (jetzt 475).

Baureihe 476/876 (ex 276)

Im Berliner S-Bahn-Netz kam der Baureihe ET/ES bzw. ET/EB 165 eine besondere Rolle zu, trug sie doch lange Zeit die Hauptlast im täglichen Verkehr. Nach einigen Umbauten nach dem Krieg (1946), einer umfassenden Rekonstruktion (1965) und einzelnen Veränderungen (Sitzgestühl, Leuchtstofflampen) sollte der Einsatz dieser Baureihe etwa Mitte der 70er Jahre enden. Als Ersatz waren Neubaufahrzeuge vorgesehen. Obwohl bereits 1959 LEW Hennigsdorf einen Neubau-S-Bahn-Zug, den ET 170, während der Leipziger Frühjahrsmesse vorstellte, kam der über die Erprobung nicht hinaus. Der nächste " Neue" war erst für 1980 offeriert.

Die Verwaltung S-Bahn der Rbd Berlin kam nun nicht umhin, ihre alten Fahrzeuge rekonstruieren zu lassen. Nach dem Umbau der Baureihe 277 von 1973 an folgte ab 1979 die Rekonstruktion der Baureihe 275. Bereits die Anfänge ließen erkennen, daß es sich nur um eine zeitlich begrenzte Notlösung handeln sollte und konnte. Die Züge behielten annähernd ihr eigentliches Aussehen. Lediglich die Frontpartie erfuhr deutliche Änderungen. Berliner Eisenbahner belächelten diese Variante, „da es aussähe, als wenn der Triebwagen gegen eine Wand gefahren sei."

Die Modernisierung ging im Raw Berlin-Schöneweide schleppend voran. Zum einen fehlten ständig Teile, und zum anderen erwartete die DR den offiziellen Stop zu Gunsten der Neubaufahrzeuge Baureihe 270. Doch deren Serienauslieferung ließ auf sich warten, da LEW anderen Vertragsverpflichtungen nachkommen mußte.

Ende der 80er Jahre ging der Umbau weiter. Innerhalb der laufenden Erneuerung wurden eine neue Bremsanlage und ein verändertes Strom-Bordnetz eingebaut.

Während die ersten Umbauten die Baureihenbezeichnung 276.1 – ab 276 101 – erhielten, war für die Umbauten ab 1990 Baureihenbezeichnung 276.5 vorbehalten. Zahlreiche Fahrzeuge aus der ersten Umbauserie wurden während ihrer planmäßigen oder auch außerplanmäßigen Raw-Aufenthalte auf das neue System umgestellt und ebenfalls in die Reihe 276.5 eingenummert. Dadurch entstanden im Nummernplan wieder Lücken. Bei der Umbezeichnung im Jahre 1992 erhielten die sogenannten KE-Fahrzeuge (ab 276 507) die Bezeichnung 476/876.0, die übrigen die Nummernfolgen 476/876.3 und 476/876.4.

Die Altbaufahrzeuge der Baureihe 276.0 (ex ET 166 und ET 125) waren größtenteils in die Reihe 277mod umgebaut oder ausgemustert worden. Im Umzeichnungsplan von 1992 finden sich lediglich noch zwei, bereits z-gestellte Viertelzüge wieder. Für sie waren die Nummern 476/876 601 und 602 vorgesehen.

Dabei handelt es sich um zwei Viertelzüge der Baureihe ET/EB bzw. ET/ES 166, der sogenannten Olympia-Züge. 1936 wurden 34 Triebzüge, einige als Paßviertelzüge, der DRG übergeben. Nach dem Krieg verblieben 10 Züge bei der PKP. Die Reihe 166 war der unmittelbare Vorläufer der Bauart ET/EB 167, die ab 1938 gebaut wurde. Da ihr Einsatz 1991 endete, werden sie hier nicht näher vorgestellt.

Zur Zeit unterhält die DR 212 Viertelzüge der Baureihe 276 bzw. 476/876, davon sind

Historisch: 276 035, einer der „Olympiazüge".

TECHNISCHE DATEN

Baureihenbezeichnung	ab 1992	476/876
	bis 1991	276.1, 276.5
Umbau (1. Jahr)		1979 (aus 275)
Hersteller		DWV
Umbauer		Raw Berlin-Schöneweide
Achsformel		Bo'Bo' + 2'2'
Länge über Kupplung	mm	35460
Dienstmasse	t	65,5
Stromsystem		750 V =(Nennspannung)
Art des Antriebs		Tatzlager
Stundenleistung	kW	360 (4 x 9)
Höchstgeschwindigkeit	km/h	80
max. Anfahrbeschleunigung (bei ET)	m/s²	0,5
Anzahl der Sitzplätze (ET/EB)		54/54 oder 54/58

gegenwärtig 32 Viertelzüge mit der KE-Bremse ausgerüstet. Der Umbau wird während der Instandhaltung im Raw fortgeführt.

Konstruktion

Bei der Modernisierung blieb das Grundkonzept der Baureihe ET/EB 165 erhalten. Bei dem Umbau ist die elektrische Ausrüstung erneuert worden, die Fahrmotoren blieben erhalten. Übernommen wurden u.a. das Schaltwerk, das Laufwerk oder die Sifa. Im Raw Berlin-Schöneweide entstanden nur Trieb- und Beiwagen. Die Wagenkästen einiger Beiwagen verraten dennoch die einstige Herkunft als Steuerwagen (ES 165).

Der Wagenkasten ist in seiner Grundform (genietet) beibehalten worden, der Führerstand als Schweißkonstruktion neu gestaltet. Die typische Trapez-Form an der Front entfiel.

Die Führerstandswand wurde bis zur Einstiegstür gezogen. Dadurch entfielen die beiden Sitzbänke an dieser Wand im Traglasten-/Dienstabteil. Aufgrund der Verbreiterung des Führerraumes kommen jetzt auch bequemere Sitzmöglichkeiten für den Triebfahrzeugführer zum Einsatz.

Grundlegend modernisiert sind die Fahrgasträume. Sämtliche Sitzbänke sind gepolstert und mit Kunstleder (blau, jetzt braun) bezogen. In den Trieb- und Beiwagen besteht jetzt je ein Großabteil mit Längsbänken. Die Mitnahme von Fahrrädern und Kinderwagen ist nun auch in den Beiwagen möglich. Die Anzahl der Sitzplätze verringerte sich in den Beiwagen um zwei. Statt der Schiebefenster bestimmen nun fest eingebaute Fenster mit großer Lüftungsklappe das Bild. Alle Fahrzeuge haben eine verkleidete Leuchtstoffröhrenbeleuchtung. Der Türschließvorgang wird akustisch und über Warnlicht im Fahrgastraum und außen angezeigt.

Die gesamte elektrische Ausrüstung ist mit der der Baureihe 277 (477) vereinheitlicht. Das betrifft auch die Funktionsübertragung über die Mittelpufferkupplung (Bauart Scharfenberg).

1990 begann der Umbau der Bremsanlage, die nach 60jährigem Betriebseinsatz verschlissen war und nur mit unvertretbar hohem Aufwand hätte noch weiter unterhalten werden können. Mehrlösige KE-Bremsen ersetzten die einlösigen Druckluftbremsen.

Gleichzeitig wurde das gesamte Bordnetz auf 110 Volt erhöht. Diese Züge erhielten an der Kupplung gelbe Markierungen; sie sind nur untereinander bzw. mit der BR 477 kuppel- und einsetzbar.

BEHEIMATUNGEN

Berliner S-Bahn:
S-Bw Berlin-Friedrichsfelde,
S-Bw Berlin-Grünau

Im Führerstand befinden sich eine UKW-Funkwechselsprechanlage, bei einigen Zügen (ab 1984) ein Bordmikrorechner (BMR) und eine Fernbedienung der Stromabnehmer.

Beim Umbau im Raw erhielten die Fahrzeuge alle die beige-rehbraune Lackierung. Diese wird nach und nach gegen die rot/gelbe S-Bahn-typische Farbgebung „ausgetauscht". Besonderes Augenmerk legt man hier auf wasserlösliche, umweltverträgliche Anstriche. Aufgrund von Vandalismus in den Zügen entfallen künftig die Armlehnen, Abfallbehälter und die Stirnfronten werden mit Fenstern (zur besseren Beobachtung des Nachbarwagens) ausgestattet. Gleichzeitig werden Türspione in die Führerstandstüren eingebaut. Ferner entfallen die Trennwände der Dienst-/Traglastenabteile.

Betriebseinsatz

Bis auf vier Viertelzüge (S-Bw Grünau) sind alle im S-Bw Friedrichsfelde stationiert. Die Fahrzeuge der Baureihe 476/876 kann man auf fast allen Strecken der S-Bahn antreffen.

Aufgrund neuer Verkehrsströme in der Hauptstadt und der Wiedereröffnung einzelner Strecken im Westteil der Stadt wird die S-Bahn diese Züge in den nächsten Jahren noch nicht entbehren können. Die neubeschafften Züge der BR 485/885 und BR 480 (BVG) füllen die entstandenen Bedarfslücken nur bedingt auf.

Auf der Berliner Stadtbahn: Ein Zug der Reihe 476 mod in den „alten" neuen Farben verläßt den Haltepunkt Hackescher Markt.

REDAKTION: MICHAEL REIMER; AUFNAHMEN: SCHULZ (3)

Im S-Bw Berlin-Friedrichsfelde ist der Material- und Gerätezug 478/878 006-007 beheimatet. Er entstand aus ET/EB 165 030 und 121.

Baureihe 478/878 (ex 278)

Unter dieser Baureihenbezeichnung sind alle Sonder- und Hilfsfahrzeuge der Berliner S-Bahn erfaßt.
Seit der Inbetriebnahme der elektrischen S-Bahn in Berlin halten die Betriebswerke Sonderfahrzeuge für Havariefälle vor. Waren das zunächst noch dampfgeführte Hilfszüge (mit BR 74), wurden später Trieb- und Beiwagen verschiedener Gattungen für Sonderzwecke hergerichtet. Diese unterschied man nach Hilfsgerätezügen, Material- und Gepäckzügen sowie Schleppfahrzeugen. Nicht mehr vorhanden sind S-Bahn-Schnellgüterzüge und der Unkrautsprühwagen.
Die Hilfsgerätezüge der S-Bahn konnten ausnahmslos nur bei kleineren Entgleisungen oder Unfällen zum Einsatz kommen. Schwere Technik mußte schon immer über benachbarte Gleise mit anderer Traktion an den Ereignisort geschafft werden. Lediglich auf dem Tunnelabschnitt der Nord-Süd-S-Bahn gibt es keine solche Alternative. Dort ist der Einsatz der S-Bahn-Hilfszugmannschaft mit ihren Winden, Hubgeräten (Deutschlandgerät) und anderem Werkzeug gefragt, um entgleiste Fahrzeuge unter den argen Profileinschränkungen wieder auf das Gleis zu bringen.
Die Gepäckzüge waren für die Beförderung innerdienstlicher Post, aber auch Gepäcks vorgesehen. Diesen aufwendigen Zubringerverkehr konnte man nicht lange halten. Gemeinsam mit anderen Fahrzeugen wurde ein Park von Materialwagen aufgebaut. Neben Güterwagen mit Schrauben- und Scharfenbergkupplung, die zwischen S-Bahnfahrzeuge eingestellt werden können, wurden vor allem geschlossene Einheiten von Zügen vorgehalten. Sie übernehmen den Transport von Ersatzteilen bis hin zu Fahrmotoren zwischen den Bahnbetriebswerken, Einsatzstellen, den Ladestellen und dem zuständigen Ausbesserungswerk (Raw Berlin-Schöneweide). Ferner obliegt diesen Fahrzeugen auch die gelegentliche Überführung schadhafter bzw. instandgesetzter Regelfahrzeuge der S-Bahn.
Ergänzt wird der Park durch ein Schleppfahrzeug der BR 278. Dieser einzelne Triebwagen mit zwei Endführerständen besorgt Umsetzarbeiten im Raw und begleitet Probefahrten von reparierten S-Bahn-Fahrzeugen.
Im Umzeichnungsplan der DR (einschließlich BVG) von 1991 – BR 278 in 478/878 – befinden sich 18 einzelne Fahrzeuge:

- 478 001 + 878 002 + 478 003 (Hilfszug S-Bw Berlin-Wannsee),
- 478/878 004-005 (Hilfszug S-Bw Berlin Friedrichsfelde),
- 478/878 006-007 (Gepäckzug S-Bw Friedrichsfelde),
- 478 008 (Schlepptriebwagen Raw Berlin-Schöneweide),
- 478/878 009-011 (Gepäckzug S-Bw Wannsee).

Konstruktion

Der Hilfsgerätezug des S-Bw Wannsee, geführt als Gerätezug 2, wurde 1971 aus ET 165 459, EB 165 556 und ET 165 345 umgebaut. Er entspricht daher konstruktiv der BR 475/875. Verändert wurde die Kupplung zwischen dem EB und dem zweiten ET; es ist die Hülsenkurzkupplung verwendet worden, so daß der dreiteilige Gerätezug eine geschlossene Einheit bildet und somit – weder Viertel- noch Halbzug – eine Sonderstellung bei der S-Bahn einnimmt. Das Sitzgestühl ist komplett entfernt, technische Geräte bestimmen den Innenraum.
Im Jahre 1965 wurden zwei Triebwagen und zwei Beiwagen der Reihe ET/EB 169 zum Gerätezug für das S-Bw Friedrichsfelde (jetzt 478/878 004+005) umgebaut. Er besteht aus einem Mannschaftswagen (ex ET 169 017a), einem Geräte- und einem Materialwagen (ex EB 169 017b/c) und einem Maschinenwagen (ex ET 169 006b). Alle Wagen haben jetzt an den Stirnseiten die Scharfenbergkupplung und besitzen innerhalb des Zuges offene Übergangsbühnen. Die Inneneinrichtung ist entfernt worden. 1925 wurden 17 Triebzüge der späteren Reihe ET/EB 169 geliefert. Die Firmen Wumag (Wagen) und AEG/SSW (Elektrik) zeichneten dafür verantwortlich. Aufgrund ihres Profils waren die Züge nur im Vorortverkehr (u.a. nach Bernau, Orani-

enburg, Velten) einsetzbar. Die Triebzüge bestanden aus zwei vierachsigen Trieb- und aus drei zweiachsigen Beiwagen. Geringe Anfahrbeschleunigung und schlechte Laufgüte ließen sie rasch als „überholt" gelten. Ab 1956 wurden die verbliebenen Fahrzeuge weitgehend der Baureihe ET 165 angepaßt; größtenteils wurden sie 1962 abgestellt. 14 Triebwagen baute das Raw in den Jahren 1966 bis 1968 zu U-Bahn-Wagen (Typ E III), andere zu Bahndienstfahrzeugen um. Die Drehgestelle sind in genieteter Kastenkonstruktion ausgeführt, für die Triebdrehgestelle sind Gleitradsatzlager, für alle übrigen Wälzradsatzlager verwendet. Der Wagenkasten ist aus Stahlblech und Profilstahl genietet. Vierpolige Gleichstrom-Reihenschlußmotoren (GBM 1620), eigenbelüftet, sorgen über einen Tatzlagerantrieb mit zweiseitig schrägverzahntem Getriebe für den Antrieb. Zur Steuerung gehört ein Nockenschaltwerk mit 15 Anfahr- und zwei Dauerfahrstufen. Der Zug besitzt Vielfachsteuerung. Gebremst wird er durch eine mehrlösige Klotzbremse Bauart Kkp; vorhanden ist auch die mechanische Fahrsperre.

Erst 1990 wurde aus den ET/EB 165 030 und 165 121 der Material- und Güterzug 278 101 – 104 (jetzt 478/878 006 + 007) für das S-Bw Friedrichsfelde gebaut. Bis auf die fehlende Inneneinrichtung ist der Verband mit der Baureihe 475/875 identisch.

Bereits 1963 wurde aus dem ET 168 043 der Rangiertriebwagen für das Raw Berlin-Schöneweide im selben Raw umgebaut. 1970 erhielt er die Nummer 278 105, 1992 die Nummer 478 008. Dieser entstand aus der Serie ET/ES und ET/EB 168. Aufbauend auf den Erfahrungen mit der Reihe 169 entwickelte man 1926 die kleinste Zugeinheit, den Viertelzug. Am Bau waren 14 Waggonfabriken beteiligt. Die elektrische Ausrüstung wurde im Raw Berlin-Tempelhof eingebaut. Nach dem Krieg wurden die Fahrzeuge der BR ET 165 angeglichen. Ab 1962 wurden 19 Triebzüge zum Umbau an die U-Bahn abgegeben, vier weitere zu Gepäckzügen umfunktioniert. Der 478 008 (ex ET 168 043) verfügt über zwei Führerstände und – zusätzlich zur Scharfenbergkupplung – auch über Hülsenpuffer. Besonders wichtig für Abnahmefahrten ist, daß der Rangiertriebwagen alle Bauformen der Steuerstromkupplung aufweist. Drehgestelle, Untergestell und Wagenkasten sind genietet. Das Fahrzeug besitzt ein Holzdach. Vierpolige Gleichstromreihenschlußmotoren mit Wendepolwicklung, dem bekannten Nockenschaltwerk und dem Tatzlagerantrieb, ergänzen das Bild. Durch die elektrische Steuerung ist die sonst einlösige Klotzbremse Bauart Kp mehrlösig.

Ebenfalls aus Fahrzeugen der Baureihe ET/EB 165 entstammen die S-Bahn-Schnellgüterzüge 478/878 009 (ehemals 278 109/110) sowie 478 010/878 011 (ex 278 111/114) und 478 011/878 010 (ex 278 113/112).

Die Frontpartie des 478 006 erinnert an das „klassische" Gesicht der Berliner S-Bahnen.

BEHEIMATUNGEN

Berliner S-Bahn: S-Bw Friedrichsfelde und Wannsee (BVG), Raw Schöneweide

Betriebseinsatz

Der Hilfszug des S-Bw Wannsee ist zuständig für den Streckenbereich der Wannseebahn, einschließlich Nord-Süd-S-Bahn, sowie für Verbindungsstrecken. In den vergangenen Jahren kam er nicht zum Einsatz. Ebenso ungenutzt steht der Hilfszug vom S-Bw Friedrichsfelde, der nun neben allen östlichen Linien auch für Teile der Stadtbahn verantwortlich zeichnet. Beide Gepäckzüge kommen gelegentlich mit Raw-Überführungen zum Einsatz, der seit einiger Zeit motorlose Viertelzug 478 001/878 010 wurde bereits 1991 nicht mehr benötigt, weil seit Auflösung der S-Bahn-Unterhaltung im einstigen S-Bw Papestraße Materialfahrten nicht mehr erforderlich sind.

Der „Jumbo", wie der 478 008 aufgrund seiner hohen Anfahrzugkraft genannt wird, steht im täglichen Einsatz beim Raw, vor allem für Probefahrten.

Der Materialzug 478/878 009 fand u.a. 1991/1992 als fahrbare Notwerkstatt während der Rekonstruktion der Nord-Süd-Bahn Verwendung. Im Juli 1992 wurde der Material-/Gepäckzug neu zusammengestellt: 478/878 009 + 478/878 010 (ex 278 109/110 + 111/112).

Der „Jumbo" des Raw Berlin-Schöneweide, hier auf einer Schleppfahrt, trägt das gleiche Farbkleid wie die Serienzüge der Reihe 485/875.

REDAKTION: MICHAEL REIMER; AUFNAHMEN: SCHULZ (3)

Auf der Flachlandstrecke der Bergbahn zu Hause: die Baureihe 479, hier mit 479 203 und 479 205 im Bahnhof Lichtenhain

Baureihe 479.2

Bei den heute weitgehend identischen Triebwagen der "Hochplateau"-Strecke der Oberweißbacher Bergbahn in Thüringen nahm jeder einen völlig eigenständigen Entwicklungsweg. Als die Bergbahn 1923 ihren Betrieb aufnahm, verfügte sie unter anderem über einen zweiachsigen elektrischen Triebwagen, den späteren ET 188 531. Er blieb auch nach der Übernahme durch die DR 1949 im Bestand. Im Jahre 1955 kam der 46 Jahre alte zweiachsige Triebwagen 939 von der Leipziger Straßenbahn hinzu, den das Raw Gotha für den Einsatz auf der Bergbahn hergerichtet hatte.

Der Triebwagen ET 188 531 kam 1968 ins Raw. Aufgrund des desolaten Zustandes entstand praktisch ein vollkommen neues Fahrzeug, das vom alten ET 188 531 nur die Tragfedern und die Zughaken erhielt. Beim elektrischen wie beim mechanischen Teil griff das Raw auf Bauelemente von Straßenbahn- und S-Bahn-Wagen zurück. Die Stirnseiten des 1970 als 279 201 in Dienst gestellten Triebwagens wurden nach dem Vorbild der U-Bahn-Großprofilwagen der Bauart E III gestaltet. 1981 folgte eine grundlegende Modernisierung.

Für den Bau des Steuerwagens 479 202 wählte die DR 1973 den von der einstigen Niederbarnimer Eisenbahn stammenden Beiwagen 190 840 (ex VB 140 518) als Spenderwagen und glich ihn äußerlich dem 279 201 an, jedoch nur mit einem Führerstand mit einer einteiligen Frontscheibe. 1983/84 wurde er in den weitgehend dem 279 201 gleichenden Triebwagen 279 205 umgebaut. 1984/85 baute das Raw Berlin-Schöneweide den 279 203 grundlegend um, womit die Oberweißbacher Bergbahn nun über drei gleiche, zeitgemäße Triebwagen verfügte. Seit 1992 tragen sie die Bezeichnung 479.2.

Konstruktion

Der elektrische Teil der Triebwagen 479.2 liegt außerhalb des Fahrgastraumes. Zur Dachausrüstung gehören der mittig angeordnete Scherenstromabnehmer und zwei Widerstandsgruppen. Die Fahrspannung von 600 V wird den Fahrmotoren vom Typ GFM 3127 mit Tatzlagerantrieb via Straßenbahn-Fahrschalter und Vorwiderstände zugeführt. Der Fahrgastraum ist als Großraum mit Mittelgang gestaltet.

Betriebseinsatz

Alle drei Triebwagen sind beim Betriebshof Saalfeld, Einsatzstelle Lichtenhain, beheimatet. Sie fahren nur auf der Flachlandstrecke Lichtenhain – Cursdorf der Oberweißbacher Bergbahn. Im Fahrplan 2000/2001 sind es 16 Zugpaare täglich, der Planbedarf liegt bei einem Fahrzeug.

Technische Daten

Baureihenbez.	479 201	479 203	479 205
Indienststellung (1. Jahr)	1923	1955	1984
Umbau	1970	1955/63	–
Hersteller	WF Gotha	Herbrandt	Schöneweide
Achsformel	Bo	Bo	Bo
Länge über Puffer mm	12.600	12.600	12.600
Dienstmasse t	15,3	15,3	15,3
Stromsystem	600 V =	600 V =	600 V =
Art des Antriebs	Tatzlager	Tatzlager	Tatzlager
Stundenleistung kW	120	120	120
Höchstgeschw. km/h	40	40	40
Art der Heizeinrichtung	elektr.	elektr.	elektr.
Anzahl der Sitzplätze	24	24	24

AUTOR: RAMPP; AUFNAHMEN: B. SCHULZ

S-Bahn-Wagen mit ungewöhnlichem Design: der 480, hier 480 043 in Hennigsdorf

Baureihe 480

Am 9. Januar 1984 übernahmen die Berliner Verkehrsbetriebe (BVG) die Betriebsführung der S-Bahn im damaligen West-Berlin.Für den anfangs auf die Abschnitte Lichtenrade – Berlin Anhalter Bahnhof und Berlin Friedrichstraße – Berlin Charlottenburg beschränkten Verkehr reichten die von der DR übergebenen 115 Viertelzüge der BR 275 bei weitem aus. Engpässe ergaben sich erst 1985, als das Netz nach Linienverlängerungen udn der Eröffnung der S 1 Anhalter Bahnhof – Berlin-Wannsee wieder auf 71 km angewachsen war und bei den alten Fahrzeugen ein hoher Schadbestand auftrat.

Die Planungen für eine neue S-Bahn-Generation begannen im Herbst 1984. Dabei stand vorrangig die Ablösung der BR 275 im Vordergunrd. Das Pflichtenheft für die gemäß DB-Schema als 480 bezeichnete Baureihe erstellten AEG, Siemens und Waggon-Union gemeinsam mit der BVG und der Beratung von wissenschaftlichen Instituten. Das neue Fahrzeug sollte auch im Ostteil Berlins einsetzbar sein und universell verwendbare Nahverkehrskomponenten erhalten. Daher entschied man sich für den Doppeltriebwagen (Viertelzug) als kleinste betriebliche Einheit.

Am 1. Juli 1985 wurde der neue Zug in Form eines 1:1-Holzmodells vorgestellt. Dabei sorgte das von Professor Lindinger entworfene Design mit schräg gestellter trapezförmiger Frontscheibe, Annax-Zugzielanzeige sowie Stirnlampen hinter zusätzlichen Dreiecksscheiben für Aufsehen. Die Farbgebung „Kristallblau/Nachtblau“ hingegen setzte sich bei den Berlinern nicht gegen das klassische S-Bahn-Schema durch. Entsprechend blieb diese Kombination auf zwei der vier Prototyp-Züge beschränkt (480 001/501 sowie 002/502), die beiden anderen Vorläufer sowie die Serienzüge erhielten einen Anstrich in Rubinrot und Sandgelb.

Von der Präsentation der Baumuster am 22. Oktober 1986 bis zur Abnahme verging rund ein Jahr. Die Erprobung brachte zahlreiche Detailänderungen, etwa den Ersatz der Annax-Anzeigen durch ein Zugzielband unter Verzicht auf die obere Spitzensignal-Lampe. Die 41 Doppel-Tw der Serie (ab 480 005/505) wurden erst von November 1990 bis Juli 1992 ausgeliefert. Die damalige Deutsche Reichsbahn bestellte anschließend eine Bauserie mit 40 weiteren Viertelzügen. Dies waren die letzten Vertreter dieser Reihe, denn die DB AG entschied sich für eine völlige Neuentwicklung, aus der dann die baureihen 481/482 hervorgingen.

Konstruktion

Der Wagenkasten ist in Formleichtbauweise aus dem Edelstahl Renamit gefertigt. Auf den aus Stahlblech hergestellten H-förmigen Drehgestellrahmen ist der Wagenkasten über je zwei Luftfederbälge abgestützt. Die acht Fahrmotoren je Doppeltriebwagen sind quer zur Fahrtrichtung in den gummischichtgefederten Drehgestellrahmen befestigt. Der 480 erhielt einen Einzelachs-Querantrieb.

Die Stromzuführung erfolgt über beidseitig am Rahmen der äußeren Drehgestelle der Doppel-Tw angebrachte Stromabnehmer. Die 750-V-Gleichspannung gelangt über einen Netzfilter in die Gleichstromsteller und von dort durch eine Zwischenkreisdrossel in den Wechselrichter. Dieser hat die Funktion, den Strom in variabler Frequenz auf die Wicklungsstränge der Drehstrom-Asynchron-Fahrmotoren zu schalten. Für die Übertragung der Steuersignale im Zugverband sorgt der elektrische Teil der Scharfenbergkupplungen. Die Stundenleistung beträgt 824 kW, die Dauerleistung 720 kW. Gebremst wird im Regelfall mit der kombinierten elektrischen Nutz- und Widerstandsbremse, die einen Teil der aufgenommenen Energie ins Netz zurückspeisen kann. Außerdem besitzt der 480 mikrocomputergesteuerte Druckluft-Scheibenbremsen und in den Drehgestellen der Kurzkupplungsenden Park-Federspeicherbremsen.

Der Fahrgastraum weicht im Grundriss von allen anderen Berliner S-Bahn-Wagen ab. Jeder Wagen besitzt ein Mehrzweckabteil, ausfahrende Rampen verkürzen bei den Halten den Spalt zum Bahnsteig. Die Sitze der Prototypen wurden mit Stoff bezogen, die der Serienzüge mit Kunstleder.

Betriebseinsatz

Noch vor Abschluss der messtechnischen Prüfungen kamen die Prototypen ab dem 24. Juli 1987 erstmals auf der damaligen S 1 Wannsee – Anhalter Bf zum Einsatz. Die beim S-Bw Wannsee beheimateten Züge verkehren heute u.a. auf den Linien S 1 Wannsee – Oranienburg, S 3 Erkner – Westkreuz, S 25 Lichterfelde Süd – Hennigsdorf, S 46 Königs Wusterhausen – Westend und S 86 Spindlersfeld – Hermannstraße. Die Wagen 480 025, 053 und 573 mussten nach Unfall- bzw. Brandschäden ausgemustert werden. Aus den übrig gebliebenen 480 073 und 525 stellte die S-Bahn Berlin GmbH einen neuen Viertelzug zusammen.

Technische Daten

Baureihenbez.	480
Indienststellung (1. Jahr)	1987
Hersteller	Waggon-Union elektrische Ausrüstung: Siemens
Achsformel	Bo'Bo' + Bo'Bo'
Länge über K. mm	36.800
Leermasse t	60
Stromsystem	750 V =
Art des Antriebs	Einzelachs-Querantrieb
Stundenleistung kW	824
Höchstgeschw. km/h	100
max. Anfahrbeschl. m/s^2	1,0
Art der Heizeinrichtung	elektr.
Sitzplätze (ET/ET)	44 + 2 Klappsitze/ 44 + 2 Klappsitze

AUTOR: GN/RAMPP; AUFNAHMEN: KLEIN

481 143 fährt vor der markanten Plattenbau-Kulisse am Berliner Ostbahnhof vorbei

Baureihe 481

Bei der Baureihe 481 handelt es sich um ein "Einheitsfahrzeug" für die Berliner S-Bahn. Bis 2004 sollen 490 Fahrzeuge ausgeliefert werden.
1996 begann die Erprobung der ersten zehn Viertelzüge. Diese Viertelzüge sind durch eine Kurzkupplung miteinander verbunden und betrieblich nicht trennbar. Neu war, dass die Fahrgäste von einem zum anderen Wagen übergehen konnten. Aber nur ein Wagen besitzt einen Führerraum, so dass die kleinste im Fahrgastverkehr einsetzbare Einheit der Halbzug ist. Der ETA (Elektrischer Triebwagen mit Führerraum) besitzt zwei Triebdrehgestelle, der ETB (Elektrischer Triebwagen ohne Führerraum) ein Trieb- und ein Laufdrehgestell. Sechs der insgesamt acht Achsen des Viertelzuges werden angetrieben.

Konstruktion

Der Wagenkasten ist als Stahl-Leichtbaukonstruktion ausgeführt; die sphärisch gekrümmte Frontscheibe verschafft der Front des Zuges ein eigenwilliges Aussehen. Um die Temperaturen in den nicht klimatisierten Fahrgasträumen auch an heißen Tagen erträglich zu gestalten, baute man nachträglich Klappfenster ein.
Der 481 besitzt die Drehstrom-Antriebstechnik. Als Fahrmotoren dienen eigenbelüftete Asynchronmotoren. Elektrodynamische und elektropneumatische Bremsen stehen zur Verfügung. Die beim Bremsen gewonnene Energie kann ins Netz zurück gespeist werden. Die Fahrzeuge besitzen zwar keine Druckluftbremse, sie verfügen aber über eine durchgehende Hauptluftleitung für die Einstellung in druckluftgebremste Züge.
Bei der Inneneinrichtung wurde auf den Sicherheitsaspekt großer Wert gelegt, etwa durch die Glasflächen und die überschaubaren Fahrgasträume. Neu und in Berlin umstritten waren die Abteile 1. Klasse (offiziell wurde die 1. Klasse nicht eingeführt). Im Viertelzug stehen 94 Sitzplätze zur Verfügung, davon zwölf 1. Klasse. Inklusive der Stehplätze rechnet man damit, im Viertelzug 294 Reisende befördern zu können.

Betriebseinsatz

Die ersten Züge wurden vom März 1997 an auf den Strecken Potsdam – Erkner, Potsdam – Ahrensfelde und Westkreuz – Wartenberg eingesetzt. Die 481er trugen zuerst Ockergelb (Wagenkasten), Rubinrot (untere/obere Wagenkastenkante, Umrandung des Frontfensters) und Graphitgrau. Doch die Berliner zogen „ihre S-Bahn-Farben" vor, so dass man das Rubinrot auf den gesamten unteren Teil des Fahrzeugkastens ausdehnte und die Umrandung der Frontscheibe ockergelb lackierte.

Technische Daten

Baureihenbezeichnung	481
Achsformel	Bo'Bo'+2'Bo'
Länge über Kupplung mm	36.800
Dienstmasse t	59
Stundenleistung kW	noch nicht bekannt
max. Anfahrbeschleunigung kN	1,0 m/s²
Höchstgeschwindigkeit km/h	100

AUTOR: PREUSS; AUFNAHMEN: KLEIN

Er rollte in den achtziger Jahren auf die Berliner S-Bahn-Gleise: der Triebzug der Baureihe 485

Baureihe 485

Während in den siebziger Jahren die Reichsbahndirektion Berlin ihre S-Bahnfahrzeuge modernisierte, war unstrittig, dass neue Züge beschafft werden müssten, die den aktuellen Stand der Technik wiedergaben. Entsprechende Versuche mit einer Gleichstromstellersteuerung fanden in umgerüsteten Altbaufahrzeugen auf der Strecke zwischen Hennigsdorf und Velten statt. Der erste vom VEB Lokomotivbau Elektrotechnische Werke "Hans Beimler" Hennigsdorf fertig gestellte Halbzug wurde für messtechnische Untersuchungen genutzt, der zweite Halbzug dann auf der Leipziger Frühjahrsmesse im Jahre 1980 ausgestellt. Die Form und der Innenausbau des damals präsentierten Fahrzeuges wurden von der Hochschule für industrielle Formgestaltung entworfen.

Technische Daten

Baureihenbezeichnung	485/885
bis 1992	270
Indienststellung	1980
Achsformel	Bo'Bo'
Länge über Kupplung mm	36.200
Dienstmasse t	60
Stundenleistung kW	600
max. Anfahrbeschleunigung kN	0,75 m/s^2
Höchstgeschwindigkeit km/h	90

Konstruktion

Das Fahrzeug wartete mit einigen gestalterischen Neuheiten auf. Dazu zählten die Gestaltung des Führerraumes mit Schwingsitz, Instrumentenbeleuchtung mit Hilfe von Lichtleitern, das Thermofach zum Kühlen und Wärmen der Speisen, seitliche Schiebefenster sowie ein verschließbarer Kleiderschrank.

Für die neue Baureihe 270 hatte man die bewährte Viertelzugteilung vorgesehen, bestehend aus Trieb- und Beiwagen mit der Achsfolge Bo'Bo' + 2'2', so dass Viertel-, Halb-, Dreiviertel- und Vollzüge gekuppelt werden können. Die Kupplung entspricht der Bauart Scharfenberg, die auch die pneumatischen Leitungen und die Steuerstromleitungen automatisch kuppelt. Die Wagenkästen bestehen aus Aluminium-Strangpressprofilen und -blechen, die miteinander verschweißt sind. Das äußere Erscheinungsbild prägen die breiten Fenster und die außen liegenden Schiebetüren. Die Türen sind so breit bemessen, dass zwei Personen nebeneinander aus- oder einsteigen können. Die Fahrgäste sollten rascher als bei den Altbaufahrzeugen wechseln.

Die Raumaufteilung, die Anordnung der Sitzplätze, die Gestaltung der Sonderabteile sowie die Ausstattung der Fahrzeuge entsprechen der bei den modernisierten Altbaufahrzeugen. Auch die bei dem Fahrzeug verwendeten Zuglautsprecher waren seinerzeit eine Neuerung.

Angetrieben wird jeder Triebwagen durch vier einzelne Fahrmotoren, die durch den Gleichstromsteller an Spannung gelegt werden. Die Fahrmotoren und die Schaltung des Leistungskreises gestatten auch das elektrodynamische Bremsen. Zusätzlich besitzen die S-Bahn-Triebwagen elektropneumatisch bediente Scheibenbremsen und eine Federspeicherbremse.

Von jedem Viertelzug nehmen die Stromabnehmer den Strom von der Stromschiene ab. Alle Trieb- und Steuerwagen sind mit einer Starkstromleitung verbunden. Deswegen können diese Züge nicht auf allen S-Bahn-Strecken eingesetzt werden, da an den Netztrennstellen besondere Überbrückungsschaltungen erforderlich sind. Der Zug besitzt eine zentrale Zugsteuerung sowie Gleit- und Schleuderschutz. Das Bordnetz liefert Spannungen von 110 Volt Gleichspannung oder 220 Volt Drehstrom, von dem aus die Hilfsbetriebe gespeist werden. Im Fahrbereich sind stufenlos alle Geschwindigkeitsstufen bis zur höchsten zulässigen Geschwindigkeit einstellbar. Wird ein vorgegebener Geschwindigkeits-Sollwert erreicht, beginnt die Begrenzung der gefahrenen Geschwindigkeit. Wird der Fahrbremshebel in die Nullstellung gelegt, läuft der Triebzug aus. Wird eine kleinere Geschwindigkeit eingestellt, läuft der Triebzug aus, bis der neue Geschwindigkeits-Sollwert erreicht ist.

Als Drehgestelle wurden Leichtbaugestelle in einer vom Hersteller entwickelten Form verwendet, wie sie auch in die Reko-Züge der Baureihe 277, jedoch mit Wiege, eingebaut worden sind.

Betriebseinsatz

Die Erprobungen im Betriebseinsatz begannen im Jahr 1980. Die ersten Fahrzeuge erschienen in den Farben Rot und Beige. Die Serie von 168 Viertelzügen wurde zwischen 1980 und 1992 ausgeliefert, alsbald aber nur noch in der roten Lackierung. 1992 erhielt die Baureihe 270 die neue Bezeichnung 485 für die Trieb- und 885 für die Steuerwagen. Die Baureihe ist im Jahr 2000 auf der Strecke Westhafen – Bernau eingesetzt.

AUTOR: PREUSS; AUFNAHMEN: U. FISCHER

Die Triebwagenzüge fahren auf der fünf Kilometer langen Nebenbahn Müncheberg (Mark) – Buckow (Märkische Schweiz); im Bild der Endbahnhof.

Baureihe 479.6/879.6 (ex 279.0)

Das Städtchen Buckow, umgeben von Wäldern und einem Kranz von Seen, gilt als Perle der Märkischen Schweiz. Unmittelbar gelegen am größten Gewässer dieses Landstrichs, dem Schermützelsee, ist es seit Jahrzehnten Anziehungspunkt für naturhungrige Bewohner des nahen Berlin. Die Strecken Müncheberg (Mark) – Buckow (Märk Schweiz) und Lichtenhain a d Bergbahn – Cursdorf sind die einzigen verblieben Gleichstrom-Inselbetriebe der Deutschen Reichsbahn. Erstere war ursprünglich eine Schmalspurbahn von 750 mm Spurweite, die Buckow und Waldsieversdorf mit der preußischen Ostbahn verband. Sie war jedoch nicht in der Lage, den stark angestiegenen Reise- und Güterverkehr zufriedenstellend zu bewältigen. So begannen 1929 der Umbau auf Regelspur und die Elektrifizierung. Als Stromsystem wählte man das der Berliner S-Bahn, wobei die Gleichspannung von 750 V hier aber über eine Oberleitung zugeführt wird.

Mit der Eröffnung der regelspurigen Buckower Kleinbahn am 15. Mai 1930 wurden auch die Vorgänger der heutigen Fahrzeuge in Dienst gestellt – drei Trieb- und drei Beiwagen. Entstanden waren sie in der Hannoverschen Waggonfabrik (HAWA). Nach Übernahme durch die Deutsche Reichsbahn 1949 erhielten diese Triebwagen die Betriebsnummern ET 188 501, ET 188 502 und ET 188 503. Die beiden Beiwagen wurden als EB 188 501 und EB 188 502 bezeichnet. Vom 1. Juli 1970 an führten die Triebwagen die Nummern 279 001, 003 und 005, die Beiwagen wurden zu 279 002 und 004.

Einen bemerkenswerten Versuch, durchgehende Züge von Berlin nach Buckow unter Einbeziehung des elektrischen Betriebes zu fahren, gab es am 16. Januar 1969. Die Dampflokomotive 65 1017 förderte den aus sechs vierachsigen Rekowagen (Bghw) bestehenden Sonderzug bis Müncheberg. Dort setzten sich ET 188 503 an die Zugspitze und ET 188 502 an den Zugschluß. Bei der Rückfahrt von Buckow nach Müncheberg liefen beide Triebwagen an der Zugspitze und fuhren in Doppeltraktion. In allen Fällen wurden sie den Anforderungen als Schlepptriebwagen vollauf gerecht. Leider blieb es bei diesem Versuch. So muß auch heute noch der Berliner mit der S-Bahn bis Strausberg fahren, dort in den Zug nach Kietz und in Müncheberg (Mark) in den elektrischen Triebwagenzug umsteigen. Nicht zuletzt dieser unattraktiven Bedingungen wegen gab es um die Strecke und ihre Fahrzeuge mehrfach Querelen: Mitte der siebziger Jahre überlegte man im Ministerium für Verkehrswesen der DDR, die elektrische Bahn zu schließen oder aber dem Rat des Bezirkes Frankfurt/Oder als Nahverkehrsbetrieb zu unterstellen. Ähnliche Fragen stellen sich heute wieder, zumal die Eigentumsverhältnisse ungeklärt sind, die Stromversorgungsanlagen dringend der Erneuerung bedürfen und der Verkehr spürbar zurückging.

Anfang der achtziger Jahre, als alle Überlegungen zur Schließung der Strecke vom Tisch waren, unternahm das Raw „Roman Chwalek" Berlin-Schöneweide die grundlegenden Rekonstruktion der damals über 50 Jahre alten Fahrzeuge. Dabei wurden der wagenbauliche und der elektrische Teil

TECHNISCHE DATEN

Bezeichnung	ab 1992	479.6	879.6
	1970-1991	279.0	279.0
		(279 006 bis 1980 als 190 852)	
	bis 1970	ET 188.50	EB 188
Indienststellung (1. Jahr)		1930	1930
Umbau (1. Jahr)		190	1980
Hersteller		Hannoversche Waggonfabrik	
Umbauer		Raw Berlin-Schöneweide	
Achsformel		Bo	
Spurweite	mm	1435	1435
Länge über Puffer	mm	14.300	14.300
Dienstmasse	t	22,7	14,8
Stromsystem		600 V =	
Art des Antriebs		Tatzlager	
Stundenleistung	kW	120	
Höchstgeschwindigkeit	km/h	50	50
Art der Heizeinrichtung		elektrisch	elektrisch
Sitzplätze		32 (2. Kl.)	40 (2. Kl.)

479 003 und 879 602 erhielten im Jahre 1989 die Farben der Ostberliner S-Bahn: rehbraun/beige.

vollkommen erneuert, womit freilich ein Stück Eisenbahn-Nostalgie verschwand. Mit der Rekonstruktion kam auch der dritte Beiwagen zurück auf seine Stammstrecke. Jahrelang war er auf anderen Strecken als VB eingesetzt gewesen (überliefert ist z.B. eine Aufnahme vom Einsatz auf der Insel Usedom), und er trug auch eine dementsprechende Betriebsnummer. Nach der Rekonstruktion zum Steuerwagen erhielt er die Nummer 279 006.
Zugleich wurde damals die Fahrleitungsspannung auf 600 V Gleichspannung gesenkt. Das bot den Vorteil, daß Straßenbahn-Bauteile verwendet werden konnten und ermöglicht eine rationellere Instandhaltung der Fahrzeuge. (Gleiches trifft auf die Triebwagen der Oberweißbacher Bergbahn zu, die in der Mark erprobt werden können – gewissermaßen vor der „Haustür" des Raw.) Am 1. Januar 1992 zeichnete die DR die Triebwagen um in 479 601, 602 und 603; die Steuerwagen erhielten die Nummern 879 601, 602 und 603.

Konstruktion

Mit der Rekonstruktion wurden Wagenkasten, Innenausstattung und elektrische Ausrüstung vollkommen verändert. Beibehalten wurde der bisherige Achsstand von 8.500 mm, wogegen sich die Länge über Puffer geringfügig verkürzte. Der Wagenkasten ist nicht mehr zu den Stirnseiten hin abgeschrägt, sondern nimmt auch an den Stirnseiten die volle Rahmenbreite ein. Das alte Holzdach wurde durch ein eckiges Blechdach ersetzt. Die großen Stirnfenster in der Mitte und die beiden schmalen rechts und links davon wichen zwei breiten Stirnfenstern. Die Seitenfenster erinnern an die rekonstruierten Fahrzeuge der Berliner S-Bahn.

BEHEIMATUNGEN

Die Endeinstiege wurden zugunsten abgeschlossener Führerstände entfernt. Dafür verfügen die Fahrzeuge jetzt über Mitteleinstiege mit zwei Schlagtüren. Sie sind über Trittstufen zugänglich. Als Zug- und Stoßvorrichtung dienen seit jeher Schraubenkupplungen und Hülsenpuffer, weil die Triebwagen bis in die sechziger Jahre auch im Güterverkehr als Schleppfahrzeuge eingesetzt waren. Völlig verändert wurde die Innenraumgestaltung. Vom breiten Einstiegraum aus sind jetzt über Schiebetüren zwei Fahrgasträume erreichbar. Die beiden Führerstände sind von diesen durch Zwischenwände abgetrennt. Die Sitze (Teilung 2+2) sind schaumgummigepolstert und mit Kunstleder überzogen. Angeboten werden in den Triebwagen 32 Sitz- und 58 Stehplätze sowie die Möglichkeit der Traglastenbeförderung. Die Steuerwagen verfügen über 40 Sitz- und 55 Stehplätze.
Den Antrieb übernehmen zwei Fahrmotoren vom Typ EM 6/60, wie sie in zahlreiche Straßenbahn-Triebwagen aus DDR-Produktion eingebaut wurden. Sämtliche Fahrzeuge verfügen über Dreilicht-Spitzensignale mit getrennten Schlußleuchten. Die Druckluft-Läutewerke entfielen. Die Steuerstromkupplung ermöglicht zwei für die Strecke typische Zugbildungen: ET + ES und ES + ET + ES.
Die Fahrzeuge haben den von der Berliner S-Bahn her bekannten traditionellen Anstrich: Rahmen schwarz, Wagenkasten im unteren Bereich weinrot, Fensterband oxidgelb. Dieses ist nach oben und unten durch einen schwarzen Zierstreifen begrenzt. Das Dach ist silbergrau. Der Triebwagen 279 003 und der Steuerwagen 279 004 erhielten 1989 die in den achtziger Jahren vorübergehend eingeführte Farbgebung der (Ost-)Berliner S-Bahn: Rahmen schwarz mit weißem Streifen im Seitenbereich, Wagenkasten rehbraun, Fensterband beige mit schwarzem Zierstreifen oben und unten.

Betriebseinsatz

Alle Fahrzeuge sind im S-Bw Friedrichsfelde, Triebwagen-Einsatzstelle Buckow, beheimatet. Sie werden ausschließlich auf der Strecke Müncheberg (Mark) – Buckow (Märk Schweiz) eingesetzt und vom Raw Berlin-Schöneweide unterhalten. Sie laufen gewöhnlich in der Zusammenstellung Triebwagen + Steuerwagen, wobei der Triebwagen in Richtung Müncheberg (Mark) an der Spitze steht. Bei hohem Verkehrsaufkommen ist die Reihung Steuerwagen + Triebwagen + Steuerwagen möglich. Bei geringem Verkehr fahren die Triebwagen einzeln.

In Müncheberg, an der Hauptstrecke Berlin – Küstrin-Kietz, beginnt die romantische Stichbahn in die Mark.

REDAKTION: HANS-JOACHIM WEISE; AUFNAHMEN: SCHULZ (2), MEHNERT

Der „Gläserne Zug" 491 001 ist das älteste Normalspurfahrzeug der Bundesbahn und der letzte Vertreter seiner Gattung. 1986 wurde er „rundumerneuert"

Der „Gläserne Zug" 491 001

Speziell für den Ausflugsverkehr beschaffte die Deutsche Reichsbahn 1935 bei Fuchs zwei elektrische Triebwagen, bei deren Konstruktion deutlich von dem bekannten Triebwagenaussehen abgewichen wurde. Eine tiefe Gürtellinie und die Verglasung des Dachrandes, sowie umklappbare Rückenlehnen der Sitze ermöglichten eine gute Rundumsicht für die Fahrgäste. Die Toilette wurde im Einstiegsraum tiefergelegt, so daß auch sie die Sicht nicht behinderte. Mit einer Höchstgschwindigkeit von 120 km/h waren die Triebwagen, die bei der Ablieferung die Nummern elT 1998 und 1999 trugen und 1940 bei der Einführung eines neuen Numerierungssystems für Triebwagen der Reichsbahn in ET 91 01 und 02 umgezeichnet wurden, auch auf Hauptbahnen kein Verkehrshindernis. Sie erfreuten sich beim Publikum sehr großer Beliebtheit und bekamen daher ab 1936 noch Verstärkung durch drei dieselhydraulische Aussichtstriebwagen der späteren Reihe VT 90. Diese hatten den Vorteil, nicht auf elektrifizierte Strecken angewiesen zu sein. Alle drei Wagen sind jedoch längst ausgemustert und verschrottet worden.

Zu den Stammstrecken der elektrischen Triebwagen, für die sich bald der Name „Gläserner Zug" einbürgerte, zählten von Anfang an die Mittenwaldbahn München – Garmisch-Partenkirchen – Innsbruck und die Außerfernbahn Garmisch-Partenkirchen – Reutte. Mit der fortschreitenden Elektrifizierung erweiterte sich auch das Einsatzgebiet der Triebwagen über die Direktion München hinaus.

Der ET 91 02 brannte am 9. März 1943 bei einem Bombenangriff aus und wurde nicht mehr hergerichtet.

Bei der Ablieferung waren die Triebwagen dem Reichsbahn-Farbschema entsprechend rot-beige lackiert. Diese Farbgebung behielt die DB bis 1972 bei, dann erhielt der verbliebene, mittlerweile als 491 001 bezeichnete Wagen, eine etwas blaß wirkende Lackierung in olympiablau mit silbernem Fensterband. Anläßlich der letzten großen Revision am 10. Juli 1986 wurde dieser Anstrich dann durch einen wesentlich gefälligeren in enzianblau und weiß ersetzt.

Konstruktion

Der Wagenkasten des 491 ist vollständig aus Profilen und Blechen geschweißt. Das Untergestell ist mit einer umlaufenden Schürze versehen, die zur Verminderung des Luftwiderstandes und auch aus ästhetischen Gründen angebracht wurde. Herkömmliche Zug- und Stoßvorrichtungen wurden nicht vorgesehen, da die Triebwagen nur alleinfahrend eingesetzt wurden. Zwei leichte, verkleidete Stangenpuffer sollten eventuelle Berührungen mit anderen Fahrzeugen auffangen. Notkupplungen wurden beidseitig unter Abdeckklappen vorgesehen. Im Innenraum befinden sich zwei Fahrgasträume, die von einem Mitteleinstieg zu erreichen waren. Hier wurde auch die Toilette angeordnet. Die Führerstände wurden nicht von den Fahr-

TECHNISCHE DATEN

Baureihenbezeichnung	ab 1968	491
	bis 1968	ET 91
Indienststellung (1. Jahr)		1935
Hersteller		Fuchs
Achsformel		Bo'2'
Länge über Puffer	mm	20.600
Dienstmasse	t	45
Stromsystem		15 kV, 16 2/3 Hz
Art des Antriebs		Tatzlager
Stundenleistung	kW	390
Geschw. bei Stundenleistung	km/h	72
Höchstgeschwindigkeit	km/h	110
Anzahl der Sitzplätze ET/EB		72

Von München aus wird der Aussichts-ET zu Sonderfahrten in alle Himmelsrichtungen eingesetzt

gasträumen abgetrennt; bei Nachtfahrten konnten jedoch Vorhänge zur Abschirmung zugezogen werden. Die ursprünglichen großen Stirnlampen wurden anläßlich einer Revision 1972 durch kleine, getrennte Lampen für Fahr- und Schlußlicht ersetzt. Darüber hinaus wurden die beiden Stromabnehmer der Reichsbahn-Einheitsbauart durch einen DBS 54-Einheits-Scherenstromabnehmer und einen SBS 65-Einholmbügel ersetzt. Letzterer kann für den Einsatz auf Schweizer Bahnstrecken mit einer schmaleren Wippe ausgestattet werden. Diese abweichende Bauform ist notwendig, weil die Schweizer Eisenbahnen eine geringere Zick-Zack-Auslenkung des Fahrdrahtes verwenden und Stromabnehmer-Schleifstücke nach deutscher Norm mit den Fahrdrahthaltern in Berührung kommen könnten.

BEHEIMATUNGEN

Das mit zwei Tatzlagermotoren bestückte Triebdrehgestell entspricht der Bauart Görlitz III leicht und hat einen Achsstand von 3600 mm. Das Laufdrehgestell – ebenfalls Görlitzer Bauart – hat dagegen nur einen Achsstand von 3000 mm. Alle Radsätze laufen in Rollenlagern. Für die elektrische Ausrüstung war die Firma AEG verantwortlich, während der mechanische Fahrzeugteil von der Firma Fuchs aus Heidelberg stammt. Die elektrischen Bauteile wurden größtenteils in Bodenwannen untergebracht, die von außen durch Klappen zugänglich sind. Eingebaut sind fremdbelüftete sechspolige Reihenschlußmotoren (Typ EKB 400). Eine fremderregte Wechselstrom-Widerstandsbremse wurde 1938 eingebaut; ferner zählen Induktive Zugsicherung, Sicherheitsfahrschaltung und Zugbahnfunk zur technischen Ausstattung.

Betriebseinsatz

Der bei der Deutschen Bundesbahn verbliebene ET 91 01 steht auch 1993 noch beim Bw München 1 mit der heutigen Betriebsnummer 491 001 als Fahrzeug für Ausflugsfahrten zur Verfügung. Seine Beliebtheit beim Publikum ist ungebrochen, neben Rundfahrten in Oberbayern stehen auch mehrtägige Ausflugsfahrten im Programm des Oldtimers.

Noch in hellblauer Farbgebung (bis 1986)

Foto: Slg. B. Rampp

REDAKTION: FRANK PFEIFFER; AUFNAHMEN: CWS, EISENSCHINK, SCHULZ

Die formschönen Triebwagen der Reihe ETA 176 (später 517) kamen ausschließlich in Hessen zum Einsatz und waren zuletzt alle in Limburg stationiert

Baureihe ETA 176 (DB 517)

Für den Nebenbahn- und Eilzugdienst benötigte die DB zu Beginn der fünfziger Jahre einen neuen Akkumulator-Triebwagen (ETA). 1952 lieferte Wegmann zunächst zwei Prototypen. Der ETA 176 001 erhielt seine elektrische Ausrüstung von SSW, als Fahrmotoren kamen solche der Berliner S-Bahn zum Einbau. Die elektrische Ausrüstung des ETA 176 002 lieferte die AEG. Er wurde mit zwei leichten, schnellaufenden Fahrmotoren ausgestattet. Die Batterien stammten, wie auch bei den folgenden Triebwagen, von der Akkumulatoren-Fabrik AG (AFA) in Hagen. Nach zufriedenstellenden Probefahrten in Oberbayern konnten beide Triebwagen im Bw Limburg beheimatet und in den Plandienst übernommen werden.

In den Jahren 1953 und 1954 bauten Wegmann, WMD und SSW die Triebwagen ETA 176 003 – ETA 176 008 mit einer leicht geänderten Frontpartie. Erst von 1954 bis 1958 kamen die zugehörigen Steuerwagen ESA 176 001 – ESA 176 008, hergestellt von Esslingen und WMD, hinzu. 1968 erhielten die ETA 176 die Reichsnummern 517 001 – 517 008, die ESA 176 wurden als 817 601 – 817 608 in das neue Nummernschema eingeordnet.

Auf Grund der Entscheidung, die Akkutriebwagen nicht im Eilzugdienst, sondern vornehmlich im Nahverkehr einzusetzen, unterblieb die weitere Beschaffung der im wagenbaulichen Teil aufwendig instandzuhaltenden ETA 176 zugunsten der ETA 150 (515)

Der ETA 176 002 diente längere Zeit als Versuchsträger. Er hatte ab Werk ein Feinstufenschaltwerk mit 339 Anfahr- und 5 Dauerfahrstufen erhalten. 1963 baute die AEG anstelle eines Sitzabteils zusätzlich eine stufenlos regelbare Thyristor-Impulssteuerung ein, die man zum Laden der Akkumulatoren durch eine Nutzbremse ergänzte. Sie bewährte sich jedoch wegen zu starker Erwärmung nicht. Die Thyristorsteuerung wurde 1970 ausgebaut.

Konstruktion

Die Wagenkästen der ETA/ESA 176 entstanden aus verwindungsteifem Rohrstahl in geschweißter kombinierter Spanten- und Schalenbauweise mit einer geschlossenen Bodenwanne. Das Triebgestell der Bauart Wegmann wurde mit zwei Tatzlager-Gleichstrommotoren ausgestattet. Hinzu kamen ein elektrisch angetriebenes Nockenschaltwerk mit 84 Anfahr- und sechs Dauerfahrstufen sowie eine Vielfachsteuerung für den Betrieb mit Steuer- oder mehreren Triebwagen. Bei den Laufgestellen der Trieb- und Steuerwagen handelte es sich um eine Neukonstruktion der Bauart München-Kassel. Der 19 t schwere Akku und die elektrische Ausrüstung befanden sich in der Bodenwanne unter dem Fahrzeug. Die Reichweite einer Batterieladung betrug im Nahverkehr 250 km, im Fernverkehr etwa 400 km. An den Stirnseiten der Fahrzeuge befand sich eine selbsttätige Mittelpufferkupplung der Bauart Scharfenberg.

Die Triebwagen hatten zwei Führerstände, einen Gepäckraum, zwei Abteile bzw. einen Großraum (ETA 176 001 und ETA 176 002) der 1. Klasse und drei Großräume 2. Klasse erhalten. In den Steuerwagen befanden sich ein Führerstand und vier Großräume 2. Klasse.

Betriebseinsatz

Die ETA 176 004, 176 005 und 176 008 waren zunächst im BWW Kassel beheimatet und verkehrten in Richtung Richtung Bebra, Göttingen und Warburg. Das Bw Hameln erhielt ab Werk die ETA 176 006 und 007, die nach Bad Pyrmont, Bielefeld und Hannover fuhren. 1959 und 1960 wurden alle ETA 176 im Bw Limburg konzentriert. Hier waren bereits die ETA 176 001 – ETA 176 003 seit Anlieferung stationiert. Die als „Limburger Zigarren" bezeichneten Triebzüge bedienten zunächst hauptsächlich die Strecke Niedernhausen – Wiesbaden. Ab 1960 kamen sie u.a. über die Lahntalbahn nach Giessen und Koblenz, nach Westerburg, um Giessen und zwischen Mainz und Wiesbaden zum Einsatz. 1981 musterte man nach einem Unfall den 517 007 aus. Der letzte Triebzug 517 008/ 817 003 war 1984 entbehrlich. Erhalten blieb 517 001 im AW München-Neuaubing.

TECHNISCHE DATEN

Baureihe		ETA 176
bis 1967		ETA 176
ab 1968		517
Indienststellung		1952
Hersteller		AEG, SSW, Wegmann
Ausmusterung		1982 – 1984
Achsfolge		Bo'2'
Länge über Puffer	mm	27 000
Dienstmasse	t	55,6 – 57
Antrieb		Tatzlager
Stundenleistung	kW	204
Geschwindigkeit b. Stundenl.	km/h	36,5
Höchstgeschwindigkeit	km/h	90
Anzahl der Sitzplätze		72

REDAKTION: AXEL ENDERLEIN; FOTO: ARCHIV GN

Die Strecke Dresden – Bad Schandau – Decin führt entlang der Elbe und durch das Elbsandsteingebirge. Hier ist die Heimat der Zweifrequenzloks der Reihe 180, die sowohl mit deutschem Wechselstrom als auch mit tschechischem Gleichstrom fahren B. O. Sydow

Großer Erfolg war den Akkutriebwagen ETA 177 und 178 beschieden, die wegen der Fahrgeräusche von den Fahrgästen auch „Heulbojen" genannt wurden

Baureihen ETA 177/178/180

Nach zufriedenstellenden Versuchen mit aus Abteil-Personenwagen umgebauten Akkumulator-Triebwagen bestellte die Königlich Preußische Eisenbahn-Verwaltung (KPEV) im Jahre 1907 zunächst 57 aus zwei miteinander kurzgekuppelten zweiachsigen Einzelfahrzeugen bestehende Doppeltriebwagen. Maßgeblich beteiligt an dieser Entwicklung war Oberbaurat Wittfeld, dessen Name mit den Triebwagen untrennbar in Verbindung steht. Die als AT 3 bezeichneten Triebwagen aus den Jahren 1908 und 1909 erhielten die Betriebsnummern AT 241 – AT 354. Ein Triebzug bestand aus zwei Wagen mit hintereinander gereihten Betriebsnummern (z.B. AT 241/242).

Von 1910 bis 1914 stellte die KPEV weitere 106 Doppeltriebwagen in Dienst. Diese Fahrzeuge hatten drei Achsen erhalten. Im Interesse einer geringeren Achsfahrmasse wurde die eine, bisher vornliegende Laufachse, um eine zweite daneben ergänzt. Diese Fahrzeuge kennzeichnete die KPEV mit den Betriebsnummern AT 223 – AT 234, AT 355 – AT 532, AT 537 – AT 546, AT 555 – AT 564 und AT 579/580. 1912 ließ die KPEV die 1908 und 1909 hergestellten Wagen entsprechend den Fahrzeugen der zweiten Lieferserie in dreiachsige Fahrzeuge umbauen.

Die von 1912 bis 1913 gebaute Serie der Gattung AT 3 erhielt einen angetriebenen Mittelwagen. In den äußerlich unveränderten Endwagen blieben die Batterieplätze und Führerstände erhalten. Diese dreiteiligen Züge wurden entweder mit einem zweiachsigen kurzen (AT 533 – AT 536) oder langen Mittelwagen (AT 547 – AT 554 und AT 565 – AT 568) eingesetzt. Bei der Numerierung war dann die a-Nummer des ersten Triebwagens für den Mittelwagen maßgebend, z. B. AT 547/547a/548.

Zwischen 1924 und 1927 änderte man die Betriebsnummern der Züge und ergänzte dahinter die Namen der Heimatdirektionen. Aus dem AT 497/498 wurde beispielsweise der AT 219/220 Magdeburg, aus dem AT 499/500 der AT 219/220 Königsberg. Von 1927 an galten wieder die alten Nummern, die nach dem Zweiten Weltkrieg in den westlichen Besatzungszonen bis 1948 beibehalten wurden.

Die DB vergab ihre neuen Gattungsbezeichnungen nach der Art der Fahrmotor-Steuerung. Die neue Baureihe ETA 178 hatte eine Schützensteuerung mit Vielfachsteuerung, die Baureihe ETA 180 hingegen Fahrschalter. Zur DB gelangten 32 zweiachsige Triebzüge, die zunächst die Betriebsnummern ETA 180 002a/b – 180 025a/b und ETA 180 101a/b – ETA 180 106a/b (nur 3. Klasse) erhielten. Von den bereits dreiachsig gelieferten Fahrzeugen existierten noch elf komplette und zwei aus unbeschädigten Hälften zusammengesetzte Züge als ETA 178 001a/b – ETA 178 003a/b und ETA 178 005a/b – ETA 178 014a/b sowie 15 komplette und zwei einzeln zusammengesetzte Züge als ETA 180 001a/b und ETA 180 026a/b – ETA 180 040a/b. Aus dem AT 451 und dem aus der Serie der dreiteiligen Fahrzeuge stammenden AT 534 entstand der ETA 178 004a/b. Als einzige komplette dreiteilige Garnitur übernahm die DB schließlich den AT 535/535a/536 als ESAa/ETA/ESAb 178 051.

Bei der DR verblieben sieben zweiteilige und eine dreiteilige Garnitur, die bis 1950 in Personenwagen umgebaut wurden. 20

TECHNISCHE DATEN

Baureihe		ETA 177	ETA 178	ETA 178
bis 1925		AT 241ff	AT 241ff	AT 535/536
ab 1925		AT 241ff	AT 241ff	AT 535/536
ab 1940		ETA 178/180	ETA 178	ETA 178 051
Umbau		1949 – 1954	-	-
Baureihe nach Umbau		ETA 177	-	-
Indienststellung		1907	1907	1913/14
Hersteller		AEG,SSW,Bergm.,Breslau,LHW,v. d. Zypen,Wumag,...		
Ausmusterung		1964	1962	1960
Achsfolge		2A+A2	2A+A2	3+Bo+3
Länge über Puffer	mm	25 650 – 26 150	25 950	35 800
Dienstmasse	t	65,3 – 67,8	67,8	84
Antrieb		Tatzlager	Tatzlager	Tatzlager
Stundenleistung	kW	192	166	132
Geschwindigkeit b. Stundenl.	km/h	27	28	30
Höchstgeschwindigkeit	km/h	75	75	60
Anzahl der Sitzplätze		68 – 92	68 – 92	125

Gleich in Doppeltraktion und mit angehängten Beiwagen verkehrten ETA 177 102 und 112, die nach einem Umbau nur noch die 2. Klasse führten

zweiteilige Züge zählten nach dem Zweiten Weltkrieg zum Bestand der Polnischen Staatsbahnen (PKP).
Noch Ende der vierziger Jahre entschied sich die DB, ihre Triebwagen zu modernisieren. Die verschiedenen Fahrschalter-Bauarten wurden weitgehend vereinheitlicht. 26 Züge der Baureihe ETA 180 erhielten von 1949 bis 1954 ein neues Nockenschaltwerk mit Vielfachsteuerung und die neue Baureihenbezeichnung ETA 177. Die inzwischen zur Verfügung stehenden Batterien ermöglichten den Einbau stärkerer Fahrmotoren. Hierdurch konnte unter anderem die Höchstgeschwindigkeit um 5 auf 75 km/h gesteigert werden. Außerdem wurde die elektrische Ausrüstung erneuert und neu verkabelt. Hinzu kamen in den modernisierten Führerständen Sitzgelegenheiten für die Triebfahrzeugführer. Die ehemals hölzernen Deckel der Batterievorbauten ersetzte man durch solche aus Stahl. Die Inneneinrichtungen der Fahrzeuge wurden weitgehend angeglichen. Einige der Fahrzeuge für die 2. Wagenklasse (bis 1956: 2. und 3. Klasse, seither 1. und 2. Klasse) richtete man ausschließlich für die neue 2. Klasse her und ordnete sie als Unterbauarten ETA 177.1 und ETA 178.1 in das Bezeichnungschema ein. In einigen Fahrzeuge wurden zeitweilig Leuchtstofflampen und neue Fahrschalterbauarten getestet.
Als Bei- und Steuerwagen für die Speichertriebwagen der Vorkriegsbauarten rüstete die DB etwa 50 normale zweiachsige Personenwagen, vornehmlich der leichten Bauarten für Nebenbahnen, um. Die wie die Triebwagen nun rot lackierten Fahrzeuge waren einheitlich mit den Bauartnummern EBA und ESA 177 gekennzeichnet.

Konstruktion

Die Akkumulator-Triebzüge ETA 177, ETA 178 und ETA 180 bestanden aus zwei kurzgekuppelten Triebwagen. Deren Einzelachs-Lenkradsätze in der Zugmitte wurden durch einen Tatzlager-Gleichstrommotor angetrieben. Bei den ETA 177 war ein Nockenschaltwerk mit Vielfachsteuerung, bei den ETA 178 eine Schützensteuerung mit Vielfachsteuerung und bei den ETA 180 ein Fahrschalter ohne Vielfachsteuerung vorhanden. Die elektrische Ausrüstung befand sich außerhalb des Wagenkastens. In den langen mit Klappdeckeln ausgerüsteten Vorbauten wurden die Batterien untergebracht. Letztere garantierten eine durchschnittliche Laufleistung der Fahrzeuge von 300 km. Die Abteile wurden mehrmals umgestaltet. Neben Fahrgastgroßräumen gab es teilweise Traglastenabteile, Gepäckräume und in jedem Fall Toiletten.
Eine Ausnahme bildete der dreiteilige Triebzug ETA/ESA 178 051. Hier war der Mittelwagen Triebwagen, dessen zwei Achsen durch je einen Tatzlagermotor angetrieben wurden. Die elektrische Ausrüstung befand sich ebenfalls im Mittelteil, während die Batterien in den Vorbauten der vom Aufbau her den übrigen Triebwagen gleichenden Endwagen untergebracht waren. Letztere dienten in diesem Fall als Steuerwagen. Im Mittelwagen existierte ein Abteil der 2. Klasse.

Betriebseinsatz

Die Akkumulator-Triebwagen der Baureihen ETA 177, ETA 178 und ETA 180 waren bei der DB in den Bahnbetriebswerken Bamberg, Bergheim/Erft, Braunschweig, Buchloe, Duisburg Hbf, Essen Hbf, Hameln, Hildesheim, Kaiserslautern, Kassel, Kettwig, Limburg, Ludwigshafen, München Ost, Oberlahnstein, Recklinghausen Hbf, Uelzen und Worms beheimatet. Der dreiteilige ETA 178 051 stand in Diensten des Bw Duisburg, wo er Ende der fünfziger Jahre ausgemustert wurde. Das Einsatzgebiet waren die nichtelektrifizierten Vorort- und Nahbereiche. Teilweise erweiterten zusätzliche Ladestationen den Aktionsradius der Fahrzeuge. Als bereits ausreichend Nachfolger der Baureihe ETA 150 vorhanden waren, beschränkten sich die Einsätze der modernisierten Oldtimer zunehmend auf Personal- und Arbeitszugleistungen. Als letzte Fahrzeuge ausgemustert wurden der ETA 178 002 des Bw Oberlahnstein im Mai 1962, der ETA 180 013 des Bw Kaiserslautern im November 1962 und schließlich der ETA 177 112 des Bw Hildesheim im Februar 1964.
Während in Deutschland keine Wittfeld-Triebwagen mehr vorhanden sind, existiert bei den Polnischen Staatsbahnen PKP in Novy Dwór noch ein kompletter Zug, der nach seiner nichtbetriebsfähigen Aufarbeitung im Eisenbahnmuseum von Koscierzyna aufgestellt werden soll.

TECHNISCHE DATEN

Baureihe		ETA 180
ab 1925		AT 241ff
ab 1940		ETA 180
Indienststellung		1907
Hersteller		AEG,SSW,Bergm...
Ausmusterung		1962
Achsfolge		2A+A2
Länge über Puffer	mm	25 650 – 26 150
Dienstmasse	t	64 – 66,5
Antrieb		Tatzlager
Stundenleistung	kW	125
Geschwindigkeit b. Stundenl.	km/h	26,5
Höchstgeschwindigkeit	km/h	70
Anzahl der Sitzplätze		80

REDAKTION: AXEL ENDERLEIN; FOTOS: BELLINGRODT/SLG. PILLMANN

Durch Verlegung der Batterien unter den Fahrzeugboden konnte bei den ETA 179 der DRG der lange Vorbau der Wittfeld-Akkutriebwagen entfallen

Baureihe ETA 179

Die Deutsche Reichsbahn-Gesellschaft stellte 1926 zwei Speichertriebwagen in Dienst. Diese Fahrzeuge knüpften im wesentlichen an die guten Erfahrungen mit den preußischen „Wittfeld-Triebwagen", spätere Baureihe ETA 177, an. Deren Hauptproblem, die hohe Masse pro Sitzplatz, ließ sich durch die Verlegung der Batterien unter den Fahrzeugboden reduzieren. Dadurch entfielen wiederum die langen Vorbauten. Die Wagenkästen und somit das Platzangebot konnten vergrößert werden. Nach Probefahrten mit den Triebzügen AT 215/216 und AT 217/218 gab die DRG 1927 und 1928 insgesamt die 16 Serienzüge AT 585/586 – AT 615/616 bei Gastell, Wegmann, Wumag und SSW in Auftrag. Die Probezüge wurden 1927 in AT 581/582 und AT 583/584 umgezeichnet und mußten als Kriegsverluste verbucht werden. Fünf Triebzüge gelangten zur DR, elf zur DB. Von den Triebwagen der DR mußte der AT 585/586 schon 1946 wegen Brandschäden abgestellt werden, die Züge AT 587/588, AT 589/590, AT 591/592 und AT 613/614 wurden 1953 im Raw Dessau aufgearbeitet und blieben bis zur Ausmusterung mit den alten Betriebsnummern im Dienst. Auffälligste Änderung war der Ersatz der oben abgerundeten Deckel der Vorbauten durch schräg nach vorn abfallende. Wesentlicher war jedoch der Einbau neuer Batterien. Die bei der DB vorhandenen Triebwagen erhielten 1948 die neuen Betriebsnummern ETA 179 001 – ETA 179 007a/b mit 2. und 3. Klasse und ETA 179 101 – ETA 179 104a/b mit 3. Klasse. Die Triebwagen ETA 179 004, ETA 179 001 und ETA 179 002a/b wurden 1953 und 1957 in die einklassigen Züge ETA 179 105 – ETA 179 107a/b umgebaut. Der bei einem Unfall 1944 weitgehend zerstörte Zug AT 605/606 erhielt anläßlich seiner Aufarbeitung in Kassel 1949 einen modernisierten Aufbau mit abgerundeten Führerstandsfronten, er wurde als ETA 179 005a/b beim Bw Kassel stationiert. Als Bei- und Steuerwagen verwendete die DB umgebaute Nebenbahn-Personenwagen, die einheitlich für alle Altbau-Speichertriebwagen als EBA/ESA 177 bezeichnet wurden.

Konstruktion

Ein Triebzug ETA 179a/b bestand aus zwei gleichen, miteinander kurzgekuppelten Triebwagen. Die drei Lenkachsen eines Wagens waren symmetrisch angeordnet, wobei die am Kurzkupplungsende befindliche als Treibachse diente. Der hier vorhandene Tatzlager-Gleichstrommotor wurde mit einem Fahrschalter gesteuert. Die mittlere Laufachse war seitenverschiebbar. Die elektrische Ausrüstung konnte vollständig außerhalb des Fahrzeugkastens untergebracht werden. Die für eine Laufleistung von 250 km ausreichenden Batterien befanden sich in vier Batteriekästen unter dem Wagenboden und in den kurzen Vorbauten.

Beide Triebwagen wurden durch einen Faltenbalgübergang miteinander verbunden. Die vorderen Einstiege waren eingezogen, in der Zugmitte existierte je Wagen diagonal versetzt auf jeder Seite eine Tür. Der bei vier Fahrzeugen der Baureihe ETA 179.0 noch vorhandene 1.-Klasse-Großraum befand sich im a-Teil, hier war auch ein kleines Postabteil vorhanden. In den a-Teilen der einklassigen Triebzüge und im b-Teil schloß sich neben einem normalen Großraum 2. Klasse ein Traglastenabteil an.

Betriebseinsatz

Die DRG beheimatete die Neubau-Speichertriebwagen in acht teilweise weit auseinanderliegenden Bahnbetriebswerken. Pro Bw waren ein bis drei dieser Fahrzeuge vorhanden. Die vier bei der DR verbliebenen Triebwagen wurden bis zur Ausmusterung 1968 vom Bw Gotha aus eingesetzt. 1965 mußte nach einem Brand der AT 591/592 abgestellt werden. Als nicht betriebsfähiges Museumsfahrzeug ist in Gerstungen der AT 589/590 vorhanden.

Haupteinsatz-Bahnbetriebswerke bei der DB waren Basel Badischer Bahnhof, Kassel, München Ost und Rosenheim, wo zwischen zwei und vier ETA 179 stationiert waren. Als letzter wurde im Oktober 1960 der ETA 179 106 des Bw Haltingen ausgemustert.

TECHNISCHE DATEN

Baureihe		ETA 179
ab 1925		AT 581 – AT 616
ab 1950 DB		ETA 179
ab 1950 DR		AT 587 –
Indienststellung		1925
Hersteller		SSW, Wegmann
Ausmusterung		1960 (DB), 1968 (DR)
Achsfolge		2A+A2
Länge über Puffer	mm	29 220
Dienstmasse	t	70,0 – 72,5
Antrieb		Tatzlager
Stundenleistung	kW	66
Geschwindigkeit b. Stundenl.	km/h	28
Höchstgeschwindigkeit	km/h	70
Anzahl der Sitzplätze		88 – 106

REDAKTION: AXEL ENDERLEIN; FOTOS: BELLINGRODT/SLG. PILLMANN

Nicht immer kommt mit dem Einsatzende bei der Staatsbahn auch das Einsatzende für die Lok. Das Werk Kassel zum Beispiel arbeitete einige Maschinen der Baureihe 109 für einen neuen Kunden auf B. Schulz

Die letzten Akkutriebwagen der Bundesbahn sind heute um Wanne-Eickel (im Bild: 515 549, 636, 554 in RSB-Lack) und Mönchengladbach versammelt

Baureihen 515, 815 und 732

Akkumulatortriebwagen haben in Deutschland eine lange Tradition, sie fanden Verbreitung wie in sonst keinem anderen Land. Der Durchbruch beim Einsatz der Akku- oder Speichertriebwagen gelang der preußischen Staatseisenbahn 1906 mit den zweiteiligen, sogenannten Wittfeld-Wagen, die zuletzt die Baureihenbezeichnungen ETA 177, 178 und 180 trugen und erst 1964 bei der DB aus dem Einsatz genommen wurden. Die zweite Generation Akkutriebwagen (ETA 179) wurde von der Deutschen Reichsbahn 1926 in Dienst gestellt und blieb ebenfalls bis zu Beginn der sechziger Jahre im Einsatz. Die Bundesbahn griff den Gedanken der Akkumulatortriebwagen früh wieder auf und stellte 1952 die ersten acht Fahrzeuge einer neuen Reihe ETA 176 in Dienst, denen ab 1953 der für den Nah- und Eilverkehr geeignete ETA 150 folgte. In mehreren Bauserien wurden 232 Triebwagen und 216 äußerlich ähnliche Steuerwagen in Dienst gestellt. Gebaut wurden sie von Rathgeber, O & K, sowie DWM und MAN. Bei den Triebwagen gibt es drei Haupttypen. Sie unterscheiden sich hinsichtlich der Aufteilung des Innenraums und der Leistungsfähigkeit der Batterien. Nach den Prototypen ETA 150 001 und 002 wurden zunächst 31 weitere Wagen beschafft, die die Nummern ETA 150 003 – 033 erhielten. Sie bekamen einen Innenraum 2. Klasse (bis 1956 dritter Klasse) sowie einen Traglastenraum. Die Nachfolgebauserie ETA 150 101 – 138 besitzt zusätzlich noch ein erster Klasse Abteil und hat eine größere Batteriekapazität. Die dritte Bauserie ETA 150 501 – 661 ist mit abermals leistungsfähigeren Batterien ausgestattet, während ihr Innenraum ebenfalls erste Klasse, zweite Klasse und Gepäckraum aufweist. Die 216 Steuerwa-

In ausgewaschenem Rot – 515 599 in Bad Lauterberg

TECHNISCHE DATEN

Baureihenbezeichnung	ab 1968	515.5	815	732
	bis 1968	ETA 150.5	ESA 150	(ETA 150.5)
Indienststellung (1. Jahr)		1957	1953	1957
Umbau (1. Jahr)		1988	1988	1990
Hersteller		O&K, DWM, Wegmann SSW, DWM, Schalt, AFA	O&K, MAN, DWM, Rathg. Wegmann, WMD, Schalt	O&K
Umbauer		Aw Bremen	Aw Bremen	Aw Hamburg GSB
Achsformel		Bo'2'	2'2'	2'2'
Länge über Puffer	mm	23.400	23.400	23.400
Dienstmasse	t	57	23	
Stromsystem		Akkumulator	-	-
Art des Antriebs		Tatzlager	-	-
Stundenleistung	kW	200	-	-
Geschw. bei Stundenleistung	km/h	34,5	-	-
Höchstgeschwindigkeit	km/h	100	100	
Anzahl der Sitzplätze ET/EB		66 - 71	81	-

Was die Farbe ausmacht: Akku-Veteran im neuen RSB-Farbdesign und mit Werbung (Bw Wanne)

gen erhielten die Betriebsnummern ESA 150 001 – 216, sie sind nur mit der zweiten Wagenklasse ausgestattet. 1968 erhielten die Akkumulatortriebwagen neue EDV-gerechte Bezeichnungen, fortan waren sie als 515 001 – 033, 101 – 138 und 501 – 661 nummeriert, während die Steuerwagen als 815 601 – 816 bezeichnet wurden.

In den achtziger Jahren begann die DB, die umweltfreundlichen und nahezu lautlosen Triebwagen aus dem Verkehr zu ziehen. 35 noch für einige Jahre benötigte Wagen wurden auf Einmannbetrieb umgebaut, sie erhielten Türöffner, pneumatische Türschließeinrichtungen, Außenspiegel und Zahltische für den Fahrkartenverkauf durch den Fahrer.

Der ETA 515 505 wurde 1990 als Stromschienen-Enteisungswagen für die Hamburger S-Bahn hergerichtet, bei seinem Umbau im Bw Hamburg-GSB erhielt er den gelben Anstrich für Arbeitswagen, mehrere Seitenfenster und der Mitteleinstieg wurden verschlossen, die Antriebsanlage samt Batterien ausgebaut. Das nun von zwei Kleindiesellokomotiven der Reihe 333 gezogene, Fahrzeug erhielt die neue Betriebsnummer 732 001.

Die ETA 515 511 und 523 sowie der ESA 815 661 konnten an die Regentalbahn im bayerischen Viechtach verkauft werden, dort will man die Triebwagen modernisieren und auf dieselelektrischen Betrieb umbauen.

Die Lackierung der Akkutriebwagen erfolgte gemäß dem Bundesbahn-Farbschema in rot. In den siebziger Jahren wurden sie in das ozeanblau-beige Farbkonzept einbezogen, wobei die Farbaufteilung im Lauf der Zeit etwas variierte. Das Dach war zunächst ozeanblau lackiert, später ging man zu einem schmutzunempfindlicheren Grau über. Kurz vor dem absehbaren Einsatzende der Akkutriebwagen erhielten schließlich noch drei Triebwagen (515 548, 554, 556) das neue Farbkonzept in türkis und lichtgrau. Möglich wurde dies durch Sponsoring einer Computerfirma, die die Wagen auch mit Werbung versehen ließ.

Von den im Sommer 1993 noch im Einsatz stehenden 25 Triebwagen zeigen sich neben den drei erwähnten Wagen im türkisgrauen Farbschema auch noch zwei im klassischen rot (515 616, 636), die übrigen sind, genau wie die letzten acht Steuerwagen, ozeanblau-beige lackiert.

BEHEIMATUNGEN

Betriebswerke Hamburg GSB (732); Mönchengladbach, Wanne-Eickel,

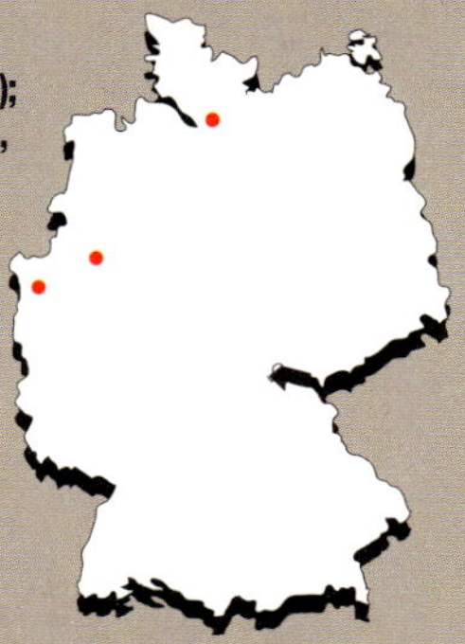

Technik

Der ETA 150 ist ein vierachsiger Triebwagen mit normalen Zug- und Stoßvorrichtungen. Die Wagenenden sind leicht abgerundet und haben keine Übergangseinrichtungen. Wagenkasten und Untergestell sind als selbsttragende, zusammenhängende Schweißkonstruktion in Stahlleichtbauweise aus Hohlträgern konstruiert. Der mittlere Langträger enthält einen Teil der Druckluftausrüstung, außerdem ist er tragendes Element für die Batterien, die unterhalb des Wagenkastens in speziellen Einschüben ruhen. Über Auflageschienen und Rollen, sowie mittels besonderer, in den Betriebswerken vorgehaltener Spezialhubwagen, lassen sich die Batterien schnell wechseln. Die Belüftung erfolgte bei der Bauserie 515.0 durch Luftschlitze in den Schürzen, bei den übrigen Bauserien durch Motorlüfter. Die Fahrzeuge laufen auf Drehgestellen der Wegmann-Bauart München-Kassel, bei denen es sich um eine geschweißte Blechträgerkonstruktion handelt. Die Drehzapfen sind tiefangelenkt, die lenkergeführten Radsätze (Durchmesser 950 mm) haben Wälzlager. Die Radsatz- und die Wiegenfederung erfolgt über Doppelschraubenfedern und Stoßdämpfer. Zwischen dem Drehzapfen und der Wiege sind zusätzlich Gummimetallfedern eingebaut. Der in einem Drehgestell eingebaute Antrieb mit zwei vierpoligen Gleichstrom-Tatzlagermotoren des Typs GB 190/20e und einseitig schräg-, teilweise auch geradverzahntem Getriebe erbringt eine Dauerleistung von 165 kW bei 39 km/h. Die verwendeten Batterien, beim ETA 150.0 zunächst der Typ 9 TM 450c, später durch die auch im ETA 150.1 verwendeten 9 TM 450d mit 16,3 Tonnen Gewicht ersetzt, sowie die im ETA 150.5 eingebauten 12 TM 5 oder 25 TM 2 mit 22 Tonnen Gewicht sind unterschiedlich leistungsfähig, was sich auf die Reichweite der Fahrzeuge auswirkt. Die Batterie TM 450d hat bei dreistündiger Entladung eine Kapazität von 350 kWh, während der Typ 12 TM 5 bei ebenfalls dreistündiger Entladung eine Kapazität von 520 kWh besitzt. Alle Batterien wurden von der AFA bzw. der Varta geliefert, die auch für die Wartung und Erneuerung zuständig ist und von der DB dafür Gebühren erhält, die per kWh-Entnahmezähler ermittelt werden.

Als Steuerung dient ein 84-stufiges, unter den Sitzen im Traglastenraum untergebrachtes Nockenschaltwerk mit elektromotorischem Antrieb. Per Vielfachsteuerung können bis zu drei ETA und drei ESA von einem Führerstand aus gefahren werden. Eine direkte Steuerung des Schaltwerks ist als Notsteuerung möglich.

Der Fahrzeuginnenraum zweiter Klasse ist bei allen Typen als Großraum ausgebildet, der Zugang erfolgt über drei mehrflügelige Falttüren pro Seite. Eingebaut sind kunstleder-gepolsterte Sitze in 2+2 Anordnung. In der ersten Klasse sind teilweise Abteile mit Seitengang zum Einbau gekommen, einige Unterbauarten haben in der ersten Klasse Großräume. Geheizt werden die Fahrgasträume mit einer Luftheizung, die im Frisch- oder Umluftbetrieb genutzt werden kann; die Heizgeräte werden ölgefeuert. Zusätzlich sind Dachlüfter vorhanden. Zur Beleuchtung dienen Glühlampen, bei den Wagen 515 539, 540 und 604 ff. Leuchtstofflampen.

Indusi und Zugbahnfunk wurden bei allen Fahrzeugen nachgerüstet, die Sifa war von Beginn an eingebaut.

Betriebseinsatz

1993 werden Akkumulatortriebwagen noch von den Betriebswerken Mönchengladbach und Wanne-Eickel eingesetzt, die zusammen 27 Triebwagen (ausschließlich Typ 515.5) und neun Steuerwagen beheimaten. Ihr Einsatz erfolgt unter anderem auf den Strecken Wanne-Eickel – Dorsten – Borken, Bochum – Wanne-Eickel, Wanne-Eickel – Dortmund, Düsseldorf – Mettmann und Neuss – Kaarst. Bis 1995 soll der Einsatz jedoch beendet werden, neue VT 628 Dieseltriebwagen werden die Aufgaben der umweltfreundlichen Akkutriebwagen übernehmen.

REDAKTION: FRANK PFEIFFER; AUFNAHMEN: FELDMANN, SCHULZ, HENSCHEL

Unter den Akkutriebwagen der Bundesbahn waren jene der Baureihe 515 am längsten eingesetzt. Sie fuhren im Großraum Rhein-Ruhr ebenso wie auf dem Lande C. Gussmann

Als in vielen anderen Ländern noch Stangen-Elektroloks üblich waren, wählte man in der Schweiz schon den Einzelachsantrieb. Eine der ersten Versionen war die Bauart Buchli – hier bei der SBB-Reihe Be 3/6 D. Beckmann

Zu den berühmtesten Lokomotiven der Schweizer Bundesbahnen zählt das im In- und Ausland bestens bekannte „Krokodil“, das seinen Namen der dreiteiligen, gelenkigen Gliederform verdankt

AUFNAHME: BERNHARD STUDER

Die Triebfahrzeuge der Schweizerischen Bundesbahnen (SBB)

Die Lokomotive an der Spitze des Zuges übt seit Bestehen der Eisenbahn eine große Faszination auf Jung und Alt aus. Besonders die Schweizer Bahnen mit ihrem vielfältigen Rollmaterial in dem landschaftlich ebenso abwechslungsreichen Alpenland sind in ganz Europa beliebt.

Trotz der vielfach schwierigen topografischen Lage besitzt die Schweiz heute das flächenbezogen dichteste Verkehrsnetz der Welt. Zwei Drittel aller Schweizer erreichen in nur fünf Gehminuten von ihrer Wohnung aus ein öffentliches Verkehrsmittel. 5000 Bahnkilometer erschließen das Land mit seinen knapp sieben Millionen Einwohnern. Rund 3000 Kilometer des eng geflochtenen Netzes betreiben die Schweizerischen Bundesbahnen (SBB). Dabei werden 815 Bahnhöfe in 22 Kantonen bedient. Daneben stellen aber über 65 verschiedene Privatbahnen den Verkehr auf 45 % aller Schienenkilometer sicher. Unter dem Motto „Jede Stunde ein Zug“ entscheiden sich jährlich rund 320 Millionen Reisende für eine Fahrt im umweltschonenden Verkehrsmittel Bahn. Genauso präzise wie die Schweizer Uhren funktionieren die helvetischen Intercity-, Schnell- und Regionalzüge. Praktisch auf die Minute genau erreichen sie bei jeder Witterung ihr Ziel.

Noch vor einem halben Jahrhundert fauchten die großen Dampflokomotiven durchs Land. Das Publikum konnte die Zugkräfte beim Anfahren und die Druckkräfte beim Bremsen hör- und sichtbar miterleben. Nach dem Verschwinden der letzten Dampflok aus dem Fahr- und Dienstplan der SBB im Jahre 1968 wurde es auf den Schweizer Geleisen ruhiger. Doch auch die geballte Energie einer Elektrolok vermag immer wieder Hobby- und Berufsleute zu begeistern.

Die Werbewirkung der „Zugpferde“ ist den Bahnen in den letzten Jahren bewußt geworden. Seither bemühen sich nicht nur Designer um schnittige, repräsentative Maschinen – auch Werbebotschaften finden den Weg über die Lokomotive zum Kunden. Und „last but not least“ ist das Zeitalter der langweilig grünen Lokomotive endgültig vorbei. Nicht nur rote, gelbe und blaue Fahrzeuge sind unterwegs; bunte Triebwagen, bemalt mit Bernhardinerhunden, poppig gestylte Tramanhänger oder vom Stardesigner Luigi Colani entworfene Farbdesigns prägen das Bild der Eisenbahn in der Landschaft – der Hobbyfotograf dankt.

Dampftraktion

Funktional war das Eisenbahndesign zur Zeit unserer Groß- und Urgroßväter. Die Dampfmaschinen waren entsprechend den früheren Gepflogenheiten schwarz gespritzt. Schilder und Loknummern wurden aus Messing gefertigt.

Von den verstaatlichten Privatbahnen übernahmen die Schweizerischen Bundesbahnen in den Jahren 1902-1909 insgesamt 955 Dampflokomotiven. Der Höchststand wurde 1915 mit 1226 Einheiten erreicht, denn der Bestand wurde trotz Einzug der Elektrotechnik noch um einige hundert Neubauten aufgestockt. Am 30. November 1968 fuhr der letzte offizielle Dampfzug der SBB. Heute finden sich Dampfrösser nur noch im Museen, bei Dampfbahn-Vereinen und anläßlich von Extrafahrten. Immerhin gibt es noch zwei Privatbahnen, die auf die Dampftraktion setzen. Bei der Brienz-Rothorn-Bahn stehen zehn Feuerbüchsen (darunter drei Neubauten!) im täglichen Einsatz, die Furka Dampfbahn setzt mit drei Einheiten ausschließlich auf diese Traktionsart. Nostalgische Dampffahrten werden wegen der überschaubaren Technik und der Beschaulichkeit des Reisens immer beliebter. Dies haben auch mit einiger Verspätung die SBB erkannt. Zum Jubiläumsjahr *150 Jahre Schweizer Bahnen* machten sie ihre acht eingemotteten Dampfmaschinen (die bislang nicht einmal in der Statistik der historischen SBB-Lokomotiven erschienen) wieder fahrtüchtig. Entsprechend groß ist das Echo beim Publikum. Es ist jedoch hauptsächlich weitsichtigen Historikern und Eisenbahnfreunden zu verdanken, daß diese Lokomotiven nicht auch dem Schneidbrenner zum Opfer fielen – wollten doch die Eisenbahner beinahe um jeden Preis endlich vom Image des antiquierten Verkehrsmittels loskommen. Und noch heute ist das Verhältnis zwischen privaten Dampflokbesitzern, Dampfbahnvereinen und den SBB-Verantwortlichen gespannt. Was für Gründe – vorausgesetzt die technischen Bedingungen sind erfüllt – gibt es denn wirklich, um den Dampfbetrieb von Privaten zu verbieten, wenn diese das unternehmerische Risiko tragen? Das Gespräch tut Not!

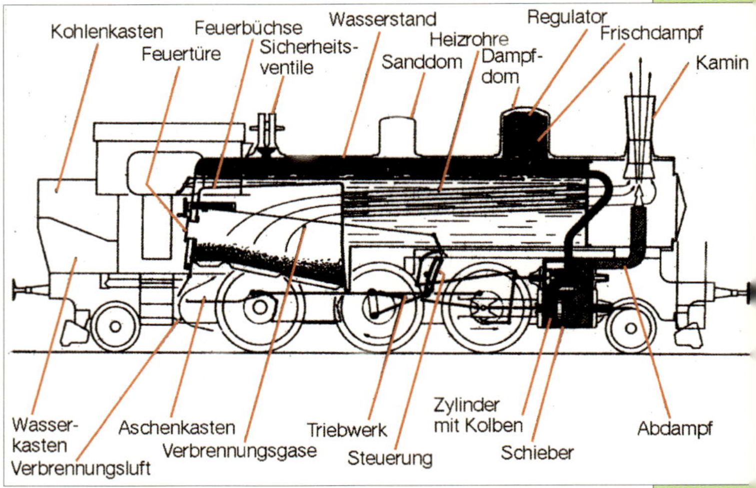

Aufbau und Wirkungsweise der Eb 3/5-Dampflokomotive (Baujahr 1910 – 1916) mit dem Übernamen „Habersack"

Die letzte Bestellung einer Dampflokomotive durch die Schweizerischen Bundesbahnen erfolgte im Jahre 1912 mit der leistungsfähigen Vierzylinder-Verbundlokomotive C 5/6, von den Eisenbahnern liebevoll „Elefant" genannt. Kurz vor der Jahrtausendwende ergriff die Schweizerische Lokomotiv- und Maschinenfabrik Winterthur (SLM) die Initiative zum Bau von neuen ölgefeuerten Hightech-Dampflokomotiven. Es wurden bereits zahlreiche Einheiten gebaut und ausgeliefert, zum Beispiel auch an die Österreichischen Bundesbahnen (ÖBB) als Betreiberin der Zahnradbahn auf den Schafberg. Diese Lokomotiven sind nicht nur touristisch, sondern auch technisch eine sinnvolle Alternative zur Dieseltraktion.

Dieseltraktion

Vor einigen Jahren wurde in Wettingen, dem Zürcher Bahn-Nadelöhr, die Fahrlei-

Bei Salgesch in der zerklüfteten Landschaft des Rhonetals kommt die Re 4/4 II 11251 in den TEE-Farben dem Fotografen entgegen

AUFNAHME: HEINZ SIGRIST – GRAFIK: SLM

Baureihen-Bezeichnung

Bei ihrer Gründung im Jahre 1902 führten die Schweizerischen Bundesbahnen (SBB) ein Bezeichnungssystem aus Buchstaben und Zahlen ein. Dies hat sich in seinen Grundsätzen bis heute erhalten und bedeutet...

...bei Lokomotiven:

R	Höchstgeschindigkeit von mehr als 110 km/h und erhöhte Kurvengeschwindigkeit
A	Höchstgeschwindigkeit über 80 km/h
B	Höchstgeschwindigkeit 70-80 km/h
C	Höchstgeschwindigkeit 60-65 km/h
D	Höchstgeschwindigkeit 45-55 km/h
E	Rangierlokomotiven
G	Schmalspurlokomotiven
H	Triebfahrzeuge mit Zahnradantrieb
F	ursprüngliche Bezeichnung für elektrische Lokomotiven (1920 aufgehoben)

...bei Triebwagen

R	Höchstgeschwindigkeit von mehr als 110 km/h und erhöhte Kurvengeschwindigkeit
A	Abteile erster Klasse
B	Abteile zweiter Klasse
C	Abteile dritter Klasse (1956 aufgehoben)
D	Gepäckabteil

Als Kennzeichen der Traktion gelten folgende Buchstaben:

e	elektrisch
m	Dieselantrieb
em	Zweikraftfahrzeug (wahlweise Diesel oder elektrisch)
f	Funkfernsteuerung an Bord

Die Angabe der Achsen erfolgt in Bruchform (z.B. Ae 3/5), wobei der Zähler auf die Anzahl der angetriebenen Achsen hinweist und der Nenner die Gesamtzahl der Achsen angibt.

Römische Indizes hinter den Buchstaben und Ziffern weisen auf die verschiedenen Bauarten hin (z.B. Re 4/4 III).

Dieses Bezeichnungs- und Nummerierungssystem war aber im Zeitalter der Computertechnologie nicht länger zu halten, deshalb gelten neu siebenstellige Ziffern nach UIC-Norm (Union Internationale des Chemins de Fer). Die ersten drei Zahlen geben die Bauart, die nächsten drei Ziffern die laufenden Betriebsnummern an – die letzte Zahl fungiert als Prüfziffer. Die Zuteilung der Bauartbezeichnung ist die folgende:

100	Schmalspurige Streckentriebfahrzeuge
200	Traktoren
300, 400, 600	Normalspurige, elektrische Streckenloks, wobei die erste Ziffer die Anzahl der Triebachsen angibt
500	Triebwagen und Triebzüge
700	Reserve
800	Diesellokomotiven
900	Elektrische Rangierlokomotiven

Als einzige europäische Bahn reichert die SBB diese modernen Bezeichnungen nach UIC-Norm noch mit den Überresten eines antiquierten Bezeichnungssystems an. So heißt ein Exemplar der leistungsfähigen Lok 2000 beispielsweise Re 460 001-1.

tung heruntergerissen. Nur durch den Einsatz von dieselbetriebenen Rangierlokomotiven konnte ein beschränkter Personenverkehr aufrecht erhalten werden. Derartige Meldungen sind zwar selten, sie zeigen jedoch, wie sehr die Bahn von der elektrischen Traktion abhängig ist. Die großen amerikanischen Bahnen wollen lieber nichts von der, ihrer Meinung nach heiklen und empfindlichen, elektrischen Traktion wissen, was durchaus verständlich ist – man stelle sich vor, irgendwo in der amerikanischen Prärie würde die Fahrleitung ausfallen. Der gesamte Güterverkehr würde stilliegen, und es verginge einige Zeit, bis die Stelle nur gefunden und repariert wäre.

Eine vierteilige Komposition der Zürcher S-Bahn mit Re 450 008 bei Uerikon im März 1991

Dieseltraktion kommt in der Schweiz hauptsächlich im Rangier- und Baudienst zur Anwendung. Deshalb stehen in den Lokomotivdepots eine den Verhältnissen angepaßte Zahl von Diesellokomotiven zur Verfügung. Sämtliche SBB-Dieselloks führen sozusagen ein fahrendes Kraftwerk mit, weil der Motor ein bis zwei Generatoren antreibt. Dieser erzeugt elektrischen Strom, der zum Antrieb der Fahrmotoren dient. Die direkte mechanische Kraftübertragung vom Dieselmotor auf das Getriebe eignet sich für große Leistungen nicht. Der Dieselmotor arbeitet bei der Rangier- und Baudienstlok jeweils bei allen Belastungen in einem günstigen Drehzahlbereich. Zum Anlassen der Dieselmaschine wird der Generator als Motor geschaltet, wobei als Stromquelle eine leistungsfähige Akkumulatorenbatterie genutzt wird. Der Schallisolation und Ableitung der Auspuffgase muß besondere Aufmerksamkeit geschenkt werden, denn Diesellokomotiven sind bekanntlich lauter und belasten die Umwelt mehr als elektrische Triebfahrzeuge.

Elektrische Traktion

Vor mehr als hundert Jahren begann man mit der Entwicklung der elektrischen Traktion, seither hat sich vieles geändert und die neuen Hightech-Lokomotiven, unterscheiden sich grundlegend von den

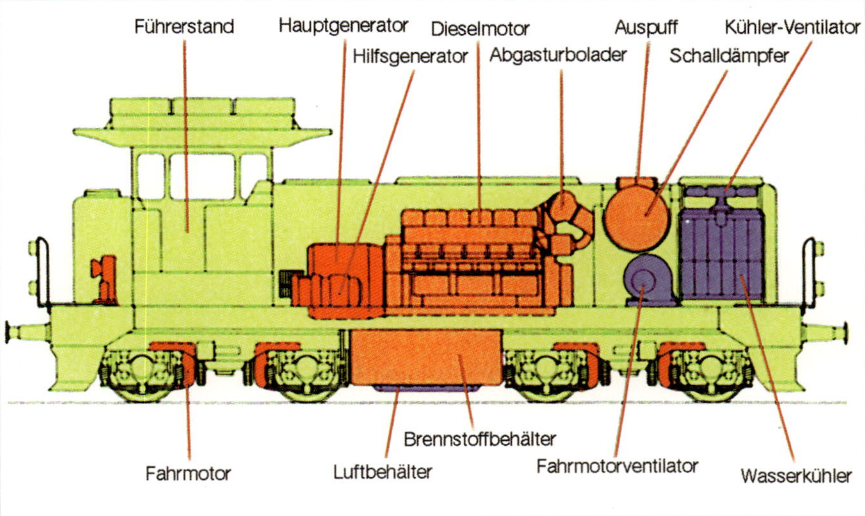

Anordnung der Geräte und Maschinen in einer Diesellokomotive des Typs Bm 4/4 (Baujahr 1960-1970). Die Zugkraft wird über einen Generator auf die Gleichstrommotoren übertragen

GRAFIK: ARCHIV SLM – AUFNAHME: HEINZ SIGRIST

Elloks der ersten Stunde. Bei älteren Bauarten waren die Fahrmotoren im Rahmen gelagert; im Gegensatz dazu sind die Fahrmotoren bei modernen Triebfahrzeugen in den Drehgestellen eingebaut. Auch die spürbaren „Hüpfer" beim Anfahren sind Vergangenheit, seit modernste Thyristor-Steuerungen die Fahrzeuge ruckfrei beschleunigen. Die Umrichter-Technologie, ein alter Traum der Fahrzeugbauer, hielt bei den Schweizer Bundesbahnen mit der Beschaffung der Baureihe Re 460 Einzug. Bei dieser Technik wird der aus der Fahrleitung bezogene Strom in einen Drehstrom von veränderlicher Spannung und Frequenz „umgerichtet".

Die SBB ist im Vergleich zu den Privatbahnen relativ spät in die elektrische Traktion eingestiegen. Während das erste Elektrotram bereits 1888 zwischen Vevey und Chillon fuhr und der elektrische Betrieb um die Jahrhundertwende bei der Gornergratbahn, Jungfraubahn, Burgdorf–Thun-Bahn und vielen anderen längst störungsfrei funktionierte, setzten die Bundesbahnen immer noch aufs Dampfroß. Deshalb übernahm die Maschinenfabrik Oerlikon (MFO) die Initiative und erstellte eine 700 Meter lange Versuchsstrecke in Zürich-Seebach. Hans Behn-Eschenburg, ein hervorragender Ingenieur der MFO, entwickelte zur gleichen Zeit den Einphasen-Wechselstrom-Motor, der später auf der ganzen Welt zum Einsatz kam. 1905 wurde die erste elektrische Einphasen-Lokomotive in Betrieb genommen.

Ein Quantensprung im Bau von elektrischen Lokomotiven stellte die Re 4/4 dar. Nach dem Ende des Zweiten Weltkrieges standen nicht nur leistungsfähige, sondern auch schnelle Lokomotiven im Vordergrund der Rollmaterialbeschaffung. Im Pflichtenheft forderten die SBB an erster Stelle eine um 10 km/h höhere Kurvengeschwindigkeit, als bei Maschinen bisheriger Bauart. Nach diesen Vorgaben entstand die Reihe „R". Neu war auch das elegante Design im Vergleich zu den kantigen Nietenloks Ae 3/6 und Ae 4/7. Als die ersten 26 Re 4/4 mit den Nr. 401-426 im Jahre 1946 auftauchten, wurden sie in der ganzen Schweiz bewundert. Zu ihren Aufgaben gehörte, die Städteschnellzüge (z.B. Zürich – Genève) mit einer Höchstgeschwindigkeit von bis zu 125 km/h zu ziehen.

Nach der Einführung der leichten Re 4/4 I folgte die Übernahme der schweren Ae 6/6-Maschinen. Dieser Einheitstyp der neuen Epoche leistet 4300 kW, so daß seine betriebstechnischen Eigenschaften für verschiedene Aufgaben genutzt werden konnten. Doch die Entwicklung der Technik blieb nicht stehen. Das Ergebnis langjähriger Forschung war die Re 4/4 II, eine Lok die insgesamt 274 mal gebaut wurde und noch heute das Traktionsrückgrat der Bundesbahnen bildet.

Als weiterer Meilenstein ging das Jahr 1991 in die Geschichte der SBB-Traktion ein. In diesem Jahr begann die Rollmaterialindustrie die Lok 2000 (Re 460) abzuliefern. Um die im Konzept Bahn+Bus 2000 vorgesehenen Knotenpunkte in etwas weniger als einer Stunde zu verbinden, braucht es diese neuen, polyvalenten Lokomotiven, die auf ausgebauten Strecken 200 km/h erreichen können.

Wie geht es bei der Triebfahrzeugbeschaffung weiter? Bestellt sind 24 siebenteilige Superzüge. Ab dem Jahr 2001 verkehren diese mit Neigetechnik bestückten Triebwagenzüge auf der Jurasüdfußlinie zwischen Lausanne, Biel Zürich und St. Gallen.

Abkürzungen

SBB	Schweizerische Bundesbahnen
ABB	Asea Brown Boveri AG, Baden (heute ADtranz)
AEG	Allgemeine Elektrizitätsgesellschaft, Berlin
BBC	AG Brown Boveri (heute ADtranz)
MFO	Maschinenfabrik Oerlikon
SAAS	Ateliers de Sécheron, Genf
SLM	Schweizerische Lokomotiv- und Maschinenfabrik, Winterthur
SWA	Schindler Waggon AG, Altenrhein
SWS	Schindler Waggonfabrik, Schlieren
SWP	Schindler Waggon AG, Pratteln
SIG	Schweizerische Industriegesellschaft, Neuhausen (heute FIAT-SIG)
FFA	Flug- und Fahrzeugwerke AG, Altenrhein
VT	Vevey Technologies SA, Villeneuve
kV	Kilovolt (1 kV = 1000 Volt)
kW	Kilowatt (1 kW = 1000 Watt)
Hz	Hertz (Frequenz des Wechselstroms)
kN	Kilo-Newton (Maß für Kraft)

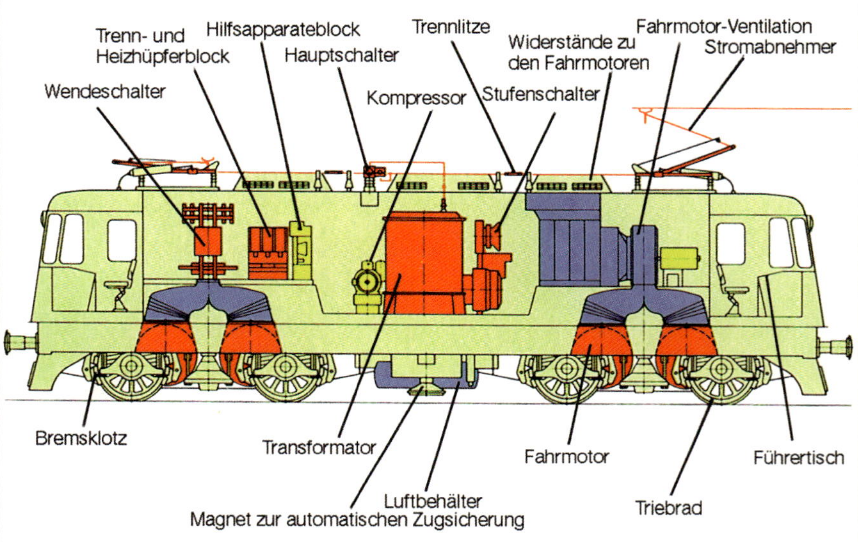

Bild oben: Blick in das Innere einer Re 4/4 II-Lokomotive (Baujahr 1964-1983)
Bild unten: Viele Re 460, wie die Kambly-Lok, fahren als Werbelokomotiven durchs Land

REDAKTION: RONALD GOHL – AUFNAHMEN: ARCHIV SLM, GOHL

Unverwechselbares Kennzeichen der Baureihe Be 4/6 sind das am Kasten angebrachte Rohrsystem zur Ölkühlung der Transformatoren sowie die Bremswiderstände auf dem Dach

Baureihe Be 4/6

Wegen Kohlemangels mußten die Schweizerischen Bundesbahnen im Jahre 1918, noch vor der Ablieferung und Erprobung der vier bestellten Prototypen, eine Serie von 20 Be 4/6 Lokomotiven für den schweren Personen- und Schnellzugdienst am Gotthard in Auftrag geben. Eine Anschlußbestellung von 20 Maschinen erfolgte zwei Monate später.

Im Leistungsprofil waren drei Hin- und Rückfahrten Luzern–Chiasso mit 300 t Anhängegewicht sowie eine Maximalsteigung von 26‰ mit einer Zugbelastung von 230 t bei 60 km/h im Schnellzug- und 310 t bei 35 km/h im Güterzugdienst vorgeschrieben. Für die kurvenreiche Gotthardstrecke war die mit der Achsfolge (1'B)(B 1') konstruierte Be 4/6 ideal.

Konstruktion

Der **mechanische Teil** dieser Maschine besteht aus einer durchgehenden Brücke, die sich auf zwei kurzgekuppelte Drehgestelle abstützt. Auf die Brücke aufgeschraubt ist der Kasten, der keine Vorbauten aufweist. Die beiden Drehgestelle bestehen aus je zwei Triebachsen, einer Laufachse, einer Vorgelegewelle und zwei Fahrmotoren. Diese treiben über gefedertn Ritzel ein großes Zahnrad an, mit dem die Triebstangen und Triebachsen gekuppelt sind. Auf die Triebräder wirkt pro Drehgestell die direkte Regulier- und die automatische Westinghousebremse. Ungebremst bleiben die Laufachsen. Größere **Umbauten** erlebten die Be 4/6 praktisch keine, selbst die mechanischen Bremsen wurden nie modernisiert. Eine Sitzgelegenheit gab es im **Führerstand** nicht. Der hölzerne Deckel des Sandkastens war eine willkommene aber während der Fahrt verbotene Gelegenheit zur Entlastung der Beine.

Der **elektrische Teil** besteht aus einem 12,5t schweren, ölgekühlten Transformator, der sich in der Mitte der Lokomotivbrücke befindet. Das der Kühlung dienende Rohrsystem am äußeren Kasten verlieh der Be 4/6 ihr charakteristisches Aussehen. Die beiden Stromabnehmer können vom Führerstand aus pneumatisch betätigt werden.

Die **Fahrmotoren** sind je zu zweit in Serie geschaltet. Die Spannungsregelung erfolgt durch einen auf dem Transformator aufgebauter Stufenschalter. Vom Führerstand erfolgte die Steuerung über einen Fahrschalter mit Kurbel, der später durch ein Handrad ersetzt wurde.

Nicht in Form von Rekuperation, sondern über Widerstände erfolgt die **elektrische Bremsung** des Triebfahrzeuges. Der elektrische Bremsvorgang trennt die Motoren vom Netz und schaltet sie als Gleichstromgeneratoren auf die Widerstände. Auf dem Dach der beiden Führerstände befinden sich in den unverwechselbaren Kästen dieser Widerstände. Bei den Lokomotiven 12913-12342 waren die Stromabnehmer allerdings ursprünglich ganz außen, vor den Widerständen angeordnet. Weil es häufig vorkam, daß die Stromabnehmer neben die Fahrleitung gerieten, glich man die Dachgestaltung den übrigen Maschinen an. Bereits 1921 rüstete man die Be 4/6 12311 und 12312 mit einer **Vielfachsteuerung** aus. Nach einer Erprobungsphase wurde diese wieder ausgebaut.

Beheimatungen

Depot Winterthur

Betriebseinsatz

Die Be 4/6 galt als erste Gotthard-Serienlokomotive der SBB, obwohl die erste Serie vom Depot Bern übernommen wurde und vom 1. Februar bis 30. Juni 1920 am Lötschberg Dienst tat. Später wurden sie auf die Depots Erstfeld und Bellinzona verteilt. Gleich zu Beginn ihrer Laufbahn waren die Be 4/6 in größere Unfälle verwickelt. Am 22. April 1924 stießen bei Bellinzona zwei Schnellzüge frontal zusammen. In dieses Unglück waren insgesamt drei (!) Maschinen dieses Typs verwickelt. Auch im Gütschtunnel ereignete sich am 13. Dezember 1932 ein Frontalzusammenstoß, bei dem die Lok 12335 abbruchreif zerstört wurde. Alle vier Maschinen konnten jedoch wieder aufgebaut und in Betrieb gesetzt werden.

Beim Lokpersonal erfreuten sich die Be 4/6 keiner großen Beliebtheit, weil ein heftiges, vertikales Schütteln und der Lärm der Ölpumpe nicht besonders zum Fahrkomfort beitrugen.

Nach Übernahme der schweren Traktionsleistungen durch neuere Typen mußte die Veteranin ihr Gnadenbrot im Flachland verdienen. Mit Ausnahme der noch heute betriebsfähigen Museumslok 12320 vom Depot Winterthur wurden alle übrigen Be 4/6 ausrangiert. Seit 1970 steht die Maschine mit der Nummer 12330 im Verkehrshaus der Schweiz. In Baden wurde die 12332 als Denkmal aufgestellt. Die 12339 tauschte die SBB mit der Drehstromlok E 431.037 der FS. Seit 1994 wird sie von einem privaten italienischen Club betreut.

Technische Daten

Baureihenbezeichnung	Be 4/6
Indienststellung	1920-1923
Hersteller	SLM, BBC
Betriebsnummern	12303-12342
Gesamtzahl der gebauten Lokomotiven	40
Anzahl 1997	1
Höchstgeschwindigkeit	75 km/h
Gewicht	107-111 t
Länge über Puffer	16500 mm
Höhe mit gesenktem Stromabnehmer	4550 mm
Achsfolge	(1'B)(B1')
Radstand	13500 mm
Triebrad-Durchmesser	1530 mm
Anzahl Motoren	4
Netzspannung	15 kV/16,7 Hz
Stundenleistung	1500 kW

REDAKTION: RONALD GOHL – AUFNAHME: FOTO-SERVICE SBB

Am 18. Oktober 1921 wurde die erste Be 4/7 übernommen, die letzten Maschinen setzten die SBB im Frühling 1976 außer Dienst

Baureihe Be 4/7

Zusammen mit der zweiten Serie von acht Be 4/6 wurden im Juli 1918 sechs neuartige Lokomotiven bestellt, die sich in vielerlei Hinsicht von den bewährten Konstruktionen unterschieden.

Die Genfer Firma Sécheron besaß das alleinige Lizenzrecht für den aus den USA stammenden Westinghouse-Antrieb. Obwohl dafür in der Schweiz keinerlei Erfahrungen vorlagen, bekam die SAAS den Zuschlag für den Bau dieser Maschinen.

Konstruktion

Am auffälligsten unterschied sich der **mechanische Teil** von allen Vorgängern durch den stangenlosen Antrieb. Die Kraftübertragung erfolgt bei der Be 4/7 über einzeln angetriebene Triebachsen. Der aufgeschraubte Lokkasten stützt sich wie bei der Be 4/6 auf die beiden **Drehgestelle**. Die schwerere Maschine benötigt allerdings eine zusätzliche Laufachse. Wegen der Antriebsform wurden beide Drehgestelle mit Außenrahmen versehen. Eine gelenkige Querkupplung zwischen den beiden Drehgestellen sorgte für einen besseren Kurvenlauf. Weil damals sehr sparsam produziert wurde, konnten die Triebradreifen der Be 4/7 mit denjenigen der Dampflok A 3/5 ausgewechselt werden.

Die **elektrische Ausrüstung** war bei der Be 4/7 allgemein so robust, daß sie praktisch ohne Änderungen eine Betriebszeit von fast 60 Dienstjahren überdauerte. Vier parallel geschaltete **Zwillingsmotoren** erlaubten eine Höchstgeschwindigkeit von 80 km/h. Zur Spannungsregulierung dient die Batterie von zweimal neun elektropneumatischen Hüpfern. Insgesamt stehen 28 Fahrstufen zur Verfügung. Rohrbündel am Deckel des Transformatorkessels sorgen für die Kühlung des Transformatorenöls. Wie schon bei der Be 4/6 funktioniert die elektrische **Bremsung** als fremderregte Wechselstrom-Widerstandsbremse. Nicht auf dem Dach, sondern in zwei vertikalen Schächten vor und hinter dem Transformator befinden sich die Bremswiderstände. Die Ventilation beim Bremsbetrieb gewährleistet das automatische Öffnen der elektropneumatisch gesteuerten Klappen.

Betriebseinsatz

In den Jahren 1923 bis 1928 waren die Be 4/7 die Stars am Gotthard. Mit der Ablieferung der Ae 4/7 begann ihr Stern jedoch zu verblassen. Ab 1966 setzte die Ausrangierung ein, verblieben ist die 12504 als betriebsfähige Museumslok, stationiert im Depot Biel.

Beheimatungen

Depot Biel

Technische Daten

Baureihenbezeichnung	Be 4/7
Indienststellung	1922
Hersteller	SAAS
Betriebsnummern	12501-12506
Gesamtzahl der gebauten Lokomotiven	6
Anzahl 1997	1
Höchstgeschwindigkeit	80 km/h
Gewicht	111 t
Länge über Puffer	16240 mm
Höhe mit gesenktem Stromabnehmer	4540 mm
Achsfolge	(1'Bo1')(Bo1')
Radstand	13640 mm
Triebrad-Durchmesser	1610 mm
Anzahl Motoren	4x2
Netzspannung	15 kV/16,7 Hz
Stundenleistung	1800 kW

REDAKTION: RONALD GOHL – AUFNAHME: BRUNO HITZ

Die historische Lokomotive der Baureihe Ae 3/5 10217 erlitt kurz nach der Verschrottung ihrer Schwestern einen Kurzschluß im Transformator, konnte aber wieder repariert werden

Baureihe Ae 3/5

Das Pflichtenheft für die Ae 3/5 sah insbesondere eine Höchstgeschwindigkeit von 90 km/h sowie das Anfahren und Beschleunigen mit einer Anhängelast von 480 t bei einer Steigung von 10‰ auf 55 km/h in weniger als vier Minuten vor.

In fünf Serien wurden zwischen 1920 und 1925 insgesamt 26 Maschinen des Typs Ae 3/5 bestellt. Die erste Ae 3/5 konnte praktisch mit der letzten Be 4/7 fertiggestellt und im Mai 1922 von Genf nach Bern überführt werden.

Die Stirntüren und Übergangsbleche wurden nach einigen Betriebsjahren entfernt, ebenso verschloß man die Seitentüren auf der Führerseite rechts (in Fahrtrichtung). Ab zirka 1938 erhielten die Ae 3/5 einen grünen statt rotbraunen Anstrich.
Nach einem rund vierzigjährigem Einsatz wurden einige Ae 3/5 im August 1963 einer Modernisierung unterzogen. Insgesamt neun Lokomotiven durchliefen das Umbauprogramm in der HW Yverdon. Die Maschinen sollten die Autozüge durch den Gotthard und Simplon führen, und wurden dafür mit Fernsteuerung für den Betrieb mit einem Steuerwagen ausgerüstet. Bei dieser Gelegenheit wurde auch der vordere Stromabnehmer entfernt und verschiedene andere Anpassungen vorgenommen.

Konstruktion

Der **mechanische Teil** der Ae 3/5 zeichnet sich durch die 22 mm dicken Längsbleche des Außenrahmen aus. An beiden Enden sind je ein Stoßbalken und dazwischen mehrere Querbalken angeordnet. Drei Triebradsätze und je eine äußere Laufachse umfaßt das Laufwerk dieser Baureihe. Die Doppelmotoren sind wie bei der Be 4/7 mit einer triebstangenlosen Kraftübertragung nach System „Westinghouse“ angeordnet. Der Lokomotivkasten erhielt ein dicht gedrängtes Innenleben. Weil der **Transformator** nicht richtig Platz fand, bekam das Dach in der Mitte einen Aufsatz. Durch seitlich angebrachte Lochbleche (später Jalousien) wird Ventilationsluft in den Maschinenraum gesaugt. Die wirksamste Frischluftzufuhr erfolgt aber nach wie vor über die drei im Sommer meist geöffneten Fenster des Maschinenraums.

Der Kurvenlauf der Ae 3/5 war so ungünstig, daß die Lokomotive nicht mehr auf der kurvenreichen Strecke nach Vallorbe eingesetzt werden durfte. Sie hatte mehrfach Gleisverschiebungen verursacht. Auch die erzielten Verbesserungen durch Laufachszentrierungen konnten nicht befriedigen, so daß man die Nachserie auf die bewährte Achsfolge 2'Co1' umkrempelte, daraus entstand dann die Ae 3/6 III.

Der **elektrische Teil** besitzt den gleichen Transformator wie die Be 4/7. Mittels einer großen und zweier kleiner Überschaltdrosselspulen kann die Maschine auf 18 Fahrstufen geschaltet werden. Ein elektropneumatisch funktionierender Wendeschalter ist jeder Fahrmotorgruppe zugewiesen. Was heute undenkbar erscheint: die Baureihe verfügt über keine elektrische Bremse. Eine Motor-Generator-Gruppe für die Batterieladung, zwei Ventilatoren, ein Kompressor und die Führerstandheizung werden mit 220 Volt gespeist.
Die genial erdachte **Vielfachsteuerung** wurde von den SBB nicht benutzt und 1935 wieder ausgebaut. Damit hätten nicht nur zwei Loks in Doppeltraktion, sondern auch als Pendelzug mit Fernsteuerung von einem Steuerwagen aus verkehren können.

Beheimatungen

Depot Bern

Betriebseinsatz

Die Ae 3/5 sah die SBB zum Einsatz in der Westschweiz vor. Bei der Ablieferung war dort aber keine einzige SBB-Strecke elektrifiziert, so daß die Lokomotiven zunächst zwischen Zürich und Luzern ihren Betrieb aufnahmen.
Nachdem die Westschweiz auch ans elektrische Netz angeschlossen war, nahmen die Ae 3/5 ihren Dienst zwischen Brig, Lausanne, Genf, Yverdon und Vallorbe auf. Nach dem Zweiten Weltkrieg sah man die kleinen „Sécherons“ im ganzen Kreis I, wo sie auch intensiv zum Einsatz kamen.

Die letzte Ae 3/5 fuhr im Jahre 1957 nach Bern, die Maschinen verrichteten nun ausschließlich in der Romandie und im Jura ihre Touren. Auch im Rangierdienst waren sie häufig anzutreffen. Gegenüber der ab 1964 einsetzenden Ausrangierungswelle der Elektrolokomotiven der ersten Generation erwiesen sich die kleinen „Sécherons“ als recht resistent. Erst 1967 erfolgte die erste Ausrangierung, ein Jahr später erlitt die 10215 bei einem Frontalzusammenstoß in St-Léonard einen Totalschaden. 1977 reduzierte sich der Einsatz der Ae 3/5-Lokomotiven auf nur sieben Dienste. Im Herbst 1982 wurden die Loks endgülitg abgebrochen, erhalten blieb die historische Lok 10217, die 1988 einen Kurzschluß erlitt und erst seit Oktober 1990 wieder fährt.

Technische Daten

Baureihenbezeichnung	Ae 3/5
Indienststellung	1922-1925
Hersteller	SAAS
Betriebsnummern	10201-10226
Gesamtzahl der gebauten Lokomotiven	26
Anzahl 1997	1
Höchstgeschwindigkeit	90 km/h
Gewicht	81-85 t
Länge über Puffer	12320 mm
Höhe mit gesenktem Stromabnehmer	4540 mm
Achsfolge	1'Co1'
Radstand	9300 mm
Triebrad-Durchmesser	1610 mm
Anzahl Motoren	3x2
Netzspannung	15 kV/16,7 Hz
Stundenleistung	1350 kW

REDAKTION: RONALD GOHL – AUFNAHME: FOTO-SERVICE SBB

Die ab 1992 beschaffte Re 460 ist die jüngste Elektrolok-Generation der SBB. Zahlreiche Maschinen erhielten eine Farbgebung zu Werbezwecken, unter anderem 1998 für die Schweizer Post D. Beckmann

Ein Foto wie aus alten Zeiten: Das Krokodil vor drei alten Schnellzugwagen, fotografiert bei Würenlos im Frühling 1989

Baureihe Ce 6/8 II-III

Zu der bedeutendsten Entwicklungsstufe im Zusammenhang mit der Elektrifizierung des Schweizer Eisenbahnnetzes gehört sicherlich die Beschaffung der Ce 6/8 II, besser bekannt unter dem Namen „Krokodil".

Sie wurde für die frisch elektrifizierte, kurvenreiche Gotthardstrecke bestellt. Bereits 1919 erbaute SLM/BBC eine erste Prototyplokomotive dieser Baureihe. Die Ce 6/8 I unterschied sich aber grundlegend von der später in Serie gebauten Ce 6/8 II. Das Konzept der Maschine mit einteiligem Lokkasten und kurzem Vorbau wurde zugunsten einer Gelenkkonstruktion mit zentralem Lokkasten und zwei langen „Nasen" geändert.

Die 1921-1922 gelieferten Lokomotiven bewährten sich so gut, daß sie in den vierziger Jahren einen Umbau erfuhren und dann während weiterer zwei Jahrzehnten die Hauptlast des Güterzugdienstes auf der Gotthardstrecke trugen. In den sechziger- und siebziger Jahren erfuhren sie schließlich einen weiteren Umbau und verdienten im Rangierdienst ihr Gnadenbrot. Die letzten Krokodile beförderten noch in den achtziger Jahren schwere Kieszüge durchs Mittelland.

In den Jahren 1926-1927 lieferte die Maschinenfabrik Oerlikon die zweite, leicht modifizierte Serie, die Ce 6/8 III-Krokodile, aus. Diese 18 Maschinen waren schwerer und stärker als ihre Vorgänger. Die maximale Stundenleistung konnte von 1650 kW auf 1800 kW erhöht werden. Am Gotthard zogen diese Maschinen eine Anhängelast von 520 t bei einer Geschwindigkeit von 30 km/h bergwärts. Ab 1956 wurden diese Krokodile zur Be 6/8 III „frisiert" (Geschwindigkeitserhöhung um 10 km/h). Später leisteten sie harten Güterzugdienst im Raum Basel.

Von den insgesamt 51 SBB-Krokodilen haben neun Einheiten überlebt. Fünf davon sind in einem betriebsfähigen Zustand, zwei als historische Lokomotiven der SBB, zwei Krokodile sind in Privathand (Horgen und Mendrisio) und die Be 6/8 II 13257 leistet im fernen Floridsdorf (Österreich) unverzichtbare Einsätze vor Sonderzügen der ÖBB.

Konstruktion

Die Bezeichnung „Krokodil" verdankt die Maschine wohl ihrer gelenkigen Bauart, mit der geschmeidig fast jeder Gleisbogen befahren werden kann.

Technische Daten

Baureihenbezeichnung	Ce 6/8 II	Ce 6/8 III
Indienststellung	1921-1922	1926-1927
Hersteller	SLM, MFO	SLM, MFO
Betriebsnummern	14251-14283	14301-14318
Gesamtzahl der gebauten Lokomotiven	33	18
Anzahl 1997 (nur SBB)	1	1
Höchstgeschwindigkeit	65 km/h	65 km/h
Gewicht	128 t	131 t
Länge über Puffer	19460 mm	20060 mm
Höhe mit gesenktem Stromabnehmer	4500 mm	4500 mm
Achsfolge	1'C'C'1'	1'C'C'1'
Radstand	16500 mm	17000 mm
Triebrad-Durchmesser	1350 mm	1350 mm
Anzahl Motoren	4	4
Netzspannung	15 kV/16,7 Hz	15 kV/16,7 Hz
Stundenleistung	1650 kW	1800 kW

AUFNAHME: BEAT BRUHIN

Das **Design** der Maschine ist zweckmäßig. Der in der Mitte angeordnete Lokomotivkasten mit den Führerständen, stützt sich auf die zwei dreiachsigen Drehgestelle mit Vorbauten und Antriebsmotoren ab. Ebenso charakteristisch wie die Vorbauten ist das über den Führerständen leicht vorgezogene Dach, auf welchem zwei Scherenstromabnehmer montiert sind. Beide historischen Lokomotiven der SBB sind braun lackiert. Das Laufwerk blieb schwarz, polierte Messingschilder bilden die Aufschriften.

Der **mechanische Teil** der Lokomotive besteht aus zwei dreiachsigen Triebdrehgestellen und einer vorgelagerten Bissellaufachse. Über eine Vorlege-, eine Blindwelle und eine Schlitzkuppelstange erfolgt die Kraftübertragung von den Fahrmotoren auf die erste Triebachse eines jeden Drehgestelles. Die übrigen zwei Antriebsachsen sind mittels horizontalen Stangen gekuppelt. Je Triebgestell gibt es zwei Fahrmotoren, die eine Stundenleistung von insgesamt 2240 PS (1650 kW) erzeugten.

Der kurze Kasten, der über Drehzapfen und Drehpfannen auf den **Drehgestellen** aufliegt und sich seitlich abstützt, ist an der Übertragung der Zug- und Stoßkräfte nicht beteiligt. Die beiden dreiachsigen Triebdrehgestelle bilden das Fundament, auf dem die Vorbauten und, vollständig getrennt, das 5500 mm lange Mittelteil zu liegen kommt. Die vier Fahrmotoren platzierten die Konstrukteure in den beiden langen „Nasen", der Transformator kam idealerweise ins Mittelteil. Gegenüber einer starren Lokomotive erlaubt die dreiteilige Bauform eine große Gelenkigkeit mit stark reduzierten seitlichen Führungskräften.

Ein kompakt eingerichteter **Führerstand**, in dem sich alle notwendigen Instrumente und Bedienungsapparate auf kleinstem Raum finden, ermöglichen den Lokführern eine recht komfortable Bedienung der Maschine. Dennoch: eine Sitzgelegenheit war den damaligen Gepflogenheiten folgend nicht vorhanden. Erst 1951 wurde das Krokodil für sitzende Bedienung zugelassen, was insofern erstaunt, weil die Sicht auf die Strecke durch die hoch angeordneten Frontfenster nicht gerade überwältigend ist. Ein kleines „unterirdisches" Kontrollfenster ermöglicht dem Lokführer den Blick vom Mittelteil aus in den Vorbau. Das mechanische Auf- und Abschalten des Stufenschalters gestaltete sich bei einigen Maschinen als recht mühsam. Das in der Mitte angeordnete Führerhaus bietet auch Schutz bei Kollisionen, so wurde nie ein Lokführer bei den zum Teil recht schweren Unglücken mit Katastrophencharakter getötet. Auch Führerstandswechsel sind bei den Krokodilen rasch vollzogen, denn der Weg ist nicht nur kurz, sondern auch nicht wie bei den Ae 3/6 I und Ae 4/7 durch Motorwellen und Apparate versperrt.

Die **elektrische Ausrüstung** der Ce 6/8 II ist ungewöhnlich, denn lediglich der ölgekühlte Transformator, die beiden Stufenschalter und der Hauptschalter befindet sich im Mittelteil. Alle übrigen Komponenten brachten die Konstrukteure in den Vorbauten unter.

Die vier schnellaufenden **Fahrmotoren** haben ihre eigenen elektropneumatischen Wendeschalter, so daß sich die Verkabelung recht einfach gestaltete. Außer dem Wechseln der Fahrtrichtung dienen die Wendeschalter auch der Umstellung auf die elektrische Bremse. Fällt ein Fahrmo-

Artgenossen

SBB-Rangierkrokodil Ee 6/6:
Beide 1952 erbauten Rangier-Krokodile der SBB werden noch heute eingesetzt

RhB-Krokodil Ge 6/6:
Die letzten vier braunen Krokodile der Rhätischen Bahn sind nur noch bei Sonderfahrten in Betrieb

BVZ-Zermattbahn-Krokodil HGe 4/4:
Die fünf roten Maschinen dienen in Spitzenzeiten der Traktionsreserve

Berninabahn-Krokodil Ge 4/4 Nr. 182:
Zur Zeit bei der französischen La Mure-Bahn im Freien abgestellt und in einem bedenklichen Zustand

Seetal-Krokodil De 6/6:
Ein Exemplar befindet sich bei der Oensingen-Balsthal-Bahn (OeBB)

ÖBB-Krokodil der Baureihe 1089 und 1189:
Ausstellungsobjekte im Rangierbahnhof Wolfurt bei Bregenz sowie im Technischen Museum Sinsheim (Deutschland)

ÖBB-Krokodil der Baureihe 1020
Es existieren noch einige betriebsfähige Museumslokomotiven

DB-Krokodile E 93 und E 94:
Die Museumsloks E 93 07 und E 94 279 sind nur rollfähig

Indisches Krokodil WCG1:
Wird als Rangierlok im Victoria-Bahnhof von Bombay eingesetzt

AUFNAHME: BRUNO HITZ

Die im Depot Erstfeld stationierte Ce 6/8 II 14253 mit einem Zug bei Wädenswil-Burghalden

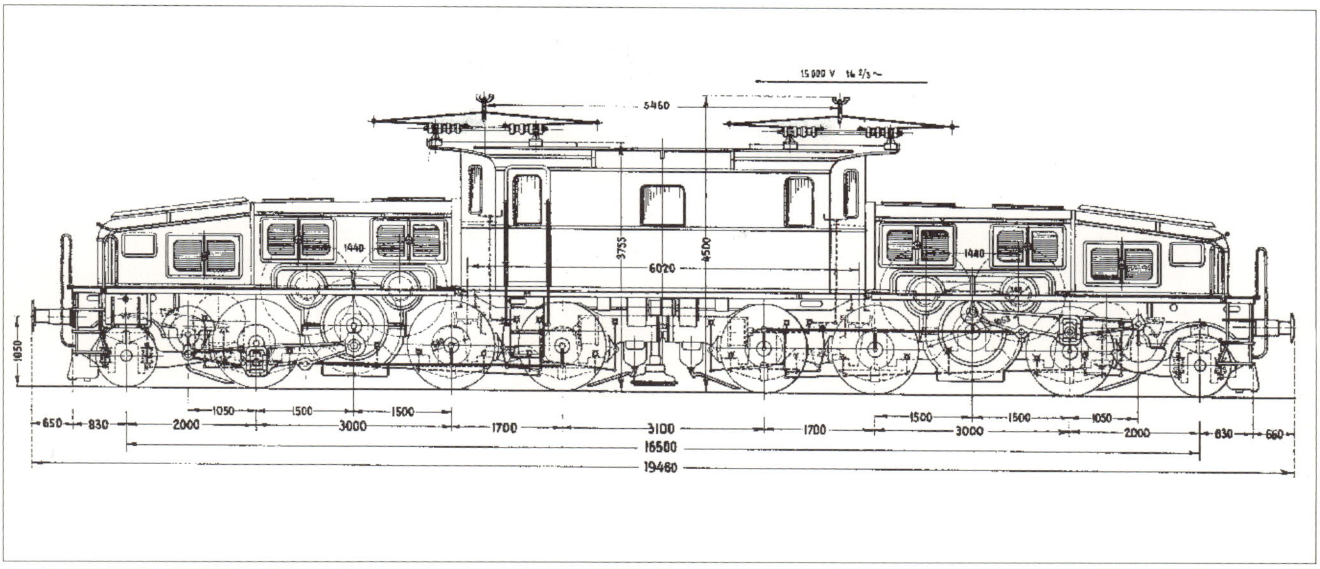

Das Typenbild der Ce 6/8 II zeigt deutlich die Anordnung der vier großen Fahrmotoren zwischen den Antriebsachsen der beiden Drehgestelle. Die dreiteiligen Krokodile erreichten eine Spitzengeschwindigkeit von 65 km/h, nach dem Umbau in die Be 6/8 II 75 km/h

tor aus, kann mit den übrigen weitergefahren werden, die zugehörigen Wendeschalter sind dazu in Mittelstellung zu bringen, und in einem oder beiden Führerständen muß ein Trennmesser eingesetzt werden.

Auf dem Dach des Mittelteils erkennt man die durch Druckluft zu betätigenden Stromabnehmer. Ein Teil des Daches bildet der Deckel des großen **Transformators**, der im Boden des Kastens in einen Schacht eingelassen ist. Unterhalb des Bodenrahmens sind zwei Ventilatorengruppen montiert, welche Kühlluft von unten nach oben saugen. Bei den Ce 6/8 II 14274-14283 glich diese Komponente einem überdimensionierten Staubsauger und verunstaltete die rechte Krokodilseite massiv.
Lediglich durch eine demontierbare Blechwand sind die Stufenschalter vom Führerhaus getrennt – eine recht lärmige und auch feuerwerkende Einrichtung im Rücken des Lokführers.

Im Vergleich zu modernen Elloks haben die Ce 6/8 II und III recht schwache elektrische Bremsen. Die Fahrmotoren arbeiten beim Bremsen als Wechselstromgeneratoren, die über Bremsdrosselspulen auf die Niederspannungsseite des Transformators wirken.
Beim Führen von ausländischen Zügen mit schlecht unterhaltenen Bremsen mußte früher meist die „Sägezahn"-Methode zum Bremsen angewandt werden. Dabei wurde nach dem Prinzip „Alles oder nichts" vorgegangen. Nach einer Bremsung mit langsamer Verminderung der Geschwindigkeit löste der Lokführer die Ventile, damit sich die Steuer- und Hilfsluftbehälter wieder mit Druckluft füllen konnten. Dies dauerte rund zwei Minuten, der Zug beschleunigte wieder, möglichst nicht über den zuläßigen Wert – danach konnte wieder gebremst und die Geschwindigkeit reduziert werden. Das Bremsdiagramm sah wie das Profil einer Säge aus. Der Fahrzeitverlust, bedingt durch eine etwas verminderte Durchschnittsgeschwindigkeit, bewegte sich im Rahmen von wenigen Minuten.

Durch Umbauten wurden die Ce 6/8 II in den Jahren 1942-1947 und die Ce 6/8 III ab 1956 um zehn Stundenkilometer schneller. Bedingt durch das höhere Tempo zeichneten die SBB ihre Krokodile in Be 6/8 II und III um. Damit konnte die Lok auch vor Reisezügen am Gotthard eingesetzt werden, wovon die Zugförderung in den fünfzige-Jahren ausgiebig Gebrauch machte. Bisweilen leistete das Krokodil auch Vorspanndienste vor einer Maschine der Reihe A. Dabei kam es vor, daß das Krokodil auf bis zu 95 km/h beschleunigt wurde und die Triebstangen ungemütlich wirbelten.

Betriebseinsatz

Die Ce 6/8 II und III zählen zu den klassischen Gotthardlokomotiven, die vor allem in Erstfeld, Biasca (Depot bis 1947) und Bellinzona stationiert waren. Sie bildeten während Jahrzehnten das Rückgrat der Güter- und Personenzugtraktion.
Daneben waren die Krokodile auch im Flachland vor Zügen ab Basel zu sehen. Sie erreichten bis zu ihrer Ausrangierung Laufleistungen von rund vier Millionen Ki-

Beheimatungen

Depot Basel und Erstfeld (SBB)

Horgen und Mendrisio (Privatbesitz)

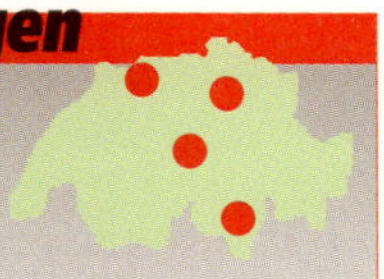

Häufig war das „Krokodil", wie hier die Be 6/8 II 13255, vor Kieszügen anzutreffen. Auf dem Bild aus dem Jahre 1976 fährt die Lok am Dorf Eglisau vorbei

AUFNAHMEN: ARCHIV SLM (OBEN), BERNHARD STUDER (UNTEN)

Nicht nur das „Krokodil" des Modell-Eisenbahn-Clubs Horgen (MECH) kommt anläßlich von Sonderfahrten oft nach Biberbrugg und Altmatt – auf dieser beliebten Route kann auch die historische SBB-Lokomotive Ce 6/8 II 14253 aus Erstfeld beobachtet werden

lometern. Im Schnitt bewältigte jede Ce 6/8 II und III eine Strecke von 100 000 Kilometern pro Jahr, eine zweieinhalbfache Reise um die Welt.

Die schlingernden Schaukelbewegungen der Krokodile waren berüchtigt, besonders nachts fürchteten sich die Lokführer davor, in einen sanften Schlummer „gelullt" zu werden. Tatsächlich kam es am 2. Oktober 1942 in Tüscherz am Bielersee zu einem schweren Unglück, weil der Lokführer der Ce 6/8 II 14279, die einen Güterzug führte, einschlief und in der Folge frontal mit einem Personenzug zusammenstieß. Auch andernorts waren die Krokodile in schlimme Eisenbahn-Unglücke verwickelt. Wegen eines Bedienungsfehlers geriet am 22. Februar 1948 der Sportzug Einsiedeln – Wädenswil auf der Steilrampe (die schon verschiedenen Zügen zum Verhängnis wurde) außer Kontrolle und raste in Richtung Wädenswil. Dort lenkte man die rasend schnelle Komposition auf das Anschlußgeleise der Obst- und Weinbaugenossenschaft um. Das Krokodil durchschlug das Verwaltungsgebäude und brachte es zum Einsturz. 21 Fahrgäste starben, 40 wurden schwer verletzt.

Zu weiteren schweren Unfällen mit Krokodilen kam es in den Jahren 1941 (Giornico), 1950 (Maroggia) und 1968 (Grandveaux sowie Zürich-Wollishofen). Ob zermalmt oder in Einzelteile „aufgelöst", die meisten Ce 6/8 wurden zur Instandstellung in die SBB-Hauptwerkstätte überführt.

In den fünfziger Jahren lösten die neuen Ae 6/6 die allmählich „müde" gewordenen Krokodile am Gotthard ab. Man sah sie in den sechziger Jahren vermehrt im Flachland vor schweren Güterzügen. 13 Jahre lang, von 1964 bis 1976, schrieben sie ein wichtiges „Krokodil-Kapitel" vor den Kieszügen aus Hüntwangen-Wil, dem größten Kiesbahnhof der Schweiz im Zürcher Unterland. 1963/64 wurden die letzten Ce 6/8 II und III vom Gotthard abgezogen. Diejenigen Krokodile, die nicht zur Be 6/8 II umgebaut wurden, fanden als Rangiermaschine eine neue Aufgabe. Vor allem im Rangierbahnhof Muttenz und am Ablaufberg des Basler Rangierbahnhofs sah man sie häufig. Die Krokodile „verloren" einen Stromabnehmer, erhielten dafür eine Antenne für den Rangierfunk und ein an der Stirnseite montiertes Plattformgeländer. Zehn Einheiten wurden für ihr neues Betriebskonzept entsprechend angepaßt. Zwischendurch kamen diese Lokomotiven aber auch wieder auf der Strecke in der Region Basel und für Überfuhrzüge zum Einsatz. Sogar vor einen Schnellzug Basel SBB – Basel Badischer Bahnhof wurden sie gespannt.

1968 begann die Ausmusterung, die Maschine 13261 machte den Anfang, gefolgt vom Wollishofer Unglücks-Krokodil. Nach und nach verschwanden die legendären Maschinen aus der Schweizer Eisenbahnlandschaft. Die letzten schieden nach fast 65-jähriger Dienstzeit aus.

Verbleib der Krokodile

Depot Erstfeld: Betriebsfähige historische Lok	Ce 6/8 II 14253
Depot Erstfeld: Denkmallokomotive	Ce 6/8 II 14270
Depot Basel Betriebsfähige historische Lok	Ce 6/8 III 14305
Modell-Eisenbahn-Club Horgen: Betriebsfähige Privatlok	Be 6/8 III 13302
Club San Gottardo Mendrisio: Betriebsfähige Privatlok	Ce 6/8 II 14276
Zugförderungsleitung Florisdorf (Österreich): Betriebsfähige historische Lok	Be 6/8 II13257
Verkehrshaus der Schweiz, Luzern: Ausstellungslok	Be 6/8 II 13254
Technisches Museum, Speyer (Deutschland): Ausstellungslok	Ce 6/8 II 14267
Technisches Museum, Sinsheim (Deutschland): Ausstellungslok	Ce 6/8 II 14282

REDAKTION: RONALD GOHL – AUFNAHME: BRUNO HITZ

Von den drei Versionen der Baureihe Ae 3/6 weist nur die 1. Serie die markanten „Nasen" auf – im Bild: Ae 3/6 10700 vor Ausstellungszug

Baureihe Ae 3/6 I-III

Für die elektrifizierte Gotthardstrecke mußten anfangs der zwanziger Jahre dringend neue Lokomotiven beschafft werden, die in der Lage waren, Züge mit einer Höchstgeschwindigkeit von bis zu 90 km/h zu befördern. Das Leistungsprogramm sollte von einer Maschine mit drei Antriebsachsen erfüllt werden können. Sie müßte ohne Probleme auf einer 10‰-Rampe eine 480 t-Anhängelast bei konstant bleibender Geschwindigkeit von 65 km/h ziehen.

Die damals führenden Elektromaschinenhersteller Sécheron (SAAS) in Genf, MFO in Oerlikon sowie BBC in Baden wurden dazu eingeladen, ihre Entwürfe und Offerten einzureichen. Aus den eingegangenen Ideen und Projekten entstanden drei verschiedene Lokomotiven der Baureihe Ae 3/6. Insgesamt 114 mal wurde die Einheitslokomotive Ae 3/6 I gebaut, 60 Maschinen des Typs Ae 3/6 II verließen das Werk und lediglich elf Einheiten der Serie Ae 3/6 III (eine Weiterentwicklung der Ae 3/5) setzten die SBB ab 1925 ein. Die drei Serien hatten eigentlich nur das technische Pflichtenheft und die Bauweise als Rahmenlok gemeinsam, wobei die im zweiten Los gelieferten Ae 3/6 I 10637-10676 sogar eine Spitzengeschwindigkeit von 110 km/h erreichten. Zwischen 1935 und 1946 versahen sie vor den neu eingeführten Leichtschnellzügen auf der Strecke Zürich – Bern – Genf ihren Dienst.

Konstruktion

Ihrer Zeit entsprechend wirkt das **Design** aller drei Serien einfach und zweckmäßig. Damals wurde noch kein großer Wert auf das Aussehen der Maschinen gelegt. Weil in den zwanziger Jahren die elektrische Schweißung noch nicht bekannt war, wurden alle Verbindungen des Lokkastens entweder genietet oder verschraubt. Auch die Abdeckbänder, die an den Stoßstellen von zwei Seitenwandblechen montiert wurden, sind sichtbar. Nur die Ae 3/6 I weist die markante Nase auf, während die beiden anderen Ausführungen über eine senkrecht abfallende Frontpartie verfügen. Die ersten Ae 3/6 I erschienen im braunen Gewand, ab 1930 erhielten alle Loks anläßlich von Hauptrevisionen ihr

Technische Daten

Baureihenbezeichnung	Ae 3/6 I	Ae 3/6 II	Ae 3/6 III
Indienststellung	1921-1929	1925-1926	1924-1926
Hersteller	SLM, BBC, MFO, SAAS	MFO	SAAS
Betriebsnummern	10601-10714	10401-10460	10261-10271
Gesamtzahl der gebauten Lokomotiven	114	60	11
Anzahl 1997 (nur SBB)	2	1	1
Höchstgeschwindigkeit	100-110 km/h	100 km/h	90 km/h
Gewicht	93 t	98 t	89 t
Länge über Puffer	14760 mm	14090 mm	13700 mm
Höhe mit gesenktem Stromabnehmer	4560 mm	4500 mm	4540 mm
Achsfolge	2'Co1'	2'C1'	2'Co1'
Radstand	10700 mm	10800 mm	10600 mm
Triebrad-Durchmesser	1610 mm	1610 mm	1610 mm
Anzahl Motoren	3	2	3x2
Netzspannung	15 kV/16,7 Hz	15 kV/16,7 Hz	15 kV/16,7 Hz
Stundenleistung	1450 kW	1500 kW	1350 kW

AUFNAHME: HEINZ SIGRIST

Insgesamt 60 Einheiten der zweiten Serie Ae 3/6 II verließen das MFO-Werk in Oerlikon – die Maschine 10439 ist heute noch im Depot Olten erhalten

neues grünes Kleid. Noch mit alten, aufgesteckten elektrischen Lampen ist die Spitzenbeleuchtung ausgeführt.

Der **mechanische Teil** besteht bei den Lokomotiven der Baureihe Ae 3/6 I und III aus drei Triebachsen mit Einzelantrieb, einem zweiachsigen Laufdrehgestell auf der Führerstandsseite I sowie einer Bisselachse auf der Führerstandsseite II. Die Achsfolge lautet 2'Co1'. Auf einer grundlegend unterschiedlichen Antriebsweise beruht die Ae 3/6 II. Mit der Achsfolge 2'C1' weist sie sich als Lokomotive mit einem Stangenantrieb aus.

Herausragendste Komponente bei der Ae 3/6 I ist wohl der sogenannte **Buchli-Antrieb** der sich nicht nur hundertfach bei dieser Baureihe, sondern auch bei der Ae 4/7 und anderen Elloks bewährt hat. Bei dieser Antriebsart wird die Verbindung zwischen Triebradsatz und Großzahnrad über eine kraftschlüssige Kupplung hergestellt. Die Kupplung funktioniert mittels eines Systems aus Hebeln und Zahnsegmenten, die innerhalb des Zahnkranzes angeordnet sind. Der Buchli-Antrieb konnte auf der Prototyplok Ae 4/8 11300 von BBC ausreichend getestet werden. Die asymmetrische Bauart ist eine Folge der Apparateanordnung, so muß das Gewicht des Transformators vom Laufdrehgestell getragen werden. Bei der Ae 3/6 I sind die drei **Triebmotoren** im Lokrahmen gelagert.

Die Maschinenfabrik Oerlikon (MFO) hielt bei der Konstruktion der 60 Ae 3/6 II am herkömmlichen **Stangenantrieb** fest, der als Weiterentwicklung von der bewährten Be 3/5-Technik betrachtet werden kann. Auch bei der MFO-Lok sind die beiden Fahrmotoren mit dem Lokrahmen verschraubt. Sie befinden sich in einem separaten Abteil, das durch eine Türe vom rechten Seitengang aus zugänglich ist. Der Lokkasten liegt fest arretiert auf dem Rahmen auf.

Die elf von Sécheron gebauten Ae 3/6 III sind eine Weiterentwicklung der Ae 3/5 10201-10226, die sich vor allem eines sehr ungünstigen Kurvenlaufs rühmten. Die zweite Serie der „kleinen Sécherons“

Ein Bild, das jahrzehntelang das Bild in der Eisenbahnlandschaft prägte: die Ae 3/6 I 10679 mit dem Regional 6068 im Oktober 1987 bei Inkwil

AUFNAHMEN: HEINZ SIGRIST (UNTEN), FOTO-SERVICE SBB (OBEN)

wurde mechanisch umgekrempelt und auf die bewährte Achsfolge 2'Co1' ausgerichtet. Daraus entstand die Ae 3/6 III. Doch die erhoffte Verbesserung des Kurvenlaufs blieb vorerst aus. Der mechanische Aufbau und das Motorenkonzept entspicht im übrigen der Baureihe Ae 3/5.

Im **Führerstand** der Ae 3/6 I geht es recht laut zu. Der beträchtliche Lärm rührt vom Kompressor, der sich während der Fahrt unangenehm bemerkbar macht. Der nur stehend arbeitende Lokführer wird zudem auch während des Aufenthaltes in den Stationen brachial durchgeschüttelt, weil der Kolbenkompressor den Bremsen die benötigte Druckluft nachspeisen muß. Bei einem Führerstandswechsel hat der Lokführer die Schalthebel für die Betätigung des Stromabnehmers sowie das Handrad des Steuerkontrollers mitzunehmen und auf der anderen Seite einzusetzen. Eine spartanische Sitzgelegenheit befindet sich auf dem Sandkasten an der Führerstandrückwand, sie darf aber nur bei Aufenthalten benutzt werden. Auf dem Führerpult sind der Steuerkontroller, der Hauptschalter, der Wendeschalter, das Führerbremsventil, die Rangierbremse sowie die Schalter für Zugheizung, Ventilatoren und Kompressor angeordnet.

Auch im **elektrischen Teil** unterscheiden sich die drei Ausführungen der Ae 3/6 I-III.

Die Ae 3/6 wurde dem damaligen Stand der Technik als Einphasen-Serienkollektormotor-Lok ausgerüstet. Von der Fahrleitung fließt der Strom über den Trennmesser und den Ölhauptschalter mit rundem Kessel in den ölgekühlten Stufentransformator, der die 15 kV in die benötigten Spannungen der Fahrmotoren, der Zugheizung und der Hilfsbetriebe übersetzt. Der Transformator befindet sich unmittelbar hinter dem Führerstand I. Die parallel geschalteten Fahrmotoren der Betriebsnummern 10677-10714 sind mit denjenigen der Ae 4/7 austauschbar. Unter der Haube des Vorbaus befindet sich der Kompressor. Eine **elektrische Bremse** fehlt, die Ae 3/6 I sind mit der automatischen, einlösigen Druckluftbremse System Westinghouse sowie mit einer direkt wirkenden Regulierbremse bestückt.

Bei der Ae 3/6 II steht der Transformator zwischen der vordersten Triebachse und dem Drehgestell. Die ersten 20 ausgelieferten Maschinen verfügten über einen zu schwachen Transformator. Auch die Abstufung der ersten vier Fahrstufen erwies

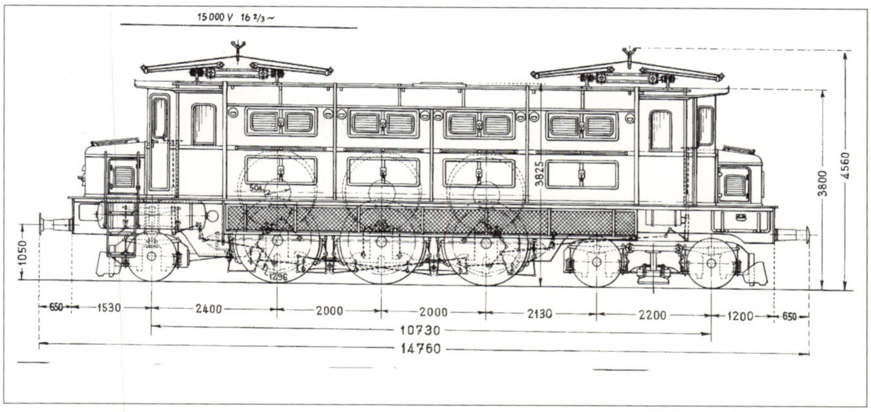

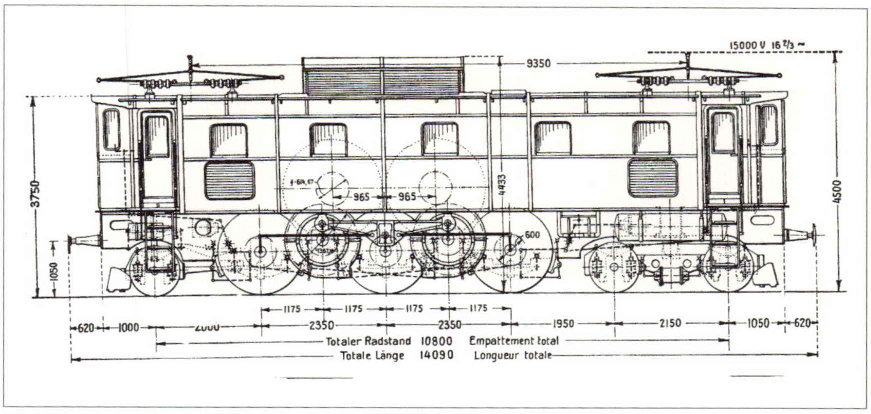

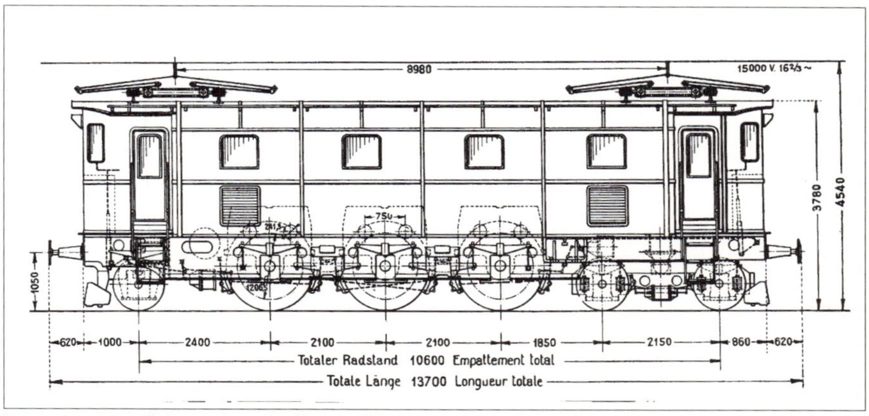

Besonders deutlich werden die Unterschiede zwischen den drei Serien Ae 3/6 I-III bei den Typenbildern. Auffälligstes Merkmal der Ae 3/6 I ist der nasenförmige Vorbau

sich als ungenügend. Ruppiges Anfahren war die Regel, in gewissen Betriebsfällen gestaltete sich das Anfahren gar als schwierig bis unmöglich. Die größten für die SBB je gebauten **Fahrmotoren** wiegen je rund zehn Tonnen und sind in diesen Lokomotiven dauernd in Serie geschaltet.
Die erste Lokomotive der Serie Ae 3/6 II war mit einer **elektrischen Rekuperationsbremse** bestückt. Weil die ganze Serie aber nicht im Gebirge eingesetzt wurde, blieb die 10401 ein Einzelgänger. Auf allen übrigen Maschinen dieses Typs wurde auf die elektrische Bremse verzichtet.

Der Transformator der Ae 3/6 III entsprach in seiner Bauart demjenigen der Be 4/7. Die Maschinen hatten ein dicht gedrängtes Innenleben. Mittels 18 elektropneumatischen Hüpfern ließen sich 18 Fahrstufen schalten. Jedem der drei Zwillingsmotoren war ein Wendeschalter zugeordnet. Auf die früher übliche Blitzschutzspule auf dem Dach verzichteten die Konstrukteure. In der Sécheron-Version der Ae 3/6 wurde der 1944 in der Re 4/4 201 der BLS eingebaute Scheibenantrieb erstmals praktisch erprobt, und zwar von 1939-1942 in der 10264.

Betriebseinsatz

Als im August 1921 die erste Ae 3/6 I von den SBB übernommen wurde, fanden zunächst zwischen Bern und Thun umfangreiche Testfahrten statt. In den Krei-

Beheimatungen

Depots Lausanne, Bern, Olten und Rorschach

TYPENBILDER: ARCHIV SLM

Nicht so recht zu überzeugen vermochten die Ae 3/6 der dritten Serie. Die in Genf gebauten elf Lokomotiven wiesen Probleme beim Kurvenlauf auf

sen I und III stationiert, kamen sie auf den meisten Strecken, mit Ausnahme der Gotthardlinie, zum Einsatz. Wegen der fortschreitenden Elektrifizierung des SBB-Streckennetzes wurden die Maschinen anfangs häufig anderen Depots zugeteilt. Ihre Glanzzeit erlebten die Ae 3/6 I zwischen 1935 und 1946, als sie mit der Führung der neu eingesetzten Leichtschnellzüge Zürich – Bern – Genf betraut wurden. Erst nach Ablieferung der Re 4/4 I verloren sie diese vornehme Aufgabe wieder. Nicht einmal die ab 1940 auftauchenden Roten Pfeile konnten die robust gebauten Ae 3/6 aus ihren Diensten verdrängen, denn diese verfügten nur über ein beschränktes Platzangebot.

Auch in mehrere schwere Unglücksfälle, vor allem in den Jahren 1932-1942, waren die Ae 3/6 I verwickelt – so zum Beispiel am 17. Dezember 1932, als die 10640 mit einer Dampflok zusammenstieß. Auch das Krokodil, das am 2. Oktober 1942 den Unfall bei Tüscherz am Bielersee verursachte, krachte in eine Ae 3/6 I. Die zerstörten Maschinen wurden wieder aufgebaut. Die Tüscherzer-Lok 10680 überlebte sogar als besonders zähes Exemplar bis 1993 und wurde erst mit den letzten neun Einheiten dieser Baureihe ausrangiert.

Ab 1951 drängte die SBB ihre Ae 3/6 I in niedrigere Dienste, denn die Re 4/4 I übernahmen nun den Schnellzugdienst. Nach 1964 gingen ihre Leistungen deutlich zurück, die ganze Serie blieb jedoch bis 1970 vollzählig.

Die Maschine kam aber auch als Mietlok zu den Privatbahnen, mehrere Einheiten halfen von 1968-1982 bei der BLS-Lötschbergbahn und von 1991-1993 bei der Mittelthurgaubahn (MThB) aus. Erst im März 1994, über siebzig Jahre nach Inbetriebsetzung, endete der planmäßige Einsatz der Ae 3/6 I. Die letzten Maschinen hatten rund sechs Millionen Kilometer „auf dem Buckel". Zur Zeit sind noch vier Ae 3/6 I fahrtüchtig, zwei davon gehören dem privaten Verein „Classic Rail", ferner steht die 10601 als allmählich verrottendes Denkmal in Baden.

Die 60 Lokomotiven des Typs Ae 3/6 II wurden vor allem in der deutschen Schweiz, also in den Kreisen II und III, stationiert. Obwohl ihr Einsatzgebiet das Flachland war, kamen zwei Ae 3/6 II ins Depot Bellinzona und verrichteten zwischen Luzern und Chiasso ihre Umläufe. Wegen ihrer Anfahrschwierigkeiten am Gotthard kam die Maschine zum Übernahmen „Gumpesel", was soviel wie unberechenbar hüpfender Esel bedeutet. Bereits 1965 mußten die ersten Ae 3/6 II abtreten, die Ära ging 1977 mit dem Abbruch der 10453 zu Ende. Als historische SBB-Lok blieb die 10439 erhalten. Von schweren Unfällen blieb die ganze zweite Serie glücklicherweise verschont.

Nie ganz zu überzeugen vermochten die Ae 3/6 III, weshalb sie schon bald nach ihrer Inbetriebnahme für untergeordnete Dienste wie Nahgüterzüge oder lokale Personenzüge herangezogen wurden. Dabei blieb es, denn mit den Laufwerkschäden verursachten sie ständigen Ärger. In den siebziger Jahren war schließlich Schluß mit den Ae 3/6 III. Dank einer Betreuergruppe in der Westschweiz „überlebte" die 10264 .

Verbleib der Ae 3/6

Depot Bern: Betriebsfähige historische Lok	Ae 3/6 I 10700
Depot Rorschach: Betriebsfähige Privatlok	Ae 3/6 I 10664
Classic Rail, Basel: Betriebsfähige Museumsloks	Ae 3/6 I 10639, 10693
Bahnhof Baden: Denkmallok	Ae 3/6 I 10601
Depot Olten: Betriebsfähige historische Lok	Ae 3/6 II 10439
Depot Lausanne: Betriebsfähige historische Lok	Ae 3/6 III 10264

AUFNAHME: FOTO-SERVICE SBB

Im August 1989 fährt der Regionalzug 8127, bestehend aus einem Packwagen, drei Leichtstahlwagen und der Ae 4/7 10971, durch Bürglen im Thurgau

AUFNAHME: HEINZ SIGRIST

Baureihe Ae 4/7

Von den ursprünglich 127 beschafften Maschinen befanden sich am 65-jährigen Geburtstag der Ae 4/7 im Jahre 1992 noch deren 105 Einheiten im Einsatz. Sehr zum Verdruß der Eisenbahnfans sind aber seither fast alle Maschinen aus dem Verkehr gezogen und liquidiert worden. Mit dem Ausscheiden der Ae 4/7 ging eine Epoche zu Ende.
Die Lok mit Einzelachsantrieb galt als gelungene Weiterentwicklung der Ae 3/6 I, bei welcher schon die Triebstangen weggelassen wurden.
Der große Auftrag war zur Zeit der Weltwirtschaftskrise ein Segen für die Schweizer Maschinenindustrie, aus diesem Grund berücksichtigten die SBB bei der Vergabe auch alle Landesteile. Insgesamt vier Firmen und unzählige Zulieferer wurden in den Bau der Ae 4/7 involviert. BBC Baden beteiligte sich mit dem Hauptanteil von 75 Stück an der Beschaffung. 30 Exemplare wurden bei der Maschinenfabrik Oerlikon (MFO) fertiggestellt und die restlichen 22 Einheiten verließen das Sécheron-Werk (SAAS) in Genf. Die Maschinen mit der seltenen Achsfolge 2'Do1' kamen innerhalb von sieben Jahren zur Ablieferung und lösten eine große Ausrangierungswelle bei den Dampflokomotiven aus. Als Universallok ergänzte die Ae 4/7 ihre kleinere, fast baugleiche Schwester, die Schnellzuglokomotive Ae 3/6 I. Während fast siebzig Jahren bewährte sich die Ae 4/7 als genügsames und zuverlässiges Arbeitspferd.

Konstruktion

Über Formen läßt sich bekanntlich streiten, das **Design** der Ae 4/7 entspricht einem reinen Zweckbau. Wohl kein Designer hatte in den Zwanziger- und Dreißigerjahren Zeit am Zeichenbrett dafür verwendet, sie zu stylen. Sie war als Maschine konstruiert und sieht entsprechend aus. Der „Allrounder“ wird auch vom Laien sofort an den beiden kurzen Nasen erkannt. Um sie nicht mit den Ae 3/6 I zu verwechseln, die über das gleiche Kennzeichen verfügen, müssen allerdings die Antriebsachsen (die großen Räder) gezählt werden. Die Seitenwände und das Dach lassen sich zwecks besserer Zugänglichkeit der Fahrmotoren und des Transformators demontieren. Die Spitzenbeleuchtung ist wie damals üblich mit den alten, aufgesteckten elektrischen Lampen ausgerüstet. Die Apparateseite ist fensterlos. Auf der Antriebsseite sind hingegen fünf Fenster angeordnet.

Noch dem Dampfzeitalter entspricht die Anordnung des **Führerstandes** – nämlich rechts. Alle später gelieferten Lokserien werden links bedient. Hinter der kurzen Haube gibt es nur Stehplätze und der Zeit

Technische Daten

Baureihenbezeichnung	Ae 4/7
Indienststellung	1927-1934
Hersteller	SLM, BBC, MFO, SAAS
Betriebsnummern	10901-11027
Gesamtzahl der gebauten Lokomotiven	127
Anzahl 1997 (nur SBB)	2
Höchstgeschwindigkeit	100 km/h
Gewicht	118/123 t
Länge über Puffer	16760-17100 mm
Höhe mit gesenktem Stromabnehmer	4520 mm
Achsfolge	2'Do1'
Radstand	12675 mm
Triebrad-Durchmesser	1610 mm
Anzahl Motoren	4
Netzspannung	15 kV/16,7 Hz
Stundenleistung	2300 kW

entsprechend allerlei „altmodisches Gerät“ wie Schläuche, Ventile und Geschwindigkeitsmesser der ersten Generation. Die Ae 4/7 war in ihren alten Tagen beim Lokpersonal nicht sonderlich beliebt, auch wenn sich einige „Bähnler“ mit dem hölzernen Deckel der Sandkiste behalfen, um wenigstens während der kurzen Halte eine provisorische Sitzfläche zu bekommen.

Der **mechanische** Aufbau der Lokomotive ist eine Rahmenkonstruktion, bestehend aus zwei durchgehenden Längsblechen mit Stoßbalken und Querträgern zur Abstützung des zweiachsigen Laufdrehgestells und der einachsigen **Java-Laufachse**. Dieses Gestell verdankt seinen Namen zwei Lokomotiven, die 1925 von der SLM nach Java geliefert wurden und bei denen man die Bauweise erstmals verwendete. Sie verliehen den Ae 4/7 zwar gute Laufeigenschaften, waren aber aufwendig und wurden ab Juni 1966 durch einfache Bisselachsen ersetzt.
Für die damalige Zeit sicher bahnbrechend, war der Entscheid des unsymmetrischen, nur auf einer Seite bestehenden Antriebes. Die raffinierte Konstruktion des **Systems Buchli/BBC** erlaubt nicht nur die lückenlose Kraftübertragung zum Rad, sondern verhindert gleichzeitig die üblichen Schläge der Fahrbahn (Schienenstöße) auf die Triebmotorwelle. Die sinnvolle Einrichtung befindet sich übrigens unter den Abdeckhauben der vier Triebachsen, welche die Räder vollkommen einschalen. Auf der gegenüberliegenden Lokseite, auf der die Apparate angeordnet sind, erkennt man aber die ungewöhnlich großen Speichenräder (Durchmesser 1610 mm).
Der kreative Kopf hinter der Erfindung gehörte Jakob Buchli, der sein System 1918 patentieren ließ und damit in die eropäische Eisenbahngeschichte einzog. Fast ein Dutzend Staatsbahnen haben ihre Lokomotiven mit einem Buchli-Antrieb ausgestattet. Unter der am Triebradsatz angebrachten Haube befindet sich eine kraftschlüssige Kupplung, die über ein ausgeklügeltes System aus Zahnsegmenten und Hebeln die Verbindung zum Großzahnrad herstellt.

Ursprünglich wie die Ae 3/6 I mit runden Puffertellern ausgerüstet, wurden diese bereits Mitte der Dreißigerjahre durch viereckige Pufferscheiben ersetzt. Damit sollte das seitliche Übergreifen der Puffer zwischen dem langen, eingliedrigen Fahrzeug und dem ersten Wagen verhindert werden.
In den kurzen, markanten Vorbauten sind wie bei der Ae 3/6 I auf der Führerstandseite II die **Kompressoren** (Kolben- und Rotationskompressor) untergebracht.
Die von der MFO gelieferten Maschinen mit den Nummern 10973-11002 gerieten um 4000 Kilogramm schwerer und um einige Zentimeter länger als ursprünglich geplant.

Beim **elektrischen Teil** läßt sich die ganze Lokomotivserie in drei Gruppen aufteilen, die sich nach Umbauten in zusätzliche Untergruppen gliedern.
Die erste von BBC gelieferte Gruppe ist mit Stufenschalter ausgerüstet und umfaßt 73 Einheiten (Loks 10901-10938, 10952-10972, 11003-11008 sowie 11018-11027).
Zur zweiten Gruppen gehören die schwereren und längeren MFO-Maschinen. Ihr höheres Gewicht ist nicht etwa einem Konstruktionsfehler zuzuschreiben, sondern der elektrischen Bremsausrüstung. Mittels einer **Rekuperationsbremse** wird bei langen Talfahrten durch den Bremsvorgang Strom erzeugt und an die Fahrleitung zurückgespeist. Diese Fahrzeuge kamen deshalb vor allem am Gotthard und Simplon zum Einsatz.
Mit der Nutzstrombremse durften die Ae 4/7 auch allein fahren, das heißt, bis zu einem gewissen Gefälle mußte kein Bremswagen mitgegeben werden. Die 30 MFO-Einheiten trugen die Nummern 10973-11002. Sie verfügten über eine **Hüpfersteuerung**. Diese hat den Vorteil, daß sie im Bedarfsfall aus jeder Stellung unmittelbar abgeschaltet werden kann. Über einen Steuerkontroller wird die Einrichtung vom Führerstand aus bedient. Dreht der Lokführer das Handrad aus ei-

AUFNAHME: RONALD GOHL

Im Bahnhof Thun steht die Ae 4/7 10949. Auf der Antriebsseite sind die nachträglich angebrachten Jalousien gut sichtbar

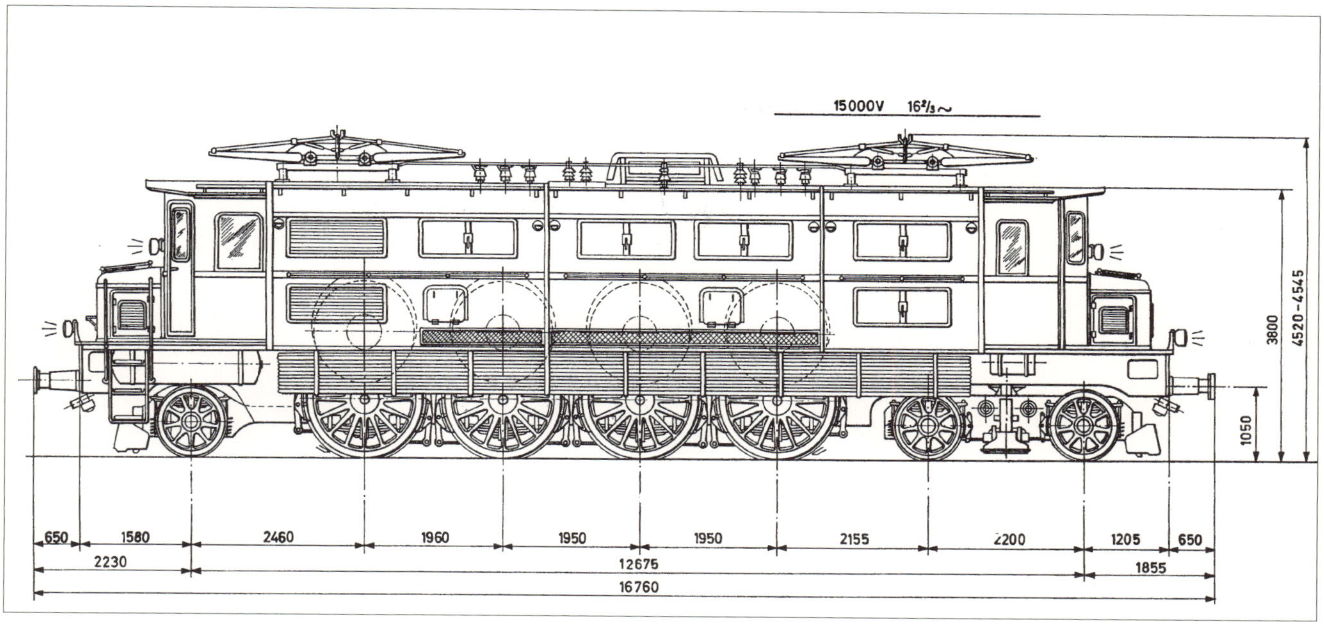

ner Brems- oder Fahrstufe heraus auf „0", wird die elektrische Kraftübertragung augenblicklich unterbrochen. Der dabei auftretende Luftausstoß hat diesen „hustenden" Maschinen den Übernamen „Asthma-Loks" eingebrockt.

Ebenfalls mit Hüpfersteuerung des Fabrikates Sécheron, aber ohne elektrische Bremse, wurde die dritte Gruppe der 22 SAAS-Einheiten ausgerüstet (Lokomotiven 10939-10951 sowie 11009-11017). Diese Maschinen erhielten ab 1975 auch eine **Vielfachsteuerung** und waren in den Neunzigerjahren oft in Doppeltraktion vor schweren Güterzügen zu beobachten. Dank der Vielfachsteuerung konnten zwei Ae 4/7 mit insgesamt 6240 PS mit nur einem Lokführer die doppelte Last befördern. Ein solches kraftstrotzendes Gespann von rund 34 Meter Länge vermochte auf den durchs Mittelland führenden Strecken immerhin Züge von 1700 Tonnen Bruttogewicht schleppen.

Weil die Sécheron-Serie die größte Lebenserwartung hatte, wurden beim Umbau keine Abstriche gemacht. Probleme bereitete damals einzig die SAAS-Hüpfersteuerung. Infolge Bügelentgleisung erlitten die 22 Einheiten dieser Serie immer wieder Überschläge an Fahrmotoren und Wendeschaltern. Nachdem die vier letzten Stufen der Hüpfersteuerung gesperrt wurde, stellte sich eine Besserung ein.

Markant sind die Rohrschlangen auf der Apparateseite der Ae 4/7. Sie dienen der Kühlung des Ölumlaufs. Der **Transformator**, ausgerüstet mit einem glattwandigen Ölkessel, befindet sich zwischen dem Laufdrehgestell und der Triebachse 1. Eine Ölpumpe saugt das warme Transformatoröl aus dem Kessel und leitet es nach außen in die Kühlrohre, wo es durch den Fahrtwind abgekühlt wird.

Bei der BBC-Serie war auf jedem Fahrmotorgehäuse ein **Wendeschalte**r installiert. Sie faßten die vier Antriebseinheiten zu einem Block zusammen; über die Wendeschalter konnte im Störungsfall aber auch ein Fahrmotor ausgekuppelt werden.

Sie Serie der 127 Ae 4/7 erfuhren im Laufe der Zeit, wie bereits angemerkt, mehrere **Umbauten**. Es gab Ae 4/7-Lokomotiven mit großen Widerstandsaufbauten auf dem Dach, andere zeichneten sich durch auffallende Lüftungsgitter auf der Apparateseite aus. Technisch erhielten die „Allrounder" ab 1954 eine Schleuderbremse und ab 1959/60 wurde der Öl-Hauptschalter zugunsten eines Druckluftschalters ersetzt. Zur gleichen Zeit faßte man verschiedene Bedienelemente im Führerstand in einem zentralen Steuerkasten zusammen. Außerdem erfolgte der Einbau neuer Führerbremsventile für die Rangierbremse.

Äußerlich veränderte sich die Lok 10988, die nach einer schweren Kollision bei Grandvaux am Genfersee neue Führerstände in Schweißkonstruktion anstelle der genieteten Ausführung erhielt. Auch die 10926 unterschied sich nach einem Umbau von ihren übrigen Artgenossen. Sie erhielt drei große statt der fünf kleinen Fenster. Eine letzte große Änderung mußten jene Ae 4/7 über sich ergehen lassen, die ab 1987 im Basler Unterhaltszentrum für Reisezugwagen (UZR) Rangierdienste lei-

Die 22 bei der SAAS, Genf, gebauten Ae 4/7 wurden mit einer Vielfachsteuerung ausgerüstet. In Doppeltraktion standen so insgesamt 6240 PS Leistung zur Verfügung

Beheimatungen

Depots Lausanne und Rorschach

TYPENBILD: ARCHIV SLM – AUFNAHME: BERNHARD KOBLER

Die Sécheron-Lokomotiven, im Bild die 10947 und 11012 bei Siviriez, konnten auch in Vielfachsteuerung vor schweren Güterzügen eingesetzt werden

steten. Sie erhielten neben einem Feingeschwindigkeitsmesser die nötigen Speiseleitungen und eine Rangierfunkausrüstung mit Dachantenne.

Betriebseinsatz

Die 17 Meter langen „Ungetüme" sehen zwar aus heutiger Sicht recht vierschrötig aus, erfüllten aber alle in sie gesetzten Erwartungen. Während fast sieben Jahrzehnten legten die Ae 4/7 als Schnellzugs- und später Güterzugslokomotiven sensationelle Laufleistungen zurück. Die Lokomotive gilt noch heute als Meisterstück schweizerischer Ingenieurskunst und Industrieproduktion.
Die erste „Viersieben" oder „Neunhunderter", wie sie vom Personal auch genannt wurde, kam im März 1927 zur SBB. Bereits drei Jahre später übernahmen die Ae 4/7 mit der elektrischen Bremse einen großen Teil des Schnellzugverkehrs am Gotthard. Dabei wurden mittlere Tagesleistungen von rund 700 Kilometern gefahren. Erst 1941 verdrängten die zwölf Ae 4/6 die „Viersieben" vom Schnellzugsdienst am Gotthard. Aber auch im Flachland erwuchs den Ae 4/7 ab 1946 eine Konkurrenz durch die neuen, schnellen Re 4/4 I. Bis 1956 dauerte der Schnellzugeinsatz zwischen Zürich und Chiasso, danach leisteten sie noch Vorspanndienste oder waren in Personen- und Güterzugumläufen eingeteilt.
Berühmte Züge wie der „Rheingold" oder der „Simplon-Orient-Expreß" wurden während vieler Jahre von einer Ae 4/7 gezogen. Die Glanzzeiten der Lokomotiven vergingen nach der Ablieferung von moderneren und schnelleren Triebfahrzeugen. Trotzdem ließ sie sich nicht unterkriegen und bildete noch jahrzehntelang ein unverzichtbares Traktionsglied bei der Beförderung von Gütern.

Schwere Unfälle, in die Ae 4/7 verwickelt wurden, gab es schon 1939, als ein Güterzug zwischen Iselle und Domodossola nur ungenügend gebremst werden konte. Der Zug entgleiste im Bahnhof Domodossola mit hoher Geschwindigkeit und richtete großen Schaden an.
Als erste Ae 4/7 wurde die 10906 im November 1975 abgebrochen. Das Fahrzeug erlitt nach einem Frontalzusammenstoß bei Landquart einen Totalschaden. Die Trümmer brannten vollständig aus. Eines „natürlichen" Todes starben im Juni 1983 als erste „Viersieben" die Lokomotiven 10953 und 10989, die wegen ihres schlechten Allgemeinzustandes dem Schneidbrenner zum Opfer fielen.

Außer jenen Ae 4/7, die auch in Vielfachsteuerung verkehren konnten und inzwischen Laufleistungen von über acht Millionen Kilometern verzeichneten, nahmen die Dienste ab 1994 deutlich ab.
Ende Juni 1995 sank der Bestand auf 45 Einheiten (drei Jahre zuvor waren noch 105 Stück im Einsatz), und seit dem Fahrplanwechsel vom 2. Juni 1996 verzichteten die SBB auf ihre Dienste. Zwölf Ae 4/7 übernahm der Verein „Classic Rail", um die letzten Exemplare „der vermutlich besten Lokomotive" zu retten, wie sich Vereinspräsident Gérard Stahl ausdrückte. Als Vertragsklausel hatte die SBB bei der Übernahme ausbedungen, daß die ausrangierten und von der „Classic-Rail" übernommenen Ae 4/7 künftig nicht mehr auf SBB-Schienen stehen dürfen. Wie diese Maschinen gepflegt und teilweise in betriebstüchtigem Zustand erhalten werden sollen, ist zur Zeit allerdings noch unklar. Zwei Ae 4/7 reiht die SBB in den Bestand ihrer historischen SBB-Fahrzeuge ein. Sie werden in den Depots Lausanne und Rorschach stationiert.

Verbleib der Ae 4/7

Depot Lausanne: Betriebsfähige historische Lok	Ae 4/7 10976
Depot Rorschach: Betriebsfähige historische Lok	Ae 4/7 10905
Classic Rail, Basel: Privatlokomotiven	12 Ae 4/7

REDAKTION: RONALD GOHL – AUFNAHME: HEINZ SIGRIST

Ein kraftstrotzendes Ungeheuer ist die Gelenklok 8/14. Sie bringt 246 Tonnen Eigenmasse und 7000 Pferdestärken auf die Schiene

Beheimatungen

Depot Erstfeld

Baureihe Ae 8/14

Deutschland mußte nach dem Ersten Weltkrieg größere Mengen Kohle als Reparationsleistung an Italien liefern. Deshalb wurden in Basel Kohlezüge mit 1200 Tonnen Anhängelast an die SBB übergeben. Diese bereiteten am Gotthard auf den Bergstrecken von 26 Promille Steigung Traktionsprobleme, waren doch Vorspanndienste mit Dreifachbesetzungen von Lokpersonal nötig, um diese schweren Züge nach Süden zu befördern. Um die vorhandenen elektrischen Triebfahrzeuge des ersten Elektrifizierungsprogramms zu ergänzen, bestellten die SBB bei SLM Winterthur und BBC Münchenstein zwei Doppellokomotiven vom Typ Ae 8/14. Diese mußten in der Lage sein, auf den Flachstrecken 2000 Tonnen, bei 16 ‰ Steigung 1760 Tonnen mit 100 km/h und auf den Höchststeigungen der Strecke Basel – Chiasso noch 770 Tonnen zu befördern. Das Kraftpaket Ae 8/14 11801 mit Buchli-Einzelachsantrieb wurde 1931 in Betrieb genommen und ist noch heute als betriebsfähige historische Lokomotive im Depot Erstfeld stationiert.

Konstruktion

Ohne Kinkerlitz von Industriedesignern mußte der Ellok-Riese auskommen, dies im Gegensatz zur „Landilok", die mit der gleichen Achsfolge neun Jahre später als Stromlinienfahrzeug Eisenbahngeschichte schrieb. Das **Design** der 11801 lehnt sich mit den beiden „Nasen" an die Konstruktion der Ae 4/7 an. Obwohl die ersten Entwürfe für diese Maschine recht abenteuerlich anmuteten, entschieden sich die SBB für die klassische Form eines echten Zweckfahrzeuges. Die genieteten Bleche der Seitenverkleidung und das Dach können zwecks besserer Zugänglichkeit der Apparate und Motoren entfernt werden.

28 mm dicke Bleche bilden den **Rahmen** jeder Lokomotivhälfte, sie sind mit Stoßbalken und Querstreben aus Stahlguß versteift. Auf die zweiteilige Rahmenbauweise wurde der Kasten aufgeschraubt. Beide Teile sind durch eine Türe und ein Übergangsblech mit Handläufen verbunden. Die im Betrieb nicht trennbaren Lokhälften benötigten weniger Apparate als zwei normale Maschinen. Die Ae 8/14 erhielt acht **Fahrmotoren** mit dem bereits auf den Ae 3/6 I und Ae 4/7 erprobten Buchli/BBC-Antrieb. In der vorderen Hälfte sind die unsymmetrisch angeordneten Antriebe rechts, in der hinteren Hälfte links zu finden.

Die beiden **Führerstände** verfügen wie alle Altbau-Elloks über keine Sitzgelegenheit. Anstelle des üblichen Handrades steht dem Lokführer auf der Ae 8/14 ein senkrechter Steuerhebel zur Verfügung, für dessen Bedienung ziemlich viel Kraft aufgewendet werden muß. Auf dem Führertisch zeigt eine mechanische Rückmeldung die Stellung der Fahrstufen an, denn der Hebel schaltet die Fahrstufen so lange auf, wie er nach vorne in die Stellung „+" gedrückt wird.

Der **elektrische Teil** der Ae 8/14 11801 besteht aus je einem Transformator in der Mitte jeder Lokhälfte. Das Öl wird dabei nicht mittels Außenrohren, sondern über einen speziellen Ölkühler gekühlt. Als Weltpremiere verfügt die Doppellok über eine Hochspannungssteuerung, die den Vorteil von kleiner zu schaltenden Stromstärken ergibt. Der Riese auf Schienen wird über zwei **Stufenschalter** mit je 28 Fahrstufen aufgeschaltet. So wird mit einer zwar genauen, aber auch trägen Steuerung gefahren.
Ursprünglich war die Ae 8/14 mit vier Stromabnehmern ausgerüstet, zwei davon entfernten die SBB später.

Betriebseinsatz

Im Dezember 1931 konnte die Ae 8/14 11801 von den SBB in Betrieb genommen werden. Das Schwesterfahrzeug 11851 folgte im Frühling 1932. Beide Doppellokomotiven waren dem Depot Erstfeld unterstellt und leisteten am Gotthard ihre Dienste. Im Jahresdurchschnitt legte die Ae 8/14 rund 150 000 Kilometer zurück. Bereits im Jahre 1945 nahmen die SBB die drei „Großen" (11801, 11851 sowie die vielbestaunte „Landilok" 11852) aus den Plandiensten und teilte sie der Reserve zu. Nachdem die formschöne 11852 am 26. Juli 1971 an der Spitze eines südwärts fahrenden Zuges in Brand geriet, wurde sie äußerlich instand gestellt und dem Verkehrshaus übergeben. Die 11851 war in den Siebzigerjahren wegen stark abgenützter Getriebe in einem desolaten Zustand und wurde im Juni 1977 in Biasca abgebrochen. Überlebt hat die 11801, die 1984 offiziell zur historischen Lokomotive des Depots Erstfeld ernannt wurde und dort mit der Ce 6/8 II, dem „Krokodil", an die Pionierzeiten des elektrischen Verkehrs erinnert.

Technische Daten

Baureihenbezeichnung	Ae 8/14
Indienststellung	1931
Hersteller	SLM, BBC
Betriebsnummer	11801
Gesamtzahl der gebauten Lokomotiven	3
Anzahl 1997	1
Höchstgeschwindigkeit	100 km/h
Gewicht	246 t
Länge über Puffer	34000 mm
Höhe mit gesenktem Stromabnehmer	4500 mm
Achsfolge	1'Bo1'Bo1'+1'Bo1'Bo1'
Radstand	29000 mm
Triebrad-Durchmesser	1610 mm
Anzahl Motoren	8
Netzspannung	15 kV/16,7 Hz
Stundenleistung	5200 kW

REDAKTION: RONALD GOHL – AUFNAHME: FOTO-SERVICE SBB

Tunnel, Brücken, starke Steigungen: Der Gotthard ist für die Eisenbahn noch heute eine Hürde, auch wenn kräftige Loks wie die Re 6/6 den Zugbetrieb wesentlich vereinfachen. In einigen Jahren wird man es noch leichter haben: Dann nimmt der Großteil der Züge den Weg durch den neuen Basistunnel D. Beckmann

Eine Re 4/4 I im typischen Erscheinungsbild der frühen neunziger Jahre: die 10020 bei Twann

Baureihe Re 4/4 I

Die schnellen Reisezüge der SBB wurden bis Ende des Zweiten Weltkrieges durch die Rahmenlokomotiven der Serien Ae 3/5, Ae 3/6 und Ae 4/7 geführt. Rechtzeitig zum Jubiläum „100 Jahre Schweizer Bahnen" im Jahre 1947 erschien eine neue Lokgeneration auf den Schweizer Geleisen. Aber auch das gesamte Konzept der Zugführung konnte mit der Anschaffung der Re 4/4 I und den neuen Leichtstahlwagen revolutioniert werden. Die laufachslose Drehgestellok mit nur 14 t Achsdruck und einer Höchstgeschwindigkeit von 125 km/h erlaubte eine um 10 km/h höhere Kurvengeschwindigkeit und erhebliche Reisezeitverkürzungen. Die vier großen Lokomotivhersteller der Schweiz (BBC, MFO, SLM und SAAS) beteiligten sich gemeinsam an der Lieferung von 26 Einheiten dieses neuen Loktyps (10001-10026), der auch zur Führung von Pendelzügen ausgerüstet wurde. Nachdem die Serie in den Jahren 1946-1948 in Betrieb genommen werden konnte, entschieden sich die SBB für eine Nachbestellung von weiteren 24 Re 4/4 I (10027-10050). Diese in den Jahren 1950/1951 gelieferten Lokomotiven unterschieden sich von ihren baugleichen Schwestern nur durch die fehlenden Stirnwandtüren, elektrische Bremsen und Fernsteuerung. Konkurrentin der Re 4/4 I war übrigens die bereits 1944 erbaute Ae 4/4 der BLS. Diese wies zwar genügend Leistungsreserven aus, war jedoch nicht in der Lage, die relativ engen Kurven auf den Hauptstrecken der SBB mit 10 km/h gesteigerter Kurvengeschwindigkeit zu befahren.

Heftig diskutiert wurden zur damaligen Zeit auch die Beschaffungskosten. Die Re 4/4 I der ersten Serie kosteten 710 000 Franken pro Stück, eine Lok der Nachserie sollte 180 000 Franken teurer werden. Weil die SBB eine Teuerung um 25 % innerhalb von zwei Jahren nicht hinnehmen wollte, schalteten sie die Preiskontrollstelle ein. Es kam zum Kompromiß, bei dem die Bundesbahn auch Abstriche machen mußte. Die Vereinfachung der 24 nachgelieferten Loks hatte wohl nicht nur betriebliche, sondern auch finanzielle Gründe.

Konstruktion

Das damals ultramoderne **Design** der Lokomotive erregte neben den meist vierschrötigen Zweckmaschinen großes Aufsehen. Einzig die einige Jahre zuvor fertiggestellte Landilok und die Roten Pfeile wiesen ein vergleichbares Design auf. Schon das Pflichtenheft der Bundesbahnen legte Wert auf das Äußere, sollte die Lokomotive doch zu den Leichtstahlwagen passen.

Ab 1963 wurden auf einer Maschinenraumseite zusätzliche Düsenlüftungsgitter

Technische Daten

Baureihenbezeichnung	Re 4/4 I
Indienststellung	1946-1951
Hersteller	SLM, BBC, MFO, SAAS
Betriebsnummern	10001-10050
Gesamtzahl der gebauten Lokomotiven	50
Anzahl 1997	42
Höchstgeschwindigkeit	125 km/h
Gewicht	57 t
Länge über Puffer	14700-14900 mm
Höhe mit gesenktem Stromabnehmer	4500 mm
Achsfolge	Bo'Bo'
Radstand	7800 mm
Triebrad-Durchmesser	1040 mm
Anzahl Motoren	4
Netzspannung	15 kV/16,7 Hz
Stundenleistung	1850-1900 kW

AUFNAHME: BERNHARD KOBLER

In der Nähe des Ortes Busswil ist die Re 4/4 I 10025 mit einem Regionalzug zu beobachten (16. März 1995)

zur Fernhaltung von Schmutz und Schnee angebracht. Bei Revisionen schweißten die SBB-Verantwortlichen zur besseren Abdichtung auch die linke Führerstandstüre zu und entfernten die dazugehörige Treppe. Bei einem dreijährigen Farbversuch erhielt die Re 4/4 I 416 (ursprüngliche Betriebsnummern: 401-450) wie die „Landilok" einen hellgrünen und die 409 wie die Maschinen der Niederländischen Staatsbahnen einen blauen Anstrich. Beide Versuche blieben ohne Folgen für die übrigen Fahrzeuge. Zur Führung der TEE-Züge „Rheingold" (Basel – Genève) und „Bavaria" (Zürich – Lindau) wurden zudem die Loks 10033, 10034, 10046 und 10050 (ab 1958 nummerierten die SBB ihre Re 4/4 I um) zweifarbig (elfenbein/bordeauxrot) gestrichen. Bis 1993 verließen alle Loks nach der Hauptrevision-3 die HW Yverdon im roten SBB-Look. Weil es seither keine R3 mehr gibt, reichte der Farbwechsel nicht für alle Re 4/4 I.

Der **mechanische Teil** der Re 4/4 I besteht aus einem selbsttragenden Lokkasten. Verschweißt ist nicht nur der Lokkasten aus Stahlblech und Vierkantrohren, sondern auch der Boden und die Seitenwände. Die Apparate können durch das in drei Teilen abnehmbare Dach ausgewechselt werden. Bei allen vorher gebauten Lokomotiven mußten die Seitenwände mühsam demontiert werden.

Besonderes Merkmal der ersten Serie (10001-10026) sind die Stirnwandtüren, Übergangsbleche und Faltenbalgnischen. Damit konnte die Re 4/4 I an beliebiger Stelle im Zug eingereiht werden, die Lok ließ sich vom Personal und Fahrgästen durchschreiten. Erst im November 1991 wurden die Faltenbälge entfernt und die Stirntüren zugeschweißt.

Bei der Re 4/4 I befanden sich die Fahrmotoren erstmals in den Drehgestellen. Eine elastische Querkupplung zwischen den beiden Drehgestellen verbessert den Kurvenlauf des Fahrzeugs. Das Drehmoment wird durch einen BBC-Federantrieb mit Hohlwellenstummel von den Fahrmotoren auf die Triebachsen übertragen. Über Schraubfedern stützt sich der Drehgestellrahmen auf die seitlichen Tragarme der Achsbüchsen ab.

Vorhanden ist eine zweistufige, geschwindigkeitsabhängige pneumatische **Bremse**. Ferner ist bei der Re 4/4 I auch eine direkt wirkende Regulierbremse installiert. Die **Düsengitter** auf der einen Seite des

Mit einem Nahgüterzug am Haken ist die Re 4/4 I 10050 in der Nähe von Busswil im Einsatz. Zusammen mit drei weiteren Loks dieser Reihe erhielt sie eine Lackierung in TEE-Farben

AUFNAHMEN: BERNHARD KOBLER (OBEN), ARCHIV SLM (UNTEN)

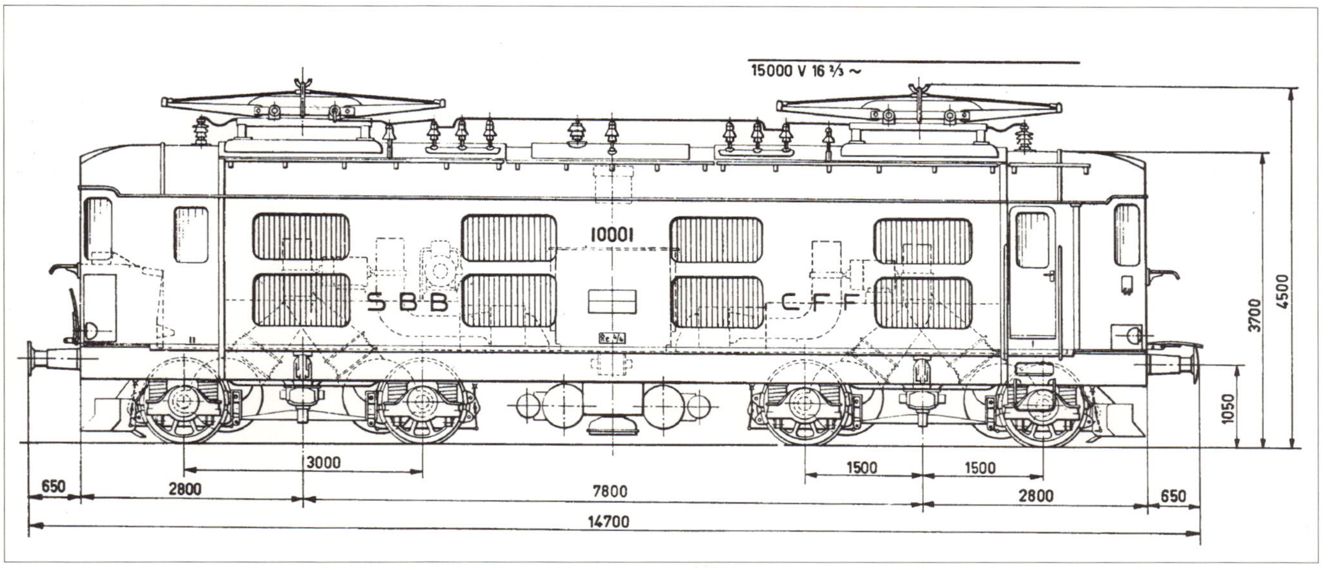

Maschinenraums wurden nötig, um das Eindringen von Schneestaub zu verhindern. Gerade im schneereichen Winter 1962/63 standen bis zu 20 Re 4/4 I gleichzeitig mit einem Motorenschaden in der Werkstatt. Die bei Pendelzügen meist am Zugschluß eingesetzten Maschinen fuhren oft in einer mächtigen Wolke aus Flugschnee.

Die **Führerstände** waren bei der Ablieferung für stehende Bedienung vorgesehen. Ab Lok 10017 stand ein leicht geneigter Führertisch und ein Klappstuhl für wahlweise stehende oder sitzende Bedienung zur Verfügung. Die ersten 16 Maschinen glich man ab 1958 dieser Ausführung an. Auf der linken Seite, in Fahrtrichtung, befindet sich der Arbeitsplatz des Lokführers. Ebenso revolutionär wie das Äußere waren die großen Panoramafenster der zweiten, ab 1950 ausgelieferten Serie. Zum ersten Mal gab es keine toten Blickwinkel für den Lokomotivführer mehr. Der Führerstand ist durch eine Blechwand vom Maschinenraum abgetrennt.

Bei der **elektrischen Ausrüstung** der Re 4/4 I stellt der von BBC konstruierte **Transformator** mit Radialblechung eine entscheidende Gewichtsreduktion dar. In Kombination mit der Fahrmotorventilation entzieht ein Ölkühler dem Transformatorenöl die Wärme. Zwei Batterien mit je zwölf elektropneumatischen Stufenhüpfern regulieren die Spannung an den Fahrmotoren. Mit einem spezifischen Gewicht von nur 3 kg/PS sind die Fahrmotoren der ersten Serie (Re 4/4 I 10001-10026) etwas zu leicht geraten. Entsprechend heikel und unterhaltsaufwendig erwiesen sie sich im Betrieb. Wesentlich robuster mit einer leicht höheren Leistung präsentieren sich die vier parallel geschalteten Motoren der zweiten Serie. Jedem Fahrmotor ist ein Trennhüpfer vorgeschaltet, mit dem eine elektrisch defekte Antriebseinheit paralysiert werden kann.

Elektrisches Bremsen ist nur bei den Maschinen der ersten Serie möglich, so daß die Re 4/4 I 10027-10050 hauptsächlich im Flachland eingesetzt werden. Diese Komponente funktioniert wie bei der 1941-1945 erbauten Ae 4/6 als Erregermotor-Schaltung. Das bedeutet, die Fahrmotoren 2-4 arbeiten als fremderregte Wechselstromgeneratoren, während Fahrmotor 1 von einem Erregertransformator gespeist wird und dabei die drei Bremsmotoren versorgt. Alle Re 4/4 I der ersten und zweiten Serie

Beheimatungen

Depots Lausanne, Olten, Basel (UZR: Unterhalts-Zentrum Reisezugwagen), Rorschach

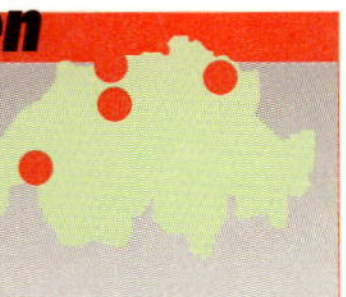

Auch am Gotthard kam die leichte Re 4/4 I vor Regionalzügen, anfangs auch vor Schnellzügen zum Einsatz. Sie leisteten im Mittel täglich 522 km

AUFNAHMEN: ARCHIV SLM (OBEN), MATTIAS EMMENEGGER (UNTEN)

Vier Re 4/4 I erhielten im Jahre 1972 einen TEE-Anstrich, sie standen im Dienste des „Rheingold" und „Bavaria"

sind mit zwei Scherenstromabnehmern ausgersüstet. Auf dem Dach befindet sich auch ein neuer, bei den Ae 4/6 erstmals erprobter BBC-Hauptschalter.

Eine **Vielfachsteuerung** besaßen ursprünglich nur sechs Lokomotiven (Re 4/4 I 10001-10006), in den Jahren 1958-1960 wurden alle übrigen Maschinen damit nachgerüstet.

Betriebseinsatz

Am 22. Januar 1946 absolvierte die erste Re 4/4 I ihre Probefahrt. Dabei bewährte sich die Maschine so gut, daß sie bereits drei Tage vor einem fahrplanmäßigen Schnellzug Bern–Interlaken eingesetzt werden konnte. Auch alle weiteren abgelieferten Re 4/4 I erfüllten lückenlos die Bedingungen des Pflichtenheftes. Die Maschinen der ersten Serie wurden den Depots Zürich und Lausanne zugeteilt. Neben dem Einsatz vor Städteschnellzügen kam die Nr. 401 auch mit dem im Dezember 1948 gelieferten Steuerwagen CFt4 961 in Betrieb. Dieser Dienst wurde zwischen Luzern und Zürich mit täglich rund 500 km gefahren.

Die mit einer elektrischen Bremse ausgerüsteten Re 4/4 I der ersten Serie erschienen vorwiegend im Jura und im Zürcher Oberland – und die in Luzern stationierten Lokomotiven kamen sogar mit Schnellzügen über den Gotthard.

Ihre große Zeit im Pendelzugdienst erlebten die Maschinen mit den fünf Steuerwagen Ft4 991-993. Erst als die ersten RBe 4/4-Triebwagen ab 1959 auftauchten, wurden sie von diesen Diensten allmählich entlastet. Nach der Ablieferung von weiteren 22 Steuerwagen (ABt 1721-1742) wurden die Re 4/4 I aber wieder vermehrt für Pendelzugdienst herangezogen.

Einen grenzüberschreitenden Dienst versahen die Loks 10036 und 10037, die einen Stromabnehmer nach ÖBB/DB-Norm erhielten und damit bis Lindau kamen. Ebenfalls ins Ausland fuhren die Re 4/4 I zwischen Bellinzona und Luino.

Zunehmend in niedrigere Dienste wurden die Re 4/4 I nach Ablieferung der Re 4/4 II verdrängt. Anfang der siebziger Jahre waren die Maschinen in den Depots Zürich, Luzern, Biel und Lausanne stationiert. Trotzdem blühten die Re 4/4 I mit den TEE-Einsätzen nochmals auf. Vier Triebfahrzeuge erhielten 1972 den TEE-Anstrich. Zuvor war jede Re 4/4 I mit einem aufgesteckten TEE-Signet, das auf der Stirnseite prangte und nach dem Dienst oft dort vergessen wurde, für diese hochkarätigen Einsätze vorgesehen. Ab 1977 zog man die Re 4/4 I auch für das Führen der mit EUROFIMA-Wagen zusammengesetzten Züge Bern–Pontarlier (–Paris) heran.

In den neunziger Jahren ging es mit den Maschinen erstmals abwärts, als die acht in Rorschach stationierten Einheiten praktisch eine Halbierung ihrer täglichen Leistungen hinnehmen mußten. Der Einsatz im Tessin (von Bellinzona nach Luino, Locarno, Chiasso und Airolo) endete im Mai 1995. Aus Kostengründen wurde auf die Hauptrevision R3 ab 1993 verzichtet.

Nach 1961 wurden die Re 4/4 I immer wieder in schwere Unfälle verwickelt. Die daran beteiligten Maschinen konnten aber trotz großer Schäden jedesmal wieder aufgebaut werden. Am meisten lädiert wurden die aus Aluminium bestehenden Führerkabinen. Neben Unfällen setzten auch Transformator-Explosionen den Lokomotiven übel zu. Erst der Rangierunfall von 1993 in Olten galt als Anlaß, die erste Lokomotive dieser Reihe (10047) auszurangieren und abzubrechen. Die Re 4/4 I 10021 und 10024 ereilte das gleiche Schicksal – allerdings nicht unfallbedingt. Nach dem Verschwinden der Ae 4/7 aus dem Fahrzeugpark der Bundesbahnen stehen nun die „kleinen" Re 4/4 I als nächste Kandidaten auf der Abschußliste.

Sie wurden in letzter Zeit immer weiter in niedrige Dienste verdrängt. Auch Einsätze vor Güterzügen kommen vor. Allerdings handelt es sich bei den sehr schwer aussehenden Kompositionen meist um Leerwagenzüge. Das 2520 PS (1900 kW) starke Maschinchen ist in der Tat kein großes Zugpferd. Schon bei der Prüfung im Jahre 1947 hatte die inzwischen fünfzigjährige Re 4/4 I Mühe, einen 40-achsigen und 468 t schweren Zug von Luzern nach Erstfeld zu schleppen. Zum Glück gehörte dieser „Murks" nicht ins tägliche Einsatzgebiet der Lokomotive, sonst hätte sie sich wohl kaum ein halbes Jahrhundert lang bewährt.

Die flinke und leichte Maschine meisterte aber ihre Einsatzzeit überdurchschnittlich gut. Sie leitete mit dem Übergang vom schweren Schnellzug zum leichten Intercity eine wichtige Entwicklung ein. Sie durchlebte aber auch das stolze TEE-Zeitalter bis hin zum untergeordneten und wenig beachteten Pendelzugdienst.

REDAKTION: RONALD GOHL – AUFNAHME: JOEL BESSARD

Lange Zeit der Stolz am Gotthard: rund 20 Jahre leistete die Ae 6/6 hier schwere Dienste; im Bild die 11415 in der Nähe von Intschi

AUFNAHME: BRUNO HITZ

Baureihe Ae 6/6

Zu den beliebtesten und bekanntesten Schweizer Lokomotiven gehört vor allem in Modellbahnerkreisen die Ae 6/6, auch gerne als „Gotthardlokomotive" bezeichnet. Die Maschine mit dem Schweizerkreuz und den drei Zierstreifen auf der Front diente schon früh als Vorbild für Märklin- und WESA-Modelle.

Um die immer zahlreicher werdenden Schnell- und Güterzüge über den Gotthard zu befördern, beschafften die SBB zwischen 1952 und 1966 insgesamt 120 Lokomotiven der Achsfolge Co'Co'. Dieses Kraftpaket erbrachte eine Leistung von 5830 PS bzw. 4300 kW. Die beiden dreiachsigen Drehgestelle und der selbsttragende, verwindungssteife Kasten wurden bei der Schweizerischen Lokomotiv- und Maschinenfabrik Winterthur (SLM) in Auftrag gegeben. Die elektrische Ausrüstung stammt aus dem Hause BBC, und MFO lieferte die Sicherheitsausrüstung und die elektrische Bremse. Auch nach jahrzehntelangem Einsatz kann die Ae 6/6 als moderne und bei den Lokführern sehr beliebte Lokomotive bezeichnet werden. Wenn die SBB im Jahre 2002 ihren hundertsten Geburtstag feiern, kann auch die Ae 6/6 ihren 50. Geburtstag begehen. Vor der Inbetriebnahme der Ae 6/6 oblag der schwere Reisezugdienst am Gotthard zumeist den Ae 4/6, Ae 4/7 und Be 4/6, die aber nur – aus heutiger Sicht – für bescheidene Anhängelasten zugelassen waren. Die dadurch nötigen Vorspanndienste waren zeitraubend, unpraktisch und unwirtschaftlich. Mit der Ae 6/6 konnte die Reisegeschwindigkeit deutlich angehoben werden. So sah das Pflichtenheft vor, einen 600 Tonnen schweren Zug über die Gotthard-Steigung von 26 ‰ mit 75 km/h zu befördern. Bereits im Jahre 1949 erteilten die SBB der Schweizer Rollmaterialindustrie den Auftrag für zwei Prototypen, die im September 1952 (11401) und im Januar 1953 (11402) geliefert wurden. Mit diesen beiden Maschinen fanden intensive Versuchs- und Testfahrten statt. Sie kamen auch vor fahrplanmäßigen Zügen am Gotthard zum Einsatz und leisteten im Schnitt 850 Kilometer pro Tag. Beide Loks waren keine „Glanznummern", denn sie deckten schon bald ernsthafte Mängel wie Schäden an den Fahrmotoren, unruhigen Lauf oder zu große Spurkranzabnützung auf. Doch die Prototypen dienten ja dazu, um aus möglichen Schwächen die nötigen Erkenntnisse für den Bau der Serienlokomotiven zu ziehen.

Konstruktion

Im **Design** unterscheiden sich die Ae 6/6 durch die Zierstreifen. Die attraktiven 25 Kantonswappen-Lokomotiven verfügen über Chrom-Zierlinien, die auf der Front

Technische Daten

Baureihenbezeichnung	Ae 6/6
Indienststellung	1952-1966
Hersteller	SLM, BBC, MFO
Betriebsnummern	11401-11520
Gesamtzahl der gebauten Lokomotiven	120
Anzahl 1997	120
Höchstgeschwindigkeit	125 km/h
Gewicht	120-124 t
Länge über Puffer	18400 mm
Höhe mit gesenktem Stromabnehmer	4500 mm
Achsfolge	Co'Co'
Radstand	13000 mm
Triebrad-Durchmesser	1260 mm
Anzahl Motoren	6
Netzspannung	15 kV/16,7 Hz
Stundenleistung	4300 kW

Die Ae 6/6, hier die 11409, zählen noch heute zu den zuverlässigen Arbeitspferden der SBB, die vor allem im Güterverkehr eingesetzt werden

AUFNAHME: BRUNO HITZ

das bekannte „Schnäuzchen" darstellen – eine Spielerei, die so gut angekommen ist, daß die Maschine in halb Europa berühmt wurde. Die übrigen, technisch baugleichen Loks erregen weniger Aufsehen. Ihr schlichtes Äußeres wird einzig durch das aufgesetzte Schweizerkreuz aufgelockert. Die Maschinen 11426-11450 tragen zudem die seitlich angebrachten Wappen der Kantonshauptorte. Die restlichen 70 Ae 6/6 (11451-11520) zeigen die Wappen wichtiger Städte und Ortschaften. Nach der Gründung des Kantons Jura erhielt die 11483 im Jahre 1979 das entsprechende Kantonswappen (jeoch ohne Chrom-Zierlinien). Das nun überflüssig gewordene Wappen der Gemeinde Porrentruy erbte die Re 4/4 II 11289. Ursprünglich grün gespritzt, erhalten die Lokomotiven mit der Hauptrevision (R3) den neuen roten SBB-Anstrich mit grauen Schürzen – was ihnen ein elegantes Aussehen verleiht. Eigentlich sollte das Design der „Landilok" nachempfunden werden. Nach Prüfung verschiedener Entwürfe entschied man sich aber in den späten vierziger Jahren für die neue, kantige Form, die später auch von den Re 4/4 II und III sowie von der Re 6/6 adaptiert wurde.

Der **mechanische Teil** der Lokomotive besteht aus dem selbsttragenden Kasten, eine Schweißkonstruktion. Er umschließt die Zug- und Stoßvorrichtungen, den Maschinenraum und die beiden Führerstände. Über vier Gleitschuhe stützt sich der Lokkasten auf die vier Doppelblattfedern, die sich bei jedem Drehgestell neben den mittleren Triebachsen befinden. Die eingebaute Querkupplung reduziert den Anlaufwinkel und den Führungsdruck der vorlaufenden Räder und dadurch auch den Spurkranzverschleiß. Eine bestmögliche Ausnützung der Adhäsion wird durch die elektropneumatische Achsdruckausgleichvorrichtung erzielt.

Drei große Luken im Dach können zum Ein- und Ausbau der Apparate geöffnet werden. Vier Fenster und vier gleich große Lüftungsgitter bilden die seitlichen Öffnungen des Maschinenraums.

Über einen Druckknopf kann vom Führerraum aus die sogenannte elektropneumatische Schleuderbremse betätigt werden, mit der schleudernde Achsen abgefangen werden können. Weiter sind die Ae 6/6 mit automatischen Druckluftbetriebsbremsen sowie Rangierbremsen ausgerüstet. Natürlich steht auch in beiden Führerständen je eine über Bremsgestänge wirkende Handbremse zur Verfügung.

Der **Führerraum** der beiden Prototyplokomotiven war noch wie bei den Re 4/4 I für wahlweise sitzende und stehende Bedienung ausgelegt. Alle Serienlokomotiven erhielten dann aber einen Hocker, der im Vergleich zu den alten Gotthardloks ein ungekanntes Maß an Komfort bot. Der Führerstand befindet sich links, die Türe zum Maschinenraum rechts. Im Falle einer Kollision mußte also zunächst der Führerraum durchquert werden, um sich im Maschinenraum in Sicherheit zu bringen.
Das Handrad des Steuerkontrollers umfaßt 27 Fahr- und 15 Bremsstufen. Die Fahrtrichtung wird mit dem Wendeschalter bestimmt. Weitere wichtige Bedienungselemente sind das Führerbremsventil FV4a für die automatische Druckluftbremse sowie das Fd1-Ventil für die Rangierbremse. Die Pfeife wird über einen Schalter und das Elektroventil ausgelöst. Im Inbetriebsetzungskasten befinden sich zentral die Steuerschalter für den Kompressor, den Stromabnehmer, den Hauptschalter und für die Stirnbeleuchtung. Außerdem sind folgende Anzeigeinstrumente im Führerpult vorhanden: Ampèremeter für Primär- und Fahrmotorenstrom, Voltmeter für Fahrdrahtspannung, Geschwindigkeitsmesser, Bremszylinder- und Speiseleitungsdruck sowie Manometer für den Hauptleitungsdruck.

Der **elektrische Teil** der Ae 6/6 besteht aus sechs Fahrmotoren mit BBC-Federantrieb. Am Drehgestellrahmen befestigt, erbringt jeder Motor eine Stundenleistung von 736 kW bei 70 km/h, daraus resultiert eine Stundenleistung der Lok von 4300 kW. Die Stundenzugkraft beträgt 221 kN, die Anfahrzugkraft 392 kN. Über die bei-

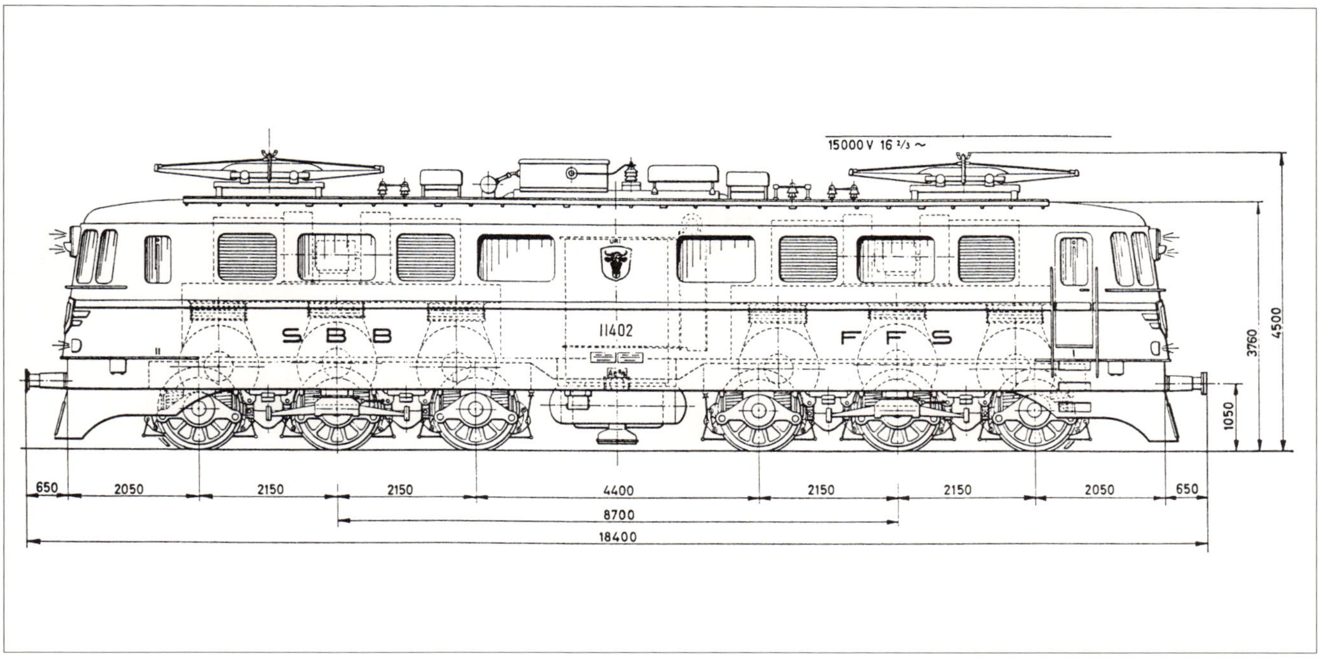

den Stromabnehmer und den Druckluft-Hauptschalter fließt die Fahrleitungsspannung in den radial geblechten Transformator. Dieser wird über eine Ölpumpe mit vier Ölkühlern angetrieben. Durch die an den Kasten-Seitenwänden angebrachten Jalousien wird Kühlluft angesaugt, die die Ölkühler umströmt. Unmittelbar am Transformator, der in der Mitte des Triebfahrzeuges steht, ist der Hochspannungs-Stufenschalter angebracht. Sogenannte Überschaltwiderstände sorgen für das Auf- und Abschalten der 28 Stufen ohne daß die Zugkraft unterbrochen würde. Der Wendeschalter verfügt über vier Stellungen. Damit wird die Fahrtrichtung bestimmt sowie die Fahr- und Bremsumschaltung gesteuert. In der Stellung „Fahren" werden die sechs Motoren parallel geschaltet.

Für eine Gotthardlok von Bedeutung ist die elektrische **Rekuperationsbremse**, die als Erregermotorschaltung ausgeführt und über 15 Stufen geregelt wird. Eine Besonderheit der Ae 6/6 ist die Feldschwächung im oberen Geschwindigkeitsbereich. Fährt die Lok schneller als 95 km/h, tritt über den Feldschwächhüpfer eine Reduktion der Bremskraft ein. Unter 80 km/h kann wieder die volle elektrische Bremskraft ausgenutzt werden. Beim Bremsen ist ein kleiner Kniff notwendig, der Anfängern auf der Ae 6/6 immer wieder Schwierigkeiten bereitet. So sollte der Steuerkontroller vor dem Unterschreiten von 80 km/h auf die 6. Bremsstufe zurückgeschaltet werden. Damit kann die sprunghafte Zunahme der elektrischen Bremskraft verhindert werden. Wenn also ein schneller Reisezug mit einer Ae 6/6 geführt werden muß, hat der Lokführer durch ständiges Drehen am Steuerkontroller viel zu tun.
Um eine Überlagerung der elektrischen und pneumatischen Bremse zu verhindern, dient ein Pedalschalter, mit dem man die Luftbremse auslösen kann.
Die elektrische Bremse ist bei den 118 Serienlokomotiven sehr kräftig und erlaubt mit einem 300 Tonnen schweren Zug auch bei starkem Gefälle in Beharrung zu fahren. Mit den beiden Prototypen hingegen kann lediglich – wie im Pflichtenheft verlangt – das Eigengewicht abgebremst werden.

An elektrischen **Hilfsbetrieben** sind der Kompressor, eine Ölpumpe, zwei Ventilatorgruppen, eine Umformergruppe für die Batterieladung und die Führerstands- sowie Fensterheizung vorhanden. Sie werden mit 220 Volt gespeist. Die Heizspannung für die Wagen beträgt 1000 Volt. Sie gelangt von der Regulierwicklung des Transformators über einen Heizhüpfer auf die Zugsammelschiene.

Betriebseinsatz

Die nach und nach abgelieferten Ae 6/6 lösten zunächst die Ae 4/7 und später

Beheimatungen

Depots Biel, Olten, Basel, Zürich

Die fehlende Vielfachsteuerung zwingt zur personellen Doppelbesetzung – es sei denn, die Lok wird zur Überfahrt, wie auf dem Bild, nur geschleppt

AUFNAHMEN: JOEL BESSARD (UNTEN) ARCHIV SLM (OBEN)

Ae 6/6 11408 „Solothurn“ im Dezember 1993 auf der SOB-Strecke bei Biberbrugg – von ihrem auf einen Gegenzug wartenden Lokführer bewundert

auch die beim Personal unbeliebten Ae 4/6 am Gotthard ab – bzw. verdrängten sie in untergeordnete Dienste des Güterzug- und Regionalverkehrs. Doch auch im Güterverkehr bildeten die 120 Ae 6/6 schon bald das Rückgrat der Traktion. Während rund 20 Jahren lasteten praktisch die gesamten schweren Gottharddienste auf dieser leistungsstarken Lokomotive. Erst als im Jahre 1971 die ersten Re 4/4 III zwischen Erstfeld und Bellinzona auftauchten, konnten sie dort etwas entlastet werden. Ab 1975 begann die Auslieferung der Re 6/6, die mit fast doppelter Leistung in die Fußstapfen der Ae 6/6 trat. Der ehemalige Star des Gotthards wurde in niedrigere Dienste verdrängt und steht seither im Mittelland und Jura im Einsatz.

Zwölf Maschinen waren 1969 noch dem Depot Lausanne zugeteilt. Sie fuhren hauptsächlich auf der Simplonachse, kamen aber mit Güterzügen auch bis Zürich. Vier Jahre später versetzte die SBB ihre Lausanner Ae 6/6 nach Biel, wo sie mit zwölf weiteren „Kollegen“ noch heute anzutreffen sind.

Für den schnellen Reisezugverkehr von heute ist die Ae 6/6 zu alt. Ihre zulässige Geschwindigkeit wurde auf 120 km/h herabgesetzt. Auch der recht gemächlich arbeitende Stufenschalter erweckt den Eindruck von Schwerfälligkeit. Gerade im Bereich des Güterverkehrs erweist sich die Lok aber als zuverlässiges Arbeitspferd, oft ziemlich unrespektabel als „Ackergaul“ bezeichnet.

Trotz mehreren schweren Unfällen blieb die ganze Serie bis heute erhalten. Fast einen Totalschaden erlitt die Prototyplok 11401 im April 1989 bei Winterthur, als ihr die Re 4/4 II 11287 in die Flanke fuhr. Doch die Ae 6/6 wurde in zweijähriger Arbeitszeit wieder repariert, zwei Drittel des Kastens mußten dabei neu aufgebaut werden. Glimpflicher verlief eine Kollision im Bahnhof Bellinzona. Nachdem der Lokführer seinen Schnellzug bereits auf 60 km/h beschleunigt hatte, kippte ein zu manövrierender Güterwagen ins Lichtraumprofil der Ae 6/6. Die schwere Maschine erfaßte den gedeckten Güterwagen und stieß ihn auf das benachbarte Gleis zurück. An der 11413 entstand zwar ein größerer Blechschaden, doch der Schnellzug rollte ohne Kratzer an der Unfallstelle vorbei. Der Lokführer und die Passagiere kamen mit dem Schrecken davon. Nach einer kurzen Pause konnte die Ae 6/6 sogar ihre Fahrt über den Gotthard fortsetzen.

Während ihrer langjährigen Dienstzeit unternahmen einige Ae 6/6 auch Auslandsreisen. Mit der 11414 wurden Schnellfahrversuche auf der Strecke Forchheim – Bamberg durchgeführt. Mit der für solche Geschwindigkeiten angepaßten Lok wurde bis auf Tempo 200 beschleunigt. Doch schon früher reisten verschiedene Ae 6/6 durch halb Europa. Die 11408 weilte im April 1957 zu Vorführzwecken in München, die 11427 mit dem Wappen von Genf kam ein Jahr später an der Weltausstellung von Bruxelles zu Ehren. Auch die 11474 durfte trotz fehlender Chrom-Zierlinie auf eine Auslandsreise. Sie trat im März 1964 auf dem Semmering gegen zwei österreichische Co'Co'-Baureihen zu Vergleichsfahrten an.

Die fehlende Vielfachsteuerung ist einer der gewichtigsten Nachteile der Ae 6/6, so daß bei Vorspanndiensten immer ein zweiter Lokführer notwendig wird. 1987 prüften die SBB den Einbau einer Fernsteuerung und die Anpassung des Laufwerks für Geschwindigkeiten nach Zugreihe R. Beide Projekte scheiterten an den hohen Kosten.

Erste Abbruchkandidaten werden wohl die Prototyplokomotiven 11401 „Ticino“ und 11402 „Uri“. Sie sind seit Anfang 1997 nicht mehr im Streckendienst. Die schwache elektrische Bremse und die in letzter Zeit große Störungsanfälligkeit haben sie zu Hilfseinsätzen im Depot Rorschach degradiert. Sie bleiben zwar betriebsfähig, vollführen aber Manöver für den Wagenunterhalt oder dienen als Druckluftspender.

REDAKTION: RONALD GOHL – AUFNAHME: BRUNO HITZ

Die Re 4/4 II der dritten Serie weisen viereckige Scheinwerfer anstelle der runden Positionslichter auf

AUFNAHME: RONALD GOHL

Baureihe Re 4/4 II

Die Lokomotive Re 4/4 II, mit 276 Stück die größte je bestellte Serie der Schweizer Bahnen, stellt ein wichtiges Glied einer langen Kette verschiedener Triebfahrzeugtypen dar, welche von der schweizerischen Industrie für die landeseigenen und auch für die ausländischen Bahnen entwickelt wurden. Sie ist als logische Weiterentwicklung früher gebauter Lokomotivtypen zu betrachten und besonders durch die zahlreichen an sie gestellten Bedingungen gekennzeichnet, die einerseits aus dem Betrieb und anderseits aus den Gegebenheiten des Streckennetzes hervorgehen.

Nachdem im Jahre 1964 sechs Prototypen in Betrieb genommen wurden, sind ab 1967 die Serielokomotiven zur Ablieferung gelangt, von welchen durch die Schweizerischen Bundesbahnen in mehreren Losen insgesamt 270 Stück bestellt wurden. Diese Stückzahl entspricht der weitaus größten je in der Schweiz in Dienst gestellten und einheitlich gebauten Triebfahrzeugserie.
Der mechanische Teil der Lokomotive stammt von der Schweizerischen Lokomotiv- und Maschinenfabrik Winterthur (SLM), der elektrische Teil von der AG Brown Boveri & Cie., Baden, sowie der Maschinenfabrik Oerlikon.

Die Re 4/4 II hat eine Reihe schwieriger technischer Bedingungen zu erfüllen. So muß die Lokomotive nicht nur im Bereich kleiner, sondern auch großer Geschwindigkeiten ein hohes Beschleunigungsvermögen und entsprechend hohe Zugkräfte entwickeln, damit hohe Durchschnittsgeschwindigkeiten und kurze Fahrzeiten erreicht werden können. Ferner muß die Re 4/4 II in der Lage sein, Kurven von kleineren Radien auch bei höherem Tempo durchfahren zu können. Diese Forderung hat für ein kurvenreiches Netz wie dasjenige der Schweizer Bahnen besondere Bedeutung, beläuft sich doch der Anteil der gebogenen SBB-Strecken auf fast 40 % des gesamten Netzes. Kurven mit Radien zwischen 200 und 500 m sind relativ häufig.

Konstruktion

Das zeitlos klassische **Design** der Re 4/4 II kann sich auch neben der Re 460 noch sehen lassen. Die leicht abgerundete und schräge Front gibt der Maschine ein gefälliges Aussehen. Schweizer Wappen, Buchstaben und Zahlen sind aus Chromstahl und erhaben aufgesetzt. Die seitlich über die Ecken gezogenen Fenster ermöglichen dem Lokführer einen guten Rundblick auf die Strecke. Bei der Ablieferung waren die ersten Lokomotiven grün, ohne Zierstreifen und wirkten noch etwas plump. Erst nach Anbringen der

Technische Daten

Baureihenbezeichnung	Re 4/4 II
Indienststellung	1964-1985
Hersteller	SLM, BBC, MFO
Betriebsnummern	11101-11397
Gesamtzahl der gebauten Lokomotiven	276
Anzahl 1997	273
Höchstgeschwindigkeit	140 km/h
Gewicht	80 t
Länge über Puffer	15410-16800 mm
Höhe mit gesenktem Stromabnehmer	4415-4460 mm

weißen Linien erschienen die Maschinen länger und eleganter. Keine Lokserie der SBB wies bis jetzt so viele Farbvarianten wie die Re 4/4 II auf. Insgesamt neun Lokomotiven erhielten einen schmucken TEE-Anstrich in rot/beige (11158-11161 sowie 11249-11253). In den Jahren 1982/83 nach dem Ende der TEE-Ära sind diese Maschinen allerdings in grüne und rote Einheitslokomotiven umlackiert worden. Die 27 jüngsten Einheiten 11371-11397 erhielten ab Fabrik einen roten Anstrich. Acht Re 4/4 II wurden 1972 und 1974 in orange/steingraue Swiss-Express-Triebfahrzeuge umgewandelt. Auch dieser Farbversuch hat sich nicht bewährt, so daß einige dieser Lokomotiven bereits wieder einen Farbwechsel hinter sich haben. Erwähnenswert sind schließlich auch die beiden Spezial-Anstriche. Als Künstlerlok, von Daniel Bourret bemalt, ging die 11181 in die SBB-Triebfahrzeuggeschichte ein. Der poppige, moderne Auftritt stieß jedoch nicht überall auf Toleranz. Der Übername „Picasso"-Lok stammt aus den Reihen des Personals. Und schließlich rollte auch noch die weiße SEV-Lok 11238 durch die Schweiz und warb bei dieser Gelegenheit für die Anliegen der Eisenbahner-Gewerkschaft. Als einzige Re 4/4 II weist die 11239 ein Ortswappen auf. Sie erhielt es von der Ae 6/6 11483, die nach der Gründung des Kantons Jura zur „Kantonslok" befördert wurde und ihr Ortswappen weitergab.

Für den **mechanischen Teil** mußten bei der Re 4/4 II gewichtssparende Konstruktionen vorgesehen werden. In der Schweiz wie in den meisten übrigen europäischen Ländern ist der zuläßige Achsdruck auf 20 t beschränkt. Durch die Wahl der Achsfolge Bo'Bo' ist somit das Gewicht der Lokomotive auf 80 t festgelegt, das unter keinen Umständen überschritten werden durfte. Hingegen war in der Lokomotive eine leistungsstarke und daher auch verhältnismäßig schwere elektrische Ausrüstung unterzubringen. Die Konstruktion des Lokkastens sollte einerseits eine Gewichtseinsparung erbringen, andererseits aber auch in allen Teilen eine genügend große Festigkeit gegenüber den auftretenden statischen und dynamischen Beanspruchungen aufweisen.
Für den mechanischen Teil der Re 4/4 II stehen etwa 50 % des gesamten Lokgewichtes zur Verfügung, wovon etwa ein Drittel auf den Kasten und zwei Drittel auf die Drehgestelle entfallen. Der Lokomotivkasten ist eine Schweißkonstruktion und unterteilt sich in die Hauptelemente Bodenrahmen, Führerstände, Seitenwände und Dach. Um den Kasten bei frontalen Zusammenstößen möglichst zu schonen, ist bei den Lomotiven 11107-11155 hinter jedem Puffer ein aus zusammendrückbaren Rohrelementen bestehendes Zerstörungsglied eingebaut. Aus diesem Grund weisen diese Maschinen einen um 10 cm verlängerten Lokkasten auf.

Die **Übertragung der Zugkräfte** zwischen Drehgestell und Kasten erfolgt mit Hilfe der Tiefzugvorrichtung. Jedes Drehgestell weist eine vordere und eine hintere, aus je zwei Einzelstangen versehene Zugstangenkombination auf, die über Gummielemente elastisch mit dem Kasten und drehbeweglich über Bolzen mit dem Drehgestell verbunden sind. Zur Übertragung des Drehmomentes der Triebmotoren auf die Triebachse dient der Einzelachsantrieb. Bei den Lokomotiven Re 4/4 II kam der sogenannte BBC-Federtopfantrieb zum Einbau, welcher sich schon bei früher gebauten Loktypen sehr gut bewährt und sich unter den für die Re 4/4 II geprüften Antrieben als besonders günstig erwiesen hat. Sein besonderer Vorteil liegt darin, daß es sich bei ihm um einen reinen Drehmomentantrieb handelt, indem das vom Triebmotor erzeugte Drehmoment unmitttelbar auf die Triebachse übertragen wird.

Die **Primär- und Sekundärfederung** wurde in vertikaler und in Querrichtung so konzipiert, daß die dynamischen Rückwirkungen vom Kasten sowie dem abgefederten Teil des Drehgestells auf die Radsätze möglichst klein werden. Der Kasten stützt sich auf die Schraubenfedern ab. Der unter dem Drehgestellrahmen hindurchführende Kastenträger dient vorwiegend zur Versteifung des Lokomotivkastens.

Fünf Farbvarianten der Re 4/4 II, darunter eine grüne, eine rote Lok, die Swiss-Express-Maschine, ein TEE-Triebfahrzeug und die Künstler-Lok

AUFNAHME: BRUNO HITZ

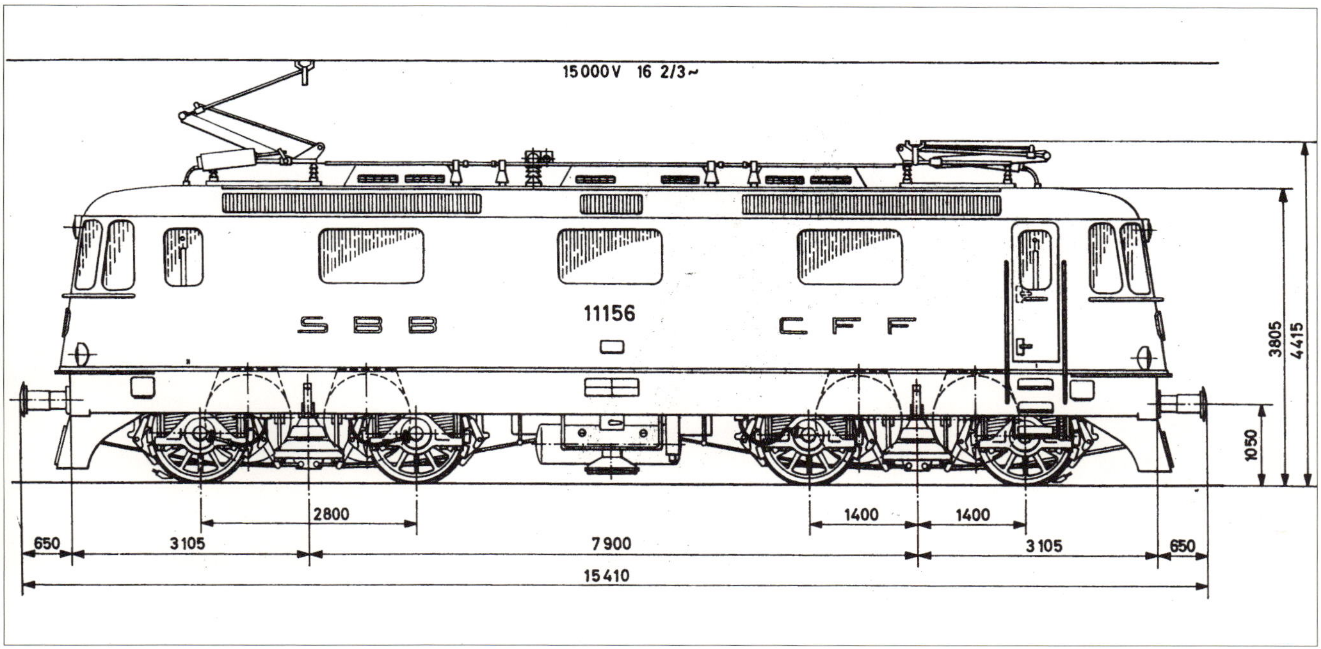

Die als Ganzes in einer Lehre gebauten **Führerstände** wurden direkt mit dem Bodenrahmen verschweißt. Der Lokführer sitzt wie bei allen neuen SBB-Triebfahrzeugen in Fahrtrichtung links. Die Steuerung der elektrischen Zugkraft erfolgt mittels dem rechts angeordneten Fahrschalter. Die Auf-/Absteuerung weist neben der Nullstellung drei Fahrstellungen auf. Damit ist ein schnelles, mittleres und langsames Aufschalten des Stufenschalters möglich. Anfänglich mußte sich das Lokpersonal erst auf diese neue Bedienungsform umgewöhnen. Weil keine Stufenanzeige besteht, stieß das System in den sechziger- und siebziger Jahren auf Skepsis. Auch ist nur ein einziges Triebmotor-Ampèremeter und ein sogenanntes Differenzstrom-Ampèremeter vorhanden, das den Unterschied zwischem dem niedrigsten und höchsten Motorenstrom anzeigt. Bei allen Lokführern beliebt ist hingegen der helle, mit großen, breiten Fenstern ausgestattete Führerraum. Hier gibt es keine toten Winkel.

Die gesamte **elektrische Ausrüstung** mit Ausnahme der Triebmotoren befindet sich im Kasten. Das größte Einzelteil dieser Komponenten ist der zentral angeordnete Transformator mit angebautem Stufenschalter, welcher die Fahrdrahtspannung von 15 000 Volt auf die Motorspannung von maximal 590 Volt hinunter transformiert. Die übrigen Teile der im Kasten untergebrachten elektrischen Ausrüstung, wie Wendeschalter, Ventilatorgruppen usw., sind um den Transformator zentralsymmetrisch angeordnet und vom Z-förmigen Kontrollgang aus erreichbar.
Auf elektronischer Basis ist die Stufenschaltersteuerung mit selbsttätiger Stromüberwachung aufgebaut. Auf beiden Seiten der Dachrundung sind Mehrfachdüsengitter für die Ansaugung der Kühlluft plaziert. Nach Anheben des Stromabnehmers setzt die Ventilation automatisch ein. Sie läuft bei Geschwindigkeiten unter 15 km/h niedertourig, darüber schaltet die Ventilation auf stark. Eine geringe Menge der Kühlluft wird beim Eintritt abgezweigt und in den Maschinenraum geblasen.

Die Lokomotive entwickelt bei einem Maximalstrom von 3400 Ampère pro Motor eine maximale Zugkraft von 26,0 t. Diese Zugkraft kann, sofern es die Adhäsionsverhältnisse gestatten, bis zu einer Geschwindigkeit von etwa 90 km/h aufrechterhalten werden. Darüber wird die Zugkraft durch die Charakteristik entsprechend der höchsten, das heißt der 32. Fahrstufe begrenzt. Bei der Höchstgeschwindigkeit von 140 km/h kann noch eine maximale Zugkraft von 9,0 t pro Motor ausgeübt werden.

Die Bedingung hoher Zugkräfte betrifft einerseits die elektrische Ausrüstung, die entsprechend bemessen sein muß, und anderseits den mechanischen Teil, der die ihm abgegeben Kräfte und Leistungen zwischen Rad und Schiene zu übertragen hat.

Beheimatungen

Depots Lausanne, Bern, Luzern, Basel und Rorschach

Neun Maschinen erhielten einen TEE-Anstrich. Der Untergurt ist ebenfalls bordeauxrot, eine Zierlinie fehlt. Die aufgesetzten Chrombuchstaben sind tiefer angeordnet

AUFNAHME: BERNHARD STUDER (UNTEN), ARCHIV SLM (OBEN)

1974 wurden die Serienloks 11108, 11109, 11112, 11113, 11133 und 11141 in Swiss-Express-Re 4/4 II mit automatischer Kupplung umgewandelt

Für die Verwendung in Pendelzügen ist bei den Re 4/4 II eine **Vielfachsteuerung** vorgesehen. Von einem Steuerwagen (oder einer auf „Steuerwagen" geschalteten Lok) lassen sich einmännig bis zu drei Lokomotiven fernsteuern. Dieser Betrieb ist für die Lokleitung recht wirtschaftlich, denn aufwendige Leerfahrten werden so weitgehend vermieden. Die Bo'Bo'-II Maschinen können natürlich auch gemischt mit Re 4/4 III, Re 4/4 IV, Re 6/6 und RBe 540 in Mehrfachtraktion eingesetzt werden.

Betriebseinsatz

Die Universallokomotiven der Baureihe Re 4/4 II sind für die Beförderung von schweren Reise- und schnell fahrenden Güterzügen auf Flachlandstrecken und in Doppeltraktion auch auf Bergstrecken bestimmt. Diese vielen Anforderungen führten dazu, daß die Lokomotive von Anfang an als Hochleistungsfahrzeug konzipiert werden mußte.
Die jährlichen Laufleistungen betragen pro Lokomotive im Jahresdurchschnitt rund 200 000 km und stehen damit an der Spitze der Werte aller ausschließlich im internen Verkehr eingesetzten Triebfahrzeuge der Schweizerischen Bundesbahnen.
Die Betriebserfahrungen mit den Re 4/4 II-Lokomotiven bestätigen, daß sich eine sorgfältig ausgebildete Lokkonstruktion durch kleinere Aufwendungen für den laufenden Unterhalt und die Revision auf die Dauer sehr bezahlt macht und damit auch in wirtschaftlicher Hinsicht eine optimale Lösung darstellt. Für den laufenden Unterhalt sind die Depots Rorschach, Zürich, Luzern, Basel, Bern und Lausanne besorgt, Revisionen werden in den Hauptwerkstätten Yverdon und Bellinzona durchgeführt.
Ursprünglich sollten nur 50 Einheiten der Re 4/4 II beschafft werden. Die Inbetriebnahme der großen Serie hat inzwischen stark dazu beigetragen, die Unterhaltskosten durch arbeitssparende Austauschverfahren und Kleinhaltung der Ersatzteillager zu senken.

Einziges größeres Problem stellen seit Jahren die Stufenwähler-Explosionen dar, die schon zu Lokbränden geführt haben. Vor dem Betreten des Maschinenraums muß aus diesem Grund vom Personal zunächst der Hauptschalter ausgeschaltet werden. Nach schweren Unfällen mußten bisher die Loks 11172, 11282 und 11312 ausrangiert und abgebrochen werden.

Wegen der hohen Zug- und Stoßkräfte wurden die Re 4/4 II erst ab 1982 für den Einsatz in verpendelten Regionalzügen freigegeben. Dieser Dienst bewährte sich aber in der Praxis nicht, so daß die Re 4/4 II heute nur noch vor dem ehemaligen Swiss-Express Zug im Pendelverkehr zu sehen ist, der mit einem Steuerwagen auf der Strecke Genf-Flughafen – Bern – Luzern – Zug – Zürich-Flughafen verkehrt. Bei den EW-III-Zügen dürfen maximal neun Wagen geschoben werden.

Bisweilen gab es mit den Re 4/4 II auch kuriose Einsätze, wie vor Dampflokomotiven oder vor dem RAe II-Triebzug. Auch die ersten Zürcher Doppelstockkompositionen wurden infolge verspäteter Ablieferung der Re 450 mit den Bo'Bo'-II bespannt. Die Re 4/4 II kommen regelmäßig ins Ausland, so nach Singen, Lindau, Pontarlier, Delle, Domodossola und Luino. Auf den deutschen und österreichischen Streckenabschnitten müssen DB- bzw. ÖBB-Lokführer die Re 4/4 II übernehmen, weshalb sie speziell darauf geschult wurden.

Loks der Baureihe Re 4/4 II werden nicht nur bei den SBB eingesetzt. Bei der Mittelthurgaubahn (MThB) stehen drei Maschinen dieses Typs, bei der Betriebsgemeinschaft EBT/VHB/SMB neun Lokomotiven der Serie-III im Dienst. Eine Miniaturausgabe der Re 4/4 II beobachtet man auch im Kanton Graubünden. Bei der Rhätischen Bahn wurde nicht nur der mechanische Teil der 23 Ge 4/4 II soweit wie möglich von den SBB-Vorbildern übernommen – auch das Design konnte als verkleinerte Schmalspurversion weitgehend kopiert werden.

AUFNAHME: HEINZ SIGRIST

Kurzer Halt am Gotthard – die Re 4/4 III 11356 ist mit einer Re 6/6 vielfachgesteuert und wartet auf die Weiterfahrt in Richtung Tessin

AUFNAHME: FOTO-SERVICE SBB

Baureihe Re 4/4 III

Ein unerwarteter Verkehrsaufschwung fiel mit dem Beginn des Zeitalters der Re 4/4 III-Lokomotiven zusammen. In jenen Jahren, die durch einen empfindlichen Lokmangel bestimmt wurden, mußten die Re 4/4 III 11351-11370 noch vor dem Eintreffen der ersten Re 6/6 Lokomotiven in aller Eile konstruiert werden. Weil nicht viel Planungszeit zur Verfügung stand, wurde auf dem Bewährten aufgebaut. Eine SOB-Variante der Re 4/4 II diente als Vorlage für die neuen Re 4/4 III der SBB. Die Maschine der Südostbahn (SOB) verfügt im Vergleich zu den Bo'Bo'-II der SBB über eine geänderte Getriebeübersetzung, die sich besonders für die steilen Streckenabschnitte mit bis zu 50 Promille zwischen Wädenswil und Samstagern eignet. Diese Lokomotiven wurden bereits 1967 von der innerschweizer Privatbahn beschafft. Bereits Ende der sechziger Jahre zogen die SBB die „Turbo“-Re 4/4 II für Versuchsfahrten auf dem Bundesbahnnetz heran. Auch die Traktionseigenschaften vor fahrplanmäßig verkehrenden Gotthardzügen wurden erprobt. Schließlich entschieden sich die SBB dazu, die Bestellung der laufenden Re 4/4 II-Maschinen dahingehend abzuändern, daß 20 Lokomotiven des Typs Re 4/4 III in die Serie einflossen.

Diese „Schwerarbeiter“ kamen ab 1971 am Gotthard zum Einsatz und leisteten dort ausgezeichnete Dienste.

Konstruktion

Die zeitlose Form der Re 4/4 II und III entspricht einem guten **Design**, das sich auch Jahrzehnte nach der Inbetriebsetzung als sehr zeitlos erwiesen hat. Die sauber verarbeitete Schweißkonstruktion verfügt über eine leicht abgerundete und nach vorne geneigte Front. SBB-Initialen, Loknummern und Schweizerwappen sind erhaben aufgesetzt. Bei der Ablieferung präsentierte sich die Re 4/4 III im grünen Gewand, inzwischen wurden sie aber auf das neue, rote SBB-Erscheinungsbild umlackiert.

Der **mechanische Teil** der Re 4/4 III besteht wie bei ihrer Schwester mit der römischen Indizes II aus einem selbsttragenden Lokomotivkasten und zwei baugleichen Drehgestellen. Über ein spezielles Gestänge werden die Zug- und Bremskräfte von den Drehgestellen auf den Lokkasten und Stoßbalken übertragen. Diese Anordnung wird vom Fachmann als Tiefanlenkung bezeichnet, sie bewirkt, daß während der Fahrt keine Achslaständerungen im einzelnen Drehgestell hervorgerufen werden.

Die Kühlung der vier Fahrmotoren erfolgt über eine **Ventilatorengruppe**, die über die beidseitig in den Dachrundungen ein-

Technische Daten

Baureihenbezeichnung	Re 4/4 III
Indienststellung	1971
Hersteller	SLM, BBC, MFO
Betriebsnummern	11350-11370
Gesamtzahl der gebauten Lokomotiven (SBB)	20
Anzahl 1997 (Inkl. SOB-Tausch)	21
Höchstgeschwindigkeit	125 km/h
Gewicht	80 t
Länge über Puffer	15410 mm
Höhe mit gesenktem Stromabnehmer	4415 mm

gelassenen Mehrfachdüsengitter Luft ansaugen. Eine geringe Luftmenge wird von den Fahrmotoren abgezweigt und in den Maschinenraum geblasen. Dadurch wird die Verschmutzung des sorgfältig abgedichteten Lokkastens verhindert. Die Luft entweicht übrigens wieder aus den unterschiedlich gefärbten Düsengittern in der Kastenmitte.
Um den Kasten bei Frontalkollisionen möglichst zu schonen, befindet sich hinter jedem Puffer ein aus zusammendrückbaren Rohrelementen bestehendes Zerstörungsglied, das ziemlich starke Stöße aufnehmen kann. Um die Reparatur des Kastens als Folge betrieblicher Havarien möglichst zu erleichtern, ist der Kasten vollständig aus Stahlblech hergestellt. Leichtmetall wurde lediglich für die Dachdeckel sowie Verkleidungen, Abschrankungen und dergleichen im Maschinenraum verwendet.

Im **Führerstand** der Lokomotive fehlen wie bei der Re 4/4 II die gewohnten Handräder. Vor allem ältere Lokführer waren bei der Einführung des neuen Fahrschalters skeptisch. Das helle, übersichtliche Führerhaus erweist sich aber als angenehmer Arbeitsplatz.

„Mittelpunkt" des **elektrischen Teils** ist der große, ölgekühlte Transformator. Auch der 32-stufige Hochspannungs-Stufenschalter befindet sich in der Fahrzeugmitte. Diese Apparate transformieren die Fahrdrahtspannung von 15 000 Volt auf die Motorspannung von maximal 590 Volt hinunter. Die übrigen Teile der im Kasten untergebrachten elektrischen Ausrüstung, wie zum Beispiel der Wendeschalter, sind um den Transformator zentralsymmetrisch angeordnet und vom Z-förmigen Gang aus erreichbar. Hauptschalter und Trennmesser befinden sich auf dem Dach der Re 4/4 III.

Betriebseinsatz

Nach der Ablieferung im Jahre 1971 kamen die Re 4/4 III vorwiegend am Gotthard zum Einsatz. Die Zugkraft wurde zu Lasten einer geringeren Geschwindigkeit (125 statt 140 km/h) erhöht. Dadurch konnte am Gotthard die zulässige Anhängelast von 460 t (Re 4/4 II) bei gleicher Fahrgeschwindigkeit (80 km/h) auf 580 t um über 25 Prozent angehoben werden.

Die Re 4/4 III leisten entweder vor Schnellzügen in Einfachtraktion oder vor Güterzügen in vielfachgesteuerter Doppeltraktion ihren Dienst. Auch als vielfachgesteuerte Spitzenlok, zusammen mit einer Re 6/6, sind sie häufig zu sehen. Im Pendelzugdienst sind die Re 4/4 III hingegen nicht anzutreffen, denn sie sind nicht dafür eingerichtet. Bei einmännig bedienter Doppeltraktion nützen die „Schwerarbeiter" die volle Zughakenlast von 1250 t aus.

Beheimatungen

Depot Erstfeld

Im September 1983 gelangten drei Re 4/4 III (11351-11353) durch Verkauf an die Südostbahn. Dies wurde in Personalkreisen nie verstanden, denn die Re 4/4 III bewährten sich als ausgezeichnete und zuverlässige Maschinen. Inzwischen haben die Bundesbahnen die erste Re 4/4 Nr. 41 der SOB und die drei verkauften Maschinen gegen die vier Prototyplokomotiven Re 4/4 IV der SBB wieder eingetauscht.

Einige kuriose Unfälle ereigneten sich mit den Re 4/4 III der SBB. So landete eine Maschine in der Drehscheibengrube des Depots Luzern. Zwei vielfachgesteuerte Lokomotiven des gleichen Typs stürzten im Jahre 1975 nach einem Bedienungsfehler bei Ambri-Piotta den Abhang hinunter. Die Loks blieben in den Bäumen in einer bedrohlichen Lage hängen. Bis zur Bergung wurden sie von einer Ae 4/6 mit Drahtseilen gesichert.

An der Spitze des Schnellzugs 1561 (Luzern–Chiasso) steht die Re 4/4 III 11360; unterhalb Faido im August 1980 fotografiert

REDAKTION: RONALD GOHL – AUFNAHME: HEINZ SIGRIST

Die schwere Re 6/6 mit der Achsfolge Bo'Bo'Bo' kommt vor allem am Gotthard zum Einsatz; im Bild die 11603 mit Schnellzug 1679 in Bellinzona

Baureihe Re 6/6

Zwischen 1955 und 1975 besorgten die Lokomotiven der Baureihe Ae 6/6 praktisch den gesamten Schwerverkehr auf der Gotthardachse. Dabei wurde klar, daß die sechsachsige Bauart in der Lage ist, die Zugförderung auf den Alpentransversalen zu beschleunigen. Immerhin befördert die Ae 6/6 einen Güterzug mit derselben Geschwindigkeit (75 km/h) wie einen Personenzug die steilen Gotthardrampen hinauf.

Als nächster Schritt stand in den siebziger Jahren die Beschaffung einer leistungsstarken Lokomotive mit hoher Kurvengeschwindigkeit und besseren Grenzhaftreibwerten auf dem Programm. Bereits 1969 bestellten die SBB vier Prototypen der Baureihe Re 6/6, wobei die Lok 11601-11602 einen geteilten Lokkasten aufweist. Das Gelenk läßt aber nur in der Vertikalen eine Bewegung zu, d.h. nach oben und unten. Die Re 6/6-Prototypen sind also keine „klassischen" Gelenklokomotiven wie zum Beispiel die Ae 8/14 oder das „Krokodil". Die Loknummern 11603-11604 sind mit einem steifen Kasten und auslenkenden Drehgestellen ausgeführt. Diese Konstruktion mit der Achsfolge Bo'Bo'Bo' überzeugte die Bundesbahnen in der Praxiserprobung, so daß die Schweizerische Lokomotiv- und Maschinenfabrik Winterthur (SLM) und Brown Boveri (BBC) mit der Lieferung von 85 Maschinen dieses Typs beauftragt wurden.

Diese Lokomotive sollte über verschiedene technische Betriebserfordernisse verfügen:

- Kurvengeschwindigkeiten nach Zugreihe R
- Beschleunigung einer Anhängelast von 800 t auf einer Steigung von 6,5‰ auf 140 km/h
- Beschleunigung einer Anhängelast von 800 t auf einer Steigung von 26‰ (z.B. Gotthard) auf 80 km/h
- Beharrungsfahrt mit einer Anhängelast von 400 t auf einer Steigung von 26‰ mit 80 km/h
- Verzögerung mit voller Bremskraft der elektrischen Motorbremse von 140 km/h bis kurz vor den Stillstand
- Betrieb in Vielfachsteuerung, auch mit den Lokomotiven Re 4/4 II und III

Die erste Re 6/6-Lokomotive konnte im Juli 1975 in Betrieb genommen werden, die letzte gelangte im Dezember 1980 zur Ablieferung. Sie verfügen über 10 600 PS und gelten als derzeit stärkste Schweizer Lokomotive. Nur die heute nicht mehr funktionsfähige, im Verkehrshaus stehende „Landilok" überbot diese Leistung um 500 PS. Die Zugkraft am Rad beträgt bei halbabgenützten Radreifen maximal 394 kN und im Dauerbetrieb 234 kN. Mit der Re 6/6 wird eine Höchstgeschwindigkeit von 140 km/h erzielt.

Technische Daten

Baureihenbezeichnung	Re 6/6
Indienststellung (inkl. Protoypen)	1972-1980
Hersteller	SLM, BBC
Betriebsnummern	11601-11689
Gesamtzahl der gebauten Lokomotiven	89
Anzahl 1997	88
Höchstgeschwindigkeit	140 km/h
Gewicht	120 t
Länge über Puffer	19310 mm
Höhe mit gesenktem Stromabnehmer	4455-4485 mm
Achsfolge	Bo'Bo'Bo'
Radstand	14300 mm
Triebrad-Durchmesser	1230 mm
Anzahl Motoren	6
Netzspannung	15 kV/16,7 Hz
Stundenleistung	7900 kW

AUFNAHME: HEINZ SIGRIST

Die Prototypen sind inzwischen über 25 Jahre alt, aber auch die Serien-Lokomotiven haben sich seit rund 20 Jahren bewährt.

Konstruktion

Das **Design** der Re 6/6 wurde den Universallokomotiven Re 4/4 II und Re 4/4 III angepaßt. Natürlich sind die sechsachsigen Triebfahrzeuge rund vier Meter länger, außerdem verleiht das leicht höhere, abgerundete Dach der Maschine ein viel „bulligeres“ Aussehen. Die Re 6/6 sind im Gegensatz zu ihren kleineren Schwestern mit den seitlich angebrachten Wappen geschmückt. Schweizerkreuz, Loknummern und die Buchstaben SBB-CFF-FFS sind aus Chromstahl und erhaben aufgesetzt. Bei der Ablieferung waren sämtliche Lokomotiven grün, seither wurden anläßlich von Hauptrevisionen zahlreiche Maschinen auf die SBB-Standardfahrbe rot „umgepinselt“. Neben dem weißen Zierstreifen sind die Re 6/6 mit einem grauen Untergurt „designt“. Die an der Dachrundung angebrachten Düsengitter dienen der Ventilation. Auf jeder Seite ermöglichen vier große Fenster einen Blick in den Maschinenraum. Von der Re 4/4 II unterscheidet sich die größere und stärke Re 6/6 auch durch ihre rechteckigen Puffer.

Der **mechanische Teil** der Baureihe Re 6/6 besteht aus einem durchgehenden Lokkasten, der sich über Schraubenfedern auf die Pendelwiegen der drei Triebdrehgestelle abstützt. Um die Gewichtsverteilung bei abweichenden Höhenlagen auszugleichen, weist das mittlere Drehgestell eine weichere Federkennlinie auf. Bei den Fahrversuchen mit den Prototypen wurde klar, daß man ohne die geteilten, vertikalgelenkigen Lokomotivkästen sowie ohne die aufwendige Luftfederungs-Einrichtung auskommen konnte. Eine elastische Querkupplung steuert die Auslenkung der drei Drehgestelle in Kurven. Die Zug- und Bremskräfte werden von den Drehgestellen über tiefliegende Zugstangen auf den Lokomotivkasten übertragen.

Der **Kasten** ist vollständig aus verschweißten Stahlblechen zusammengesetzt. Die Seitenwände, das Dach und der Führerstand bilden den Kastenaufbau, der nur durch die Fenster, die Lufteintrittsöffnungen und je eine seitliche Führerstandstüre unterbrochen ist. Der Boden im Maschinenraum des Lokkastens ist im Bereich über den drei Drehgestellen wie bei den Baureihen Re 4/4 II und Re 4/4 III durch erhöhte Einbauten unterbrochen. Die beiden Führerstände an den Kastenenden sind durch einen Z-förmigen Seitengang verbunden.

Der **Fahrmotor** stellt eines der wichtigsten Bauteile eines elektrischen Triebfahrzeuges dar und beeinflußt dessen Betriebstüchtigkeit, Leistungsfähigkeit und Unterhaltskosten wesentlich. Zur Übertragung der Zug- und Bremskräfte vom Drehgestell über die Tiefzugvorrichtung sind die Gehäuse der Fahrmotoren auf den Kasten dimensioniert. Die Integration der Fahrmotoren in den Drehgestellen trägt zur erwünschten Verkürzung des Drehgestell-Radstandes, d.h. zur besseren Kurvenläufigkeit, bei.
Die Forderung einer Zugkraft von 195 kN bei 140 km/h und 15 kV Fahrdrahtspannung konnte nur mit Schwächung der Fahrmotorfelder erfüllt werden. Ganz besonders für die Feldschwächung geeignet ist der für die Re 6/6 neu entwickelte Fahrmotor-Typ 12 FHW 7659.

Der **Führerraum** wurde praktisch vollständig von demjenigen der Re 4/4 II und III bzw. der RBe 540-Triebwagen übernommen. Die weitgehend einheitliche Ausführung der Führerstände erleichtert den Dienst des Personals und vermindert den Aufwand für deren Instruktion. Großer Wert wurde auf eine funktionsgerechte Anordnung der Apparate gelegt. Alle während der Fahrt zu bedienenden oder zu beobachtenden Elemente sind in unmittelbarer Griffnähe des Führers angeordnet. Auch neue Erkenntnisse über die arbeitspsychologisch optimale Gestaltung des Führerraums ließen sich berücksichtigen. Auf der linken Seite sind der Sandschalter, das Bremsventil der direkt wirkenden Bremse,

AUFNAHME: BERNHARD KOBLER

Das Kraftpaket Re 6/6 und Re 4/4 III mit einem schweren Güterzug am Gotthard; beide Lokomotiven verfügen zusammen über 16 920 PS Leistung

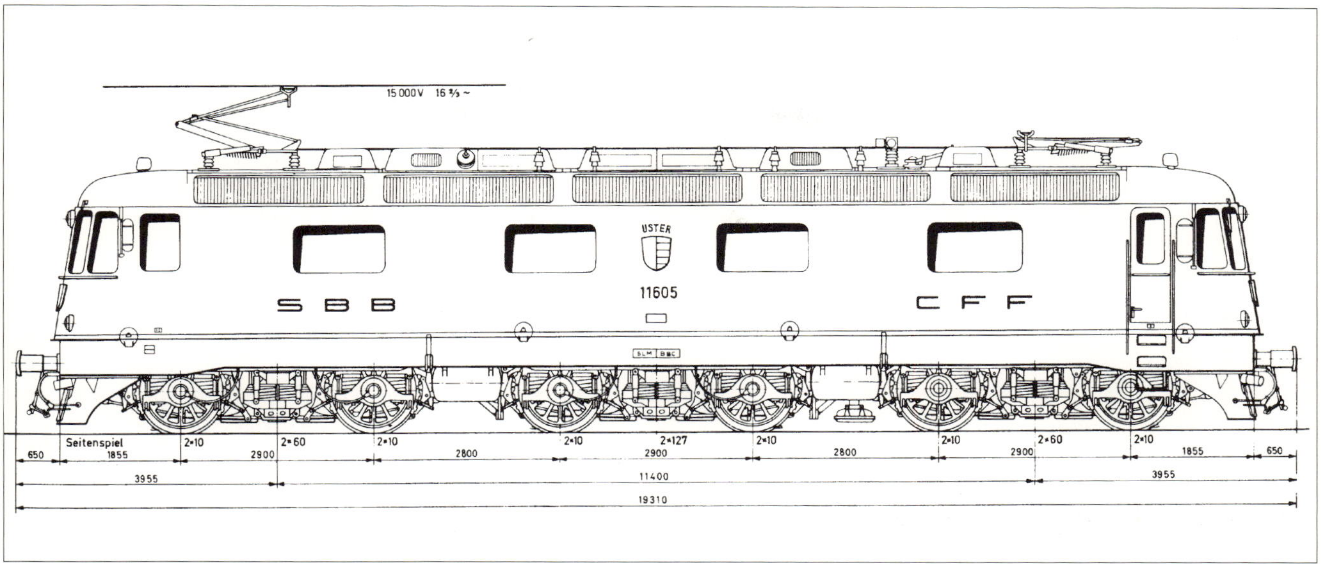

das Führerbremsventil der automatischen Bremse und unmittelbar darüber die Hähne für die pneumatischen Fensterwischer angeordnet. Im direkten Blickfeld des Führers befinden sich das Anzeigegerät für Geschwindkeit und Linienzugbeeinflussung (Bandanzeige; wichtigster Unterschied zur Re 4/4 II), sowie die Blöcke mit den pneumatischen und elektrischen Meßinstrumenten. Im rechten Teil des Führertisches sind der Fahrhebel mit Pfeifenschalter, der Fahrtrichtungsschalter, der Quittierschalter für die Zugsicherung und daneben die Schalttafel für Beleuchtung, Führerstandsheizung und Meßinstrumente untergebracht. Zur Vermeidung von Zugluft im Führerstand sind gegen außen nur die unbedingt notwendigen Öffnungen angebracht worden: Stirnlampen und eine einzige Seitentüre. Die Türen in der Führerstandsrückwand gewährleisten dank besonderer Gummilippen eine gute Abdichtung gegenüber dem Maschinenraum.

Herausragendste Besonderheit der **elektrischen Ausrüstung** sind die beiden Öltransformatoren. Sie befinden sich zwischen den über den Drehgestellen angeordneten Apparateblocks. Platzverhältnisse und die Gewichtsverteilung in der Längsrichtung forderten die Aufteilung des Haupttransformators in zwei Einheiten. Der Reguliertransformator weist eine Regulierwicklung in Einspulenschaltung und einen angebauten Stufenschalter auf. Der Isoliertransformator dient zur Speisung der nicht geerdeten Fahrmotor-Stromkreise. Beide Öltransformatoren haben radial geblechte Kerne und konzentrisch angeordnete Wicklungen. Ein 25-kV-Kabel stellt die Verbindung zwischen den beiden Transformatoren her.

Zur Erleichterung der Arbeit des Lokomotivführers wurde erstmals eine **Klimaanlage** in den Führerräumen installiert. Aus diesem Grund ist die Re 6/6 vor allem im Sommer beim Personal sehr beliebt. Die Hilfsbetriebe-Stromkreise der Licht- und Steuerstromversorgung entsprechen den SBB-Normen. Gleich wie bei den Re 4/4 II und III sowie bei den RBe 540 sind die elektronischen Funktionseinheiten in einem Elektronikblock zusammengefaßt.

Zwecks rationeller und preisgünstiger Montage wurden die elektrischen Apparate weitgehend in Montageblöcken zusam-

Frontansicht des Elektronikblocks

Beheimatungen

Depots Lausanne, Erstfeld und Bellinzona

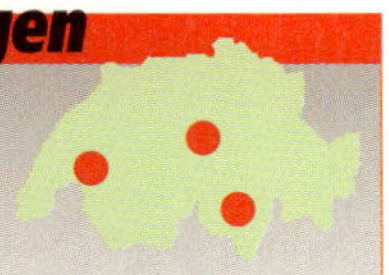

An der Spitze eines deutschen Eurocitys fährt die Re 6/6 11619 aus dem Tunnel beim Bahnhof Wassen an der Gotthard-Nordrampe

AUFNAHMEN: ARCHIV SLM (OBEN UND MITTE), RONALD GOHL (UNTEN)

Die Re 6/6 11662 auf ihrem Weg von Erstfeld nach Göschenen – an der Spitze eines italienischen Intercity

mengefaßt und außerhalb der Lokomotive montiert, verdrahtet und geprüft. Von der Unterhaltsseite her wird an solche Blockeinheiten neben der Forderung nach einfacher Ein- und Ausbaubarkeit die Bedingung gestellt, daß sich auch die Einzelapparate ohne Schwierigkeiten auswechseln lassen. Die etagenweise einsteckbaren Geräte sind meist in IC-Technik (Integrated Circuits) ausgeführt. Jedes Gerät erhielt eine ansprechende Frontplatte. Für die Bedienung und Funktionskontrolle stehen meist mehrere Buchsen, Lampen und Tasten zur Verfügung.

Bei einem Hochleistungs-Triebfahrzeug wie der Re 6/6, die vor allem auf Gebirgsstrecken zum Einsatz kommt, ist natürlich eine **elektrische Bremse** ganz besonders wertvoll. Wenn der Lokführer seinen schweren Zug zum Stillstand bringt, fließt ein großer Teil der Bremsenergie in Form von Bremsstrom zur Fahrleitung zurück. Gegenüber der mechanischen Bremse werden bei der Rekuperation (=Rückgewinnung) nicht nur die Radreifen und Bremsklötze geschont – sie ist auch leicht regelbar und sehr sicher. Ein elektronischer Bremsrechner stimmt die verschiedenen Bremssysteme aufeinander ab und gibt der energiesparenden Nutzbremse Priorität. Dank optimaler Einstellung wird sogar beim Bergauffahren Energie ins Netz zurückgegeben – dann nämlich, wenn der Zug vor einer Kurve die Fahrt verlangsamt oder bei einer Station hält. Die Bilanz ist ganz erstaunlich: Ein leichter Zug verwertet praktisch seine gesamte Bremsenergie nutzbringend. Im schweren Güterverkehr kann die Nutzbremsung dreier talwärts rollender Kompositionen den Energiebedarf eines bergwärts fahrenden Güterzuges decken. Das elektronische Rekuperations-Steuergerät wirkt beim Betrieb mit der elektrischen Nutzbremse. Es gestattet dem Lokomotivführer, den Wert des Bremsstroms automatisch beizubehalten.

Betriebseinsatz

Die Maschinen des Typs Re 6/6 sind in den Depots Lausanne, Erstfeld und Bellinzona stationiert und kommen vorwiegend am Simplon (einschließlich Rhonetal) und Gotthard zum Einsatz. Auch Dienste auf der BLS-Lötschberglinie sind für die in Lausanne beheimateten Maschinen möglich. Zu den härtesten Aufgaben der Re 6/6 gehört die Förderung von schweren Güterzügen über steile Strecken und in langen Tunneln mit großer Geschwindigkeit. Die bisher aufgetretenen technischen Schäden und Störungen waren geringfügiger Art und ließen sich jeweils rasch beheben. Dank der intensiven Erprobung der Prototyp-Lokomotiven und der dort verschiedentlich vorgenommenen Verbesserungen konnten Mängel, die zu systematischen Störungen führten, bei den Serien-Lokokomotiven weitgehend vermieden werden. Die vorhandene Zugkraft kann bei gutem Schienenzustand bis zur obersten Stufe voll ausgenützt werden. Bei schlechtem Schienenzustand muß – durch stufenweises Aufschalten durch den Führer – eine etwas geringere Zugkraft eingestellt werden. Doch auch in diesem Fall erweist sich die ausnützbare Adhäsion bis zu höchsten Geschwindigkeiten als weitgehend konstant.

Neben ihrem Einsatz vor langen Güter- und Huckepackzügen sieht man die Re 6/6 auch vor schweren Euro- und Intercitys am Gotthard und im Rhonetal–Simplon. Die 88 Maschinen bilden heute das Rückgrat der schweren Zugförderung im Gebirge. Die Lok 11638 mußte nach dem schweren Unfall mit einer Baumaschine vom 26. Februar 1990 in Saxon/Wallis abgebrochen werden. Sonst ist die ganze Serie, trotz verschiedener Unfälle, noch erhalten. Die Laufleistungen vieler Re 6/6 erfordern bereits eine Totalrevision R3. Mit den anstehenden Hauptrevisionen werden die Re 6/6 ins neue Farbschema der SBB überführt. Die beiden unteren Frontlampen sind durch Scheinwerfer zu ersetzen und die heute üblichen UIC-Steuerleitung anzubringen.

REDAKTION UND AUFNAHME: RONALD GOHL

S-Bahn-Lok Re 450 027-8 in Niederweningen

Baureihe Re 450

Am 29. November 1981 hießen die Stimmbürger im Kanton Zürich die sogenannte S-Bahn-Vorlage gut. Vorgesehen war der Bau und Betrieb einer Stadt-Bahn nach dem Vorbild ausländischer Metropolen. Die Finanzierung der Neubauten erfolgte durch den Kanton Zürich; mit den Schweizerischen Bundesbahnen wurde am 2. März 1982 ein Vertrag über die Zusammenarbeit beim Betrieb der Zürcher S-Bahn abgeschlossen. Demzufolge hatten die SBB entsprechend leistungsfähige S-Bahn-Züge zu beschaffen, die Stadt Zürich besaß bei der Wahl des Fahrzeugtyps und bei der kundenfreundlichen Ausstattung ein Mitbestimmungsrecht.

Erstmals in der Schweiz fiel die Wahl auf ein Doppelstockfahrzeug, denn ähnliche Züge bewährten sich bereits im Vorstadtverkehr der Nederlandse Spoorwegen (NS) und der SNCF. Ferner war zu berücksichtigen, daß eine Bahnsteiglänge von 300 m zur Verfügung stand, die neue S-Bahn-Komposition ein Gepäckabteil von mindestens 10 m^2 aufweisen und etwa ein Viertel des Platzes der ersten Klasse zur Verfügung stehen sollte. Insgesamt wurden 59 Fahrzeugvarianten geprüft. Schließlich einigte sich die Arbeitsgruppe „Fahrzeuge Zürcher S-Bahn“ auf einen rund hundert Meter langen Zug, bestehend aus einer Lokomotive, einem doppelstöckigen Steuerwagen Bt sowie zwei Doppelstock-Zwischenwagen der Typen AB und B. Etwa 400 Personen sollten in einer solchen S-Bahn-Einheit bequem Platz finden. Mittels automatischer Kupplung könnten bei Bedarf problemlos zwei oder drei Einheiten zusammengehängt und vielfachgesteuert werden.

Die Beschaffungskosten für einen S-Bahn-Zug wurden auf rund zehn Millionen Franken veranschlagt. Als Lieferfirmen kamen SLM (mechanischer Teil), ABB (elektrischer Teil) und SWP (wagenbaulicher Teil) in Betracht. Bei der Evaluation des Fahrzeugtyps beobachtete die Arbeitsgruppe auch den Personenfluß beim Ein- und Aussteigen. Dabei wurde festgestellt, daß die Fahrgäste schneller ein- und aussteigen, wenn die Wagenbelegung schon bei der Türe überblickt werden kann. In der Folge entschieden die Verantwortlichen, nicht nur die Einstiege über den Drehgestellen anzuordnen sondern allgemein die Bahnsteige auf 55 cm zu erhöhen, so daß beide Stockwerke schon von außen überblickt werden können. Die letzte Maßnahme entsprach ganz den Empfehlungen der UIC und kam den Komfortansprüchen im modernen Reiseverkehr generell entgegen.

Gewöhnlich ist jede technische Neuerung mit Risiken verbunden. Für die neuen

Technische Daten

Baureihenbezeichnung	Re 450
Indienststellung	1989-1997
Hersteller	SLM, ABB, SWP
Betriebsnummern	450 000-114
Gesamtzahl der zu bauenden Lokomotiven	115
Anzahl 1997	106
Höchstgeschwindigkeit	130 km/h
Gewicht	78 t
Länge über Puffer	18400 mm
Höhe mit gesenktem Stromabnehmer	4500 mm
Achsfolge	Bo'Bo'
Radstand	13050 mm
Triebrad-Durchmesser	1100 mm
Anzahl Motoren	4
Netzspannung	15 kV/16,7 Hz
Stundenleistung	3200 kW

AUFNAHME: HEINZ SIGRIST

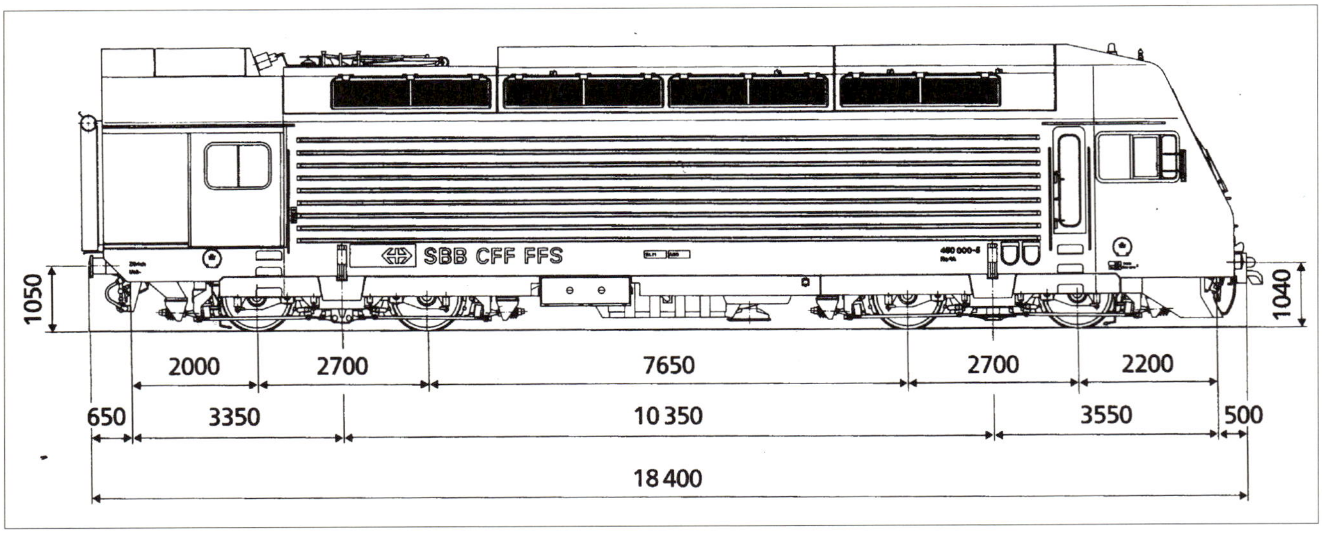

Triebfahrzeuge kamen nur Lösungen mit hohem Beschleunigungsvermögen und niedrigen Unterhaltskosten in Betracht. Energierückgewinnung beim Bremsen stand ebenso im Pflichtenheft wie die Umrichtertechnik mit Drehstrom-Asynchronmotoren. Erfahrungen mit Umrichterlokomotiven bestanden bereits, wiesen doch die schweren Rangierlokomotiven Am 6/6 und Ee 6/6 II diesen elektrischen Antrieb auf. Auch bei der Verwendung von abschaltbaren GTO-Thyristoren (Gate turn-off) konnte man auf die Erfahrungen mit den sechs neuen Lokomotiven des Typs Re 4/4 der Bodensee–Toggenburg-Bahn (BT) zurückgreifen.

Auf den Bau von Prototypen verzichteten die SBB. Trotzdem konnte bereits drei Jahre nach der Auftragserteilung die erste Lokomotive des Typs Re 450 im Sommer 1989 in Betrieb genommen und gestetet werden. Die 24 doppelstöckigen S-Bahn-Züge der ersten Serie nahmen im Frühjahr 1990 ihren fahrplanmäßigen Dienst auf.

Konstruktion

Beim **Design** der Zürcher S-Bahn-Lokomotive Re 450 beschritt die Arbeitsgruppe ebenfalls neue Wege. Erstmals bei einem Schweizer Triebfahrzeug wurde nicht nur die Sickenbauweise (Rillen an den Seitenwänden des Kastens) gewählt, sondern auch eine Maschine mit nur einem Führerstand kreiert. Auch die Farbkombination dunkelblau, steingrau und rot kam erstmals bei den Schweizerischen Bundesbahnen zur Anwendung. Die Fronten der Lokomotive und des Steuerwagens sind gleich gestaltet und stellten an die Designer besondere Ansprüche, galt es doch eine Kopfpartie für ein 4500 mm hohes Fahrzeug als Ganzes zu konzipieren. Oberhalb des großen Fensters gibt eine Rollbandanzeige Auskunft über den Zuglauf. Kaum sichtbar befindet sich auf dem Dach über dem Gepäckabteil ein Einholmstromabnehmer. Ein weiteres typisches Merkmal der Re 450 ist die automatische Kupplung zwischen den viereckigen Klotzpuffern.

Ein S-Bahn-Zug besteht aus einer Lok der Baureihe Re 450, zwei Doppelstock-Zwischenwagen und dem ebenfalls zweistöckigen Steuerwagen Bt

Der **mechanische Teil** der Re 450 baut auf dem aus Stahl gefertigten Lokomotivkasten auf. Die verwindungssteife und selbsttragende Konstruktion des Bodenrahmens und der Dachgurte besteht aus dichten Hohlkörpern. Gewicht wurde nicht nur durch den Einsatz von Stahl gespart, die bloß 1,5 mm dicken Seitenwände des Kastens sind in Sickbauweise ausgeführt. Damit die Passagierräume der Doppelstockwagen optimal ausgenützt werden können, kam das neun Quadratmeter große Gepäckabteil in den hinteren Lokomotivteil zu liegen. Das Gepäckabteil ist durch einen Übergang mit dem ersten Wagen verbunden. Die links und rechts eines Mittelgangs angeordneten Apparate können über das in drei Teilen demontierbare Dach ein- und ausgebaut werden.

Hauptmerkmal für den Aufbau des Kastens und der **Drehgestelle** ist die konsequent angewandte Leichtbauweise. Das Drehgestell zeichnet sich durch hervorragende Spurführung und somit minimale Gleis- und Radsatzbeanspruchung aus. Dies dank dem erfolgreichen Lenkschiebelagerantrieb mit sich radial einstellenden Radsätzen.

Jede Einheit verfügt über ein automatisches **Druckluftbremssystem** des Typs Oerlikon. Es ist mit Zusatzventilen für die Steuerung der direkten Druckluftbremse (elektropneumatische Bremse) ausgerüstet. Prinzipiell wird für die Beharrungsfahrt der Re 450 aber ausschließlich die elektrische Bremse verwendet.

AUFNAHME: DIETMAR BECKMANN

Bei der Schweizerischen Maschinen- und Lokomotivfabrik Winterthur (SLM) entstanden zwischen 1989 und 1997 insgesamt 115 S-Bahn-Lokomotiven

Die Lokomotive hat nur einen **Führerstand**, der für sitzende und stehende Bedienung konzipiert ist. Seine Geräumigkeit sowie die ausgezeichnete Lärmdämmung und Kühlung bieten optimale Arbeitsbedingungen.

Erstaunlicherweise sind die Konstrukteure bei dieser modernen Lokomotive wieder zum Handrad als zentrales Steuerelement zurückgekehrt. Dieses Handrad hat es jedoch in sich: Es vereinigt alle Eingabeelemente für die Zug- und Bremskraft. Auf einfachste Weise ist es dem Lokführer zum Beispiel möglich, bei einer Zielbremsung die Gesamtbremskraft des Zuges zu dosieren.

Auch in der Wahl der Baustoffe unterscheiden sich die Re 450 von ihren Vorgänger-Maschinen, sind doch die Bedienungsoberflächen nicht aus Metall, sondern aus Kunststoff ausgeführt. Anstelle des üblichen Führertisches kam ein modularer Aufbau zur Anwendung. Auf der zentralen Konsole befinden sich neben dem Handrad der Fahrtrichtungsschalter, der Hebel zum Einstellen der Soll-Geschwindigkeit, die pneumatischen Anzeigeinstrumente, die Anzeige für Zug- und elektrische Bremskraft, das Fahrleitungs-Voltmeter, der Geschwindigkeitsmesser, das ZUB-Anzeigegerät sowie verschiedene Leucht-, Steuer- und Meldetasten für die Türschließung und Zugbeleuchtung. Auf der rechten Konsole befindet sich der IBIS-Diagnoserechner und darüber das Bedienungsgerät für Funk und ZUB. Auch die Leucht-, Steuer und Meldetasten für selektives Fernentkuppeln sind dort zu finden. Schon beim Betreten des Führerstandes der Re 450 wird klar, daß hier Lokführer mit Computerkenntnissen gefragt sind.

Eine Klimaanlage sorgt trotz riesiger Frontscheibe im Stil „Aquarium" auch im Hochsommer für angenehm kühle Temperaturen und bei so viel High-tech für einen kühlen Kopf des Lokomotivführers.

Die **elektrische Ausrüstung** der Re 450 besteht aus zwei voneinander unabhängigen Antriebseinheiten, die unerwünschtes Steckenbleiben auf der Strecke praktisch unmöglich machen. Vom Transformator gelangt die einphasige Energie in die Umrichter, welche diese in eine dreiphasige

Zwischen Au (Kanton Zürich) und Pfäffikon (Kanton Schwyz) fährt die S-8, Steuerwagen voraus, auf weiten Strecken am Ufer des Zürichsee entlang

AUFNAHME: SLM (OBEN), MATTHIAS EMMENEGGER (UNTEN)

Auf der S-Bahn-Linie 9 (Zürich–Zug) werden schon seit langem Doppelstockzüge eingesetzt (bei Uster-Weihermatt, Oktober 1996)

zur Speisung der Fahrmotoren aufteilen. Jede Antriebseinheit verfügt über ihre eigene Leitelektronik. Elektronische Leistungs-Schaltelemente, sogenannte Thyristoren, besorgen das Ein- und Ausschalten von Spannungen und Strömen in den dafür erforderlichen Zeitabständen. Dieser Vorgang wird in Fachkreisen auch mit „Takten der Umrichter" bezeichnet.

Die vier in den Drehgestellen untergebrachten Drehstrom-Asynchron-**Fahrmotoren** sind ziemlich genügsam im Unterhalt, von ihnen wird erwartet, daß sie selbst nach einer Million Kilometer noch keinerlei Pflege bedürfen.

Weil die S-Bahn-Einheiten nicht mit anderen Fahrzeugen kompatibel sein müssen, steht eine eigens für die Re 450 und die Doppelstockwagen entwickelte **Leitelektronik** zur Verfügung. Ein serielles Zugbus-System verbindet alle Komponenten der hundert Meter langen Einheit. Dieses ZMS-System dient zur Fernsteuerung vom Steuerwagen aus oder zur Vielfachsteuerung mehrerer zusammengekoppelter S-Bahn-Einheiten, kommuniziert als Schnittstelle Mensch (Lokführer) und Maschine (Antrieb). Das ZMS bestimmt aufgrund der vom Lokführer eingegebenen Größen sowie der Ist-Geschwindigkeit den Sollwert für die Zug- und Bremskraft. Ein zweites serielles Bus-System, das IBIS, geht ebenfalls durch den gesamten Zug. Es besitzt vorwiegend betriebliche Aufgaben wie Haltestellen-Ansagen, Lautsprecher-Durchsagen oder Einstellungen der Rollbandanzeigen am ganzen Zug. Der Lokführer hat in der Regel nur die Zugnummer am Zugfunk-Bediengerät einzugeben, in der Folge übernimmt das IBIS automatisch alle weiteren Einstellungen.

Betriebseinsatz

Obschon die vierachsige Lokomotive speziell für den S-Bahn-Einsatz ausgelegt wurde, kann sie auf dem gesamten Streckennetz der Schweizerischen Bundesbahnen verkehren. Die Doppelstockwagen dürfen außerhalb der S-Bahn-Linien allerdings nur auf Strecken mit ausreichendem Lichtraumprofil und angepaßter Bahnsteighöhe fahren.

Zusammen mit zwei Doppelstock-Zwischenwagen und einem Doppelstock-Steuerwagen bildet die Re 450 eine rund 100 m lange Grundeinheit, die im Depot Zürich stationiert ist und auf ihren Dienstumläufen bis Zug, Brugg, Winterthur und Rapperswil kommt.

Im Bedarfsfall läßt sich die Grundeinheit über die automatische Frontkupplung rasch mit einer zweiten und dritten Einheit ergänzen, so daß ein Zug von bis zu 300 m Länge entsteht. Der Kupplungsvorgang benötigt einschließlich Bremsprobe insgesamt 60 Sekunden, das Vereinigen der Einheiten erfolgt ohne weitere Manipulationen durch langsames Anfahren an eine abgestellte Komposition. Auch das Trennen wird lediglich vom Lokführer über eine Drucktaste befohlen und bedarf keiner mechanischen Arbeit zwischen den Zügen.

Zu einem schnellen S-Bahnverkehr gehören neben einem raschem Fahrgastwechsel präzise Zielhalte an den vorgegebenen Stellen. Die Erfahrungen auf der RABDe 12/12 haben gezeigt, daß „handgemachte" Zielhalte nicht nur mühsam sind, weil in Etappen auf das Ziel hingebremst werden muß, sondern bei gedrängtem Fahrplan der Lokführer auch unnötig beansprucht wird. Aus diesem Grund erfüllen die neuen S-Bahn-Züge auch in dieser Hinsicht alle an sie gestellten Erwartungen.

Die Zürcher S-Bahn wurde auf 19 Linien ausgebaut, bei denen 63 Ziele auf über 138 verschiedenen Fahrwegen erreicht werden. Mit den bereits über hundert verfügbaren Doppelstock-Einheiten lassen sich die wichtigsten Linien wie zum Beispiel die S 5 (Rafz – Oberglatt – Zürich – Wetzikon – Rapperswil) oder S 9 (Zug – Birmensdorf – Zürich – Uster) bedienen.

Seit ihrer Inbetriebnahme wurden die S-Bahn-Einheiten immer wieder in leichte bis schwere Zugsunglücke verwickelt. Zum folgenschwersten Unfall mit einem Todesopfer kam es am 8. August 1992, als ein Doppelstockzug der S-Bahn-Linie 5 den Bahnhof Zürich-Oerlikon verließ. Zur gleichen Zeit passierte der Intercity Romanshorn – Genf mit 65 km/h den Bahnhof. Bei einer Weiche kam es zum Zusammenstoß. Der S-Bahn-Steuerwagen streifte einen EW IV so stark, daß dieser seitlich aufgeschlitzt, aus den Schienen gehoben und vom Rest des Zuges abgerissen wurde. Neben einem Toten waren neun zum Teil schwer verletzte Passagiere zu beklagen.

Beheimatungen

Depot Zürich

REDAKTION: RONALD GOHL – AUFNAHMEN: RONALD GOHL (OBEN), HEINZ SIGRIST (UNTEN)

Im Bahnhof Brig steht die Re 460 030 mit einem Eurocity bereit. Sie wird den schweren Personenzug über den Lötschberg nach Bern befördern

AUFNAHME: RONALD GOHL

Baureihe Re 460

Das Jahr 1992 ging als Meilenstein in die Geschichte der SBB-Traktion ein; am 28. Januar konnte die erste von 119 bestellten Lokomotiven des Typs Re 460 mit achtmonatiger Verspätung übernommen werden. Einige Tage zuvor bestand die Re 460 003-7 ihre Lastenprobe zwischen Zürich und Sargans. Die eigentliche Inbetriebnahme durch das Depot Lausanne verzögerte sich allerdings bis Ende Juli, denn die von Pininfarina gestylte Superlok mußte wenige Tage nach Übernahme erst einmal zu Nachbesserungen ins Herstellerwerk. Auch an den beiden anderen, damals bereits fertig gestellten Loks Re 460 001-1 und 460 002-9 mußten rund 450 größere und kleinere Kinderkrankheiten ausgemerzt werden.

Die Beschaffung der Re 460 erfolgte im Rahmen des „Bahn-2000"-Konzeptes der Schweizerischen Bundesbahnen. Im Dezember 1985 beauftragten die SBB eine Arbeitsgemeinschaft, bestehend aus Asea Brown Boveri in Oerlikon (ABB) und der Schweizerischen Lokomotivfabrik in Winterthur (SLM), mit der Entwicklung einer polyvalenten, vierachsigen Lokomotive. Zwei Jahre später wurden die ersten zwölf Loks 2000 bestellt. Das sehr anspruchsvolle Pflichtenheft berücksichtigt die spezifisch schweizerischen Anforderungen, d.h. diese vierachsigen Hochleistungslokomotiven müssen einerseits für den Einsatz auf dem bestehenden, kurvenreichen Stammnetz, andererseits auch für den Personenschnellverkehr auf den Neubaustrecken und drittens für den schweren Güter- und Huckepackverkehr auf der Gotthard- und Lötschbergachse ausgelegt sein. Deshalb sind erstmals optimale Eigenschaften bezüglich Schnellfahren und Kurvenlaufverhalten im gleichen Fahrzeug vereinigt. Die Re 460 verfügen aber auch über ein gutes Beschleunigungsvermögen bei hoher Geschwindigkeit sowie über gute Laufeigenschaften in allen Geschwindigkeitsbereichen.

Mit dem Erscheinen der Re 460 verlor die Re 4/4 IV das Attribut der Lok 2000. Während Jahren galten die vier Prototypen mit dem Übernamen „Container" als Sinnbild für technischen Fortschritt und die große Zukunft der Bahn. Inzwischen wurden die vier Lokomotiven im Tausch gegen vier Re 4/4 III an die Schweizerische Südostbahn (SOB) abgegeben. Dort erleben sie auf der Strecke des Voralpenexpreß als SOB-Flaggschiff einen zweiten Frühling.

Konstruktion

Das **Design** von einfachen, robusten Lokomotiven gehört seit dem Erscheinen der Re 460 endgültig der Vergangenheit

Technische Daten

Baureihenbezeichnung	Re 460
Indienststellung	1992-1996
Hersteller	SLM, ABB
Betriebsnummern	460 000-118
Gesamtzahl der gebauten Lokomotiven	119
Anzahl 1997	119
Höchstgeschwindigkeit	230 km/h
Gewicht	81 t
Länge über Puffer	18500 mm
Höhe mit gesenktem Stromabnehmer	4310 mm
Achsfolge	Bo'Bo'
Radstand	13800 mm
Triebrad-Durchmesser	1100 mm
Anzahl Motoren	4
Netzspannung	15 kV/16,7 Hz
Stundenleistung	6100 kW

Auf Grund ihrer großen Anfahrzugkraft eignen sich die Re 460 besonders in Vielfachsteuerung für den Güterverkehr am Gotthard und Lötschberg

an. Der in Stahl und Kunststoff ausgeführte Lokomotivkasten ist im Gewicht und aufgrund von Windkanalversuchen aerodynamisch optimiert. Die sphärisch gestylte Kopfpartie besteht aus glasfaserverstärktem Kunststoff. Die Seitenwände wurden in der gewichtssparenden Sickbauweise (horizontale Rillen) ausgeführt. Aerodynamisch sind auch die Dachaufbauten, alle Einrichtungen ließen sich mittels Isolierstoff-Haubendeckeln strömungsgünstig überbauen. Selbst die gesenkten Stromabnehmer sind nicht mehr zu erkennen.
Wie bereits bei der Re 450 sind die Buchstaben und Zahlen nicht mehr erhaben aus Chromstahl aufgesetzt sondern in weißer Farbe aufgespritzt.
Auch die neuen Re 460 kamen zu einem mehr oder weniger sinnigen Übernamen. „Cola-Dose" (auf Schweizerdeutsch „Goggi-Büchs") gehört in die Kategorie despektierlichen Spotts.

Der **mechanische Teil** zeichnet sich durch die von Grund auf neu konzipierten Komponenten Lokkasten und Fahrwerk aus. Der selbsttragende, voll geschweißte Wagenkasten besteht außer dem Chassis aus den Seitenwänden und den Dachstützen. Erstmals in der Geschichte des Lokomotivbaus wurden auch Kunststoffe verwendet. So sind die Führerräume vollständig mit faserverstärktem Kunststoff ausgebildet. Versuche haben gezeigt, daß das verwendete synthetische Material mindestens so widerstandsfähig ist wie herkömmliche Metallkonstruktionen. Dank diesem Konzept war es möglich, den Frontpartien ihre aerodynamische Form zu geben, die im Windkanal getestet wurde. Dazu gewährleistet die gewählte Konstruktion eine ausgezeichnete thermische und akustische Isolation, bringt 800 kg Gewichtseinsparung gegenüber einer Metallkonstruktion und ist billiger. Die Führer- und Maschinenraumtüren, die Stirn- und Seitenverkleidungen sowie Teile des Dachs sind ebenfalls aus Kunststoff.

Der **Fahrmotor-Getriebeblock** ist elastisch an Drehgestell und Kasten befestigt. Dieses Einbaukonzept ist bezüglich Federungs- und Dämpfungseigenschaften ideal und garantiert den stabilen Lauf auch bei Höchstgeschwindigkeiten bis 230 km/h.

Die Beanspruchung und der Verschleiß von Rad und Schiene ist auch bei Kurvenfahrt, dank sich zugkraftunabhängig radial einstellenden Radsätzen, minimal. Hochliegende Sekundärfedern wie beim TGV reduzieren die Wankneigung und ermöglichen erhöhte Kurvengeschwindigkeiten. Zwischen Radsatz und Getriebe ermöglicht der sogenannte Hohlkardanwellen-Achsantrieb eine große Relativbewegung.

Für die klimatisierten und druckdichten **Führerkabinen** wurde die faserverstärkte Sandwichbauweise angewendet. Dank der druckfesten Konstruktion werden die Druckschwankungen, wie sie in Tunnels und beim Kreuzen bei hoher Geschwindigkeit entstehen, stark reduziert. Dafür können die Seitenfenster nicht geöffnet werden. Der Lokführer verfügt aber über zwei Seitentüren mit Luke und über geheizte Rückspiegel in jedem Führerraum. Die Widerstandsfähigkeit der bombierten, aus einem Stück bestehenden Frontscheiben wurde ausgiebig getestet. Dazu schmetterte man runde, zehn Zentimeter große und ein Kilogramm schwere Geschosse mit 500 km/h gegen die Scheiben, ohne daß diese Schaden genommen hätten.
Das Fahrpult wurde nicht etwa von ABB/SLM, sondern vom Designer Emmerich Horvath, einem früheren Lokführer, von Grund auf neu erdacht. Er bietet dem Lokführer einen komfortablen, ergonomischen Arbeitsplatz mit völlig neuer computergesteuerten Instrumenten, linearen Steuerschiebern und Drucktasten.

Die **elektrische Ausrüstung** der Lokomotive wurde von ABB Schweiz, heute ADtranz, in Umrichtertechnik mit Drehstromfahrmotoren und modernsten, abschaltbaren Leistungsthyristoren (GTO) realisiert. Die Technik der Frequenzumrichter, wie sie für die Lok 2000 verwendet wird,

AUFNAHME: SAMMLUNG LAN

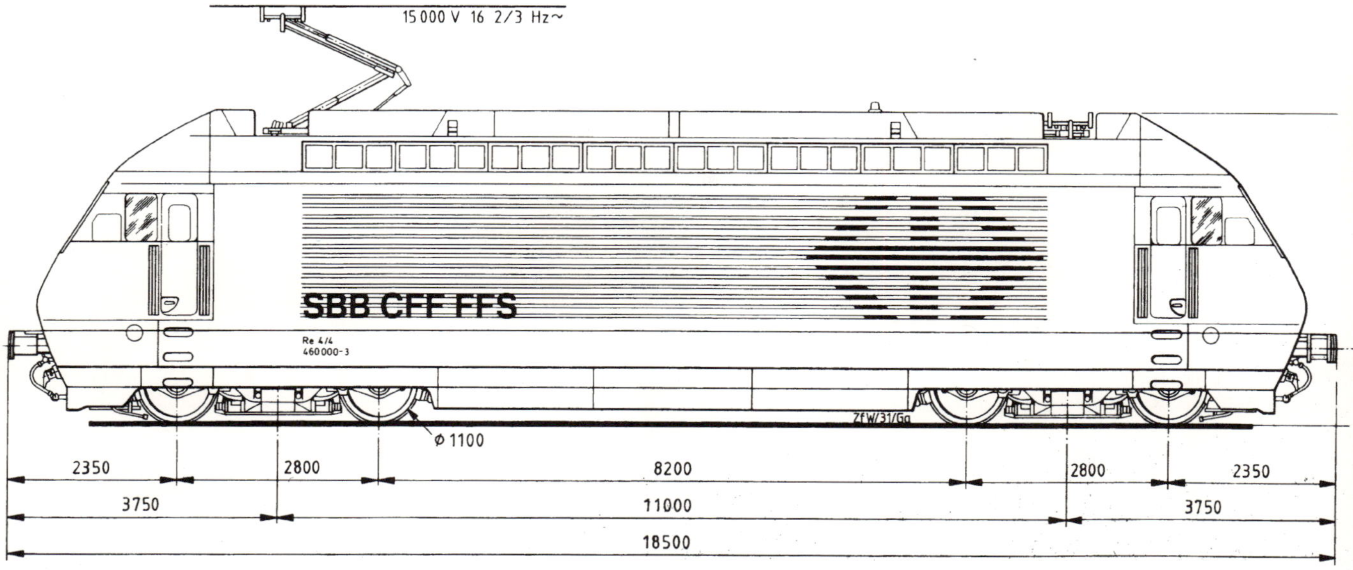

beruht auf folgendem, vereinfacht dargestelltem Prinzip: Die Einphasen-Wechselspannung aus der Fahrleitung wird zunächst hinuntertransofmiert. Dann wird die Energie im Gleichrichter in Gleichstrom umgewandelt und gelangt über Gleichstrom-Zwischenkreise zu den Wechselrichtern, die sie als Drehstrom variabler Spannung und Frequenz für die Fahrmotoren aufbereiten.

Die beiden identischen Umrichter (einer pro Drehgestell) erlauben auch eine stufenlose Einstellung von Geschwindigkeit, Zug- und Bremskraft. Dies wird durch den Einsatz der GTO-Thyristoren, impulsgesteuerte Halbleiter, möglich. Bei einer Geschwindigkeit von 230 km/h drehen die asynchronen Dreiphasen-Motoren mit 4200 Touren pro Minute. Im Vergleich dazu erbringen die Motoren der Re 4/4 II und Re 6/6 bei 140 km/h nur 1600 Touren pro Minute.

Für die **Steuerelektronik** setzten die Techniker weitgehend Mikroprozessoren ein. Diese sind unter sich mit Bus-Leitungen, die zur Übertragung von Informationen in kodierter Form dienen, verbunden – und erleichtern in beträchtlichem Umfang die Aufgaben des Fahr- und Unterhaltspersonals. Ein Bremsrechner dosiert die drei Systeme Elektrische Bremse, Luftbremse und Magnetbremse dergestalt, daß die Rekuperation optimal eingesetzt werden kann. Im Bedarfsfall zeigt ein Diagnoserechner die Störungsart und die Möglichkeiten der Pannenbehebung an. Für die Sicherheit dienen die Wachsamkeitskontrolle, die Geschwindigkeitsüberwachung, die Zugsicherung und der Zugfunk.

Zwei leistungsfähige Stromabnehmer, wie sie schon bei den vier Prototypen Re 4/4 IV eingesetzt wurden, garantieren eine einwandfreie Stromabnahme, selbst bei hohen Geschwindigkeiten.

Betriebseinsatz

Ihren ersten öffentlichen Auftritt hatte die Re 460 000-3 bereits am 22. August 1991 im Unterwallis, als sie mit nur einem Drehgestellantrieb und einer Behelfs-Software ziemlich wagemutig der Presse vorgestellt wurde. Die seit 1992 im Einsatz stehenden Re 460 benötigen minimalen Unterhalt, was ihre Verfügbarkeit optimiert und einen sparsamen, umweltfreundlichen Betrieb gewährleistet. Anfangs litten zwar viele Lok 2000 an zum Teil recht ärgerlichen Konstruktionsmängeln, vor allem bei der Software und der Hydraulik der Magnetschienenbremsen. So kam es vor, daß Re 460 mitten auf der Strecke stehenblieben. Dabei konnte die Magnetschienenbremse erst nach etwa 20 Minuten wieder gelöst werden. Dies führte dazu, daß die Re 460 zunächst in niedrigere Güterzugdienste „degradiert" und von verschiedener Seite als „Prototypen" für die optimierten Re 465 der BLS apostrophiert wurden. Inzwischen wurden aber

Der Eurocity Genève – Milano, bespannt mit der Re 460 098-7, fährt bei St. Saphorin an idyllischen Rebbergen am Ufer des Lac Léman vorbei

Beheimatungen

Depots Lausanne, Bellinzona und Zürich

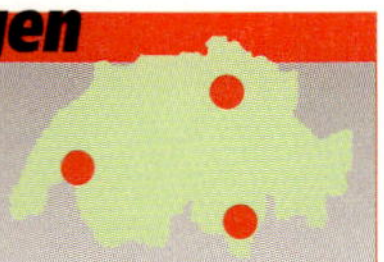

AUFNAHME: HEINZ SIGIRST – TYPENBILD: ARCHIV SLM

Auf ihrem Weg von Genève nach St. Gallen kommt der Intercity mit der HCB-Werbelok (Re 460 014-4) auch am ländlichen Filistorf vorbei

alle Mängel beseitigt und die Maschinen konnten ihrem ursprünglichen Zweck zugeführt werden.
Insgesamt sind von der Universallok 2000 des Konsortiums ABB/SLM 181 Einheiten bestellt worden: 119 Re 460 von den SBB (75 für den Huckepackkorridor), 18 Re 465 (acht für die BLS, zehn für die SBB), 20 Sr2 für die Finnischen Staatsbahnen (VR), 22 El18 für die Norwegischen Staatsbahnen (NSB) sowie zwei praktisch baugleiche Lokomotiven für die Kowloon – Canton Railways Corporation (KCRC) im fernen Hongkong bzw. China.

Die Re 460 gehören nicht den SBB, sondern der Wilmington Trust, einer amerikanischen Leasinggesellschaft. Auf die Fremdfinanzierung weisen im Führerstand die viersprachigen Aufklebeschilder mit dem Wortlaut „Eigentum der Wilmington-Trust und verpfändet an Eurofima" hin.

Die ersten 38 Lokomotiven der Serie Re 460 sind dem Depot Lausanne in der Westschweiz (Kreis I) zugeteilt. 61 Maschinen, die für den Huckepack-Korridor am Gotthard bestimmt sind, fanden ihr Heimatdepot in Bellinzona (Kreis II). Die 20 Re 460 der jüngsten Serie sind schließlich dem Kreis III, Depot Zürich, zugeteilt.

Die Lokomotiven werden auf der Achse Genf – Bern – Zürich – St. Gallen sowie am Jurasüdfuß im Intercity-Verkehr eingesetzt – neuerdings auch mit neuen InterCity-Steuerwagen des Typs IC Bt. Die Kopfform der Steuerwagen gleicht den Re 460-Führerkabinen, das Passagierabteil einem EW IV.

Mit den Re 460 stiegen die Bundesbahnen erstmals auch ins Geschäft der lukrativen Werbelokomotiven ein, obwohl sich die gesickten Seitenwände eigentlich gar nicht für diesen Zweck eignen. Die nebenstehende Liste gibt Aufschluß über die bis Mai 1997 zum Einsatz gekommenen Werbelokomotiven. Laufend erscheinen weitere bunte Re 460 und für die Jubiläumsfeier „150 Jahre Schweizer Bahnen" hat die SBB eine weitere Lok 2000 hergerichtet. Von der ursprünglichen Idee einer Goldlok wurde allerdings wegen der Kontroverse um das Nazi-Raubgold kurzfristig abgewichen.

Die SBB nahmen im März 1996 die letzte der insgesamt 119 bestellten Maschinen des Typs Re 460 in Betrieb. Inzwischen arbeitet die weltweit größte Serie an Umrichterlokomotiven zufriedenstellend. Mit ihren eleganten gestylten Formen, bunten Farben und ihrem breitgefächerten Einsatzmöglichkeiten hat die Lok 2000 zweifellos noch eine große und lange Zukunft vor sich.

Werbelokomotiven

Lok	Stationierung	Werbeträger
Re 460 014-4	Lausanne	HCB Zement und Beton
Re 460 015-1	Lausanne	Agfa
Re 460 016-9	Lausanne	ADtranz (ex.Ciba)
Re 460 017-7	Lausanne	Märklin
Re 460 018-5	Lausanne	Danzas
Re 460 019-3	Lausanne	Miele
Re 460 020-1	Lausanne	Tilsiter
Re 460 021-9	Lausanne	Kambly (ex. Milch)
Re 460 022-7	Lausanne	TCS
Re 460 023-5	Lausanne	Zürich-Relax
Re 460 033-4	Lausanne	Ascom
Re 460 032-8	Lausanne	Fernsehen DRS
Re 460 034-2	Lausanne	Zugkraft Aargau
Re 460 035-9	Lausanne	SBB-Werbelok
Re 460 036-7	Lausanne	SBB-Werbelok
Re 460 037-5	Lausanne	Ajax
Re 460 056-7	Bellinzona	Fernsehen DRS
Re 460 084-7	Bellinzona	Jubiläumslok Bahnen

REDAKTION: RONALD GOHL – AUFNAHMEN: HEINZ SIGRIST (OBEN), ASCOM (UNTEN)

Die Neue für internationale Einsätze: Mit der Re 482 will SBB Cargo im grenzüberschreitenden Güterverkehr mitmischen

Baureihe Re 482

Als die SBB in die Divisionen Infrastruktur, Personen- und Güterverkehr (Cargo) aufgeteilt wurden, teilte man auch die Triebfahrzeuge auf. SBB Cargo erhielt 127 (von 270) Re 4/4 II (Re 420), alle 21 Re 4/4 III, 23 (der 119) Re 460, alle Ae 6/6 (119 Stück), alle 88 Re 6/6 (Re 620) sowie zehn Re 465, die ein blaues (BLS-)Kleid tragen und (teilweise) an die BLS Lötschbergbahn vermietet sind.

Da die Re 465 gemäß einer Vereinbarung mit der BLS an diese übergehen und der Personenverkehr mittelfristig zusätzliche Re 460 benötigt, um weitere Pendelzüge für die Neubaustrecke Mattstetten – Rothrist zu bilden, sah sich SBB Cargo nach einem gleichwertigen Ersatz um, gleichwertig hinsichtlich des Adhäsionsverhaltens und der Zugkraft, aber begrenzt auf die „Cargo-Höchstgeschwindigkeit" von 140 km/h.

Damit nahm man von der Beschaffung einer Universallokomotive – wie seit Jahrzehnten bei den SBB üblich – Abstand; eine Neuentwicklung war aus Termingründen nicht zu realisieren. Daher entschied man sich dazu, eine leistungsfähige Güterzuglok sozusagen „ab Stange" zu kaufen; so erforderte die Ausschreibung kein umfangreiches technisches, sondern nur ein kurzes betriebliches Pflichtenheft.

Das Pflichtenheft

Da die Maschinen zunächst Güterzüge an die Alpenübergänge Gotthard und Lötschberg – Simplon heranführen sollen, müssen sie auf den mit 15 kV / 16,7 Hz elektrifizierten Schienennetzen in Deutschland und der Schweiz uneingeschränkt einsetzbar sein. Im „Flachland", also über die Juraübergänge Hauenstein und Bözberg mit einer maximalen Neigung von 12 Promille, müssen die Lokomotiven 1.600 Tonnen Anhängelast mit 80 km/h in Beharrung fahren und elektrisch bremsen können, auf den „Bergstrecken" mit 27 Promille immerhin 650 Tonnen. Zudem müssen die Loks über die in Deutschland und der Schweiz verlangten Zugsicherungseinrichtungen, Sicherheitssteuerungen und Zugfunksysteme verfügen, außerdem für den Einbau von ETCS Level 2 vorbereitet sein.

Grundlage: DB-Reihe 185

Das Pflichtenheft erfüllte die Baureihe 185 von DB Cargo am besten, bei der die erprobten mechanischen Systeme, die Kasten- und Drehgestell-Bauweise der Baureihe 145 sowie die bewährten Kommunikationssysteme und Stromrichterkomponenten der Baureihe 101 übernommen wurden. Als „Europa-Lokomotive" wurde die 185 für den grenzüberschreitenden Verkehr mit 15 kV / 16,7 Hz und 25 kV / 50 Hz entwickelt.

2000 und 2001 absolvierten drei Vorserienlokomotiven dieser Baureihe ein umfangreiches Testprogramm in zahlreichen europäischen Ländern, auch in der Schweiz, was zu Modifikationen bei den Serienmaschinen führte. Bis Ende 2008 wird DB Cargo 400 Einheiten der 185 erhalten, da-

Technische Daten

Besteller	SBB Cargo
Typen-Bezeichnung	Re 482 000 - 049
Anzahl Fahrzeuge	50 (erst z.T. abgeliefert)
Inbetriebnahme	ab 2002
Einsatzgebiet	Schweiz, Deutschland
Spurweite	1.435 mm
Länge über Puffer	18.900 mm
Leermasse	84 t
Achsanordnung	Bo'Bo'
Drehgestellachsstand	2.600 mm
Raddurchmesser (neu / abgenutzt)	1.250 / 1.170 mm
Speisespannung	15 kV / 16,7 Hz
Höchstgeschwindigkeit	140 km/h
Traktionsleistung am Rad	5.600 kW
Maximale Zug-/Bremskraft	300 kN
Hersteller	Bombardier

AUFNAHME: A. SCHMUTZ

In Reih' und Glied: Präsentation der neuen Cargo-Elektrolok Re 482 000 bis 009 am 14. Juni 2002 im Rangierbahnhof Limmattal Zürich

von 65 mit dem so genannten Schweiz-Paket.

Besonderes der Re 482

Während die 185 eine Leistung von 4.200 kW besitzt, wird für die Bergstrecken in der Schweiz eine Leistung von 5.600 kW benötigt. Die bei der 185 vorhandenen Reserven und die Verwendung von neuen Halbleiter-Schaltelementen ermöglichten bei der Re 482 die Erhöhung auf die gewünschte Leistung.

Die Re 482 besitzen vier Stromabnehmer, die beiden inneren mit einer 1.950 Millimeter breiten Wippe für Strecken in Deutschland, die beiden äußeren mit einer 1.450 Millimeter breiten Wippe für die Strecken in der Schweiz. Um den Zug während der Fahrt beobachten zu können, sind an den Außenwänden bei den Einstiegstüren zum Führerstand vier Videokameras angebracht. Für den Schiebedienst am Gotthard ist die Re 482 mit „Locotrol" ausgerüstet, zusätzlich für eine Vielfachsteuerung mit den Re 420 und Re 620.

Zugsicherungssysteme

Recht komplex war die Installation der verschiedenen, für den grenzüberschreitenden Verkehr erforderlichen Zugsicherungssysteme in die Re 482. Durch das Verlegen der Kabel sowie die Vorbereitung der Drehgestelle und des Unterbaus für die Antennen wurden die Voraussetzungen für die konventionellen Zugsicherungssysteme geschaffen. Auch der Einbau von ETCS ist möglich, denn die konventionellen Anzeigen (Geschwindigkeit, Zugkraft und Zugsicherung) werden bereits auf einem zentralen Bildschirm (mit peripherer Tastatur) dargestellt; dieser so genannte ETCS-Bildschirm ist redundant mit dem Diagnosebildschirm.

Zwei Schränke im Maschinenraum sind für die Zugsicherungssysteme reserviert, wobei die in Deutschland und der Schweiz üblichen Systeme bei der Re 482 im Schrank 1 untergebracht sind. Für Deutschland sind PZB 90 und LZB 80 mit der Ankopplung an den Multi-Function-Vehicle-Bus (MVB) erforderlich, außerdem die CIR-ELKE-Funktion; für die Schweiz braucht man ZUB 262 und Signum, wobei letzteres über zusätzliche Input-/Output-Leittechnikmodule an den MVB angeschlossen werden muss. Die Antenne, welche die Signale der Eurobalisen empfängt, ist am Untergestell montiert. Für ein später einzubauendes ETCS-Zugsicherungsgerät ist Platz im Maschinenraum; auf dem Dach befinden sich bereits die Verbindungsansätze für die GSM-R-Antennen.

Die Systemumstellung zwischen Weil am Rhein und Muttenz erfolgt zunächst im Stillstand, weil die Infrastruktur für eine Umschaltung während der Fahrt noch nicht vorbereitet ist.

Beschaffung und Einsatz

Im Februar 2002 – nur elf Monate nach Bekanntgabe des Beschaffungsvorhabens – wurde die erste Re 482 abgeliefert, und im Juni 2002 war die erste Serie aus zehn Maschinen komplett, die vor allem auf den Zubringerstrecken zur Gotthard-Linie (bis Erstfeld) zum Einsatz kommt. Zuvor präsentierten die SBB die Neulinge im Rangierbahnhof Limmattal Zürich. Bereits im Herbst 2002 löste SBB Cargo eine Option auf 40 weitere Lokomotiven ein, von denen die ersten bereits im Dezember 2002 zur Verfügung stehen sollten. Da diese Loks zunächst nicht das „Schweiz-Paket" (Zugsicherung, Stromabnehmer, Video-Kameras) besaßen, verkehrten sie nur in Deutschland.

Eine Schwesterbauart ging unterdessen an die BLS Cargo AG. Am 3. Dezember 2002 erhielt die Bahngesellschaft ihre erste Re 485, die mit Ausnahme der Lackierung baugleich mit den Re 482 von SBB Cargo ist; bis Ende April 2003 wurden neun weitere Maschinen dieses Typs abgeliefert.

REDAKTION: HANS-BERNHARD SCHÖNBORN; AUFNAHME: A. SCHMUTZ

Im Depot Brig beheimatet und dem Bahnhof Visp zugeteilt ist die Ee 3/3 16459. Sie ist das zweitletzte Fahrzeug dieser Serie, 1966 erbaut

AUFNAHME: RONALD GOHL

Baureihe Ee 3/3

Schon in den Zwanzigerjahren wurden Stimmen für eine leistungsstarke, elektrische Rangierlokomotive laut. Größere Lasten anzuziehen und abzustoßen sowie Einsätze am Ablaufberg und eine Streckengeschwindigkeit von mindestens 40 km/h gehörten ins Pflichtenheft der künftigen Rangiermaschine.

1924 nahmen die SBB mit den Ee 3/4 16301-16302 zwei Prototypen in Betrieb, die sich über 50 Jahre lang bewährten und als Grundmodell für eine große Serie an Rangiermaschinen dienten. Vor allem die Anwohner von Bahnhöfen atmeten auf, als diese sauberen, elektrischen Lokomotiven die qualmenden Dampf-Rangiermaschinen langsam ablösten. Doch nicht überall löste das Erscheinen der elektrischen Triebfahrzeuge ein Begeisterungssturm aus. Vielerorts wollte sich das Rangierpersonal gar nicht erst umgewöhnen, denn anfangs war der elektrische Betrieb noch recht störungsanfällig, im Vergleich dazu leisteten die dampfbetriebenen E 3/3 zuverlässige und flinke Dienste.

Trotzdem gehörte der Fortschritt eindeutig der elektrische Traktion und so kam es bereits im Jahre 1928 zur Lieferung von 16 weiteren Rangierlokomotiven des Typs Ee 3/3 (16311-16326). Eine nächste Tranche von 46 Fahrzeugen folgte in den Jahren 1930-1942 (16331-16376). Weitere Serien kamen 1944-1947 (33 Maschinen), 1951 und 1956 (zehn Ee 3/3), 1961-1962 (zehn Lokomotiven) sowie 1966 (weitere 20 Maschinen) zu den Schweizerischen Bundesbahnen.

Konstruktion

Im **Design** unterscheiden sich die 135 gebauten Ee 3/3, mit Ausnahme der Serie 16311-16326, nur unwesentlich. Alle weisen einen in der Mitte des Fahrzeugs angeordneten Führerstand mit zwei ungefähr gleich langen Vorbauten auf. Über große Wartungstüren, teilweise mit Jalousien versehen, sind die Apparate für den Unterhalt leicht zugänglich. Alle Ee 3/3 verfügen über einen charakteristischen Stangenantrieb, erstaunlicherweise auch die erst 1966 ausgelieferten Rangierlokomotiven. Außer den Maschinen mit den Be-

Technische Daten

Baureihenbezeichnung	Ee 3/3	Ee 3/3	Ee 3/3	Ee 3/3
Indienststellung	1928	1930-1942	1944-1947	1961-1966
Hersteller	SLM, BBC	SLM, BBC	SLM, BBC, MFO, SAAS	SLM, BBC
Betriebsnummern	16311-16326	16331-16376	16381-16414	16431-16440
Gesamtzahl der gebauten Lokomotiven	16	46	43	30
Anzahl 1997	8	45	43	30
Höchstgeschwindigkeit	40 km/h	40 km/h	50 km/h	45 km/h
Gewicht	45 t	45 t	39 t	44-45 t
Länge über Puffer	9060 mm	9150-9750 mm	9510 mm	9510 mm
Höhe mit gesenktem Stromabnehmer	4515 mm	4515 mm	4540 mm	4540 mm
Achsfolge	C	C	C	C
Radstand	4050 mm	4050 mm	4050 mm	4050 mm
Triebrad-Durchmesser	1040 mm	1040 mm	1040 mm	1040 mm
Anzahl Motoren	1	1	1	1
Netzspannung	15 kV/16,7 Hz	15 kV/16,7 Hz	15 kV/16,7 Hz	15 kV/16,7 Hz
Stundenleistung	430 kW	430 kW	500 kW	500 kW

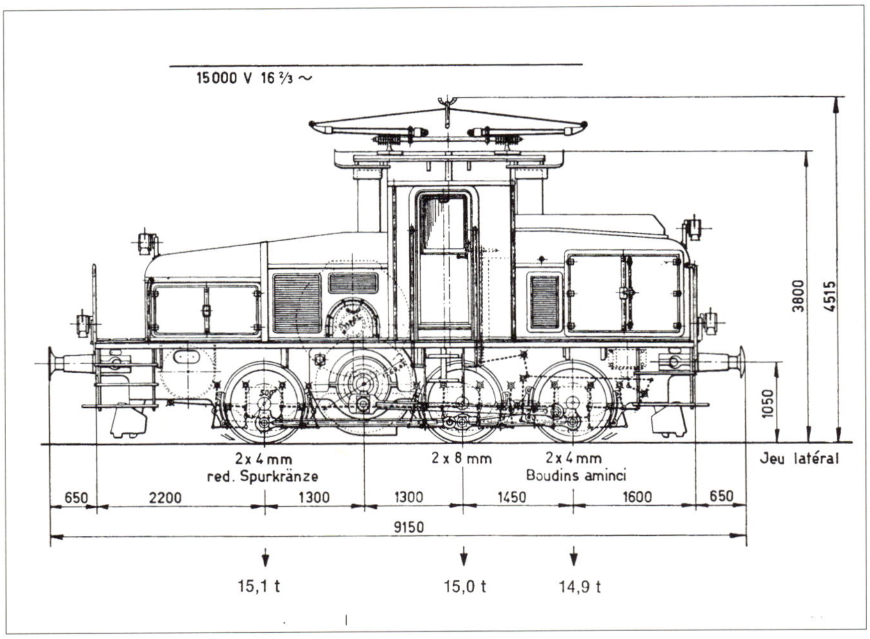

triebsnummern 16331-16350 weisen alle Ee 3/3 mit zentralem Führerstand zwei Rangierplattformen auf. Die ersten in Serie gebauten Ee 3/3 (16311-16326) unterscheiden sich von ihren Schwestern durch den Führerstand im hinteren Bereich und den langen, schmalen Vorbau – diese Anordnung hat den Fahrzeugen den Übernamen „Halbschuh" oder „Bügeleisen" eingebrockt. Auch das weit vorgezogene Dach ist bei dieser Serie sehr markant. Die dreißig in den sechziger Jahren gelieferten Ee 3/3 wirken kantiger und dem Zeitgeist entsprechend moderner. Die großen Apparatetüren sind sauber in die Seitenwände eingelassen. Noch mit alten, aufgesteckten Lampen ist die Spitzenbeleuchtung aller Ee 3/3 ausgeführt.

Der **mechanische Teil** der Ee 3/3 besteht aus einem massiven Lokrahmen aus zwei 20 mm dicken Längsblechen und zwei Stoßbalken. Das Drehmoment wird vom Fahrmotor über eine Vorgelegewelle und einen Schrägstangenantrieb auf die drei Triebachsen übertragen. Im Gegensatz zu den beiden Prototypen Ee 3/4 weisen die Ee 3/3 keine Laufachse mehr auf. Es gelang den Konstrukteuren, das Gesamtgewicht auf 45 Tonnen zu reduzieren und auf drei Achsen mit dem zugelassenen Achsdruck von 15 Tonnen zu verteilen.

Die Maschinen der dritten Serie (16381-16414) gerieten mit nur 39 Tonnen etwas zu leicht und waren dadurch im schweren Dienst deutlich überfordert. Aus diesem Grund bauten die SBB nachträglich noch Balast ein.
Im hinteren, etwas längeren Vorbau befinden sich neben dem Fahrmotor auch der Ventilator und der Kompressor.
Beidseitig werden die Triebräder durch einen Bremsklotz gebremst, zusätzlich verfügen die Ee 3/3 über eine automatische Druckluftbremse, ferner eine Rangier- und Handbremse.

Der in der Mitte des Fahrzeugs angeordnete **Führerstand** ist für einmännige Bedienung ausgelegt. Es stehen pro Fahrtrichtung je ein diagonal versetzter Führertisch für die Bedienung des Fahrzeugs zur Verfügung. Doppelt vorhanden und mechanisch gekuppelt sind Stromabnehmerhahn, Wendeschalter und Steuerkontroller. Das nur einmal dispositionierte Führerbremsventil für die Rangierbremse befindet sich auf dem Führertisch I. Im Rangierbetrieb muß der Lokführer kurz seinen Standort wechseln, während er im Streckendienst beim Führertisch I stehen muß, um dort auch die automatische Bremse bedienen zu können.

Die **elektrische Ausrüstung** ist in beiden Vorbauten der Ee 3/3 untergebracht. Im kürzeren Vorbau befindet sich neben dem Öl-Hauptschalter der ölgekühlte Transformator mit der zugehörigen Ventilation. Die Kühluft wird übrigens durch den Kamin entlang der vorderen Führerhauswand in Dachhöhe angesaugt. Unter der längeren Haube auf der anderen Seite des Führerstandes wurden die 36-Volt-Batterien und die Umformergruppe zu deren Aufladung positioniert. Die Batterie dient zur Speisung des Steuerstroms und der Beleuchtung.
Über einen Drucklufthahn kann der Scherenstromabnehmer automatisch gehoben und gesenkt werden.

Betriebseinsatz

Die Ee 3/3 versahen anfangs auch harte Dienste am Ablaufberg, wo sie sich mit bis zu 900 t Anhängelast plagen mußten. Heute leisten sie ihren Dienst vorwiegend auf mittelgroßen Stationen, teilweise auch bei leichten Einsätzen in großen Bahnhöfen. Sie sind allen drei SBB-Kreisen und den wichtigsten Depots zugeteilt.
Von den vielfotografierten „Halbschuhen" stehen heute noch acht Maschinen bei den SBB im Einsatz. Zwei wurden nach Kollisionsschäden abgebrochen, fünf Lokomotiven an die PTT, EBT, MThB und VHB verkauft. Von den übrigen Ee 3/3 fehlt nur die 16384, die nach einem Frontalzusammenstoß mit einem Schnellzug bei Boudry einen Totalschaden erlitt.

Ein Veteran, der vielleicht schon bald auf der Liste der Ausrangierungen stehen wird: die Ee 3/3 Nr. 16316, alias „Halbschuh" oder „Bügeleisen"

Beheimatungen

Depots Lausanne, Brig, Bern, Biel, Bellinzona, Erstfeld, Luzern, Olten, Basel, Zürich, Rorschach und Winterthur

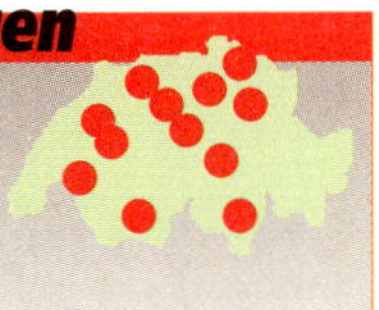

REDAKTION UND AUFNAHME: RONALD GOHL – TYPENBILD: ARCHIV SLM

Durch die unterschiedlichen elektrischen Ausrüstungen ist die Ersatzteilbeschaffung und Lagerhaltung bei den 15 Rangierlokomotiven des Typs Ee 3/3 II sehr schwierig

Beheimatungen

Depots Lausanne, Brig, Bern, Biel, Basel

Baureihe Ee 3/3 II

Da Frankreich für die Elektrifizierung ihrer Linien andere Stromsysteme als die SBB verwendeten, entstanden in Basel und Vallorbe sogenannte Systemtrennstellen für 25 kV/50 Hz und 15 kV/16,7 Hz. Im Rangierbetrieb kommen somit nur fahrdrahtunabhängige oder mehrsystemfähige Triebfahrzeuge in Frage. Die SBB entschieden sich für die letzte Variante und beschafften in den Jahren 1957 und 1958 sechs Rangierlokomotiven des Typs Ee 3/3 II. Bei der Schweizerischen Lokomotiv- und Maschinenfabrik (SLM) in Winterthur entstand der mechanische Teil. Für den elektrischen Teil wurde den drei Lieferanten Brown, Boveri & Cie (BBC) in Baden, Maschinenfabrik Oerlikon (MFO) und SA des Ateliers de Sécherons (SAAS) in Genf die Möglichkeit gegeben je zwei Lokomotiven mit ihren eigenen Konstruktionen zu liefern. Die SAAS konnte dadurch neun weitere Loks dieses Typs an die SNCF liefern, welche für Überfuhrzüge im Raum Basel benutzt wurden. In den Jahren 1970-71 kamen diese Loks mit Vielfachsteuerung durch Verkauf an die SBB.

Konstruktion

Vom **Design** her wurde auf die bewährte Anordnung der Ee 3/3 zurückgegriffen und alle Lokomotiven haben äußerlich praktisch denselben Aufbau. Der bewährte Schrägstangenantrieb „Bauart Winterthur“ wurde beibehalten, ebenso wie die beiden Vorbauten und das zentral angeordnete Führerhaus. Die sechs Prototypen besitzen Scherenstromabnehmer und die neun von den SNCF übernommenen Maschinen Einholmstromabnehemer.

Der **mechanische Teil** der Ee 3/3 II besteht aus den drei gekuppelten Achsen, dem Lokrahmen und den Aufbauten. Zwei Längsbleche und die beiden Stoßbalken bilden den Lokrahmen, der mittels Querblechen noch zusätzlich versteift ist. Gekuppelte Achsen sind für kleine Geschwindigkeiten unempfindlich gegen die Achsentlastung der in der Fahrrichtung vorderen Achsen. Deshalb hat sich der Stangenantrieb bei Rangierloks immer wieder bewährt.

In dem in der Mitte angeordneten **Führerstand** wird der Dienst stehend oder sitzend geführt. Zwischen den beiden rechteckigen Stirnfenstern befindet sich die Schalttafel. Auf dem Führertisch werden der Steuerkontroller, der Wendeschalter und die Führerbremsventile bedient. Voltmeter für die Fahrleitungen, Fahrmotor-Ampèremeter und Fahrscheibentachograph befinden sich in der Mitte des Führertisches. Die ehemaligen SNCF-Maschinen besitzen zur genauen Einhaltung der Schiebegeschwindigkeit an Ablaufbergen eine Umschaltung Ablaufberg/Streckenbetrieb.

Elektrische Ausrüstung: Der Transformator ist bei allen Loks für die beiden Frequenzen 50 Hz und 16,7 Hz konstruiert und besitzt größere Isolationsabstände für die höhere Betriebsspannung unter 50 Hz. Die von BBC gelieferten Nr. 16501 und 16502 lassen sich mit gleichgerichtetem Wellenstrom betreiben. Die Fahrleitungsspannung wird im Haupttransformator heruntertransformiert und über einen Niederspannungsstufenschalter dem Quecksilberdampfgleichrichter zugeführt. Um eine zu große Motorenspannung unter 50 Hz zu verhindern, ist der Stufenschalter ab der Stufe 18 automatisch blockiert, während unter 16,7 Hz 24 Fahrstufen zur Verfügung stehen. Die von MFO gelieferten Nr. 16503 und 16504 besitzen Fahrmotoren, die unter beiden Frequenzen betrieben werden können. Der Transformator liefert über die verschiedenen Anzapfpunkte die nötigen Spannungen für die 20 Fahrstufen, die für beide Frequenzen zur Verfügung stehen. Bei diesen zwei Loks entfällt der Gleichrichter. Die von SAAS gebauten Nr. 16505 und 16506 lassen sich auch mit gleichgerichtetem Wellenstrom betreiben. Hier stehen beim 50 Hz-Betrieb 13, und 16,7 Hz 18 Fahrstufen zur Verfügung. Die von den SNCF bestellten neun Loks wurden auch von den SAAS geliefert und entsprechen den zwei für die SBB gebauten Maschinen. Für die Überfuhrzüge wurde die Möglichkeit der Doppeltraktion eingebaut.

Betriebseinsatz

Die Ee 3/3 II wurden nach der Ablieferung in Basel eingesetzt. Die Lok Nr. 16504 erhielt als einzige SBB-Rangierlokomotive bei ihrer Ablieferung die Aufschrift „SBB-CFF“, da sie 1958 an der Weltausstellung in Brüssel präsentiert wurde. Alle von den SNCF erworbenen Lokomotiven kommen vorwiegend in Vielfachsteuerung am Ablaufberg zum Einsatz. Von der Zweifrequenzausrüstung wird bei diesen neun Maschinen praktisch keinen Gebrauch mehr gemacht, da sie in Lausanne, Brig und Bern in Betrieb stehen.

Technische Daten

Baureihenbezeichnung	Ee 3/3 II
Indienststellung	1957-1963
Hersteller	SLM, BBC, MFO, SAAS
Betriebsnummern	16501-16509, 16511-16519
Gesamtzahl der gebauten Lokomotiven	15
Anzahl 1997	14
Höchstgeschwindigkeit	45 km/h
Gewicht	46-52 t
Länge über Puffer	9420-9450 mm
Höhe mit gesenktem Stromabnehmer	4300-4585 mm
Achsfolge	C
Radstand	4050 mm
Triebrad-Durchmesser	1040 mm
Anzahl Motoren	1
Netzspannung	25 kV/50 Hz; 15 kV/16,7 Hz
Stundenleistung	500 kW

REDAKTION: HANSUELI REICH – AUFNAHME: DOMINIK MADORIN

Die einer Refitaktion unterzogenen zehn Vierstrom-Triebfahrzeuge des Typs Ee 934 (ex. Ee 3/3 IV) erhielten von der HW Yverdon auch einen neuen feuerroten Anstrich nach RAL 3000

Baureihe Ee 934

An den Grenzbahnhöfen Basel, Vallorbe, Genève und Chiasso treffen unterschiedliche Stromsysteme der SBB, SNCF und FS aufeinander. Die Fahrleitung der französischen Staatsbahn weist 15 kV/50 Hz Wechselstrom bzw. 1500 V Gleichstrom auf. Die italienische Staatsbahn fährt mit 3000 V Gleichstrom. Auf dem Gelände dieser Grenzbahnhöfe war ein rationeller und umweltschonender Rangierbetrieb gefragt, so daß die SBB in den Jahren 1962-1963 zehn Viersystem-Rangierlokomotiven des Typs Ee 3/3 IV in Betrieb nahmen. Der mechanische Teil stammt von der SLM Winterthur, die elektrische Ausrüstung lieferte das Ateliers de Sécheron (SAAS) in Genf.

In den Jahren 1992-1994 erfuhren alle zehn Maschinen einen Umbau und wurden bei dieser Gelegenheit auf die Baureihe Ee 934 umbezeichnet. Als Beweggründe für den Umbau wurden von den SBB die mangelhaften Gleichrichter und Umformer angegeben. Die störungsanfälligste Maschine 16553 kam zuerst in die Hauptwerkstätte Yverdon, welche den Umbau der Fahrzeuge übernahm. Projektverfasser und Lieferant des Materials waren die ABB Verkehrssysteme AG, heute ADtranz. Nach der Neuverkabelung und dem Umbau verschiedener elektrischer Komponenten konnte die 16553 als 934 553 im Januar 1994 wieder in Betrieb genommen werden. Innerhalb eines halben Jahres erfolgte daraufhin der Umbau der nächsten Maschine. Nach den Plänen der SBB soll der Umbau aller zehn Vierstrom-Loks im Jahre 1998 abgeschlossen sein. Die dynamischen Abnahmetests der drei ausländischen Stromsysteme finden jeweils auf dem Testgleis des ADtranz-Werkes Tramont (Oerlikon) statt.

Konstruktion

Das **Design** der Ee 934 ist mehr zweckmäßig als wohlproportioniert. Der viereckige, kastenähnliche Vorbau scheint nicht so recht zur abgerundeten Dachform zu passen. Besonders markant sind das weit vorgezogene Dach und die rechteckigen Lüftungsgitter im vorderen Vorbau. Für den Rangierbetrieb sind zwei geräumige Plattformen und vier dreistufige Treppen vorhanden. Ursprünglich in ziegelrot geliefert, erhielten die Ee 934 mit dem Umbau den neuen feuerroten Anstrich sowie das zeitgemäße SBB-Logo.

Der **mechanische Teil** der Rangierlokomotive besteht aus einem Außenrahmen mit drei gekuppelten Achsen. Auffällig sind die mit Gegengewichten versehenen Kuppelstangen. Diese Anordnung dient der raschen Beschleunigung mit schweren Lasten, bei der die einzelnen Achsen nicht durchdrehen sollen. Das Fahrgestell stammt übrigens von den bewährten Diesellokomotiven Em 3/3. Wegen den vier verschiedenen Stromsystemen mußten zwei Fahrmotoren eingebaut werden. Je ein Tatzlagermotor treibt die Achsen 2 und 3 an. Die Achse 1 ist mittels einer Kuppelstange mit den Antriebsachsen verbunden.

Im **Führerraum** können die Ee 934 entweder auf einem Hocker sitzend oder stehend bedient werden. Der Führertisch befindet sich in der Mitte. Mit dem Umbau erhielten die Lokomotiven einen Rückspiegel sowie Sonnenstoren an allen Fenstern.

Der **elektrische Teil** wurde beim Umbau weitgehend erneuert. So hat das Fahrzeug eine Vielfachsteuerung erhalten, mit der sich eine zweite Ee 934 fernsteuern läßt. Über ein 2 x 19-poliges Steuerkabel werden die Befehle als Signale übertragen und anschließend im Rechner der zweiten Rangiermaschine demoduliert.
Wegen des Vierstrom-Betriebes sind komplizierte elektrische Apparate für den Betrieb der Ee 934 notwendig. Der Wechselstrom fließt über den Stromabnehmer zum Transformator und von dort aus über zwei Anzapfungen (Betrieb mit 15 bzw. 25 kV) zu den zwei Quecksilberdampfgleichrichtern. Diese versorgen die beiden Kollektormotoren mit Wellenstrom. Anders beim Gleichstrombetrieb mit 1500 bzw. 3000 V: Hier wird der Fahrleitungsstrom dem Gleichstrom-Schnellschalter zugeführt. Von dort aus gelangt er über den Systemwahlschalter, den Wendeschalter und die Anfahrwiderstände zu den Fahrmotoren. Diese sind bei 1500 V parallel und bei 3000 V in Serie geschaltet.

Betriebseinsatz

Sechs Maschinen des Typs Ee 934 sind in Genève, vier Einheiten in Chiasso stationiert. Die Tessiner Fahrzeuge im SBB-Kreis II werden vom Depot Bellinzona eingesetzt. Als wesentliche Erleichterung erwies sich die nachträglich eingebaute Vielfachsteuerung, kommt es doch in der Praxis häufig vor, daß es an den Grenzbahnhöfen schwere Güter- und Personenzüge zu bewegen gilt. Durch den Umbau verfügt die SBB nun über praktisch neuwertige Maschinen, die sich für weitere 30-40 Jahre einsetzen lassen.

Beheimatungen

Depots Genève und Bellinzona (mit Stationierung in Chiasso)

Technische Daten

Baureihenbezeichnung	Ee 934
Indienststellung	1962-1963
Hersteller	SLM, SAAS
Betriebsnummern	934 551-556
Gesamtzahl der gebauten Lokomotiven	10
Anzahl 1997	10
Höchstgeschwindigkeit	60 km/h
Gewicht	48 t
Länge über Puffer	10020 mm
Höhe mit gesenktem Stromabnehmer	4310 mm
Achsfolge	C
Radstand	4000 mm
Triebrad-Durchmesser	1040 mm
Anzahl Motoren	2
Netzspannung	15 kV/16,7 Hz; 25 kV/50 Hz; 1500 V; 3000 V
Stundenleistung	400 kW

REDAKTION: RONALD GOHL – AUFNAHME: REMO CAZZARI

Wegen ihrer Form mit dem zentralen Führerstand und den langen Vorbauten wird die Ee 6/6 manchmal auch als „Rangierkrokodil“ bezeichnet

Baureihe Ee 6/6

Das in zwei Einheiten gebaute „Rangierkrokodil“ Ee 6/6 leistet noch heute, nach rund 45-jährigem Dienst, fast täglichen Einsatz. In den fünfziger Jahren stand für schwere Schiebeaufgaben an den Ablaufbergen der großen Rangierbahnhöfe außer den Dampflokomotiven C 5/6 und E 4/4 kein elektrisches Triebfahrzeug zur Verfügung, das in der Lage war, die Aufgabe zufriedenstellend zu erfüllen.
Mit der Inbetriebnahme der beiden Ee 6/6 16801-16802 lieferte das Konsortium SLM, BBC und SAAS ein Fahrzeug, das problemlos bei 5 km/h viele Tonnen schwere Züge den Ablaufberg hinaufdrücken konnte.

Konstruktion

Das **Design** der Ee 6/6 entspricht in etwa einer Ee 3/3 mit überlangen Vorbauten. Aber auch eine gewisse Ähnlichkeit zum berühmten „Krokodil“ ist nicht von der Hand zu weisen.

Die sechsachsige Rangierlokomotive verfügt über einen zentral angeordneten Führerstand und zwei Rangierplattformen an beiden Enden. Die Ee 6/6 kamen dem damals geltenden Farbschema der SBB entsprechend mit ziegelrotem Anstrich aus der Fabrik.

Der **mechanische Teil** der Ee 6/6 besteht aus zwei dreiachsigen Drehgestellen, die über eine gefederte Querkupplung miteinander verbunden sind. Über zwei Drehzapfen und seitlich gefederte Drehstützen ist die Führerhaus-Mittelbrücke mit den Drehgestellen verbunden. Schrägstangenantrieb und Bremssysteme entsprechen in doppelter Ausführung den Ee 3/3.

Der **Führerraum** ist wie bei den Ee 3/3 für einmännige, stehende Bedienung ausgelegt – seit einigen Jahren stehen den Lokführern Hocker auf dem Führerstand zur Verfügung. Auf jeder Seite des Führertisches gibt es ein Steuerkontroller mit Handrad.

Auch die **elektrische Ausrüstung** entspricht weigehend den kleinen Ee 3/3. Als Besonderheit ist eine Feinsteuerung vorhanden, mit der beide Fahrmotoren in Serie geschaltet werden. Ihnen werden damit lediglich ein Drittel der normalen Spannungswerte aufgedrückt und die Geschwindigkeit läßt sich im unteren Bereich erstaunlich fein regulieren.

Betriebseinsatz

Bei ihrer Inbetriebnahme leisteten die Ee 6/6 in Basel und Zürich Dienst. Heute stehen beide Fahrzeuge im Basler Rangierbahnhof im Einsatz.

Beheimatungen

Depot Basel

Technische Daten

Baureihenbezeichnung	Ee 6/6
Indienststellung	1952
Hersteller	SLM, BBC, SAAS
Betriebsnummern	16801-16802
Gesamtzahl der gebauten Lokomotiven	2
Anzahl 1997	2
Höchstgeschwindigkeit	45 km/h
Gewicht	90 t
Länge über Puffer	14840 mm
Höhe mit gesenktem Stromabnehmer	4540 mm
Achsfolge	C'+C'
Radstand	10900 mm
Triebrad-Durchmesser	1040 mm
Anzahl Motoren	2
Netzspannung	15 kV/16,7 Hz
Stundenleistung	1000 kW

REDAKTION: RONALD GOHL – AUFNAHME: DOMINIK MADORIN

Die zehn schweren Rangierlokomotiven des Typs Ee 6/6 II stehen in Lausanne, Bern, Basel, Zürich und Rorschach im Einsatz

Baureihe Ee 6/6 II

Weil die zu Rangierlokomotiven umgebauten „Krokodile" der Serie Ce 6/8 II ersetzt werden sollten, stellten die SBB Mitte der siebziger Jahre ein Pflichtheft für zehn neue, sechsachsige Umrichter-Elektrolokomotiven auf. Von dem neuen Triebfahrzeug der Baureihe Ee 6/6 II wurde insbesondere verlangt, daß es über eine große Anfahrzugkraft bei relativ kleiner Leistung verfügt. Drehgestelle und Fahrmotoren sollten mit denjenigen der dieselelektrischen Umrichterlok Am 6/6 austauschbar sein.

Konstruktion

Das **Design** der Ee 6/6 II entspricht einer modernen Rangierlok. Die beiden viereckigen Vorbauten sind wegen der Sichtverhältnisse möglichst kurz und niedrig gestaltet worden. Wegen der im Rangierbetrieb häufigen Fahrtrichtungswechsel ist ein zentraler Führerstand in der Lokmitte vorhanden. Die Maschinen sind 1980 noch im rostbraunen SBB-Anstrich geliefert worden.

Beheimatungen

Depots Lausanne, Bern, Basel, Zürich, Rorschach

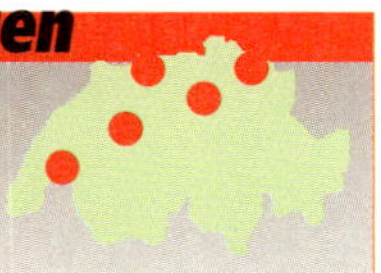

Der **mechanische Teil** der Umrichterlokomotive besteht aus zwei sechsachsigen Drehgestellen mit eingebauten Fahrmotoren und dem symetrisch angeordneten, geschweißten Lokkasten mit zwei gleich großen Vorbauten.

Das Führerhausdach besteht aus einem wegnehmbaren Teil, auf dem nur der Stromabnehmer montiert ist, und einem festen Teil, auf dem die übrigen Dachapparate aufgebaut sind.

Die Disposition des **Führerstandes** lehnt sich stark an den Lokomotiven der Reihe Am 6/6 an. Wesentlicher Unterschied ist eigentlich nur die zusätzliche Stellung des Steuerschalters für den Hauptschalter im wegnehmbaren Führerpult, der Wegfall der Instrumente für den Dieselmotor in der Anzeigetafel und die etwas geräumigere Kabine.

Die **elektrische Ausrüstung** wurde in den beiden Vorbauten untergebracht. Im Vorbau I ist der Hilfsbetriebeblock mit den beiden Ölkühlern für das Transformatoröl, dahinter, quer zur Längsachse, die Kompressorgruppe aufgebaut. Den restlichen Platz bis zum Führerhaus nimmt der Transformator ein. Im Vorbau II befinden sich wiederum ein Hilfsbetriebeblock, dahinter die als Wechselrichter betriebenen Umrichter und der Meßblock mit sämtlichen Strom- und Spannungswandlern.

Betriebseinsatz

Die Lokomotiven der Baureihe Ee 6/6 II kommen vorwiegend auf den großen Rangierfeldern in allen drei SBB-Kreisen zum Einsatz. Eine Verwendung dieser leistungsstarken Fahrzeuge im Streckendienst ist nicht vorgesehen.

Technische Daten

Baureihenbezeichnung	Ee 6/6 II
Indienststellung	1980
Hersteller	SLM, BBC
Betriebsnummern	16811-16820
Gesamtzahl der gebauten Lokomotiven	10
Anzahl 1997	10
Höchstgeschwindigkeit	85 km/h
Gewicht	111 t
Länge über Puffer	17400 mm
Höhe mit gesenktem Stromabnehmer	4540 mm
Achsfolge	Co'Co'
Radstand	12200 mm
Triebrad-Durchmesser	1250 mm
Anzahl Motoren	6
Netzspannung	15 kV/16,7 Hz
Stundenleistung	730 kW

REDAKTION: RONALD GOHL – AUFNAHME: HEINZ SIGRIST

Mit den De 4/4 wurden unter anderem die ersten Pendelzüge der SBB gebildet, sie kamen in der ganzen Schweiz zum Einsatz. Als historisches Fahrzeug hat der De 4/4 1679 überlebt

Baureihe De 4/4

Zu den im Depot Rorschach liebevoll gepflegten historischen SBB-Fahrzeugen gehört auch der Gepäcktriebwagen De 4/4 1679, einziger fahrbarer „Überlebender“ einer Serie von 25 in den Jahren 1927-1928 gebauten Triebwagen. Bei der Inbetriebsetzung noch als Fe 4/4 bezeichnet, war das Fahrzeug für einmännige Bedienung mit Vielfachsteuerung ausgerüstet. Als Lieferanten des De 4/4 zeichneten SWS und SIG für den mechanischen Teil, SAAS für die elektrische Ausrüstung. Gegenüber den Personentriebwagen Ce 4/6 1601-1619 wiesen die De 4/4 eine leicht höhere Leistung auf. Beide Triebfahrzeuge zählten zu den ersten von den SBB selber konzipierten Triebwagen. Von der verstaatlichten Seetalbahn hatte die Bundesbahn allerdings schon zuvor acht Personen- und zwei Gepäcktriebwagen übernommen und einige Erfahrungen im Betrieb gesammelt.

Konstruktion

Das **Design** des De 4/4 erweckt einen recht altertümlichen Eindruck. Vor allem die wenig gefällige Stirnfront mit den kleinen, viereckigen Fenstern und dem runden Dach vermag nur eingefleischte Bahnhistoriker zu begeistern. Doch diese Ausstattung entsprach dem Zeitgeist, denn auf schöne Formen legte zwischen den beiden Weltkriegen wohl kaum eine Fahrzeugschmiede großen Wert. So war auch der De 4/4 ein reines Zweckgebilde, dem die „Eingeweide“ aus dem Lokrahmen quollen. Das Gefährt verfügt über zwei Gepäckabteile, den sogenannten SBB- und Post-Raum.

Der **mechanische Teil** des De 4/4 besteht aus dem Untergestell, das sich über querliegende Blattfedern auf die beiden vierachsigen Drehgestelle abstützt. Jede Achse verfügt über ihren eigenen Motor, der seitlich elastisch im Drehgestell gelagert ist. Der Antrieb erfolgt über ein Tatzlager. Auf dem massiven Untergestell ruht der hölzerne Kastenaufbau mit zwei Führerständen. Neben den beiden Gepäckräumen befinden sich zwischen den Führerständen viele „Nebenräume“ wie zum Beispiel das gegen Außen mit einem vergitterten Fenster versehene Postabteil für den Transport von Wertgegenständen. Aber auch die Ventilator-Gruppe, der Ölkühler und die Hochspannungsapparate sind in separaten Kabinen untergebracht. Offenbar hatte man früher nicht so sehr auf Umweltschutz geachtet, denn in den Betriebsvorschriften hieß es: „Im Boden dieses Raumes ist ein weites, offenes Rohr angeordnet, zum Ablauf des Öles bei eventuellem Defektwerden des Ölkübels zum Hauptschalter“...
Die ursprünglich einlösige Westinghouse-Druckluftbremse wurde in den vierziger Jahren durch eine Regulierbremse ersetzt. Unter dem Wagenboden ist der SLM-Rotationskompressor aufgehängt, auf dem Dach befinden sich die beiden Hauptluftbehälter.

Der **Führerraum** kann in Fahrtrichtung links durch eine Türe betreten werden. Eine in Fahrtrichtung rechts angeordnete Türe führt in die Gepäckabteile. Der Führerstand ist mit einer Kurbel zur Betätigung des Steuerkontrollers ausgestattet. Eine eingebaute Federkupplung erlaubt das automatische Aufschalten, das über

Beheimatungen

Depot Rorschach

zu spannende Federn, Sperrmagnete und Beschleunigungsrelais funktioniert. Als Sicherheitseinrichtung gab es ursprünglich nur die vom Führer niederzudrückende Kurbel. Bei Unterlassung löste ein Steuerstrom den Hauptschalter aus, so daß die Zugkraft unterbrochen wurde.

Um die **elektrische Ausrüstung** vor Nässe zu schützen, ist sie nicht wie beim Ce 4/6 unter dem Wagenboden angeordnet. Mit Ausnahme des Transformators, der Batterien und der Überdrosselspulen befindet sich die Elektrik im Inneren. Für den Ölhauptschalter wurde eine eiserne Kabine konstruiert, die Hüpferbatterie ist von einem Blechkasten umgeben. Die Kühlluft wird über die seitlich angebrachten Jalousien angesaugt und durch lederne Faltenbälge in die Motoren geblasen.

Betriebseinsatz

Die De 4/4 kamen anfangs in allen drei SBB-Kreisen zum Einsatz. Mit ihnen wurde der damals neue Pendelzugverkehr gebildet. Zu diesem Zweck gab es sogar eine farblich sehr attraktive Variante. Zwischen Zürich und Rapperswil verkehrte in den dreißiger Jahren der blau/weiß-bemalte Triebwagen im Verbund mit drei C-C Doppelwagen und dem Steuerwagen BCt. Der De 4/4 1678, salopp als „Arbeiter-Pullmann“ bezeichnet, steht heute im Verkehrshaus und repräsentiert die Anfänge des Pendelzugverkehrs. In den Jahren 1966-1970 erfolgte der Umbau von elf Gepäcktriebwagen in eine äußerlich völlig neue, moderne Version, die häufig im Seetal anzutreffen war. Die übrigen Fahrzeuge wurden bis Mitte der achtziger Jahre abgebrochen. Zwei De 4/4 (1678 und 1679) blieben bis heute museal erhalten, einer davon betriebsfähig.

Technische Daten

Baureihenbezeichnung	De 4/4
Indienststellung	1927-28
Hersteller	SWS, SIG, SAAS
Betriebsnummer	1679
Gesamtzahl der gebauten Triebwagen	25
Anzahl 1997 (betriebsfähig)	1
Höchstgeschwindigkeit	85 km/h
Gewicht	59 t
Länge über Puffer	15200 mm
Höhe mit gesenktem Stromabnehmer	4510 mm
Achsfolge	Bo'Bo'
Radstand	11300 mm
Triebrad-Durchmesser	1040 mm
Anzahl Motoren	4
Netzspannung	15 kV/16,7 Hz
Stundenleistung	815 kW

REDAKTION: RONALD GOHL – AUFNAHME: HEINZ SIGRIST

Unter den Elektroloks der Schweizerischen Bundesbahnen schrieben die Maschinen mit Buchli-Antrieb ihre eigene Erfolgsgeschichte: Rund 70 Jahre lang waren sie im Plandienst anzutreffen. Das Bild mit dem Güterzug am Urner See entstand 1985 D. Beckmann

Die schwere Rangierlokomotive des Typs E(e)m 6/6 wird heute nicht mehr über Gleichrichter mit elektrischem Strom aus der Fahrleitung versorgt, sondern ausschließlich über den Dieselmotor

Baureihe E(e)m 6/6

Für den schweren Rangierdienst in großen Bahnhöfen beschaffte die SBB 1970 bis 1971 eine Serie von sechs Lokomotiven. Da im vorgesehenen Einsatzgebiet nicht alle Geleise elektrifiziert waren, mußte eine Zweikraftlokomotive beschafft werden. Der Großteil des Rangierdienstes konnte aber elektrisch besorgt werden. Die kleine Serie bedingte, daß möglichst viele Bauelemente von bestehenden Triebfahrzeugen verwendet werden konnten. Für den mechanischen Teil, inklusive Dieselmotor, war die Schweizerische Lokomotiv- und Maschinenfabrik (SLM) in Winterthur und für den elektrischen Teil die Firma SA des Ateliers de Sécherons (SAAS) in Genf verantwortlich.

Konstruktion

Das **Design** der fast 18 Meter langen Maschine wirkt zweckgebunden. Es scheint, als habe man hier zwei Traktionseinheiten im Baukastenverfahren „zusammengehängt". Der kurze Mittelführerstand will nicht so recht zur Länge des Fahrzeugs passen. Auf jeder Seite der Vorbauten sind geräumige Rangierplattformen angebracht.

Der **mechanische Teil** der Lokomotive besteht aus zwei kurzgekuppelten Hälften. Im hinteren Teil wurde der thermische Antrieb und im vorderen die elektrische Traktionsausrüstung untergebracht. Für die Fahrzeughälfte mit dem Dieselmotor übernahmen die Konstrukteure weitgehend den Vorbau der Bm 4/4. Die Anordnung der verschiedenen Elemente entspricht dieser vierachsigen Diesellok. Auf der „elektrischen Lokseite" befindet sich das Führerhaus. Der zweite Vorbau mit dem thermischen Antrieb ist viel breiter und mußte neu konstruiert werden. Als Laufwerke verwendeten die Konstrukteure die Fahrwerke der Em 3/3. Auf der thermischen Seite mußte der Rahmen zur Aufnahme des Vorbaus angepaßt werden. Die äußere und mittlere Achse werden mit je einem Fahrmotor angetrieben, die innere Achse erhielt eine Kuppelstangenverbindung. Jede Lokhälfte besitzt ihre eigene Bremseinrichtung.
Die mechanische Drehzahlregelung der Bm 4/4 wurde in eine elektrische Regelung umgebaut. Durch den betrieblichen Einsatz waren auch weitere Abweichungen gegenüber der Bm 4/4 unumgänglich. Das Kühlwasser des Dieselmotors wird auch bei elektrischem Betrieb immer geheizt. So kann der Dieselmotor jederzeit gestartet und belastet werden.

Das zentral angeordnete **Führerhaus** wird über die seitlich angebrachten Türen betreten. Auf dem in der Mitte aufgebauten Führertisch befinden sich alle wichtigen Instrumente und Bedienungselemente. Im elektrischen Betrieb sind 26 Fahrstufen und im Dieselbetrieb 29 Fahrstufen vorhanden. Diese große Anzahl ermöglicht eine sehr feine Abstufung der Zugkraft. Die elektrische Bremse, welche auf Widerstände arbeitet, verfügt über sechs Stufen. Mittels eines Hebels stellt der Lokführer auch im thermischen Betrieb die Zugkraft ein – der Dieselmotor erhöht seine Drehzahl auf den eingestellten Wert, wobei über die Hüpfer die Erregung des Hauptgenerators geregelt und die Ausgangsspannung den elektrischen Fahrmotoren zugeführt wird. Wenn der gleiche Hebel über den Nullpunkt hinaus auf die Stellung Bremsen gebracht wird, kommt die elektrische Bremse in Kombination mit der Druckluftbremse zum Einsatz.

Der **elektrische Teil** des Triebfahrzeugs stammt von der Ee 3/3 IV. Für den Einsatz als Dieselfahrzeug mußte aber der Steuerkontroller der Ee 3/3 IV modifiziert werden. Auf die Mehrstromausrüstung wurde natürlich verzichtet. Die Stromspannung gelangt über den Einholmstromabnehmer auf dem Führerhausdach zum Hauptschalter und von dort weiter zum Transformator. Dieser liefert eine konstante Wechselspannung, welche an vier parallelgeschaltete Gleichrichter weitergeleitet wird. Neben dem Hauptgenerator verfügt die Lok über zwei Hilfsgeneratoren, diese speisen die Fremderregung der Fahrmotoren und die Batterien. Weil im elektrischen Betrieb die Fahrmotoren auch über den Hilfsgenerator I gespeist werden, ist dieser mit einer elektromagnetischen Kupplung auf der gleichen Welle mit dem Dieselmotor verbunden.

Betriebseinsatz

Die Lokserie wird für den schweren Verschubdienst auf den Rangierbahnhöfen in Genf, Basel und Chiasso benötigt. Ideal für den Einsatz am Ablaufberg ist die feine Abstufung der Zugkraft. Die zunehmende Störanfälligkeit der Gleichrichter bewogen die SBB, diese aus dem Betrieb zu nehmen, die noch brauchbaren Teile zu demontieren und die Lok als Em 6/6 weiterfahren zu lassen. Im Jahre 1997 war nur noch die Lok Nr. 17003 mit Eem 6/6 bezeichnet.

Beheimatungen

Depots Bellinzona und Basel

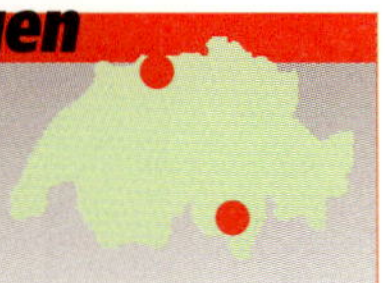

Technische Daten

Baureihenbezeichnung	E(e)m 6/6
Indienststellung	1970-71
Hersteller	SLM, SAAS
Betriebsnummern	18401-18446
Gesamtzahl der gebauten Lokomotiven	6
Anzahl 1997	6
Höchstgeschwindigkeit	65 km/h
Gewicht	104 t
Länge über Puffer	17850 mm
Höhe mit Auspuffanlage	4800 mm
Achsfolge	C+C
Radstand	11790 mm
Triebrad-Durchmesser	1040 mm
Anzahl Dieselmotoren	1
Anzahl elektr. Fahrmotoren	4
Stundenleistung	800 kW

REDAKTION: HANSUELI REICH – AUFNAHME: HEINZ SIGRIST

An einem schönen Frühlingstag „posiert" die inzwischen abgestellte HGe 4/4 I 1992 für ein Typenfoto auf der Strecke Meiringen – Isenbolgen

Beheimatungen

Depot Meiringen

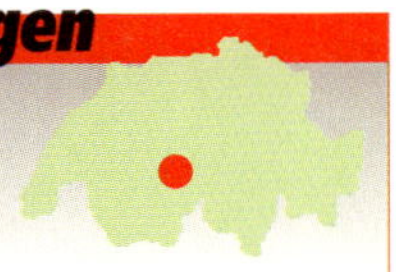

Baureihe HGe 4/4 I

Die 16 Gepäcktriebwagen der Brünigliinie stießen während den in den fünfziger Jahren rasch zunehmenden Hauptreisezeiten auf der 120 ‰ steilen Bergstrecke an ihre Leistungsgrenzen, so daß Doppel- oder sogar Dreifachtraktionen zwischen Giswil und Meiringen notwendig wurden. Mit zwei neuen Zahnrad-Berglokomotiven der Achsfolge Bo'Bo' sollte dieser umständlichen Betriebsart begegnet werden. Die Schweizerischen Bundesbahnen erteilten im Jahre 1953 einen entsprechenden Auftrag an die Lieferfirmen SLM, BBC und MFO. Mit ihrem Dienstgewicht von 54 t sollten die neuen Loks eine Stundenleistung von 1600 kW erbringen. Ihre maximale Zugkraft wurde auf 137 kN in Adhäsion sowie 275 kN auf der Zahnstange festgelegt.

Konstruktion

Im **Design** waren die beiden HGe 4/4 I Nr. 1991 und 1992 ihrer Zeit weit voraus. Sie wiesen bereits jene Stirnfront auf, die zehn Jahre später den Normalspurlokomotiven Re 4/4 II als Vorbild diente. Der sauber verarbeitete Kasten ist wohlproportioniert – mit zwei Fenstern und zwei übereinanderliegenden Jalousien auf der Seite. Ungewöhnlich und auffällig ist der in der Mitte des Daches angeordnete Scherenstromabnehmer. Die tief nach unten gezogenen Schürzen verstärken den Eindruck, daß hier gute Designer am Werk waren. Die Maschine 1991 trug das Wappen von Meiringen, das Schwesterfahrzeug 1992 ist mit jenem von Giswil geschmückt. Wegen ihrer großen Zugkraft und dem viereckigen Äußeren erhielt die Lok den Übernahmen „Muni" (Schweizerdeutsch für „Stier").

Der **mechanische Teil** der HGe 4/4 I besteht aus einem kurzen, selbsttragenden Kasten, der auf den beiden zweiachsigen Drehgestellen ruht. Diese entsprechen in ihrer Bauart jenen der Normalspurlokomotive Re 4/4 I. Wie bei den zwanzig Jahre zuvor gebauten und inzwischen erprobten Lokomotiven der Brig–Visp–Zermatt-Bahn wurde der Zahnradantrieb in die Adhäsionstraktion integriert. So treibt jeder der vier Fahrmotoren gleichzeitig sowohl den Triebradsatz wie auch die auf den Achsen liegenden Zahnräder an. Sie drehen im Adhäsionsbetrieb lose mit. Die Kupplung ist nicht am Drehgestell sondern am Lokkasten befestigt.

Im **Führerstand**, der von einer seitlichen Einstiegstüre betreten wird, ist etwas mehr Platz als in den Gepäcktriebwagen. Trotzdem gibt es auch hier nur einen recht unbequemen Klappstuhl für sitzende Bedienung. Der Steuerkontroller, ein Handrad, ist auf dem linken Führertisch zentral angeordnet. Weil beim gekuppelten Antrieb die Synchronisation der Zahnräder entfällt, ist die Einfahrt in den Zahnstangenabschnitt entsprechend einfacher. Mit dem Fahrschalter wird auf „Zahnstange" umgestellt, so daß der Steuerkontroller für den Bereich „Elektrisches Bremsen" eingesetzt werden kann. Beim Überschreiten der Maximalgeschwindigkeit von 33 km/h wird der ganze Zug automatisch abgebremst.

Das „Herz" der **elektrischen Ausrüstung** bildet der in der Mitte des Maschinenraums aufgestellte, ölgekühlte Transformator. Daran angebaut ist der BBC-Hochspannungsstufenschalter für 19 Stufen. Wegen des kurzen Kastens wurde der Stromabnehmer in der Mitte des Daches angeordnet. Links und rechts davon erkennt man die Bremswiderstände sowie die Wendepolshunts der Fahrmotoren. Mittels einer separaten Wicklung des Transformators werden die 220 Volt-Hilfsbetriebe wie z.B. der Rotationskompressor, die Ölumlaufpumpe für die Trafokühlung oder die Triebmotorenventilation gespeist. Die fahrdrahtunabhängige Gleichstrom-Widerstandsbremse verfügt über 15 Stufen und dient zu Abbremsung einer 120 t schweren Anhängelast auf dem größtmöglichen Gefälle.

Betriebseinsatz

Im Mai und Juni des Jahres 1954 von dem Konsortium SLM, BBC und MFO abgeliefert, legten die HGe 4/4 I schon bald bis zu 420 km täglich zurück. Die hohen Zugkräfte wirkten sich allerdings auf das Getriebe und die Zahnräder zerstörerisch auf, so daß immer wieder eine Maschine monatelang still stand und auf Ersatzteile wartete. Die revisionsanfällige HGe 4/4 I mit der Betriebsnummer 1992 wurde im Juli 1996 aus dem Betrieb genommen und in Meiringen abgestellt. Dort wartet die formschöne Lok auf ihre ungewisse Zukunft. Das Schwesterfahrzeug mit der Nr. 1991 wurde bereits 1991 wegen eines Motorenschadens ausrangiert und 1994 abgebrochen. Damit der HGe 4/4 I 1992 nicht das gleiche Schicksal widerfährt, möchte ein Verein die Maschine übernehmen und als Industriedenkmal wieder instand stellen.

Technische Daten

Baureihenbezeichnung	HGe 4/4 I
Indienststellung	1954
Hersteller	SLM, BBC, MFO
Betriebsnummern	1991-1992
Gesamtzahl der gebauten Lokomotiven	2
Anzahl 1997	1
Höchstgeschwindigkeit	50 km/h
Gewicht	54 t
Länge über Puffer	13000 mm
Höhe mit gesenktem Stromabnehmer	3950 mm
Achsfolge	Bo'Bo'
Radstand	9350 mm
Triebrad-Durchmesser	1028 mm
Anzahl Motoren	4
Netzspannung	15 kV/16,7 Hz
Stundenleistung	1600 kW

REDAKTION: RONALD GOHL – AUFNAHME: FOTO-SERVICE SBB

Die acht HGe 101 tragen jeweils neben der Einstiegsluke die Wappen der wichtigsten Gemeinden an der Brüniglinie

Baureihe HGe 101

Im Jahre 1986 lieferte die Schweizer Industrie zwei Prototyplokomotiven der Baureihe HGe 4/4 II an die Brüniglinie der SBB. Sie legten während ihrer Erprobungszeit über 300 000 km zurück und bewährten sich überdurchschnittlich gut. Drei baugleiche Maschinen wurden auch auf der Strecke der Furka–Oberalp-Bahn (FO) getestet.

Die Absicht, den gesamten Lokomotivpark (16 Gepäcktriebwagen und zwei Bergloks HGe 4/4 I) durch 17 vierachsige Zahnradmaschinen der Baureihe HGe 4/4 II zu ersetzen, scheiterte an den Kosten und betrieblichen Überlegungen – die durchgehenden Schnellzüge Luzern – Interlaken konnten nämlich auch mit acht Einheiten auskommen. Mit den neuen Maschinen läßt sich dank der hohen Leistung die Fahrzeit auf der Bergstrecke um vier Minuten kürzen, ein willkommener Zeitgewinn im Hinblick auf Bahn+Bus 2000. Aus diesem Grund bewilligte der Verwaltungsrat der SBB die Beschaffung von acht Zahnradlokomotiven und gewährte dafür einen Kredit von 37 650 000 Franken. Bei der Umsetzung kam nur eine einheitliche SBB-Serie in Frage, weshalb die beiden Prototyplokomotiven mit den Betriebsnummern 1951 und 1952 an die FO verkauft wurden. Um die Kosten zu senken, schlossen sich die SBB mit der Furka–Oberalp-Bahn zu einer Serienbestellung von insgesamt elf Lokomotiven der neuen Reihe HGe 4/4 II zusammen.

Konstruktion

Das **Design** der neuen Brüniglok entspricht mit den gesickten, fensterlosen Seitenwänden und der abgewinkelten Stirnfront dem Trend der neunziger Jahre. Auch farblich unterscheidet sich die HGe 101, wie sie nach dem neuen Nummernschema heißt, von den baugleichen Lokomotiven der FO und BVZ. Mit einem schwarzen Rahmen wurden die Fensterpartie der Stirnfront sowie die Seitenfenster des Führerstands eingefaßt. Das Fenster in der Einstiegtüre reicht bis zum Boden hinunter, was den modernen Eindruck des Fahrzeugs unterstreicht. Zwischen den beiden Scheinwerfern spritzten die Designer ein schwarzes Band mit der Loknummer auf. Die acht HGe 101 tragen die Wappen der wichtigsten Gemeinden an der Brüniglinie.

Der **mechanische Teil** der Lokomotive besteht aus dem selbsttragenden, vollständig verschweißten Kasten mit zwei geräumigen Führerständen und dem übersichtlichen Maschinen- und Apparateraum. Von den vier Fahrmotoren wird das Drehmoment über Vorgetriebe und Gelenkwelle auf den Differentialantrieb weitergegeben. Als nächstes Glied kommt das Planetengetriebe, das die Zugkräfte auf die Adhäsions- und Triebzahnräder aufteilt. Dieses von der

Technische Daten

Baureihenbezeichnung	HGe 101
Indienststellung	1989-90
Hersteller	SLM, ABB
Betriebsnummern	101 961-968
Gesamtzahl der gebauten Lokomotiven	8
Anzahl 1997	8
Höchstgeschwindigkeit	100 km/h
Gewicht	63 t
Länge über Puffer	14800 mm
Höhe mit gesenktem Stromabnehmer	3950 mm
Achsfolge	Bo'Bo'
Radstand	10340 mm
Triebrad-Durchmesser	965 mm
Anzahl Motoren	4
Netzspannung	15 kV/16,7 Hz
Stundenleistung	1875 kW

AUFNAHME: RONALD GOHL

Gerade hat die HGe 101 962-9 den Schnellzug von Luzern nach Interlaken-Ost gebracht (oben). Bei Meiringen-Hüsen fährt die HGe 101 965-2 aus dem Zahnstangenabschnitt (unten)

SLM neu entwickelte System bewährte sich bei den Prototyplokomotiven selbst bei den anspruchsvollen Betriebsbedingungen während des Jubiläums „100 Jahre Brünig". Auch die beiden Bremssysteme I und II genügten allen Härtetests. Mit dem Bremssystem I wird die automatische Bremse betätigt, sie wirkt als reine Klotzbremse. Bremssystem II ist als Notbremse konzipiert, die im Zahnstangenbetrieb wirkt. Weiter sind die Rangier-, die Feststell- und natürlich die elektrische Bremse vorhanden. Messungen über das Lärmverhalten ergaben, daß die neue HGe 101, doppelt so stark wie der Deh 120, keine höheren Lärmpegelwerte aufweist.

Bei der Anordnung des **Führerraumes** mußte die SBB im Hinblick auf die Serienproduktion mit der Furka-Oberalp-Bahn Konzessionen machen. Aus diesem Grund befindet sich der Führerstand nicht wie bei den SBB üblich links, sondern ausnahmsweise rechts. Der Steuerkontroller hat die Form eines Handrades, dahinter wurden acht Anzeigeinstrumente auf einer schräg abgewinkelten Konsole montiert. Wie die S-Bahn-Lok der Baureihe Re 450 besitzt auch die HGe 101 eine Geschwindigkeitsmeßanlage mit Datenkassette statt Registrierung auf Papierstreifen. Ferner steht dem Lokführer eine Funkanlage des Typs SE 560 der Firma Ascom zur Verfügung.

Namen und Wappen

HGe 101 961-1	Horw
HGe 101 962-9	Hergiswil
HGe 101 963-7	Alpnach
HGe 101 964-5	Sachseln
HGe 101 965-2	Lungern
HGe 101 966-0	Brünig-Hasliberg
HGe 101 967-8	Brienz
HGe 101 968-6	Ringgenberg

Der ergonomisch bequeme Sitz beugt Ermüdungserscheinungen des Personals vor.

Die **elektrische Ausrüstung** umfaßt Antrieb und Rekuperationsbremse in modernster Thyristortechnik mit Phasenanschnitt. Die vier in den Drehgestellen eingebauten Fahrmotoren erbringen eine Stundenleistung von je 483 kW an den Motorwellen. Die staubdichte Apparatekabine in der Mitte des Maschinenraums enthält die wichtigsten elektrischen Teile wie zum Beispiel den ölgekühlten Transformator. Ein Elektronik-Apparateschrank befindet sich in der Rückwand des Führerraumes I. Die Leittechnik wurde in zwei identischen Teilsystemen untergebracht, mit ihr lassen sich die beiden Stromrichter unabhängig ansteuern. Wesentlich zum Fahrkomfort trägt auch die Beschleunigungsbegrenzung im Adhäsionsbetrieb bei. Sie verhindert Überreaktionen der hohen Zugkräfte beim Anfahren des Zuges. Alle acht HGe 101 verfügen über eine Vielfachsteuerung mit 61-poliger Steuerleitung. Die Belegung wurde gemeinsam mit der Luzern–Stans–Engelberg-Bahn (LSE) und den Berner-Oberland-Bahnen (BOB) festgelegt, um damit Wagendurchläufe zu ermöglichen. Auch von der neuen Beilhack-Schneeschleuder Xrotm 51 läßt sich eine HGe 101 ferngesteuert fahren.

Betriebseinsatz

Die in den Jahren 1989-90 in Monatsintervallen abgelieferten HGe 101 961-968 lösten zunächst die beiden Prototyplokomotiven ab, die in den Besitz der FO übergingen. Mit den acht neuen Zahnradtriebfahrzeugen werden vor allem die durchgehenden Schnellzüge Luzern – Meiringen – Interlaken geführt. Zur Zeit kann die Maximalgeschwindigkeit von 100 km/h noch nicht ausgefahren werden. Mit baulichen Maßnahmen und einer Doppelspurinsel zwischen Brienzwiler und Meiringen soll aber dereinst erreicht werden, daß die Strecke Interlaken – Luzern in nur 105 Minuten zurückgelegt werden kann.

Beheimatungen

Depot Meiringen

REDAKTION UND AUFNAHMEN: RONALD GOHL

Fällt ein OeBB-Triebwagen aus, wird der RBe 2/4 1007 auch im Plandienst eingesetzt!

Beheimatungen

Depots Bern, Balsthal (OeBB)

Baureihe R(A/B)e 2/4

Die Roten Pfeile sind ein Kind der europäischen Wirtschaftskrise in den dreißiger Jahren. Bedingt durch das vorhandene schwere Rollmaterial und die dafür notwendigen Zugkräfte, steuerten die Bundesbahnen in die roten Zahlen. Die SBB überlegten aber rechtzeitig, wie sie den Betrieb kostengünstiger gestalten konnten. Im sorgfältig erarbeiteten Pflichtenheft für neue Fahrzeuge wurde gefordert: geringes Gewicht, schnelles Anfahrvermögen, hohe Geschwindigkeit und rasches Abbremsen. Als „Output“ dieser Überlegungen rollten im April und Mai 1935 die beiden Elektrotriebwagen CLe 2/4 201 und 202 (später RAe 2/4 1001 und 1002) aus den Werkhallen.
Es gibt kaum ein Fahrzeug in der Schweiz, das eine so große Beliebtheit wie der Rote Pfeil erreichte. Bereits in den dreißiger Jahren wurde das stromlinienförmige Triebfahrzeug als zukunftsweisendes Verkehrsmittel gefeiert. Weniger Freude hatten allerdings die SBB an ihren neun Roten Pfeilen, denn die Sprinter waren zwar schnell (125 km/h Spitzengeschwindigkeit), dafür aber recht leistungsschwach (536 PS). Auch konnten sie keinen Schnellverkehr zwischen den wichtigsten Schweizer Städten gewährleisten, denn das Platzangebot war beschränkt. Aus diesem Grund wurden alle Roten Pfeile mit Puffern und Kupplungen nachgerüstet, doch mit den leistungsschwachen Triebfahrzeugen noch schwere Wagen zu ziehen, war auch nicht gerade im Sinne des Erfinders.

Konstruktion

Das schnittige **Design** der Roten Pfeile hat der „Familie Schweizer“ auf zahllosen Gesellschaftsreisen viel Freude bereitet. Der „ICE“ der dreißiger Jahre erregte überall Aufsehen. Die 25 Meter langen RAe 2/4 wirkten mit ihren „Nasen“ und den übersichtlichen Cockpits fast wie Verkehrsflugzeuge der fünfziger Jahre. Doch die Passagiere mußten sich nicht mit kleinen Gucklöchern begnügen, sieben große Panoramafenster auf jeder Seite erlaubten uneingeschränkten Landschaftsgenuß. Als erste SBB-Fahrzeuge waren die RAe 2/4 rot gespritzt.

Der **mechanische Teil** der Leichttriebwagen besteht aus einem geschweißten Stahlgerippe, das auf leichte Stahlprofilträger aufgesetzt wurde. Mit diesem Gerippe ließen sich auch die Wandverschalungen verschweißen. Aus Aluminium fertigte man die wenig zu beanspruchenden Teile wie Vorbauhauben, Fensterrahmen, Türen oder die äußere Dachhaut. Die Drehgestelle lagen möglichst weit auseinander, um damit einen ruhigen Lauf zu gewährleisten. Die Roten Pfeile gelten auch als erste Niederflurfahrzeuge, denn der Fahrgastraum ist zwischen den Drehgestellen tiefergelegt.

Die Ausführung des **Führerstandes** war für die dreißiger Jahre revolutionär – Einmannbetrieb, Bedienung im Sitzen sowie ein Autosteuerrad-ähnliches Handrad für die Stufenschalterbetätigung. Gegen hinten ist der Führerstand offen, so daß die Passagiere dem „Piloten“ über die Schulter und auf die davor liegende Strecke sehen können.

Die **elektrische Ausrüstung** wurde für den Betrieb mit zwei Fahrmotoren zugeschnitten. Sie sind im hinteren Drehgestell eingebaut und in Serie geschaltet. Im vorderen Vorbau befindet sich der ölgekühlte Transformator. Die seitlichen Jalousien an den Hauben dienen zur Kühlung des Öls durch den Fahrtwind. Um Gewicht zu sparen, erhielten die Leichtbautriebwagen nur einen Stromabnehmer und anstelle eines Hauptschalters nur eine einfache Hochspannungssicherung.

Betriebseinsatz

Nach ihrer Ablieferung wurden die ersten beiden RAe 2/4 dem Depot Bern zugeteilt, wo ein Triebfahrzeug Plandienste übernahm und das andere für Vorführungs- und Gesellschaftsfahrten zur Verfügung stand. Obwohl sich die Roten Pfeile im Streckendienst als sogenannte Tramzüge nicht bewährten, gaben die SBB sieben weitere Rote Pfeile, zwei davon mit Dieselantrieb, in Auftrag. Die schnellen Flitzer fanden nämlich auf Sonder- und Gesellschaftsfahrten beim Publikum großen Anklang. Im Schnell- und Tramzugeinsatz war die Bilanz dagegen ernüchternd. Bei einem Ansturm von über 200 Reisenden auf ein Fahrzeug mit knapp 100 Sitz- und Stehplätzen mußte wieder auf „Lok und Wagen“ zurückgegriffen werden. Entsprechend groß war die Enttäuschung bei den Fahrgästen, wenn je nach Belastung plötzlich eine Ae 3/6 oder Ce 4/4 zum Einsatz kam.
Drei von neun Roten Pfeilen blieben der Nachwelt erhalten. Der RBe 2/4 1003 steht im Verkehrshaus, der RAe 2/4 1001 gehört den SBB und der RBe 2/4 1007 der Oensingen–Balstal-Bahn (OeBB).

Technische Daten

Baureihenbezeichnung	RAe 2/4	RBe 2/4
Indienststellung	1935	1936-1938
Hersteller	SLM, MFO, BBC, SAAS	
Betriebsnummern	1001-1002	1003-1009
Gesamtzahl der gebauten Triebwagen	2	7
Anzahl 1997	1	1
Höchstgeschwindigkeit	125 km/h	125 km/h
Gewicht	41 t	38 t
Länge über Puffer	25000 mm	22400 mm
Höhe mit gesenktem Stromabnehmer	4280 mm	4280 mm
Achsfolge	2'Bo'	2'Bo'
Radstand	20300 mm	19040 mm
Triebrad-Durchmesser	900 mm	900 mm
Anzahl Motoren	2	2
Netzspannung	15 kV/16,7 Hz	15 kV/16,7 Hz
Stundenleistung	395 kW	395 kW

REDAKTION: RONALD GOHL – AUFNAHME: OENSINGEN-BALSTHAL-BAHN

Stilgerecht renoviert ist der Churchill-Pfeil RAe 506 wieder im Einsatz (bei Erstfeld, 10. September 1996)

Die **elektrische Ausrüstung** umfaßt zwei Stromabnehmer, einen Druckluftschalter, eine Röhrensicherung und eine Hochspannungs-Verbindungsleitung auf dem Dach. Die bekannte und beliebte Form der Roten Pfeile erlaubte die Unterbringung der praktisch ganzen elektrischen Ausrüstung in den Vorbauten. Dort sind zwei Transformatoren, ein besonderer Bremsgenerator, ein Kompressor sowie Ventilatoren für die Ölkühlung der Transformatoren vorhanden.

Betriebseinsatz

Dreimal in seiner Laufbahn kam der rote Doppelpfeil zu besonderen Ehren: Erstmals im Oktober 1939, als er an der Landesausstellung präsentiert wurde. Danach wurde er oft bei Einweihungsfahrten der elektrischen Betriebsaufnahme in Marsch gesetzt. Im September 1946 folgte die legendäre Fahrt des britischen Kriegs-Premierministers Sir Winston Churchill, dem die SBB während seines Aufenthaltes in der Schweiz das Flaggschiff ihrer Flotte zur Verfügung stellte. Dieser Anlaß brachte dem Fahrzeug auch seinen späteren Namen „Churchill-Pfeil" ein. Und schließlich ging als dritter denkwürdiger Moment der September 1996 in die Geschichte des umbezeichneten RAe 506 ein. 1984 ausrangiert, durch Albert Glatt gerettet, in Freiburg i.Br. abgestellt und von privaten Geldgebern wieder flott gemacht, konnte der Doppelpfeil die „Auferstehung" feiern und steht wieder für Gesellschaftsfahrten im Einsatz.

Baureihe RAe 506

Zwar befindet sich der ehemalige „Churchill-Pfeil" nicht mehr im Besitz der SBB, trotzdem soll das total restaurierte Fahrzeug der MThB-Tochter „Reisebüro Mittelthurgau" im Rahmen des Fahrzeugkataloges SBB vorgestellt werden. Anlaß zur Bestellung des Doppelpfeils RAe 4/8 gaben die in den dreißiger Jahren immer beliebteren Gesellschaftsfahrten, die schon bald nicht mehr von den kleinen Roten Pfeilen getragen werden konnten. Aus diesem Grund entstand eine Reihe von „Großraum-Pfeilen" die wohl nie im Dunkel der Eisenbahngeschichte untergehen. Für den Doppelpfeil lieferte die SLM den mechanischen Teil, die SWS die Inneneinrichtung, die BBC die beiden Gleittransformatoren und die Antriebe, die MFO die Fahrmotoren und die SAAS alle Kleinapparate. Geradezu sensationell war die Höchstgeschwindigkeit von 150 km/h (das damals schnellste Schienenfahrzeug), die mehr aus Prestigegründen als aus praktischem Nutzen so hoch angesetzt wurde.

Konstruktion

Auf den ersten Blick gleicht das **Design** des Doppelpfeils den kleinen RAe 2/4 bzw. RBe 2/4. Bei genauerem Hinsehen fällt auf, daß das „Cockpit" viel bulliger wirkt. Hinter dem Führerstand folgen zunächst vier Sitzreihen, dann erst die Einstiegsplattform. Die beiden „Pfeilhälften" sind durch ein Gelenk kurzgekuppelt. Das Innenleben besticht durch eine Bar mit Offenbierausschank. Küche und Office sind weitere Bestandteile des Komforts.

Der **mechanische Aufbau** des Wagenkastens ist als selbsttragende Schweißkonstruktion ausgeführt. Weil der RAe 4/8 keine Wagen mitführt, sind auch keine Puffer vorhanden. Als Stoßelemente dienen zwei gummibeschichtete Stummel. Versenkte Zughaken lassen sich notfalls zum Abschleppen des „Churchill-Pfeils" ausfahren. Der Fahrgastraum wurde in der Niederflurbauweise zwischen den Drehgestellen tiefergesetzt. Bei der Totalrevision mußte der 15-20 mm Spritzaspestbelag am Wagenkasten entfernt werden.

Jeder Wagenkasten enthält an seinem Ende ein **Führerhaus**, das in seiner Ausführung weitgehend den kleinen Roten Pfeilen entspricht. Seit dem Umbau sind auch moderne Komponenten wie eine elektronische Sicherheitssteuerung mit Wachsamkeitskontrolle und eine automatische Zugsicherungsanlage vom Typ Signum vorhanden. Die Geschwindigkeitserfassung erfolgt über ein Tischgerät vom Typ Hasler RT9 bzw. R9 sowie über einen Streifen- und Farbscheiben-Tachographen.

Beheimatungen

Weinfelden (MThB)

Technische Daten

Baureihenbezeichnung	RAe 506
Indienststellung	1939
Hersteller	SLM, SWS, BBC, MFO, SAAS
Betriebsnummer	506 605-5
Gesamtzahl der gebauten Triebwagen	1
Anzahl 1997	1
Höchstgeschwindigkeit	150 km/h
Gewicht	93 t
Länge über Puffer	46200 mm
Höhe mit gesenktem Stromabnehmer	4500 mm
Achsfolge	2'Bo'+Bo'2'
Radstand	43100 mm
Triebrad-Durchmesser	900 mm
Anzahl Motoren	4
Netzspannung	15 kV/16,7 Hz
Stundenleistung	835 kW

REDAKTION: RONALD GOHL – AUFNAHME: MATTHIAS EMMENEGGER

Auf der Basis von Privatbahntriebwagen entstand Anfang der fünfziger Jahre die Baureihe BDe 4/4 (ursprünglich CFe 4/4)

AUFNAHME: FOTO-SERVICE SBB

Baureihe BDe 4/4

Nachdem in den Jahren 1942-1947 über 500 Kilometer SBB-Strecken elektrifiziert wurden, entstand eine Lücke beim Einsatz von leistungsfähigen Triebwagen. Die altertümlichen Be 4/6 waren kaum dafür geeignet, den Bahnkunden einen attraktiven Verkehrsträger anzubieten. Aus diesem Grund sprach sich der Verwaltungsrat der SBB für die Beschaffung von 31 kombinierten Personen- und Gepäcktriebwagen der Baureihe CFe 4/4 (spätere Umbezeichnung in BDe 4/4) aus. Bei der Entwicklung dieses Fahrzeuges dienten die bei vielen Privatbahnen seit Jahren erfolgreich eingesetzten Triebwagen als Vorbild. Bei der VHB standen zum Beispiel seit 1946/47 fünf CFe 4/4 in Betrieb, die mit einer Höchstgeschwindigkeit von 90 km/h und einer Stundenleistung von 880 kW den Vorstellungen der Bundesbahnen am nächsten kamen. Der neue Triebwagen sollte sowohl auf schnellen Hauptachsen wie auch auf den kurvenreichen Nebenstrecken fahren können. Zusätzlich verlangte das Pflichtenheft der SBB, daß der Triebwagen eine maximale Anhängelast von 250 t auf einer 12 ‰-Steigung mit 75 km/h befördern könnte. Mittels Zwischen- und Steuerwagen sollten auch Pendelzugeinheiten gebildet werden.

Konstruktion

Aus heutiger Sicht erscheint das **Design** der BDe 4/4 recht grob. Doch in den fünfziger Jahren waren diese Fahrzeuge für den Bau zahlreicher weiterer Triebwagentypen wie zum Beispiel den RBe 4/4 wegweisend. Die Stirntüre und der versenkbare Faltenbalg verunstalten leider die Front des Triebwagens. Bei den Entwürfen wurde darauf geachtet, daß mit den Leichtstahlwagen harmonisch wirkende Züge gebildet werden können. So sind Form und Höhe der Fenster sowie die Anordnung der Schürzen mit den Steuerwagen BCt4ü weitgehend identisch. Die Triebwagen waren bei ihrer Ablieferung grün und erhielten bis heute keinen anderen Farbanstrich. Einzige Ausnahme bildet der BDe 4/4 Nr. 1646, der im Rahmen des Jugendzug-Konzeptes blau-grüne Seitenwände und eine rote Front bekam.

Ihren **mechanischen Teil** erhielten die BDe 4/4 1621-1648 von der SLM, die drei restlichen Triebwagen vom Schindler-Werk in Pratteln (SWP). Weil es bereits gute Erfahrungen mit den Drehgestellen der Re 4/4 I gab, verwendete man auch für die neuen Gepäck- und Personentriebwagen diese erprobte Bauweise. Die Fahrmotoren sind in den Drehgestellrahmen gelagert. Zusammen mit dem Bodenrahmen bildet der elektrisch verschweißte Kasten eine selbsttragende

Technische Daten

Baureihenbezeichnung	BDe 4/4
Indienststellung	1952-1955
Hersteller	SLM, SWP, BBC, MFO, SAAS
Betriebsnummern	1621-1651
Gesamtzahl der gebauten Triebwagen	31
Anzahl 1997	11
Höchstgeschwindigkeit	110 km/h
Gewicht	57 t
Länge über Puffer	22700 mm
Höhe mit gesenktem Stromabnehmer	4500 mm
Achsfolge	Bo'Bo'
Radstand	19050 mm
Triebrad-Durchmesser	940 mm
Anzahl Motoren	4
Netzspannung	15 kV/16,7 Hz
Stundenleistung	1200 kW

Im April 1997 mußte das „Läufelfingerli“ wie die BDe 4/4-Zugskomposition im Volksmund genannt wurde, auf der alten Hauensteinlinie zwischen Sissach und Olten Abschied nehmen

Beheimatungen

Depots Lausanne, Olten, Winterthur

Konstruktion, die im Bereich der Seitenwände und des Daches mit Spanten verstärkt wurde. Die Einstiege sind durch kastenförmige Träger zusätzlich versteift. Wegen des großen Gepäckraums konnte kein Erstklassabteil im ohnehin schon über 22 Meter langen Triebwagen eingebaut werden. Das Zweitklassabteil verfügt über 16 Raucher- und 24 Nichtraucherplätze. Die vier seitlichen Einstiege sind ungefähr in Wagenmitte sowie zwischen dem Führerstand und dem Nichtraucherabteil angeordnet. Dem geräumigen Gepäckraum angegliedert ist ein WC und ein Apparateraum.

Das **Druckluft-Bremssystem** umfaßt eine mehrlösige, zweistufige R-Bremse sowie die direkt wirkende Regulierbremse. Jedes Drehgestell verfügt über einen Bremszylinder, jedes Rad über zwei Bremsklötze. Mit den Handbremsen wird von den Führerständen aus das jeweils benachbarte Drehgestell bedient.

Der geräumige, 170 cm lange **Führerstand** verfügt über einen in Fahrtrichtung links angeordneten Arbeitsplatz. Er ist für sitzende Bedienung ausgelegt. Das Handrad des Steuerkontrollers läßt sich auf dem Führertisch bequem bedienen. Dem Lokführer stehen 18 Fahr- und acht elektrische Bremsstufen zur Verfügung. Bei der Inbetriebnahme der BDe 4/4 war die Wachsamkeitskontrolle als Ergänzung der Sicherheitssteuerung eine Neuheit. Sowohl die Türen wie auch die Gepäckraum-Schiebetüren können vom Führerstand aus fernbetätigt werden. Bei einigen BDe 4/4, die vor allem zwischen Vevey und Puidoux unterwegs waren, wurde nachträglich ein Übergeschwindigkeitsschutz (Vmax = 70 km/h) eingebaut.

Herzstück der **elektrischen Ausrüstung** ist der unter dem Wagenboden gelagerte Transformator. Die Fahrleitungsspannung gelangt über den einzigen Stromabnehmer und den auf dem Dach installierten Druckluftthauptschalter in den ölgekühlten, radial geblechten Transformator. Die elektropneumatische Hüpferbatterie, welche die Fahrmotorspannung in 18 Fahrstufen reguliert, befindet sich im Apparateschrank zwischen Gepäckraum und Nichtraucherabteil. Sämtliche Fahrmotoren wurden im MFO-Werk gebaut, sie sind jeweils pro Drehgestell in Serie geschaltet und mit Trennhüpfer und elektropneumatisch betätigtem Wendeschalter ausgerüstet.
Das **elektrische Bremsen** erfolgt über eine von der MFO entworfene Widerstandsbremse. Sie wird über das Handrad des Steuerkontrollers reguliert. Ein spezieller Bremserreger-Transformator liefert den Erregerstrom für die Fahrmotoren. Diese arbeiten beim elektrischen Bremsen als Generatoren auf die Dachwiderstände. Der Einsatz der elektrischen Bremse ist nur beim Betrieb von allen vier Fahrmotoren möglich.
Eine besondere 220-Volt-Wicklung des Transformators speist die Hilfsbetriebe. Davon sind vorhanden: je ein Fahrmotorventilator pro Drehgestell, der Ventilator des Ölkühlers, die Ölpumpe zur Umwälzung des Transformatorenöls, der Rotationskompressor, eine Umformergruppe für die Batterieladung und Bremserregung sowie die Führerstandsheizung. Die Fahrmotorventilatoren sind übrigens auf dem Dach über den Führerständen angeordnet. Die zwei länglichen, jalousieartigen Schlitze sind gut zu erkennen.

Betriebseinsatz

Sieht man von dem achtjährigen Gastspiel im Tessin ab, waren die BDe 4/4 seit ihrer Inbetriebnahme immer den Depots Lausanne, Olten und Winterthur zugeteilt. Die Pressefahrt mit dem ersten CFe 4/4 841 fand am 17. Mai 1952 statt. Im Jahre 1963 folgte die Umbezeichnung in BDe 4/4 1621-1651. Rund 40 Jahre versehen die Gepäck- und Personentriebwagen nun schon zuverlässig und unauffällig ihren Dienst. Dabei führten sie nicht nur Pendelzüge im Vorortsverkehr. Bis in die siebziger Jahre gab es zum Beispiel den Schnellzug Basel – Brunnen, der von einer BDe 4/4 geführt wurde. Der große Einbruch erfolgte zum Fahrplanwechsel 1995. Von den ehemals 31 Triebfahrzeugen standen Anfang 1997 noch elf in Betrieb.

Zum täglichen Einsatz der BDe 4/4 zählt noch heute mancherorts das Führen von Regionalzügen wie hier im waadtländischen Grandvaux mit Triebwagen 1623 (Mai 1985)

REDAKTION: RONALD GOHL – AUFNAHMEN: RONALD GOHL (UNTEN), HEINZ SIGRIST (OBEN)

In den Jahren 1959/60 wurden die ersten RBe 4/4 in Marsch gesetzt – nach einer Refit-Aktion präsentiert sich der RBe 450 077 als praktisch neuer Zug

AUFNAHME: DOMINIK MADORIN

Baureihe RBe 540

Mit ihrer Stundenleistung von 2720 PS sind die Triebwagen der Baureihe RBe 540 (alte Bezeichnung: RBe 4/4) sogar stärker als die Lokomotive des Typs Re 4/4 I (2480 PS). Kein Wunder, denn die Triebwagen wurden ursprünglich für die Regionalzüge am Gotthard gebaut. Die ersten sechs Prototypen mit den Betriebsnummern 1401-1406 kamen in den Jahren 1959 und 1960 in Betrieb. Sie kosteten die SBB über sechs Millionen Franken. Das Pflichtenheft sah vor, die Triebwagen sowohl im Personenverkehr wie auch im Schnellzugdienst zu verwenden, wo sie die Lokomotiven der Baureihe Ae 3/5 und Ae 3/6 ablösen sollten. Die Fahrzeuge bewährten sich so gut, daß bereits drei Jahre nach Inbetriebnahme die Serientriebwagen anrollten. Von den um vier Tonnen schwereren RBe 4/4 1407-1482 beschafften die SBB insgesamt 76 Einheiten.

Die Triebwagen werden seit 1992 anläßlich der Hauptrevision R4 komplett modernisiert. Sie erhalten nicht nur eine technische Aufarbeitung sondern auch farblich ein neues Kleid im NPZ-„Look“, ferner eine völlig neue Inneneinrichtung, Außenschwingtüren sowie die neue Bezeichnung RBe 540 006-079. Mit dieser aufwendigen Modernisierung erhoffen sich die SBB eine längere Lebensdauer der bereits über 30-jährigen Triebwagen.

Konstruktion

Das **Design** der vierachsigen Triebwagen entsprach dem Trend der Sechzigerjahre. Mit der abgerundeten und schräg nach vorne geneigten Stirnfront sowie den ebenfalls gebogenen und tief nach unten gezogenen Schürzen erhielt das Fahrzeug ein gefälliges Aussehen. Prototypen und Serientriebwagen unterscheiden sich eigentlich nur in der Dachgestaltung. Besonders markant sind die rechteckigen Pufferteller. Auch bei der Unterbringung der Faltenbälge haben sich die Designer etwas überlegt: Diese sind so geschickt in der Front versenkt, daß ihr Vorhandensein auf den ersten Blick überhaupt nicht erkannt wird. Ursprünglich in grün abgeliefert, erhielten die RBe 4/4 im Laufe ihrer Karriere teilweise eine rote oder eine rotgelbe Stirnfront. Seit ihrem Umbau kommt der RBe 540 recht bunt daher. Gleich sechs Farben wurden verwendet: rot, blau, gelb, weiß, schwarz und grau. Der neue Anstrich verleiht ihm das Aussehen eines praktisch neuen Fahrzeuges.

Der **mechanische Teil** des Triebwagens besteht aus den zweiachsigen Drehgestellen und dem selbsttragenden Kasten. Über einen schräg verzahnten BBC-Federantrieb wird das Drehmoment von den vier in den Drehgestellen eingebauten Fahrmotoren auf die Achsen übertragen.

Technische Daten

Baureihenbezeichnung	RBe 4/4, RBe 540
Indienststellung	1959-1966
Hersteller	SWP, SWS, SIG, BBC, MFO
Betriebsnummern	1401-1406, 540 006-079
Gesamtzahl der gebauten Triebwagen	82
Anzahl 1997	80
Höchstgeschwindigkeit	125 km/h
Gewicht	64-68 t
Länge über Puffer	23700 mm
Höhe mit gesenktem Stromabnehmer	4500 mm
Achsfolge	Bo'Bo'
Radstand	19600 mm
Triebrad-Durchmesser	1040 mm
Anzahl Motoren	4
Netzspannung	15 kV/16,7 Hz
Stundenleistung	2000 kW

RBe 4/4-Pendelzug in seinem ursprünglichen Farbkleid (oben) sowie mit Warnanstrich (unten)

Auch die noch nicht umgebauten Triebfahrzeuge befinden sich trotz ihres Alters in einem technisch recht guten Zustand. Bei der Demontage fand man allerdings Rostspuren oberhalb des Fahrzeugbodens. Mit der Hauptrevision R4 erhalten die RBe 540 neben einer generellen Rostsanierung diverse Änderungen am Wagenkasten sowie neue rechteckige Frontscheinwerfer. Die „außenglatten“ Schwingtüren verhindern das Aufspringen, so daß die Züge vermehrt auch ohne Zugbegleiter oder Kondukteur unterwegs sein können.

Der geräumige **Führerstand** teilt sich in drei Bereiche. In Fahrtrichtung links befindet sich der etwas enge Führertisch mit allen Bedienungs- und Anzeigeelementen. Zwei Drittel des Platzes nehmen die Fronttüre mit den versenkten Faltenbälgen und die Beifahrerbank in Anspruch. Mit einem Fahrschalter bedient der Lokführer drei Fahr-, eine Brems- sowie eine Beharrungsstellung. Dieser Fahrschalter wurde erstmals im RBe 4/4 eingebaut und ersetzte das früher gebräuchliche Steuerkontroller-Handrad. Auch die automatische Türschließung und die Beleuchtung des ganzen Zuges erfolgt vom Führertisch aus. Bei der Hauptrevision R4 erhielt der Lokführer einen neuen Stuhl. Ferner wurde eine Scheibenwaschanlage und auf der Führergehilfenseite ein pneumatisch zu betätigender Rückspiegel eingebaut; der ganze Führerraum konnte bei dieser Gelegenheit auch gleich gegen Zugluft abgedichtet werden.

Die **elektrische Ausrüstung** besteht aus nur einem Stromabnehmer, über den die Fahrleitungsspannung in den unter dem Wagenboden installierten Transformator mit Ölumlaufkühlung fließt. Auch der Niederspannungs-Stufenschalter und die elektrische Rekuperationsbremse befinden sich unter dem Fahrgastraum. Auf dem Dach sind hingegen neben dem Stromabnehmer noch die Fahrmotor-Ventilatorgruppen, der Drucklufthauptschalter und die Wendepolshunts angeordnet. Weitere elektrische Apparate brachte man zwischen den beiden Fahrgastabteilen in der Mitte des Fahrzeugs unter. In diesem zweigeteilten Apparateraum gegenüber des WC's sind der Stufenschalter mit Luftmotor, der Fahrmotor-Trennhüpfer, der Wendeschalter, der Lastschalter und alle zugehörigen Relais zusammengefaßt. Mit der Hauptrevision R4 werden die teilweise stark verrotteten Kabel des RBe 4/4 vollständig ersetzt. Pro Fahrzeug sind acht Kilometer Kabel notwendig. Die durchdachte elektrische Konzeption – alle Komponenten in Blöcken zusammenzufassen – erleichtert die Revisionsarbeiten an den RBe 540.

Betriebseinsatz

Mit einer Lieferverspätung von einem Monat konnte am 24. Mai 1959 der erste RBe 4/4 mit der Betriebsnummer 1401 der Presse vorgestellt werden. Bereits eine Woche später nahm das Fahrzeug seinen planmäßigen Dienst auf. Wegen der ungenügenden Erprobung häuften sich am Anfang die Kinderkrankheiten, der 1404 ging bereits zwei Monate nach der Lieferung in Flammen auf. Der Schaden konnte allerdings durch das rasche Eingreifen des Personals in Grenzen gehalten werden. Noch im gleichen Jahr verunfallte der 1405 bei Gland. Der Zugsicherungsmagnet riß bei einem Niveauübergang eine Holzschwelle heraus und brachte dadurch den ganzen Zug bei 125 km/h zum Entgleisen. Alle Mängel wurden behoben und floßen als Verbesserungsvorschläge in den Bau der Serientriebwagen ein. Diese erschienen ab 1963. Zu ihren ersten Aufgaben gehörte das Führen der zahlreichen und schweren EXPO-Extrazüge im Jahre 1994. Heute kommen die RBe 540 hauptsächlich auf dem Netz der Zürcher S-Bahn sowie auf der Seetallinie zum Einsatz. Bisher mußten nur zwei Triebwagen dieser Serie abgebrochen werden. Beide Fahrzeuge (1419 und 1454) fielen Bränden zum Opfer. Der am 24. Juni 1968 bei St-Léonard schwer verunfallte RBe 4/4 1426 wurde hingegen mit einem neuen Kasten wieder aufgebaut. Mit dem Umbau sehen die Triebwagen einer neuen Zukunft entgegen.

Beheimatungen

Depots Luzern und Winterthur

REDAKTION: RONALD GOHL – AUFNAHMEN: HEINZ SIGRIST (OBEN), MATTHIAS EMMENEGGER (UNTEN)

Die ursprünglich fünf TEE-Züge weisen ein zeitlos elegantes Design auf

Baureihe RABe

Um gegenüber dem aufkommenden Luftverkehr konkurrenzfähig zu bleiben, schlossen sich die europäischen Bahnen bereits in den fünfziger Jahren zusammen und schufen nach längerer Vorbereitungsarbeit die Trans-Europ-Express-Züge TEE. Weil die Züge über Strecken mit unterschiedlichen Stromsystemen verkehren sollten, kamen anfangs nur Dieseltriebzug-Kompositionen in Frage. Startfreigabe für die TEE-Komfortzüge war im Mai 1957 mit der Inbetriebnahme von 28 täglichen Verbindungen zwischen 80 Städten in acht Ländern.
Auch die SBB leistete ihren Obolus an den internationalen TEE-Verkehr. Bereits im Pilotjahr hatte sie zwei Dieseltriebzüge vom Typ RAm TEE I gestellt. Nach der fortschreitenden Elektrifizierung in den Nachbarländern überlegten sich die Bundesbahnen, ihre TEE-Flotte zu elektrifizieren. Die verschiedenen Stromsysteme sollten in einem Vierstrom-Triebzug zusammengefaßt werden, der in der Lage sein sollte, nach Paris, Mailand und über Bruxelles nach Amsterdam zu fahren. Im Konsortium SIG/MFO entstanden vorerst vier 5-Wagen-Züge mit der Bezeichnung RAe TEE II, die im Mai 1961 von den SBB in Betrieb genommen werden konnten. Im Laufe der Jahre wurden die Vierstrom-TEE durch einen weiteren Zwischenwagen ergänzt, und 1967 erfolgte die Ablieferung des fünften TEE-Triebzuges. Nach dem Niedergang der großen TEE-Epoche und dem Aufkommen der Intercity-Verbindungen durchlebten die RAe TEE II einen zweiten Frühling. Alle fünf Einheiten wurden in RABe EC umgebaut und etwas respektlos als „graue Maus" bezeichnet.

Konstruktion

Das **Design** der RAe TEE II darf sicher als gelungen bezeichnet werden. Sie zählten einst zu den schönsten Zügen Europas und dürfen sich als 35-jährige Veteranen noch heute neben einem ICE sehen lassen. Zweifellos war das rot/creme-farbene TEE-Kleid schöner als das schlichte Grau der 1988/89 umgebauten Züge. Die stromlinienförmig abgerundete Front weist drei große Panoramafenster und eine verkleidete Kupplung auf.

Der **mechanische Teil** der Vierstromzüge besteht aus einem sechsachsigen Motorwagen mit Küche und Dienstabteil, an den auf der einen Seite ein Steuerwagen (42 Sitzplätze), auf der anderen Seite ein Speise- und Barwagen (48+6 Sitzplätze), ein Zwischenwagen und ein weiterer Steuerwagen fest angekuppelt sind.

Beide **Führerstände** befinden sich in den Steuerwagen und sind von der Einstiegsplattform durch eine Glaswand getrennt. Hier kann man also noch dem Lokführer über die Schulter sehen.

Die **elektrische Ausrüstung** wurde für den Betrieb mit vier Fahrmotoren zugeschnitten. Hilfsbetriebe und Traktionsausrüstung ließen sich im Maschinenwagen unterbringen. Im Gleichstrombetrieb werden die Fahrmotoren direkt gespeist, für den 15,7 und 50 Hz-Einphasenstrombetrieb stehen Silizium-Gleichrichter mit variabler Spannung zur Verfügung – der Strom wird von der Fahrleitung über den Haupttransformator abgegeben. Für das jeweilige Stromsystem steht je ein Stromabnehmer zur Verfügung, der durch den Lokführer mittels Taste angehoben und gesenkt wird.

Betriebseinsatz

Weil die vier elektrischen Triebzüge 1051-1054 quasi erst in letzter Minute des Jahres 1961 geliefert wurden, reichte die Zeit nicht mehr für Probe- und Instruktionsfahrten. Zum Fahrplanwechsel standen gar nur drei Einheiten zur Verfügung, so gab es nicht einmal eine Reserve. Trotzdem verlief der Start ins Vierstromzeitalter erstaunlich reibungslos. Ein mitfahrender Bordmechaniker sorgte dafür, allenfalls auftretende Kinderkrankheiten an Ort und Stelle beheben zu können. Mit ihren TEE-Verbindungen GOTTARDO (Basel – Milano), CISALPIN (Milano – Lausanne – Paris), TICINO (Zürich – Milano) und EDELWEISS (Zürich – Bruxelles – Amsterdam) steuerten die SBB auf Erfolgskurs. Doch die Baureihe wurde auch nicht von schweren Unfällen verschont. Der Zug 1053 verunfallte gleich mehrmals. Zehn Todesopfer forderte eine Kollision in Frankreich. Nach einem Achsbruch mit Entgleisung am Gotthard wurden die umgebauten RABe EC im Juli 1994 für längere Zeit aus dem Verkehr gezogen. Nach Anpassungen erfolgte der Abbruch von zwei Einheiten, die Züge 1051, 1053 und 1055 verdienen seither ihr Gnadenbrot im Zubringer- und Reservedienst.

Beheimatungen

Depot Zürich

Technische Daten

Baureihenbezeichnung	RABe
Indienststellung	1961, 1967
Hersteller	SIG, MFO
Betriebsnummern	1051-1055
Gesamtzahl der gebauten Triebzüge	5
Anzahl 1997	3
Höchstgeschwindigkeit	160 km/h
Gewicht	296 t
Länge über Puffer	149800 mm
Höhe mit gesenktem Stromabnehmer	4100 mm
Achsfolge Maschinenwagen	A1A-A1A
Radstand Maschinenwagen	20800 mm
Triebrad-Durchmesser	1110 mm
Anzahl Motoren	4
Netzspannung	1,5 kV=; 3 kV=; 25 kV/50 Hz; 15 kV/16,7 Hz
Stundenleistung	2310 kW

REDAKTION: RONALD GOHL – AUFNAHME: BRUNO HITZ

Ursprüngliches Einsatzgebiet war die „Goldküste“ am rechten Zürichseeufer – dort haben inzwischen die S-Bahn-Doppelstöcker die RABDe 12/12 verdrängt.

Beheimatungen

Depot Zürich

Die **elektrischen Einrichtungen** sind über den ganzen Triebzug verteilt. Vom einzigen, auf dem Mittelwagen aufgebauten, Stromabnehmer gelangt die Fahrdrahtspannung über Dachleitungen zu den beiden Hauptschaltern auf den Endwagen. Die zwei Haupttransformatoren sind unter dem Fußboden der beiden Endwagen aufgehängt. Ebenfalls in Kästen unter dem Fußboden sind die Schützenbatterien untergebracht. Alle sonstigen elektrischen Ausrüstungen befinden sich in den Apparatekästen auf den Plattformen und im Gepäckabteil. Der laute Kompressor ist unter dem Mittelwagen montiert. Weil auch das zur damaligen Zeit beschaffte Kampfflugzeug „Mirage“ so viel Lärm entwickelt, kamen die RABDe 12/12 bereits nach ihrer Ablieferung zu dem heute noch verwendeten Übernamen.

Baureihe RABDe 510

Um der steigenden Nachfrage auf der rechten Zürichseelinie gerecht zu werden, benötigten die SBB in den sechziger Jahren neue Triebfahrzeuge. Diese mußten bei kurzen Haltestellenabständen eine große Anfahrbeschleunigung und eine starke Bremse aufweisen können. Deshalb veranstalteten die SBB 1957 einen Konstruktionswettbewerb. Die Firma Schindler Waggon AG (SWP) in Pratteln erhielt schließlich den Konstruktionsauftrag. Nach der finanziellen Beteiligung des Kantons Zürich beschloß der Verwaltungsrat der SBB die Beschaffung von 20 Zügen, die ab Mai 1966 eingesetzt werden sollten. Wegen der großen Leistungsspitzen mußte auch die Stromversorgung auf dieser Linie ausgebaut werden.

Konstruktion

Das **Design** entspricht den Vorstellungen für ein modernes Fahrzeug von 1960. So wurden die runden Formen von den RBe 4/4 übernommen. Um den knappen Fahrplan einhalten zu können, sind alle zwölf Achsen angetrieben. Die beiden Endwagen sind identisch und lassen sich untereinander austauschen. Die dunkelrote Farbgebung verleiht dem Zug ein besonderes Aussehen und stellte eine Besonderheit im damaligen einheitlichen grün der SBB-Züge dar. Aber auch diese Farbgebung wird jetzt verlassen und derjenigen der NPZ angepaßt, dies geschieht anläßlich der Refit-Aktion.

Weil die elektrische Ausrüstung des Zuges auf den Mittelwagen und die Endwagen verteilt sind, können die Triebwagen nur als dreiteilige Einheiten verkehren.

Mechanischer Teil: Die Triebzüge sind mit gefederten Kurzkupplungen miteinander verbunden. Über die automatische +GF+ Kupplung können bis zu vier Triebzüge elektrisch, pneumatisch und mechanisch miteinander verbunden werden. Auf Puffer wurde verzichtet, da sämtliche Zug- und Stoßkräfte über die +GF+ Kupplungen übertragen werden. Der als selbstragendes Rohr ausgebildete Wagenkasten stützt sich über Schraubenfedern auf das Drehgestell ab. Die Luftansaugkanäle für die Fahrmotorkühlung mit den zugehörigen Ventilatoren sind auf dem Dach angeordnet. Die von SWP hergestellten Drehgestelle sind elektrisch geschweißt und stützen sich über je zwei Schraubenfedern auf die vier Achslagergehäuse ab. Der Fahrmotor ist quer gelagert und treibt über Hohlwellenstummel und BBC-Federantrieb die Achsen an. Die niedrige Bauhöhe von nur 1025 mm von der Schienenoberkante bis zum Wagenboden erzwang eine neue Konstruktion.

Die beiden **Führerstände** wurden im Rahmen der Refit-Aktion vollständig modernisiert und umgestaltet. Rechts vom Führersitz befindet sich auf einer Konsole der Steuerkontroller. Alle Drucktasten und Kontrollanzeigen sind direkt vor dem Lokführer angeordnet.

Betriebseinsatz

Die Züge kamen nach umfangreichen Probefahrten zwischen Bern und Romont ab Mai 1966 auf ihrer Stammlinie Zürich – Rapperswil in Betrieb. Das Einsatzgebiet gab ihnen auch den zweiten Übernamen: „Goldküstenexpreß“. Die sogenannten Bäderzüge nach Zurzach wurden ebenfalls mit den RABDe 12/12 geführt. Leider sind auch diese Fahrzeuge nicht vor Unfällen verschont worden. Die zwei Triebzüge Nr. 1117 und 1119 mußten 1971 nach einem schweren Zusammenstoß ausrangiert werden. Durch die Betriebsaufnahme der Zürcher S-Bahn wurden die RBDe 12/12 durch die Doppelstockzüge auf ihrer Stammlinie abgelöst und ins Zürcher Oberland „verbannt“.

Technische Daten

Baureihenbezeichnung (neu)	RABDe 510
Indienststellung	1965-1967
Hersteller	SWP, FFA, SAAS, BBC
Betriebsnummern (neu)	510 000-017
Gesamtzahl der gebauten Triebzüge	20
Anzahl 1997	18
Höchstgeschwindigkeit	125 km/h
Gewicht	170 t
Länge über Puffer	73300 mm
Höhe mit gesenktem Stromabnehmer	3750 mm
Achsfolge	Bo'Bo'+Bo'Bo'+Bo'Bo'
Radstand	69300 mm
Triebrad-Durchmesser	850 mm
Anzahl Motoren	12
Netzspannung	15 kV/16,7 Hz
Stundenleistung	2440 kW

REDAKTION: HANSUELI REICH – AUFNAHME: ???????

Einst stolze Prototypen für die NPZ (Neuen Pendelzüge) der SBB, heute stehen die „Chiquitas", wie die RABDe 8/16 auch genannt werden, auf den Abstellgeleisen von Winterthur

Beheimatungen

Depot Winterthur

geöffnet werden, auch das Schließen wird vom Führerstand aus eingeleitet.

Die **elektrische Ausrüstung** ist auf die beiden Endtriebwagen und auf den Gepäckraum verteilt worden. Jeder Triebwagen besitzt einen eigenen Einholmstromabnehmer, der im Betrieb gehoben sein muß, da eine Starkstromleitung durch den Zug fehlt. Die Hochspannungseinführung ist durch eine Säule auf der Plattform gelöst. Am Wagenboden wurde der Haupttransformator aufgehängt, ebenso die übrigen elektrischen und elektronischen Einrichtungen. Einzig der Fahrmotorventilator ist mit den nötigen Luftkanälen auf dem Dach aufgebaut.

Baureihe RABDe 8/16

Die SBB bestellten im Jahre 1970 vier Züge der Baureihe RABDe 8/16 Nr. 1121-1124. Schon die Nummerierung läßt erahnen, daß dieser Typ die Nachfolgeserie für die 20 RABDe 12/12 werden sollte. Diese vier Prototypen sind auch wieder vom Kanton Zürich und den Gemeinden des rechten Zürichseeufers mitfinanziert worden. Dadurch konnte der schon dichte Vorortverkehr noch weiter ausgebaut werden. Ein Nachbau der schweren RABDe 12/12 kam nicht mehr in Frage, da die Leistungselektronik bis zu diesem Zeitpunkt sehr große Fortschritte gemacht und auch die Leichtbautechnik wesentliche Verbesserungen erfahren hatte. Die automatische +GF+ Kupplung wurde beibehalten, womit die Möglichkeit vorhanden ist, mit den RABDe 12/12 mechanisch zu kuppeln.

Konstruktion

Design: Die Kopfform entspricht schon den heutigen neuen Pendelzügen (NPZ). Auch sonst sind bei diesen vier Fahrzeugen sehr viele Neuerungen eingeführt worden, was auf ein sehr modernes Design schließen läßt. Der Triebzug besteht aus den beiden Triebwagen mit je einem Führerstand und den zwei Zwischenwagen. Die beiden Triebwagen RBe 4/4 besitzen, wie auch einer der Zwischenwagen, nur Abteile 2. Klasse. Der andere Zwischenwagen verfügt über die Abteile der 1. Klasse und den Gepäckraum. Es wurden Schwenktüren mit zwei Flügeln verwendet. Dadurch ist eine bündige Seitenwand möglich geworden.

Die Farbgebung hob sich von den übrigen Zügen ab. Für Frontpartie und das Fensterband wurde gelb gewählt und unter dem Fensterband die Farbe violett. Dieser spezielle Anstrich und das durch die Konstruktion bedingte Durchhängen der Wagenkasten gaben dem Zug auch den an eine Bananenmarke erinnernden Übernamen „Chiquita".

Mechanik: Der Wagenkasten wurde vollständig aus Leichtmetall zusammengeschweißt und als selbsttragende Röhre gebaut. Um den Reisenden einen möglichst hohen Komfort zu bieten, beschritt man viel Neuland. So können die Fenster nicht mehr geöffnet werden, sondern sind mit kleinen Klappfenstern versehen. Um eine bessere Laufruhe zu erreichen, erhielt der Zug Luftfederung. Durch diese neue Konstruktion kann der Wagenboden immer auf gleicher Höhe bleiben, egal ob der Wagen leer oder vollbesetzt ist. Die Luftfederung ist auch verantwortlich für das typische Aussehen der Triebdrehgestelle. Die Laufdrehgestelle sind von den Einheitswagen III übernommen worden. Speziell war, daß beim Ausfall der Luftfederung der ganze Zug nur noch bis zur nächsten Station mit sehr stark verminderter Geschwindigkeit verkehren durfte, da Entgleisungsgefahr bestand.

Führerraum: Wie bei den meisten SBB-Fahrzeugen befindet sich der Führertisch in Fahrtrichtung links. Die Anordnung der Steuer- und Kontrollgeräte läßt bereits das Zeitalter der neuen SBB-Generation erahnen. Die Türen können nur via Knopfdruck nach Freigabe des Lokführers

Betriebseinsatz

Ab 1976 wurden die RABDe 8/16 für den Nahverkehr im Raum Zürich auf dem rechten Seeufer eingesetzt. Später versahen sie als Regionalzüge auf Nebenlinien im Kreis III ihren Dienst. Wegen verschiedener Probleme mit der Türschließung, die durch den Wagendurchhang verursacht wurden, standen die „Chiquitas" oft außer Betrieb. Die Züge 2001 und 2003 erhielten 1990/91 noch den NPZ-Anstrich. Bei den anderen wurde keine Neulackierung mehr angebracht. 1992 und 1993 kamen alle vier Züge aufs Abstellgleis. Nur im September 1993 mietete die MThB wegen Triebfahrzeugmangel für kurze Zeit einen dreiteiligen Zug. Danach sind die zum Teil nicht mehr fahrbaren Einheiten zurückgestellt worden. Die vier RABDe 8/16 warten seither in ziemlich schlechtem Zustand auf ihr weiteres Schicksal.

Technische Daten

Baureihenbezeichnung	RABDe 8/16
Indienststellung	1974-1976
Hersteller	SWP, SWS, SIG, SAAS
Betriebsnummern	2001-2004
Gesamtzahl der gebauten Triebzüge	4
Anzahl 1997	4 (remisiert)
Höchstgeschwindigkeit	125 km/h
Gewicht	149 t
Länge über Puffer	100000 mm
Höhe mit gesenktem Stromabnehmer	4050 mm
Achsfolge	Bo'Bo'+2'2'+2'2'+Bo'Bo'
Radstand	95700 mm
Triebrad-Durchmesser	850 mm
Anzahl Motoren	8
Netzspannung	15 kV/16,7 Hz
Stundenleistung	2250 kW

REDAKTION: HANSUELI REICH – AUFNAHME: DOMINIK MADORIN

Der Schweizer TGV mit der Nr. 112 wird mit den übrigen acht Dreistromzügen der „Groupement d'Intèrêt Economique" von ausgewiesenen TGV-Spezialisten in Paris unterhalten

Baureihe TGV-SBB

Nur wenige wissen, daß der schnellste Schweizer Zug eine Spitzengeschwindigkeit von 270 km/h erreicht. Es handelt sich dabei nicht um eine neue Rekordfahrt der Lok 2000 Re 460, sondern um einen 200 Meter langen Triebzug der Marke TGV. Seit 1993 gehört der schnelle Sprinter mit der Nr. 112 den Bundesbahnen. Am 26. August 1993 bewilligte der SBB-Verwaltungsrat den ungewöhnlichen Kredit von 14,8 Millionen Franken. Eigenartig war nicht die Höhe, sondern der Verwendungszweck dieser Summe; kauften die Schweizerischen Bundesbahnen doch damit den Französischen Staatsbahnen (SNCF) eine gebrauchte TGV-Zugeinheit ab. Gleichzeitig gründeten sie eine schweizerisch-französische Gesellschaft, die „Groupement d'Intèrêt Economique", mit Sitz in Paris. Sie soll das Management für die fünf täglichen TGV-Verbindungen von Paris nach Lausanne und Bern übernehmen. Auf dieser Strecke stehen neun ältere, orange TGV-Kompositionen im Einsatz. Weil die SBB sich zu einem Neuntel beteiligten, stand ihr eine TGV-Occasion zu.

Konstruktion

Das **Design** der eleganten, stromlinienförmigen TGV-Sprinter erregte in der ganzen Welt großes Aufsehen. Im Vordergrund standen aerodynamische Kriterien, die auch beim Bau von Flugzeugen eine Rolle spielen. Der Triebkopf hat daher tatsächlich das Aussehen eines modernen Jets. Auf der rechten Seite des Triebkopfs (in Fahrtrichtung) wurde nachträglich das SBB-Logo aufgespritzt.

Der **mechanische Teil** des TGV setzt sich aus acht Wagen und zwei Triebköpfen zusammen. Dabei wurden die selbsttragenden Kästen aus Spezialstahl und die stromlinienförmige, im Windkanal berechnete Schnauze des schnellen Flitzers aus Polyester gefertigt. Beide Triebköpfe besitzen je zwei Drehgestelle mit insgesamt acht Fahrmotoren. Die Wagen hinter den Triebköpfen verfügen über ein vollständiges und ein halbes Drehgestell, d.h. sein zweites Laufdrehgestell teilt der Wagen nach System Jacobs mit dem nächstfolgenden Wagenkasten. In der Spitze der Triebköpfe sind hinter den zwei beweglichen Klappen automatische Scharfenbergkupplungen versteckt. Damit können problemlos mehrere TGV-Einheiten miteinander verbunden werden. Der ganze Zug verfügt über ein Angebot von 386 Sitzplätzen. Neben fünf Zweitklaß- und drei Erstklaßwagen weist der TGV auch ein Barabteil auf.

Die **Führerkabine** ist als geschlossener, klimatisierter und schalldichter Raum ausgebildet, was bei Geschwindigkeiten von 270 km/h ein Muß ist. Durch zwei am Wagenkasten angebrachte Türen erfolgt der Zugang zum Führerraum. Auf der linken Seite sind die Steuerungsapparaturen angeordnet, die natürlich den Normen der modernsten französischen Elektroloks entsprechen. Der als Handrad ausgebildete Steuerkontroller befindet sich in der Mitte des Führertisches. Dahinter ist der Geschwindigkeitsmesser angebracht. Werden die vier vorgeschriebenen Geschwindigkeitsstufen je nach Strecke überschritten, erfolgt die automatische Schnellbremsung.

Die **elektrische Ausrüstung** des Schweizer TGV ist als Dreistromzug ausgebildet. Neben den französischen Fahrleitungsspannungen (25 kV/50 Hz Wechselstrom für die Neubaustrecken sowie 1500 V Gleichstrom für Teile des übrigen Netzes) ist der TGV auch für das Schweizer Netz mit 15 kV/16,7 Hz ausgerüstet. Neben den acht Fahrmotoren in den Triebköpfen sind zwei weitere Antriebsdrehgestelle mit vier Fahrmotoren in den ersten Wagen hinter den Triebköpfen vorhanden. Jedes Antriebsdrehgestell wird durch zwei Gleichstrommotoren in Bewegung gesetzt. Die Motoren erbringen eine Leistung von je 515 kW bei 224 km/h. Eine kleine Spielerei: Der genau 1515 kg schwere Motor heißt „Marignan" – im Jahre 1515 fand die Schlacht bei Marignano/Oberitalien statt. Im übrigen entspricht die elektrische Ausrüstung den SNCF-Loks BB 7200 (Gleichstrom), BB 15000 (Wechselstrom) und BB 22200 (Zweistorm).

Betriebseinsatz

Der TGV 112 befährt als Dreistromzug mit seinen acht „Kollegen" die Strecke Lausanne – bzw. Bern – Paris. In Frasne vereinigen sich die beiden Y-Tangenten und führen weiter über Dijon nach Paris. Auf der Hochgeschwindigkeitstrasse zwischen Dijon und Paris beschleunigt der TGV auf 270 km/h. Der Schweizer Triebzug ist mit den Fahrzeugen der übrigen Serie, Nr. 110-118, in Paris beheimatet.

Beheimatungen

Paris

Technische Daten

Baureihenbezeichnung	TGV-SBB
Indienststellung SBB	1993
Hersteller	Alsthom
Betriebsnummer	112
Gesamtzahl der gekauften Triebzüge	1
Anzahl 1997	1
Höchstgeschwindigkeit	270 km/h
Gewicht	389 t
Länge über Puffer	200190 mm
Höhe mit gesenktem Stromabnehmer	4210 mm
Achsfolge Triebkopf-Einheit	Bo'Bo'+Bo'
Radstand Triebkopf	17000 mm
Triebrad-Durchmesser	920 mm
Anzahl Motoren (ganzer Zug)	12
Netzspannung	1500 V=; 25 kV/50 Hz; 15 kV/16,7 Hz
Stundenleistung	6450 kW

REDAKTION UND AUFNAHME: RONALD GOHL

Der NPZ wird auch auf der Strecke St. Gallen–Wattwil eingesetzt und überquert gerade den Waldbachviadukt (Juni 1993)

Baureihe RBDe 560

Im Vorortverkehr nahmen bereits in den achtziger Jahren fahrgastfreundliche, flexibel einsetzbare Triebwagen-Pendelzüge einen immer breiteren Raum ein. Sie ersetzten nicht nur ausgediente Rollmaterial, sondern bilden eine wichtige Voraussetzung für das Betriebssystem „Bahn+Bus 2000".

Der Triebwagen-Pendelzug RBDe 560 Bt gehört zu einer Fahrzeugfamilie mit einheitlichem Grundkonzept. Optimiert wurde bei diesen Baureihen die elektrische Ausrüstung mit stromrichtergespeisten Fahrmotoren. Zu dieser Familie zählen neben den Triebzügen BM/BS 69 D der Norwegischen Staatsbahnen (NSB) auch verschiedene Triebwagen-Pendelzüge von Schweizer Bahnunternehmen. Abhängig vom Betreiber werden mit diesen Triebfahrzeugen unterschiedliche Anforderungen in betrieblicher und logistischer Hinsicht erfüllt. Weitgehend identisch sind hingegen die elektrischen Komponenten aufgebaut. Seit den siebziger Jahren gelangten über 200 Einheiten dieser Triebwagengenerationen zur Auslieferung oder stehen zur Zeit in Fabrikation. Nebst den SBB verfügen auch die Bodensee–Toggenburg-Bahn (BT), die BLS-Lötschbergbahn, die Betriebsgruppe EBT/SMB/VHB und die Chemins de fer fribourgeois Gruyère–Fribourg–Morat (GFM) über Pendelzugeinheiten ähnlicher Bauart.

Die im Herbst 1981 von den SBB bei der schweizerischen Rollmaterialindustrie bestellten vier Prototypen ABDe 4/4 Bt 2100-2103 leiteten die Beschaffnung von Triebwagen-Pendelzügen in größerer Stückzahl ein.

Konstruktion

Das formschöne, kantige **Design** mit der abgeschrägten Front spricht an. Auch der Anstrich des RBDe 560 darf als gelungen bezeichnet werden. Jeder der vier Prototypen verfügte über eine andere Farbgebung. Trotz gefälliger, hell-dunkelgrüner Lackierung mit roten Stirnfronten und Türen setzte sich die Farbvariante kobaltblau-grau-rot durch. Führerstandseitige Wagenübergänge gibt es bei den neuen Triebwagen-Pendelzügen nicht. Über dem großen, zweigeteilten Frontfenster sind zwei handbetätigte Linientransparente eingebaut. Der Triebwagen weist eine Einstiegplattform, zwei Fahrgasträume und ein Gepäckabteil auf. Am Wagenende und hinter dem Führerraum sind auf jeder Seite Apparateräume angeordnet. Das Wageninnere besticht durch die helle, fahrgastfreundliche Konzeption und durch weiche Stoffpolster.

Der **mechanische Teil** besteht aus einem Wagenkasten, der als Stahlkonstruktion in Leichtbauweise ausgeführt wurde. Kon-

Technische Daten

Baureihenbezeichnung	RBDe 560
Indienststellung	1984-1995
Hersteller	FFA, SWP, SIG, BBC
Betriebsnummern	560 000-083, 560 100-141
Gesamtzahl der gebauten Triebwagen	128
Anzahl 1997	126
Höchstgeschwindigkeit	140 km/h
Gewicht	70 t
Länge über Puffer	25000 mm
Höhe mit gesenktem Stromabnehmer	4470 mm
Achsfolge	Bo'Bo'
Radstand	20300 mm
Triebrad-Durchmesser	950 mm
Anzahl Motoren	4
Netzspannung	15 kV/16,7 Hz
Stundenleistung	1650 kW

AUFNAHME: RONALD GOHL

ventionelle Zug- und Stoßvorrichtung erlauben einen universellen Einsatz. Die Übergänge der auch als NPZ (Neuer Pendelzug) bekannten Fahrzeuge bestehen aus gefederter Trittbrücke und Gummiwulst. Für den schwimmend gelagerten Fußboden wurden 16 mm dicke Schichtholzplatten mit Gumminoppenbelag gewählt. Spezielle Beachtung schenkte man der Schall- und Wärmeisolation. vier Millimeter dicke Schalldämmschichten und 40-50 mm dicke Glasfasermatten garantieren eine wirkungsvolle Isolation. Trieb- und Laufdrehgestelle sind aus dem Hause SIG, auch bei diesen Fahrzeugen konnte das eigens konzipierte Drehgestell-Baukastensystem erfolgreich eingesetzt werden. Es zeichnet sich durch große Flexibilität bei der Kombination von Modulbauteilen aus.
Die doppelflügeligen Außenschwingtüren haben eine lichte Weite von 1400 mm. Auch die Gepäckschiebetore lassen sich in Einmannzügen automatisch schließen.

Oben: Ein Pendelzug mit RBDe 560 hält im ländlichen Bahnhof von Meggen (Luzern – Küssnacht a.R.) – Unten: Nicht im Tessin, sondern in der Station Bollingen (Obersee) hält dieser NPZ

Obwohl die Fahrzeuge keine Klimaanlage besitzen, lassen sich die Abteilfenster nur durch das Schiebeoberlicht öffnen.

Im Gegensatz zu den RBe 540 verfügt der Triebwagen über nur einen **Führerstand**. Als kleinste betriebliche Einheit ist er mindestens mit einem Steuerwagen des Typs Bt unterwegs. Die Bedienungselemente und Anzeigegeräte sind in einem U-förmigen Führertisch angeordnet. Links befinden sich das Rangierbrems- und Führerbremsventil. Mit den Fahrschaltern rechts (Großer Hebel: Befehlsgebersteuerung, kleiner Hebel: Fahrtrichtungsschalter) wird der Zug in Bewegung gesetzt. Direkt vor dem Lokführer befindet sich die Meldelampenkombination mit den Bedienungstasten für die Türsteuerung und Zugsicherung. Von den drei erhöht installierten Anzeigegeräten werden die Werte für Geschwindigkeit, Druckluftbremse, Fahrleitungsspannung und Motorströme abgelesen.

Die Anordnung der **elektrischen Ausrüstung** erfolgte auf dem Wagendach, im Untergestell sowie in Apparateräumen. Unter dem Wagenboden des vorderen Fahrgastabteils befindet sich der Transformator. Er wird über nur einen Stromabnehmer und den Druckluftschnellschalter auf dem Dach gespeist. Neben ihm installierte man der Reihe nach die Zusatzkommutierungsdrosselspule, die Glättungsdrosselspule, der Erregerstromrichter, den Traktionsstromrichter sowie die Hilfsbetriebeumrichter.

Auf dem Dach befinden sich die Ohmschen Fremdfeldshunts, die Bremswiderstände sowie die Ventilatorgruppe für die Fahrmotoren. In den vier Apparateräumen im Wageninnern sind die Kompressorengruppe, die Tafeln für die pneumatischen Einrichtungen, die Glättungsdrosselspule, die Hauptapparateblöcke mit Schützen, Umschaltern, Meßgeräten, Schutzeinrichtungen sowie der Hilfsbetriebeblock mit Batterieladetransformator und die Kondensatoren untergebracht. Die Leit- und Überwachungseinrichtungen sind gut erkennbar in verglasten Schränken im Führerraum angeordnet.

Betriebseinsatz

Seit Herbst 1984 stehen die ersten NPZ im fahrplanmäßigen Einsatz. Sie erwecken selbst nach dreizehn Jahren den Eindruck von benutzer- und anwenderfreundlichen Neuentwicklungen. Die aus dem intensiven Betriebseinsatz der Prototypen in den Räumen Thun, Bern, Fribourg und Biel gewonnenen Erkenntnisse flossen in die Fabrikation von bisher 128 serienmäßig erstellten Triebwagen-Pendelzügen ein. Sie sind in allen drei SBB-Kreisen stationiert und dienen vor allem dem täglichen Berufs- und Regionalverkehr. Als Zwischenwagen werden bestehende Reisezugwagen der Einheitsbauart I und II verwendet. Sie erhielten anläßlich einer Totalrevision modernisierte Innenräume, seitenselektierte Türsteuerung sowie den passenden Außenanstrich. Das vorhandene Vielfachsteuerungssystem steigert die betriebliche Freizügigkeit. Mit der Baureihe ABDe 560 Bt kommen die Kurzstrecken-Bahnbenutzer in den Genuß eines attraktiven und für die tägliche Benutzung angenehmen Verkehrsmittels, das dem kommenden Betriebskonzept „Bahn+Bus 2000“ entspricht.

Beheimatungen

Depots Lausanne, Biel, Pont-Brassus, Olten, Luzern und Winterthur

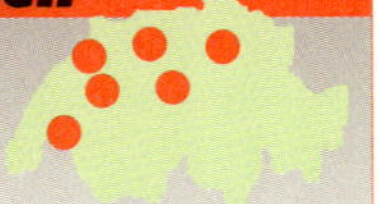

REDAKTION UND AUFNAHMEN: RONALD GOHL

In der kleinen, ländlich anmutenden Station Russin stehen zwei in Doppeltraktionen fahrende SBB-Gelenktriebwagen Bem 550 (Achsfolge B'2'B')

Baureihe Bem 550

Bereits 1858, elf Jahre nach der Eröffnung der Spanisch-Brötli-Bahn, wurde die 14,5 km lange Strecke von Genève nach La Plaine gebaut. Im Jahre 1913 erfolgte die Übernahme durch die Schweizerischen Bundesbahnen. Das Besondere an dieser Strecke ist, daß sie zur französischen Linie Genève – Lyon gehört und deshalb mit 1500 Volt Gleichstrom betrieben wird. Seit 1987 führt auf einem Teil der Strecke parallel zum französischen Gleichstrombetrieb eine SBB-Wechselstromlinie zum Genfer Flughafen. Dennoch werden die SBB-Züge zwischen Genève und La Plaine auf dem französischen Gleis geführt, das sie unter anderem auch mit den TGV-Zügen teilen müssen. Doch nicht nur die Stromspannung stellt auf dem SBB-Netz ein Unikat dar, die Signalisierung entspricht den Normen der Französischen Staatsbahn (SNCF). Es ist einleuchtend, daß für diesen Betrieb besondere Fahrzeuge notwendig sind. In den Jahren 1956/57 beschaffte die SBB zwei Triebwagen des Typs BDe 4/4 II 1301 und 1302, die mit den beiden ABt-Steuerwagen 1801 und 1802 fast vierzig Jahre den Pendlerverkehr auf der grenznahen Bahn- Strecke gewährleisteten. Weil das Rollmaterial nicht mehr ganz dem Bild eines modernen, attraktiven Verkehrsmittels entsprach und allmählich seine Alters- und Laufleistungsgrenze erreichte, überlegten sich die SBB in den achtziger Jahren mehrere neue Fahrzeuge zu beschaffen. Geprüft wurden verschiedene Varianten, unter anderem auch den Einsatz von auf 1500 Volt Gleichstrom umgebaute NPZ (RBDe 560). Ungewöhnlich war aber dann doch die Entscheidung, ein Leichtbau-Straßenbahnfahrzeug nach dem Vorbild der Lausanner S-Bahn TSOL (Tramway du Sud-Ouest Lausanne) zu beschaffen. Untersuchungen zeigten, daß der Gelenktriebwagen Bem 558 sehr günstig im Betrieb sein würde. Im Mai 1992 erfolgte die Bestellung von fünf Einheiten eines leicht modifizierten Typs. Der Auftrag ging an das westschweizer Unternehmen Vevey Technologies in Villeneuve für den wagenbaulichen Teil sowie an ABB für die elektrische Traktionsausrüstung. Vier Jahre später erfolgte die Lieferung und die Betriebsaufnahme auf der Strecke Genève – La Plaine. Damit die sechsachsigen Gelenktriebwagen der Baureihe Bem 550 auch auf den SBB-Gleichstromgleisen fahren können, erhielten sie neben der elektrischen Ausrüstung ein dieselelektrisches Notfahraggregat.

Konstruktion

Schon das **Design** des Bem 550 läßt auf eine Leichtbauweise wie bei Straßenbahnfahrzeugen schließen. Die viereckige, rot gespritzte Front verfügt über ein großes „Panoramafenster". Auch auf den

Technische Daten

Baureihenbezeichnung	Bem 550
Indienststellung	1994
Hersteller	VT, ABB
Betriebsnummern	550 000-004
Gesamtzahl der gebauten Triebwagen	5
Anzahl 1997	5
Höchstgeschwindigkeit	100 km/h
Gewicht	42,5 t
Länge über Puffer	30000 mm
Höhe mit gesenktem Stromabnehmer	3948 mm
Achsfolge	B'2'B'
Radstand	24100 mm
Triebrad-Durchmesser	740 mm
Anzahl Motoren	2+1
Netzspannung	1500 V=
Stundenleistung	600 kW

AUFNAHME: SAMMLUNG LAN

Als Vorbild für die SBB-Gelenktriebwagen der Baureihe Bem 550 (unten) diente der TSOL-Triebwagen Bem 558 der Lausanner S-Bahn (oben)

Seiten des Führerstandes wurde nicht mit Fensterflächen gespart. Der Wagenkasten ist in den Farben blau-weiß gespritzt, die Türen sind gelb. Der vordere Triebwagenkasten weist eine, der hintere Kasten zwei Einsteigeplattformen auf. Das formschöne Fahrzeug bildet für Pendler eine attraktive Fahrgelegenheit vom Westen des Kantons in die Stadt. Wie das Design und die Traktionsausrüstung ist auch der über die ganze Front reichende Gummirammbalken ungewöhnlich. Das Fahrzeug mit seinen tiefgezogenen Schürzen ist mit herkömmlichen Trittstufen für eine Bahnsteighöhe von 0 bis 350 mm ausgerüstet.

Der **mechanische Teil** des Bem 550 setzt sich aus dem Leichtbaukasten, zwei Trieb- und einem Laufdrehgestell zusammen. Abkant- und Walzprofile sowie Blech wurden als Material für den Kasten verwendet. Die beiden Fahrmotoren sind nicht in den Drehgestellen eingebaut, deshalb erhielt das Triebfahrzeug die Achsfolge B'2'B'. Der breite Rammbalken auf Pufferhöhe verstärkt die Frontwände und schützt vor Rangieraufstößen. Mit sechs Außenschwingtüren ist der 79-plätzige Fahrgastraum ausgerüstet. Diese sind hinsichtlich aktiver Sicherheit besonders gut ausgestattet und schützen die Passagiere gegen Einklemmen. Im übrigen wurde der mechanische Teil des Fahrzeugs weitgehend den Lausanner TSOL-Gelenktriebwagen der Baureihe Bem 558 angepaßt.

Gegenüber allen anderen SBB-Triebwagen stellt der Führerraum des Bem 550 eine Besonderheit dar. Der Lokführer sitzt nicht nur in Fahrtrichtung rechts, das Fahrzeug ist auch für Einhandbedienung ausgelegt. Sämtliche Fahr- und Bremsbefehle übermittelt der Führer mit dem sogenannten Sollwertgeber. Das Führerbremsventil sucht man auf dem Bem 550 vergeblich, denn ein elektronischer Rechner bestimmt, ob die elektrische oder druckluftgespeiste Bremse zum Einsatz kommt. Dadurch wird ähnlich wie bei Straßenbahnfahrzeugen die Bedienung des Bem 550 wesentlich vereinfacht, was natürlich bei Einmannbetrieb von Vorteil ist. Das halbkreisförmige Armaturenbrett verfügt über ein Anzeigegerät des französischen Zugsicherungssystems KVB. Der Zugfunk ist dagegen in der SBB-Norm ausgeführt. Die Türen werden im Sommer durch den Lokführer vom Führerpult aus geschlossen, im Winter verläuft der Schließvorgang automatisch. Ein kleiner Rechner macht den Lokführer darauf aufmerksam, wieviel Zeit seit der Türentriegelung verstrichen ist.

Entsprechend der Stromspannung unterscheidet sich der **elektrische Teil** des Bem 550 grundlegend von den übrigen SBB-Triebfahrzeugen. Herzstück ist bei einer Fahrleitungsspannung von 1500 Volt Gleichstrom nicht der Transformator sondern der Gleichstrom-Drehstrom-Umrichter, der auch bei den neuen Triebwagen der Centovallibahn (FART) eingebaut wurde. Über den in der Mitte des Gelenktriebwagens angeordneten Einholmstromabnehmer mit einem Schleifstück nach SNCF-Norm fließt die Fahrleitungsspannung in die Hauptstromkreise des Fahrzeuges. Auf dem Dach befinden sich ein Trenner mit elektro-pneumatischem Antrieb, ein Schnellschalter von Sécheron (Typ UR 6) sowie ein Bremswiderstand. Der Stromrichter und seine Komponenten sind in zwei Behältern unter dem Wagenboden untergebracht. Als weitere Besonderheit verfügt das Triebfahrzeug über einen kleinen Dieselmotor mit 88 kW Leistung. Dieser treibt einen Generator an, dessen Strom gleichgerichtet wird und anschließend die beiden Drehstrom-Asynchron-Fahrmotoren mit begrenzter Leistung versorgt. Dies reicht für Überfahrten vom Bahnhof ins Lokomotivdepot.

Betriebseinsatz

Die seit Juni 1994 in Betrieb stehenden Gelenktriebwagen erfreuen sich bei den Fahrgästen, Lokführern und Depotangestellten großer Beliebtheit. Auf ihrem Weg von Genève über Cornavin nach La Plaine an der schweizerisch-französischen Grenze begegnen die Bem 550 modernsten Fernverkehrszügen wie dem grauen TGV der zweiten Generation.

Beheimatungen

Depot Genéve

REDAKTION: RONALD GOHL – AUFNAHMEN: SAMMLUNG LAN

Seit Herbst 1996 verkehrt der Cisalpino-Pendolino zwischen Milano und Bern fahrplanmäßig und hält auch im Bahnhof Thun (Februar 1997)

Baureihe ETR 470

Seit 1997 verbinden modernste Neigezüge der SBB-Tochter Cisalpino AG die Schweiz mit Italien. Die neuen Züge fahren von Milano durch den Simplon und das Rhonetal nach Genf oder über den Lötschberg nach Bern und Basel. Ein weiteres Zugpaar verbindet Zürich mit Milano über den Gotthard, dabei holen die neuen Neigezüge fast eine Stunde Fahrzeitgewinn auf der kurvenreichen Alpentranversale heraus.

Die Cisalpino AG ist eine Aktiengesellschaft, an der die Italienischen Staatsbahnen (FS), die Schweizerischen Bundesbahnen, die BLS-Lötschbergbahn sowie die an der Strecke liegenden Kantone beteiligt sind. Die Firma mit Sitz in Bern ist Eigentümerin von sieben Pendolino-Zügen der Baureihe ETR 470. Sie ist auch für das Marketing und den Kundendienst verantwortlich.

Die Pendolinos sind eine Weiterentwicklung der bei den FS schon in Betrieb stehenden ETR 460. Der Zug besteht aus neun Wagen, die in drei Traktionseinheiten aufgeteilt sind. Der Zweistromzug kann sowohl in der Schweiz mit 15kV/16,7 Hz als auch in Italien mit 3000 Volt Gleichstrom verkehren. Sämtliche Bestandteile des Zuges wurden so konzipiert, daß ein hoher Komfort bei einem gleichzeitig geringen Wartungsaufwand gewährleistet ist.

Konstruktion

Das **Design** des italienisch-schweizerischen Superzuges stammt aus dem Hause Giorgetto Giugiaro. Im Fiat-Forschungszentrum wurden die aerodynamischen Formen untersucht und die Fahrtwiderstände des Zuges und der damit einhergehende Energieverbrauch auf ein Minimum optimiert. Wie beim ICE oder TGV ist die Frontpartie des Triebzuges windschlüpfrig nach vorne geneigt. Der aus neun Fahrzeugen bestehende Zug verfügt über Wagen erster und zweiter Klasse, wobei die erste Klasse in 2+1- und die zweite Klasse in 2+2-Bestuhlung ausgestattet ist. Insgesamt bietet der Zug 481 Fahrgästen Platz. Bar/Restaurantwagen, Telefon und Musik am Platz runden die Bordausstattung des ETR 470 ab. Die Inneneinrichtung des schnellen Kurvenflitzers gilt als „gioiello“, als Schmuckstück auf Rädern.

Herausragendstes Merkmal des **mechanischen Teils** ist die aktive Wagenkastenneigung in den Kurven. Damit ist es möglich, die Kurvengeschwindigkeiten zu erhöhen, ohne kostspielige Veränderungen an den Infrastrukturen vorzunehmen. Das vom ETR 460 abstammende Drehgestell wurde so entworfen, daß eine ausgezeichnete Anpassung bei Kurven mit geringem Radius erfolgt. Dank der niedrigen Achslast und der Radsatzführung schiebt

Technische Daten

Baureihenbezeichnung	ETR 470
Indienststellung	1996
Hersteller	Fiat Ferroviaria
Betriebsnummern	470 001-007
Gesamtzahl der gebauten Triebzüge	7
Anzahl 1997	7
Höchstgeschwindigkeit	200 km/h
Gewicht	467 t
Länge über Puffer	237000 mm
Höhe mit gesenktem Stromabnehmer	4250 mm
Achsfolge eines Triebwagens	1'A'A'1'
Radstand	231500 mm
Triebrad-Durchmesser	960 mm
Anzahl Motoren	12
Netzspannung	15 kV/16,7 Hz, 3000 V=
Stundenleistung	6000 kW

AUFNAHME: RONALD GOHL

Der Cisalpino-Pendolino der Baureihe ETR 470 am Luogelkinviadukt

sich jede Achse mit extrem niedrigem Angriffswinkel in Kurven ein, so daß die Einwirkung des Rades auf die Schiene auf ein Minimum reduziert wird. Mittels Schraubenfedern erfolgt die Primär- und Sekundärfederung des Drehgestells; das garantiert ein hohes Maß an Sicherheit gegen Entgleisen.
Die zwölf Fahrmotoren, die mit jenen des italienischen ETR 460 identisch sind, werden über Kardanwellen mit der jeweils innenliegenden Achse des Drehgestells verbunden. Dies ergibt drei Triebwagen, gefolgt von drei nichtangetriebenen Wagen und zum Schluß nochmals drei Triebwagen. Der Wagenkasten aus großen Aluminium-Stangenpreßprofilen wurde vollständig vom ETR 460 übernommen. Damit ist eine Gewichtsverringerung der Struktur bei einer gleichzeitig optimalen Nutzung des Lichtraumprofils möglich.
Die Fronten der Triebköpfe bestehen aus Verbundwerkstoffen, die auf eine tragende Aluminiumstruktur angebracht sind, so daß ein hohes Maß an Sicherheit für den Lokführer im Falle eines Aufpralls bei niedriger Geschwindigkeit gewährleistet ist.

Die **Führerkabine** ist behaglich und ergonomisch eingerichtet. Dank der auch auf den ersten Wagen wirkenden Wagenkastenneigung ist der Triebfahrzeugführer keinen starken Seitenbeschleunigungen ausgesetzt. In Domodossola und Chiasso entfällt der zeitraubende Lokwechsel. Der Lokführer zieht im Bahnhof ganz einfach den Schweizer Stromabnehmer ein, rollt sozusagen im Leerlauf weiter, kippt den Hauptschalter auf 3000 Volt Gleichstrom und hebt den italienischen Stromabnehmer. So gewinnt der Zug an der Grenze seinen größten Zeitvorsprung.

Die **elektrische Ausrüstung** für Zweispannungsbetrieb (15 kV/16,7 Hz in der Schweiz und 3 kV= in Italien) besteht aus drei GTO-Vierquadranten/Chopper mit dahintergeschalteten Invertern, die vier Drehstrom-Asynchronmotoren mit einer Leistung von jeweils ca. 500 kW speisen. Der ganze Triebzug verfügt über drei unabhängige Traktionseinheiten. Jede dieser Einheiten ist mit Transformator, Antriebssteuergerät und Hilfsbetriebeversorgung ausgerüstet. Die Traktionsausrüstung entwickelt eine Leistung von 6000 kW für eine Höchstgeschwindigkeit von 200 km/h und garantiert somit die notwendige Beschleunigung, die bei starken Steigungen (Gotthard, Lötschberg, Simplon) erforderlich ist.
Das Steuersystem der aktiven Querneigung besteht aus einer mikroprozessorgesteuerten Master-Steuereinheit, welche die Informationen von den verschiedenen Sensoren erhält und die korrekte Neigung des Wagenkastens über hydraulische Steller bestimmt. Während die Neigung des ersten Fahrzeuges mit kaum spürbarer Verzögerung mit dem Eintreten in die Kurve erfolgt, geschieht dies bei den Folgefahrzeugen in Echtzeit.

Betriebseinsatz

Trotz peinlicher Verspätung und „Fehlstarts" (wegen Nichterscheinen des Zuges mußten die geladen Gäste wieder entlassen werden) scheint sich das Cisalpino-Konzept nach der Inbetriebnahme aller sieben Einheiten zu bewähren.
Anfänglich klagten viele Passagiere auf der Lötschberg-Südrampe über Unwohlsein, denn der Pendolino rast mit 100 km/h die kurvenreiche Strecke hinauf: ein Fahrgefühl wie in einem Flugzeug, das sich in die Kurve legt. Aussteigen geht nicht, der Zug hält erst wieder in Spiez. Auch das Herumgehen im Zug ist ungewohnt – vor allem, wer sich von einem Wagen in den anderen begibt. Der vordere Wagen legt sich bereits in die Kurve, während der eigene Boden unter den Füssen noch waagrecht liegt. Die zugelassene Höchstgeschwindigkeit kann der Pendolino in der Schweiz natürlich nicht ausfahren, der wesentliche Vorteil liegt im Kurvenbereich.

Beheimatungen

Depot Milano

REDAKTION UND AUFNAHME: VALLY GOHL

Der Umbau von sechs Deh 4/6 in vierachsige Adhäsionslokomotiven soll nun eine zusätzliche Lebenserwartung von zehn Jahren erbringen. Im Bild die De 110 000-7 in Brienz (August 1996)

Baureihe De 110

Die sechs Pendelzugtriebwagen der Baureihe De 110 000-005 entstanden in den Jahren 1987-1993 aus den sechsachsigen Zahnrad-Gepäcktriebwagen Deh 4/6, von denen einst 16 Stück bestellt wurden. Nach dem neuen Betriebskonzept sollten die SBB-Regionalzüge auf den Talstrecken Luzern – Giswil und Meiringen – Interlaken-Ost auf Pendelzugbetrieb umgestellt werden. Weil ein Neubau nicht in Frage kam, mußten nach dem Vorbild der Rhätischen Bahn aus bestehendem Rollmaterial die Zugkompositionen gebildet werden. Sechs AB-Einheitswagen des Brünigbahn-Typs III dienten als Basis für die neuen Steuerwagen ABt. Als Triebfahrzeuge wurden sechs Deh 4/6 der Serie 901-916 hergerichtet. Dabei „verlor" die Lok nicht nur zwei Achsen sondern auch gleich noch die gesamte Zahnradausrüstung. Der Umbau des Triebfahrzeuges erfolgte teilweise in der SBB-Werkstätte Meiringen, die restlichen Arbeiten führte die Stadler Fahrzeuge AG im thurgauischen Bussnang aus. Die zwei an die Luzern–Stans–Engelberg-Bahn verkauften Gepäcktriebwagen wurden zur gleichen Zeit umgebaut.

Konstruktion

Markantestes Detail des neuen **Designs** sind die schwarzen Balken um die Fenster der Führerstände. Auch die Jalousien auf der Maschinenraumseite wurden neu durch zweireihige Mehrfachdüsengitter ersetzt, die einen besseren Schutz vor eindringendem Staub und Flugschnee bieten. Ansonsten gleichen die De 110 weitgehend den Zahnrad-Gepäcktriebwagen der Baureihe Deh 4/6. Die neue Baureihenbezeichnung spritzte die SBB in Fahrtrichtung unter dem linken Frontfenster auf.

Beim **mechanischen Aufbau** der Deh 4/6 wurden die Laufwerke für Zahnrad- und Adhäsionsantrieb voneinander getrennt, was den Ausbau der gesamten Zahnradausrüstung wesentlich erleichterte. Als selbsttragende, geschweißte Stahlkonstruktion enthält der Kasten zwei Führerstände, zwei Gepäckabteile und einen in der Mitte des Fahrzeugs angeordneten Apparateraum. Der De 110 kann nur über die vier Gepäckschiebetüren oder die Stirnwandtüre betreten werden.

Besondere Sorgfalt wurde dem Umbau der **Führerräume** zugedacht, denn die Deh 4/6 sind wegen der knappen Platzverhältnisse beim Personal nicht gerade beliebt. Dank einem neuen, platzsparenden Steuerkontroller mußte die Rückwand nicht zurückversetzt werden, was erhebliche Mehrkosten nach sich gezogen hätte. Die Anordnung des Führertisches wurde an einem Holzmodell erprobt und mit den Lokführern diskutiert. Ein zeitgemäßer Führersitz bietet trotz beengenden Raumverhältnissen ein gewisses Maß an Komfort. Je ein Block für die Meldelampen, das Funkbedienungsgerät und die elektrischen Anzeigeinstrumente sind als Konsolen vor dem Steuerkontroller angeordnet. Nicht unerwähnt bleiben darf, daß nur ein Führerstand der Pendelzuglok umgebaut wurde. Auf der Zugseite blieb aus Spargründen alles beim alten. Auch die Tasten für die Türsteuerung sind nur auf der Führerstandseite I vorhanden.

Beheimatungen

Depot Meiringen

Die **elektrische Ausrüstung** des De 110 ist im Apparateraum in der Mitte des Fahrzeuges untergebracht. Hier ist auch der Transformator aufgestellt. Anläßlich des Umbaus wurde das gesamte Haupt- und Steuerstromsystem für die Zahnradmotoren entfernt. Eine ganze Anzahl neuer Apparate forderte der Einbau der Vielfachsteuerung für Pendelzugbetrieb, auch der veraltete Stufenschalter mußte fernsteuerbar gemacht werden. Nicht mehr benötigt wurde die elektrische Gleichstrom-Widerstandsbremse für die Zahnstangen-Talfahrten. Aus den bestehenden Komponenten konnte eine elektrische Widerstandsbremse mit Bremsungen bis zum Stillstand hergerichtet werden. Empfindlich aufs Schleudern waren die alten Fahrmotoren, deshalb kam ein wirksamer Schleuderschutz mit einem Rechner aus der Familie der MICAS-Geräte zum Einbau. Anstelle des bisherigen Sortiertisches im Gepäckraum II wurde ein Apparateschrank, indem die Elemente der neuen Steuerung eingebaut sind, untergebracht. Auf dem Dach befinden sich ein Scherenstromabnehmer und die elektrischen Bremswiderstände.

Betriebseinsatz

Zur Hauptaufgabe der umgebauten Gepäcktriebwagen gehört das Führen der neuen Pendelzüge, die aber zwischen Interlaken-Ost und Meiringen bereits ein Jahr nach der Indienststellung wieder aus dem Fahrplan gekippt wurden. Der Umbau erfolgte unter dem Aspekt, daß die Triebfahrzeuge eine Restlebensdauer von nur zehn Jahren haben. Deshalb investierten die SBB auch nicht sehr viel Geld. Jeder der sechs Pendelzüge setzt sich aus einem Gepäcktriebwagen De 110, zwei Zwischenwagen vom Typ B-III und dem ABt-Steuerwagen zusammen.

Technische Daten

Baureihenbezeichnung	De 110
Indienststellung und Umbau	1941-42 / 1987-93
Hersteller	SLM, BBC, MFO, SAAS
Betriebsnummern	110 000-005
Gesamtzahl der gebauten Triebwagen	6
Anzahl 1997	6
Höchstgeschwindigkeit	75 km/h
Gewicht	40 t
Länge über Puffer	14600 mm
Höhe mit gesenktem Stromabnehmer	3886 mm
Achsfolge	Bo'Bo'
Radstand	11900 mm
Triebrad-Durchmesser	900 mm
Anzahl Motoren	4
Netzspannung	15 kV/16,7 Hz
Stundenleistung	894 kW

REDAKTION UND AUFNAHME: RONALD GOHL

Der Intercity-Neigezug RABDe 500 ist heute das Paradepferd der Schweizerischen Bundesbahnen; er ist vor allem in der Westschweiz unterwegs

Baureihe RABDe 500

Neigezüge sind ein probates Mittel, um Reisezeiten zu verkürzen und das Angebot zu verbessern, ohne dass teure Ausbauten an der Infrastruktur oder gravierende Eingriffe in die Natur für Neubaustrecken vorgenommen werden müssen. Trotzdem müssen die Neigezüge, die bei Anschaffung und Unterhalt teurer sind als konventionelle Züge, den Fahrgästen einen einwandfreien Komfort – vor allem bei der erhöhten Kurvengeschwindigkeit – bieten; die sicherheitsrelevanten Grenzwerte bei den Rad-Schiene-Kräften sind zu beachten, auch müssen Zuverlässigkeit und Verfügbarkeit möglichst hoch sein, da sich Neigezüge kaum ohne Fahrplanprobleme durch konventionelle Fahrzeuge ersetzen lassen.

Ein zentraler Punkt des Projektes „Bahn + Bus 2000“ ist es, zwischen Olten und Lausanne die gleiche Fahrzeit zu erreichen – gleichgültig, ob man die Jurasüdfußlinie via Biel oder die Strecke via Bern (mit der Neubaustrecke Mattstetten – Rothrist) benutzt. Um dieses Ziel auf der Jurasüdfußlinie nur mit punktuellen Ausbauten zu erreichen, bestellten die SBB 1996 24 siebenteilige Neigezug-Kompositionen RABDe 500, die wegen der Landesausstellung „Expo 2001“ zum Fahrplanwechsel 2001 zur Verfügung stehen sollten. Die „Expo“ wurde auf 2002 verschoben, auch bei der Ablieferung der Neigezüge gab es Verspätungen.

Der Prototypzug

Anfang 1997 wurde mit dem Bau des vierteiligen Vorserienzuges mit der Nummer RABDe 500 050 begonnen, der am 27. Juli 1998 seine erste Testfahrt absolvierte. Die Komposition setzte sich wie folgt zusammen: Bt + AD + B + Bt; es handelte sich um einen luftgefederten Triebzug mit elektrischer Neigetechnik und verteilten Antriebskomponenten (vier Achsen).

Auf der Strecke Martigny – Ardon erreichte der RABDe 500 050 eine Geschwindigkeit von 220 km/h, auf der Gotthard-Südrampe bewährte er sich auch in engen Kurvenradien. Sämtliche Sicherheits- und Komfortanforderungen sowie die Umweltverträglichkeitstests konnte er erfüllen. Die Typenprüfung und die Optimierungen für die Lauf- und Neigetechnik einschließlich der dazugehörigen Hard- und Software dauerten bis Ende 1999, daran schloss sich die Ausbildung für das Fahr- und Unterhaltspersonal an. Anfang 2001 wurde der Vorserien-ICN wieder demontiert, die brauchbaren Teile für einen Serienzug verwendet.

Die Serienzüge

Die Entwicklung und den Bau der ersten Serie von 24 Intercity-Neigezügen (ICN) vergaben die SBB für 497 Millionen Franken an ein Konsortium, das aus der damaligen Adtranz und Fiat-SIG bestand.

Ein siebenteiliger Zug hat folgende Zusammenstellung: Bt + B + WAR + A

REDAKTION: HANS-BERNHARD SCHÖNBORN – AUFNAHME: A. SCHMUTZ

Seit 2002 laufen die Intercity-Neigezüge, kurz ICN, anstandslos. Vorher hatte es Probleme mit den Drehgestellbefestigungen gegeben

AUFNAHME: A. SCHMUTZ

+ AD + B + Bt; die Achsfolge lautet: (1A) (A1) + (1A) (A1) + 2'2' + 2'2' + 2'2' + (1A) (A1) + (1A) (A1). Da in vier Wagen in jedem Drehgestell eine Achse motorisiert ist, handelt es sich um einen eigentlichen Triebzug. In der Regel verkehren die ICN in Doppeltraktion, da Konzepte zur Flügelung der Züge noch nicht umgesetzt wurden und die Einzelführung zu Problemen beim Umlauf der Fahrzeuge führen kann.

Verstärker zum Mobil-Telefonieren im ganzen Zug, eine elektronische Fahrzielanzeige innen und außen, Fahrradhaken und geschlossene Vakuum-Toiletten gehören zur Grundausstattung der Züge, die alle Marktsegmente, also auch den Pendlerverkehr, abdecken sollen. In der 1. Klasse gibt es drei (reservierbare) Business-Abteile mit Laptop-Anschlüssen und in der Zugmitte existiert eine „Behindertenzone" mit zwei rollstuhlgängigen Abteilen und einer entsprechenden Toilette. Hörbehinderte werden durch ein blaues Blinklicht an den Stirnwänden der Abteile auf Lautsprecherdurchsagen hingewiesen. Die Wagen sind vollständig in Raucher- und Nichtraucher-Fahrzeuge aufgeteilt.

Die rollstuhlgängigen ICN-Restaurants weisen 23 Nichtraucher-Sitzplätze auf; bei Doppeltraktion sind beide Restaurants bedient, wenn auch teilweise nur im „Ein-Mann-Betrieb". In der 1. Klasse wird ein reduziertes Angebot aus dem Speisewagen heraus serviert, für die 2. Klasse gibt es die Minibar und das Speisewagen-Takeaway.

Verspätete Ablieferung

Aufgrund logistischer Schwierigkeiten und Konkursen von Zulieferern kam es zu Verspätungen bei der Ablieferung. Zudem verkehrten die ersten sechs Kompositionen zunächst ohne Speisewagen, dafür mit einem zweiten AD. Schließlich musste der Zuglauf anfangs auf die Relation Zürich – Biel – Lausanne verkürzt werden.

Größere (Image-)Probleme ergaben sich, als am 29. Juli 2001 der RABDe 500 019 in Zürich-Oerlikon entgleiste und festgestellt wurde, dass sich an verschiedenen Drehgestellen Schrauben gelockert hatten. Es mussten nicht nur sämtliche ICN zur Kontrolle und allfälligen Behebung von Schäden aus dem Verkehr gezogen werden, sondern es gab noch dazu mit den konventionellen Ersatzkompositionen erhebliche Fahrplanprobleme.

Am 23. Mai 2003 brannte der Speisewagen WAR 500 504, weil sich der Hauptschalter nicht korrekt geschlossen hatte. Wegen des zusätzlichen Expo-Verkehrs waren die SBB auf jeden Zug angewiesen, und so fuhr die Garnitur eine Zeitlang sechsteilig.

Die Hoffnungen, ICN auch exportieren zu können, haben sich bisher nicht erfüllt, zumal sich das Vorhaben der von SBB, ÖBB und DB AG gegründeten „TEE Rail Alliance" – der ICN sollte für den grenzüberschreitenden Verkehr beschafft werden – nicht realisieren ließ. Mitte und Ende 2001 bewilligte der Verwaltungsrat der SBB die Beschaffung einer zweiten und dritten Serie von jeweils zehn ICN vor allem für die Strecke Basel SBB – Delemont – Biel – Genève, im Herbst 2002 trafen die ersten Wagenkästen auf der Straße in der Schweiz ein.

Technische Daten

Besteller	SBB
Typen-Bezeichnung	RABDe 520 000 - 023
Anzahl Fahrzeuge	24 (und 20 bestellte)
Inbetriebnahme	ab 1999
Einsatzgebiet	(vor allem) Jurasüdfußlinie
Spurweite	1.435 mm
Länge über Kupplung	187.600 mm
Fahrzeugbreite	2.830 mm
Fahrzeughöhe	3.950 mm
Sitzplätze	
- 1. Klasse	113
- 1. Klasse „Business"	12
- 2. Klasse	326
- Restaurant	23
- Klappsitze	6
Leermasse	355 t
Drehgestellachsstand	2.700 mm
Raddurchmesser (neu)	820 mm
Speisespannung	15 kV / 16,7 Hz
Höchstgeschwindigkeit	200 km/h
Maximale Beschleunigung	0,59 m/s²
Motorenleistung	5.200 kW
Anfahrzugkraft	210 kN
Hersteller	Adtranz, Fiat-SIG

Speziell für die Seetalbahn erwarben die Schweizerischen Bundesbahnen den GTW 2/8, eingereiht als RABe 520

Baureihe RABe 520

Die als „Seetalbahn" bekannte Strecke Luzern – Emmenbrücke – Beinwil am See – Lenzburg nahm im Schweizer Schienennetz schon immer eine Sonderstellung ein: Die 1881 in London gegründete „The Lake Valley of Switzerland Railway Company" baute mit englischem Kapital die rund 40 Kilometer lange Strecke, die 1883 in Betrieb ging. Die Zweiglinie Beinwil – Reinach folgte 1887, Lenzburg – Wildegg 1895 und Reinach – Beromünster 1906; der Abschnitt Lenzburg – Wildegg wurde 1984 aufgehoben, Beinwil – Beromünster 1992 auf Busbetrieb umgestellt und 1997 stillgelegt.

Um Kosten zu sparen, wurde das Gleis zunächst in die bestehende Straße gelegt. 1910 elektrifizierte man die Strecke mit 550 V / 25 Hz; 1922 kaufte der Bund die Seetalbahn-Konzession zurück, und 1930 erfolgte die Umstellung auf das bei den SBB übliche Stromsystem von 15 kV / 16,7 Hz. Zwischenzeitlich waren Straße und Schiene getrennt worden, doch blieben sie sehr eng verbunden, und mehr als 400 Bahnübergänge stellten ein großes Gefahrenpotenzial dar, das viele Tote und Verletzte forderte.

Sanierung der Seetalbahn

Bereits 1963 gab es die Forderung, alle möglichen technischen und organisatorischen Vorkehrungen zu treffen, um weitere Unfälle auf der Seetalbahn zu verhindern. In der Folgezeit wurde viel diskutiert: Die Vorschläge reichten von einer völligen Neutrassierung bis zum Busersatz. Erst durch die Bundesratsbeschlüsse von 1992 und 1997 wurden die Beibehaltung des durchgehenden Bahnbetriebs und die sicherheitstechnische Sanierung festgeschrieben. Allerdings verordnete die Regierung – entgegen früheren Versprechungen – ein Kostendach von 200 Millionen Franken, was größere Trassenverlegungen mit Ausnahme der Umfahrung von Emmen verhinderte. In den folgenden Verhandlungen kamen der Kanton Aargau und das Anlagenmanagement der SBB auf eine diskussionswürdige Idee:

Schmale Neufahrzeuge

Um den Abstand zwischen Straße und Schiene vergrößern und einige besonders kritische Abschnitte durch die Errichtung von Leitplanken entschärfen zu können, sollten extrem schmale Triebwagen beschafft werden – mit der Konsequenz, dass Normalspurfahrzeuge mit Standardmaßen, also auch Hilfszüge, nur noch im Notfall und im Schritttempo den Aargauer Abschnitt der Seetalbahn befahren können; außerdem muss der Güterverkehr dort auf die Straße verlegt werden.

Auf der Basis der bewährten Gelenktriebwagen GTW 2/6 wurden bei Stadler, dem letzten noch verbliebenen Schweizer Schienenfahrzeug-Hersteller, erstmals GTW 2/8 mit drei Fahrgast- und einem Antriebsteil be-

REDAKTION: HANS-BERNHARD SCHÖNBORN – AUFNAHME: A. SCHMUTZ

Um neben dem Straßenverkehr fahren zu können, ist der RABe 520 in einer extrem schmalen Bauweise gefertigt

stellt; die 17 in Luzern beheimateten Fahrzeuge sollen vor allem im Seetal, aber auch auf den Strecken Luzern – Rotkreuz – Zug (in Randzeiten), Zofingen – Suhr – Aarau und zwischen Aarau und Wettingen zum Einsatz kommen.

Die Fahrzeugbreite wurde von 3,00 Metern (bei den übrigen Normalspur-GTW) auf 2,65 Meter reduziert, was den klassischen Meterspurfahrzeugen entspricht. Die Sitzbreite beträgt (ohne Armlehnen) in der 1. wie der 2. Klasse nur 450 Millimeter; auch in der Längsrichtung sind die Verhältnisse äußerst beengt: Da die SBB auf einer Hochflur-Plattform zwölf Sitzplätze unterbringen wollten, misst der Längsteiler überall 1.650 Millimeter. Der „Klassen-Unterschied" besteht nur noch im Bezugsstoff der Sitze – Leder statt Stoff (bei einem Mehrpreis von 55 Prozent). Die 53,5 Meter langen Fahrzeuge bieten 139 Sitzplätze an, was etwa der Hälfte eines vierteiligen Nahverkehrspendelzuges (NPZ) entspricht.

Mechanik und Elektrik

Der weitgehend niederflurige Wagenkasten besteht aus Aluminium-Strangpressprofilen. Nur im Seetal weisen die Bahnsteige eine Höhe von 40 Zentimetern über Schienenoberkante auf, sonst gilt eine Normhöhe von 55 Zentimetern; beim Öffnen der insgesamt sechs Türen auf jeder Seite wird ein zusätzlicher Klapptritt ausgefahren, der den Spalt zwischen Fahrzeug und Bahnsteig überbrückt. Der Traktionszwischenteil besitzt einen 770 Millimeter breiten Durchgang, doch besteht zwischen diesem und den niederflurigen Fahrgastabteilen eine Höhendifferenz von 690 Millimetern, die mit jeweils drei Stufen überwunden werden muss.

Erstmals wurden luftgefederte Drehgestelle verwendet. Die Fronten aus glasfaserverstärktem Kunststoff (GFK) besitzen eine neuartige automatische Kupplung, die bisher mit keinem anderen Schweizer Fahrzeug kompatibel ist. Eine multifunktionale Zone für Rollstühle, Kinderwagen und Fahrräder, ein optisches und akustisches Fahrgast-Informationssystem, klimatisierte Fahrgast- und Führerräume, ein geschlossenes WC und ein ergonomisch gestalteter, allerdings recht enger Führerstand gehören gleichfalls zur Ausstattung der GTW, von denen bis zu drei Einheiten in Vielfachsteuerung verkehren können. Ein wassergekühlter IGBT-Stromrichter und Fahrzeug-Leittechnik der Bauart MITRAC mit Zugbus und Diagnoserechner sind Teil der von Bombardier gelieferten, elektrischen Ausrüstung.

Teils wie die Straßenbahn

Da die Seetalbahn nach der technischen Sanierung und den baulichen Maßnahmen, die bis Dezember 2004 abgeschlossen sein sollen, teilweise einer Straßenbahn gleicht, zeichnen sich die RABe 520 durch ein verstärktes Bremsvermögen aus; im Bereich der Haltepunkte sehen die SBB „Fahrt auf Sicht" mit höchstens 40 km/h vor, da in diesen Bereichen die Bahnübergänge bestehen bleiben (müssen). Seit Dezember 2002 besteht nun zwischen Luzern und Hochdorf von Montag bis Freitag ein integraler Halbstundentakt mit den neuen Zügen; ob dieser ab Dezember 2004 auf die gesamte Strecke ausgedehnt wird und den jetzigen Stundentakt ersetzt, hängt von der Bestellung der Kantone Luzern und Aargau ab.

Technische Daten

Besteller	SBB
Typen-Bezeichnung	RABe 520 000 - 016
Anzahl Fahrzeuge	17
Inbetriebnahme	ab 2002
Einsatzgebiet	Luzern – Lenzburg, Strecken im Aargau
Heimatdepot	Luzern
Spurweite	1.435 mm
Länge über Kupplung	53.434 mm
Fahrzeugbreite	2.650 mm
Fahrzeughöhe	4.300 mm
Fußbodenhöhe	
- Niederflur	400 mm
- Hochflur	1.090 mm
Einstiegsbreite der Türen	1.350 mm
Längsfestigkeit	1.200 kN
Sitzplätze	
- 1. Klasse	12
- 2. Klasse	116
Stehplätze (6 Personen/m²)	269
Leermasse	74,5 t
Achsanordnung	2'Bo'2'2'
Drehgestellachsstand	2.100 mm
Treibraddurchmesser (neu)	860 mm
Laufraddurchmesser (neu)	750
Speisespannung	15 kV / 16,7 Hz
Höchstgeschwindigkeit	115 km/h
Maximale Beschleunigung	0,7 m/s²
Maximale Leistung am Rad	760 kW
Dauerleistung am Rad	520 kW
Anfahrzugkraft	70 kN
Hersteller	Stadler (Bussnang), Bombardier

AUFNAHME: A. SCHMUTZ

Wie kaum ein anderes Land in Europa setzt die Schweiz auf flächendeckende Elektrotraktion. Auch die Rhätische Bahn betreibt alle wichtigen Strecken mit Fahrdraht O. Edingshaus

Bei der Prätigauer Station Saas warten die in Doppeltraktion verkehrenden Dampfloks G 3/4 Nr. 1 und G 4/5 Nr. 107 eine Kreuzung ab

FOTO: BERNHARD STUDER

Wie der Triebfahrzeugpark der Rhätischen Bahn (RhB) entstand:

Ein Jahrhundertwerk

Mit 7106 Quadratkilomtern Fläche ist der Kanton Graubünden, das Ursprungsland von Rhein und Inn, der größte und zugleich der am schwächsten besiedelte Kanton der Schweiz.

Bis 1798 war Graubünden ein selbständiger Alpenstaat, in welchem der Verkehr über die Alpenpässe seit Jahrhunderten politisch und wirtschaftlich eine absolut dominierende Rolle spielte. Dieser Transitverkehr brachte einen gewissen Wohlstand. Die Berglandwirtschaft dagegen konnte die Bevölkerung eher schlecht als recht ernähren. Der Transitverkehr erfuhr aber mit der Eröffnung der Brenner- und der Gotthardbahn ein abruptes Ende. Die normalspurige Linie der „Vereinigten Schweizerbahnen" (heute SBB-Linie) nach Chur, als Teil einer Alpentransversale gedacht, wurde nicht mehr weitergebaut. So endet denn noch heute 19,6 km ab Kantonsgrenze die Normalspur der SBB in Chur. Nach dem fast vollständigen Zusammenbruch des Transitverkehrs über die Alpenpässe und mit der nunmehr vollständigen Umfahrung des Kantons im vergangenen Jahrhundert, mußte rasch etwas zur wirtschaftlichen Rettung unternommen werden – man setzte hoffnungsvoll auf den aufkommenden Fremdenverkehr! Dazu mußten aber die im Ansatz bereits vorhandenen Kurorte und Ferienregionen besser erschlossen werden. Man baute deshalb aus eigener Initiative ein meterspuriges Eisenbahnnetz auf – die Rhätische Bahn.

Was in- und ausländischen Eisenbahnfans seit Jahrzehnten ein Begriff ist, erschließt mit einem 375 Kilometer umfassenden Meterspurnetz die wichtigsten Täler des Kantons und stellt die einzige, wirklich wintersichere Verbindung dar.

Die imposanten Kunstbauten der Rhätischen Bahn – man zählt 485 Brücken und Viadukte mit einer Gesamtlänge von zwölf Kilometern sowie 116 Tunnels und Galerien mit einer Gesamtlänge von 40 Kilometern – vermitteln ein reizvolles touristisches Erlebnis.

Doch die RhB ist mehr als eine touristische Bahn. Im Großraum Chur-Landquart werden täglich Tausende Pendler mit dem Zug vom Wohnort an den Arbeitsort gefahren. Schwere Güterzüge bringen die im Engadin und in anderen Tälern benötigten Waren schnell und sicher ans Ziel.

Für diese ausgesprochene Gebirgsbahn galten schon immer andere Maßstäbe. Es gibt Steigungen von bis zu 70 Promille (ohne Zahnstange), Kurvenradien von nur 45 Metern und Viadukte mit einer Höhe von 89 Metern.

Keine Frage, daß bei einer solchen Bahn ganz besondere Ansprüche an die Triebfahrzeuge gestellt werden müssen.

Mit dem Zug am Piz Bernina vorbei. Doch die RhB ist nicht nur eine Touristenbahn!

Auf der am 21. Juli 1890 durchgehend eröffneten Bahnlinie Landquart – Davos kamen fünf kleine Dampflokomotiven vom Typ G 3/4 Nr. 1-5 zum Einsatz. Sie erbrachten lediglich eine Stundenleistung von 185 Kilowatt und mühten sich auf dem Steilstück Klosters – Davos (45 Promille) entsprechend kräftig ab.

Als im Sommer 1896 die Rhätische Bahn ihr Schienennetz von Landquart bis Thusis verlängert hatte, entwickelte sich ein überaus großer Verkehr nach dem Ausgangspunkt der Albula- und Splügenstraße. Der langgehegte Wunsch, eine Bahnverbindung mit dem Engadin zu schaffen, rückte damit in Reichweite. Am 15. Juli 1898 begannen die technischen Vorarbeiten zu diesem Jahrhundertwerk. Sechs Jahre später, am 10. Juli 1904 fuhr der erste Zug bis St. Moritz. Der bestehende Fahrzeugpark, der inzwischen um 21 weitere, zum Teil etwas leistungsstärkere Dampflokomotiven ergänzt worden war, zeigte jedoch bald seine Schwächen. Die Zugbelastungen übertrafen die Voraussetzungen bedeutend, so daß, um zu häufigen Vorspann zu vermeiden, stärkere Maschinentypen gewählt werden mußten. Um den Kessel zu diesem Zweck zu vergrößern ohne die Radsatzbelastungen zu erhöhen, sollte der Vorrat an Kohle und Wasser auf einen Schlepptender verwiesen werden. Mit diesen Vorgaben konnte auch die große Zahl der Wasserfassungen auf der langen Rampe Thusis – Scheitelhöhe des Albulatunnels (1123 Meter Höhenunterschied) vermindert werden. So gelangte man zu der Lieferung der ersten vier G 4/5 im Jahre 1904, die mit einer Leistung von 600 Kilowatt zu den stärksten schmalspurigen Dampflokomotiven der Welt zählen. Die Maschine mit vier gekuppelten Achsen und Schlepptender war in der Lage, eine Anhängelast von bis zu 95 Tonnen mit einer Geschwindigkeit von 28 – 30 km/h über das Steilstück zwischen Filisur und Preda zu ziehen. Bis ins Jahr 1915 konnte die Schweizerische Lokomotiv- und Maschinenfabrik Winterthur (SLM) 24 weitere Dampflokomotiven dieses Typs liefern.

In dieser Zeit besaß die Rhätische Bahn 57 Dampflokomotiven, von denen heute nur noch drei übrig geblieben sind. Bis in die fünfziger Jahre verblieben noch die G 4/5 102, 104, 105 und 106 bei der Rhätischen Bahn, die übrigen Einheiten wurden bereits in den zwanziger Jahren nach Brasilien und Thailand verkauft. 18 Maschinen übernahm die Royal State Railways (Thailand). Sie sind inzwischen ebenfalls abgebrochen worden. Die Nummer 123 steht im thailändischen Eisenbahnmuseum.

Mühsam und anstrengend muß der Dienst von Führern und Heizern auf den Dampfloks gewesen sein, insbesondere in den Kehrtunnels der Steilrampe. Wenn die Schienen durch zu viele Rauchgase verschmiert wurden, kam es vor, daß die Triebräder der Maschinen schleuderten und der ganze Zug zunächst im Tunnel zu stehen kam, dann rückwärts rutschte und schließlich am unteren Portal wieder herauskam. Die Fahrtrichtung in den Tunnels konnte meist nur durch einen Besen bestimmt werden, der gegen die Tunnelwand gedrückt wurde. Nasse Putzfäden, die das Personal gegen Mund und Nasen preßten, schützten nur dürftig vor den giftigen Rauchgasen.

Wie gut hatten es da die Lokführer im Engadin, die auf der von Anfang an elektrifizierten Strecke St. Moritz – Scuol Dienst taten. Die 1913 unter Strom gestellte Linie fand denn auch weltweite Beachtung. Als erste Elektrolokomotiven kamen im Engadin sieben Ge 2/4-Maschinen mit der Achsfolge 1'B1' sowie vier 1'D1'-Triebfahrzeuge zum Einsatz.

Weil nach Ausbruch des Ersten Weltkrieges auf den „kohlefressenden"

In der Depotwerkstätte Pontresina werden die Fahrzeuge der „Berninabahn" gewartet

FOTOS: RONALD GOHL

Das Rückgrat der Traktion bilden die 23 Lokomotiven des Typs Ge 4/4 II. Sie verkehren auf dem ganzen RhB-Stammnetz

Steilstrecken Graubündens gespart werden mußte, überlegte sich die Rhätische Bahn die Elektrifizierung ihres gesamten Streckennetzes. So konnte der elektrische Betrieb nach umfangreichen Investitionen im Jahre 1922 auf alle Linien ausgedehnt werden.

Die 15 im Engadin verkehrenden Maschinen erbrachten zu wenig Leistung, um sinnvoll am Albula eingesetzt werden zu können. Deshalb entwickelten SLM, BBC und MFO eine sechsachsige C'C'-Lokomotive des Typs Ge 6/6 I. Im Juli 1921 begann damit die über sechzig Jahre dauernde Laufbahn der berühmten „RhB-Krokodile". Von den in Anlehnung an die Gotthard-Lokomotive Ce 6/8 II Nr. 14251 ff. konstruierten „Krokodilen" wurden insgesamt 15 Einheiten beschafft. Sie sorgten auch dafür, daß die noch relativ neuen Heißdampf-Schlepptenderlokomotiven in großer Stückzahl und zu einem guten Preis veräußert werden konnten.

Heute stehen noch vier C'C'-Maschinen bei der RhB im Einsatz, je zwei sind in Samedan und in Landquart stationiert. Die Nummer 413 dient als Ersatzteilspender. Ein „Krokodil" (Nr. 402) steht im Verkehrshaus, die Nummer 407 gehört dem Albula-Bahn-Club und kann äußerlich aufgefrischt in Bergün bewundert werden. Die Maschine Nr. 406 ruht im ABB Werk Oerlikon. Alle übrigen „Krokodile" gingen den Weg des alten Eisens.

Nach dem Zweiten Weltkrieg setzte die Rhätische Bahn mit der Bestellung der ersten vier Schnellzug-Elloks des Typs Ge 4/4 I zu einem wichtigen Entwicklungssprung an. Die neuen Maschinen erzeugten bei 46 km/h eine Stundenleistung von 1184 Kilowatt (Vergleich „Krokodil": 940 kW bei 39 km/h). Die grünen Universaltriebfahrzeuge prägten jahrzehntelang das Bild auf dem Stammnetz der Rhätischen Bahn. 1985 wurde mit dem Umbau der Nummer 608 „Madrisa" begonnen. Um die notwendige Betriebstüchtigkeit und Einsatzbereitschaft über Jahre hinaus zu garantieren, widerfuhr der Ge 4/4 I eine komplette „Retrofit-Aktion". Nicht nur die elektrische Ausrüstung wurde komplett überarbeitet, die abgerundeten Stirnfronten schweißte man direkt hinter der Türe ab und ersetzte sie durch moderne, eckige und geräumige Führerstände. Im Herbst 1991 konnte der Umbau der ganzen Serie mit der Nummer 610 „Viamala" abgeschlossen werden. Damit wurde die „Lebenserwartung" der inzwischen 40jährigen Lok wesentlich erhöht.

Nur noch selten begegnet man heute dem legendären „RhB-Krokodil" Ge 6/6 I

Aus der Ge 4/4 I gelang die Weiterentwicklung der Baureihe Ge 6/6 II. Diese Maschinen ermöglichten erstmals, auch schwere Güterzüge mit hohen Geschwindigkeiten über die steilen Rampen am Albula zu ziehen. Die Ge 6/6 II leistet 1776 Kilowatt bei einer Geschwindigkeit von 46 km/h.

Mit zwei Baudienst-Traktoren (Te 2/2 74-75) stieg die Rhätische Bahn Ende der sechziger Jahre in die Thyristor-Epoche ein. Schon bald zeigte sich, daß diese Technik auch für Pendelzüge mit effizientem Beschleunigungsvermögen geeignet war – und so kam es im Oktober 1968 zur Bestellung der ersten vier dreiteiligen Nahverkehrs-Pendelzüge mit Thyristor-Steuerung. Den größten „Thyristor-Brocken" bildete aber die Beschaf-

FOTOS: RONALD GOHL (MITTE), DIETMAR BECKMANN (OBEN)

Zwischen Chinous-chel und Brail überquert die Ge 6/6 I Nr. 702 den Inn

fung von insgesamt 23 Lokomotiven des Typs Ge 4/4 II, die rein äußerlich den SBB-Re 4/4 II ähneln.
Nach einigen „verkehrspolitischen Turbulenzen" im Kanton Graubünden konnten im Herbst 1970 die ersten zehn Maschinen bestellt werden. Beinahe hätte die Rhätische Bahn ihre Ge 4/4 II bei der ASEA in Schweden beschafft.
Das Angebot aus dem hohen Norden war zwar nur unwesentlich günstiger, dafür konnte die ASEA mehr Erfahrung beim Bau von Thyristor-Loks einbringen. Bereits 50 Triebfahrzeuge hatten sich in Skandinavien im täglichen Betriebseinsatz ausgezeichnet bewährt.
Als vorläufig letzter Entwicklungsschritt muß noch die Umrichtertechnik erwähnt werden. Ein solches Fahrzeug ist beispielsweise die moderne Ge 4/4 III, die seit 1993 auf dem Stammnetz zum Einsatz kommt. Diese Maschine deckt sowohl die Bedürfnisse auf den 35- und 45-Promille-Strecken wie auch die Erfordernisse des Vereina-Autozug-Betriebes ab. Auch die neuen Gleichspannungstriebwagen ABe 4/4 III 51 – 56 basieren auf der Umrichtertechnik. Beide Baureihen zeichnen sich durch optimales Adhäsionsverhalten und große Zugkraft aus. Bei dieser Technik wird der aus der Fahrleitung bezogene Strom in einen Drehstrom von veränderlicher Spannung und Frequenz „umgerichtet".
Nach Ablieferung der neuesten Umrichter-Triebfahrzeuge besitzt die Rhätische Bahn (Stand 1996) 42 elektrische Lokomotiven, 41 Triebwagen, drei Dampflokomotiven und 48 selbstfahrende Maschinen für den Rangier-, Bau und Unterhaltsdienst.
Wegen der prekären Finanzlage der Rhätischen Bahn muß zur Zeit auch bei der Rollmaterialbeschaffung „der Gürtel noch enger geschnallt werden".

ABKÜRZUNGEN

RhB	Rhätische Bahn
StN	Stammnetz
ChA	Strecke Chur–Arosa
BB	Berninalinie
G	Schmalspurige Dampflok
Ge	Schmalspurige Ellok
Gem	Schmalspurige Zweikraftlok
Gm	Schmalspurige Diesellok
Gmf	Schmalspurige Diesellok mit Funkfernsteuerung
Te	Elektrischer Traktor
Tm	Dieselmechanischer Traktor
Tmf	Dieselmechanischer Traktor mit Funkfernsteuerung
De	Elektrischer Triebwagen mit Gepäckraum
ABe	Elektrischer Triebwagen 1./2. Klasse
ABDe	Elektrischer Triebwagen 1./2. Klasse mit Gepäckraum
Be	Elektrischer Triebwagen 2. Klasse
BDe	Elektrischer Triebwagen 2. Klasse mit Gepäckraum
Xe	Elektrisches Diensttriebfahrzeug
Xm	Dieselmechanisches Diensttriebfahrzeug
Xmf	Dieselmechanisches Diensttriebfahrzeug mit Funkfernsteuerung
ABB	Asea Brown Boveri AG, Baden
AEB	Robert Aebi AG, Zürich
AEG	Allgemeine Elektrizitätsgesellschaft, Berlin (Deutschland)
BBC	AG Brown Boveri (heute ABB)
MFO	Maschinenfabrik Oerlikon, Zürich
SAAS	Ateliers de Sécheron, Genf
SLM	Schweizerische Lokomotiv- und Maschinenfabrik, Winterthur
SWA	Schindler Waggon Altenrhein AG
SWS	Schweizerische Waggonfabrik, Schlieren
SIG	Schweizerische Industriegesellschaft, Neuhausen
kV	Kilovolt (1 kV = 1000 Volt)
kW	Kilowatt (1 kW = 1000 Watt)
Hz	Hertz (Frequenz des Wechselstroms)
kN	Kilo-Newton (Maß für Kraft)
CUM	Cummings Engine Comp., USA

REDAKTION: RONALD GOHL; FOTO: RONALD GOHL

Mit ihren zwei Fahrmotoren erreicht die 1911 erbaute und im Puschlav stationierte Ge 2/2 eine Spitzengeschwindigkeit von 45 km/h

Baureihe Ge 2/2

Auf der ursprünglich wie eine Straßenbahn betriebenen Berninalinie waren nur Triebwagen vorgesehen. Bald zeigte sich aber ein Bedürfnis für kleine Vorspannlokomotiven, nachdem nicht immer ein zweiter Triebwagen verfügbar war, weil dieser für andere Zugleistungen benötigt wurde. Aus diesem Grund bestellte die Berninabahn im Jahre 1910 zwei kleine, zweiachsige Vorspannlokomotiven des Typs Ge 2/2 beim Fahrzeughersteller SIG und Alioth.

Konstruktion

Design: Die Form der 1911 gelieferten Lokomotiven war für die damalige Zeit bei Schmalspur- und Trambahnen typisch. Der zentrale Führerstand hat vier Zugänge; auf jeder Seite eine Türe, zusätzlich gibt es vorn und hinten je einen Eingang, den man durch die beiden Vorbauten erreicht. Vermutlich waren die beiden Lokomotiven ursprünglich grün oder grau gestrichen – erst in den zwanziger Jahren erhielten sie, dem neuen Modetrend für elektrische Lokomotiven folgend, einen braunen Anstrich.

Mechanik: In der Mitte des Rahmens ist der Führerstand angeordnet, von welchem aus Stirnwandtüren zwischen den Vorbauten hindurchführen und als Übergang zum Zug dienen. Die langen schmalen Vorbauten enthalten die Anfahr- und Bremswiderstände. Seitliche Jalousien und aufklappbare Deckel auf den Vorbauten dienen der besseren Belüftung.
Auf dem Dach besorgten ursprünglich zwei Lyrabügel die Stromabnahme. Unter dem Boden befindden sich die beiden Triebmotoren des Typs GTM 100. Die Kraftübertragung erfolgt über Tatzenlager und eine Übersetzung von 1:5,625 auf beide Achsen. Heute verfügt das kleine, ungewöhnliche Fahrzeug über eine Vakuumbremse, eine Rangierbremse, eine elektrische Widerstandsbremse sowie eine durch den Fahrleitungsstrom gespiesene, elektromagnetische Schienenbremse.
Im Jahre 1928 hat man die etwas unpassenden und gegen den Vorbau ungeschützten zwei Lyrabügel durch einen von der SAAS gelieferten Pantographen mit Tandemwippe ersetzt. Bis zur Übernahme durch die RhB

TECHNISCHE DATEN

Baureihenbezeichnung	Ge 2/2
Indienststellung	1911
Hersteller	SIG, EAM
Betriebsnummern	161 – 162
Anzahl 1996	2
Höchstgeschwindigkeit	45 km/h
Gewicht	18 t
Länge über Puffer	7740 mm
Höhe	3840 mm
Kastenbreite	2400 mm
Radstand	3350 mm
Netzspannung	1000 V=
Stundenleistung bei 27 km/h	250 kW
Anzahl Fahrmotoren	2 Elektromotoren
Fahrmotoren Typ	GTM 100
Anfahrzugkraft	37,6 kN
Stundenzugkraft	27,5 kN

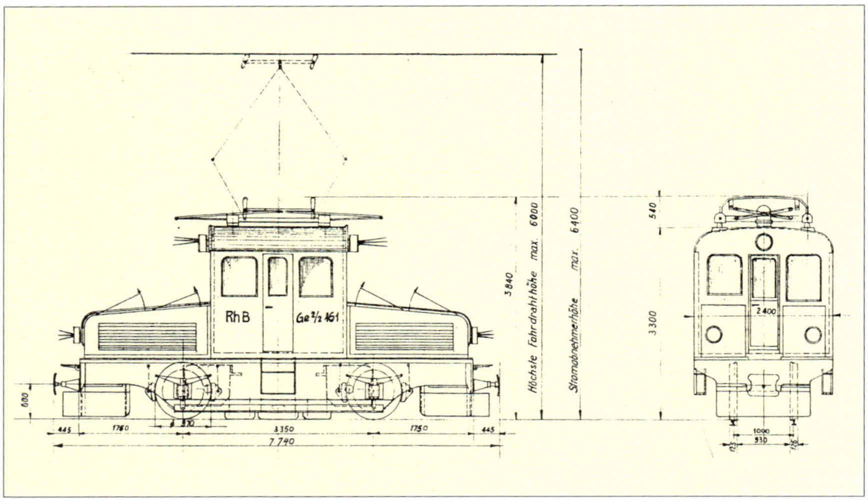

„Faltschachtel“ oder „Container“ nennen viele Eisenbahner die neue Ge 4/4 III.

STATIONIERUNGSORTE

Bahnhöfe Poschiavo und Campo

änderte sich nichts an diesen beiden Lokomotiven.
Zur besseren Entlüftung rüstete man die Triebmotoren mit einer Fremdventilation aus. Sämtliche Kabel wurden neu verlegt. Um die Lokomotiven auch einmännig im Streckendienst einsetzen zu können, erhielten sie im Jahre 1959 (Ge 2/2 Nr. 61) und 1962 (Ge 2/2 Nr. 162; inzwischen umnumeriert) die Totmanneinrichtung. Gleichzeitig rüstete man die Ge 2/2 162 mit einem neuen Kompressor und mit Schneepflügen verbesserter Ausführung aus.
Anstelle der veralteten Fahr- und Bremskontroller trat ein in der Mitte des Führerstandes plazierter VBZ-Zürcher Kurvenscheiben-Fahrschalter.
Ein Jahr später war auch die Ge 2/2 161 zur Revision fällig, und eine Modernisierung drängte sich auf. Neben einer gründlichen Erneuerung der elektrischen Leitungen wurden die Vakuumpumpe ersetzt, ein neuer Kompressor eingebaut und neue Schneepflüge angebracht. Im Jahre 1961 numerierte die Rhätische Bahn beide Lokomotiven um.

Führerraum: Der relativ geräumige Führerstand hat rundum Fenster, die dem Führer eine freie Sicht auf die Umgebung erlauben. Dies ist vor allem im Rangierdienst von Vorteil. In der Mitte befinden sich der Fahr- und Bremskontroller. Alle Instrumente wurden doppelt angeordnet, so daß der Lokführer immer in Fahrrichtung stehen kann.

Elektrische Ausrüstung: Die elektrische Ausrüstung dieser kleinen Lokomotiven ist weitgehend identisch mit dem gleichzeitig gelieferten Triebwagen BCe 4/4 1 – 14. Im Vergleich zu diesem Fahrzeug sind die zwei Triebmotoren der Lokomotiven aber stärker, weshalb sie imstande waren, auf der Bergstrecke beinahe die gleiche Anhängelast wie die viermotorigen Triebwagen der ersten Generation zu befördern. Das Bordnetz arbeitet, wie bei den Fahrzeugen auf der Berninalinie üblich, mit 36 Volt Gleichstrom. Versuchsweise rüstete man die Loks 1972 mit Siemens Halbscheren-Stromabnehmern aus, welche sich bis heute gut bewährt haben.

Betriebseinsatz

Ihrem Zweck entsprechend beschränkte sich der Einsatz dieser beiden Lokomotiven nicht nur auf den Vorspanndienst, sondern beinhaltete alle möglichen Einsätze. Hauptsächlich lösten sie die Triebwagen vom Vorspann- und Rangierdienst ab. Seit jeher sind sie auch für Materialzüge auf der Strecke eingesetzt worden. Stationiert waren sie in all den Jahren in Poschiavo, von wo aus sie neben Rangierdienst in Poschiavo und Campocologno auch den bereits erwähnten Vorspanndienst auf der Südrampe Tirano – Ospizio Bernina leisteten. Auf der Nordseite waren sie selten anzutreffen. Für Vorspannleistungen auf der Nordseite wurden stets Triebwagen eingesetzt, da damit mehr Sitzplätze geschaffen wurden, sei es um einen Personenwagen einzusparen oder um die gut besetzten Züge besser auszulasten.
Trotz ihres Alters haben diese Lokomotiven seit Inbetriebnahme erst knapp eine halbe Million Kilometer zurückgelegt. Da sie heute fast ausschließlich im Rangierdienst eingesetzt werden, leisten sie nur noch zwischen 1000 und 2500 Kilometer jährlich. Ihrer einfachen und robusten Ausführung wegen sind sie trotz hohen Alters noch sehr billig im Unterhalt. In den Jahre 1988 und 1989 erhielten beide Lokomotiven den für Rangierfahrzeuge üblichen orangen Anstrich mit schwarz/gelb markierten Stoßbalken.

Die Ge 2/2 weist zwischen den Vorbauten einen Durchgang zum Führerstand auf

REDAKTION: GIAN BRÜNGGER; FOTO: RENATO MENGOTTI; TYPENBILD: RHÄTHISCHE BAHN

Ge 2/4 Nr. 221: Im Februar 1979 mit dem Zug 6338 bei Schanf im Einsatz – heute steht diese Ellok in Landquart als Ersatzteilspender

Baureihe Ge 2/4

Für ihre von Anfang an (Eröffnung am 1. Juli 1913) elektrisch betriebene Engadiner Linie beschaffte die Rhätische Bahn sieben Lokomotiven mit der Achsfolge 1'B1', also Ge 2/4, und vier Lokomotiven mit der Achsfolge 1'D1', also Ge 4/6. Alle sieben Maschinen des Typs Ge 2/4 und eine Lok Ge 4/6 waren mit langsamlaufenden Induktionsmotoren der Bauart Déri bestückt. Der Antrieb erfolgte mittels Schrägstangen direkt auf die Blindwelle der Treibradsätze.

Dieses System bewährte sich nicht und verschwand wieder. Von den ursprünglich vorhandenen sieben Ge 2/4-Déri-Lokomotiven existieren nur noch Nr. 205 vor der Ingenieurschule Winterthur (Technikum) und Nr. 207 (einseitig geöffnet) im Verkehrshaus Luzern. Die übrigen fünf Ge 2/4-Lokomotiven sind in den Jahren 1943 – 1946 grundlegend umgebaut worden, wobei insbesondere neue, schnellaufende Antriebsmotoren eingesetzt wurden. Es entstanden einerseits drei Rangierlokomotiven mit zentralem Führerstand, die Ge(m) 2/4 211-213, und die zwei „Vorspannlokomotiven" Ge 2/4 221 und 222. Die beiden Maschinen 213 und 221 sind inzwischen abgebrochen worden bzw. dienen als Ersatzteilspender.

Konstruktion

Design: Die ersten elektrischen Lokomotiven der Rhätischen Bahn waren typische Vertreter der damaligen Lok-Bauweise: Schmiedestücke, Stahlprofile und Stahlbleche, insgesamt eine Nietkonstruktion. Sehr vieles wurde vom Dampflokbau übernommen. Von ähnlicher Bauart waren auch die zur gleichen Zeit entstandenen ersten BLS-Lokomotiven. Im Vergleich zu Dampfloks gab es immerhin für jede Fahrrichtung einen Führerstand, und die Sicht auf die Strecke war unvergleichlich besser.

Mechanik: Auf dem recht massiven Lokrahmen ist der nicht mittragende Lokkasten aufgebaut, dessen Dach wie üblich, zwecks Montage und Wartung der „Innereien", abnehmbar ist. Die ursprünglich vorhandenen, recht heiklen Schrägstangenantriebe sind beim Umbau in den vierziger Jahren (Ersatz der langsamlaufenden Déri-Motoren durch schnellaufende Seri-

TECHNISCHE DATEN

Baureihenbezeichnung	Ge 2/4
Indienststellung/Umbau	1913 (45-46/72)
Hersteller	SLM, BBC, RhB
Betriebsnummern	221-222
Anzahl 1996	2
Höchstgeschwindigkeit	55 km/h
Gewicht	30 t
Länge über Puffer	8700 mm
Höhe	4030 mm
Kastenbreite	2650 mm
Radstand	5800 mm
Netzspannung	11 kV/16,7 Hz
Stundenleistung bei 27 km/h	450 kW
Anzahl Fahrmotoren	1 Elektromotor
Fahrmotoren Typ	ELM 683
Anfahrzugkraft	72,5 kN
Stundenzugkraft	39,2 kN

FOTO: BERNHARD STUDER

en-Motoren) durch zweistufige Zahnradgetriebe (1:8,38 bzw. 1:5,08) ersetzt worden. Das Lokgewicht betrug ursprünglich 36,7 t, die Stundenleistung 310 PS (228 kW) – nach dem Umbau für die Rangierloks 211 – 213 34 t/230 kW, für die Streckenloks 221 und 222 je 33 t/450 kW.
Während die Lokkasten der 211-213 eine völlig neue Form erhielten, sind die Kasten der 221 und 222 beim Umbau nicht wesentlich verändert worden.

Führerraum: Die Führerstände der Ge 2/4 sind für heutige Begriffe sehr eng und niedrig. Die ursprünglich mittels großem Handrad (ähnlich den Dampfreglern bei den Dampfloks) mechanisch betätigte Geschwindigkeitssteuerung wurde beim Umbau verändert. Die Handräder der Steuerkontroller befinden sich nun oben auf den Führertischen. Natürlich kam auch eine Sicherheitssteuerung (Totmann-Apparatur) zum Einbau.

Elektrische Ausrüstung: Neben dem Ersatz der Déri-Motoren wurden bei den Loks 211-213 auch die Trafos umgebaut (12 Stufen), die Loks 221 und 222 erhielten neue Trafos (450 kVA, 16 Stufen). Die Geschwindigkeitsregelung erfolgte bei den Déri-Motoren stufenlos durch Verdrehen der Bürstenbrücke. Nach dem Motorwechsel funktioniert die Stufensteuerung bei den Loks 211 – 213 mittels Schaltschützen, bei den Loks 221 – 222 mittels Stufenschalter. Lok 211 wurde beim Umbau mit einer Akkubatterie versehen, damit sie auch nicht elektrifizierte Gleise bzw. solche mit einer anderen Fahrdraht-Spannung (Chur) befahren kann. Diese Akkubatterie ist inzwischen durch eine Dieselgruppe ersetzt worden.

Betriebseinsatz

Als auch das übrige Streckennetz der Rhätischen Bahn elektrifiziert wurde, konnten die Ge 2/4 zwischen 1919

Die zur Rangierlok umgebaute Ge 2/4 212

und 1922 auch am Albula eingesetzt werden. Sehr schnell stellte sich dabei heraus, daß die kleinen Elloks dieser Aufgabe nicht gewachsen waren. Die ab 1925 abgelieferten „Krokodile“ sorgten dafür, daß die Ge 2/4 für den Einsatz vor weniger belasteten Zügen auf Nebenlinien frei wurden.
Der Umbau der beiden 1'B'1- Maschinen wirkte sich auf deren Einsatz günstig aus. Weil sich ihre Leistung von 310 auf 620 PS verdoppelte, konnten die beiden Ge 2/4 auch wieder auf der

Historisches RhB-Fahrzeug: Ge 2/4 Nr. 222, dem Depot Landquart zugeteilt

STATIONIERUNGSORTE

Depot Landquart, Bahnhof Ilanz

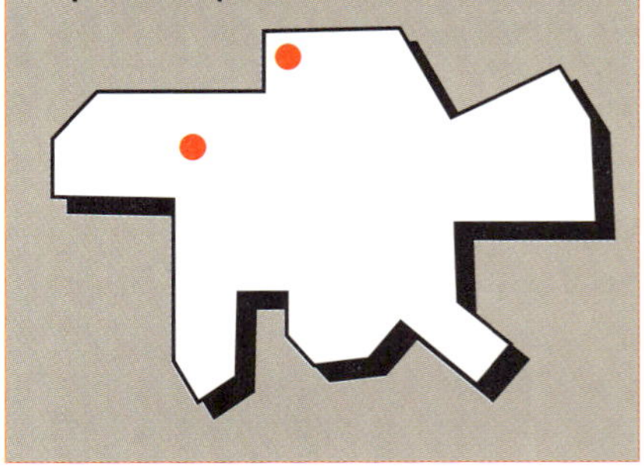

Albula-Strecke ihren Dienst versehen. Nach dem Krieg sah man sie oft als Vorspannlok vor der damals neu gebauten Ge 4/4 I. Beide zusammen erbrachten auf der steigungsreichen Albularampe eine Leistung von etwa 2200 PS.
Später blieben dann noch wichtige Reserveeinsätze während der Wintersaison. Zu ihren Aufgaben gehörte auch das Führen der Engadiner „Gepäckzüge“, welche Stückgüter von Samedan nach Scuol beförderte. Heute kommt der rüstige Veteran Nr. 222 noch vor Sonderzügen zum Einsatz.
Häufiger benutzt wird die Ge 2/4 212, die zwischen dem Bahnhof von Ilanz und der kleinen Industriezone pendelt.

REDAKTION: RONALD GOHL; FOTOS: RONALD GOHL

Die letzte Ge 4/6 mit der Nummer 353 ist im Depot Samedan beheimatet

Baureihe Ge 4/6

Schon bei der Planung der Linie Bever – Scuol wurde beschlossen, auf dem Teilstück den elektrischen Versuchsbetrieb nach Vorbild der BLS einzuführen. Die elektrische Traktion steckte damals noch in den Kinderschuhen. Es fehlten die Betriebserfahrungen bei einer Gebirgsbahn. Die Höhenlage von 1250 – 1700 Meter ü. M. war zusammen mit den besonderen klimatischen Bedingungen im Engadin eine gute Testumgebung. Damit konnte die Tauglichkeit des elektrischen Betriebes im Winter, bei Schnee und Eis, getestet werden. Von der Rhätischen Bahn wurden vier Lokomotiven des Typs Ge 4/6 bestellt. Sie verfügten über die doppelte Leistung, wie die zur gleichen Zeit beschafften sieben Ge 2/4 Lokomotiven. Die elektrischen Ausrüstungen der Ge 4/6-Lokomotiven wurden bei drei verschiedenen Lieferanten bestellt – im Gegensatz zu den Ge 2/4, welche die Brown, Boveri & Cie lieferte. Eine Maschine der Baureihe Ge 4/6 konstruierte die Allgemeine Elektrizitäts-Gesellschaft in Berlin (AEG) in enger Zusammenarbeit mit der Brown, Boveri & Cie in Baden (BBC). Zwei weitere Lokomotiven lieferte die Maschinenfabrik Oerlikon (MFO). Durch die guten Ergebnisse der Testfahrten wurde 1913, noch vor der Eröffnung der Engadiner Linie, eine zusätzliche Serie von drei Maschinen beim letztgenannten Hersteller bestellt. Die Lokomotive 302 wurde von BBC in eigener Initiative erbaut und an der Landesausstellung 1914 gezeigt. Infolge akuten Lokmangels erwarb die RhB dieses Einzelstück im Jahre 1918. Damit besaß die Rhätische Bahn von diesem Loktyp insgesamt acht Einheiten. Heute noch betriebsfähig ist nur die Lokomotive Nr. 353.

Konstruktion

Design: Die Maschinen sind entsprechend ihrer Zeit sehr einfach aufgebaut. Damals wurde noch kein großer Wert auf das Aussehen der Maschinen gelegt. So sind an den Seitenwänden die Abdeckbänder, die an den Stoßstellen von zwei Seitenwandblechen montiert wurden, sichtbar. Die Seitenwände des Maschinenraumes und das Dach lassen sich zwecks besserer Zugänglichkeit der Fahrmotoren und des Transformators de-

TECHNISCHE DATEN

Baureihenbezeichnung	Ge 4/6
Indienststellung/Umbau	1914 (1959)
Hersteller	SLM, MFO
Betriebsnummer	353
Anzahl 1996	1
Höchstgeschwindigkeit	55 km/h
Gewicht	59 t
Länge über Puffer	11100 mm
Höhe	3970 mm
Kastenbreite	2650 mm
Radstand	8200 mm
Netzspannung	11 kV/16,7 Hz
Stundenleistung	940 kW
Anzahl Fahrmotoren	2 Elektromotoren
Fahrmotoren Typ	ELM 86/12
Anfahrzugkraft	195 kN
Stundenzugkraft	115 kN

FOTO: RHÄTISCHE BAHN

Zwischen Punt Muragl und Pontresina sieht man die Ge 4/6 353 heute nur noch selten

montieren. Die beiden Panthographen sind an den jeweiligen Dachenden des Maschinenraumes plaziert. Noch mit alten, aufgesteckten elektrischen Lampen ist die Spitzenbeleuchtung ausgeführt. Die Maschinen wurden mit einem grünen Anstrich geliefert und erst in den Jahren 1921/22 mit dem heute bekannten braunen Anstrich versehen. Die Loks 301, 351 – 355 und 391 besaßen vier Seitenfenster, einzig die Lok 302 hatte nur deren drei.

Mechanik: Bei allen acht Lokomotiven ist der mechanische Teil von der Schweizerischen Lokomotiv- und Maschinenfabrik in Winterthur geliefert worden. Wegen der verschiedenen Lieferanten des elektrischen Teils weichen die einzelnen Kastenformen voneinander ab. Die großen Fahrmotoren sind bei der Ge 4/6 353 in der vorderen Lokhälfte eingebaut. Im hinteren Teil ist der Transformator mit Stufenschalter montiert. Diese Anordnung mußte gewählt werden, um das Gewicht gleichmäßig zu verteilen. Zwischen den beiden, hoch über dem Rahmen eingebauten Fahrmotoren befindet sich die Vorlegewelle auf gleicher Höhe. Das Drehmoment wird von beiden schnellaufenden Motoren über ein Getriebe, das ein Übersetzungsverhältnis von 1:4,15 aufweist, auf die Vorgelegewelle übertragen. Das Getriebe ist auf der rechten Motorenseite angeordnet. Durch diese Konstruktion war ein stärkerer Verschleiß der Getriebe eingetreten. Die Vorgelegewelle ist auf beiden Seiten mit Kurbeln versehen, die um 90° gegeneinander versetzt sind. Aus der damaligen Dampflokzeit ist die Treibstange übernommen worden. Diese leitet die Drehbewegung auf die sich in der Lokmitte befindliche Blindwelle weiter. Die beiden unmittelbar bei der Vorgelegewelle liegenden Treibachsen sind fest im Rahmen montiert. Alle Loks besaßen am Anfang keine Schienenräumer. Im Winter wurde deshalb auf der Seite vom Führerstand I ein Schneepflug angebracht. Dieser verhinderte ein Kuppeln mit den Wagen (Fahrtrichtungswechsel mit Drehscheibe).

STATIONIERUNGSORTE

Depot Samedan

Führerraum: Der Führerraum war wie bei vielen Dampfloks nur für stehende Bedienung eingerichtet. Die Stufen werden mit einer Kurbel eingestellt, die sich in der Mitte befindet. Alle nötigen Bedienelemente sind in der Nähe angeordnet. Eine sehr spartanische Sitzgelegenheit für den Lokführer befindet sich an der Führerstandrückwand, wo er sich auf einem schmalen Brett über der Werkzeugkiste anlehnen konnte. Eine Fahrzeugbedienung in sitzender Position ist nicht möglich.

Unterwegs auf der Albulalinie: Ge 4/6 353 mit Kirche Mistail bei Tiefencastel

Elektrische Ausrüstung: Die von den MFO gelieferten Maschinen waren im elektrischen Teil am kompliziertesten, aber gleichzeitig auch die erfolgreichste Ausführung.
Die guten Ergebnisse der Testfahrten der Lok 351 führten zur Bestellung der drei Serienmaschinen. Sie wurden mit stärkeren Motoren ausgerüstet. Der zum Gewichtsausgleich beim Führerstand II eingebaute Transformator besaß 13 Anzapfungen. Dieser wurde von den Führerständen aus elektromagnetisch geschaltet. Diese Steuerung war brauchbar, aber auch sehr träge. Bei der Ablieferung besaßen die Ge 4/6 noch keine elektrische Bremse. Diese wurde nach der Elektrifizierung der Albulalinie in den Jahren 1921/22 eingebaut. Die Antriebsmotoren waren aber für diese zusätzliche Belastung nicht berechnet und konstruiert worden. Deshalb waren häufige Schäden an den Isolationen der Fahrmotoren zu beklagen.

Betriebseinsatz

In den Kriegsjahren 1914 bis 1918 wurden die neuen Ge 4/6 kaum eingesetzt. Dies war durch den massiven Verkehrsrückgang im Engadin bedingt. Mit der Elektrifizierung der Albulalinie kam die Baureihe aber voll zum Einsatz. Bis ins Jahr 1923 wurde im elektrischen Betrieb zweimännig gefahren. Erst mit dem Einbau der Totmannkurbeln konnte die Ge 4/6 durch nur einen Lokführer bedient werden. Die Ablieferung der Ge 6/6 I verdrängte die Maschinen der Serie 353-355, auf die Oberländerlinie Chur – Disentis. In den fünfziger und sechziger Jahren war die Ge 4/6 vorwiegend für die Vorortzüge im Raum Chur eingesetzt.
Ab 1969 wurde wieder eine Maschine in Samedan stationiert. 1976 nahm die Rhätische Bahn ihre bereits abgestellte Ge 4/6 Nr. 353 wegen akuten Lokmangels wieder in Betrieb. Die Lok 391 kann heute in Berlin im Museum für Verkehr und Technik besichtigt werden.

REDAKTION: HANSUELI REICH; FOTOS: RHB (UNTEN), BERNHARD STUDER (OBEN)

In Samedan wartet die Ge 6/6 I 415 hinter einer Ge 4/4 I auf ihren nächsten Einsatz

Baureihe Ge 6/6 I

Für viele Eisenbahn-Enthusiasten im In- und Ausland ist die Ge 6/6 I, besser bekannt als „RhB-Krokodil", die wohl berühmteste Lokomotive der Rhätischen Bahn.

Im Jahre 1918 standen bei der Rhätischen Bahn 15 elektrische Lokomotiven und 54 Dampfmaschinen im Einsatz. Da von 1919 – 1922 der Ausbau sämtlicher Linien für elektrischen Betrieb erfolgte, mußte die Anzahl elektrischer Lokomotiven erhöht werden. 1920 schloß die Direktion der RhB mit BBC, MFO und SLM einen Vertrag über die Lieferung von sechs leistungsstarken Elloks ab. Eine Nachbestellung von vier Einheiten folgte Ende Dezember 1921 und damit wurde die für 1923 vorzusehende Anzahl Lokomotiven erreicht.

Die neuen Maschinen hatten eine Reihe von Bedingungen zu erfüllen. Sie mußten zum Beispiel auf der 35-Promille-Rampe Filisur – Preda mit einer Anhängelast von 200 t mit ca. 30 km/h fahren können. Diese Geschwindigkeit sollte nach der Abfahrt in zweieinhalb Minuten erreicht sein. Im weiteren mußten bei der Talfahrt 50 Prozent des Zuggewichtes elektrisch abgebremst werden können. Das erste Projekt sah eine Lok der Achsfolge B-B-B, also eine Maschine mit drei zweiachsigen Drehgestellen, vor. Die Rhätische Bahn entschied sich aber für eine C'C' Lok mit zwei dreiachsigen Drehgestellen.

Konstruktion

Design: Charakterisch für ein „Krokodil" sind der in der Mitte angeordnete Lokomotivkasten mit den Führerständen, der sich auf die zwei dreiachsigen Drehgestelle mit Vorbauten und Antriebsmotoren abstützt. Die Bezeichnung „Krokodil" verdankt die Maschine wohl ihrer gelenkigen Bauart, mit der geschmeidig jeder Gleisbogen befahren werden kann. Ebenso markant wie die Vorbauten ist das weit über die Fenster des Führerstandes vorgezogene Dach, auf welchem zwei Scherenstromabnehmer montiert sind. Auf der Apparateseite weist der Lokkasten ein großes in sechs Sektionen unterteiltes Lüftungsgitter auf. Auf der anderen Seite gibt es ein Fenster und zwei Jalousien.

Wie alle alten Elloks der Rhätischen Bahn ist die Maschine braun lackiert, das Laufwerk blieb schwarz und po-

FOTO: RONALD GOHL

TECHNISCHE DATEN

Baureihenbezeichnung	Ge 6/6 I
Indienststellung/Umbau	1925-29
Hersteller	SLM, BBC, MFO
Betriebsnummern	411 – 412, 414 – 415
Anzahl 1996	4
Höchstgeschwindigkeit	55 km/h
Gewicht	66 t
Länge über Puffer	13300 mm
Höhe	3970 mm
Kastenbreite	2650 mm
Radstand	10350 mm
Netzspannung	11 kV,/16,7 Hz
Stundenleistung bei 30 km/h	940 kW
Anzahl Fahrmotoren	2 Elektromotoren
Fahrmotoren Typ	ELM 86/12
Anfahrzugkraft	195 kN
Stundenzugkraft	115 kN

Die markante Front der Ge 6/6 415 im Engadiner Bahnhof Samedan

lierte Messingschilder bilden die Anschriften.

Mechanik: Aus dem Lokomotivkasten, zugleich Lokomotivbrücke, und zwei Trieb-Drehgestellen besteht der mechanische Teil der Ge 6/6 I.

Die drei Achsen jedes Drehgestelles sind unter sich und mit der Blindwelle gekuppelt, wobei die mittlere Achse in den Kurven beidseitig um je 20 Millimeter verschiebbar bleibt. Damit der für normalspurige Fahrzeuge konstruierte Antriebsmotor eingebaut werden konnte, besitzen die Drehgestelle Außenrahmen. Aus einem Stahlgußstück in der Form eines liegenden „H" besteht die Hauptquerverbindung. Sie enthält die Druckplatten der Seitenabstützungen sowie das Drehzapfenlager.

Eine normale Zug- und Stoßvorrichtung der Rhätischen Bahn sowie je einen Schneeräumer weisen die Stoßbalken auf. Unterhalb der Achslager liegen die Tragfedern. Zum Ausgleich der Achsdrücke sind die Federn der mittleren und äußeren Achsen durch Ausgleichhebel verbunden. Die Blindwelle liegt überhöht zwischen der äußeren und mittleren Achse. 130 Millimeter breit sind die Zahnkränze, beidseitig auf der Blindwelle angeordnet und auswechselbar.

Die Antriebsmotoren wurden senkrecht über den Blindwellen eingebaut, sie sind in besonderen Lagerböcken auf dem Rahmen befestigt.

Die Lokomotivbrücke bildet die Kupplung der beiden Drehgestelle und überträgt die Zug- und Stoßkräfte. Sicherheitshaken verhindern das Abheben der Brücke von den Drehgestellen bei Unfällen. Lokomotivkasten und Lokomotivbrücke sind fest miteinander verbunden.

Im Mittelraum zwischen den Führerständen befinden sich der Transformator, die Apparate und Hilfsmaschinen. Das Dach über dem Mittelraum kann in fünf Teile zerlegt und abgenommen werden. Zum Abstützen der Stromabnehmer sind die Dachenden versteift. Die an der Seitenwand angebrachten Jalousieöffnungen dienen zum Ansaugen der Kühlluft.

Führerraum: Die Ge 6/6 I ist für stehende Bedienung eingerichtet. Der Führertisch mit den Kurbeln, Handrädern, altmodischen Instrumenten, Ventilen und Leitungen vermittelt heute ein wertvolles Stück Nostalgie. Die Steuerung besorgt ein normaler BBC-Stufenschalter, der über Kettenantrieb und Transmission von beiden Führerständen aus von Hand bedient wird. Die automatische Vakuumbremse wird durch eine Rotations-Vakuumpumpe gespeist und mittels Bremsschieber reguliert. Bei der Fahrt im Gefälle wird der Handgriff nach rechts gedreht, damit wirken zuerst die Bremsen des Zuges und erst etwas verzögert wird die Brem-

Die C'C'-Lok (Ge 6/6 I) fährt auf zwei dreiachsigen Drehgestellen

FOTOS: RONALD GOHL (OBEN), BERNHARD STUDER (UNTEN)

sung der Lokomotive eingeleitet. Die Fahrrichtungsschalter sind nur stromlos umschaltbar, als Luftschalter gebaut und pneumatisch angetrieben. Sie sind für vier Stellungen eingerichtet: „Null“, „Vorwärts“, „Bremse“und „Rückwärts“. Alle drei Ventilator-Motoren können von den Führerständen aus mit einem Schalter in Betrieb gesetzt werden. Eine Warnvorrichtung zum Einschalten der Ventilatoren ist als Glocke vorhanden. Sie ertönt, sobald der Führer, ohne zu ventilieren, über die vierte Fahrstufe hinausfährt.

Elektrische Ausrüstung: Ins Pflichtenheft der Ge 6/6 I gehört, daß etwa die Hälfte des Zuggewichtes bei der Talfahrt elektrisch gebremst werden kann. Es kamen zwei Lösungen in Frage: entweder die Nutzbremsung (Rückgabe der abgebremsten Energie, allerdings mit schlechtem Leistungsfaktor, in den Fahrdraht), oder Widerstandsbremsung (Vernichtung der Bremsenergie in Widerständen). Bei dem von der RhB vorgeschriebenen Maximalgewicht von 66 Tonnen waren die für Rekuperation notwendigen Maschinen und Apparate nicht mehr unterzubringen. Aus diesem Grund wählte man das System der Widerstandsbremsung.
In das RhB-„Krokodil“ wurde der gleiche Lokomotivmotor (ELM 86/12) wie in die Be 4/6 12303 ff der SBB eingebaut. Zur Erfüllung des von der Rhätischen Bahn aufgestellten Programms genügen zwei Motoren dieses Typs (SBB: 4 Motoren). Der Antrieb ist ein zwölfpoliger Serienmotor mit Widerstandsverbindungen zwischen Rotor-Wicklung und Kommutator.
Jeder Motor hat einen eigenen Ventilator mit einer Leistung von 120 Kubikmeter pro Minute. Die beiden Triebmotoren erbringen eine Stundenleistung von 940 kW bei 30 km/h. Während die größte Dampflok der Rhätischen Bahn nur das 1,37fache ihres eigenen Gewichtes, die elektrische Ge 4/6 353 das Zweifache ihres Gewichtes auf 35 Promille-Steigungen ziehen kann, so sind die C'C' Maschinen in der Lage, auf dieser Steigung eine Anhängelast zu fördern, die dem Dreifachen ihres eigenen Gewichtes entspricht. Dabei entwickeln sie zehn Prozent mehr Geschwindigkeit als die Dampflokomotive G 4/5.
Der Hochspannungs-Oelhauptschalter, Transformator, Hilfsmotoren, Erregergenerator und die Beleuchtungs-Umformergruppe wurden von der Maschinenfabrik Oerlikon (MFO) ausgeführt und an BBC zur Montage geliefert.
Der Transformator ist als Lufttransformator mit einer Dauerleistung von 940 kVA gebaut. Auf einen Oeltransformator mußte aus Gewichtsgründen verzichtet werden.
Zur Kühlung des Trafos ist ein Ventilator mit einer Luftleistung von 300 Kubikmeter pro Minute vorhanden. Unmittelbar neben dem Trafo befindet sich der BBC-Stufenschalter mit 48 Fahrstufen.

Kurz vor dem Abbruch: Ge 6/6 I 408 mit dem Regionalzug Samedan–Pontresina (1984)

FOTO: RONALD GOHL

Betriebseinsatz

Die ersten sechs Maschinen (in der Zwischenzeit ausrangiert bzw. abgebrochen) mit den Betriebsnummern 401 – 406 gelangten 1921 zur Rhätischen Bahn und lösten damit die vorübergehend in Ergänzung zu den Dampflokomotiven auf der Albulastrecke eingesetzten Ge 4/6-Elloks ab. Ein Jahr nach Lieferung der ersten Serie kamen vier weitere „Krokodile“ (Nr. 407 – 410) zum Einsatz.
Weil diese Maschinen immer noch nicht ausreichten und daher viele Güterzüge mit Dampfloks geführt wurden, konnte die RhB im Jahre 1925 zwei weitere Ge 6/6 I (Nr. 411 und 412) in Betrieb nehmen. Vom Erlös der größtenteils nach Thailand verkauften Dampflokomotiven G 4/5 beschaffte die Rhätische Bahn 1929 die letzten drei Maschinen (Nr. 413-415) des Typs Ge 6/6 I.
In den dreißiger und vierziger Jahren bildeten die 15 „Krokodile“ das Rückgrat der Traktion auf der Albula- und auf der Davoser Strecke, während die Ge 2/4 und Ge 4/6 hauptsächlich im Engadin, auf der Oberländer-Strecke sowie zwischen Filisur und Davos zum Einsatz kamen.
Die Ge 6/6 I war so prominenten Zügen wie dem „Engadin-Expreß“

Fast wie auf der Modelleisenbahn: Die Ge 6/6 I mit vier Salonwagen bei Davos-Glaris

oder dem 1930 eingeführten „Glacier-Expreß“ vorgespannt.
Nach Ablieferung der leistungsstärkeren, erstmals grün lackierten Ellok Ge 4/4 I im Jahre 1947 mußten die „Krokodile“ mehrere Schnellzugdienste abgeben. Sie hielten sich trotzdem bis 1965 noch wacker im Personenverkehr, bis die C'C'-Lok dann fast vollständig in den Güterzugdienst wanderte.
Bis zuletzt, kurz vor der großen Ausmusterung im Jahre 1984, sah man die Ge 6/6 I vor den Regionalzügen Samedan – Pontresina. Sogenannte Stückgutzüge (Güterzüge mit Personenbeförderung) waren schließlich ihr letztes Einsatzgebiet. 1996 standen noch vier „Krokodile“ in den Depots Landquart und Samedan. Es sind die jüngsten Maschinen (Baujahre 1925 und 1929) mit den Betriebsnummern 411, 412, 414 und 415. Seit einem Schaden an den Treibstangen im Herbst 1993 steht die Lok 413 auf dem „Friedhof“ hinter der Hauptwerkstätte Landquart und dient dort als Ersatzteilspender. Die vier verbliebenen „Krokodile“ erfreuen sich eines guten Zustandes und werden noch immer, jedoch unregelmäßig, meist einmal pro Woche, vor Dienst- oder Güterzügen eingesetzt.
Daneben dokumentieren sie vor Nostalgiezügen mit den luxuriösen Salonwagen ein unvergeßliches Stück RhB-Zeitgeschichte.
Im Verkehrshaus Luzern steht die Lok 402 und auch die Maschine mit der Betriebsnummer 407 blieb – trotz schwerer Kollision auf dem Val Tisch-Viadukt oberhalb Bergün im Jahre 1927 – der Nachwelt als Denkmal erhalten. Sie wurde am 20. August 1994 dem Albula-Bahn-Club Bergün übergeben und steht seither, optisch aufgefrischt, unterhalb des Bahnhofs, am Ende des interessanten „Bahnlehrpfades“ Preda – Bergün. Sie legte während ihrer Einsatzzeit 4 038 971 Kilometer zurück. Das Grundstück für das Denkmal stellte das EMD zur Verfügung.
Praktisch alle RhB-Krokodile leisteten im Laufe ihres „Lebens“ über vier Millionen Kilometer und wurden erst Mitte der achtziger Jahre ausrangiert. Einzige Ausnahme: Die Lok 401 landete bereits 1975 nach einem schweren Unfall auf dem Abbruch.

STATIONIERUNGSORTE

Depots Landquart und Samedan

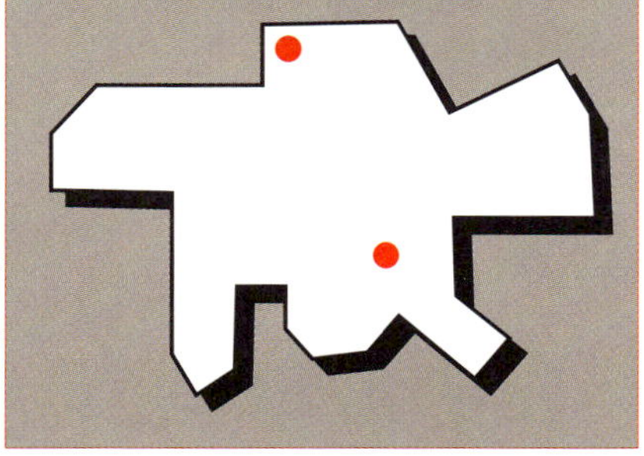

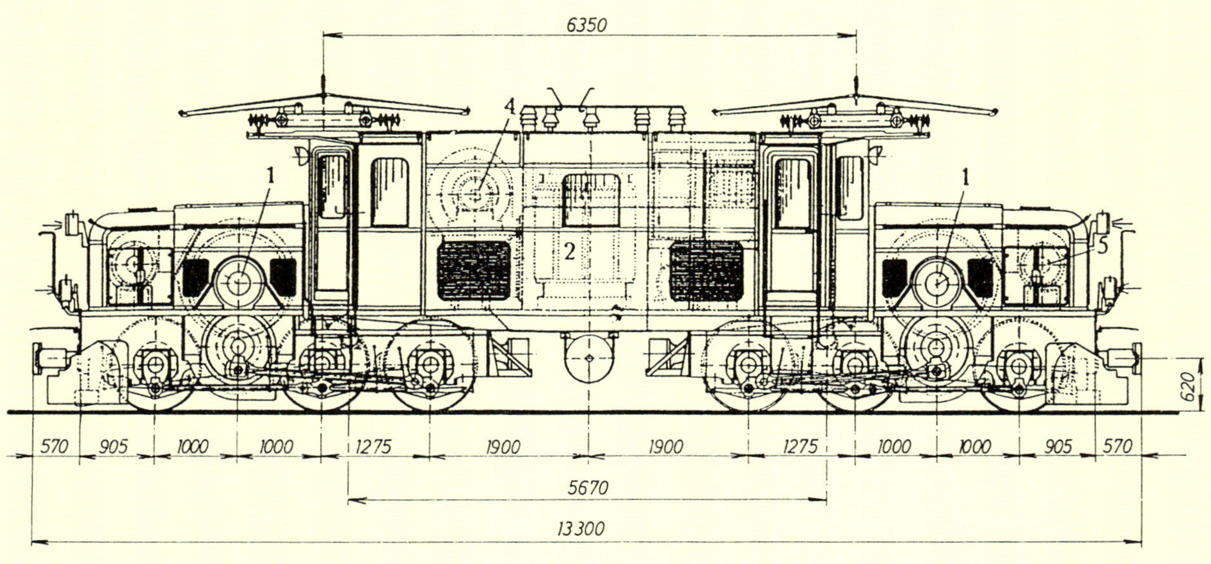

REDAKTION: RONALD GOHL; FOTO: HEINZ SIGRIST; TYPENBILD: RHÄTISCHE BAHN

Zwischen Bever und La Punt überquert die Ge 4/4 I Nr. 605 „Silvretta" bei Agnas die alte Kantonsstraße

Baureihe Ge 4/4 I

Bis Mitte der vierziger Jahre, also bis nach dem Zweiten Weltkrieg, bewältigten auf dem RhB-Stammnetz die Elektrolokomotiven der ersten Generation, nämlich sieben Ge 2/4, acht Ge 4/6 und die 15 „Krokodile" des Typs Ge 6/6 I sozusagen den gesamten Verkehr. Die vier in den Jahren 1939/40 zwecks Beschleunigung des Schnellzugverkehrs beschafften Triebwagen ABe 4/4 (mit acht ultraleichten Beiwagen) hielten nicht, was man von ihnen erhoffte. Deshalb war es höchste Zeit, dem nach Kriegsende wieder anziehenden Reiseverkehr neue Impulse zu geben.

Im Frühjahr 1944 konnte die RhB bei der Industrie (SLM, BBC, MFO) vorerst vier Lokomotiven Ge 4/4 I (Achsfolge Bo'Bo') in Auftrag geben. Dies war sozusagen die Schmalspurversion der sehr erfolgreichen laufachslosen BLS-Lokomotive Ae 4/4 251.

Die ersten vier RhB-Elloks der zweiten Generation wurden 1947 ausgeliefert. Sie bewährten sich so gut (und es war auch ein ausgesprochener Mangel an „schnellaufenden" Triebfahrzeugen vorhanden), daß 1951 weitere sechs Maschinen des gleichen Typs nachbestellt wurden, Auslieferung 1953.

Die neuen vierachsigen Loks mit 1184 kW Stundenleistung bei 46 km/h und mit einer Höchstgeschwindigkeit von 75 km/h (später auf 80 km/h erhöht) konnten auf 35 Promille Steigung (Albula) ohne Vorspann 185 t Anhängelast „bewältigen" – im Gegensatz zu den „Krokodilen" mit 220 t. Die Ge 4/4 I waren aber wesentlich schneller!

Jahrzehntelang prägten diese damals noch grünen „Universallokomotiven" weitgehend die Traktion der RhB. Von außen erkennbare Veränderungen waren das Zuschweißen der einfach nicht genügend dicht zu bringenden Stirnwandtüren und der Ersatz der Seitenfenster durch weitere Lüftungsgitter zwecks Reduktion der Kühlluftgeschwindigkeit (weniger Staub und Flugschnee im Maschinenraum).

Mitte der achtziger Jahre hatten die zehn Ge 4/4 I eine Lebensdauer von 33 Jahren hinter sich – und fast alle wiesen schon über 3,5 Millionen Kilometer Laufleistung auf. In ihren urspünglichen Aufgaben waren sie weitgehend von den sieben Ge 6/6 II und den 23 Ge 4/4 II abgelöst worden.

TECHNISCHE DATEN

Baureihenbezeichnung	Ge 4/4 I
Indienststellung/Umbau	1947-53/85-91
Hersteller	SLM, BBC, MFO
Betriebsnummern	601-610
Anzahl 1996	10
Höchstgeschwindigkeit	80 km/h
Gewicht	47 t
Länge über Puffer	12100 mm
Höhe	3950 mm
Kastenbreite	2650 mm
Radstand	8700 mm
Netzspannung	11 kV/16,7 Hz
Stundenleistung bei 46 km/h	1184 kW
Anzahl Fahrmotoren	4 Elektromotoren
Fahrmotoren Typ	8 SW 570
Anfahrzugkraft	142,2 kN
Stundenzugkraft	92 kN

FOTO: RONALD GOHL

Die Ge 4/4 I 607, noch im alten Bauzustand, mit einem Reisezug bei Davos-Glaris

Die RhB konnte und wollte nicht auf ihre Ge 4/4 I verzichten. Ihr zahlenmäßiger Ersatz durch neue Lokomotiven kam aus finanziellen Gründen nicht in Frage.
Die Ge 4/4 I waren durchaus noch in einem Zustand, um in regionalen Pendelzügen sehr gute Dienste zu leisten. Dazu war allerdings – im Hinblick auf eine weitere Einsatzdauer von etwa 20 Jahren – eine grundlegende „Retrofit-Aktion" notwendig. Die Modernisierung begann 1985 mit der Lok 608 „Madrisa" und endete 1991 mit der Nummer 610 „Viamala". Im wesentlichen umfaßte die „Retrofit-Aktion": Ersatz der Alu-Trafo-Wicklung inklusive Erhöhung der Zugheizleistung, Neuverkabelung, Einrichtung für Vielfach- und Fernsteuerung (Pendelzüge), Ersatz verschiedener Kleinapparate, Erneuerung der Stirnfronten einschließlich Verbesserung der Führerstände. Insgesamt darf die von der RhB selbst geplante und (fließbandartig) in der Hauptwerkstätte Landquart durchgezogene Modernisierung als sehr gelungen und preisgünstig bezeichnet werden.

STATIONIERUNGSORTE

Depots Landquart und Samedan

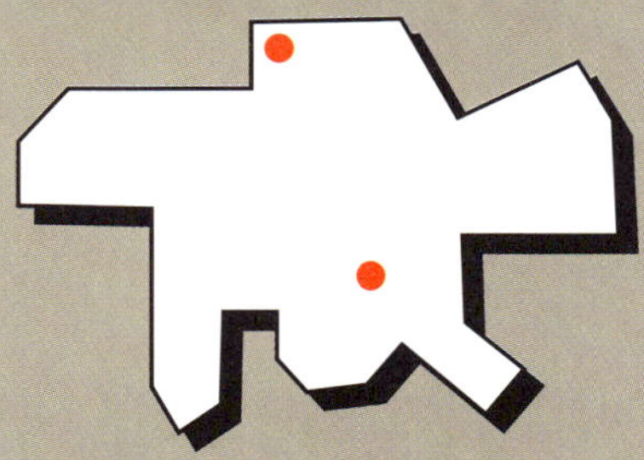

Konstruktion

Design: Wie selten eine andere Lokomotive hat sich das Aussehen der Ge 4/4 I seit ihrer Inbetriebsetzung vor rund 40 Jahren so sehr geändert, daß sie kaum mehr wiederzuerkennen ist. Wer sich nicht auskennt, könnte sogar dem Irrtum unterliegen, es handle sich um eine ganz neue Maschine.
Die beiden großen Fenster mit der eckigen Frontpartie, die auffallend große Betriebsnummer und das Kantonswappen verleihen der Lok ein gefälliges Aussehen.

In winterlich verschneiten Samedan wartet die Ge 4/4 I 603 auf ihren nächsten Einsatz im Engadin

FOTOS: RONALD GOHL

Östlich von La Resgia überquert die Ge 4/4 I Nr. 605 auf einem langen Viadukt die Vallember; hinter der Lok fährt ein „Velotransporter"

FOTO: RONALD GOHL

Mechanik: Der als selbsttragende Stahlkonstruktion vollständig geschweißte Lokkasten ruht auf zwei tiefliegenden, unter den Drehgestellrahmen hindurchführenden Querträgern und stützt sich auf die im Drehgestell pendelnd aufgehängten vier Blattfedern ab. Diese von SLM patentierte, sehr intelligente Kastenabstützung wurde damals mit Erfolg bei einer großen Zahl von Normal- und Schmalspurlokomotiven angewandt. Dieses System ergab einen sehr tiefliegenden Drehzapfen und damit einen nur etwa 40 cm über Schienenoberkante liegenden Kraftschluß zwischen Kasten und Drehgestell mit einer entsprechend geringen Achsentlastung („Aufbäumen" der Drehgestelle bei Zugkraft). Dieses System war eine Vorstufe zur später praktizierten „Tiefanlenkung" (Re 4/4 II, Ge 4/4 II). Die Drehgestell-Rahmen sind Schweißkonstruktionen. An ihnen sind stirnseitig die Bahnräumer/Schneepflüge und die Zug-/Stoßvorrichtungen angesetzt. Die Drehgestelle sind über eine einstellbare Querkupplung miteinander verbunden, was ihre Radialeinstellung in den Kurven verbessert. Bei der Konstruktion der Ge 4/4 I wurde bereits bedacht, daß die Lokomotiven

LOKNAMEN

601 Albula
602 Bernina
603 Badus
604 Calanda
605 Silvretta
606 Kesch
607 Surselva
608 Madrisa
609 Linard
610 Viamala

im Falle eines Umbaus der Linie Chur – Arosa auf Einphasenwechselstrom dort eingesetzt werden können. Die Beurteilung der Kurvengängigkeit ergab, daß mit dieser Maschine auch engste Bögen (Bogenradius 60 Meter) und Gefällebrüche befahren werden können.
Die Druckluftsteuerung der Bremszylinder erfolgt entweder direkt (Rangierbremse), oder über das vakuumgesteuerte Druckluftventil der Zugbremse.
Der in der Mitte des Maschinenraums aufgestellte Transformator wird in Längsrichtung der Lokomotive durch je eine Motorventilatorgruppe flankiert. Diese kühlen nicht nur die Antriebsmotoren in den darunter liegenden Drehgestellen, sondern durchlüften auch die Ölkühler des Trafos.

Führerraum: Der Lokomotivkasten ist wie üblich in einen großen Maschinenraum und zwei geräumige Führerräume unterteilt.
Alle Instrumente und Steuerapparate lassen sich sitzend bedienen. Beim Umbau mußte der Arbeitsplatz des Lokführers an die Durchschnittsgröße des Personals angepaßt werden. Insbesondere der Kniefreiraum, der Führertisch und der Sitz entsprachen nicht mehr den ergonomisch neusten Erkenntnissen.
Beim Umbau hat man deshalb die korrosionsgeschädigten Stirnwände durch neugestaltete Stirnteile ersetzt. Diese wurden bei der RhB vorfabriziert – einschließlich eines 21. Teils für den Steuerwagen BDt 1731. Weil die Lok nicht verlängert werden durfte, erhielt die Stirnfront eine neue, moderne Form. Die Führerstände sind nun sehr geräumig, ergonomisch richtig und mit guter Sicht auf die Strecke und auf die Rückspiegel (Einmann-Pendelzugdienst!).
Beim Umbau wurden auch die Bedienungselemente weitgehend vereinheitlicht, insbesondere sind aber auch

die Bedienungs- und Überwachungselemente für die Türsteuerung und die Lautsprecheranlage eingebaut worden – für den neuen Einsatzbereich (Regional-Pendelzüge) sehr wichtig!

Elektrische Ausrüstung: Die Lieferung der elektrischen Ausrüstung teilten sich die beiden damaligen Großfirmen BBC und MFO.
Von BBC stammen ein Teil der Antriebsmotoren, die Federantriebe, die Transformatoren mit den Hochspannungsstufenschaltern, die Druckluft-Hauptschalter sowie die Sicherheitseinrichtungen.
MFO (Maschinenfabrik Örlikon, Zürich) lieferte ebenfalls Triebmotoren, die Nutzbremseinrichtungen, die Trennschütze und Wendeschalter, die Ölkühler, die Hilfsmaschinen samt Apparaten, die Dachausrüstungen sowie die Heizungs- und Beleuchtungsanlagen. Die Montagearbeiten teilten sich die beiden Firmen MFO und BBC.
Die Stufensteuerung (28 Stufen) erfolgt auf der Hochspanungsseite des Trafos. Transformator und Stufenschalter sind zusammengebaut. Die ursprünglich bei den Loks 601 – 604 eingebaute Vielfachsteuerung hat nie richtig funktioniert; sie ist deshalb bei den Loks 605 – 610 weggelassen worden. Beim Umbau sind nun alle zehn Lokomotiven 601 – 610 für Vielfach- und Fernsteuerung ab Steuerwagen ausgerüstet worden.
Für die Fernsteuerung der Lok (vom Steuerwagen) wurde auch eine elektrische Betätigung der direkten Druckluftbremse eingebaut.

Ge 4/4 I Nr. 605 „Silvretta“ mit dem „Heidiland-Bernina-Express“ bei Filisur

Betriebseinsatz

In den ersten Jahren setzte die RhB ihre neuen Ge 4/4 I hauptsächlich vor kurzen Schnellzügen auf der Hauptlinie Chur – St. Moritz ein. Als der Personenverkehr zunahm und die Züge länger und schwerer wurden, stießen die vierachsigen Maschinen rasch an ihre Leistungsgrenzen.
Die steilen Rampen am Albula erforderten Vorspanndienste, so daß die ab 1965 zum Einsatz gekommenen, wesentlich leistungsstärkeren Serienlokomotiven Ge 6/6 II 703 – 707 die schwächeren Ge 4/4 I auf die flacheren Linien im Rheintal und Engadin verdrängten.
Mitte der achtziger Jahre wurde dann, wie schon erwähnt, die Entscheidung getroffen, die zehn Lokomotiven einer „Retrofit-Aktion“ zu unterziehen.
Im geänderten Erscheinungsbild entsprechen die Ge 4/4 I dem derzeitigen Betriebskonzept der Rhätischen Bahn. Sie werden vorwiegend vor Regionalzügen auf dem ganzen Stammnetz eingesetzt. Dank der Fernsteuerung lassen sich die Lokomotiven in Verbindung mit mehreren Zwischenwagen und einem Steuerwagen als Pendelzüge verwenden. Mit Mitteleinstieg und großem Stauraum sind die gewählten Zwischenwagen für den Regionalverkehr optimal. Solche Züge stehen jetzt als Ergänzung der sechs „Thyristor-Nahverkehrs-Pendelzüge“ (Baujahre 1971/79) im Einsatz. Das ist umso notwendiger, als einstweilen eine Neubeschaffung von Nahverkehrs-Pendelzügen kaum möglich sein wird.
Vielfachsteuerung ist bei den Ge 4/4 I möglich, wird aber so gut wie nie angewendet. Mit nur einem Lokführer ließen sich problemlos die Belastungsnormen einer Ge 6/6 II fahren.
In einigen Jahren werden die Pendelzüge mit den Ge 4/4 I vielleicht auch auf der Chur-Arosa-Linie zum Einsatz kommen. Mit der unterirdischen Einführung in den Bahnhof Chur wird die Strecke von Gleichstrom auf Einphasenwechselstrom umgebaut. Die alten Aroser-Triebwagen werden verkauft oder ausrangiert. Damit die Ge 4/4 I zwischen Chur und Arosa verkehren kann, müssen lediglich die Stromabnehmer ersetzt werden.

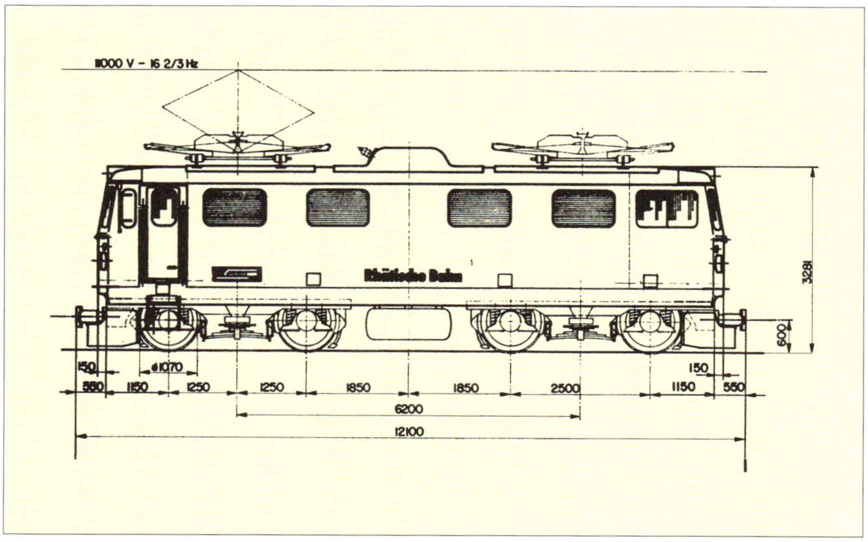

REDAKTION: RONALD GOHL; FOTO: RONALD GOHL; TYPENBILD: RHÄTISCHE BAHN

1776 Kilowatt Stundenleistung erbringt die Ge 6/6 II bei 46 km/h; im Bild die Nr. 705 im Bahnhof Thusis

Baureihe Ge 6/6 II

Im Jahre 1957 waren auf dem Stammnetz der Rhätischen Bahn (RhB) 15 ältere Stangenlokomotiven Ge 6/6 I „Krokodil“ und zehn neue Drehgestell-Lokomotiven Ge 4/4 I im Einsatz. Das Unternehmen hatte für damalige Verhältnisse einen leistungsfähigen Lokomotivpark. Wegen des zunehmenden Verkehrs, auch im Zusammenhang mit den Kraftwerksbauten der Stadt Zürich im Bergell, die pro Tag gegen 1000 Tonnen Zement benötigten, machte man sich auf die Suche nach leistungsfähigeren Triebfahrzeugen. Die Untersuchungen, in welchen auch die Möglichkeit einer Doppeltraktion von zwei Ge 4/4 I studiert wurden, zeigten, daß sich für die gestellten Aufgaben eine sechsachsige Lokomotive mit einer Stundenleistung von ca. 1800 kW (2400 PS) am besten eignen würde. Die Forderungen der RhB an die neue Lokomotive waren folgende: Beförderung einer Anhängelast von 400 Tonnen in der Ebene, 250 Tonnen bei einer Steigung von 35 Promille (Filisur – Preda, Filisur – Davos) und 190 Tonnen bei einer Steigung von 45 Promille (Küblis – Klosters – Davos) mit 46 km/h. Der Auftrag für die Entwicklung und Produktion von vorerst zwei solchen Loks ging an die Schweizerische Lokomotiv- und Maschinenfabrik (SLM)

FOTO: RONALD GOHL

TECHNISCHE DATEN

Baureihenbezeichnung	Ge 6/6 II
Indienststellung	1958/65
Hersteller	SLM, BBC, MFO
Betriebsnummern	701 – 707
Anzahl 1996	7
Höchstgeschwindigkeit	80 km/h
Gewicht	65 t
Länge über Puffer	14500 mm
Höhe	3900 mm
Kastenbreite	2650 mm
Radstand	11100 mm
Netzspannung	11 kV/16,7 Hz
Stundenleistung bei 46 km/h	1776 kW
Anzahl Fahrmotoren	6 Elektromotoren
Fahrmotoren Typ	8 Sw 570
Anfahrzugkraft	213,9 kN
Stundenzugkraft	135,4 kN

in Winterthur. Für den elektrischen Teil waren die Brown Boveri & Cie (BBC, heute ABB Asea Brown Boveri) in Baden und die Maschinenfabrik Oerlikon zuständig. Man entschied sich für eine Lok des Typs Bo'Bo'Bo' (drei zweiachsige Drehgestelle). Viele Komponenten konnten von der 1947 gebauten Ge 4/4 I übernommen werden. Die beiden 1958 abgelieferten „Prototypen“ bewährten sich in der Praxis so gut, daß die RhB im Jahre 1965 fünf Ge 6/6 II (ohne Stirnwandtüren) in Betrieb setzte. Noch heute stehen alle sieben Maschinen im Einsatz.
Die Loks mit den Nummern 701 und 702 kosteten 1958 je 1 230 000 Franken, die nachbestellten Fahrzeuge wurden rund 200 000 Franken teurer.

Noch im grünen „Gewand“, die Ge 6/6 II 707 in den frühen achtziger Jahren

Konstruktion

Design: Markantestes äußeres Merkmal ist der in der Mitte geteilte Lokkasten. Das Gelenk läßt aber nur in der Vertikalen eine Bewegung zu, d.h. nach oben und unten. Die Ge 6/6 II sind also keine „klassischen“ Gelenklokomotiven wie zum Beispiel die ersten beiden Re 6/6 der SBB oder die Ae 8/8 der BLS-Lötschbergbahn.

STATIONIERUNGSORTE

Depots Landquart und Samedan

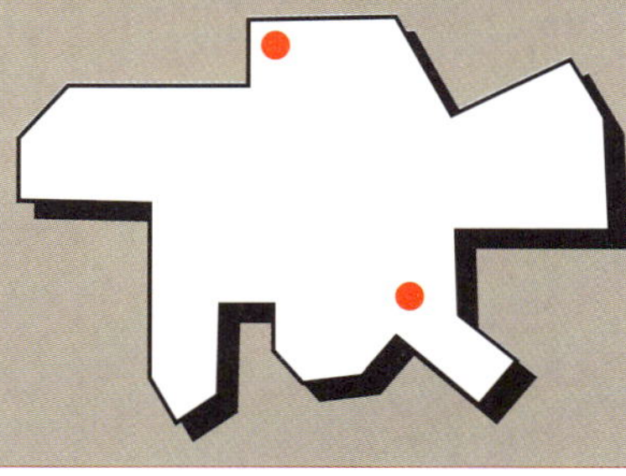

Aus dem Südportal des Albulatunnels fährt bei Spinas die Ge 6/6 II 705

Bei der Ablieferung waren sämtliche Lokomotiven grün. In den Fünzigerjahren galt das Grün im Vergleich zum traditionellen Braun der Lokomotiven älterer Bauart noch als „modern“. Die Namen und Wappen hatten die Konstrukteure auf der linken Lokhälfte angebracht.
Mit der Ablieferung der zweiten Serie Ge 4/4 II im Jahre 1984 führte die Rhätische Bahn den roten Anstrich ein, der nicht nur optisch attraktiver wirkt sondern die Lokomotiven auf den Bahnübergängen auch besser sichtbar macht. Mit dem Umbau in den neunziger Jahren kam das Rot auch auf den älteren Ge 6/6 II zur Anwendung. Nebst der roten Farbe wurden auch die Anschriften und das RhB-Logo der neueren Zeit angepaßt. Und auf den Stirnseiten prangt seither das dekorative Graubündner-Wappen.
Bei der Ablieferung der ersten beiden Lokomotiven waren die Maschinenraumfenster mit Jalousien und Glas verschlossen, sie wurden jedoch bald durch Mehrfachdüsengitter ersetzt. Beim ersten Umbau zwischen 1962 und 1969 wurden auch die nicht benötigte Übergangsvorrichtung entfernt und die Stirntüren verschweißt, um die Lokführer vor dem eindringenden Fahrtwind zu schützen. Beim zweiten Umbau änderte man die Frontpartien, die dreiteiligen Fenster wurden durch zweiteilige ersetzt.

Mechanik: Wie bereits erwähnt, ist der Lokkasten in der Mitte geteilt. Das Gelenk wurde nötig, um auch auf den Gefällsbrüchen eine bessere Adhäsion zu erzielen. Auf eine seitliche Aus-

FOTOS: RONALD GOHL

LOKNAMEN

701 Raetia
702 Curia
703 St. Moritz
704 Davos
705 Pontresina/Puntraschigna
706 Disentis/Mustér
707 Scuol

Dadurch ergibt sich eine wiegenförmige Aufhängung des Kastens. Der Drehzapfen des mittleren Drehgestelles ist mit seitlichem Spiel mit den Querbalken verbunden.
Das vollständige Fahrwerk der Lokomotive besteht aus drei Drehgestellen, in denen sich je zwei Radsätze befinden. Die Radsatzlager sind als

kranzabnutzung in den zum Teil sehr engen Kurven des RhB-Streckennetzes.
Die Lokomotive Ge 6/6 II wird, neben der elektrischen Bremse, mit Luftdruck gebremst. Der Kompressor der Maschinenfabrik Oerlikon hat eine Ansaugleistung von 850 Litern pro Minute. Je zwei Bremszylinder sind

Die Ge 6/6 II Nr. 705 mit einem gemischten Personen/Güterzug, unterwegs in Richtung Preda

lenkung wurde verzichtet; dadurch ergibt sich eine große geführte Länge des Fahrzeugs, welche vor allem auf geraden Strecken unerläßlich ist. Die beiden Hälften der Lokomotive sind möglichst gleich ausgebildet worden; der Übergang ist verschalt, um das Eindringen von Wasser zu verhindern.
Der Lokomotivkasten ist unten mit drei Querbalken fest verschraubt. Die Trägerenden stützen sich auf den seitlich angebrachten Blattfedern ab. Die Federn sind über schräge Pendel mit dem Drehgestell verbunden.

Pendelrollenlager ausgbildet und dauergeschmiert.
Die drei zweiachsigen Drehgestelle entsprechen der bekannten Bauart SLM. Sie sind über eine neuartige Querkupplung miteinander verbunden. Diese beeinflußt die Querbewegung des mittleren Drehgestells nicht, aber die Drehbewegung wird von den beiden äußeren Drehgestellen abhängig.
Die Querkupplung ermöglicht eine seitliche Verschiebung in den Kurven und damit eine bessere Einstellung in bezug auf Führungskräfte und Spur-

über den äußeren Drehgestellen eingebaut und wirken auf die drei nächstliegenden Achsen. Jedes Rad wird zudem mit zwei Bremsklötzen gebremst. Die Handbremse im Führerraum wirkt, vom Führerraum aus gesehen, auf das äußere Drehgestell und auf die näherliegende Achse des mittleren Drehgestells. Für den Zug steht eine Vakuumpumpe mit einer Leistung von 244 Kubikmetern pro Minute zur Verfügung.

Führerraum: Der Führerraum wurde fast vollständig von demjenigen der

FOTO: RONALD GOHL

Bo'Bo'Bo' oder Siebenhunderter nennen die Bähnler ihre sieben Ge 6/6 II

Ge 4/4 I übernommen. Die Bedienung erfolgt mit einem Handrad für Fahren und elektrisches Bremsen sowie mit der RhB-üblichen Vakuumbremse. Beim Umbau in den neunziger Jahren wurde der Führerstand den neuen ergonomischen Richtlinien angepaßt. Die beiden Führerräume werden durch einen Gang miteinander verbunden. Der Gang dient dem Lokführer auch als Zufluchtsort für den Fall einer Kollision.

Elektrische Ausrüstung: Von den beiden Doppelholmstromabnehmern gelangt die elektrische Spannung über einen druckluftbetriebenen Hauptschalter in den Haupttransformator. Der Transformator ist mit fremdventilierter Ölkühlung aufgerüstet. Die Steuerung der Lok erfolgt aus Gewichtsgründen mit Niederspannung. Der Fahrstufenschalter ermöglicht 28 Fahr- und 15 Bremsstufen. In jedem Drehgestell sind zwei fremdventilierte Einphasen-Seriemotoren mit je 350 kW Leistung eingebaut, die alle parallel geschaltet werden.
Fünf Motoren wirken beim Bremsen als Generator, der sechste als Erreger für die andern. Sie liefern so einen Teil der Energie ans Netz zurück. Verglichen mit den heutige Drehstromlokomotiven ist die Ausbeute allerdings gering.
Am Transformator ist für die Hilfsbetriebe eine Niederspannungswicklung für 140 Volt und 230 Volt vorhanden. Die Batterie (100 Ah) wird durch eine Umformergruppe geladen. Sie versorgt die Steuerstromkreise mit 36 Volt Spannung.

Betriebseinsatz

Anfänglich wurden die Ge 6/6 II fast ausschließlich für Zementtransporte ins Bergell eingesetzt, bei denen sie mehrfach täglich die berühmten „Mohrenköpfe" über den Albula zogen.
Heute setzt die Rhätische Bahn ihre Ge 6/6 II für schwere Güterzüge auf dem Stammnetz, vor allem aber auf der Albulastrecke ein. An Wochenenden mit großem Andrang, wenn die meisten Fahrzeuge im Einsatz stehen, ziehen sie auch schwere Reisezüge von Chur ins Engadin. Allerdings werden diese Einsätze immer seltener, denn seit 1993 verdrängen die leistungsmäßig ebenbürtigen Ge 4/4 III den in die Jahre gekommenen Sechsachser.
Weil die Ge 6/6 II keine Vielfachsteuerung haben, kommt Doppeltraktion nicht vor. Schwere Güterzüge, wie auf der Albula-Linie, werden deshalb ausschließlich mit Ge 4/4 II in Vielfachsteuerung geführt.

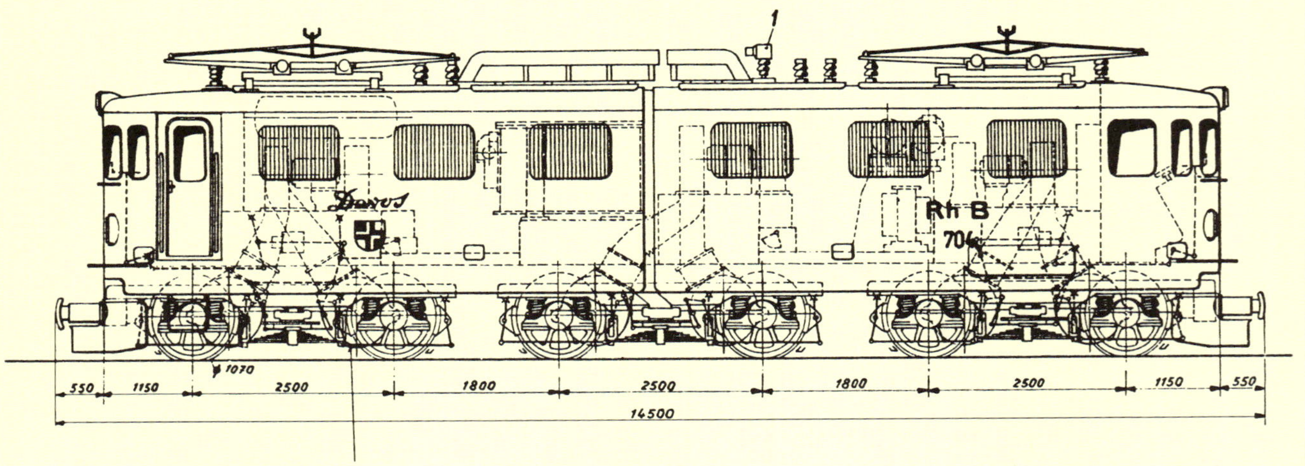

REDAKTION: LUKAS HALDEMANN; FOTO: RONALD GOHL; TYPENBILD: RHÄTISCHE BAHN

Mit insgesamt 23 Maschinen bilden die Ge 4/4 II 611-633 das Rückgrat der Traktion im Gebirgskanton Graubünden

Baureihe Ge 4/4 II

Ende der sechziger Jahre benötigte die Rhätische Bahn erneut dringend neue Lokomotiven für das Stammnetz. Zu dieser Zeit waren noch die alten Maschinen aus der Zeit der Elektrifikation im Einsatz (Baujahre 1913 – 1929). Diese Fahrzeuge galt es zu ersetzen, und der Bestand mußte wegen der gestiegenen Frequenzen vergrößert werden. Zunächst wollte man die bewährten Ge 6/6 II Nr. 701-707 nachbauen, um kein Risiko mit einer neuen Technik einzugehen. Eine sechsachsige Lokomotive ist jedoch auf einem krümmungsreichen und mit vielen Gefällebrüchen versehenen Netz nicht ganz unproblematisch. Ebenso errechnete man, daß Traktionsleistungen der Ge 6/6 II mit einer modernen, vierachsigen Lokomotive praktisch erreicht werden könnten. So entschloß sich der Verwaltungsratsausschuß der RhB Anfang September 1970, zehn moderne Thyristorlokomotiven des Typs Ge 4/4 II Nr. 611-620 zu beschaffen. Der Auftrag für diese zehn Lokomotiven ging an die Schweizerische Lokomotiv- und Maschinenfabrik (SLM) in Winterthur für den mechanischen Teil und an die Brown Boveri & Cie (heute ABB) in Baden für den elektrischen Teil. Der Auftrag wäre beinahe an die damalige ASEA in Schweden vergeben worden, die schon eine große Erfahrung mit der neuen Gleichrichtertechnik hatte und die trotz der weiten Transportwege etwas günstiger war. Der Stückpreis für eine Ge 4/4 II betrug 1,88 Millionen Franken.
Da nach der Inbetriebnahme der Ge 4/4 II ab 1973 die Frequenzen weiter zunahmen, konnte die Ausmusterung der bekannten „Krokodile" Ge 6/6 I nicht durchgeführt werden. 1980 mußten die Krokodile aber endgültig abgelöst werden, insbesondere weil die Leistungsfähigkeit nicht mehr genügte, und die bald sechzig Jahre alten Loks immer anfälliger für Störungen wurden. Zur Auswahl standen damals zwei Möglichkeiten: ein Nachbau der bewährten Ge 4/4 II oder die Beschaffung der etwas weiter entwickelten FO-Tunnellokomotiven Ge 4/4 Nr. 81 und 82. Die Drehstromtechnik war damals für RhB-Lokomotiven noch nicht einsatzfähig. Mit einem Nachbau der Ge 4/4 II konnten vor allem die Unterhaltskosten und Reserveteile eingespart

TECHNISCHE DATEN

Baureihenbezeichnung	Ge 4/4 II
Indienststellung	1973/84 – 85
Hersteller	SLM, BBC
Betriebsnummern	611 – 633
Anzahl 1996	23
Höchstgeschwindigkeit	90 km/h
Gewicht	50 t
Länge über Puffer	12960 mm
Höhe	3900 mm
Kastenbreite	2650 mm
Radstand	8500 mm
Netzspannung	11 kV/16, 7 Hz
Stundenleistung bei 52 km/h	1700 kW
Anzahl Fahrmotoren	4 Elektromotoren
Fahrmotoren Typ	6 FHO 4338
Anfahrzugkraft	178,5 kN
Stundenzugkraft	116,5 kN

FOTO: RONALD GOHL

werden. Einige Bauteile waren jedoch nicht mehr verfügbar oder wurden dem aktuellen Stand der Technik angepaßt. Die Zahl 13 war ein Kompromiß zwischen den finanziellen Möglichkeiten und dem Bedarf an modernen Lokomotiven.

Konstruktion

Design: Bei der Ablieferung waren die ersten zehn Lokomotiven grün gespritzt. Die Loknummern, die Initialen (damals noch Rh.B.) und die Taufnamen setzte man aus Chromstahl auf. Ab 1975 erhielten sie Wappen von verschiedenen Orten Graubündens. Die zweite, 1984 – 85 ausgelieferte Serie trat bereits in den neuen roten Lokfarben der Rhätischen Bahn auf. Nach farblicher Anpassung der ersten Serie besteht inzwischen kein optischer Unterschied zu den elf Jahre älteren Maschinen der ersten Serie mehr. Die rote Farbe hat den Vorteil, daß sich die Triebfahrzeuge bei unbewachten Bahnübergängen besser von der Umgebung abheben und so die Unfallgefahr vermindern. Die Lackierung der Lokomotiven entspricht dem neuen RhB-Erscheinungsbild. Das Graubündner Kantonswappen auf der Front ist im Gegensatz zu anderen Triebfahrzeugen nicht aufgeklebt, sondern als Platte aufgesetzt. Alle Lokomotiven erhielten Namen von Orten, an denen sie vorbeifahren.

Mechanik: Der mechanische Teil der Ge 4/4 II wurde soweit wie möglich von den SBB-Lokomotiven Re 4/4 II und Re 4/4 III übernommen.
Einige Probleme brachte die Forderung der RhB nach einer Leistung von 1700 kW bei nur 12,5 Tonnen Achslast. Für eine Meterspurlokomotive stellt dies eine Grenzleistung dar, deshalb wurden einige Maßnahmen zur maximalen Ausnutzung derAdhäsionsleistung getroffen. Die gewählten Fahrmotoren mit der steilen Zugkraft-Geschwindigkeits-Charakteristik haben den Vorteil, daß beim Schleudern einer Achse die Stromaufnahme stark zurück geht, und damit die Drehzahl wieder reduziert wird.
Um den Lokkasten zu entlasten, wird der Fahrstrom im vorderen Drehgestell reduziert. Die Zugkraftübertragung vom Drehgestell auf den Lokkasten erfolgt über eine Tiefzugvorrichtung. Diese tiefliegenden Stangen befinden sich nur 19 Zentimeter über den Schienen.
Über zwei elektropneumatisch gesteuerte Seilzüge wird das vordere Drehgestell je nach Zugkraft nach unten gezogen, um die Restentlastung der Tiefzugvorrichtung zu kompensieren.
Schienenbürsten vor den Drehgestellen befreien die Schienen von Laub und Nadeln.
Von den Motoren aus wird die Zugkraft über den BBC-Federantrieb auf das Drehgestell übertragen und über die erwähnte Tiefzugvorrichtung gelangt die Kraft auf den Lokkasten. Die Zug- und Stoßvorrichtung nach RhB-Norm ist neu am Lokkasten befestigt und nicht wie bisher an den Drehgestellen.
Beim elektrischen Bremsen wirken die Motoren als Generatoren. Die frei-

An einem kalten Januarmorgen fährt die Ge 4/4 II 611 im Bahnhof Bergün ein

STATIONIERUNGSORTE

Depots Landquart und Samedan

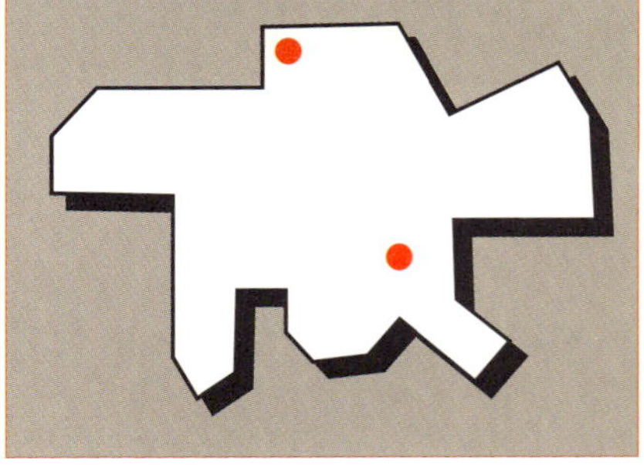

Zwischen Filisur und Bergün fährt die Ge 4/4 II 631 aus dem 324 Meter langen Glatscherastunnel

FOTOS: RONALD GOHL

In der frühen Morgensonne ist die Ge 4/4 II 619 „Samedan" in Richtung Unterengadin unterwegs. Im Hintergrund der Kirchturm von Bever

werdende Energie wird jedoch nicht ins Netz eingespeist (Nutzstrombremse), sondern von den Bremswiderständen auf dem Dach verheizt. Die Bremskraft der Lokomotive darf bei der RhB wegen der Mittelpuffer nicht größer als 44 kN sein. Die Druckluftbremse der Lok wird durch das Vakuumbremssystem des Zugverbands gesteuert.

Führerraum: Der Lokführer sitzt wie in allen RhB-Fahrzeugen in Fahrtrichtung rechts. Die beiden Führerräume sind durch einen Gang verbunden. Die Steuerung der elektrischen Zugkraft erfolgt mittels Handrad. Im niedrigen Geschwindigkeitsbereich ist es als Zugkraftregelung geschaltet und im Streckengeschwindigkeitsbereich als Geschwindigkeitsregelung. Die Handbremse in jedem Führerstand wirkt über ein Hydrauliksystem auf zwei Achsen. Bei einem Ausfall der Druckluftbremse besteht die Möglichkeit, eine handgebremste Notfahrt durchzuführen.

Elektrische Ausrüstung: Weil sich die Rhätische Bahn Klarheit über die Auswirkungen der Thyristortechnik auf die Stromversorgung, die Sicherungs- und Fernmeldeanlagen verschaffen wollte, führte man im Januar 1970 auf dem Dreischienengleis Chur – Domat/Ems Versuche mit der Thyristorversuchslokomotive der BLS (Re 4/4 Nr. 161) durch. Die Messungen zeigten, daß die Sicherungsanlagen gar nicht und die Fernmeldeanlagen nur gering gestört werden.
Von den beiden parallel geschalteten Einholmstromabnehmern gelangt die Wechselspannung über den druckluftbetriebenen Hauptschalter zum Transformator. Der Transformator ist ölgekühlt. Die beiden Traktionsumrichter mit vierstufiger Sparschaltung (quasi-vierstufig) glätten die Wechselspannung mittels Thyristoren in Gleichspannung für die Fahrmotoren, die damit stufenlos angesteuert werden können.

Ge 4/4 II 629 mit Güterzug in Untervaz

FOTO: RONALD GOHL

LOKNAMEN

611 Landquart
612 Thusis
613 Domat/Ems
614 Schiers
615 Klosters
616 Filisur
617 Ilanz
618 Bergün/Bravuogn
619 Samedan
620 Zernez
621 Felsberg
622 Arosa
623 Bonaduz
624 Celerina/Schlarigna
635 Küblis
626 Malans
627 Reichenau/Tamins
628 S-chanf
629 Tiefencastel
630 Trun
631 Untervaz
632 Zizers
633 Zuoz

Von der Station Preda herkommend fährt der Schnellzug St. Moritz–Chur den kühn angelegten Albula-Kehrtunnels entgegen

An den Nebenstromkreisen (180 V – 280 V) sind zwei Fahrmotorventilatoren, zwei Motorölpumpen, der Kompressor für die Druckluftbremse, die Vakuumpumpe, die Batterie und die Heizungen angeschlossen.
Die Steuerung mit IC-Technik ist in drei Teile gegliedert: ein Zentralgerät und zwei Drehgestellsteuergeräte. Die Drehgestellsteuergeräte steuern die beiden Motoren im Drehgestell.

Betriebseinsatz

Mit den ersten Lokomotiven wurden 1973/74 große Versuchs- und Meßfahrten durchgeführt, dabei gingen sogar Radreifen in Brüche. Ziel dieser Versuche war es, die zulässigen Anhängelasten zu bestimmen, die Gleisbeanspruchung zu messen und die möglichen Auswirkungen der neuen Technik auf die Energieversorgung und die Fernmeldeeinrichtungen zu überprüfen.
Wie bei jeder neuen Lokomotive traten auch bei der Ge 4/4 II sogenannte Kinderkrankheiten auf. Schon nach etwa 50 000 Kilometern Laufleistung (fünf Monate) bildeten sich an den Triebrädern Polygone (sogenannte „27-Ecke").

Bis in die achtziger Jahre verkehrten die zehn Maschinen der Reihe Ge 4/4 II aus der ersten Serie (Nummern 611 bis 620) noch in ihrem grünen Kleid

Wieso diese Polygone entstehen, die auch bei den SBB Re 4/4 II und Re 6/6 auftreten, ist bis heute unklar. Bei der RhB konnte das Problem durch die Verwendung von speziellem Stahl für die Radreifen auf normale Werte gebracht werden.
Die Baureihe Ge 4/4 II wurde leider auch nicht von schweren Unfällen nicht verschont: Am 14. August 1973 nur zwei Monate nach Inbetriebnahme, kollidierte die Ge 4/4 II Nr. 611 zwischen den Stationen Fiders und Jenaz im Prättigau auf einem Bahnübergang mit einem dort stehengebliebenen Muldenkipper. Der Lokführer und der Begleiter der SLM konnten in letzter Sekunde nach hinten fliehen. Die Lok wurde jedoch so stark beschädigt, daß sie zur Reparatur (Neuaufbau des Kasten) zurück nach Winterthur zur SLM geschickt werden mußte.
Zwei Jahre später, am 18. Juli 1975 stürzte die Ge 4/4 II Nr. 619 mit dem Schnellzug 95 nach einer Dammunterspühlung bei Fiders in den Fluß Landquart. Der Lokführer kam dabei ums Leben, die Lok lag nach dem Unwetter mehrere Tage im Wasser.
Die 23 Ge 4/4 II bilden heute das Rückgrat der Traktion auf dem Netz der RhB. Sie führen überwiegend die Schnellzüge im Prättigau, im Rheintal und am Albula. Ebenso werden sie für Güterzüge auf dem ganzen Netz eingesetzt. Bei schweren Einsätzen, zum Beispiel Güterzüge auf der Albula-Linie, ist eine Doppeltraktion mit Vielfachsteuerung möglich.

REDAKTION: LUKAS HALDEMANN; FOTOS: POP GOHL (UNTEN), BERNHARD STUDER (OBEN)

In Chur und Samedan manövrieren die zwei 1984 erbauten Thyristor-Rangierloks Ge 3/3

Baureihe Ge 3/3

Der Mangel an leistungsfähigen Rangierlokomotiven für die Bahnhöfe Chur, Landquart und Samedan war bei der Rhätischen Bahn in den achtziger Jahren groß. Im täglichen Einsatz standen drei ältere Rangierlokomotiven des Typs Ge(m) 2/4 211 – 213, die aus den ersten elektrischen Streckenlokomotiven Ge 2/4 (Baujahr 1913) umgebaut wurden. Es zeigte sich auch, daß ältere Streckenlokomotiven im Rangierdienst eher problematisch, ja sogar gefährlich sein können.

Im Mai 1982 beschloß die Rhätische Bahn, zwei neue Rangierlokomotiven des Typs Ge 3/3 zu beschaffen. Ursprünglich wollte sich auch die Furka-Oberalp-Bahn (für Brig und Andermatt) der Bestellung anschließen – leider wurde daraus nichts. Die beiden Thyristor-Maschinen der Baureihe Ge 3/3 entstanden in den Werkshallen der BBC und Robert Aebi AG. Rund zwei Jahre nach der Auftragserteilung konnten sie im Sommer 1984 dem Betrieb übergeben werden. Weil die FO bei der Bestellung einen Rückzieher machte, verteuerten sich die zwei (statt vier) Maschinen massiv. Die Rhätische Bahn bezahlte pro Stück rund zwei Millionen Franken. Finanziert wurden die Ge 3/3 aus den Mitteln des VIII. eidgenössischen Rollmaterial-Erneuerungsprogrammes (Art. 56 des Eisenbahngesetztes).

Konstruktion

Design: Fast wie ein kleines „Krokodil" kommt die Rangierlokomotive Ge 3/3 daher. Entsprechend kurz ist das zentrale Führerhaus, während die Mechanik und die elektrischen Apparate in den beiden langen Vorbauten untergebracht sind. Sehr modern erscheint die breite, einteilige Frontscheibe. Ebenso markant ist das weit vorgezogene Dach. Darauf sind hinten der Einholm-Stromabnehmer und vorne die Bremswiderstände befestigt. Vorbauten und Kabine erhielten

TECHNISCHE DATEN

Baureihenbezeichnung	Ge 3/3
Indienststellung	1984
Hersteller	AEB, BBC
Betriebsnummern	214 – 215
Anzahl 1996	2
Höchstgeschwindigkeit	40 km/h
Gewicht	33 t
Länge über Puffer	8640 mm
Höhe	3870 mm
Kastenbreite	2700 mm
Radstand	4300 mm
Netzspannung	11 kV/16,7 Hz
Stundenleistung bei 27 km/h	425 kW
Anzahl Fahrmotoren	1 Elektromotor
Fahrmotor Typ	6 FHO 4336
Anfahrzugkraft	102 kN
Stundenzugkraft	60 kN

FOTO: RONALD GOHL

Ge 3/3; mit 425 kW Stundenleistung auch als „Streckenlok“ für leichte Überführzüge einsetzbar

einen verkehrsorangen Anstrich. Die Stoßbalken sind gelb/schwarz gestreift und das Fahrgestell präsentiert sich im SBB-grau.

Mechanik: Weil die zwei Ge 3/3 zur gleichen Zeit wie die Ge 4/4 II (621 – 633) gebaut wurden, konnten von den Streckenlokomotiven verschiedene in Serien gefertigte Komponenten übernommen werden. Die Ge 3/3 ist beispielsweise mit dem gleichen Fahrmotor des Typs 6 FHO 4336 ausgerüstet. Während in der Ge 4/4 II vier Antriebseinheiten untergebracht sind, begnügt sich die Rangierlokomotive mit einer.
Kompressor und Vakuumpumpe sind ebenfalls gleichen Fabrikates wie in den 13 neuen Ge 4/4 II. Der Antrieb erfolgt vom Elektromotor über eine elastische Kupplung und eine Gelenkwelle zu dem ausschaltbaren Verteilgetriebe. An diesem sind die drei Achsgetriebe über weitere Gelenkwellen angeschlossen.

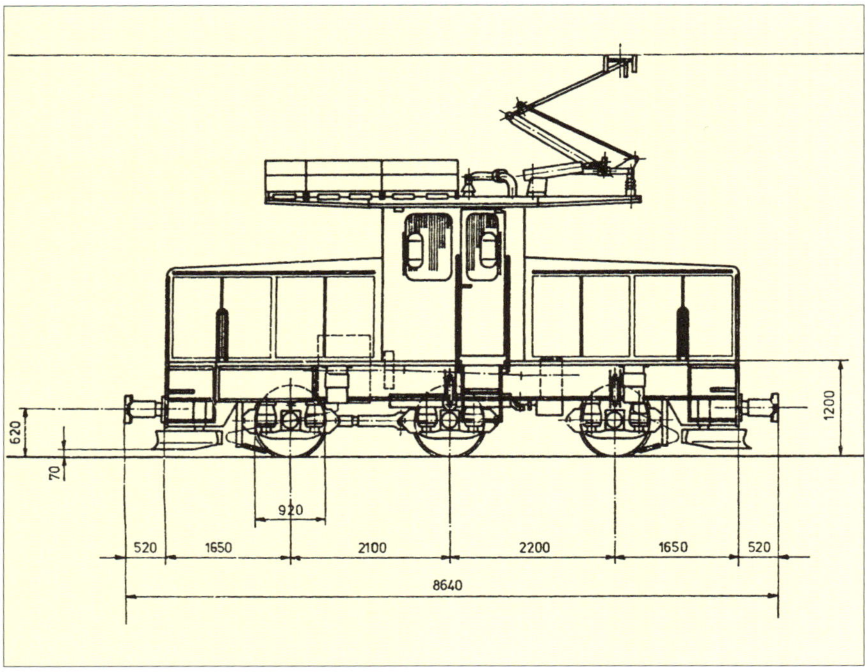

STATIONIERUNGSORTE

Bahnhöfe Chur und Samedan

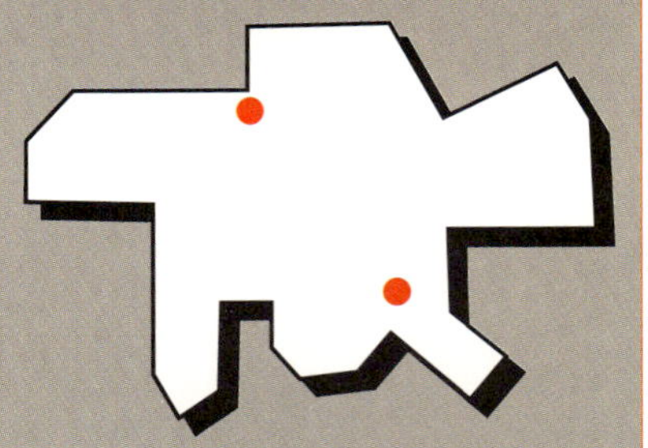

Führerraum: Die Lokomotiven der Baureihe Ge 3/3 können auf einem Hocker sitzend oder stehend bedient werden. Der Führerstand befindet sich auf der rechten Seite. Die Zugbzw. die elektrisch und pneumatisch kombinierte Bremskraft wird mit einem Knebelschalter analog Gm 3/3 231 – 233 vorgegeben. Die breite Frontscheibe garantiert dem Lokführer eine uneingeschränkte Sicht in beiden Fahrrichtungen. Die langen Vordächer vermindern die Sonneneinstrahlung und damit die Blendung.

Elektrischer Teil: Der Fahrmotor wird bei der Ge 3/3 von einem unsymmetrischen, halbgesteuerten, zweistufigen Stromrichter gespeist. Beide Maschinen gehören zur Familie der 33 Thyristor-Triebfahrzeuge. Die elektronische Steuerung ist ähnlich der bereits erwähnten Lokomotive Ge 4/4 II. Als Bremsschaltung wurde die Widerstandsbremsung mit Stützbetrieb gewählt. Diese erlaubt elektrisches Bremsen bis zum Stillstand. Proportional zur zunehmenden pneumatischen Bremskraft wird die elektrische zurückgesteuert.

Betriebseinsatz

Die Ge 3/3 214 und 215 sind so gebaut, daß sie sowohl im Rangierdienst wie notfalls auch auf der Strecke eingesetzt werden können, um beispielsweise leichte Züge zu überführen. Die entsprechenden Einrichtungen der Sicherheitssteuerung und Zugsicherung sind vorhanden. Trotz harten Einsatzes bewährten sich die neuen Rangiermaschinen von Anfang an sehr gut, und die Unterhaltsarbeiten sind außerordentlich gering. Der geräuscharme Betrieb ist bemerkenswert.

REDAKTION: RONALD GOHL; FOTO: RONALD GOHL; TYPENBILD: RHÄTISCHE BAHN

Der Stolz der neunziger Jahre: trotz Finanzproblemen ein leistungsfähiges, neues und formschönes Triebfahrzeug – die Ge 4/4 III

Baureihe Ge 4/4 III

Der Mehrverkehr im Hinblick auf die Eröffnung des Vereinatunnels veranlaßte die Rhätische Bahn, in enger Zusammenarbeit mit der Industrie, eine neue Lokomotivgeneration zu entwickeln. Diese Maschinen sollten in der Lage sein, schwere Güter- und Personenzüge auf dem Stammnetz sowie die Autozüge im Vereinatunnel zu führen.

Zur Diskussion standen sowohl eine sechsachsige wie auch eine vierachsige Lokomotive. Die sechsachsige Maschine wäre vor allem im Vereinatunnel von Vorteil gewesen, während die vierachsige Lok auf den kurvenreichen Strecken viele Vorzüge bot. Nach aufwendigen Berechnungen entschied man sich schließlich für das vierachsige Triebfahrzeug; durch das bessere Schienenprofil und modernere Gleisbaumethoden konnte die Radsatzlast von bisher 12,5 Tonnen auf 15,5 Tonnen erhöht werden.

Gleichzeitig mit der RhB war auch die Bière-Apples-Morges-Bahn (BAM) auf der Suche nach einer neuen Lokomotive für ihre schweren Panzerzüge. 1989 bestellte die RhB sechs Lokomotiven zum Stückpreis von 5,3 Millionen Franken. Den Auftrag bekam die Schweizerische Lokomotiv- und Maschinenfabrik (SLM) in Winterthur für den mechanischen Teil und die Asea Brown Boveri (ABB) für den elektrischen Teil. 1990 bestellte die BAM zwei Lokomotiven und 1991 die RhB nochmals drei. Die MOB beschaffte 1994/95 vier ähnliche Fahrzeuge.

Konstruktion

Design: Früher baute man Lokomotiven mit einem einfachen, robusten Kasten. Gestalterische Elemente wurden nur am Rande berücksichtigt. In neuerer Zeit betont ein Unternehmen mit den Lokomotiven sein Image und seine Dynamik, deshalb wird viel auf das Äußere geachtet, zum Teil mit bekannten Designern wie Colani bei der VHB. Ursprünglich war für die Ge 4/4 III eine einfache Kastenform nach dem Vorbild der SBB/FO/BVZ HGe 4/4 II vorgesehen. Auf vielfachen Wunsch sollte der Lok aber ein schnittiges Aussehen verliehen werden, und so arbeiteten die Ingenieure und Designer acht Gestaltungsvarianten aus. Auf einem alten Güterwagen baute die RhB eine Maquette (Holz-

FOTO: RONALD GOHL

TECHNISCHE DATEN

Baureihenbezeichnung	Ge 4/4 III
Indienststellung	1993-94
Hersteller	SLM, ABB
Betriebsnummern	641 – 649
Anzahl 1996	9
Höchstgeschwindigkeit	100 km/h
Gewicht	62 t
Länge über Puffer	16000 mm
Höhe	3860 mm
Kastenbreite	2800 mm
Radstand	11440 mm
Netzspannung	11 kV/16,7 Hz
Stundenleistung bei 80 km/h	2400 kW
Anzahl Fahrmotoren	4 Elektromotoren
Fahrmotoren Typ	6 FRA 5248
Anfahrzugkraft	200 kN
Stundenzugkraft	150 kN

Zwischen Samedan und Celerina angetroffen: die Ge 4/4 III 647

modell) auf, um die geeignete Stirnfront und eine optimale Aerodynamik für die Tunnels zu finden. Zusätzlich galt es auch, die Vorgaben der BAM zu erfüllen, denn für diese Variante waren Normalspurpuffer auf 1370 Millimeter über Schienenoberkante (SOK) einzuplanen.
Auch die Farbgebung stand zur Diskussion. Die Desgin-Vorschläge reichten von weißen Diagonal-Streifen über eine weiß-rote Lackierung bis zur blauen Frontpartie. Schließlich entschied man aber, die neue Lokomotive im traditionellen RhB-Rot zu spritzen. Auf das große Kantonswappen mußte allerdings wegen der schnittig-spitzen Form, die der Lok den Übernamen „Spitzmaus" einbrachte, verzichtet werden.

Mechanik: Der Lokkasten besteht aus dem Bodenrahmen, den Seitenwänden, den Führerständen und dem Dachrahmen.
Der ganze Kasten ist so gefertigt, daß er eine verwindungsfreie Einheit bildet. Das Dach läßt sich in zwei Teilen abheben, damit die großen Apparate gut erreich- und austauschbar sind. Am Bodenrahmen sind auch Abstützplatten angebracht, um das Aufgleisen bei Unfällen zu erleichtern.
Die Lok fährt auf zwei Drehgestellen mit je zwei Radfsätzen, wobei in jedem Drehgestell zwei Drehstrommotoren die Lok antreiben.
Die Radsätze sind radial einstellbar, das heißt, in Bögen werden die Radsätze dem Radius der Schienen angepaßt. Dadurch lassen sich die Kräfte besser übertragen, der Verschleiß wird vermindert, und das

STATIONIERUNGSORTE

Depot Landquart

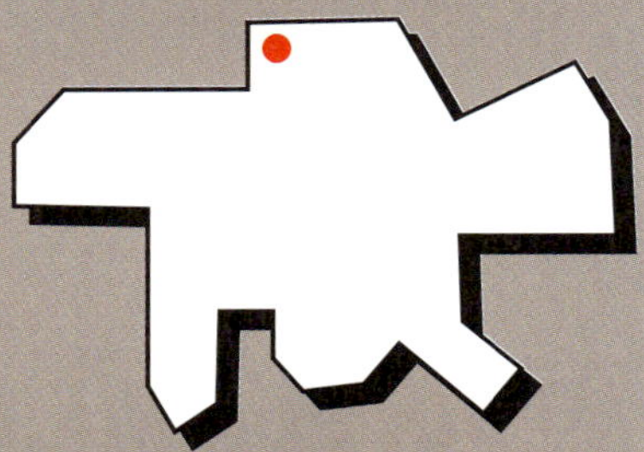

Quietschen in den engen Bögen nimmt merklich ab.
Die Lok weist zwei völlig getrennte Zug-Bremssysteme auf, die über die Leitelektronik gesteuert werden. Beim bestehenden Netz kommt die Vakuumbremse zum Einsatz. Sie wird nicht mehr direkt von Hand am Ventil gesteuert, sondern über einen zentralen Vakuumschieber, der sich im Maschinenraum befindet. Für den geplanten Einsatz im Vereinatunnel wurde auch eine UIC-Druckluftbremse eingebaut.
Die Einstiegstüren mit Notausstiegsfenster liegen diagonal gegenüber und führen in den Maschinenraum, von dem auch die beiden Führerstände erreicht werden können. Der Maschinenraum, in welchem sich unter anderem der Stomrichter, der Kompressor, die Steuerelektronik sowie die Hilfsbetriebe befinden, hat keine Fenster und Öffnungen in der Seitenwand, um die Kastenfestigkeit nicht zu gefährden. Der Mittelgang gewährleistet eine gute Zugänglichkeit für den Unterhalt der Apparate.

Führerraum: Der Führerraum bietet einen modernen Arbeitsplatz für den Lokomotivführer.
Alle wichtigen Bedienungselemente sind in die Armlehnen des Sitzes integriert worden, und der Sitz läßt sich jedem Lokomotivführer optimal anpassen. In der rechten Armlehne befindet sich die Steuerung der Bremsen, der Scheinwerfer und der Rückspiegel. Der Schalter für Fahren und elektrisches Bremsen wurde in der linken Armlehne untergebracht, ebenso der Taster für die Zugsicherung. Der Sitz läßt sich um 90 Grad drehen, damit der Lokführer beim Rangieren aus dem Seitenfenster schauen kann.

Der gesamte Lokkasten bildet eine verwindungsfreie Einheit: Ge 4/4 III Nr. 642

FOTOS: RONALD GOHL (OBEN), RHÄTISCHE BAHN (UNTEN)

Auf dem Führertisch gibt es zwei Bildschirme und die restlichen Bedienelemente. Der eine Bildschirm, das Prozesswert-Display, zeigt die Geschwindigkeit, die Fahrleitungsspannung, die Zug- oder Bremskraft, den Vakuumleitungsdruck und weiteres an.
Im zweiten Display, dem Diagnose-Display, kann man weitere Daten ablesen, z.B. den Zustand der Batterie und der Heizung, den Zugsammelschienenstrom und die Innen- und Außentemperaturen. Auf diesem Bildschirm werden auch Störungen und Fehlbedienungen angezeigt.
Die einteilige Frontscheibe ist aus Sicherheitsglas und läßt sich beheizen. Unter der Frontscheibe schützt ein massiver Gurt den Lokomotivführer bei Zusammenstößen.

Eine seltene Kombination: modernste Technologie mit der Ge 4/4 III 648 und ein Nostalgiewagen

Elektrische Ausrüstung: Die Lokomotive wird mit 35 über das ganze Fahrzeug verteilten Rechner gesteuert. Die Rechner sind über einen einzigen Fahrzeugbus miteinander verbunden.
Mit dem Zugbus können bis zu zwei Lokomotiven vielfachgesteuert oder die Lok von einem Steuerwagen aus ferngesteuert werden. Über die Zugsammelschiene wird der Zug mit Strom (300 Volt) für die Heizung, die Beleuchtung und andere Verbraucher versorgt.
Der Strom für die Lokomotive wird von den beiden Stromabnehmern vom Typ E5a 50-2500 zu den Umrichtern geführt. Anschließend wird der Strom in vier Netzstromrichter-Zweigpaaren für die Asynchronfahrmotoren aufbereitet.
Die je zwei Motoren pro Drehgestell sind parallel geschaltet. Die anderen Verbraucher, z.B. die Fahrmotorenlüftung, die Ölpumpen, der Kompressor usw., werden vom Haupttransforma-

FOTOS: RONALD GOHL

Bis zur Fertigstellung des Vereinatunnels sind die Ge 4/4 III hauptsächlich zwischen Chur und St. Moritz unterwegs

tor aus über Bordnetzumrichter mit 380 Volt gespeist.
Diese Technik entspricht weitgehend derjenigen, welche in der SBB Re 460 zur Anwendung kam.

Betriebseinsatz

Die erste Maschine des Typs Ge 4/4 III wurde am 14. Dezember 1993 in Landquart abgeliefert und in den folgenden Wochen eingehend getestet. Dabei zeigte sich rasch die Überlegenheit der Umrichtertechnik gegenüber anschnittgesteuerten Fahrzeugen.
Probleme bereitete anfangs noch die radiale Einstellung der Radsätze, welche zeitweise blockiert werden mußte. Bis zur Fertigstellung des Vereinatunnels begegnet man den neun Ge 4/4 III hauptsächlich zwischen Chur und St. Moritz.
Die modernen Fahrzeuge haben die berühmten RhB-Krokodile Ge 6/6 I inzwischen praktisch arbeitslos gemacht oder in untergeordnete Dienste verdrängt.
Wegen der knappen Finanzlage bei der Rhätischen Bahn werden entgegen früheren Entscheidungen nun doch Verhandlungen für Werbelokomotiven geführt. Die fensterlosen Seitenflächen eignen sich aber auch zum Anbringen von B12-Plakaten, damit sind auch kürzere und günstigere Werbeeinsätze auf dem RhB-Stammnetz möglich.
In eigener Sache wirbt die Ge 4/4 III 641 – nämlich mit buntem Edelweiß und Schweizerflagge für den „Heidiland-Bernina-Express“ der Rhätischen Bahn.

Auch harten Wintereinsätzen müssen die Ge 4/4 III trotzen können!

LOKNAMEN

641 Maienfeld
642 Breil/Brigels
643 Vals
644 Savognin
645 Tujetsch
646 Sta.Maria/Val Müstair
647 Grüsch
648 Susch
649 Lavin

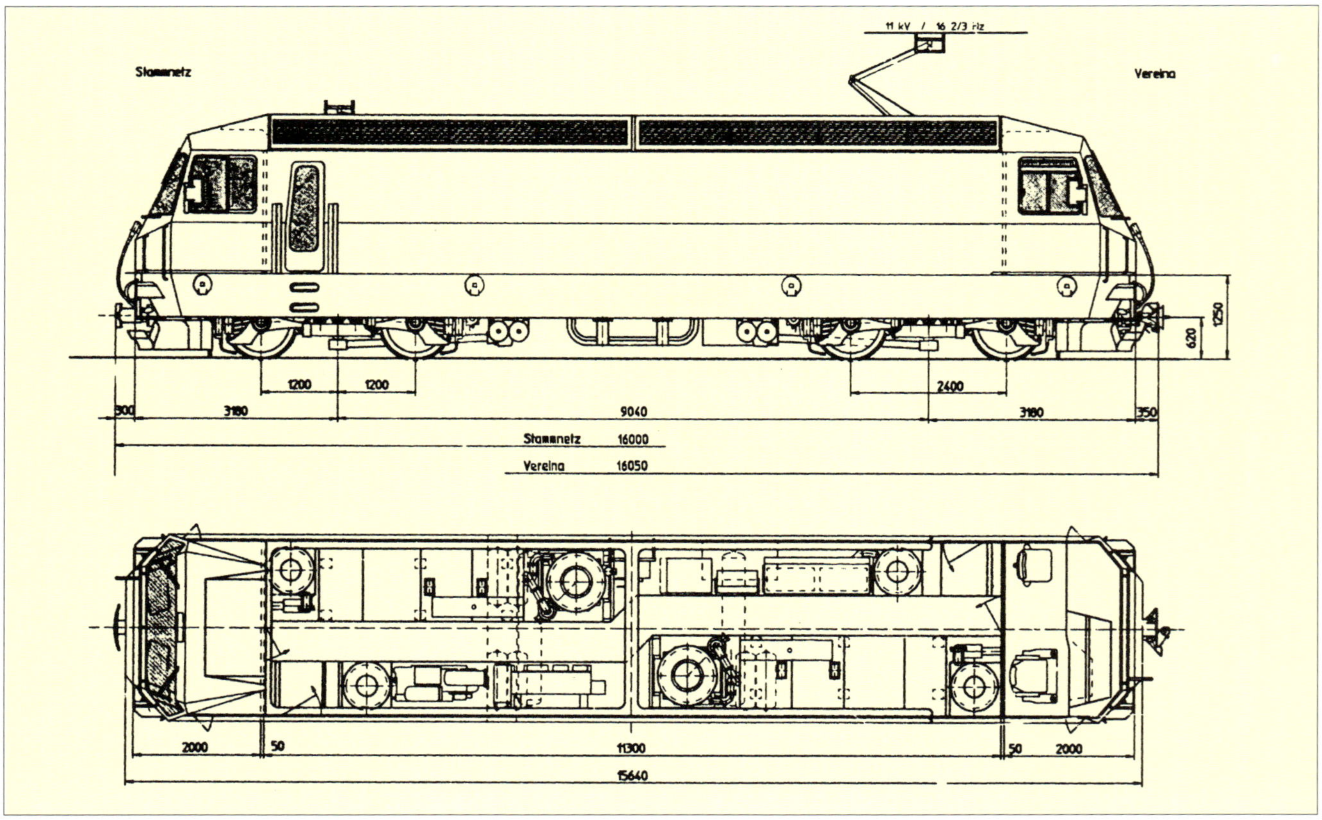

REDAKTION: LUKAS HALDEMANN; FOTO: ARTHUR KELLER; TYPENBILD: RHÄTISCHE BAHN

Im Bahnhof von Filisur steht einsatzbereit der Rangiertraktor Te 2/2 71

Baureihe Te 2/2 (71 - 73)

Elektrisch betriebene Rangiertraktoren der Baureihe Te (das „T" steht für Traktor, das „e" für elektrisch) sind bei den Schmalspurbahnen eher selten, denn die wenigsten Anschluß- und Industriegleise sind mit einer Fahrleitung überspannt. Diese Bauart besteht denn auch nur in einer kleinen Familie von sechs Fahrzeugen, drei davon (Betriebsnummern 71 – 73) besitzt die Rhätische Bahn, ein Traktor mit der Nummer 4926 gehört der Furka-Oberalp-Bahn und ist in Brig stationiert. Die restlichen zwei Te 2/2 verrichten bei der schmalspurigen SBB-Brüniglinie ihren Dienst.

Konstruktion

Design: Die altertümliche Form mit dem gebogenen Dach und dem wuchtigen Scherenstromabnehmer läßt den Schluß zu, daß der Te 2/2 schon etwas in die Jahre gekommen ist. An das Zeitalter der ersten Elektrolokomotiven erinnern die beiden wuchtigen Lampen und das Stirnlicht. Die zwei überdachten Plattformen sind ebenso ungewöhnlich wie die ganzen Proportionen des Fahrzeuges. Die altmodische oxydrote Lackierung wurde in den achtziger Jahren durch eine verkehrsorange Farbe mit auffälliger Beschriftung ersetzt.

Mechanik: Im Jahre 1945 bestellte die RhB bei den Fabriken SLM-Winterthur und SAAS (Ateliers de Sécheron SA, Genf) drei Traktoren des Typs Te 2/2, die bereits im Herbst 1946 in Betrieb gesetzt werden konnten. Der markante Stangenantrieb ist notwendig, damit mit nur einem Antriebsmotor zwei Radsätze angetrieben werden können. Der Te 2/2 erbringt eine Stundenleistung von 230 kW bei 21,4 km/h. Neben der Handspindelbremse steht eine sogenannte Wurfhebelbremse zur Verfügung. Die Traktoren entsprechen im mechanischen Teil weitgehend denjenigen der Brünigbahn (SBB), das Treibrad weist allerdings einen etwas größeren Durchmesser auf (1070 zu 900 mm). Vergleicht man die elektrischen Traktoren mit den dieselgetriebenen Fahrzeugen, so sind die unter der Fahrleitung verkehrenden Maschinen in der Regel doch leistungsfähiger.

Führerraum: Der Te 2/2 weist einen geschlossenen, heizbaren Führerstand auf und wird stehend bedient. Auf der großen gedeckten Plattform hinter dem Führerstand können Güterladungen bis zu 2000 kg Gewicht befördert werden.

Elektrische Ausrüstung: Viele Stromversorgungsteile wie Isolatoren, Erdungstrennmesser und Hochspannungssicherung sind auf dem Dach untergebracht. Der Trafo ist unterflur montiert. Die sechs Fahrzeuge der RhB, FO und SBB unterscheiden sich hauptsächlich durch die geringere Spannung von 11 000 Volt (RhB) bzw. 11 500 Volt (FO) und 15 000 Volt (SBB). Das Bordnetz des Te 2/2 wird mit 18 Volt gespeist. Interessantes Detail: der Te 2/2 73 ist zum Vorheizen eingerichtet.

Betriebseinsatz

Die drei Te 2/2 der Rhätischen Bahn sind zur Zeit auf dem Stammnetz den Bahnhöfen Davos-Platz, Filisur und Grüsch zugeteilt. Die Bedienung ist dem Wärterpersonal dieser Stationen überbunden.

TECHNISCHE DATEN

Baureihenbezeichnung	Te 2/2
Indienststellung	1946
Hersteller	SLM, SAAS
Betriebsnummern	71 – 73
Anzahl 1996	3
Höchstgeschwindigkeit	55 km/h
Gewicht	13 t
Länge über Puffer	6050 mm
Höhe	3960 mm
Kastenbreite	2700 mm
Radstand	2600 mm
Netzspannung	11 kV/16,7 Hz
Stundenleistung bei 21,4 km/h	230 kW
Anzahl Fahrmotoren	1 Elektromotor
Fahrmotoren Typ	M6 - 406
Anfahrzugkraft	28,4 kN
Stundenzugkraft	15,2 kN

REDAKTION: RONALD GOHL; FOTO: RONALD GOHL

Die zwei robust gebauten Elektrotraktoren Te 2/2 74 und 75 haben sich nicht so gut bewährt

Baureihe Te 2/2 (74 - 75)

Mit 315 PS Leistung ist der Bahndiensttraktor Te 2/2 fast eine Lokomotive. Bei einer Stundenzugkraft von 37 kN erbringt der robuste Elektrotraktor ungefähr die gleiche Leistung wie eine Ge 2/4. Der Auftrag für den Bau dieser zwei Bahndiensttraktoren ging an die bekannte deutsche Firma Siemens in Erlangen. Als erste RhB-Fahrzeuge verfügten die Te 2/2 74 – 75 über eine Thyristorsteuerung. Die Geschwindigkeit wird anstelle eines Schaltwerkes mit vielen mechanischen Teilen mittels völlig stufenlos verstellbarer elektrischer Ventile, sogenannten Thyristoren, reguliert. Thyristoren arbeiten ohne das für ältere Elloks typische Schaltgeräusch.

Konstruktion

Design: Es gab einige Spötter, die dem gelben Te 2/2 den Übernamen „Panzerwagen" verliehen. Die sehr robust gebaute Maschine mit ihren kantigen und bulligen Formen erinnert tatsächlich etwas an ein gepanzertes Fahrzeug. Der Kasten über dem weit ausladenden Dach dient zur Aufnahme der Bremswiderstände. Der Siemens-Halbscherenstromabnehmer wurde auch bei vielen anderen RhB-Fahrzeugen verwendet. Auf der kleinen Plattform montierte man in den Jahren 1986/87 einen schwenkbarer Baukran. Die gelb-schwarz gestreiften Stoßbalken erinnern an die dem Bahndiensttraktor zugeteilte Aufgabe.

Mechanik: Siemens, Generalunternehmer und Lieferant der elektrischen Ausrüstung, ließ den mechanischen Teil der Te 2/2 74-75 bei der Gewerkschaft Schalker Eisenhütte in Gelsenkirchen herstellen. Das Unternehmen im Ruhrgebiet baut hauptsächlich Bergwerklokomotiven; entsprechend „vollwandig" und robust kamen die Traktoren zur Ausführung. Ein Tatzlagermotor überträgt die Leistung auf eine Achse. Die Radsätze sind aber über zwei Gelenkketten miteinander verbunden. Weil man die Traktoren vor allem im Gleisbau einsetzt, gibt es keine exponierten Kuppelstangen. Antriebsmotor, Kettenantrieb und der 5,5 Tonnen schwere Transformator sind in dem ebenfalls „gepanzerten" Untergestell verankert.

Führerraum: Ein Blick in den Führerraum zeigt, daß der Te 2/2 sowohl links wie auch rechts bedient werden kann. Möglichst einfach gestalteten die Hersteller alle Bedienungsorgane. Fahrtrichtungswahl, Sicherheitseinrichtung, Sander und Pfeife können mittels Drucktasten eingesetzt werden.

Elektrische Ausrüstung: Die Thyristor-Pionierfahrzeuge werden über einen relativ einfachen, einstufigen Gleichrichter bedient. Dieser ist an eine Wechselspannung von 1400 Volt angeschlossen und funktioniert als halbgesteuerte Brückenschaltung. Sowohl Fahren wie auch elektrisches Bremsen ist stufenlos regulierbar – für die Lokführer des Jahres 1967 ein völlig neues Fahrgefühl!

Betriebseinsatz

Die beiden Te 2/2 74 – 75 werden von den Bahnmeistern in Landquart und Thusis eingesetzt. Den Baudiensttraktoren dieser Baureihe fällt auch die anspruchsvolle Aufgabe zu, die sogenannten Selbstentlade-Schotterwagen mit sehr kleiner und fein regulierbarer Geschwindigkeit über die Strecke zu fahren. Dabei wird der Schotter fein dosiert verteilt. Die stufenlose Regulierung der Fahrgeschwindigkeit dürfte bei diesem Einsatz ein wichtiger Vorteil sein. Auch bei der Schneeräumung oder bei Strecken-Frühkontrollen finden die Elektrotraktoren Verwendung. Die Te 2/2 74 – 75 besitzen die für die Einmann-Bedienung notwendigen Einrichtungen.
Die Verantwortlichen der Hauptwerkstätte Landquart sind wegen der häufigen Pannen mit diesen Fahrzeugen nicht mehr so ganz zufrieden, Ersatz soll bald einmal bestellt werden.

TECHNISCHE DATEN

Baureihenbezeichnung	Te 2/2
Indienststellung/Umbau	1969 (86-87)
Hersteller	SCHA, SE, RhB
Betriebsnummern	74-75
Anzahl 1996	2
Höchstgeschwindigkeit	50 km/h
Gewicht	25 t
Länge über Puffer	6720 mm
Höhe	3850 mm
Kastenbreite	2700 mm
Radstand	2900 mm
Netzspannung	11 kV/16, 7 Hz
Stundenleistung bei 21,4 km/h	230 kW
Anzahl Fahrmotoren	1 Elektromotor
Fahrmotor Typ	JB 2514
Anfahrzugkraft	46 kN
Stundenzugkraft	37 kN

REDAKTION: RONALD GOHL; FOTO: RONALD GOHL

Vom De 2/2 gibt es nur ein einziges Fahrzeug mit der Betriebsnummer 151

Baureihe De 2/2

Die damalige Berninabahn beschaffte im Jahre 1909 für die Führung der Güterzüge auf der Talstrecke Poschiavo – Tirano diesen zweiachsigen Gepäcktriebwagen, welcher mit der gleichen elektrischen Ausrüstung wie die Triebwagen BCe 4/4 1 – 14, jedoch nur halber Leistung, ausgestattet war. Das mehrmals umgebaute und abgeänderte Fahrzeug ist ein Einzelexemplar und erscheint in seiner neuesten, verkehrsorangefarbenen Ausführung, wenigstens von Außen, fast wie ein neues Triebfahrzeug.

Konstruktion

Design: Der Triebwagen hat das Aussehen eines zweiachsigen Gepäckwagens. In der Mitte jeder Seite befindet sich ein Gepäckschiebetor. An den Stirnwänden fallen die drei gleich großen Fenster auf. Auf dem Dach ist neben den Bremswiderständen ein Siemens Halbscherenstromabnehmer plaziert. Sein Anstrich ist wie bei den Dienst- und Rangierfahrzeugen in orange gehalten.

Mechanik: Das Untergestell mit dem Laufwerk entspricht der damals üblichen Güterwagenbauweise. An beiden Enden befinden sich die zwei gegen den Gepäckraum offenen Führerstände. Der Holzkasten war ursprünglich wie bei den Güterwagen der *Serie K* ganz aus Holz, unverblecht und mit Vertikalbrettern versehen. In der Mitte befindet sich beidseitig je ein Schiebetor von 1,5 m Breite.
Ursprünglich war der Triebwagen mit einem, in der Mitte des Daches plazierten Lyrabügel versehen. Anläßlich der Revision im Jahre 1942 ist der Wagenkasten erneuert worden, wobei an Stelle der früher vertikal angeordneten Kastenbretter, solche in horizontaler Richtung zum Einbau gelangten. Nach Übernahme durch die RhB erhielt er zunächst im Jahre 1947 einen von einer 1'B1'-Lok stammenden Pantographen Typ BBC 5 und den grünen Anstrich. Urspünglich muß der Gepäcktriebwagen einmal grau, später gelb gewesen sein. Im Jahre 1961 erfolgte im Depot Poschiavo ein größerer Umbau des Fe 2/2 51. Der Wagenkasten wurde abermals erneuert. An Stelle der Holzschiebetore kamen solche aus Aluminiumblech. Zur besseren Abdichtung der Führerstände verzichtete man auf die Stirnwandtüren. Im Jahre 1980 ist der hölzerne Wagenkasten zum Schutz gegen die Witterung, mit Blech eingekleidet worden.

Führerraum: An jedem Ende befindet sich ein Führerstand, welcher gegen den Gepäckraum offen ist. Das Bedienungspult ist sehr einfach ausgestattet und kann nur stehend bedient werden.

Elektrische Ausrüstung: Genau wie bei den damals von der Berninabahn beschafften Personentriebwagen, ist auch beim De 2/2 die elektrische Ausrüstung sehr einfach und größtenteils unter dem Wagenboden plaziert. Die beiden Antriebsmotoren waren gleicher Bauart und Leistung wie jene der Personentriebwagen. Auch waren ursprünglich die Einrichtungen für Fahrt in Doppeltraktion mit einem Personentriebwagen vorhanden (Ampèreanzeige und Sonnerie).
Anläßlich der Revision von 1961 wurde die gesamte elektrische Ausrüstung erneuert und die Motorlager durch Walzlager ersetzt. Die Anfahr- und Bremswiderstände sind auf das Dach versetzt worden.

Betriebseinsatz

Seit seiner Ablieferung war der Triebwagen immer in Poschiavo stationiert. In den ersten Jahren führte er hauptsächlich Güterzüge, wozu sein Gepäckraum als Stückgutwagen mitbenutzt wurde.
Nach Aufnahme des durchgehenden Betriebes auf der Berninalinie ist er verschiedentlich auch zu Vorspannleistungen herangezogen worden. Später ist er zusammen mit den Ge 2/2 in Poschiavo und Campocologno im Rangierdienst eingesetzt worden. Während des Sommers wird er auch in Ospizio Bernina als Rangierfahrzeug eingesetzt.

TECHNISCHE DATEN

Baureihenbezeichnung	De 2/2
Indienststellung/Umbau	1909 (62)
Hersteller	SIG, EAM
Betriebsnummer	151
Anzahl 1996	1
Höchstgeschwindigkeit	45 km/h
Gewicht	13 t
Länge über Puffer	715 mm
Höhe	3770 mm
Kastenbreite	2500 mm
Radstand	3500 mm
Netzspannung	1000 V=
Stundenleistung bei 26 km/h	154 kW
Anzahl Fahrmotoren	2 Elektromotoren
Fahrmotoren Typ	GTM 65
Anfahrzugkraft	24,5 kN
Stundenzugkraft	20 kN

REDAKTION: GIAN BRÜNGGER; FOTO: RONALD GOHL

Gut zu erkennen: Halbscherenstromabnehmer und Auspufftopf auf dem Dach der Gem 2/4

Baureihe Gem 2/4

Im Jahre 1943 entstand aus der braunen Ge 2/4 Nr. 202 eine völlig neue Maschine mit der Bezeichnung Gea 2/4 Nr. 211. Die 1913 beschaffte elektrische Streckenlokomotive der ersten Generation wurde damit in eine Rangiermaschine mit neuem Mittelführerstand umgewandelt. Für die Überbrückung von nicht mit Fahrleitung ausgerüsteten Gleisabschnitten und für die Überfahrt ins Churer Bahnhofsareal der Arosa-Linie, das mit 2400 Volt überspannt ist, erhielt die Lokomotive zunächst eine Akkumulatoren-Batterie. Diese war aber sehr unterhaltsintensiv und nach elf Betriebsjahren hätte bereits die dritte Batterie ersetzt werden sollen; deshalb beschlossen die Verantwortlichen der Rhätischen Bahn, die Lokomotive anläßlich der Revision erneut umzubauen und anstelle der Traktionsbatterie einen Deutz-Dieselmotor mit Generator zu installieren. Die Gea 2/4 verwandelte sich dadurch in eine Gem 2/4.

Konstruktion

Design: Die Gem 2/4 ist eine typische Rangierlokomotive mit ungleich langen Vorbauten und Zentralführerstand. Auffällig ist der modern wirkende Siemens-Halbscherenstromabnehmer und der gefällige orange Anstrich mit schwarz/gelb markierten Stoßbalken.

Mechanik: Die Lokomotive wurde bis auf den Rahmen abgebrochen. Mit Ausnahme des langen Vorbaus sind beim zweiten Umbau das Führerhaus und der kurze Vorbau neu konstruiert worden, weil der Einbau der Diesel-Generator-Gruppe samt Druckluftstartvorrichtung und Brennstofftank, die Änderung der Steuerung, die Neuverkabelung der Apparate, eine Neueinteilung der Maschinen- und Apparateräume nötig machte. Um den bei 2000 Umdrehungen in der Minute vom Dieselmotor erzeugten Lärm auf ein Minimum zu reduzieren, mußte eine sehr aufwendige Schallisolation angebracht werden.
Der mechanische Teil der Lokomotiven entspricht weitgehend demjenigen der Baureihe Ge 2/4 212. Der Umbau im Jahre 1967 umfaßte folgende Teile: Ersatz der Traktionsbatterie durch eine Diesel-Generator-Gruppe, Einbau der nötigen Dieselsteuerung und Überwachung, Einbau der Sécheron-Hüpfersteuerung, Neugestaltung der gesamten Führerstandausrüstung, Modernisierung des mechanischen Teils, Kuppelstangen mit Tokatbronce-Büchsen, versuchsweiser Einbau von Kunststoffbremsklötzen. Den 12-Zylinder Deutz-Dieselmotor mit angeflanschtem Generator brachte man im kurzen Vorbau unter, wo auch der Vorrattank und die Pressluftflaschen zum Anlassen des Motors installiert wurden. Im großen Vorbau befinden sich die Wechselstromapparate.

Führerraum: Beim zweiten Umbau konnte kein größeres Führerhaus als es die ehemalige Gea 2/4 besaß, erstellt werden. Die Instrumente und Bedienungshebel wurden jedoch modernisiert. Neu ist nur noch in Fahrrichtung links eine Türe zu finden. Die Bedieungsapparaturen für Fahren und Bremsen sind auf beiden Seiten angeordnet.

Elektrische Ausrüstung: Diese entspricht weitgehend derjenigen der ebenfalls erneuerten Ge 2/4 212. Das Bordnetz wird mit 36 Volt Gleichspannung versorgt.

Betriebseinsatz

Von 1967 bis 1995 war die Gem 2/4 211 dem Rangierdienst 4 im Bahnhof Chur zugeteilt und bediente neben dem Nordkopf des Bahnhofes auch die Gleise beim Güterschuppen und diejenigen der Chur-Arosa-Linie.
Weil der Rangierdienst in Chur sehr hart ist und mit dem zunehmenden Alter der Lok die Störungsanfälligkeit zugenommen hat, wurde sie nach einem Schaden am Elektromotor im Jahre 1995 nach Landquart versetzt, wo sie seither im Rangierdienst am Personenbahnhof und für die Bedienung von Anschlußgleisen eingesetzt wird.

TECHNISCHE DATEN

Baureihenbezeichnung	Gem 2/4
Indienststellung/Umbau	1913 (43/67)
Hersteller	SLM, BBC, RhB
Betriebsnummer	211
Anzahl 1996	1
Höchstgeschwindigkeit	55 km/h
Gewicht	34 t
Länge über Puffer	8700 mm
Höhe	3810 mm
Kastenbreite	2700
Radstand	5800 mm
Netzspannung	11 kV/16,7 Hz
Stundenleistung (elektr.)	230 kW
Anzahl Fahrmotoren	1 Elektromotor 1 Dieselmotor
Fahrmotoren Typ (elektr.)	ELM 424
Fahrmotor Typ (Diesel)	Deutz A12L-714
Anfahrzugkraft	31,4 kN
Stundenzugkraft (elektr.)	26,2 kN

REDAKTION: GIAN BRÜNGGER; FOTO: RONALD GOHL

In der Depotwerkstätte von Pontresina sind die beiden bullig wirkenden Zweikraftloks Gem 4/4 801 – 802 stationiert

Baureihe Gem 4/4

Erste Studien zur Anschaffung von drei Zweikraftlokomotiven gehen auf das Jahr 1962 zurück. Die neuen Maschinen sollten als Ersatz für die Dampflokomotiven G 3/4 11 und 14, G 4/5 107 – 108, den Triebwagen ABe 4/4 33 (Brand bei Alp Grüm am 8. Mai 1962) sowie die Dampfschneeschleudern Xrotd 9213 und 9214 dienen. Nach interner Preisberechnung wäre eine Lokomotive auf eine Million Franken zu stehen gekommen. Die bei der Fahrzeugindustrie eingeholten Offerten zeigten jedoch rasch, daß für drei Millionen Franken lediglich zwei Lokomotiven erhältlich waren.

Neben dem Eidgenössischen Militärdepartement (EMD), welches im Rahmen des Militäreisenbahndienstes an fahrdrahtunabhängigen Lokomotiven größerer Leistung interessiert war, schien auch bei der Furka-Oberalp-Bahn (FO) und bei der schmalspurigen Brüniglinie der SBB ein Bedarf nach einer Diesellokomotivreserve vorhanden zu sein.

Schließlich kam es dann zur Bestellung von je zwei Lokomotiven für die FO, jedoch nur als reine Dieselmaschinen und von zwei Zweikraftlokomotiven für die RhB, unter finanzieller Beteiligung der Eidgenossenschaft.

Das Pflichtenheft für die beiden Zweikraftlokomotiven sah zunächst Triebfahrzeuge vor, die sowohl als Dieselreserve, zum Schieben der neuen elektrischen Schneeschleudermaschinen für die Berninalinie, als auch zur Führung von Güterzügen und als Vorspanntriebfahrzeuge zum Einsatz kommen sollten. Die elektrische Ausrüstung würde in Anlehnung an die im Bau befindlichen Triebwagen ABe 4/4 II 41 – 46, für den Einsatz auf der Berninalinie, ausgeführt. Nach den ersten Projekten waren Lokomotiven mit Zentralführerstand und grossen Vorbauten vorgesehen. Ein weiteres Projekt sah eine der Ge 4/4 I ähnliche Lokomotivform vor. Schließlich einigte man sich zusammen mit der FO und dem Militärdepartement auf die jetzige, einheitliche Form aller vier Lokkästen. Gleichzeitig wurden auch Überlegungen angestellt, nur reine Diesellokomotiven anzuschaffen. Erheblich günstiger als eine Zweikraftlokomotive wäre aber nur eine Serienlokomotive gekommen.

FOTO: RONALD GOHL

TECHNISCHE DATEN

Baureihenbezeichnung	Gem 4/4
Indienststellung	1968
Hersteller	SLM, SWS, BBC
Betriebsnummern	801 – 802
Anzahl 1996	2
Höchstgeschwindigkeit	65 km/h
Gewicht	50 t
Länge über Puffer	13540 mm
Höhe	3820 mm
Kastenbreite	2700
Radstand	10200 mm
Netzspannung	1000 V=
Stundenleistung (elektr.)	680 kW
Anzahl Fahrmotoren	4 Elektromotoren 2 Dieselmotoren
Fahrmotoren Typ (elektr.)	EMR 475
Fahrmotor Typ (Diesel)	Cum. VT12-825BI
Anfahrzugkraft	192 kN
Stundenzugkraft	106 kN

Die Gem 4/4 802, noch mit der alten Beschriftung: aufgesetzte Buchstaben und Zahlen

Die serienmäßig hergestellten Schmalspur-Diesellokomotiven (zum Beispiel in Deutschland) wiesen entweder eine zu geringe Leistung oder einen zu hohen Achsdruck auf, und die wenigsten konnten enge Bögen von 45 Meter Radius (Bernina) befahren. Die ausländischen Serienprodukte weichen zudem bezüglich der Bauelemente (Ersatzteile) weitgehend von Schweizer Normalien ab. Besonders die hydraulische Leistungsübertragung hätte für den Betrieb und Unterhalt ein Novum bedeutet.
Trotz der notwendigen Unabhängigkeit vom Fahrdraht kann im Schwerpunkt der Schneeräumung auf der Berninalinie in rund 90 Prozent aller Einsätze mit intakter Fahrstromversorgung gerechnet werden. Der leistungsmäßig überlegene elektrische Antrieb (kurzzeitig überlastbar) sollte deshalb weitgehend eingesetzt werden können, und die teueren Spezialfahrzeuge mußten möglichst vielseitig und wirtschaftlich bleiben. Außerdem paßt der dieselelektrische Antrieb besser in die vorhandene technische Organisation als die Dieselhydraulik. Weil für die Dieselelektrik ohnehin eine Gleichstromausrüstung notwendig ist, konnten die Triebdrehgestelle samt Motoren, der neuen Bernina-Triebwagen ABe 4/4 II 41 – 46 übernommen werden. Wenn diese Gleichstromausrüstung schon eingebaut wurde, schien die Ergänzung für den wahlweisen Betrieb mit 1000 V Fahrdrahtspannung (Bernina) ein kleiner Schritt. Eine Zweikraftlokomotive (Diesel: ganzes Netz – Fahrdraht: Bernina) ist natürlich vielseitiger und

STATIONIERUNGSORTE

Depotwerkstätte Pontresina

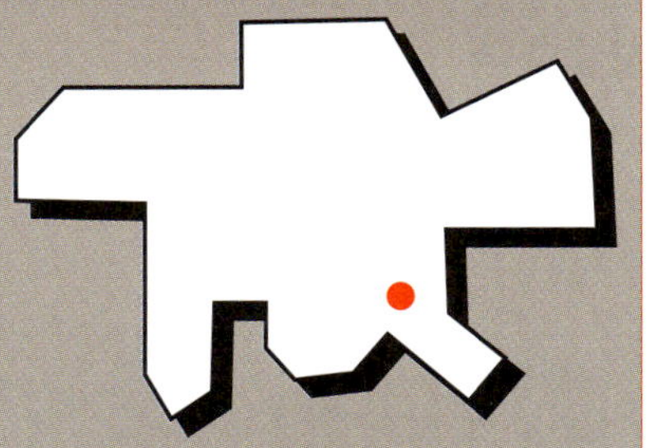

wirtschaftlicher verwendbar als eine in relativ wenigen Fällen benötigte reine Reserve-Diesellokomotive.
Die Berninalinie erhielt mit den beiden Gem 4/4 801 – 802 im Jahre 1968 zwei weitere, leistungsfähige Triebfahrzeuge, welche mit den neuen Triebwagen in Vielfachsteuerung verkehren können. Eher als Hilfsausrüstung, daher einfacher gestaltet, ist die Dieselausrüstung gedacht; es konnten also ohne Bedenken schnellaufende, leichte Dieselmotoren mit einer weniger raffinierten Steuerung gewählt werden.

Konstruktion

Design: Die Form dieser Zweikraftlokomotiven füllt das Lichtraumprofil voll aus, weshalb das Fahrzeug sehr bullig aussieht. Die seitlichen Öffnungsluken, welche als Düsenlüftungsgitter ausgebildet sind, verleihen der Lokomotive ein ganz besonderes Aussehen. Die breiten Stirnfenster gleichen denjenigen der Ge 6/6 II 703 – 707. Auffallend sind wie bei den Triebwagen 41 – 46 die großen Seitenfenster im Führerstand. Von Anfang an erhielten die Lokomotiven einen roten Anstrich, wobei die Düsengitter ursprünglich farblos waren. Auf jeder Seitenwand schmückt ein Tiersymbol (Nr. 801: Steinbock, Nr. 802: Murmeltier) die Lokomotive.

Mechanik: Die von der SLM gebauten Lokomotivkästen sind als vollständig verschweißte Stahlkonstruktion ausgebildet. Die Drehgestelle entsprechen in ihrer Bauart denjenigen der Triebwagen ABe 4/4 II 41 – 46 und wurden von der SWS in Schlieren gebaut. An den Enden befinden sich die Führerstände. Im Maschinenraum

Markant: zwei rechteckigen Frontfenstern

sind die beiden Cummins-Motoren, der Kompressor und die Vakuumpumpe, sowie ein Teil der elektrischen Steuerung untergebracht. Im Rahmen unterhalb des Maschinenraums gibt es einen für 1225 Litern Fassungsvermögen ausgestatteten Brennstofftank. Bei Vollast verbraucht die Maschine etwa 230 Liter Dieselöl. Auf dem Dach erkennt man die beiden Siemens Einholmstromabnehmer, die Auspufftöpfe der beiden Dieselmotoren und die Schaufelräder für die Lüftung der Dieselmotoren. Die Belüftung des Maschinenraums erfolgt zusätzlich über mehrere am Dach angeordnete Düsenlüftungsgitter. Das Dach hat drei Öffnungsluken, die den Ein- und Ausbau der Dieselmotoren erlauben. Für den normalen Unterhalt können die seitlichen Düsengittertore geöffnet werden, womit ein einfacher Zugang zu den Dieselmoto-

FOTOS: RONALD GOHL

ren und elektrischen Apparaten besteht.

Führerraum: Der etwas enge Arbeitsplatz des Lokführers entspricht demjenigen in den ABe 4/4 41 – 46. Die Anordnung des Steuerkontrollers und der elektrischen Instrumente ist analog wie bei den Triebwagen. Zusätzlich findet man natürlich Bedienungs- und Überwachungseinrichtungen für die Dieselmotoren. Im Gegensatz zu den Triebwagen besteht der Zugang zum Führerstand über eine Seitentüre, welche links angeordnet ist.

Elektrische Ausrüstung: Der elektrische Teil der Lokomotiven lehnt sich ebenfalls sehr stark an denjenigen der ABe 4/4 II 41 – 46 an. Die Gleichstromgeneratoren liefern praktisch dieselbe Spannung wie die Fahrleitung, so daß die bewährte Sécheron-Hüpfersteuerung der Triebwagen übernommen werden konnte. Dies erlaubte auch die Anwendung derselben Antriebsmotoren und Drehgestelle, welche untereinander austauschbar sind. Die Steuerung ist so ausgelegt, daß die beiden Zweikraftlokomotiven Gem 4/4 mit einem Triebwagen ABe 4/4 II oder ABe 4/4 III in Vielfachsteuerung verkehren können. Es spielt keine Rolle, ob der Triebwagen oder die Lok an der Spitze fährt. Ebenso können sie von den beiden elektrischen Schneeschleudermaschinen Xrot et 9218 und 9219 aus, sowohl im elektrischen als auch im Dieselbetrieb, fernbedient werden. Wie bei den Triebwagen befinden sich auch hier die Anfahr- und Bremswiderstände auf dem Dach der Lokomotive. Im Fahrdrahtbetrieb kann zusätzlich zur elektrischen Widerstandsbremse die Rekuperationsbremse angewendet werden, sofern der Wechselrichter oder ein bergwärts fahrender Zug die Spannung aufnehmen kann. Als unabhängige Bremse für Gefälle größer als 60 Promille sind in den Drehgestellen zwischen den Radsätzen Magnetschienenbremsen aufgehängt. Diese können durch den Lokführer mittels Steuerschalter am Führertisch, mit Schwenkschalter am Handbremstisch oder mittels Vakuumschieber bei Einleitung einer „Vollbremsung" betätigt werden.
Bei Fahrdrahtbetrieb können die Wagen auf der Berninalinie über die übliche Dachkupplung (Kabel) mit 1000 Volt Gleichspannung geheizt werden. Im Dieselbetrieb müssen die Wagen auf allen Strecken (auch Bernina) über die 300 V/16,7 Hz Steckkupplung, welche sich auf Boden-

Kurz nach der Station Morteratsch steigt die Trasse, und die Gem 4/4 802 überquert auf einem Viadukt den Bernina-Wasserfall

Sehr oft ist die Gem 4/4 als Vorspannlok in Vielfachsteuerung mit den ABe 4/4 II oder III unterwegs. Nach der Station Alp Grüm nimmt der Zug die erste Kehre in Richtung Poschiavo. Im Hintergrund leuchtet der 2,5 km lange und 1,5 km breite Puschlaver See

FOTOS: RONALD GOHL (2)

Auf der steilen Strecke zwischen Bernina-Lagalb und Ospizio Bernina leistet die Zweikraftlok gute Vorspanndienste

höhe befindet, versorgt werden. Über die Heizkupplung kann auch bei Dieselbetrieb die Spannung an die elektrischen Schneeschleudermaschinen Xrot et 9218 und 9219 geleitet werden. Somit ist es möglich, diese Gleichstromschneeschleudern auch auf dem übrigen Netz einzusetzen. Wird im Dieselbetrieb geschleudert oder geheizt (Wagenheizung), kann nur noch ein Dieselmotor für die Traktion benutzt werden, so daß entweder die Anhängelast verringert oder die Geschwindigkeit halbiert werden muß. Für die Vielfachsteuerung im Dieselbetrieb muß noch eine zusätzliche, gelbe Kupplung gesteckt werden. Dieselbetrieb in Vielfachsteuerung ist nur mit den beiden Zweikraftlokomotiven unter sich möglich oder in Fernsteuerung von der Schneeschleudermaschine.

Damit beim Übergang von der Berninalinie auf das Stammnetz nicht ungewollt der Stromabnehmer gehoben wird und Wechselspannung an die Triebmotoren gelangt, ist ein Systemschutz eingebaut. Beim Befahren eines Verbindungsgleises BB/StN (z.B. Pontresina) schaltet ein außerhalb der Spur montierter, permanenter Gleismagnet den Systemschutz ein. Dieser unterbricht die Ansteuerung der Stromabnehmerventile und zeigt diese Position bei eingeschaltetem Steuerstrom mit einer orangen Meldelampe (Elektroblock) an. Die Rückstellung ist mit besonderem Steuerstromschlüsselschalter auf jedem Führerstand möglich. Sie darf jedoch erst erfolgen, nachdem die Lok auf die Berninalinie zurückgekehrt ist.

Betriebseinsatz

Die beiden Zweikraftlokomotiven Gem 4/4 801 und 802 sind vorwiegend in Pontresina stationiert. Von hier aus werden sie normalerweise zusammen mit den Triebwagen ABe 4/4 II und ABe 4/4 III in Vielfachsteuerung auf der Berninalinie eingesetzt. Im Winter fahren sie vorwiegend bei Schneefall oder Schneesturm mit den Schneeschleudermaschienen Xrot et 9218 und 9219. Mit diesen Schneeschleudern können sie bei Bedarf auch auf dem übrigen Netz verkehren. Dies geschieht vor allem, wenn größere Schneefälle im ganzen Kanton auftreten und die beiden im Norden stationierten Schneeschleudern nicht mehr genügen. In diesem Fall werden die Berninaschleudern vorwiegend im Engadin und auf der Albulalinie bis Filisur eingesetzt. Auf dem Stammnetz kommen sie aber auch bei Lokmangel vor den Zug; meist vom Depot Samedan aus Richtung Scuol oder Chur. In den Jahren 1968 und 1969 führte eine der Zweikraftlokomotiven regelmäßig Schnellzüge auf der Albulalinie. Im Sommer 1969 war eine Lokomotive eine Zeit lang mit Zementzügen zwischen Bever und Scuol unterwegs. Zwischen 1973 und 1980 haben beide Lokomotiven während des Sommers täglich den Bernina-Express von Samedan bis Tirano und zurück befördert. In Pontresina fuhr der Zug jeweils von Gleis 1 direkt Richtung Bernina. Weil das Anlassen und Abstellen der Dieselmotoren nicht über die Fernsteuerung möglich ist, mußte bis zum nächsten Halt in Bernina Diavolezza mit Diesel gefahren werden.

Aber auch zur Führung von Schwertransporten, welche bei ausgeschalteter Fahrleitung durchgeführt werden, sind die Gem 4/4 immer wieder im Einsatz.

Die bald dreißigjährigen Lokomotiven dieser Baureihe gelten als Diesellokomotiven schon bald als Oldtimer und müssen nächstens einer größeren Erneuerung unterzogen werden.

REDAKTION: GIAN BRÜNGGER; FOTO: RONALD GOHL

Die Bernina-Triebwagen 35. Im Gegensatz zu den Nr. 30 – 34 wurden die Nr. 35 – 37 nie auf Zweispannungsbetrieb umgebaut

Baureihe ABe 4/4 I (BB)

Bei der Fusion der Berninabahn mit der Rhätischen Bahn im Jahre 1943 waren insgesamt 17 elektrische Triebwagen vorhanden. 14 BCe 4/4 Nr. 1 – 12 und 14 –15 (Baujahre 1908 – 1909) und 3 BCFe 4/4 Nr. 21 – 23 (Baujahr 1911). Die gut 30jährigen Triebwagen waren mechanisch noch in einwandfreiem Zustand, elektrisch aber für die immer schwerer werdenden Züge und die steilen Rampen von 70 Promille viel zu schwach. Hinzu kam, daß auf der Linie Chur – Arosa die Stromversorgung schlecht war und die bestehenden Triebwagen deshalb nur unwirtschaftlich eingesetzt werden konnten. Um rasch Abhilfe zu schaffen, wurde beschlossen, zunächst vier Berninatriebwagen in Zweispannungsfahrzeuge für Gleichstrom 2400 V (Chur – Arosa) und 1000 V (Bernina) auszurüsten. Im Jahre 1953 ist dann noch ein fünfter Zweispannungstriebwagen umgebaut worden. Ein gemeinsamer Einsatz von Triebwagen auf beiden Linien war schon deshalb interessant, weil auf der Chur-Arosa Linie vorwiegend im Winter Hochbetrieb und auf der Berninalinie im Sommer herrscht.

Konstruktion

Design: Die Triebwagen haben eine für damalige Überlandstraßenbahnen typisch schmale Form. Die Einstiegplattform dient gleichzeitig auch als Führerstand. Mit den heruntergezogenen Schürzen wirken diese Triebwagen sehr hochbeinig.
Trotz ihres hohen Alters erwecken sie dank der nahtlos verschweißten Kastenbleche, der abgerundeten

FOTO: RONALD GOHL

TECHNISCHE DATEN

Baureihenbezeichnung	ABe 4/4 I	ABe 4/4 I	ABe 4/4 I
Indienststellung/Umbau	1911 (53)	1908 – 09 (46 – 47)	1908 – 09 (49 – 51)
Hersteller	SIG, SAAS, RhB	SIG, SAAS,RhB	SIG, SAAS, RhB
Betriebsnummern	30	31 – 32, 34	35 – 37
Anzahl 1996	1	3	3
Höchstgeschwindigkeit	55 km/h	55 km/h	55 km/h
Gewicht	32 t	30 t	30 t
Länge über Puffer	14660 mm	13930 mm	13930 mm
Höhe	3840 mm	3840 mm	3840 mm
Kastenbreite	2500 mm	2500 mm	2500 mm
Radstand	10750 mm	10000 mm	10000 mm
Netzspannung	1000/2400 V=	1000/2400 V=	1000 V=
Stundenleistung bei 25 km/h	395 kW	395 kW	440 kW (bei 28 km/h)
Anzahl Fahrmotoren	4 Elektromotoren	4 Elektromotoren	4 Elektromotoren
Fahrmotoren Typ	T 405	T 405	T 405 b
Anfahrzugkraft	76 kN	76 kN	73 kN
Stundenzugkraft	55 kN	55 kN	56 kN

Der ABe 4/4 I, hier bei Morteratsch fotografiert, kann auch auf der Arosalinie verkehren

Fenster und des roten Anstrichs noch einen zeitgemäßen Eindruck.

Mechanik: Die Wagenkästen für diese Triebwagen lieferte die Schweizerische Industriegesellschaft SIG in Neuhausen am Rheinfall. Im Aufbau entsprechen sie dem damals üblichen Wagenbau mit Holzgerippe und Blechverkleidung. Ähnliche Triebwagen besaßen auch die MOB, AOM, GFM und BTB. Auf einem starken Eisenrahmen, welcher auf zwei in Eisen geschmiedeten Drehgestellen ruht, ist der Wagenkasten aufgesetzt. Die Einstiegsplattformen befinden sich auf dem Führerstand. Von hier aus gelangt man über eine Schiebetüre in die Fahrgasträume. Zwischen den beiden Abteilen der ersten und zweiten Klasse befinden sich die Toilette und der Apparateraum, welcher bei den Zweispannungstriebwagen größer ist als bei den Triebwagen ABe 4/4 I Nr. 35-37. Die breiten, rahmenlosen, herunterlaßbaren Fenster verleihen dem Fahrgast eine herrliche Aussicht auf die Strecke. Zwei Torpedolüfter ermöglichen auch bei geschlossenen Fenstern eine genügende Entlüftung der Fahrgasträume. Die Sitzplätze in zweiter Klasse sind heute noch aus Holz ohne Polsterung. In der ersten Klasse ist ein zeitgemäßer Stoffüberzug mit weicher Federung vorhanden. Die Drehgestelle tragen die Zug- und Stoßvorrichtung und sind zudem mit dem Schneepflug ausgerüstet. Der Wagenkasten stützt sich über Wiegebalken, welche mittels längsgestellten Blattfedern mit dem Drehgestellrahmen verbunden sind, ab. Die Abfederung der Achsen erfolgt über die auf den einteiligen Achskisten abgestützten Blattfedern. Als Bremse dient eine auf alle Achsen wirkende Klotzbremse. Für das Befahren von Gefällen über 60 Promille ist eine vom übrigen Bremsgestänge unabhängige Magnetschienenbremse vorgeschrieben.

STATIONIERUNGSORTE

Depots Chur-Sand (Winter), Pontresina und Poschiavo

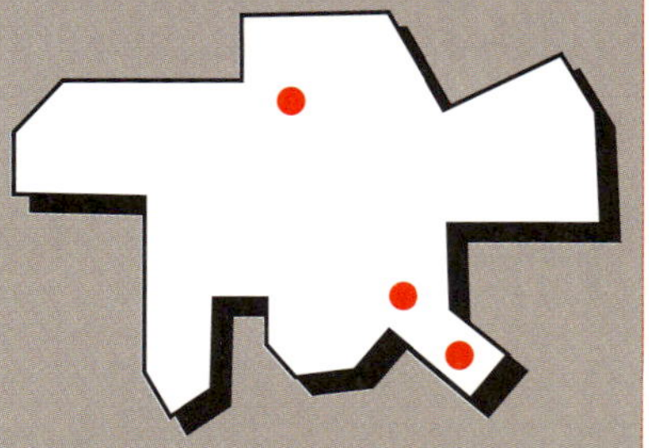

Führerraum: An beiden Enden befindet sich je ein Führerstand mit Einstiegsplattform. In der Mitte der Stirn-

Der ABe 4/4 I Nr. 32 gehört zu den Triebwagen, die auf der Strecke Chur – Arosa fahren können

FOTOS: RHÄTISCHE BAHN

wand ermöglicht eine Türe den Übergang vom Triebwagen zu den Wagen oder auf einen weiteren Triebwagen. Beidseitig sind große Fenster angeordnet, die dem Führer einen guten Blick auf die Strecke erlauben. Der Führerstand ist gegenüber der Plattform offen und nur für stehende Bedienung eingerichtet. Fahr- und Bremskontroller sowie Druckluft- und Vakuumbremse sind so angeordnet, daß der Führer sich während der Fahrt in der Mitte vor der Durchgangstüre aufhält.

Elektrische Ausrüstung: Die ursprüngliche von Alioth in Münchenstein gelieferte elektrische Ausrüstung wurde anläßlich des Umbaus bis auf die Vakuumpumpen ersetzt. Die SA des Ateliers de Sécheron (SAAS) in Genf (heute ABB) lieferte die neuen Motoren und die elektrische Ausrüstung für alle Triebwagen.
ABe 4/4 I Nr. 30 – 34: Die Anpassung der Triebwagen an die beiden Gleichstromspannungen von 1000 und 2400 Volt ließ sich auf günstige Art bewerkstelligen. Die Renovation der Triebwagen und die Montage der elektrischen Ausrüstung führte die Hauptwerkstätte in Landquart aus. Für die Unterbringung der Hüpferbatterie, des Hauptschalters und der übrigen Apparate befindet sich in Wagenmitte beim WC ein Apparateraum. Die Apparatur im Hauptstromkreis besteht aus einem Stromabnehmer mit elektrompneumatischer Betätigung, einem Hauptschalter, einer Batterie, Gruppier-, Anfahr- und Bremshüpfer und aus vier Schaltapparaten für stromlose Umschaltung, nämlich einem Wendeschalter und einem Bremsumschalter, beide mit elektropneumatischer Betätigung sowie einem Netzumschalter und einem Motortrennschalter für Handbetätigung. Die eigenventilierten Tatzlagermotoren haben einen einseitigen Antrieb durch gefederte Zahnräder mit schräger Verzahnung. Die Motoren der Kompressor- und Vakuumpumpengruppen, die Wagenbeleuchtung und die elektromagnetischen Schienenbremsen sind der Bernina-Spannung von 1000 Volt angepaßt

Ziemlich „hochbeinig" wirkt die Baureihe ABe 4/4 I mit insgesamt sieben Fahrzeugen

worden; die Spannung für die Beleuchtung der Wagen der Chur-Arosa- Linie beträgt 300 Volt und wird durch eine Umformgergruppe von 2400/1000/300 Volt erzeugt.
ABe 4/4 I Nr. 35 – 37: Weil für die Chur-Arosa-Linie genügend Triebwagen vorhanden waren, erhielten diese Fahrzeuge nur eine elektrische Einrichtung für 1000 Volt. Anstelle der SAAS-Hüpfer gelangten MFO-Vielstufenkontroller zum Einbau. Die neuen Anfahr- und Bremswiderstände wurden ebenfalls auf dem Dach angeordnet. Die gegenüber den Triebwagen Nr. 30 – 34 geringere Anzahl erlaubte es, von den ursprünglich zwei Lyrabügeln einen zu belassen und den anderen durch einen Pantographen zu ersetzen. Heute ist anstelle des Lyrabügels ein Einholmstromabnehmer getreten.
Auch die Modernisierung dieser Triebwagen erfolgte in der Hauptwerksätte Landquart. Für die Einrichtung des Apparateraumes genügte bei den TW 31 – 34 der Vorraum des WCs, dessen Fenster durch eine Jalousie ersetzt wurde.

Betriebseinsatz

Seit dem Umbau bis zur Ablieferung der neuen ABe 4/4 III waren die Triebwagen mit den Nummer 30...37 am Bernina praktisch täglich im Einsatz. Während des Winters überführte man je nach Bedarf Zweispannungstriebwagen nach Chur. Der ABe 4/4 I Nr. 33 brannte 1962 in Alp Grüm aus

Der ABe 4/4 I Nr. 34 durchfährt den berühmten Kreiskehrviadukt von Brusio, eine der wichtigsten Bahnattraktionen im Kanton

FOTOS: RONALD GOHL (MITTE), RHÄTISCHE BAHN (UNTEN)

und wurde abgebrochen. Nach der Beschaffung der ABe 4/4 III stationierte die Rhätische Bahn ihre ABe 4/4 I Nr. 30...34 im Winter meist in Chur-Sand und während des Sommers in Pontresina und Poschiavo. Zur Zeit werden die TW I für Bauzüge, welche im Rahmen der Umelektrifizierung der Chur-Arosa-Linie von 2400 V Gleichspannung auf 11 000 V/16,7 Hz Einphasenwechselspannung notwendig sind, eingesetzt. Während der Wintersaison waren die Triebwagen meist den Wochenend-Entlastungszügen nach Arosa vorgespannt. Die ABe 4/4 I Nr. 35–37 befinden sich in Poschiavo (35) und Pontresina (36 – 37), wo sie vorwiegend Bauzüge ziehen.

Auch die beiden Diensttriebwagen Xe 4/4 9920 und 9921 (inzwischen abgebrochen) entstanden aus den alten BCe 4/4 Nr. 6 und 9. Nach dem Absturz des TW I Nr. 9 bei Alp Grüm entstand 1952 aus den Überresten des Fahrzeuges dieser Diensttriebwagen – eine mobile Werkstätte für das Depot Pontresina. Bis in die neunziger Jahre verkehrte auf der Berninalinie noch der Gepäcktriebwagen ABDe 4/4 I Nr. 38, den man 1992 in den Diensttriebwagen Xe 4/4 9922 umbaute, und der seither in Poschiavo stationiert ist.

LEBENSLÄUFE DER ERSTEN BERNINA-TRIEBWAGEN

Baureihe	BB-Nr.	RhB-Nr.	Bemerkungen
BCe 4/4	1	31	1947 als Zweispannungstriebwagen (1000/2400 V=) umgebaut
BCe 4/4	2	32	1947 als Zweispannungstriebwagen (1000/2400 V=) umgebaut
BCe 4/4	3	3	1969 ausrangiert
BCe 4/4	4	34	1947 als Zweispannungstriebwagen (1000/2400 V=) umgebaut
BCe 4/4	5	33	1947 als Zweispannungstriebwagen (1000/2400 V=) umgebaut, 1962 bei Alp Grüm ausgebrannt und abgebrochen
BCe 4/4	6	6	1960 als Xe 4/4 9921 umgebaut, 1969 ausrangiert und 1973 abgebrochen
BCe 4/4	7	7	1965 ausrangiert, 1972 abgebrochen
BCe 4/4	8	8	1965 ausrangiert, 1967 abgebrochen
BCe 4/4	9	9	1952 bei Alp Grüm abgestürzt und 1953 als Xe 4/4 9920 wieder aufgebaut
BCe 4/4	10	35	1948 umgebaut, wird heute meist vor Bauzügen auf der Berninalinie eingesetzt
BCe 4/4	11	11	1976 ausrangiert
BCe 4/4	12	37	1951 umgebaut, wird heute meist vor Bauzügen auf der Berninalinie eingesetzt
BCe 4/4	13	15	bereits 1921 von der Berninabahn als Nr. 15 umgezeichnet, 1969 ausrangiert
BCe 4/4	14	36	1950 umgebaut, wird heute meist vor Bauzügen auf der Berninalinie eingesetzt
BCFe 4/4	21	38	1992 in Xe 4/4 9922 umgebaut
BCFe 4/4	22	30	1953 Ausbau des Gepäckraums und als Zweispannungstriebwagen (1000/2400 V=) umgebaut
BCFe 4/4	23	23	1956 Ausbau des Gepäckraums, 1969 ausrangiert, 1971 abgebrochen

Für einen „Show“-Einsatz mit der Bernina-Dampfschneeschleuder bereitet der ABe 4/4 Nr. 32 mit einem Schneepflug das „Terrain“ vor

REDAKTION: GIAN BRÜNGGER; FOTO: BERNHARD STUDER

Die Tage der Chur-Arosa-Triebwagen mit einer Fahrdrahtspannung von 2400 Volt Gleichstrom sind gezählt

FOTO: RONALD GOHL

Baureihe ABDe 4/4 (ChA)

Die Linie Chur – Arosa verspürte in den fünfziger Jahren einen markanten Verkehrsanstieg, welcher eine deutliche Mehrbelastung für die seit der Betriebseröffnung der Linie im Jahre 1914 stammenden Triebwagen bedeutete.

Wohl waren diese Fahrzeuge in den Jahren 1929 und 1930 mit neuen stärkeren Motoren ausgerüstet worden, welche ein um 20 Tonnen höheres Zuggewicht zuließen, dennoch waren die mechanischen Teile der Triebwagen an der Grenze ihrer Leistungsfähigkeit angelangt.

Die robust gebauten Fahrmotoren erreichten bergwärts mit voller Anhängelast lediglich 21 km/h – an Stelle der im Mittel zuläsigen 25 bis 30 km/h Fahrgeschwindigkeit – was zeitweise zu unliebsamen Verspätungen führte. Zwar wurde durch die Inbetriebnahme von fünf umgebauten Berninatriebwagen ABe 4/4 30 - 34 während der Wintersaison eine zahlenmäßige Ergänzung erzielt, die alten, schlecht motorisierten BCFe 4/4 behinderten aber auf der steilen Strecke (bis zu 60 Promille Neigung) immer mehr den Verkehr.

Ein Umbau der alten Chur-Arosa-Triebwagen 481 – 486, wie er zehn Jahre zuvor mit den Berninatriebwagen erfolgte, schien nicht ratsam, zumal ein Kostenvergleich zu keiner vernünftigen Lösung führte. Anhand der durchgeführten Untersuchung entschloß sich der Verwaltungsrat Anfang 1955, die älteren Triebwagen 481 – 485 vollständig zu erneuern und dazu einen sechsten Motorwagen mit der Nummer 486 zu bestellen. Der alte BCFe 4/4 486 erhielt neu die Bezeichnung ABDe 4/4 487 und versah noch bis ins Jahr 1970 Dienst auf der Chur-Arosa-Linie.

Konstruktion

Design: Im Gegensatz zu den Triebwagen ABe 4/4 501 – 504 wirken die

TECHNISCHE DATEN

Baureihenbezeichnung	ABDe 4/4
Indienststellung	1957 – 58
Hersteller	SWS, SAAS, BBC
Betriebsnummern	481 – 486
Anzahl 1996	6
Höchstgeschwindigkeit	65 km/h
Gewicht	43 t
Länge über Puffer	17770 mm
Höhe	3950 mm
Kastenbreite	2650 mm
Radstand	13950 mm
Netzspannung	2400 V=
Stundenleistung bei 25 km/h	480 kW
Anzahl Fahrmotoren	4 Elektromotoren
Fahrmotoren Typ	GDTM 182a4
Anfahrzugkraft	88 kN
Stundenzugkraft	75 kN

Chur-Arosa-Fahrzeuge schwerer, und obwohl fast 20 Jahre jünger, nicht moderner. Mit Ausnahme des Mitteleinstieges zwischen den zwei Klassen entsprach die Einteilung genau derjenigen der alten BCFe 4/4. Die neuen Triebwagen waren von Anfang an rot gestrichen und wiesen eloxierte Aluminiumzierstreifen unter den Fenstergurten auf.

Mechanik: Der mechanische Teil dieser Triebwagen wurde von der Schweizerischen Waggon- und Aufzügefabrik in Schlieren gebaut. Der aus Stahl geschweißte Wagenkasten hat die Form einer geschlossenen Stahlkiste mit den erforderlichen Fenster-, Tür- und Bodenöffnungen. In den Führerständen und im Gepäckabteil besteht der Boden aus Eichenholz, in den übrigen Räumen aus einem Inlaidbelag. Alle Fenster sind in splitterfreiem Sicherheitsglas ausgeführt. Die Sitze mit Stahlrohrgestell und Hartmetallüberzug sind in der 1. Klasse als bequeme Polstersessel und in der 2. Klasse als mit Kunstleder (heute teilweise mit Stoff) überzogene Holzrahmen ausgebildet. Über den Sitzen sind die Gepäckträger quer zur Fahrtrichtung montiert.
Die Einstiegplattform ist zwischen den Abteilen der 1. und 2. Klasse angeordnet und enthält ein WC sowie vier Klappsitze im Vorraum. Die Falttüren werden elektropneumatisch betätigt.
Auf die mit reichlich bemessenen Pendelrollenlagern versehenen Radsätze stützt sich über ölgedämpfte Spiralfedern der kräftig gebaute, geschweißte Drehgestellrahmen aus Stahl ab. An den Wagenenden sind daran die Mittelpuffer mit beidseitiger Schraubenkupplung und die Bahnräumer befestigt. An den Achslagergehäusen selbst sind die Schienenbremsrahmen aufgehängt. Die großen Zahnräder wurden nicht direkt auf den Achsen, sondern auf den verlängerten Radnaben aufgesetzt.
An jedem Radsatz findet sich eine Spurkranzschmierung und an den vorlaufenden Rädern der Drehgestelle die Druckluftsander. Von den eigenbelüfteten Fahrmotoren führen Kanäle zu den Lufteintrittsöffnungen, die sich oben am seitlichen Wagendach befinden. Am Drehgestellrahmen sind über Schrägpendel und Blattfedern mit Kanalprofil der Wiegebalken, das Tragelement für den Wagenkasten mit Drehzapfen und seitlichen Stützflächen, aufgehängt. In der Längsrichtung begrenzen Anschläge das Spiel der Wiege.

STATIONIERUNGSORTE

Depot Chur-Sand

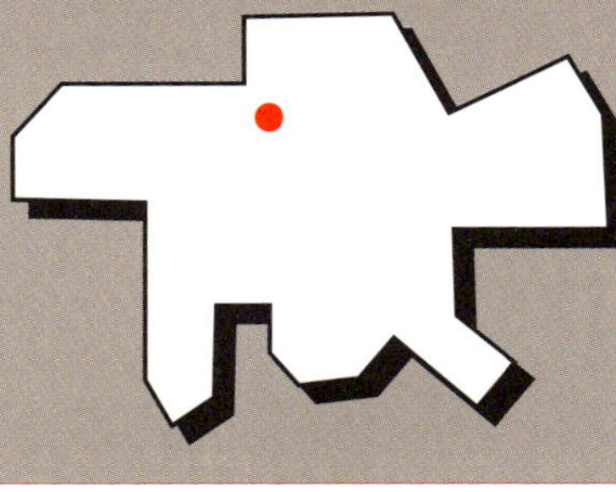

In Chur warten die beiden Triebwagen ABDe 4/4 Nr. 483 und 485 auf ihre nächste Fahrt

Führerraum: Wie bei allen RhB-Triebfahrzeugen ist der Führerstand rechts angeordnet und vom Handbremstisch durch die Stirnwandtüre getrennt. Der Platz für den Führer ist im ABDe 4/4 der Chur-Arosa-Linie recht eng bemessen. Die verschiedenen Auflagen (Länge, Ausrüstung, Apparate, Stirnwandtüren usw.) hatten zur Folge, daß die Führerräume lediglich 130 cm lang wurden, in den sechziger Jahren aber noch als akzeptabel zu bezeichnen waren.

Elektrische Ausrüstung: Die noch gut erhaltenen Fahrmotoren der alten BCFe 4/4 481 – 485 konnten nach Anpassungen und Vergrößerung der Leistung auch für die neuen Triebwagen weiterverwendet werden. Ebenfalls von den alten Triebwagen konnten nach einer gründlichen Revision die Kompressoren, Vakuumpumpen und die 8 kW-Umformergruppen übernommen werden. Für die Steuerung der Motoren lieferte die Firma Sécheron in Genf (SAAS) eine elektropneumatische Schützensteuerung mit 16 Serien-, 12 Parallel- und je zwei Shunt- sowie 14 Bremsstufen.
Auf dem Dach ist ein druckluftbetätigter Scherenstromabnehmer vom Typ Pp 2000 mit Doppelwippe und Aluminiumschleifstücken vorhanden. In unmittelbarer Nähe des Stromabnehmers steht der Resorbitblitzschutz. Im Apparateraum des Gepäckabteils wurden die Höchststromrelais, der elektropneumatisch arbeitende Fahr- und Bremsumschalter sowie der Wendeschalter untergebracht. Die vier Reihenschlußmotoren sind für Halbspannung angeordnet, während die Feldwicklungen zweiteilig ausgeführt und deren Hälften in der Nutzbremsschaltung in Reihe gelegt werden. Parallel dazu ist die Feldschwächung mit zusätzlichen induktiven Shunts eingebaut, mit der sich die

FOTO: RONALD GOHL

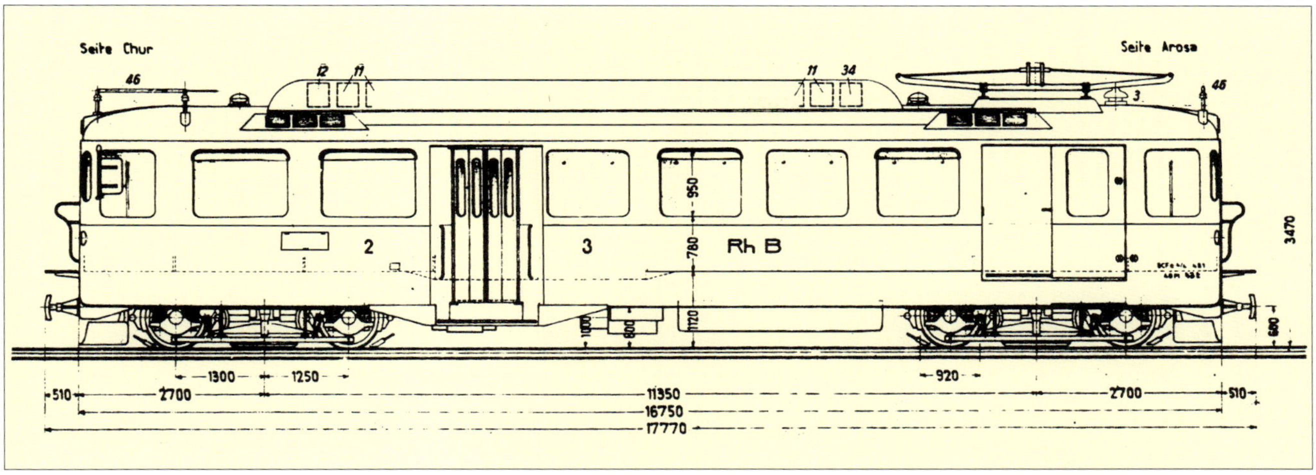

Fahrgeschwindigkeit leichter an die wechselnden Belastungen und Streckenverhältnisse anpassen läßt. Auf der Erdseite findet man die Anfahr- und Bremswiderstände sowie die Stufenschütze.
Die Widerstände selbst, in Runddrahtausführung, sind auf dem Dach, doppelt isoliert und durch Streckmetallhauben geschützt, aufgestellt. Die Schütze liegen in besonderen Kasten unter dem Wagenboden. Für die Fahrgastinformation sind die Wagen mit Lautsprechern ausgerüstet. Die Innenbeleuchtung der Sitzabteile wird mittels Fluoreszenzröhren mit Kleinumformern aus der dauernd nachgeladenen Akkumulatorenbatterie sichergestellt. Daneben sind in allen Abteilen auch Einzellampen vorhanden, um während der Fahrt durch die kurzen Tunnels nicht jedesmal die Fluoreszenzbeleuchtung einschalten zu müssen.

Betriebseinsatz

Die sechs Triebwagen des Typs ABDe 4/4 481 – 486 werden heute mit den etwas jüngeren ABe 4/4 487 und 488 vorwiegend in Pendelzügen auf ihrer Stammstrecke Chur-Arosa eingesetzt. Um die größte Zughakenlast auszunutzen, wird oft in Doppeltraktion gefahren. Alle sechs Triebwagen sind mit der Vielfachsteuerung unter sich und mit den ABe 4/4 487 – -488 mittels Fernsteuerung ab den Steuerwagen ABt 1701 – 1703 ausgerüstet. Damit bei der Talfahrt die elektrische Nutzbremse voll ausgenutzt werden kann, steht der Steuerwagen immer talwärts, so daß der Zug bei elektrischer Bremsung durch das oder die Triebfahrzeuge stets gestreckt bleibt.
Die Zeit für die Triebwagen ABDe 4/4 ist bald abgelaufen. 1996 wurde mit der Umelektrifizierung der Linie Chur–Arosa von 2 400 V Gleichspannung auf Einphasenwechselspannung 11 000 V und 16,7 Hz begonnen; die Inbetriebnahme des neuen Stromsystems ist für Dezember 1997 vorgesehen. Eine Weiterverwendung der Triebwagen bei der RhB ist nach abgeschlossener Umelektrifizierung nicht mehr möglich.

Der Regionalzug 641 Chur – Arosa, unterwegs zwischen Peist und Langwies

REDAKTION: GIAN BRÜNGGER; FOTOS: HEINZ SIGRIST; TYPENBILD: RHÄTISCHE BAHN

Bis auf weiteres im Stückgut-Einsatz: der BDe 4/4 491, stationiert in Grono

Baureihe BDe 4/4

Zusammen mit den sechs neuen ABDe 4/4 481 – 486 für die Linie Chur – Arosa bestellte die RhB auch einen etwas abgeänderten Triebwagen für die Linie Bellinzona – Mesocco. Dieser Triebwagen sollte vor allem für den durch Kraftwerksbauten und den Bau der Nationalstraße N13 anfallenden Güterverkehr eingesetzt werden. Damit er später, wenn die Gütertransporte auf der Misoxerlinie wieder zurückgehen sollten, auch auf der Chur-Arosa-Linie eingesetzt werden kann, ist er so gebaut worden, daß ohne große Änderungen am Wagenkasten ein ABDe 4/4 entstehen könnte. Aus diesem Grund besitzt der Wagen dort, wo das 2. Klasse-Abteil ist, die Abmessungen für ein 1. Klasse-Abteil, und im Gepäckraum sind zwei Fenster für den Einbau eines 2. Klasse-Abteils vorgesehen.

Konstruktion

Design: Im Aussehen gleicht der Triebwagen den ABDe 4/4 481-486. Einzig der Gepäckraum ist viel größer, so daß die Fenstereinteilung leicht von derjenigen der Arosa-Triebwagen abweicht. Der BDe 4/4 wurde von Anfang an rot gestrichen und besaß ursprünglich einen eloxierten Aluminiumstreifen unter den Fenstern.

Mechanik: Der mechanische Teil dieses Triebwagens entspricht weitgehend demjenigen der ABDe 4/4 481 – 486. Abweichend ist die Bremsausrüstung, da die Wagen auf der Linie Bellinzona – Mesocco mit Druckluft gebremst werden. Da der Triebwagen fast ausschließlich im Güterverkehr eingesetzt wurde, war ein geräumiger Gepäckraum notwendig. Hier wurden außer Stückgut auch Hilfsmittel und Geräte für das Aufschemeln von Normalspurwagen aufbewahrt. Der Triebwagen erbringt eine Stundenleistung von 600 kW bei 33 km/h.

Führerraum: Die beiden Führerstände sind auch hier rechts angeordnet und entsprechen denjenigen der Arosa-Triebwagen. Auch im BDe 4/4 sind die Platzverhältnisse für den Lokführer recht eng.

Elektrische Ausrüstung: Die elektrische Ausrüstung samt Triebmotoren ist gleicher Art wie bei den beschriebenen Triebwagen für Chur – Arosa. Auf den Einbau der Rekuperationsbremse wurde hingegen verzichtet. Auch die Vielfachsteuerung ist weggelassen worden, jedoch so vorbereitet, daß jederzeit eine Anpassung an die Triebwagen ABDe 4/4 481 – 486 möglich gewesen wäre.

Betriebseinsatz

Seit Inbetriebnahme ist der Triebwagen immer auf der Linie Bellinzona – Mesocco eingesetzt worden. Er stand vorwiegend vor Güterzügen zwischen dem damaligen Eisenschmelzwerk Monteforno in San Vittore und Castione-Arbedo in Betrieb. Am Morgen und Abend führte er vor Einstellung der Linie einen Güterzug ab und nach Mesocco. Im Personenverkehr ist er mangels eines 1.-Klasse-Abteils nur sehr selten eingesetzt worden. Nach Einstellung des Personenverkehrs am 27. Mai 1972 verblieb der BDe 4/4 491 weiterhin im Misox und führte seither den verbliebenen Güterverkehr. Seit August 1978 ist nach einem Unwetter die Strecke Cama – Mesocco eingestellt und anschließend abgebrochen worden. Seither wird er in einer aufgelassenen Fabrik in Grono, welche als Depot angepaßt wurde, unterhalten. Im Jahre 1980 kam er zum ersten Mal nach Landquart zu einer Hauptrevision. Bis zur endgültigen Einstellung des Restbetriebes im Misox wird der Triebwagen vermutlich noch einige Jahre seinen Dienst im Misox verrichten, nachdem ein Einsatz auf der Linie Chur – Arosa wegen der Umstellung der Fahrdrahtspannung von Gleichspannung auf Einphasen-Wechselspannung nicht mehr in Frage kommt.
Den letzten großen Ansturm hatte der BDe 4/4 491 am Pfingstwochenende 1995 zu bewältigen, als der Streckenabschnitt Castione – Cama nach 23 Jahren erstmals wieder während eines Tages für Personenfahrten geöffnet wurde.

TECHNISCHE DATEN

Baureihenbezeichnung	BDe 4/4
Indienststellung	1958
Hersteller	SWS, SAAS, BBC
Betriebsnummer	491
Anzahl 1996	1
Höchstgeschwindigkeit	65 km/h
Gewicht	41 t
Länge über Puffer	17770 mm
Höhe	3950 mm
Kastenbreite	2650 mm
Radstand	13950 mm
Netzspannung	1500 V=
Stundenleistung bei 33 km/h	600 kW
Anzahl Fahrmotoren	4 Elektromotoren
Fahrmotoren Typ	GDTM 182a4
Anfahrzugkraft	88 kN
Stundenzugkraft	75 kN

REDAKTION: GIAN BRÜNGGER; FOTO: BERNHARD STUDER

Engadiner Pendelzug mit ABe 4/4 zwischen St. Moritz und Samedan

FOTO: RONALD GOHL

Baureihe ABe 4/4 (StN)

Auch die Rhätische Bahn mußte sich Ende der zwanziger Jahre mit der Wirtschaftskrise und der aufkommenden Automobilkonkurrenz auseinandersetzen. Die RhB wollte dieser Entwicklung durch den Einsatz von Leichttriebwagen begegnen. Für kaum eine Fahrzeugserie sind im Kanton Graubünden so viele Ideen, Kostenvergleiche und Projektstudien ausgearbeitet worden wie für diese Leichttriebwagen. Man prüfte nicht nur die Beschaffung von Fahrzeugen mit elektrischem Antrieb sondern von Triebwagen mit Verbrennungsmotoren für Benzin oder Holzvergaser. Bald stand für die Verantwortlichen fest, daß der Elektromotor in Bezug auf Unterhalt, Reparatur und Lebensdauer ungleich besser abschneiden wird als irgend einer der damals erhältlichen Verbrennungsmotoren.
An der Ausschreibung für den Bau der ABe 4/4 beteiligten sich für den wagenbaulichen Teil die SIG, SWS und SLM, für den elektrischen Teil die BBC und MFO. Alle Projekte (mit Ausnahme eines Alternativvorschlages von SLM mit weitgehender Vereinfachung, welches aber für die RhB-Verhältnisse ungeeignet erschien und von vornherein weggelassen wurde) sahen einen vierachsigen, symmetrisch gebauten Wagen mit zwei Vorbauten an den Enden, zur Unterbringung des Transformators auf der einen und den verschiedenen Hilfsgruppen auf der anderen Seite, vor. Für die Aufnahme der Reisenden hätte der Wagenkasten in der Mitte einen großen, ungeteilten Raum 3. Klasse, mit 42 leichtgepolsterten und mit Leder überzogenen Sitzplätzen erhalten sollen. Die größtenteils umlegbaren Rückenlehnen hätten stete Vorwärtsfahrt ermöglicht. Der projektierte Triebwagen hätte eine Leistung von 290 PS (140 kW) erbracht.
Der damalige Betriebschef war jedoch ein Gegner von alleinfahrenden Triebwagen. Die Praxis zeigte immer wieder, daß während der Saison ein einzelner Triebwagen nicht genügen würde. Außerdem müßte meistens gerade dann, wenn nicht genügend Lokomotiven zur Verfügung stehen, ein Triebwagen ersetzt werden. Er verlangte daher das Mitführen von einem bis zwei Wagen. Die Anhängelast von mindestens 40 t auf 45 Promille erforderte aber eine Leistung

TECHNISCHE DATEN

Baureihenbezeichnung	ABe 4/4
Indienststellung/Umbau	1939 – 40 (82 – 84)
Hersteller	SWS, BBC, MFO
Betriebsnummern	501-504
Anzahl 1996	4
Höchstgeschwindigkeit	70 km/h
Gewicht	40 t
Länge über Puffer	18000 mm
Höhe	3950 mm
Kastenbreite	2650 mm
Radstand	15210 mm
Netzspannung	11 kV/16,7 Hz
Stundenleistung bei 41 km/h	490 kW
Anzahl Fahrmotoren	4 Elektromotoren
Fahrmotoren Typ	ELM 1381 St
Anfahrzugkraft	78 kN
Stundenzugkraft	43 kN

In dieser Linkskurve bei Punt Muragl wurde 1995 ein Fotograf vom Zug erfaßt und getötet

von mindestens 600 PS, was eine Ausführung in schwerer Bauart nach sich gezogen hätte.
Aber auch von Seiten der Depotchefs fand man kein Verständnis für die schwachen Triebwagen und man warnte davor, wieder denselben Fehler zu machen wie bereits 1912, als man die 300 PS-starken Lokomotiven beschaffte, die in keiner Weise den betrieblichen Erfordernissen entsprachen.
Der damalige Depotchef von Samedan machte deshalb den Vorschlag, anstelle von zu schwachen Triebwagen die nicht den betrieblichen Erfordernissen entsprechen würden, zwei C'C'-Lokomotiven zu teilen und als sogenannte Halbesel, wie sie die BLS (Lötschbergbahn) und BTB (Burgdorf-Thun-Bahn) hatten, mit einem neu zu erstellenden Gepäckwagen kurzzukuppeln. Ein solches solides Gefährt hätte immerhin 600 PS Leistung erbracht und in jeder Beziehung den betrieblichen Verhältnissen entsprochen.
Daß diese Vorstellungen nicht mit derjenigen der Direktion übereinstimmen konnten, war klar. Die „Stimmen aus der Praxis" führten jedoch dazu, daß die Bestellung vorerst nicht vergeben wurde und man die von den Betriebsfachleuten aufgeworfenen Fragen nochmals prüfte. Unterdessen lieferte die Industrie ähnliche Triebwagen an die BLS und SOB. Probefahrten bei diesen Bahnen zeigten sehr schnell, daß den Triebwagen ohne weiteres zwei bis drei Personenwagen angehängt werden konnten, um in Spitzenzeiten genügend Sitzplätze verfügbar zu haben.
Am 23. April 1938 erteilte der RhB-Verwaltungsrat schließlich einen Kredit von 1 700 000 Franken für die Beschaffung von vier Triebwagen und acht Wagen. Die Bestellung ging an die SWS-Schlieren für den wagenbaulichen Teil der Triebwagen. Die elektrische Ausrüstung wurde bei BBC bestellt, welche ihrerseits 43 Prozent der Ausrüstung von MFO liefern ließ.

Konstruktion

Design: Die Triebwagen des Typs ABe 4/4 waren Ende der dreißiger Jahre in ihrer Form, mit dem roten Anstrich und den abgerundeten Fenstern, ihrer Zeit weit voraus und gelten heute noch, nach fast 60 Jahren Einsatz, als modern. Die erstmalige Anwendung von Leichtmetall machte die elegante Form möglich.
Zur besseren Überwachung des Wageninnern sind die Zwischenwände und Abteiltüren zu den Plattformen an den Wagenenden mit großen Fenstern versehen. Die beiden vierflügligen Einstiegstüren jeder Wagenseite lassen sich von den Führerständen aus elektropneumatisch steuern. Die Plattformen sind so groß gestaltet, daß sie Raum für Stehplätze bieten oder zur Beförderung kleinerer Gepäckstücke benutzt werden können. Zwischen den Plattformen befindet sich ein 2.-Klasse-Abteil (seit 1956 1. Klasse) mit zwölf Sitzplätzen, ein WC im zugehörigen Vorraum und zwei Abteile 3. Klasse (seit 1956 2. lasse) mit zwölf Nichtraucher- und 16 Rauchersitzen. Die ganze innere Einrichtung macht mit den in mattglänzendem Aluminium ausgeführten Türen und Beschlagteilen einen ruhigen und gediegenen Eindruck. Die Sitzbänke der ehemaligen 2. Klasse waren mit grauem handgewobenem Plüsch überzogen. Als Neuheit galten auch die mit leichter Polsterung mit Leder überzogenen 3.-Klasse-Sitze. Die Gepäckträger sind zur Verbesse-

Die 1939 – 40 erbauten Triebwagen bilden das Rückgrat des Verkehrs Samedan – Pontresina

FOTOS: RONALD GOHL (OBEN), DEER GOHL (UNTEN)

rung der Aussicht längs der Seitenwände angeordnet.

Mechanik: Als größte Neuerung dieser Leichttriebwagen galt die Anwendung der Leichtstahlbauweise, welche mit diesen Fahrzeugen bei der RhB Einzug hielt. Anstelle von Walzprofilen traten mehr oder weniger gebogene Bleche und Abkantprofile aus Blech. Die Dicke der Bleche variierte zwischen 1,5 und 2,5 mm. Über den Drehgestellen setzte man in der Bodenpartie je einen kräftigen Schemelträger ein. Von diesem stützt sich der Kasten über die Drehpfanne und die seitlichen Hilfsstützen auf das Drehgestell ab. Die Schemelträger sind mit der Wand- und der Dachpartie zum eigentlichen Rahmen verbunden. Zwischen den Schemelträgern besteht die Bodenpartie aus einem System von Längs- und Querträgern aus dünnen Blechen, die zur Versteifung des unteren Bodenblechs und zum Tragen des Wagenbodens dienen.
Jeder Wagenkasten stützt sich auf die Pendelwiegen zweier Drehgestelle ab, welche von der bekannten SWS-Bauart mit längsgestellten Wiegeblattfedern sind, jedoch mit exzentrisch gelegten Drehzapfen (wegen der einseitigen Belastung durch Schneeräumer und Kupplungsapparate). Der Wagenkasten bot mit seinen großen Fenstern in den Seitengängen gute Aussicht nach allen Richtungen. Sämtliche Fenster sind rahmenlos und bestehen aus splitterfreiem Sekuritglas. Der Übergang von einem Wagen zum anderen erfolgte auch bei den Triebwagen mittels Faltenbalg, welcher aber wegen seiner geringeren Höhe gegenüber dem Normalprofil nicht mit denjenigen der älteren Wagen gekuppelt werden konnte.
Die Einteilung der Triebwagen wurde der eventuellen Verwendung als Alleinfahrer mit Einmannbedienung angepaßt.

Führerraum: Die durch verglaste Zwischenwände abgeschlossenen Führerstände sind für die sitzende Bedienung eingerichtet. Die Ausführung der Führertische entspricht derjenigen der BLS- und SOB-Triebwagen. Der Führertisch ist wie bei den übrigen RhB-Lokomotiven rechts angeordnet, links davon ist eine Sitzbank für Reisende. Der Lokführer steuert den Triebwagen über ein Handrad.

Elektrische Ausrüstung: Um den Wagenkasten größtenteils für die Aufnahme der Fahrgäste verwenden zu können, sind die elektrischen Apparate fast ausschließlich auf dem Dach und unter dem Fußboden plaziert. Der elektrische Teil der Triebwagen stammt von der Maschinenfabrik Oerlikon (MFO) und der AG Brown, Boveri & Co. Baden (BBC).
MFO lieferte außer den Dachausrüstungen, bestehend aus je zwei leichten Stromabnehmern Typ MFO W 93 mit Umschalttrennmessern, zwei Hochspannungssicherungen mit zugehörigem Umschalter und einem Erdungsschalter, auch die Transformatoren, Steuerungseinrichtungen und die Hälfte der Antriebsmotoren. Der mit der Schaltdrosselspule in einem Kessel unter dem Wagenboden untergebrachte Stufentransformator ist für künstliche Ölkühlung gebaut. Zu diesem Zweck gibt es eine direkt daran angebaute Kühlgruppe,

Der Triebwagen ABe 4/4 Nr. 503 unter der Fußgängerüberführung bei Tolais/Pontresina

FOTO: RONALD GOHL

bestehend aus Ölkühler und Motor mit Ventilator und Ölumlaufpumpe, die für eine starke Kühlung, unabhängig von äußeren Einflüssen, auch bei Stillstand des Wagens sorgt, was für den schweren Gebirgsdienst sehr wertvoll ist. Die Steuerung umfaßt einen von den Fahrkontrollern aus elektropneumatisch betätigten Stufenschalter, Bauart MFO mit nockengesteuerten Einzelschaltern, welche durch zwei Druckluft-Servomotoren angetrieben werden. Damit können zwölf Fahrstufen eingestellt werden. Dazu gehören noch zwei kombinierte Wende- und Bremsumschalter und vier Antriebsmotor-Trennhüpfer, alle elektropneumatisch gesteuert.
BBC lieferte außer den restlichen Antriebsmotoren die Hilfsbetriebe wie Kompressoren, Vakuumpumpen und Umformergruppen. Zur feinen Regulierung der Bremsung konnte die Erregung des Generators mit dem Fahrkontroller in 22 Stufen eingestellt werden. Diese Bremsanordnung, bei der die Antriebsmotoren als fremderregte Gleichstromgeneratoren auf feste Widerstände arbeiten, hatte sich schon bei den C'C'-Lokomotiven Ge 6/6 401 – 415 gut bewährt. Die Bremswiderstände sind auf dem Dach plaziert und werden durch den Fahrwind gekühlt.
Die sechspoligen Einphasen-Serienmotoren sind von einer besonders gedrängten Konstruktion. Sie wurden für die Eigenventilation gebaut. Beim Fahren sind sie parallel geschaltet; beim Bremsen bildet der Anker mit einem festen Widerstand einen geschlossenen Stromkreis, während die in Serie geschaltete Feder fremd erregt wird. Als Sicherung für den Einmannbetrieb dient für den sitzenden Führer die bekannte Totmanneinrichtung System BBC.
Die Triebwagen sind in ihrer fast sechzigjährigen Einsatzzeit mehrmals umgebaut worden. Bereits im Jahre 1948 rüstete die RhB alle vier Triebwagen mit zwei Motorventilatoren aus, welche die ungenügende Eigenventilation der Triebmotoren ablöste. Von 1955 – 1960 sind sie erneut umgebaut worden, wobei diesmal die alten MFO-Stufenschalter durch die SAAS-Hüpfersteuerung ersetzt wurde. Zwischen 1967 und 1970 sind sie ein drittes Mal umgebaut worden. Der Umbau umfaßte neue Führertische und den Einbau der Fernsteuerung vom Steuerwagen mit 62poligem Kabel auf der Seite von Führerstand I.
Die dazu passenden Steuerwagen sind erst im Jahre 1982 beschafft worden, so daß nochmals ein Umbau notwendig wurde. Die Führertische paßte man dabei schon zum dritten Mal an. Auch die Steuerung wurde vollständig erneuert, die Türschließung den neuen Pendelzügen angeglichen und der Übergang mit Faltenbalg auf der Führerstandseite II entfernt.
Im Jahre 1990 erhielten sie schließlich noch die Vielfachsteuerung, so daß seither auch ein zweiter Triebwagen anstelle des Steuerwagens eingesetzt werden kann.

Bei diesen zwei in Doppeltraktion verkehrenden Triebwagen der Baureihe ABe 4/4 wurde der Faltenbalg nur auf einer Seite entfernt

STATIONIERUNGSORTE

Depot Samedan

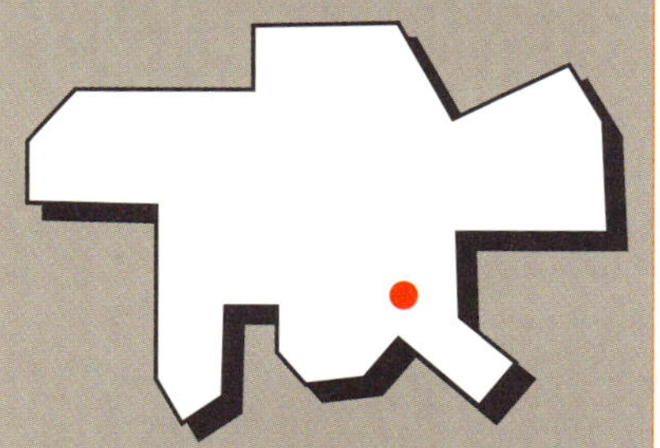

Betriebseinsatz

In den ersten Betriebsjahren fuhren die ABe 4/4 mit den dazu passenden Anhängewagen als „Fliegende Rhätier" in den Schnellzügen Chur – Landquart – Davos und Chur – St. Moritz. Bald genügten sie aber nicht mehr den stetig wachsenden Frequenzen der Schnellzüge und wurden ab 1948 von den Ge 4/4 I abgelöst. Die Triebwagen wurden seither vorwiegend im Engadin auf den Linien St. Moritz – Scuol-Tarasp und Samedan – Pontresina eingesetzt. Die dazu gehörenden Personenwagen kamen wegen ihres leichten Gewichtes auf die Linie Chur – Arosa, wo sie heute noch eingesetzt werden. Außer einigen Jahren von 1982 – 1989, wo sie auch auf der Linie Davos – Filisur zusammen mit den Steuerwagen BDt 1721 – 1723 als zweiteilige Pendelzüge benutzt wurden, und den Ausflugszügen Davos – Pontresina im Sommer, waren diese Triebwagen praktisch immer im Engadin unterwegs. Heute sieht man sie nur noch auf der Linie Samedan – Pontresina in einem vierteiligen Pendelzug, bestehend aus einem Triebwagen, je einem Zwischenwagen AB (1514 – 1518) und B (2337 – 2340) und dem Steuerwagen BDt 1723.

Die markante Front des ABe 4/4

REDAKTION: GIAN BRÜNGGER; FOTOS: RONALD GOHL

Zwei ABe 4/4 II (Nr. 44 und 45) in Vielfachsteuerung kurz vor der Einfahrt in den Bahnhof Pontresina

Baureihe ABe 4/4 II (BB)

In den fünfziger Jahren hatte der Verkehr auf der mit Gleichspannung (1000 Volt) betriebenen Bernina-Linie (1944 mit der RhB fusioniert) erfreulicherweise ein Ausmaß angenommen, das dringend nach einer entscheidenden Verbesserung der Traktionsverhältnisse rief. Interessanterweise nahm trotz langen 70-Promille- Rampen auch der Güterverkehr sehr stark zu. Die 1908 – 11 von der Bernina-Bahn in Betrieb genommenen 17 Triebwagen der ersten Generation mit je ca. 350 kW Leistung vermochten trotz Umbauten bei neun Triebwagen in den Jahren 1946 – 53 (Erhöhung der Leistung auf je 380/430 kW) den Traktionsbedürfnissen in keiner Weise mehr zu genügen. Auch die Bernina-Lokomotiven Ge 4/4 181 und 182 halfen da wenig. Damals überlegte man sich bei der RhB auch, ob vielleicht der Einbau einer Zahnstange sinnvoll sei – oder ob man das Mineralöl künftig über eine Pipeline befördern sollte. Letztendlich konzentrierte man sich aber doch auf die Beschaffung von neuen Adhäsionstriebwagen, die bei 11,5 t Radsatzlast in Doppeltraktion eine Anhängelast von 130 t mit rund 30 km/h auf den 70-Promille-Rampen befördern sollten.

Weil der Eignung von Fahrzeugen für den Winterbetrieb auf der Bernina-Strecke (2253 Meter ü.M.) eine ausschlaggebende Bedeutung zukommt, wurden die zur Offertstellung eingeladenen Firmen von der RhB im Januar 1961 zu einer „Winter-Demonstration“ am Bernina aufgeboten. Diese Vorführung des Hochgebirgswinters war für die Teilnehmer eindrucksvoll und für die Projektierung äußerst nützlich. Die sechs Triebwagen ABe 4/4 41 – 46 kamen 1964/65 in Betrieb; drei weitere, nachbestellte ABe 4/4 mit den Nummern 47 – 49 im Jahre 1972. Dazwischen, im Jahre 1968, nahm die RhB die beiden Zweikraft-Lokomotiven Gem 4/4 801 und 802, die mit den TW 41 – 49, bezüglich der elektrischen Ausrüstung, weitgehend identisch und auch vielfachsteuerbar sind, in Betrieb.

Konstruktion

Design: Die Hauptforderung bestand darin, eine hochgebirgs- und wintertaugliche, also sehr robuste und leistungsfähige, auch für Güterzüge geeignete Traktions- bzw. Lokomotiv-Ausrüstung so gefällig wie eben noch

TECHNISCHE DATEN

Baureihenbezeichnung	ABe 4/4 II
Indienststellung	1964 – 72
Hersteller	SWS, MFO, BBC
Betriebsnummern	41 – 49
Anzahl 1996	9
Höchstgeschwindigkeit	65 km/h
Gewicht	41/43 t
Länge über Puffer	16540/16890 mm
Höhe	3800 mm
Kastenbreite	2650 mm
Radstand	13200/13550 mm
Netzspannung	1000 V=
Stundenleistung bei 22,7 km/h	680 kW
Anzahl Fahrmotoren	4 Elektromotoren
Fahrmotoren Typ	EMR 475
Anfahrzugkraft	156 kN
Stundenzugkraft	106 kN

FOTO: RONALD GOHL

Triebwagen Nr. 48 steht an einem sonnigen Januarmorgen vor dem Depot Pontresina

konstruktion. Die Einstiegspartie mit den zentralen Falttüren befindet sich ungefähr in Fahrzeugmitte; auf der einen Seite sind A-Abteil und Apparateschränke, auf der anderen Seite Gepäcknische, WC und B-Abteil. Auf die Zugänglichkeit von Apparaten und Antriebsmotoren (für die letzteren gibt es Bodenklappen in den Abteilen) mußte Rücksicht genommen werden. Nicht nur die Bahn-/Schneeräumer auf jeder Seite, sondern auch alles andere mußte gebirgs- und wintertauglich sein.
Es zeigte sich bei der Inbetriebnahme der TW 41 – 46, daß die Fahrzeuge mit nur 41 t Leergewicht zu leicht waren, obschon man keinen Leichtbau betrieb. Deshalb wurde mit etwas

möglich in einem Personen-Triebwagen unterzubringen.
Auch das Dach mußte für die Montage von zwei Stromabnehmern und von leistungsfähigen Anfahr- und Bremswiderständen voll beansprucht werden. Trotz dieser harten Forderungen sind die neun Berninatriebwagen, die eigentlich fast Lokomotiven entsprechen, noch recht ansprechend herausgekommen.
Weil die Triebwagen oft als Alleinfahrer bzw. mit Güterwagen ausgelastet verkehren, war es notwendig, beide Klassen vorzusehen: 12 A-Plätze, 24 B-Plätze. Die TW hatten von Anfang an den roten Außenanstrich.

Mechanik: Die ganze mechanische Ausrüstung wurde von SWS, Schlieren, geliefert. Auf ausdrücklichen Wunsch der Rhätischen Bahn hat SWS bei den Drehgestellen die SLM-Bauart mit sehr tiefliegendem Drehzapfen (vergl. Ge 4/4 I 601 – 610) übernommen, was sehr vorteilhaft ist (geringe Achsentlastung, reparaturfreundlich).
Die Fahrzeuglänge durfte wegen des Profils, den engen Bögen und den zahlreichen Kehrtunnels 16,5 Meter nicht wesentlich überschreiten. Den Drehgestell-Radstand wollte man der engen Radien wegen (Rmin = 45 m) möglichst klein halten, was mit nur 2,2 Metern gut gelungen ist.
Erstmals wagte man hier Antriebsmotoren mit Tatz-Rollenlagern einzubauen. Auch das erwies sich als Positivum.
Der Kasten ist, wie damals üblich, eine vollständig verschweißte Stahl-

TW 43 fährt auf 2253 Meter über dem Meeresspiegel in die Haltestelle „Ospizio Bernina“ ein

FOTOS: RONALD GOHL

ABe 4/4 Nr. 49 kurz nach Pontresina

FOTO: POP GOHL

Ballast nachgeholfen. Bei den TW 47 – 49 ist das Mehrgewicht von Anfang an „eingebaut" und noch aufgestockt worden.
Der Zug wird mit einer Vakuumbremse bedient, ferner gibt es im ABe 4/4 II eine vakuumgesteuerte Druckluftbremse und eine direkte Druckluftbremse (Rangierbremse) sowie Handbremse und Magnet-Schienenbremse für den Triebwagen. Weiter besitzen die Fahrzeuge eine elektrische Nutzstrombremse und eine elektrische Widerstandsbremse. Wegen der Entgleisungsgefahr bei talfahrenden, „gestauchten" Zügen in engen Kurven, kann allerdings nicht viel mehr als das TW-Gewicht elektrisch abgebremst werden. Wie üblich sind auch Spurkranz-Schmierapparate und Sander eingebaut worden.

Führerräume: Die verschiedenen Auflagen (Länge, Ausrüstung, Apparate, Stirnwandtüren usw.) hatten zur Folge, daß die Führerräume eher eng wurden (1,3 m), 1964 aber noch als akzeptabel zu bezeichnen waren. Bei den TW 47 – 49 war man dann bereits etwas großzügiger (ca. 1,5 m). Wie bei allen RhB-Triebfahrzeugen ist der Führersitz rechts angeordnet. Die Stufensteuerung für das Fahren und Bremsen erfolgt mittels Handrad. Die Triebwagen sind für Einmannbetrieb eingerichtet: Sicherheitssteuerung (Totmann), Türsteuerung/Überwachung, Rückspiegel, Zugfunk.

Elektrische Ausrüstung: Die Geschwindigkeitsregelung bzw. Stufensteuerung erfolgt mittels elektropneumatischer Schaltschütze (Hüpfer-Steuerung) des Typs Sécheron. Bei der Stellung „Fahren Normal" sind zwei Antriebsmotoren in Serie geschaltet, die beiden Motorgruppen liegen dauernd parallel an der Speisespannung. Eine Umschaltung von „Serie" auf „Serie-Parallel" (mit Zugkraft-Ruck) findet während des Aufschaltens nicht statt.
Bei der Stellung „Fahren Langsam" (Schneeschleudern) sind alle vier Antriebsmotoren in Serie geschaltet. Mit den 14 Gruppier- und Stufenschützen für die Anfahr- und Bremswiderstände ergeben sich je 21 Fahr- und Bremsstufen. Im Normal-Fahrbetrieb schließen an diese 21 Stufen noch vier Feldschwächstufen an, so daß hier 25 Fahrstufen vorhanden sind – die obersten fünf sind „wirtschaftliche Fahrstufen" (ohne vorgeschaltete und energievernichtende Widerstände).
Hauptschalter, Schaltschütze (insgesamt 35) sowie fast alle übrigen elektrischen Apparate sind in zwei Schaltschränken hinter dem Führerstand (Seite Tirano) untergebracht. Das Dach ist reichlich durch die Schaufelwiderstände (BBC), die beiden Einholm-Stromabnehmer (Siemens) und die Blitzschutzapparatur belegt.
Die vier eigenventilierten Gleichstrom-Kollektor-Antriebsmotoren des Typs EMR 475 MFO sind Tatzlagermotoren (Tatz-Rollenlager).
Umformergruppe (Batterieladung, Bremserreger), Kompressor- und Vakuumgruppe sind unter dem Wagenboden untergebracht. An den Stirnwänden findet man die verschiedenen elektrischen Kupplungen für Heizung Bernina 1000 V (abweichend vom RhB-Stammnetz!), LBT und Vielfachsteuerung.

Betriebseinsatz

Dank sorgfältiger Projektierung hielten sich die „Kinderkrankheiten" dieser enorm strapazierten Triebfahrzeuge sehr in Grenzen. Bei der ersten Serie mußte wie erwähnt Ballast

Zwei TW II fahren entlang dem malerischen Lago Bianco dem Berninapaß entgegen

zugefügt werden, und die wintersicheren Kühlluftkanäle zu den Antriebsmotoren verbessert werden.

Bis zur Inbetriebnahme der Umrichter-Triebwagen ABe 4/4 III Nr. 51 – 56 trugen die neun TW 41 – 49 die Hauptlast des Bernina-Verkehrs („Bernina-Express“, intensiver Güterverkehr).

Es resultierten durchschnittliche Laufleistungen von bis zu 70 000 Kilometern pro Jahr, was sehr viel ist, bedenkt man die geringen Reisegeschwindigkeit auf dieser Hochgebirgsstrecke. Auch die neuen Triebwagen Nr. 51 – 56 bringen es nicht wesentlich über 70 000 Kilometer pro Jahr. Wartung und Unterhalt dieser Triebwagen obliegen den Depots Poschiavo und Pontresina.

Wie die Sommer- und Herbstmonate der letzten Jahre zeigten, ist der Verkehr auf der Berninastrecke großen saisonalen und sogar wetterbedingten Schwankungen unterworfen.

Seit der Fusion ist die Rhätische Bahn bemüht, aus der früheren, tramähnlichen Sommerlinie eine leistungsfähige Bahnstrecke zu machen. Nicht beseitigen lassen sich die großen Steigungen und die sehr engen Bögen, die aber sehr zur Touristenattraktion der Berninalinie beitragen.

STATIONIERUNGSORTE

Depots Pontresina und Poschiavo

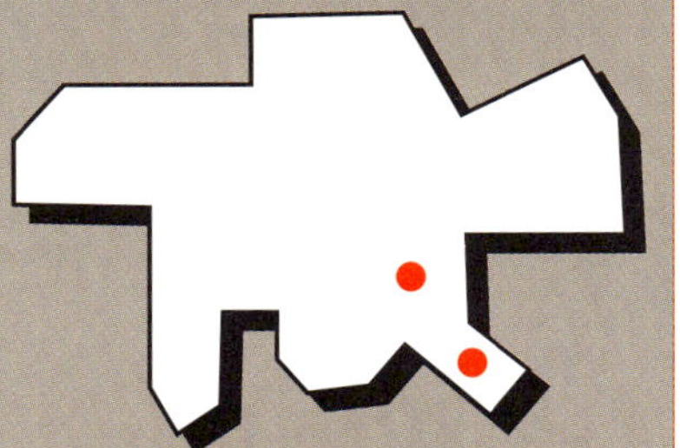

Noch in der alten Beschriftungsvariante präsentiert sich der TW 46 im Jahre 1984

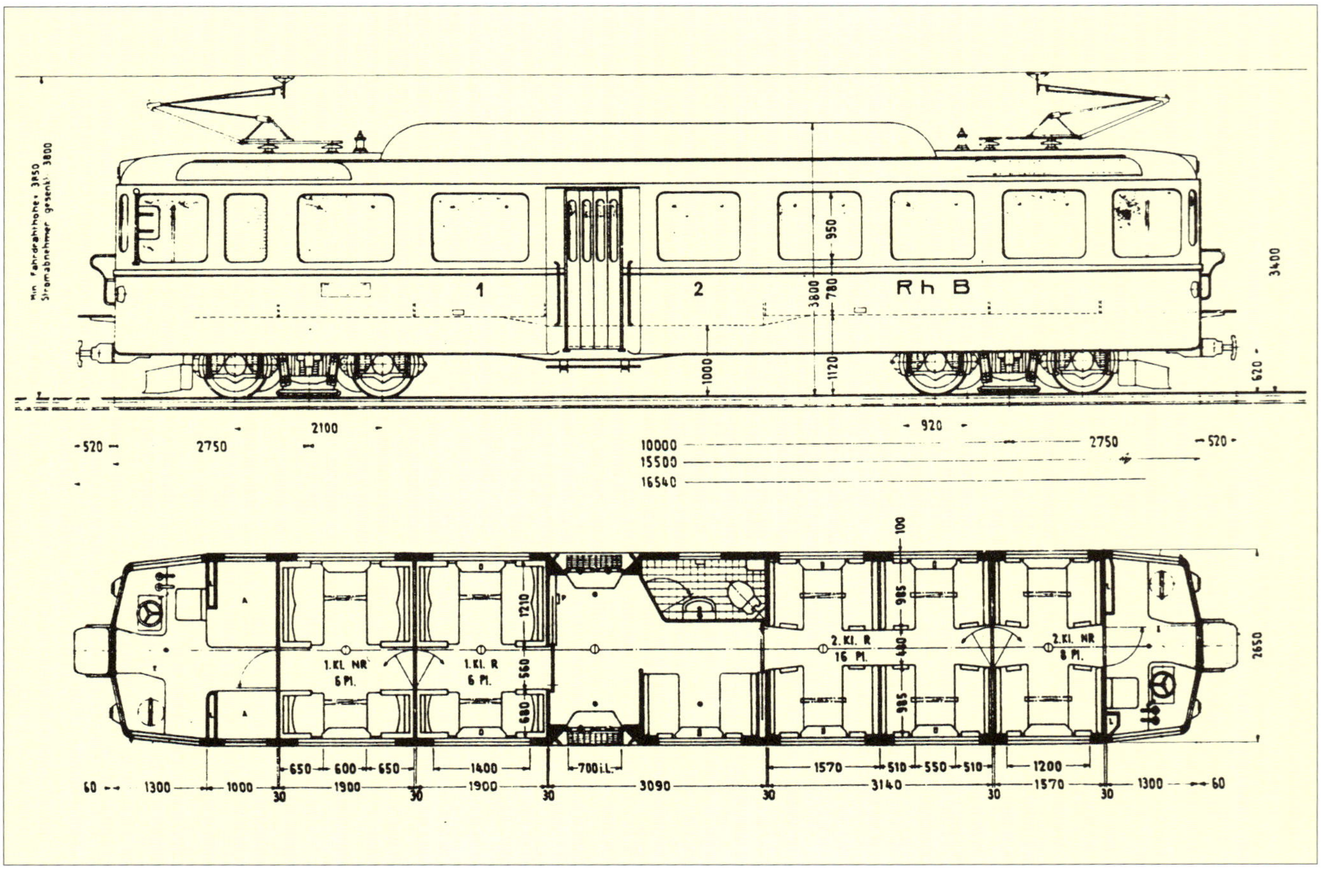

REDAKTION: RONALD GOHL/FRANZ SKVOR; FOTOS: RONALD GOHL (2)

Der vierteiliege Pendelzug mit dem Triebfahrzeug Be 4/4 im Churer Rheintal

Baureihe Be 4/4

Ihre ersten vier Thyristor-Pendelzüge nahm die Rhätische Bahn im Frühling 1971 in Betrieb. Es waren die Triebfahrzeuge Be 4/4 511 – 514, die Zwischenwagen B 2411 – 2414 und die Steuerwagen ABDt 1711 – 1714. Die drei- und vierteiligen Pendelzüge verkehren auf dem Stammnetz zwischen Schiers, Landquart, Chur und Thusis, wo sie seit 25 Jahren die vielen Pendler vom Wohnort zum Arbeitsort befördern.

Unter dem Motto „Schnellverkehr" propagierte die Rhätische Bahn bei der Einführung ihre neuen Triebzüge, die beinahe zu spät abgeliefert wurden. Es stand einiges an Prestige auf dem Spiel. Weil die Triebzüge vor ihrem ersten Einsatz nicht richtig erprobt werden konnten, kam es zu zahlreichen „Kinderkrankheiten" bei der Steuerelektronik, den Transformatoren, Triebradsätzen und anderem. Diese erforderten vom Depot- und Fahrpersonal starke Nerven. Nach diesen Anlaufschwierigkeiten erfüllten die Thyristor-Pendelzüge trotzdem alle in sie gesetzten Erwartungen. Die für die damalige Zeit modernst konzipierten Pendelzüge ergaben durch ihre hohe Reisegeschwindigkeit (erhöhtes Beschleunigungs- und Abbremsvermögen, erhöhte Maximalgeschwindigkeit, kurze Aufenthaltszeiten) beachtliche Fahrzeitverkürzungen (zum Beispiel Chur – Thusis: zwölf Minuten). Die Triebwagen gehören zu den ersten Fahrzeugen mit Thyristorsteuerung.

Im Jahre 1979 folgten zwei weitere gleichgebaute Kompositionen. Schon das erste Pflichtenheft dieser Triebwagenzüge sah vor, den dreiteiligen Pendelzug durch Einfügen eines weiteren Zwischenwagens in einen vierteiligen Zug zu erweitern.

Refit-Aktion nach 25jährigem Betriebseinsatz: Eisenbahn-Rollmaterial zeichnet sich durch Robustheit und entsprechende Langlebigkeit aus, zumindest in seiner Grundsubstanz. Damit aber die Betriebssicherheit, die Betriebszulässigkeit und auch die Akzeptanz durch die Benutzer nicht unzulässig absinken und der Erhaltungsaufwand nicht unverhältnismäßig ansteigt, ist es im allgemeinen notwendig, ungefähr in der Mitte des „Life-Cycle" eine Refit-Aktion einzuplanen. Dabei müssen all jene Fahrzeug-Komponenten ersetzt werden, deren wirtschaftliche Lebensdauer

TECHNISCHE DATEN

Baureihenbezeichnung	Be 4/4
Indienststellung/Umbau	1971/79 (95 – 96)
Hersteller	SIG, FFA, SAAS
Betriebsnummern	511 – 516
Anzahl 1996	6
Höchstgeschwindigkeit	90 km/h
Gewicht	45 t
Länge über Puffer	18700 mm
Höhe	3850 mm
Kastenbreite	2650 mm
Radstand	14730 mm
Netzspannung	11 kV/16,7 Hz
Stundenleistung bei 45 km/h	780 kW
Anzahl Fahrmotoren	4 Elektromotoren
Fahrmotoren Typ	L357b
Anfahrzugkraft	115 kN
Stundenzugkraft	63 kN

FOTO: RHÄTISCHE BAHN

Neuer Führertisch des Be 4/4, anläßlich der Refit-Aktion durch die HW-Landquart ausgeführt

kürzer ist, als diejenige der Fahrzeug-Grundsubstanz. Dies trifft insbesondere bei elektronischen Bauteilen zu. Die heutige Planung sieht den Umbau eines Pendelzuges pro Jahr vor, so daß die Aktion bei allen Fahrzeugen bis zum Jahr 2001 abgeschlossen sein wird.

Konstruktion

Design: Die wagenbauliche Gestaltung der Fahrzeuge entspricht weitgehend den bewährten RhB-Einheits-Personenwagen (EW I). Infolge längerer Fahrzeiten enthalten Trieb- und Zwischenwagen je ein WC.
Als erste Triebfahrzeuge der Rhätischen Bahn trugen die Be 4/4 und die zum Pendelzug gehörenden Steuerwagen das große Kantonswappen an der Stirnfront. Die formschönen, 1971 in Betrieb genommenen Fahrzeuge gelten rein optisch auch heute noch als „modern".
Änderungen durch Refit-Aktion: Leider erlaubte es die derzeit bestehende akute Finanzknappheit bei der RhB nicht, neben den traktionstechnisch notwendigen Umbauten auch die Fahrgasträume einer eigentlichen Refit-Aktion zu unterziehen. Aus diesem Grunde wird für den Fahrgast der mit beträchtlichem Aufwand durchgeführte Umbau kaum erkennbar.

Mechanik: Während die Triebwagen aus einer Stahlkonstruktion bestehen, handelt es sich bei den Steuer- und Zwischenwagen um Aluminiumfahrzeuge in Integralbauweise vom Typ RhB-Einheitswagen EW I. Die Pendelzug-Fahrzeuge weisen einen kleinen Treibraddurchmesser (750 Millimeter) auf, damit die Bodenhöhe bei den Einstiegen reduziert wird. Die beiden Fahrmotoren (Typ L457b) pro Triebdrehgestell sind in Längsrichtung eingebaut und treiben die Treibachsen je über einen Kardanantrieb und ein Winkelgetriebe an.
Weiter ersetzen Scheibenbremsen die sonst üblichen Klotzbremsen.
Wichtigstes, rein äußerliches, mechanisches Merkmal im Vergleich zu den übrigen RhB-Fahrzeugen sind die automatischen Kupplungen (inkl. Luft-, Steuer- und Heizleitungen).
Dank der automatischen Kupplung können die Züge bei allen Gleisverhältnissen der Rhätischen Bahn bedenkenlos vollständig elektrisch gebremst werden.
Änderungen durch Refit-Aktion: An den bereits umgebauten Triebfahrzeugen wurde die Kastenabstützung durch den Einbau von Gleitlagern anstelle der bestehenden Kegelrollenlager verbessert.

STATIONIERUNGSORTE

Depot Landquart

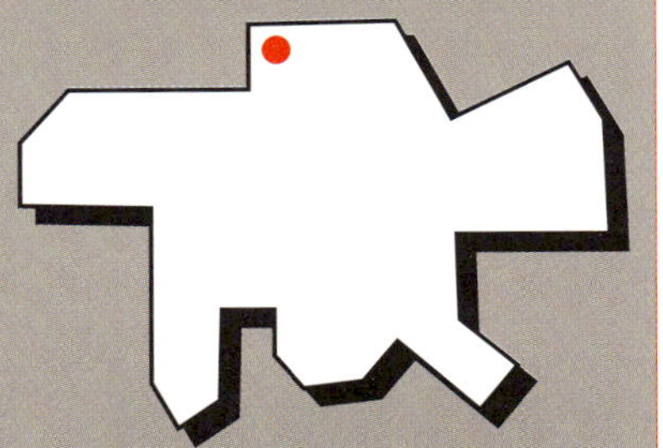

Führerraum: Da Trieb- und Steuerwagen keine Stirnwandtüren aufweisen, ließen sich relativ geräumige Führerstände gestalten.
Der Führertisch wurde anläßlich der Refit-Aktion komplett neu gestaltet. Das für dieses Fahrzeug so charakteristische ovale „Armaturenbrett" mußte einer modernen, zweckmäßigeren Konstruktion weichen.
Die pneumatisch gesteuerten Einstiegstüren werden natürlich wie bei Pendelzügen üblich durch einen Schalter auf dem Führertisch geöffnet und geschlossen.

Die Nr. 513 wurde als erster Be 4/4 einer Refit-Aktion unterzogen. Noch fehlt das Kantonswappen

FOTOS: RONALD GOHL (UNTEN), RHÄTISCHE BAHN (OBEN)

Änderungen durch Refit-Aktion: Die in zwei Stufen wählbare Beschleunigung bzw. Verzögerung wird neu als stufenlose Vorgabe für die maximale Zug- und Bremskraft ausgeführt. Damit kann der Führer seine Fahrweise jederzeit optimal den herrschenden Adhäsionsverhältnissen anpassen.

Elektrische Ausrüstung: Das erforderliche Leistungsprogramm mit nur vier Triebmotoren pro Pendelzug bedingt einen Adhäsionskoeffizienten von 0,25.
Da dies mit den damals üblichen Stufenschaltersteuerungen nicht mit Sicherheit erreicht werden konnte, aber insbesondere auch, weil die vorgesehene Beschleunigungs/Geschwindigkeitsautomatik eine sehr große Schalthäufigkeit ergeben hätte, wurden die Fahrzeuge mit der neuartigen stufenlosen Thyristortechnik ausgestattet.
Der größte Teil der elektrischen Ausrüstung, insbesondere der Transformator und die Hauptstromapparate, befinden sich in der Triebwagenmitte. Sie sind vom Korridor sowie von außen über Klappen und Türen zugänglich. Der Hauptstromkreis besteht aus vier identischen Antriebsgruppen: jede Gruppe umfaßt einen Gleichrichter, eine Glättungsdrossel und einen fremderregten Fahrmotor.
Die Erregerwicklungen aller vier fremderregten Fahrmotoren werden sowohl im Fahr- als auch im Bremsbetrieb von einem gesteuerten Erregergleichrichter in Mittelpunktschaltung (sicherheitshalber redundant ausgeführt) gespeist.
Die Fahrtrichtungsumschaltung erfolgt im Erregerkreis, die motorspezifische Zugkraftsteuerung im Ankerkreis, was einen selektiven Schleuderschutz ermöglicht. Jeder der vier Ankergleichrichter besteht aus einer halbgesteuerten unsymmetrischen Brücke mit je drei parallelgeschalteten Thyristoren bzw. Dioden pro Zweig.
Den Kurzschlußschutz der Gleichrichter besorgt der Hauptschalter, der durch die Maximalstromrelais angesteuert wird. Die Gleichrichter sind luftgekühlt und in Einschubtechnik aufgebaut. Jeder Einschub enthält drei Thyristoren und drei Dioden.
Bei den Fahrmotoren handelt es sich um fremderregte Wellenstrommotoren mit massivem Stahlgußgehäuse und geblechten Polen. Die Hauptanschlußcharakteristik wird durch die elektronische Steuerung künstlich nachgebildet.
Die Hilfsbetriebe sind in der klassischen Art ausgeführt, d.h. die beiden Fahrmotorventilatoren und der Kompressor werden durch Einphasen-Reihenschlußmotoren, das Kühlgebläse des Transformators und des Gleichrichters sowie der Ölpumpe von Einphasen-Asychnronmotoren angetrieben.
Anstelle der sonst bei der RhB üblichen Vakumbremse sind elektrisch und pneumatisch gesteuerte Druckluftbremsen vorhanden. Die Steuerung der pneumatischen Bremse erfolgt in Abhängigkeit von der Wirkung der elektrischen Widerstandsbremse.
Änderungen durch Refit-Aktion: Die Pendelzüge enthalten eine elektronische Geschwindigkeitsregulierung mit Beschleunigungs- und Verzögerungsregelung, welche sowohl auf die Steuerung der Gleichrichter als auch auf die elektropneumatische Bremse des Zuges wirken. Der Führer stellt lediglich die gewünschte Geschwindigkeit ein, alle anderen Vorgänge laufen automatisch ab.
Als wichtige Neuerung der Refitaktion muß auch die neue Leittechnik erwähnt werden.

FOTO: ARTHUR KELLER

Die Be 4/4 trugen als erste Triebfahrzeuge der Rhätischen Bahn das Kantonswappen

Sie umfaßt Funktionen der Fahrzeugsteuerung, der Fernsteuerung über die Vielfachsteuerleitung, der Antriebssteuerung und der Diagnose. Die softwaremäßig in der Fahrzeugsteuerung integrierte „Diagnose“ erfüllt wichtige Aufgaben für Betrieb, Wartung und Unterhalt.

Betriebseinsatz

Das Leistungsangebot der Rhätischen Bahn umfaßt nicht nur den touristischen Fern- und Transitverkehr sowie den Güterverkehr, sondern es dient auch dem lokalen und regionalen Verkehr. Die immer stärker zunehmende Ballung der Bevölkerung im Churer Rheintal bewirkt einen starken Pendlerstrom im Raume Thusis – Chur – Schiers. Diesem Umstand Rechnung tragend, beschaffte die Rhätische Bahn im Jahre 1971 die ersten vier dreiteiligen und im Jahre 1979 zwei weitere dreiteilige Triebwagenzüge.

Die Inbetriebnahme von vier weiteren Zwischenwagen als Anschlußbestellung einer Serie „Spitzenverkehrswagen“ (Aluminiumkasten aus Busbauelementen) ermöglichte im Jahre 1988 die Zusammenstellung von vier vierteiligen Pendelzügen.

Die sechs Triebwagenzüge bilden heute das Rückgrat des Nahverkehrskonzeptes der RhB und bewältigen praktisch den gesamten Vorortverkehr um Chur (von Thusis bis Küblis). Technisch kann der Einsatz auf dem gesamten Stammnetz mit der Einphasen-Wechselspannung von 11 kV erfolgen, also Landquart – Davos – Filisur, Landquart – Chur – St. Moritz, St. Moritz – Scuol, Samedan – Pontresina und Chur – Disentis. Die Laufleistungen der Züge betragen je nach Einteilung ca. 500 Kilometer pro Tag bzw. 120 000 Kilometer im Jahr (Spitzenwerte bis zu 160 000 Kilometer im Jahr).

Änderungen durch Refit-Aktion: Mit der recht aufwendigen „Midlife-Refit-Aktion“ an den genannten Fahrzeugen erhofft die RhB diese im Regional- und Nahverkehr nach wie vor absolut unentbehrlichen Triebwagenzüge während weiteren rund 20 Jahren mit möglichst hoher Verfügbarkeit und geringem Wartungsaufwand einsetzen zu können.

Ein eher seltener Anblick: der abgekoppelte Be 4/4 514 im Depot Landquart

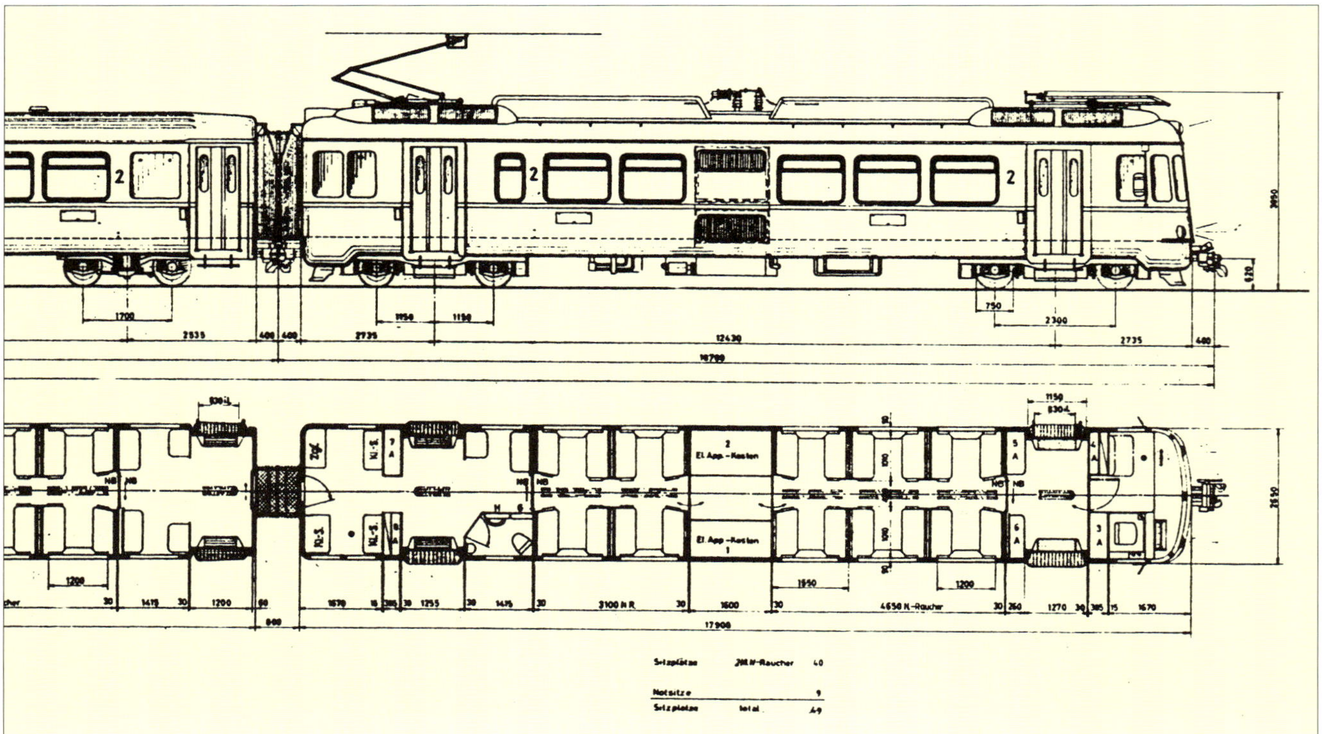

REDAKTION: LEO FÄH; FOTO: RONALD GOHL; TYPENBILD: RHÄTISCHE BAHN

Die Strecke Chur – Arosa hat ausgesprochenen Gebirgscharakter mit Steigungen bis zu 60 Promille

Baureihe ABe 4/4 (ChA)

Für die Gleichstromlinie Chur – Arosa wurden sehr leistungsfähige Triebwagen gebaut, die sich unter extrem schwierigen klimatischen und traktionstechnischen Betriebsbedingungen im täglichen Einsatz bewähren müssen.
Die zwei neusten Triebwagen der Strecke Chur – Arosa stammen aus dem Jahre 1973. Den mechanischen Teil der beiden ABe 4/4 487 und 488 baute die Schweizerische Waggon- und Aufzügefabrik in Schlieren, den elektrischen Teil lieferte die Genfer Firma Sécheron. Aus Kostengründen paßte man die Wagenkästen den drei im September 1970 bestellten Bernina-Triebwagen an. So fiel das Gepäckabteil weg und die Apparatekästen kamen an die gleiche Stelle wie bei den ABe 4/4 47 – 49 (Bernina). Und doch entstand ein wesentlich abgeändertes Fahrzeug
Schon bald soll die Linie Chur – Arosa auf Wechselspannung umgestellt und damit ins Stammnetz der Rhätischen Bahn integriert werden.

Das Schicksal der beiden neuen ABe 4/4 war bei Redaktionsschluß noch nicht besiegelt. Wahrscheinlich werden die Motoren umgruppiert, so daß die Triebwagen mit 1000 Volt Spannung auf der Berninastrecke verkehren können.

Konstruktion

Design: Ein Problem beim Bau dieser Triebwagen bestand darin, sozusagen eine „Lokomotivausrüstung“ in einen Personenwagen zu „verpacken“.
Hinter dem Führerstand befinden sich die Apparatekästen, es folgen zwölf Sitzplätze erster Klasse, eine geräumige Plattform mit den elektropneumatisch betätigten Falttüren, das Abteil zweiter Klasse mit 24 Sitzplätzen sowie der zweite Führerstand. Das Dach ist durch Stromabnehmer, Anfahr- und Bremswiderstände und die Heizstrom-Rutenkupplungen reichlich belegt. Von Anfang an wurden die ABe 4/4 im neuen roten Farbschema der Rhätischen Bahn geliefert.

Mechanik: Bei der Konstruktion des Wagenkastens mußte man neben den Anforderungen an einen fahrgastgerechten und attraktiven Triebwagen auch die elektrischen und pneumatischen Apparate mit ihren Leitungen systemgerecht einbauen. Ausgeführt wurde der Wagenkasten

TECHNISCHE DATEN

Baureihenbezeichnung	ABe 4/4
Indienststellung	1973
Hersteller	SWS, BBC (SAAS)
Betriebsnummern	487 – 488
Anzahl 1996	2
Höchstgeschwindigkeit	65 km/h
Gewicht	45 t
Länge über Puffer	16970 mm
Höhe	3800 mm
Kastenbreite	2650 mm
Radstand	13730 mm
Netzspannung	2400 V=
Stundenleistung bei 25 km/h	480 kW
Anzahl Fahrmotoren	4 Elektromotoren
Fahrmotoren Typ	GDTM 182a4
Anfahrzugkraft	88 kN
Stundenzugkraft	75 kN

FOTO: HEINZ SIGRIST

als selbsttragende, vollständig geschweißte Stahlkonstruktion. Die Drehgestelle entsprechen weitgehend der Bernina-Ausführung, jedoch wurde wegen des Ausmaßes des Motors der Radstand etwas vergrößert. Am Drehgestellrahmen ist eine Zug- und Stoßvorrichtung normaler RhB-Bauart montiert. Bremswiderstände, Überspannungsableiter, Hauptschalter usw. befinden sich auf dem Dach. Die Bremsanlage entspricht den RhB-Normen; dazu kommen bei diesem Triebwagen vier Magnetschienenbremsen.

Führerraum: Der Lokführer ist Bestandteil eines komplexen Mensch-Maschine-Systems. Deshalb wurde besonders darauf geachtet, daß die Bedienungselemente und Anzeigegeräte in den neuen Bernina- und Arosa-Triebwagen gut eingesehen und erreicht werden können. Die Sichtverhältnisse sind großzügig bemessen (auf der kurvenreichen Strecke besonders wichtig). Die Führerstände der neueren TW 487 und 488 sind in jeder Beziehung besser geraten als jene in den älteren TW 481 – 486.

Elektrische Ausrüstung: Die elektrischen Apparate, wie sie im Vorläufer ABDe 4/4 eingebaut sind, waren für die beiden ABe 4/4 nicht mehr erhältlich. Deshalb konzipierte man die

STATIONIERUNGSORTE

Umformergruppe nach neuester Technik. Durch einen Drehstromgenerator mit nachgeschalteten Transformatoren, Gleichrichternund einer entsprechenden Steuerung erfolgt die Versorgung der 300 Volt- und 36-Volt-Stromkreise. Der Umformermotor besitzt einen langen technischen Namen, es handelt sich um einen zweipoligen Hochspannungsdoppelkollektorwellenstromreihenschlußmotor.

Das Konzept der Steuerung mußte auf der Strecke Chur – Arosa beibehalten werden, dementsprechend auch die Charakteristik und Leistung der Antriebsmotoren. So erbringt der Arosa-Triebwagen nur eine Stundenleistung von 480 kW bei 25 km/h. Der gleich aussehende Bernina-Triebwagen schafft 680 kW bei 22,7 km/h. Im unteren Geschwindigkeitsbereich sind alle vier Fahrmotoren in Serie geschaltet, im oberen Bereich operieren nur noch je zwei Motoren in Serie. Das ganze System ist darauf ausgelegt, daß man auf dieser 60-Promille-Strecke, mit einer Vmax von 30 km/h, mit allen Zügen auf „wirtschaftlichen Fahrstufen“, also ohne vorgeschaltete (und energievernichtende) Anfahrwiderstände fahren kann. Es sind somit 16 Stufen auf der Gruppierung „Serie“ vorhanden, dann folgen noch 12 Stufen mit der Motorgruppierung „Serie-Parallel“. Weiter gibt es noch zwei „wirtschaftliche“ Feldschwächstufen.

Alle ChA-TW haben eine Nutzbremsung und bei Ausfall der Rückspeisemöglichkeit eine elektrische Widerstandsbremse. Da seit 1969 auf der einseitig geneigten ChA-Strecke normalerweise Pendelzüge mit bergseitig eingereihtem TW verkehren, kann auf der Talfahrt praktisch das ganze Zuggewicht mit der Nutzstrombremse abgebremst werden. Vorteile: Energie-Rückgewinn, gestreckter Zug ohne Pufferreibung und somit ruhiger Lauf.

Betriebseinsatz

Der Bahnbetrieb auf der Strecke Chur – Arosa war schon immer durch extreme Nachfrageschwankungen gekennzeichnet – je nach Saison, Wochentag, Tageszeit, Wetter, Schulferien usw. können sich die Reisefrequenzen sehr stark und oft auch kurzfristig verändern. In Doppeltraktion verkehren dann oft Züge mit bis zu 120 t Anhängelast vorerst durch die Straßen von Chur und dann auf der 60-Promille-Rampe nach Arosa. Auch die ABe 4/4 487/488 müssen ein breites Einsatz-Spektrum abdecken – vom Alleinfahrer bis zur „Lokomotive“ für schwere Züge. Die Störungshäufigkeit ist auf der ChA-Strecke bei den elektrischen Einrichtungen eher größer als auf dem übrigen RhB-Netz.

Um die 1973 beschafften TW 487 und 488 bei Nichtbedarf auch anderweitig einsetzen zu können, wurden sie so vorbereitet, daß sie mit einem entsprechenden „Trafo/Gleichrichtersteuerwagen“ auch unter 11 kV Wechselsspannung auf dem Stammnetz verkehren können. Mit der vorgesehenen Umelektrifzierung dürfte sich deshalb einiges vereinfachen.

Bald Eisenbahngeschichte: Auf dem Bahnhofplatz von Chur steht der ABe 4/4 487 bereit

REDAKTION: RONALD GOHL; FOTO: RONALD GOHL

Die neuen ABe 4/4 der dritten Serie wirken eckiger als die in den sechziger Jahren gebauten Vorgänger der zweiten Serie

Baureihe ABe 4/4 III (BB)

Ab 1980 sah sich die Rhätische Bahn (RhB) nach neuen Triebwagen für die Berninabahn um. Ein Bedarf an neuen Fahrzeugen war aufgrund der Überalterung einiger aus der Gründungszeit stammender ABe 4/4 I und der gestiegen Frequenzen (beispielsweise mit dem erfolgreichen Bernina-Expreß) vorhanden. Es wurden verschiedene Varianten geprüft, u.a. ein Nachbau der bewährten Triebwagen ABe 4/4 II Nr. 41 – 49, eine Gepäcklokomotive nach dem Vorbild der MOB (GDe 4/4) und verschiedene Triebwagen mit allen elektrisch möglichen Antriebsvarianten.

Im August 1985 entschied sich der Verwaltungsrat der Rhätischen Bahn für die Bestellung von vorerst drei modernen Umrichter-Triebwagen bei der Flug- und Fahrzeugwerke AG in Altenrhein (FFA), heute Schindler Waggon (SWG), für den mechanischen Teil und bei der Brown Boveri & Cie AG in Baden, heute Asea Brown Boveri AG für den elektrischen Teil. Im Lieferungsjahr1988 wurden drei weitere, baugleiche Triebwagen nachbestellt.

Die Anforderungen, welche die RhB an die neuen Triebwagen stellten, waren sehr umfangreich: Die neuen ABe 4/4 III müssen mit allen neueren Fahrzeugen (ABe 4/4 II Nr. 41 – 49, Gem 4/4 Nr. 801 – 802 und Schneeschleudern Xrotet 9218 – 9219) in Vielfachsteuerung verkehren können; auf den 70-Promille-Rampen sollten mindestens 90 Tonnen befördert werden können.

Die Steuerung muß möglichst stufenlos erfolgen, und die beim Bremsen freiwerdende Energie ist ans Netz zurückzugegeben.

Im weiteren müssen den unterschiedlichsten klimatischen Einflüssen (+ 30° C im Sommer in Tirano und – 40° C im Winter auf dem Bernina) sowie den winterlichen Schneestürmen Rechnung getragen werden.

Konstruktion

Design: Der Wagenkasten des Universaltriebwagens genügt vor allem funktionalen Ansprüchen. Mit dem silbergrauen Dach, dem feuerroten

TECHNISCHE DATEN

Baureihenbezeichnung	ABe 4/4 III
Indienststellung	1988 – 90
Hersteller	SWA, ABB
Betriebsnummern	51 – 56
Anzahl 1996	6
Höchstgeschwindigkeit	65 km/h
Gewicht	47 t
Länge über Puffer	16890 mm
Höhe	3850 mm
Kastenbreite	2650 mm
Radstand	13010 mm
Netzspannung	1000 V=
Stundenleistung bei 34 km/h	1016 kW
Anzahl Fahrmotoren	4 Elektromotoren
Fahrmotoren Typ	EAB 2051
Anfahrzugkraft	178 kN
Stundenzugkraft	108 kN

FOTO: RONALD GOHL

Die Front des ABe 4/4 III präsentiert sich mit den eckigen Scheinwerfern sehr modern

Kasten, der Zierlinie und dem schwarzen Unterbau entspricht der Triebwagen dem normalen RhB-Farbschema für neuere Fahrzeuge. Das RhB-Logo und eine moderne Typographie wurde für die Anschriften verwendet, die nach und nach auch auf älteren Triebfahrzeugen und Dienstfahrzeugen zur Anwendung kommen sollen. Auf der Fronttüre, die einen Durchgang zu den angehängten Personenwagen gewährleistet, prangt das Graubündner Kantonswappen.

Im Fahrgastraum finden zwölf Personen in der 1. Klasse und 16 Personen in der 2. Klasse Platz. Gegenüber den Vorgängertriebwagen ABe 4/4 II Nr. 41 – 49 wurde auf acht Sitzplätze in der 2. Klasse zugunsten der elektrischen Apparate verzichtet. Das Design des Innenraums wurde von den Einheitswagen III übernommen. Die Fenster sind, um ein Beschlagen zu vermeiden, doppelt verglast. Die großzügig dimensionierten Heizkörper gewährleisten auch im tiefsten Winter eine angenehme Temperatur. Die Außenfalttüren werden vom Lokführer freigegeben und auch wieder geschlossen. Der großzügige Einstiegsraum dient als Stauraum für Skier, Snowboards und Handgepäck.

Mechanik: Der selbsttragende Wagenkasten aus Stahl ist vollständig elektrisch geschweißt. Auf dem Dach befinden sich neben den Stromabnehmern, dem Hauptschalter und den Bremswiderständen die Ansaugschlitze für die Kühlung der Motoren und Umrichter.
Laufstege ermöglichen das Betreten des Dachs zu Kontroll- und Reparaturzwecken. Im großzügig bemessenen Untergestell sind die Ventilatoren, der Kompressor, die Vakuumpumpe, die Umrichter sowie die Apparatekasten integriert.
In jedem Drehgestell liegen zwei Fahrmotoren parallel zur Achse. Die Kraftübertragung auf die Achsen erfolgt durch ein dauergeschmiertes Radsatzgetriebe mit einer Übersetzung von 1:10,287. Der Wagenkasten stützt sich auf insgesamt acht Schraubenfedern ab. Die Zugkraft wird über den elastisch gelagerten Drehzapfen übertragen.
Nebst der elektrischen Bremse ist eine Druckluftbremse vorhanden, die durch das Vakuumbremssystem gesteuert wird. Bei Rangierfahrten kann der Lokomotivführer direkt über die Druckluftbremse die Fahrt verlangsamen. Das Vakuum wird durch eine Rotationspumpe im Untergestell erzeugt.

Führerraum: Der Führerraum ist von den Fahrgasträumen durch eine abschließbare Tür erreichbar. Die Fronttüre ermöglicht den Durchgang zum zweiten Triebwagen (bei einer Doppeltraktion) oder zu den angehängten Personenwagen. Dieser Durchgang ist allerdings aus Sicherheits- und Komfortgründen nur für das Zugpersonal bestimmt. Der eigentliche Führerstand befindet sich in

Der ABe 4/4 III 52 befindet sich auf der Talfahrt zwischen Ospizio Bernina und Bernina Lagalb, im Hintergrund der Piz Alv

FOTOS: RONALD GOHL

Fahrttrichtung rechts. Er wurde zusammen mit dem Lokomotivpersonal nach aktuellen ergonomischen und technischen Erkenntnissen entworfen. Dabei mußte jedoch auf eine Kompatibilität mit den Triebwagen ABe 4/4 II 41 – 49 geachtet werden; die Anordnung und Anzeigen sollten soweit wie möglich übereinstimmen.

Zwischen Ospizio Bernina und Alp Grüm verläßt der ABe 4/4 III 51 den Dragotunnel

In der Mitte vor sich hat der Lokomotivführer das Handrad für die Steuerung der Motoren. Mit der rechten Hand wird der Zug durch die RhB-übliche Vakuumbremse verlangsamt.

Elektrische Ausrüstung: Bezüglich der elektrischen Aufrüstung entschied man sich nach langer Abklärung für die moderne Umrichtertechnik mit GTO-Thyristoren. Die Pantographen sind – im Gegensatz zu denen auf dem Stammnetz – mit Kohleschleifstücken ausgerüstet. Die Schleifstücke sind für die sehr großen Ströme ausgelegt, trotzdem muß bei voller Leistung mit beiden Panthographen gefahren werden.
Der Strom wird von den beiden parallel geschalteten Stromabnehmern über die Hauptschalter zu den beiden Antriebsgruppen geleitet. Diese sind voneinander unabhängig und versorgen je ein Drehgestell. So kann bei einem Defekt mit nur einem Drehgestell und einer geringeren Leistung weitergefahren werden. Die Energie für die Zugsammelschiene (Heizung in den Wagen), die Heizung im Triebwagen und den allfälligen Betrieb der Schneeschleuder wird über den Hauptschalter direkt aus der Fahrleitung entnommen.
Die zwei Motoren pro Drehgestell werden über die Traktionsumrichter mit GTO-Thyristoren, welche den Gleichstrom in Drehstrom umwandeln, gespiesen. Ein ABB-Asychron-Drehstrommotor hat eine Dauerleistung von 254 kW bei einer Drehzahl von 2106 Umdrehungen pro Minute. Maximal kann ein Motor 425 kW bei 4026 Umdrehungen pro Minute leisten. Beim Bremsen wirken die Motoren als Generatoren; dabei wird die gewonnene Energie an das Netz zurückgeschickt. Kann die Energie nicht an die Fahrleitung abgegeben und vom Netz aufgenommen werden, kommen automatisch die Bremswiderstände auf dem Dach zum Einsatz, welche die Energie vernichten. So wäre auch eine Talfahrt mit der elektrischen Bremse bei gesenktem Stromabnehmer möglich.
Die Hilfsbetriebe, das sind die Ventilatoren und Pumpen zur Motorkühlung, der Kompressor und die Vakuumpumpe, werden über den Bordnetzumrichter ebenfalls mit Drehstrom versorgt. Die sich erwärmenden Apparate, die Stromrichter und die Maschinen werden ölgekühlt. Die Frischluft für die beiden Ölkühler saugen die Öffnungen auf dem Dach an. Die Ansteuerung der Motoren erfolgt mittels Mirkoprozessor. Das Fahrzeugleitgerät in jedem Drehgestell steuert die Zugkraft und den Schleuder- und Gleitschutz. Für die Stromrichterfunktionen im Drehgestell ist ein Antriebsleitgerät im Einsatz. Der Bordnetz-Leitrechner steuert das Bordnetz und die Batterieladung. Er übernimmt auch die Diagnosefunktionen, welche im Störungsfall den Lokomotivführer und das Unterhaltspersonal unterstützen.

Oberhalb der Station Morteratsch gewinnt der Bernina-Express rasch an Höhe

Bei einer Vielfachsteuerung mit konventionellen Fahrzeugen und den Zweikraftlokomotiven Gem 4/4 übernimmt der Bernina-Triebwagen ABe 4/4 III die Umwandlung der Signale, damit die älteren Fahrzeuge nicht aufwendig angepaßt werden müssen.

FOTOS: RONALD GOHL (OBEN), RHÄTISCHE BAHN (UNTEN)

Die Triebwagen der Baureihe ABe 4/4 III verkehren täglich bis zu fünfmal über den Berninapaß und ziehen auch den Bernina-Expreß

Betriebseinsatz

Nach vielen Meß- und Testfahrten mit den ersten drei Triebwagen kamen 1988 die Fahrzeuge in den normalen Betrieb. Die Nachserie mit den Nummern 54 bis 56 wurde 1990 abgeliefert. Unerwartet tief fielen die Lärmemissionen aus.
Die Triebwagen verkehren täglich bis zu fünfmal über den Berninapaß, wobei sie auch den legendären Bernina-Expreß ziehen. Zu beobachten sind die ABe 4/4 III meist in Doppeltraktion, in Vielfachsteuerung mit den älteren ABe 4/4 II oder den Zweikraftloks Gem 4/4, oder in den Randzeiten als alleinfahrender Triebwagen. Weil auf der Berninastrecke die Gütertransporte sehr unregelmäßig anfallen, werden allfällige Güterwagen an die kürzeren Personenzüge angehängt. Deshalb sind meist auch bei wenigen Wagen Doppeltraktionen anzutreffen und reine Güterzüge mit ABe 4/4 III selten.

STATIONIERUNGSORTE

Depots Pontresina und Poschiavo

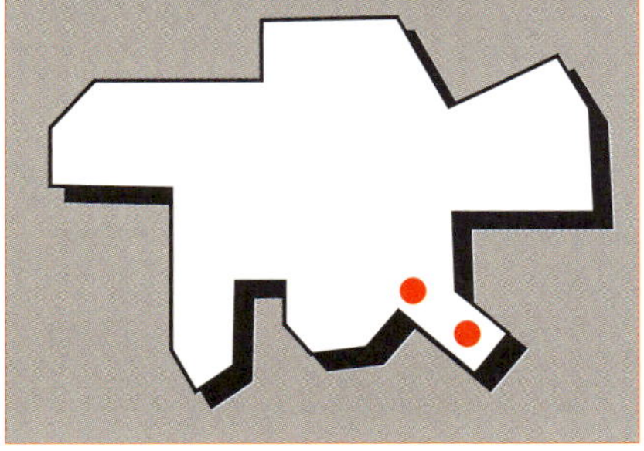

Mit einer Stundenleistung von 1016 kW bei 34 km/h leistet der ABe 4/4 III fast doppelt so viel wie der ABe 4/4 II (680 kW bei 22,7 km/h)

REDAKTION: LUKAS HALDEMANN; FOTOS: RONALD GOHL

Zu den spektakulärsten Fahrzeugen der SBB zählt der Triebzug RA(B)e, der mit den vier gängigen Stromsystemen Europas fährt. Zuerst als reine 1.-Klasse-Züge RAe für den TEE-Verkehr gebaut, wurden die fünf Garnituren 1988 mit der 2. Klasse ausgestattet. Unter der neuen Bezeichnung RABe fuhren sie im EuroCity-Dienst weiter. Im Bild der EC Gottardo Zürich – Mailand D. Beckmann

Loks von DB und ÖBB befahren gemeinsam die Strecke Innsbruck – Rosenheim – München; hier ist eine ÖBB-1044 auf DB-Gleisen unterwegs B. Eisenschink

Dank der Rundumsicht für die Fahrgäste war der Gläserne Zug ein beliebtes Ausflugsfahrzeug – und das Voralpenland ein beliebtes Ausflugsziel B. Eisenschink

Die letzten ÖBB-Lokomotiven mit Kollektormotoren: 4010 (Wechselstrom-Motoren) und 1044 (Gleichstrom-Motoren) in Innsbruck Hbf, August 1992

Einführung

Die Österreichischen Bundesbahnen wurden per 1. April 1921 als selbständiger Wirtschaftskörper der Ersten Republik geschaffen. Die Vorkriegs-Bundesbahnen wurden im Schriftverkehr mit BBÖ abgekürzt, die Eigentumsanschrift an den Fahrbetriebsmitteln lautete dagegen „B.B. Österreich". Die BBÖ wurden ab 18. März 1938 in die Deutsche Reichsbahn übergeleitet. Mit 27. April 1945 provisorisch als Österreichische Staatsbahnen (öStB) wiedererstanden, wurden die Österreichischen Bundesbahnen zum 5. August 1947 ein zweites Mal gegründet. Bis 1953 wurde im Anschriftenfeld der Fahrzeuge wiederum „B.B. Österreich" verwendet, seitdem erst „ÖBB". Je nach Besatzungsstatus hatte der Fuhrpark bis dahin noch differierende Aufschriften getragen, z.B. „US-Zone Österreich".

Der Maschinendienst der ÖBB war bis 1994 dreistufig mit der Maschinendirektion (als Abteilung 6 der Generaldirektion), nachgeordneten Fachabteilungen in den Bundesbahndirektionen Wien, Linz, Innsbruck und Villach und den Zugförderungsleitungen/-stellen gegliedert. Die Hauptwerkstätten unterstanden dagegen direkt der Maschinendirektion.

Im Rahmen der mit dem Bundesbahngesetz 1992 eingeleiteten Organisationsreform wurde der Maschinendienst der ÖBB per 1. Januar 1995 in die beiden getrennten Geschäftsbereiche „Traktion" (TR) und „Technische Services" (TS) zerrissen. Der Bereich Traktion behielt die gegebene Organisationsstruktur der Zugförderung im wesentlichen bei, abgesehen davon, daß die Direktionsabteilungen jetzt „Regionalleitungen" und die Zugförderungen als „Standorte" benannt werden. Die bislang funktionell in die Zugförderungen integrierten Betriebswerkstätten wurden zu TS ausgegliedert. Der Bereich Haupt- und Betriebswerkstätten wurde völlig neu organisiert : Neben einem relativ kleinen TS-Führungsstab (Geschäftsbereichsplanung, Technische Systemplanung, Qualität/Sicherheit/Umwelt und Verwaltung /Informatik) entstanden die Geschäftsfelder Elektrofahrzeuge (ex HW Foridsdorf und Linz), Reisezugwagen und Dieselfahrzeuge (HW St. Pölten und Simmering), Güterwagen (Jedlersdorf), Sonderfahrzeuge und Komponenten (HW Knittelfeld und Werke Wörth), daneben noch ein sekundäres Geschäftsfeld für Anlagen und Werkserhaltung. Die Betriebswerkstätten an den Zugförderungsstandorten wurden nach dem Überwiegenheitsprinzip den Geschäftsfeldern TSE bzw. R zugeteilt und heißen jetzt „Servicestellen".

TS übt die Geschäftstätigkeit nach einem internen Besteller/Erstellerprinzip aus. Kostenträger für die Loks bleibt vorläufig der Geschäftsbereich Traktion (künftig evtl. Güterverkehr?). Die Triebwagen gehören zum Personenverkehr, die Bahndienstfahrzeuge zu den Infrastruktur-Geschäftsbereichen.

Das farbliche Erscheinungsbild der ÖBB-Streckenlokomotiven war bis 1969 durchweg von Tannengrün RAL 6009 in Verbindung mit Alu-farbenen Dächern, schwarzen Fahrwerken und resedagrünen Zierstreifen geprägt. Ab 1970 dominierten Blutorange RAL 2002 und Elfenbein RAL 1014 das Fahrzeugdesign, 1985 trat Umbragrau RAL 7022 für Dächer und Untergestelle hinzu. 1990 wurde Blutorange durch das kräftigere Verkehrsrot RAL 3020 und Elfenbein durch Achatgrau RAL 7038 oder Grauweiß RAL 9002 abgelöst. Bei den Triebwagen wurde der Basisfarbton Ultramarinblau RAL 5002 beibehalten. Am 31. Dezember 1976 endete der planmäßige Betrieb mit ÖBB Dampfloko-

AUFNAHME: PETROVITSCH

Schnellfahr-Einzelstück 1044.501 und Zweisystemlok 1014.001 mit Asynchrontechnik in Wien Süd

motiven auf Normalspurstrecken (30. September 1978 auf der Erzberg-Zahnradbahn). Die letzte normalspurige Dampflok (93.1326) wurde am 20. September 1982 ausgemustert. Planmäßiger Dampfbetrieb besteht noch auf den meterspurigen Zahnradbahnen auf den Schafberg und den Schneeberg. Die Umstellung auf Dieseltraktion hatte sich angesichts der fortschreitenden Elektrifizierung im wesentlichen auf sekundäre Hauptstrecken und den Nebenbahnbereich beschränkt. Die elektrifizierten Strecken machen zwar nur etwa 58 Prozent des gesamten ÖBB-Netzes aus, auf ihnen werden aber fast 95 Prozent der Beförderungsleistung (Bruttotonnenkilometer) erbracht. Zwischen Bregenz und Salzburg war bereits um 1930 die Vollelektrifizierung abgeschlossen, 1935 kam die Tauernbahn hinzu. Ende 1952 erreichte die Westbahn-Elektrifizierung Wien. 1956 bis 1966 wurden der Südbahn- und Ennstalbereich elektrifiziert, bis 1977 auch die Pyhrnachse.

Die Weiterelektrifizierung konzentrierte sich fortan vorrangig auf Ergänzungsstrecken in der Ostregion, daneben auf das Pustertal. Abgesehen vom Anschluß in die Slowakei via Parndorf ist der Netzausbau abgeschlossen. Zuwächse entstehen noch durch abschnittsweisen Viergleisausbau der Westbahn und Bypass-Tunnel zur Entlastung von Ballungsräumen. Durch den Netzverbund mit der DB (und auch SBB) trifft seit 1995 übrigens die traditionelle Systemangabe 15 kV/16 2/3 Hz nicht mehr exakt zu, denn die Nennfrequenz des Bahnstromnetzes wurde auf 16,700 Hz geändert (wegen Problemen der DB-Umformersätze im Kernkraftwerk Neckarwestheim II im genauen Synchronismus 50/3 Hz).

Eingereihte Zwischenlok auf der Arlberg-Westrampe (31 Promille) auf der Schanatobelbrücke

Die vorliegende Broschüre gibt einen Überblick über alle zum Stichtag 1. Januar 1998 im Bestand der ÖBB geführten Triebfahrzeuge und selbstfahrenden Bahndienstfahrzeuge ab 147 kW (200 PS) Antriebsleistung. Der Anhang I listet die seit 1988 aus dem Erhaltungsbestand ausgeschiedenen Reihen auf. Anhang II stellt die für die ÖBB-Servicestelle Nostalgieverkehr noch betriebsfähig erhaltenen älteren Reihen vor. Der beschränkte Umfang läßt es nicht zu, auf sonstige bei Vereinen und Institutionen bewahrte Museumsfahrzeuge umfassend einzugehen.

Traktionstechnik

Mit Ausnahme der durch Hügelland trassierten Donauachse weisen alle Hauptrelationen der ÖBB Gebirgsbahnabschnitte auf: Semmering, Wechsel, Schoberpaß, Pyhrn, Neumarkter Sattel, Tarvis, Tauern, Pustertal, Paß Grießen, Brenner und Arlberg. Die Reibung zwischen Rad und Schiene gestattet es, daß eine Lokantriebsachse eine Zugkraft ausübt, die etwa einem Viertel – bei günstigen Adhäsionsbedingungen maximal einem Drittel – ihrer Radsatzlast gleichkommt. Eine Vierachslok mit 84 Tonnen Masse (= 824 kN Gewicht) bringt bei entsprechender Motorisierung und optimalen Reibungsverhältnissen eine Anfahrzugkraft bis zu 280 kN auf die Schienen. Üblicherweise kalkuliert man bei 21 t Radsatzlast mit einer verläßlich übertragbaren Zugkraft von 50 kN pro Antriebsachse. Leistung ist gleichbedeutend mit Energieeinsatz pro Zeiteinheit. Für die Traktion läßt sie sich als Produkt der Momentanwerte von Kraft und Geschwindigkeit darstellen. Für überschlägige Rechnungen werden alle zum Fahrwiderstand beitragenden Kräfte auf das Zuggewicht bezogen. Auf ebenem Gleis kann mit 40 kN erfahrungsgemäß der Rollwiderstand einer 1000 t schweren Garnitur überwunden werden (gilt in dieser einfachen Form nicht mehr, wenn bei hoher Geschwindigkeit oder im Tunnel der Luftwiderstand überproportional ansteigt).

Auf einer Steigung tritt die Hubarbeit entgegen der Schwerkraft hinzu. Pro 1 Promille Steigung beträgt sie für einen 1000-t-Zug 10 kN, auf der für die meisten Rampenstrecken maßgeblichen Steigung von etwa 26 Promille somit 260 kN. Zusammen mit dem gleichermaßen wie in der Ebene wirksamen Rollwiderstand muß am Berg für den 1000-t-Zug (Lokgewicht inclusive) folglich eine Traktionskraft von 300 kN aufgebracht werden. Hierzu treten noch gewisse Zuschläge für rotierende Massen, Beschleunigungsreserve, Losbrechwiderstand usw. Soll ein 1000-t-Zug konstant mit 72 km/h (= 20 m/sec) auf

AUFNAHMEN: PETROVITSCH

26 Promille bergwärts fahren, errechnet sich die umgesetzte Leistung als Produkt aus 300 kN Traktionskraft und 20 m/sec Geschwindigkeit zu 6000 kW (ohne Beschleunigungsreserve usw.). Ein 1000 t-Zug benötigt am Berg sowohl aus Gründen des erforderlichen Reibungsgewichtes als auch der installierten Leistung stets zwei Triebfahrzeuge. Die normierten Anhängelasten für 60 km/h auf 26 Promille betragen für die Reihen 1010/1110, 1044 und 1822 je 550 Tonnen, für 1012 und 1016 mit optimierter Zugkraftregelung sollen es 650 Tonnen sein.

Der Anfahrvorgang bringt zwar in den langsam drehenden Lokmotoren mangels Gegeninduktionsspannung hohe Ströme, die primärseitige Gesamtleistung bleibt aber wegen der niedrigen Stufenspannung gering. Ein von 60 auf 80 km/h bergwärts beschleunigender, dreifach bespannter 1650-t-Zug nimmt dagegen aus der Fahrleitung eine Kurzzeitleistung von gut 15 Megawatt auf. Im Fall der im Phasenanschnitt gesteuerten 1044 bringt der ungünstige Leistungsfaktor von etwa 0,7 zudem hohe, verlustbehaftete Blindleistungsflüsse.

Spezielle Traktionsformen wie Zwischenlokeinsatz oder Schiebedienst wären längst passé, hätte Europa – wie es einst schon vereinbart worden war – die höher belastbare Unikuppler-Mittelpufferkupplung eingeführt. Auf Rampenstrecken mit maßgeblichen Steigungen in der Größenordnung von 26 Promille könnten hiermit Zuglasten bis 2250 t durch Vorspannen einer entsprechenden Anzahl vielfachgesteuerter Zugloks bewältigt werden.

Die Realität muß sich der immer noch recht begrenzten Zugfestigkeit der üblichen Hakenkupplung unterordnen. Das Zusammenspiel von Steigungs-, Lauf- und Beschleunigungswiderständen (auf 26 Promille Steigung anteilig ca. 75 + 10 + 15 Prozent) darf bei Spitzentraktion die Streckgrenzlast der Zugvorrichtung von 450 kN Längskraft nicht übersteigen.

Traktionsprobefahrten mit 1044.063 und 064 am Semmering; zwischengereiht ist der alte E-Meßwagen 99–73 001 (aufgenommen in Breitenstein, November 1988)

Die UIC-Richtlinie normiert mit reichlichem Sicherheitsspielraum ein Wagenzuggewicht von maximal 1060 t auf 26 Promille. Bedenken wegen des einseitigen Pufferdrucks in engen Kurven hatten eine Abkehr von der in der Dampflok-Ära selbstverständlichen Schiebelokpraxis mit sich gebracht. Mit steigenden Zuglasten bot sich als gangbarer Ausweg die räumliche Verteilung der Antriebseinheiten innerhalb des Zugverbandes. Es bestehen Parallelen zu den „amid train helper units" bei überseeischen Schwerlastbahnen. Eine in den Wagenzug eingereihte Zwischenlokomotive soll grundsätzlich keine Schubkraft ausüben.

Die Wagenzuglänge hinter der Zwischenlok darf maximal das von der Zughakengrenzlast bestimmte Limit erreichen. Die nicht durch den vorderen Zugteil absorbierte Restzugkraft der Spitzenlokomotive(n) überlagert sich der Zugkraft der Zwischenlokomotive. Die kritische Stelle in Bezug auf die Beanspruchung der Kupplungen liegt folglich unmittelbar hinter der Zwischenlok. Bei den ÖBB waren oftmals nur einige wenige Wagen zwischen Spitzen- und Zwischenlok eingereiht. Die mögliche Gesamtschlepplast zweier Loks der Reihen 1020, 1110 oder 1044 von 2 x 550 t liegt nur um 40 t über der laut Normierung maximal ziehbaren Last von 1060 t. Bei Dreifachtraktion war das mögliche Zugbild auf 26 Promille-Rampen Vorspann + Zuglok + 550 t Wagenlast + Zwischenlok + 1060 t restliche Wagen.

1500-Tonnen-Zug zum Brenner mit Vorspann-und Zuglok 1020 sowie Schiebelok 1110 in Matrei

Die Kupplungsbauart vor 1950 ließ maximal 770 t Anhängelast auf 26 Promille zu. Für Militärtransporte zwecks Besetzung Italiens nach dem Badoglio-Putsch verkehrten am Brenner im Herbst 1943 erstmals 1100 t schwere Züge mit Zug- und Schiebelok der Reihe E 94. Für die Betriebssicherheit des Nachschiebedienstes kommt neben Reihungsbeschränkungen und Schiebedruckbegrenzung vor allem der konformen Bedienung aller Triebfahrzeuge höchste Bedeutung zu. Sie wird

AUFNAHMEN: PETROVITSCH

Semmering-Meßfahrten zur Rückspeisebremsung mit den Brennerloks 1822.022 und 004 sowie dem E-Meßwagen 99–94 001 (Mürzzuschlag, Juni 1993)

heute durch den hierfür adaptierten Zugfunk (doppelte Funkausrüstung mit Wechselsprech-Betriebsart C) erleichtert.

Seit Mai 1979 werden 1500 t-Züge auf der Brenner-Nordrampe mit zwei Spitzen- und einem Nachschiebetriebfahrzeug geführt. Für die Druckkraft der Schiebelok gilt eine Begrenzung auf 150 kN entsprechend einem geschobenen Zuglastanteil von 490 t (vorderer Zugteil 1060 t gezogen). Auslösendes Moment für die Abkehr vom Zwischenlokeinsatz war die Weigerung der FS, im systemgetrennten Grenzbahnhof Brenner weiterhin den Ausreihverschub vorzunehmen. Die Zulässigkeit des Schiebedienstes wurde seitdem auf Tauern, Arlberg (1984), Giselabahn, Lienz – Innichen (1989) und – beschränkt auf Ganzzüge aus Vierachswagen – 1991 sogar auf die Engradien des Semmering ausgedehnt. Die „symmetrische Bespannung mit Zug- und Schiebelok“ (statt Vorspannstellung) wurde bei den ÖBB zur betrieblichen Norm erhoben. Jenseits des Scheitelpunkts geht dann die Funktion der Schlußlok in die eines „Bremsnachspanns“ über, der den gestreckten Wagensatz elektrisch bremsend in Beharrungsfahrt hält. Im Gegensatz dazu unterliegt die elektrische Bremsung durch die Spitzenlok den gleichen Pufferdruckbeschränkungen wie die bergwärts ausgeübte Druckkraft einer Schiebelok. Ein weiteres „Dogma“ kam unter Handlungszwang ins Wanken. Für die in Brennersee endenden Niederflurzüge wurde unter Sonderbedingungen (letzte fünf Niederflurwagen beladen) ein Nachschiebevorgang für 330 t Teilzuglast zugelassen. Als Schiebelok dient dabei die vor der Rampe in Kufstein oder Innsbruck vorbereitend für die Rückfahrt an den Zugschluß umgesetzte DB-Lok 139. Die Zuglok der Reihe 1012 vermag eine anteilige Anhängelast von 650 t zu schleppen.

Die wichtigsten Lokreihen der ÖBB (1044, 1043, 1042, 1110. 500) besitzen thyristorgeregelte Gleichstrom-Widerstandsbremsen mit Dauerbremsleistungen von etwa 2400 kW. Nur die neuen Streckenloks mit Drehstromantriebstechnik (1146, 1822, 1014/1114, 1012) speisen Bremsenergie primärseitig zurück. Bei Talfahrt kann nur jener Anteil der bergwärts eingesetzten Energie abzüglich Wirkungsgradverlusten rückgespeist werden, der nicht durch die grundsätzlichen Fahrwiderstände der Wagengarnitur zufolge Lagerreibung, Kurvenspießgang, Aerodynamik usw. sowohl berg- als auch talwärts unweigerlich aufgezehrt und als Wärme abgegeben wird. Der reale Rückspeisegrad ist in einer Größenordnung von 20 bis 25 Prozent anzusetzen.

Die schwankende, im Detailverlauf nicht vorauskalkulierbare Bremsrückspeisung vermindert zwar unter dem Strich den Gesamtenergieverbrauch, kann aber die stete Bereithaltung entsprechenden Leistungsvermögens zur Abdeckung von Traktionsspitzen überhaupt nicht substituieren. Rekuperation vermindert daher in keiner Weise das vorzuhaltende Kraftwerks-Spitzenleistungsvermögen, also letztlich das hierzu erforderliche Ausbauvolumen.

Die historische Arlberglok 1180.09 von 1927 hat Kuppelstangen trotz des Einzelachsantriebs mit drei Tatzlagermotoren (Wald am Arlberg, Februar 1998)

AUFNAHMEN: PETROVITSCH

1010.001 – eine der beiden 1010 mit lenkergeführten Drehgestellen – in der Zugförderung Innsbruck im September 1996

Baureihen 1010/1110

Als erste Baureihe von Schnellzuglokomotiven der Nachkriegs-ÖBB wurde 1952 die Co'Co'-Type 1010 in Auftrag gegeben. Vorbild der 1010.01-20 und 1110.01-30 war in gewissem Maße die Gotthardlok Ae 6/6 der SBB. Die Reihe 1010 erbringt eine Stundenzugkraft von 155 kN bei 91 km/h und 130 km/h Höchstgeschwindigkeit, die niedriger für 110 km/h übersetzte Variante 1110 hat bei 77 km/h eine Stundenzugkraft von 181 kN.

Als primäres Einsatzgebiet war die Westbahn Wien – Buchs SG bzw. Passau bestimmt. Die geforderte Einsatzmöglichkeit auf der Ennstalstrecke Amstetten – Bischofshofen mit damaligem Achslastlimit von 18 Tonnen führte zur sechsachsigen Bauart. Zugleich war die Reihe 1010/1110 späterhin für den Einsatz auf der Südbahn in Aussicht genommen. Im tatsächlichen Betrieb ab 1961 traten auf den dortigen Engradien (189 m) jedoch mangels querelastischer Achsführung starker Spurkranzverschleiß und Speichenanrisse auf. Jedes symmetrische, dreiachsige Motordrehgestell stößt an die Problematik bezüglich der Drehzapfenanordnung, die zwangsläufig mit der Mittelachse kollidiert. 1010.01 und 02 wurden diesbezüglich ohne Realdrehzapfen mit lenkergeführten Drehgestellen ausgeführt, auf denen der Kasten mittels je zweier Wiegebalken aufliegt. Die hochliegende Einleitung der Zugkraft 825 mm ü. SOK führte zu achsentlastenden Kippmomenten. Den lenkergeführten Drehgestellen blieb in der Erstausführung somit die Bewährung versagt.

Die 1955/56 gelieferten 1010.03 bis 20 wurden daraufhin mit konventionellen Drehgestellen ausgeführt, bei der der Drehzapfen unterhalb der Mittelachse angeordnet ist. Feststehende, vom Lokrahmen tiefreichende seitliche Vertikalstutzen tragen das „Andreaskreuz", das das Drehgestell diagonal untergreift (Unterkante 160 mm ü. SOK) und die Drehpfanne trägt. Diese Konstruktion verbindet sich funktionell mit

Technische Daten

Baureihenbezeichnung		1010	1110	1110.5
Indienststellung (1. Jahr)		1955	1956	1974
Anzahl gebaut/Bestand 1998		20/18	30/19	10/10
Betriebsnummern, Stand 1998		*)	**)	***)
Hersteller				
Fahrzeugteil			SGP Graz	
E-Teil			ABES	
Achsformel			Co'Co'	
Länge über Puffer	mm	17860	17860	17860
Dienstmasse	t	106[1]/109,8	106/109,8[2]	107,2/109,8[3]
Stromsystem				15 kV/16,7 Hz
Steuerungsbauart				Hochspannungs-Stufenschaltwerk
Antriebsbauart				BBC-Hohlwellen-Federantrieb
Stundenleistung	kW	4000	4000	4000
Geschw. bei Stundenleistung	km/h	91	77	77
Höchstgeschwindigkeit	km/h	130	110	110
Zugkraft bei Stundenleistung	kN	158	184	184
Anfahrzugkraft	kN	280	280	280
System E-Bremse		–	–	Gleichstrom-W
Dauerleistung E-Bremse	kW			2460

[1] 1010.001, 002 [2] 1110.001–004 [3] 1110.502
*) 001–007, 009–017, 019, 0 **) 001, 003, 004, 006–012, 014–018, 020, 023, 025, 027, 028
***) 502, 505, 516, 519, 521, 522, 524, 526, 529, 530

AUFNAHME: PETROVITSCH

Serienbauform der 1010 mit tiefliegendem Drehzapfen im „Andreaskreuz": 1010.005 mit Neubau-Stirnseiten in Innsbruck, Mai 1993

einer Tiefanlenkung der Zugkraftübertragung 255 mm ü. SOK. Die Kastenabstützung erfolgt über einen Wiegenrahmen. Zum Ausbau der Mittelachse samt deren aufgesetzten Motors (nach unten mittels Achssenkbühne) müssen bei 1010.03 – 20 jeweils das 1,9 t schwere Andreaskreuz und der längsliegende Drehzapfenträger im Drehgestell demontiert werden.

Eine verbesserte Drehgestellausführung mit ideellem Drehzapfen wurde an der 1110.05 getestet, woraufhin die 1959 – 1961 gelieferte Serie 1110.11 – 30 derartige Drehgestelle erhielt. Die Drehgestelle aller Teilserien sind über federnde Dauerkupplungen verbunden. Entsprechend dem Vorbild der Ae 6/6 wurden die 1010/1110 mit einseitigem BBC-Hohlwellen-Federantrieb ausgeführt, während die gleichzeitig konstruierte Bo'Bo'-Reihe 1141 mit dem neuen SSW-Gummiringfederantrieb ausgeführt wurde. Schweizerischer Konzeption entspringt auch die – in Österreich erstmalig ausgeführte – Hochspannungs-Stufensteuerung.

Flugschneeproblemen mit der Erstbauform wurde bei der 1110-Nachlieferserie Nr. 11 – 30 mit zusätzlichen tiefreichenden Frontschürzen begegnet. Im Zuge von Unfallausbesserungen wurden später auch andere Loks mit geänderten Kopfstücken versehen.

1974/75 wurden zehn 1110 mit thyristorgeregelten Gleichstrom-Widerstandsbremsen ähnlich jenen der Reihen 4010 und 1042.531 ff. nachgerüstet. Die Auswahl der umzubauenden Loks ergab sich aus der damaligen Zeitfolge der Revisionsfälligkeit. Nach Abschluß der Umbauaktion wurden die betroffenen Loks in Reihe 1110.500 unter Beibehaltung der ursprünglichen Ordnungsnummern umgezeichnet (1110.502, 505, 516, 519, 512, 522, 524, 526, 529 und 530).

Mit einer Bremsleistung von 2460 kW vermag eine solche 1110.500 eine nachdrückende Anhängelast von ca. 450 t auf 25 Promille-Gefälle in Beharrung zu halten. Die Bremswiderstände wurden in Form nachträglicher Dachaufbauten aufgesetzt, gleichzeitig mußten die ausgreifenden Scherenstromabnehmer Bauart V raumsparenden Einholmbügeln Typ VI weichen. Die Widerstandsaufbauten reichen bis an die Profilgrenze II heran.

Im Zuge einer Neuklassierung der ÖBB-Strecken wurden die zehn Jahre lang in Bludenz zusammengefaßten 1110.500 im Jahr 1996 von ihrer Stammstrecke über den Arlberg verbannt. Die Alterung stählerner Brücken läßt weiterhin die Meterlast sechsachsiger Loks nicht mehr immer zu. Seitdem werden die 1110.500 von Villach nach Tarvis und Jesenice eingesetzt.

Eine nachträgliche Änderung der Silhouette erfuhren die zwischen 1992 und 1997 hauptrevidierten Loks 1010.005, 011, 012, 015, 016, 017, 019 sowie 1110.004, 015, 516, 018, 519, 521, 522, 524, 529 und 530. Geräumigere Führerstande und zusätzlicher Rammschutz zeichnen sich in einer vorspringenden Frontform ab.

MIt der im Dezember 1997 aus der Hauptwerkstätte (neu: „TS-GF E-Werk") Linz ausgetretenen 1110.522 liefen die Hauptausbesserungen der Altbaureihen 1010/1110 definitiv aus. Abgesehen von den bei Frontalzusammenstößen demolierten 1010.006 und 1110.13 wurde per 1. Januar 1998 auch schon die als Ersatzteilspender ausgeschlachtete 1010.018 ausgemustert. Ergäbe sich die Möglichkeit zur zwischenzeitlichen Anmietung geeigneter Ersatzloks, würden die Reihen 1010/1110 sogar noch vor ihrer Ablösung durch die Neubaureihe 1016 aus dem Bestand genommen werden.

110.522 mit lenkergeführten Drehgestellen: Eine der zehn mit E-Bremse nachgerüsteten Loks

Beheimatungen

Zugförderungsstellen
1010: Linz, Salzburg
1110.0: Linz, Villach
1110.5: Villach

AUFNAHMEN: MÖSL

Drei Prototypen ohne Serie: 1012.001 auf Einschulungsfahrt in der Zugförderung Saalfelden im Dezember 1997

AUFNAHME: MÖSL

Baureihe 1012

Den jüngsten Zugang im ÖBB-Ellokpark stellen die Lokomotiven der Reihe 1012 dar, die erst im Dezember 1997 formell übernommen wurden. Dabei handelt es sich um drei Prototypen für eine Hochleistungslokomotive neuester Generation, die mit ihrer Drehstrom-Umrichter-Technik derzeit die stärkste und schnellste ÖBB-Lokomotive darstellt. Im Zuge des Ausbaus der Westbahn Wien – Salzburg für eine Höchstgeschwindigkeit von 200 km/h bestand der Bedarf für eine Hochleistungslokomotive mit einer Höchstgeschwindigkeit bis zu 230 km/h. Diese sollte einen Zwölf-Wagen-Schnellzug mit 220 km/h sowie einen 600-t-Güterzug auf den kurvenreichen, alpinen ÖBB-Strecken (z. B. Arlberg- und Tauernbahn) mit 100 km/h befördern können. In ihrer technischen Konzeption als moderne Universallokomotive befindet sich die Reihe 1012 in derselben Leistungsklasse wie die DB-BR 101 oder SBB-Re 460. Dabei stellt die unter Federführung von Siemens konstruierte Maschine eine Synthese aus dem „Eurosprinter"-Konzept von Siemens und dem „Eco 2000"-Konzept von Adtranz dar: Der formschöne, in hellgrau, verkehrsrot und umbragrau gehaltene Lokkasten aus gesicktem Stahlblech bildet mit dem Untergestell einen U-förmigen Träger. Die beiden druckertüchtigten, klimatisierten Endführerstände wurden aus glasfaserverstärktem Kunststoff ausgebildet. Beide Führerstände sind über einen Mittelgang im Maschinenraum erreichbar, dessen Aluminium-Hohlraumdach in zwei Teilen abnehmbar ist. Entsprechend dem modularen Konzept sind im Maschinenraum die einzelnen Komponenten in Großmöbelbauweise angeordnet. Die beiden Drehgestelle wurden vom für den mechanischen Teil verantwortlichen SGP-Werk Graz neu entwickelt und vereinen optimale Bogenlaufeigenschaften mit hoher Stabilität, so daß auf bogenreichen Gebirgsstrecken der Verschleiß von Rad und Schiene wesentlich verringert wird.

Seit März 1998 kommen die drei Prototypen, die sich durch gute Laufruhe und sehr leises Fahrgeräusch auszeichnen, nun planmäßig vor den rund 1100 Tonnen schweren Zügen der „Rollenden Landstraße" auf der Brennerstrecke zwischen Kufstein und Brennersee zum Einsatz.

Technische Daten

Baureihenbezeichnung		1012
Indienststellung (1. Jahr)		1997
Anzahl gebaut/Bestand 1998		3/3
Betriebsnummern, Stand 1998		001–003
Hersteller		
Fahrzeugteil		SGP-VT
E-Teil		Siemens
		Adtranz
Achsformel		Bo'Bo'
Länge über Puffer	mm	19300
Dienstmasse	t	82,6
Stromsystem		15 kV/16,7 Hz
Steuerungsbauart		*)
Antriebsbauart		**)
Dauerleistung	kW	6400
Geschw. bei Dauerleistung	km/h	93
Höchstgeschwindigkeit	km/h	160/230[1]
Zugkraft bei Dauerleistung	kN	224
Anfahrzugkraft	kN	260
System E-Bremse		Rekuperation
Dauerleistung E-Bremse	kW	1600[1]

*) Vierquadranten-GTO-Umrichter, wassergekühlt, Gleichspannungs-Zwischenkreis, Pulswechselrichter, Einzelachsantriebsregelung

**) Drehstrom-Asynchronmotoren, IGA-Kardan-Hohlwellenantrieb

[1] Bremskraftbegrenzung auf 120 kN

Beheimatungen

Zugförderungsstelle: Innsbruck

Eine bevorzugte Probefahrtlok ist die leichte 1114.017, hier mit dem Jenbacher Gelenkzug-Erprobungsträger „Integral“ (November 1996)

Baureihen 1014/1114

Die Bestellung der achtzehn Zweifrequenzloks Reihe 1014 bei ELIN/SGP für den Ostverkehr war vorauseilend unter dem Aspekt einer für 1995 angestrebten, dann aber nicht zustandegekommenen, gemeinsamen Weltausstellung in Wien und Budapest erfolgt. Die anfängliche Projektbezeichnung als Reihe 1246 verweist auf die Weiterentwicklung aus den Umbauloks 1146.

Die Traktionsausrüstung der Lokomotiven der Baureihe 1014 arbeitet mit Frequenzthyristor-Umrichtern pro Drehgestell. Als Energiespeicher im Zwischenkreis dienen Elektrolytkondensatoren.

Neben drei EC-Paaren nach Budapest bespannen die 1014 neuerdings auch Wendezüge im Stundentakt über die ROeEE/GySEV nach Sopron.

In Richtung Tschechien kommen die österreichischen Zweisystemloks nur im Grenzübergabeverkehr bis Breclav. Der 1014-Umlauf schließt zeitweise auch schwere Kohlenzüge ab Breclav pred zu den Kraftwerken Dürnrohr und Werndorf ein. Ab 1999 könnten auch Leistungen Richtung Slowakei via Parndorf – Petrzalka nach Bratislava hinzutreten.

Die Loks des EC-Verkehrs nach Budapest (1014.005-007, 009, 015) sind mit insgesamt vier Stromabnehmern voll bestückt und mit MAV-Führerstandsignalisierung EVM 120 versehen.

Die seit Mai 1997 mit ÖBB-Wendezügen über die ROeEE/GySEV nach Sopron fahrenden Loks (1014.012 und 014, 1114.017 und 018) tragen abweichend nur einen MAV-Zusatzstromabnehmer mit der um 140 mm breiteren Wippe. Nach Breclav fahren die 1014 mit den normalen ÖBB-Stromabnehmern von 1950 mm Wippenbreite.

Bei Versuchsserien mit erhöhten Kurvenfahrgeschwindigkeiten wird auf die 1114 ein spezieller Stromabnehmer Schunk WBL 85 aufgesetzt, der das Wankverhalten des Lokkastens mittels einer pneumatisch gesteuerten, seitenverschieblichen Wippe kompensiert.

Technische Daten

Baureihenbezeichnung		1014	1114
Indienststellung (1. Jahr)		1994	1994
Anzahl gebaut/Bestand 1998		15/16	3/2
Betriebsnummern, Stand 1998		001–016	017, 018
Hersteller			
Fahrzeugteil		SGP-VT	SGP-VT
E-Teil		ELIN	ELIN
Achsformel		Bo'Bo'	Bo'Bo'
Länge über Puffer	mm	17500	17500
Dienstmasse	t	74	66
Stromsystem		15 kV/16,7 Hz + 25 kV/50 Hz	
Steuerungsbauart		*)	
Antriebsbauart		**)	
Dauerleistung	kW	3000	3000
Geschw. bei Dauerleistung	km/h	73	73
Höchstgeschwindigkeit	km/h	170	170
Zugkraft bei Dauerleistung	kN	224	224
Anfahrzugkraft	kN	190	210
System E-Bremse			Rekuperation
Dauerleistung E-Bremse	kW		

*) Vierquadranten-Thyristor-Umrichter, Gleichspannungszwischenkreis, Pulswechselrichter

**) Drehstrom-Asynchronmotoren, Gummigelenk-Kardanlenkerantrieb

Beheimatungen

Zugförderungsstellen
1014: Wien Süd
1114: Wien Süd

AUFNAHME: INDERST

1:10-Modell der neuen 1016/1116-Familie: Nicht nur am Design erkennt man die Verwandtschaft zum Eurosprinter bzw. der DB-Baureihe 152

Baureihe 1016

Da entsprechend der neuen ÖBB-Beschaffungsphilosophie aus Preisgründen eine Serienbeschaffung der österreichischen Eigenentwicklung 1012 als Hochleistungslokomotive nicht mehr in Frage kam, schrieben die ÖBB Ende des Jahres 1996 europaweit die Beschaffung einer neuen Hochleistungslok aus.

Seitens der ÖBB waren keine konkreten Designwünsche vorhanden, um sich so mit der Preisvorstellung von rund 40 Mio. Schilling (ca. 5,5 Mio. DM) pro Stück (der Hälfte des Preises für die 1012) an bereits laufende Aufträge im Ausland anschließen zu können. Die Anforderungen umschrieben eine vierachsige Einsystemlok, von der auch eine Variante als Zweisystem-Lokomotive für 25 kV/50 Hz für den grenzüberschreitenden Einsatz nach Ungarn gefordert wurde.

Der Auftrag über 75 Lokomotiven ging an Siemens-SGP Verkehrstechnik, die eine modifizierte Version der von Siemens und Krauss-Maffei entwickelten DB-Baureihe 152 anbot. Damit entstehen aus dem modularen „Eurosprinter“-Konzept 50 Einsystemloks der Baureihe 1016 und 25 Stück als Zweisystemvariante 1116, die bei weitgehend gleichen Kenndaten in einigen technischen Details der Reihe 1012 überlegen sein werden. Über diesen Auftrag hinaus haben die ÖBB eine Option auf weitere 325 Exemplare ausgesprochen.

Das Design der Lokomotive lehnt sich stark an die nüchterne Gestaltung der DB-Reihe 152 an, bricht aber mit den bisherigen, teilweise preisgewürdigten ÖBB-Designentwürfen nicht völlig, weist die 1016 doch aufgrund der Charakteristik als bis zu 230 km/h schnelle Hochleistungslokomotive eine gefälligere, aerodynamisch geformte Kopfform auf.

Der Lokkasten der Reihe 1016/1116 ist eine selbsttragende, geschweißte Einheit und mit Flexicoil-Federn auf den beiden Drehgestellen abgestützt. Zur Komponentenmontage sind die vier Dachsegmente einzeln abnehmbar.

Die beiden druckertüchtigten, klimatisierten und ergonomisch gestalteten Endführerstände sind über einen Mittelgang im Maschinenraum erreichbar.

Technische Daten

Baureihenbezeichnung		1016[1]	1116[1]
Indienststellung (1. Jahr)		vstl. 1999	ab 2000
Anzahl gebaut/Bestand 1998		(50)	(25)
Betriebsnummern, Stand 1998		001–050	001–025
Hersteller			
Fahrzeugteil		Krauss-Maffei/Siemens-SGP VT	
E-Teil		Siemens	
Achsformel		Bo'Bo'	Bo'Bo'
Länge über Puffer	mm	19280	19280
Dienstmasse	t	86	86
Stromsystem		15 kV/16,7 Hz	15 kV/16,7 Hz 25 kV/50 Hz
Steuerungsbauart		*)	*)
Antriebsbauart		**)	**)
Dauerleistung	kW	6400	6400
Geschw. bei Dauerleistung	km/h	85,3	85,3
Höchstgeschwindigkeit	km/h	230	230
Zugkraft bei Dauerleistung	kN	270	270
Anfahrzugkraft	kN	300	300
System E-Bremse		Rekuperation	Rekuperation
Dauerleistung E-Bremse	kW	max. 150 kN	max. 150 kN

*) Vierquadranten-GTO-Umrichter, Drehstrom-Antriebsumrichter mit Gleichspannungs-Zwischenkreis

**) HL-Antrieb mit Bremsscheibenwelle, Drehstrom-Asynchron-Motoren

[1] abgeleitet aus Eurosprinter (BR 152 DB AG)

AUFNAHME: PETROVITSCH

Die Zweisystem-„Brenner-Lok" wird für den Verkehr nach Süd- und Osttirol eingesetzt: 1822.003 auf der Drehscheibe der Zf Innsbruck

Baureihe 1822

Um Leistungsdefizite im Bahntransit auf der Brennerstrecke München – Verona, auf der über 10 Prozent des gesamten ÖBB-Frachtaufkommens transportiert werden, zu beheben, initiierte 1987 der österreichische Verkehrsminister den Bau einer Zweisystemlokomotive für das österreichische und italienische Streckennetz (3 kV-Gleichstrom). Dabei ging man von einem benötigten Pool von etwa 80 solcher Triebfahrzeuge der drei beteiligten Verwaltungen DB, ÖBB und FS aus. Allerdings stand der Nutzen einer solchen Lokomotive im grenzüberschreitenden Güterverkehr bereits von Anfang an in Frage, da die überlangen Verweildauern der Züge im Grenzbahnhof Brenner nur zu einem geringen Teil auf das Konto des unmittelbaren Lokwechsels gehen. So wurden nach österreichischer Vergabepraxis bei ABB unter Beteiligung von Siemens und ELIN fünf Prototypen in Auftrag gegeben, die rein als Güterzugloks konzipiert wurden. Nach massiven Problemen bei der Inbetriebsetzung der ab 1992 einsatzbereiten Maschinen wurde vorerst im Jahre 1993 nur die 1822.003 provisorisch in den ÖBB-Stand übernommen, um damit die Zulassungsfahrten bei den FS durchführen zu können. Nicht zuletzt aufgrund der in der Vergabepraxis begründeten technischen Probleme vor allem im elektrischen Teil und des hohen Stückpreises von 80 Mio. Schilling (ca. 11,5 Mio. DM) wurde diese innovative Reihe vom neuen ÖBB-Vorstand als unbeliebte „Altlast" betrachtet, zumal weder die DB noch FS an eine Beteiligung bei einer Serienbestellung dachten. Im Mai 1996 folgte die Übernahme der restlichen vier Loks. Bis heute stellen die Lokomotiven für die ÖBB trotz weitestgehender Bewährung ein ungeliebtes Kind fehlgelaufener Verkehrspolitik dar.

Im elektrischen Teil wurde die 1822 als Weiterentwicklung der Re 460 ebenfalls in GTO-Umrichtertechnik realisiert, unterscheidet sich von dieser aber durch die von Siemens gelieferten Traktionsstromrichter.

Seit Juli 1996 werden die 1822 planmäßig vor den grenzüberschreitenden, gemeinsamen Personenzügen von ÖBB und FS (ehemals Pustertal-Korridorverkehr) von Innsbruck nach Lienz eingesetzt, wo sie sich gut bewähren.

Technische Daten

Baureihenbezeichnung		1822
Indienststellung (1. Jahr)		1993
Anzahl gebaut/Bestand 1998		5/5
Betriebsnummern, Stand 1998		001–005
Hersteller		
Fahrzeugteil		SGP Graz
E-Teil		ABB/Siemens
Achsformel		Bo'Bo'
Länge über Puffer	mm	19300
Dienstmasse	t	82
Stromsystem		15 kV/16,7 Hz 3000 V =
Steuerungsbauart		*)
Antriebsbauart		**)
Dauerleistung	kW	4400
Geschw. bei Dauerleistung	km/h	
Höchstgeschwindigkeit	km/h	140
Zugkraft bei Dauerleistung	kN	250
Anfahrzugkraft	kN	280
System E-Bremse		Rekuperation/Widerstand
Dauerleistung E-Bremse	kW	15 kV: 4400 3 kV=: 1000

*) Vierquadranten-GTO-Umrichter, Drehstrom-Antriebsumrichter, Dreipunkt-Speisungszwischenkreis (Direkteinspeisung 3 kV =

**) Drehstrom-Asynchronmotoren / SLM-Lenkschiebelager

Beheimatungen

Zugförderungsstelle Innsbruck

AUFNAHME: INDERST

Die erste Nachkriegslokomotivtype als modifizierte Fortsetzung der BBÖ 1170.200 (später Reihe 1245): 1040.012 im August 1995 in Schladming

Baureihen 1040, 1041

Während in Westösterreich bereits vor dem Zweiten Weltkrieg das Streckennetz weitgehend elektrifiziert war, dominierte bis dahin in Ostösterreich noch die Dampftraktion. So konnte kriegsbedingt die 1937 in Salzburg begonnene Elektrifizierung der Westbahn nach Wien erst 1952 beendet werden. Um dem dadurch entstandenen Bedarf an neuen elektrischen Triebfahrzeugen rasch abhelfen zu können, entschloß man sich einerseits aus Zeitgründen auf Basis der bewährten Reihe 1245 16 modifizierte Lokomotiven der Reihe 1040 herzustellen. Andererseits plante man mit der Reihe 1041 eine neue, modernere Type, in der sich die neuen Erkenntnisse des Lokomotivbaus aus anderen Ländern niederschlagen sollten.

Für den gemischten Betrieb hatten sich Bo'Bo'-Lokomotiven der Reihe 1245 bereits seit über zehn Jahren gut bewährt. Da für diese als Entwurfsgrundlage eigentlich der Einsatz auf der Westbahn bestimmend war, war es naheliegend, den Bau der ersten Nachkriegslokomotive unter Einbringung moderner technischer Erkenntnisse mit dem vorhandenen Modell fortzusetzen. So bestellten die ÖBB 1947 bei WLF (Wiener Lokomotivfabriks AG) und der Firmengemeinschaft ABES (AEG, BBC, ELIN und Siemens) eine erste Serie von zehn Lokomotiven, die anfänglich mit glatten Stirnfronten abgeliefert wurden. Im Zuge größerer Revisionen wurden diese später jedoch an die bis 1953 ausgelieferte zweite Serie von sechs Stück mit den gefälligeren, abgewinkelten Stirnfronten angeglichen. Der mechanische Teil wurde vollkommen von der Reihe 1245 übernommen. Im elektrischen Teil konnten durch die Weiterentwicklung des Fahrmotors die Stundenleistung auf 2360 kW gegenüber 1840 kW vergrößert und die Höchstgeschwindigkeit auf 90 km/h gesteigert werden. Gleichfalls war auch eine elektrische Widerstandsbremse vorgesehen. Heute kommen die Maschinen überwiegend auf der Salzkammergutbahn Attnang-Puchheim - Stainach-Irdning vor Reise- und Güterzügen zum Einsatz.

Beheimatungen

Zugförderungsstellen
1040: Selzthal
Wien Süd
1041: Selzthal
Attnang-Puchheim

Technische Daten

Baureihenbezeichnung		1040	1041
Indienststellung (1. Jahr)		1950	1952
Anzahl gebaut/Bestand 1998		16/13	25/20
Betriebsnummern, Stand 1998		*)	**)
Hersteller			
Fahrzeugteil		WLF	SGP Graz
E-Teil		ABES	ABES
Achsformel		Bo'Bo'	Bo'Bo'
Länge über Puffer	mm	12920	12920
Dienstmasse	t	80,2	83
Stromsystem		15 kV/16,7 Hz	15 kV/16,7 Hz
Steuerungsbauart		el.-pneum. Gleichstr.-Schützenst.	
Antriebsbauart		Secheron-Feder	Gummipuffer
Stundenleistung	kW	2360	2360
Geschw. bei Stundenleistung	km/h	66	66
Höchstgeschwindigkeit	km/h	90 (80)	90/110[1]
Zugkraft bei Stundenleistung	kN	128	128
Anfahrzugkraft	kN	200	200
System E-Bremse		Wechselstrom-Widerstand	
Dauerleistung E-Bremse	kW	340[2]	340[2]

*) 001, 003–006, 008–015
**) 001, 003, 005–011, 013, 015–017, 023–025; 202, 204, 219, 222[1]
[1] nach Getriebeumbau aus 1041.002, 004, 019, 022
[2] ab 1990 stillgelegt/ausgebaut

AUFNAHME: MÖSL

Die ÖBB-Reihe 1141 fuhr bereits vor Auslieferung der ersten E 41 der DB mit dem SSW-Gummiringfederantrieb (1141.021 im Juni 1988 in Lambach)

Baureihen 1141

Nach Auslieferung der Reihe 1041 bestand mit fortschreitender Streckenelektrifizierung weiter dringender Lokomotivbedarf. Da in den fünfziger Jahren jedoch die bisherige Streckenhöchstgeschwindigkeit von 100 km/h aufgehoben werden konnte, kam ein Weiterbau der nur 90 km/h schnellen 1041 nicht mehr in Frage. Die ÖBB beschlossen daher, eine Lokomotive für 110 km/h zu bestellen, die sich jedoch weitgehend an die Baugrundsätze der 1041 halten sollte. So wurden 30 Lokomotiven der Reihe 1141 bei SGP Graz und der Firmengemeinschaft ABES gebaut, wobei hier die Firma ELIN federführend war.

Grundsätzlich sollte der mechanische Teil von der Reihe 1041 übernommen werden. Besonderes Augenmerk legte man jedoch bei den Drehgestellen auf eine neue Querkupplung. Damit kann die Spurkranzabnutzung klein gehalten werden, was für den Einsatz auf krümmungsreichen Strecken ein wesentliches Kriterium darstellt. Beim Antrieb entschieden sich die ÖBB für eine Innovation, die damals bei der DB erst in einer Prototypenlokomotive erprobt wurde. Es handelt sich dabei um den inzwischen weltbekannten Siemens- Gummiringfederantrieb, der damals erstmalig in ÖBB-Serienlokomotiven zur Verwendung kam.

Dem Kasten der 1141 wurde eine etwas modernere Stirnfront verpaßt. Bis auf die erforderlichen Modifizierungen für den höheren Geschwindigkeitsbereich ist die elektrische Ausrüstung weitgehend identisch mit der Reihe 1041. Da das Fahrzeuggewicht 80 Tonnen nicht überschreiten durfte, verzichtete man auf die elektrische Bremseinrichtung. Genauso wie bei der Reihe 1041 wurden Stromabnehmer der Bauart V verwendet. In den letzten Jahren erhielten insgesamt zehn Maschinen (1141.003, 005, 008, 019, 020, 022-024, 026 und 027) im Rahmen von Hauptausbesserungen ein modernisiertes Aussehen. Ähnlich zu den 1042- Umbauten wurde an jedem Führerstand eine Führerstandstüre entfernt, die durch ein Fenster ersetzt wurde. Außerdem erfolgten einige Umbauten im elektrischen Teil, um die Wirtschaftlichkeit der Reihe erhöhen zu können. Im Rahmen der Hauptausbesserungen erhielten diese Lokmotiven auch einen Neuanstrich in Verkehrsrot mit umbragrauem Fahrwerk.

Ursprüngliches Einsatzgebiet der Reihe 1141 war die Südbahnstrecke. Heute befinden sich sämtliche Lokomotiven in Attnang-Puchheim, wo sie sich vor allem im Regionalzugdienst vorwiegend in Oberösterreich nützlich machen.

Technische Daten

Baureihenbezeichnung		1141
Indienststellung (1. Jahr)		1955
Anzahl gebaut/Bestand 1998		30/29
Betriebsnummern, Stand 1998		001-029
Hersteller		
Fahrzeugteil		SGP Graz
E-Teil		ABES
Achsformel		Bo'Bo'
Länge über Puffer	mm	15260
Dienstmasse	t	80
Stromsystem		15 kV/16,7 Hz
Steuerungsbauart		elpneum. Glst. Schütz
Antriebsbauart		Gummiringfeder
Stundenleistung	kW	2480
Geschw. bei Stundenleistung	km/h	77
Höchstgeschwindigkeit	km/h	110
Zugkraft bei Stundenleistung	kN	116
Anfahrzugkraft	kN	210

Beheimatungen

Zugförderungsstellen
Attnang-Puchheim

AUFNAHME: PETROVITSCH

Letzte Loktype mit Wechselstrom-Kollektormotoren: 1042.633 auf der Mittenwaldbahn (Januar 1988)

Baureihen 1042.0/5, 1142

1963 bis 1977 lieferten ÖBBW, ELIN, Siemens und SGP insgesamt 257 Loks der Reihe 1042, deren Auslegungskriterien als vierachsige „Grenzleistungslok" zunächst von den Traktionserfordernissen am Semmering (25 Promille, 189 m Mindestradien) bestimmt waren. Die Co'Co'-Loks 1010/1110 ohne querelastische Achsführung mußten wegen starker Spurkranzabnutzung alsbald von der Südbahn abgezogen werden. In der Formgebung knüpft die 1042 an die Gestaltung der Gepäcklok 4061/1046 mit panoramaverglasten Führerständen an. Die Holmendrehgestelle sind quergekuppelt, die Zug- und Bremskraftübertragung erfolgt ohne Beteiligung der Wiege direkt auf den tiefreichenden Drehzapfen.

So wie die etwa gleichzeitig entstandenen Re 4/4" der SBB stellt die 1042 eine konventionelle hochspannungsgesteuerte Direktmotorlok dar. Ein Hochspannungs-Stufenschaltwerk am Doppeltransformator regelt zunächst in 18 Wählstufen die Gegenspannung des Zusatztrafos bis auf Null herunter. Nach Umlegen eines Wenders addieren sich beim zweiten Schaltwerksdurchlauf dann die Sekundärspannungen.

Nachdem sich im Betriebseinsatz der 1042.01-38 Kommutierungsprobleme der Motortype EM 890 ergeben hatten, wurden 16 Loks der zweiten Liefertranche mit einer abweichenden Motorbauart EM 910 der SBB Ae 6/6 bestückt. Unterschiedliche Motorisierungen und Übersetzungen gaben bei den zunächst als 1042.41-58 und 501-522 gelieferten Loks der zweiten Bauform nachträglich Anlaß zu umfangreichen Nummerntauschaktionen. Ab der 1042.511 kam eine Übersetzung für 150 km/h statt 130 km/h zur Anwendung, die der Anhebung der Streckenhöchstgeschwindigkeiten der ÖBB bis 140 km/h und dem übergang zur DB Rechnung trug. In weiterer Folge wurden die langsameren 1042.501-510 ohne erkennbare Systema-

Technische Daten

Baureihenbezeichnung		1042	1042.5	1142
Indienststellung (1. Jahr)		1963	1966	Umbau 1995
Anzahl gebaut/Bestand 1998		60/60	197/125	u 67
Betriebsnummern, Stand 1998		001–060	501-520 531...707	*)
Hersteller				
Fahrzeugteil		WLF/SGP	WLF/SGP	Umbau: ELIN+
E-Teil		BES	BES	TS/Werk Linz
Achsformel		Bo'Bo'	Bo'Bo'	Bo'Bo'
Länge über Puffer	mm	16200	16200	16200
Dienstmasse	t	83,9	83,5[1]/82,5	82,5
Stromsystem			15 kV/16,7 Hz	
Steuerungsbauart			Hochspannungs-Stufensteuerung	
Antriebsbauart			Siemens-Gummiringfeder	
Stundenleistung	kW	3590/3600[2]	4000	4000
Geschw. bei Stundenleistung	km/h	89/82[2]	102	102
Höchstgeschwindigkeit	km/h	130	150	150
Zugkraft bei Stundenleistung	kN	143/156[2]	139	139
Anfahrzugkraft	kN	260	260	260
System E-Bremse		Netz-Wdst.	thyristorgest. Gleichstrom-Wdst.	
Dauerleistung E-Bremse	kW	800	2400	2400

*) nachgerüstet mit Zugbus-Mehrfachtraktions- und Wendezugsteuerung und umbezeichnet in Reihe 1142 unter Beibehaltung der Ordnungsnummer (Stand 1.1.98): 533, 535, 536, 542, 549, 552–554, 556, 561, 562, 564, 565, 567–569, 572–575, 578, 579, 582–584, 586, 587, 589, 590, 593, 600–607, 609, 611–615, 617, 623, 637, 638, 642, 646, 647, 649–651, 653–659, 662, 664, 666, 667, 691, 707

[1] 1042.501–520 [2] 1042.001–038, 048–060

AUFNAHME: PETROVITSCH

Zum Eisenbahnjubiläum im Jahre 1987 wurde die 1042.044 wieder grün lackiert (September '97)

tik zu 1042.0 rückgestuft. Die heutigen 1042.45-60 hatten bei Lieferung die Ordnungsnummern 45, 501, 506, 43, 49, 44, 502-505, 507 510, 46 und 47 getragen. Entstandene Nummernlücken wurden mit später gelieferten Loks aufgefüllt. 1042.39-47, 1042.501-521 (nach der ab 1974 gültigen Numerierung) und die Hauptlieferserie 1042.531-707 wurden einheitlich mit EM 1001 (Weiterentwicklung des EM 890) motorisiert. Die geänderte Übersetzung für 150 statt 130 km/h der 1042.5 wird durch den leistungsfähigeren Motor EM 1001 aufgewogen. Für alle 1042 gilt eine einheitliche Belastungstafel mit einer Anfahrgrenzlast von 500 t auf 25 Promille. Die 1042 wurden bis zur ursprünglichen Ordnungsnummer 522 mit kombinierter 800 kW-Nutz- und Widerstandsbremse Bauart Mitsch ausgerüstet. Ab 1042.531 kam eine gleichstromerregte Widerstandsbremse mit 2400 kW Verzögerungsleistung zum Einbau. Die Erregerleistung wird wechselstromseitig mittels Thyristorstellgliedes im Phasenanschnitt geregelt. Die zusätzlichen Bremslüftertürme bedingten eine geänderte Dachaufteilung mit gewendeter Montageposition der Stromabnehmer.

Die Differenzierung in Subbauformen und Motorisierungsvarianten kommt im Nummernschema trotz der nachträglichen Rochaden nicht schlüssig zum Ausdruck. Zu unterscheiden sind: 1042.01-60 Übersetzung für 130 km/h, übrige 150 km/h, 1042.01-38 Motortype EIJI 890 mit 890 kW Stundenleistung, 1042.48-60 „Gotthardmotor" EIU 900 mit 900 kW einstündig, 1042.39-47, 501-521 und 531-707 Motor E1001 zu 1000 kW, 1042.01-60 und 501-520 kombinierte Nutz-/Widerstandsbremse 800 kW, 1042.531-707 mit Hochleistungs-Widerstandsbremse 2400 kW (Nummerngruppe 521-530 nicht besetzt). Die 1042.510 (nachmalige 1042.58) war 1968 die erste in roter Lackierung in Dienst gestellte ÖBB- Ellok. 1042.531, 532 und die Gesamtserie 1042.535-707 wurden bereits einheitlich mit blutorangem Kasten geliefert. Die gewölbten Eckfenster der Rundumverglasung stießen zunehmend auf Nachlieferschwierigkeiten. Als ein Sicherheitsausschuß zusätzlich Bedenken bezüglich der Durchschlagfestigkeit erhob, wurde 1990 deren Ersatz durch Verblechung begonnen. Seit Mitte 1990 kommt bei kompletten Neulackierungen das Gestaltungsschema mit „Brille" und „Bauchbinde" zur Anwendung, seit 1995 entfällt der rechtsseitige Führerstandsaufstieg.

1042.612 fällt durch das neue Farbdesign und die entfallenen Eckfenster auf (Garmisch, Juli 1992)

Umbau 1142

Die 1042.531-707 wurden zur Traktion der ab 1996 eingeführten Wendezüge des Regionalverkehrs bestimmt. Der Datentransfer des Zugbus-Systems erfolgt über zwei Zusatzadern der in den Reisezugwagen verlegten 13-poligen UIC-Leitung. Das Fernsteuer-Buskonzept wurde mit dem ELIN-Traktionsleitsystem ELTAS umgesetzt. Der Fahrzeugrechner substituiert die fehlende Zugkraft- und Geschwindigkeitsregelung der Altbauloks und greift auf die vorhandene Befehlsgebersteuerung des elektromechanischen Stufenwählers zu. Dem unbesetzten Betrieb der Lok tragen u.a. Schleuderschutz und Brandmeldeanlage Rechnung. Für den Wendezugbetrieb wurden zusätzlich Türsteuerung, Zuglichtsteuerung, automatischer Betrieb der Zugvorheizung und diverse Überwachungsfunktionen in die Fernsteuerung integriert. Die Definition des ÖBB-Zugbusses war einer entsprechenden UIC-Normierung vorausgeeilt und muß nachträglich modifiziert werden.

Zum Umbauprogramm zählen stets zentrale Druckluftapparatetafel, bedarfsorientierte neue Lüftersteuerung und Spurkranzschmierung. Der Einbau der Vielfachsteuerung im Werk Linz ist nicht zwangsläufig an einen Umbau des Lokkastens (z.B. Eliminierung des rechtsseitigen Führerstandeinstiegs), somit auch nicht an eine Neulackierung im aktuellen Schema gekoppelt. Die Reihenbezeichnung ändert sich auf 1142 unter unveränderter Beibehaltung der bisherigen Ordnungsnummer.

Beheimatungen

Zugförderungsstellen
1042.0: Wien West, Innsbruck, Linz
1042.5: Graz, Villach, Linz, Wien West, Wien Süd
1142: Graz, Linz, Wien Süd

AUFNAHMEN: INDERST, MÖSL

Erste Thyristorlok der ÖBB war die 1043. Sie entsprach der Serienausführung der Rc2 der Schwedischen Staatsbahn (1043.001 in der Zf Villach)

Baureihe 1043

Drei Vorführeinsätze schwedischer Thyristorloks in Österreich waren der ÖBB-Bestellung über zehn Loks der ASEA-Bauart Rc2 als Reihe 1043 vorausgegangen: 1966 kam die provisorisch auf netzgeführte Thyristor-Stromrichter in Einbrückenanordnung umgerüstete Baumusterlok Rb1 1001 auf den Semmering, 1968 die Serienlok Rc1 1014 zu Versuchen auf den Tauern. Aus dem Probebetrieb der SJ Rc2 1049 im August und September 1970 resultierte die Bestellung der Reihe 1043.

Die 1043.01-03 wurden 1971 kurzfristig aus einer Lieferserie für die SJ abgezweigt und entsprechen bis auf einige ÖBB-Normteile (Einholmstromabnehmer VI, Drucklufthauptschalter DBTF 200, Sifa, Indusi und die von den ÖBB verlangte Klotzbremse zusätzlich zu den Scheibenbremsen) völlig der schwedischen Rc2. Die vierte nachgelieferte Lok 1043.04 erhielt zusätzlich eine thyristorgesteuerte elektrische Widerstandsbremse mit 2400 kW Dauerleistung. Im Rahmen des letzten Rc2-Bauloses wurden 1973 – fabriksnummernmäßig zwischen SJ-Nr. 1126 und 1127 eingeschoben – sechs weitere Maschinen 1043.05-10 mit E-Bremse und höherer Motorleistung (4000 statt 3600 kW) in Schweden mitgefertigt. Eine weitere Beschaffung der ASEA-Lok wie auch ein geplanter Lizenzweiterbau in Österreich unterblieben, da die angestammten Rollmaterial-Lieferanten das Alternativprojekt 1044 bei den Entscheidungsträgern durchsetzen konnten.

Der schwere Bergdienst vor 550-t-Garnituren auf 27 Promille am Tauern wurde zum Prüfstein für die schwedische Konstruktion. Ungleiche Schlupfvorgänge an den Rädern regten die einseitig angetriebene Achse zu Verdrillungsschwingungen an, die Achsanrisse verursachten. Abhilfe schuf ein zusätzlicher Eingriff in die Zugkraftregelung in dem Augenblick, wenn sich in der Drehmomentstütze des Fahrmotorgetriebes die torsionseigenfrequente Schwingungsbeanspruchung abzuzeichnen beginnt („Preßduktor-Schleuderschutzregelung").

Die zehn 1043 sind seit ihrer Lieferung in Villach stationiert. Ihr Einsatz verlagerte sich nach 1989 zunehmend von der Tauernstrecke ins Pustertal. Die Tandemfähigkeit wird neuerdings im Rampendienst bei Güterzügen Villach Süd – Tarvis genutzt.

Beheimatungen

Zugförderungsstellen
Villach

Technische Daten

Baureihenbezeichnung		1043
Indienststellung (1. Jahr)		1971
Anzahl gebaut/Bestand 1998		10/10
Betriebsnummern, Stand 1998		001–010
Hersteller		
Fahrzeugteil		NOHAB
	E-Teil	ASEA
Achsformel		Bo'Bo'
Länge über Puffer	mm	15580
Dienstmasse	t	77/83[1)]
Stromsystem		15 kV/16,7 Hz
Steuerungsbauart		Thyristor-Phasenanschnitt
Antriebsbauart		ASEA-Ankerhohlwellen
Stundenleistung	kW	3600/4000[2)]
Geschw. bei Stundenleistung	km/h	78/72[2)]
Höchstgeschwindigkeit	km/h	135
Zugkraft bei Stundenleistung	kN	168
Anfahrzugkraft	kN	260/274[1)]
System E-Bremse		Gleichstr.-Widst.
Dauerleistung E-Bremse	kW	0/2400[1)]

[1)] 1043.004–010 [2)] 1043.005–010

AUFNAHME: INDERST

Altbau-Elektrolok made in Austria: Die Reihen 1145 und 1245 bespannten über geraume Zeit Züge auf der Karwendelbahn Innsbruck – Seefeld – Garmisch-Partenkirchen. Ihre Heimstatt hatten sie im Depot Innsbruck B. Eisenschink

Die Unterbauformen der 1044 sind unschwer an den Lüfteraufbauten zu unterscheiden: 1044.119 aus der Serie 098–126 in Wien Westbf, August 1994

Baureihe 1044

Die Vergabe des 1043-Auftrages zur Komplettlieferung an die schwedische Industrie ließ die traditionellen Rollmateriallieferanten der ÖBB auf den Plan treten. Sie offerierten eine in Leistungsvermögen und Spitzengeschwindigkeit „mehr“ versprechende Thyristorlok-Neukonstruktion in Anlehnung an die schweizerischen BBC-Loks BLS Re 4/4 161 und RhB Ge 4/4 II.

Das Prinzip der stufenlosen Phasenanschnittssteuerung erlaubte mit den vor dreißig Jahren bereits verfügbaren Möglichkeiten des Zusammenspiels von Leistungs- und Informationselektronik lange vor der Einsatzreife der Drehstrom-Antriebstechnik eine vergleichbare, regelungstechnisch optimierte Grenznutzung der momentan verfügbaren Adhäsion. Die traktionstechnischen Vorteile einer Thyristorlok ergeben sich im Vergleich zu einer 16,7 Hz-Direktmotorlok aus der besseren Ausnutzung der verfügbaren Adhäsion durch kontinuierliche Leistungsregelung ohne Stufensprünge, pulsationsarme Drehmomententwicklung der gleichstromgespeisten Fahrmotoren und unverzögerter Reaktion bei einsetzendem Schleudern.

Für die unter BBC-Federführung entwickelte Grenzleistungslok 1044 wurden die Kenndaten mit 5400 kW, 160 km/h und einer Zuglast von 650 t in 25 Promille bei 60 km/h gegenüber der ASEA-1043 mit 4000 kW, 135 km/h und 550 t beziffert. Der Entwurf übernahm schweizerische Baugrundsätze, im mechanischen Teil u.a. drehzapfenlose Flexicoilabstützung und Tiefzuganlenkung zwecks optimaler Adhäsionsausnutzung, elektropneumatischen Achslastausgleich und BBC-Federantrieb.

Alle Thyristor-Serienloks nach BBC-Konzeption (RhB Ge 4/4 II, 1044, SBB Re 4/4 IV, SBB/F0/BVZ HGe 4/4 II) arbeiten mit gleichstromseitiger Folgeschaltung zweier asymetrisch halbgesteuerter Brüche. Maximal wird ein Viertel der Nennleistung im steilflankigen Phasenanschnitt gesteuert. Die Kurvenform des Primärstromes weicht erheblich vom Sinusverlauf ab und erscheint gegenüber der Spannung zeitlich versetzt.

Die Traktionsregelung führt wahlweise die Ist-Geschwindigkeit oder die Zugkraft einer eingestellten Sollwertvorgabe nach. Bei Pendelungen zwischen Fahr- und Bremszuständen ergaben sich anfänglich Änderungsraten der Leistungsaufnahme bis zu zwei Megawatt pro Sekunde. Bei einem Abfall der örtlichen Fahrleitungs-

Technische Daten

Baureihenbezeichnung		1044
Indienststellung (1. Jahr)		1974
Anzahl gebaut/Bestand 1998		225[2]/212
Betriebsnummern, Stand 1998		*)
Hersteller		
Fahrzeugteil		SGP Graz
E-Teil		BES
Achsformel		Bo'Bo'
Länge über Puffer	mm	16000
Dienstmasse	t	84
Stromsystem		15 kV/16,7 Hz
Steuerungsbauart		Thyristor-Phasenanschnitt
Antriebsbauart		BBC-Feder
Stundenleistung	kW	5400
Geschw. bei Stundenleistung	km/h	89
Höchstgeschwindigkeit	km/h	160/220[1]
Zugkraft bei Stundenleistung	kN	215
Anfahrzugkraft	kN	327
System E-Bremse		Glst-Wdst.
Dauerleistung E-Bremse	kW	2400

*) 003–037, 039–046,048–050, 052–126, 200–240, 242–290
[1] 1044.501 von 1987 bis 1996 mit Geaflex-Antrieben 220 km/h
[2] unter Einrechnung nachgebauter Mechanteile zum Neuaufbau unfallzerstörter Loks

AUFNAHME: INDERST

41 tandemfähige 1044.2 sind u.a. für die Brennerstrecke in Tirol stationiert: 1044.247 in Reutte

spannung unter 15 kV wird eine Leistungsrücknahme wirksam, indem der Primärstrom pro kV Spannungseinbruch um etwa 20 % zurückgeregelt wird.

Phasenanschnitts-Thyristorloks verursachen grundsätzlich ungünstige Netzrückwirkungen auf die Bahnstromversorgung. Der massierte Einsatz der 1044 bedingte in diesem Bereich erhebliche Verstärkungsnotwendigkeiten, wofür neben dem prinzipiell ungünstigen Leistungsfaktor auch die von diesen Loks gefahrenen höheren Durchschnittsgeschwindigkeiten und Beschleunigungsraten schwerer Züge ausschlaggebend waren. Die Prototypen 1044.01 und 02 erschienen 1974/75; ohne ausreichende Erprobung wurde umgehend die Serienbestellung eingeleitet. Der Betriebseinsatz der 1044.03-70 war anfänglich von massiven Problemen begleitet. Konstruktionsteile konventioneller Technik waren nicht der hohen installierten Lokleistung angepaßt. Radreifenbrüche und massive Motorausfälle führten zu untragbaren Abstellungsquoten. Die Wintertauglichkeit der Motorventilation wurde erst durch nachträglichen Einbau von Zyklonabscheidern in die Axiallüftersätze sichergestellt.

Die 1044-Fertigung lief über fast zwanzig Jahre, dementsprechend spaltet sich die Reihe in differierende Subserien auf. Bruchpunkte bezüglich der konstruktiven Einheitlichkeit liegen u.a. bei den Ordnungsnummern 25 (Fahrwerksquerdynamik), 50 (Monoblockräder), 71 (Lüftungskonzept), 98 (Deformations-Pufferbohlen, Ventilation), 201 (Laufwerksabstimmung, 180 km/h), 216 (Vielfachsteuerung) und 255 (LZB, Notbremsüberbrückung „ep“). Die Ordnungsfolge läuft heute von 003 bis 126, 200 bis 290, 501; ausgeschieden sind 002, 038, 047 und 241 (051 siehe unten).

Anhand der Dachaufbauformen (Kühllufteintritt) lassen sich die 1044-Subserien im äußeren Erscheinungsbild unterscheiden: Die 1044.(5)01 bis 70 zeigen das ursprüngliche Typenbild mit niedrigen Grobgittern im Dachansatz (der nachträgliche Zyklon-Einbau zeichnet sich äußerlich nicht ab), 1044.71-95 und 1044.97 zeigen durchgehend hoch aufragende, schrägliegende Düsenlüfter über volle Randlänge der drei abhebbaren doppelbödigen Dachsegmente, 1044.98-126 kombinieren Dachrandaufsätze mit Düsenlüfterjalousien im Mittelbereich und gleich hohen Grobgittern in den Dachendeinsätzen. 1044.201-290 zeigen anstelle der Grobgitter in den äußeren Aufsätzen vertikal ausgerichtete Schalenstruktur.

Es kann nicht näher auf die Unfall-Loks 023, 051, 092, 096 und 117 eingegangen werden, die mit Ersatzkästen aus späteren Bauserien de facto als Typenzwitter wieder neu aufgebaut wurden und „Verwirrung“ in der Typologie stiften (z.B. 1044.200 ex 1044.256 als Neuaufbau der verunfallten 1044.051). 1044.001-126 wurden mit blutorangem Kasten (bis 110 mit schwarzem Rahmen und Fahrwerk) in Dienst gestellt, 201, 203 samt Nachbauten, 092 und 117 in Blutorange mit elfenbeinfarbigen Flächenelementen. Ab 1044.204 sind die Kästen in Verkehrsrot mit umbragrauer Frontbrille und achatgrauen Absetzstreifen (241-255 grauweiß) gehalten. In diesem Schema zeigen sich auch zehn instandgesetzte Unfall-Loks.

Beim Umbau der Prototyp-1044.01 (Baujahr 1974) zur Schnellfahr-Versuchslok 1044.501 wurden 1986 die BBC-Federantriebe durch AEG-Geaflex-Antriebe ersetzt, Stirnpanzerscheiben flächenbündig eingebaut, Maschinenraumlüfter mit Zyklon und Lufttrocknungsanlage nachgerüstet usw. Nach wiederholten Antriebsschäden wurde die 1044.501 dann allerdings 1997 wieder mit Normaldrehgestelle für 160 km/h statt 220 km/h versehen (ohne Änderung der Ordnungsnummer und des Sonderanstrichs).

1044.007 (Leerrücklauf) + 1044.064 bespannen den IC 519 auf der Tauernstrecke (Kaponig, 1997)

Beheimatungen

Zugförderungsstellen
1044.0/1/5:
Salzburg, Villach,
Bludenz, Wien West
1044.2:
Innsbruck, Villach, Wien West

AUFNAHMEN: MÖSL, INDERST

Einen Neubau-Lokkasten erhielten die ehemaligen Gepäcktriebwagen 4061: Die umgenummerte 1046.007 in Wien Nord im Februar 1993

Baureihen 1046, 1146

1956 bis 1959 beschafften die ÖBB 25 leichte 1600 kW-Bo'Bo'-Lokomotiven für 125 km/h, die wegen ihres (dann aber kaum je genutzten) Gepäckabteils bis 1976 als Triebwagen-Reihe 4061 bezeichnet wurden. Die ursprüngliche Absicht, mit den 4061 „Leichtschnellzüge" aus Mitteleinstiegwagen B4ipüho der Serie 32.500 zu führen, zerschlug sich damals bald angesichts desolater Streckenbedingungen.

Die 4061 waren alsbald in den Personenzugdienst abgewandert, wenn man von einigen Leistungen vor kurzen Expreßzug-Wagensätzen absieht. Immerhin war die Reihe 4061 die erste elektrische ÖBB-Triebfahrzeugtype, die vor dem „Mozart" bis München Hbf regelmäßig im Durchlauf von der DB übernommen wurde und deshalb auch schon Indusi-Einrichtung erhalten hatte.

Der Gepäcktriebwagen ET 4061 wurde von LOFAG und ABES (Federführung ELIN) in lokomotivmäßiger Bauart in Schweißkonstruktion mit Drehgestellen in Holmenbauweise und Kastenabstützung über eine Wiege konzipiert. Die in den Drehgestellrahmen gelagerten Hohlankermotoren treiben die Achsen über Secheron-Lamellenantriebe. Gestalterisch gilt die 4061 bezüglich der gepfeilten Kopfform als Wegbereiterin zur Reihe 1042. Frühere Darstellungen heben insbesondere die uneingeschränkte Rundumsicht der Vollverglasung lobend hervor, die nach heute bestimmenden Ansichten durch nachträgliche Verblechung eliminiert wird.

Korrosionsschäden am Fahrzeugaufbau hatten schon die völlige Ausmusterung der Reihe 1046 ex 4061 in Erwägung gebracht. Sie wurde ab 1988 durch den HG-Neuaufbau von zwölf Lokkästen (bei 19 zu diesem Zeitpunkt noch vorhandenen Gepäckloks) in der Hauptwerkstätte Linz überwiegend abgewendet.

Fahrwerk und Traktionsausrüstung (Gleichstrom-Schützensteuerung) bleiben bis auf Detailverbesserungen unverändert (statisches Ladegerät, elektropneumatische Zusatzbremseinrichtung, Lufttrock-

Technische Daten

Baureihenbezeichnung		1046	1146[1]
Indienststellung (1. Jahr)		1956	
Großumbau (1. Jahr)		1988[2]	1987
Anzahl gebaut/Bestand 1998		25/13	2/2
Betriebsnummern, Stand 1998		*)	001, 002
Hersteller			
Fahrzeugteil		WLF/Neuaufbau HW Linz	
E-Teil		ABES	ELIN
Achsformel		Bo'Bo'	Bo'Bo'
Länge über Puffer	mm	16170	16170
Dienstmasse	t	67	72,8
Stromsystem		15 kV/16,7 Hz	15 kV/16,7 Hz 25 kV/50 Hz
Steuerungsbauart		el.pneum. Glstr.Schütz	Umrichter Glsp- zwischenkreis
Antriebsbauart		Secheron-Lamellen	
Stundenleistung	kW	1600	2000 (d)
Geschw. bei Stundenleistung	km/h	87,5	
Höchstgeschwindigkeit	km/h	125	140
Zugkraft bei Stundenleistung	kN	65	120 (d)
Anfahrzugkraft	kN	120	120
System E-Bremse		–	Netz-Nutz
Dauerleistung E-Bremse	kW	–	2000

*) 001, 005–009, 012, 016, 019, 021–024

[1] Zweifrequenzloks 1146.001 und 002 auf Basis der Mechanteile der 1046.03 + 17

[2] nicht umgebaute 1046.013 als 4061.13 im Nostalgiebestand

AUFNAHME: INDERST

Die Zweifrequenzlok 1146.001 kommt nur noch im Übergabeverkehr zur CS/CD zum Einsatz

nungsanlage). Mit Entfall des Gepäckabteils wurden Relaistafel, Druckluftgerüst, Fahrtwender usw. umgruppiert. Die geräumigere Gestaltung der Führerstände ging mit der Abänderung der Silhouette in Form einer vorgezogenen Stirnfront einher. Die Einstiege in die Führerhauser entfielen, je Lokseite besteht ein hinter dem Führerstand angeordneter Aufstieg in den Maschinenraum.

Als erste in dieser Form neu aufgebaute Lok verließ im Mai 1988 die 1046.023 die HW Linz. Die Ursprungsbauform ist seit dem 1.10.1993 nur noch durch das Nostalgietriebfahrzeug 1046.013 präsent. Alle 1046 sind heute in Wien FJB beheimatet und erbringen überwiegend Regionalzugleistungen im nördlichen Nieder-Österreich. Nach Vorversuchen mit dem Erprobungsträger 1046.25 gaben die ÖBB den Umbau der 1046.03 und 1046.17 in die Zweifrequenzloks 1146.001 und 002 für 15 kV/16 2/3 Hz und 25 kV/50 Hz in Drehstromantriebstechnik bei ELIN in Auftrag. Leistung und Höchstgeschwindigkeit wurden gegenüber der 1046 erhöht (2000 kW und 140 km/h gegenüber 1600 kW und 125 km/h). Die Adaptierung des mechanischen Teils durch die HW Linz eilte dem beschriebenen HG-Neuaufbau der 1046-Restserie voraus, wobei die 1146 grundsätzlich die ursprüngliche Kopfform der 4061 bewahren. Hauptrahmen, Laufwerk und Antriebe wurden fast unverändert von der Reihe 1046 übernommen, der Kastenaufbau mit Einstiegen in den Maschinenraum und vergrößerten Führerständen neu gegliedert. Die 1146.001 war 1986 die erste ÖBB-Lok, die die Asynchron-Drehstrom-Antriebstechnik im vollen Systemumfang inklusive Vierquadranten-Eingangssteller (4qS) mit Rekuperationsfähigkeit und Leistungsfaktoreinstellung nutzte. Im Vergleich dazu arbeiten die 1063 und 1064 eingangsseitig mit netzgeführter Phasenanschnittsschaltung ohne Rückspeisung.

Der Transistorwechselrichter der Hilfsbetriebe-Speisung zählte 1986 zu den Erstanwendungen der IGBT-Technologie im Traktionsbereich. Heutzutage sind IGBT-Umrichter Stand der Technik im Bereich von Gleichstrom-Nahverkehrsfahrzeugen, finden sich auch in den Mariazellerbahn-Triebwagen ET 4090 und dringen nun am Erprobungsträger 128 001 (ex AEG 12X) in den Leistungsbereich der Vollbahn-Traktionsumrichter vor.

Die Umrichtertechnik mit Gleichspannungszwischenkreis erlaubt eine einfache Anpassung an unterschiedliche netzseitige Speisefrequenzen und Spannungen. Durch einen primärseitigen, motorbetriebenen Systemwähltrenner erfolgt an den Trafoeingängen wahlweise Anpassung an 15 kV/16,7 Hz bzw. 25 kV/50 Hz der angrenzenden MAV bzw. CS/CD.

Aus der Zwischenkreisspannung von 1200 V Gleichstrom formt ein Pulswechselrichter (PWR) pro Drehgestell ein Drehstromsystem 0 - 1050 V/ 0 - 150 Hz, das die 510 kW-Asynchron-Fahrmotoren parallel anspeist. Die Schaltpole von 4qS und PWR sind mit konventionellen Frequenzthyristoren bestückt; die Ansteuersignale werden störsicher über Lichtleiter übertragen.

1987 galt die über ein Aderpaar des 13-poligen UIC-Kabels laufende Vielfachsteuerung der beiden 1146 als Innovation, inzwischen erscheint sie durch die verschiedenen Zugbus-Systeme überholt. Ab Sommerfahrplan 1988 bespannten die beiden 1146 den EC 40/41 „Lehar" in Doppeltraktion durchgehend bis Budapest. Sie wurden hierfür zusätzlich mit dem ungarischen Zugsicherungssystem EVM 120 und einer breiteren MAV-konformen Stromabnehmerwippe ausgerüstet. Seit Verfügbarkeit der Nachfolgereihe 1014/1114 laufen die 1146 nur noch im Nordbahn-Übergabeverkehr zur CD nach Breclav.

Das Unikat 1046.009: alte Kastenform mit Gepäckabteil, gepaart mit dem neuen Anstrichschema

Beheimatungen

Zugförderungsstellen
Wien FJB
Wien Süd

AUFNAHMEN: PETROVITSCH (2)

Niedrigere Vorbauten kennzeichnen die Vorserien-Lokomotiven der Reihe 1063: Drehstrom-Verschublok 1063.005 in Innsbruck Hbf (April 1993)

Baureihen 1063, 1064

Die Zechenbahn- und Hafenbetriebe Ruhr-Mitte in Gladbeck, ein Betrieb der Ruhrkohle AG (RAG), hatten Ende 1976 mit der Reihe E 1200 (BBC/Henschel) die ersten Serien-Elloks in Drehstrom-Asynchron-Antriebstechnik in Dienst gestellt. Die 1500-kW-Loks für wahlweisen Einsatz unter 15 kV/16,7 Hz oder 25 kV/50 Hz erfüllten ein mit den Anforderungen der ÖBB vergleichbares Fahrprogramm. Im März 1979 befand sich die RAG-Lok E 006 zu Testzwecken in Österreich.

Die ÖBB bestellten zunächst fünf Prototypen der Baureihe 1063, die in der Traktionsausrüstung weitgehend der RAG E 1200 gleichkamen, jedoch einen neukonstruierten Fahrzeugteil von SGP erhielten. Die Mittelführerstandslok der ÖBB unterscheidet sich von ihrem Industriebahn-Vorbild durch eine bedienungsfreundliche, aber technisch aufwendigere Ausrüstung mit vier gesonderten Steuerpulten, zwischen denen der Triebfahrzeugführer ohne besondere Umschalthandlungen jederzeit seine Position wechseln kann. Die Konzeption als Zweisystemlok mit automatischer Umschaltung wurde übernommen, zumal der ÖBB-Betriebsbereich damals gerade mit den Industriefrequenz-Elektrifizierungen von MAV und CSD zusammentraf. Die Reihe 1063 und die daraus abgeleitete sechsachsige Abdrücklok 1064 nutzen wie die RAG E 1200 auf der Antriebsseite die traktionstechnischen Vorteile der Asynchrontechnik mit Gleichspannungszwischenkreis und Pulswechselrichtern. Netzseitig erfolgt die Einspeisung ohne Vierquadrantensteller über eine Folgeschaltung zweier Gleichrichterbrücken, deren eine im Thyristor-Phasenanschnitt aussteuerbar ist. Bremsenergie wird in dieser Konzeption nicht ins Netz zurückgespeist, sondern in Widerständen zu Wärme umgesetzt.

Nach eingehender Erprobung, die u.a. Winter-Streckendienst unter den gefürchteten Flugschneebedingungen am Paß Grießen (Strecke Saalfelden – Wörgl) einschloß, beschafften die ÖBB zwischen 1986 und 1988 in modifizierter Bauform die 1063.006-037. Bei der Nachlieferserie 1063.038-050 der Jahre 1990/91 entfiel die Zweitsystemausrüstung für 25 kV/50 Hz. Gegenüber den Prototypen 1063.01-05 unterscheidet sich die Serienfertigung 1063.006-050 u.a. durch höhere Vorbauhauben, durch den Flachaufbau zusätzlicher Ansaug-

Baureihenbezeichnung			1063	1064
Indienststellung (1. Jahr)			1982	1984
Anzahl gebaut/Bestand 1998			50/50	10/10
Betriebsnummern, Stand 1998			001–050	001–010
Hersteller	Fahrzeugteil		SGP Graz	SGP Graz
	E-Teil		BES	BES
Achsformel			Bo'Bo'	Co'Co'
Länge über Puffer		mm	15560	18560
Dienstmasse		t	75,5	112,2
Stromsysteme			15 kV/16,7 Hz 25 kV/50 Hz	15 kV/16,7 Hz
Steuerungsbauart			[2]	[2]
Antriebsbauart			Tatzlager-Asynchronmotoren	
Stundenleistung		kW	1520[1]/2000	1520
Höchstgeschwindigkeit		km/h	80[1]/100	80
Zugkraft bei Dauerleistung		kN	220	350
Anfahrzugkraft		kN	260	370
System E-Bremse			Widerstandsbremse	
Dauerleistung E-Bremse		kW	1200	1200

[1] 1063.001–005

[2] Phasen-Anschnitt-Netzstromrichter, Antriebsumrichter mit Gleichspannungszwischenkreis

AUFNAHME: MÖSL

Rollberg-Abdrücklok 1064.008 des ZVB Kledering, zwischenzeitlich verwendet im Fahrverschub nach Bruck an der Leitha im Juli 1995

schalldämpfer, Zyklonabscheider in der Kühlluftansaugung, Siedebadkühlung der Stromrichterelemente, temperaturgesteuerter Bedarfslüftung, neuer Seitenwandgliederung der Vorbauten aufgrund geänderter Apparateanordnung, Klimagerät auf dem Führerhausdach sowie gewendet aufgebauten Einholmbügeln Bauart VII.

Die Traktionsleistung wurde durch Ausnutzung von Dimensionierungsreserven und Verbesserung der Kühlung von 1520 auf 2000 kW Stundenleistung angehoben, die Höchstgeschwindigheit von 80 auf 100 km/h. Wird mit sinkender Fahrdrahtspannung die Vollaussteuerung der Eingangsstromrichter erreicht, regelt eine Primärstrombegrenzung die Lokleistung zurück. Für die rechnergeführte, funkferngesteuerte Abdrückfunktion an den Hauptabrollbergen der Großverschiebbahnhöfe Wien-Kledering und Villach Süd wurde 1982 eine Sechsachs-Abwandlung der Vorserienloks 1063.01-05 in Auftrag gegeben. Die Abdrücklok 1064 benötigte ein entsprechend hohes Reibungsgewicht. Für die Schleichfahrtanforderungen reichte dagegen derselbe Leistungsrahmen wie für die vierachsigen 1063 aus. Viele Funktionselemente der Traktionsausrüstung, z.B. Transformator und Umrichter, sind mit jenen der 1063 typengleich.

Das Lastenheft forderte das Heranschieben von abzudrückenden Wagensätzen mit bis zu 2000 t aus der Einfahrgruppe an den Abrollberg mit 2 bis 20 km/h und das Abdrücken dieser Garnituren über den Rollhügel mit variablem Vorschub von 0,5 bis 1,6 m/sec entsprechend 1,8 bis 5,8 km/h) bei einer Traktionskraft von 350 kN. Für anderweitige Überführungsfahrten mit 1000 t Zügen wurde lediglich eine Geschwindigkeitsanforderung von 40 km/h formuliert (Höchstgeschwindigkeit der Lok 80 km/h).

Ein Lokradsatz kann bei günstigen Reibungsbedingungen – entsprechende Motorisierung vorausgesetzt – am Radumfang maximal eine Horizontalkraft auf die Schienenlauffläche ausüben, deren Betrag einem Drittel der auf ihr lastenden Gewichtskraft gleichkommt. Bei 18,5 t Radsatzlast vermag eine Antriebsachse maximal 60 kN Zugkraft beizutragen. Die Zugkrafterfordernis von 350 kN bedingt für die 1064 sechs Antriebsachsen.

Mit Bezug auf die geringen Geschwindigkeitsanforderungen für Vollastfahrten konnte mit der gleichen Dauerleistung von 1520 kW am Rad wie bei der 1063 problemlos das Auslangen gefunden werden. Leistung bedeutet Energieeinsatz pro Zeiteinheit oder anders ausgedrückt das Produkt aus Zugkraft und Geschwindigkeit. 350 kN ausgeübter Traktionskraft bei 5,8 km/h maximaler Abdrückgeschwindigkeit machen gerade 630 kW aus. Mit der installierten Umrichterleistung von 1520 kW kann die Maximalzugkraft bis 15 km/h erbracht werden.

Die von der 1063 unverändert übernommenen, für 390 kW dimensionierten Asynchron-Fahrmotoren werden bei der 1064 nur zu maximal 253 kW ausgenutzt. Mangels Bedarfs wurde auch auf die Zweisystemeignung für Grenzübergabeverkehr 25 kV/50 Hz verzichtet. Die 1064 kann wahlweise mit Schiebereinstellung der Sollwertvorgabe für die auszuübende Zugkraft oder die einzuhaltende Geschwindigkeit manuell gefahren werden. Im Abdrückvorgang über den Rollberg übernimmt der örtliche Leitrechner über Funkfernsteuerung die Kontrolle der Lok, um jedem Wagen am Kulminationspunkt exakt die nach dessen Gewicht, Laufeigenschaften und Zielentfernung errechnete Startgeschwindigkeit zu erteilen. Dem Triebfahrzeugführer kommt in dieser Betriebsphase nur passive Überwachungsfunktion zu. Die Abbremsung der Wagen erfolgt quasikontinuierlich durch die Abfolge hydraulischer Bremsretarderpilze in den Richtungsgleisen. 1064-Reserveloks werden zwischenzeitlich auch für Streckeneinsätze im Fahrverschub genutzt.

Die Serienausführung der 1063 mit höheren Vorbauten: 1063.049 in der Zf Innsbruck (Juni 1992)

Beheimatungen

Zugförderungsstellen
1063:
Linz, Innsbruck,
Wien Süd, Graz,
Villach
1064: Villach, Wien Süd

AUFNAHMEN: MÖSL (2)

„Flüsterlok“ mit den Stilmerkmalen eines Schlachtschiffs: Die Drehstrom-Verschublokomotive 1163.005 der Zf Salzburg im August 1997

AUFNAHME: INDERST

Baureihe 1163

Gegenüber der 1063 tragen die 1163.001-020 einerseits dem Fortschritt der Halbleiter-Technologie und der Leittechnik Rechnung (Vierquadranten-Eingangsstromrichter mit Rekuperation, Zwischenkreisspannung 2500 V Gleichstrom, Antriebsleitgerät nach DSR-Verfahren, Zugbus-System mit Fahrzeugdiagnose usw.), andererseits gestiegenen Anforderungen bezüglich Lärmminderung und Arbeitsbedingungen (bedarfsabhängige Lüfterregelung, beidseitige Verschieberfrontüberstiege, Führersicht auf Puffer durch schlankere Vorbauten usw.).

Bezüglich Lärmemmision hat die elektrische Antriebstechnik in Form der 1163 mit der ab 1989 in Dienst gestellten „Flüster-Diesellok“ 2068 wieder gleichgezogen. Auch wirkt – so wie die hydrodynamische Verzögerung der 2068 – die elektrische Bremsung einer Verschubgarnitur durch die Lok gegenüber Verwendung der Wagenzug-Druckluftbremse lärmvermeidend. Allerdings fällt die Bremswirkung bei einer Schalterlösung schlagartig zur Gänze weg. Nach mehreren diesbezüglichen Unfällen wurden alle Drehstromloks der ÖBB dahingehend nachgerüstet, daß unter 30 hm/h bei einer Hauptschalterlösung unverzögert und unabhängig von der Reaktion des Triebfahrzeugführers die direkte Druckluftbremse der Lok anspricht.

Die Realisierung der 1163 fiel in die Konzentrationsphase der internationalen Schienenfahrzeugindustrie. Für den elektrischen Teil zeichnete federführend ABB verantwortlich, Lieferungen und Inbetriebsetzungen wurden im Rahmen der damals noch bestehenden BES-Arbeitsgemeinschaft mit Siemens und ELIN geteilt. Der Mechanteil kam von SGP-VT, die während der Bauphase der 1163 schrittweise an Siemens überging. Schlechte Erfahrungen machte dieser Konzern mit der Vergabe von Zulieferungen an Skoda in Pilsen; ersatzweise wurde Krauss-Maffei in den Bau der 1163 eingebunden.

Einige 1163 verschieben in Wien Südbahnhof und Meidling. Die Mehrzahl der zwanzig 1163 findet sich im Bereich Salzburg/Bischofshofen/Schwarzach St. Veit im örtlichen Rangierdienst oder im Fahrverschubeinsatz. Da die Loks vollwertige Zugheizausrüstung besitzen, kann eine 1163 am Wochenende durchaus auch einmal einen Reisebüro-Turnuszug bespannen.

Beheimatungen

Zugförderungsstellen
Salzburg, Wien Süd

Technische Daten

Baureihenbezeichnung		1163
Indienststellung (1. Jahr)		1994
Anzahl gebaut/Bestand 1998		20/20
Betriebsnummern, Stand 1998		001–020
Hersteller		
Fahrzeugteil		SGP VT
E-Teil		BES
Achsformel		Bo'Bo'
Länge über Puffer	mm	16400
Dienstmasse	t	80
Stromsystem		15 kV/16,7 Hz
Steuerungsbauart		*)
Antriebsbauart		Tatzl.-Asynchr.
Dauerleistung	kW	1600
Geschw. bei Dauerleistung	km/h	25–120
Höchstgeschwindigkeit	km/h	120
Zugkraft bei Dauerleistung	kN	224
Anfahrzugkraft	kN	260
System E-Bremse		Rekuperation
Dauerleistung E-Bremse	kW	1600[1]

*) Vierquadranten-GTO-Umrichter, Drehstrom-Antriebsumrichter mit Gleichspannungszwischenkreis

[1] Bremskraftbegrenzung auf 120 kN

Sie ist die mit Abstand älteste Elloktype der ÖBB: die stangengekuppelte C'C'-Lok der Mariazellerbahn 1099.008 in St. Pölten Alpenbahnhof, 1990

Baureihe 1099

Eine Besonderheit im ÖBB-Streckennetz stellt die 85 km lange Mariazellerbahn von St. Pölten nach Mariazell dar. Sie ist die einzige elektrifizierte Schmalspurbahn mit 760 mm-Spurweite Österreichs und bildet zusammen mit der dieselbetriebenen Zweigstrecke Obergrafendorf – Wieselburg – Gresten das größte zusammenhängende Schmalspurnetz Österreichs mit einer Gesamtlänge von knapp 150 Kilometern. Schwere Dampflokomotiven der Reihe Mh (ÖBB-Reihe 399) konnten das Verkehrsaufkommen schon bald nicht mehr bewältigen. Bereits vier Jahre später wurde daher die gesamte Strecke als eine der ersten Österreichs mit 6,5 kV/25 Hz-Wechselstrom elektrifiziert.

Sämtliche 16 bestellten Lokomotiven wurden von 1910 bis 1914 abgeliefert und von den Niederösterreichischen Landesbahnen (NÖLB) als zunächst als E.1-16 bezeichnet. In der Reichsbahnzeit bekamen sie die Reihenbezeichnung E 99, die dann bei den ÖBB als 1099 fortgeführt wurde.

Ab 1959 erfolgte ein weitreichendes Modernisierungsprogramm, das die damals bereits knapp 50 Jahre alten Maschinen für die nächsten Jahrzehnte wieder voll einsatzfähig machte. Neben einer weitgehenden Drehgestellsanierung bekamen alle Lokomotiven einen neuen, gefälligeren Kastenaufbau, mit dem sie sich heute noch in ihrer typischen rot-cremen Lackierung präsentieren. Außerdem wurde der zweite Stromabnehmer entfernt und als einziger ein Einheitsstromabnehmer der ÖBB-Bauart V montiert. Die Wechselstromschützensteuerung wurde durch eine für die ÖBB-Lokomotiven Gleichstromschützensteuerung ersetzt. Bis zum heutigen Tag stehen die nunmehr knapp 90 Jahre alten E-Lok-Veteranen auf der Mariazellerbahn im Personen- und Güterverkehr planmäßig im Einsatz. Einzig die 1099.015 wurde nach einem schweren Betriebsunfall im Jahre 1982 ausgemustert.

Technische Daten

Baureihenbezeichnung		1099
Indienststellung (1. Jahr)		1911
Anzahl gebaut/Bestand 1998		16/15
Betriebsnummern, Stand 1998		001–014, 016
Hersteller		
Fahrzeugteil		Krauss Linz
E-Teil		ÖSSW
Achsformel		C'C'
Länge über Puffer	mm	10900
Spurweite	mm	760
Dienstmasse	t	50
Stromsystem		6,5 kV/25 Hz
Steuerungsbauart		elpneum. Glst.-schützensteuerung
Antriebsbauart		Vorgelege/Stangen
Stundenleistung	kW	420
Geschw. bei Stundenleistung	km/h	32,5
Höchstgeschwindigkeit	km/h	50
Zugkraft bei Stundenleistung	kN	46
Anfahrzugkraft	kN	104

1099.007 ist die einzige Lok im neuen Design

Beheimatungen

Zugförderungsstellen
St. Pölten

AUFNAHMEN: MÖSL, PETROVITSCH

Elektro-Triebwagen 4010 in der Umbauversion mit Schwenkschiebetüren und Eurocity-Farbgebung (4010.021 bei Rum im Juli 1992)

Baureihe 4010

Mit dem Sommerfahrplan 1965 übernahmen drei gemischtklassige Komfortgarnituren ET 4010 die Führung des damaligen Triebwagen-Schnellzuges „Transalpin" Wien – Basel. Die Garnituren setzen sich aus einem gesonderten Triebkopf mit Gepäckabteil und einem komfortablen, fünfteiligen Wagensatz zusammen. Bis 1978 wurden insgesamt 29 Triebzüge der Reihe 4010 in Dienst gestellt.

4010.010 bis 014 verbleiben im traditionellen Farbschema, wie hier 4010.012 in Innsbruck

AUFNAHMEN: SCHWAN, MÖSL

Beheimatungen

Zugförderungsstelle
Wien Süd

Die 1966/67 nachgelieferten Züge ET 4010.04-15 waren zunächst fünfteilig mit Halbbuffetwagen für den Binnen-Städteschnellverkehr gebaut und erst bis 1972 mit nachbestellten Zwischenwagen ergänzt worden. Die Inlandsgarnituren 4010.04-15 sind an voll senkbaren Ganzfenstern erkennbar. Technisch bestehen Differenzierungen u.a. in der vereinfachten Heizungsbauart und in geringfügig verlängerten Triebköpfen. Die Nachbauten 4010.16 und 17 (1969), 4010.18-20 (1976) und 4010.21-29 (1978) entsprechen bezüglich des Triebkopfes den 4010.04-15, bezüglich des Wagensatzes mit Vollspeisewagen dem Muster der ersten Transalpin-Garnituren. Während die Garnitur-Enden normale Zug- und Stoßvorrichtungen aufweisen, sind die Wagen untereinander mit Scharfenberg-Mittelpufferkupplungen verbunden. Pufferartige Stoßplatten lenken lediglich die Bogeneinstellung der Übergangsbrücken. Mit der ÖBB-Reform ging die Zuständigkeit für Triebwagen auf den Geschäftsbereich Personenverkehr über. Das Schicksal der 4010-Triebzüge wird seitdem von Konzeptlosigkeit geprägt, die in vorübergehender Abstellung der Speisewagen und Ausschreibung zum Verkauf gipfelte. Kamen 4010 früher bis Basel, Frankfurt und München, sind sie heute von der Westbahn verschwunden und verkehren in den Bereichen Südbahn, Ennstal/Pyhrn und FJB.

Technische Daten

Baureihenbezeichnung		4010
Indienststellung (1. Jahr)		1965
Anzahl gebaut/Bestand 1998		29/29
Betriebsnummern, Stand 1998		001–029
Hersteller		
Fahrzeugteil		SGP Graz
E-Teil		BES
Achsformel Triebkopf		Bo'Bo'
Länge über Puffer Triebkopf	mm	16820
Länge über Puffer Triebzug	m	149,1
Dienstmasse Triebkopf	t	72
Dienstmasse Triebzug leer	t	283
Stromsystem		15 kV/16,7 Hz
Steuerungsbauart		Niedersp./Stufen
Antriebsbauart		BBC-Feder
Stundenleistung	kW	2500
Geschw. bei Stundenleistung	km/h	105
Höchstgeschwindigkeit	km/h	150
Zugkraft bei Stundenleistung	kN	94,5
Anfahrzugkraft	kN	162
System E-Bremse		Thyr.gest. Glst.Wdst.
Dauerleistung E-Bremse	kW	1500

Komposition Triebzug[1]:
D4hET 4010+ B4hTI 7010.1+B4hTI 7110.1+WR4hTI 7310+ B4hTI 7110.2+AD4hES 6010

[1] Züge 004–015 mit 7110.3 statt WR

Transalpin I – Replika 1987: 4130.01, zurückversetzt in den Anlieferungszustand, bei den Fahrzeugparaden in Straßhof im August 1987

Baureihe 4130

Technische Daten

Baureihenbezeichnung		4130
Indienststellung (1. Jahr)		1958
Anzahl gebaut/Bestand 1998		4/3
Betriebsnummern, Stand 1998		001,004[1]
		MBS ET 10.105[2]
Hersteller		
Fahrzeugteil		SGP Graz
E-Teil		Siemens
Achsformel		Bo'Bo'
Länge über Puffer Triebkopf	mm	23190
Länge über Puffer Triebzug	m	92,4
Dienstmasse Triebkopf	t	69,6
Dienstmasse Triebzug leer	t	181
Stromsystem		15 kV/16,7 Hz
Steuerungsbauart		Hsp.-Stufen[3]
Antriebsbauart		Gummiringfeder
Stundenleistung	kW	1252
Geschw. bei Stundenleistung	km/h	80
Höchstgeschwindigkeit	km/h	130
Zugkraft bei Stundenleistung	kN	56
Anfahrzugkraft	kN	95

Komposition „Transalpin" (1. Generation):
B4hET 4130 + 2x A4hTI 7130 + BD4hES 6130

[1] Stand per 1.1.98; zum 1.3.98 beide Züge ausgemustert
[2] ehem. ÖBB 4130.02, übernommen 1990
[3] ab 1972 Angleichung an 4030.200 mit Niederspannungsschaltwerk, verlängerter Führerstandspartie, ES mit 48 Plätzen (Entfall der Küche)

Als Abwandlung der Regionalverkehrs-Triebwagengarnituren Reihe ET 4030 wurden 1957/58 vier Vierwagenzüge als Fernverkehrsvariante 4130 für den TS „Transalpin" Wien – Zürich/Basel gebaut. Die Traktionsausrüstung mit höherer Leistung (1252 statt 1000 kW) und größerer Höchstgeschwindigkeit (130 statt 100 km/h) wurde von Siemens weitgehend neu konzipiert, u.a. mit SSW-Gummiringfederantrieb anstatt Secheron-Lamellenantrieb und Hochspannungs-Wählersteuerung statt Niederspannungs-Schaltwerk. Ab 1972 wurde die E-Ausrüstung mit Tauschteilen der Schnellbahntriebwagen 4030.200 komplett ersetzt. Gleichzeitig wurde der ET durch Anbau eines geräumigeren Führerstandes verlängert. Nach Abzug aus dem „Transalpin"-Dienst im Jahr 1965 waren die 4130 kurzzeitig noch in höherwertigen Kursen wie „Meistersinger" bis Nürnberg oder „Wörthersee" nach München eingesetzt, wanderten dann aber in den Lokalverkehr nach Kärnten ab.

Der ET 4130.03 wurde 1982 nach einem Frontalzusammenstoß ausgemustert, 1988 der ET 4130.02 an die Montafonerbahn verkauft. Anläßlich der Jubiläumsparade zu „150 Jahre Eisenbahn in Österreich" war 1987 die Garnitur 4130.01 in das frühere Farbschema der ÖBB-Triebwagen zurückversetzt worden. Die beiden verbliebenen ÖBB-Garnituren wurden 1997 von der Ausbesserung zurückgestellt und per 1.3.1998 wegen gravierender Zeitschäden ausgemustert worden. Der überzählige Steuerwagen ES 6130.03 dient mit eingesetztem Niederflurteil als Erprobungsträger für eine mögliche neue Schnellbahngeneration ET 4021.

Der Ex-Transalpin MBS ET 10.105 ist im Montafon als Schülerzug unterwegs

Beheimatungen

Zugförderungsstellen
Villach *)
MBS Schruns

*) mit 1.3.1998 ausgemustert

AUFNAHMEN: PETROVITSCH

Außer auf der Wiener Schnellbahn ist die Reihe 4020 auch in Tirol und Vorarlberg anzutreffen: 4020.105 in Innsbruck Hbf (Oktober 1995)

Baureihe 4020

Als sich der 1962 eingerichtete Wiener Schnellbahnverkehr zunehmend in die Region verästelte und daher dicht befahrene Hauptstrecken mitbenutzen mußte, stellten die Triebzüge der Baureihe 4030.200 mit ihrer Höchstgeschwindigkeit von 100 km/h und einer Anfahrbeschleunigung von nur 0,5 m/sec^2 ein Betriebshemmnis dar.

Probeeinsätze eines allachsgetriebenen 420 der DB führten zur Erkenntnis, daß für die Wiener Anforderungen dessen installierte Traktionsleistung von 2400 kW nicht unbedingt erforderlich war. Für die ab 1978 in Dienst gestellte Reihe 4020 wurde daraufhin das vom 4030.200 vorgezeichnete Triebkopf-Konzept mit Zwischen- und Steuerwagen beibehalten.

Die Leistungsdaten für 120 km/h und 0,7 m/sec^2 wurden mit 1200 kW vorgegeben. Die Thyristor-Phasenanschnittssteuerung übernahm vom 420 der DB das 2C-LUB-Konzept löschbarer unsymmetrischer Brücken. Durch Kommutierung mit Hilfe eines Kondensatorlöschzweigs wird der Stromfluß spiegelbildlich zum Anschnittwinkel gelöscht und damit ein günstigerer Leistungsfaktor erreicht.

Die Gleichstrommotoren sind in einfacher Tatzlagerbauart auf den Treibachsen abgestützt. Der ET 4020 verfügt über eine automatische Fahr-Bremssteuerung und kann wahlweise mit Vorgabe der Soll-Geschwindigkeit oder der Zug-/Bremskraft (oder im Zusammenwirken beider Stellgrößen) gefahren werden. Die Bremssteuerung stellt die vorrangige Funktion der elektrischen Widerstandsbremse gegenüber der Pneumatik sicher.

Die Wagenkästen sind über niveaugeregelte Luftfederbälge auf den Drehgestellen abgestützt. Die Fahrgasträume gehen ohne Trennwände in die Einstiegsplattformen über, die Sitzbänke sind straßenbahnartig ohne hochreichende Rückenlehnen ausgeführt. Für die Wiener Vorortelinie und den Außerfernverkehr Garmisch-Partenkirchen (DB) – Reutte in Tirol wurden 4020-Garnituren für den Einmannbetrieb mit optoelektronischer Einstiegraum-Überwachung ausgerüstet.

Beheimatungen

Zugförderungsstellen
Wien-Floridsdorf,
Wien FJB, Bludenz,
Innsbruck

Technische Daten

Baureihenbezeichnung		4020
Indienststellung (1. Jahr)		1979
Anzahl gebaut/Bestand 1998		120/120
Betriebsnummern, Stand 1998		001–120
Hersteller		
Fahrzeugteil		SGP Graz
E-Teil		BES
Achsformel Triebkopf		Bo'Bo'
Länge über Puffer Triebkopf	mm	23300
Länge über Puffer Triebzug	m	69,4
Dienstmasse Triebkopf	t	62,4
Dienstmasse Triebzug leer	t	129
Stromsystem		15 kV/16,7 Hz
Steuerungsbauart		Thyristor-LUB
Antriebsbauart		Tatzlager
Stundenleistung	kW	1200
Geschw. bei Stundenleistung	km/h	69
Höchstgeschwindigkeit	km/h	120
Zugkraft bei Stundenleistung	kN	64
Anfahrzugkraft	kN	117
System E-Bremse		thyr. Glst. Wdst.
Dauerleistung E-Bremse	kW	1000
Komposition Triebzug:		
B4ET 4020 + B4hTI 7020 + B4hES 6020		

AUFNAHME: PETROVITSCH

Der 4030 war die erste Triebwagen-Generation der Wiener Schnellbahn anno 1962: 4030.220 in Wien Nord (Februar 1993)

Baureihe 4030

Von 30 geplanten Vierwagengarnituren B4hET 4030 + 2 x B4hTI 7030 + BD4hES 6030 kamen letztlich nur 22 Garnituren für den Regionalzugverkehr zur Ablieferung. Vier Züge wurden als Fernverkehrsvariante 4130 „Transalpin" geliefert.

Technische Daten

Baureihenbezeichnung		4030	4030.2
Indienststellung (1. Jahr)		1956	1962
Anzahl gebaut/Bestand 1998		26/26	46/46
Betriebsnummern, Stand 1998		101–104	201–246
		301–322	
Hersteller			
Fahrzeugteil		SGP Graz	SGP Graz
E-Teil		AEG/BBC/ELIN	BES
Achsformel		Bo'Bo'	Bo'Bo'
Länge über Puffer Triebkopf	mm	23190	23190
Länge über Puffer Triebzug	m	69,4	69,4
Dienstmasse Triebkopf	t	65,8	57,1
Dienstmasse Triebzug leer	t	135	120
Stromsystem		15 kV/16,7 Hz	15 kV/16,7 Hz
Steuerungsbauart		Niedersp.-Stufenschaltwerk	
Antriebsbauart		Secheron-Lamellenantrieb	
Stundenleistung	kW	1000	1000
Geschw. bei Stundenleistung	km/h	66,4	67
Höchstgeschwindigkeit	km/h	100	100
Zugkraft bei Stundenleistung	kN	53,6	53
Anfahrzugkraft	kN	99	95
Komposition Triebzug:			
B4hET 4030 + B4hTI 7030 + B4hES 6030			

Die Antriebskonzeption mit voll abgefederten Motoren und Secheron-Lamellen-Hohlwellenantrieb wurde von der Reihe 4061 übernommen. Die elektrische Ausrüstung wurde zur Gänze unterflur angeordnet, nur die Lüfteraggergate finden sich im Dachraum über den Einstiegsplattformen des Triebkopfes. Für die halbmittigen Einstiege kamen erstmals doppelte, anfänglich handbetätigte Schwenkschiebetüren zum Einbau, die im Schließzustand flächenbündig mit der Außenwand einrasten. Elektropneumatische Türschließeinrichtungen wurden bei den 4030.0 erst zusammen mit der Vielfachsteuerung nachgerüstet. 1969 waren vier Garnituren (02, 05, 08, 14) für Aushilfseinsatz auf der Schnellbahn in dieser Form adaptiert worden; ihre Bezeichnung änderte sich auf 4030.3. Zwischen 1975 und 1982 wurden alle restlichen 18 Garnituren gleichermaßen umgebaut, so daß die ursprünglich Reihe 4030.0 gar nicht mehr existiert. Mit Bezug auf Vorschriften zum Zugbegleitdienst wurden die meisten Garnituren auf einen Zwischenwagen reduziert, da ein Zugführer allein nur Abfertigung und Fahrkartenrevision für drei Wagen wahrnehmen durfte. Für die 1962 eröffnete Wiener Schnellbahn wurde das Grundkonzept der dreiteiligen 4030.100 übernommen. Durch Gewichtseinsparung im mechanischen Teil, insbesondere durch leichtere Drehgestellbauarten und einfache Bestuhlung konnte mit dem unveränderten 1000 kW-Antrieb das Fahrprogramm mit Beschleunigungsraten von 0,5 m/sec^2 abgedeckt werden. Bis 1975 wurden insgesamt 46 Schnellbahngarnituren 4030.200 in Dienst gestellt. 1972 bis 1975 erhielten alle Schnellbahngarnituren Scharfenbergkupplung. Mit Anlieferung der Reihe 4020 wanderten die für die Wiener Schnellbahn gebauten 4030.200 zunehmend für Regionalzugeinsätze ab; 4030.226 bis 230 erhielten MG-Bremsen für den Einsatz am Erzberg.

Beheimatungen

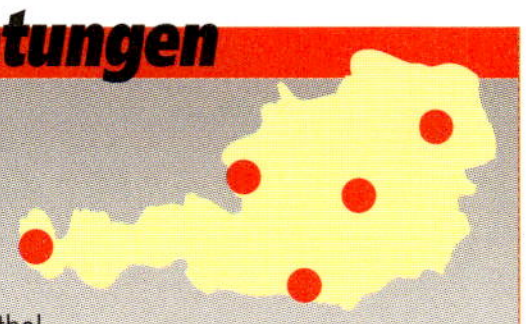

Zugförderungsstellen
4030.1: Salzburg
4030.2: Floridsdorf, Wien FJB, Villach, Selzthal
4030.3: Salzburg, Villach, Bludenz

AUFNAHME: INDERST

Der Zweisystem-Triebwagen 4855.001 befindet sich im Eigentum der ÖBB, wird aber von Stern&Hafferl als ET25.103 betrieben (Haag, Juli 1991)

Baureihe 4855

Die 27 km lange, normalspurige Lokalbahn Lambach – Haag am Hausruck stellt eine Besonderheit im österreichischen Streckennetz dar: Im Zuge des konzessionsbedingten Heimfallsrechtes des Bundes gelangte diese 1901 eröffnete Lokalbahn 1930 in den Besitz der ÖBB, die diese jedoch 1932 an die Privatunternehmung Stern & Hafferl (St&H) verpachtete. Die für ihr umfangreiches Lokalbahn-Netz in Oberösterreich bekannte Gesellschaft betreibt seit 1933 die Strecke mit 800 Volt Gleichspannung, wobei die Gleichstrom-Fahrleitung ursprünglich bis 1949 auch den mitbenützten, 4,4 km langen ÖBB-Abschnitt Lambach – Abzweigung Neukirchen überspannte. Durch die Westbahn-Elektrifizierung mit 15 kV/16 2/3 Hz mußte der Betrieb in diesem Abschnitt auf mitgeführte Gleichrichterwagen umgestellt werden, aus denen die Gleichstrom- Fahrzeuge im Wechselstrom-Abschnitt versorgt werden.

Beheimatungen

Zugförderungsstellen
Haag (Hausruck)

Die Betriebsvereinbarung verpflichtet die ÖBB zur Stellung der Fahrbetriebsmittel, die bis 1989 meist eher den ausmusterungsreifen Überhang der Vollbahn widerspiegelten. Zum Wagenpark der im Volksmund „Haager Lies“ genannten Lokalbahn zählen auch die beiden E-Triebwagen LH ET 25.103 und 104. Deren Anschaffung wurde 1989 wegen der Überalterung der bis dahin im Personenverkehr eingesetzten Fahrzeuge und des zeitaufwendigen Gleichrichterwagenbetriebs mit seinen niedrigen Geschwindigkeiten notwendig. Die beiden Triebwagen tragen zwar das Farb- und Nummernschema von St&H, gehören aber buchmäßig als Reihe 4855 zum ÖBB-Fahrzeugpark. Bombardier-Rotax (mechanischer Teil) und ELIN bauten die beiden vollbahntauglichen Zweisystem-Triebwagen ET 25.103 und 104 (= ÖBB ET 4855.001 und 002) für 15 kV/16 2/3 Hz-Wechselspannung sowie 800 V-Gleichspannung. Um bis in die 13 km entfernte Bezirksstadt Wels durchfahren zu können, erhielten sie eine Höchstgeschwindigkeit von 120 km/h. Im elektrischen Teil griff man weitestgehend auf Komponenten bewährter ÖBB-Fahrzeuge zurück: So entsprechen die Fahrmotoren bis auf eine unterschiedliche Statorwicklung jenen des ÖBB- Thyristortriebwagens der Reihe 4020. Das Nockenschaltwerk stammt von den Wiener U-Bahn-Triebwagen.

Technische Daten

Baureihenbezeichnung		4855
Indienststellung (1. Jahr)^		1989
Anzahl gebaut/Bestand 1998		2/2
Betriebsnummern, Stand 1998		001, 002[1]
Hersteller		
Fahrzeugteil		Bombardier-Rotax
E-Teil		ELIN
Achsformel		Bo'2'
Länge über Puffer	mm	24340
Dienstmasse	t	58
Stromsystem		15 kV/16,7 Hz 800 V =
Steuerungsbauart		Gleichrichter Nockenschaltwerk
Antriebsbauart		Tatzlager
Stundenleistung	kW	480[2]/240[3]
Geschw. bei Stundenleistung	km/h	61[2]/30[3]
Höchstgeschwindigkeit	km/h	120[2]/60[3]
Anfahrzugkraft	kN	54
System E-Bremse		Glst.Wdst.
Dauerleistung E-Bremse	kW	600

[1] im Betrieb von Stern&Hafferl: LH ET 25.103, 104
[2] Daten im 15 kV-Betrieb der ÖBB
[3] Daten im 800 V=-Betrieb von Stern&Hafferl

Innovation oder Problemfall? Triebzug 4090 der Mariazellerbahn in der Hauptwerkstätte St. Pölten im Juli 1995

Baureihe 4090

Die 760-mm-spurige, seit 1911 mit 6,5 kV/25 Hz elektrifizierte Mariazellerbahn weist ab Laubenbachmühle ausgeprägten Gebirgsbahncharakter auf. Sowohl die 15 Loks als auch das Wagenmaterial gehen – abgesehen von den vor 40 Jahren neuaufgesetzten Kästen – auf die Baujahre 1910 bis 1912 zurück. Einen Innovationsschub sollten die Triebzüge 4090 einleiten. Es waren die Konfigurationen BDh4ET/s 4090 + 2 Zwischenwagen BhTl/s 7090 + BDh4ET/s 4090 bzw. Triebkopf + Zwischenwagen + Steuerwagen BDhES/s 6090 geplant. Je eine derartige Mustergarnitur kam 1994 in Betrieb. Die mit beidseitigen Triebköpfen laufende „Berg-Garnitur“ ist wegen der am Dach durchverbundenen Hochspannungskupplungen betrieblich nicht trennbar. Die Drehstromantriebstechnik arbeitet mit Spannungszwischenkreisumrichter und Vierquadrantensteller. Teilsysteme wie die IGBT-Transistor-Antriebswechselrichter, die Bauart der Magnetschienenbremsen usw. sind aus der Straßenbahntechnik übernommen. Die Konzeption der Leistungselektronik mit Transistoren (statt mit Thyristoren wie bei Vollbahn-Tfz) erlaubt höhere Taktfrequenzen und damit Gewichtseinsparungen durch kleinere Drosseln. Die Auslegung des Fahrzeugquerschnitts der 4090 mit Ausbauchung auf Sitzhöhe über die bisher gültige Normalumgrenzung hinaus folgt dem internationalen Trend einer Neubetrachtung zu Kinematik und Wankverhalten des Wagenlaufes. Der flexicoilgefederte 4090 ist auf Sitzhöhe um 42 cm breiter, auf Dachkantenniveau aber um 36 cm schmaler als eine wanksteife Lok.

Das Triebwagenkonzept stieß von Anbeginn an auf massive Vorbehalte und Widerstände beim Personal der Mariazellerbahn. Häufige Pannen waren dem Renommee der 4090 unter solchen Randbedingungen umso abträglicher, Grundsatzmängel wie etwa das Fehlen eines Gleitschutzes hatten fatale Schadensfolgen. Ein Weiterbau der Triebzüge erscheint ausgeschlossen, vielmehr sollen nun – spät aber doch – fünf neue Lokomotiven für die Bergstrecke bestellt werden. Der Einsatz der 4090 würde sich dann auf die Flachstrecke beschränken. Mit zwei nachzubestellenden Steuerwagen könnten für den Vorortverkehr St. Pölten drei Garnituren gebildet werden.

Technische Daten

Baureihenbezeichnung		4090
Indienststellung (1. Jahr)		1994
Anzahl gebaut/Bestand 1998		3/3
Betriebsnummern, Stand 1998		001–003
Hersteller		
Fahrzeugteil		SGP VT/Wien
E-Teil		ELIN
Achsformel		Bo'Bo'
Länge über Puffer Triebkopf	mm	17300
Länge über Puffer Triebzug	m	51,9[1)]/69,2[2)]
Dienstmasse Triebkopf	t	37,2
Dienstmasse Triebzug leer	t	86,7[1)]/120[2)]
Stromsystem		6,5 kV/25 Hz
Steuerungsbauart		IGBT-Umrichter
Antriebsbauart		Hohlwellen-Kardan
Stundenleistung	kW	250
Geschw. bei Stundenleistung	km/h	22,4
Höchstgeschwindigkeit	km/h	70
Zugkraft bei Stundenleistung	kN	28,8
Anfahrzugkraft	kN	35
System E-Bremse		Rekuperation

Komposition „Talgarnitur“ [1)]:
BDhET/s 4090 + BhTI/s 7090 + BDhES/s 6090
Komposition „Berggarnitur“ [2)]:
BDhET/s 4090 + BhTI/s 7090 + BhTI/s 7090 + BDhES/s 6090

Beheimatungen

Zugförderungsstellen
St. Pölten

AUFNAHME: INDERST

Meist veranschlagt man die Lebensdauer einer Lokomotive mit 30 bis 40 Jahren. Die Einheitselektroloks der Bundesbahn steuern inzwischen auf das fünfte Dienstjahrzehnt zu – ein Zeichen der Robustheit, mit der sie sich auch von Wind und Wetter nicht unterkriegen lassen W. Klee

Der „Taurus“ hat sich zu einer internationalen Lok gemausert. Er fährt für Bahngesellschaften aus Österreich, Ungarn, Deutschland – und übernimmt auch Leistungen für private Eisenbahnverkehrsunternehmen. Im leuchtenden Gelb-Silber-Blau beispielsweise bespannt er den BoXXPress, einen Containerzug M. Niedt